单片机与嵌入式

标准库

STM32库
开发实战指南

基于STM32F4

刘火良 杨森 编著

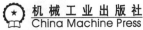

机械工业出版社
China Machine Press

图书在版编目（CIP）数据

STM32 库开发实战指南：基于 STM32F4 / 刘火良，杨森编著 . —北京：机械工业出版社，
2017.2（2023.1 重印）
（电子与嵌入式系统设计丛书）

ISBN 978-7-111-55745-6

I. S… II. ①刘… ②杨… III. 微控制器 – 系统开发 – 指南 IV. TP332.3-62

中国版本图书馆 CIP 数据核字（2017）第 005558 号

STM32 库开发实战指南：基于 STM32F4

出版发行：机械工业出版社（北京市西城区百万庄大街 22 号 邮政编码：100037）
责任编辑：迟振春 责任校对：董纪丽
印　　刷：北京建宏印刷有限公司 版　　次：2023 年 1 月第 1 版第 9 次印刷
开　　本：186mm×240mm　1/16 印　　张：57.75
书　　号：ISBN 978-7-111-55745-6 定　　价：129.00 元

客服电话：（010）88361066　68326294

版权所有 · 侵权必究
封底无防伪标均为盗版

前　　言

本书的编写风格

本书着重讲解 STM32F429 的外设以及外设的应用，力争全面分析每个外设的功能框图和使用方法，让读者可以零死角地玩转 STM32F429。

基本每个章节对应一个外设，每章的主要内容大概分为 3 个部分，第 1 部分为简介，第 2 部分为外设功能框图分析，第 3 部分为代码讲解。

外设简介则是用作者自己的话把外设概括性地介绍一遍，力求语句简短，通俗易懂，避免照抄数据手册中的介绍。

外设功能框图分析是每章的重点，该部分会详细讲解功能框图各部分的作用，是学习 STM32F429 的精髓所在，掌握了整个外设的框图则可以熟练地使用该外设，熟练地编程，日后学习其他型号的单片机也会得心应手。即使单片机的型号不同，外设的框图基本也是一样的。这一步的学习比较枯燥，但是必须下功夫钻研，方能学有所成。

代码分析则是讲解使用该外设的实验过程，主要分析代码流程和一些编程注意事项。在掌握了框图之后，学习代码部分则会轻而易举。

本书的学习方法

本书第 3 ~ 11 章连贯性非常强，属于单片机底层知识的讲解，对后面章节的学习起着"千斤顶"的作用，读者需要按照顺序学习，不可跳跃阅读。学完这部分之后，能力稍强的用户基本可以入门 STM32。其余章节连贯性较弱，可根据项目需要选择阅读。另外本书配套 200 集手把手教学视频和大量的 PPT，观看视频辅助学习，效果会更佳。相关视频请到秉火论坛⊖下载。

本书的参考资料

本书的参考资料为《STM32F4xx 中文参考手册》和《Cortex-M4 内核参考手册》，这两本是 ST 官方的手册，属于精华版，内容面面俱到，无所不包。限于篇幅问题，本书着重于 STM32F429 的功能框图分析和代码讲解，有关寄存器的详细描述则略过，在学习本书的时候，涉及寄存器描述部分还请参考上述两本手册，这样学习效果会更佳。

本书的配套硬件和程序

本书配套的硬件平台为秉火 STM32F429 挑战者开发板，见图 0-1。如果配合该硬件平台做实验，必会达到事半功倍的学习效果，省去中间移植时遇到的各种问题。书中提到的配套工程程序可以在秉火论坛（www.firebbs.cn）下载。

本书的技术论坛

如果在学习过程中遇到问题，可以到秉火论坛（www.firebbs.cn）发帖交流，开源共享，共同进步。

鉴于作者水平有限，本书难免存在纰漏，热心的读者也可把勘误发到论坛，以便我们改进。祝你学习愉快！M4 的世界，秉火与您同行！

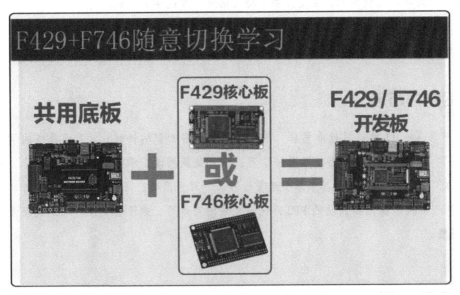

图 0-1 秉火 STM32F429 挑战者硬件资源

图 0-1 （续）

目　录

前　言

第1章　如何安装 KEIL5 ················ 1

1.1　温馨提示 ······················· 1

1.2　获取 KEIL5 安装包 ············· 1

1.3　开始安装 KEIL5 ··············· 1

1.4　安装 STM32 芯片包 ··········· 3

第2章　如何用 DAP 仿真器
　　　　下载程序 ····················· 6

2.1　仿真器简介 ····················· 6

2.2　硬件连接 ······················· 6

2.3　仿真器配置 ····················· 6

2.4　选择目标板 ····················· 9

2.5　下载程序 ······················· 9

第3章　初识 STM32 ················· 10

3.1　什么是 STM32 ················ 10

3.2　STM32 能做什么 ············· 10

　　3.2.1　智能手环 ··············· 11

　　3.2.2　微型四轴飞行器 ········ 12

　　3.2.3　淘宝众筹 ··············· 12

3.3　STM32 选型 ·················· 13

　　3.3.1　STM32 分类 ··········· 13

　　3.3.2　STM32 命名方法 ······ 14

　　3.3.3　选择合适的 MCU ········· 14

第4章　寄存器 ······················ 17

4.1　寄存器简介 ···················· 17

4.2　STM32 的外观 ··············· 17

4.3　芯片里面有什么 ·············· 18

4.4　存储器映射 ··················· 21

4.5　寄存器映射 ··················· 23

　　4.5.1　STM32 的外设地址映射 ··· 23

　　4.5.2　C 语言对寄存器的封装 ··· 26

第5章　新建工程——寄存器版 ··· 31

5.1　新建本地工程文件夹工程 ······ 31

　　5.1.1　新建本地工程文件夹 ···· 31

　　5.1.2　新建工程 ··············· 32

5.2　下载程序 ····················· 38

第6章　使用寄存器点亮 LED ····· 39

6.1　GPIO 简介 ··················· 39

6.2　GPIO 框图剖析 ·············· 39

　　6.2.1　基本结构分析 ·········· 39

　　6.2.2　GPIO 工作模式 ········ 42

6.3　实验：使用寄存器点亮 LED ··· 43

　　6.3.1　硬件连接 ··············· 44

　　6.3.2　启动文件 ··············· 44

6.3.3 stm32f4xx.h 文件 ·············· 46

    6.3.4 main 文件 ·················· 47

    6.3.5 下载验证 ·················· 51

第 7 章 自己写库——构建库 函数雏形 ············· 52

7.1 STM32 函数库简介 ············· 52

7.2 采用库来开发及学习的原因 ····· 53

7.3 实验：构建库函数雏形 ········· 53

    7.3.1 修改寄存器地址封装 ········ 54

    7.3.2 定义访问外设的结构体 指针 ·················· 55

    7.3.3 定义初始化结构体 ·········· 59

    7.3.4 定义引脚模式的枚举类型 ··· 60

    7.3.5 定义 GPIO 初始化函数 ····· 62

    7.3.6 使用函数点亮 LED ········· 64

    7.3.7 下载验证 ·················· 66

    7.3.8 总结 ······················ 66

第 8 章 初识 STM32 标准库 ········ 67

8.1 CMSIS 标准及库层次关系 ······ 67

    8.1.1 库目录、文件简介 ·········· 68

    8.1.2 各库文件间的关系 ·········· 74

8.2 使用帮助文档 ················· 75

    8.2.1 常用官方资料 ·············· 75

    8.2.2 初识库函数 ················ 76

第 9 章 新建工程——库函数版 ··· 78

9.1 新建本地工程文件夹 ··········· 78

9.2 新建工程 ····················· 79

9.3 配置魔术棒选项卡 ············· 82

9.4 下载器配置 ··················· 85

9.5 选择 Flash 大小 ··············· 86

第 10 章 GPIO 输出——使用 固件库点亮 LED ········· 88

10.1 硬件设计 ···················· 88

10.2 软件设计 ···················· 88

    10.2.1 编程要点 ················· 89

    10.2.2 代码分析 ················· 89

    10.2.3 下载验证 ················· 94

10.3 STM32 标准库补充知识 ········ 94

第 11 章 GPIO 输入——按键 检测 ················· 98

11.1 硬件设计 ···················· 98

11.2 软件设计 ···················· 99

    11.2.1 编程要点 ················· 99

    11.2.2 代码分析 ················· 99

    11.2.3 下载验证 ················ 102

第 12 章 GPIO——位带操作 ····· 103

12.1 位带简介 ··················· 103

    12.1.1 外设位带区 ·············· 103

    12.1.2 SRAM 位带区 ··········· 104

    12.1.3 位带区和位带别名区 地址转换 ·············· 104

12.2 GPIO 位带操作 ············· 105

第 13 章 启动文件 ··············· 108

13.1 启动文件简介 ··············· 108

13.2 查找 ARM 汇编指令 ········· 108

13.3 启动文件代码讲解 ··········· 109

第 14 章 RCC——使用 HSE/HSI 配置时钟 ··············· 116

14.1 RCC 主要作用——时钟部分 ··· 116

14.2 RCC 框图剖析——时钟树 ……… 116
　　14.2.1 系统时钟 ……………… 116
　　14.2.2 其他时钟 ……………… 121
14.3 配置系统时钟实验 …………… 122
　　14.3.1 使用 HSE ……………… 122
　　14.3.2 使用 HSI ……………… 122
　　14.3.3 硬件设计 ……………… 123
　　14.3.4 软件设计 ……………… 123
　　14.3.5 下载验证 ……………… 129

第 15 章　STM32 中断应用概览 …… 130
15.1 异常类型 ……………………… 130
15.2 NVIC 简介 …………………… 131
　　15.2.1 NVIC 寄存器简介 ……… 131
　　15.2.2 NVIC 中断配置固件库 … 132
15.3 优先级的定义 ………………… 132
　　15.3.1 优先级定义 …………… 132
　　15.3.2 优先级分组 …………… 133
15.4 中断编程 ……………………… 134

第 16 章　EXTI——外部中断 /
　　　　　事件控制器 ………… 136
16.1 EXTI 简介 …………………… 136
16.2 EXTI 功能框图 ……………… 136
16.3 中断 / 事件线 ………………… 138
16.4 EXTI 初始化结构体详解 …… 139
16.5 外部中断控制实验 …………… 139
　　16.5.1 硬件设计 ……………… 140
　　16.5.2 软件设计 ……………… 140
　　16.5.3 下载验证 ……………… 144

第 17 章　SysTick——系统
　　　　　定时器 …………… 145
17.1 SysTick 简介 ………………… 145

17.2 SysTick 寄存器介绍 ………… 145
17.3 SysTick 定时实验 …………… 146
　　17.3.1 硬件设计 ……………… 146
　　17.3.2 软件设计 ……………… 146

第 18 章　通信的基本概念 ……… 152
18.1 串行通信与并行通信 ………… 152
18.2 全双工、半双工及单工通信 … 153
18.3 同步通信与异步通信 ………… 153
18.4 通信速率 ……………………… 154

第 19 章　USART——串口通信 … 155
19.1 串口通信协议简介 …………… 155
　　19.1.1 物理层 ………………… 155
　　19.1.2 协议层 ………………… 158
19.2 STM32 的 USART 简介 …… 159
19.3 USART 功能框图 …………… 160
19.4 USART 初始化结构体详解 …… 166
19.5 USART1 接发通信实验 ……… 167
　　19.5.1 硬件设计 ……………… 168
　　19.5.2 软件设计 ……………… 168
　　19.5.3 下载验证 ……………… 173
19.6 USART1 指令控制 RGB 彩灯
　　实验 …………………………… 174
　　19.6.1 硬件设计 ……………… 174
　　19.6.2 软件设计 ……………… 174
　　19.6.3 下载验证 ……………… 179

第 20 章　DMA ……………………… 180
20.1 DMA 简介 …………………… 180
20.2 DMA 功能框图 ……………… 180
20.3 DMA 数据配置 ……………… 184
20.4 DMA 初始化结构体详解 …… 188

20.5　DMA 存储器到存储器模式
　　　实验 ……………………………… 190
　　20.5.1　硬件设计 ……………… 190
　　20.5.2　软件设计 ……………… 190
　　20.5.3　下载验证 ……………… 195
20.6　DMA 存储器到外设模式实验 …… 195
　　20.6.1　硬件设计 ……………… 195
　　20.6.2　软件设计 ……………… 195
　　20.6.3　下载验证 ……………… 199

第 21 章　常用存储器介绍 ………… 200
21.1　存储器种类 …………………… 200
21.2　RAM 存储器 …………………… 200
　　21.2.1　DRAM …………………… 201
　　21.2.2　SRAM …………………… 202
　　21.2.3　DRAM 与 SRAM 的
　　　　　　应用场合 ……………… 202
21.3　非易失性存储器 ……………… 202
　　21.3.1　ROM 存储器 …………… 202
　　21.3.2　Flash 存储器 …………… 203

第 22 章　I²C——读写 EEPROM … 205
22.1　I²C 协议简介 ………………… 205
　　22.1.1　I²C 物理层 ……………… 205
　　22.1.2　协议层 ………………… 206
22.2　STM32 的 I²C 特性及架构 …… 209
　　22.2.1　STM32 的 I²C 外设简介 … 209
　　22.2.2　STM32 的 I²C 架构剖析 … 210
　　22.2.3　通信过程 ……………… 212
22.3　I²C 初始化结构体详解 ……… 213
22.4　I²C——读写 EEPROM 实验 …… 215
　　22.4.1　硬件设计 ……………… 215
　　22.4.2　软件设计 ……………… 216

22.4.3　下载验证 ……………… 234

第 23 章　SPI——读写串行
　　　　　Flash ………………… 235
23.1　SPI 协议简介 ………………… 235
　　23.1.1　SPI 物理层 …………… 235
　　23.1.2　协议层 ………………… 236
23.2　STM32 的 SPI 特性及架构 …… 238
　　23.2.1　STM32 的 SPI 外设
　　　　　　简介 ………………… 238
　　23.2.2　STM32 的 SPI 架构
　　　　　　剖析 ………………… 239
　　23.2.3　通信过程 ……………… 241
23.3　SPI 初始化结构体详解 ……… 242
23.4　SPI——读写串行 Flash 实验 … 243
　　23.4.1　硬件设计 ……………… 243
　　23.4.2　软件设计 ……………… 244
　　23.4.3　下载验证 ……………… 264

第 24 章　串行 Flash 文件系统
　　　　　FatFs …………………… 265
24.1　文件系统 ……………………… 265
24.2　FatFs 文件系统简介 ………… 266
　　24.2.1　FatFs 的目录结构 …… 266
　　24.2.2　FatFs 帮助文档 ……… 266
　　24.2.3　FatFs 源码 …………… 267
24.3　FatFs 文件系统移植实验 …… 268
　　24.3.1　FatFs 程序结构图 …… 268
　　24.3.2　硬件设计 ……………… 269
　　24.3.3　FatFs 移植步骤 ……… 269
　　24.3.4　FatFs 底层设备驱动
　　　　　　函数 ………………… 271
　　24.3.5　FatFs 功能配置 ……… 276

24.3.6 FatFs 功能测试 ·········· 277

24.3.7 下载验证 ················ 280

24.4 FatFs 功能使用实验 ········· 281

24.4.1 硬件设计 ················ 281

24.4.2 软件设计 ················ 281

24.4.3 下载验证 ················ 286

第 25 章 FMC——扩展外部 SDRAM ·········· 287

25.1 SDRAM 控制原理 ··········· 287

25.1.1 SDRAM 信号线 ·········· 288

25.1.2 控制逻辑 ················ 289

25.1.3 地址控制 ················ 289

25.1.4 SDRAM 的存储阵列 ····· 289

25.1.5 数据输入输出 ·········· 289

25.1.6 SDRAM 的命令 ·········· 290

25.1.7 SDRAM 的初始化流程 ··· 295

25.1.8 SDRAM 的读写流程 ····· 296

25.2 FMC 简介 ··················· 297

25.3 FMC 框图剖析 ·············· 298

25.4 FMC 的地址映射 ··········· 300

25.5 SDRAM 时序结构体 ········· 302

25.6 SDRAM 初始化结构体 ······ 303

25.7 SDRAM 命令结构体 ········· 304

25.8 FMC——扩展外部 SDRAM 实验 ·········· 305

25.8.1 硬件设计 ················ 305

25.8.2 软件设计 ················ 305

25.8.3 下载验证 ················ 316

第 26 章 LTDC/DMA2D—— 液晶显示 ·········· 317

26.1 显示器简介 ················ 317

26.1.1 液晶显示器 ·········· 317

26.1.2 LED 和 OLED 显示器 ···· 318

26.1.3 显示器的基本参数 ······ 319

26.2 液晶屏控制原理 ·········· 319

26.2.1 液晶面板的控制信号 ···· 320

26.2.2 液晶数据传输时序 ······ 321

26.2.3 显存 ·················· 323

26.3 LTDC 液晶控制器简介 ······ 323

26.3.1 图像数据混合 ·········· 323

26.3.2 LTDC 结构框图剖析 ····· 324

26.4 DMA2D 图形加速器简介 ····· 327

26.5 LTDC 初始化结构体 ········· 329

26.6 LTDC 层级初始化结构体 ····· 331

26.7 DMA2D 初始化结构体 ······· 334

26.8 LTDC/DMA2D——液晶显示 实验 ·········· 336

26.8.1 硬件设计 ················ 336

26.8.2 软件设计 ················ 338

26.8.3 下载验证 ················ 358

第 27 章 LTDC——液晶显示 中英文 ·········· 359

27.1 字符编码 ·················· 359

27.1.1 ASCII 编码 ·············· 359

27.1.2 中文编码 ················ 362

27.1.3 Unicode 字符集和编码 ··· 365

27.1.4 UTF-32 ················· 365

27.1.5 UTF-16 ················· 365

27.1.6 UTF-8 ·················· 366

27.1.7 BOM ··················· 367

27.2 字模简介 ·················· 367

27.2.1 字模的构成 ············· 368

27.2.2 字模显示原理 ··········· 368

27.2.3　如何制作字模 ················ 370

27.2.4　字模寻址公式 ················ 371

27.2.5　存储字模文件 ················ 372

27.3　LTDC——各种模式的液晶显示
字符实验 ····························· 372

27.3.1　硬件设计 ···················· 373

27.3.2　显示 ASCII 编码的
字符 ·························· 373

27.3.3　显示 GB2312 编码的
字符 ·························· 382

27.3.4　显示任意大小的字符 ····· 391

27.3.5　下载验证 ···················· 398

第 28 章　电容触摸屏——
触摸画板 ·················· 399

28.1　触摸屏简介 ····················· 399

28.1.1　电阻触摸屏检测原理 ····· 399

28.1.2　电容触摸屏检测原理 ····· 401

28.2　电容触摸屏控制芯片 ········· 402

28.2.1　GT9157 芯片的引脚 ······· 403

28.2.2　上电时序与 I²C 设备
地址 ·························· 404

28.2.3　寄存器配置 ··············· 404

28.2.4　读取坐标信息 ············· 406

28.3　电容触摸屏——触摸画板
实验 ································ 408

28.3.1　硬件设计 ···················· 408

28.3.2　软件设计 ···················· 409

28.3.3　下载验证 ···················· 430

第 29 章　ADC——电压采集 ····· 431

29.1　ADC 简介 ······················· 431

29.2　ADC 功能框图剖析 ············ 431

29.2.1　ADC 功能 ·················· 431

29.2.2　电压转换 ·················· 437

29.3　ADC 初始化结构体详解 ······ 437

29.4　独立模式单通道采集实验 ······ 438

29.4.1　硬件设计 ···················· 439

29.4.2　软件设计 ···················· 439

29.4.3　下载验证 ···················· 443

29.5　独立模式多通道采集实验 ······ 443

29.5.1　硬件设计 ···················· 443

29.5.2　软件设计 ···················· 443

29.5.3　下载验证 ···················· 449

29.6　三重 ADC 交替模式采集实验 ··· 449

29.6.1　硬件设计 ···················· 449

29.6.2　软件设计 ···················· 450

29.6.3　下载验证 ···················· 455

第 30 章　TIM——基本定时器 ··· 456

30.1　TIM 简介 ······················· 456

30.2　基本定时器 ····················· 456

30.3　基本定时器功能框图 ··········· 458

30.4　定时器初始化结构体详解 ······ 460

30.5　基本定时器定时实验 ··········· 461

30.5.1　硬件设计 ···················· 461

30.5.2　软件设计 ···················· 461

30.5.3　下载验证 ···················· 464

第 31 章　TIM——高级定时器 ··· 465

31.1　高级控制定时器 ··············· 465

31.2　高级控制定时器功能框图 ······ 466

31.3　输入捕获应用 ··················· 476

31.3.1　测量脉宽或者频率 ········ 476

31.3.2　PWM 输入模式 ············ 477

31.4　输出比较应用 ··················· 478

31.5 定时器初始化结构体详解 ……… 480

31.6 PWM 互补输出实验 ………… 483

    31.6.1 硬件设计 ………… 484

    31.6.2 软件设计 ………… 484

    31.6.3 下载验证 ………… 488

31.7 PWM 输入捕获实验 ………… 489

    31.7.1 硬件设计 ………… 489

    31.7.2 软件设计 ………… 489

    31.7.3 下载验证 ………… 494

第 32 章 TIM——电容按键 检测 ……… 495

32.1 电容按键原理 ………… 495

32.2 电容按键检测实验 ………… 496

    32.2.1 硬件设计 ………… 497

    32.2.2 软件设计 ………… 497

    32.2.3 下载验证 ………… 504

第 33 章 SDIO——SD 卡读写 测试 ……… 505

33.1 SDIO 简介 ………… 505

33.2 SD 卡物理结构 ………… 506

33.3 SDIO 总线 ………… 507

    33.3.1 总线拓扑 ………… 507

    33.3.2 总线协议 ………… 508

    33.3.3 命令 ………… 510

    33.3.4 响应 ………… 512

33.4 SD 卡的操作模式及切换 ……… 514

    33.4.1 SD 卡的操作模式 ………… 514

    33.4.2 卡识别模式 ………… 514

    33.4.3 数据传输模式 ………… 516

33.5 STM32 的 SDIO 功能框图 ……… 516

33.6 SDIO 初始化结构体 ………… 521

33.7 SDIO 命令初始化结构体 ……… 522

33.8 SDIO 数据初始化结构体 ……… 523

33.9 SD 卡读写测试实验 ………… 523

    33.9.1 硬件设计 ………… 524

    33.9.2 软件设计 ………… 524

    33.9.3 下载验证 ………… 549

第 34 章 基于 SD 卡的 FatFs 文件系统 ……… 550

34.1 FatFs 移植步骤 ………… 550

34.2 FatFs 接口函数 ………… 552

34.3 FatFs 功能测试 ………… 557

第 35 章 I²S——音频播放与 录音输入 ……… 561

35.1 I²S 简介 ………… 561

    35.1.1 数字音频技术 ………… 561

    35.1.2 I²S 总线接口 ………… 562

    35.1.3 音频数据传输协议 标准 ………… 562

35.2 I²S 功能框图 ………… 565

35.3 WM8978 音频编译码器 ……… 567

35.4 WAV 格式文件 ………… 569

    35.4.1 RIFF 文件规范 ………… 570

    35.4.2 WAV 文件 ………… 570

    35.4.3 WAV 文件实例分析 ……… 571

35.5 I²S 初始化结构体详解 ……… 571

35.6 录音与回放实验 ………… 572

    35.6.1 硬件设计 ………… 573

    35.6.2 软件设计 ………… 573

    35.6.3 下载验证 ………… 601

35.7 MP3 播放器 ………… 601

    35.7.1 MP3 文件结构 ………… 602

35.7.2 MP3 解码库 ················ 605

35.7.3 Helix 解码库移植 ········· 606

35.7.4 MP3 播放器功能实现 ····· 606

35.7.5 下载验证 ·················· 614

第 36 章 ETH——LwIP 以太网 通信 ······ 615

36.1 互联网模型 ················ 615

36.2 以太网 ···················· 616

36.2.1 PHY 层 ·················· 616

36.2.2 MAC 子层 ·············· 617

36.3 TCP/IP 协议栈 ············ 618

36.3.1 需要协议栈的原因 ······· 619

36.3.2 各网络层的功能 ········· 619

36.4 以太网外设 ················ 620

36.4.1 SMI 接口 ·············· 621

36.4.2 MII 和 RMII 接口 ······· 623

36.4.3 MAC 数据包发送和 接收 ················ 624

36.4.4 MAC 过滤 ·············· 626

36.5 PHY：LAN8720A ·········· 626

36.6 LwIP：轻型 TCP/IP 协议栈 ······ 629

36.7 ETH 初始化结构体详解 ······· 629

36.8 以太网通信实验：无操作系统 LwIP 移植 ················ 635

36.8.1 硬件设计 ·············· 635

36.8.2 移植步骤 ·············· 635

36.8.3 下载验证 ·············· 661

36.9 基于 μCOS-III 移植 LwIP 实验 ················ 663

第 37 章 CAN——通信实验 ······· 680

37.1 CAN 协议简介 ············· 680

37.1.1 CAN 物理层 ·············· 680

37.1.2 协议层 ·················· 684

37.2 STM32 的 CAN 外设简介 ······ 690

37.3 CAN 初始化结构体 ·········· 698

37.4 CAN 发送及接收结构体 ········ 700

37.5 CAN 筛选器结构体 ·········· 701

37.6 CAN——双机通信实验 ········ 703

37.6.1 硬件设计 ·············· 703

37.6.2 软件设计 ·············· 704

37.6.3 下载验证 ·············· 713

第 38 章 RS-485 通信实验 ······ 714

38.1 RS-485 通信协议简介 ········ 714

38.2 RS-485——双机通信实验 ······ 715

38.2.1 硬件设计 ·············· 715

38.2.2 软件设计 ·············· 716

38.2.3 下载验证 ·············· 723

第 39 章 电源管理——实现 低功耗 ······ 724

39.1 STM32 的电源管理简介 ······· 724

39.1.1 电源监控器 ·············· 724

39.1.2 STM32 的电源系统 ········ 726

39.1.3 STM32 的功耗模式 ········ 727

39.2 电源管理相关的库函数及 命令 ················ 729

39.2.1 配置 PVD 监控功能 ······· 729

39.2.2 WFI 与 WFE 命令 ········ 729

39.2.3 进入停止模式 ············ 730

39.2.4 进入待机模式 ············ 731

39.3 PWR——睡眠模式实验 ········· 732

39.3.1 硬件设计 ·············· 732

39.3.2 软件设计 ·············· 732

39.3.3 下载验证 ·················· 735

39.4 PWR——停止模式实验 ········· 735

39.4.1 硬件设计 ·················· 735

39.4.2 软件设计 ·················· 735

39.4.3 下载验证 ·················· 739

39.5 PWR——待机模式实验 ········· 739

39.5.1 硬件设计 ·················· 740

39.5.2 软件设计 ·················· 740

39.5.3 下载验证 ·················· 743

39.6 PWR——PVD 电源监控实验 ··· 743

39.6.1 硬件设计 ·················· 743

39.6.2 软件设计 ·················· 745

39.6.3 下载验证 ·················· 747

第 40 章 RTC——实时时钟 ······· 748

40.1 RTC 简介 ······················ 748

40.2 RTC 功能框图解析 ············· 748

40.3 RTC 初始化结构体讲解 ········ 751

40.4 RTC 时间结构体讲解 ·········· 752

40.5 RTC 日期结构体讲解 ·········· 753

40.6 RTC 闹钟结构体讲解 ·········· 753

40.7 RTC—日历实验 ··············· 754

40.7.1 硬件设计 ·················· 754

40.7.2 软件设计 ·················· 754

40.7.3 下载验证 ·················· 760

40.8 RTC—闹钟实验 ··············· 760

40.8.1 硬件设计 ·················· 760

40.8.2 软件设计 ·················· 760

40.8.3 下载验证 ·················· 765

第 41 章 DCMI——OV5640
摄像头 ················ 766

41.1 摄像头简介 ···················· 766

41.1.1 数字摄像头与模拟摄像头
的区别 ·················· 766

41.1.2 CCD 与 CMOS 的区别 ··· 767

41.2 OV5640 摄像头 ··············· 767

41.2.1 OV5640 传感器简介 ····· 769

41.2.2 OV5640 引脚及功能
框图 ·················· 769

41.2.3 SCCB 时序 ·············· 771

41.2.4 OV5640 的寄存器 ········ 772

41.2.5 像素数据输出时序 ········ 773

41.3 STM32 的 DCMI 接口简介 ····· 773

41.3.1 DCMI 整体框图 ·········· 774

41.3.2 DCMI 接口内部结构 ····· 775

41.3.3 同步方式 ················· 775

41.3.4 捕获模式及捕获率 ········ 776

41.4 DCMI 初始化结构体 ··········· 776

41.5 DCMI——OV5640 摄像头实验··· 777

41.5.1 硬件设计 ················· 777

41.5.2 软件设计 ················· 779

41.5.3 下载验证 ················· 797

第 42 章 MDK 的编译过程及
文件类型全解 ········· 798

42.1 编译过程 ······················ 798

42.1.1 编译过程简介 ············· 798

42.1.2 具体工程中的编译
过程 ·················· 799

42.2 程序的组成、存储与运行 ······· 800

42.2.1 CODE、RO、RW、
ZI Data 域及堆栈空间 ···· 800

42.2.2 程序的存储与运行 ········ 801

42.3 编译工具链 ···················· 802

42.3.1 设置环境变量 ············· 803

42.3.2 armcc、armasm 及
armlink ·············· 804

42.3.3 armar、fromelf 及用户
指令 ·············· 807

42.4 MDK 工程的文件类型 ·········· 808

42.4.1 uvprojx、uvoptx、uvguix
及 ini 工程文件 ·········· 809

42.4.2 源文件 ·············· 811

42.4.3 Output 目录下生成的
文件 ·············· 811

42.4.4 Listing 目录下的文件 ···· 831

42.4.5 sct 分散加载文件的格式
与应用 ·············· 837

42.5 实验：自动分配变量到外部
SDRAM 空间 ·············· 846

42.5.1 硬件设计 ·········· 846

42.5.2 软件设计 ·········· 847

42.5.3 下载验证 ·········· 853

42.6 实验：优先使用内部 SRAM 并把
堆区分配到 SDRAM 空间 ······ 853

42.6.1 硬件设计 ·········· 854

42.6.2 软件设计 ·········· 854

42.6.3 下载验证 ·········· 864

第 43 章 在 SRAM 中调试
代码 ·············· 865

43.1 在 RAM 中调试代码 ·········· 865

43.2 STM32 的启动方式 ·········· 865

43.3 内部 Flash 的启动过程 ········ 867

43.4 实验：在内部 SRAM 中调试
代码 ·············· 869

43.4.1 硬件设计 ·········· 869

43.4.2 软件设计 ·········· 870

43.4.3 下载验证 ·········· 877

第 44 章 读写内部 Flash ·········· 878

44.1 STM32 的内部 Flash 简介 ······ 878

44.2 对内部 Flash 的写入过程 ······ 881

44.3 查看工程的空间分布 ·········· 882

44.4 操作内部 Flash 的库函数 ······ 884

44.5 实验：读写内部 Flash ·········· 887

44.5.1 硬件设计 ·········· 887

44.5.2 软件设计 ·········· 887

44.5.3 下载验证 ·········· 893

第 45 章 设置 Flash 的读写
保护及解除 ·········· 894

45.1 选项字节与读写保护 ·········· 894

45.1.1 选项字节的内容 ······ 894

45.1.2 RDP 读保护级别 ······ 896

45.1.3 PCROP 代码读出保护 ···· 898

45.2 修改选项字节的过程 ·········· 898

45.3 操作选项字节的库函数 ········ 899

45.4 实验：设置读写保护及解除 ····· 901

45.4.1 硬件设计 ·········· 902

45.4.2 软件设计 ·········· 902

45.4.3 下载验证 ·········· 908

第 1 章
如何安装 KEIL5

1.1　温馨提示

1）安装路径名中不能带中文，必须是英文路径名。

2）安装目录不能跟 51 单片机的 KEIL 或者 KEIL4 冲突，三者目录必须分开。

3）KEIL5 的安装比 KEIL4 多一个步骤，必须添加 MCU 库，不然没法使用。

4）如果使用的时候出现莫名其妙的错误，可先上相关网站查找解决方法，不要急于处理。

1.2　获取 KEIL5 安装包

要想获得 KEIL5 的安装包，在互联网上搜索 "KEIL5 下载" 即可找到很多网友提供的下载文件，或者到 KEIL 的官网 https://www.keil.com/download/product/ 下载。本书使用的 KEIL5 的版本是 MDK 5.15，若有新版本，读者可使用更高版本，见图 1-1。

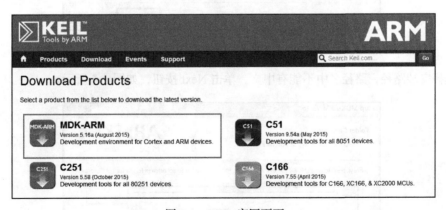

图 1-1　KEIL 官网页面

1.3　开始安装 KEIL5

双击 KEIL5 安装包，开始安装，单击 Next 按钮，如图 1-2 所示。

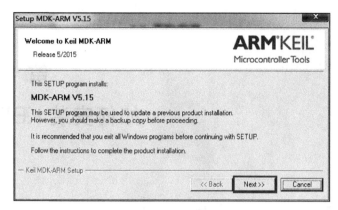

图 1-2　开始安装

勾选同意协议，单击 Next 按钮，见图 1-3。

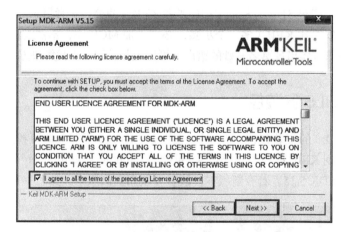

图 1-3　同意协议

选择安装路径，路径名中不能有中文，单击 Next 按钮，如图 1-4 所示。

图 1-4　选择安装路径

填写用户信息，全部填空格（按键盘的 Space 键）即可，单击 Next 按钮，见图 1-5。

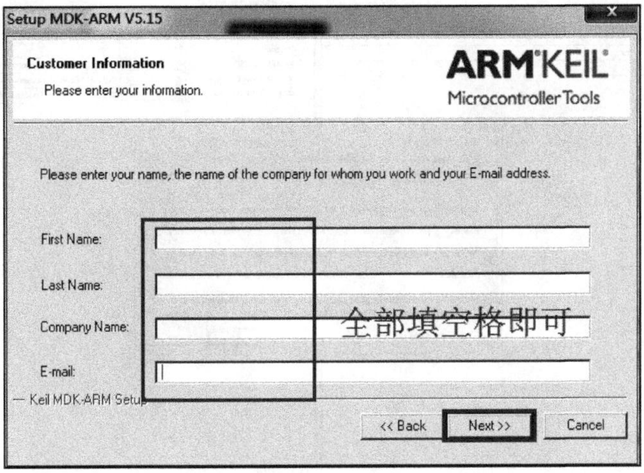

图 1-5　填写用户信息

单击 Finish 按钮，安装完毕，见图 1-6。

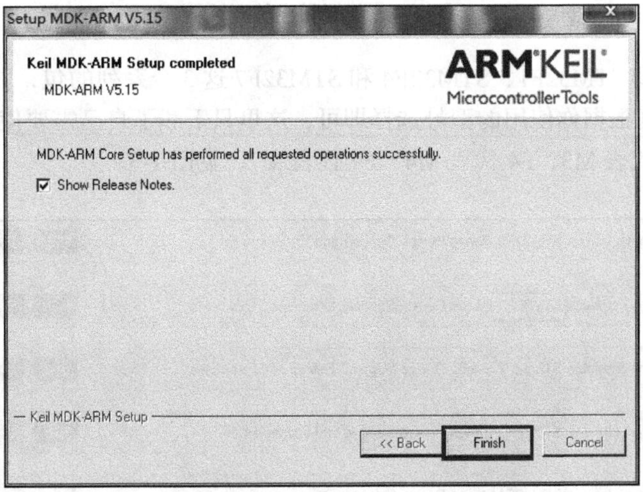

图 1-6　安装完毕

1.4　安装 STM32 芯片包

KEIL5 不像 KEIL4 那样自带了很多厂商的 MCU 型号，而是需要自己安装。把图 1-7 中弹出的对话框关掉，直接去 KEIL 的官网 http://www.keil.com/dd2/pack/ 下载，或者直接用已下载好的包。

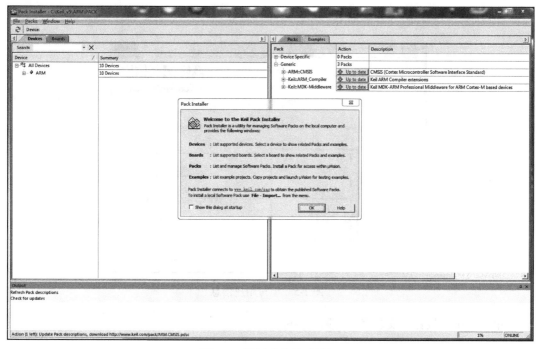

图 1-7　关闭弹出的对话框

在官网上找到 STM32F1、STM32F4 和 STM32F7 这 3 个系列的包，并下载到本地电脑，具体下载哪个系列根据你使用的型号选择即可，这里只下载了自己需要使用的 F1/F4/F7 这 3 个系列的包，F1 代表 M3，F4 代表 M4，F7 代表 M7，见图 1-8。

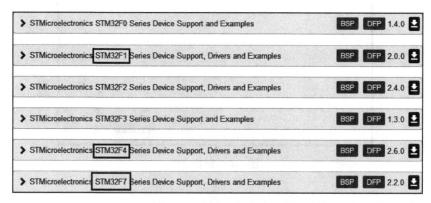

图 1-8　选择下载系列包

把下载好的包双击安装即可，安装路径选择与 KEIL5 一样的。安装成功之后，在 KEIL5 的 Pack Installer 中就可以看到已安装的包，见图 1-9。以后新建工程的时候，就有单片机的型号可选了。

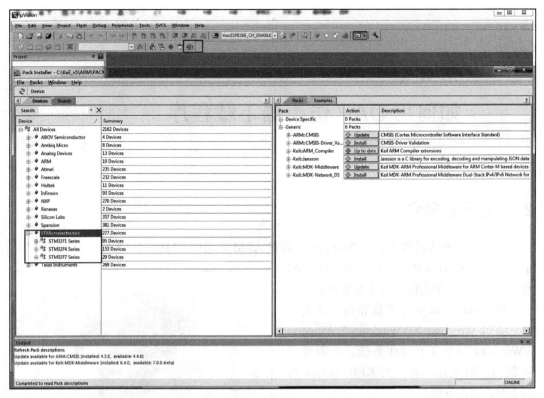

图 1-9　安装好的包

第 2 章
如何用 DAP 仿真器下载程序

2.1 仿真器简介

本书配套的仿真器为 Fire-Debugger，遵循 ARM 公司的 CMSIS-DAP 标准，支持所有基于 Cortex 内核的单片机，常见的 M3、M4 和 M7 都可以完美支持，其外观见图 2-1。

Fire-Debugger 支持下载和在线仿真程序，支持 Windows XP/Windows 7/Windows 8/Windows 10 这 4 个操作系统，不需要安装驱动即可使用，并支持 KEIL 和 IAR 直接下载，非常方便。

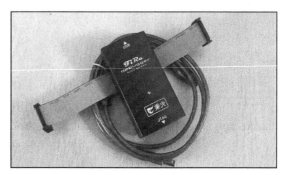

图 2-1 仿真器外观

2.2 硬件连接

把仿真器用 USB 连接到电脑，如果仿真器的灯亮，则表示正常，可以使用。然后把仿真器的另外一端连接到开发板，给开发板上电，接着就可以通过软件 KEIL 或者 IAR 给开发板下载程序。仿真器与电脑和开发板的连接方式示意图如图 2-2 所示。

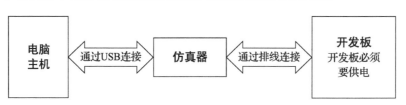

图 2-2 仿真器与电脑和开发板的连接方式

2.3 仿真器配置

在将仿真器与电脑和开发板连接好且开发板供电正常的情况下，打开编译软件 KEIL，在魔术棒选项卡里面选择仿真器的型号，然后进行以下配置。

1）Debug 选项配置，见图 2-3。

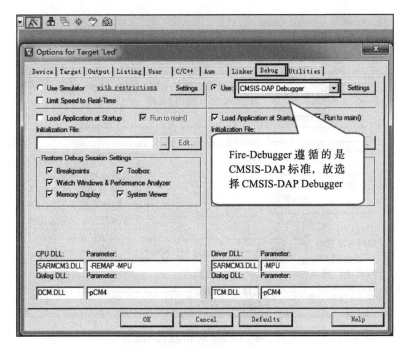

图 2-3 选择 CMSIS-DAP Debugger

2）Utilities 选项配置，见图 2-4。

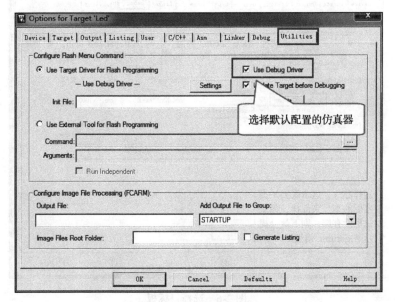

图 2-4 选择 Use Debug Driver

3）Debug Settings 选项配置，见图 2-5。

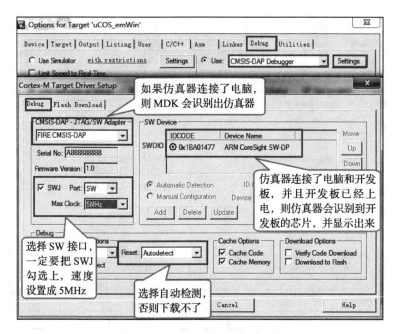

图 2-5　Debug Settings 选项配置

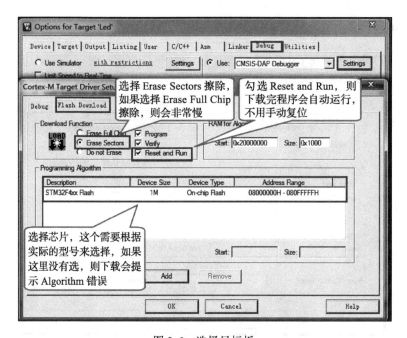

图 2-6　选择目标板

2.4　选择目标板

选择目标板时，具体选择多大的 Flash 要根据板子上的芯片型号决定。秉火 STM32 开发板的配置是：F1 选 512KB，F4 选 1MB。这里面有个小技巧就是把"Reset and Run"选项也勾选上，这样程序下载完之后就会自动运行，否则需要手动复位。要擦除的 Flash 大小选择 Erase Sectors 即可，选择 Erase Full Chip 的话，下载会比较慢。具体选项见图 2-6。

2.5　下载程序

如果前面步骤都成功了，接下来就可以把编译好的程序下载到开发板上运行。下载程序不需要其他额外的软件，直接单击 KEIL 中的 LOAD 按钮即可，见图 2-7。

图 2-7　下载程序

程序下载后，Build Output 选项卡上如果打印出"Application running…"，则表示程序下载成功，见图 2-8。如果没有出现这一现象，可按复位键试试。

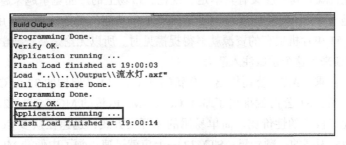

图 2-8　程序下载成功

第 3 章
初识 STM32

3.1 什么是 STM32

STM32，从字面上来理解，ST 是意法半导体，M 是 Microelectronics 的缩写，32 表示 32 位，合起来理解，STM32 就是指 ST 公司开发的 32 位微控制器。在如今的 32 位控制器当中，STM32 可以说是最璀璨的新星，深受工程师和市场的青睐，无芯能出其右。

51 单片机是嵌入式学习中一款入门级的经典 MCU，因其结构简单，易于教学，且可以通过串口编程而不需要额外的仿真器，所以被大量用于教学中，至今很多大学在嵌入式教学中用的还是 51 单片机。51 单片机诞生于 20 世纪 70 年代，属于传统的 8 位单片机，如今，久经岁月的洗礼，既有其辉煌又有其不足。现在，市场上的产品竞争越来越激烈，对成本极其敏感，相应地对 MCU 的性能要求也更苛刻：更多功能、更低功耗、易用界面和多任务。面对这些要求，51 单片机现有的资源就显得捉襟见肘。所以无论是高校教学还是市场，都急需一款新的 MCU 来为这个领域注入活力。

基于这样的需求，ARM 公司推出了全新的基于 ARMv7 架构的 32 位 Cortex-M3 微控制器内核。紧随其后，ST 公司就推出了基于 Cortex-M3 内核的 MCU-STM32。STM32 凭借其产品线的多样化、极高的性价比、简单易用的库开发方式，迅速在众多 Cortex-M3 MCU 中脱颖而出，成为最闪亮的一颗新星。STM32 一上市就迅速占领了中低端 MCU 市场，受到了市场和工程师的无比青睐，颇有"星火燎原"之势。

作为一名合格的嵌入式工程师，面对新出现的技术，不能漠不关心，而是要尽快学习，跟上技术的潮流。如今 STM32 的出现就是一种趋势，一种潮流，我们要做的就是搭上这趟快车，让自己的技术更有竞争力。

3.2 STM32 能做什么

STM32 属于一个微控制器，自带了各种常用通信接口，比如 USART、I²C、SPI 等，可连接非常多的传感器，可以控制很多的设备。现实生活中，我们接触到的很多电器产品中都有 STM32 的身影，比如智能手环、微型四轴飞行器、平衡车、移动 POST 机、智能电饭锅、3D 打印机等。下面我们以最近较流行的两个产品为例来讲解一下 STM32：一个是智能手环，一个是飞行器。

3.2.1　智能手环

三星智能手环如图 3-1 所示。

①红框：STM32F439ZIY6S 处理器，2048KB 闪存，256KB RAM，WLCSP143 封装。

②橙框：Macronix MX69V28F64 16MB 闪存，基于 MCP 封装的存储器，是一种包含了 NOR 和 SRAM 的闪存，在手环、手机这种移动设备中经常使用。其优点是体积小，可以减小 PCB 的尺寸。这个闪存使用 439 的 FSMC 接口驱动。

③黄框：InvenSense MPU-6500 陀螺仪 / 加速度计，用 439 的 I^2C 接口驱动。

④绿框：博通 BCM4334WKUBG 芯片，支持 802.11n，蓝牙 4.0+HS 以及 FM 接收芯片，用 439 的 SDIO 或者 SPI 接口驱动。

其显示采用 1.84 英寸[⊖]可弯曲屏幕（Super AMOLED），432 × 128 像素。触摸部分用 439 的 I^2C 接口驱动，OLED 显示部分用 LTDC 接口驱动。

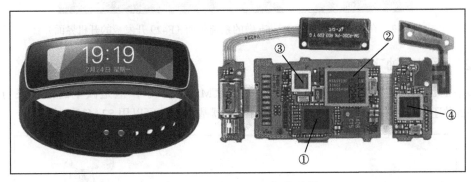

图 3-1　三星 Gear Fit 智能手环

三星 Gear Fit 和秉火 STM32F429 挑战者资源对比见表 3-1。

表 3-1　三星 Gear Fit 和秉火 STM32F429 挑战者资源对比

资源	三星 Gear Fit	秉火 STM32F429 挑战者
CPU	STM32F439ZIY6S、WLCSP143 封装	STM32F429IGT6、LQPF144 封装
存储	NOR+SRAM 16MB、FSMC 接口	SDRAM 8MB、FMC 接口
显示	1.84 英寸的 AMOLED、RGB 接口、LTDC 驱动	5 英寸电容屏、RGB 接口、LTDC 驱动
陀螺仪	MPU6050、I^2C 接口	MPU6050、I^2C 接口
无线通信	蓝牙：博通 BCM4334、SDIO 或者 SPI 接口	WiFi：EMW1062、SDIO 接口

除了这几个重要资源的对比，STM32F429（也被称为 F429）开发板上还集成了以太网、音频、CAN、485、232、USB 转串口、蜂鸣器、LED、电容按键等外设资源。在板子上面，还可以运行系统 μcosiii、学习图形界面 emwin，见图 3-2。如果功夫所至，学完之后，自己

⊖　1 英寸 =25.4mm。——编辑注

也可以做一个类似 Gear Fit 这样的手环。可能很多人会说，Gear Fit 涉及硬件和软件，整个系统较为复杂，并不是一个人可以完成的。说的没错，我们或许做不了，但还是应该多学点，技多不压身。

图 3-2　在 μcosiii 上使用 emwin 做的系统界面（F429 开发板的开机界面）

3.2.2　微型四轴飞行器

现在无人机非常流行，高端的无人机用 STM32 做不了，但是微型的四轴飞行器用 STM32 做还是绰绰有余的。如图 3-3 所示的飞行器基本上都可以用 STM32 制作。

图 3-3　微型四轴飞行器

如果你想自己动手制作一个简易的飞行器，可以在掌握了 STM32 的用法之后，买一本飞行器 DIY 的书，边学边做。入门级的书籍可推荐《四轴飞行器 DIY——基于 STM32 微控制器》。

3.2.3　淘宝众筹

学会了 STM32 的使用后，想自己做产品，这要如何实现呢？可采取淘宝众筹的方式。先做出产品原型，然后用别人的钱为自己的梦想"买单"。

淘宝众筹 https://izhongchou.taobao.com/index.htm 科技类项目（见图 3-4）中有很多小玩

意都可以用 STM32 实现，只要你有创意，就会有人投资，但前提是要先学会 STM32。

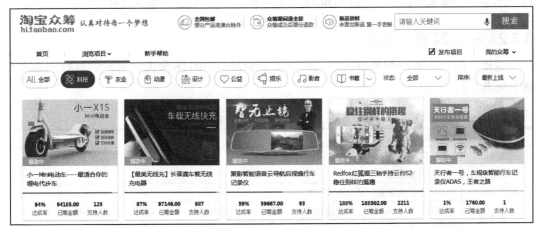

图 3-4 淘宝众筹科技类项目网页

3.3 STM32 选型

3.3.1 STM32 分类

STM32 有很多系列，可以满足市场的各种需求。从内核上分，有 Cortex-M0、M3、M4 和 M7，每个内核又可分为主流、高性能和低功耗等，具体见表 3-2。

表 3-2 STM8 和 STM32 分类

CPU 位数	内　　核	系　　列	描　　　述
32	Cortex-M0	STM32-F0	入门级
		STM32-L0	低功耗
	Cortex-M3	STM32-F1	基础型，主频 72MHz
		STM32-F2	高性能
		STM32-L1	低功耗
	Cortex-M4	STM32-F3	混合信号
		STM32-F4	高性能，主频 180MHz
		STM32-L4	低功耗
	Cortex-M7	STM32-F7	高性能
8	超级版 6502	STM8S	标准系列
		STM8AF	标准系列的汽车应用
		STM8AL	低功耗的汽车应用
		STM8L	低功耗

单纯从学习的角度出发，可以选择 F1 和 F4 系列。F1 代表了基础型，基于 Cortex-M3 内核，主频为 72MHz；F4 代表了高性能，基于 Cortex-M4 内核，主频 180MHz。

与 F1 相比，F4（429 系列以上）除了内核不同且主频有提升外，更高级的特点是带了 LCD 控制器和摄像头接口，支持 SDRAM，这个区别在 STM32 选型上会被优先考虑。

3.3.2　STM32 命名方法

这里我们以秉火 F429 挑战者所用的型号 STM32F429IGT6 来说明一下 STM32 的命名方法，见表 3-3。

表 3-3　STM32F429IGT6 命名说明

	STM32	F	429	I	G	T	6
家族	STM32 表示 32bit 的 MCU						
产品类型	F 表示基础型						
具体特性	429 表示高性能且带 DSP 和 FPU						
引脚数目	I 表示 176pin，其他常用的还有：C 表示 48，R 表示 64，V 表示 100，Z 表示 144，B 表示 208，N 表示 216						
闪存大小	G 表示 1024KB，其他常用的还有：C 表示 256，E 表示 512，I 表示 2048						
封装	T 表示 QFP 封装，这个是最常用的封装						
温度	6 表示温度等级为 A：−40℃ ~ 85℃						

更详细的命名方法见图 3-5，摘自《STM8 和 STM32 选型手册》。

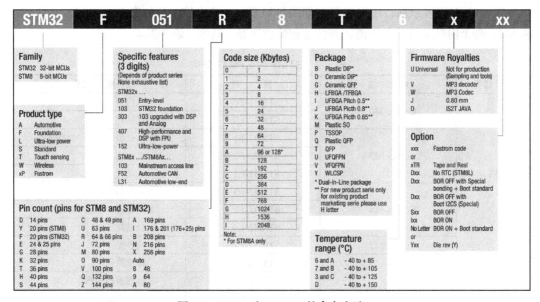

图 3-5　STM8 和 STM32 的命名方法

3.3.3　选择合适的 MCU

了解了 STM32 的分类和命名方法之后，就可以根据项目的具体需求选择内核的 MCU，如果是普通应用，不需要接大屏幕，一般选择 Cortex-M3 内核的 F1 系列；如果追求高性能，需要大量的数据运算，且需要外接 RGB 大屏幕，则选择 Cortex-M4 内核的 F429 系列。

明确了大方向之后，接下来就是细分选型。先确定引脚，引脚多的功能就多，价格也贵，具体得根据实际项目中需要使用的功能选择。确定好了引脚数目之后再选择闪存大小，相同引脚数的 MCU 会有不同大小的闪存可供选择，这个也要参考实际需要，代码量大的就选择大点的闪存，产品一量产后可省下不少钱。有些月出货量以 KK（百万数量级）为单位的产品，不仅是 MCU，连电阻、电容都要精打细算，甚至连 PCB 的过孔的多少都要计算。在项目中元器件的选型有很多学问值得研究。

1. 如何分配原理图上的 IO 引脚

在画原理图之前，一般的做法是先把 IO 引脚分类好。IO 引脚分类见表 3-4。

表 3-4　画原理图时的 IO 引脚分类

引脚分类	引脚说明
电源	VBAT、VDD VSS、VDDA VSSA、VREF+ VREF– 等
晶振 IO	主晶振 IO、RTC 晶振 IO
下载 IO	JTMS、JTCK、JTDI、JTDO、NJTRST，用于 JTAG 下载
BOOT IO	BOOT0、BOOT1，用于设置系统的启动方式
复位 IO[①]	NRST，用于外部复位
GPIO	专用器件接到专用的总线，如 I²C、SPI、SDIO、FSMC、DCMI，有这些总线的器件需要接到专用的 IO
	蜂鸣器、LED、按键等普通元器件用普通的 GPIO
	如果还有剩下的 IO，可根据项目需要引出或者不引出

①由上面 5 部分 IO 组成的系统称作最小系统。

2. 如何寻找 IO 的功能说明

要想根据功能来分配 IO，就得先知道每个 IO 的功能说明，这可以从官方的数据手册里面找到。在学习的时候，会经常用到两个官方资料，一个是参考手册（Reference Manual），另外一个是数据手册（Data Sheet）。两者的具体区别见表 3-5。

表 3-5　参考手册和数据手册的内容区别

手　　册	主要内容	说　　明
参考手册	片上外设的功能说明和寄存器描述	对芯片上每一个外设的功能和使用做了详细的说明，包含寄存器的详细描述。编程的时候需要反复查询这个手册
数据手册	功能概览	主要讲芯片的功能，属于概括性的介绍。芯片选型的时候首先看这部分
	引脚说明	详细描述每一个引脚的功能，在设计原理图和编写程序的时候需要参考这部分
	内存映射	讲解该芯片的内存映射，列举每个总线的地址和包含的外设
	封装特性	讲解芯片的封装，包含每个引脚的长度、宽度等，画 PCB 封装的时候需要参考这部分参数

一句话概括：数据手册主要用于芯片选型和设计原理图，参考手册主要用于编程。这两个文档可以从官方网址下载：http://www.stmcu.org/document/list/index/category-150。

在数据手册中，有关引脚定义的部分在"Pinouts and pin description"这一节中，具体定义见表 3-6，具体说明见表 3-7。

表 3-6 数据手册中的引脚定义

引脚序号 ①								引脚名称（复位后）②	引脚类型③	I/O 结构④	注意事项⑤	复用功能⑥	额外功能⑦
LQFP100	LQFP144	UFBGA169	UFBGA176	LQFP176	WLCSP143	LQFP208	TFBGA216						
1	1	B2	A2	1	D8	1	A3	PE2	I/O	FT		TRACECLK, SPI4_SCK, SAI1_MCLK_A, ETH_MII_TXD3, FMC_A23, EVENTOUT	

表 3-7 对引脚定义的说明

名　　称	缩　　写	说　　明
①引脚序号		阿拉伯数字表示 LQFP 封装，以英文字母开头的表示 BGA 封装。这里列出了 8 种封装型号，具体使用哪一种要根据实际情况来选择
②引脚名称		指复位状态下的引脚名称
③引脚类型	S	电源引脚
	I	输入引脚
	I/O	输入 / 输出引脚
④I/O 结构	FT	兼容 5V
	TTa	只支持 3V3，且直连到 ADC
	B	BOOT 引脚
	RST	复位引脚，内部带弱上拉
⑤注意事项		某些 IO 注意事项的特别说明
⑥复用功能		IO 的复用功能，通过 GPIOx_AFR 寄存器来配置选择。一个 IO 口可以复用为多个功能，即一脚多用，在设计原理图和编程的时候要灵活选择
⑦额外功能		IO 的额外功能，通过直连的外部寄存器配置来选择。使用方法与复用功能差不多

3. 开始分配原理图 IO

比如 F429 挑战者使用的 MCU 型号是 STM32F429IGT6，封装为 LQFP176，在数据手册中找到这个封装的引脚定义，然后根据引脚序号，逐一复制出来，整理成 Excel 表。具体整理方法参照表 3-4 即可。分配好之后就可开始画原理图。

第 4 章
寄　存　器

4.1　寄存器简介

我们经常说寄存器，那么什么是寄存器？这正是本章需要讲解的内容，在学习的过程中，大家带着这个疑问好好思考下，到最后看看能否用一句话给寄存器下一个定义。

4.2　STM32 的外观

图 4-1 所示是包含 176 个引脚的 STM32F429IGT6，这也是我们接下来要学习的 STM32，其正面引脚图见图 4-2。

图 4-1　STM32F429IGT6 实物图

芯片正面是丝印，"ARM"表示该芯片使用的是 ARM 的内核，"STM32F429IGT6"是芯片型号，后面的字符串应该与生产批次相关，最下面的是 ST 的 LOGO。

芯片四周是引脚，左下角的小圆点表示 1 引脚，然后从 1 引脚起按照逆时针的顺序排列编号（所有芯片的引脚编号顺序都是逆时针排列的）。开发板上把芯片的引脚引出来，连接到各种传感器上，然后在 STM32 上编程（实际就是通过程序控制这些引脚输出高电平或者低电平）以控制各种传感器工作，可通过做实验的方式学习 STM32 芯片的各个资源。开发板是一种评估板，板载资源非常丰富，引脚复用比较多，目的是力求在一个板子上验证芯片的全部功能。

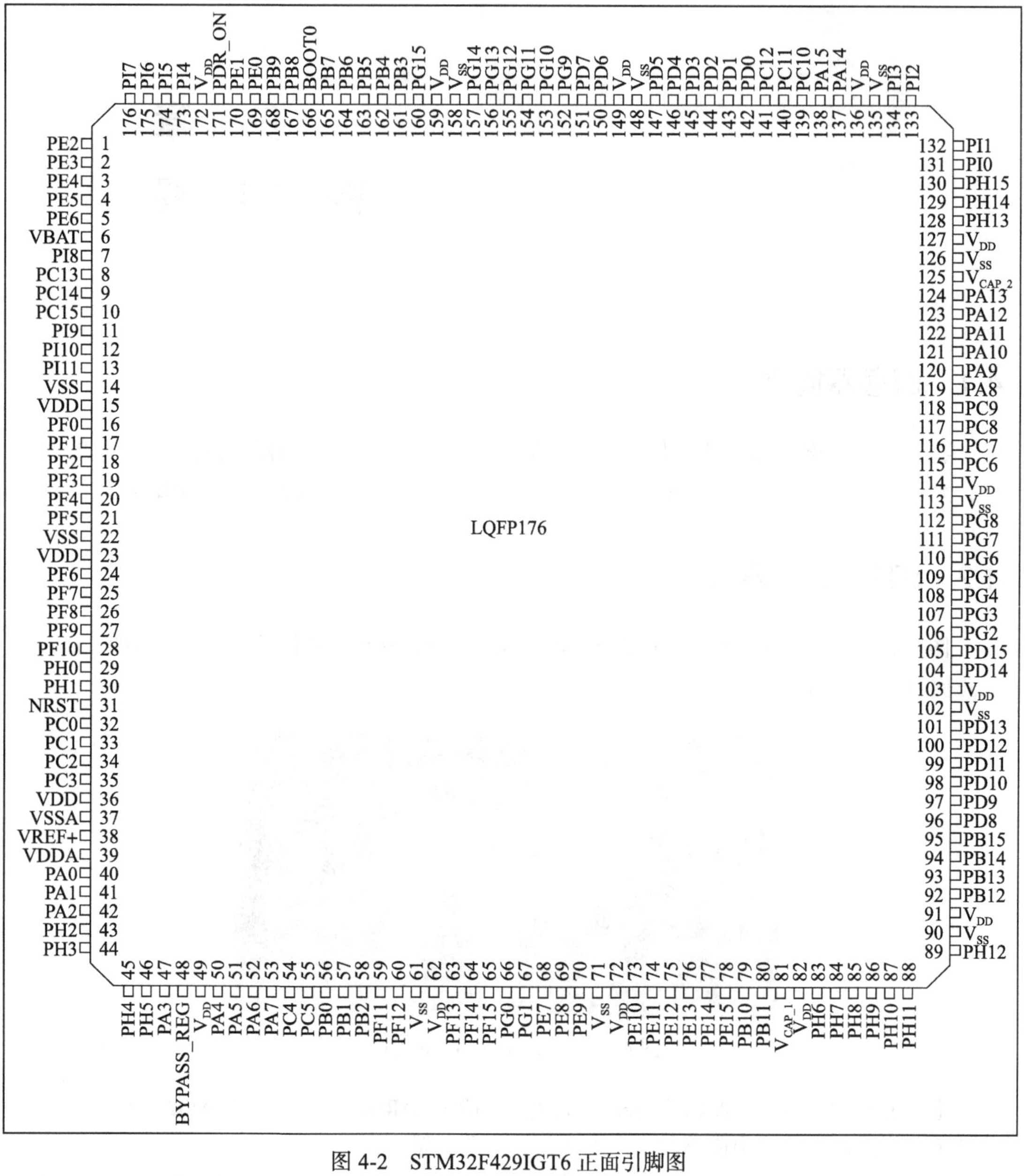

图 4-2 STM32F429IGT6 正面引脚图

4.3 芯片里面有什么

我们看到的 STM32 芯片是已经封装好的成品，主要由内核和片上外设组成。若与电脑类比，内核与外设就如同电脑上的 CPU 与主板、内存、显卡、硬盘的关系。

STM32F429 采用的是 Cortex-M4 内核，内核即 CPU，由 ARM 公司设计。ARM 公司并

不生产芯片，而是出售其芯片技术授权。芯片生产厂商，如 ST、TI、Freescale，负责设计内

核之外的部件并生产整个芯片，这些内核
之外的部件被称为核外外设或片上外设，
如 GPIO、USART（串口）、I²C、SPI 等，具
体见图 4-3。

芯片和外设之间通过各种总线连接，
其中主控总线有 8 条，被控总线有 7 条，
具体见图 4-4。主控总线通过一个总线矩
阵来连接被控总线，总线矩阵用于主控总
线之间的访问仲裁管理，仲裁采用循环调
度算法。总线交叉时，用圆圈表示可以通
信，否则表示不可以通信。比如 S0：I 总
线只有跟 M0、M2 和 M6 这 3 根被控总线
交叉的时候才会用圆圈，表示 S0 只能跟
这 3 根被控总线通信。从功能上来理解，I

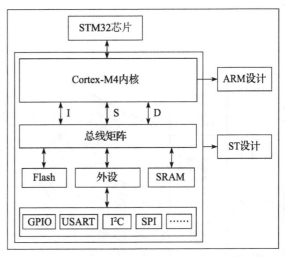

图 4-3　STM32 芯片结构简图

总线是指令总线，实现取指功能，指令指的是编译好的程序指令。我们知道，STM32 有 3 种
启动方式：从 Flash 启动（包含系统存储器），从内部 SRAM 启动，从外部 RAM 启动。这 3
种存储器刚好对应的就是 M0、M2 和 M6 这 3 根总线。

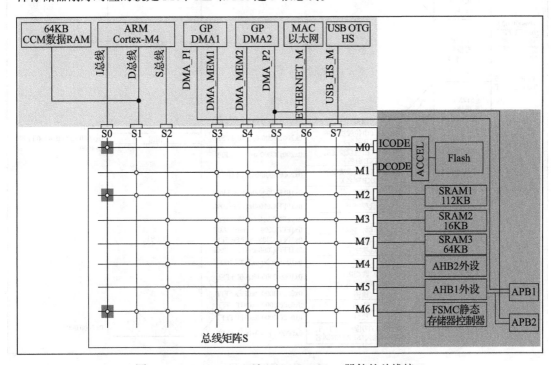

图 4-4　STM32F42xxx 和 STM32F43xxx 器件的总线接口

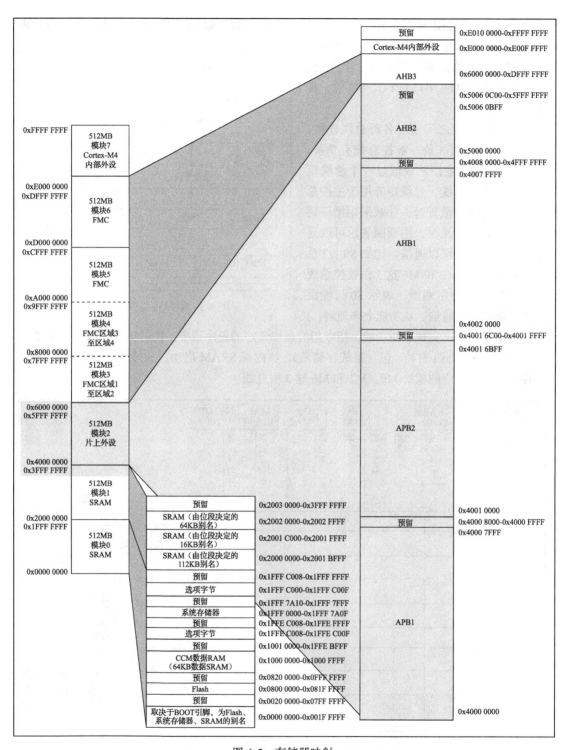

图 4-5　存储器映射

4.4 存储器映射

在图 4-4 中，连接被控总线的是 Flash、RAM 和片上外设，这些功能部件共同排列在一个 4GB 大小的地址空间内。在编程的时候，操作的正是这些功能部件。

存储器本身不具有地址信息，它的地址由芯片厂商或用户分配，给存储器分配地址的过程就称为存储器映射，具体见图 4-5。如果给存储器再分配一个地址，就叫存储器重映射。

存储器区域功能划分

在这 4GB 的地址空间中，ARM 将其大致地平均分成 8 块（Block），每个块也都规定了用途，具体功能分类见表 4-1。每个块的大小都有 512MB，显然这是非常大的，芯片厂商在每个块的地址范围内设计各具特色的外设时一般只用其中的一部分。

表 4-1 存储器功能分类

序 号	用 途	地址范围
Block0	SRAM	0x0000 0000 ~ 0x1FFF FFFF（512MB）
Block1	SRAM	0x2000 0000 ~ 0x3FFF FFFF（512MB）
Block2	片上外设	0x4000 0000 ~ 0x5FFF FFFF（512MB）
Block3	FMC 的 bank1 ~ bank2	0x6000 0000 ~ 0x7FFF FFFF（512MB）
Block4	FMC 的 bank3 ~ bank4	0x8000 0000 ~ 0x9FFF FFFF（512MB）
Block5	FMC	0xA000 0000 ~ 0xCFFF FFFF（512MB）
Block6	FMC	0xD000 0000 ~ 0xDFFF FFFF（512MB）
Block7	Cortex-M4 内部外设	0xE000 0000 ~ 0xFFFF FFFF（512MB）

在这 8 个 Block 里面，有 3 个非常重要，也是我们最关心的 3 个。Block0 用于设计内部 Flash，Block1 用于设计内部 RAM，Block2 用于设计片上的外设。下面我们简单介绍这 3 个 Block 里具体区域的功能划分。

1. Block0 内部区域功能划分

Block0 主要用于设计片内的 Flash，F429 系列芯片内部 Flash 最大是 2MB，STM32F429IGT6 的 Flash 是 1MB。在芯片内部集成更大的 Flash 或者 SRAM 意味着芯片成本会增加，往往片内集成的 Flash 都不会太大，ST 在追求性价比的同时能做到 1MB 以上，实乃良心之举。Block0 内部区域的功能划分具体见表 4-2。

表 4-2 Block0 内部区域功能划分

块	用途说明	地址范围
Block0	预留	0x1FFF C008 ~ 0x1FFF FFFF
	OTP 区域：其中 512 字节只能写一次，用于存储用户数据，额外的 16 字节用于锁定对应的 OTP 数据块	0x1FFF C000 ~ 0x1FFF C00F
	预留	0x1FFF 7A10 ~ 0x1FFF 7FFF
	系统存储器：里面存的是 ST 出厂时烧写好的 ISP 自举程序，用户无法改动。使用串口下载的时候需要用到这部分程序	0x1FFF 0000 ~ 0x1FFF 7A0F

（续）

块	用途说明	地址范围
Block0	预留	0x1FFE C008 ~ 0x1FFE FFFF
	选项字节：用于配置读写保护、BOR 级别、软件 / 硬件看门狗以及器件处于待机或停止模式下的复位。当芯片不小心被锁住之后，可以从 RAM 启动，进而修改相应的寄存器位	0x1FFE C000 ~ 0x1FFE C0FF
	预留	0x1001 0000 ~ 0x1FFE BFFF
	CCM 数据 RAM：64KB，CPU 直接通过 D 总线读取，不用经过总线矩阵，属于高速 RAM	0x1000 0000 ~ 0x1000 FFFF
	预留	0x0820 0000 ~ 0x000F FFFF
	Flash：用户的程序就放在这里	0x0800 0000 ~ 0x081F FFFF（2MB）
	预留	0x0020 0000 ~ 0x07FF FFFF
	取决于 BOOT 引脚，可为 Flash、系统存储器、SRAM 的别名	0x0000 0000 ~ 0x001F FFFF

2. Block1 内部区域功能划分

Block1 用于设计片内的 SRAM。F429 芯片内部 SRAM 的大小为 256KB，其中 64KB 的 CCM RAM 位于 Block0，剩下的 192KB 位于 Block1，分为：SRAM1 112KB、SRAM2 16KB、SRAM3 64KB。Block1 内部区域的功能划分具体见表 4-3。

表 4-3　Block1 内部区域功能划分

块	用途说明	地址范围
Block1	预留	0x2003 0000 ~ 0x3FFF FFFF
	SRAM3 64KB	0x2002 0000 ~ 0x2002 FFFF
	SRAM2 16KB	0x2001 C000 ~ 0x2001 FFFF
	SRAM1 112KB	0x2000 0000 ~ 0x2001 BFFF

3. Block2 内部区域功能划分

Block2 用于设计片内的外设，根据外设的总线速度不同，Block2 被分成了 APB 和 AHB 两部分，其中 APB 又被分为 APB1 和 APB2，AHB 分为 AHB1 和 AHB2，具体见表 4-4。还有一个 AHB3 包含了 Block3/4/5/6，这 4 个 Block 用于扩展外部存储器，如 SDRAM、NORFlash 和 NANDFlash 等。

表 4-4　Block2 内部区域功能划分

块	用途说明	地址范围
Block2	APB1 总线外设	0x4000 0000 ~ 0x4000 7FFF
	预留	0x4000 8000 ~ 0x4000 FFFF
	APB2 总线外设	0x4001 0000 ~ 0x4001 6BFF
	预留	0x4001 6C00 ~ 0x4001 FFFF
	AHB1 总线外设	0x4002 0000 ~ 0x4007 FFFF
	预留	0x4008 0000 ~ 0x4FFF FFFF
	AHB2 总线外设	0x5000 0000 ~ 0x5006 0BFF
	预留	0x5006 0C00 ~ 0x5FFF FFFF

4.5 寄存器映射

我们知道，存储器本身没有地址，给存储器分配地址的过程叫存储器映射。那么什么叫寄存器映射？寄存器到底是什么？

存储器 Block2 这块区域用于设计片上外设，它们以 4 个字节为一个单元，共 32 位，每一个单元对应不同的功能，当我们控制这些单元时就可以驱动外设工作。我们可以找到每个单元的起始地址，然后通过 C 语言指针的操作方式来访问这些单元。但如果每次都是通过这种地址的方式来访问，不仅不好记忆还容易出错，这时我们可以根据每个单元功能的不同，以功能为名给这个内存单元取一个别名，这个别名就是我们经常说的寄存器，这个给已经分配好地址的、有特定功能的内存单元取别名的过程就叫寄存器映射。

比如，GPIOH 端口的输出数据寄存器 ODR 的地址是 0x4002 1C14（至于是如何找到这个地址，后面我们会有详细的讲解），ODR 寄存器是 32 位，低 16 位有效，对应 16 个外部 IO，写入 0/1，对应的 IO 则输出低 / 高电平。现在通过 C 语言指针的操作方式，让 GPIOH 的 16 个 IO 都输出高电平，具体见代码清单 4-1。

代码清单 4-1　通过绝对地址访问内存单元

```
1 //GPIOH 端口全部输出高电平
2 *(unsigned int*)(0x4002 1C14) = 0xFFFF;
```

0x4002 1C14 在我们看来是 GPIOH 端口 ODR 的地址，但是在编译器看来，这只是一个普通的变量，是一个立即数，要想让编译器也认为它是指针，得进行强制类型转换，把它转换成指针，即 (unsigned int *)0x4002 1C14，然后再对这个指针进行 * 操作。

刚刚我们说了，通过绝对地址访问内存单元不但不好记忆且容易出错，所以可以通过寄存器别名的方式来操作，具体见代码清单 4-2。

代码清单 4-2　通过寄存器别名方式访问内存单元

```
1 //GPIOH 端口全部输出高电平
2 #define GPIOH_ODR (unsigned int*)(GPIOH_BASE+0x14)
3 * GPIOH_ODR = 0xFF;
```

为了方便操作，我们干脆把指针操作"*"也定义到寄存器别名里面，具体见代码清单 4-3。

代码清单 4-3　通过寄存器别名访问内存单元

```
1 //GPIOH 端口全部输出高电平
2 #define GPIOH_ODR *(unsigned int*)(GPIOH_BASE+0x14)
3 GPIOH_ODR = 0xFF;
```

4.5.1　STM32 的外设地址映射

片上外设区分为 4 条总线，根据外设速度的不同，不同总线挂载着不同的外设，APB 挂载低速外设，AHB 挂载高速外设。相应总线的最低地址被称为该总线的基地址，总线基地址也是挂载在该总线上的首个外设的地址。其中 APB1 总线的地址最低，片上外设从这里开始，也称为外设基地址。

1. 总线基地址

总线基地址见表 4-5。

表 4-5 总线基地址

总线名称	总线基地址	相对外设基地址的偏移
APB1	0x4000 0000	0x0
APB2	0x4001 0000	0x0001 0000
AHB1	0x4002 0000	0x0002 0000
AHB2	0x5000 0000	0x1000 0000
AHB3	0x6000 0000	已不属于片上外设

表 4-5 中的"相对外设基地址的偏移"为该总线地址与"总线基地址"基地址 0x4000 0000 的差值。关于地址的偏移后面还会讲到。

2. 外设基地址

总线上挂载着各种外设，这些外设也有自己的地址范围，特定外设的首个地址称为 XX 外设基地址，也称为"XX 外设的边界地址"。STM32F4xx 外设的具体边界地址请参考《STM32F4xx 参考手册》中 2.3 节存储器映射的"表 2：STM32F4xx 寄存器边界地址"。或者参考《STM32F4xx 参考手册》的存储器映射章节，这两个手册对此都有详细的讲解。

这里面以 GPIO 这个外设来讲解外设的基地址，具体见表 4-6。

表 4-6 外设 GPIO 基地址

外设名称	外设基地址	相对 AHB1 总线的地址偏移
GPIOA	0x4002 0000	0x0
GPIOB	0x4002 0400	0x0000 0400
GPIOC	0x4002 0800	0x0000 0800
GPIOD	0x4002 0C00	0x0000 0C00
GPIOE	0x4002 1000	0x0000 1000
GPIOF	0x4002 1400	0x0000 1400
GPIOG	0x4002 1800	0x0000 1800
GPIOH	0x4002 1C00	0x0000 1C00

从表 4-6 看到，GPIOA 的基址相对于 AHB1 总线的地址偏移为 0，于是可以猜到，AHB1 总线的第一个外设就是 GPIOA。

3. 外部寄存器

处于 XX 外设的地址范围内的就是该外设的寄存器。以 GPIO 外设为例，GPIO 是通用输入输出端口的简称，简单来说就是 STM32 可控制的引脚，基本功能是控制引脚输出高电平或者低电平。最简单的应用就是把 GPIO 的引脚连接到 LED 的阴极，LED 的阳极接电源，然后通过 STM32 控制该引脚的电平，从而控制 LED 的亮灭。

GPIO 有很多寄存器，每一个都有特定的功能。每个寄存器为 32 位，占 4 个字节，在该外设的基地址上按照顺序排列，寄存器的位置都以相对该外设基地址的偏移地址来描述。这里以 GPIOH 端口为例，说明 GPIO 都有哪些寄存器，具体见表 4-7。

表 4-7 GPIOH 端口的寄存器地址列表

寄存器名称	寄存器地址	相对 GPIOH 基址的偏移
GPIOH_MODER	0x4002 1C00	0x00
GPIOH_OTYPER	0x4002 1C04	0x04
GPIOH_OSPEEDR	0x4002 1C08	0x08
GPIOH_PUPDR	0x4002 1C0C	0x0C
GPIOH_IDR	0x4002 1C10	0x10
GPIOH_ODR	0x4002 1C14	0x14
GPIOH_BSRR	0x4002 1C18	0x18
GPIOH_LCKR	0x4002 1C1C	0x1C
GPIOH_AFRL	0x4002 1C20	0x20
GPIOH_AFRH	0x4002 1C24	0x24

有关外部的寄存器说明可参考《STM32F4xx 参考手册》中的寄存器描述部分，在编程的时候需要反复查阅外设的寄存器说明。

这里以 GPIO 端口置位 / 复位寄存器为例，介绍如何理解寄存器的说明，具体见图 4-6。

图 4-6 GPIO 端口置位 / 复位寄存器说明

（1）名称

寄存器说明中首先列出了该寄存器的名称，"（GPIOx_BSRR）(x=A···I)"这段的意思是该寄存器名为"GPIOx_BSRR"，其中的"x"可以为英文字母 A ~ I，也就是说这个寄存器说明适用于 GPIOA、GPIOB、···、GPIOI，这些 GPIO 端口中都有这样的一个寄存器。

（2）偏移地址

偏移地址是指本寄存器相对于这个外设的基地址的偏移。本寄存器的偏移地址是 0x18，从参考手册中可以查到 GPIOA 外设的基地址为 0x4002 0000，于是可以算出 GPIOA 的这个 GPIOA_BSRR 寄存器的地址为：0x4002 0000+0x18；同理，由于 GPIOB 的外设基地址为 0x4002 0400，可以算出 GPIOB_BSRR 寄存器的地址为：0x4002 0400+0x18。其他 GPIO 端口以此类推即可。

（3）寄存器位表

本寄存器的位表中列出编号 0 ~ 31 位的名称及权限。表上方的数字为位编号，中间为位名称，最下方为读写权限，其中 w 表示只写，r 表示只读，rw 表示可读写。本寄存器中的位权限都是 w，所以只能写，如果读本寄存器是无法保证读取到它真正内容的。而有的寄存器位是只读的，一般用于表示 STM32 外设的某种工作状态，由 STM32 硬件自动更改，程序通过读取那些寄存器位来判断外设的工作状态。

（4）位功能说明

位功能说明是寄存器说明中最重要的部分，它详细介绍了寄存器每一个位的功能。例如本寄存器中有两种寄存器位，分别为 BRy 及 BSy，其中的 y 数值可以是 0 ~ 15，这里的 0 ~ 15 表示端口的引脚号，如 BR0、BS0 用于控制 GPIOx 的第 0 个引脚，若 x 表示 GPIOA，那就是控制 GPIOA 的第 0 引脚，而 BR1、BS1 就是控制 GPIOA 的第 1 个引脚。

其中 BRy 引脚的说明是"0：不会对相应的 ODRx 位执行任何操作；1：对相应 ODRx 位进行复位"。这里的"复位"是将该位设置为 0 的意思，而"置位"表示将该位设置为 1；说明中的 ODRx 是另一个寄存器的寄存器位，我们只需要知道 ODRx 位为 1 的时候，对应的引脚输出高电平，为 0 的时候对应的引脚输出低电平即可（感兴趣的读者可以查询该寄存器 GPIOx_ODR 的说明）。所以，如果对 BR0 写入"1"的话，那么 GPIOx 的第 0 个引脚就会输出"低电平"，但是对 BR0 写入"0"的话，却不会影响 ODR0 位，所以引脚电平不会改变。要想该引脚输出"高电平"，就需要对"BS0"位写入"1"。寄存器位 BSy 与 BRy 是相反的操作。

4.5.2　C 语言对寄存器的封装

以上所有关于存储器映射的内容，最终都是为了帮助大家更好地理解如何用 C 语言控制读写外部寄存器。下面是本章的重点内容。

1. 封装总线和外设基地址

在编程上为了方便读者理解和记忆，我们把总线基地址和外设基地址都以相应的宏加以定义，总线或者外设都以它们的名字作为宏名，具体见代码清单 4-4。

代码清单 4-4　总线和外设基址宏定义

```
 1  /* 外设基地址 */
 2  #define PERIPH_BASE              ((unsigned int)0x40000000)
 3
 4  /* 总线基地址 */
 5  #define APB1PERIPH_BASE          PERIPH_BASE
 6  #define APB2PERIPH_BASE          (PERIPH_BASE + 0x00010000)
 7  #define AHB1PERIPH_BASE          (PERIPH_BASE + 0x00020000)
 8  #define AHB2PERIPH_BASE          (PERIPH_BASE + 0x10000000)
 9
10  /* GPIO 外设基地址 */
11  #define GPIOA_BASE               (AHB1PERIPH_BASE + 0x0000)
12  #define GPIOB_BASE               (AHB1PERIPH_BASE + 0x0400)
13  #define GPIOC_BASE               (AHB1PERIPH_BASE + 0x0800)
14  #define GPIOD_BASE               (AHB1PERIPH_BASE + 0x0C00)
15  #define GPIOE_BASE               (AHB1PERIPH_BASE + 0x1000)
16  #define GPIOF_BASE               (AHB1PERIPH_BASE + 0x1400)
17  #define GPIOG_BASE               (AHB1PERIPH_BASE + 0x1800)
18  #define GPIOH_BASE               (AHB1PERIPH_BASE + 0x1C00)
19
20  /* 寄存器基地址，以 GPIOH 为例 */
21  #define GPIOH_MODER              (GPIOH_BASE+0x00)
22  #define GPIOH_OTYPER             (GPIOH_BASE+0x04)
23  #define GPIOH_OSPEEDR            (GPIOH_BASE+0x08)
24  #define GPIOH_PUPDR              (GPIOH_BASE+0x0C)
25  #define GPIOH_IDR                (GPIOH_BASE+0x10)
26  #define GPIOH_ODR                (GPIOH_BASE+0x14)
27  #define GPIOH_BSRR               (GPIOH_BASE+0x18)
28  #define GPIOH_LCKR               (GPIOH_BASE+0x1C)
29  #define GPIOH_AFRL               (GPIOH_BASE+0x20)
30  #define GPIOH_AFRH               (GPIOH_BASE+0x24)
```

代码清单 4-4 首先定义了"片上外设"基地址 PERIPH_BASE；接着在 PERIPH_BASE 上加入各个总线的地址偏移，得到 APB1、APB2 等总线的地址 APB1PERIPH_BASE、APB2PERIPH_BASE，然后在其之上再加入外设地址的偏移，得到 GPIOA、GPIOH 的外设地址；最后在外设地址上加入各寄存器的地址偏移，得到特定寄存器的地址。一旦有了具体地址，就可以用指针操作读写了，具体见代码清单 4-5。

代码清单 4-5　使用指针控制 BSRR 寄存器

```
 1  /* 控制 GPIOH 引脚 10 输出低电平 (BSRR 寄存器的 BR10 置 1) */
 2  *(unsigned int *)GPIOH_BSRR = (0x01<<(16+10));
 3
 4  /* 控制 GPIOH 引脚 10 输出高电平 (BSRR 寄存器的 BS10 置 1) */
 5  *(unsigned int *)GPIOH_BSRR = 0x01<<10;
 6
 7  unsigned int temp;
 8  /* 控制 GPIOH 端口所有引脚的电平 (读 IDR 寄存器) */
 9  temp = *(unsigned int *)GPIOH_IDR;
```

该代码使用 (unsigned int *) 把 GPIOH_BSRR 宏的数值强制转换成了地址，然后再用

"*"号做取指针操作，对该地址赋值，从而实现了写寄存器的功能。同样，读寄存器也是用取指针操作，把寄存器中的数据取到变量里，从而获取 STM32 外设的状态。

2. 封装寄存器列表

用上面的方法定义地址还是稍显烦琐，例如 GPIOA ～ GPIOH 都各有一组功能相同的寄存器，如 GPIOA_MODER、GPIOB_MODER、GPIOC_MODER 等，它们只是地址不一样，但却要为每个寄存器都定义地址。为了更方便地访问寄存器，我们引入 C 语言中的结构体语法对寄存器进行封装，具体见代码清单 4-6。

代码清单 4-6　使用结构体对 GPIO 寄存器组进行封装

```
 1 typedef unsigned           int uint32_t; /* 无符号 32 位变量 */
 2 typedef unsigned short     int uint16_t; /* 无符号 16 位变量 */
 3
 4 /* GPIO 寄存器列表 */
 5 typedef struct {
 6    uint32_t MODER;     /*GPIO 模式寄存器          地址偏移：0x00      */
 7    uint32_t OTYPER;    /*GPIO 输出类型寄存器      地址偏移：0x04      */
 8    uint32_t OSPEEDR;   /*GPIO 输出速度寄存器      地址偏移：0x08      */
 9    uint32_t PUPDR;     /*GPIO 上拉/下拉寄存器     地址偏移：0x0C      */
10    uint32_t IDR;       /*GPIO 输入数据寄存器      地址偏移：0x10      */
11    uint32_t ODR;       /*GPIO 输出数据寄存器      地址偏移：0x14      */
12    uint16_t BSRRL;     /*GPIO 置位/复位寄存器低 16 位部分  地址偏移：0x18      */
13    uint16_t BSRRH;     /*GPIO 置位/复位寄存器高 16 位部分  地址偏移：0x1A      */
14    uint32_t LCKR;      /*GPIO 配置锁定寄存器      地址偏移：0x1C      */
15    uint32_t AFR[2];    /*GPIO 复用功能配置寄存器  地址偏移：0x20-0x24 */
16 } GPIO_TypeDef;
```

这段代码用 typedef 关键字声明了名为 GPIO_TypeDef 的结构体类型，结构体内有 8 个成员变量，变量名正好对应寄存器名。C 语言的语法规定，结构体内变量的存储空间是连续的，其中 32 位的变量占用 4 个字节，16 位的变量占用两个字节，具体见图 4-7。

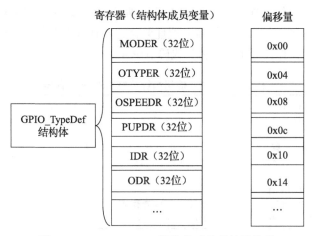

图 4-7　GPIO_TypeDef 结构体成员的地址偏移

也就是说，假设所定义的 GPIO_TypeDef 结构体的首地址为 0x4002 1C00（这也是第一个成员变量 MODER 的地址），那么结构体中第二个成员变量 OTYPER 的地址即为 0x4002 1C00+0x04，0x04 正是代表 MODER 所占用的 4 个字节地址的偏移量。其他成员变量相对于结构体首地址的偏移，在代码清单 4-6 右侧注释中已给出，其中的 BSRR 寄存器分成了低 16 位 BSRRL 和高 16 位 BSRRH，BSRRL 置 1，引脚输出高电平，BSRRH 置 1，引脚输出低电平，这里分开只是为了方便操作。

这样的地址偏移与 STM32 GPIO 外设定义的寄存器地址偏移一一对应，只要给结构体设置好首地址，就能把结构体内成员的地址确定下来，然后以结构体的形式访问寄存器，具体见代码清单 4-7。

代码清单 4-7　通过结构体指针访问寄存器

```
1 GPIO_TypeDef * GPIOx;              // 定义一个 GPIO_TypeDef 结构体指针 GPIOx
2 GPIOx = GPIOH_BASE;               // 把指针地址设置为宏 GPIOH_BASE 地址
3 GPIOx->BSRRL = 0xFFFF;           // 通过指针访问并修改 GPIOH_BSRRL 寄存器
4 GPIOx->MODER = 0xFFFFFFFF;       // 修改 GPIOH_MODER 寄存器
5 GPIOx->OTYPER =0xFFFFFFFF;       // 修改 GPIOH_OTYPER 寄存器
6
7 uint32_t temp;
8 temp = GPIOx->IDR;               // 读取 GPIOH_IDR 寄存器的值到变量 temp 中
```

这段代码先用 GPIO_TypeDef 类型定义一个结构体指针 GPIOx，并让指针指向地址 GPIOH_BASE（0x4002 1C00），使地址确定下来，然后根据 C 语言访问结构体的语法，用 GPIOx->BSRRL、GPIOx->MODER 及 GPIOx->IDR 的方式读写寄存器。

最后，再进一步，直接使用宏定义好 GPIO_TypeDef 类型的指针，而且指针指向各个 GPIO 端口的首地址，实际使用时直接用该宏访问寄存器即可，具体见代码清单 4-8。

代码清单 4-8　定义好 GPIO 端口的首地址址针

```
 1 /* 使用 GPIO_TypeDef 把地址强制转换成指针 */
 2 #define GPIOA              ((GPIO_TypeDef *) GPIOA_BASE)
 3 #define GPIOB              ((GPIO_TypeDef *) GPIOB_BASE)
 4 #define GPIOC              ((GPIO_TypeDef *) GPIOC_BASE)
 5 #define GPIOD              ((GPIO_TypeDef *) GPIOD_BASE)
 6 #define GPIOE              ((GPIO_TypeDef *) GPIOE_BASE)
 7 #define GPIOF              ((GPIO_TypeDef *) GPIOF_BASE)
 8 #define GPIOG              ((GPIO_TypeDef *) GPIOG_BASE)
 9 #define GPIOH              ((GPIO_TypeDef *) GPIOH_BASE)
10
11
12
13 /* 使用定义好的宏直接访问 */
14 /* 访问 GPIOH 端口的寄存器 */
15 GPIOH->BSRRL = 0xFFFF;           // 通过指针访问并修改 GPIOH_BSRRL 寄存器
16 GPIOH->MODER = 0xFFFFFFFF;       // 修改 GPIOH_MODER 寄存器
17 GPIOH->OTYPER =0xFFFFFFFF;       // 修改 GPIOH_OTYPER 寄存器
18
```

```
19 uint32_t temp;
20 temp = GPIOH->IDR;              // 读取 GPIOH_IDR 寄存器的值到变量 temp 中
21
22 /* 访问 GPIOA 端口的寄存器 */
23 GPIOA->BSRRL = 0xFFFF;          // 通过指针访问并修改 GPIOA_BSRRL 寄存器
24 GPIOA->MODER = 0xFFFFFFFF;      // 修改 GPIOA_MODER 寄存器
25 GPIOA->OTYPER =0xFFFFFFFF;      // 修改 GPIOA_OTYPER 寄存器
26
27 uint32_t temp;
28 temp = GPIOA->IDR;              // 读取 GPIOA_IDR 寄存器的值到变量 temp 中
```

　　这里我们仅以 GPIO 这个外设为例，给大家讲解了 C 语言对寄存器的封装。以此类推，其他外设也同样可以用这种方法来封装。好消息是，这部分工作都借助固件库完成的，这里只是分析一下这个封装的过程，让大家知其然，也知其所以然。

第 5 章
新建工程——寄存器版

5.1 新建本地工程文件夹工程

5.1.1 新建本地工程文件夹

　　为了使工程目录更加清晰，在本地电脑上新建 1 个文件夹用来存放整个工程，如命名为"LED"，然后在该目录下新建两个文件夹，具体见表 5-1。

表 5-1　工程目录文件夹清单

名　　称	作　　用
Listing	存放编译器编译时候产生的 C/ 汇编 / 链接的列表清单
Object	存放编译产生的调试信息、hex 文件、预览信息、封装库等

工程文件夹目录界面见图 5-1。

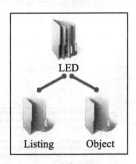

图 5-1　工程文件夹目录

　　在本地新建好文件夹后，在文件夹下新建一些文件，见表 5-2。

表 5-2　工程目录文件夹内容清单

名　　称	作　　用
LED	存放 startup_stm32f429_439xx.s、stm32f4xx.h、main.c 文件
Listing	暂时为空
Object	暂时为空

5.1.2 新建工程

打开 KEIL5 [⊖]，新建一个工程，见图 5-2，可根据个人喜好命名，这里取 LED-REG，直接保存在 LED 文件夹下。

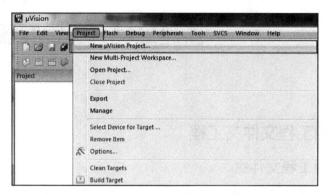

图 5-2　在 KEIL5 中新建工程

1. 选择 CPU 型号

根据你所用开发板上的 CPU 型号来选择，F429-"挑战者"选 STM32F429IGT×型号，见图 5-3。如果这里没有出现你想要的 CPU 型号，或者一个型号都没有，那么肯定是 KEIL5 没有添加 device 库。KEIL5 不像 KEIL4 那样自带了很多型号的 MCU，而是需要自己添加，关于如何添加请参考第 1 章。

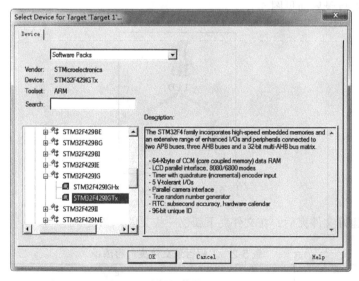

图 5-3　选择具体的 CPU 型号

⊖ 版本说明：MDK 5.15，如果有更高的版本可使用高版本。版本号可从 MDK 软件的 Help-->About μVision 选项中查询到。

2. 在线添加库文件

使用寄存器控制 STM32 时，不需要在线添加库文件，所以这里关掉这个窗口，见图 5-4。

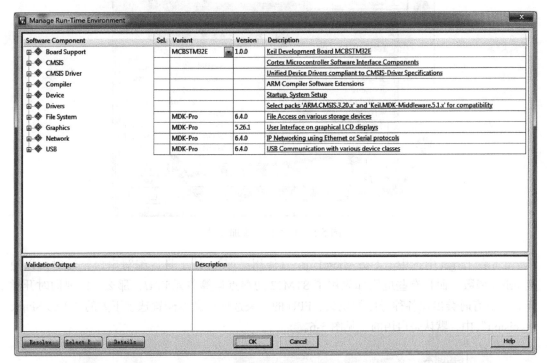

图 5-4　库文件管理

3. 添加文件

在新建的工程中添加文件，文件从本地建好的工程文件夹下获取，双击文件夹就会出现添加文件的路径，然后选择文件即可，见图 5-5。我们对要添加的 3 个文件说明如下。

（1）startup_stm32f429_439xx.s

此文件为启动文件，系统上电后第一个运行的程序，由汇编语言编写，C 语言编程用得比较少，可暂时不管，这个文件从固件库里面复制而来，由官方提供。该文件在以下目录中：

F4 固件库 \STM32F4xx_DSP_StdPeriph_Lib_V1.5.1\STM32F4xx_DSP_StdPeriph_Lib_V1.5.1\Libraries\CMSIS\Device\ST\STM32F4xx\Source\Templates\arm\startup_stm32f429_439xx.s

（2）stm32f4xx.h

用户手动新建此文件，用于存放寄存器映射的代码，暂时为空。

（3）main.c

用户手动新建此文件，用于存放 main 函数，暂时为空。

4. 配置魔术棒选项卡

这一步的配置工作很重要，很多用户的串口用不了 printf 函数，或者编译有问题，下载有问题，都是这个步骤的配置出了错。

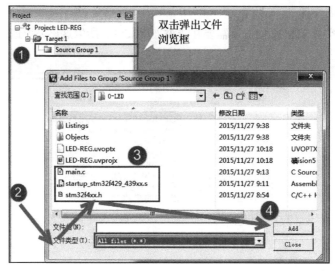

图 5-5　在工程中添加文件

1）在 Target 中选中"Use MicroLIB"（使用微库），便于日后编写串口驱动时可以使用 printf 函数。而且有些应用如果用了 STM32 的浮点运算单元 FPU，那么一定要同时开微库，不然有时会出现各种奇怪的现象。FPU 的开关选项在微库配置选项下方的"Use Single Precision"中，默认是启用的，见图 5-6。

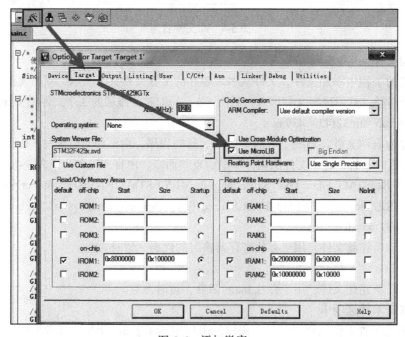

图 5-6　添加微库

2）在 Output 选项卡中把输出文件夹定位到工程目录下的 Object 文件夹。如果想在编译的过程中生成 hex 文件，那么选中 Create HEX File 选项，见图 5-7。

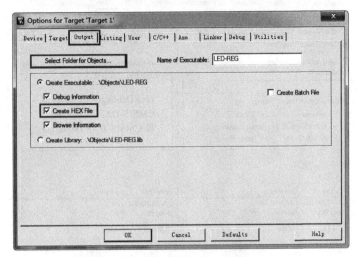

图 5-7　配置 Output 选项卡

3）在 Listing 选项卡中把输出文件夹定位到工程目录下的 Listing 文件夹，见图 5-8。

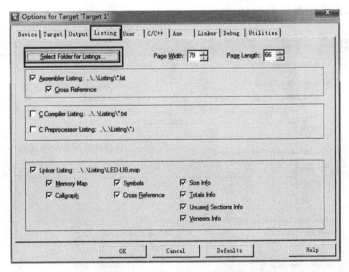

图 5-8　配置 Listing 选项卡

5. 下载器配置

在 Fire-Debugger 仿真器连接好电脑和开发板且开发板供电正常的情况下，打开编译软件 KEIL，在魔术棒选项卡里面选择仿真器的型号，具体过程如下。

1）Debug 选项配置见图 5-9。

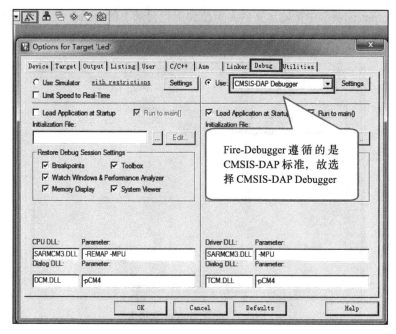

图 5-9　CMSIS-DAP Debugger

2）Utilities 选项配置见图 5-10。

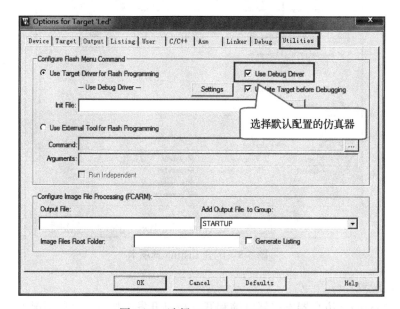

图 5-10　选择 Use Debug Driver

3）Debug Settings 选项配置见图 5-11。

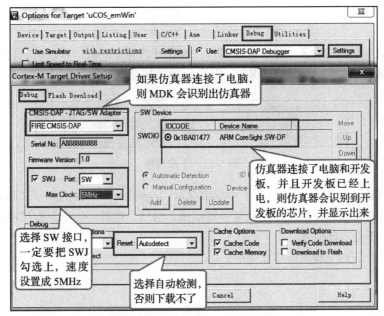

图 5-11　Debug Settings 选项配置

选择目标板时，具体选择多大的 Flash 要根据板子上的芯片型号决定。F429-"挑战者"选 1MB。这里面有个小技巧就是把"Reset and Run"也勾选上，这样程序下载完之后就会自动运行，否则需要手动复位。要擦除的 Flash 大小，选择 Erase Sectors 即可，不要选择 Erase Full Chip，不然下载会比较慢。

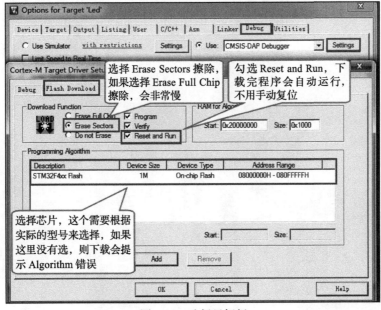

图 5-12　选择目标板

5.2　下载程序

如果前面步骤都成功了，接下来就可以把编译好的程序下载到开发板上运行。下载程序不需要其他额外的软件，直接单击 KEIL 中的 LOAD 按钮即可。

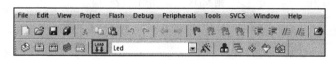

图 5-13　下载程序

程序下载后，Build Output 选项卡中如果显示 "Application running…"，则表示程序下载成功。如果没有出现这一现象，可按复位键试试。当然，这只是一个工程模板，我们还没写程序，开发板不会有任何现象。

至此，一个新的工程模板建立完毕。

第 6 章
使用寄存器点亮 LED

6.1　GPIO 简介

　　GPIO 是通用输入输出端口的简称，简单来说就是 STM32 可控制的引脚，STM32 芯片的 GPIO 引脚与外部设备连接起来，实现与外部通信、控制以及数据采集的功能。STM32 芯片的 GPIO 被分成很多组，每组有 16 个引脚，如型号为 STM32F4IGT6 的芯片有 GPIOA、GPIOB、GPIOC、…、GPIOI 共 9 组 GPIO，芯片共有 176 个引脚，其中 GPIO 就占了大部分，所有的 GPIO 引脚都有基本的输入输出功能。

　　最基本的输出功能是由 STM32 控制引脚输出高、低电平，实现开关控制的，若把 GPIO 引脚接到 LED，就可以控制 LED 的亮灭；引脚接到继电器或三极管，就可以通过继电器或三极管控制外部大功率电路的通断。

　　最基本的输入功能是检测外部输入电平，如把 GPIO 引脚连接到按键，则可通过电平高低判断按键是否被按下。

6.2　GPIO 框图剖析

　　GPIO 硬件结构框图见图 6-1。通过此框图可以从整体上深入了解 GPIO 外设及它的各种应用模式。图 6-1 最右端就是 STM32 芯片引出的 GPIO 引脚，其余部件都位于芯片内部。

6.2.1　基本结构分析

　　下面按图 6-1 中的编号对 GPIO 端口的结构部件进行分析。

　　1. 保护二极管及上拉、下拉电阻

　　引脚上的两个保护二极管可以防止引脚外部过高或过低的电压输入，当引脚电压高于 V_{DD_FT} 时，上方的二极管导通，当引脚电压低于 V_{SS} 时，下方的二极管导通，以防止不正常电压引入芯片导致芯片烧毁。但这样的保护并不意味着 STM32 的引脚能直接外接大功率驱动器件，如直接驱动电动机，强制驱动要么电动机不转，要么芯片烧坏，因此必须要加大功率及隔离电路。具体电压、电流范围可查阅《STM32F4xx 规格书》。

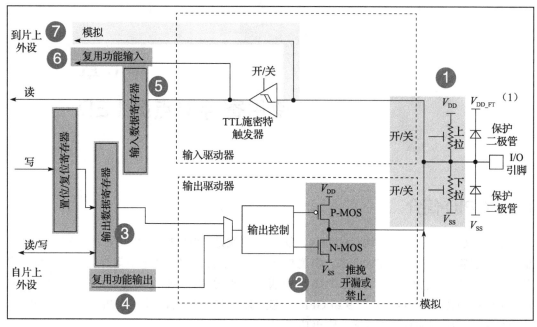

图 6-1　GPIO 结构框图

上拉、下拉电阻，从它们的结构可以看出，通过上拉、下拉对应的开关配置，可以控制引脚默认状态的电压，开启上拉的时候引脚电压为高电平，开启下拉的时候引脚电压为低电平，这样可以消除引脚不定状态的影响。如引脚外部没有外接器件，或者外部的器件不干扰该引脚电压时，STM32 的引脚都会有这个默认状态。

也可以设置"既不上拉也不下拉模式"，这种状态称为浮空模式。在这个模式下，直接用电压表测量其引脚电压会得到 1 点几伏的值，这是个不确定值。所以通常将引脚设置为"上拉模式"或"下拉模式"，使它有默认状态。

STM32 的内部上拉是"弱上拉"，即通过此上拉输出的电流很弱，如要求大电流还是需要外部上拉。

可通过"上拉 / 下拉寄存器 GPIOx_PUPDR"控制引脚的上拉、下拉以及浮空模式。

2. P-MOS 管和 N-MOS 管

GPIO 引脚线路经过上拉、下拉电阻结构后，向上流向"输入模式"结构，向下流向"输出模式"结构。先看输出模式部分，线路经过一个由 P-MOS 管和 N-MOS 管组成的单元电路。这个结构使 GPIO 具有了"推挽输出"和"开漏输出"两种模式。

所谓推挽输出模式，是根据这两个 MOS 管的工作方式来命名的。在该结构中输入高电平时，上方的 P-MOS 导通，下方的 N-MOS 关闭，对外输出高电平；而在该结构中输入低电平时，N-MOS 管导通，P-MOS 关闭，对外输出低电平。当引脚高低电平切换时，两个 MOS 管轮流导通，一个负责灌电流，一个负责拉电流，使其负载能力和开关速度都比普通的方式有很大的提高。推挽输出的低电平为 0V，高电平为 3.3V，参考图 6-2 的左侧，它是推挽输出模式的等效电路。

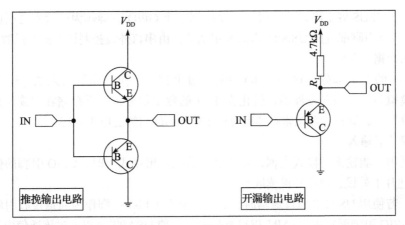

图 6-2　等效电路

而在开漏输出模式时，上方的 P-MOS 管完全不工作。如果控制输出为 0（低电平），则 P-MOS 管关闭，N-MOS 管导通，使输出接地，若控制输出为 1（它无法直接输出高电平）时，则 P-MOS 管和 N-MOS 管都关闭，所以引脚既不输出高电平，也不输出低电平，为高阻态。正常使用时必须接上拉电阻（可用 STM32 的内部上拉，但建议在 STM32 外部再接一个上拉电阻），见图 6-2 中右侧的等效电路。它具"线与"特性，也就是说，当有很多个开漏模式引脚连接到一起时，只有当所有引脚都输出高阻态，才由上拉电阻提供高电平，此高电平的电压为外部上拉电阻所接的电源的电压。若其中一个引脚为低电平，那线路就相当于短路接地，使得整条线路都为低电平，即 0V。

推挽输出模式一般应用在输出电平为 0V 和 3.3V 且需要高速切换开关状态的场合。在 STM32 的应用中，除了必须用开漏模式的场合，一般都习惯使用推挽输出模式。

开漏输出一般应用在 I^2C、SMBUS 通信等需要"线与"功能的总线电路中。除此之外，还用在电平不匹配的场合，如需要输出 5V 的高电平，就可以在外部接一个上拉电阻，上拉电源为 5V，并且把 GPIO 设置为开漏模式，当输出高阻态时，由上拉电阻和电源向外输出 5V 的电平。

通过"输出类型寄存器 GPIOx_OTYPER"可以控制 GPIO 端口为推挽模式或开漏模式。

3. 输出数据寄存器

前面提到的双 MOS 管结构电路的输入信号是由 GPIO "输出数据寄存器 GPIOx_ODR" 提供的，因此通过修改输出数据寄存器的值就可以修改 GPIO 引脚的输出电平。而"置位 / 复位寄存器 GPIOx_BSRR"可以通过修改输出数据寄存器的值影响电路的输出。

4. 复用功能输出

"复用功能输出"中的"复用"是指 STM32 的其他片上外设对 GPIO 引脚进行控制，此时 GPIO 引脚是该外设功能的一部分，算是第二用途。从其他外设引出来的"复用功能输出信号"与 GPIO 本身的数据寄存器都连接到双 MOS 管结构的输入中，以图 6-1 中的梯形结构作为开关切换选择。

例如，使用 USART 串口通信时，需要用到某个 GPIO 引脚作为通信发送引脚，这时就可以把该 GPIO 引脚配置成 USART 串口复用功能，由串口外设控制该引脚发送数据。

5. 输入数据寄存器

看图 6-1 的上半部分，它是 GPIO 引脚经过上拉、下拉电阻后引入的，连接到施密特触发器，模拟信号经过触发器后，转化为 0、1 的数字信号，然后存储在"输入数据寄存器 GPIOx_IDR"中，通过读取该寄存器就可以了解 GPIO 引脚的电平状态。

6. 复用功能输入

与"复用功能输出"模式类似，在"复用功能输出模式"时，GPIO 引脚的信号传输到 STM32 其他片上外设，由该外设读取引脚状态。

同样，若使用 USART 串口通信时，需要将某个 GPIO 引脚作为通信接收引脚，这时就可以把该 GPIO 引脚配置成 USART 串口复用功能，使 USART 可以通过该通信引脚接收远端数据。

7. 模拟输入输出

当 GPIO 引脚用于 ADC 采集电压的输入通道时，具有"模拟输入"功能，此时信号是不经过施密特触发器的，因为经过施密特触发器后信号只有 0、1 两种状态，所以若 ADC 外设要采集原始的模拟信号，信号源输入必须在施密特触发器之前。类似地，当 GPIO 引脚用于 DAC 模拟电压的输出通道时，具有"模拟输出"功能，此时 DAC 的模拟信号输出就不经过双 MOS 管结构了，在 GPIO 结构框图的右下角处，模拟信号直接输出到引脚。同时，当 GPIO 用于模拟功能时（包括输入输出），引脚的上拉、下拉电阻是不起作用的，这时即使在寄存器配置了上拉或下拉模式，也不会影响模拟信号的输入输出。

6.2.2　GPIO 工作模式

总结一下，由 GPIO 的结构决定了 GPIO 可以配置成以下何种工作模式。

1. 输入模式（上拉 / 下拉 / 浮空）

在输入模式时，施密特触发器打开，输出被禁止。数据寄存器每隔 1 个 AHB1 时钟周期更新一次，可通过输入数据寄存器 GPIOx_IDR 读取 I/O 状态。其中 AHB1 的时钟默认配置为 180MHz。

用于输入模式时，可设置为上拉、下拉或浮空模式。

2. 输出模式（推挽 / 开漏，上拉 / 下拉）

在输出模式中，输出使能，推挽模式下双 MOS 管以互补输出方式工作，输出数据寄存器 GPIOx_ODR 可控制 I/O 输出高低电平；开漏模式下只有 N-MOS 管工作，输出数据寄存器可控制 I/O 输出高阻态或低电平。输出速度可配置，有 2MHz、25MHz、50MHz、100MHz 几个选项。此处的输出速度是 I/O 支持的高低电平状态最高切换频率，支持的频率越高，功耗越大。如果功耗要求不严格，可把速度设置成最大。

此时施密特触发器是打开的，即输入可用，通过输入数据寄存器 GPIOx_IDR 可读取 I/O 的实际状态。

用于输出模式时，可使用上拉、下拉模式或浮空模式。但由于输出模式时引脚电平会受到 ODR 寄存器影响，而 ODR 寄存器对应引脚的位为 0，即引脚初始化后默认输出低电平，在这种情况下，上拉只能小幅度提高输出电流能力，但不会影响引脚的默认状态。

3. 复用功能（推挽 / 开漏，上拉 / 下拉）

在复用功能模式中，输出使能，输出速度可配置，可工作在开漏或推挽模式，但是输出信号源于其他外设，输出数据寄存器 GPIOx_ODR 无效；输入可用，通过输入数据寄存器可获取 I/O 实际状态，但一般直接用外设的寄存器来获取该数据信号。

用于复用功能时，可使用上拉、下拉模式或浮空模式。同输出模式，在这种情况下，初始化后引脚默认输出低电平，上拉只能小幅度提高输出电流能力，但不会影响引脚的默认状态。

4. 模拟输入输出

在模拟输入输出模式中，双 MOS 管结构被关闭，施密特触发器停用，上拉、下拉也被禁止。其他外设通过模拟通道进行输入输出。

通过对 GPIO 寄存器写入不同的参数，可以改变 GPIO 的应用模式。再强调一下，要了解具体寄存器，一定要查阅《STM32F4xx 参考手册》中对应外设的寄存器说明。在 GPIO 外设中，通过设置"模式寄存器 GPIOx_MODER"可配置 GPIO 的输入 / 输出 / 复用 / 模拟模式，"输出类型寄存器 GPIOx_OTYPER"配置推挽或开漏模式，"输出速度寄存器 GPIOx_OSPEEDR"可选 2/25/50/100MHz 输出速度，"上拉 / 下拉寄存器 GPIOx_PUPDR"可配置上拉 / 下拉 / 浮空模式，各寄存器的具体参数值见表 6-1。

表 6-1 GPIO 寄存器的参数配置

模式寄存器的 MODER 位 [0:1]	输出类型寄存器的 OTYPER 位	输出速度寄存器的 OSPEEDR	上拉 / 下拉寄存器的 PUPDR 位 [0:1]
01：输出模式	0：推挽模式 1：开漏模式	00：速度 2MHz 01：速度 25MHz 10：速度 50MHz 11：速度 100MHz	00：无上拉无下拉 01：上拉 10：下拉 11：保留
10：复用模式			
00：输入模式	不可用	不可用	
11：模拟功能	不可用	不可用	00：无上拉无下拉 01：保留 10：保留 11：保留

6.3 实验：使用寄存器点亮 LED

本小节以实例讲解如何控制寄存器来点亮 LED。此处侧重于讲解原理，读者可直接用 KEIL5 软件打开我们提供的实验例程配合阅读，先了解原理，学习完本小节后，再尝试自己建立一个同样的工程。本节配套例程名为"GPIO 输出—寄存器点亮 LED"，在工程目录下找到后缀为".uvprojx"的文件，用 KEIL5 打开即可。

自己尝试新建工程时，请参考第 5 章。

若没有安装 KEIL5 软件，请参考第 1 章。

打开该工程，可看到一共有 3 个文件，分别是 startup_stm32f429_439xx.s、stm32f4xx.h 以及 main.c，见图 6-3。下面对这 3 个工程进行讲解。

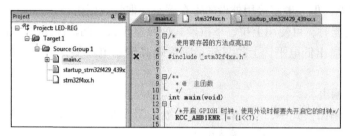

图 6-3　工程文件目录

6.3.1　硬件连接

在本实验中，STM32 芯片与 LED 的连接见图 6-4。

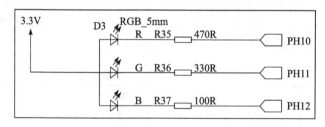

图 6-4　LED 电路连接

图 6-4 中 3 个 LED 的阳极连接到 3.3V 电源，各阴极分别经过 1 个电阻引至 STM32 的 3 个 GPIO 引脚 PH10、PH11、PH12，所以只要控制这 3 个引脚输出高低电平，即可控制其所连接 LED 的亮灭。如果你的实验板 STM32 连接到 LED 的引脚或极性不一样，只需要修改程序到对应的 GPIO 引脚即可，工作原理都是一样的。

我们的目标是把 GPIO 的引脚设置成推挽输出模式，并且默认下拉模式，输出低电平，这样就能让 LED 亮起来了。

6.3.2　启动文件

名为 startup_stm32f429_439xx.s 的文件中使用汇编语言写好了基本程序，当 STM32 芯片上电启动的时候，首先会执行这里的汇编程序，从而建立 C 语言的运行环境，所以这个文件称为启动文件。该文件使用的汇编指令是 Cortex-M4 内核支持的指令，可从《Cortex-M4 Technical Reference Manual》中查到，也可参考《Cortex-M3 权威指南（中文版）》，M3 与

M4 的大部分汇编指令相同。

startup_stm32f429_439xx.s 文件是由官方提供的，若要修改可在官方文件的基础上进行，不用自己重写。该文件可以从 KEIL5 安装目录中找到，也可以从 ST 库里找到。找到该文件后，把该启动文件添加到工程里即可。不同型号的芯片以及不同编译环境下使用的汇编文件是不一样的，但功能相同。

对于启动文件这部分内容，我们主要介绍它的功能，不详细讲解里面的代码。其功能如下：

❑ 初始化堆栈指针 SP。

❑ 初始化程序计数器指针 PC。

❑ 设置堆和栈的大小。

❑ 设置中断向量表的入口地址。

❑ 配置外部 SRAM 作为数据存储器（由用户配置，一般的开发板没有外部 SRAM）。

❑ 调用 SystemInit() 函数配置 STM32 的系统时钟。

❑ 设置 C 库的分支入口"__main"（最终用来调用 main 函数）。

先去除细枝末节，挑重点的讲，主要理解最后两点。在启动文件中有一段复位后立即执行的程序，见代码清单 6-1。在阅读工程文件代码时，可使用编辑器的搜索（Ctrl+F）功能迅速查找这段代码在文件中的位置。

代码清单 6-1　复位后执行的程序

```
 1 ;Reset handler
 2 Reset_Handler    PROC
 3 EXPORT   Reset_Handler              [WEAK]
 4        IMPORT   SystemInit
 5        IMPORT   __main
 6
 7              LDR     R0, =SystemInit
 8              BLX     R0
 9              LDR     R0, =__main
10              BX      R0
11              ENDP
```

第 1 行是程序注释，在汇编里面注释用的是"；"，相当于 C 语言的"//"注释符。

第 2 行定义了一个子程序：Reset_Handler。PROC 是子程序定义伪指令。这里相当于 C 语言里定义了一个函数，函数名为 Reset_Handler。

第 3 行 EXPORT 表示 Reset_Handler 这个子程序可供其他模块调用。相当于 C 语言的函数声明。关键字"[WEAK]"表示弱定义，如果编译器发现在别处定义了同名的函数，则在链接时用别处的地址进行链接，如果其他地方没有定义，编译器也不报错，以此处地址进行链接。

第 4 行和第 5 行用 IMPORT 说明 SystemInit 和 __main 这两个标号在其他文件中，在链接时需要到其他文件中寻找。相当于 C 语言中从其他文件引入函数声明，以便后面程序对外部函数进行调用。

SystemInit 需要由我们自己实现，即要编写一个具有该名称的函数，用来初始化 STM32 芯片的时钟，一般包括初始化 AHB、APB 等各总线的时钟。STM32 需要经过一系列的配置才能达到稳定运行的状态。

__main 其实不是我们定义的（不要与 C 语言中的 main 函数混淆），当编译器编译时，只要遇到这个标号就会定义这个函数。该函数的主要功能是：初始化栈、堆，配置系统环境，准备好 C 语言，并在最后跳转到用户自定义的 main 函数，从此进入 C 的世界。

第 6 行把 SystemInit 的地址加载到寄存器 R0。

第 7 行跳转到 R0 中的地址里执行程序，即执行 SystemInit 函数的内容。

第 8 行把 __main 的地址加载到寄存器 R0。

第 9 行跳转到 R0 中的地址里执行程序，即执行 __main 函数，执行完毕就转到我们熟知的 C 世界，进入 main 函数了。

第 10 行表示子程序的结束。

总之，看完这段代码后，了解到如下内容即可：需要在外部定义一个 SystemInit 函数设置 STM32 的时钟；STM32 上电后，会执行 SystemInit 函数，最后执行 C 语言中的 main 函数。

6.3.3　stm32f4xx.h 文件

看完启动文件，就能立即开始编写 SystemInit 和 main 函数吗？定义好了 SystemInit 函数和 main，连接 LED 的 GPIO 引脚时，是要通过读写寄存器来控制的，就这样空着手，如何控制寄存器呢？在第 5 章，我们知道寄存器就是特殊的内存空间，可以通过指针操作访问。所以此处可根据 STM32 的存储分配先定义好各个寄存器的地址，把这些地址定义都统一写在 stm32f4xx.h 文件中，见代码清单 6-2。

代码清单 6-2　外设地址定义

```
 1 /* 片上外设基地址 */
 2 #define PERIPH_BASE            ((unsigned int)0x40000000)
 3 /* 总线基地址 */
 4 #define AHB1PERIPH_BASE        (PERIPH_BASE + 0x00020000)
 5 /* GPIO 外设基地址 */
 6 #define GPIOH_BASE             (AHB1PERIPH_BASE + 0x1C00)
 7
 8 /* GPIOH 寄存器地址，强制转换成指针 */
 9 #define GPIOH_MODER            *(unsigned int*)(GPIOH_BASE+0x00)
10 #define GPIOH_OTYPER           *(unsigned int*)(GPIOH_BASE+0x04)
11 #define GPIOH_OSPEEDR          *(unsigned int*)(GPIOH_BASE+0x08)
12 #define GPIOH_PUPDR            *(unsigned int*)(GPIOH_BASE+0x0C)
13 #define GPIOH_IDR              *(unsigned int*)(GPIOH_BASE+0x10)
14 #define GPIOH_ODR              *(unsigned int*)(GPIOH_BASE+0x14)
15 #define GPIOH_BSRR             *(unsigned int*)(GPIOH_BASE+0x18)
16 #define GPIOH_LCKR             *(unsigned int*)(GPIOH_BASE+0x1C)
17 #define GPIOH_AFRL             *(unsigned int*)(GPIOH_BASE+0x20)
18 #define GPIOH_AFRH             *(unsigned int*)(GPIOH_BASE+0x24)
19
```

```
20 /*RCC 外设基地址 */
21 #define RCC_BASE              (AHB1PERIPH_BASE + 0x3800)
22 /*RCC 的 AHB1 时钟使能寄存器地址，强制转换成指针 */
23 #define RCC_AHB1ENR           *(unsigned int*)(RCC_BASE+0x30)
```

　　GPIO 外设的地址与第 5 章讲解的相同，不过此处把寄存器的地址值都直接强制转换成了指针，方便使用。代码的最后两段是 RCC 外部寄存器的地址定义，RCC 外设是用来设置时钟的，后文会详细分析，在本实验中只要了解使用 GPIO 外设必须开启它的时钟即可。

6.3.4　main 文件

　　现在就可以开始编写程序了。在 main 文件中先编写一个 main 函数，但使其暂时为空。

```
1 int main (void)
2 {
3 }
```

　　此时直接编译的话，会出现如下错误：

　　"Error: L6218E: Undefined symbol SystemInit (referred from startup_stm32f429_439xx.o)"

　　错误提示 SystemInit 没有定义。分析启动文件可知，Reset_Handler 调用了该函数用来初始化 SMT32 系统时钟，为了简单起见，我们在 main 文件里面定义一个 SystemInit 空函数，什么也不做，为的是"骗过"编译器，把这个错误去掉。关于系统时钟配置后文有讲解。当不配置系统时钟时，STM32 芯片会自动按系统内部的默认时钟运行，程序还是能运行的。我们在 main 中添加如下函数：

```
1 // 函数为空，目的是"骗过"编译器不报错
2 void SystemInit(void)
3 {
4 }
```

　　这时再编译就不会报错了。还有一个方法是在启动文件中把有关 SystemInit 的代码注释掉，见代码清单 6-3。

代码清单 6-3　注释掉启动文件中调用 SystemInit 的代码

```
1 // Reset handler
2 Reset_Handler    PROC
3        EXPORT    Reset_Handler        [WEAK]
4        ;IMPORT   SystemInit
5        IMPORT    __main
6
7        ;LDR      R0, =SystemInit
8        ;BLX      R0
9        LDR       R0, =__main
10       BX        R0
11       ENDP
```

　　接下来在 main 函数中添加代码，对寄存器进行控制，寄存器的控制参数可参考表 6-1

或《STM32F4xx 参考手册》。

1. GPIO 模式

首先我们把连接到 LED 的 PH10 引脚配置成输出模式，即配置 GPIO 的 MODER 寄存器，见图 6-5。MODER 中包含 0 ~ 15 号引脚，每个引脚占用两个寄存器位。这两个寄存器位设置成 "01" 时即为 GPIO 的输出模式，见代码清单 6-4。

GPIO端口模式寄存器（GPIOx_MODER）（x=A..I）

偏移地址：0x00

复位值：

- 0xA800 0000（端口A）
- 0x0000 0280（端口B）
- 0x0000 0000（其他端口）

31	30	29	28	27	26	25	24	23	22	21	20	19	18	17	16
MODER15[1:0]		MODER14[1:0]		MODER13[1:0]		MODER12[1:0]		MODER11[1:0]		MODER10[1:0]		MODER9[1:0]		MODER8[1:0]	
rw	rw	rw	rw	rw	rw	rw	rw	rw	rw	rw	rw	rw	rw	rw	rw

15	14	13	12	11	10	9	8	7	6	5	4	3	2	1	0
MODER7[1:0]		MODER6[1:0]		MODER5[1:0]		MODER4[1:0]		MODER3[1:0]		MODER2[1:0]		MODER1[1:0]		MODER0[1:0]	
rw	rw	rw	rw	rw	rw	rw	rw	rw	rw	rw	rw	rw	rw	rw	rw

位2y:2y+1 MODERy[1:0]：端口x配置位（Port x configuration bits）（y=0..15）
这些位通过软件写入，用于配置I/O方向模式。
00：输入（复位状态）
01：通用输出模式
10：复用功能模式
11：模拟模式

图 6-5　MODER 寄存器说明（摘自《STM32F4xx 参考手册》）

代码清单 6-4　配置输出模式

```
1 /*GPIOH MODER10 清空 */
2 GPIOH_MODER  &= ~( 0x03<< (2*10));
3 /*PH10 MODER10 = 01b 输出模式 */
4 GPIOH_MODER |= (1<<2*10);
```

在代码中，我们先把 GPIOH MODER 寄存器的 MODER10 对应位清 0，然后再向它赋值 "01"，从而使 GPIOH10 引脚设置成输出模式。

代码中使用了 "&= ~" "|=" 这种复杂的位操作方法，目的是为了避免影响寄存器中的其他位。因为寄存器不能按位读写，假如我们直接给 MODER 寄存器赋值：

```
1 GPIOH_MODER = 0x00100000;
```

这时 MODER10 的两个位被设置成 "01"，即输出模式，但其他 GPIO 引脚就有问题了，因为其他引脚的 MODER 位都已被设置成了输入模式。

2. 输出类型

GPIO 输出有推挽和开漏两种类型，我们知道，开漏类型不能直接输出高电平，要输出高电平还要在芯片外部接上拉电阻，不符合我们的硬件设计，所以直接使用推挽模式。配置 OTYPER 中的 OTYPER10 寄存器位，该位设置为 0 时 PH10 引脚即为推挽模式，见代码清单 6-5。

代码清单 6-5　设置为推挽模式

```
1 /*GPIOH OTYPER10 清空 */
2 GPIOH_OTYPER &= ~(1<<1*10);
3 /*PH10 OTYPER10 = 0b 推挽模式 */
4 GPIOH_OTYPER |= (0<<1*10);
```

3. 输出速度

GPIO 引脚的输出速度是引脚支持高低电平切换的最高频率，本实验中可以随便设置。此处我们配置 OSPEEDR 寄存器中的寄存器位 OSPEEDR10 即可控制 PH10 的输出速度，见代码清单 6-6。

代码清单 6-6　设置输出速度为 2MHz

```
1 /*GPIOH OSPEEDR10 清空 */
2 GPIOH_OSPEEDR &= ~(0x03<<2*10);
3 /*PH10 OSPEEDR10 = 0b 速率 2MHz*/
4 GPIOH_OSPEEDR |= (0<<2*10);
```

4. 上拉 / 下拉模式

当 GPIO 引脚用于输入时，引脚的上拉 / 下拉模式可以控制引脚的默认状态。但现在的 GPIO 引脚用于输出，引脚受 ODR 寄存器影响。ODR 寄存器对应引脚初始化后默认值为 0，引脚输出低电平，所以这时配置上拉 / 下拉模式不会影响引脚电平状态。但因此处上拉电阻能小幅提高电流输出能力，所以配置它为上拉模式，即将 PUPDR 寄存器的 PUPDR10 位设置为二进制值"01"，见代码清单 6-7。

代码清单 6-7　设置为上拉模式

```
1 /*GPIOH PUPDR10 清空 */
2 GPIOH_PUPDR &= ~(0x03<<2*10);
3 /*PH10 PUPDR10 = 01b 上拉模式 */
4 GPIOH_PUPDR |= (1<<2*10);
```

5. 控制引脚输出电平

在输出模式时，对 BSRR 寄存器和 ODR 寄存器写入参数即可控制引脚的电平状态。简单起见，此处使用 BSRR 寄存器控制，将相应的 BR10 位设置为 1 时，PH10 为低电平，点亮 LED；将它的 BS10 位设置为 1 时，PH10 为高电平，关闭 LED。见代码清单 6-8。

代码清单 6-8　控制引脚输出电平

```
1 /*PH10 BSRR 寄存器的 BR10 置 1，使引脚输出低电平 */
```

```
2 GPIOH_BSRR |= (1<<16<<10);
3
4 /*PH10 BSRR 寄存器的 BS10 置 1，使引脚输出高电平 */
5 GPIOH_BSRR |= (1<<10);
```

6. 开启外设时钟

设置完 GPIO 的引脚，以控制电平输出，那么就可以点亮 LED 了吧？其实还差最后一步。

STM32 的外设很多，为了降低功耗，每个外设都对应着一个时钟，在芯片刚上电的时候这些时钟都是关闭的，如果想要外设工作，必须把相应的时钟打开。

STM32 所有外设的时钟由一个专门的外设来管理，叫 RCC（Reset and ClockControl），其功能见《STM32 中文参考手册》第 6 章。

所有的 GPIO 都挂载到 AHB1 总线上，所以它们的时钟由 AHB1 外设时钟使能寄存器（RCC_AHB1ENR）来控制，其中 GPIOH 端口的时钟由该寄存器的位 7 写 1 使能，开启 GPIOH 端口时钟。后文会详细解释 STM32 的时钟系统，此处只要了解在访问 GPIO 的寄存器之前，要先使能它的时钟即可。使用代码清单 6-9 中的代码可以开启 GPIOH 时钟。

代码清单 6-9　开启端口时钟

```
1 /* 开启 GPIOH 时钟，使用外设时都要先开启它的时钟 */
2 RCC_AHB1ENR |= (1<<7);
```

7. 水到渠成

开启时钟，配置引脚模式，控制电平，经过这 3 步，我们总算可以控制一个 LED 了。现在我们完整地组织一下用 STM32 控制一个 LED 的代码，见代码清单 6-10。

代码清单 6-10　main 文件中控制 LED 的代码

```
1
2 /*
3  * 使用寄存器的方法点亮 LED
4  */
5 #include "stm32f4xx.h"
6
7
8 /**
9  *  主函数
10  */
11 int main(void)
12 {
13     /* 开启 GPIOH 时钟，使用外设时都要先开启它的时钟 */
14     RCC_AHB1ENR |= (1<<7);
15
16     /* LED 端口初始化 */
17
18     /*GPIOH MODER10 清空 */
19     GPIOH_MODER  &= ~( 0x03<< (2*10));
```

```
20      /*PH10 MODER10 = 01b 输出模式 */
21      GPIOH_MODER |= (1<<2*10);
22
23      /*GPIOH OTYPER10 清空 */
24      GPIOH_OTYPER &= ~(1<<1*10);
25      /*PH10 OTYPER10 = 0b 推挽模式 */
26      GPIOH_OTYPER |= (0<<1*10);
27
28      /*GPIOH OSPEEDR10 清空 */
29      GPIOH_OSPEEDR &= ~(0x03<<2*10);
30      /*PH10 OSPEEDR10 = 0b 速率 2MHz*/
31      GPIOH_OSPEEDR |= (0<<2*10);
32
33      /*GPIOH PUPDR10 清空 */
34      GPIOH_PUPDR &= ~(0x03<<2*10);
35      /*PH10 PUPDR10 = 01b 上拉模式 */
36      GPIOH_PUPDR |= (1<<2*10);
37
38      /*PH10 BSRR 寄存器的 BR10 置 1, 使引脚输出低电平 */
39      GPIOH_BSRR |= (1<<16<<10);
40
41      /*PH10 BSRR 寄存器的 BS10 置 1, 使引脚输出高电平 */
42      // GPIOH_BSRR |= (1<<10);
43
44      while (1);
45
46  }
47
48  // 函数为空，目的是 "骗过" 编译器不报错
49  void SystemInit(void)
50  {
51  }
```

在本节中，要求完全理解 stm32f4xx.h 文件及 main 文件的内容（RCC 相关部分除外）。

6.3.5　下载验证

把编译好的程序下载到开发板并复位，可看到板子上的 LED 被点亮。

第 7 章
自己写库——构建库函数雏形

7.1　STM32 函数库简介

虽然我们使用寄存器点亮了 LED，乍看一下好像代码也很简单，但是别以为就可以一直用寄存器开发。在用寄存器点亮 LED 的时候，我们会发现 STM32 的寄存器都是 32 位的，每次配置的时候都要对照《STM32F4xx 参考手册》中寄存器的说明，然后根据说明对每个控制的寄存器位写入特定参数，因此在配置的时候非常容易出错，而且代码还很不好理解，不便于维护。所以学习 STM32 最好的方法是用软件库，然后在软件库的基础上了解底层，学习所有寄存器。

以上所说的软件库是指"STM32 标准函数库"，它是由 ST 公司针对 STM32 设置的函数接口，即 API（Application Programming Interface）。开发者可调用这些函数接口来配置 STM32 的寄存器，以脱离最底层的寄存器操作，具有开发快速、易于阅读、维护成本低等优点。

当我们调用库 API 的时候不需要挖空心思去了解库底层的寄存器操作，就像刚开始学习 C 语言的时候，只需要会用 printf() 函数，并没有去研究它的源码实现一样。但在需要深入研究的时候，经过千锤百炼的库 API 源码就是最佳的学习范例。

实际上，库是架设在寄存器与用户驱动层之间的代码，向下处理与寄存器直接相关的配置，向上为用户提供配置寄存器的接口。库开发方式与直接配置寄存器方式的对比见图 7-1。

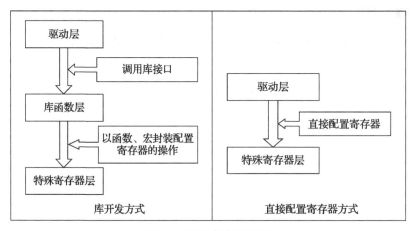

图 7-1　开发方式对比图

7.2　采用库来开发及学习的原因

在以前 8 位机时代的程序开发中，一般直接配置芯片的寄存器，控制芯片的工作方式，如中断、定时器等。配置的时候，常常要查阅寄存器表，看用到哪些配置位，为了配置某功能，该置 1 还是置 0。这些都是很琐碎、机械的工作，因为 8 位机的软件相对来说较简单，而且资源很有限，所以可以通过直接配置寄存器的方式来开发。

对于 STM32，因为外设资源丰富，带来的必然是寄存器的数量和复杂度的增加，这时直接配置寄存器方式的缺陷就突显出来了：

❑ 开发速度慢

❑ 程序可读性差

❑ 维护复杂

这些缺陷直接影响了开发效率、程序维护成本、交流成本。库开发方式则正好弥补了这些缺陷。

采用直接配置寄存器的方式开发的优点如下：

❑ 具体参数更直观

❑ 程序运行占用资源少

相对于库开发的方式，直接配置寄存器方式生成的代码量的确会少一点，但因为 STM32 有充足的资源，权衡库的优势与不足，绝大部分时候，我们愿意牺牲一点 CPU 资源，而选择库开发。一般只有在对代码运行时间要求极苛刻的地方，才用直接配置寄存器的方式代替，如频繁调用的中断服务函数。

对于库开发与直接配置寄存器的方式，就好比编程是用汇编好还是用 C 好一样。在 STM32F1 系列刚推出函数库时，引起了程序员的激烈争论，但是，随着 ST 库的完善，以及大家对库的了解，更多的程序员选择了库开发。现在 STM32F1 系列和 STM32F4 系列各有一套自己的函数库，但是它们大部分是兼容的，F1 和 F4 之间的程序移植只需要小修改即可。而如果要移植用寄存器编写的程序，将是很麻烦的。

用库来进行开发，市场已有定论，用户群说明了一切，但对于 STM32 的学习仍然有人认为用寄存器好，而且他们会强调，汇编不是还没退出大学教材吗？他们认为这种方法直观，能够了解配置了哪些寄存器，以及怎样配置寄存器。事实上，库函数的底层实现恰恰是直接配置寄存器方式的最佳例子，它代替我们完成了寄存器配置的工作。而想深入了解芯片是如何工作的话，只要直接查看库函数的最底层实现即可。所以在以后的章节中，使用软件库是我们的重点，而且我们通过讲解库 API 去高效地学习 STM32 的寄存器，并不至于因为用库学习，就不用寄存器控制 STM32 芯片。

7.3　实验：构建库函数雏形

虽然库的优点很多，但很多人对库还是很忌惮的，因为一开始用库的时候会有很多代码，很多文件，而不知道如何入手。不知道你是否认同这么一句话：一切的恐惧都来源于认知的空缺。我们对库的忌惮那是因为我们不知道什么是库，不知道库是怎么实现的。

接下来，我们在寄存器点亮 LED 的代码上继续完善，把代码一层层封装，实现库的最初的雏形。相信经过这一步的学习后，对库的运用会游刃有余。这里我们只讲如何实现 GPIO 函数库，其他外设则直接参考 ST 标准库学习即可，不必自己写。

下面打开本章配套例程"构建库函数雏形"来阅读理解，该例程是在上一章的基础上修改得来的。

7.3.1 修改寄存器地址封装

上一章中我们在操作寄存器的时候，操作的是都寄存器的绝对地址，如果对于每个外部寄存器都这样操作，那将非常麻烦。考虑到外部寄存器的地址都基于外设基地址的偏移地址，并在外设基地址上逐个连续递增，每个寄存器占 32 个或者 16 个字节，这种方式与结构体里面的成员类似。所以我们可以定义一种外设结构体，结构体的地址等于外设的基地址，结构体的成员等于寄存器，成员的排列顺序与寄存器的顺序一样。这样在操作寄存器的时候就不用每次都找到绝对地址，只要知道外设的基地址就可以操作外设的全部寄存器，即操作结构体的成员即可。

在工程中的 stm32f4xx.h 文件中，我们使用结构体封装 GPIO 及 RCC 外设的寄存器，见代码清单 7-1。结构体成员的顺序按照寄存器的偏移地址从低到高排列，成员类型与寄存器类型一样。如不理解 C 语言对寄存器的封装的语法原理，请参考 4.5.2 节。

代码清单 7-1 封装寄存器列表

```
1  //volatile表示易变的变量，防止编译器优化
2  #define    __IO    volatile
3  typedef unsigned int uint32_t;
4  typedef unsigned short uint16_t;
5
6  /* GPIO 寄存器列表 */
7  typedef struct {
8      __IO    uint32_t MODER;    /*GPIO 模式寄存器         地址偏移：0x00       */
9      __IO    uint32_t OTYPER;   /*GPIO 输出类型寄存器      地址偏移：0x04       */
10     __IO    uint32_t OSPEEDR;  /*GPIO 输出速度寄存器      地址偏移：0x08       */
11     __IO    uint32_t PUPDR;    /*GPIO 上拉/下拉寄存器     地址偏移：0x0C       */
12     __IO    uint32_t IDR;      /*GPIO 输入数据寄存器      地址偏移：0x10       */
13     __IO    uint32_t ODR;      /*GPIO 输出数据寄存器      地址偏移：0x14       */
14     __IO    uint16_t BSRRL;    /*GPIO 置位/复位寄存器低16位部分 地址偏移：0x18 */
15     __IO    uint16_t BSRRH;    /*GPIO 置位/复位寄存器高16位部分 地址偏移：0x1A */
16     __IO    uint32_t LCKR;     /*GPIO 配置锁定寄存器      地址偏移：0x1C       */
17     __IO    uint32_t AFR[2];   /*GPIO 复用功能配置寄存器 地址偏移：0x20-0x24 */
18  } GPIO_TypeDef;
19
20  /* RCC 寄存器列表 */
21  typedef struct {
22      __IO    uint32_t CR;                /*!< RCC 时钟控制寄存器，地址偏移：0x00 */
```

```
23    __IO    uint32_t PLLCFGR;     /*!< RCC PLL 配置寄存器, 地址偏移: 0x04 */
24    __IO    uint32_t CFGR;        /*!< RCC 时钟配置寄存器, 地址偏移: 0x08 */
25    __IO    uint32_t CIR;         /*!< RCC 时钟中断寄存器, 地址偏移: 0x0C */
26    __IO    uint32_t AHB1RSTR;    /*!< RCC AHB1 外部复位寄存器, 地址偏移: 0x10 */
27    __IO    uint32_t AHB2RSTR;    /*!< RCC AHB2 外部复位寄存器, 地址偏移: 0x14 */
28    __IO    uint32_t AHB3RSTR;    /*!< RCC AHB3 外部复位寄存器, 地址偏移: 0x18 */
29    __IO    uint32_t RESERVED0;   /*!< 保留, 地址偏移: 0x1C */
30    __IO    uint32_t APB1RSTR;    /*!< RCC APB1 外部复位寄存器, 地址偏移: 0x20 */
31    __IO    uint32_t APB2RSTR;    /*!< RCC APB2 外部复位寄存器, 地址偏移: 0x24 */
32    __IO    uint32_t RESERVED1[2]; /*!< 保留, 地址偏移: 0x28-0x2C*/
33    __IO    uint32_t AHB1ENR;     /*!< RCC AHB1 外部时钟寄存器, 地址偏移: 0x30 */
34    __IO    uint32_t AHB2ENR;     /*!< RCC AHB2 外部时钟寄存器, 地址偏移: 0x34 */
35    __IO    uint32_t AHB3ENR;     /*!< RCC AHB3 外部时钟寄存器, 地址偏移: 0x38 */
36    /* RCC 后面还有很多寄存器, 此处省略 */
37 } RCC_TypeDef;
```

这段代码在每个结构体成员前增加了一个 " __IO" 前缀, 它的原型在这段代码的第一行, 代表了 C 语言中的关键字 " volatile", 在 C 语言中该关键字用于表示变量是易变的, 要求编译器不要优化。这些结构体内的成员都代表寄存器, 而寄存器很多时候是由外设或 STM32 芯片状态修改的, 也就是说, 即使 CPU 不执行代码修改这些变量, 变量的值也有可能被外设修改、更新, 所以每次使用这些变量的时候, 我们都要求 CPU 从该变量的地址重新访问。若没有这个关键字修饰, 在某些情况下, 编译器认为没有代码修改该变量, 就直接从 CPU 的某个缓存中获取该变量值, 这时可以加快执行速度, 但该缓存中的是陈旧数据, 与我们要求的寄存器最新状态可能会有出入。

7.3.2 定义访问外设的结构体指针

以结构体的形式定义好了外部寄存器后, 使用结构体前还需要给结构体的首地址赋值, 才能访问到需要的寄存器。为方便操作, 我们给每个外设都定义好指向它首地址的结构体指针, 见代码清单 7-2。

代码清单 7-2 指向外设首地址的结构体指针

```
 1 /* 定义 GPIOA-H 寄存器结构体指针 */
 2 #define GPIOA                   ((GPIO_TypeDef *) GPIOA_BASE)
 3 #define GPIOB                   ((GPIO_TypeDef *) GPIOB_BASE)
 4 #define GPIOC                   ((GPIO_TypeDef *) GPIOC_BASE)
 5 #define GPIOD                   ((GPIO_TypeDef *) GPIOD_BASE)
 6 #define GPIOE                   ((GPIO_TypeDef *) GPIOE_BASE)
 7 #define GPIOF                   ((GPIO_TypeDef *) GPIOF_BASE)
 8 #define GPIOG                   ((GPIO_TypeDef *) GPIOG_BASE)
 9 #define GPIOH                   ((GPIO_TypeDef *) GPIOH_BASE)
10
11 /* 定义 RCC 外设寄存器结构体指针 */
12 #define RCC                     ((RCC_TypeDef *) RCC_BASE)
```

这些宏强制把外设的基地址转换成 GPIO_TypeDef 类型的地址, 从而得到 GPIOA、

GPIOB 等直接指向对应外设的指针，通过结构体的指针操作，即可访问对应外设的寄存器。

利用这些指针访问寄存器，我们把 main 文件里对应的代码进行修改，见代码清单 7-3。

代码清单 7-3　使用结构体指针方式控制 LED

```
1 /**
2  *    主函数
3  */
4 int main(void)
5 {
6
7     RCC->AHB1ENR |= (1<<7);
8
9     /* LED 端口初始化 */
10
11    /*GPIOH MODER10 清空 */
12    GPIOH->MODER  &= ~( 0x03<< (2*10));
13    /*PH10 MODER10 = 01b 输出模式 */
14    GPIOH->MODER |= (1<<2*10);
15
16    /*GPIOH OTYPER10 清空 */
17    GPIOH->OTYPER &= ~(1<<1*10);
18    /*PH10 OTYPER10 = 0b 推挽模式 */
19    GPIOH->OTYPER |= (0<<1*10);
20
21    /*GPIOH OSPEEDR10 清空 */
22    GPIOH->OSPEEDR &= ~(0x03<<2*10);
23    /*PH10 OSPEEDR10 = 0b 速率 2MHz*/
24    GPIOH->OSPEEDR |= (0<<2*10);
25
26    /*GPIOH PUPDR10 清空 */
27    GPIOH->PUPDR &= ~(0x03<<2*10);
28    /*PH10 PUPDR10 = 01b 上拉模式 */
29    GPIOH->PUPDR |= (1<<2*10);
30
31    /*PH10 BSRR 寄存器的 BR10 置 1，使引脚输出低电平 */
32    GPIOH->BSRRH |= (1<<10);
33
34    /*PH10 BSRR 寄存器的 BS10 置 1，使引脚输出高电平 */
35    // GPIOH->BSRRL |= (1<<10);
36
37    while (1);
38
39 }
```

乍一看，除了最后一部分把 BSRR 寄存器分成 BSRRH 和 BSRRL 两段，与直接用绝对地址访问，其他部分只是名字改了而已，这与上一章没什么区别。这是因为我们现在只实现了库函数的基础，还没有定义库函数。

打好了基础，下面我们就来建"高楼"。接下来使用函数来封装 GPIO 的基本操作，以便以后应用的时候不需要再查询寄存器，而是直接通过调用这里定义的函数来实现。我们把针对 GPIO 外设操作的函数及其宏定义分别存放在 stm32f4xx_gpio.c 和 stm32f4xx_gpio.h 文件中。

在 stm32f4xx_gpio.c 文件中定义两个位操作函数，分别用于控制引脚输出高电平（置位）和低电平（复位），见代码清单 7-4。

代码清单 7-4　GPIO 置位函数与复位函数的定义

```
1  /**
2   * 函数功能：设置引脚为高电平
3   * 参数说明：GPIOx：该参数为 GPIO_TypeDef 类型的指针，指向 GPIO 端口的地址
4   *           GPIO_Pin：选择要设置的 GPIO 端口引脚，可输入宏 GPIO_Pin_0 ~ GPIO_Pin_15，
5   *           表示 GPIOx 端口的 0 ~ 15 号引脚。
6   */
7  void GPIO_SetBits(GPIO_TypeDef* GPIOx, uint16_t GPIO_Pin)
8  {
9      /* 设置 GPIOx 端口 BSRRL 寄存器的第 GPIO_Pin 位，使其输出高电平 */
10     /* 因为 BSRR 寄存器写 0 不影响，
11        宏 GPIO_Pin 只是对应位为 1，其他位均为 0，所以可以直接赋值 */
12
13     GPIOx->BSRRL = GPIO_Pin;
14 }
15
16 /**
17  * 函数功能：设置引脚为低电平
18  * 参数说明：GPIOx：该参数为 GPIO_TypeDef 类型的指针，指向 GPIO 端口的地址
19  *           GPIO_Pin：选择要设置的 GPIO 端口引脚，可输入宏 GPIO_Pin_0 ~ GPIO_Pin_15，
20  *           表示 GPIOx 端口的 0 ~ 15 号引脚。
21  */
22 void GPIO_ResetBits(GPIO_TypeDef* GPIOx, uint16_t GPIO_Pin)
23 {
24     /* 设置 GPIOx 端口 BSRRH 寄存器的第 GPIO_Pin 位，使其输出低电平 */
25     /* 因为 BSRR 寄存器写 0 不影响，
26        宏 GPIO_Pin 只是对应位为 1，其他位均为 0，所以可以直接赋值 */
27
28     GPIOx->BSRRH = GPIO_Pin;
29 }
```

这两个函数体内都是只有一个语句，对 GPIOx 的 BSRRL 或 BSRRH 寄存器赋值，从而设置引脚为高电平或低电平。其中 GPIOx 是一个指针变量，通过函数的输入参数可以修改它的值，如将 GPIOA、GPIOB、GPIOH 等结构体指针值赋予给它，这个函数就可以控制相应的 GPIOA、GPIOB、GPIOH 等端口的输出。

对比前面对 BSRR 寄存器的赋值，都是用"|="操作来防止对其他数据位产生干扰的，为何此函数里的操作却直接用"="操作赋值？这样不怕干扰其他数据位吗？赋值方式的对比见代码清单 7-5。

代码清单 7-5　赋值方式对比

```
1 /* 使用 "|=" 来赋值 */
2 GPIOH->BSRRH |= (1<<10);
```

```
3 /* 直接使用 "=" 赋值 */
4 GPIOx->BSRRH = GPIO_Pin;
```

根据 BSRR 寄存器的特性，对它的数据位写 "0"，是不会影响输出的，只有对它的数据位写 "1"，才会控制引脚输出。对低 16 位写 "1" 输出高电平，对高 16 位写 "1" 输出低电平。也就是说，假如我们对 BSRRH（高 16 位）直接用 "=" 操作赋二进制值 "0000 0000 0000 0001 b"，它会控制 GPIO 的引脚 0 输出低电平，赋二进制值 "0000 0000 0001 0000 b"，它会控制 GPIO 的引脚 4 输出低电平，而其他数据位由于是 0，所以不会受到干扰。同理，对 BSRRL（低 16 位）直接赋值也是如此，数据位为 1 的位输出高电平。代码清单 7-6 中用两种方式赋值，功能相同。

代码清单 7-6　BSRR 寄存器赋值等效代码

```
1 /* 使用 "|=" 来赋值 */
2 GPIOH->BSRRH |= (uint16_t)(1<<10);
3 /* 直接使用 "=" 来赋值，二进制数 (0000 0100 0000 0000)*/
4 GPIOH->BSRRH =  (uint16_t)(1<<10);
```

这两行代码功能等效，都把 BSRRH 的 bit10 设置为 1，控制引脚 10 输出低电平，且其他引脚状态不变。但第 2 个语句的操作效率是比较高的，因为 "|=" 包含了读写操作，而 "=" 只需要一个写操作。因此在定义位操作函数中使用后者。

利用这两个位操作函数，就可以方便地操作各种 GPIO 的引脚电平了。控制各种端口引脚的范例见代码清单 7-7。

代码清单 7-7　位操作函数使用范例

```
 1
 2 /* 控制 GPIOH 的引脚 10 输出高电平 */
 3 GPIO_SetBits(GPIOH,(uint16_t)(1<<10));
 4 /* 控制 GPIOH 的引脚 10 输出低电平 */
 5 GPIO_ResetBits(GPIOH,(uint16_t)(1<<10));
 6
 7 /* 控制 GPIOH 的引脚 10、引脚 11 输出高电平，使用 "|" 同时控制多个引脚 */
 8 GPIO_SetBits(GPIOH,(uint16_t)(1<<10)|(uint16_t)(1<<11));
 9 /* 控制 GPIOH 的引脚 10、引脚 11 输出低电平 */
10 GPIO_ResetBits(GPIOH,(uint16_t)(1<<10)|(uint16_t)(1<<10));
11
12 /* 控制 GPIOA 的引脚 8 输出高电平 */
13 GPIO_SetBits(GPIOA,(uint16_t)(1<<8));
14 /* 控制 GPIOB 的引脚 9 输出低电平 */
15 GPIO_ResetBits(GPIOB,(uint16_t)(1<<9));
```

使用以上函数输入参数，设置引脚号时，还是稍感不便，为此我们把选择 16 个引脚的操作数都定义成宏，见代码清单 7-8。

代码清单 7-8　选择引脚参数的宏

```
1 /*GPIO 引脚号定义 */
```

```
 2 #define GPIO_Pin_0              (uint16_t)0x0001)    /*!< 选择引脚 0 (1<<0) */
 3 #define GPIO_Pin_1              ((uint16_t)0x0002)   /*!< 选择引脚 1 (1<<1) */
 4 #define GPIO_Pin_2              ((uint16_t)0x0004)   /*!< 选择引脚 2 (1<<2) */
 5 #define GPIO_Pin_3              ((uint16_t)0x0008)   /*!< 选择引脚 3 (1<<3) */
 6 #define GPIO_Pin_4              ((uint16_t)0x0010)   /*!< 选择引脚 4 */
 7 #define GPIO_Pin_5              ((uint16_t)0x0020)   /*!< 选择引脚 5 */
 8 #define GPIO_Pin_6              ((uint16_t)0x0040)   /*!< 选择引脚 6 */
 9 #define GPIO_Pin_7              ((uint16_t)0x0080)   /*!< 选择引脚 7 */
10 #define GPIO_Pin_8              ((uint16_t)0x0100)   /*!< 选择引脚 8 */
11 #define GPIO_Pin_9              ((uint16_t)0x0200)   /*!< 选择引脚 9 */
12 #define GPIO_Pin_10             ((uint16_t)0x0400)   /*!< 选择引脚 10 */
13 #define GPIO_Pin_11             ((uint16_t)0x0800)   /*!< 选择引脚 11 */
14 #define GPIO_Pin_12             ((uint16_t)0x1000)   /*!< 选择引脚 12 */
15 #define GPIO_Pin_13             ((uint16_t)0x2000)   /*!< 选择引脚 13 */
16 #define GPIO_Pin_14             ((uint16_t)0x4000)   /*!< 选择引脚 14 */
17 #define GPIO_Pin_15             ((uint16_t)0x8000)   /*!< 选择引脚 15 */
18 #define GPIO_Pin_All            ((uint16_t)0xFFFF)   /*!< 选择全部引脚 */
```

这些宏代表的参数是某位置"1"、其他位置"0"的数值，其中最后一个"GPIO_Pin_ALL"表示所有数据位都为"1"，所以用它可以一次控制设置整个端口的引脚 0 ~ 15。利用这些宏，GPIO 的控制代码可改为代码清单 7-9。

代码清单 7-9　使用位操作函数及宏控制 GPIO

```
 1
 2 /* 控制 GPIOH 的引脚 10 输出高电平 */
 3 GPIO_SetBits(GPIOH,GPIO_Pin_10);
 4 /* 控制 GPIOH 的引脚 10 输出低电平 */
 5 GPIO_ResetBits(GPIOH,GPIO_Pin_10);
 6
 7 /* 控制 GPIOH 的引脚 10、引脚 11 输出高电平，使用 "|"，同时控制多个引脚 */
 8 GPIO_SetBits(GPIOH,GPIO_Pin_10|GPIO_Pin_11);
 9 /* 控制 GPIOH 的引脚 10、引脚 11 输出低电平 */
10 GPIO_ResetBits(GPIOH,GPIO_Pin_10|GPIO_Pin_11);
11 /* 控制 GPIOH 的所有输出低电平 */
12 GPIO_ResetBits(GPIOH,GPIO_Pin_ALL);
13
14 /* 控制 GPIOA 的引脚 8 输出高电平 */
15 GPIO_SetBits(GPIOA,GPIO_Pin_8);
16 /* 控制 GPIOB 的引脚 9 输出低电平 */
17 GPIO_ResetBits(GPIOB,GPIO_Pin_9);
```

使用以上代码控制 GPIO，我们就不需要再看寄存器了，直接从函数名和输入参数就可以直观地看出这个语句要实现什么操作（英文中 Set 表示"置位"，即高电平，Reset 表示"复位"，即低电平）。

7.3.3　定义初始化结构体

定义位操作函数后，控制 GPIO 输出电平的代码得到了简化，但在控制 GPIO 输出电平前还需要初始化 GPIO 引脚的各种模式，这部分代码涉及的寄存器很多，我们希望初始化

GPIO 也能以如此简单的方法实现。为此，先将 GPIO 初始化时涉及的初始化参数以结构体的形式封装起来，声明一个名为 GPIO_InitTypeDef 的结构体类型，见代码清单 7-10。

代码清单 7-10　定义 GPIO 初始化结构体

```
 1 typedef uint8_t unsigned char;
 2 /**
 3  * GPIO 初始化结构体类型定义
 4  */
 5 typedef struct {
 6     uint32_t GPIO_Pin;        /*!< 选择要配置的 GPIO 引脚
 7                                    可输入 GPIO_Pin_ 定义的宏 */
 8
 9     uint8_t GPIO_Mode;        /*!< 选择 GPIO 引脚的工作模式
10                                    可输入二进制值：00、01、10、11
11                                    表示输入 / 输出 / 复用 / 模拟 */
12
13     uint8_t GPIO_Speed;       /*!< 选择 GPIO 引脚的速率
14                                    可输入二进制值：00、01、10、11
15                                    表示 2/25/50/100MHz */
16
17     uint8_t GPIO_OType;       /*!< 选择 GPIO 引脚输出类型
18                                    可输入二进制值：0、1
19                                    表示推挽 / 开漏 */
20
21     uint8_t GPIO_PuPd;        /*!< 选择 GPIO 引脚的上拉 / 下拉模式
22                                    可输入二进制值：00、01、10
23                                    表示浮空 / 上拉 / 下拉 */
24 } GPIO_InitTypeDef;
```

这个结构体中包含了初始化 GPIO 所需要的信息，包括引脚号、工作模式、输出速率、输出类型以及上拉 / 下拉模式。设计这个结构体的思路是：初始化 GPIO 前，先定义一个这样的结构体变量，根据需要配置 GPIO 的模式，对这个结构体的各个成员进行赋值，然后把这个变量作为 "GPIO 初始化函数" 的输入参数，该函数能根据这个变量值中的内容配置寄存器，从而实现初始化 GPIO。

7.3.4　定义引脚模式的枚举类型

上面定义的结构体很直接，美中不足的是，在对结构体中各个成员赋值时还需要看具体哪个模式对应哪个数值，如 GPIO_Mode 成员的 "输入 / 输出 / 复用 / 模拟" 模式对应二进制值 "00、01、10、11"，我们不希望每次用到时都去查找这些索引值，所以使用 C 语言中的枚举语法定义这些参数，见代码清单 7-11。

代码清单 7-11　GPIO 配置参数的枚举定义

```
 1 /**
 2  * GPIO 端口配置模式的枚举定义
 3  */
```

```
 4 typedef enum {
 5     GPIO_Mode_IN   = 0x00,  /*!< 输入模式 */
 6     GPIO_Mode_OUT  = 0x01,  /*!< 输出模式 */
 7     GPIO_Mode_AF   = 0x02,  /*!< 复用模式 */
 8     GPIO_Mode_AN   = 0x03   /*!< 模拟模式 */
 9 } GPIOMode_TypeDef;
10
11 /**
12   * GPIO 输出类型枚举定义
13   */
14 typedef enum {
15     GPIO_OType_PP = 0x00,   /*!< 推挽模式 */
16     GPIO_OType_OD = 0x01    /*!< 开漏模式 */
17 } GPIOOType_TypeDef;
18
19 /**
20   * GPIO 输出速率枚举定义
21   */
22 typedef enum {
23     GPIO_Speed_2MHz   = 0x00, /*!< 2MHz   */
24     GPIO_Speed_25MHz  = 0x01, /*!< 25MHz  */
25     GPIO_Speed_50MHz  = 0x02, /*!< 50MHz  */
26     GPIO_Speed_100MHz = 0x03  /*!< 100MHz */
27 } GPIOSpeed_TypeDef;
28
29 /**
30   *GPIO 上拉 / 下拉配置枚举定义
31   */
32 typedef enum {
33     GPIO_PuPd_NOPULL = 0x00, /* 浮空 */
34     GPIO_PuPd_UP     = 0x01, /* 上拉 */
35     GPIO_PuPd_DOWN   = 0x02  /* 下拉 */
36 } GPIOPuPd_TypeDef;
```

有了这些枚举定义，GPIO_InitTypeDef 结构体就可以使用枚举类型来限定输入了，代码清单 7-12。

代码清单 7-12　使用枚举类型定义的 GPIO_InitTypeDef 结构体成员

```
 1 /**
 2   * GPIO 初始化结构体类型定义
 3   */
 4 typedef struct {
 5     uint32_t GPIO_Pin;              /*!< 选择要配置的 GPIO 引脚
 6                                         可输入 GPIO_Pin_ 定义的宏 */
 7
 8     GPIOMode_TypeDef GPIO_Mode;     /*!< 选择 GPIO 引脚的工作模式
 9                                         可输入 GPIOMode_TypeDef 定义的枚举值*/
10
11     GPIOSpeed_TypeDef GPIO_Speed;   /*!< 选择 GPIO 引脚的速率
12                                         可输入 GPIOSpeed_TypeDef 定义的枚举值 */
13
```

```
14         GPIOOType_TypeDef GPIO_OType;      /*!< 选择 GPIO 引脚输出类型
15                                                可输入 GPIOOType_TypeDef 定义的枚举值 */
16
17         GPIOPuPd_TypeDef GPIO_PuPd;        /*!< 选择 GPIO 引脚的上拉 / 下拉模式
18                                                可输入 GPIOPuPd_TypeDef 定义的枚举值 */
19 } GPIO_InitTypeDef;
```

如果不使用枚举类型，仍使用 uint8_t 类型来定义结构体成员，那么成员值的范围就是 0 ~ 255 了，而实际上这些成员都只能输入几个数值。所以使用枚举类型可以对结构体成员起到限定输入的作用，只能输入相应已定义的枚举值。

利用这些枚举定义，给 GPIO_InitTypeDef 结构体类型赋值就非常直观了，见代码清单 7-13。

代码清单 7-13   给 GPIO_InitTypeDef 初始化结构体赋值范例

```
1 GPIO_InitTypeDef InitStruct;
2
3 /* LED 端口初始化 */
4 /* 选择要控制的 GPIO 引脚 */
5 InitStruct.GPIO_Pin = GPIO_Pin_10;
6 /* 设置引脚模式为输出模式 */
7 InitStruct.GPIO_Mode = GPIO_Mode_OUT;
8 /* 设置引脚的输出类型为推挽输出 */
9 InitStruct.GPIO_OType = GPIO_OType_PP;
10 /* 设置引脚为上拉模式 */
11 InitStruct.GPIO_PuPd = GPIO_PuPd_UP;
12 /* 设置引脚速率为 2MHz */
13 InitStruct.GPIO_Speed = GPIO_Speed_2MHz;
```

7.3.5   定义 GPIO 初始化函数

接着前面的思路，对初始化结构体赋值后，把它输入 GPIO 初始化函数，由它来实现寄存器配置。GPIO 初始化函数实现见代码清单 7-14。

代码清单 7-14   GPIO 初始化函数

```
1
2 /**
3   * 函数功能：初始化引脚模式
4   * 参数说明：GPIOx，该参数为 GPIO_TypeDef 类型的指针，指向 GPIO 端口的地址
5   *          GPIO_InitTypeDef:GPIO_InitTypeDef 结构体指针，指向初始化变量
6   */
7 void GPIO_Init(GPIO_TypeDef* GPIOx, GPIO_InitTypeDef* GPIO_InitStruct)
8 {
9     uint32_t pinpos = 0x00, pos = 0x00 , currentpin = 0x00;
10
11    /*-- GPIO Mode Configuration --*/
12    for (pinpos = 0x00; pinpos < 16; pinpos++) {
13        /* 以下运算是为了通过 GPIO_InitStruct->GPIO_Pin 算出引脚号 0 ~ 15*/
```

```
14
15          /*经过运算后 pos 的 pinpos 位为 1,其余为 0,与 GPIO_Pin_x 宏对应。
16          pinpos 变量每次循环加 1*/
17          pos = ((uint32_t)0x01) << pinpos;
18
19          /* pos 与 GPIO_InitStruct->GPIO_Pin 做 & 运算,
20          若运算结果 currentpin == pos,
21          则表示 GPIO_InitStruct->GPIO_Pin 的 pinpos 位也为 1,
22          从而可知 pinpos 就是 GPIO_InitStruct->GPIO_Pin 对应的引脚号: 0 ~ 15 */
23          currentpin = (GPIO_InitStruct->GPIO_Pin) & pos;
24
25          /*currentpin == pos 时执行初始化 */
26          if (currentpin == pos) {
27              /*GPIOx 端口, MODER 寄存器的 GPIO_InitStruct->GPIO_Pin 对应的引脚,
28              MODER 位清空 */
29              GPIOx->MODER  &= ~(3 << (2 *pinpos));
30
31              /*GPIOx 端口, MODER 寄存器的 GPIO_Pin 引脚,
32              MODER 位设置 " 输入 / 输出 / 复用输出 / 模拟 " 模式 */
33  GPIOx->MODER |= (((uint32_t)GPIO_InitStruct->GPIO_Mode) << (2 *pinpos));
34
35              /*GPIOx 端口, PUPDR 寄存器的 GPIO_Pin 引脚,
36              PUPDR 位清空 */
37              GPIOx->PUPDR &= ~(3 << ((2 *pinpos)));
38
39              /*GPIOx 端口, PUPDR 寄存器的 GPIO_Pin 引脚,
40              PUPDR 位设置 " 上拉 / 下拉 " 模式 */
41  GPIOx->PUPDR |= (((uint32_t)GPIO_InitStruct->GPIO_PuPd) << (2 *pinpos));
42
43              /* 若模式为 " 输出 / 复用输出 " 模式,则设置速度与输出类型 */
44              if ((GPIO_InitStruct->GPIO_Mode == GPIO_Mode_OUT) ||
45                  (GPIO_InitStruct->GPIO_Mode == GPIO_Mode_AF)) {
46                  /*GPIOx 端口, OSPEEDR 寄存器的 GPIO_Pin 引脚,
47                  OSPEEDR 位清空 */
48                  GPIOx->OSPEEDR &= ~(3 << (2 *pinpos));
49                  /*GPIOx 端口, OSPEEDR 寄存器的 GPIO_Pin 引脚,
50                  OSPEEDR 位设置输出速度 */
51  GPIOx->OSPEEDR |= ((uint32_t)(GPIO_InitStruct->GPIO_Speed)<<(2 *pinpos));
52
53                  /*GPIOx 端口, OTYPER 寄存器的 GPIO_Pin 引脚,
54                  OTYPER 位清空 */
55                  GPIOx->OTYPER  &= ~(1 << (pinpos)) ;
56                  /*GPIOx 端口, OTYPER 位寄存器的 GPIO_Pin 引脚,
57                  OTYPER 位设置 " 推挽 / 开漏 " 输出类型 */
58  GPIOx->OTYPER |= (uint16_t)(( GPIO_InitStruct->GPIO_OType)<< (pinpos));
59              }
60          }
61      }
62 }
```

这个函数有 **GPIOx** 和 **GPIO_InitStruct** 两个输入参数,分别是 GPIO 外设指针和 GPIO 初始化结构体指针,分别用来指定要初始化的 GPIO 端口和引脚的工作模式。

函数实现主要分两个环节：

1）利用 for 循环，根据 GPIO_InitStruct 的结构体成员 GPIO_Pin 计算出要初始化的引脚号。这段看起来复杂的运算实际上可以这样理解：它要通过宏"GPIO_Pin_x"的参数计算出 x 值（宏的参数值是第 x 数据位为 1，其余为 0，参考代码清单 7-8），计算得的引脚号存储在 pinpos 变量中。

2）得到引脚号 pinpos 后，利用初始化结构体各个成员的值，对相应寄存器进行配置，这部分与我们前面直接配置寄存器的操作是类似的，先将引脚号 pinpos 相应的配置位清空，然后根据结构体成员对配置位赋值（GPIO_Mode 成员对应 MODER 寄存器的配置，GPIO_PuPd 成员对应 PUPDR 寄存器的配置等）。区别是这里的寄存器配置值及引脚号都是由变量存储的。

7.3.6　使用函数点亮 LED

完成以上的准备后，我们就可以用自己定义的函数来点亮 LED 了，见代码清单 7-15。

代码清单 7-15　使用函数点亮 LED

```
1
2  /*
3   *   使用函数的方法点亮 LED
4   */
5  #include "stm32f4xx_gpio.h"
6
7  void Delay( uint32_t nCount);
8
9  /**
10  *   主函数，使用封装好的函数来控制 LED
11  */
12 int main(void)
13 {
14     GPIO_InitTypeDef InitStruct;
15
16     /* 开启 GPIOH 时钟，使用外设时都要先开启它的时钟 */
17     RCC->AHB1ENR |= (1<<7);
18
19     /* LED 端口初始化 */
20
21     /* 初始化 PH10 引脚 */
22     /* 选择要控制的 GPIO 引脚 */
23     InitStruct.GPIO_Pin = GPIO_Pin_10;
24     /* 设置引脚模式为输出模式 */
25     InitStruct.GPIO_Mode = GPIO_Mode_OUT;
26     /* 设置引脚的输出类型为推挽输出 */
27     InitStruct.GPIO_OType = GPIO_OType_PP;
28     /* 设置引脚为上拉模式 */
29     InitStruct.GPIO_PuPd = GPIO_PuPd_UP;
30     /* 设置引脚速率为 2MHz */
```

```
31        InitStruct.GPIO_Speed = GPIO_Speed_2MHz;
32        /* 调用库函数，使用上面配置的 GPIO_InitStructure 初始化 GPIO*/
33        GPIO_Init(GPIOH, &InitStruct);
34
35        /* 使引脚输出低电平，点亮 LED1*/
36        GPIO_ResetBits(GPIOH,GPIO_Pin_10);
37
38        /* 延时一段时间 */
39        Delay(0xFFFFFF);
40
41        /* 使引脚输出高电平，关闭 LED1*/
42        GPIO_SetBits(GPIOH,GPIO_Pin_10);
43
44        /* 初始化 PH11 引脚 */
45        InitStruct.GPIO_Pin = GPIO_Pin_11;
46        GPIO_Init(GPIOH,&InitStruct);
47
48        /* 使引脚输出低电平，点亮 LED2*/
49        GPIO_ResetBits(GPIOH,GPIO_Pin_11);
50
51        while (1);
52
53    }
54
55    // 简单的延时函数，让 CPU 执行无意义指令，消耗时间
56    // 具体延时时间难以计算，以后我们可使用定时器确定延时
57    void Delay( uint32_t nCount)
58    {
59        for (; nCount != 0; nCount--);
60    }
61
62    // 函数为空，目的是 "骗过" 编译器不报错
63    void SystemInit(void)
64    {
65    }
```

现在看起来，使用函数来控制 LED 与之前直接控制寄存器已经有了很大的区别：main 函数中先定义了一个初始化结构体变量 InitStruct，然后对该变量的各个成员按点亮 LED 所需要的 GPIO 配置模式进行赋值，赋值后，调用 GPIO_Init 函数，让它根据结构体成员值对 GPIO 寄存器写入控制参数，完成 GPIO 引脚初始化。控制电平时，直接使用 GPIO_SetBits 和 GPIO_ResetBits 函数控制输出。如若对其他引脚进行不同模式的初始化，只要修改初始化结构体 InitStruct 的成员值，把新的参数值输入 GPIO_Init 函数再调用即可。

代码中新增的 Delay 函数的主要功能是延时，让我们可以看清楚实验现象（不延时的话指令执行太快，肉眼看不出来）。它的实现原理是让 CPU 执行无意义的指令，消耗时间，在此不要纠结它的延时时间，设置一个大概的输入参数值，下载到实验板中实测。若觉得太久了就把参数值改小，短了就改大即可。需要精确延时的时候，我们会用 STM32 的定时器外设进行延时设定的。

7.3.7 下载验证

把编译好的程序下载到开发板中并复位，可看到板子上的灯先亮红色（LED1），后亮绿色（LED2）。

7.3.8 总结

我们从寄存器映像开始，把内存与寄存器之间建立起一一对应的关系，然后操作寄存器点亮 LED，再把寄存器操作封装成一个个函数。一步一步走来，我们实现了库最简单的雏形。如果我们不断地增加操作外设的函数，并且把所有的外设都写完，一个完整的库就实现了。

本章中的 GPIO 相关库函数及结构体定义，实际上都是从 ST 标准库搬过来的。这样分析它纯粹是为了满足自己的求知欲，学习其编程的方式、思想，这对提高我们的编程水平是很有好处的，顺便感受一下 ST 库设计的严谨性。这样设计出的代码不仅严谨且华丽优美。

与直接配置寄存器相比，从执行效率上看会有额外的消耗：初始化变量赋值的过程、库函数在被调用的时候要耗费调用时间；在函数内部，对输入参数转换所需要的额外运算也消耗一些时间（如 GPIO 中运算求出引脚号）。而其他的宏、枚举等解释操作是由编译过程完成的，这部分并不消耗内核的时间。那么函数库的优点是我们可以快速上手 STM32 控制器；配置外设状态时，不需要再纠结要向寄存器写入什么数值；交流方便，查错简单。这就是我们选择库的原因。

现在，处理器的主频越来越高，我们不需要担心 CPU 耗费那么多时间工作会不会超负荷，库主要应用于初始化过程，而初始化过程一般是芯片刚上电或在核心运算之前执行的，这段等待时间是 $0.02\mu s$ 还是 $0.01\mu s$ 在很多时候并没有什么区别。相对来说，如果都用寄存器操作，每行代码都要查《STM32F4xx 规格书》中的说明，那么编写代码会很麻烦。

在以后开发的工程中，一般不会去分析 ST 库函数的实现了。因为外设的库函数是很类似的，库外设都包含初始化结构体，以及特定的宏或枚举标识符。这些封装被库函数转化成相应的值，写入寄存器之中，函数内部的具体实现是十分枯燥和机械的工作。如果有兴趣，在掌握了如何使用外设的库函数之后，可以查看一下它的源码实现。

通常我们只需要通过了解每种外设的"初始化结构体"就能够了解 STM32 的外设功能及控制了。

第 8 章
初识 STM32 标准库

8.1　CMSIS 标准及库层次关系

在上一章中，我们构建了几个控制 GPIO 外设的函数，实现了函数库的雏形，但还有很多 GPIO 功能函数我们没有实现，而且 STM32 芯片不仅只有 GPIO 这一个外设。如果我们想要亲自完成这个函数库，工作量是非常巨大的。ST 公司提供的标准软件库中包含了 STM32 芯片所有寄存器的控制操作，学习如何使用 ST 标准库，会极大地方便控制 STM32 芯片。

Cortex 系列芯片采用的内核都是相同的，区别主要为核外的片上外设的差异，这些差异却导致软件在相同内核、不同外设的芯片上移植困难。为了解决不同的芯片厂商生产的 Cortex 微控制器软件的兼容性问题，ARM 与芯片厂商建立了 CMSIS 标准（Cortex Microcontroller Software Interface Standard）。

所谓 CMSIS 标准，实际是新建了一个软件抽象层，见图 8-1。

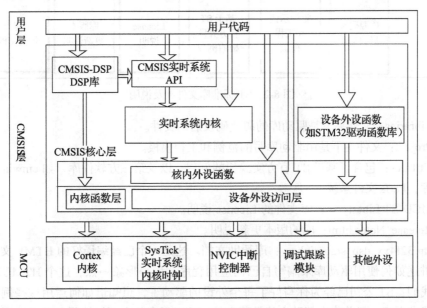

图 8-1　CMSIS 标准架构

CMSIS 标准中最主要的是 CMSIS 核心层，它包括以下部分：

❑ 内核函数层：即 SIMD Cortex-M4，其中包含用于访问内核寄存器的名称、地址定义，主要由 ARM 公司提供。

❑ 设备外设访问层：提供了片上的核外外设的地址和中断定义，主要由芯片生产商提供。

可见 CMSIS 层位于硬件层与操作系统或用户层之间，提供了与芯片生产商无关的硬件抽象层，可以为接口外设、实时操作系统提供简单的处理器软件接口，屏蔽了硬件差异，这对软件的移植是有极大的好处的。STM32 的库就是按照 CMSIS 标准建立的。

8.1.1 库目录、文件简介

STM32 标准库可以从秉火论坛获得。本书讲解的例程全部采用 1.5.1 版的库文件。以下内容结合 STM32 标准库文件配合阅读。

解压库文件后进入其目录：STM32F4xx_DSP_StdPeriph_Lib_V1.5.1\。

标准库各文件夹及内容说明见图 8-2。

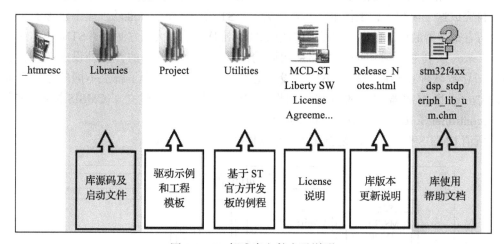

图 8-2 ST 标准库文件夹及说明

❑ Libraries：文件夹下是驱动库的源代码及启动文件。

❑ Project：文件夹下是用驱动库写的范例和工程模板。

❑ Utilities：包含了基于 ST 官方实验板的例程，以及第三方软件库，如 emwin 图形软件库、Fatfs 文件系统。

❑ MCD-ST Liberty…：库文件的 License 说明。

❑ Release_Notes.html：库的版本更新说明。

❑ stm32f4xx_dsp_stdperiph…：库帮助文档。这是一个已经编译好的 HTML 文件，主要讲述如何使用驱动库来编写自己的应用程序。说得形象一点，这个 HTML 就是告诉我们：ST 公司已经为你写好了每个外设的驱动了，想知道如何运用这些例子就来向我求助吧。目前这个帮助文档是英文的，这对很多英文不好的朋友来说是一个障碍。

在使用库开发时，我们需要把 Libraries 目录下的库函数文件添加到工程中，并查阅库帮助文档来了解 ST 提供的库函数，这个文档说明了每一个库函数的使用方法。

进入 Libraries 文件夹看到，关于内核与外设的库文件分别存放在 CMSIS 和 STM32F4xx_StdPeriph_Driver 文件夹中。

1. CMSIS 文件夹

STM32F4xx_DSP_StdPeriph_Lib_V1.5.1\Libraries\CMSIS 文件夹的内容见图 8-3。

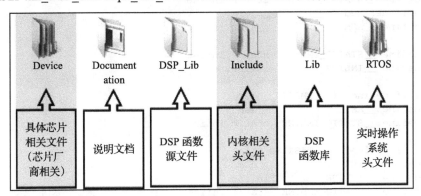

图 8-3　CMSIS 文件夹内容

（1）Include 文件夹

在 Include 文件夹中包含的是位于 CMSIS 标准的核内设备函数层的 Cortex-M 核通用的头文件，它们的作用是为那些采用 Cortex-M 核设计 SoC 的芯片商设计的芯片外设提供一个进入内核的接口，其中定义了一些与内核相关的寄存器（类似我们前面介绍的 stm32f4xx.h 文件，但定义的是内核部分的寄存器）。这些文件在其他公司的 Cortex-M 系列芯片中也是相同的。至于这些功能是怎样用源码实现的，可以不用管它，只需把这些文件加进我们的工程文件即可，有兴趣的朋友可以深究。内核的寄存器说明可查阅《Cortex_m4_Technical Reference Manual》及《Cortex-M4 内核参考手册》，《STM32 参考手册》只包含片上外设说明，不包含内核寄存器。

我们写 STM32F4 的工程，必须用到其中的 4 个文件：core_cm4.h、core_cmFunc.h、corecmInstr.h、core_cmSimd.h，其他的文件是属于其他内核的，还有几个文件是 DSP 函数库使用的头文件。

core_cm4.c 文件有一些与编译器相关的条件编译语句，用于屏蔽不同编译器的差异。里面包含了一些与编译器相关的信息，如："__CC_ARM"（本书采用的 RVMDK、KEIL）、"__GNUC__"（GNU 编译器）、"ICC Compiler"（IAR 编译器）。这些不同的编译器对于 C 嵌入汇编或内联函数关键字的语法不一样，这段代码统一使用"__ASM""__INLINE"宏来定义，而在不同的编译器下，宏自动更改到相应的值，这就实现了差异屏蔽，见代码清单 8-1。

代码清单 8-1　core_cm4.h 文件中对编译器差异的屏蔽

```
1 #if  defined ( __CC_ARM )  /*代码注释见 core_cm4.h 原文件 */
```

```
 2 /* 使用 KEIL 编译器的嵌入汇编和内联函数的关键字形式 */
 3 #define __ASM            __asm
 4 #define __INLINE         __inline
 5 #define __STATIC_INLINE  static __inline
 6 #elif defined ( __GNUC__ )
 7 /* 使用 GNU 时的嵌入汇编和内联函数的关键字形式 */
 8 #define __ASM            __asm
 9 #define __INLINE         inline
10 #define __STATIC_INLINE  static inline
11 #elif defined ( __ICCARM__ )
12 #define __ASM            __asm
13
14 #define __STATIC_INLINE  static inline
15 #define __INLINE         inline
16
17 #elif defined ( __TMS470__ )
18 #define __ASM            __asm
19 #define __STATIC_INLINE  static inline
20
21 #elif defined ( __TASKING__ )
22 #define __ASM            __asm
23 #define __INLINE         inline
24 #define __STATIC_INLINE  static inline
25
26 #elif defined ( __CSMC__ )
27 #define __packed
28 #define __ASM            _asm
29
30 #define __INLINE         inline
31 #define __STATIC_INLINE  static inline
32
33 #endif
```

较重要的是在 core_cm4.c 文件中包含了 stdint.h 这个头文件，这是一个 ANSI C 文件，是独立于处理器的，就像我们熟知的 C 语言头文件 stdio.h 文件一样。它位于 RVMDK 这个软件的安装目录下，主要作用是提供一些类型定义，见代码清单 8-2。

代码清单 8-2：stdint.c 文件中的类型定义

```
 1 /* exact-width signed integer types */
 2 typedef   signed          char int8_t;
 3 typedef   signed short      int int16_t;
 4 typedef   signed            int int32_t;
 5 typedef   signed          __int64 int64_t;
 6
 7 /* exact-width unsigned integer types */
 8 typedef unsigned          char uint8_t;
 9 typedef unsigned short      int uint16_t;
10 typedef unsigned            int uint32_t;
11 typedef unsigned          __int64 uint64_t;
```

这些新类型定义屏蔽了在不同芯片平台中出现的诸如 int 的大小是 16 位还是 32 位的差

异。所以在我们以后的程序中，都将使用新类型，如 uint8_t、uint16_t 等。

在稍旧版的程序中还经常会出现如 u8、u16、u32 这样的类型，分别表示无符号的 8 位、16 位、32 位整型。初学者碰到这样的旧类型可能会感觉一头雾水，它们定义的位置在 stm32f4xx.h 文件中。建议在以后的新程序中尽量使用 uint8_t、uint16_t 类型的定义。

core_cm4.c 与启动文件一样都是底层文件，都是由 ARM 公司提供的，遵守 CMSIS 标准，即所有 CM4 芯片的库都带有这个文件，使软件在不同的 CM4 芯片的移植工作得以简化。

（2）Device 文件夹

在 Device 文件夹下是与具体芯片直接相关的文件，其中包含启动文件、芯片外部寄存器定义、系统时钟初始化功能等文件，这是由 ST 公司提供的。

system_stm32f4xx.c 文件

文件目录：\Libraries\CMSIS\Device\ST\STM32F4xx\Source\Templates

这个文件包含了 STM32 芯片上电后初始化系统时钟、扩展外部存储器用的函数，例如前两章提到供启动文件调用的 SystemInit 函数，用于上电后初始化时钟，该函数的定义就存储在 system_stm32f4xx.c 文件中。STM32F429 系列的芯片调用库的这个 SystemInit 函数后，系统时钟被初始化为 180MHz，如果需要可以修改这个文件的内容，设置成自己所需的时钟频率。

启动文件

文件目录：Libraries\CMSIS\Device\ST\STM32F4xx\Source\Templates

在这个目录下，还有很多文件夹，如 ARM、gcc_ride7、iar 等，这些文件夹下包含了对应编译平台的汇编启动文件，在实际使用时要根据编译平台来选择。我们使用的 MDK 启动文件在 "ARM" 文件夹中。其中的 "strartup_stm32f429_439xx.s" 即为 STM32F429 芯片的启动文件，前面两章工程中使用的启动文件就是从这里复制过去的。如果使用其他型号的芯片，要在此处选择对应的启动文件，如 STM32F446 型号使用 startup_stm32f446xx.s 文件。

stm32f4xx.h 文件

文件目录：Libraries\CMSIS\Device\ST\STM32F4xx\Include

stm32f4xx.h 文件非常重要，是一个与 STM32 芯片底层相关的头文件。它是前两章自己定义的 stm32f4xx.h 文件的完整版，包含了 STM32 中所有的外部寄存器地址和结构体类型定义，在用到 STM32 标准库的地方都要包含这个头文件。

CMSIS 文件夹中的主要内容就是这样，接下来我们看看 STM32F4xx_StdPeriph_Driver 文件夹。

2. STM32F4xx_StdPeriph_Driver 文件夹

文件目录为：Libraries\STM32F4xx_StdPeriph_Driver。Libraries 目录下的 STM32F4xx_StdPeriph_Driver 文件夹中的内容见图 8-4。

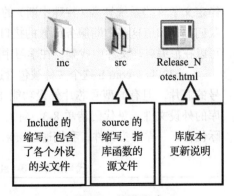

图 8-4 外设驱动

STM32F4xx_StdPeriph_Driver 文件夹下有 inc（include 的缩写）与 src（source 的简写）这两个文件夹，这里的文件属于 CMSIS 之外的、芯片片上外设部分。src 里面是每个设备外设的驱动源程序，inc 则是相对应的外设头文件。src 和 inc 文件夹是 ST 标准库的主要内容，甚至不少人直接认为 ST 标准库就是指这些文件，可见其重要性。

在 src 和 inc 文件夹里的就是 ST 公司针对每个 STM32 外设而编写的库函数文件，每个外设对应一个后缀名为 .c 和 .h 的文件。我们把这类外设文件统称为 stm32f4xx_ppp.c 或 stm32f4xx_ppp.h 文件，其中 ppp 表示外设名称。如在上一章中我们自建的 stm32f4xx_gpio.c 和 stm32f4xx_gpio.h 文件，就属于这一类。

如针对模数转换（ADC）外设，在 src 文件夹下有一个 stm32f4xx_adc.c 源文件，在 inc 文件夹下有一个 stm32f4xx_adc.h 头文件，若我们开发的工程中用到了 STM32 内部的 ADC，则至少要把这两个文件包含到工程里，见图 8-5。

在这两个文件夹中还有一个很特别的 misc.c 文件，这个文件提供了外设对内核中的 NVIC（中断向量控制器）的访问函数，在配置中断时，必须把这个文件添加到工程中。

图 8-5　驱动的源文件和头文件

3. Project 文件夹

在 STM32F4xx_DSP_StdPeriph_Lib_V1.5.1\Project\STM32F4xx_StdPeriph_Templates 文件夹下存放了官方的一个库工程模板，在用库建立一个完整的工程时，还需要添加这个目录下的 stm32f4xx_it.c、stm32f4xx_it.h、stm32f4xx_conf.h 这 3 个文件。

stm32f4xx_it.c 这个文件是专门用来编写中断服务函数的，在我们修改前，这个文件已经定义了一些系统异常（特殊中断）的接口，其他普通中断服务函数由我们自己添加。但是我们怎么知道这些中断服务函数的接口如何写？是不是可以自定义呢？当然不可以，这些都可以在汇编启动文件中找到，在学习中断和启动文件的时候我们会详细介绍。

stm32f4xx_conf.h 这个文件被包含进 stm32f4xx.h 文件。ST 标准库支持所有 STM32F4 型号的芯片，但有的型号芯片外设功能比较多，所以使用这个配置文件根据芯片型号增减 ST 库的外设文件，见代码清单 8-3。针对 STM32F429 和 STM32F427 型号芯片的差异，它们实际包含不一样的头文件，我们通过宏来指定芯片的型号。

代码清单 8-3　stm32f4xx_conf.h 文件配置软件库

```
1
2 #if defined (STM32F429_439xx) || defined(STM32F446xx)
```

```
 3 #include "stm32f4xx_cryp.h"
 4 #include "stm32f4xx_hash.h"
 5 #include "stm32f4xx_rng.h"
 6 #include "stm32f4xx_can.h"
 7 #include "stm32f4xx_dac.h"
 8 #include "stm32f4xx_dcmi.h"
 9 #include "stm32f4xx_dma2d.h"
10 #include "stm32f4xx_fmc.h"
11 #include "stm32f4xx_ltdc.h"
12 #include "stm32f4xx_sai.h"
13 #endif /* STM32F429_439xx || STM32F446xx */
14
15 #if defined (STM32F427_437xx)
16 #include "stm32f4xx_cryp.h"
17 #include "stm32f4xx_hash.h"
18 #include "stm32f4xx_rng.h"
19 #include "stm32f4xx_can.h"
20 #include "stm32f4xx_dac.h"
21 #include "stm32f4xx_dcmi.h"
22 #include "stm32f4xx_dma2d.h"
23 #include "stm32f4xx_fmc.h"
24 #include "stm32f4xx_sai.h"
25 #endif /* STM32F427_437xx */
26
27 #if defined (STM32F40_41xxx)
```

stm32f4xx_conf.h 这个文件还可配置是否使用"断言"编译选项，见代码清单 8-4。

代码清单 8-4　断言配置

```
 1 #ifdef  USE_FULL_ASSERT
 2
 3 /**
 4   * @简介  assert_param 宏用于检测函数的形参是否正确
 5   * @形参  expr: 如果形参 expr 为假 , 将调用 assert_failed 函数，该函数会输出
 6            调用出错的文件名和出错的行号,如果形参 expr 为真 , 则没有返回值
 7   * @返回值 无
 8   */
 9 #define assert_param(expr) ((expr) ? (void)0 : assert_failed((uint8_t
                                        *)__FILE__, __LINE__))
10 /* Exported functions --------------------------------- */
11 void assert_failed(uint8_t* file, uint32_t line);
12 #else
13 #define assert_param(expr) ((void)0)
14 #endif /* USE_FULL_ASSERT */
```

在 ST 标准库的函数中，一般会包含输入参数检查。assert_param 宏用于检测函数的形参是否正确，它没有返回值。expr 为函数的形参。如果 expr 为假，将调用 assert_failed 函数，该函数会输出调用出错的文件和出错行号；如果 expr 为真，则没有返回值。

在实际开发中使用断言时，先通过定义 USE_FULL_ASSERT 宏来使能断言，然后定义 assert_failed 函数，通常我们会让它调用 printf 函数输出错误说明。使能断言后，程序运行时

会检查函数的输入参数，当软件经过测试、可发布时，再取消 USE_FULL_ASSERT 宏去掉断言功能，使程序得以全速运行。

8.1.2　各库文件间的关系

前面简单介绍了各个库文件的作用，使用时将库文件直接包含进工程即可，丝毫不用修改。但有的文件就要我们在使用的时候根据具体的需要进行配置。接下来，从整体上把握一下各个文件在库工程中的层次或关系，这些文件对应到 CMSIS 标准架构上，见图 8-6。

图 8-6　各库文件间的关系

图 8-6 描述了 STM32 各库文件之间的调用关系，这个图省略了 DSP 核和实时系统层部分的文件关系。在实际使用库开发工程的过程中，我们把位于 CMSIS 层的文件包含进工程，除了特殊系统时钟需要修改 system_stm32f4xx.c 以外，其他文件丝毫不用修改，也不建议修改。

而位于用户层的几个文件，就是我们在使用库的时候，针对不同的应用对库文件进行增删（用条件编译的方法增删）和改动的文件。

8.2　使用帮助文档

官方资料是所有关于 STM32 知识的源头，所以本小节介绍如何使用官方资料。官方的帮助手册是最好的教程，几乎包含了所有在开发过程中遇到的问题。这些资料已整理到了秉火论坛中。

8.2.1　常用官方资料

（1）《STM32F4xx 参考手册》

这个文件全方位介绍了 STM32 芯片的各种片上外设，它把 STM32 的时钟、存储器架构、各种外设、寄存器都描述得清清楚楚。当我们对 STM32 的外设感到困惑时，可查阅这个文档。若以直接配置寄存器的方式开发的话，查阅这个文档寄存器部分的频率会相当高，但这样做开发效率太低了。

（2）《STM32F4xx 规格书》

本文档相当于 STM32 的数据手册，包含了 STM32 芯片所有的引脚功能说明及存储器架构、芯片外设架构说明。后面我们使用 STM32 其他外设时，常常需要查阅这个手册，以了解外设对应到 STM32 的哪个 GPIO 引脚。

（3）《Cortex-M4 内核参考手册》

本文档由 ST 公司提供，主要讲解 STM32 内核寄存器相关的说明，例如系统定时器、中断等寄存器。这部分内容是《STM32F4xx 参考手册》没涉及的内核部分的补充。相对来说，本文档虽然介绍了内核寄存器，但不如以下两个文档详细，要了解内核，可与以下两个手册配合使用。

（4）《Cortex-M3 权威指南》《Cortex_m4_Technical Reference Manual》

这两个手册是由 ARM 公司提供的，它们详细讲解了 Cortex 内核的架构和特性。要深入了解 Cortex-M 内核，这是首选，是经典中的经典。其中 Cortex-M3 版本有中文版，方便学习。因为 Cortex-M4 内核与 Cortex-M3 内核大部分相同，可用它来学习，而 Cortex-M4 新增的特性，则必须参考《Cortex_m4_Technical Reference Manual》文档了，目前只有英文版。

（5）《STM32f4xx_dsp_stdperiph_lib_um.chm》

这个就是本章提到的库的帮助文档，在使用库函数时，我们最好通过查阅此文件来了解标准库提供了哪些外设、函数原型或库函数的调用的方法。也可以直接阅读源码里面的函数说明。

8.2.2 初识库函数

所谓库函数，就是 STM32 的库文件中为我们编写好的函数接口，我们只要调用这些库函数，就可以对 STM32 进行配置，达到控制的目的。我们可以不知道库函数是如何实现的，但我们调用函数必须要知道函数的功能、可传入的参数及其意义和函数的返回值。

于是，有读者会问：那么多函数我怎么记呀？我的回答是：会查就行了。所以学会查阅库帮助文档是很有必要的。

打开库帮助文档《STM32f4xx_dsp_stdperiph_lib_um.chm》，见图 8-7。

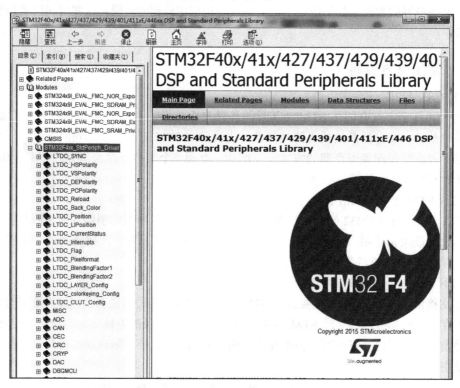

图 8-7　库帮助文档

1）层层打开文档的目录标签：

标签目录 Modules\STM32F4xx_StdPeriph_Driver\。

可看到 STM32F4xx_StdPeriph_Driver 标签下有很多外设驱动文件的名字，如 MISC、ADC、BKP、CAN 等。

2）我们试着查看 GPIO 的"位设置函数 GPIO_SetBits"，打开标签：

标签目录 Modules\STM32F4xx_StdPeriph_Driver\GPIO\Functions\GPIO_SetBits，见图 8-8。

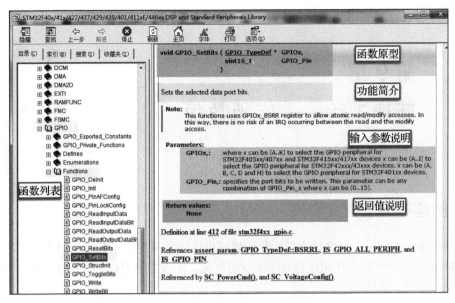

图 8-8 库帮助文档的函数说明

查阅了这个文档，我们即使不去看它的具体源代码，也知道要怎么利用它了。

如 GPIO_SetBits 函数的原型为 void GPIO_SetBits（GPIO_TypeDef * GPIOx, uint16_t GPIO_Pin）。它的功能是：输入一个类型为 GPIO_TypeDef 的指针 GPIOx 参数，选定要控制的 GPIO 端口；输入 GPIO_Pin_x 宏，其中 x 是端口的引脚号，指定要控制的引脚。

其中输入的参数 GPIOx 为 ST 标准库中定义的自定义数据类型，这两个传入参数均为结构体指针。初学时，我们并不知道 GPIO_TypeDef 这样的类型是什么意思，单击函数原型中带下划线的 GPIO_TypeDef，就可以查看这个类型的声明了。

初步了解一下库函数，可以发现 STM32 的库写得很优美。每个函数和数据类型都符合见名知义的原则，当然，这样的名称写起来特别长，而且对于我们来说，要输入这么长的英文，很容易出错，所以在开发软件的时候，在用到库函数的地方，直接把库帮助文档中的函数名复制粘贴到工程文件中就可以了。而且，配合 MDK 软件的代码自动补全功能，可以减少输入量。

有的用户觉得使用库文档麻烦，也可以直接查阅 STM32 标准库的源码，库帮助文档的说明都是根据源码生成的，所以直接看源码也可以了解函数功能。

第9章
新建工程——库函数版

9.1　新建本地工程文件夹

了解 STM32 的标准库文件之后，我们就可以使用它来建立工程了，因为用库新建工程的步骤较多，我们一般是使用库建立一个空的工程，作为工程模板。以后直接复制一份工程模板，在它之下进行开发。

为了使得工程目录更加清晰，我们在本地电脑上新建一个"工程模板"文件夹，在它之下再新建 6 个文件夹，见表 9-1 和图 9-1。

表 9-1　工程目录文件夹清单

名　　称	作　　用
Doc	存放程序说明的文件，由写程序的人添加
Libraries	存放的是库文件
Listing	存放编译器编译时候产生的 C/ 汇编 / 链接的列表清单
Output	存放编译产生的调试信息、hex 文件、预览信息、封装库等文件
Project	存放工程文件
User	用户编写的驱动文件

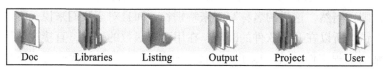

图 9-1　工程文件夹目录

在本地新建好文件夹后，把准备好的库文件添加到相应的文件夹下，见表 9-2。

表 9-2　工程目录文件夹内容清单

名　　称	作　　用
Doc	工程说明 .txt
Libraries	CMSIS：存放与 CM4 内核有关的库文件
	STM32F4xx_StdPeriph_Driver：STM32 外设库文件
Listing	暂时为空
Output	暂时为空
Project	暂时为空

（续）

名　　称	作　　用
User	stm32f4xx_conf.h：用来配置库的头文件
	stm32f4xx_it.h
	stm32f4xx_it.c：中断相关的函数都在这个文件编写，暂时为空
	main.c：main 函数文件

9.2　新建工程

打开 KEIL5，新建一个工程，根据喜好命名工程，这里取 LED-LIB，保存在 Project\
RVMDK（uv5）文件夹下，见图 9-2。

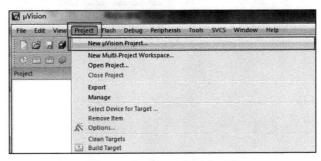

图 9-2　在 KEIL5 中新建工程

1. 选择 CPU 型号

这个根据你开发板使用的 CPU 具体的型号来选择，对于 M4 挑战者，选 STM32F429IGT
型号，如图 9-3 所示。如果这里没有出现你想要的 CPU 型号，或者一个型号都没有，那么肯
定是你的 KEIL5 没有添加 device 库，KEIL5 不像 KEIL4 那样自带了很多 MCU 的型号，而
是需要自己添加。

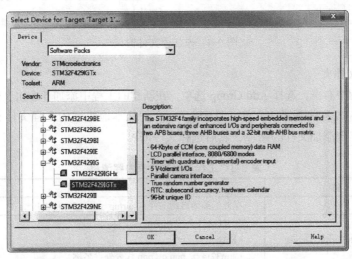

图 9-3　选择具体的 CPU 型号

2. 在线添加库文件

现在暂时不添加库文件，稍后手动添加。由于在线添加非常缓慢，因此单击关闭按钮，关闭添加窗口，见图 9-4。

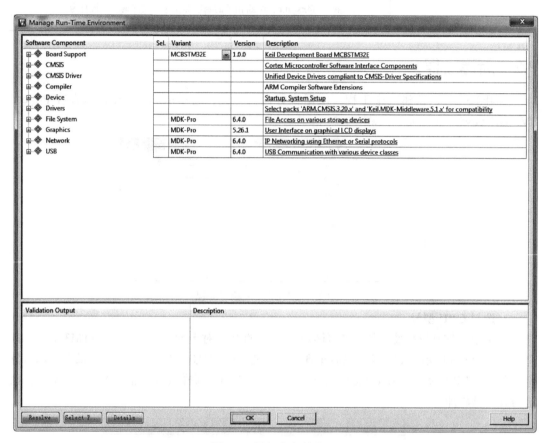

图 9-4　添加库文件窗口

3. 添加组文件夹

在新建工程中右击，选择 Add Group 选项，在新建的工程中添加 5 个组文件夹，见图 9-5。组文件夹用来存放各种不同的文件，见表 9-3。文件从本地建好的工程文件夹下获取，双击组文件夹就会出现添加文件的路径，然后选择文件即可。

表 9-3　工程内组文件夹内容清单

名　　称	作　　用
STARTUP	存放汇编的启动文件：startup_stm32f429_439xx.s
STM32F4xx_StdPeriph_Driver	与 STM32 外设相关的库文件： • misc.c • stm32f4xx_ppp.c（ppp 代表外设名称）

（续）

名　　称	作　　用
USER	用户编写的文件： • main.c，main 函数文件，暂时为空 • stm32f4xx_it.c，与中断有关的函数都放这个文件中，暂时为空
DOC	工程说明 .txt：程序说明文件，用于说明程序的功能和注意事项等

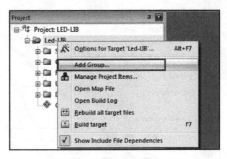

图 9-5　在工程中添加文件夹

4. 添加文件

先把上面提到的文件从 ST 标准库中复制到工程模板对应文件夹的目录下，然后在新建的工程中添加这些文件，双击组文件夹就会出现添加文件的路径，然后选择文件即可，见图 9-6。

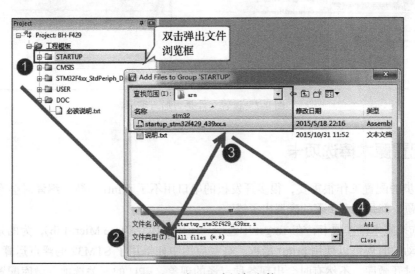

图 9-6　在工程中添加文件

5. 设置文件是否加入编译

STM32F429 比较特殊，它的功能是 FMC 外设代替了 FSMC 外设，所以它的库文件与其他型号的芯片不一样。在添加外设文件时，stm32f4xx_fmc.c 和 stm32f4xx_fsmc.c 文件只能存在一个，而且 STM32F429 芯片必须用 fmc 文件。如果我们把外设库的所有文件都添加进工程，也可以使用图 9-7 中的方法，设置文件不加入编译，就不会导致编译问题。这种设置在开发时也很常用，暂时不把文件加进编译，方便调试。

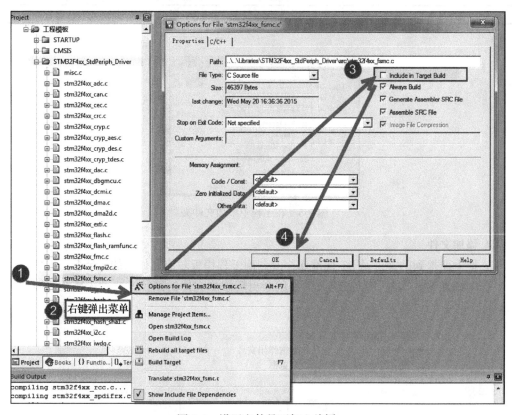

图 9-7　设置文件是否加入编译

9.3　配置魔术棒选项卡

这一步的配置工作很重要，很多开发板的串口用不了 printf 函数，编译时会有问题，或下载有问题，都是这个步骤的配置出了错。

1）选择魔术棒选项卡，在 Target 中选中"使用微库"（Use MicroLib），为的是在日后编写串口驱动的时候可以使用 printf 函数。有些应用中如果用了 STM32 的浮点运算单元 FPU，一定要同时开微库，不然有时会出现各种奇怪的现象。FPU 的开关选项在微库配置选项下方的 Use Single Precision 中，默认是开的，见图 9-8。

2）在 Output 选项卡中把输出文件夹定位到我们工程目录下的 output 文件夹，如果想在编译的过程中生成 hex 文件，那么勾选 Create HEX File 选项，见图 9-9。

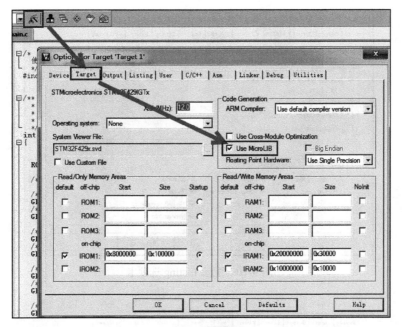

图 9-8　添加微库

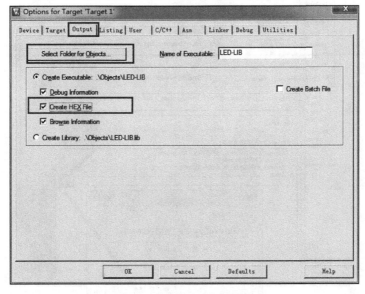

图 9-9　配置 Output 选项卡

3）在 Listing 选项卡中把输出文件夹定位到我们工程目录下的 Listing 文件夹，见图 9-10。

4）在 C/C++ 选项卡中添加处理宏及编译器编译的时候查找的头文件路径，见图 9-11。

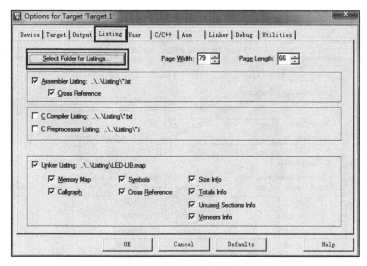

图 9-10　配置 Listing 选项卡

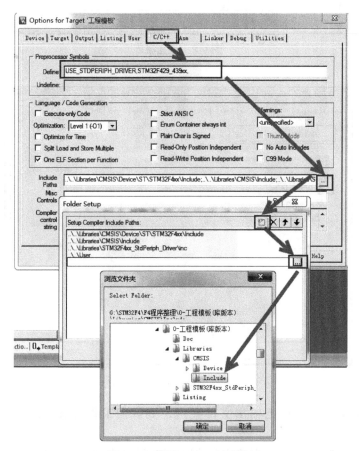

图 9-11　配置 C/C++ 选项卡

在这个选项中添加宏，就相当于我们在文件中使用 #define 语句定义宏一样。在编译器中添加宏的好处就是，只要用了这个模板，就不用在源文件中修改代码。

❏ STM32F429_439xx 宏：告诉 STM32 标准库，我们使用的芯片是 STM32F429 型号，使 STM32 标准库根据我们选定的芯片型号来配置。

❏ USE_STDPERIPH_DRIVER 宏：让 stm32f4xx.h 包含 stm32f4xx_conf.h 头文件。

图 9-11 中 Include Paths 里添加的是头文件的路径，如果编译的时候提示说找不到头文件，一般就是这里配置出了问题。把头文件放到了哪个文件夹，就把该文件夹添加到这里即可。使用图 9-11 中的方法用文件浏览器去添加路径，不要直接输入路径，这容易出错。

9.4 下载器配置

在 Fire-Debugger 仿真器连接好电脑和开发板且开发板供电正常的情况下，打开编译软件 KEIL，在魔术棒选项卡里面选择仿真器的型号，具体过程如下。

1）Debug 选项卡的配置见图 9-12。

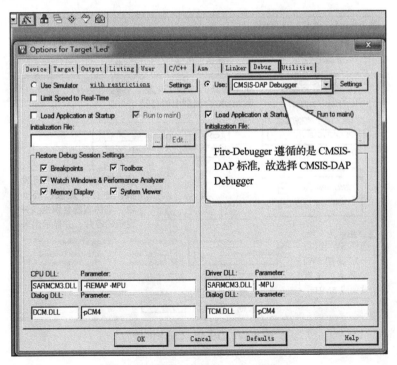

图 9-12 选择 CMSIS-DAP Debugger

2）Utilities 选项卡的配置见图 9-13。

3）Debug 选项卡的配置见图 9-14。

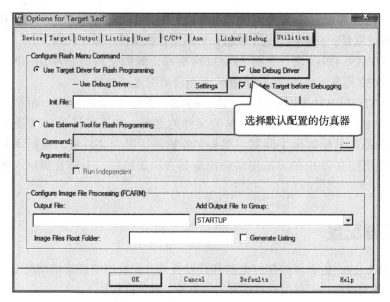

图 9-13　选择 Use Debug Driver

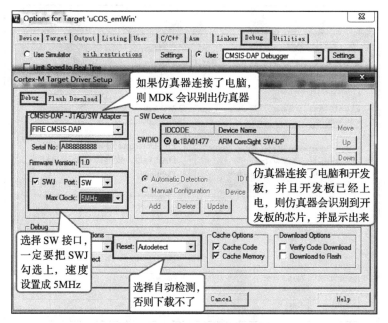

图 9-14　Debug 选项卡的配置

9.5　选择 Flash 大小

选择目标板，具体选择多大的 Flash 要根据板子上的芯片型号决定。F429-"挑战者"选

1M。这里面有个小技巧就是把 Reset and Run 也勾选上，这样程序下载完之后就会自动运行，否则需要手动复位。擦除的 Flash 大小选择 Erase Sectors 即可，不要选择 Erase Full Chip，不然下载会比较慢，见图 9-15。

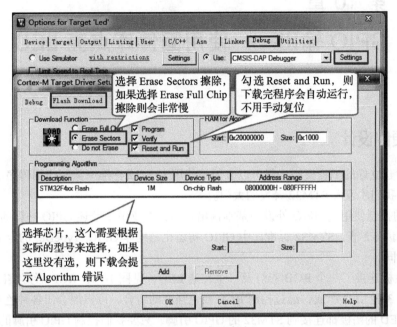

图 9-15　选择目标板

一个新的工程模板新建完毕。

第 10 章
GPIO 输出——使用固件库点亮 LED

10.1 硬件设计

利用库建立好的工程模板，就可以方便地使用 STM32 标准库编写应用程序了。可以说，从本章开始我们才迈入 STM32 开发的大门。

LED 的控制使用到 GPIO 外设的基本输出功能，本章中不赘述 GPIO 外设的概念，如忘记了，可重读 6.2 节，STM32 标准库中 GPIO 初始化结构体 GPIO_TypeDef 的定义与 7.3.4 节中讲解的相同。

本实验板连接了一个 RGB 彩灯及一个普通 LED，见图 10-1。RGB 彩灯实际上由红色、绿色、蓝色 3 盏 LED 组成，通过控制 RGB 颜色强度的组合，可以混合出各种色彩。

这些 LED 的阴极都连接到 STM32 的 GPIO 引脚，只要我们控制 GPIO 引脚的电平输出状态，即可控制 LED 的亮灭。图 10-1 中左上方，彩灯的阳极连接到一个电路图符号"▢▢"，它表示引出排针，即此处本身断开，通过跳线帽连接排针，把电源跟彩灯的阳极连起来，实验时需注意。

若您使用的实验板 LED 的连接方式或引脚与图 10-1 不一样，只需根据我们的工程修改引脚即可，程序的控制原理相同。

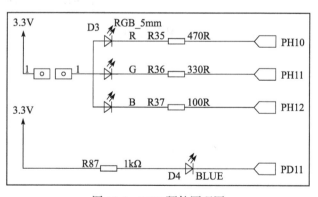

图 10-1　LED 硬件原理图

10.2 软件设计

这里只讲解核心部分的代码，有些变量的设置、头文件的包含等可能不会涉及，完整的代码请参考本章配套的工程程序。

为了使工程更加有条理，我们把 LED 控制相关的代码独立出来分开存储，方便以后移植。在"工程模板"之上新建 bsp_led.c 和 bsp_led.h 文件，其中的 bsp 即 Board Support

Packet（板级支持包）的缩写，这些文件也可根据个人喜好命名，因为这些文件不属于
STM32 标准库的内容，是由我们自己根据应用需要编写的。

10.2.1　编程要点

1）使能 GPIO 端口时钟；

2）初始化 GPIO 目标引脚为推挽输出模式；

3）编写简单测试程序，控制 GPIO 引脚输出高、低电平。

10.2.2　代码分析

1. LED 引脚宏定义

在编写应用程序的过程中，要考虑更改硬件环境的情况，例如 LED 的控制引脚与当前
的不一样，我们希望程序只需要做最小的修改即可在新的环境正常运行。这个时候一般把硬
件相关的部分使用宏来封装，若更改了硬件环境，只修改这些硬件相关的宏即可。这些定义
一般存储在头文件，即本例子中的 bsp_led.h 文件中，见代码清单 10-1。

代码清单 10-1　LED 控制引脚相关的宏

```
 1  //引脚定义
 2  /************************************************************/
 3  //R 红色灯
 4  #define LED1_PIN                 GPIO_Pin_10
 5  #define LED1_GPIO_PORT           GPIOH
 6  #define LED1_GPIO_CLK            RCC_AHB1Periph_GPIOH
 7
 8  //G 绿色灯
 9  #define LED2_PIN                 GPIO_Pin_11
10  #define LED2_GPIO_PORT           GPIOH
11  #define LED2_GPIO_CLK            RCC_AHB1Periph_GPIOH
12
13  //B 蓝色灯
14  #define LED3_PIN                 GPIO_Pin_12
15  #define LED3_GPIO_PORT           GPIOH
16  #define LED3_GPIO_CLK            RCC_AHB1Periph_GPIOH
17
18  //小指示灯
19  #define LED4_PIN                 GPIO_Pin_11
20  #define LED4_GPIO_PORT           GPIOD
21  #define LED4_GPIO_CLK            RCC_AHB1Periph_GPIOD
22  /************************************************************/
```

以上代码分别把控制 4 盏 LED 的 GPIO 端口、GPIO 引脚号以及 GPIO 端口时钟封装起
来了。在实际控制的时候直接用这些宏即可，以达到应用代码硬件无关的效果。

其中，GPIO 时钟宏 RCC_AHB1Periph_GPIOH 和 RCC_AHB1Periph_GPIOD 是 STM32
标准库定义的 GPIO 端口时钟相关的宏，它的作用与 GPIO_Pin_x 这类宏类似，是用于指示
寄存器位的，方便库函数使用。它们分别指示 GPIOH、GPIOD 的时钟，下面初始化 GPIO

时钟的时候可以看到它的用法。

2. 控制 LED 亮灭状态的宏定义

为了方便控制 LED，我们把 LED 常用的亮、灭及状态反转的控制也直接定义成宏，见代码清单 10-2。

代码清单 10-2　控制 LED 亮灭的宏

```
1
2  /* 直接操作寄存器的方法控制 IO */
3  #define digitalHi(p,i)              {p->BSRRL=i;}    // 设置为高电平
4  #define digitalLo(p,i)              {p->BSRRH=i;}    // 输出低电平
5  #define digitalToggle(p,i)          {p->ODR ^=i;}    // 输出反转状态
6
7
8  /* 定义控制 IO 的宏 */
9  #define LED1_TOGGLE       digitalToggle(LED1_GPIO_PORT,LED1_PIN)
10 #define LED1_OFF          digitalHi(LED1_GPIO_PORT,LED1_PIN)
11 #define LED1_ON           digitalLo(LED1_GPIO_PORT,LED1_PIN)
12
13 #define LED2_TOGGLE       digitalToggle(LED2_GPIO_PORT,LED2_PIN)
14 #define LED2_OFF          digitalHi(LED2_GPIO_PORT,LED2_PIN)
15 #define LED2_ON           digitalLo(LED2_GPIO_PORT,LED2_PIN)
16
17 #define LED3_TOGGLE       digitalToggle(LED3_GPIO_PORT,LED3_PIN)
18 #define LED3_OFF          digitalHi(LED3_GPIO_PORT,LED3_PIN)
19 #define LED3_ON           digitalLo(LED3_GPIO_PORT,LED3_PIN)
20
21 #define LED4_TOGGLE       digitalToggle(LED4_GPIO_PORT,LED4_PIN)
22 #define LED4_OFF          digitalHi(LED4_GPIO_PORT,LED4_PIN)
23 #define LED4_ON           digitalLo(LED4_GPIO_PORT,LED4_PIN)
24
25
26 /* 基本混色，后面高级用法使用 PWM 可混出全彩颜色，且效果更好 */
27
28 //红
29 #define LED_RED   \
30                   LED1_ON; \
31                   LED2_OFF;\
32                   LED3_OFF
33
34 //绿
35 #define LED_GREEN       \
36                   LED1_OFF;\
37                   LED2_ON; \
38                   LED3_OFF
39
40 //蓝
41 #define LED_BLUE   \
42                   LED1_OFF;\
43                   LED2_OFF;\
44                   LED3_ON
45
```

```
46
47 // 黄（红 + 绿）
48 #define LED_YELLOW  \
49                     LED1_ON;\
50                     LED2_ON;\
51                     LED3_OFF
```

这部分宏控制 LED 亮灭的操作是通过直接向 BSRR 寄存器写入控制指令来实现的，对 BSRRL 写 1 输出高电平，对 BSRRH 写 1 输出低电平，对 ODR 寄存器某位进行"异或"操作可反转位的状态。

RGB 彩灯可以实现混色，如最后一段代码我们控制红灯和绿灯亮而蓝灯灭，可混出黄色效果。

代码中的"\"是 C 语言中的续行符语法，表示续行符的下一行与续行符所在的代码是同一行。代码中因为宏定义关键字 #define 只是对当前行有效，所以我们使用续行符来连接起来。以下的代码是与其等效的：

```
#define LED_YELLOW   LED1_ON; LED2_ON; LED3_OFF
```

应用续行符的时候要注意，在"\"后面不能有任何字符（包括注释、空格），只能直接按回车键。

3. LED GPIO 初始化函数

利用上面的宏，编写 LED 的初始化函数，见代码清单 10-3。

代码清单 10-3　LED GPIO 初始化函数

```
1 /**
2  * @brief   初始化控制 LED 的 IO
3  * @param   无
4  * @retval  无
5  */
6 void LED_GPIO_Config(void)
7 {
8      /* 定义一个 GPIO_InitTypeDef 类型的结构体 */
9      GPIO_InitTypeDef GPIO_InitStructure;
10
11     /* 开启 LED 相关的 GPIO 外设时钟 */
12     RCC_AHB1PeriphClockCmd ( LED1_GPIO_CLK|
13                              LED2_GPIO_CLK|
14                              LED3_GPIO_CLK|
15                              LED4_GPIO_CLK,
16                              ENABLE);
17
18     /* 选择要控制的 GPIO 引脚 */
19     GPIO_InitStructure.GPIO_Pin = LED1_PIN;
20
21     /* 设置引脚模式为输出模式 */
22     GPIO_InitStructure.GPIO_Mode = GPIO_Mode_OUT;
23
```

```
24        /* 设置引脚的输出类型为推挽输出 */
25        GPIO_InitStructure.GPIO_OType = GPIO_OType_PP;
26
27        /* 设置引脚为上拉模式 */
28        GPIO_InitStructure.GPIO_PuPd = GPIO_PuPd_UP;
29
30        /* 设置引脚速率为 2MHz */
31        GPIO_InitStructure.GPIO_Speed = GPIO_Speed_2MHz;
32
33        /* 调用库函数, 使用上面配置的 GPIO_InitStructure 初始化 GPIO */
34        GPIO_Init(LED1_GPIO_PORT, &GPIO_InitStructure);
35
36        /* 选择要控制的 GPIO 引脚 */
37        GPIO_InitStructure.GPIO_Pin = LED2_PIN;
38        GPIO_Init(LED2_GPIO_PORT, &GPIO_InitStructure);
39
40        /* 选择要控制的 GPIO 引脚 */
41        GPIO_InitStructure.GPIO_Pin = LED3_PIN;
42        GPIO_Init(LED3_GPIO_PORT, &GPIO_InitStructure);
43
44        /* 选择要控制的 GPIO 引脚 */
45        GPIO_InitStructure.GPIO_Pin = LED4_PIN;
46        GPIO_Init(LED4_GPIO_PORT, &GPIO_InitStructure);
47
48        /* 关闭 RGB 灯 */
49        LED_RGBOFF;
50
51        /* 指示灯默认开启 */
52        LED4(ON);
53 }
```

整个函数与第 7 章中的类似，主要区别是硬件相关的部分使用宏来代替，初始化 GPIO 端口时钟时也采用了 STM32 库函数。函数执行流程如下：

1）使用 GPIO_InitTypeDef 定义 GPIO 初始化结构体变量，以便下面用于存储 GPIO 配置。

2）调用库函数 RCC_AHB1PeriphClockCmd 来使能 LED 的 GPIO 端口时钟，在前面的章节中我们是直接向 RCC 寄存器赋值来使能时钟的，不如这样直观。该函数有两个输入参数：第 1 个参数用于指示要配置的时钟，如本例中的 RCC_AHB1Periph_GPIOH 和 RCC_AHB1Periph_GPIOD，应用时我们使用 "|" 操作同时配置 4 个 LED 的时钟；函数的第 2 个参数用于设置状态，可输入 Disable 关闭或 Enable 使能时钟。

3）向 GPIO 初始化结构体赋值，把引脚初始化成推挽输出模式，其中的 GPIO_Pin 使用宏 LEDx_PIN 来赋值，使函数的实现方便移植。

4）使用以上初始化结构体的配置，调用 GPIO_Init 函数向寄存器写入参数，完成 GPIO 的初始化，这里的 GPIO 端口使用 LEDx_GPIO_PORT 宏来赋值，也是为了程序移植方便。

5）使用同样的初始化结构体，只修改控制的引脚和端口，初始化其他 LED 使用的 GPIO 引脚。

6）使用宏控制 RGB 默认关闭，LED4 指示灯默认开启。

4. 主函数

编写完 LED 的控制函数后，就可以在 main 函数中测试了，见代码清单 10-4。

代码清单 10-4　控制 LED（main 文件）

```
1  #include "stm32f4xx.h"
2  #include "./led/bsp_led.h"
3
4  void Delay(__IO u32 nCount);
5
6  /**
7   * @brief   主函数
8   * @param   无
9   * @retval 无
10  */
11 int main(void)
12 {
13     /* LED 端口初始化 */
14     LED_GPIO_Config();
15
16     /* 控制 LED */
17     while (1) {
18         LED1( ON );            //亮
19         Delay(0xFFFFFF);
20         LED1( OFF );           //灭
21
22         LED2( ON );            //亮
23         Delay(0xFFFFFF);
24         LED2( OFF );           //灭
25
26         LED3( ON );            //亮
27         Delay(0xFFFFFF);
28         LED3( OFF );           //灭
29
30         LED4( ON );            //亮
31         Delay(0xFFFFFF);
32         LED4( OFF );           //灭
33
34         /*轮流显示红绿蓝黄紫青白颜色*/
35         LED_RED;
36         Delay(0xFFFFFF);
37
38         LED_GREEN;
39         Delay(0xFFFFFF);
40
41         LED_BLUE;
42         Delay(0xFFFFFF);
43
44         LED_YELLOW;
45         Delay(0xFFFFFF);
46
```

```
47          LED_PURPLE;
48          Delay(0xFFFFFF);
49
50          LED_CYAN;
51          Delay(0xFFFFFF);
52
53          LED_WHITE;
54          Delay(0xFFFFFF);
55
56          LED_RGBOFF;
57          Delay(0xFFFFFF);
58      }
59 }
60
61 void Delay(__IO uint32_t nCount)      // 简单的延时函数
62 {
63      for (; nCount != 0; nCount--);
64 }
```

在 main 函数中，调用前面定义的 LED_GPIO_Config 初始化 LED 的控制引脚，然后直接调用各种控制 LED 亮灭的宏来实现 LED 的控制。

以上就是一个使用 STM32 标准软件库开发应用的流程。

10.2.3 下载验证

把编译好的程序下载到开发板中并复位，可看到 RGB 彩灯轮流显示不同的颜色。

10.3 STM32 标准库补充知识

1. SystemInit 函数在哪里

在前几章我们自己创建工程的时候需要定义一个 SystemInit 空函数，但是在这个用 STM32 标准库的工程中却没有这样做，SystemInit 函数在哪呢？

这个函数在 STM32 标准库的 system_stm32f4xx.c 文件中定义了，而我们的工程已经包含该文件。标准库中的 SystemInit 函数把 STM32 芯片的系统时钟设置成了 180MHz，即此时 AHB1 时钟频率为 180MHz，APB2 为 90MHz，APB1 为 45MHz。当 STM32 芯片上电并执行启动文件中的指令后，会调用该函数，设置系统时钟为以上状态。

2. 断言

细心对比过前几章我们自己定义的 GPIO_Init 函数与 STM32 标准库中的同名函数，会发现标准库中的函数内容多了一些乱七八糟的东西，见代码清单 10-5。

代码清单 10-5 GPIO_Init 函数的断言部分

```
1 void GPIO_Init(GPIO_TypeDef* GPIOx, GPIO_InitTypeDef* GPIO_InitStruct)
2 {
3      uint32_t pinpos = 0x00, pos = 0x00 , currentpin = 0x00;
```

```
4
5     /* Check the parameters */
6     assert_param(IS_GPIO_ALL_PERIPH(GPIOx));
7     assert_param(IS_GPIO_PIN(GPIO_InitStruct->GPIO_Pin));
8     assert_param(IS_GPIO_MODE(GPIO_InitStruct->GPIO_Mode));
9     assert_param(IS_GPIO_PUPD(GPIO_InitStruct->GPIO_PuPd));
10
11    /* ------- 以下内容省略，与前面我们定义的函数内容相同 ----- */
```

基本上，每个库函数的开头都会有这样类似的内容，这里的 assert_param 实际是一个宏，在库函数中它用于检查输入参数是否符合要求，若不符合要求则执行某个函数输出警告。assert_param 的定义见代码清单 10-6。

代码清单 10-6　stm32f4xx_conf.h 文件中关于断言的定义

```
1
2  #ifdef   USE_FULL_ASSERT
3  /**
4    * @brief   assert_param 宏用于函数的输入参数检查
5    * @param   expr:若 expr 值为假，则调用 assert_failed 函数
6    *                报告文件名及错误行号
7    *                若 expr 值为真，则不执行操作
8    */
9  #define assert_param(expr) \
10       ((expr) ? (void)0 : assert_failed((uint8_t *)__FILE__, __LINE__))
11 /* 错误输出函数 ------------------------------------------------------ */
12 void assert_failed(uint8_t* file, uint32_t line);
13 #else
14 #define assert_param(expr) ((void)0)
15 #endif
```

这段代码的意思是，假如我们不定义 USE_FULL_ASSERT 宏，那么 assert_param 就是一个空的宏（#else 与 #endif 之间的语句生效），没有任何操作。于是，所有库函数中的 assert_param 实际上都无意义。

假如我们定义了 USE_FULL_ASSERT 宏，那么 assert_param 就是一个有操作的语句（#if 与 #else 之间的语句生效）。该宏对参数 expr 使用 C 语言中的问号表达式进行判断，若 expr 值为真，则无操作（void 0），若表达式的值为假，则调用 assert_failed 函数。该函数的输入参数为 "__FILE__" 及 "__LINE__"，这两个参数分别代表 assert_param 宏被调用时所在的 "文件名" 及 "行号"。

但库文件只对 assert_failed 写了函数声明，没有写函数定义，实际用时需要用户来定义，我们一般会用 printf 函数来输出这些信息，见代码清单 10-7。

代码清单 10-7　assert_failed 输出的错误信息

```
1 void assert_failed(uint8_t* file, uint32_t line)
2 {
3     printf("\r\n 输入参数错误，错误文件名 =%s, 行号 =%s",file,line);
4 }
```

注意，在这个 LED 工程中，还不支持 printf 函数（在第 19 章会讲解），想测试 assert_failed 输出的读者，可以在这个函数中做点亮红色 LED 的操作，作为警告输出测试。

那么为什么在函数输入参数不对的时候，assert_param 宏中的 expr 参数值会是假呢？这要回到 GPIO_Init 函数，看它对 assert_param 宏的调用，调用它时分别以 IS_GPIO_ALL_PERIPH(GPIOx)、IS_GPIO_PIN(GPIO_InitStruct–>GPIO_Pin) 等作为输入参数，也就是说调用时，expr 实际上是一条针对输入参数的判断表达式。例如 IS_GPIO_PIN 的宏定义：

```
1 #define IS_GPIO_PIN(PIN)   ((PIN) != (uint32_t)0x00)
```

若它的输入参数 PIN 值为 0，则表达式的值为假，PIN 非 0 时表达式的值为真。我们知道用于选择 GPIO 引脚号的宏 GPIO_Pin_x 的值至少有一个数据位为 1，这样的输入参数才有意义。若 GPIO_InitStruct–>GPIO_Pin 的值为 0，输入参数就无效了。配合 IS_GPIO_PIN 这句表达式，assert_param 就实现了检查输入参数的功能。对 assert_param 宏的其他调用方式类似，大家可以自己查阅库源码来研究一下。

3. Doxygen 注释规范

在 STM32 标准库以及我们自己编写的 bsp_led.c 文件中，可以看到一些比较特别的注释，类似代码清单 10-8。

代码清单 10-8　Doxygen 注释规范

```
1 /**
2  * @brief  初始化控制 LED 的 IO
3  * @param  无
4  * @retval 无
5  */
```

这是一种名为 Doxygen 的注释规范，如果在工程文件中按照这种规范去注释，可以使用 Doxygen 软件自动根据注释生成帮助文档。我们所说的非常重要的库帮助文档《STM32f4xx_dsp_stdperiph_lib_um.chm》，就是由该软件根据库文件的注释生成的。关于 Doxygen 注释规范本书不作讲解，感兴趣的读者可自行搜索网络上的资料学习。

4. 防止头文件重复包含

在 STM32 标准库的所有头文件以及我们自己编写的 bsp_led.h 头文件中，可看到类似代码清单 10-9 的宏定义。它的功能是防止头文件被重复包含，避免引起编译错误。

代码清单 10-9　防止头文件重复包含的宏

```
1 #ifndef __LED_H
2 #define __LED_H
3
4 /* 此处省略头文件的具体内容 */
5
6 #endif /* end of __LED_H */
```

在头文件的开头，使用"#ifndef"关键字，判断标号"__LED_H"是否定义。若没有定义，则从"#ifndef"至"#endif"关键字之间的内容都有效。也就是说，这个头文件若被其他文件包含，它就会被包含到其该文件中了，且头文件中紧接着使用"#define"关键字定义上面判断的标号"__LED_H"。当这个头文件被同一个文件第二次包含的时候，由于有了第一次包含中的"#define __LED_H"定义，这时再判断"#ifndef __LED_H"，判断的结果就是假了，从"#ifndef"至"#endif"之间的内容都无效，从而防止了同一个头文件被包含多次，编译时就不会出现"redefine"（重复定义）的错误了。

一般来说，我们不会直接在 C 的源文件写两个"#include"来包含同一个头文件，但可能因为头文件内部的包含导致重复，这种代码主要是为了避免这样的问题。如 bsp_led.h 文件中使用了"#include "stm32f4xx.h""语句，按习惯，可能我们写主程序的时候会在 main 文件写"#include "bsp_led.h""及"#include "stm32f4xx.h""，这个时候 stm32f4xx.h 文件就被包含两次了，如果没有这种机制，就会出错。

为什么要用两个下划线来定义"__LED_H"标号呢？其实这只是防止它与其他普通宏定义重复了，如我们用 GPIO_PIN_0 来代替这个判断标号，就会因为 stm32f4xx.h 已经定义了 GPIO_PIN_0，结果导致 bsp_led.h 文件无效了，bsp_led.h 文件一次都没被包含。

第 11 章
GPIO 输入——按键检测

11.1 硬件设计

　　按键检测使用到 GPIO 外设的基本输入功能，本章中不赘述 GPIO 外设的概念，如忘记了，可重读 6.2 节，STM32 标准库中 GPIO 初始化结构体 GPIO_TypeDef 的定义与 7.3.4 节中讲解的相同。

　　按键机械触点断开、闭合时，由于触点的弹性作用，按键开关不会马上稳定接通或一下子断开，使用按键时会产生如图 11-1 所示的带波纹信号，需要用软件消抖处理滤波，不方便输入检测。本实验板连接的按键带硬件消抖功能，见图 11-2。它利用电容充放电的延时，消除了波纹，从而简化软件的处理，软件只需要直接检测引脚的电平即可。

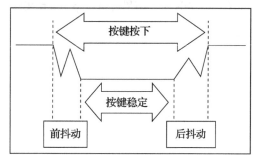

图 11-1　按键抖动示意图

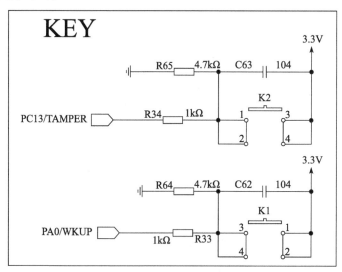

图 11-2　按键原理图

从按键原理图可知，这些按键在没有被按下的时候，GPIO 引脚的输入状态为低电平（按键所在的电路不通，引脚接地），当按键按下时，GPIO 引脚的输入状态为高电平（按键所在的电路导通，引脚接到电源）。只要我们检测引脚的输入电平，即可判断按键是否被按下。

若用户使用的实验板按键的连接方式或引脚不一样，只需根据我们的工程修改引脚即可，程序的控制原理相同。

11.2　软件设计

与 LED 的工程相同，为了使工程更加有条理，我们把按键相关的代码独立出来分开存储，以方便以后移植。在"工程模板"之上新建 bsp_key.c 及 bsp_key.h 文件，这些文件也可根据个人的喜好命名。这些文件不属于 STM32 标准库的内容，是由用户自己根据应用需要编写的。

11.2.1　编程要点

1）使能 GPIO 端口时钟；

2）初始化 GPIO 目标引脚为输入模式（引脚默认电平受按键电路影响，浮空 / 上拉 / 下拉均没有区别）；

3）编写简单测试程序，检测按键的状态，实现按键控制 LED。

11.2.2　代码分析

1. 按键引脚宏定义

同样，在编写按键驱动时，也要考虑更改硬件环境的情况。我们把按键检测引脚相关的宏定义到 bsp_key.h 文件中，见代码清单 11-1。

代码清单 11-1　按键检测引脚相关的宏

```
 1 // 引脚定义
 2 /**************************************************************/
 3 #define KEY1_PIN                 GPIO_Pin_0
 4 #define KEY1_GPIO_PORT           GPIOA
 5 #define KEY1_GPIO_CLK            RCC_AHB1Periph_GPIOA
 6
 7 #define KEY2_PIN                 GPIO_Pin_13
 8 #define KEY2_GPIO_PORT           GPIOC
 9 #define KEY2_GPIO_CLK            RCC_AHB1Periph_GPIOC
10 /**************************************************************/
```

以上代码根据按键的硬件连接，把检测按键输入的 GPIO 端口、GPIO 引脚号和 GPIO 端口时钟封装起来了。

2. 按键 GPIO 初始化函数

利用上面的宏，编写按键的初始化函数，见代码清单 11-2。

代码清单 11-2　按键 GPIO 初始化函数

```
 1 /**
 2   * @brief   配置按键用到的 I/O 口
 3   * @param   无
 4   * @retval  无
 5   */
 6 void Key_GPIO_Config(void)
 7 {
 8     GPIO_InitTypeDef GPIO_InitStructure;
 9
10     /* 开启按键 GPIO 口的时钟 */
11     RCC_AHB1PeriphClockCmd(KEY1_GPIO_CLK|KEY2_GPIO_CLK,ENABLE);
12
13     /* 选择按键的引脚 */
14     GPIO_InitStructure.GPIO_Pin = KEY1_PIN;
15
16     /* 设置引脚为输入模式 */
17     GPIO_InitStructure.GPIO_Mode = GPIO_Mode_IN;
18
19     /* 设置引脚不上拉也不下拉 */
20     GPIO_InitStructure.GPIO_PuPd = GPIO_PuPd_NOPULL;
21
22     /* 使用上面的结构体初始化按键 */
23     GPIO_Init(KEY2_GPIO_PORT, &GPIO_InitStructure);
24
25     /* 选择按键的引脚 */
26     GPIO_InitStructure.GPIO_Pin = KEY2_PIN;
27
28     /* 使用上面的结构体初始化按键 */
29     GPIO_Init(KEY2_GPIO_PORT, &GPIO_InitStructure);
30 }
```

同为 GPIO 的初始化函数，初始化的流程与上一章中的类似，主要区别是引脚的模式。函数执行流程如下：

1）使用 GPIO_InitTypeDef 定义 GPIO 初始化结构体变量，以便下面用于存储 GPIO 配置。

2）调用库函数 RCC_AHB1PeriphClockCmd 来使能按键的 GPIO 端口时钟，调用时使用 "|" 操作同时配置两个按键的时钟。

3）向 GPIO 初始化结构体赋值，把引脚初始化成浮空输入模式，其中的 GPIO_Pin 使用宏 KEYx_PIN 来赋值，使函数的实现方便移植。由于引脚的默认电平受按键电路影响，所以设置成 "浮空 / 上拉 / 下拉" 模式均没有区别。

4）使用以上初始化结构体的配置，调用 GPIO_Init 函数向寄存器写入参数，完成 GPIO 的初始化，这里的 GPIO 端口使用 KEYx_GPIO_PORT 宏来赋值，也是为了程序移植方便。

5）使用同样的初始化结构体，只修改控制的引脚和端口，初始化其他按键检测时使用的 GPIO 引脚。

3. 检测按键的状态

初始化按键后，就可以通过检测对应引脚的电平来判断按键状态了，见代码清单 11-3。

代码清单 11-3　检测按键的状态

```
1  /** 按键按下检测宏
2   * 按键按下为高电平，设置 KEY_ON=1，KEY_OFF=0
3   * 按键按下为低电平，设置成 KEY_ON=0，KEY_OFF=1
4   */
5  #define KEY_ON  1
6  #define KEY_OFF 0
7
8  /**
9   * @brief    检测是否有按键按下
10  * @param    GPIOx:具体的端口，x 可以是 (A ~ K)
11  * @param    GPIO_PIN:具体的端口位，可以是 GPIO_PIN_x (x 可以是 0 ~ 15)
12  * @retval   按键的状态
13  *     @arg KEY_ON:按键按下
14  *     @arg KEY_OFF:按键没按下
15  */
16 uint8_t Key_Scan(GPIO_TypeDef* GPIOx,uint16_t GPIO_Pin)
17 {
18     /* 检测是否有按键按下 */
19     if (GPIO_ReadInputDataBit(GPIOx,GPIO_Pin) == KEY_ON ) {
20         /* 等待按键释放 */
21         while (GPIO_ReadInputDataBit(GPIOx,GPIO_Pin) == KEY_ON);
22         return  KEY_ON;
23     } else
24         return KEY_OFF;
25 }
```

在这里定义了一个 Key_Scan 函数用于扫描按键状态。GPIO 引脚的输入电平可通过读取 IDR 寄存器对应的数据位来感知，而 STM32 标准库提供了库函数 GPIO_ReadInputDataBit 来 获取位状态，该函数输入 GPIO 端口及引脚号，函数返回该引脚的电平状态，高电平返回 1， 低电平返回 0。Key_Scan 函数中以 GPIO_ReadInputDataBit 的返回值与自定义的宏 KEY_ON 对比，若检测到按键按下，则使用 while 循环持续检测按键状态，直到按键释放，按键释放 后 Key_Scan 函数返回一个 KEY_ON 值；若没有检测到按键按下，则函数直接返回 KEY_ OFF。若按键的硬件没有做消抖处理，需要在这个 Key_Scan 函数中做软件滤波，防止波纹 抖动引起误触发。

4. 主函数

接下来我们使用主函数编写按键检测流程，见代码清单 11-4。

代码清单 11-4　按键检测主函数

```
1  /**
2   * @brief  主函数
3   * @param  无
4   * @retval 无
```

```
 5   */
 6 int main(void)
 7 {
 8     /* LED 端口初始化 */
 9     LED_GPIO_Config();
10
11     /* 初始化按键 */
12     Key_GPIO_Config();
13
14     /* 轮询按键状态，若按键按下则反转 LED */
15     while (1) {
16         if ( Key_Scan(KEY1_GPIO_PORT,KEY1_PIN) == KEY_ON  ) {
17             /*LED1 反转 */
18             LED1_TOGGLE;
19         }
20
21         if ( Key_Scan(KEY2_GPIO_PORT,KEY2_PIN) == KEY_ON  ) {
22             /*LED2 反转 */
23             LED2_TOGGLE;
24         }
25     }
26 }
```

代码中初始化 LED 及按键后，在 while 函数里不断调用 Key_Scan 函数，并判断其返回值，若返回值表示按键按下，则反转 LED 的状态。

11.2.3 下载验证

把编译好的程序下载到开发板并复位，按下按键可以控制 LED 亮、灭状态。

第 12 章
GPIO——位带操作

12.1 位带简介

位操作就是可以单独对一个位读和写，这个在 51 单片机中非常常见。51 单片机中通过关键字 sbit 来实现位定义，F429 中没有这样的关键字，而是通过访问位带别名区来实现。

在 F429 中，有两个地方实现了位带：一个是 SRAM 区的最低 1MB 空间，另一个是外设区的最低 1MB 空间。除了可以像正常的 RAM 一样操作外，这两个 1MB 的空间还有自己的位带别名区，位带别名区把这 1MB 空间的每一个位膨胀成一个 32 位的字，见图 12-1。当访问位带别名区的这些字时，就可以达到访问位带区某个位的目的。

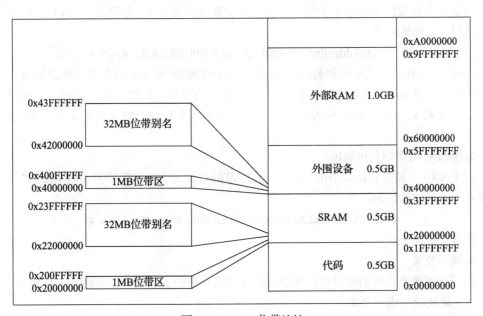

图 12-1　F429 位带地址

12.1.1 外设位带区

外设位带区的地址为 0X40000000 ~ 0X400F0000，大小为 1MB，这 1MB 的大小包含了 APB1/2 和 AHB1 上所有外设的寄存器，但 AHB2/3 总线上的寄存器没有包括。AHB2 总线上的外设地址范围为 0X50000000 ～ 0X50060BFF，AHB3 总线上的外设地址范围为 0XA0000000 ～ 0XA0000FFF。外设位带区经过膨胀后的位带别名区地址范围为 0X42000000 ～ 0X43FFFFFF，这部分地址空间为保留地址，不与任何的外设地址重合。

12.1.2　SRAM 位带区

SRAM 的位带区的地址范围为 0X20000000 ～ X200F0000，大小为 1MB。经过膨胀后的位带别名区地址范围为 0X2200 0000 ～ 0X23FF FFFF，大小为 32MB。操作 SRAM 的位用得很少。

12.1.3　位带区和位带别名区地址转换

位带区的一个位经过膨胀之后，虽然变大到 4 个字节，但是还是 LSB 才有效。有人会问：这不是浪费空间吗？要知道 F429 的系统总线是 32 位的，按照 4 个字节访问的时候是最快的，所以膨胀成 4 个字节来访问是最高效的。

我们可以通过指针的形式访问位带别名区地址，从而达到操作位带区中位的效果。下面简单介绍一下这两个地址之间如何转换。

1. 外设位带别名区地址

对于片上外设位带区的某个位，记它所在字节的地址为 A，位序号为 n（0<=n<=7），则该位在别名区的地址为：

$$AliasAddr=0x42000000+(A-0x40000000) \times 8 \times 4+n \times 4$$

0X42000000 是外设位带别名区的起始地址，0x40000000 是外设位带区的起始地址，（A-0x40000000）表示该位前面有多少个字节，一个字节有 8 位，所以乘 8，一个位膨胀后是 4 个字节，所以乘 4，n 表示该位在 A 地址的序号，因为一个位经过膨胀后是 4 个字节，所以也乘 4。

2. SRAM 位带别名区地址

对于 SRAM 位带区的某个位，记它所在字节的地址为 A，位序号为 n（0<=n<=7），则该比特在别名区的地址为：

$$AliasAddr=0x22000000+(A-0x20000000) \times 8 \times 4+n \times 4$$

公式分析同上。

3. 统一公式

为了方便操作，我们可以把这两个公式合并成一个公式，把"位带地址＋位序号"转换成别名区地址统一成一个宏。

```
1 //把"位带地址＋位序号"转换成别名地址的宏
2 #define BITBAND(addr, bitnum) ((addr & 0xF0000000)+0x02000000+((addr &
  0x000FFFFF)<<5)+(bitnum<<2))
```

addr & 0xF0000000 是为了区别是 SRAM 还是外设，实际效果就是取出 4 或者 2。如果是外设，则取出的是 4，+0x02000000 之后就等于 0x42000000，0x42000000 是外设别名区的起始地址；如果是 SRAM，则取出的是 2，+0x02000000 之后就等于 0x22000000，0x22000000 是 SRAM 别名区的起始地址。

addr & 0x00FFFFFF 屏蔽了高 3 位，相当于减去 0x20000000 或者 0x40000000，但是为什么要屏蔽高 3 位？因为外设的最高地址是 0x2010 0000，与起始地址 0x20000000 相减的时候，总是低 5 位才有效，所以干脆就把高 3 位屏蔽掉来达到减去起始地址的效果，具体屏蔽多少位与最高地址有关。SRAM 同理。<<5 相当于 ×8×4，<<2 相当于 ×4，这两个在上面分析过。

最后就可以通过指针的形式操作这些位带别名区地址，最终实现位带区的位操作。

```
1 //把一个地址转换成一个指针
2 #define MEM_ADDR(addr)  *((volatile unsigned long  *)(addr))
3
4 //把位带别名区地址转换成指针
5 #define BIT_ADDR(addr, bitnum)   MEM_ADDR(BITBAND(addr, bitnum))
```

12.2 GPIO 位带操作

外设的位带区覆盖了全部的片上外设的寄存器，我们可以通过宏为每个寄存器的位都定义一个位带别名地址，从而实现位操作。但这个在实际项目中不是很现实，也很少有人会这么做，我们在这里仅仅为了演示 GPIO 中 ODR 和 IDR 这两个寄存器的位操作。

从手册中我们可以知道，ODR 和 IDR 这两个寄存器对应 GPIO 基址的偏移量是 20 和 16，我们先实现这两个寄存器的地址映射，其中 GPIOx_BASE 在库函数里面有定义。

1. GPIO 寄存器映射

代码清单 12-1　GPIO ODR 和 IDR 寄存器映射

```
1 //GPIO ODR 和 IDR 寄存器地址映射
2 #define GPIOA_ODR_Addr    (GPIOA_BASE+20)
3 #define GPIOB_ODR_Addr    (GPIOB_BASE+20)
4 #define GPIOC_ODR_Addr    (GPIOC_BASE+20)
5 #define GPIOD_ODR_Addr    (GPIOD_BASE+20)
6 #define GPIOE_ODR_Addr    (GPIOE_BASE+20)
7 #define GPIOF_ODR_Addr    (GPIOF_BASE+20)
8 #define GPIOG_ODR_Addr    (GPIOG_BASE+20)
9 #define GPIOH_ODR_Addr    (GPIOH_BASE+20)
10 #define GPIOI_ODR_Addr    (GPIOI_BASE+20)
11 #define GPIOJ_ODR_Addr    (GPIOJ_BASE+20)
12 #define GPIOK_ODR_Addr    (GPIOK_BASE+20)
13
14 #define GPIOA_IDR_Addr    (GPIOA_BASE+16)
15 #define GPIOB_IDR_Addr    (GPIOB_BASE+16)
16 #define GPIOC_IDR_Addr    (GPIOC_BASE+16)
17 #define GPIOD_IDR_Addr    (GPIOD_BASE+16)
18 #define GPIOE_IDR_Addr    (GPIOE_BASE+16)
```

```
19 #define GPIOF_IDR_Addr    (GPIOF_BASE+16)
20 #define GPIOG_IDR_Addr    (GPIOG_BASE+16)
21 #define GPIOH_IDR_Addr    (GPIOH_BASE+16)
22 #define GPIOI_IDR_Addr    (GPIOI_BASE+16)
23 #define GPIOJ_IDR_Addr    (GPIOJ_BASE+16)
24 #define GPIOK_IDR_Addr    (GPIOK_BASE+16)
```

现在我们就可以用位操作的方法来控制 GPIO 的输入和输出了，其中宏参数 n（0 ~ 15）表示具体是哪一个 I/O 口。这里面包含了端口 A ~ K，并不是每个单片机型号都有这么多端口，使用这部分代码时，要查看自己的单片机型号，如果是 176 引脚的，则最多只能使用到 I 端口。

2. GPIO 位操作

GPIO 输入 / 输出位操作见代码清单 12-2。

代码清单 12-2　GPIO 输入输出位操作

```
 1 // 单独操作 GPIO 的某一个 IO 口，n(0,1,2...15),n 表示具体是哪一个 IO 口
 2 #define PAout(n)    BIT_ADDR(GPIOA_ODR_Addr,n)    // 输出
 3 #define PAin(n)     BIT_ADDR(GPIOA_IDR_Addr,n)    // 输入
 4
 5 #define PBout(n)    BIT_ADDR(GPIOB_ODR_Addr,n)    // 输出
 6 #define PBin(n)     BIT_ADDR(GPIOB_IDR_Addr,n)    // 输入
 7
 8 #define PCout(n)    BIT_ADDR(GPIOC_ODR_Addr,n)    // 输出
 9 #define PCin(n)     BIT_ADDR(GPIOC_IDR_Addr,n)    // 输入
10 #define PDout(n)    BIT_ADDR(GPIOD_ODR_Addr,n)    // 输出
11 #define PDout(n)    BIT_ADDR(GPIOD_ODR_Addr,n)    // 输出
12 #define PDin(n)     BIT_ADDR(GPIOD_IDR_Addr,n)    // 输入
13
14 #define PEout(n)    BIT_ADDR(GPIOE_ODR_Addr,n)    // 输出
15 #define PEin(n)     BIT_ADDR(GPIOE_IDR_Addr,n)    // 输入
16
17 #define PFout(n)    BIT_ADDR(GPIOF_ODR_Addr,n)    // 输出
18 #define PFin(n)     BIT_ADDR(GPIOF_IDR_Addr,n)    // 输入
19
20 #define PGout(n)    BIT_ADDR(GPIOG_ODR_Addr,n)    // 输出
21 #define PGin(n)     BIT_ADDR(GPIOG_IDR_Addr,n)    // 输入
22
23 #define PHout(n)    BIT_ADDR(GPIOH_ODR_Addr,n)    // 输出
24 #define PHin(n)     BIT_ADDR(GPIOH_IDR_Addr,n)    // 输入
25
26 #define PIout(n)    BIT_ADDR(GPIOI_ODR_Addr,n)    // 输出
27 #define PIin(n)     BIT_ADDR(GPIOI_IDR_Addr,n)    // 输入
28
29 #define PJout(n)    BIT_ADDR(GPIOJ_ODR_Addr,n)    // 输出
30 #define PJin(n)     BIT_ADDR(GPIOJ_IDR_Addr,n)    // 输入
31
32 #define PKout(n)    BIT_ADDR(GPIOK_ODR_Addr,n)    // 输出
33 #define PKin(n)     BIT_ADDR(GPIOK_IDR_Addr,n)    // 输入
```

3. 主函数

该工程直接从 LED- 库函数操作移植过来，有关 LED GPIO 初始化和软件延时等的函数我们可以直接用，只是将控制 GPIO 输出的部分改成了位操作。该实验让相应的 IO 口输出高低电平来控制 LED 的亮灭，负逻辑点亮。具体使用哪一个 I/O 和点亮方式由硬件平台决定。

代码清单 12-3　main 函数

```
 1 int main(void)
 2 {
 3     /* LED 端口初始化 */
 4     LED_GPIO_Config();
 5
 6     while (1) {
 7         //PH10 = 0,点亮 LED
 8         PHout(10)= 0;
 9         SOFT_Delay(0x0FFFFF);
10
11         //PH10 = 1,熄灭 LED
12         PHout(10)= 1;
13         SOFT_Delay(0x0FFFFF);
14     }
15
16 }
```

第 13 章
启 动 文 件

13.1 启动文件简介

启动文件由汇编编写，是系统上电复位后第一个执行的程序。它主要做了以下工作：

1）初始化栈指针 SP=_initial_sp。

2）初始化 PC 指针 =Reset_Handler。

3）初始化中断向量表。

4）配置系统时钟。

5）调用 C 库函数 _main 初始化用户栈，从而最终调用 main 函数转到 C 世界。

13.2 查找 ARM 汇编指令

在讲解启动代码的时候，会涉及 ARM 的汇编指令和 Cortex 内核的指令。有关 Cortex 内核的指令可以参考《CM3 权威指南 CnR2》第 4 章。其余 ARM 的汇编指令可以在 MDK → Help → μVision Help 中搜索到。以 EQU 为例，检索过程见图 13-1。

检索出来的结果会有很多，我们只需要看 Assembler User Guide 这部分即可。表 13-1 列出了启动文件中使用到的 ARM 汇编指令，该列表的指令全部从 ARM Development Tools 这个帮助文档里面检索而来。其中编译器相关的指令 WEAK 和 ALIGN 为了方便也放在此表中了。

表 13-1　启动文件使用的 ARM 汇编指令汇总

指令名称	作　用
EQU	给数字常量取一个符号名，相当于 C 语言中的 define
AREA	汇编一个新的代码段或者数据段
SPACE	分配内存空间
PRESERVE8	当前文件栈需按照 8 字节对齐
EXPORT	声明一个标号具有全局属性，可被外部的文件使用
DCD	以字为单位分配内存，要求按照 4 字节对齐，并要求初始化这些内存
PROC	定义子程序，与 ENDP 成对使用，表示子程序结束

（续）

指令名称	作　用
WEAK	弱定义，如果外部文件声明了一个标号，则优先使用外部文件定义的标号，如果外部文件没有定义也不出错。要注意的是：这个不是 ARM 的指令，而是编译器的，放在这里只是为了方便
IMPORT	声明标号来自外部文件，与 C 语言中的 EXTERN 关键字类似
B	跳转到一个标号
ALIGN	编译器对指令或者数据的存放地址进行对齐，一般需要跟一个立即数，默认表示按照 4 字节对齐。要注意的是：这个不是 ARM 的指令，而是编译器的，放在这里只是为了方便
END	到达文件的末尾，文件结束
IF,ELSE,ENDIF	汇编条件分支语句，与 C 语言中的 if else 类似

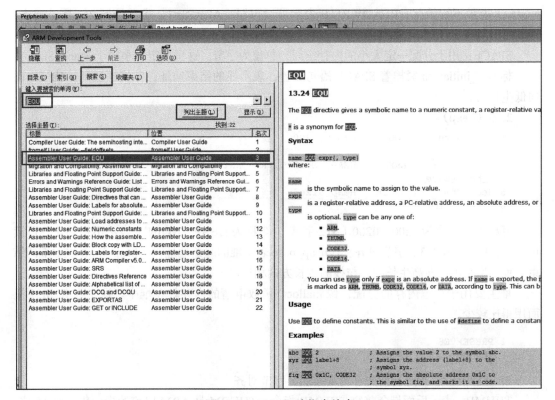

图 13-1　ARM 汇编指令检索

13.3　启动文件代码讲解

1. 栈（stack）

```
1 Stack_Size      EQU     0x00000400
2
```

```
3                  AREA     STACK, NOINIT, READWRITE, ALIGN=3
4 Stack_Mem        SPACE    Stack_Size
5 __initial_sp
```

开辟栈的大小为 0x00000400（1KB），名称为 STACK，NOINIT 表示不初始化，可读可写，按照 8（即 2^3）字节对齐。

栈的作用是用于局部变量、函数调用、函数形参等的开销，栈的大小不能超过内部 SRAM 的大小。如果编写的程序比较大，定义的局部变量很多，那么就需要修改栈的大小。如果发现自己写的程序出现了奇怪的错误，并进入了硬故障的时候，就要考虑是不是栈不够大，溢出了。

EQU：宏定义的伪指令，相当于等于，类似于 C 中的 define。

AREA：告诉汇编器汇编一个新的代码段或者数据段。STACK 表示段名，可以任意命名；NOINIT 表示不初始化；READWRITE 表示可读可写；ALIGN=3，表示按照 2^3 字节对齐，即 8 字节对齐。

SPACE：用于分配一定大小的内存空间，单位为字节。这里指定大小等于 Stack_Size。

标号 __initial_sp 紧挨着 SPACE 语句放置，表示栈的结束地址，即栈顶地址。栈是由高向低生长的。

2. 堆（heap）

```
1 Heap_Size        EQU      0x00000200
2
3                  AREA     HEAP, NOINIT, READWRITE, ALIGN=3
4 __heap_base
5 Heap_Mem         SPACE    Heap_Size
6 __heap_limit
```

开辟堆的大小为 0x00000200（512 字节），名称为 HEAP，NOINIT 表示不初始化，可读可写，按照 8（即 2^3）字节对齐。__heap_base 表示堆的起始地址，__heap_limit 表示堆的结束地址。堆是由低向高生长的，与栈的生长方向相反。

堆主要用于动态内存的分配，像 malloc() 函数申请的内存就在堆中。这个在 STM32 里面用得比较少。

```
1 PRESERVE8
2 THUMB
```

PRESERVE8：指定当前文件的堆按照 8 字节对齐。

THUMB：表示后面指令兼容 THUMB 指令。THUBM 是 ARM 以前的指令集，有 16 位。现在 Cortex-M 系列的都使用 THUMB-2 指令集，THUMB-2 是 32 位的，兼容 16 位和 32 位的指令，是 THUMB 的超级版本。

3. 向量表

```
1 AREA     RESET, DATA, READONLY
2 EXPORT   __Vectors
3 EXPORT   __Vectors_End
4 EXPORT   __Vectors_Size
```

定义一个数据段，名称为 RESET，可读。声明 __Vectors、__Vectors_End 和 __Vectors_Size 这 3 个标号具有全局属性，可供外部的文件调用。

EXPORT：声明一个可被外部文件使用的标号，使标号具有全局属性。如果是 IAR 编译器，则使用的是 GLOBAL 这个指令。

当内核响应了一个发生的异常后，对应的异常服务例程（ESR）就会执行。为了确定 ESR 的入口地址，内核使用了"向量表查表机制"。这里使用一张向量表，见表 13-2 及代码清单 13-1。向量表其实是一个 WORD（32 位整数）数组，每个下标对应一种异常，该下标元素的值则是该 ESR 的入口地址。向量表在地址空间中的位置是可以设置的，通过 NVIC 中的一个重定位寄存器来指出向量表的地址。在复位后，该寄存器的值为 0。因此，在地址 0（即 Flash 地址 0）处必须包含一张向量表，用于初始时的异常分配。要注意的是，这里有个另类：0 号类型并不是什么入口地址，而是给出了复位后 MSP 的初值。

表 13-2　F429 向量表

编号	优先级	优先级类型	名　　称	说　　明	地　　址
—	—	—	—	保留（实际存的是 MSP 地址）	0X0000 0000
	−3	固定	Reset	复位	0X0000 0004
	−2	固定	NMI	不可屏蔽中断。RCC 时钟安全系统（CSS）连接到 NMI 向量	0X0000 0008
	−1	固定	HardFault	所有类型的错误	0X0000 000C
	0	可编程	MemManage	存储器管理	0X0000 0010
	1	可编程	BusFault	预取指失败，存储器访问失败	0X0000 0014
	2	可编程	UsageFault	未定义的指令或非法状态	0X0000 0018
—	—	—		保留	0X0000 001C-0X0000 002B
	3	可编程	SVCall	通过 SWI 指令调用的系统服务	0X0000 002C
	4	可编程	Debug Monitor	调试监控器	0X0000 0030
—	—	—		保留	0X0000 0034
	5	可编程	PendSV	可挂起的系统服务	0X0000 0038
	6	可编程	SysTick	系统嘀嗒定时器	0X0000 003C
0	7	可编程	—	窗口看门狗中断	0X0000 0040
1	8	可编程	PVD	连接 EXTI 线的可编程电压检测中断	0X0000 0044
2	9	可编程	TAMP_STAMP	连接 EXTI 线的入侵和时间戳中断	0X0000 0048
中间部分省略，详情请参考《STM32F4xx 中文参考手册》第 10 章					
84	91	可编程	SPI4	SPI4 全局中断	0X0000 0190
85	92	可编程	SPI5	SPI5 全局中断	0X0000 0194
86	93	可编程	SPI6	SPI6 全局中断	0X0000 0198
87	94	可编程	SAI1	SAI1 全局中断	0X0000 019C
88	95	可编程	LTDC	LTDC 全局中断	0X0000 01A0
89	96	可编程	LTDC_ER	LTDC_ER 全局中断	0X0000 01A4
90	97	可编程	DMA2D	DMA2D 全局中断	0X0000 01A8

代码清单 13-1 向量表

```
 1 __Vectors      DCD     __initial_sp           ;栈顶地址
 2                DCD     Reset_Handler          ;复位程序地址
 3                DCD     NMI_Handler
 4                DCD     HardFault_Handler
 5                DCD     MemManage_Handler
 6                DCD     BusFault_Handler
 7                DCD     UsageFault_Handler
 8                DCD     0                      ;0 表示保留
 9                DCD     0
10                DCD     0
11                DCD     0
12                DCD     SVC_Handler
13                DCD     DebugMon_Handler
14                DCD     0
15                DCD     PendSV_Handler
16                DCD     SysTick_Handler
17
18
19 ;外部中断开始
20                DCD     WWDG_IRQHandler
21                DCD     PVD_IRQHandler
22                DCD     TAMP_STAMP_IRQHandler
23
24 ;限于篇幅，中间代码省略
25                DCD     LTDC_IRQHandler
26                DCD     LTDC_ER_IRQHandler
27                DCD     DMA2D_IRQHandler
28 __Vectors_End
 1 __Vectors_Size EQU __Vectors_End - __Vectors
```

　　__Vectors 为向量表起始地址，__Vectors_End 为向量表结束地址，两个相减即可算出向量表大小。

　　向量表从 Flash 的 0 地址开始放置，以 4 个字节为一个单位，地址 0 存放的是栈顶地址，0X04 存放的是复位程序的地址，以此类推。从代码上看，向量表中存放的都是中断服务函数的函数名，可我们知道 C 语言中的函数名就是一个地址。

　　DCD 为分配一个或者多个以字为单位的内存，以 4 字节对齐，并要求初始化这些内存。在向量表中，DCD 分配了一堆内存，并且以 ESR 的入口地址初始化它们。

4. 复位程序

```
 1 AREA    |.text|, CODE, READONLY
```

定义一个名称为 .text 的代码段，可读。

```
 1 Reset_Handler PROC
 2                EXPORT  Reset_Handler      [WEAK]
 3                IMPORT  SystemInit
 4                IMPORT  __main
 5
```

```
6                LDR       R0, =SystemInit
7                BLX       R0
8                LDR       R0, =__main
9                BX        R0
10               ENDP
```

复位子程序是系统上电后第一个执行的程序，调用 SystemInit 函数初始化系统时钟，然后调用 C 库函数 _mian，最终调用 main 函数转到 C 的世界。

WEAK：表示弱定义，如果外部文件优先定义了该标号则首先引用该标号，如果外部文件没有声明也不会出错。这里表示复位子程序可以由用户在其他文件重新实现，这里并不是唯一的。

IMPORT：表示该标号来自外部文件，与 C 语言中的 EXTERN 关键字类似。这里表示 SystemInit 和 __main 这两个函数均来自外部文件。

SystemInit() 是一个标准的库函数，在 system_stm32f4xx.c 这个库文件中定义。主要作用是配置系统时钟，这里调用这个函数之后，F429 的系统时钟被配置为 180MHz。

__main 是一个标准的 C 库函数，主要作用是初始化用户栈，并在函数的最后调用 main 函数转到 C 的世界。这就是我们写的程序都有一个 main 函数的原因。

LDR、BLX、BX 是 CM4 内核的指令，可在《CM3 权威指南 CnR2》第 4 章里面查询到，具体作用见表 13-3。

表 13-3　CM4 内核指令

指令名称	作　　用
LDR	从存储器中加载字到一个寄存器中
BL	跳转到由寄存器 / 标号给出的地址，并把跳转前的下条指令地址保存到 LR 中
BLX	跳转到由寄存器给出的地址，并根据寄存器的 LSE 确定处理器的状态，并把跳转前的下条指令地址保存到 LR 中
BX	跳转到由寄存器 / 标号给出的地址，不用返回

5. 中断服务程序

在启动文件里面已经写好了所有中断的中断服务函数，与我们平时写的中断服务函数不一样的就是，这些函数都是空的，真正的中断复服务程序需要我们在外部的 C 文件里面重新实现，这里只是提前占了一个位置而已。

如果我们在使用某个外设的时候开启了某个中断，但是又忘记编写配套的中断服务程序或者函数名写错，那么当发生中断时，程序就会跳转到启动文件预先写好的空的中断服务程序中，并且在这个空函数中无限循环，即程序就死在这里。

```
1 NMI_Handler     PROC      ;系统异常
2                 EXPORT    NMI_Handler           [WEAK]
3                 B         .
4                 ENDP
5
6 ;限于篇幅，中间代码省略
```

```
 7 SysTick_Handler PROC
 8                 EXPORT  SysTick_Handler        [WEAK]
 9                 B       .
10                 ENDP
11
12 Default_Handler PROC      ;外部中断
13                 EXPORT  WWDG_IRQHandler        [WEAK]
14                 EXPORT  PVD_IRQHandler         [WEAK]
15                 EXPORT  TAMP_STAMP_IRQHandler  [WEAK]
16
17 ;限于篇幅，中间代码省略
18 LTDC_IRQHandler
19 LTDC_ER_IRQHandler
20 DMA2D_IRQHandler
21                 B       .
22                 ENDP
```

B：跳转到一个标号。这里跳转到一个 '.'，即表示无限循环。

6. 用户堆与栈的初始化

```
 1 ALIGN
```

ALIGN：对指令或者数据存放的地址进行对齐，后面会跟一个立即数。默认表示按照 4 字节对齐。

```
 1 // 用户栈和堆初始化，由 C 库函数 _main 来完成
 2   IF     :DEF:__MICROLIB              // 这个宏在 KEIL 里面开启
 3
 4   EXPORT  __initial_sp
 5   EXPORT  __heap_base
 6   EXPORT  __heap_limit
 7
 8   ELSE
 9
10   IMPORT  __use_two_region_memory  // 这个函数由用户自己实现
11   EXPORT  __user_initial_stackheap
12
13 __user_initial_stackheap
14
15   LDR    R0, =  Heap_Mem
16   LDR    R1, =(Stack_Mem + Stack_Size)
17   LDR    R2, = (Heap_Mem +  Heap_Size)
18   LDR    R3, = Stack_Mem
19   BX     LR
20
21   ALIGN
22
23   ENDIF
24   END
```

首先判断是否定义了 __MICROLIB，如果定义了这个宏则赋予标号 __initial_sp（栈顶地址）、__heap_base（堆起始地址）、__heap_limit（堆结束地址）全局属性，可供外部文件调

用。有关这个宏我们在 KEIL 里面配置，具体见图 13-2。然后堆与栈的初始化就由 C 库函数 _main 来完成。

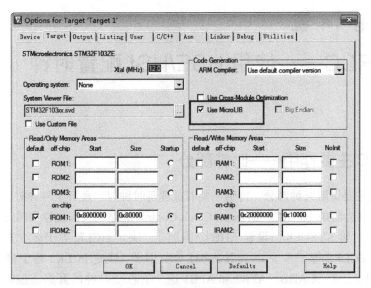

图 13-2　使用微库配置宏

如果没有定义 __MICROLIB，才用双段存储器模式，且声明标号 __user_initial_stackheap 具有全局属性，让用户自己来初始化堆和栈。

IF、ELSE、ENDIF：汇编的条件分支语句，与 C 语言中的 if、else 类似。

END：文件结束。

第 14 章
RCC——使用 HSE/HSI 配置时钟

14.1　RCC 主要作用——时钟部分

本章我们主要讲解时钟部分，特别是要着重理解时钟树。理解了时钟树，F429 的一切时钟的来龙去脉都会清楚了。RCC 是 Reset Clock Control 的缩写，即复位和时钟控制器。

设置系统时钟 SYSCLK、设置 AHB 分频因子（决定 HCLK 等于多少）、设置 APB2 分频因子（决定 PCLK2 等于多少）、设置 APB1 分频因子（决定 PCLK1 等于多少）、设置各个外设的分频因子；控制 AHB、APB2 和 APB1 这 3 条总线时钟的开启、控制每个外设的时钟的开启。对于 SYSCLK、HCLK、PCLK2、PCLK1 这 4 个时钟的配置一般是：HCLK=SYSCLK=PLLCLK=180MHz，PCLK2=HCLK/2=90MHz，PCLK1=HCLK/4=45MHz。这个时钟配置也是库函数的标准配置，我们用得最多的就是这个。

14.2　RCC 框图剖析——时钟树

时钟树单纯讲理论的话会比较枯燥，如果选取一条主线，并辅以代码，先主后次讲解的话会很容易，而且记忆还更深刻。我们这里选取库函数时钟系统时钟函数 SetSysClock()，以这个函数的编写流程来讲解时钟树，这个函数也是我们用库的时候默认的系统时钟设置函数。该函数的功能是利用 HSE 把时钟设置为：HCLK=SYSCLK=PLLCLK=180M，PCLK2=HCLK/2=90M，PCLK1=HCLK/4=45M。下面我们就以这个代码的流程为主线，来分析时钟树，见图 14-1。代码流程对应的是图中的浅色阴影部分，在时钟树中以数字标识。

14.2.1　系统时钟

下面按图 14-1 中的标识的顺序，一一介绍 6 个系统时钟。

1. 高速外部时钟信号 HSE

HSE 是高速的外部时钟信号，可以由有源晶振或者无源晶振提供，频率从 4MHz ~ 26MHz 不等。当使用有源晶振时，时钟从 OSC_IN 引脚进入，OSC_OUT 引脚悬空；当选用无源晶振时，时钟从 OSC_IN 和 OSC_OUT 进入，并且要配谐振电容。HSE 我们使用 25MHz 的无源晶振。如果我们使用 HSE 或者 HSE 经过 PLL 倍频之后的时钟作为系统时钟 SYSCLK，

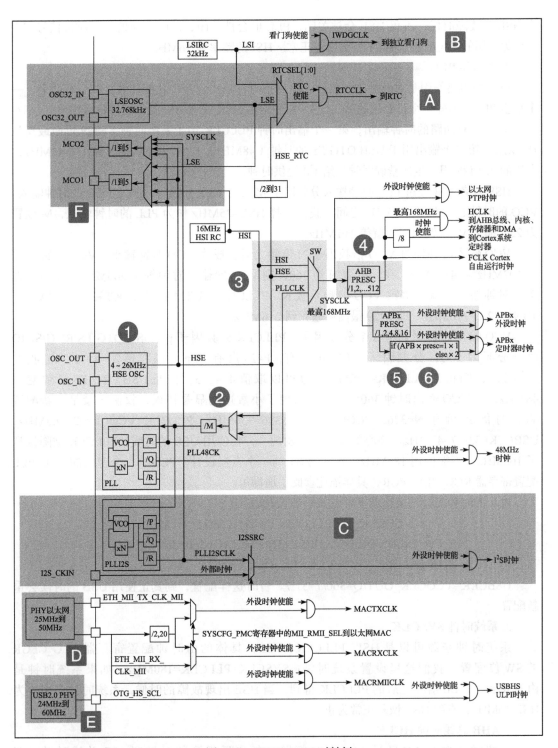

图 14-1　STM32F429 时钟树

当 HSE 出故障时候，不仅 HSE 会被关闭，PLL 也会被关闭，此时高速的内部时钟信号 HSI 会作为备用的系统时钟，直到 HSE 恢复正常。HSI 的频率为 16MHz。

2. 锁相环 PLL

PLL 的主要作用是对时钟进行倍频，然后把时钟输出到各个功能部件。PLL 有两个，一个是主 PLL，另外一个是专用的 PLLI2S，它们均由 HSE 或者 HSI 提供时钟输入信号。

主 PLL 有两路的时钟输出，第一个输出时钟 PLLCLK 用于系统时钟，F429 里面最高是 180MHz，第二个输出用于 USB OTG FS 的时钟（48MHz）、RNG 和 SDIO 时钟（≤ 48MHz）。专用的 PLLI2S 用于生成精确时钟，给 I²S 提供时钟。

HSE 或者 HSI 经过 PLL 时钟输入分频因子 M（2 ~ 63）分频后，成为 VCO 的时钟输入，VCO 的时钟必须在 1 ~ 2MHz 之间，我们选择 HSE=25MHz 作为 PLL 的时钟输入，M 设置为 25，那么 VCO 输入时钟就等于 1MHz。

VCO 输入时钟经过 VCO 倍频因子 N 倍频之后，成为 VCO 时钟输出，VCO 时钟必须为 192MHz ~ 432MHz。我们配置 N 为 360，则 VCO 的输出时钟等于 360MHz。如果要把系统时钟超频，就得修改 VCO 倍频系数 N。PLLCLK_OUTMAX=VCOCLK_OUTMAX/P_MIN=432/2=216MHz，即 F429 最高可超频到 216MHz。

VCO 输出时钟之后有 3 个分频因子：PLLCLK 分频因子 p，USB OTG FS/RNG/SDIO 时钟分频因子 Q，分频因子 R（F446 才有，F429 没有）。p 可以取值 2、4、6、8，我们配置为 2，则得到 PLLCLK=180MHz。Q 可以取值 4 ~ 15，但是 USB OTG FS 必须使用 48MHz，Q=VCO 输出时钟 360/48=7.5，出现了小数这明显是错误，权衡之策是重新配置 VCO 的倍频因子 N=336，VCOCLK=1M×336=336MHz，PLLCLK=VCOCLK/2=168MHz，USBCLK=336/7=48MHz。细心的读者应该发现了，在使用 USB 的时候，PLLCLK 被降低到了 168MHz，不能使用 180MHz，这实乃 ST 的一个奇怪设计。PLL 有一个专门的 RCC PLL 配置寄存器 RCC_PLLCFGR，具体描述参阅手册即可。

PLL 的时钟配置稍微整理下可由如下公式表达：

$$VCOCLK\_IN=PLLCLK\_IN/M=HSE/25=1（MHz）$$
$$VCOCLK\_OUT=VCOCLK\_IN \times N=1M \times 360=360（MHz）$$
$$PLLCLK\_OUT=VCOCLK\_OUT/P=360/2=180（MHz）$$

USBCLK=VCOCLK_OUT/Q=360/7=51.7。暂时这样配置，到真正使用 USB 的时候会重新配置。

3. 系统时钟 SYSCLK

系统时钟来源可以是 HSI、PLLCLK、HSE，具体的由时钟配置寄存器 RCC_CFGR 的 SW 位配置。我们这里设置系统时钟：SYSCLK=PLLCLK=180MHz。如果系统时钟是由 HSE 经过 PLL 倍频之后的 PLLCLK 得到，当 HSE 出现故障的时候，系统时钟会切换为 HSI=16MHz，直到 HSE 恢复正常为止。

4. AHB 总线时钟 HCLK

系统时钟 SYSCLK 经过 AHB 预分频器分频之后得到的时钟叫 APB 总线时钟，即

HCLK，分频因子可以是 1、2、4、8、16、32、64、128、256、512，具体的由时钟配置寄存器 RCC_CFGR 的 HPRE 位设置。片上大部分外设的时钟都是经过 HCLK 分频得到的，至于 AHB 总线上的外设的时钟设置为多少，得等到我们使用该外设的时候才设置，我们这里只需大致设置好 APB 的时钟即可。这里设置为 1 分频，即 HCLK=SYSCLK=180MHz。

5. APB2 总线时钟 PCLK2

APB2 总线时钟 PCLK2 由 HCLK 经过高速 APB2 预分频器得到，分频因子可以是 1、2、4、8、16，具体由时钟配置寄存器 RCC_CFGR 的 PPRE2 位设置。

HCLK2 属于高速的总线时钟，片上高速的外设就挂载到这条总线上，比如全部的 GPIO、USART1、SPI1 等。至于 APB2 总线上的外设的时钟设置为多少，得等到我们使用该外设的时候才设置，我们这里只需大致设置好 APB2 的时钟即可。这里设置为 2 分频，即 PCLK2=HCLK/2=90MHz。

6. APB1 总线时钟 PCLK1

APB1 总线时钟 PCLK1 由 HCLK 经过低速 APB 预分频器得到，分频因子可以是 1、2、4、8、16，具体由时钟配置寄存器 RCC_CFGR 的 PPRE1 位设置。

HCLK1 属于低速的总线时钟，最高为 45MHz，片上低速的外设就挂载到这条总线上，比如 USART2/3/4/5、SPI2/3、$I^2C1/2$ 等。至于 APB1 总线上的外设的时钟设置为多少，得等到我们使用该外设的时候才设置，这里只需大致设置好 APB1 的时钟即可。这里设置为 4 分频，即 PCLK1=HCLK/4=45MHz。

上面的 6 个步骤对应的设置系统时钟库函数如代码清单 14-1 所示。为了方便阅读，已经把与 429 不相关的代码删掉，把英文注释翻译成了中文，并把代码标上了序号，总共 6 个步骤。该函数是直接操作寄存器的，有关寄存器部分请参考数据手册的 RCC 的寄存器描述部分。

代码清单 14-1　设置系统时钟库函数

```
 1  /*
 2   * 使用 HSE 时，设置系统时钟的步骤
 3   * 1）开启 HSE，并等待 HSE 稳定
 4   * 2）设置 AHB、APB2、APB1 的预分频因子
 5   * 3）设置 PLL 的时钟来源
 6   *     设置 VCO 输入时钟 分频因子        m
 7   *     设置 VCO 输出时钟 倍频因子        n
 8   *     设置 PLLCLK 时钟分频因子          p
 9   *     设置 OTG FS,SDIO,RNG 时钟分频因子 q
10   * 4）开启 PLL，并等待 PLL 稳定
11   * 5）把 PLLCK 切换为系统时钟 SYSCLK
12   * 6）读取时钟切换状态位，确保 PLLCLK 被选为系统时钟
13   */
14
15  #define PLL_M 25
16  #define PLL_N 360
17  #define PLL_P 2
18  #define PLL_Q 7
```

如果要超频的话，修改 PLL_N 这个宏即可，取值范围为 192 ~ 432。

```
1  void SetSysClock(void)
2  {
3
4      __IO uint32_t StartUpCounter = 0, HSEStatus = 0;
5
6      //①使能 HSE
7      RCC->CR |= ((uint32_t)RCC_CR_HSEON);
8
9      // 等待 HSE 启动稳定
10     do {
11         HSEStatus = RCC->CR & RCC_CR_HSERDY;
12         StartUpCounter++;
13     } while ((HSEStatus==0)&&(StartUpCounter
14                             !=HSE_STARTUP_TIMEOUT));
15
16     if ((RCC->CR & RCC_CR_HSERDY) != RESET) {
17         HSEStatus = (uint32_t)0x01;
18     } else {
19         HSEStatus = (uint32_t)0x00;
20     }
21
22     //HSE 启动成功
23     if (HSEStatus == (uint32_t)0x01) {
24         //调压器电压输出级别配置为1，以便 CPU 工作在最大频率
25         //工作时使性能和功耗实现平衡
26         RCC->APB1ENR |= RCC_APB1ENR_PWREN;
27         PWR->CR |= PWR_CR_VOS;
28
29         //②设置 AHB/APB2/APB1 的分频因子
30         //HCLK = SYSCLK / 1
31         RCC->CFGR |= RCC_CFGR_HPRE_DIV1;
32         //PCLK2 = HCLK / 2
33         RCC->CFGR |= RCC_CFGR_PPRE2_DIV2;
34         //PCLK1 = HCLK / 4
35         RCC->CFGR |= RCC_CFGR_PPRE1_DIV4;
36
37         //③配置主 PLL 的时钟来源，设置 M,N,P,Q
38         //Configure the main PLL
39         RCC->PLLCFGR = PLL_M|(PLL_N<<6)|
40                        (((PLL_P >> 1) -1) << 16) |
41                        (RCC_PLLCFGR_PLLSRC_HSE) |
42                        (PLL_Q << 24);
43
44         //④使能主 PLL
45         RCC->CR |= RCC_CR_PLLON;
46
47         // 等待 PLL 稳定
48         while ((RCC->CR & RCC_CR_PLLRDY) == 0) {
49         }
50         /*----------------------------------------------------*/
51         // 开启 OVER-RIDE 模式，以能达到更改频率
```

```
52              PWR->CR |= PWR_CR_ODEN;
53              while ((PWR->CSR & PWR_CSR_ODRDY) == 0) {
54              }
55              PWR->CR |= PWR_CR_ODSWEN;
56              while ((PWR->CSR & PWR_CSR_ODSWRDY) == 0) {
57              }
58              // 配置 Flash 预取指令、指令缓存、数据缓存和等待状态
59              Flash->ACR = Flash_ACR_PRFTEN
60                              |Flash_ACR_ICEN
61                              |Flash_ACR_DCEN
62                              |Flash_ACR_LATENCY_5WS;
63              /*------------------------------------------------*/
64
65              // ⑤选择主 PLLCLK 作为系统时钟源
66              RCC->CFGR &= (uint32_t)((uint32_t)~(RCC_CFGR_SW));
67              RCC->CFGR |= RCC_CFGR_SW_PLL;
68
69              // ⑥读取时钟切换状态位，确保 PLLCLK 选为系统时钟
70              while ((RCC->CFGR & (uint32_t)RCC_CFGR_SWS )
71                      != RCC_CFGR_SWS_PLL);
72              {
73              }
74      } else {
75          // HSE 启动出错处理
76      }
77 }
```

14.2.2　其他时钟

通过对系统时钟设置的讲解，整个时钟树我们已经掌握了六七成，图 14-1 中剩下的时钟部分我们讲解几个重要的。

A. RTC 时钟

RTCCLK 时钟源可以是 HSE 1MHz（HSE 由一个可编程的预分频器分频）、LSE 或者 LSI 时钟。选择方式是编程 RCC 备份域控制寄存器（RCC_BDCR）中的 RTCSEL[1:0] 位和 RCC 时钟配置寄存器（RCC_CFGR）中的 RTCPRE[4:0] 位。所做的选择只能通过复位备份域的方式修改。我们通常的做法是由 LSE 给 RTC 提供时钟，大小为 32.768kHz。LSE 由外接的晶体谐振器产生，所配的谐振电容精度要求高，不然很容易不振。

B. 独立看门狗时钟

独立看门狗时钟由内部的低速时钟 LSI 提供，大小为 32kHz。

C. I²S 时钟

I²S 时钟可由外部的时钟引脚 I2S_CKIN 输入，也可由专用的 PLLI2SCLK 提供，具体的由 RCC 时钟配置寄存器（RCC_CFGR）的 I2SSCR 位配置。我们在使用 I²S 外设驱动 W8978 的时候，使用的时钟是 PLLI2SCLK，这样就可以省掉一个有源晶振。

D. PHY 以太网时钟

F429 要想实现以太网功能，除了有本身内置的 MAC 之外，还需要外接一个 PHY 芯片。

常见的 PHY 芯片有 DP83848 和 LAN8720，其中 DP83848 支持 MII 和 RMII 接口，LAN8720 只支持 RMII 接口。秉火 F429 开发板用的是 RMII 接口，选择的 PHY 芯片是 LAB8720。使用 RMII 接口的好处是使用的 IO 减少了一半，速度还与 MII 接口一样。当使用 RMII 接口时，PHY 芯片只需输出一路时钟给 MCU 即可，如果是 MII 接口，PHY 芯片则需要提供两路时钟给 MCU。

E. USB PHY 时钟

F429 的 USB 没有集成 PHY，要想实现 USB 高速传输的话，必须外置 USB PHY 芯片，常用的芯片是 USB3300。当外接 USB PHY 芯片时，PHY 芯片需要给 MCU 提供一个时钟。

外扩 USB3300 会占用非常多的 IO，与 SDRAM 和 RGB888 的 IO 复用得很厉害。鉴于 USB 高速传输用得比较少，秉火 F429 就没有外扩这个芯片。

F. MCO 时钟输出

MCO 是 Microcontroller Clock Output 的缩写，是微控制器时钟输出引脚，主要作用是对外提供时钟，相当于一个有源晶振。F429 中有两个 MCO，由 PA8/PC9 复用所得。MCO1 所需的时钟源通过 RCC 时钟配置寄存器（RCC_CFGR）中的 MCO1PRE[2:0] 和 MCO1[1:0] 位选择。MCO2 所需的时钟源通过 RCC 时钟配置寄存器（RCC_CFGR）中的 MCO2PRE[2:0] 和 MCO2 位选择。有关 MCO 的 IO、时钟选择和输出速率的具体信息如表 14-1 所示。

表 14-1　MCO 具体信息

时钟输出	IO	时钟来源	最大输出速率
MCO1	PA8	HSI、LSE、HSE、PLLCLK	100MHz
MCO2	PC9	HSE、PLLCLK、SYSCLK、PLLI^{2}SCLK	100MHz

14.3　配置系统时钟实验

14.3.1　使用 HSE

一般情况下，我们都是使用 HSE，然后 HSE 经过 PLL 倍频之后作为系统时钟。F429 系统时钟最高为 180MHz，这是官方推荐的最高的稳定时钟。如果你想再高些，也可以超频，超频最高能到 216MHz。

如果我们使用库函数编程，当程序执行 main 函数之前，启动文件 startup_stm32f429_439xx.s 已经调用 SystemInit() 函数，把系统时钟初始化成 180MHz，SystemInit() 在库文件 system_stm32f4xx.c 中定义。如果我们想把系统时钟设置低一点或者超频的话，可以修改底层的库文件。但是为了维持库的完整性，最好根据时钟树的流程自行写一个。

14.3.2　使用 HSI

当 HSE 直接或者间接（HSE 经过 PLL 倍频）地作为系统时钟的时候，如果 HSE 发生故障，不仅 HSE 会被关闭，连 PLL 也会被关闭，这个时候系统会自动切换 HSI 作为系统时钟，此时 SYSCLK=HSI=16MHz。如果没有开启 CSS 和 CSS 中断的话，那么整个系统就只能在低速率运行，这时系统跟瘫痪没什么两样。

如果开启了 CSS 功能的话，那么可以当 HSE 故障时，在 CSS 中断里面采取补救措施，使用 HSI，重新设置系统频率为 180MHz，让系统恢复正常。但这只是权宜之计，并非万全之策，最好的方法还是要采取相应的补救措施并报警，然后修复 HSE。临时使用 HSI 只是为了把损失降低到最小，毕竟 HSI 较之 HSE 精度还是要低点。

F103 系列中，使用 HSI 最大只能把系统设置为 64MHz，并不能与使用 HSE 一样把系统时钟设置为 72MHz，究其原因是 HSI 在进入 PLL 倍频的时候必须 2 分频，导致 PLL 倍频因子调到最大也只能到 64MHz，而 HSE 进入 PLL 倍频的时候则不用 2 分频。

在 F429 中，无论是使用 HSI 还是 HSE 都可以把系统时钟设置为 180MHz，因为 HSE 或者 HSI 在进入 PLL 倍频的时候都会被分频为 1MHz 之后再倍频。

还有一种情况是，有些用户不想用 HSE，想用 HSI，但是又不知道怎么用 HSI 来设置系统时钟，因为调用库函数都是使用 HSE。下面我们给出使用 HSI 配置系统时钟例子，起个抛砖引玉的作用。

14.3.3　硬件设计

❑ RCC

❑ LED 一个

RCC 是单片机内部资源，不需要外部电路。通过 LED 闪烁的频率来直观地判断不同系统时钟频率对软件延时的效果。

14.3.4　软件设计

我们编写两个 RCC 驱动文件：bsp_clkconfig.h 和 bsp_clkconfig.c，用来存放 RCC 系统时钟配置函数。

1. 编程要点

1）开启 HSE/HSI，并等待 HSE/HSI 稳定。

2）设置 AHB、APB2、APB1 的预分频因子。

3）设置 PLL 的时钟来源，设置 VCO 输入时钟分频因子 PLL_M，设置 VCO 输出时钟倍频因子 PLL_N，设置 PLLCLK 时钟分频因子 PLL_P，设置 OTG FS、SDIO、RNG 时钟分频因子 PLL_Q。

4）开启 PLL，并等待 PLL 稳定。

5）把 PLLCK 切换为系统时钟 SYSCLK。

6）读取时钟切换状态位，确保 PLLCLK 被选为系统时钟。

2. 代码分析

这里只讲解核心的部分代码，没有涉及有些变量的设置、头文件的包含等，完整的代码请参考本章配套的工程。

（1）使用 HSE 配置系统时钟

代码清单 14-2   HSE 作为系统时钟来源

```
1  /*
2   * m: VCO 输入时钟分频因子, 取值 2~63
3   * n: VCO 输出时钟倍频因子, 取值 192~432
4   * p: SYSCLK 时钟分频因子, 取值 2、4、6、8
5   * q: OTG FS,SDIO,RNG 时钟分频因子, 取值 4~15
6   * 函数调用举例, 使用 HSE 设置时钟
7   * SYSCLK=HCLK=180M,PCLK2=HCLK/2=90M,PCLK1=HCLK/4=45M
8   * HSE_SetSysClock(25, 360, 2, 7);
9   * HSE 作为时钟来源, 经过 PLL 倍频作为系统时钟, 这是通常的做法
10
11  * 系统时钟超频到 216M
12  * HSE_SetSysClock(25, 432, 2, 9);
13  */
14 void HSE_SetSysClock(uint32_t m, uint32_t n, uint32_t p, uint32_t q)
15 {
16     __IO uint32_t HSEStartUpStatus = 0;
17     RCC_DeInit()     /* 把 RCC 外设初始化为复位状态 */
18     // 使能 HSE, 开启外部晶振, 秉火 F429 使用  HSE=25M
19     RCC_HSEConfig(RCC_HSE_ON);
20
21     // 等待 HSE 启动稳定
22     HSEStartUpStatus = RCC_WaitForHSEStartUp();
23
24     if (HSEStartUpStatus == SUCCESS) {
25         // 调压器电压输出级别配置为 1, 以便器件工作在最大频率
26         // 工作时使性能和功耗实现平衡
27         RCC->APB1ENR |= RCC_APB1ENR_PWREN;
28         PWR->CR |= PWR_CR_VOS;
29
30         // HCLK = SYSCLK / 1
31         RCC_HCLKConfig(RCC_SYSCLK_Div1);
32
33         // PCLK2 = HCLK / 2
34         RCC_PCLK2Config(RCC_HCLK_Div2);
35
36         // PCLK1 = HCLK / 4
37         RCC_PCLK1Config(RCC_HCLK_Div4);
38
39         // 如果要超频就得在这里设置
40         // 设置 PLL 来源时钟, 设置 VCO 分频因子 m, 设置 VCO 倍频因子 n
41         // 设置系统时钟分频因子 p, 设置 OTG FS、SDIO、RNG 分频因子 q
42         RCC_PLLConfig(RCC_PLLSource_HSE, m, n, p, q);
43
44         // 使能 PLL
45         RCC_PLLCmd(ENABLE);
46
47         // 等待 PLL 稳定
48         while (RCC_GetFlagStatus(RCC_FLAG_PLLRDY) == RESET) {
49         }
50
51         /*-------------------------------------------------------*/
```

```
52              // 开启 OVER-RIDE 模式，以能达到更高频率
53              PWR->CR |= PWR_CR_ODEN;
54              while ((PWR->CSR & PWR_CSR_ODRDY) == 0) {
55              }
56              PWR->CR |= PWR_CR_ODSWEN;
57              while ((PWR->CSR & PWR_CSR_ODSWRDY) == 0) {
58              }
59              // 配置 Flash 预取指令、指令缓存、数据缓存和等待状态
60              Flash->ACR = Flash_ACR_PRFTEN
61                          | Flash_ACR_ICEN
62                          | Flash_ACR_DCEN
63                          | Flash_ACR_LATENCY_5WS;
64              /*----------------------------------------------------*/
65
66              // 当 PLL 稳定之后，把 PLL 时钟切换为系统时钟 SYSCLK
67              RCC_SYSCLKConfig(RCC_SYSCLKSource_PLLCLK);
68
69              // 读取时钟切换状态位，确保 PLLCLK 被选为系统时钟
70              while (RCC_GetSYSCLKSource() != 0x08) {
71              }
72      } else {
73          // HSE 启动出错处理
74
75          while (1) {
76          }
77      }
78 }
```

这个函数采用库函数编写，代码理解参考注释即可。函数有 4 个形参 m、n、p、q，具体说明如表 14-2 所示。

表 14-2　参数说明

形　参	说　明	取值范围
m	VCO 输入时钟分频因子	2 ~ 63
n	VCO 输出时钟倍频因子	192 ~ 432
p	PLLCLK 时钟分频因子	2、4、6、8
q	OTG FS、SDIO、RNG 时钟分频因子	4 ~ 15

HSE 使用 25MHz，参数 m 一般也设置为 25，所以需要修改系统时钟的时候只需要修改参数 n 和 p 即可，SYSCLK=PLLCLK=HSE/m*n/p。

函数调用举例：HSE_SetSysClock(25, 360, 2, 7) 把系统时钟设置为 180MHz，这个与库里面的系统时钟配置是一样的。HSE_SetSysClock(25, 432, 2, 9) 把系统时钟设置为 216MHz，这个是超频，慎用。

（2）使用 HSI 配置系统时钟

代码清单 14-3　使用 HSI 配置系统时钟

```
1 /*
2  * m：VCO 输入时钟分频因子，取值 2~63
```

```
 3    * n: VCO 输出时钟倍频因子，取值 192~432
 4    * p: PLLCLK 时钟分频因子，取值 2、4、6、8
 5    * q: OTG FS、SDIO、RNG 时钟分频因子，取值 4~15
 6    * 函数调用举例，使用 HSI 设置时钟
 7    * SYSCLK=HCLK=180M,PCLK2=HCLK/2=90M,PCLK1=HCLK/4=45M
 8    * HSI_SetSysClock(16, 360, 2, 7);
 9    * HSE 作为时钟来源，经过 PLL 倍频作为系统时钟，这是通常的做法
10
11    * 系统时钟超频到 216MHz
12    * HSI_SetSysClock(16, 432, 2, 9);
13    */
14
15   void HSI_SetSysClock(uint32_t m, uint32_t n, uint32_t p, uint32_t q)
16   {
17       __IO uint32_t HSIStartUpStatus = 0;
18
19       // 把 RCC 外设初始化成复位状态
20       RCC_DeInit();
21
22       // 使能 HSI，HSI=16M
23       RCC_HSICmd(ENABLE);
24
25       // 等待 HSI 就绪
26       HSIStartUpStatus = RCC->CR & RCC_CR_HSIRDY;
27
28       // 只有 HSI 就绪之后则继续往下执行
29       if (HSIStartUpStatus == RCC_CR_HSIRDY) {
30           // 调压器电压输出级别配置为 1，以便器件工作在最大频率
31           // 工作时使性能和功耗实现平衡
32           RCC->APB1ENR |= RCC_APB1ENR_PWREN;
33           PWR->CR |= PWR_CR_VOS;
34
35           // HCLK = SYSCLK / 1
36           RCC_HCLKConfig(RCC_SYSCLK_Div1);
37
38           // PCLK2 = HCLK / 2
39           RCC_PCLK2Config(RCC_HCLK_Div2);
40
41           // PCLK1 = HCLK / 4
42           RCC_PCLK1Config(RCC_HCLK_Div4);
43
44           // 如果要超频就得在这里设置
45           // 设置 PLL 来源时钟，设置 VCO 分频因子 m，设置 VCO 倍频因子 n，
46           // 设置系统时钟分频因子 p，设置 OTG FS、SDIO、RNG 分频因子 q
47           RCC_PLLConfig(RCC_PLLSource_HSI, m, n, p, q);
48
49           // 使能 PLL
50           RCC_PLLCmd(ENABLE);
51
52           // 等待 PLL 稳定
53           while (RCC_GetFlagStatus(RCC_FLAG_PLLRDY) == RESET) {
54           }
55
56           /*------------------------------------------------------*/
```

```
57              // 开启 OVER-RIDE 模式，以能达到更高频率
58              PWR->CR |= PWR_CR_ODEN;
59              while ((PWR->CSR & PWR_CSR_ODRDY) == 0) {
60              }
61              PWR->CR |= PWR_CR_ODSWEN;
62              while ((PWR->CSR & PWR_CSR_ODSWRDY) == 0) {
63              }
64              // 配置 Flash 预取指令、指令缓存、数据缓存和等待状态
65              Flash->ACR = Flash_ACR_PRFTEN
66                          |Flash_ACR_ICEN
67                          |Flash_ACR_DCEN
68                          |Flash_ACR_LATENCY_5WS;
69              /*-------------------------------------------------*/
70
71              // 当 PLL 稳定之后，把 PLL 时钟切换为系统时钟 SYSCLK
72              RCC_SYSCLKConfig(RCC_SYSCLKSource_PLLCLK);
73
74              // 读取时钟切换状态位，确保 PLLCLK 被选为系统时钟
75              while (RCC_GetSYSCLKSource() != 0x08) {
76              }
77      } else {
78              // HSI 启动出错处理
79              while (1) {
80              }
81      }
82  }
```

这个函数采用库函数编写，代码理解参考注释即可。函数有 4 个形参 m、n、p、q，具体说明如表 14-3 所示。

表 14-3　函数形参说明

形　　参	说　　明	取值范围
m	VCO 输入时钟分频因子	2 ~ 63
n	VCO 输出时钟倍频因子	192 ~ 432
p	PLLCLK 时钟分频因子	2、4、6、8
q	OTG FS、SDIO、RNG 时钟分频因子	4 ~ 15

HSI 为 16MHz，参数 m 一般也设置为 16，所以需要修改系统时钟的时候只需要修改参数 n 和 p 即可，SYSCLK=PLLCLK=HSI/m*n/p。

函数调用举例：HSI_SetSysClock(16, 360, 2, 7) 把系统时钟设置为 180MHz，这个与库里面的系统时钟配置是一样的。HSI_SetSysClock(16, 432, 2, 9) 把系统时钟设置为 216MHz，这个是超频，要慎用。

（3）软件延时

```
1 void Delay(__IO uint32_t nCount)
2 {
3     for (; nCount != 0; nCount--);
4 }
```

软件延时函数，使用不同的系统时钟，延时时间不一样，可以通过 LED 闪烁的频率来判断。

（4）MCO 输出

在 F429 中，PA8/PC9 可以复用为 MCO1/2 引脚，对外提供时钟输出，也可以用示波器监控该引脚的输出来判断我们的系统时钟是否设置正确。MCO 输出功能包括 MCO GPIO 初始化和 MCO 时钟输出选择。

代码清单 14-4　MCO GPIO 初始化

```
1  // MCO1 PA8 GPIO 初始化
2  void MCO1_GPIO_Config(void)
3  {
4      GPIO_InitTypeDef GPIO_InitStructure;
5      RCC_AHB1PeriphClockCmd(RCC_AHB1Periph_GPIOA, ENABLE);
6
7      // MCO1 GPIO 配置
8      GPIO_InitStructure.GPIO_Pin = GPIO_Pin_8;
9      GPIO_InitStructure.GPIO_Speed = GPIO_Speed_100MHz;
10     GPIO_InitStructure.GPIO_Mode = GPIO_Mode_AF;
11     GPIO_InitStructure.GPIO_OType = GPIO_OType_PP;
12     GPIO_InitStructure.GPIO_PuPd = GPIO_PuPd_UP;
13     GPIO_Init(GPIOA, &GPIO_InitStructure);
14 }
15
16 // MCO2 PC9 GPIO 初始化
17 void MCO2_GPIO_Config(void)
18 {
19     GPIO_InitTypeDef GPIO_InitStructure;
20     RCC_AHB1PeriphClockCmd(RCC_AHB1Periph_GPIOC, ENABLE);
21
22     // MCO2 GPIO 配置
23     GPIO_InitStructure.GPIO_Pin = GPIO_Pin_9;
24     GPIO_InitStructure.GPIO_Speed = GPIO_Speed_100MHz;
25     GPIO_InitStructure.GPIO_Mode = GPIO_Mode_AF;
26     GPIO_InitStructure.GPIO_OType = GPIO_OType_PP;
27     GPIO_InitStructure.GPIO_PuPd = GPIO_PuPd_UP;
28     GPIO_Init(GPIOC, &GPIO_InitStructure);
29 }
```

秉火 F429 中 PA8 并没有引出，只引出了 PC9，如果要用示波器监控 MCO，只能用 PC9。

我们初始化 MCO 引脚之后，可以直接调用库函数 RCC_MCOxConfig() 来选择 MCO 时钟来源，同时还可以分频，这两个参数的取值参考库函数说明即可，见代码清单 14-5。

代码清单 14-5　MCO 时钟输出选择

```
1  // MCO1 输出 PLLCLK
2  RCC_MCO1Config(RCC_MCO1Source_PLLCLK, RCC_MCO1Div_1);
3
4  // MCO1 输出 SYSCLK
5  RCC_MCO2Config(RCC_MCO2Source_SYSCLK, RCC_MCO1Div_1);
```

（5）主函数

在主函数中，可以调用 HSE_SetSysClock() 或者 HSI_SetSysClock() 这两个函数把系统时钟设置成各种常用的时钟，然后通过 MCO 引脚监控，或者通过 LED 闪烁的快慢速度体验不同的系统时钟对同一个软件延时函数的影响，见代码清单 14-6。

代码清单 14-6　主函数

```
1  int main(void)
2  {
3      // 程序来到 main 函数之前，启动文件 statup_stm32f10x_hd.s 已经调用
4      // SystemInit() 函数把系统时钟初始化成 72MHz
5      // SystemInit() 在 system_stm32f10x.c 中定义
6      // 如果用户想修改系统时钟，可自行编写程序修改
7      // 重新设置系统时钟，这时候可以选择是使用 HSE 还是 HSI
8
9      // 使用 HSE，配置系统时钟为 180MHz
10     HSE_SetSysClock(25, 360, 2, 7);
11
12     // 系统时钟超频到 216MHz，最高是 216MHz
13     // HSE_SetSysClock(25, 432, 2, 9);
14
15     // 使用 HSI，配置系统时钟为 180MHz
16     // HSI_SetSysClock(16, 360, 2, 7);
17
18     // LED 端口初始化
19     LED_GPIO_Config();
20
21     // MCO GPIO 初始化
22     MCO1_GPIO_Config();
23     MCO2_GPIO_Config();
24
25     // MCO1 输出 PLLCLK
26     RCC_MCO1Config(RCC_MCO1Source_PLLCLK, RCC_MCO1Div_1);
27
28     // MCO2 输出 SYSCLK
29     RCC_MCO2Config(RCC_MCO2Source_SYSCLK, RCC_MCO1Div_1);
30
31     while (1) {
32         LED1( ON );        // 亮
33         Delay(0x0FFFFF);
34         LED1( OFF );       // 灭
35         Delay(0x0FFFFF);
36     }
37  }
```

14.3.5　下载验证

把编译好的程序下载到开发板，可以看到设置不同的系统时钟时，LED 闪烁的快慢速度不一样。更精确的数据我们可以用示波器监控 MCO 引脚观察。

第 15 章
STM32 中断应用概览

15.1 异常类型

STM32 中断非常强大，每个外设都可以产生中断，所以中断的讲解放在哪一个外设里面去讲都不合适，这里单独编写一章来做一个总体介绍，这样在其他章节涉及中断部分的知识时我们就不用费很大的篇幅去讲解，只要示意性带过即可。

本章如无特别说明，异常就是中断，中断就是异常。

F429 在内核水平上搭载了一个异常响应系统，支持为数众多的系统异常和外部中断。其中系统异常有 10 个，外部中断有 91 个，见表 15-1 和表 15-2。除了个别异常的优先级被定死外，其他异常的优先级都是可编程的。有关具体的系统异常和外部中断可在标准库文件 stm32f4xx.h 中查询到，在 IRQn_Type 这个结构体里面包含了 F4 系列全部的异常声明。

表 15-1　F429 系统异常清单

优先级	优先级类型	名　称	说　明	地　址
—	—	—	保留（实际存的是 MSP 地址）	0X0000 0000
−3	固定	Reset	复位	0X0000 0004
−2	固定	NMI	不可屏蔽中断。RCC 时钟安全系统（CSS）连接到 NMI 向量	0X0000 0008
−1	固定	HardFault	所有类型的错误	0X0000 000C
0	可编程	MemManage	存储器管理	0X0000 0010
1	可编程	BusFault	预取指失败，存储器访问失败	0X0000 0014
2	可编程	UsageFault	未定义的指令或非法状态	0X0000 0018
—	—	—	保留	0X0000 001C-0X0000 002B
3	可编程	SVCall	通过 SWI 指令调用的系统服务	0X0000 002C
4	可编程	Debug Monitor	调试监控器	0X0000 0030
—	—	—	保留	0X0000 0034
5	可编程	PendSV	可挂起的系统服务	0X0000 0038
6	可编程	SysTick	系统嘀嗒定时器	0X0000 003C

表 15-2　F429 外部中断清单

编号	优先级	优先级类型	名　称	说　明	地　址
0	7	可编程	—	窗口看门狗中断	0X0000 0040
1	8	可编程	PVD	连接 EXTI 线的可编程电压检测中断	0X0000 0044
2	9	可编程	TAMP_STAMP	连接 EXTI 线的入侵和时间戳中断	0X0000 0048
中间部分省略,详情请参考《STM32F4xx 中文参考手册》第 10 章					
84	91	可编程	SPI4	SPI4 全局中断	0X0000 0190
85	92	可编程	SPI5	SPI5 全局中断	0X0000 0194
86	93	可编程	SPI6	SPI6 全局中断	0X0000 0198
87	94	可编程	SAI1	SAI1 全局中断	0X0000 019C
88	95	可编程	LTDC	LTDC 全局中断	0X0000 01A0
89	96	可编程	LTDC_ER	LTDC_ER 全局中断	0X0000 01A4
90	97	可编程	DMA2D	DMA2D 全局中断	0X0000 01A8

15.2　NVIC 简介

在介绍如何配置中断优先级之前,我们需要先了解下 NVIC。NVIC 是嵌套向量中断控制器,控制着整个芯片中断相关的功能,它与内核紧密耦合,是内核里面的一个外设。但是各个芯片厂商在设计芯片的时候会对 Cortex-M4 内核里面的 NVIC 进行裁剪,把不需要的部分去掉,所以说 STM32 的 NVIC 是 Cortex-M4 的 NVIC 的一个子集。

15.2.1　NVIC 寄存器简介

在固件库中,NVIC 的结构体定义可谓是颇有远虑,它给每个寄存器都预设了很多位,为的是日后扩展功能。不过 STM32F429 可用不了这么多,只是用了部分而已,具体使用了多少可参考《ARM Cortex-M4F 技术参考手册》4.3.11 节。

代码清单 15-1　NVIC 结构体定义,来自固件库头文件:core_cm4.h

```
 1 typedef struct {
 2     __IO uint32_t ISER[8];          // 中断使能寄存器
 3     uint32_t RESERVED0[24];
 4     __IO uint32_t ICER[8];          // 中断清除寄存器
 5     uint32_t RSERVED1[24];
 6     __IO uint32_t ISPR[8];          // 中断使能悬起寄存器
 7     uint32_t RESERVED2[24];
 8     __IO uint32_t ICPR[8];          // 中断清除悬起寄存器
 9     uint32_t RESERVED3[24];
10     __IO uint32_t IABR[8];          // 中断有效位寄存器
11     uint32_t RESERVED4[56];
12     __IO uint8_t  IP[240];          // 中断优先级寄存器 (8Bit wide)
13     uint32_t RESERVED5[644];
14     __O  uint32_t STIR;             // 软件触发中断寄存器
15 }   NVIC_Type;
```

在配置中断的时候我们一般只用 ISER、ICER 和 IP 这 3 个寄存器，ISER 用来使能中断，ICER 用来失能中断，IP 用来设置中断优先级。

15.2.2 NVIC 中断配置固件库

在固件库头文件 core_cm4.h 的最后还提供了 NVIC 的一些函数，这些函数遵循 CMSI 规则，只要是 Cortex-M4 的处理器都可以使用，具体如表 15-3 所示。

表 15-3 符合 CMSIS 标准的 NVIC 库函数

NVIC 库函数	描　　述
void NVIC_EnableIRQ(IRQn_Type IRQn)	使能中断
void NVIC_DisableIRQ(IRQn_Type IRQn)	失能中断
void NVIC_SetPendingIRQ(IRQn_Type IRQn)	设置中断悬起位
void NVIC_ClearPendingIRQ(IRQn_Type IRQn)	清除中断悬起位
uint32_t NVIC_GetPendingIRQ(IRQn_Type IRQn)	获取悬起中断编号
void NVIC_SetPriority(IRQn_Type IRQn, uint32_t priority)	设置中断优先级
uint32_t NVIC_GetPriority(IRQn_Type IRQn)	获取中断优先级
void NVIC_SystemReset(void)	系统复位

这些库函数我们在编程的时候用得比较少，甚至基本都不用。在配置中断的时候还有更简洁的方法，请看 15.4 节。

15.3　优先级的定义

15.3.1　优先级定义

在 NVIC 有一个专门的寄存器：中断优先级寄存器 NVIC_IPRx（在 F429 中，x=0 ~ 90）用来配置外部中断的优先级，IPR 宽度为 8 位，原则上每个外部中断可配置的优先级为 0 ~ 255，数值越小，优先级越高。但是绝大多数 CM4 芯片都会精简设计，以致实际上支持的优先级数减少，在 F429 中，只使用了高 4 位，如表 15-4 所示。

表 15-4　F429 使用 4 位表达优先级

bit7	bit6	bit5	bit4	bit3	bit2	bit1	bit0
用于表达优先级				未使用，读回为 0			

用于表达优先级的这 4 位，又被分组成抢占优先级（主优先级）和子优先级。如果有多个中断同时响应，抢占优先级高的就会抢占优先级低的优先得到执行，当抢占优先级相同时，就比较子优先级。如果抢占优先级和子优先级都相同的话，就比较它们的硬件中断编号，编号越小，优先级越高。

15.3.2　优先级分组

优先级的分组由内核外设 SCB 的应用程序中断及复位控制寄存器 AIRCR 的 PRIGROUP[10:8] 位决定，F429 分为了 5 组，具体如表 15-5 所示。

表 15-5　中断优先级值

PRIGROUP[2:0]	中断优先级值 PRI_N[7:4]			级　　数	
	二进制点	主优先级位	子优先级位	主优先级	子优先级
0b 011	0b xxxx	[7:4]	None	16	None
0b 100	0b xxx.y	[7:5]	[4]	8	2
0b 101	0b xx.yy	[7:6]	[5:4]	4	4
0b 110	0b x.yyy	[7]	[6:4]	2	9
0b 111	0b.yyyy	None	[7:4]	None	16

设置优先级分组可调用库函数 NVIC_PriorityGroupConfig() 实现，见代码清单 15-2。有关 NVIC 中断相关的库函数都在库文件 misc.c 和 misc.h 中。

代码清单 15-2　中断优先级分组库函数

```
1  /**
2   * 配置中断优先级分组：抢占优先级和子优先级
3   * 形参如下：
4   * @arg NVIC_PriorityGroup_0: 0 bit 用于抢占优先级
5   *                           4 bits 用于子优先级
6   * @arg NVIC_PriorityGroup_1: 1 bit 用于抢占优先级
7   *                           3 bits 用于子优先级
8   * @arg NVIC_PriorityGroup_2: 2 bit 用于抢占优先级
9   *                           2 bits 用于子优先级
10  * @arg NVIC_PriorityGroup_3: 3 bit 用于抢占优先级
11  *                           1 bits 用于子优先级
12  * @arg NVIC_PriorityGroup_4: 4 bit 用于抢占优先级
13  *                           0 bits 用于子优先级
14  * @注意：如果优先级分组为 0，则抢占优先级就不存在，优先级就全部由子优先级控制
15  */
16 void NVIC_PriorityGroupConfig(uint32_t NVIC_PriorityGroup)
17 {
18     // 设置优先级分组
19     SCB->AIRCR = AIRCR_VECTKEY_MASK | NVIC_PriorityGroup;
20 }
```

优先级分组真值表见表 15-6。

表 15-6　优先级分组真值表

优先级分组	主优先级	子优先级	描　　述
NVIC_PriorityGroup_0	0	0 ~ 15	主 –0bit，子 –4bit
NVIC_PriorityGroup_1	0 ~ 1	0 ~ 7	主 –1bit，子 –3bit
NVIC_PriorityGroup_2	0 ~ 3	0 ~ 3	主 –2bit，子 –2bit
NVIC_PriorityGroup_3	0 ~ 7	0 ~ 1	主 –3bit，子 –1bit
NVIC_PriorityGroup_4	0 ~ 15	0	主 –4bit，子 –0bit

15.4　中断编程

在配置每个中断的时候一般有以下编程要点：

（1）使能外设某个中断

这个具体由每个外设的相关中断使能位控制。比如串口发送完成中断，接收完成中断，这两个中断都由串口控制寄存器的相关中断使能位控制。

（2）初始化结构体

初始化 NVIC_InitTypeDef 结构体，配置中断优先级分组，设置抢占优先级和子优先级，使能中断请求，见代码清单 15-3。

代码清单 15-3　NVIC 初始化结构体

```
1  typedef struct {
2      uint8_t NVIC_IRQChannel;                        // 中断源
3      uint8_t NVIC_IRQChannelPreemptionPriority;      // 抢占优先级
4      uint8_t NVIC_IRQChannelSubPriority;             // 子优先级
5      FunctionalState NVIC_IRQChannelCmd;             // 中断使能或者失能
6  } NVIC_InitTypeDef;
```

有关 NVIC 初始化结构体的成员解释如下。

1）NVIC_IROChannel：用来设置中断源，不同的中断中断源不一样，且不可写错，即使写错了程序不会报错，只会导致意外中断。具体的成员配置可参考 stm32f4xx.h 头文件里面的 IRQn_Type 结构体定义，这个结构体包含了所有的中断源，见代码清单 15-4。

代码清单 15-4　IRQn_Type 中断源结构体

```
1  typedef enum IRQn {
2      // Cortex-M4 处理器异常编号
3      NonMaskableInt_IRQn         = -14,
4      MemoryManagement_IRQn       = -12,
5      BusFault_IRQn               = -11,
6      UsageFault_IRQn             = -10,
7      SVCall_IRQn                 = -5,
8      DebugMonitor_IRQn           = -4,
9      PendSV_IRQn                 = -2,
10     SysTick_IRQn                = -1,
11     // STM32 外部中断编号
12     WWDG_IRQn                   = 0,
13     PVD_IRQn                    = 1,
14     TAMP_STAMP_IRQn             = 2,
15
16     // 限于篇幅，中间部分代码省略，具体的可查看库文件 stm32f4xx.h
17
18     SPI4_IRQn                   = 84,
19     SPI5_IRQn                   = 85,
20     SPI6_IRQn                   = 86,
21     SAI1_IRQn                   = 87,
22     LTDC_IRQn                   = 88,
```

```
23      LTDC_ER_IRQn              = 89,
24      DMA2D_IRQn                = 90
25  } IRQn_Type;
```

2）NVIC_IRQChannelPreemptionPriority：抢占优先级，具体的值要根据优先级分组来确定，具体参考表 15-6 优先级分组真值表。

3）NVIC_IRQChannelSubPriority：子优先级，具体的值要根据优先级分组来确定，具体参考表 15-6 优先级分组真值表。

4）NVIC_IRQChannelCmd：中断使能（ENABLE）或者失能（DISABLE）。操作的是 NVIC_ISER 和 NVIC_ICER 这两个寄存器。

（3）编写中断服务函数

在启动文件 startup_stm32f429_439xx.s 中，我们预先为每个中断都写了一个中断服务函数，只是这些中断函数都是空的，为的是初始化中断向量表。实际的中断服务函数都需要我们重新编写，中断服务函数我们统一写在 stm32f4xx_it.c 这个库文件中。

中断服务函数的函数名必须与启动文件里面预先设置的一样，如果写错，系统在中断向量表中找不到中断服务函数的入口，就会直接跳转到启动文件里面预先写好的空函数那里，并且在里面无限循环，就实现不了中断了。

第 16 章

EXTI——外部中断 / 事件控制器

16.1 EXTI 简介

上一章我们已经详细介绍了 NVIC，对 STM32F4xx 中断管理系统有个全局的了解。这章的内容是 NVIC 的实例应用，也是 STM32F4xx 控制器非常重要的一个资源。

特别说明，本章内容针对 STM32F42xxx 系列控制器资源。

外部中断 / 事件控制器（EXTI）管理了控制器的 23 个中断 / 事件线。每个中断 / 事件线都对应有一个边沿检测器，可以实现输入信号的上升沿检测和下降沿的检测。EXTI 可以实现对每个中断 / 事件线进行单独配置，可以单独配置为中断或者事件，以及触发事件的属性。

16.2 EXTI 功能框图

EXTI 的功能框图包含了 EXTI 最核心内容，掌握了功能框图，对 EXTI 就有一个整体的把握，在编程时就思路就非常清晰。EXTI 功能框图如图 16-1 所示。

在图 16-1 中，可以看到很多在信号线上打一个斜杠并标注 "23" 字样，这个表示在控制器内部类似的信号线路有 23 个，这与 EXTI 总共有 23 个中断 / 事件线是吻合的。所以我们只要明白其中一个的原理，那其他 22 个线路原理也就知道了。

EXTI 可分为两大部分功能：一个是产生中断，另一个是产生事件。这两个功能从硬件上就有所不同。

首先我们来看图 16-1 中上面一条虚线指示的电路流程。它是一个产生中断的线路，最终信号流入 NVIC 控制器内。

编号 1 是输入线，EXTI 控制器有 23 个中断 / 事件输入线，这些输入线可以通过寄存器设置为任意一个 GPIO，也可以是一些外设的事件，这部分内容我们将在后面专门讲解。输入线一般是有电平变化的信号。

编号 2 是一个边沿检测电路，它会根据上升沿触发选择寄存器（EXTI_RTSR）和下降沿触发选择寄存器（EXTI_FTSR）对应位的设置来控制信号触发。边沿检测电路以输入线作为信号输入端，如果检测到有边沿跳变就输出有效信号 1 给编号 3 电路，否则输出无效信号 0。而 EXTI_RTSR 和 EXTI_FTSR 两个寄存器可以控制需要检测哪些类型的电平跳变过程，可以是只有上升沿触发、只有下降沿触发或者上升沿和下降沿都触发。

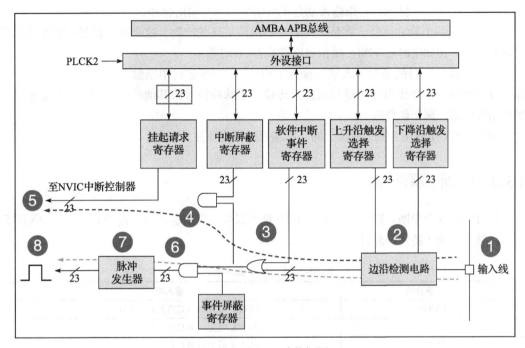

图 16-1　EXTI 功能框图

　　编号 3 电路实际就是一个或门电路，它的一个输入来自编号 2 电路，另外一个输入来自软件中断事件寄存器（EXTI_SWIER）。EXTI_SWIER 允许我们通过程序控制启动中断 / 事件线，这在某些地方非常有用。我们知道或门的作用就是有 1 就为 1，所以这两个输入随便一个有有效信号 1 就可以输出 1 给编号 4 和编号 6 电路。

　　编号 4 电路是一个与门电路，它的一个输入来自编号 3 电路，另外一个输入来自中断屏蔽寄存器（EXTI_IMR）。与门电路要求输入都为 1 才输出 1，导致的结果是：如果 EXTI_IMR设置为 0 时，不管编号 3 电路的输出信号是 1 还是 0，最终编号 4 电路输出的信号都为 0；如果 EXTI_IMR 设置为 1 时，最终编号 4 电路输出的信号才由编号 3 电路的输出信号决定，这样可以简单地控制 EXTI_IMR 来实现是否产生中断的目的。编号 4 电路输出的信号会被保存到挂起寄存器（EXTI_PR）内，如果确定编号 4 电路输出为 1，就会把 EXTI_PR 对应位置 1。

　　编号 5 是将 EXTI_PR 寄存器内容输出到 NVIC 内，从而实现系统中断事件控制。

　　接下来我们来看看下面一条虚线指示的电路流程。它是一个产生事件的线路，最终输出一个脉冲信号。产生事件线路在编号 3 电路之后与中断线路有所不同，之前的电路都是共用的。

　　编号 6 电路是一个与门，它的一个输入来自编号 3 电路，另外一个输入来自事件屏蔽寄存器（EXTI_EMR）。如果 EXTI_EMR 设置为 0，不管编号 3 电路的输出信号是 1 还是 0，最终编号 6 电路输出的信号都为 0；如果 EXTI_EMR 设置为 1，最终编号 6 电路输出的信号由编号 3 电路的输出信号决定，这样可以简单地控制 EXTI_EMR 来实现是否产生事件的目的。

编号 7 是一个脉冲发生器电路，当它的输入端，即编号 6 电路的输出端，是一个有效信号 1 时就会产生一个脉冲；如果输入端是无效信号就不会输出脉冲。

编号 8 是一个脉冲信号，就是产生事件的线路最终的产物，这个脉冲信号可以给其他外设电路使用，比如定时器 TIM、模拟数字转换器 ADC 等。

产生中断线路目的是把输入信号输入 NVIC，下一步运行中断服务函数，实现功能，这样是软件级的。而产生事件线路目的就是传输一个脉冲信号给其他外设使用，并且是电路级别的信号传输，属于硬件级的。

另外，EXTI 是在 APB2 总线上的，在编程时候需要注意这点。

16.3　中断 / 事件线

EXTI 有 23 个中断 / 事件线，每个 GPIO 都可以被设置为输入线，占用 EXTI0 至 EXTI15，还有另外 7 根用于特定的外设事件，见表 16-1。

表 16-1　EXTI 中断 / 事件线

中断 / 事件线	输入源
EXTI0	PX0(X 可为 A,B,C,D,E,F,G,H,I)
EXTI1	PX1(X 可为 A,B,C,D,E,F,G,H,I)
EXTI2	PX2(X 可为 A,B,C,D,E,F,G,H,I)
EXTI3	PX3(X 可为 A,B,C,D,E,F,G,H,I)
EXTI4	PX4(X 可为 A,B,C,D,E,F,G,H,I)
EXTI5	PX5(X 可为 A,B,C,D,E,F,G,H,I)
EXTI6	PX6(X 可为 A,B,C,D,E,F,G,H,I)
EXTI7	PX7(X 可为 A,B,C,D,E,F,G,H,I)
EXTI8	PX8(X 可为 A,B,C,D,E,F,G,H,I)
EXTI9	PX9(X 可为 A,B,C,D,E,F,G,H,I)
EXTI10	PX10(X 可为 A,B,C,D,E,F,G,H,I)
EXTI11	PX11(X 可为 A,B,C,D,E,F,G,H,I)
EXTI12	PX12(X 可为 A,B,C,D,E,F,G,H,I)
EXTI13	PX13(X 可为 A,B,C,D,E,F,G,H,I)
EXTI14	PX14(X 可为 A,B,C,D,E,F,G,H,I)
EXTI15	PX15(X 可为 A,B,C,D,E,F,G,H)
EXTI16	可编程电压检测器（PVD）输出
EXTI17	RTC 闹钟事件
EXTI18	USB OTG FS 唤醒事件
EXTI19	以太网唤醒事件
EXTI20	USB OTG HS（在 FS 中配置）唤醒事件
EXTI21	RTC 入侵和时间戳事件
EXTI22	RTC 唤醒事件

7 根特定外设中断 / 事件线由外设触发，具体用法参考《STM32F4xx 中文参考手册》中对外设的具体说明。

EXTI0 至 EXTI15 用于 GPIO，通过编程控制可以实现任意一个 GPIO 作为 EXTI 的输入源。由表 16-1 可知，EXTI0 可以通过 SYSCFG 外部中断配置寄存器 1(SYSCFG_EXTICR1) 的 EXTI0[3:0] 位选择配置为 PA0、PB0、PC0、PD0、PE0、PF0、PG0、PH0 或者 PI0，见图 16-2。其他 EXTI 线（EXTI 中断 / 事件线）使用配置都是类似的。

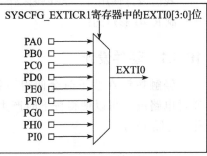

图 16-2　EXTI0 输入源选择

16.4　EXTI 初始化结构体详解

标准库函数对每个外设都建立了一个初始化结构体，比如 EXTI_InitTypeDef。结构体成员用于设置外设工作参数，并由外设初始化配置函数，比如 EXTI_Init() 调用。这些设定参数将会设置外设相应的寄存器，达到配置外设工作环境的目的。

初始化结构体和初始化库函数配合使用是标准库精髓所在，理解了初始化结构体每个成员的意义，基本上就可以对该外设运用自如了，见代码清单 16-1。初始化结构体定义在 stm32f4xx_exti.h 文件中，初始化库函数定义在 stm32f4xx_exti.c 文件中，编程时我们可以参考这两个文件的注释使用。

代码清单 16-1　EXTI 初始化结构体

```
1 typedef struct {
2     uint32_t EXTI_Line;                      // 中断 / 事件线
3     EXTIMode_TypeDef EXTI_Mode;              // EXTI 模式
4     EXTITrigger_TypeDef EXTI_Trigger;        // 触发事件
5     FunctionalState EXTI_LineCmd;            // EXTI 控制
6 } EXTI_InitTypeDef;
```

1）EXTI_Line：EXTI 中断 / 事件线选择，可选 EXTI0 ~ EXTI22，可参考表 16-1。

2）EXTI_Mode：EXTI 模式选择，可选为产生中断（EXTI_Mode_Interrupt）或者产生事件（EXTI_Mode_Event）。

3）EXTI_Trigger：EXTI 边沿触发事件，可选上升沿触发（EXTI_Trigger_Rising）、下降沿触发（EXTI_Trigger_Falling）或者上升沿和下降沿都触发（EXTI_Trigger_Rising_Falling）。

4）EXTI_LineCmd：控制是否使能 EXTI 线，可选使能 EXTI 线（ENABLE）或禁用（DISABLE）。

16.5　外部中断控制实验

中断在嵌入式应用中占有非常重要的地位，几乎每个控制器都有中断功能。中断对保证紧急事件得到第一时间处理是非常重要的。

我们设计使用外接的按键来作为触发源，使得控制器产生中断，并在中断服务函数中实现控制 RGB 彩灯的任务。

16.5.1 硬件设计

轻触按键在按下时会使得引脚接通，通过电路设计可以使得按下时产生电平变化，见图 16-3。

16.5.2 软件设计

这里只讲解核心的部分代码，有些变量的设置、头文件的包含等并没有涉及，完整的代码请参考本章配套的工程。我们创建了两个文件 bsp_exti.c 和 bsp_exti.h，用来存放 EXTI 驱动程序及相关宏定义，中断服务函数放在 stm32f4xx_it.h 文件中。

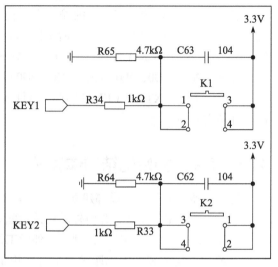

图 16-3　按键电路设计

1. 编程要点

1）初始化 RGB 彩灯的 GPIO；

2）开启按键 GPIO 时钟和 SYSCFG 时钟；

3）配置 NVIC；

4）配置按键 GPIO 为输入模式；

5）将按键 GPIO 连接到 EXTI 源输入；

6）配置按键 EXTI 中断 / 事件线；

7）编写 EXTI 中断服务函数。

2. 软件分析

（1）按键和 EXTI 宏定义

代码清单 16-2　按键和 EXTI 宏定义

```
 1 // 引脚定义
 2 /***********************************************************/
 3 #define KEY1_INT_GPIO_PORT              GPIOA
 4 #define KEY1_INT_GPIO_CLK              RCC_AHB1Periph_GPIOA
 5 #define KEY1_INT_GPIO_PIN              GPIO_Pin_0
 6 #define KEY1_INT_EXTI_PORTSOURCE        EXTI_PortSourceGPIOA
 7 #define KEY1_INT_EXTI_PINSOURCE         EXTI_PinSource0
 8 #define KEY1_INT_EXTI_LINE             EXTI_Line0
 9 #define KEY1_INT_EXTI_IRQ              EXTI0_IRQn
10
11 #define KEY1_IRQHandler                EXTI0_IRQHandler
12
```

```
13 #define KEY2_INT_GPIO_PORT                   GPIOC
14 #define KEY2_INT_GPIO_CLK                    RCC_AHB1Periph_GPIOC
15 #define KEY2_INT_GPIO_PIN                    GPIO_Pin_13
16 #define KEY2_INT_EXTI_PORTSOURCE             EXTI_PortSourceGPIOC
17 #define KEY2_INT_EXTI_PINSOURCE              EXTI_PinSource13
18 #define KEY2_INT_EXTI_LINE                   EXTI_Line13
19 #define KEY2_INT_EXTI_IRQ                    EXTI15_10_IRQn
20
21 #define KEY2_IRQHandler                      EXTI15_10_IRQHandler
```

使用宏定义方法指定与电路设计相关配置，这对于程序移植或升级非常有用。

（2）嵌套向量中断控制器 NVIC 配置

代码清单 16-3　NVIC 配置

```
 1 static void NVIC_Configuration(void)
 2 {
 3     NVIC_InitTypeDef NVIC_InitStructure;
 4
 5     /* 配置 NVIC 为优先级组 1 */
 6     NVIC_PriorityGroupConfig(NVIC_PriorityGroup_1);
 7
 8     /* 配置中断源：按键 1 */
 9     NVIC_InitStructure.NVIC_IRQChannel = KEY1_INT_EXTI_IRQ;
10     /* 配置抢占优先级：1 */
11     NVIC_InitStructure.NVIC_IRQChannelPreemptionPriority = 1;
12     /* 配置子优先级：1 */
13     NVIC_InitStructure.NVIC_IRQChannelSubPriority = 1;
14     /* 使能中断通道 */
15     NVIC_InitStructure.NVIC_IRQChannelCmd = ENABLE;
16     NVIC_Init(&NVIC_InitStructure);
17
18     /* 配置中断源：按键 2，其他使用上面相关配置 */
19     NVIC_InitStructure.NVIC_IRQChannel = KEY2_INT_EXTI_IRQ;
20     NVIC_Init(&NVIC_InitStructure);
21 }
```

有关 NVIC 配置问题可参考上一章内容，这里不做过多解释。

（3）EXTI 中断配置

代码清单 16-4　EXTI 中断配置

```
 1 void EXTI_Key_Config(void)
 2 {
 3     GPIO_InitTypeDef GPIO_InitStructure;
 4     EXTI_InitTypeDef EXTI_InitStructure;
 5
 6     /* 开启按键 GPIO 口的时钟 */
 7     RCC_AHB1PeriphClockCmd(KEY1_INT_GPIO_CLK|KEY2_INT_GPIO_CLK ,ENABLE);
 8
 9     /* 使能 SYSCFG 时钟，使用 GPIO 外部中断时必须使能 SYSCFG 时钟 */
10     RCC_APB2PeriphClockCmd(RCC_APB2Periph_SYSCFG, ENABLE);
```

```
11
12        /* 配置 NVIC */
13        NVIC_Configuration();
14
15        /* 选择按键 1 的引脚 */
16        GPIO_InitStructure.GPIO_Pin = KEY1_INT_GPIO_PIN;
17        /* 设置引脚为输入模式 */
18        GPIO_InitStructure.GPIO_Mode = GPIO_Mode_IN;
19        /* 设置引脚不上拉也不下拉 */
20        GPIO_InitStructure.GPIO_PuPd = GPIO_PuPd_NOPULL;
21        /* 使用上面的结构体初始化按键 */
22        GPIO_Init(KEY1_INT_GPIO_PORT, &GPIO_InitStructure);
23
24        /* 连接 EXTI 中断源到 KEY1 引脚 */
25        SYSCFG_EXTILineConfig(KEY1_INT_EXTI_PORTSOURCE,
26                              KEY1_INT_EXTI_PINSOURCE);
27
28        /* 选择 EXTI 中断源 */
29        EXTI_InitStructure.EXTI_Line = KEY1_INT_EXTI_LINE;
30        /* 中断模式 */
31        EXTI_InitStructure.EXTI_Mode = EXTI_Mode_Interrupt;
32        /* 上升沿触发 */
33        EXTI_InitStructure.EXTI_Trigger = EXTI_Trigger_Rising;
34        /* 使能中断 / 事件线 */
35        EXTI_InitStructure.EXTI_LineCmd = ENABLE;
36        EXTI_Init(&EXTI_InitStructure);
37
38        /* 选择按键 2 的引脚 */
39        GPIO_InitStructure.GPIO_Pin = KEY2_INT_GPIO_PIN;
40        /* 其他配置与上面相同 */
41        GPIO_Init(KEY2_INT_GPIO_PORT, &GPIO_InitStructure);
42
43        /* 连接 EXTI 中断源到 KEY2 引脚 */
44        SYSCFG_EXTILineConfig(KEY2_INT_EXTI_PORTSOURCE,
45                              KEY2_INT_EXTI_PINSOURCE);
46
47        /* 选择 EXTI 中断源 */
48        EXTI_InitStructure.EXTI_Line = KEY2_INT_EXTI_LINE;
49        EXTI_InitStructure.EXTI_Mode = EXTI_Mode_Interrupt;
50        /* 下降沿触发 */
51        EXTI_InitStructure.EXTI_Trigger = EXTI_Trigger_Falling;
52        EXTI_InitStructure.EXTI_LineCmd = ENABLE;
53        EXTI_Init(&EXTI_InitStructure);
54  }
```

首先，使用 GPIO_InitTypeDef 和 EXTI_InitTypeDef 结构体定义两个用于 GPIO 和 EXTI 初始化配置的变量，关于这两个结构体前面都已经做了详细的讲解。

使用 GPIO 之前必须开启 GPIO 端口的时钟；用到 EXTI 必须开启 SYSCFG 时钟。

调用 NVIC_Configuration 函数完成对按键 1、按键 2 优先级的配置，并使能中断通道。

作为中断 / 时间输入线把 GPIO 配置为输入模式，这里不使用上拉或下拉，由外部电路完全决定引脚的状态。

SYSCFG_EXTILineConfig 函数用来指定中断 / 事件线的输入源，它实际是设定 SYSCFG 外部中断配置寄存器的值，该函数接收两个参数：第一个参数指定 GPIO 端口源；第二个参数为选择对应 GPIO 引脚源编号。

我们的目的是产生中断，执行中断服务函数，EXTI 选择中断模式，按键 1 使用上升沿触发方式，并使能 EXTI 线。

按键 2 基本上采用与按键 1 相关参数配置，只是改为下降沿触发方式。

（4）EXTI 中断服务函数

代码清单 16-5　EXTI 中断服务函数

```
 1 void KEY1_IRQHandler(void)
 2 {
 3     //确保产生了 EXTI Line 中断
 4     if (EXTI_GetITStatus(KEY1_INT_EXTI_LINE) != RESET) {
 5         //LED1 取反
 6         LED1_TOGGLE;
 7         //清除中断标志位
 8         EXTI_ClearITPendingBit(KEY1_INT_EXTI_LINE);
 9     }
10 }
11
12 void KEY2_IRQHandler(void)
13 {
14     //确保产生了 EXTI Line 中断
15     if (EXTI_GetITStatus(KEY2_INT_EXTI_LINE) != RESET) {
16         //LED2 取反
17         LED2_TOGGLE;
18         //清除中断标志位
19         EXTI_ClearITPendingBit(KEY2_INT_EXTI_LINE);
20     }
21 }
```

当中断发生时，对应的中断服务函数就会被执行，我们可以在中断服务函数中实现一些控制。

一般为确保中断确实产生，我们会在中断服务函数中调用中断标志位状态读取函数获取外设中断标志位，并判断标志位状态。

EXTI_GetITStatus 函数用来获取 EXTI 的中断标志位状态，如果 EXTI 线有中断发生，函数返回"SET"，否则返回"RESET"。实际上，EXTI_GetITStatus 函数是通过读取 EXTI_PR 寄存器值来判断 EXTI 线状态的。

在按键 1 的中断服务函数中让 LED1 翻转其状态，按键 2 的中断服务函数让 LED2 翻转其状态。执行任务后需要调用 EXTI_ClearITPendingBit 函数清除 EXTI 线的中断标志位。

（5）主函数

代码清单 16-6　主函数

```
 1 int main(void)
```

```
2  {
3      /* LED 端口初始化 */
4      LED_GPIO_Config();
5
6      /* 初始化 EXTI 中断，按下按键会触发中断
7       *  触发中断会进入 stm32f4xx_it.c 文件中的函数
8       *  KEY1_IRQHandler 和 KEY2_IRQHandler 来处理中断，反转 LED
9       */
10     EXTI_Key_Config();
11
12     /* 等待中断，由于使用中断方式，CPU 不用轮询按键 */
13     while (1) {
14     }
15 }
```

主函数非常简单，只有两个任务函数。LED_GPIO_Config 函数定义在 bsp_led.c 文件内，完成 RGB 彩灯的 GPIO 初始化配置；EXTI_Key_Config 函数完成两个按键的 GPIO 和 EXTI 配置。

16.5.3　下载验证

保证开发板上相关硬件连接正确，把编译好的程序下载到开发板。此时 RGB 彩色灯是暗的，如果我们按下开发板上的按键 1，RGB 彩灯变亮，再按下按键 1，RGB 彩灯又变暗；如果我们按下开发板上的按键 2 并弹开，RGB 彩灯变亮，再按下开发板上的 KEY2 并弹开，RGB 彩灯又变暗。

第 17 章
SysTick——系统定时器

17.1 SysTick 简介

SysTick——系统定时器是 CM4 内核中的一个外设,内嵌在 NVIC 中。系统定时器是一个 24 位的向下递减的计数器,计数器每计数一次的时间为 1/SYSCLK,一般我们设置系统时钟 SYSCLK 等于 180MHz。当重装载数值寄存器的值递减到 0 的时候,系统定时器就产生一次中断,以此循环往复。

因为 SysTick 属于 CM4 内核的外设,所以所有基于 CM4 内核的单片机都具有这个系统定时器,这使得软件在 CM4 单片机中可以很容易被移植。系统定时器一般用于操作系统,用于产生时基,维持操作系统的心跳。

17.2 SysTick 寄存器介绍

SysTick 有 4 个寄存器,见表 17-1 ~ 表 17-5。在使用 SysTick 产生定时的时候,只需要配置前 3 个寄存器,最后一个校准寄存器不需要使用。

表 17-1　SysTick 寄存器汇总

寄存器名称	寄存器描述
CTRL	SysTick 控制及状态寄存器
LOAD	SysTick 重装载数值寄存器
VAL	SysTick 当前数值寄存器
CALIB	SysTick 校准数值寄存器

表 17-2　SysTick 控制及状态寄存器

位段	名　称	类型	复位值	描　　述
16	COUNTFLAG	R/W	0	如果在上次读取本寄存器后,SysTick 已经计到了 0,则该位为 1
2	CLKSOURCE	R/W	0	时钟源选择位,0=AHB/8,1= 处理器时钟 AHB

（续）

位段	名　称	类型	复位值	描　述
1	TICKINT	R/W	0	1：SysTick 倒数计数到 0 时产生 SysTick 异常请求 0：计数到 0 时无动作。也可以通过读取 COUNTFLAG 标志位来确定计数器是否递减到 0
0	ENABLE	R/W	0	SysTick 定时器的使能位

表 17-3　SysTick 重装载数值寄存器

位段	名　称	类型	复位值	描　述
23:0	RELOAD	R/W	0	当倒数计数至 0 时，将被重装载的值

表 17-4　SysTick 当前数值寄存器

位段	名　称	类型	复位值	描　述
23:0	CURRENT	R/W	0	读取时返回当前倒计数的值，写它则使之清 0，同时还会清除在 SysTick 控制及状态寄存器中的 COUNTFLAG 标志

表 17-5　SysTick 校准数值寄存器

位段	名　称	类型	复位值	描　述
31	NOREF	R	0	1= 没有外部参考时钟（STCLK 不可用） 0= 外部参考时钟可用
30	SKEW	R	1	1= 校准值不是准确的 10ms 0= 校准值是准确的 10ms
23:0	TENMS	R	0	10ms 的时间内倒计数的格数。芯片设计者应该通过 Cortex-M4 的输入信号提供该数值。若该值读回零，则表示无法使用校准功能

17.3　SysTick 定时实验

利用 SysTick 产生 1s 的时基，LED 以 1s 的频率闪烁。

17.3.1　硬件设计

SysTick 属于单片机内部的外设，不需要额外的硬件电路，剩下的只需一个 LED 即可。

17.3.2　软件设计

这里只讲解核心的部分代码，有些变量的设置、头文件的包含等并没有涉及，完整的代码请参考本章配套的工程。我们创建了两个文件 bsp_SysTick.c 和 bsp_SysTick.h，用来存放 SysTick 驱动程序及相关宏定义，中断服务函数放在 stm32f4xx_it.h 文件中。

1. 编程要点

1）设置重装载寄存器的值；

2）清除当前数值寄存器的值；

3）配置控制与状态寄存器。

2. 代码分析

SysTick 属于内核的外设，寄存器定义和库函数都在内核相关的库文件 core_cm4.h 中。

（1）SysTick 配置库函数

代码清单 17-1　SysTick 配置库函数

```
1  __STATIC_INLINE uint32_t SysTick_Config(uint32_t ticks)
2  {
3      //不可能的重装载值，超出范围
4      if ((ticks - 1UL) > SysTick_LOAD_RELOAD_Msk) {
5          return (1UL);
6      }
7
8      //设置重装载寄存器
9      SysTick->LOAD  = (uint32_t)(ticks - 1UL);
10
11     //设置中断优先级
12     NVIC_SetPriority (SysTick_IRQn, (1UL << __NVIC_PRIO_BITS) - 1UL);
13
14     //设置当前数值寄存器
15     SysTick->VAL   = 0UL;
16
17     //设置系统定时器的时钟源为 AHBCLK=180MHz
18     //使能系统定时器中断
19     //使能定时器
20     SysTick->CTRL  = SysTick_CTRL_CLKSOURCE_Msk |
21                      SysTick_CTRL_TICKINT_Msk   |
22                      SysTick_CTRL_ENABLE_Msk;
23     return (0UL);
24 }
```

用固件库编程的时候我们只需要调用库函数 SysTick_Config() 即可，形参 ticks 用来设置重装载寄存器的值，最大不能超过重装载寄存器的值 224，当重装载寄存器的值递减到 0 的时候产生中断，然后重装载寄存器的值又重新装载往下递减计数，以此循环往复。紧随其后设置好中断优先级，最后配置系统定时器的时钟为 180MHz，使能定时器和定时器中断，这样系统定时器就配置好了，一个库函数完成。

SysTick_Config() 库函数主要配置了 SysTick 中的 3 个寄存器：LOAD、VAL 和 CTRL，有关具体的部分看代码注释即可。其中还调用了固件库函数 NVIC_SetPriority() 来配置系统定时器的中断优先级，该库函数也在 core_m4.h 中定义。原型如下：

```
1  __STATIC_INLINE void NVIC_SetPriority(IRQn_Type IRQn, uint32_t priority)
2  {
3      if ((int32_t)IRQn < 0) {
4      SCB->SHP[(((uint32_t)(int32_t)IRQn) & 0xFUL)-4UL] =
```

```
 5    (uint8_t)((priority << (8 - __NVIC_PRIO_BITS)) & (uint32_t)0xFFUL);
 6    } else {
 7    NVIC->IP[((uint32_t)(int32_t)IRQn)] =
 8    (uint8_t)((priority << (8 - __NVIC_PRIO_BITS)) & (uint32_t)0xFFUL);
 9    }
10 }
```

因为 SysTick 属于内核外设，跟普通外设的中断优先级有些区别，并没有抢占优先级和子优先级的说法。在 STM32F429 中，内核外设的中断优先级由内核 SCB 中这个外设的寄存器 SHPRx（x=1.2.3）来配置。有关 SHPRx 寄存器的详细描述可参考《 Cortex-M4 内核参考手册》4.4.8 节。下面我们简单介绍下这个寄存器。

SPRH1 ～ SPRH3 是一个 32 位的寄存器，但是只能通过字节访问，每 8 个字段控制一个内核外设的中断优先级的配置，见表 17-6。在 STM32F429 中，只有位 7:3 这高 4 位有效，低 4 位不用，所以内核外设的中断优先级可编程为 0 ～ 15，只有 16 个可编程优先级，数值越小，优先级越高。如果软件优先级配置相同，那就根据它们在中断向量表里面的位置编号来决定优先级大小，编号越小，优先级越高。

表 17-6　系统异常优先级字段

异　常	字　段	寄存器描述
Memory management fault	PRI_4	SHPR1
Bus fault	PRI_5	
Usage fault	PRI_6	
SVCall	PRI_11	SHPR2
PendSV	PRI_14	SHPR3
SysTick	PRI_15	

如果要修改内核外设的优先级，只需要修改 3 个寄存器对应的某个字段即可，见图 17-1 ～图 17-3。

System handler priority register 1 (SHPR1)

Address offset: 0x18

Reset value: 0x0000 0000

Required privilege: Privileged

31	30	29	28	27	26	25	24	23	22	21	20	19	18	17	16
Reserved								PRI_6[7:4]				PRI_6[3:0]			
								rw	rw	rw	rw	r	r	r	r

15	14	13	12	11	10	9	8	7	6	5	4	3	2	1	0
PRI_5[7:4]				PRI_5[3:0]				PRI_4[7:4]				PRI_4[7:4]			
rw	rw	rw	rw	r	r	r	r	rw	rw	rw	rw	r	r	r	r

图 17-1　SHPR1 寄存器

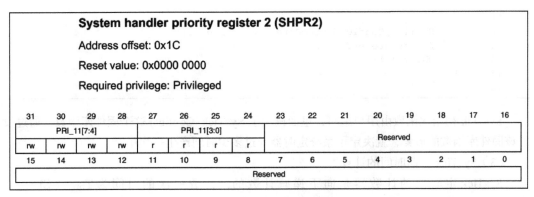

图 17-2　SHPR2 寄存器

图 17-3　SHPR3 寄存器

在系统定时器中，配置优先级为 (1UL<<__NVIC_PRIO_BITS)-1UL)，其中宏 __NVIC_PRIO_BITS 为 4，那计算结果就等于 15。可以看出，系统定时器此时设置的优先级在内核外设中是最低的。

```
1 //设置系统定时器中断优先级
2 NVIC_SetPriority (SysTick_IRQn, (1UL << __NVIC_PRIO_BITS) - 1UL);
```

（2）SysTick 初始化函数

代码清单 17-2　SysTick 初始化函数

```
1 /**
2   * @brief  启动系统滴答定时器 SysTick
3   * @param  无
4   * @retval 无
5   */
6 void SysTick_Init(void)
7 {
8     /* SystemFrequency / 1000     1ms 中断一次
9      * SystemFrequency / 100000   10μs 中断一次
10     * SystemFrequency / 1000000  1μs 中断一次
```

```
11       */
12       if (SysTick_Config(SystemCoreClock / 100000)) {
13           /* Capture error */
14           while (1);
15       }
16  }
```

SysTick 初始化函数由用户编写，里面调用了 SysTick_Config() 这个固件库函数，通过设置该固件库函数的形参，就决定了系统定时器经过多少时间产生一次中断。

（3）SysTick 中断时间的计算

SysTick 定时器的计数器是向下递减计数的，计数一次的时间为 $T_{DEC}=1/CLK_{AHB}$，当重装载寄存器中的值 $VALUE_{LOAD}$ 减到 0 的时候，产生中断。可知中断一次的时间 $T_{INT}=VALUE_{LOAD} \times T_{DEC}$ 中断 $=VALUE_{LOAD}/CLK_{AHB}$，其中 $CLK_{AHB}=180MHz$。如果设置为 180，那中断一次的时间 $T_{INT}=180/180M=1\mu s$。不过 $1\mu s$ 的中断没啥意义，整个程序的重心还在进出中断上，根本没有时间处理其他的任务。

```
SysTick_Config(SystemCoreClock / 100000))
```

SysTick_Config() 的形参我们配置为 SystemCoreClock/100000=180M/100000=1800，从刚刚分析我们知道，这个形参的值最终是写到重装载寄存器 LOAD 中的，从而可知 SysTick 定时器中断一次的时间 $T_{INT}=1800/180M=10\mu s$。

（4）SysTick 定时时间的计算

当设置好中断时间 T_{INT} 后，我们可以设置一个变量 t，用来记录进入中断的次数，变量 t 乘以中断的时间 T_{INT} 就可以计算出需要定时的时间。

（5）SysTick 定时函数

现在我们定义一个微秒级别的延时函数，形参为 nTime，用这个形参乘以中断时间 T_{INT} 就得出我们需要的延时时间，其中 T_{INT} 我们已经设置好为 $10\mu s$。关于这个函数的具体调用看注释即可。

```
1 /**
2   * @brief   μs 延时程序,10μs 为一个单位
3   * @param
4   * @arg nTime: Delay_us( 1 ) 实现的延时为 1 * 10μs = 10μs
5   * @retval  无
6   */
7 void Delay_us(__IO u32 nTime)
8 {
9       TimingDelay = nTime;
10
11      while (TimingDelay != 0);
12  }
```

函数 Delay_us() 中我们等待 TimingDelay 为 0，当 TimingDelay 为 0 的时候表示延时时间到。变量 TimingDelay 在中断函数中递减，SysTick 每进入一次中断，即 $10\mu s$ 的时间，

TimingDelay 递减一次。

（6）SysTick 中断服务函数

```
1 void SysTick_Handler(void)
2 {
3     TimingDelay_Decrement();
4 }
```

中断服务函数调用了另外一个函数 TimingDelay_Decrement()，原型如下：

```
1 /**
2  * @brief   获取节拍程序
3  * @param   无
4  * @retval  无
5  * @attention   在 SysTick 中断函数 SysTick_Handler() 中调用
6  */
7 void TimingDelay_Decrement(void)
8 {
9     if (TimingDelay != 0x00) {
10        TimingDelay--;
11    }
12 }
```

TimingDelay 的值等于延时函数中传进去的形参 nTime 的值，比如 nTime=100000，则延时的时间等于 $100000 \times 10\mu s = 1s$。

（7）主函数

```
1 int main(void)
2 {
3     /* LED 端口初始化 */
4     LED_GPIO_Config();
5
6     /* 配置 SysTick 为 10us 中断一次，时间到后触发定时中断，
7      * 进入 stm32fxx_it.c 文件的 SysTick_Handler 处理，通过数中断次数计时
8      */
9     SysTick_Init();
10
11    while (1) {
12
13        LED_RED;
14        Delay_us(100000);    // 10000 * 10μs = 1000ms
15
16        LED_GREEN;
17        Delay_us(100000);    // 10000 * 10μs = 1000ms
18
19        LED_BLUE;
20        Delay_us(100000);    // 10000 * 10μs = 1000ms
21    }
22 }
```

主函数中初始化了 LED 和 SysTick，然后在一个 while 循环中以 1s 的频率让 LED 闪烁。

第 18 章
通信的基本概念

18.1 串行通信与并行通信

在计算机设备与设备之间或集成电路之间常常需要进行数据传输，在本书后面的章节中，我们会学到各种各样的通信方式，所以本章我们先统一介绍这些通信的基本概念。

按数据传送的方式，通信可分为串行通信与并行通信。串行通信是指设备之间通过少量数据信号线（一般是 8 根以下）、地线以及控制信号线，按数据位形式一位一位地传输数据的通信方式。而并行通信一般是指使用 8、16、32及 64 根或更多的数据线同时进行传输的通信方式。它们的通信传输对比说明见图 18-1。并行通信就像多个车道的公路，可以同时传输多个数据位的数据，而串行通信则像单车道的公路，同一时刻只能传输一个数据位的数据。

很明显，因为一次可传输多个数据位的数据，在数据传输速率相同的情况下，并行通信传输的数据量要大得多，而串行通信则可以节

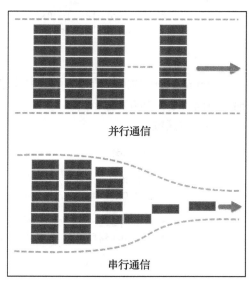

图 18-1　并行通信与串行通信的对比图

省数据线的硬件成本（特别是远距离时）以及 PCB 的布线面积。串行通信与并行通信的特性对比见表 18-1。

表 18-1　串行通信与并行通信的特性对比

特　　性	串行通信	并行通信
通信距离	较远	较近
抗干扰能力	较强	较弱
传输速率	较慢	较高
成本	较低	较高

不过由于并行传输对同步要求较高，且随着通信速率的提高，信号干扰的问题会显著影响通信性能。现在随着技术的发展，越来越多的应用场合采用高速率的串行差分传输。

18.2　全双工、半双工及单工通信

根据数据通信的方向，通信又分为全双工、半双工及单工通信，它们主要以信道的方向来区分，见表 18-2 及图 18-2。

表 18-2　通信方式说明

通信方式	说　　　　明
全双工	在同一时刻，两个设备之间可以同时收发数据
半双工	两个设备之间可以收发数据，但不能在同一时刻进行
单工	在任何时刻都只能进行一个方向的通信，即一个固定为发送设备，另一个固定为接收设备

仍以公路来类比，全双工的通信就是一个双向车道，两个方向上的车流互不相干；半双工则像乡间小道那样，同一时刻只能让一辆小车通过，另一方向的来车只能等待道路空出来时才能经过；而单工则像单行道，另一方向的车辆完全禁止通行。

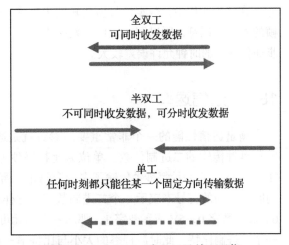

18.3　同步通信与异步通信

根据通信的数据同步方式，又分为同步和异步两种，可以根据通信过程中是否使用到时钟信号进行简单的区分。

在同步通信中，收发设备双方会使用

图 18-2　全双工、半双工及单工通信

一根信号线作为时钟信号，在时钟信号的驱动下双方进行协调，同步数据，见图 18-3。通信中通常双方会统一规定在时钟信号的上升沿或下降沿对数据线进行采样。

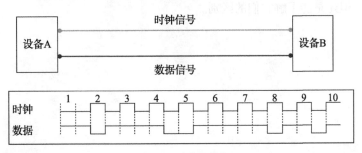

图 18-3　同步通信

在异步通信中不使用时钟信号进行数据同步，它们直接在数据信号中穿插一些同步用的信号位，或者把主体数据进行打包，以数据帧的格式传输数据，见图18-4。某些通信中还需要双方约定数据的传输速率，以便更好地同步。

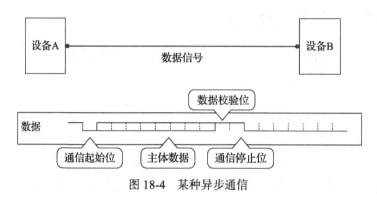

图 18-4　某种异步通信

在同步通信中，数据信号所传输的内容绝大部分都是有效数据，而异步通信中会包含有帧的各种标识符，所以同步通信的效率更高。但是同步通信双方的时钟允许误差较小，而异步通信双方的时钟允许误差较大。

18.4　通信速率

衡量通信性能的一个非常重要的参数就是通信速率，通常以比特率（Bitrate）来表示，即每秒钟传输的二进制位数，单位为比特每秒（bit/s）。容易与比特率混淆的概念是波特率（Baudrate），它表示每秒钟传输了多少个码元。而码元是通信信号调制的概念，通信中常用时间间隔相同的符号来表示一个二进制数字，这样的信号称为码元。如常见的通信传输中，用 0V 表示数字 0，5V 表示数字 1，那么一个码元可以表示两种状态 0 和 1，所以一个码元等于一个二进制比特，此时波特率的大小与比特率一致；如果在通信传输中，用 0V、2V、4V 以及 6V 分别表示二进制数 00、01、10、11，那么每个码元可以表示 4 种状态，即两个二进制比特，所以码元数是二进制比特数的一半，这个时候的波特率为比特率的一半。因为常见的通信中一个码元都是表示两种状态，所以人们常常直接以波特率来表示比特率。虽然严格来说没什么错误，但还是能了解它们的区别。

第 19 章
USART——串口通信

19.1 串口通信协议简介

串口通信（Serial Communication）是一种设备间非常常用的串行通信方式，因为它简单便捷，大部分电子设备都支持该通信方式。电子工程师在调试设备时也经常使用该通信方式输出调试信息。

在计算机科学里，大部分复杂的问题都可以通过分层来简化。如芯片被分为内核层和片上外设；STM32 标准库则是在寄存器与用户代码之间的软件层。对于通信协议，我们也以分层的方式来理解，最基本的是把它分为物理层和协议层。物理层规定通信系统中具有机械、电子功能部分的特性，确保原始数据在物理媒体中的传输。协议层主要规定通信逻辑，统一收发双方的数据打包、解包标准。简单来说，物理层规定我们用"嘴巴"还是用"肢体"来交流，协议层则规定我们用"中文"还是"英文"来交流。

下面我们分别对串口通信协议的物理层及协议层进行讲解。

19.1.1 物理层

串口通信的物理层有很多标准及变种，我们主要讲解 RS-232 标准。RS-232 标准主要规定了信号的用途、通信接口以及信号的电平标准。

使用 RS-232 标准的串口设备间常见的通信结构见图 19-1。

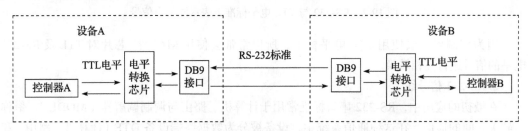

图 19-1 串口通信结构图

在上面的通信方式中，两个通信设备的"DB9 接口"之间通过串口信号线建立起连接，串口信号线中使用"RS-232 标准"传输数据信号。由于 RS-232 电平标准的信号不能直接被控制器直接识别，所以这些信号必须经过一个"电平转换芯片"转换成控制器能识别的 "TTL 校准"的电平信号，才能实现通信。

1. 电平标准

根据通信使用的电平标准不同，串口通信可分为 TTL 标准及 RS-232 标准，见表 19-1。

表 19-1 TTL 电平标准与 RS232 电平标准

通信标准	电平标准（发送端）
5V TTL	逻辑 1：2.4V ~ 5V 逻辑 0：0 ~ 0.5V
RS-232	逻辑 1：−15V ~ −3V 逻辑 0：+3V ~ +15V

我们知道，常见的电子电路中常使用 TTL 的电平标准，理想状态下，使用 5V 表示二进制逻辑 1，使用 0V 表示逻辑 0；而为了增加串口通信的远距离传输及抗干扰能力，它使用 −15V 表示逻辑 1，+15V 表示逻辑 0。使用 RS-232 与 TTL 电平标准表示同一个信号时的对比见图 19-2。

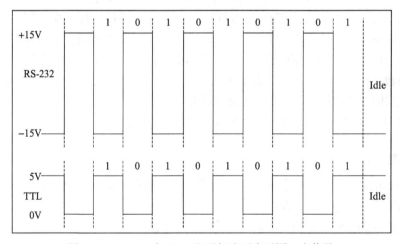

图 19-2 RS-232 与 TTL 电平标准下表示同一个信号

因为控制器一般使用 TTL 电平标准，所以常常会使用 MA3232 芯片对 TTL 及 RS-232 电平的信号进行互相转换。

2. RS-232 信号线

在最初的应用中，RS-232 串口标准常用于计算机、路由与调制调解器（MODEN，俗称"猫"）之间的通信。在这种通信系统中，设备被分为数据终端设备 DTE（计算机、路由）和数据通信设备 DCE（调制调解器）。我们以这种通信模型讲解它们的信号线连接方式及各个信号线的作用。

在旧式的台式计算机中一般会有 RS-232 标准的 COM 口（也称 DB9 接口），见图 19-3。

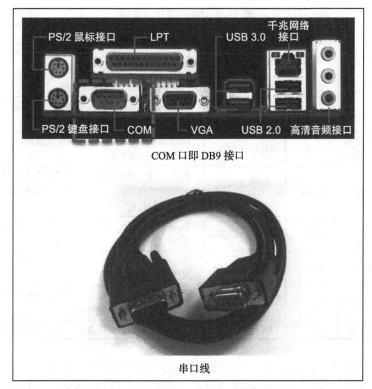

COM 口即 DB9 接口

串口线

图 19-3　电脑主板上的 COM 口及串口线

其中接线口以针式引出信号线的称为公头，以孔式引出信号线的称为母头。在计算机中一般引出公头接口，而在调制调解器设备中引出的一般为母头，使用图 19-3 中的串口线即可把二者连接起来。通信时，串口线中传输的信号就是使用前面讲解的 RS-232 标准调制的。

在这种应用场合下，DB9 接口中的公头及母头的各个引脚的标准信号线接法见图 19-4及表 19-2。

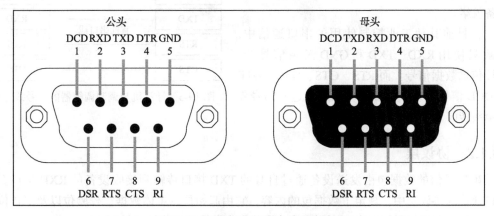

图 19-4　DB9 标准的公头及母头接法

表 19-2　DB9 信号线说明

序号	名称	符号	数据方向	说明
1	载波检测	DCD	DTE → DCE	Data Carrier Detect，数据载波检测，用于 DTE 告知对方，本机是否收到对方的载波信号
2	接收数据	RXD	DTE ← DCE	Receive Data，数据接收信号，即输入
3	发送数据	TXD	DTE → DCE	Transmit Data，数据发送信号，即输出。两个设备之间的 TXD 与 RXD 应交叉相连
4	数据终端（DTE）就绪	DTR	DTE → DCE	Data Terminal Ready，数据终端就绪，用于 DTE 向对方告知本机是否已准备好
5	信号地	GND	—	地线，两个通信设备之间的地电位可能不一样，这会影响收发双方的电平信号，所以两个串口设备之间必须要使用地线连接，即共地
6	数据设备（DCE）就绪	DSR	DTE ← DCE	Data Set Ready，数据发送就绪，用于 DCE 告知对方本机是否处于待命状态
7	请求发送	RTS	DTE → DCE	Request To Send，请求发送，DTE 请求 DCE 本设备向 DCE 端发送数据
8	允许发送	CTS	DTE ← DCE	Clear To Send，允许发送，DCE 回应对方的 RTS 发送请求，告知对方是否可以发送数据
9	响铃指示	RI	DTE ← DCE	Ring Indicator，响铃指示，表示 DCE 端与线路已接通

上表中的是计算机端的 DB9 公头标准接法，为方便理解，可把 DTE 理解为计算机，DCE 理解为调制解调器。由于两个通信设备之间的收发信号（RXD 与 TXD）应交叉相连，所以调制调解器端的 DB9 母头的收发信号接法一般与公头的相反，两个设备之间连接时，只要使用"直通型"的串口线连接起来即可，见图 19-5。

串口线中的 RTS、CTS、DSR、DTR 及 DCD 信号，使用逻辑 1 表示信号有效，逻辑 0 表示信号无效。例如，当计算机端控制 DTR 信号线表示为逻辑 1 时，它是为了告知远端的调制调解器，本机已准备好接收数据，0 则表示还没准备就绪。

在目前其他工业控制使用的串口通信中，一般只使用 RXD、TXD 和 GND 三条信号线，直接传输数据信号。而 RTS、CTS、DSR、DTR 和 DCD 信号都被裁剪掉了，如果被这些信号弄得晕头转向，可直接忽略它们。

图 19-5　计算机与调制调解器的信号线连接

19.1.2　协议层

串口通信的数据包由发送设备通过自身的 TXD 接口传输到接收设备的 RXD 接口。在串口通信的协议层中，规定了数据包的内容，它由起始位、主体数据、校验位以及停止位组成。通信双方的数据包格式要约定一致才能正常收发数据，其组成见图 19-6。

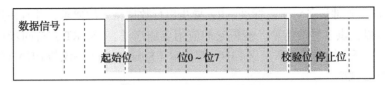

图 19-6　串口数据包的基本组成

1. 波特率

本章中主要讲解的是串口异步通信，异步通信中由于没有时钟信号（如前面讲解的 DB9 接口），所以两个通信设备之间需要约定好波特率，即每个码元的长度，以便对信号进行解码，图 19-6 中用虚线分开的每一格就代表一个码元。常见的波特率为 4800、9600、115200 等。

2. 通信的起始位和停止位

串口通信的一个数据包从起始位开始，直到停止位结束。数据包的起始位由一个逻辑 0 的数据位表示，而数据包的停止位可由 0.5、1、1.5 或 2 个逻辑 1 的数据位表示，只要双方约定一致即可。

3. 有效数据

在数据包的起始位之后紧接着的就是要传输的主体数据内容，也称为有效数据。有效数据的长度常被约定为 5、6、7 或 8 位长。

4. 数据校验

在有效数据之后，有一个可选的数据校验位。由于数据通信相对更容易受到外部干扰导致传输数据出现偏差，可以在传输过程加上校验位来解决这个问题。校验方法有奇校验（odd）、偶校验（even）、0 校验（space）、1 校验（mark）以及无校验（noparity）：

- □ 奇校验要求有效数据和校验位中 "1" 的个数为奇数，比如一个 8 位长的有效数据为：01101001，此时总共有 4 个 "1"，为达到奇校验效果，校验位为 "1"。最后传输的数据将是 8 位的有效数据加上 1 位的校验位，总共 9 位。
- □ 偶校验与奇校验要求刚好相反，要求帧数据和校验位中 "1" 的个数为偶数，比如数据帧：11001010，此时数据帧 "1" 的个数为 4 个，所以偶校验位为 "0"。
- □ 0 校验是不管有效数据中的内容是什么，校验位总为 "0"。
- □ 1 校验是校验位总为 "1"。
- □ 在无校验的情况下，数据包中不包含校验位。

19.2　STM32 的 USART 简介

STM32 芯片具有多个 USART 外设用于串口通信，它是 Universal Synchronous Asynchronous Receiver and Transmitter 的缩写，即通用同步异步收发器，它可以灵活地与外部设备进行全双工数据交换。有别于 USART，还有一种 UART 外设（Universal Asynchronous Receiver and Transmitter），它是在 USART 基础上裁剪掉了同步通信功能，只有异步通信。简单区分同步和异步就是看通信时需要不需要对外提供时钟输出，我们平时用的串口通信基本都是 UART。

USART 满足外部设备对工业标准 NRZ 异步串行数据格式的要求，并且使用了小数波特率发生器，可以提供多种波特率，使得它的应用更加广泛。USART 支持同步单向通信和半双工单线通信；还支持局域互联网络 LIN、智能卡（SmartCard）协议与 lrDA（红外线数据协会）SIR ENDEC 规范。

USART 支持使用 DMA，可实现高速数据通信。有关 DMA 的应用将在第 20 章具体讲解。

USART 在 STM32 应用最多的莫过于"打印"程序信息，一般在硬件设计时都会预留一个 USART 通信接口连接电脑，用于在调试程序时可以把一些调试信息"打印"在电脑端的串口调试助手工具上，从而了解程序运行是否正确、指出运行出错位置等。

STM32 的 USART 输出的是 TTL 电平信号，若需要 RS-232 标准的信号可使用 MAX3232 芯片进行转换。

19.3　USART 功能框图

STM32 的 USART 功能框图包含了 USART 最核心内容，掌握了功能框图，对 USART 就有一个整体的把握，在编程时思路就非常清晰，见图 19-7。

1. 功能引脚

见图 19-7 中①。

TX：发送数据输出引脚。

RX：接收数据输入引脚。

SW_RX：数据接收引脚，只用于单线和智能卡模式，属于内部引脚，没有具体外部引脚。

nRTS：请求以发送（Request To Send），n 表示低电平有效。如果使能 RTS 流控制，当 USART 接收器准备好接收新数据时就会将 nRTS 变成低电平；当接收寄存器已满时，nRTS 将被设置为高电平。该引脚只适用于硬件流控制。

nCTS：清除以发送（Clear To Send），n 表示低电平有效。如果使能 CTS 流控制，发送器在发送下一帧数据之前会检测 nCTS 引脚，如果为低电平，表示可以发送数据；如果为高电平，则在发送完当前数据帧之后停止发送。该引脚只适用于硬件流控制。

SCLK：发送器时钟输出引脚。这个引脚仅适用于同步模式。

USART 引脚在 STM32F429IGT6 芯片具体发布见表 19-3。

表 19-3　STM32F429IGT6 芯片的 USART 引脚

| | APB2（最高 90MHz） | | APB1（最高 45MHz） | | | | | |
	USART1	USART6	USART2	USART3	UART4	UART5	UART7	UART8
TX	PA9/PB6	PC6/PG14	PA2/PD5	PB10/PD8/PC10	PA0/PC10	PC12	PF7/PE8	PE1
RX	PA10/PB7	PC7/PG9	PA3/PD6	PB11/PD9/PC11	PA1/PC11	PD2	PF6/PE7	PE0
SCLK	PA8	PG7/PC8	PA4/PD7	PB12/PD10/PC12				
nCTS	PA11	PG13/PG15	PA0/PD3	PB13/PD11				
nRTS	PA12	PG8/PG12	PA1/PD4	PB14/PD12				

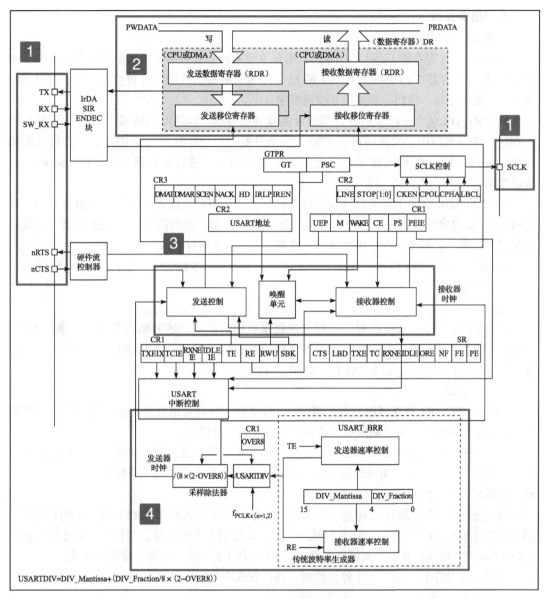

图 19-7　USART 功能框图

　　STM32F42xxx 系统控制器有 4 个 USART 和 4 个 UART，其中 USART1 和 USART6 的时钟来源于 APB2 总线时钟，其最大频率为 90MHz，其他 6 个时钟来源于 APB1 总线时钟，其最大频率为 45MHz。

　　UART 只是异步传输功能，所以没有 SCLK、nCTS 和 nRTS 功能引脚。

　　观察表 19-3 可发现，很多 USART 的功能引脚有多个引脚可选，这非常方便硬件设计，只要在程序编程时软件绑定引脚即可。

2. 数据寄存器

见图 19-7 中②。

USART 数据寄存器（USART_DR）只有低 9 位有效，并且第 9 位数据是否有效要取决于 USART 控制寄存器 1（USART_CR1）的 M 位设置，M 位为 0 表示 8 位数据字长；M 位为 1 表示 9 位数据字长。我们一般使用 8 位数据字长。

USART_DR 包含了已发送的数据或者接收到的数据。USART_DR 实际上包含了两个寄存器：一个是专门用于发送的可写 TDR，一个是专门用于接收的可读 RDR。当进行发送操作时，往 USART_DR 写入数据会自动存储在 TDR 内；当进行读取操作时，向 USART_DR 读取数据会自动提取 RDR 数据。

TDR 和 RDR 都介于系统总线和移位寄存器之间。串行通信是一个位一个位传输的，发送时把 TDR 内容转移到发送移位寄存器，然后把移位寄存器数据每一位发送出去，接收时把接收到的每一位顺序保存在接收移位寄存器内，然后才转移到 RDR。

USART 支持 DMA 传输，可以实现高速数据传输，具体 DMA 使用将在第 20 章讲解。

3. 控制器

见图 19-7 中③。

USART 有专门控制发送的发送器、控制接收的接收器，还有唤醒单元、中断控制等。使用 USART 之前需要向 USART_CR1 寄存器的 UE 位置 1，使能 USART。发送或者接收数据字长可选 8 位或 9 位，由 USART_CR1 的 M 位控制。

（1）发送器

当 USART_CR1 寄存器的发送使能位 TE 置 1 时，启动数据发送。发送移位寄存器的数据会在 TX 引脚输出，如果是同步模式 SCLK 也输出时钟信号。

一个字符帧发送需要 3 个部分：起始位 + 数据帧 + 停止位。起始位是一个位周期的低电平，位周期就是每一位占用的时间；数据帧就是我们要发送的 8 位或 9 位数据，数据是从最低位开始传输的；停止位是一定时间周期的高电平。

停止位时间长短是可以通过 USART 控制寄存器 2（USART_CR2）的 STOP[1:0] 位控制，可选 0.5 个、1 个、1.5 个和 2 个停止位。默认使用 1 个停止位。2 个停止位适用于正常 USART 模式、单线模式和调制解调器模式；0.5 个和 1.5 个停止位用于智能卡模式。

当选择 8 位字长，使用 1 个停止位时，具体发送字符时序图见图 19-8。

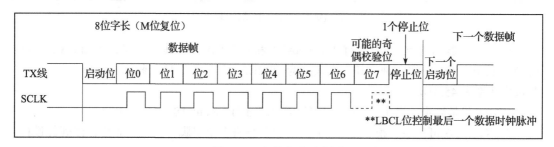

图 19-8　字符发送时序图

当发送使能位 TE 置 1 之后，发送器先发送一个空闲帧（一个数据帧长度的高电平），接下来就可以往 USART_DR 寄存器写入要发送的数据。在写入最后一个数据后，需要等待 USART 状态寄存器（USART_SR）的 TC 位为 1，表示数据传输完成。如果 USART_CR1 寄存器的 TCIE 位置 1，将产生中断。

在发送数据时，编程的时候有几个比较重要的标志位，见表 19-4。

表 19-4　重要标志位

名　称	描　述
TE	发送使能
TXE	发送寄存器为空，发送单个字节的时候使用
TC	发送完成，发送多个字节数据的时候使用
TXIE	发送完成中断使能

（2）接收器

如果将 USART_CR1 寄存器的 RE 位置 1，使能 USART 接收，使得接收器在 RX 线开始搜索起始位。在确定起始位后就根据 RX 线电平状态把数据存放在接收移位寄存器内。接收完成后就把接收移位寄存器数据移到 RDR 内，并把 USART_SR 寄存器的 RXNE 位置 1，同时如果 USART_CR2 寄存器的 RXNEIE 置 1 的话，可以产生中断。

在接收数据时，编程的时候有几个比较重要的标志位，见表 19-5。

表 19-5　重要标志位

名　称	描　述
RE	接收使能
RXNE	读数据寄存器非空
RXNEIE	发送完成中断使能

为得到一个信号真实情况，需要用一个比这个信号频率高的采样信号去检测，这称为过采样。这个采样信号的频率大小决定最后得到源信号准确度，一般频率越高得到的准确度越高，但为了得到越高频率采样信号也越困难，运算和功耗等也会增加。所以一般选择合适就好。

接收器可配置为不同的过采样技术，以实现从噪声中提取有效的数据。USART_CR1 寄存器的 OVER8 位用来选择不同的采样方法，如果 OVER8 位设置为 1 采用 8 倍过采样，即用 8 个采样信号采样一位数据；如果 OVER8 位设置为 0 则采用 16 倍过采样，即用 16 个采样信号采样一位数据。

USART 的起始位检测需要用到特定序列。如果在 RX 线识别到该特定序列，就认为是检测到了起始位。起始位检测对使用 16 倍或 8 倍过采样的序列都是一样的。该特定序列为 1110X0X0X0000，其中 X 表示电平任意，1 或 0 皆可。

8 倍过采样速度更快，最高速度可达 $f_{PCLK}/8$，f_{PCLK} 为 USART 时钟，采样过程见图 19-9。

使用第 4、5、6 次脉冲的值决定该位的电平状态。

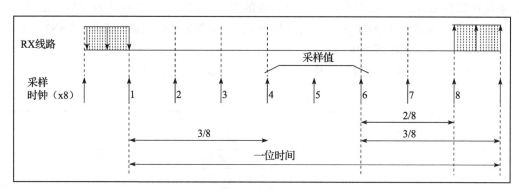

图 19-9　8 倍过采样过程

16 倍过采样速度虽然没有 8 倍过采样那么快，但得到的数据更加精准，其最大速度为 $f_{PCLK}/16$，采样过程见图 19-10。使用第 8、9、10 次脉冲的值决定该位的电平状态。

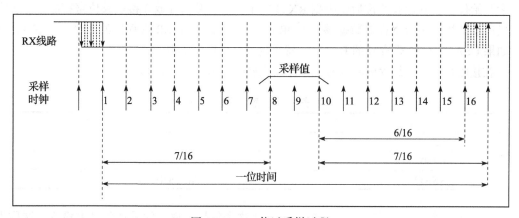

图 19-10　16 倍过采样过程

4. 小数波特率生成

见图 19-7 中④。

波特率指数据信号对载波的调制速率，它用单位时间内载波调制状态改变次数来表示，单位为波特。比特率指单位时间内传输的比特数，单位为 bit/s（bps）。对于 USART 波特率与比特率相等的情况，以后不区分这两个概念。波特率越大，传输速率越快。

USART 的发送器和接收器使用相同的波特率。计算公式如下：

$$波特率 = \frac{f_{PLCK}}{8 \times (2-OVER8) \times USARTDIV} \tag{19-1}$$

其中，f_{PLCK} 为 USART 时钟，参考表 19-3；OVER8 为 USART_CR1 寄存器的 OVER8 位对应的值，USARTDIV 是一个存放在波特率寄存器（USART_BRR）的一个无符号定点数。其中

DIV_Mantissa[11:0] 位定义 USARTDIV 的整数部分，DIV_Fraction[3:0] 位定义 USARTDIV 的小数部分，DIV_Fraction[3] 位只有在 OVER8 位为 0 时有效，否则必须清零。

例如，如果 OVER8=0，DIV_Mantissa=24 且 DIV_Fraction=10，此时 USART_BRR 值为 0x18A；那么 USARTDIV 的小数位 10/16=0.625，整数位 24，最终 USARTDIV 的值为 24.625。

如果 OVER8=0 并且知道 USARTDIV 值为 27.68，那么 DIV_Fraction=16×0.68=10.88，最接近的正整数为 11，所以 DIV_Fraction[3:0] 为 0xB；DIV_Mantissa= 整数（27.68）=27，即位 0x1B。

OVER8=1 时情况类似，只是把计算用到的权值由 16 改为 8。

波特率的常用值有 2400、9600、19200、115200。下面以实例讲解如何设定寄存器值得到波特率的值。

由表 19-3 可知，USART1 和 USART6 使用 APB2 总线时钟，最高可达 90MHz，其他 USART 的最高频率为 45MHz。我们选取 USART1 作为实例讲解，即 f_{PLCK}=90MHz。

当我们使用 16 倍过采样时，即 OVER8=0，为得到 115200bps 的波特率，此时：

$$115\,200=\frac{90\,000\,000}{8\times2\times USARTDIV}$$

解得 USARTDIV=48.825125，可算得 DIV_Fraction=0xD，DIV_Mantissa=0x30，即应该设置 USART_BRR 的值为 0x30D。

在计算 DIV_Fraction 时经常出现小数情况，经过我们取舍得到整数，这样会导致最终输出的波特率较目标值略有偏差。下面我们从 USART_BRR 的值为 0x30D 开始计算，得出实际输出的波特率大小。

由 USART_BRR 的值为 0x30D 可得，DIV_Fraction=13，DIV_Mantissa=48，所以 USARTDIV= 48+16×0.13=48.8125，所以实际波特率为 115237。这个值与我们的目标波特率的误差为 0.03%，这么小的误差在正常通信的允许范围内。

8 倍过采样时，计算情况原理是一样的。

5. 校验控制

STM32F4xx 系列控制器 USART 支持奇偶校验。当使用校验位时，串口传输的长度将是 8 位的数据帧加上 1 位的校验位，总共 9 位，此时 USART_CR1 寄存器的 M 位需要设置为 1，即 9 数据位。将 USART_CR1 寄存器的 PCE 位置 1 就可以启动奇偶校验控制，奇偶校验由硬件自动完成。启动了奇偶校验控制之后，在发送数据帧时会自动添加校验位，接收数据时自动验证校验位。接收数据时如果出现奇偶校验位验证失败，会将 USART_SR 寄存器的 PE 位置 1，并可以产生奇偶校验中断。

使能了奇偶校验控制后，每个字符帧的格式将变成：起始位＋数据帧＋校验位＋停止位。

6. 中断控制

USART 有多个中断请求事件，具体见表 19-6。

表 19-6　USART 中断请求

中断事件	事件标志	使能控制位
发送数据寄存器为空	TXE	TXEIE
CTS 标志	CTS	CTSIE
发送完成	TC	TCIE
准备好读取接收到的数据	RXNE	RXNEIE
检测到上溢错误	ORE	
检测到空闲线路	IDLE	IDLEIE
奇偶校验错误	PE	PEIE
断路标志	LBD	LBDIE
多缓冲通信中的噪声标志、上溢错误和帧错误	NF/ORE/FE	EIE

19.4　USART 初始化结构体详解

标准库函数对每个外设都建立了一个初始化结构体，比如 USART_InitTypeDef。结构体成员用于设置外设工作参数，并由外设初始化配置函数，比如 USART_Init() 调用。这些设定参数将会设置外设相应的寄存器，达到配置外设工作环境的目的。

初始化结构体和初始化库函数配合使用是标准库精髓所在，理解了初始化结构体每个成员意义基本上就可以对该外设运用自如了。初始化结构体定义在 stm32f4xx_usart.h 文件中，初始化库函数定义在 stm32f4xx_usart.c 文件中，编程时我们可以结合这两个文件中的注释使用。

USART 初始化结构体定义如下：

```
1 typedef struct {
2     uint32_t USART_BaudRate;            // 波特率
3     uint16_t USART_WordLength;          // 字长
4     uint16_t USART_StopBits;            // 停止位
5     uint16_t USART_Parity;              // 校验位
6     uint16_t USART_Mode;                // USART 模式
7     uint16_t USART_HardwareFlowControl; // 硬件流控制
8 } USART_InitTypeDef;
```

1）USART_BaudRate：波特率设置。一般设置为 2400、9600、19200、115200。标准库函数会根据设定值计算得到 USARTDIV 值，见公式 19-1，并设置 USART_BRR 寄存器值。

2）USART_WordLength：数据帧字长，可选 8 位或 9 位。它设定 USART_CR1 寄存器的 M 位的值。如果没有使能奇偶校验控制，一般使用 8 位数据位；如果使能了奇偶校验，则一般设置为 9 位数据位。

3）USART_StopBits：停止位设置，可选 0.5 个、1 个、1.5 个和 2 个停止位，它设定 USART_CR2 寄存器的 STOP[1:0] 位的值，一般我们选择 1 个停止位。

4）USART_Parity：奇偶校验控制选择。可选 USART_Parity_No（无校验）、USART_

Parity_Even（偶校验）以及 USART_Parity_Odd（奇校验），它设定 USART_CR1 寄存器的 PCE 位和 PS 位的值。

5）USART_Mode：USART 模式选择，有 USART_Mode_Rx 和 USART_Mode_Tx 两种模式，允许使用"逻辑或"运算选择两个，它设定 USART_CR1 寄存器的 RE 位和 TE 位。

6）USART_HardwareFlowControl：硬件流控制选择，只有在硬件流控制模式下才有效，可选有：使能 RTS、使能 CTS、同时使能 RTS 和 CTS、不使能硬件流。

当使用同步模式时，需要配置 SCLK 引脚输出脉冲的属性。标准库使用一个时钟初始化结构体 USART_ClockInitTypeDef 来设置，因此该结构体内容也只有在同步模式下才需要设置。

USART 时钟初始化结构体定义如下：

```
1 typedef struct {
2     uint16_t USART_Clock;    // 时钟使能控制
3     uint16_t USART_CPOL;     // 时钟极性
4     uint16_t USART_CPHA;     // 时钟相位
5     uint16_t USART_LastBit;  // 最尾位时钟脉冲
6 } USART_ClockInitTypeDef;
```

1）USART_Clock：同步模式下 SCLK 引脚上时钟输出使能控制，可选禁止时钟输出（USART_Clock_Disable）或开启时钟输出（USART_Clock_Enable）。如果使用同步模式发送，一般都需要开启时钟。它设定 USART_CR2 寄存器的 CLKEN 位的值。

2）USART_CPOL：同步模式下 SCLK 引脚上输出时钟极性设置，可设置在空闲时 SCLK 引脚为低电平（USART_CPOL_Low）或高电平（USART_CPOL_High）。它设定 USART_CR2 寄存器的 CPOL 位的值。

3）USART_CPHA：同步模式下 SCLK 引脚上输出时钟相位设置，可设置在时钟第一个变化沿捕获数据（USART_CPHA_1Edge）或在时钟第二个变化沿捕获数据。它设定 USART_CR2 寄存器的 CPHA 位的值。USART_CPHA 与 USART_CPOL 配合使用可以获得多种模式时钟关系。

4）USART_LastBit：选择在发送最后一个数据位的时候时钟脉冲是否在 SCLK 引脚输出，可以是不输出脉冲（USART_LastBit_Disable）、输出脉冲（USART_LastBit_Enable）。它设定 USART_CR2 寄存器的 LBCL 位的值。

19.5　USART1 接发通信实验

USART 只需两根信号线即可完成双向通信，对硬件要求低，使得很多模块都预留 USART 接口来实现与其他模块或者控制器进行数据传输，比如 GSM 模块、WiFi 模块、蓝牙模块等。在硬件设计时，注意还需要一根"共地线"。

我们经常使用 USART 来实现控制器与电脑之间的数据传输，这使得我们调试程序非常方便。比如我们可以把一些变量的值、函数的返回值、寄存器标志位等通过 USART 发送到串口调试助手，这样我们可以非常清楚程序的运行状态。当我们正式发布程序时再把这些调试信息去除即可。

我们不仅可以将数据发送到串口调试助手，还可以在串口调试助手发送数据给控制器，控制器程序根据接收到的数据进行下一步工作。

首先，我们来编写一个程序实现开发板与电脑通信，在开发板上电时通过 USART 发送一串字符串给电脑，然后开发板进入中断接收等待状态，如果电脑有发送数据过来，开发板就会产生中断，我们在中断服务函数中接收数据，并马上把数据返回发送给电脑。

19.5.1　硬件设计

为利用 USART 实现开发板与电脑通信，需要用到一个 USB 转 USART 的 IC，我们选择 CH340G 芯片来实现这个功能。CH340G 是一个 USB 总线的转接芯片，实现 USB 转USART、USB 转 IrDA 红外或者 USB 转打印机接口。我们使用其 USB 转 USART 功能。具体电路设计见图 19-11。

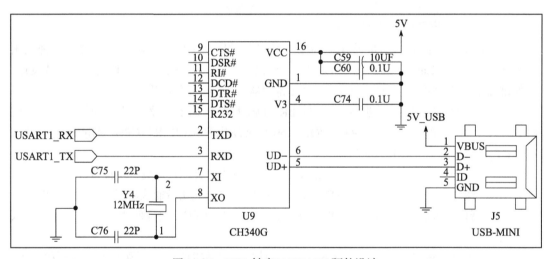

图 19-11　USB 转串口 USART 硬件设计

我们将 CH340G 的 TXD 引脚与 USART1 的 RX 引脚连接，CH340G 的 RXD 引脚与 USART1的 TX 引脚连接。CH340G 芯片集成在开发板上，其地线（GND）已与控制器的 GND 连通。

19.5.2　软件设计

这里只讲解核心的部分代码，有些变量的设置、头文件的包含等并没有涉及，完整的代码请参考本章配套的工程。我们创建了两个文件 bsp_debug_usart.c 和 bsp_debug_usart.h，用来存放 USART 驱动程序及相关宏定义。

1. 编程要点

1）使能 RX 和 TX 引脚 GPIO 时钟和 USART 时钟；

2）初始化 GPIO，并将 GPIO 复用到 USART 上；

3）配置 USART 参数；

4）配置中断控制器并使能 USART 接收中断；

5）使能 USART；

6）在 USART 接收中断服务函数实现数据接收和发送。

2. 代码分析

（1）GPIO 和 USART 宏定义

代码清单 19-1 GPIO 和 USART 宏定义

```
 1 #define DEBUG_USART                    USART1
 2 #define DEBUG_USART_CLK                RCC_APB2Periph_USART1
 3 #define DEBUG_USART_BAUDRATE           115200   // 串口波特率
 4
 5 #define DEBUG_USART_RX_GPIO_PORT       GPIOA
 6 #define DEBUG_USART_RX_GPIO_CLK        RCC_AHB1Periph_GPIOA
 7 #define DEBUG_USART_RX_PIN             GPIO_Pin_10
 8 #define DEBUG_USART_RX_AF              GPIO_AF_USART1
 9 #define DEBUG_USART_RX_SOURCE          GPIO_PinSource10
10
11 #define DEBUG_USART_TX_GPIO_PORT       GPIOA
12 #define DEBUG_USART_TX_GPIO_CLK        RCC_AHB1Periph_GPIOA
13 #define DEBUG_USART_TX_PIN             GPIO_Pin_9
14 #define DEBUG_USART_TX_AF              GPIO_AF_USART1
15 #define DEBUG_USART_TX_SOURCE          GPIO_PinSource9
16
17 #define DEBUG_USART_IRQHandler         USART1_IRQHandler
18 #define DEBUG_USART_IRQ                USART1_IRQn
```

使用宏定义方便程序移植和升级，根据图 19-11 电路，我们选择使用 USART1，设定波特率为 115200。一般默认使用 "8-N-1" 参数，即 8 个数据位、不用校验、一位停止位。查阅表 19-3 可知，USART1 的 TX 线可对于 PA9 和 PB6 引脚，RX 线可对于 PA10 和 PB7 引脚，这里我们选择 PA9 以及 PA10 引脚。最后定义中断相关参数。

（2）嵌套向量中断控制器 NVIC 配置

代码清单 19-2 中断控制器 NVIC 配置

```
 1 static void NVIC_Configuration(void)
 2 {
 3     NVIC_InitTypeDef NVIC_InitStructure;
 4
 5     /* 嵌套向量中断控制器组选择 */
 6     NVIC_PriorityGroupConfig(NVIC_PriorityGroup_2);
 7
 8     /* 配置 USART 为中断源 */
 9     NVIC_InitStructure.NVIC_IRQChannel = DEBUG_USART_IRQ;
10     /* 抢断优先级为 1 */
11     NVIC_InitStructure.NVIC_IRQChannelPreemptionPriority = 1;
```

```
12        /* 子优先级为 1 */
13        NVIC_InitStructure.NVIC_IRQChannelSubPriority = 1;
14        /* 使能中断 */
15        NVIC_InitStructure.NVIC_IRQChannelCmd = ENABLE;
16        /* 初始化配置 NVIC */
17        NVIC_Init(&NVIC_InitStructure);
18    }
19
```

在中断章节已对嵌套向量中断控制器的工作机制做了详细的讲解，这里我们就直接使用它，配置 USART 作为中断源，因为本实验没有使用其他中断，对优先级没什么具体要求。

（3）USART 初始化配置

代码清单 19-3　USART 初始化配置

```
1  void Debug_USART_Config(void)
2  {
3      GPIO_InitTypeDef GPIO_InitStructure;
4      USART_InitTypeDef USART_InitStructure;
5      /* 使能 USART GPIO 时钟 */
6      RCC_AHB1PeriphClockCmd(DEBUG_USART_RX_GPIO_CLK |
7                             DEBUG_USART_TX_GPIO_CLK,
8                             ENABLE);
9
10     /* 使能 USART 时钟 */
11     RCC_APB2PeriphClockCmd(DEBUG_USART_CLK, ENABLE);
12
13     /* GPIO 初始化 */
14     GPIO_InitStructure.GPIO_OType = GPIO_OType_PP;
15     GPIO_InitStructure.CPIO_PuPd = GPIO_PuPd_UP;
16     GPIO_InitStructure.GPIO_Speed = GPIO_Speed_50MHz;
17
18     /* 配置 Tx 引脚为复用功能 */
19     GPIO_InitStructure.GPIO_Mode = GPIO_Mode_AF;
20     GPIO_InitStructure.GPIO_Pin = DEBUG_USART_TX_PIN   ;
21     GPIO_Init(DEBUG_USART_TX_GPIO_PORT, &GPIO_InitStructure);
22
23     /* 配置 Rx 引脚为复用功能 */
24     GPIO_InitStructure.GPIO_Mode = GPIO_Mode_AF;
25     GPIO_InitStructure.GPIO_Pin = DEBUG_USART_RX_PIN;
26     GPIO_Init(DEBUG_USART_RX_GPIO_PORT, &GPIO_InitStructure);
27
28     /* 连接 PXx 到 USARTx_Tx */
29     GPIO_PinAFConfig(DEBUG_USART_RX_GPIO_PORT,
30                      DEBUG_USART_RX_SOURCE,
31                      DEBUG_USART_RX_AF);
32
33     /* 连接 PXx 到 USARTx__Rx */
34     GPIO_PinAFConfig(DEBUG_USART_TX_GPIO_PORT,
35                      DEBUG_USART_TX_SOURCE,
36                      DEBUG_USART_TX_AF);
37
```

```
38        /* 配置串 DEBUG_USART 模式 */
39        /* 波特率设置: DEBUG_USART_BAUDRATE */
40        USART_InitStructure.USART_BaudRate = DEBUG_USART_BAUDRATE;
41        /* 字长（数据位+校验位）: 8 */
42        USART_InitStructure.USART_WordLength = USART_WordLength_8b;
43        /* 停止位: 1 个停止位 */
44        USART_InitStructure.USART_StopBits = USART_StopBits_1;
45        /* 校验位选择: 不使用校验 */
46        USART_InitStructure.USART_Parity = USART_Parity_No;
47        /* 硬件流控制: 不使用硬件流 */
48        USART_InitStructure.USART_HardwareFlowControl =
49            USART_HardwareFlowControl_None;
50        /* USART 模式控制: 同时使能接收和发送 */
51        USART_InitStructure.USART_Mode = USART_Mode_Rx | USART_Mode_Tx;
52        /* 完成 USART 初始化配置 */
53        USART_Init(DEBUG_USART, &USART_InitStructure);
54
55        /* 嵌套向量中断控制器 NVIC 配置 */
56        NVIC_Configuration();
57
58        /* 使能串口接收中断 */
59        USART_ITConfig(DEBUG_USART, USART_IT_RXNE, ENABLE);
60
61        /* 使能串口 */
62        USART_Cmd(DEBUG_USART, ENABLE);
63 }
64
```

使用 GPIO_InitTypeDef 和 USART_InitTypeDef 结构体定义一个 GPIO 初始化变量以及一个 USART 初始化变量，这两个结构体内容前面已经有详细讲解。

调用 RCC_AHB1PeriphClockCmd 函数开启 GPIO 端口时钟，使用 GPIO 之前必须开启对应端口的时钟。使用 RCC_APB2PeriphClockCmd 函数开启 USART 时钟。

使用 GPIO 之前都需要初始化配置它，并且还要添加特殊设置，因为我们使用它作为外设的引脚，一般都有特殊功能。我们在初始化时需要把它的模式设置为复用功能。

每个 GPIO 都可以作为多个外设的特殊功能引脚，比如 PA10 这个引脚不仅可以作为普通的输入输出引脚，还可以作为 USART1 的 RX 线引脚（USART1_RX）、定时器 1 通道 3 引脚（TIM1_CH3）、全速 OTG 的 ID 引脚（OTG_FS_ID）以及 DCMI 的数据 1 引脚（DCMI_D1）这 4 个外设的功能引脚，我们只能从中选择一个使用，这时就通过 GPIO 引脚复用功能配置（GPIO_PinAFConfig）函数实现复用功能引脚的连接。

这时可能有人会想，如果程序把 PA10 用于 TIM1_CH3，此时 USART1_RX 就没办法使用了，那岂不是不能使用 USART1 了。实际上情况没有这么糟糕，查阅表 19-3 我们可以看到，USART1_RX 不仅只有 PA10，还可以有 PB7。所以此时我们可以用 PB7 这个引脚来实现 USART1 通信。那要是 PB7 也是被其他外设占用了呢？那就没办法了，只能使用其他 USART。

　　GPIO_PinAFConfig 函数接收 3 个参数：第 1 个参数为 GPIO 端口，比如 GPIOA；第 2 个参数是指定要复用的引脚号，比如 GPIO_PinSource10；第 3 个参数是选择复用外设，比如 GPIO_AF_USART1。该函数最终操作的是 GPIO 复用功能寄存器 GPIO_AFRH 和 GPIO_AFRL，分高低两个。

　　接下来，我们配置 USART1 通信参数并调用 USART 初始化函数完成配置。

　　程序用到 USART 接收中断，需要配置 NVIC，这里调用 NVIC_Configuration 函数完成配置。配置 NVIC 就可以调用 USART_ITConfig 函数，使能 USART 接收中断。

　　最后调用 USART_Cmd 函数使能 USART。

　　（4）字符发送

代码清单 19-4　字符发送函数

```
1  /****************  发送一个字符  *********************/
2  void Usart_SendByte( USART_TypeDef * pUSARTx, uint8_t ch)
3  {
4      /* 发送一个字节数据到 USART */
5      USART_SendData(pUSARTx,ch);
6
7      /* 等待发送数据寄存器为空 */
8      while (USART_GetFlagStatus(pUSARTx, USART_FLAG_TXE) == RESET);
9  }
10
11 /****************  发送字符串  ********************/
12 void Usart_SendString( USART_TypeDef * pUSARTx, char *str)
13 {
14     unsigned int k=0;
15     do {
16         Usart_SendByte( pUSARTx, *(str + k) );
17         k++;
18     } while (*(str + k)!='\0');
19
20     /* 等待发送完成 */
21     while (USART_GetFlagStatus(pUSARTx,USART_FLAG_TC)==RESET) {
22     }
23 }
```

　　Usart_SendByte 函数用来指定 USART 发送一个 ASCLL 码值字符，它有两个形参：第 1 个为 USART，第 2 个为待发送的字符。它是通过调用库函数 USART_SendData 来实现的，并且增加了等待发送完成功能。通过使用 USART_GetFlagStatus 函数获取 USART 事件标志，来实现发送完成功能等待，它接收两个参数：一个是 USART；一个是事件标志。这里我们循环检测发送数据寄存器为空这个标志，当跳出 while 循环时，说明发送数据寄存器为空这个事实。

　　Usart_SendString 函数用来发送一个字符串，它实际是调用 Usart_SendByte 函数发送每个字符，直到遇到空字符才停止发送。最后使用循环检测发送完成的事件标志，以保证数据发送完成后才退出函数。

（5）USART 中断服务函数

代码清单 19-5　USART 中断服务函数

```
1 void DEBUG_USART_IRQHandler(void)
2 {
3     uint8_t ucTemp;
4     if (USART_GetITStatus(DEBUG_USART,USART_IT_RXNE)!=RESET) {
5         ucTemp = USART_ReceiveData( DEBUG_USART );
6         USART_SendData(DEBUG_USART,ucTemp);
7     }
8
9 }
```

这段代码是存放在 stm32f4xx_it.c 文件中的，该文件用来集中存放外设中断服务函数。当我们使能了中断并且中断发生时就会执行中断服务函数。

我们在代码清单 19-3 中使能了 USART 接收中断，当 USART 接收到数据后就会执行 DEBUG_USART_IRQHandler 函数。USART_GetITStatus 函数与 USART_GetFlagStatus 函数类似，用来获取标志位状态，但 USART_GetITStatus 函数是专门用来获取中断事件标志的，并返回该标志位状态。使用 if 语句来判断是否真的产生 USART 数据接收这个中断事件，如果是真的就使用 USART 数据读取函数 USART_ReceiveData 读取数据到指定存储区，然后再调用 USART 数据发送函数 USART_SendData 把数据又发送给源设备。

（6）主函数

代码清单 19-6　主函数

```
1 int main(void)
2 {
3     /* 初始化 USART 配置模式为 115200 8-N-1，中断接收 */
4     Debug_USART_Config();
5
6     Usart_SendString( DEBUG_USART,"这是一个串口中断接收回显实验 \n");
7     printf(" 欢迎使用秉火 STM32 开发板 \n");
8     while (1) {
9
10    }
11 }
```

首先我们需要调用 Debug_USART_Config 函数完成 USART 初始化配置，包括 GPIO 配置、USART 配置、接收中断使用等信息。

接下来就可以调用字符发送函数把数据发送给串口调试助手了。

最后什么都不做，只是静静地等待 USART 接收中断的产生，并在中断服务函数中回传数据。

19.5.3　下载验证

保证开发板相关硬件连接正确，用 USB 线连接开发板 " USB 转串口 " 接口和电脑，在电脑端打开串口调试助手，把编译好的程序下载到开发板，此时串口调试助手即可收到开发板发过来的数据。我们在串口调试助手发送区域输入任意字符，单击"手动发送"按钮，马上在串口调试助手接收区即可看到相同的字符，见图 19-12。

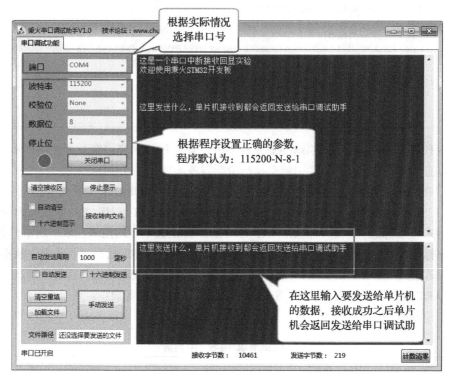

图 19-12　实验现象

19.6　USART1 指令控制 RGB 彩灯实验

在学习 C 语言时，我们经常使用 C 语言标准函数库输入输出函数，比如 printf、scanf、getchar 等。为让开发板也支持这些函数，需要把 USART 发送和接收函数添加到这些函数的内部函数中。

正如之前所讲，可以在串口调试助手输入指令，让开发板根据这些指令执行一些任务。现在我们编写让程序接收 USART 数据，根据数据内容控制 RGB 彩灯的颜色。

19.6.1　硬件设计

硬件设计同第一个实验。

19.6.2　软件设计

这里只讲解核心的部分代码，有些变量的设置、头文件的包含等并没有涉及，完整的代

码请参考本章配套的工程。我们创建了两个文件 bsp_usart.c 和 bsp_usart.h，用来存放 USART
驱动程序及相关宏定义。

1. 编程要点

1）初始化配置 RGB 彩色灯 GPIO；

2）使能 RX 和 TX 引脚 GPIO 时钟和 USART 时钟；

3）初始化 GPIO，并将 GPIO 复用到 USART 上；

4）配置 USART 参数；

5）使能 USART；

6）获取指令输入，根据指令控制 RGB 彩色灯。

2. 代码分析

（1）GPIO 和 USART 宏定义

代码清单 19-7　GPIO 和 USART 宏定义

```
 1 // 引脚定义
 2 /***************************************************/
 3 #define USARTx                              USART1
 4
 5 /* 不同的串口挂载的总线不一样，时钟使能函数也不一样，移植时要注意
 6  * 串口 1 和 6 是 RCC_APB2PeriphClockCmd
 7  * 串口 2、3、4、5、7 是 RCC_APB1PeriphClockCmd
 8  */
 9 #define USARTx_CLK                          RCC_APB2Periph_USART1
10 #define USARTx_CLOCKCMD                     RCC_APB2PeriphClockCmd
11 #define USARTx_BAUDRATE                     115200   // 串口波特率
12
13 #define USARTx_RX_GPIO_PORT                 GPIOA
14 #define USARTx_RX_GPIO_CLK                  RCC_AHB1Periph_GPIOA
15 #define USARTx_RX_PIN                       GPIO_Pin_10
16 #define USARTx_RX_AF                        GPIO_AF_USART1
17 #define USARTx_RX_SOURCE                    GPIO_PinSource10
18
19 #define USARTx_TX_GPIO_PORT                 GPIOA
20 #define USARTx_TX_GPIO_CLK                  RCC_AHB1Periph_GPIOA
21 #define USARTx_TX_PIN                       GPIO_Pin_9
22 #define USARTx_TX_AF                        GPIO_AF_USART1
23 #define USARTx_TX_SOURCE                    GPIO_PinSource9
24
25 /***************************************************/
```

使用宏定义方便程序移植和升级，这里我们选择使用 USART1，设定波特率为 115200。

（2）USART 初始化配置

代码清单 19-8　USART 初始化配置

```
 1 void USARTx_Config(void)
 2 {
 3     GPIO_InitTypeDef GPIO_InitStructure;
```

```
4        USART_InitTypeDef USART_InitStructure;
5
6        RCC_AHB1PeriphClockCmd(USARTx_RX_GPIO_CLK|USARTx_TX_GPIO_CLK,ENABLE);
7
8        /* 使能 USART 时钟 */
9        USARTx_CLOCKCMD(USARTx_CLK, ENABLE);
10
11       /* GPIO 初始化 */
12       GPIO_InitStructure.GPIO_OType = GPIO_OType_PP;
13       GPIO_InitStructure.GPIO_PuPd = GPIO_PuPd_UP;
14       GPIO_InitStructure.GPIO_Speed = GPIO_Speed_50MHz;
15
16       /* 配置 Tx 引脚为复用功能 */
17       GPIO_InitStructure.GPIO_Mode = GPIO_Mode_AF;
18       GPIO_InitStructure.GPIO_Pin =  USARTx_TX_PIN  ;
19       GPIO_Init(USARTx_TX_GPIO_PORT, &GPIO_InitStructure);
20
21       /* 配置 Rx 引脚为复用功能 */
22       GPIO_InitStructure.GPIO_Mode = GPIO_Mode_AF;
23       GPIO_InitStructure.GPIO_Pin =  USARTx_RX_PIN;
24       GPIO_Init(USARTx_RX_GPIO_PORT, &GPIO_InitStructure);
25
26       /* 连接 PXx 到 USARTx_Tx */
27       GPIO_PinAFConfig(USARTx_RX_GPIO_PORT,USARTx_RX_SOURCE,USARTx_RX_AF);
28
29       /* 连接 PXx 到 USARTx__Rx */
30       GPIO_PinAFConfig(USARTx_TX_GPIO_PORT,USARTx_TX_SOURCE,USARTx_TX_AF);
31
32       /* 配置串 DEBUG_USART 模式 */
33       /* 波特率设置：DEBUG_USART_BAUDRATE */
34       USART_InitStructure.USART_BaudRate = USARTx_BAUDRATE;
35       /* 字长（数据位 + 校验位）：8 */
36       USART_InitStructure.USART_WordLength = USART_WordLength_8b;
37       /* 停止位：1 个停止位 */
38       USART_InitStructure.USART_StopBits = USART_StopBits_1;
39       /* 校验位选择：偶校验 */
40       USART_InitStructure.USART_Parity = USART_Parity_No;
41       /* 硬件流控制：不使用硬件流 */
42       USART_InitStructure.USART_HardwareFlowControl =
43           USART_HardwareFlowControl_None;
44       /* USART 模式控制：同时使能接收和发送 */
45       USART_InitStructure.USART_Mode = USART_Mode_Rx | USART_Mode_Tx;
46       /* 完成 USART 初始化配置 */
47       USART_Init(USARTx, &USART_InitStructure);
48
49       /* 使能串口 */
50       USART_Cmd(USARTx, ENABLE);
51   }
```

使用 GPIO_InitTypeDef 和 USART_InitTypeDef 结构体，定义一个 GPIO 初始化变量以及一个 USART 初始化变量，这两个结构体内容我们之前已经有详细讲解。

调用 RCC_AHB1PeriphClockCmd 函数开启 GPIO 端口时钟，使用 GPIO 之前必须开启对应端口的时钟。

初始化配置 RX 线和 TX 线引脚为复用功能，并将指定的 GPIO 连接至 USART1，然后配置串口的工作参数为 115200-8-N-1。最后调用 USART_Cmd 函数使能 USART。

（3）重定向 prinft 和 scanf 函数

代码清单 19-9　重定向输入输出函数

```
 1  //重定向 C 库函数 printf 到串口，重定向后可使用 printf 函数
 2  int fputc(int ch, FILE *f)
 3  {
 4      /* 发送一个字节数据到串口 */
 5      USART_SendData(USARTx, (uint8_t) ch);
 6
 7      /* 等待发送完毕 */
 8      while (USART_GetFlagStatus(USARTx, USART_FLAG_TXE) == RESET);
 9
10      return (ch);
11  }
12
13  //重定向 C 库函数 scanf 到串口，重定向后可使用 scanf、getchar 等函数
14  int fgetc(FILE *f)
15  {
16      /* 等待串口输入数据 */
17      while (USART_GetFlagStatus(USARTx, USART_FLAG_RXNE) == RESET);
18
19      return (int)USART_ReceiveData(USARTx);
20  }
```

在 C 语言标准库中，fputc 函数是 printf 函数内部的一个函数，功能是将字符 ch 写入文件指针 f 所指向文件的当前写指针位置，简单理解就是把字符写入特定文件中。我们使用 USART 函数重新修改 fputc 函数内容，达到类似"写入"的功能。

fgetc 函数与 fputc 函数非常相似，实现字符读取功能。在使用 scanf 函数时需要注意字符输入格式。

还有一点需要注意，在使用 fput 和 fgetc 函数达到重定向 C 语言标准库输入输出函数时，必须在 MDK 的工程选项中把"Use MicroLIB"勾选上，MicoroLIB 是默认 C 库的备选库，它对标准 C 库进行了高度优化，使代码更少，占用更少资源。

为使用 printf、scanf 函数，需要在文件中包含 stdio.h 头文件。

（4）输出提示信息

代码清单 19-10　输出提示信息

```
1  static void Show_Message(void)
2  {
3      printf("\r\n    这是一个通过串口通信指令控制 RGB 彩灯实验 \n");
4      printf(" 使用  USART1   参数为：%d 8-N-1 \n",USARTx_BAUDRATE);
5      printf(" 开发板接到指令后控制 RGB 彩灯颜色，指令对应如下：\n");
```

```
6      printf("    指令    ------  彩灯颜色 \n");
7      printf("     1      ------     红 \n");
8      printf("     2      ------     绿 \n");
9      printf("     3      ------     蓝 \n");
10     printf("     4      ------     黄 \n");
11     printf("     5      ------     紫 \n");
12     printf("     6      ------     青 \n");
13     printf("     7      ------     白 \n");
14     printf("     8      ------     灭 \n");
15  }
```

Show_Message 函数中全部是调用 printf 函数，"打印"实验操作信息到串口调试助手。

（5）主函数

代码清单 19-11　主函数

```
1  int main(void)
2  {
3      char ch;
4
5      /* 初始化 RGB 彩灯 */
6      LED_GPIO_Config();
7
8      /* 初始化 USART 配置模式为 115200 8-N-1 */
9      USARTx_Config();
10
11     /* 打印指令输入提示信息 */
12     Show_Message();
13     while (1)
14     {
15         /* 获取字符指令 */
16         ch=getchar();
17         printf(" 接收到字符: %c\n",ch);
18
19         /* 根据字符指令控制 RGB 彩灯颜色 */
20         switch (ch)
21         {
22         case '1':
23             LED_RED;
24             break;
25         case '2':
26             LED_GREEN;
27             break;
28         case '3':
29             LED_BLUE;
30             break;
31         case '4':
32             LED_YELLOW;
33             break;
34         case '5':
35             LED_PURPLE;
36             break;
```

```
37          case '6':
38              LED_CYAN;
39              break;
40          case '7':
41              LED_WHITE;
42              break;
43          case '8':
44              LED_RGBOFF;
45              break;
46          default:
47              /* 如果不是指定指令字符，打印提示信息 */
48              Show_Message();
49              break;
50          }
51      }
52  }
```

首先我们定义一个字符变量来存放接收到的字符。

接下来调用 LED_GPIO_Config 函数完成 RGB 彩色 GPIO 初始化配置，该函数定义在 bsp_led.c 文件内。

调用 USARTx_Config 函完成 USART 初始化配置。

Show_Message 函数使用 printf 函数打印实验指令说明信息。

getchar 函数用于等待获取一个字符，并返回字符。我们使用 ch 变量保持返回的字符，接下来根据 ch 内容执行对应的程序。我们使用 switch 语句判断 ch 变量内容，并执行对应的功能程序。

19.6.3　下载验证

保证开发板相关硬件连接正确，用 USB 线连接开发板"USB 转串口"接口及电脑，在电脑端打开串口调试助手，把编译好的程序下载到开发板，此时串口调试助手即可收到开发板发过来的数据。我们在串口调试助手发送区域输入一个特定字符，单击"发送"按钮，RGB 彩色灯状态随之改变。

第 20 章
DMA

20.1 DMA 简介

DMA（Direct Memory Access，直接存储区访问）为实现数据高速在外部寄存器与存储器之间或者存储器与存储器之间传输提供了高效的方法。之所以说它高效，是因为 DMA 传输实现高速数据移动过程无需任何 CPU 操作控制。从硬件层次上来说，DMA 控制器是独立于 Cortex-M4 内核的，有点类似于 GPIO、USART 外设，只是 DMA 的功能是可以快速移动内存数据。

STM32F4xx 系列的 DMA 功能齐全，工作模式众多，适合不同编程环境要求。STM32F4xx 系列的 DMA 支持外设到存储器传输、存储器到外设传输和存储器到存储器传输 3 种传输模式。这里的外设一般指外设的数据寄存器，比如 ADC、SPI、I²C、DCMI 等外设的数据寄存器，存储器一般是指片内 SRAM、外部存储器、片内 Flash 等。

1）外设到存储器传输就是把外设数据寄存器内容转移到指定的内存空间。比如进行 ADC 采集时，我们可以利用 DMA 传输把 AD 转换数据转移到我们定义的存储区中，这样对于多通道采集、采样频率高、连续输出数据的 AD 采集是非常高效的处理方法。

2）存储区到外设传输就是把特定存储区内容转移至外设的数据寄存器中，多用于外设的发送通信。

3）存储器到存储器传输就是把一个指定存储区的内容复制到另一个存储区空间，功能类似于 C 语言内存复制函数 memcpy。利用 DMA 传输可以达到更高的传输效率，特别是 DMA 传输不占用 CPU，可以节省很多 CPU 资源。

20.2 DMA 功能框图

STM32F4xx 系列的 DMA 可以实现 3 种传输模式，这要得益于 DMA 控制器是采样 AHB 主总线的，可以控制 AHB 总线矩阵来启动 AHB 事务。DMA 控制器的框图见图 20-1。

1. 外设通道选择

见图 20-1 ①。

STM32F4xx 系列资源丰富，具有两个 DMA 控制器，并且外设繁多，为实现正常传输，

DMA 需要通道选择控制。每个 DMA 控制器具有 8 个数据流，每个数据流对应 8 个外设请求。在实现 DMA 传输之前，DMA 控制器会通过 DMA 数据流 x 配置寄存器 DMA_SxCR（x 为 0 ~ 7，对应 8 个 DMA 数据流）的 CHSEL[2:0] 位选择对应的通道作为该数据流的目标外设。

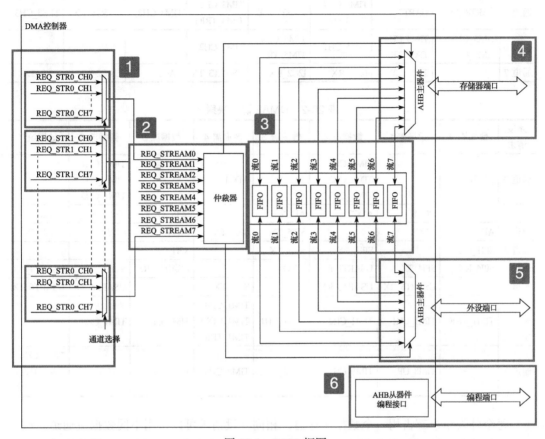

图 20-1　DMA 框图

外设通道选择要解决的主要问题是决定哪一个外设作为该数据流的源地址或者目标地址。DMA 请求映射情况参考表 20-1 和表 20-2。

表 20-1　DMA1 请求映射

外设请求	数据流 0	数据流 1	数据流 2	数据流 3	数据流 4	数据流 5	数据流 6	数据流 7
通道 0	SPI3_RX		SPI3_RX	SPI2_RX	SPI2_TX	SPI3_TX		SPI3_TX
通道 1	I2C1_RX		TIM7_UP		TIM7_UP	I2C1_RX	I2C1_TX	I2C1_TX
通道 2	TIM4_CH1		I2S3_EXT_RX	TIM4_CH2	I2S2_EXT_TX	I2S3_EXT_TX	TIM4_UP	TIM4_CH3
通道 3	I2S3_EXT_RX	TIM2_UP TIM2_CH3	I2C3_RX	I2S2_EXT_RX	I2C3_TX	TIM2_CH1	TIM2_CH2 TIM2_CH4	TIM2_UP TIM2_CH4
通道 4	UART5_RX	USART3_RX	UART4_RX	USART3_TX	UART4_TX	USART2_RX	USART2_TX	UART5_TX

（续）

外设请求	数据流 0	数据流 1	数据流 2	数据流 3	数据流 4	数据流 5	数据流 6	数据流 7
通道 5	UART8_TX	UART7_TX	TIM3_CH4 TIM3_UP	UART7_RX	TIM3_CH1 TIM3_TRIG	TIM3_CH2	UART8_RX	TIM3_CH3
通道 6	TIM5_CH3 TIM5_UP	TIM5_CH4 TIM5_TRIG	TIM5_CH1	TIM5_CH4 TIM5_TRIG	TIM5_CH2		TIM5_UP	
通道 7		TIM6_UP	I2C2_RX	I2C2_RX	USART3_TX	DAC1	DAC2	I2C2_TX

表 20-2　DMA2 请求映射

外设请求	数据流 0	数据流 1	数据流 2	数据流 3	数据流 4	数据流 5	数据流 6	数据流 7
通道 0	ADC1		TIM8_CH1 TIM8_CH2 TIM8_CH3		ADC1		TIM1_CH1 TIM1_CH2 TIM1_CH3	
通道 1		DCMI	ADC2	ADC2		SPI6_TX	SPI6_RX	DCMI
通道 2	ADC3	ADC3		SPI5_TX	SPI5_TX	CRYP_OUT	CRYP_IN	HASH_IN
通道 3	SPI1_RX		SPI1_RX	SPI1_TX		SPI1_TX		
通道 4	SPI4_RX	SPI4_TX	USART1_RX	SDIO		USART1_RX	SDIO	USART1_TX
通道 5		USART6_RX	USART6_RX	SPI14_RX	SPI4_TX		USART6_TX	USART6_TX
通道 6	TIM1_TRIG	TIM1_CH1	TIM1_CH2	TIM1_CH1	TIM1_CH4 TIM1_COM TIM1_TRIG	TIM1_UP	TIM1_CH3	
通道 7		TIM8_UP	TIM8_CH1	TIM8_CH2	TIM8_CH3	SPI5_RX	SPI5_TX	TIM8_CH4 TIM8_TRIG TIM8_COM

　　每个外设请求都占用一个数据流通道，相同外设请求可以占用不同数据流通道。比如 SPI3_RX 请求，即 SPI3 数据发送请求，占用 DMA1 的数据流 0 的通道 0。因此当我们使用该请求时，需要再把 DMA_S0CR 寄存器的 CHSEL[2:0] 设置为 "000"，此时相同数据流的其他通道不被选择，处于不可用状态，比如此时不能使用数据流 0 的通道 1，即 I2C1_RX 请求。

　　查阅表 20-1 可以发现，SPI3_RX 请求不仅仅在数据流 0 的通道 0，同时数据流 2 的通道 0 也是 SPI3_RX 请求。实际上其他外设基本上都有两个对应数据流通道，这两个数据流通道是可选的，这样设计是尽可能提供多个数据流同时使用情况的选择。

2. 仲裁器

见图 20-1 ②。

　　一个 DMA 控制器对应 8 个数据流，数据流包含要传输数据的源地址、目标地址、数据等信息。如果我们需要同时使用同一个 DMA 控制器（DMA1 或 DMA2）应对多个外设请求时，那必然需要同时使用多个数据流。那究竟哪一个数据流具有优先传输的权利呢？这就需要仲裁器来管理判断了。

仲裁器管理数据流的方法分为两个阶段。第一阶段属于软件阶段，我们在配置数据流时可以通过寄存器设定它的优先级别，具体配置 DMA_SxCR 寄存器 PL[1:0] 位，可以设置为非常高、高、中和低 4 个级别。第二阶段属于硬件阶段，如果两个或以上数据流软件设置优先级一样，则它们的优先级取决于数据流编号，编号越低越具有优先权，比如数据流 2 优先级高于数据流 3。

3. FIFO

见图 20-1 ③。

每个数据流都独立拥有 4 级 32 位 FIFO（先进先出存储器缓冲区）。DMA 传输具有 FIFO 模式和直接模式。

直接模式在每个外设请求时都立即启动对存储器传输。在直接模式下，如果 DMA 配置为存储器到外设传输，那 DMA 会将一个数据存放在 FIFO 内，如果外设启动 DMA 传输请求就可以马上将数据传输过去。

FIFO 用于在源数据传输到目标地址之前临时存放这些数据。可以通过 DMA 数据流 xFIFO 控制寄存器 DMA_SxFCR 的 FTH[1:0] 位来控制 FIFO 的阈值，分别为 1/4、1/2、3/4 和满。如果数据存储量达到阈值级别时，FIFO 内容将传输到目标中。

FIFO 对于要求源地址和目标地址数据宽度不同时非常有用，比如源数据是源源不断的字节数据，而目标地址要求输出字宽度的数据，即在实现数据传输的同时，把原来 4 个 8 位字节的数据拼凑成一个 32 位字数据。此时使用 FIFO 功能先把数据缓存起来，再根据需要输出数据。

FIFO 另外一个作用是用于突发（burst）传输。

4. 存储器端口、外设端口

见图 20-1 ④、⑤。

DMA 控制器实现双 AHB 主接口，以更好地利用总线矩阵和并行传输。DMA 控制器通过存储器端口和外设端口与存储器和外设进行数据传输，示意图见图 20-2。DMA 控制器的功能是快速转移内存数据，需要一个连接至源数据地址的端口和一个连接至目标地址的端口。

DMA2（DMA 控制器 2）的存储器端口和外设端口都连接到 AHB 总线矩阵，可以使用 AHB 总线矩阵功能。DMA2 存储器和外设端口可以访问相关的内存地址，包括内部 Flash、内部 SRAM、AHB1 外设、AHB2 外设、APB2 外设和外部存储器空间。

DMA1 的存储区端口比 DMA2 的要减少 AHB2 外设的访问权，同时 DMA1 外设端口没有连接至总线矩阵，只连接到 APB1 外设，所以 DMA1 不能实现存储器到存储器传输。

5. 编程端口

见图 20-1 ⑥。

AHB 从器件编程端口是连接至 AHB2 外设的。AHB2 外设在使用 DMA 传输时需要相关控制信号。

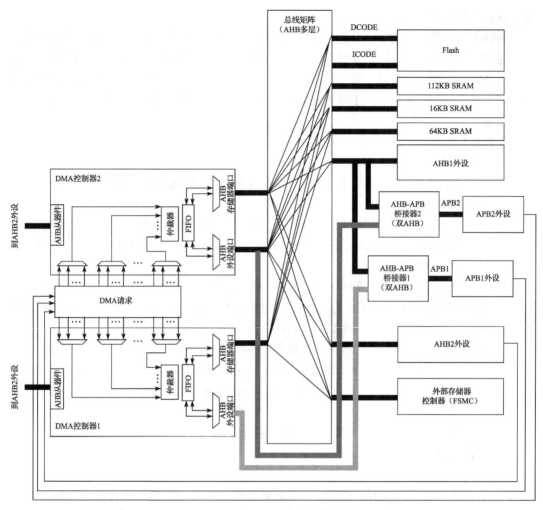

图 20-2 两个 DMA 控制器系统实现

20.3 DMA 数据配置

DMA 工作模式多样，具有多种工作模式，各种可能配置见表 20-3。

表 20-3 DMA 配置可能情况

DMA 传输模式	源	目标	流控制器	循环模式	传输类型	直接模式	双缓冲模式
外设到存储器	AHB 外设端口	AHB 存储器端口	DMA	允许	单次	允许	允许
					突发	禁止	
			外设	禁止	单次	允许	禁止
					突发	禁止	

（续）

DMA 传输模式	源	目标	流控制器	循环模式	传输类型	直接模式	双缓冲模式
存储器到外设	AHB 存储器端口	AHB 外设端口	DMA	允许	单次	允许	允许
					突发	禁止	
			外设	禁止	单次	允许	禁止
					突发	禁止	
存储器到存储器	AHB 存储器端口	AHB 存储器端口	仅 DMA	禁止	单次	禁止	禁止
					突发		

1. DMA 传输模式

DMA2 支持全部 3 种传输模式，而 DMA1 只支持外设到存储器和存储器到外设两种模式。模式选择可以通过 DMA_SxCR 寄存器的 DIR[1:0] 位控制，进而将 DMA_SxCR 寄存器的 EN 位置 1 就可以使能 DMA 传输。

DMA_SxCR 寄存器的 PSIZE[1:0] 和 MSIZE[1:0] 位分别指定外设和存储器数据宽度大小，可以指定为字节（8 位）、半字（16 位）和字（32 位），要根据实际情况设置。直接模式要求外设和存储器数据宽度大小一样，实际上在这种模式下，DMA 数据流直接使用 PSIZE，而 MSIZE 不被使用。

2. 源地址和目标地址

DMA 数据流 x 外设地址 DMA_SxPAR（x 为 0 ~ 7）寄存器用来指定外设地址，它是一个 32 位数据有效寄存器。DMA 数据流 x 存储器 0 地址 DMA_SxM0AR（x 为 0 ~ 7）寄存器和 DMA 数据流 x 存储器 1 地址 DMA_SxM1AR（x 为 0 ~ 7）寄存器用来存放存储器地址，其中 DMA_SxM1AR 只用于双缓冲模式，DMA_SxM0AR 和 DMA_SxM1AR 都是 32 位数据有效的。

当选择外设到存储器模式时，即设置 DMA_SxCR 寄存器的 DIR[1:0] 位为 "00"，DMA_SxPAR 寄存器为外设地址，也是传输的源地址，DMA_SxM0AR 寄存器为存储器地址，也是传输的目标地址。对于存储器到存储器传输模式，即设置 DIR[1:0] 位为 "10" 时，采用与外设到存储器模式相同配置。而对于存储器到外设，即设置 DIR[1:0] 位为 "01" 时，DMA_SxM0AR 寄存器作为为源地址，DMA_SxPAR 寄存器作为目标地址。

3. 流控制器

流控制器主要涉及一个控制 DMA 传输停止问题。DMA 传输在 DMA_SxCR 寄存器的 EN 位被置 1 后就进入准备传输状态，如果有外设请求 DMA 传输就可以进行数据传输。很多情况下，我们明确知道传输数据的数目，比如要传 1000 个或者 2000 个数据，这样我们就可以在传输之前设置 DMA_SxNDTR 寄存器为要传输的数目值，DMA 控制器在传输完这么多数目数据后就可以控制 DMA 停止传输。

DMA 数据流 x 数据项数 DMA_SxNDTR（x 为 0 ~ 7）寄存器用来记录当前仍需要传输的数目，它是一个 16 位数据有效寄存器，即最大值为 65535，这个值在程序设计中是非常有用也是需要注意的地方。我们在编程时一般都会明确指定一个传输数量，在完成一次数目传输后 DMA_SxNDTR 计数值就会自减，当达到 0 时就说明传输完成。

如果某些情况下在传输之前我们无法确定数据的数目，那 DMA 就无法自动控制传输停止了，此时需要外设通过硬件通信向 DMA 控制器发送停止传输信号。这里有一个大前提就是外设必须可以发出这个停止传输信号，只有 SDIO 才有这个功能，其他外设不具备此功能。

4. 循环模式

循环模式对应于一次模式。一次模式就是传输一次就停止传输，下一次传输需要手动控制。而循环模式在传输一次后会自动按照相同配置重新传输，周而复始直至被控制停止或传输发生错误。

通过 DMA_SxCR 寄存器的 CIRC 位可以使能循环模式。

5. 传输类型

DMA 传输类型有单次（Single）传输和突发（Burst）传输。突发传输就是用非常的短时间结合非常高的数据信号率传输数据，相对于正常传输速度，突发传输就是在传输阶段把速度瞬间提高，实现高速传输，直到数据传输完成后才恢复正常速度，有点类似达到数据块"秒传"效果。为达到这个效果，突发传输过程要占用 AHB 总线，以保证每个数据项在传输过程中不被分割，这样一次性把数据全部传输完才释放 AHB 总线。而单次传输时必须通过 AHB 的总线仲裁多次控制才完成传输。

单次和突发传输数据使用具体情况参考表 20-4。其中 PBURST[1:0] 和 MBURST[1:0] 位是位于 DMA_SxCR 寄存器中的，分别用于设置外设和存储器不同节拍数的突发传输，对应为单次传输、4 个节拍增量传输、8 个节拍增量传输和 16 个节拍增量传输。PINC 位和 MINC 位是寄存器 DMA_SxCR 寄存器的第 9 和第 10 位，如果位被置 1 则在每次数据传输后数据地址指针自动递增，其增量由 PSIZE 和 MSIZE 值决定，比如，设置 PSIZE 为半字大小，那么下一次传输地址将是前一次地址递增 2。

表 20-4   DMA 传输类型

AHB 主端口	项目	单次传输	突发传输
外设	寄存器	PBURST[1:0]=00，PINC 无要求	PBURST[1:0] 不为 0，PINC 必须为 1
	描述	每次 DMA 请求就传输一次字节 / 半字 / 字（取决于 PSIZE）数据	每次 DMA 请求就传输 4/8/16 个（取决于 PBURST[1:0]）字节 / 半字 / 字（取决于 PSIZE）数据
存储器	寄存器	MBURST[1:0]=00，MINC 无要求	MBURST[1:0] 不为 0，MINC 必须为 1
	描述	每次 DMA 请求就传输一次字节 / 半字 / 字（取决于 MSIZE）数据	每次 DMA 请求就传输 4/8/16 个（取决于 MBURST[1:0]）字节 / 半字 / 字（取决于 MSIZE）数据

突发传输与 FIFO 密切相关，突发传输需要结合 FIFO 使用，要求 FIFO 阈值一定是内存突发传输数据量的整数倍。FIFO 阈值选择和存储器突发大小必须配合使用，具体参考表 20-5。

表 20-5　FIFO 阈值配置

MSIZE	FIFO 级别	MBURST=INCR4	MBURST=INCR8	MBURST=INCR16
字节	1/4	4 个节拍的 1 次突发	禁止	禁止
	1/2	4 个节拍的 2 次突发	8 个节拍的 1 次突发	
	3/4	4 个节拍的 3 次突发	禁止	
	满	4 个节拍的 4 次突发	8 个节拍的 2 次突发	16 个节拍的 1 次突发
半字	1/4	禁止	禁止	禁止
	1/2	4 个节拍的 1 次突发		
	3/4	禁止		
	满	4 个节拍的 2 次突发	8 个节拍的 1 次突发	
字	1/4	禁止	禁止	
	1/2			
	3/4			
	满	4 个节拍的 1 次突发		

6. 直接模式

默认情况下，DMA 工作在直接模式，不使能 FIFO 阈值级别。

直接模式在每个外设请求时都立即启动对存储器传输的单次传输。直接模式要求源地址和目标地址的数据宽度必须一致，所以只有 PSIZE 控制，而 MSIZE 值被忽略。突发传输是基于 FIFO 的，所以直接模式不被支持。另外，直接模式不能用于存储器到存储器传输。

在直接模式下，如果 DMA 配置为存储器到外设传输，那 DMA 会将一个数据存放在 FIFO 内，如果外设启动 DMA 传输请求就可以马上将数据传输过去。

7. 双缓冲模式

设置 DMA_SxCR 寄存器的 DBM 位为 1 可启动双缓冲传输模式，并自动激活循环模式。双缓冲不应用于存储器到存储器的传输。双缓冲模式下，两个存储器地址指针都有效，即 DMA_SxM1AR 寄存器将被激活使用。开始传输使用 DMA_SxM0AR 寄存器的地址指针所对应的存储区，当这个存储区数据传输完，DMA 控制器会自动切换至 DMA_SxM1AR 寄存器的地址指针所对应的另一块存储区，如果这一块也传输完成，就再切换至 DMA_SxM0AR 寄存器的地址指针所对应的存储区，这样循环调用。

每当其中一个存储区传输完成时都会把传输完成中断标志 TCIF 位置 1，如果我们使能了 DMA_SxCR 寄存器的传输完成中断，则可以产生中断信号，这个对我们编程非常有用。另外一个非常有用的信息是 DMA_SxCR 寄存器的 CT 位，当 DMA 控制器是在访问使用 DMA_SxM0AR 时 CT=0，此时 CPU 不能访问 DMA_SxM0AR，但可以向 DMA_SxM1AR 填充或者读取数据；当 DMA 控制器是在访问使用 DMA_SxM1AR 时 CT=1，此时 CPU 不能访问 DMA_SxM1AR，但可以向 DMA_SxM0AR 填充或者读取数据。另外在未使能 DMA 数据流传输时，可以直接写 CT 位，改变开始传输的目标存储区。

双缓冲模式应用在需要解码程序的地方是非常有效的。比如 MP3 格式音频解码播放，MP3 是被压缩的文件格式，我们需要特定的解码库程序来解码文件才能得到可以播放的

PCM 信号。解码需要一定的时间，按照常规方法是读取一段原始数据到缓冲区，然后对缓冲区内容进行解码，解码后才输出到音频播放电路。这种流程对 CPU 运算速度要求高，很容易出现播放不流畅现象。如果我们使用 DMA 双缓冲模式传输数据就可以非常好地解决这个问题，达到解码和输出音频数据到音频电路同步进行的效果。

8. DMA 中断

每个 DMA 数据流可以在发送以下事件时产生中断。

1）达到半传输：DMA 数据传输达到一半时 HTIF 标志位被置 1，如果使能 HTIE 中断控制位将产生达到半传输中断。

2）传输完成：DMA 数据传输完成时 TCIF 标志位被置 1，如果使能 TCIE 中断控制位将产生传输完成中断。

3）传输错误：DMA 访问总线发生错误或者在双缓冲模式下试图访问"受限"存储器地址寄存器时 TEIF 标志位被置 1，如果使能 TEIE 中断控制位将产生传输错误中断。

4）FIFO 错误：发生 FIFO 下溢或者上溢时 FEIF 标志位被置 1，如果使能 FEIE 中断控制位将产生 FIFO 错误中断。

5）直接模式错误：在外设到存储器的直接模式下，因为存储器总线没得到授权，使得先前数据没有完全被传输到存储器空间上，此时 DMEIF 标志位被置 1，如果使能 DMEIE 中断控制位将产生直接模式错误中断。

20.4 DMA 初始化结构体详解

标准库函数对每个外设都建立了一个初始化结构体 xxx_InitTypeDef（xxx 为外设名称），结构体成员用于设置外设工作参数，并由标准库函数 xxx_Init() 调用这些设定参数进入设置外设相应的寄存器，达到配置外设工作环境的目的。

结构体 xxx_InitTypeDef 和库函数 xxx_Init 配合使用是标准库精髓所在，理解了结构体 xxx_InitTypeDef 每个成员意义基本上就可以对该外设运用自如了。结构体 xxx_InitTypeDef 定义在 stm32f4xx_xxx.h（后面 xxx 为外设名称）文件中，库函数 xxx_Init 定义在 stm32f4xx_xxx.c 文件中，编程时我们可以参考这两个文件中的注释使用。

DMA_ InitTypeDef 初始化结构体如下：

```
 1 typedef struct {
 2     uint32_t DMA_Channel;              // 通道选择
 3     uint32_t DMA_PeripheralBaseAddr;   // 外设地址
 4     uint32_t DMA_Memory0BaseAddr;      // 存储器 0 地址
 5     uint32_t DMA_DIR;                  // 传输方向
 6     uint32_t DMA_BufferSize;           // 数据数目
 7     uint32_t DMA_PeripheralInc;        // 外设递增
 8     uint32_t DMA_MemoryInc;            // 存储器递增
 9     uint32_t DMA_PeripheralDataSize;   // 外设数据宽度
10     uint32_t DMA_MemoryDataSize;       // 存储器数据宽度
11     uint32_t DMA_Mode;                 // 模式选择
```

```
12        uint32_t DMA_Priority;              // 优先级
13        uint32_t DMA_FIFOMode;              // FIFO 模式
14        uint32_t DMA_FIFOThreshold;         // FIFO 阈值
15        uint32_t DMA_MemoryBurst;           // 存储器突发传输
16        uint32_t DMA_PeripheralBurst;       // 外设突发传输
17 } DMA_InitTypeDef;
```

1）DMA_Channel：DMA 请求通道选择，可选通道 0 ~ 通道 7，每个外设对应固定的通道，具体设置值参照表 20-1 和表 20-2；它设定 DMA_SxCR 寄存器的 CHSEL[2:0] 位的值。例如，我们使用模拟数字转换器 ADC3 规则采集 4 个输入通道的电压数据，查表 20-2 可知使用通道 2。

2）DMA_PeripheralBaseAddr：外设地址，设定 DMA_SxPAR 寄存器的值，一般设置为外设的数据寄存器地址，如果是存储器到存储器模式，则设置为其中一个存储区地址。ADC3 的数据寄存器 ADC_DR 地址为 ((uint32_t)ADC3+0x4C)。

3）DMA_Memory0BaseAddr：存储器 0 地址，设定 DMA_SxM0AR 寄存器值，一般设置为我们自定义存储区的首地址。我们程序先自定义一个 16 位无符号整型数组 ADC_ConvertedValue[4]，用来存放每个通道的 ADC 值，所以把数组首地址（直接使用数组名即可）赋值给 DMA_Memory0BaseAddr。

4）DMA_DIR：传输方向选择，可选外设到存储器、存储器到外设以及存储器到存储器。它设定 DMA_SxCR 寄存器的 DIR[1:0] 位的值。ADC 采集显然使用外设到存储器模式。

5）DMA_BufferSize：设定待传输数据数目，初始化设定 DMA_SxNDTR 寄存器的值。这里 ADC 是采集 4 个通道数据，所以待传输数目也就是 4。

6）DMA_PeripheralInc：如果配置为 DMA_PeripheralInc_Enable，使能外设地址自动递增功能，它设定 DMA_SxCR 寄存器的 PINC 位的值。一般外设都是只有一个数据寄存器，所以一般不会使能该位。ADC3 的数据寄存器地址是固定的，并且只有一个，所以不使能外设地址递增。

7）DMA_MemoryInc：如果配置为 DMA_MemoryInc_Enable，使能存储器地址自动递增功能，它设定 DMA_SxCR 寄存器的 MINC 位的值。我们自定义的存储区一般都是存放多个数据的，所以使能存储器地址自动递增功能。我们之前已经定义了一个包含 4 个元素的数字用来存放数据，使能存储区地址递增功能，自动把每个通道数据存放到对应数组元素内。

8）DMA_PeripheralDataSize：外设数据宽度，可选字节（8 位）、半字（16 位）和字（32 位），它设定 DMA_SxCR 寄存器的 PSIZE[1:0] 位的值。ADC 数据寄存器只有低 16 位数据有效，使用半字数据宽度。

9）DMA_MemoryDataSize：存储器数据宽度，可选字节（8 位）、半字（16 位）和字（32 位），它设定 DMA_SxCR 寄存器的 MSIZE[1:0] 位的值。保存 ADC 转换数据也要使用半字数据宽度，这跟我们定义的数组是相对应的。

10）DMA_Mode：DMA 传输模式选择，可选一次传输或者循环传输，它设定 DMA_SxCR 寄存器的 CIRC 位的值。我们希望 ADC 采集是持续循环进行的，所以使用循环传输模式。

11）DMA_Priority：软件设置数据流的优先级，有 4 个可选优先级，分别为非常高、高、中和低，它设定 DMA_SxCR 寄存器的 PL[1:0] 位的值。DMA 优先级只有在多个 DMA 数据流同时使用时才有意义，这里我们设置为非常高优先级就可以了。

12）DMA_FIFOMode：FIFO 模式使能，如果设置为 DMA_FIFOMode_Enable 表示使能 FIFO 模式功能，它设定 DMA_SxFCR 寄存器的 DMDIS 位。ADC 采集传输使用直接传输模式即可，不需要使用 FIFO 模式。

13）DMA_FIFOThreshold：FIFO 阈值选择，可选 4 种状态，分别为 FIFO 容量的 1/4、1/2、3/4 和满；它设定 DMA_SxFCR 寄存器的 FTH[1:0] 位；若 DMA_FIFOMode 设置为 DMA_FIFOMode_Disable，则 DMA_FIFOThreshold 值无效。ADC 采集传输不使用 FIFO 模式，设置该值无效。

14）DMA_MemoryBurst：存储器突发模式选择，可选单次模式、4 节拍的增量突发模式、8 节拍的增量突发模式或 16 节拍的增量突发模式，它设定 DMA_SxCR 寄存器的 MBURST[1:0] 位的值。ADC 采集传输是直接模式，要求使用单次模式。

15）DMA_PeripheralBurst：外设突发模式选择，可选单次模式、4 节拍的增量突发模式、8 节拍的增量突发模式或 16 节拍的增量突发模式，它设定 DMA_SxCR 寄存器的 PBURST[1:0] 位的值。ADC 采集传输是直接模式，要求使用单次模式。

20.5　DMA 存储器到存储器模式实验

DMA 工作模式多样，具体如何使用需要配合实际传输条件具体分析。接下来我们通过两个实验详细讲解 DMA 不同模式下的使用配置，加深对 DMA 功能的理解。

DMA 运行高效，使用方便，在很多测试实验都会用到。这里先详解存储器到存储器和存储器到外设这两种模式，其他功能模式在其他章节会有很多使用到的情况，也会有相关的分析。

存储器到存储器模式可以实现数据在两个内存间的快速复制。我们先定义一个静态的源数据，然后使用 DMA 传输把源数据复制到目标地址上，最后对比源数据和目标地址的数据，看看是否传输准确。

20.5.1　硬件设计

DMA 存储器到存储器实验不需要其他硬件要求，只用到 RGB 彩色灯指示程序状态，关于 RGB 彩色灯电路可以参考 GPIO 有关章节。

20.5.2　软件设计

这里只讲解核心的部分代码，有些变量的设置、头文件的包含等并没有涉及，完整的代码请参考本章配套的工程。这个实验代码比较简单，主要程序代码都在 main.c 文件中。

1. 编程要点

1）使能 DMA 数据流时钟并复位初始化 DMA 数据流；

2）配置 DMA 数据流参数；

3）使能 DMA 数据流，进行传输；

4）等待传输完成，并对源数据和目标地址数据进行比较。

2. 代码分析

（1）DMA 宏定义及相关变量定义

代码清单 20-1　DMA 数据流和相关变量定义

```
1  /* 相关宏定义，使用存储器到存储器传输必须使用 DMA2 */
2  #define DMA_STREAM                  DMA2_Stream0
3  #define DMA_CHANNEL                 DMA_Channel_0
4  #define DMA_STREAM_CLOCK            RCC_AHB1Periph_DMA2
5  #define DMA_FLAG_TCIF               DMA_FLAG_TCIF0
6
7  #define BUFFER_SIZE                 32
8  #define TIMEOUT_MAX                 10000 /* Maximum timeout value */
9
10 /* 定义 aSRC_Const_Buffer 数组作为 DMA 传输数据源
11    const 关键字将 aSRC_Const_Buffer 数组变量定义为常量类型 */
12 const uint32_t aSRC_Const_Buffer[BUFFER_SIZE]= {
13                        0x01020304,0x05060708,0x090A0B0C,0x0D0E0F10,
14                        0x11121314,0x15161718,0x191A1B1C,0x1D1E1F20,
15                        0x21222324,0x25262728,0x292A2B2C,0x2D2E2F30,
16                        0x31323334,0x35363738,0x393A3B3C,0x3D3E3F40,
17                        0x41424344,0x45464748,0x494A4B4C,0x4D4E4F50,
18                        0x51525354,0x55565758,0x595A5B5C,0x5D5E5F60,
19                        0x61626364,0x65666768,0x696A6B6C,0x6D6E6F70,
20                        0x71727374,0x75767778,0x797A7B7C,0x7D7E7F80
21 };
22 /* 定义 DMA 传输目标存储器 */
23 uint32_t aDST_Buffer[BUFFER_SIZE];
```

使用宏定义设置外设配置可以方便程序修改和升级。

存储器到存储器传输必须使用 DMA2，但对数据流编号以及通道选择没有硬性要求，可以自由选择。

aSRC_Const_Buffer[BUFFER_SIZE] 是定义用来存放源数据的，并且使用了 const 关键字修饰，即常量类型，使得变量存储在内部 Flash 空间上。

（2）DMA 数据流配置

代码清单 20-2　DMA 传输参数配置

```
1 static void DMA_Config(void)
2 {
3     DMA_InitTypeDef  DMA_InitStructure;
4     __IO uint32_t    Timeout = TIMEOUT_MAX;
5
```

```
6      /* 使能 DMA 时钟 */
7      RCC_AHB1PeriphClockCmd(DMA_STREAM_CLOCK, ENABLE);
8
9      /* 复位初始化 DMA 数据流 */
10     DMA_DeInit(DMA_STREAM);
11
12     /* 确保 DMA 数据流复位完成 */
13     while (DMA_GetCmdStatus(DMA_STREAM) != DISABLE) {
14     }
15
16     /* DMA 数据流通道选择 */
17     DMA_InitStructure.DMA_Channel = DMA_CHANNEL;
18     /* 源数据地址 */
19     DMA_InitStructure.DMA_PeripheralBaseAddr=(uint32_t)aSRC_Const_Buffer;
20     /* 目标地址 */
21     DMA_InitStructure.DMA_Memory0BaseAddr = (uint32_t)aDST_Buffer;
22     /* 存储器到存储器模式 */
23     DMA_InitStructure.DMA_DIR = DMA_DIR_MemoryToMemory;
24     /* 数据数目 */
25     DMA_InitStructure.DMA_BufferSize = (uint32_t)BUFFER_SIZE;
26     /* 使能自动递增功能 */
27     DMA_InitStructure.DMA_PeripheralInc = DMA_PeripheralInc_Enable;
28     /* 使能自动递增功能 */
29     DMA_InitStructure.DMA_MemoryInc = DMA_MemoryInc_Enable;
30     /* 源数据是字大小 (32 位) */
31     DMA_InitStructure.DMA_PeripheralDataSize=DMA_PeripheralDataSize_Word;
32     /* 目标数据也是字大小 (32 位) */
33     DMA_InitStructure.DMA_MemoryDataSize = DMA_MemoryDataSize_Word;
34     /* 一次传输模式，存储器到存储器模式不能使用循环传输 */
35     DMA_InitStructure.DMA_Mode = DMA_Mode_Normal;
36     /* DMA 数据流优先级为高 */
37     DMA_InitStructure.DMA_Priority = DMA_Priority_High;
38     /* 禁用 FIFO 模式 */
39     DMA_InitStructure.DMA_FIFOMode = DMA_FIFOMode_Disable;
40     DMA_InitStructure.DMA_FIFOThreshold = DMA_FIFOThreshold_Full;
41     /* 单次模式 */
42     DMA_InitStructure.DMA_MemoryBurst = DMA_MemoryBurst_Single;
43     /* 单次模式 */
44     DMA_InitStructure.DMA_PeripheralBurst = DMA_PeripheralBurst_Single;
45     /* 完成 DMA 数据流参数配置 */
46     DMA_Init(DMA_STREAM, &DMA_InitStructure);
47
48     /* 清除 DMA 数据流传输完成标志位 */
49     DMA_ClearFlag(DMA_STREAM,DMA_FLAG_TCIF);
50
51     /* 使能 DMA 数据流，开始 DMA 数据传输 */
52     DMA_Cmd(DMA_STREAM, ENABLE);
53
54     /* 检测 DMA 数据流是否有效并带有超时检测功能 */
55     Timeout = TIMEOUT_MAX;
56     while ((DMA_GetCmdStatus(DMA_STREAM) != ENABLE) && (Timeout-- > 0)) {
57     }
58
59     /* 判断是否超时 */
```

```
60      if (Timeout == 0) {
61          /* 超时就让程序运行下面循环: RGB 彩色灯闪烁 */
62          while (1) {
63              LED_RED;
64              Delay(0xFFFFFF);
65              LED_RGBOFF;
66              Delay(0xFFFFFF);
67          }
68      }
69  }
```

使用 DMA_InitTypeDef 结构体定义一个 DMA 数据流初始化变量，这个结构体内容我们之前已经详细讲解过。定义一个无符号 32 位整数变量 Timeout，用来计数超时。

调用 RCC_AHB1PeriphClockCmd 函数开启 DMA 数据流时钟，使用 DMA 控制器之前必须开启对应的时钟。

DMA_DeInit 函数将数据流复位到默认配置状态。

使用 DMA_GetCmdStatus 函数获取当前 DMA 数据流状态，该函数接收一个 DMA 数据流的参数，返回当前数据流状态。复位 DMA 数据流之前需要调用该函数来确保 DMA 数据流复位完成。

存储器到存储器模式通道选择没有具体规定，源地址和目标地址使用之前定义的数组首地址，只能使用一次传输模式而不能循环传输，最后调用 DMA_Init 函数完成 DMA 数据流的初始化配置。

DMA_ClearFlag 函数用于清除 DMA 数据流标志位，代码用到传输完成标志位，使用之前清除标志位以免产生不必要的干扰。DMA_ClearFlag 函数需要两个形参: 一个是 DMA 数据流，一个是事件标志位，可选的有数据流传输完成标志位、半传输标志位、FIFO 错误标志位、传输错误标志位以及直接模式错误标志位。

DMA_Cmd 函数用于启动或者停止 DMA 数据流传输，它接收两个参数: 一个是 DMA 数据流，另外一个是开启 ENABLE 或者停止 DISABLE。

开启 DMA 传输后需要使用 DMA_GetCmdStatus 函数获取 DMA 数据流状态，确保 DMA 数据流配置有效。为防止程序卡死，添加了超时检测功能。

如果 DMA 配置超时错误则闪烁 RGB 彩灯提示。

（3）存储器数据对比

代码清单 20-3　源数据与目标地址数据对比

```
1 uint8_t Buffercmp(const uint32_t* pBuffer,
2                 uint32_t* pBuffer1, uint16_t BufferLength)
3 {
4     /* 数据长度递减 */
5     while (BufferLength--) {
6         /* 判断两个数据源是否对应相等 */
7         if (*pBuffer != *pBuffer1) {
8             /* 对应数据源不相等马上退出函数，并返回 0 */
9             return 0;
```

```
10            }
11            /* 递增两个数据源的地址指针 */
12            pBuffer++;
13            pBuffer1++;
14         }
15         /* 完成判断并且对应数据相对 */
16         return 1;
17 }
```

判断指定长度的两个数据源是否完全相等，如果完全相等返回 1；只要其中一对数据不相等就返回 0。它需要 3 个形参，前两个是两个数据源的地址，第 3 个是要比较的数据长度。

（4）主函数

代码清单 20-4 存储器到存储器模式主函数

```
1 int main(void)
2 {
3     /* 定义存放比较结果变量 */
4     uint8_t TransferStatus;
5
6     /* LED 端口初始化 */
7     LED_GPIO_Config();
8
9     /* 设置 RGB 彩色灯为紫色 */
10    LED_PURPLE;
11
12    /* 简单延时函数 */
13    Delay(0xFFFFFF);
14
15    /* DMA 传输配置 */
16    DMA_Config();
17
18    /* 等待 DMA 传输完成 */
19    while (DMA_GetFlagStatus(DMA_STREAM,DMA_FLAG_TCIF)==DISABLE) {
20
21    }
22
23    /* 比较源数据与传输后数据 */
24    TransferStatus=Buffercmp(aSRC_Const_Buffer, aDST_Buffer, BUFFER_SIZE);
25
26    /* 判断源数据与传输后数据比较结果 */
27    if (TransferStatus==0) {
28        /* 源数据与传输后数据不相等时 RGB 彩色灯显示红色 */
29        LED_RED;
30    } else {
31        /* 源数据与传输后数据相等时 RGB 彩色灯显示蓝色 */
32        LED_BLUE;
33    }
34
35    while (1) {
36    }
37 }
```

首先，定义一个变量用来保存存储器数据比较结果。

RGB 彩色灯用来指示程序进程，使用之前需要初始化它，LED_GPIO_Config 定义在 bsp_led.c 文件中。开始设置 RGB 彩色灯为紫色，LED_PURPLE 是定义在 bsp_led.h 文件中的宏定义。

Delay 函数只是一个简单的延时函数。

调用 DMA_Config 函数完成 DMA 数据流配置并启动 DMA 数据传输。

DMA_GetFlagStatus 函数获取 DMA 数据流事件标志位的当前状态，这里获取 DMA 数据传输完成这个标志位，使用循环持续等待，直到该标志位被置位，即 DMA 传输完成这个事件发生，然后退出循环，运行之后的程序。

确定 DMA 传输完成之后就可以调用 Buffercmp 函数比较源数据与 DMA 传输后目标地址的数据是否一一对应。TransferStatus 保存比较结果，如果为 1 表示两个数据源一一对应相等，说明 DMA 传输成功；相反，如果为 0 表示两个数据源数据存在不等情况，说明 DMA 传输出错。

如果 DMA 传输成功则设置 RGB 彩色灯为蓝色，如果 DMA 传输出错则设置 RGB 彩色灯为红色。

20.5.3　下载验证

确保开发板供电正常，编译程序并下载。观察 RGB 彩色灯变化情况。正常情况下 RGB 彩色灯先为紫色，然后变成蓝色。如果 DMA 传输出错才会为红色。

20.6　DMA 存储器到外设模式实验

DMA 存储器到外设传输模式非常方便地把存储器中数据传输外设数据寄存器中，这在 STM32 芯片向其他目标主机，比如电脑、另外一块开发板或者功能芯片等，发送数据时是非常有用的。RS-232 串口通信是我们常用的开发板与 PC 端通信的方法。我们可以使用 DMA 传输把指定的存储器数据转移到 USART 数据寄存器内，并发送至 PC 端，在串口调试助手显示。

20.6.1　硬件设计

存储器到外设模式使用到 USART1 功能，具体电路设置参考 USART 章节，无需其他硬件设计。

20.6.2　软件设计

这里只讲解核心的部分代码，有些变量的设置、头文件的包含等并没有涉及，完整的代码请参考本章配套的工程。我们编写两个串口驱动文件 bsp_usart_dma.c 和 bsp_usart_dma.h，有关串口和 DMA 的宏定义以及驱动函数都在里边。

1. 编程要点

1）配置 USART 通信功能；

2）设置 DMA 为存储器到外设模式，设置数据流通道，指定 USART 数据寄存器为目标地址，循环发送模式；

3）使能 DMA 数据流；

4）使能 USART 的 DMA 发送请求；

5）DMA 传输同时 CPU 可以运行其他任务。

2. 代码分析

（1）USART 和 DMA 宏定义

代码清单 20-5　USART 和 DMA 相关宏定义

```
 1 // USART
 2 #define DEBUG_USART                     USART1
 3 #define DEBUG_USART_CLK                 RCC_APB2Periph_USART1
 4 #define DEBUG_USART_RX_GPIO_PORT        GPIOA
 5 #define DEBUG_USART_RX_GPIO_CLK         RCC_AHB1Periph_GPIOA
 6 #define DEBUG_USART_RX_PIN              GPIO_Pin_10
 7 #define DEBUG_USART_RX_AF               GPIO_AF_USART1
 8 #define DEBUG_USART_RX_SOURCE           GPIO_PinSource10
 9
10 #define DEBUG_USART_TX_GPIO_PORT        GPIOA
11 #define DEBUG_USART_TX_GPIO_CLK         RCC_AHB1Periph_GPIOA
12 #define DEBUG_USART_TX_PIN              GPIO_Pin_9
13 #define DEBUG_USART_TX_AF               GPIO_AF_USART1
14 #define DEBUG_USART_TX_SOURCE           GPIO_PinSource9
15
16 #define DEBUG_USART_BAUDRATE            115200
17
18 // DMA
19 #define DEBUG_USART_DR_BASE             (USART1_BASE+0x04)
20 #define SENDBUFF_SIZE                   5000    // 一次发送的数据量
21 #define DEBUG_USART_DMA_CLK             RCC_AHB1Periph_DMA2
22 #define DEBUG_USART_DMA_CHANNEL         DMA_Channel_4
23 #define DEBUG_USART_DMA_STREAM          DMA2_Stream7
```

使用宏定义设置外设配置可以方便程序修改和升级。

USART 部分设置与 USART 章节内容相同，可以参考 USART 章节内容理解。

查阅表 20-2 可知，USART1 对应 DMA2 的数据流 7、通道 4。

（2）串口 DMA 传输配置

代码清单 20-6　USART1 发送请求 DMA 设置

```
1 void USART_DMA_Config(void)
2 {
3     DMA_InitTypeDef DMA_InitStructure;
4
5     /* 开启 DMA 时钟 */
```

```
6        RCC_AHB1PeriphClockCmd(DEBUG_USART_DMA_CLK, ENABLE);
7
8        /* 复位初始化 DMA 数据流 */
9        DMA_DeInit(DEBUG_USART_DMA_STREAM);
10
11       /* 确保 DMA 数据流复位完成 */
12       while (DMA_GetCmdStatus(DEBUG_USART_DMA_STREAM) != DISABLE)  {
13       }
14
15       /*usart1 tx 对应 dma2，通道 4，数据流 7 */
16       DMA_InitStructure.DMA_Channel = DEBUG_USART_DMA_CHANNEL;
17       /* 设置 DMA 源：串口数据寄存器地址 */
18       DMA_InitStructure.DMA_PeripheralBaseAddr = DEBUG_USART_DR_BASE;
19       /* 内存地址（要传输的变量的指针）*/
20       DMA_InitStructure.DMA_Memory0BaseAddr = (u32)SendBuff;
21       /* 方向：从内存到外设 */
22       DMA_InitStructure.DMA_DIR = DMA_DIR_MemoryToPeripheral;
23       /* 传输大小 DMA_BufferSize=SENDBUFF_SIZE */
24       DMA_InitStructure.DMA_BufferSize = SENDBUFF_SIZE;
25       /* 外设地址不增 */
26       DMA_InitStructure.DMA_PeripheralInc = DMA_PeripheralInc_Disable;
27       /* 内存地址自增 */
28       DMA_InitStructure.DMA_MemoryInc = DMA_MemoryInc_Enable;
29       /* 外设数据单位 */
30       DMA_InitStructure.DMA_PeripheralDataSize=DMA_PeripheralDataSize_Byte;
31       /* 内存数据单位 8bit */
32       DMA_InitStructure.DMA_MemoryDataSize = DMA_MemoryDataSize_Byte;
33       /* DMA 模式：不断循环 */
34       DMA_InitStructure.DMA_Mode = DMA_Mode_Circular;
35       /* 优先级：中 */
36       DMA_InitStructure.DMA_Priority = DMA_Priority_Medium;
37       /* 禁用 FIFO */
38       DMA_InitStructure.DMA_FIFOMode = DMA_FIFOMode_Disable;
39       DMA_InitStructure.DMA_FIFOThreshold = DMA_FIFOThreshold_Full;
40       /* 存储器突发传输 16 个节拍 */
41       DMA_InitStructure.DMA_MemoryBurst = DMA_MemoryBurst_Single;
42       /* 外设突发传输 1 个节拍 */
43       DMA_InitStructure.DMA_PeripheralBurst = DMA_PeripheralBurst_Single;
44       /* 配置 DMA2 的数据流 7 */
45       DMA_Init(DEBUG_USART_DMA_STREAM, &DMA_InitStructure);
46
47       /* 使能 DMA */
48       DMA_Cmd(DEBUG_USART_DMA_STREAM, ENABLE);
49
50       /* 等待 DMA 数据流有效 */
51       while (DMA_GetCmdStatus(DEBUG_USART_DMA_STREAM) != ENABLE) {
52       }
53  }
```

使用 DMA_InitTypeDef 结构体定义一个 DMA 数据流初始化变量，这个结构体内容我们之前已经详细讲解过。

调用 RCC_AHB1PeriphClockCmd 函数开启 DMA 数据流时钟，使用 DMA 控制器之前必须开启对应的时钟。

DMA_DeInit 函数将数据流复位到默认配置状态。

使用 DMA_GetCmdStatus 函数获取当前 DMA 数据流状态，该函数接收一个 DMA 数据流的参数，返回当前数据流状态，复位 DMA 数据流之前需要调用该函数来确保 DMA 数据流复位完成。

USART 有固定的 DMA 通道，USART 数据寄存器地址也是固定的，外设地址不可以使用自动递增，源数据使用我们自定义的数组空间，存储器地址使用自动递增，采用循环发送模式，最后调用 DMA_Init 函数完成 DMA 数据流的初始化配置。

DMA_Cmd 函数用于启动或者停止 DMA 数据流传输，它接收两个参数：一个是 DMA 数据流，另外一个是开启 ENABLE 或者停止 DISABLE。

开启 DMA 传输后需要使用 DMA_GetCmdStatus 函数获取 DMA 数据流状态，确保 DMA 数据流配置有效。

（3）主函数

代码清单 20-7　存储器到外设模式主函数

```
1  int main(void)
2  {
3      uint16_t i;
4      /* 初始化 USART */
5      Debug_USART_Config();
6
7      /* 配置使用 DMA 模式 */
8      USART_DMA_Config();
9
10     /* 配置 RGB 彩色灯 */
11     LED_GPIO_Config();
12
13     printf("\r\n USART1 DMA TX 测试 \r\n");
14
15     /*填充将要发送的数据*/
16     for (i=0; i<SENDBUFF_SIZE; i++) {
17         SendBuff[i]  = 'A';
18
19     }
20
21     /* USART1 向 DMA 发出 TX 请求 */
22     USART_DMACmd(DEBUG_USART, USART_DMAReq_Tx, ENABLE);
23
24     /* 此时 CPU 是空闲的，可以干其他的事情 */
25     // 例如同时控制 LED
26     while (1) {
27         LED1_TOGGLE
28         Delay(0xFFFFF);
29     }
30 }
```

Debug_USART_Config 函数定义在 bsp_usart_dma.c 中，它完成 USART 初始化配置，包括 GPIO 初始化、USART 通信参数设置等，具体可参考 USART 章节。

USART_DMA_Config 函数也定义在 bsp_usart_dma.c 中，之前我们已经详细分析了。

LED_GPIO_Config 函数定义在 bsp_led.c 中，它完成 RGB 彩色灯初始化配置，具体可参考 GPIO 章节。

使用 for 循环填充源数据，SendBuff[SENDBUFF_SIZE] 是定义在 bsp_usart_dma.c 中的一个全局无符号 8 位整型数组，是 DMA 传输的源数据，在 USART_DMA_Config 函数中已经被设置为存储器地址。

USART_DMACmd 函数用于控制 USART 的 DMA 传输启动和关闭。它接收 3 个参数：第 1 个参数用于设置 DMA 数据流；第 2 个参数设置 DMA 请求，有 USART 发送请求 USART_DMAReq_Tx 和接收请求 USART_DMAReq_Rx 两个可选；第 3 个参数用于设置启动请求 ENABLE 或者关闭请求 DISABLE。运行该函数后 USART 的 DMA 发送传输就开始了，根据配置它会通过 USART 循环发送数据。

DMA 传输过程是不占用 CPU 资源的，可以一边传输一边运行其他任务。

20.6.3　下载验证

保证开发板相关硬件连接正确，用 USB 线连接开发板 "USB 转串口" 接口及电脑，在电脑端打开串口调试助手，把编译好的程序下载到开发板。程序运行后在串口调试助手可接收到大量的数据，同时开发板上 RGB 彩色灯不断闪烁。

这里要注意，为演示 DMA 持续运行并且 CPU 还能处理其他事情，持续使用 DMA 发送数据，量非常大，长时间运行可能会导致电脑端串口调试助手卡死、鼠标乱飞的情况，所以在测试时，最好把串口调试助手的自动清除接收区数据功能勾选上，或把 DMA 配置中的循环模式改为单次模式。

第 21 章
常用存储器介绍

21.1 存储器种类

存储器是计算机结构的重要组成部分，是用来存储程序代码和数据的部件，有了存储器计算机才具有记忆功能。基本的存储器种类见图 21-1。

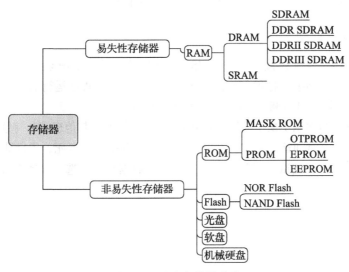

图 21-1　基本存储器种类

存储器按其存储介质特性主要分为"易失性存储器"和"非易失性存储器"两大类。其中的"易失 / 非易失"是指存储器断电后，它存储的数据内容是否会丢失的特性。一般易失性存储器存取速度快，而非易失性存储器可长期保存数据，它们都在计算机中占据着重要地位。在计算机中易失性存储器最典型的代表是内存，非易失性存储器的代表则是硬盘。

21.2　RAM 存储器

RAM 是 Random Access Memory 的缩写，被译为随机存储器。所谓"随机存取"，指的是当存储器中的消息被读取或写入时，所需要的时间与这段信息所在的位置无关。这个词的由来是因为早期计算机曾使用磁鼓作为存储器，磁鼓是顺序读写设备，而 RAM 可随意读取其内部任意地址的数据，时间都是相同的，因此得名。实际上现在 RAM 已经专门用于指代作为计算机内存的易失性半导体存储器。

根据 RAM 的存储机制，又分为动态随机存储器 DRAM（Dynamic RAM）以及静态随机存储器 SRAM（Static RAM）两种。

21.2.1　DRAM

动态随机存储器 DRAM 的存储单元以电容的电荷来表示数据，有电荷代表 1，无电荷代表 0，见图 21-2。但时间一长，代表 1 的电容会放电，代表 0 的电容会吸收电荷，因此它需要定期刷新操作，这就是"动态"（Dynamic）一词所形容的特性。刷新操作会对电容进行检查，若电量大于满电量的 1/2，则认为其代表 1，并把电容充满电；若电量小于 1/2，则认为其代表 0，并把电容放电，以此来保证数据的正确性。

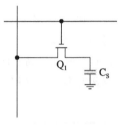

图 21-2　DRAM 存储单元

1. SDRAM

根据通信方式，DRAM 又分为同步和异步两种，这两种方式根据通信时是否需要使用时钟信号来区分。图 21-3 是一种利用时钟进行同步的通信时序，它在时钟的上升沿表示有效数据。

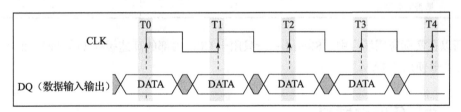

图 21-3　同步通信时序图

由于使用时钟同步的通信速度更快，所以同步 DRAM 使用更为广泛，这种 DRAM 被称为 SDRAM（Synchronous DRAM）。

2. DDR SDRAM

为了进一步提高 SDRAM 的通信速度，人们设计了 DDR SDRAM 存储器（Double Data Rate SDRAM）。它的存储特性与 SDRAM 没有区别，但 SDRAM 只在上升沿表示有效数据，在一个时钟周期内，只能表示一个有效数据；而 DDR SDRAM 在时钟的上升沿及下降沿各表示一个数据，也就是说在一个时钟周期内可以表示 2 个数据，在时钟频率同样的情况下，提高了一倍的速度。至于 DDRII 和 DDRIII，它们的通信方式并没有区别，主要是通信同步时钟的频率提高了。

当前个人计算机常用的内存条是 DDRIII SDRAM 存储器，在一个内存条上包含多个 DDRIII SDRAM 芯片。

21.2.2　SRAM

　　静态随机存储器 SRAM 的存储单元以锁存器来存储数据，见图 21-4。这种电路结构不需要定时刷新充电就能保持状态（当然，如果断电了，数据还是会丢失的），所以这种存储器被称为"静态"（Static）RAM。

　　同样地，SRAM 根据其通信方式也分为同步（SSRAM）和异步 SRAM，相对来说，异步 SDRAM 用得较多。

21.2.3　DRAM 与 SRAM 的应用场合

　　对比 DRAM 与 SRAM 的结构，可知 DRAM 的结构简单得多，所以生产相同容量的存储器，DRAM 的成本要更低，且集成度更高。而 DRAM 中的电容结构则决定了它的存取速度不如 SRAM，特性对比见表 21-1。

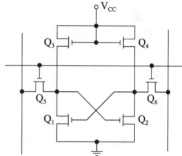

图 21-4　SRAM 存储单元

表 21-1　DRAM 与 SRAM 对比

特　　性	DRAM	SRAM
存取速度	较慢	较快
集成度	较高	较低
生产成本	较低	较高
是否需要刷新	是	否

　　所以在实际应用场合中，SRAM 一般只用于 CPU 内部的高速缓存（Cache），而外部扩展的内存一般使用 DRAM。

21.3　非易失性存储器

　　非易失性存储器种类非常多，半导体类的有 ROM 和 Flash，而其他的则包括光盘、软盘及机械硬盘。

21.3.1　ROM 存储器

　　ROM 是 Read Only Memory 的缩写，意为只能读的存储器。由于技术的发展，后来设计出了可以方便写入数据的 ROM，而这个 Read Only Memory 的名称被沿用下来了，现在一般用于指代非易失性半导体存储器。后面介绍的 Flash 存储器，有些人也把它归为 ROM 类。

1. MASK ROM

　　MASK ROM 就是正宗的 Read Only Memory，存储在它内部的数据是在出厂时使用特殊工艺固化的，生产后就不可修改，其主要优势是大批量生产时成本低。当前在生产量大、数据不需要修改的场合，还有应用。

2. OTPROM

OTPROM（One Time Programable ROM）是一次可编程存储器。这种存储器出厂时内部并没有资料，用户可以使用专用的编程器将自己的资料写入，但只能写入一次，被写入过后，它的内容也不可再修改。在 NXP 公司生产的控制器芯片中常使用 OTPROM 来存储密钥；STM32F429 系列的芯片内部也包含一部分 OTPROM 空间。

3. EPROM

EPROM（Erasable Programmable ROM）是可重复擦写的存储器，它解决了 PROM 芯片只能写入一次的问题。这种存储器使用紫外线照射芯片内部擦除数据，擦除和写入都要专用的设备。现在这种存储器基本淘汰，被 EEPROM 取代。

4. EEPROM

EEPROM（Electrically Erasable Programmable ROM）是电可擦除存储器。EEPROM 可以重复擦写，它的擦除和写入都是直接使用电路控制，不需要再使用外部设备来擦写。而且可以按字节为单位修改数据，无需整个芯片擦除。现在主要使用的 ROM 芯片都是 EEPROM。

21.3.2　Flash 存储器

Flash 存储器又称为闪存，它也是可重复擦写的储器，部分书籍会把 Flash 存储器称为 Flash ROM，但它的容量一般比 EEPROM 大得多，且在擦除时，一般以多个字节为单位。如有的 Flash 存储器以 4096 个字节为扇区，最小的擦除单位为一个扇区。根据存储单元电路的不同，Flash 存储器又分为 NOR Flash 和 NAND Flash，见表 21-2。

表 21-2　NOR Flash 与 NAND Flash 特性对比

特　　性	NOR Flash	NAND Flash
同容量存储器成本	较贵	较便宜
集成度	较低	较高
介质类型	随机存储	连续存储
地址线和数据线	独立分开	共用
擦除单元	以"扇区 / 块"擦除	以"扇区 / 块"擦除
读写单元	可以基于字节读写	必须以"块"为单位读写
读取速度	较高	较低
写入速度	较低	较高
坏块	较少	较多
是否支持 XIP	支持	不支持

NOR 与 NAND 的共性是在数据写入前都要有擦除操作，而擦除操作一般是以"扇区 / 块"为单位的。而 NOR 与 NAND 特性的差别主要是由于其内部"地址 / 数据线"是否分开导致的。

由于 NOR 的地址线和数据线分开，它可以按"字节"读写数据，符合 CPU 的指令译码执行要求，所以假如 NOR 上存储了代码指令，CPU 给 NOR 一个地址，NOR 就能向 CPU 返回一个数据让 CPU 执行，中间不需要额外的处理操作。

而由于 NAND 的数据和地址线共用，只能按"块"来读写数据，假如 NAND 上存储了代码指令，CPU 给 NAND 地址后，它无法直接返回该地址的数据，所以不符合指令译码要求。表 21-2 中的最后一项"是否支持 XIP"描述的就是这种立即执行的特性（eXecute In Place）。

若代码存储在 NAND 上，可以把它先加载到 RAM 存储器上，再由 CPU 执行。所以在功能上可以认为 NOR 是一种断电后数据不丢失的 RAM，但它的擦除单位与 RAM 有区别，且读写速度比 RAM 要慢得多。

另外，Flash 的擦除次数都是有限的（现在普遍是 10 万次左右），当它的使用接近寿命的时候，可能会出现写操作失败。由于 NAND 通常是整块擦写的，块内有一位失效整个块就会失效，这被称为坏块，而且由于擦写过程复杂，从整体来说 NOR 块块更少，寿命更长。由于可能存在坏块，所以 Flash 存储器需要使用"探测 / 错误更正"（EDC/ECC）算法来确保数据的正确性。

由于两种 Flash 存储器特性的差异，NOR Flash 一般应用在代码存储的场合，如嵌入式控制器内部的程序存储空间。而 NAND Flash 一般应用在大数据量存储的场合，如 SD 卡、U 盘以及固态硬盘等都是 NAND Flash 类型的。

在本书中会对如何使用 RAM、EEPROM、Flash 存储器进行实例讲解。

第 22 章
I²C——读写 EEPROM

22.1 I²C 协议简介

I²C 通信协议[⊖]（Inter-Integrated Circuit）是由 Phiilps 公司开发的，由于它引脚少，硬件实现简单，可扩展性强，不需要 USART、CAN 等通信协议的外部收发设备，现在被广泛地用于系统内多个集成电路（IC）间的通信。

下面我们分别对 I²C 协议的物理层及协议层进行讲解。

22.1.1 I²C 物理层

I²C 通信设备之间的常用连接方式见图 22-1。

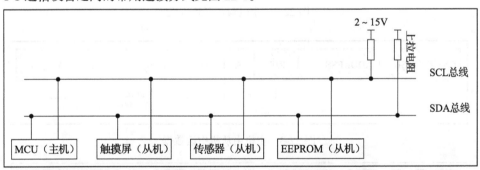

图 22-1　常见的 I²C 通信系统

它的物理层有如下特点：

1）它是一个支持多设备的总线。"总线"指多个设备共用的信号线。在一个 I²C 通信总线中，可连接多个 I²C 通信设备，支持多个通信主机及多个通信从机。

2）一个 I²C 总线只使用两条总线线路：一条双向串行数据线（SDA），一条串行时钟线（SCL）。数据线用来表示数据，时钟线用于数据收发同步。

3）每个连接到总线的设备都有一个独立的地址，主机可以利用这个地址对不同设备进行访问。

⊖　若对 I²C 通信协议不了解，可先阅读《I²C 总线协议》学习。若想了解 SMBus，可阅读《SMBus20》文档。

4）总线通过上拉电阻接到电源。当 I²C 设备空闲时，会输出高阻态，而当所有设备都空闲，都输出高阻态时，由上拉电阻把总线拉成高电平。

5）多个主机同时使用总线时，为了防止数据冲突，会利用仲裁方式决定由哪个设备占用总线。

6）具有 3 种传输模式：标准模式传输速率为 100kbps，快速模式为 400kbps，高速模式下可达 3.4Mbps，但目前大多 I²C 设备尚不支持高速模式。

7）连接到相同总线的 IC 数量受到总线的最大电容 400pF 限制。

22.1.2 协议层

I²C 的协议定义了通信的起始和停止信号、数据有效性、响应、仲裁、时钟同步和地址广播等环节。

1. I²C 基本读写过程

先看看 I²C 通信过程的基本结构。它的通信过程见图 22-2、图 22-3 和图 22-4。

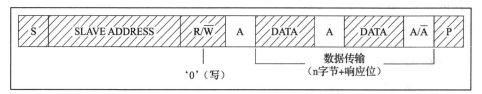

图 22-2　主机写数据到从机

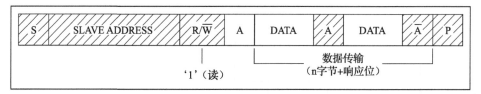

图 22-3　主机由从机中读数据

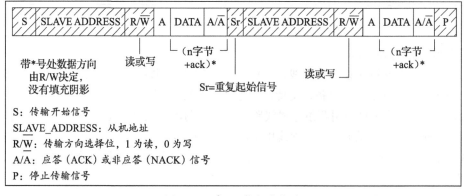

图 22-4　I²C 通信复合格式

以上 3 幅图表示的是主机和从机通信时，SDA 线的数据包序列。

其中 S 表示由主机的 I²C 接口产生的传输起始信号，这时连接到 I²C 总线上的所有从机都会接收到这个信号。

起始信号产生后，所有从机就开始等待主机紧接下来广播的从机地址信号（SLAVE_ADDRESS）。在 I²C 总线上，每个设备的地址都是唯一的，当主机广播的地址与某个设备地址相同时，这个设备就被选中了，没被选中的设备将会忽略之后的数据信号。根据 I²C 协议，这个从机地址可以是 7 位或 10 位。

在地址位之后，是传输方向的选择位，该位为 0 时，表示后面的数据传输方向是由主机传输至从机，即主机向从机写数据。该位为 1 时，则相反，即主机由从机读取数据。

从机接收到匹配的地址后，主机或从机会返回一个应答或非应答信号，只有接收到应答信号后，主机才能继续发送或接收数据。

若配置的方向传输位为"写数据"方向，即图 22-2 的情况，广播完地址，接收到应答信号后，主机开始正式向从机传输数据（DATA），数据包的大小为 8 位。主机每发送完一个字节数据，都要等待从机的应答信号，重复这个过程，可以向从机传输 N 个数据，这个 N 没有大小限制。当数据传输结束时，主机向从机发送一个停止传输信号（P），表示不再传输数据。

若配置的方向传输位为"读数据"方向，即图 22-3 的情况，广播完地址，接收到应答信号后，从机开始向主机返回数据，数据包大小也为 8 位。从机每发送完一个数据，都会等待主机的应答信号，重复这个过程，可以返回 N 个数据，这个 N 也没有大小限制。当主机希望停止接收数据时，就向从机返回一个非应答信号，则从机自动停止数据传输。

除了基本的读写，I²C 通信更常用的是复合格式，即图 22-4 的情况，该传输过程有两次起始信号。一般在第 1 次传输中，主机通过 SLAVE_ADDRESS 寻找到从设备后，发送一段"数据"，这段数据通常用于表示从设备内部的寄存器或存储器地址（注意区分它与 SLAVE_ADDRESS 的区别）；在第 2 次的传输中，对该地址的内容进行读或写。也就是说，第 1 次通信是告诉从机读写地址，第 2 次则是读写的实际内容。

2. 通信的起始和停止信号

前文中提到的起始（S）和停止（P）信号是两种特殊的状态，见图 22-5。当 SCL 线是高电平时 SDA 线从高电平向低电平切换，这个情况表示通信的起始。当 SCL 是高电平时 SDA 线由低电平向高电平切换，表示通信的停止。起始和停止信号一般由主机产生。

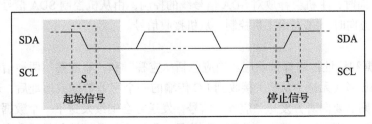

图 22-5　起始和停止信号

3. 数据有效性

I²C 使用 SDA 信号线来传输数据，使用 SCL 信号线进行数据同步，见图 22-6。SDA 数据线在 SCL 的每个时钟周期传输一位数据。传输时，SCL 为高电平的时候 SDA 表示的数据有效，即此时的 SDA 为高电平时表示数据"1"，为低电平时表示数据"0"。当 SCL 为低电平时，SDA 的数据无效，一般在这个时候 SDA 进行电平切换，为下一次表示数据做好准备。

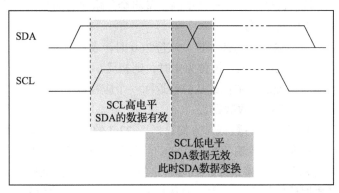

图 22-6　数据有效性

每次数据传输都以字节为单位，每次传输的字节数不受限制。

4. 地址及数据方向

I²C 总线上的每个设备都有自己的独立地址，主机发起通信时，通过 SDA 信号线发送设备地址（SLAVE_ADDRESS）来查找从机。I²C 协议规定设备地址可以是 7 位或 10 位，实际中 7 位的地址应用比较广泛。紧跟设备地址的一个数据位用来表示数据传输方向，它是数据方向位（R/$\overline{W}$），位于第 8 位或第 11 位。数据方向位为"1"时表示主机由从机读数据，该位为"0"时表示主机向从机写数据，见图 22-7。

图 22-7　设备地址及数据传输方向

读数据方向时，主机会释放对 SDA 信号线的控制，由从机控制 SDA 信号线，主机接收信号；写数据方向时，SDA 由主机控制，从机接收信号。

5. 响应

I²C 的数据和地址传输都带响应。响应包括"应答"和"非应答"两种信号。作为数据接收端时，当设备（无论主从机）接收到 I²C 传输的一个字节数据或地址后，若希望对方继续发送数据，则需要向对方发送"应答"信号，发送方会继续发送下一个数据；若接收端希望结束数据传输，则向对方发送"非应答"信号，发送方接收到该信号后会产生一个停止信号，结束信号传输，见图 22-8。

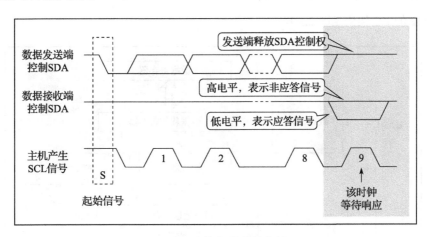

图 22-8 应答与非应答信号

传输时主机产生时钟，在第 9 个时钟时，数据发送端会释放 SDA 的控制权，由数据接收端控制 SDA，若 SDA 为高电平，表示非应答信号，低电平表示应答信号。

22.2 STM32 的 I²C 特性及架构

如果我们直接控制 STM32 的两个 GPIO 引脚，分别用作 SCL 及 SDA，按照上述信号的时序要求，直接像控制 LED 那样控制引脚的输出（若是接收数据时则读取 SDA 电平），就可以实现 I²C 通信。同样，假如我们按照 USART 的要求去控制引脚，也能实现 USART 通信。所以只要遵守协议，就是标准的通信，不管如何实现它，不管是 ST 生产的控制器还是 ATMEL 生产的存储器，都能按通信标准交互。

由于直接控制 GPIO 引脚电平产生通信时序时，需要由 CPU 控制每个时刻的引脚状态，所以称之为"软件模拟协议"方式。

相对地，还有"硬件协议"方式，STM32 的 I²C 片上外设专门负责实现 I²C 通信协议，只要配置好该外设，它就会自动根据协议要求产生通信信号，收发数据并缓存起来。CPU 只要检测该外设的状态和访问数据寄存器，就能完成数据收发。这种由硬件外设处理 I²C 协议的方式减轻了 CPU 的工作，且使软件设计更加简单。

22.2.1 STM32 的 I²C 外设简介

STM32 的 I²C 外设可用作通信的主机及从机，支持 100kbps 和 400kbps 的速率，支持 7 位、10 位设备地址，支持 DMA 数据传输，并具有数据校验功能。它的 I²C 外设还支持 SMBus 2.0 协议，SMBus 协议与 I²C 类似，主要应用于笔记本电脑的电池管理中，感兴趣的读者可参考《SMBus20》。

22.2.2　STM32 的 I²C 架构剖析

STM32 的 I²C 架构见图 22-9。

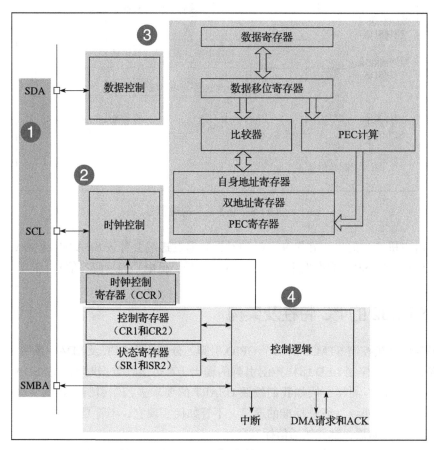

图 22-9　I²C 架构图

1. 通信引脚

I²C 的所有硬件架构都是根据图 22-9 中左侧 SCL 线和 SDA 线展开的（其中的 SMBA 线用于 SMBUS 的警告信号，I²C 通信没有使用）。STM32 芯片有多个 I²C 外设，它们的 I²C 通信信号引出到不同的 GPIO 引脚上，使用时必须配置这些指定的引脚，见表 22-1。关于 GPIO 引脚的复用功能，可查阅《STM32F4xx 规格书》，以它为准。

表 22-1　STM32F4xx 的 I²C 引脚

引脚	I²C 编号		
	I²C1	I²C2	I²C3
SCL	PB6/PB10	PH4/PF1/PB10	PH7/PA8
SDA	PB7/PB9	PH5/PF0/PB11	PH8/PC9

2. 时钟控制逻辑

SCL 线的时钟信号，由 I²C 接口根据时钟控制寄存器（CCR）控制，控制的参数主要为时钟频率。配置 I²C 的 CCR 寄存器可修改通信速率相关的参数：

- 可选择 I²C 通信的 "标准 / 快速" 模式，这两个模式分别对应 100/400kbps 的通信速率。
- 在快速模式下可选择 SCL 时钟的占空比，可选 T_{low}/T_{high}=2 或 T_{low}/T_{high}=16/9 模式。我们知道 I²C 协议在 SCL 高电平时对 SDA 信号采样，在 SCL 低电平时 SDA 准备下一个数据，修改 SCL 的高低电平比会影响数据采样。但其实这两个模式的比例差别并不大，若不是要求非常严格，随便选就可以了。
- CCR 寄存器中还有一个 12 位的配置因子 CCR，它与 I²C 外设的输入时钟源共同作用，产生 SCL 时钟。STM32 的 I²C 外设都挂载在 APB1 总线上，使用 APB1 的时钟源 PCLK1，SCL 信号线的输出时钟公式如下：

标准模式：

T_{high}=CCR×T_{PCKL1}　　　　　　　　T_{low}=CCR×T_{PCLK1}

快速模式中 T_{low}/T_{high}=2 时：

T_{high}=CCR×T_{PCKL1}　　　　　　　　T_{low}=2×CCR×T_{PCKL1}

快速模式中 T_{low}/T_{high}=16/9 时：

T_{high}=9×CCR×T_{PCKL1}　　　　　　　T_{low}=16×CCR×T_{PCKL1}

例如，PCLK1=45MHz，想要配置 400kbps 的速率，计算方式如下：

PCLK 时钟周期：　　　　　　　　　　TPCLK1=1/45000000

目标 SCL 时钟周期：　　　　　　　　TSCL=1/400000

SCL 时钟周期内的高电平时间：　　　THIGH=TSCL/3

SCL 时钟周期内的低电平时间：　　　TLOW=2×TSCL/3

计算 CCR 的值：　　　　　　　　　　CCR=THIGH/TPCLK1=37.5

计算结果为小数，而 CCR 寄存器是无法配置小数参数的，所以我们只能把 CCR 取值为 38，这样 I²C 的 SCL 实际频率无法达到 400kHz（约为 394736Hz）。要想实际频率达到 400kHz，需要修改 STM32 的系统时钟，把 PCLK1 时钟频率改成 10 的倍数才可以，但修改 PCKL 时钟影响很多外设，所以一般我们不会修改它。SCL 的实际频率达不到 400kHz，除了通信稍慢一点以外，不会对 I²C 的标准通信造成其他影响

3. 数据控制逻辑

I²C 的 SDA 信号主要连接到数据移位寄存器上，数据移位寄存器的数据来源及目标是数据寄存器（DR）、地址寄存器（OAR）、PEC 寄存器以及 SDA 数据线。当向外发送数据的时候，数据移位寄存器以 "数据寄存器" 为数据源，把数据一位一位地通过 SDA 信号线发送出去；当从外部接收数据的时候，数据移位寄存器把 SDA 信号线采样到的数据一位一位地存储到 "数据寄存器" 中。若使能了数据校验，接收到的数据会经过 PCE 计算器运算，运算结果存储在 "PEC 寄存器" 中。当 STM32 的 I²C 工作在从机模式的时候，接收到设备地址信号时，数据移位寄存器会把接收到的地址与 STM32 的自身的 "I²C 地址寄存器" 的值比较，以便响

应主机的寻址。STM32 的自身 I^{2}C 地址可通过"自身地址寄存器"修改，支持同时使用两个 I^{2}C 设备地址，两个地址分别存储在 OAR1 和 OAR2 中。

4. 整体控制逻辑

整体控制逻辑负责协调整个 I^{2}C 外设，控制逻辑的工作模式根据我们配置的"控制寄存器（CR1/CR2）"的参数而改变。在外设工作时，控制逻辑会根据外设的工作状态修改"状态寄存器（SR1 和 SR2）"，我们只要读取这些寄存器相关的寄存器位，就可以了解 I^{2}C 的工作状态了。除此之外，控制逻辑还根据要求，负责控制产生 I^{2}C 中断信号、DMA 请求及各种 I^{2}C 的通信信号（起始、停止、应答信号等）。

22.2.3　通信过程

使用 I^{2}C 外设通信时，在通信的不同阶段它会对"状态寄存器（SR1 及 SR2）"的不同数据位写入参数，我们通过读取这些寄存器标志来了解通信状态。

1. 主发送器

图 22-10 中是"主发送器"通信过程，即作为 I^{2}C 通信的主机端时，向外发送数据时的过程。

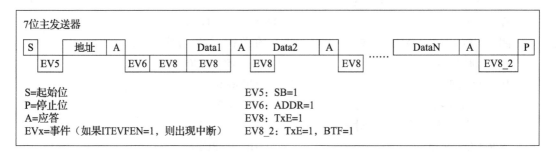

图 22-10　主发送器通信过程

主发送器发送流程及事件说明如下：

1）控制产生起始信号 S，当发生起始信号后，它产生事件 EV5，并会对 SR1 寄存器的 SB 位置 1，表示起始信号已经发送。

2）紧接着发送设备地址并等待应答信号，若有从机应答，则产生事件 EV6 及 EV8，这时 SR1 寄存器的 ADDR 位及 TXE 位被置 1，ADDR 为 1 表示地址已经发送，TXE 为 1 表示数据寄存器为空。

3）以上步骤正常执行并对 ADDR 位清零后，我们往 I^{2}C 的数据寄存器 DR 中写入要发送的数据，这时 TXE 位会被重置 0，表示数据寄存器非空。I^{2}C 外设通过 SDA 信号线一位位把数据发送出去后，又会产生事件 EV8，即 TXE 位被置 1，重复这个过程，就可以发送多个字节数据了。

4）当我们发送数据完成后，控制 I^{2}C 设备产生一个停止信号 P，这个时候会产生 EV2

事件，SR1 的 TXE 位及 BTF 位都被置 1，表示通信结束。

假如我们使能了 I²C 中断，以上所有事件产生时，都会产生 I²C 中断信号，进入同一个中断服务函数，到 I²C 中断服务程序后，再通过检查寄存器位来了解是哪一个事件。

2. 主接收器

再来分析主接收器过程，即作为 I²C 通信的主机端时，从外部接收数据的过程，见图 22-11。

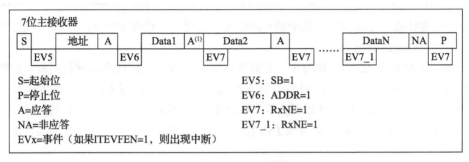

图 22-11　主接收器过程

主接收器接收流程及事件说明如下：

1）同主发送流程，起始信号 S 是由主机端产生的，控制发生起始信号后，它产生事件 EV5，并会对 SR1 寄存器的 SB 位置 1，表示起始信号已经发送。

2）紧接着发送设备地址并等待应答信号，若有从机应答，则产生事件 EV6，这时 SR1 寄存器的 ADDR 位被置 1，表示地址已经发送。

3）从机端接收到地址后，开始向主机端发送数据。当主机接收到这些数据后，会产生事件 EV7，SR1 寄存器的 RXNE 被置 1，表示接收数据寄存器非空。读取该寄存器后，可对数据寄存器清空，以便接收下一次数据。此时可以控制 I²C 发送应答信号或非应答信号，若应答，则重复以上步骤继续接收数据，若非应答，则停止传输。

4）发送非应答信号后，产生停止信号 P，结束传输。

在发送和接收过程中，有的事件不只是标志了我们上面提到的状态位，还可能同时标志主机状态之类的状态位，而且读取了之后还需要清除标志位，比较复杂。可使用 STM32 标准库函数来直接检测这些事件的复合标志，以降低编程难度。

22.3　I²C 初始化结构体详解

与其他外设一样，STM32 标准库提供了 I²C 初始化结构体及初始化函数来配置 I²C 外设。初始化结构体及函数定义在库文件 stm32f4xx_i2c.h 及 stm32f4xx_i2c.c 中，编程时我们可以结合这两个文件内的注释使用或参考库帮助文档。了解初始化结构体后我们就能对 I²C 外设运用自如了，见代码清单 22-1。

代码清单 22-1　I²C 初始化结构体

```
1 typedef struct {
2     uint32_t I2C_ClockSpeed;         /*!< 设置 SCL 时钟频率, 此值要低于 40 0000*/
3     uint16_t I2C_Mode;               /*!< 指定工作模式, 可选 I2C 模式及 SMBUS 模式 */
4     uint16_t I2C_DutyCycle;          /* 指定时钟占空比, 可选 low/high = 2:1 及 16:9 模式 */
5     uint16_t I2C_OwnAddress1;        /*!< 指定自身的 I2C 设备地址 */
6     uint16_t I2C_Ack;                /*!< 使能或关闭响应（一般都要使能）*/
7     uint16_t I2C_AcknowledgedAddress; /*!< 指定地址的长度, 可为 7 位或 10 位 */
8 } I2C_InitTypeDef;
```

这些结构体成员说明如下，其中括号内的文字是对应参数在 STM32 标准库中定义的宏：

（1）I2C_ClockSpeed

本成员设置的是 I²C 的传输速率，在调用初始化函数时，函数会根据我们输入的数值经过运算后把时钟因子写入 I²C 的时钟控制寄存器 CCR。而我们写入的这个参数值不得高于 400kHz。实际上由于 CCR 寄存器不能写入小数类型的时钟因子，影响 SCL 的实际频率可能会低于本成员设置的参数值，这时除了通信稍慢一点以外，不会对 I²C 的标准通信造成其他影响。

（2）I2C_Mode

本成员是选择 I²C 的使用方式，有 I²C 模式（I2C_Mode_I2C）和 SMBus 主、从模式（I2C_Mode_SMBusHost、I2C_Mode_SMBusDevice）。I²C 不需要在此处区分主从模式，直接设置 I2C_Mode_I2C 即可。

（3）I2C_DutyCycle

本成员设置的是 I²C 的 SCL 线时钟的占空比。该配置有两个选择，分别为低电平时间比高电平时间为 2 : 1（I2C_DutyCycle_2）和 16 : 9（I2C_DutyCycle_16_9）。其实这两个模式的比例差别并不大，一般要求都不会如此严格，这里随便选就可以了。

（4）I2C_OwnAddress1

本成员配置的是 STM32 的 I²C 设备自己的地址，每个连接到 I²C 总线上的设备都要有一个自己的地址，作为主机也不例外。地址可设置为 7 位或 10 位（受下面 I2C_AcknowledgeAddress 成员决定），只要该地址是 I²C 总线上唯一的即可。

STM32 的 I²C 外设可同时使用两个地址，即同时对两个地址做出响应，这个结构成员 I2C_OwnAddress1 配置的是默认的、OAR1 寄存器存储的地址，若需要设置第 2 个地址寄存器 OAR2，可使用 I2C_OwnAddress2Config 函数来配置，OAR2 不支持 10 位地址。

（5）I2C_Ack_Enable

本成员是关于 I²C 应答设置，设置为使能则可以发送响应信号。该成员值一般配置为允许应答（I2C_Ack_Enable），这是绝大多数遵循 I²C 标准的设备的通信要求，改为禁止应答（I2C_Ack_Disable）往往会导致通信错误。

（6）I2C_AcknowledgeAddress

本成员选择 I²C 的寻址模式是 7 位还是 10 位地址。这需要根据实际连接到 I²C 总线上设备的地址进行选择，这个成员的配置也影响 I2C_OwnAddress1 成员，只有这里设置成 10 位模式时，I2C_OwnAddress1 才支持 10 位地址。

配置完这些结构体成员值，调用库函数 I2C_Init 即可把结构体的配置写入寄存器中。

22.4　I²C——读写 EEPROM 实验

EEPROM 是一种掉电后数据不丢失的存储器，常用来存储一些配置信息，以便系统重新上电的时候加载之。EEPOM 芯片最常用的通信方式就是 I²C 协议，本小节以 EEPROM 的读写实验为大家讲解 STM32 的 I²C 使用方法。实验中 STM32 的 I²C 外设采用主模式，分别用作主发送器和主接收器，通过查询事件的方式来确保正常通信。

22.4.1　硬件设计

EEPROM 硬件连接图见图 22-12。

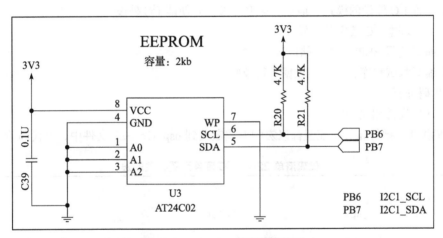

图 22-12　EEPROM 硬件连接图

本实验板中的 EEPROM 芯片（型号：AT24C02）的 SCL 及 SDA 引脚连接到了 STM32 对应的 I²C 引脚中，结合上拉电阻，构成了 I²C 通信总线，它们通过 I²C 总线交互。EEPROM 芯片的设备地址一共有 7 位，其中高 4 位固定为：1010b，低 3 位则由 A_0、A_1、A_2 信号线的电平决定，见图 22-13。图中的 R/W 是读写方向位，与地址无关。

按照我们此处的连接，A_0、A_1、A_2 均为 0，所以 EEPROM 的 7 位设备地址是：101 0000b，即 0x50。由于 I²C 通信时常常是将地址与读写方向连在一起构成一个 8 位数，且当 R/W 位为 0 时，表示写方向，所以加上 7 位地址，其值为 0xA0，常称该值为 I²C 设备的"写地址"；当 R/W 位为 1 时，表示读方向，加上 7 位地址，其值为 0xA1，常称该值为"读地址"。

EEPROM 芯片中还有一个 WP 引脚，具有写保护功能，当该引脚电平为高时，禁止写入数据；当引脚为低电

图 22-13　EEPROM 设备地址

平时，可写入数据。这里直接接地，不使用写保护功能。

关于 EEPROM 的更多信息，可参考其数据手册《AT24C02》来了解。若您使用的实验板 EEPROM 的型号、设备地址或控制引脚不一样，只需根据我们的工程修改即可，程序的控制原理相同。

22.4.2　软件设计

为了使工程更加有条理，我们把读写 EEPROM 相关的代码独立分开存储，方便以后移植。在"工程模板"之上新建 bsp_i2c_ee.c 及 bsp_i2c_ee.h 文件，这些文件也可根据个人喜好命名，它们不属于 STM32 标准库的内容，是由我们自己根据应用需要编写的。

1. 编程要点

1）配置通信使用的目标引脚为开漏模式；

2）使能 I^2C 外设的时钟；

3）配置 I^2C 外设的模式、地址、速率等参数并使能 I^2C 外设；

4）编写基本 I^2C 按字节收发的函数；

5）编写读写 EEPROM 存储内容的函数；

6）编写测试程序，对读写数据进行校验。

2. 代码分析

（1） I^2C 硬件相关宏定义

我们把 I^2C 硬件相关的配置都以宏的形式定义到 bsp_i2c_ee.h 文件中，见代码清单 22-2。

代码清单 22-2　I^2C 硬件配置相关的宏

```
 1
 2 /* STM32 I2C 速率 */
 3 #define I2C_Speed                 400000
 4
 5 /* STM32 自身的 I2C 地址，这个地址只要与 STM32 外挂的 I2C 器件地址不一样即可 */
 6 #define I2C_OWN_ADDRESS7      0X0A
 7
 8 /* I2C 接口 */
 9 #define EEPROM_I2C                    I2C1
10 #define EEPROM_I2C_CLK                RCC_APB1Periph_I2C1
11
12 #define EEPROM_I2C_SCL_PIN            GPIO_Pin_6
13 #define EEPROM_I2C_SCL_GPIO_PORT      GPIOB
14 #define EEPROM_I2C_SCL_GPIO_CLK       RCC_AHB1Periph_GPIOB
15 #define EEPROM_I2C_SCL_SOURCE         GPIO_PinSource6
16 #define EEPROM_I2C_SCL_AF             GPIO_AF_I2C1
17
18 #define EEPROM_I2C_SDA_PIN            GPIO_Pin_7
19 #define EEPROM_I2C_SDA_GPIO_PORT      GPIOB
20 #define EEPROM_I2C_SDA_GPIO_CLK       RCC_AHB1Periph_GPIOB
21 #define EEPROM_I2C_SDA_SOURCE         GPIO_PinSource7
22 #define EEPROM_I2C_SDA_AF             GPIO_AF_I2C1
```

以上代码根据硬件连接，把与 EEPROM 通信使用的 I²C 号、引脚号、引脚源以及复用功能映射都以宏封装起来，并且定义了自身的 I²C 地址及通信速率，以便配置模式的时候使用。

（2）初始化 I²C 的 GPIO

利用上面的宏，编写 I²C GPIO 引脚的初始化函数，见代码清单 22-3。

代码清单 22-3　I²C 初始化函数

```
1
2  /**
3   * @brief  I2C1 I/O 配置
4   * @param  无
5   * @retval 无
6   */
7  static void I2C_GPIO_Config(void)
8  {
9      GPIO_InitTypeDef  GPIO_InitStructure;
10
11     /* 使能 I2C 外设时钟 */
12     RCC_APB1PeriphClockCmd(EEPROM_I2C_CLK, ENABLE);
13
14     /* 使能 I2C 引脚的 GPIO 时钟 */
15     RCC_AHB1PeriphClockCmd(EEPROM_I2C_SCL_GPIO_CLK |
16                     EEPROM_I2C_SDA_GPIO_CLK, ENABLE);
17
18     /* 连接引脚源 PXx 到 I2C_SCL */
19     GPIO_PinAFConfig(EEPROM_I2C_SCL_GPIO_PORT, EEPROM_I2C_SCL_SOURCE,
20                     EEPROM_I2C_SCL_AF);
21     /* 连接引脚源 PXx 到 I2C_SDA */
22     GPIO_PinAFConfig(EEPROM_I2C_SDA_GPIO_PORT, EEPROM_I2C_SDA_SOURCE,
23                     EEPROM_I2C_SDA_AF);
24
25     /* 配置 SCL 引脚 */
26     GPIO_InitStructure.GPIO_Pin = EEPROM_I2C_SCL_PIN;
27     GPIO_InitStructure.GPIO_Mode = GPIO_Mode_AF;
28     GPIO_InitStructure.GPIO_Speed = GPIO_Speed_50MHz;
29     GPIO_InitStructure.GPIO_OType = GPIO_OType_OD;
30     GPIO_InitStructure.GPIO_PuPd  = GPIO_PuPd_NOPULL;
31     GPIO_Init(EEPROM_I2C_SCL_GPIO_PORT, &GPIO_InitStructure);
32
33     /* 配置 SDA 引脚 */
34     GPIO_InitStructure.GPIO_Pin = EEPROM_I2C_SDA_PIN;
35     GPIO_Init(EEPROM_I2C_SDA_GPIO_PORT, &GPIO_InitStructure);
36 }
```

函数执行流程如下：

1）使用 GPIO_InitTypeDef 定义 GPIO 初始化结构体变量，以便下面用于存储 GPIO 配置。

2）调用库函数 RCC_APB1PeriphClockCmd 使能 I²C 外设时钟，调用 RCC_AHB1Periph-

ClockCmd 来使能 I²C 引脚使用的 GPIO 端口时钟，调用时我们使用"|"操作同时配置两个引脚。

3）向 GPIO 初始化结构体赋值，把引脚初始化成复用开漏模式，要注意 I²C 的引脚必须使用这种模式。

4）使用以上初始化结构体的配置，调用 GPIO_Init 函数向寄存器写入参数，完成 GPIO 的初始化。

（3）配置 I²C 的模式

以上只是配置了 I²C 使用的引脚，对 I²C 模式的配置见代码清单 22-4。

代码清单 22-4　配置 I²C 模式

```
1
2 /**
3  * @brief  I2C 工作模式配置
4  * @param  无
5  * @retval 无
6  */
7 static void I2C_Mode_Config(void)
8 {
9     I2C_InitTypeDef  I2C_InitStructure;
10
11    /* I2C 配置 */
12    /* I2C 模式 */
13    I2C_InitStructure.I2C_Mode = I2C_Mode_I2C;
14    /* 占空比 */
15    I2C_InitStructure.I2C_DutyCycle = I2C_DutyCycle_2;
16    /* I2C 自身地址 */
17    I2C_InitStructure.I2C_OwnAddress1 =I2C_OWN_ADDRESS7;
18    /* 使能响应 */
19    I2C_InitStructure.I2C_Ack = I2C_Ack_Enable ;
20    /* I2C 的寻址模式 */
21    I2C_InitStructure.I2C_AcknowledgedAddress = I2C_AcknowledgedAddress_7bit;
22    /* 通信速率 */
23    I2C_InitStructure.I2C_ClockSpeed = I2C_Speed;
24    /* 写入配置 */
25    I2C_Init(EEPROM_I2C, &I2C_InitStructure);
26    /* 使能 I2C */
27    I2C_Cmd(EEPROM_I2C, ENABLE);
28 }
29
30 /**
31  * @brief  I2C 外设初始化
32  * @param  无
33  * @retval 无
34  */
35 void I2C_EE_Init(void)
36 {
37    I2C_GPIO_Config();
38
39    I2C_Mode_Config();
40 }
```

熟悉 STM32 I²C 结构的话，这段初始化程序就十分好理解了，它把 I²C 外设通信时钟
SCL 的低 / 高电平比设置为 2，使能响应功能，使用 7 位地址 I2C_OWN_ADDRESS7 以及速
率配置为 I2C_Speed（前面在 bsp_i2c_ee.h 定义的宏）。最后调用库函数 I2C_Init 把这些配置
写入寄存器，并调用 I2C_Cmd 函数使能外设。

为方便调用，我们把 I²C 的 GPIO 及模式配置都用 I2C_EE_Init 函数封装起来。

（4）向 EEPROM 写入一个字节的数据

初始化好 I²C 外设后，就可以使用 I²C 通信了。我们看看如何向 EEPROM 写入一个字节
的数据，见代码清单 22-5。

代码清单 22-5　向 EEPROM 写入一个字节的数据

```
1
2  /****************************************************************/
3  /* 通信等待超时时间 */
4  #define I2CT_FLAG_TIMEOUT    ((uint32_t)0x1000)
5  #define I2CT_LONG_TIMEOUT    ((uint32_t)(10 * I2CT_FLAG_TIMEOUT))
6
7  /**
8   * @brief   I2C 等待事件超时的情况下会调用这个函数来处理
9   * @param   errorCode:错误代码,可以用来定位是哪个环节出错
10  * @retval 返回0,表示 I2C 读取失败
11  */
12 static  uint32_t I2C_TIMEOUT_UserCallback(uint8_t errorCode)
13 {
14     /* 使用串口 printf 输出错误信息,方便调试 */
15     EEPROM_ERROR("I2C 等待超时 !errorCode = %d",errorCode);
16     return 0;
17 }
18 /**
19  * @brief    写一个字节到 I2C EEPROM 中
20  * @param    pBuffer:缓冲区指针
21  * @param    WriteAddr:写地址
22  * @retval   正常返回1,异常返回0
23  */
24 uint32_t I2C_EE_ByteWrite(u8* pBuffer, u8 WriteAddr)
25 {
26     /* 产生 I2C 起始信号 */
27     I2C_GenerateSTART(EEPROM_I2C, ENABLE);
28
29     /* 设置超时等待时间 */
30     I2CTimeout = I2CT_FLAG_TIMEOUT;
31     /* 检测 EV5 事件并清除标志 */
32     while (!I2C_CheckEvent(EEPROM_I2C, I2C_EVENT_MASTER_MODE_SELECT))
33     {
34         if ((I2CTimeout--) == 0) return I2C_TIMEOUT_UserCallback(0);
35     }
36
37     /* 发送 EEPROM 设备地址 */
38     I2C_Send7bitAddress(EEPROM_I2C, EEPROM_ADDRESS,
39                         I2C_Direction_Transmitter);
```

```
40
41      I2CTimeout = I2CT_FLAG_TIMEOUT;
42      /* 检测 EV6 事件并清除标志 */
43      while (!I2C_CheckEvent(EEPROM_I2C,
44                              I2C_EVENT_MASTER_TRANSMITTER_MODE_SELECTED))
45      {
46          if ((I2CTimeout--) == 0) return I2C_TIMEOUT_UserCallback(1);
47      }
48
49      /* 发送要写入的 EEPROM 内部地址（即 EEPROM 内部存储器的地址）*/
50      I2C_SendData(EEPROM_I2C, WriteAddr);
51
52      I2CTimeout = I2CT_FLAG_TIMEOUT;
53      /* 检测 EV8 事件并清除标志 */
54      while (!I2C_CheckEvent(EEPROM_I2C,
55                              I2C_EVENT_MASTER_BYTE_TRANSMITTED))
56      {
57          if ((I2CTimeout--) == 0) return I2C_TIMEOUT_UserCallback(2);
58      }
59      /* 发送一字节要写入的数据 */
60      I2C_SendData(EEPROM_I2C, *pBuffer);
61
62      I2CTimeout = I2CT_FLAG_TIMEOUT;
63      /* 检测 EV8 事件并清除标志 */
64      while (!I2C_CheckEvent(EEPROM_I2C,
65                              I2C_EVENT_MASTER_BYTE_TRANSMITTED))
66      {
67          if ((I2CTimeout--) == 0) return I2C_TIMEOUT_UserCallback(3);
68      }
69
70      /* 发送停止信号 */
71      I2C_GenerateSTOP(EEPROM_I2C, ENABLE);
72
73      return 1;
74  }
```

先来分析 I2C_TIMEOUT_UserCallback 函数，它的函数体里只调用了宏 EEPROM_ERROR，这个宏封装了 printf 函数，方便使用串口向上位机打印调试信息。在 I²C 通信的很多过程中，都需要检测事件，当检测到某事件后才能继续下一步的操作。但有时通信错误或者 I²C 总线被占用，我们不能无休止地等待下去，所以我们设定每个事件检测都有等待的时间上限，若超过这个时间，我们就调用 I2C_TIMEOUT_UserCallback 函数输出调试信息（或可以自己加其他操作），并终止 I²C 通信。

了解了这个机制，再来分析 I2C_EE_ByteWrite 函数，这个函数实现了前面讲的 I²C 主发送器通信流程：

1）使用库函数 I2C_GenerateSTART 产生 I²C 起始信号，其中的 EEPROM_I2C 宏是前面硬件定义相关的 I²C 编号。

2）对 I2CTimeout 变量赋值为宏 I2CT_FLAG_TIMEOUT，这个 I2CTimeout 变量在下面

的 while 循环中每次循环减 1。该循环通过调用库函数 I2C_CheckEvent 检测事件，若检测到事件则进入通信的下一阶段；若未检测到事件则停留在此处一直检测；当检测 I2CT_FLAG_TIMEOUT 次都还没等待到事件则认为通信失败，调用前面的 I2C_TIMEOUT_UserCallback 输出调试信息，并退出通信。

3）调用库函数 I2C_Send7bitAddress 发送 EEPROM 的设备地址，并把数据传输方向设置为 I2C_Direction_Transmitter（即发送方向），这个数据传输方向就是通过设置 I²C 通信中紧跟地址后面的 R/W 位实现的。发送地址后以同样的方式检测 EV6 标志。

4）调用库函数 I2C_SendData 向 EEPROM 发送要写入的内部地址，该地址是 I2C_EE_ByteWrite 函数的输入参数，发送完毕后等待 EV8 事件。要注意这个内部地址与上面的 EEPROM 地址不一样，上面的是指 I²C 总线设备的独立地址，而此处的内部地址是指 EEPROM 内数据组织的地址，也可理解为 EEPROM 内存的地址或 I²C 设备的寄存器地址。

5）调用库函数 I2C_SendData 向 EEPROM 发送要写入的数据，该数据是 I2C_EE_ByteWrite 函数的输入参数，发送完毕后等待 EV8 事件。

6）一个 I²C 通信过程完毕，调用 I2C_GenerateSTOP 发送停止信号。

在这个通信过程中，STM32 实际上通过 I²C 向 EEPROM 发送了两个数据，但为何第 1 个数据被解释为 EEPROM 的内存地址？这是由 EEPROM 自定义的单字节写入时序，见图 22-14。

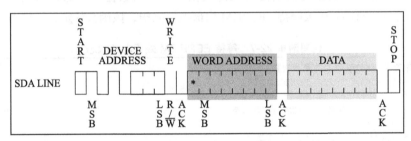

图 22-14　EEPROM 单字节写入时序

EEPROM 的单字节时序规定，向它写入数据的时候，第 1 个字节为内存地址，第 2 个字节是要写入的数据内容。所以我们需要理解：命令、地址的本质都是数据，对数据的解释不同，它就有了不同的功能。

（5）多字节写入及状态等待

单字节写入通信结束后，EEPROM 芯片会根据这个通信结果擦写该内存地址的内容，这需要一段时间，所以在多次写入数据时，要先等待 EEPROM 内部擦写完毕。多个数据写入过程见代码清单 22-6。

代码清单 22-6　多字节写入

```
 1 /**
 2  * @brief    将缓冲区中的数据写到 I2C EEPROM 中，采用单字节写入的方式，
 3             速度比页写入慢
```

```
4    * @param    pBuffer: 缓冲区指针
5    * @param    WriteAddr: 写地址
6    * @param    NumByteToWrite: 写的字节数
7    * @retval   无
8    */
9  uint8_t I2C_EE_ByetsWrite(uint8_t* pBuffer,uint8_t WriteAddr,
10                            uint16_t NumByteToWrite)
11 {
12     uint16_t i;
13     uint8_t res;
14
15     /* 每写一个字节调用一次 I2C_EE_ByteWrite 函数 */
16     for (i=0; i<NumByteToWrite; i++)
17     {
18         /* 等待 EEPROM 准备完毕 */
19         I2C_EE_WaitEepromStandbyState();
20         /* 按字节写入数据 */
21         res = I2C_EE_ByteWrite(pBuffer++,WriteAddr++);
22     }
23     return res;
24 }
```

这段代码比较简单，直接使用 for 循环调用前面定义的 I2C_EE_ByteWrite 函数一个字节一个字节地向 EEPROM 发送要写入的数据。在每次数据写入通信前调用了 I2C_EE_WaitEepromStandbyState 函数等待 EEPROM 内部擦写完毕，该函数的定义见代码清单 22-7。

代码清单 22-7　等待 EEPROM 处于准备状态

```
1  // 等待 Standby 状态的最大次数
2  #define MAX_TRIAL_NUMBER 300
3  /**
4    * @brief   等待 EEPROM 到准备状态
5    * @param   无
6    * @retval  正常返回 1，异常返回 0
7    */
8  static uint8_t I2C_EE_WaitEepromStandbyState(void)
9  {
10     __IO uint16_t tmpSR1 = 0;
11     __IO uint32_t EETrials = 0;
12
13     /* 总线忙时等待 */
14     I2CTimeout = I2CT_LONG_TIMEOUT;
15     while (I2C_GetFlagStatus(EEPROM_I2C, I2C_FLAG_BUSY))
16     {
17         if ((I2CTimeout--) == 0) return I2C_TIMEOUT_UserCallback(20);
18     }
19
20     /* 等待从机应答，最多等待 300 次 */
21     while (1)
22     {
23         /* 开始信号 */
24         I2C_GenerateSTART(EEPROM_I2C, ENABLE);
```

```
25
26              /* 检测 EV5 事件并清除标志 */
27              I2CTimeout = I2CT_FLAG_TIMEOUT;
28              while (!I2C_CheckEvent(EEPROM_I2C, I2C_EVENT_MASTER_MODE_SELECT))
29              {
30                  if ((I2CTimeout--) == 0) return I2C_TIMEOUT_UserCallback(21);
31              }
32
33              /* 发送 EEPROM 设备地址 */
34          I2C_Send7bitAddress(EEPROM_I2C,EEPROM_ADDRESS,I2C_Direction_Transmitter);
35
36              /* 等待 ADDR 标志 */
37              I2CTimeout = I2CT_LONG_TIMEOUT;
38              do
39              {
40                  /* 获取 SR1 寄存器状态 */
41                  tmpSR1 = EEPROM_I2C->SR1;
42
43                  if ((I2CTimeout--) == 0) return I2C_TIMEOUT_UserCallback(22);
44              }
45              /* 一直等待直到 addr 及 af 标志为 1 */
46              while ((tmpSR1 & (I2C_SR1_ADDR | I2C_SR1_AF)) == 0);
47
48              /* 检查 addr 标志是否为 1 */
49              if (tmpSR1 & I2C_SR1_ADDR)
50              {
51                  /* 清除 addr 标志，该标志通过读 SR1 及 SR2 清除 */
52                  (void)EEPROM_I2C->SR2;
53
54                  /* 产生停止信号 */
55                  I2C_GenerateSTOP(EEPROM_I2C, ENABLE);
56
57                  /* 退出函数 */
58                  return 1;
59              }
60              else
61              {
62                  /* 清除 af 标志 */
63                  I2C_ClearFlag(EEPROM_I2C, I2C_FLAG_AF);
64              }
65
66              /* 检查等待次数 */
67              if (EETrials++ == MAX_TRIAL_NUMBER)
68              {
69                  /* 等待 MAX_TRIAL_NUMBER 次还没准备好，退出等待 */
70                  return I2C_TIMEOUT_UserCallback(23);
71              }
72      }
73  }
```

　　这个函数主要实现向 EEPROM 发送设备地址，检测 EEPROM 的响应，若 EEPROM 接收到地址后返回应答信号，则表示 EEPROM 已经准备好，可以开始下一次通信。函数中检测响应是通过读取 STM32 的 SR1 寄存器的 ADDR 位及 AF 位来实现的，当 I²C 设备响应了地址的时候，ADDR 会置 1，若应答失败，AF 位会置 1。

（6）EEPROM 的页写入

在以上的数据通信中，每写入一个数据都需要向 EEPROM 发送写入的地址，我们希望向连续地址写入多个数据的时候，只要告诉 EEPROM 第一个内存地址 address1，后面的数据按次序写入 address2、address3……这样可以节省通信的内容，加快速度。为应对这种需求，EEPROM 定义了一种页写入时序，见图 22-15。

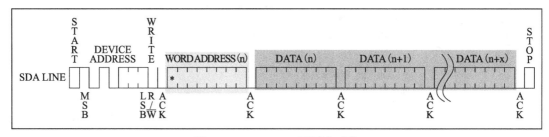

图 22-15　EEPROM 页写入时序

根据页写入时序，第一个数据被解释为要写入的内存地址 address1，后续可连续发送 n 个数据，这些数据会依次写入内存中。其中 AT24C02 型号的芯片页写入时序最多可以一次发送 8 个数据（即 n=8），该值也称为页大小，某些型号的芯片每个页写入时序最多可传输 16 个数据。EEPROM 的页写入代码实现见代码清单 22-8。

代码清单 22-8　EEPROM 的页写入

```
1
2  /**
3   * @brief      在 EEPROM 的一个写循环中可以写多个字节，但一次写入的字节数
4   *             不能超过 EEPROM 页的大小，AT24C02 每页有 8 个字节
5   * @param
6   * @param      pBuffer: 缓冲区指针
7   * @param      WriteAddr: 写地址
8   * @param      NumByteToWrite: 要写的字节数，要求 NumByToWrite 小于页大小
9   * @retval     正常返回 1，异常返回 0
10  */
11 uint8_t I2C_EE_PageWrite(uint8_t* pBuffer, uint8_t WriteAddr,
12                   uint8_t NumByteToWrite)
13 {
14     I2CTimeout = I2CT_LONG_TIMEOUT;
15
16     while (I2C_GetFlagStatus(EEPROM_I2C, I2C_FLAG_BUSY))
17     {
18         if ((I2CTimeout--) == 0) return I2C_TIMEOUT_UserCallback(4);
19     }
20
21     /* 产生 I2C 起始信号 */
22     I2C_GenerateSTART(EEPROM_I2C, ENABLE);
23
```

```
24        I2CTimeout = I2CT_FLAG_TIMEOUT;
25
26        /* 检测 EV5 事件并清除标志 */
27        while (!I2C_CheckEvent(EEPROM_I2C, I2C_EVENT_MASTER_MODE_SELECT))
28        {
29            if ((I2CTimeout--) == 0) return I2C_TIMEOUT_UserCallback(5);
30        }
31
32        /* 发送 EEPROM 设备地址 */
33  I2C_Send7bitAddress(EEPROM_I2C,EEPROM_ADDRESS,I2C_Direction_Transmitter);
34
35        I2CTimeout = I2CT_FLAG_TIMEOUT;
36
37        /* 检测 EV6 事件并清除标志 */
38        while (!I2C_CheckEvent(EEPROM_I2C,
39                              I2C_EVENT_MASTER_TRANSMITTER_MODE_SELECTED))
40        {
41            if ((I2CTimeout--) == 0) return I2C_TIMEOUT_UserCallback(6);
42        }
43        /* 发送要写入的 EEPROM 内部地址（即 EEPROM 内部存储器的地址） */
44        I2C_SendData(EEPROM_I2C, WriteAddr);
45
46        I2CTimeout = I2CT_FLAG_TIMEOUT;
47
48        /* 检测 EV8 事件并清除标志 */
49        while (! I2C_CheckEvent(EEPROM_I2C, I2C_EVENT_MASTER_BYTE_TRANSMITTED))
50        {
51            if ((I2CTimeout--) == 0) return I2C_TIMEOUT_UserCallback(7);
52        }
53        /* 循环发送 NumByteToWrite 个数据 */
54        while (NumByteToWrite--)
55        {
56            /* 发送缓冲区中的数据 */
57            I2C_SendData(EEPROM_I2C, *pBuffer);
58
59            /* 指向缓冲区的下一个数据 */
60            pBuffer++;
61
62            I2CTimeout = I2CT_FLAG_TIMEOUT;
63
64            /* 检测 EV8 事件并清除标志 */
65            while (!I2C_CheckEvent(EEPROM_I2C, I2C_EVENT_MASTER_BYTE_TRANSMITTED))
66            {
67                if ((I2CTimeout--) == 0) return I2C_TIMEOUT_UserCallback(8);
68            }
69        }
70        /* 发送停止信号 */
71        I2C_GenerateSTOP(EEPROM_I2C, ENABLE);
72        return 1;
73  }
```

这段页写入函数主体跟单字节写入函数是一样的，只是它在发送数据的时候，使用 for 循环控制发送多个数据，发送完多个数据后才产生 I²C 停止信号。只要每次传输的数据小于等于 EEPROM 时序规定的页大小，就能正常传输。

（7）快速写入多字节

利用 EEPROM 的页写入方式，可以改进前面的"多字节写入"函数，加快传输速度，见代码清单 22-9。

代码清单 22-9　快速写入多字节函数

```
1
2  /* AT24C01/02 每页有 8 个字节 */
3  #define I2C_PageSize         8
4
5  /**
6    * @brief  将缓冲区中的数据写到 I2C EEPROM 中，采用页写入的方式，加快写入速度
7    * @param  pBuffer: 缓冲区指针
8    * @param  WriteAddr: 写地址
9    * @param  NumByteToWrite: 写的字节数
10   * @retval 无
11   */
12 void I2C_EE_BufferWrite(uint8_t* pBuffer, uint8_t WriteAddr,
13                         u16 NumByteToWrite)
14 {
15     uint8_t NumOfPage = 0, NumOfSingle = 0, Addr = 0, count = 0;
16
17     /* mod 运算求余, 若 writeAddr 是 I2C_PageSize 整数倍, 则运算结果 Addr 为 0 */
18     Addr = WriteAddr % I2C_PageSize;
19
20     /* 差 count 个数据, 刚好可以对齐到页地址 */
21     count = I2C_PageSize - Addr;
22     /* 计算要写多少整数页 */
23     NumOfPage =  NumByteToWrite / I2C_PageSize;
24     /* mod 运算求余, 计算出剩余不满一页的字节数 */
25     NumOfSingle = NumByteToWrite % I2C_PageSize;
26
27     /* Addr=0, 则 WriteAddr 刚好按页对齐 aligned */
28     if (Addr == 0)
29     {
30         /* 如果 NumByteToWrite < I2C_PageSize */
31         if (NumOfPage == 0)
32         {
33             I2C_EE_PageWrite(pBuffer, WriteAddr, NumOfSingle);
34             I2C_EE_WaitEepromStandbyState();
35         }
36         /* 如果 NumByteToWrite > I2C_PageSize */
37         else
38         {
39             /* 先把整数页都写了 */
40             while (NumOfPage--)
41             {
42                 I2C_EE_PageWrite(pBuffer, WriteAddr, I2C_PageSize);
43                 I2C_EE_WaitEepromStandbyState();
44                 WriteAddr +=  I2C_PageSize;
45                 pBuffer += I2C_PageSize;
46             }
```

```
47
48                /* 若有多余的不满一页的数据, 把它写完 */
49                if (NumOfSingle!=0)
50                {
51                    I2C_EE_PageWrite(pBuffer, WriteAddr, NumOfSingle);
52                    I2C_EE_WaitEepromStandbyState();
53                }
54            }
55        }
56        /* 如果 WriteAddr 不是按 I2C_PageSize 对齐 */
57        else
58        {
59            /* 如果 NumByteToWrite < I2C_PageSize */
60            if (NumOfPage== 0)
61            {
62                I2C_EE_PageWrite(pBuffer, WriteAddr, NumOfSingle);
63                I2C_EE_WaitEepromStandbyState();
64            }
65            /* 如果 NumByteToWrite > I2C_PageSize */
66            else
67            {
68                /* 地址不对齐多出的 count 分开处理, 不加入这个运算 */
69                NumByteToWrite -= count;
70                NumOfPage =   NumByteToWrite / I2C_PageSize;
71                NumOfSingle = NumByteToWrite % I2C_PageSize;
72
73                /* 先把 WriteAddr 所在页的剩余字节写了 */
74                if (count != 0)
75                {
76                    I2C_EE_PageWrite(pBuffer, WriteAddr, count);
77                    I2C_EE_WaitEepromStandbyState();
78
79                    /*WriteAddr 加上 count 后, 地址就对齐到页了 */
80                    WriteAddr += count;
81                    pBuffer += count;
82                }
83                /* 把整数页都写了 */
84                while (NumOfPage--)
85                {
86                    I2C_EE_PageWrite(pBuffer, WriteAddr, I2C_PageSize);
87                    I2C_EE_WaitEepromStandbyState();
88                    WriteAddr +=  I2C_PageSize;
89                    pBuffer += I2C_PageSize;
90                }
91                /* 若有多余的不满一页的数据, 把它写完 */
92                if (NumOfSingle != 0)
93                {
94                    I2C_EE_PageWrite(pBuffer, WriteAddr, NumOfSingle);
95                    I2C_EE_WaitEepromStandbyState();
96                }
97            }
98        }
99 }
```

很多读者觉得这段代码的运算很复杂，看不懂，其实它的主旨就是对输入的数据进行分页（本型号芯片每页 8 个字节），见表 22-2。通过"整除"计算要写入的数据 NumByteToWrite 能写满多少"完整的页"，计算的值存储在 NumOfPage 中。但有时数据不是刚好能写满完整页的，会多一点出来，通过"求余"计算得出"不满一页的数据个数"就存储在 NumOfSingle 中。计算后通过按页传输 NumOfPage 次整页数据及最后的 NumOfSing 个数据即可。使用页传输，比之前的单个字节数据传输要快很多。

除了基本的分页传输，还要考虑首地址的问题，见表 22-3。若首地址不是刚好对齐到页的首地址，就需要一个 count 值，用于存储从该首地址开始写满该地址所在的页，还能写多少个数据。实际传输时，先把这部分 count 个数据先写入，填满该页，然后把剩余的数据（NumByteToWrite-count），再重复上述求出 NumOfPage 及 NumOfSingle 的过程，按页传输到 EEPROM。

1）若 writeAddress=16，计算得 Addr=16%8=0，count=8-0=8；

2）同时，若 NumOfPage=22，计算得 NumOfPage=22/8=2，NumOfSingle=22%8=6。

3）数据传输情况见表 22-2。

表 22-2 首地址对齐到页时的情况

不影响	0	1	2	3	4	5	6	7
不影响	8	9	10	11	12	13	14	15
第 1 页	16	17	18	19	20	21	22	23
第 2 页	24	25	26	27	28	29	30	31
NumOfSingle=6	32	33	34	35	36	37	38	39

1）若 writeAddress=17，计算得 Addr=17%8=1，count=8-1=7；

2）同时，若 NumOfPage=22；

3）先把 count 去掉，特殊处理，计算得新的 NumOfPage=22-7=15；

4）计算得 NumOfPage=15/8=1，NumOfSingle=15%8=7。

5）数据传输情况见表 22-3。

表 22-3 首地址未对齐到页时的情况

不影响	0	1	2	3	4	5	6	7
不影响	8	9	10	11	12	13	14	15
count=7	16	17	18	19	20	21	22	23
第 1 页	24	25	26	27	28	29	30	31
NumOfSingle=7	32	33	34	35	36	37	38	39

最后，强调一下，EEPROM 支持的页写入只是一种加速的 I²C 的传输时序，实际上并不要求每次都以页为单位进行读写，EEPROM 是支持随机访问的（直接读写任意一个地址），如前面的单个字节写入。某些存储器，如 NAND Flash，是必须按照 Block 写入的，例

如每个 Block 为 512 或 4096 字节，数据写入的最小单位是 Block，写入前都需要擦除整个 Block；NOR Flash 则是写入前必须以 Sector/Block 为单位擦除，然后才可以按字节写入。而 EEPROM 数据写入和擦除的最小单位是"字节"而不是"页"，数据写入前不需要擦除整页。

（8）从 EEPROM 读取数据

从 EEPROM 读取数据是一个复合的 I²C 时序，它实际上包含一个写过程和一个读过程，见图 22-16。

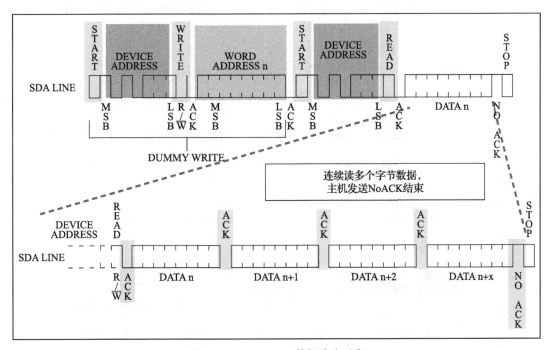

图 22-16　EEPROM 数据读取时序

读时序的第 1 个通信过程中，使用 I²C 发送设备地址寻址（写方向），接着发送要读取的"内存地址"；第 2 个通信过程中，再次使用 I²C 发送设备地址寻址，但这个时候的数据方向是读方向。在这个过程之后，EEPROM 会向主机返回从"内存地址"开始的数据，一个字节一个字节地传输，只要主机的响应为"应答信号"，它就会一直传输下去。主机想结束传输时，就发送"非应答信号"，并以"停止信号"结束通信，作为从机的 EEPROM 也会停止传输。实现代码见代码清单 22-10。

代码清单 22-10　从 EEPROM 读取数据

```
1
2 /**
3  * @brief    从 EEPROM 里面读取一块数据
4  * @param    pBuffer: 存放从 EEPROM 读取的数据的缓冲区指针
5  * @param    ReadAddr: 接收数据的 EEPROM 的地址
6  * @param    NumByteToRead: 要从 EEPROM 读取的字节数
```

```
 7   * @retval   正常返回 1，异常返回 0
 8   */
 9  uint8_t I2C_EE_BufferRead(uint8_t* pBuffer, uint8_t ReadAddr,
10                            u16 NumByteToRead)
11  {
12      I2CTimeout = I2CT_LONG_TIMEOUT;
13
14      while (I2C_GetFlagStatus(EEPROM_I2C, I2C_FLAG_BUSY))
15      {
16          if ((I2CTimeout--) == 0) return I2C_TIMEOUT_UserCallback(9);
17      }
18
19      /* 产生 I2C 起始信号 */
20      I2C_GenerateSTART(EEPROM_I2C, ENABLE);
21
22      I2CTimeout = I2CT_FLAG_TIMEOUT;
23
24      /* 检测 EV5 事件并清除标志 */
25      while (!I2C_CheckEvent(EEPROM_I2C, I2C_EVENT_MASTER_MODE_SELECT))
26      {
27          if ((I2CTimeout--) == 0) return I2C_TIMEOUT_UserCallback(10);
28      }
29
30      /* 发送 EEPROM 设备地址 */
31  I2C_Send7bitAddress(EEPROM_I2C,EEPROM_ADDRESS,I2C_Direction_Transmitter);
32
33      I2CTimeout = I2CT_FLAG_TIMEOUT;
34
35      /* 检测 EV6 事件并清除标志 */
36      while (!I2C_CheckEvent(EEPROM_I2C,
37                          I2C_EVENT_MASTER_TRANSMITTER_MODE_SELECTED))
38      {
39          if ((I2CTimeout--) == 0) return I2C_TIMEOUT_UserCallback(11);
40      }
41      /* 通过重新设置 PE 位清除 EV6 事件 */
42      I2C_Cmd(EEPROM_I2C, ENABLE);
43
44      /* 发送要读取的 EEPROM 内部地址（EEPROM 内部存储器的地址） */
45      I2C_SendData(EEPROM_I2C, ReadAddr);
46
47      I2CTimeout = I2CT_FLAG_TIMEOUT;
48
49      /* 检测 EV8 事件并清除标志 */
50      while (!I2C_CheckEvent(EEPROM_I2C,I2C_EVENT_MASTER_BYTE_TRANSMITTED))
51      {
52          if ((I2CTimeout--) == 0) return I2C_TIMEOUT_UserCallback(12);
53      }
54      /* 产生第 2 次 I2C 起始信号 */
55      I2C_GenerateSTART(EEPROM_I2C, ENABLE);
56
57      I2CTimeout = I2CT_FLAG_TIMEOUT;
58
59      /* 检测 EV5 事件并清除标志 */
```

```
60      while (!I2C_CheckEvent(EEPROM_I2C, I2C_EVENT_MASTER_MODE_SELECT))
61      {
62          if ((I2CTimeout--) == 0) return I2C_TIMEOUT_UserCallback(13);
63      }
64      /* 发送 EEPROM 设备地址 */
65  I2C_Send7bitAddress(EEPROM_I2C, EEPROM_ADDRESS, I2C_Direction_Receiver);
66
67      I2CTimeout = I2CT_FLAG_TIMEOUT;
68
69      /* 检测 EV6 事件并清除标志 */
70      while (!I2C_CheckEvent(EEPROM_I2C,
71                          I2C_EVENT_MASTER_RECEIVER_MODE_SELECTED))
72      {
73          if ((I2CTimeout--) == 0) return I2C_TIMEOUT_UserCallback(14);
74      }
75      /* 读取 NumByteToRead 个数据 */
76      while (NumByteToRead)
77      {
78          /* 若 NumByteToRead=1，表示已经接收到最后一个数据了，
79              发送非应答信号，结束传输 */
80          if (NumByteToRead == 1)
81          {
82              /* 发送非应答信号 */
83              I2C_AcknowledgeConfig(EEPROM_I2C, DISABLE);
84
85              /* 发送停止信号 */
86              I2C_GenerateSTOP(EEPROM_I2C, ENABLE);
87          }
88
89          I2CTimeout = I2CT_LONG_TIMEOUT;
90      while (I2C_CheckEvent(EEPROM_I2C, I2C_EVENT_MASTER_BYTE_RECEIVED)==0)
91          {
92              if ((I2CTimeout--) == 0) return I2C_TIMEOUT_UserCallback(3);
93          }
94          {
95              /* 通过 I2C，从设备中读取一个字节的数据 */
96              *pBuffer = I2C_ReceiveData(EEPROM_I2C);
97
98              /* 存储数据的指针指向下一个地址 */
99              pBuffer++;
100
101             /* 接收数据自减 */
102             NumByteToRead--;
103         }
104     }
105
106     /* 使能应答，方便下一次 I2C 传输 */
107     I2C_AcknowledgeConfig(EEPROM_I2C, ENABLE);
108     return 1;
109 }
```

这段中的写过程与前面的写字节函数类似，而读过程中接收数据时，需要使用库函数

I2C_ReceiveData 来读取。响应信号则通过库函数 I2C_AcknowledgeConfig 来发送，未使能时为非响应信号，使能时为响应信号。

3. main 文件

（1）EEPROM 读写测试函数

完成基本的读写函数后，接下来我们编写一个读写测试函数来检验驱动程序，见代码清单 22-11。

代码清单 22-11　　EEPROM 读写测试函数

```
1  /**
2   * @brief   I2C(AT24C02) 读写测试
3   * @param   无
4   * @retval 正常返回 1, 不正常返回 0
5   */
6  uint8_t I2C_Test(void)
7  {
8      u16 i;
9      EEPROM_INFO(" 写入的数据 ");
10
11     for ( i=0; i<=255; i++ ) // 填充缓冲
12     {
13         I2c_Buf_Write[i] = i;
14
15         printf("0x%02X ", I2c_Buf_Write[i]);
16         if (i%16 == 15)
17             printf("\n\r");
18     }
19
20     // 将 I2c_Buf_Write 中顺序递增的数据写入 EERPOM 中
21     // 页写入方式
22  // I2C_EE_BufferWrite( I2c_Buf_Write, EEP_Firstpage, 256);
23     // 字节写入方式
24     I2C_EE_ByetsWrite( I2c_Buf_Write, EEP_Firstpage, 256);
25
26     EEPROM_INFO(" 写结束 ");
27
28     EEPROM_INFO(" 读出的数据 ");
29     // 将 EEPROM 读出数据顺序保持到 I2c_Buf_Read 中
30     I2C_EE_BufferRead(I2c_Buf_Read, EEP_Firstpage, 256);
31
32     // 将 I2c_Buf_Read 中的数据通过串口打印
33     for (i=0; i<256; i++)
34     {
35         if (I2c_Buf_Read[i] != I2c_Buf_Write[i])
36         {
37             printf("0x%02X ", I2c_Buf_Read[i]);
38             EEPROM_ERROR(" 错误 :I2C EEPROM 写入与读出的数据不一致 ");
39             return 0;
40         }
```

```
41              printf("0x%02X ", I2c_Buf_Read[i]);
42              if (i%16 == 15)
43                  printf("\n\r");
44
45      }
46      EEPROM_INFO("I2C(AT24C02) 读写测试成功 ");
47      return 1;
48 }
```

代码中先填充一个数组，数组的内容为 1、2、3 至 N。接着把这个数组的内容写入 EEPROM 中，写入时可以采用单字节写入的方式或页写入的方式。写入完毕后再从 EEPROM 的地址中读取数据，把读取得到的数据与写入的进行校验，若一致说明读写正常，否则读写过程有问题或者 EEPROM 芯片不正常。代码中用到的 EEPROM_INFO 与 EEPROM_ERROR 宏类似，都是对 printf 函数的封装，使用和阅读代码时把它当成 printf 函数就好。具体的宏定义在 bsp_i2c_ee.h 文件中，在以后的代码我们常常会用类似的宏来输出调试信息。

（2）main 函数

最后编写 main 函数，函数中初始化了 LED、串口和 I²C 外设，然后调用上面的 I2C_Test 函数进行读写测试，见代码清单 22-12。

代码清单 22-12   main 函数

```
1
2 /**
3  * @brief   主函数
4  * @param   无
5  * @retval  无
6  */
7 int main(void)
8 {
9     LED_GPIO_Config();
10
11    LED_BLUE;
12    /* 初始化 USART1 */
13    Debug_USART_Config();
14
15    printf("\r\n 欢迎使用秉火 STM32 F429 开发板。\r\n");
16
17    printf("\r\n 这是一个 I2C 外设 (AT24C02) 读写测试例程 \r\n");
18
19    /* I2C 外设 (AT24C02) 初始化 */
20    I2C_EE_Init();
21
22    if (I2C_Test() ==1)
23    {
24        LED_GREEN;
25    }
26    else
```

```
27        {
28            LED_RED;
29        }
30
31        while (1)
32        {
33        }
34
35  }
36
```

22.4.3   下载验证

用 USB 线连接开发板"USB 转串口"接口及电脑，在电脑端打开串口调试助手，把编译好的程序下载到开发板。在串口调试助手可看到 EEPROM 测试的调试信息。

第 23 章
SPI——读写串行 Flash

23.1 SPI 协议简介

SPI 协议是由摩托罗拉公司提出的通信协议（Serial Peripheral Interface），即串行外围设备接口，是一种高速全双工的通信总线。它被广泛地使用在 ADC、LCD 等设备与 MCU 间，适用于通信速率较高的场合。

学习本章时，可与上一章对比阅读，体会两种通信总线的差异以及 EEPROM 存储器与 Flash 存储器的区别。下面我们分别对 SPI 协议的物理层及协议层进行讲解。

23.1.1 SPI 物理层

SPI 通信设备之间的常用连接方式见图 23-1。

SPI 通信使用 3 条总线及片选线，3 条总线分别为 SCK、MOSI、MISO，片选线为 $\overline{\text{SS}}$，它们的作用介绍如下。

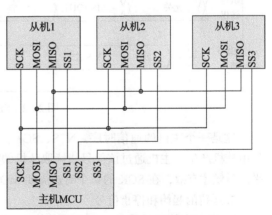

1）$\overline{\text{SS}}$（Slave Select）：从设备选择信号线，常称为片选信号线，也称为 NSS、CS，以下用 NSS 表示。当有多个 SPI 从设备与 SPI 主机相连时，设备的其他信号线 SCK、MOSI 及 MISO 同时并联到相同的 SPI 总线上，即无论有多少个从设备，都共同使用这 3 条总线；而每个从设备都有独立的一条 NSS 信号线，本信号线独占主机的一个引脚，即有多少个从设备，就有多少条片选信号线。

图 23-1　常见的 SPI 通信系统

I^2C 协议中通过设备地址来寻址，选中总线上的某个设备并与其进行通信；而 SPI 协议中没有设备地址，它使用 NSS 信号线来寻址，当主机要选择从设备时，把该从设备的 NSS 信号线设置为低电平，该从设备即被选中，即片选有效，接着主机开始与被选中的从设备进行 SPI 通信。所以 SPI 通信以 NSS 线置低电平为开始信号，以 NSS 线置高电平为结束信号。

2）SCK（Serial Clock）：时钟信号线，用于通信数据同步。它由通信主机产生，决定了通信的速率，不同的设备支持的最高时钟频率不一样，如 STM32 的 SPI 时钟频率最大为 $f_{pclk}/2$。两个设备之间通信时，通信速率受限于低速设备。

3）MOSI（Master Output，Slave Input）：主设备输出 / 从设备输入引脚。主机的数据从这条信号线输出，从机由这条信号线读入主机发送的数据，即这条线上数据的方向为主机到从机。

4）MISO（Master Input，Slave Output）：主设备输入 / 从设备输出引脚。主机从这条信号线读入数据，从机的数据由这条信号线输出到主机，即在这条线上数据的方向为从机到主机。

23.1.2 协议层

与 I²C 的类似，SPI 协议定义了通信的起始和停止信号、数据有效性、时钟同步等环节。

1. SPI 基本通信过程

先看看 SPI 通信的通信时序，见图 23-2。

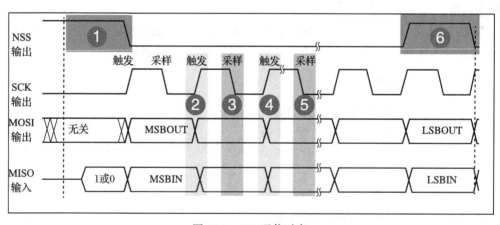

图 23-2　SPI 通信时序

这是一个主机的通信时序。NSS、SCK、MOSI 信号都由主机控制产生，而 MISO 的信号由从机产生，主机通过该信号线读取从机的数据。MOSI 与 MISO 的信号只在 NSS 为低电平的时候才有效，在 SCK 的每个时钟周期 MOSI 和 MISO 传输一位数据。

2. 通信的起始和停止信号

在 23-2 中的标号①处，NSS 信号线由高变低，是 SPI 通信的起始信号。NSS 是每个从机各自独占的信号线，当从机在自己的 NSS 线检测到起始信号后，就知道自己被主机选中了，开始准备与主机通信。在图中的标号⑥处，NSS 信号由低变高，是 SPI 通信的停止信号，表示本次通信结束，从机的选中状态被取消。

3. 数据有效性

SPI 使用 MOSI 及 MISO 信号线来传输数据，使用 SCK 信号线进行数据同步。MOSI 及 MISO 数据线在 SCK 的每个时钟周期传输一位数据，且数据输入输出是同时进行的。数据传输时，MSB 先行或 LSB 先行并没有作硬性规定，但要保证两个 SPI 通信设备之间使用同样的协定，一般都会采用图 23-2 中的 MSB 先行模式。

观察图中的标号②③④⑤处，MOSI 及 MISO 的数据在 SCK 的上升沿期间变化输出，在 SCK 的下降沿时被采样。即在 SCK 的下降沿时刻，MOSI 及 MISO 的数据有效，高电平时表示数据"1"，为低电平时表示数据"0"。在其他时刻，数据无效，MOSI 及 MISO 为下一次表示数据做准备。

SPI 每次数据传输可以 8 位或 16 位为单位，每次传输的单位数不受限制。

4. CPOL/CPHA 及通信模式

上面讲述的 23-2 中的时序只是 SPI 中的其中一种通信模式，SPI 一共有 4 种通信模式，它们的主要区别是总线空闲时 SCK 的时钟状态以及数据采样时刻。为方便说明，在此引入"时钟极性 CPOL"和"时钟相位 CPHA"的概念。

时钟极性 CPOL 是指 SPI 通信设备处于空闲状态时，SCK 信号线的电平信号（即 SPI 通信开始前、NSS 线为高电平时 SCK 的状态）。CPOL=0 时，SCK 在空闲状态时为低电平，CPOL=1 时，则相反。

时钟相位 CPHA 是指数据的采样的时刻，当 CPHA=0 时，MOSI 或 MISO 数据线上的信号将会在 SCK 时钟线的"奇数边沿"被采样，见图 23-3。

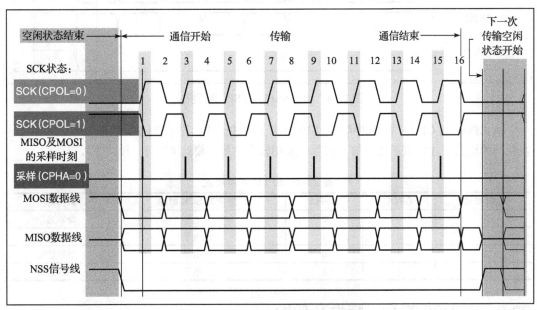

图 23-3　CPHA=0 时的 SPI 通信模式

首先，根据 SCK 在空闲状态时的电平，分为两种情况：SCK 信号线在空闲状态为低电平时，CPOL=0；空闲状态为高电平时，CPOL=1。

无论 CPOL 为 0 还是 1，因为我们配置的时钟相位 CPHA=0，在图中可以看到，采样时刻都是在 SCK 的奇数边沿。注意当 CPOL=0 的时候，时钟的奇数边沿是上升沿，而

CPOL=1 的时候，时钟的奇数边沿是下降沿。所以 SPI 的采样时刻不是由上升 / 下降沿决定的。MOSI 和 MISO 数据线的有效信号在 SCK 的奇数边沿保持不变，数据信号将在 SCK 奇数边沿时被采样，在非采样时刻，MOSI 和 MISO 的有效信号才发生切换。

类似地，当 CPHA=1 时，不受 CPOL 的影响，数据信号在 SCK 的偶数边沿被采样，见图 23-4。

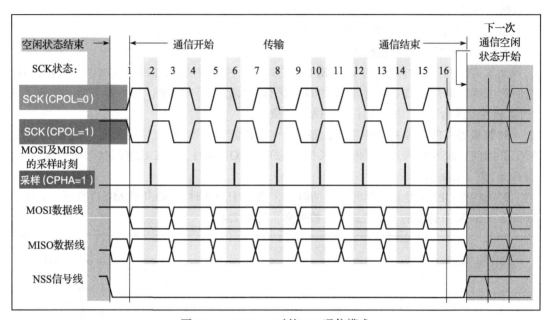

图 23-4　CPHA=1 时的 SPI 通信模式

由 CPOL 及 CPHA 的不同状态，SPI 分成了 4 种模式，见表 23-1。主机与从机需要工作在相同的模式下才可以正常通信，实际中采用较多的是"模式 0"与"模式 3"。

表 23-1　SPI 的 4 种模式

SPI 模式	CPOL	CPHA	空闲时 SCK 时钟	采样时刻
0	0	0	低电平	奇数边沿
1	0	1	低电平	偶数边沿
2	1	0	高电平	奇数边沿
3	1	1	高电平	偶数边沿

23.2　STM32 的 SPI 特性及架构

与 I²C 外设一样，STM32 芯片也集成了专门用于 SPI 协议通信的外设。

23.2.1　STM32 的 SPI 外设简介

STM32 的 SPI 外设可用作通信的主机及从机，支持最高的 SCK 时钟频率为 $f_{pclk}/2$

（STM32F429 型号的芯片默认 f_{pclk1} 为 90MHz，f_{pclk2} 为 45MHz），完全支持 SPI 协议的 4 种模式，数据帧长度可设置为 8 位或 16 位，可设置数据 MSB 先行或 LSB 先行。它还支持双线全双工（前面小节说明的都是这种模式）、双线单向以及单线模式。其中双线单向模式可以同时使用 MOSI 及 MISO 数据线向一个方向传输数据，可以加快一倍的传输速度。而单线模式则可以减少硬件接线，当然这样速率会受到影响。这里只讲解双线全双工模式。

STM32 的 SPI 外设还支持 I^2S 功能，I^2S 功能是一种音频串行通信协议，在我们以后讲解 MP3 播放器的章节（35.7 节）中会进行介绍。

23.2.2　STM32 的 SPI 架构剖析

STM32 的 SPI 架构见图 23-5。

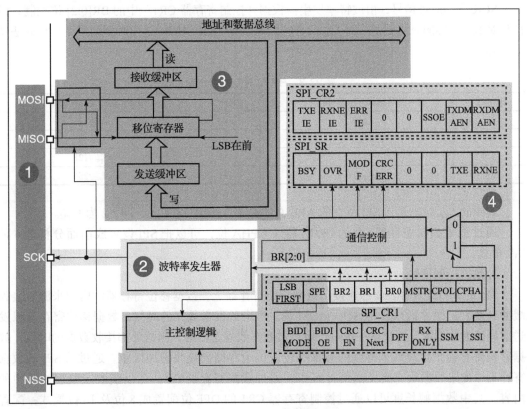

图 23-5　SPI 架构图

1. 通信引脚

SPI 的所有硬件架构都从图 03 中左侧 MOSI、MISO、SCK 及 NSS 线展开。STM32 芯片有多个 SPI 外设，它们的 SPI 通信信号引出到不同的 GPIO 引脚上，使用时必须配置到这些指定的引脚，见表 23-2。关于 GPIO 引脚的复用功能，可查阅《STM32F4xx 规格书》，以它为准。

表 23-2　STM32F4xx 的 SPI 引脚

引脚	SPI 编号					
	SPI1	SPI2	SPI3	SPI4	SPI5	SPI6
MOSI	PA7/PB5	PB15/PC3/PI3	PB5/PC12/PD6	PE6/PE14	PF9/PF11	PG14
MISO	PA6/PB4	PB14/PC2/PI2	PB4/PC11	PE5/PE13	PF8/PH7	PG12
SCK	PA5/PB3	PB10/PB13/PD3	PB3/PC10	PE2/PE12	PF7/PH6	PG13
NSS	PA4/PA15	PB9/PB12/PI0	PA4/PA15	PE4/PE11	PF6/PH5	PG8

其中 SPI1、SPI4、SPI5、SPI6 是 APB2 上的设备，最高通信速率达 45Mbps，SPI2、SPI3 是 APB1 上的设备，最高通信速率为 22.5Mbps。其他功能没有差异。

2. 时钟控制逻辑

SCK 线的时钟信号，由波特率发生器根据"控制寄存器 CR1"中的 BR[0:2] 位控制，该位是对 f_{pclk} 时钟的分频因子，对 f_{pclk} 的分频结果就是 SCK 引脚的输出时钟频率，计算方法见表 23-3。

表 23-3　BR 位对 f_{pclk} 的分频

BR[0:2]	分频结果（SCK 频率）	BR[0:2]	分频结果（SCK 频率）
000	$f_{pclk}/2$	100	$f_{pclk}/32$
001	$f_{pclk}/4$	101	$f_{pclk}/64$
010	$f_{pclk}/8$	110	$f_{pclk}/128$
011	$f_{pclk}/16$	111	$f_{pclk}/256$

其中的 f_{pclk} 频率是指 SPI 所在的 APB 总线频率，APB1 为 f_{pclk1}，APB2 为 f_{pclk2}。

通过配置控制寄存器 CR 的 CPOL 位及 CPHA 位，可以把 SPI 设置成前面分析的 4 种 SPI 模式。

3. 数据控制逻辑

SPI 的 MOSI 及 MISO 都连接到数据移位寄存器上，数据移位寄存器的内容来源于接收缓冲区及发送缓冲区以及 MISO、MOSI 线。当向外发送数据的时候，数据移位寄存器以发送缓冲区为数据源，把数据一位一位地通过数据线发送出去；当从外部接收数据的时候，数据移位寄存器把数据线采样到的数据一位一位地存储到接收缓冲区中。通过写 SPI 的数据寄存器 DR 把数据填充到发送缓冲区中，通过数据寄存器 DR，可以获取接收缓冲区中的内容。其中数据帧长度可以通过控制寄存器 CR1 的 DFF 位配置成 8 位及 16 位模式；配置 LSBFIRST 位可选择 MSB 先行还是 LSB 先行。

4. 整体控制逻辑

整体控制逻辑负责协调整个 SPI 外设，控制逻辑的工作模式根据我们配置的控制寄存器（CR1/CR2）的参数而改变，基本的控制参数包括前面提到的 SPI 模式、波特率、LSB 先行、主从模式、单双向模式等。在外设工作时，控制逻辑会根据外设的工作状态修改状态寄存器（SR），我们只要读取状态寄存器相关的寄存器位，就可以了解 SPI 的工作状态了。除此之外，控制逻辑还根据要求，负责控制产生 SPI 中断信号、DMA 请求及控制 NSS 信号线。

实际应用中，一般不使用 STM32 SPI 外设的标准 NSS 信号线，而是更简单地使用普通的 GPIO，软件控制它的电平输出，从而产生通信起始和停止信号。

23.2.3　通信过程

STM32 使用 SPI 外设通信时，在通信的不同阶段它会对状态寄存器 SR 的不同数据位写入参数，我们通过读取这些寄存器标志来了解通信状态。

图 23-6 中的是"主模式"流程，即 STM32 作为 SPI 通信的主机端时的数据收发过程。

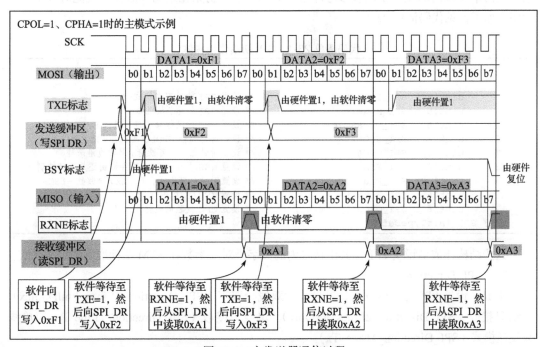

图 23-6　主发送器通信过程

主模式收发流程及事件说明如下：

1）控制 NSS 信号线，产生起始信号（图中没有画出）。

2）把要发送的数据写入数据寄存器 DR 中，该数据会被存储到发送缓冲区。

3）通信开始，SCK 时钟开始运行。MOSI 把发送缓冲区中的数据一位一位地传输出去；MISO 则把数据一位一位地存储进接收缓冲区中。

4）当发送完一帧数据的时候，状态寄存器 SR 中的 TXE 标志位会被置 1，表示传输完一帧，发送缓冲区已空；类似地，当接收完一帧数据的时候，RXNE 标志位会被置 1，表示传输完一帧，接收缓冲区非空。

5）等待到 TXE 标志位为 1 时，若还要继续发送数据，则再次往数据寄存器 DR 写入数据即可；等待到 RXNE 标志位为 1 时，通过读取数据寄存器 DR 可以获取接收缓冲区中的内容。

假如我们使能了 TXE 或 RXNE 中断，TXE 或 RXNE 置 1 时会产生 SPI 中断信号，进入同一个中断服务函数。到 SPI 中断服务程序后，可通过检查寄存器位来了解哪一个事件，再分别进行处理。也可以使用 DMA 方式来收发数据寄存器 DR 中的数据。

23.3　SPI 初始化结构体详解

同其他外设一样，STM32 标准库提供了 SPI 初始化结构体及初始化函数来配置 SPI 外设。初始化结构体及函数定义在库文件 stm32f4xx_spi.h 及 stm32f4xx_spi.c 中，编程时我们可以结合这两个文件内的注释使用或参考库帮助文档。了解初始化结构体后我们就能对 SPI 外设运用自如了，见代码清单 23-1。

代码清单 23-1　SPI 初始化结构体

```
1 typedef struct
2 {
3     uint16_t SPI_Direction;          /* 设置 SPI 的单双向模式 */
4     uint16_t SPI_Mode;               /* 设置 SPI 的主 / 从机端模式 */
5     uint16_t SPI_DataSize;           /* 设置 SPI 的数据帧长度，可选 8/16 位 */
6     uint16_t SPI_CPOL;               /* 设置时钟极性 CPOL，可选高 / 低电平 */
7     uint16_t SPI_CPHA;               /* 设置时钟相位，可选奇 / 偶数边沿采样 */
8     uint16_t SPI_NSS;                /* 设置 NSS 引脚由 SPI 硬件控制还是软件控制 */
9     uint16_t SPI_BaudRatePrescaler;  /* 设置时钟分频因子，fpclk/ 分频数 =fSCK */
10    uint16_t SPI_FirstBit;           /* 设置 MSB/LSB 先行 */
11    uint16_t SPI_CRCPolynomial;      /* 设置 CRC 校验的表达式 */
12 } SPI_InitTypeDef;
```

这些结构体成员说明如下，其中括号内的文字是对应参数在 STM32 标准库中定义的宏。

（1）SPI_Direction

本成员设置 SPI 的通信方向，可设置为双线全双工（SPI_Direction_2Lines_FullDuplex）、双线只接收（SPI_Direction_2Lines_RxOnly）、单线只接收（SPI_Direction_1Line_Rx）、单线只发送模式（SPI_Direction_1Line_Tx）。

（2）SPI_Mode

本成员设置 SPI 工作在主机模式（SPI_Mode_Master）或从机模式（SPI_Mode_Slave），这两个模式的最大区别为 SPI 的 SCK 信号线的时序，SCK 的时序是由通信中的主机产生的。若被配置为从机模式，STM32 的 SPI 外设将接收外来的 SCK 信号。

（3）SPI_DataSize

本成员可以选择 SPI 通信的数据帧大小是为 8 位（SPI_DataSize_8b）还是 16 位（SPI_DataSize_16b）。

（4）SPI_CPOL 和 SPI_CPHA

这两个成员配置 SPI 的时钟极性 CPOL 和时钟相位 CPHA，这两个配置影响 SPI 的通信模式，关于 CPOL 和 CPHA 的说明参考前面 23.1.2 节。

时钟极性 CPOL 成员，可设置为高电平（SPI_CPOL_High）或低电平（SPI_CPOL_Low）。

时钟相位 CPHA 则可以设置为 SPI_CPHA_1Edge（在 SCK 的奇数边沿采集数据）或 SPI_CPHA_2Edge（在 SCK 的偶数边沿采集数据）。

（5）SPI_NSS

本成员配置 NSS 引脚的使用模式，可以选择为硬件模式（SPI_NSS_Hard）与软件模式（SPI_NSS_Soft）。在硬件模式中的 SPI 片选信号由 SPI 硬件自动产生，而软件模式则需要我们亲自把相应的 GPIO 端口拉高或置低产生非片选和片选信号。实际中软件模式应用比较多。

（6）SPI_BaudRatePrescaler

本成员设置波特率分频因子，分频后的时钟即为 SPI 的 SCK 信号线的时钟频率。这个成员参数可设置为 f_{pclk} 的 2、4、6、8、16、32、64、128、256 分频。

（7）SPI_FirstBit

所有串行的通信协议都会有 MSB 先行（高位数据在前）还是 LSB 先行（低位数据在前）的问题，而 STM32 的 SPI 模块可以通过这个结构体成员，对这个特性编程控制。

（8）SPI_CRCPolynomial

这是 SPI 的 CRC 校验中的多项式，若我们使用 CRC 校验时，就使用这个成员的参数（多项式），来计算 CRC 的值。

配置完这些结构体成员后，我们要调用 SPI_Init 函数把这些参数写入寄存器中，实现 SPI 的初始化，然后调用 SPI_Cmd 来使能 SPI 外设。

23.4　SPI——读写串行 Flash 实验

Flsah 存储器又称闪存，它与 EEPROM 都是掉电后数据不丢失的存储器，但 Flash 存储器容量普遍大于 EEPROM，现在基本取代了它的地位。我们生活中常用的 U 盘、SD 卡、SSD 固态硬盘以及我们 STM32 芯片内部用于存储程序的设备，都是 Flash 类型的存储器。在存储控制上，Flash 芯片只能一大片一大片地擦写，而在第 22 章中我们了解到 EEPROM 可以单个字节擦写。

本小节通过使用 SPI 通信的串行 Flash 存储芯片的读写实验，为大家讲解 STM32 的 SPI 使用方法。实验中 STM32 的 SPI 外设采用主模式，通过查询事件的方式来确保正常通信。

23.4.1　硬件设计

SPI 串行 Flash 硬件连接图见图 23-7。

本实验板中的 Flash 芯片（型号：W25Q128）是一种使用 SPI 通信协议的 NOR Flash 存储器，它的 CS/CLK/DIO/DO 引脚分别连接到了 STM32 对应的 SDI 引脚 NSS/SCK/MOSI/MISO 上，其中 STM32 的 NSS 引脚是一个普通的 GPIO，不是 SPI 的专用 NSS 引脚，所以程序中我们要使用软件控制的方式。

Flash 芯片中还有 WP 和 HOLD 引脚。WP 引脚可控制写保护功能，当该引脚为低电平时，禁止写入数据。这里直接接电源，不使用写保护功能。HOLD 引脚可用于暂停通信，该引脚为低电平时，通信暂停，数据输出引脚输出高阻抗状态，时钟和数据输入引脚无效。这里直接接电源，不使用通信暂停功能。

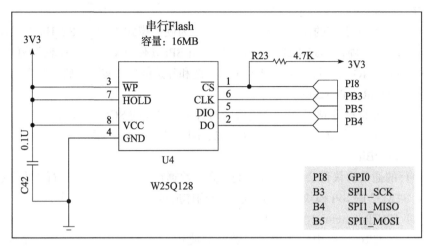

图 23-7 SPI 串行 Flash 硬件连接图

关于 Flash 芯片的更多信息，可参考其数据手册《W25Q128》。若您使用的实验板 Flash 的型号或控制引脚不一样，只需根据我们的工程修改即可，程序的控制原理相同。

23.4.2 软件设计

为了使工程更加有条理，我们把读写 Flash 相关的代码独立出来分开存储，方便以后移植。在"工程模板"之上新建 bsp_spi_flash.c 及 bsp_spi_flash.h 文件，这些文件也可根据个人喜好命名，它们不属于 STM32 标准库的内容，是由我们自己根据应用需要编写的。

1. 编程要点

1）初始化通信使用的目标引脚及端口时钟；

2）使能 SPI 外设的时钟；

3）配置 SPI 外设的模式、地址、速率等参数，并使能 SPI 外设；

4）编写基本 SPI 按字节收发的函数；

5）编写对 Flash 擦除及读写操作的函数；

6）编写测试程序，对读写数据进行校验。

2. 代码分析

（1）SPI 硬件相关宏定义

我们把 SPI 硬件相关的配置都以宏的形式定义到 bsp_spi_flash.h 文件中，见代码清单 23-2。

代码清单 23-2　SPI 硬件配置相关的宏

```
1 // SPI 号及时钟初始化函数
2 #define Flash_SPI                          SPI3
3 #define Flash_SPI_CLK                      RCC_APB1Periph_SPI3
```

```
 4 #define Flash_SPI_CLK_INIT              RCC_APB1PeriphClockCmd
 5 // SCK 引脚
 6 #define Flash_SPI_SCK_PIN               GPIO_Pin_3
 7 #define Flash_SPI_SCK_GPIO_PORT         GPIOB
 8 #define Flash_SPI_SCK_GPIO_CLK          RCC_AHB1Periph_GPIOB
 9 #define Flash_SPI_SCK_PINSOURCE         GPIO_PinSource3
10 #define Flash_SPI_SCK_AF                GPIO_AF_SPI3
11 // MISO 引脚
12 #define Flash_SPI_MISO_PIN              GPIO_Pin_4
13 #define Flash_SPI_MISO_GPIO_PORT        GPIOB
14 #define Flash_SPI_MISO_GPIO_CLK         RCC_AHB1Periph_GPIOB
15 #define Flash_SPI_MISO_PINSOURCE        GPIO_PinSource4
16 #define Flash_SPI_MISO_AF               GPIO_AF_SPI3
17 // MOSI 引脚
18 #define Flash_SPI_MOSI_PIN              GPIO_Pin_5
19 #define Flash_SPI_MOSI_GPIO_PORT        GPIOB
20 #define Flash_SPI_MOSI_GPIO_CLK         RCC_AHB1Periph_GPIOB
21 #define Flash_SPI_MOSI_PINSOURCE        GPIO_PinSource5
22 #define Flash_SPI_MOSI_AF               GPIO_AF_SPI3
23 // CS(NSS) 引脚
24 #define Flash_CS_PIN                    GPIO_Pin_8
25 #define Flash_CS_GPIO_PORT              GPIOI
26 #define Flash_CS_GPIO_CLK               RCC_AHB1Periph_GPIOI
27
28 // 控制 CS(NSS) 引脚输出低电平
29 #define SPI_Flash_CS_LOW()      {Flash_CS_GPIO_PORT->BSRRH=Flash_CS_PIN;}
30 // 控制 CS(NSS) 引脚输出高电平
31 #define SPI_Flash_CS_HIGH()     {Flash_CS_GPIO_PORT->BSRRL=Flash_CS_PIN;}
```

以上代码根据硬件连接，把与 Flash 通信使用的 SPI 号、引脚号、引脚源以及复用功能映射都以宏封装起来，并且定义了控制 CS（NSS）引脚输出电平的宏，以便配置产生起始和停止信号时使用。

（2）初始化 SPI 的 GPIO

利用上面的宏，编写 SPI 的初始化函数，见代码清单 23-3。

代码清单 23-3　SPI 的初始化函数（GPIO 初始化部分）

```
 1
 2 /**
 3  * @brief  SPI_Flash 初始化
 4  * @param  无
 5  * @retval 无
 6  */
 7 void SPI_Flash_Init(void)
 8 {
 9     GPIO_InitTypeDef GPIO_InitStructure;
10
11     /* 使能 Flash_SPI 及 GPIO 时钟 */
12     /*!< SPI_Flash_SPI_CS_GPIO, SPI_Flash_SPI_MOSI_GPIO,
13          SPI_Flash_SPI_MISO_GPIO 和 SPI_Flash_SPI_SCK_GPIO 时钟使能 */
14 RCC_AHB1PeriphClockCmd (Flash_SPI_SCK_GPIO_CLK | Flash_SPI_MISO_GPIO_CLK|
```

```
15                              Flash_SPI_MOSI_GPIO_CLK|Flash_CS_GPIO_CLK, ENABLE);
16
17      /*!< SPI_Flash_SPI 时钟使能 */
18      Flash_SPI_CLK_INIT(Flash_SPI_CLK, ENABLE);
19
20      // 设置引脚复用
21      GPIO_PinAFConfig(Flash_SPI_SCK_GPIO_PORT,Flash_SPI_SCK_PINSOURCE,
22                       Flash_SPI_SCK_AF);
23      GPIO_PinAFConfig(Flash_SPI_MISO_GPIO_PORT,Flash_SPI_MISO_PINSOURCE,
24                       Flash_SPI_MISO_AF);
25      GPIO_PinAFConfig(Flash_SPI_MOSI_GPIO_PORT,Flash_SPI_MOSI_PINSOURCE,
26                       Flash_SPI_MOSI_AF);
27
28      /*!< 配置 SPI_Flash_SPI 引脚：SCK */
29      GPIO_InitStructure.GPIO_Pin = Flash_SPI_SCK_PIN;
30      GPIO_InitStructure.GPIO_Speed = GPIO_Speed_50MHz;
31      GPIO_InitStructure.GPIO_Mode = GPIO_Mode_AF;
32      GPIO_InitStructure.GPIO_OType = GPIO_OType_PP;
33      GPIO_InitStructure.GPIO_PuPd = GPIO_PuPd_NOPULL;
35
36      GPIO_Init(Flash_SPI_SCK_GPIO_PORT, &GPIO_InitStructure);
37
38      /*!< 配置 SPI_Flash_SPI 引脚：MISO */
39      GPIO_InitStructure.GPIO_Pin = Flash_SPI_MISO_PIN;
40      GPIO_Init(Flash_SPI_MISO_GPIO_PORT, &GPIO_InitStructure);
41
42      /*!< 配置 SPI_Flash_SPI 引脚：MOSI */
43      GPIO_InitStructure.GPIO_Pin = Flash_SPI_MOSI_PIN;
44      GPIO_Init(Flash_SPI_MOSI_GPIO_PORT, &GPIO_InitStructure);
45
46      /*!< 配置 SPI_Flash_SPI 引脚：CS */
47      GPIO_InitStructure.GPIO_Pin = Flash_CS_PIN;
48      GPIO_InitStructure.GPIO_Mode = GPIO_Mode_OUT;
49      GPIO_Init(Flash_CS_GPIO_PORT, &GPIO_InitStructure);
50
51      /* 停止信号 Flash：CS 引脚高电平 */
52      SPI_Flash_CS_HIGH();
53      /* 为方便讲解，以下省略 SPI 模式初始化部分 */
54      // ......
55  }
```

与所有使用到 GPIO 的外设一样，都要先把使用到的 GPIO 引脚模式初始化，配置好复用功能。GPIO 初始化流程如下：

1）使用 GPIO_InitTypeDef 定义 GPIO 初始化结构体变量，以便下面用于存储 GPIO 配置。

2）调用库函数 RCC_AHB1PeriphClockCmd 来使能 SPI 引脚使用的 GPIO 端口时钟，调用时使用"|"操作同时配置多个引脚。调用宏 Flash_SPI_CLK_INIT 使能 SPI 外设时钟（该宏封装了 APB 时钟使能的库函数）。

3）为 GPIO 初始化结构体赋值，把 SCK/MOSI/MISO 引脚初始化成复用推挽模式。而

CS（NSS）引脚由于使用软件控制，配置为普通的推挽输出模式。

4）使用以上初始化结构体的配置，调用 GPIO_Init 函数向寄存器写入参数，完成 GPIO 的初始化。

（3）配置 SPI 的模式

以上只是配置了 SPI 使用的引脚，对 SPI 外设模式的配置。在配置 STM32 的 SPI 模式前，我们要先了解从机端的 SPI 模式。本例子中可通过查阅 Flash 数据手册《W25Q128》获取。根据 Flash 芯片的说明，它支持 SPI 模式 0 及模式 3，支持双线全双工，使用 MSB 先行模式，支持最高通信频率为 104MHz，数据帧长度为 8 位。我们要把 STM32 的 SPI 外设中的这些参数配置一致，见代码清单 23-4。

代码清单 23-4　配置 SPI 模式

```
 1  /**
 2   * @brief   SPI_Flash 引脚初始化
 3   * @param   无
 4   * @retval  无
 5   */
 6  void SPI_Flash_Init(void)
 7  {
 8      /* 为方便讲解，省略了 SPI 的 GPIO 初始化部分 */
 9      //......
10
11      SPI_InitTypeDef  SPI_InitStructure;
12      /* Flash_SPI 模式配置 */
13      //Flash 芯片支持 SPI 模式 0 及模式 3，据此设置 CPOL CPHA
14      SPI_InitStructure.SPI_Direction = SPI_Direction_2Lines_FullDuplex;
15      SPI_InitStructure.SPI_Mode = SPI_Mode_Master;
16      SPI_InitStructure.SPI_DataSize = SPI_DataSize_8b;
17      SPI_InitStructure.SPI_CPOL = SPI_CPOL_High;
18      SPI_InitStructure.SPI_CPHA = SPI_CPHA_2Edge;
19      SPI_InitStructure.SPI_NSS = SPI_NSS_Soft;
20      SPI_InitStructure.SPI_BaudRatePrescaler = SPI_BaudRatePrescaler_2;
21      SPI_InitStructure.SPI_FirstBit = SPI_FirstBit_MSB;
22      SPI_InitStructure.SPI_CRCPolynomial = 7;
23      SPI_Init(Flash_SPI, &SPI_InitStructure);
24
25      /* 使能 Flash_SPI */
26      SPI_Cmd(Flash_SPI, ENABLE);
27  }
```

这段代码中，把 STM32 的 SPI 外设配置为主机端，双线全双工模式，数据帧长度为 8 位，使用 SPI 模式 3（CPOL=1，CPHA=1），NSS 引脚由软件控制以及 MSB 先行模式。最后一个成员为 CRC 计算式，由于我们与 Flash 芯片通信不需要 CRC 校验，并没有使能 SPI 的 CRC 功能，这时 CRC 计算式的成员值是无效的。

赋值结束后调用库函数 SPI_Init 把这些配置写入寄存器，并调用 SPI_Cmd 函数使能外设。

（4）使用 SPI 发送和接收一个字节的数据

初始化好 SPI 外设后，就可以使用 SPI 通信了。复杂的数据通信都是由单个字节数据收发组成的，我们看看它的代码实现，见代码清单 23-5。

代码清单 23-5　使用 SPI 发送和接收一个字节的数据

```
1 #define Dummy_Byte 0xFF
2 /**
3  * @brief  使用 SPI 发送一个字节的数据
4  * @param  byte: 要发送的数据
5  * @retval 返回接收到的数据
6  */
7 u8 SPI_Flash_SendByte(u8 byte)
8 {
9     SPITimeout = SPIT_FLAG_TIMEOUT;
10
11    /* 等待发送缓冲区为空，TXE 事件 */
12    while (SPI_I2S_GetFlagStatus(Flash_SPI, SPI_I2S_FLAG_TXE) == RESET)
13    {
14        if ((SPITimeout--) == 0) return SPI_TIMEOUT_UserCallback(0);
15    }
16
17    /* 写入数据寄存器，把要写入的数据写入发送缓冲区 */
18    SPI_I2S_SendData(Flash_SPI, byte);
19
20    SPITimeout = SPIT_FLAG_TIMEOUT;
21
22    /* 等待接收缓冲区非空，RXNE 事件 */
23    while (SPI_I2S_GetFlagStatus(Flash_SPI, SPI_I2S_FLAG_RXNE) == RESET)
24    {
25        if ((SPITimeout--) == 0) return SPI_TIMEOUT_UserCallback(1);
26    }
27
28    /* 读取数据寄存器，获取接收缓冲区数据 */
29    return SPI_I2S_ReceiveData(Flash_SPI);
30 }
31
32 /**
33  * @brief  使用 SPI 读取一个字节的数据
34  * @param  无
35  * @retval 返回接收到的数据
36  */
37 u8 SPI_Flash_ReadByte(void)
38 {
39    return (SPI_Flash_SendByte(Dummy_Byte));
40 }
```

SPI_Flash_SendByte 发送单字节函数中包含了等待事件的超时处理，这部分原理跟 I^2C 中的一样，在此不赘述。

SPI_Flash_SendByte 函数实现了前面讲的"SPI 通信过程"：

1）本函数中不包含 SPI 起始和停止信号，只是收发的主要过程，所以在调用本函数前后要做好起始和停止信号的操作。

2）对 SPITimeout 变量赋值为宏 SPIT_FLAG_TIMEOUT。这个 SPITimeout 变量在下面的 while 循环中每次循环减 1，该循环通过调用库函数 SPI_I2S_GetFlagStatus 检测事件，若检测到事件，则进入通信的下一阶段，若未检测到事件则停留在此处一直检测。当检测 SPIT_FLAG_TIMEOUT 次还没等待到事件则认为通信失败，调用的 SPI_TIMEOUT_UserCallback 输出调试信息，并退出通信。

3）通过检测 TXE 标志，获取发送缓冲区的状态，若发送缓冲区为空，则表示可能存在的上一个数据已经发送完毕。

4）等待至发送缓冲区为空后，调用库函数 SPI_I2S_SendData 把要发送的数据 byte 写入 SPI 的数据寄存器 DR。写入 SPI 数据寄存器的数据会存储到发送缓冲区，由 SPI 外设发送出去。

5）写入完毕后等待 RXNE 事件，即接收缓冲区非空事件。由于 SPI 双线全双工模式下 MOSI 与 MISO 数据传输是同步的（请对比 23.1.2 节阅读），当接收缓冲区非空时，表示上面的数据发送完毕，且接收缓冲区也收到新的数据。

6）等待至接收缓冲区非空时，通过调用库函数 SPI_I2S_ReceiveData 读取 SPI 的数据寄存器 DR，就可以获取接收缓冲区中的新数据了。代码中使用关键字 return 把接收到的这个数据作为 SPI_Flash_SendByte 函数的返回值，所以我们可以看到在下面定义的 SPI 接收数据函数 SPI_Flash_ReadByte，它只是简单地调用了 SPI_Flash_SendByte 函数发送数据 Dummy_Byte，然后获取其返回值（因为不关注发送的数据，所以此时的输入参数 Dummy_Byte 可以为任意值）。可以这样做的原因是 SPI 的接收过程和发送过程实质是一样的，收发同步进行，关键在于我们的上层应用中，关注的是发送还是接收的数据。

（5）控制 Flash 的指令

搞定 SPI 的基本收发单元后，还需要了解如何对 Flash 芯片进行读写。Flash 芯片自定义了很多指令，我们通过控制 STM32 利用 SPI 总线向 Flash 芯片发送指令，Flash 芯片收到后就会执行相应的操作。

而这些指令，对主机端（STM32）来说，只是遵守最基本的 SPI 通信协议发送出的数据，但在设备端（Flash 芯片）把这些数据解释成不同的意义，所以才成为指令。查看 Flash 芯片的数据手册《W25Q128》，可了解它定义的各种指令的功能及指令格式，见表 23-4。

该表中的第 1 列为指令名，第 2 列为指令编码，第 3 ~ N 列的具体内容根据指令的不同而有不同的含义。其中带括号的字节参数，方向为 Flash 向主机传输，即命令响应，不带括号的则为主机向 Flash 传输。表中 A23 ~ A0 指 Flash 芯片内部存储器组织的地址；M7 ~ M0 为厂商号（MANUFACTURER ID）；ID15 ~ ID0 为 Flash 芯片的 ID；dummy 指该处可为任意数据；D7 ~ D0 为 Flash 内部存储矩阵的内容。

在 Flsah 芯片内部，存储有固定的厂商编号（M7 ~ M0）和不同类型 Flash 芯片独有的编号（ID15 ~ ID0），见表 23-5。

表 23-4 Flash 常用芯片指令表

指令	第 1 字节（指令编码）	第 2 字节	第 3 字节	第 4 字节	第 5 字节	第 6 字节	第 7 ~ N 字节
Write Enable	06h						
Write Disable	04h						
Read Status Register	05h	(S7 ~ S0)					
Write Status Register	01h	(S7 ~ S0)					
Read Data	03h	A23 ~ A16	A15 ~ A8	A7 ~ A0	(D7 ~ D0)	(Next byte)	continuous
Fast Read	0Bh	A23 ~ A16	A15 ~ A8	A7 ~ A0	dummy	(D7 ~ D0)	(Next Byte) continuous
Fast Read Dual Output	3Bh	A23 ~ A16	A15 ~ A8	A7 ~ A0	dummy	I/O = (D6, D4, D2, D0) O = (D7, D5, D3, D1)	(one byte per 4 clocks, continuous)
Page Program	02h	A23 ~ A16	A15 ~ A8	A7 ~ A0	D7 ~ D0	Next byte	Up to 256 bytes
Block Erase (64KB)	D8h	A23 ~ A16	A15 ~ A8	A7 ~ A0			
Sector Erase (4KB)	20h	A23 ~ A16	A15 ~ A8	A7 ~ A0			
Chip Erase	C7h						
Power-down	B9h						
Release Power down / Device ID	ABh	dummy	dummy	dummy	(ID7 ~ ID0)		
Manufacturer/ Device ID	90h	dummy	dummy	00h	(M7 ~ M0)	(ID7 ~ ID0)	
JEDEC ID	9Fh	(M7 ~ M0) 生产厂商	(ID15 ~ ID8) 存储器类型	(ID7 ~ ID0) 容量			

表 23-5 Flash 数据手册的设备 ID 说明

Flash 型号	厂商号（M7 ~ M0）	Flash 型号（ID15 ~ ID0）
W25Q64	EF h	4017 h
W25Q128	EF h	4018 h

通过指令表中的读 ID 指令 JEDEC ID 可以获取这两个编号，该指令编码为 9F h，是指十六进制数 9F（相当于 C 语言中的 0x9F）。紧跟指令编码的 3 个字节分别为 Flash 芯片输出的（M7 ~ M0）、（ID15 ~ ID8）及（ID7 ~ ID0）。

此处我们以该指令为例，配合其指令时序图进行讲解，见图 23-8。

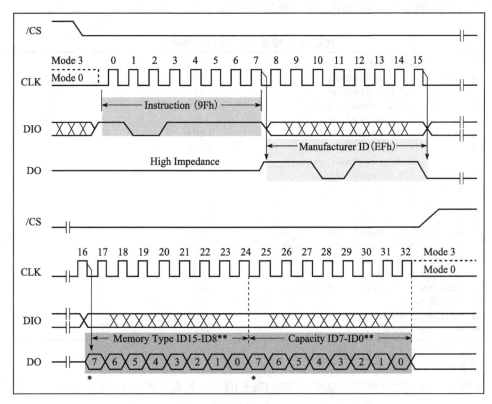

图 23-8　Flash 读 ID 指令 "JEDEC ID" 的时序

主机首先通过 MOSI 线向 Flash 芯片发送第一个字节数据为 9F h，当 Flash 芯片收到该数据后，它会解读成主机向它发送了 JEDEC 指令，然后它就作出该命令的响应：通过 MISO 线把它的厂商 ID（M7-M0）及芯片类型（ID15-0）发送给主机，主机接收到指令响应后可进行校验。常见的应用是主机端通过读取设备 ID 来测试硬件是否连接正常，或用于识别设备。

对于 Flash 芯片的其他指令都是类似的，只是有的指令包含多个字节，或者响应包含更多的数据。

实际上，编写设备驱动都是有一定的规律可循的。首先要确定设备使用的是什么通信协议。如上一章中的 EEPROM 使用的是 I²C，本章的 Flash 使用的是 SPI。那么我们就先根据它的通信协议，选择好 STM32 的硬件模块，并进行相应的 I²C 或 SPI 模块初始化。接着，我们要了解目标设备的相关指令，因为不同的设备，都会有相应的不同的指令。如 EEPROM 中会把第 1 个数据解释为内部存储矩阵的地址（实质就是指令）。而 Flash 则定义了更多的指令、有写指令、读指令、读 ID 指令等。最后，根据这些指令的格式要求，使用通信协议向设备发送指令，达到控制设备的目标。

（6）定义 Flash 指令编码表

为了方便使用，我们把 Flash 芯片的常用指令编码使用宏封装起来，后面需要发送指令编码的时候直接使用这些宏即可，见代码清单 23-6。

代码清单 23-6　Flash 指令编码表

```
1  /*Flash 常用命令 */
2  #define W25X_WriteEnable            0x06
3  #define W25X_WriteDisable           0x04
4  #define W25X_ReadStatusReg          0x05
5  #define W25X_WriteStatusReg         0x01
6  #define W25X_ReadData               0x03
7  #define W25X_FastReadData           0x0B
8  #define W25X_FastReadDual           0x3B
9  #define W25X_PageProgram            0x02
10 #define W25X_BlockErase             0xD8
11 #define W25X_SectorErase            0x20
12 #define W25X_ChipErase              0xC7
13 #define W25X_PowerDown              0xB9
14 #define W25X_ReleasePowerDown       0xAB
15 #define W25X_DeviceID               0xAB
16 #define W25X_ManufactDeviceID       0x90
17 #define W25X_JedecDeviceID          0x9F
18 /* 其他 */
19 #define  sFlash_ID                  0XEF4018
20 #define Dummy_Byte                  0xFF
```

（7）读取 Flash 芯片 ID

根据 JEDEC 指令的时序，我们把读取 Flash ID 的过程编写成一个函数，见代码清单 23-7。

代码清单 23-7　读取 Flash 芯片 ID

```
1  /**
2   * @brief   读取 Flash ID
3   * @param   无
4   * @retval Flash ID
5   */
6  u32 SPI_Flash_ReadID(void)
7  {
8      u32 Temp = 0, Temp0 = 0, Temp1 = 0, Temp2 = 0;
9
10     /* 开始通信：CS 低电平 */
11     SPI_Flash_CS_LOW();
12
13     /* 发送 JEDEC 指令，读取 ID */
14     SPI_Flash_SendByte(W25X_JedecDeviceID);
15
16     /* 读取一个字节数据 */
```

```
17        Temp0 = SPI_Flash_SendByte(Dummy_Byte);
18
19        /* 读取一个字节数据 */
20        Temp1 = SPI_Flash_SendByte(Dummy_Byte);
21
22        /* 读取一个字节数据 */
23        Temp2 = SPI_Flash_SendByte(Dummy_Byte);
24
25        /* 停止通信: CS 高电平 */
26        SPI_Flash_CS_HIGH();
27
28        /* 把数据组合起来, 作为函数的返回值 */
29        Temp = (Temp0 << 16) | (Temp1 << 8) | Temp2;
30
31        return Temp;
32 }
```

这段代码利用控制 CS 引脚电平的宏 SPI_Flash_CS_LOW/HIGH 以及前面编写的单字节收发函数 SPI_Flash_SendByte，很清晰地实现了 JEDEC ID 指令的时序：发送一个字节的指令编码 W25X_JedecDeviceID，然后读取 3 个字节，获取 Flash 芯片对该指令的响应，最后把读取到的这 3 个数据合并到变量 Temp 中，然后作为函数返回值，把该返回值与我们定义的宏 sFlash_ID 对比，即可知道 Flash 芯片是否正常。

（8）Flash 写使能以及读取当前状态

在向 Flash 芯片存储矩阵写入数据前，首先要使能写操作，通过 Write Enable 命令即可写使能，见代码清单 23-8。

代码清单 23-8　写使能命令

```
1 /**
2  * @brief   向 Flash 发送写使能命令
3  * @param   none
4  * @retval none
5  */
6 void SPI_Flash_WriteEnable(void)
7 {
8      /* 通信开始: CS 低 */
9      SPI_Flash_CS_LOW();
10
11     /* 发送写使能命令 */
12     SPI_Flash_SendByte(W25X_WriteEnable);
13
14     /* 通信结束: CS 高 */
15     SPI_Flash_CS_HIGH();
16 }
```

与 EEPROM 一样，由于 Flash 芯片向内部存储矩阵写入数据需要消耗一定的时间，并不是在总线通信结束的一瞬间完成的，所以在写操作后需要确认 Flash 芯片"空闲"时才能进行再次写入。为了表示自己的工作状态，Flash 芯片定义了一个状态寄存器，见图 23-9。

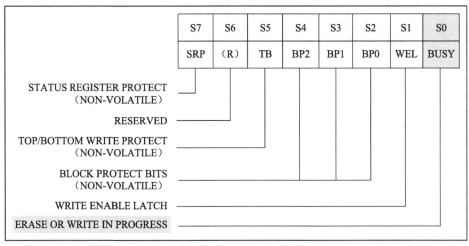

图 23-9　Flash 芯片的状态寄存器

我们只关注这个状态寄存器的第 0 位 BUSY，当这个位为 "1" 时，表明 Flash 芯片处于忙碌状态，它可能正在对内部的存储矩阵进行 "擦除" 或 "数据写入" 的操作。

利用指令表中的 Read Status Register 指令就可以读取 Flash 芯片状态寄存器的内容，其时序见图 23-10。

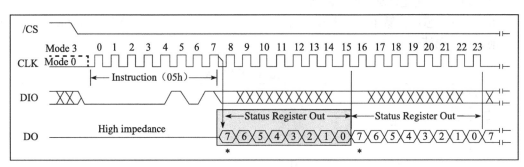

图 23-10　读取状态寄存器的时序

只要向 Flash 芯片发送了读状态寄存器的指令，Flash 芯片就会持续向主机返回最新的状态寄存器内容，直到收到 SPI 通信的停止信号。据此我们编写了具有等待 Flash 芯片写入结束功能的函数，见代码清单 23-9。

代码清单 23-9　通过读状态寄存器等待 Flash 芯片空闲

```
1 /* WIP(BUSY) 标志：Flash 内部正在写入 */
2 #define WIP_Flag          0x01
3
4 /**
5  * @brief  等待 WIP(BUSY) 标志被置 0，即等待到 Flash 内部数据写入完毕
6  * @param  无
7  * @retval 无
```

```
 8  */
 9  void SPI_Flash_WaitForWriteEnd(void)
10  {
11      u8 Flash_Status = 0;
12      /* 选择 Flash: CS 低 */
13      SPI_Flash_CS_LOW();
14
15      /* 发送读状态寄存器命令 */
16      SPI_Flash_SendByte(W25X_ReadStatusReg);
17
18      SPITimeout = SPIT_FLAG_TIMEOUT;
19      /* 若 Flash 忙碌，则等待 */
20      do
21      {
22          /* 读取 Flash 芯片的状态寄存器 */
23          Flash_Status = SPI_Flash_SendByte(Dummy_Byte);
24          if ((SPITimeout--) == 0)
25          {
26              SPI_TIMEOUT_UserCallback(4);
27              return;
28          }
29      }
30      while ((Flash_Status & WIP_Flag) == SET); /* 正在写入标志 */
31
32      /* 停止信号 Flash: CS 高 */
33      SPI_Flash_CS_HIGH();
34  }
```

这段代码发送读状态寄存器的指令编码 W25X_ReadStatusReg 后，在 while 循环里持续获取寄存器的内容并检验它的 WIP_Flag 标志（即 BUSY 位），一直等到该标志表示写入结束时才退出本函数，以便继续后面与 Flash 芯片的数据通信。

（9）Flash 扇区擦除

由于 Flash 存储器的特性决定了它只能把原来为"1"的数据位改写成"0"，而原来为"0"的数据位不能直接改写为"1"，所以这里涉及数据"擦除"的概念。在写入前，必须要对目标存储矩阵进行擦除操作，把矩阵中的数据位擦除为"1"，在数据写入的时候，如果要存储数据"1"，那就不修改存储矩阵，只有在存储数据为"0"时，才更改该位。

通常，对存储矩阵擦除的基本操作单位都是多个字节，如本例子中的 Flash 芯片支持"扇区擦除"、"块擦除"以及"整片擦除"，见表 23-6。

表 23-6　本实验 Flash 芯片的擦除单位

擦除单位	大　　小
扇区擦除 Sector Erase	4KB
块擦除 Block Erase	64KB
整片擦除 Chip Erase	整个芯片完全擦除

Flash 芯片的最小擦除单位为扇区（Sector），而一个块（Block）包含 16 个扇区，其内部

存储矩阵分布见图 23-11。

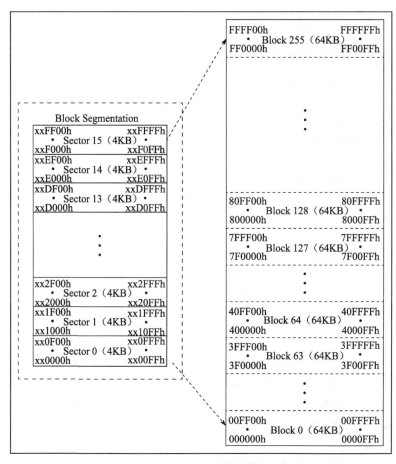

图 23-11 Flash 芯片的存储矩阵

使用扇区擦除指令 Sector Erase 可控制 Flash 芯片开始擦写，其指令时序见图 23-12。

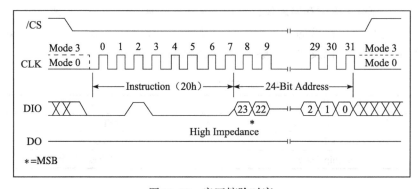

图 23-12 扇区擦除时序

　　扇区擦除指令的第 1 个字节为指令编码，紧接着发送的 3 个字节用于表示要擦除的存储矩阵地址。要注意的是在扇区擦除指令前，还需要先发送"写使能"指令，发送扇区擦除指令后，通过读取寄存器状态等待扇区擦除操作完毕，代码实现见代码清单 23-10。

代码清单 23-10　擦除扇区

```
1  /**
2   * @brief   擦除 Flash 扇区
3   * @param   SectorAddr: 要擦除的扇区地址
4   * @retval  无
5   */
6  void SPI_Flash_SectorErase(u32 SectorAddr)
7  {
8      /* 发送 Flash 写使能命令 */
9      SPI_Flash_WriteEnable();
10     SPI_Flash_WaitForWriteEnd();
11     /* 擦除扇区 */
12     /* 选择 Flash: CS 低电平 */
13     SPI_Flash_CS_LOW();
14     /* 发送扇区擦除指令 */
15     SPI_Flash_SendByte(W25X_SectorErase);
16     /* 发送擦除扇区地址的高位 */
17     SPI_Flash_SendByte((SectorAddr & 0xFF0000) >> 16);
18     /* 发送擦除扇区地址的中位 */
19     SPI_Flash_SendByte((SectorAddr & 0xFF00) >> 8);
20     /* 发送擦除扇区地址的低位 */
21     SPI_Flash_SendByte(SectorAddr & 0xFF);
22     /* 停止信号 Flash: CS 高电平 */
23     SPI_Flash_CS_HIGH();
24     /* 等待擦除完毕 */
25     SPI_Flash_WaitForWriteEnd();
26 }
```

　　这段代码调用的函数在前面都已讲解，只要注意发送擦除地址时高位在前即可。调用扇区擦除指令时注意输入的地址要对齐到 4KB。

　　（10）Flash 的页写入

　　目标扇区被擦除完毕后，就可以向它写入数据了。与 EEPROM 类似，Flash 芯片也有页写入命令，使用页写入命令最多可以一次向 Flash 传输 256 个字节的数据，这个单位为页大小。Flash 页写入的时序见图 23-13。

　　从时序图可知，第 1 个字节为"页写入指令"编码，2 ~ 4 字节为要写入的"地址 A"，接着的是要写入的内容，最多个可以发送 256 字节数据。这些数据将会从"地址 A"开始，按顺序写入 Flash 的存储矩阵。若发送的数据超出 256 个，则会覆盖前面发送的数据。

　　与擦除指令不一样，页写入指令的地址并不要求按 256 字节对齐，只要确认目标存储单元是擦除状态即可（即被擦除后没有被写入过）。所以，若对"地址 x"执行页写入指令后，发送了 200 个字节数据后终止通信，下一次再执行页写入指令，从"地址（x+200）"开始写入 200 个字节也是没有问题的（小于 256 均可）。只是在实际应用中由于基本擦除单元是

4KB，一般都以扇区为单位进行读写，想深入了解，可学习我们的"Flash 文件系统"相关的例子。

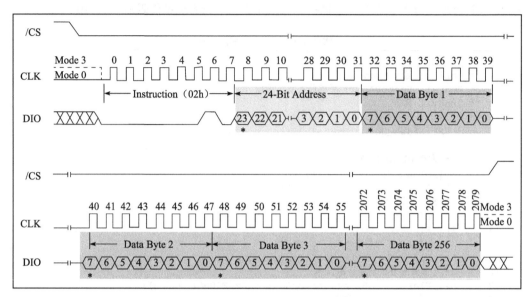

图 23-13　Flash 芯片页写入

把页写入时序封装成函数，其实现见代码清单 23-11。

代码清单 23-11　Flash 的页写入

```
1 /**
2  * @brief  对 Flash 按页写入数据，调用本函数写入数据前需要先擦除扇区
3  * @param  pBuffer, 要写入数据的指针
4  * @param  WriteAddr, 写入地址
5  * @param  NumByteToWrite, 写入数据长度，必须小于等于页大小
6  * @retval 无
7  */
8 void SPI_Flash_PageWrite(u8* pBuffer, u32 WriteAddr, u16 NumByteToWrite)
9 {
10    /* 发送 Flash 写使能命令 */
11    SPI_Flash_WriteEnable();
12
13    /* 选择 Flash: CS 低电平 */
14    SPI_Flash_CS_LOW();
15    /* 写送写指令 */
16    SPI_Flash_SendByte(W25X_PageProgram);
17    /* 发送写地址的高位 */
18    SPI_Flash_SendByte((WriteAddr & 0xFF0000) >> 16);
19    /* 发送写地址的中位 */
20    SPI_Flash_SendByte((WriteAddr & 0xFF00) >> 8);
21    /* 发送写地址的低位 */
22    SPI_Flash_SendByte(WriteAddr & 0xFF);
23
```

```
24        if (NumByteToWrite > SPI_Flash_PerWritePageSize)
25        {
26            NumByteToWrite = SPI_Flash_PerWritePageSize;
27            Flash_ERROR("SPI_Flash_PageWrite too large!");
28        }
29
30        /* 写入数据 */
31        while (NumByteToWrite--)
32        {
33            /* 发送当前要写入的字节数据 */
34            SPI_Flash_SendByte(*pBuffer);
35            /* 指向下一字节数据 */
36            pBuffer++;
37        }
38
39        /* 停止信号 Flash: CS 高电平 */
40        SPI_Flash_CS_HIGH();
41
42        /* 等待写入完毕 */
43        SPI_Flash_WaitForWriteEnd();
44 }
```

　　这段代码的内容为：先发送"写使能"命令，接着才开始页写入时序，然后发送指令编码、地址，再把要写入的数据一个接一个地发送出去。发送完后结束通信，检查 Flash 状态寄存器，等待 Flash 内部写入结束。

（11）不定量数据写入

　　应用的时候我们常常要写入不定量的数据，直接调用"页写入"函数并不是特别方便，所以我们在它的基础上编写了"不定量数据写入"的函数，其实现见代码清单 23-12。

代码清单 23-12　不定量数据写入

```
1  /**
2   * @brief   对 Flash 写入数据，调用本函数写入数据前需要先擦除扇区
3   * @param   pBuffer, 要写入数据的指针
4   * @param   WriteAddr, 写入地址
5   * @param   NumByteToWrite, 写入数据长度
6   * @retval 无
7   */
8  void SPI_Flash_BufferWrite(u8* pBuffer, u32 WriteAddr, u16 NumByteToWrite)
9  {
10     u8 NumOfPage = 0, NumOfSingle = 0, Addr = 0, count = 0, temp = 0;
11
12 /* mod 运算求余，若 writeAddr 是 SPI_Flash_PageSize 整数倍，运算结果 Addr 值为 0 */
13     Addr = WriteAddr % SPI_Flash_PageSize;
14
15     /* 差 count 个数据值，刚好可以对齐到页地址 */
16     count = SPI_Flash_PageSize - Addr;
17     /* 计算出要写多少整数页 */
18     NumOfPage =  NumByteToWrite / SPI_Flash_PageSize;
19     /* mod 运算求余，计算出剩余不满一页的字节数 */
20     NumOfSingle = NumByteToWrite % SPI_Flash_PageSize;
```

```
21
22          /* Addr=0, 则 WriteAddr 刚好按页对齐 aligned */
23          if (Addr == 0)
24          {
25              /* NumByteToWrite < SPI_Flash_PageSize */
26              if (NumOfPage == 0)
27              {
28                  SPI_Flash_PageWrite(pBuffer, WriteAddr, NumByteToWrite);
29              }
30              else /* NumByteToWrite > SPI_Flash_PageSize */
31              {
32                  /* 先把整数页都写了 */
33                  while (NumOfPage--)
34                  {
35          SPI_Flash_PageWrite(pBuffer, WriteAddr, SPI_Flash_PageSize);
36                      WriteAddr +=  SPI_Flash_PageSize;
37                      pBuffer += SPI_Flash_PageSize;
38                  }
39
40                  /* 若有多余的不满一页的数据, 把它写完 */
41                  SPI_Flash_PageWrite(pBuffer, WriteAddr, NumOfSingle);
42              }
43          }
44          /* 若地址与 SPI_Flash_PageSize 不对齐 */
45          else
46          {
47              /* NumByteToWrite < SPI_Flash_PageSize */
48              if (NumOfPage == 0)
49              {
50                  /* 当前页剩余的 count 个位置比 NumOfSingle 小, 写不完 */
51                  if (NumOfSingle > count)
52                  {
53                      temp = NumOfSingle - count;
54
55                      /* 先写满当前页 */
56                      SPI_Flash_PageWrite(pBuffer, WriteAddr, count);
57                      WriteAddr +=  count;
58                      pBuffer += count;
59
60                      /* 再写剩余的数据 */
61                      SPI_Flash_PageWrite(pBuffer, WriteAddr, temp);
62                  }
63                  else /* 当前页剩余的 count 个位置能写完 NumOfSingle 个数据 */
64                  {
65                      SPI_Flash_PageWrite(pBuffer, WriteAddr, NumByteToWrite);
66                  }
67              }
68              else /* NumByteToWrite > SPI_Flash_PageSize */
69              {
70                  /* 页不对齐, 多出的 count 分开处理, 不加入这个运算 */
71                  NumByteToWrite -= count;
72                  NumOfPage =  NumByteToWrite / SPI_Flash_PageSize;
73                  NumOfSingle = NumByteToWrite % SPI_Flash_PageSize;
```

```
74
75                    SPI_Flash_PageWrite(pBuffer, WriteAddr, count);
76                    WriteAddr +=  count;
77                    pBuffer += count;
78
79                    /* 把整数页都写完 */
80                    while (NumOfPage--)
81                    {
82             SPI_Flash_PageWrite(pBuffer, WriteAddr, SPI_Flash_PageSize);
83                        WriteAddr +=  SPI_Flash_PageSize;
84                        pBuffer += SPI_Flash_PageSize;
85                    }
86                    /* 若有多余的不满一页的数据，把它写完 */
87                    if (NumOfSingle != 0)
88                    {
89                        SPI_Flash_PageWrite(pBuffer, WriteAddr, NumOfSingle);
90                    }
91            }
92        }
93 }
```

这段代码与上一章中的"快速写入多字节"函数原理是一样的，运算过程在此不赘述。区别是页的大小以及实际数据写入的时候，使用的是针对 Flash 芯片的页写入函数，且在实际调用这个"不定量数据写入"函数时，还要注意确保目标扇区处于擦除状态。

（12）从 Flash 读取数据

相对于写入，Flash 芯片的数据读取要简单得多，使用读取指令 Read Data 即可，其指令时序见图 23-14。

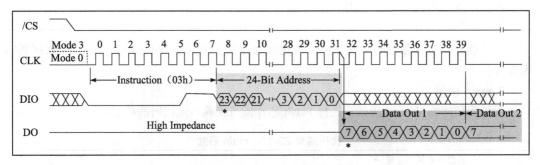

图 23-14　EEPROM 页写入时序

发送了指令编码及要读的起始地址后，Flash 芯片就会按地址递增的方式返回存储矩阵的内容，读取的数据量没有限制，只要没有停止通信，Flash 芯片就会一直返回数据。代码实现见代码清单 23-13。

代码清单 23-13　从 Flash 读取数据

```
1 /**
2  * @brief   读取 Flash 数据
```

```
3    * @param    pBuffer, 存储读出数据的指针
4    * @param    ReadAddr, 读取地址
5    * @param    NumByteToRead, 读取数据长度
6    * @retval   无
7    */
8   void SPI_Flash_BufferRead(u8* pBuffer, u32 ReadAddr, u16 NumByteToRead)
9   {
10      /* 选择 Flash: CS 低电平 */
11      SPI_Flash_CS_LOW();
12
13      /* 发送读指令 */
14      SPI_Flash_SendByte(W25X_ReadData);
15
16      /* 发送读地址高位 */
17      SPI_Flash_SendByte((ReadAddr & 0xFF0000) >> 16);
18      /* 发送读地址中位 */
19      SPI_Flash_SendByte((ReadAddr& 0xFF00) >> 8);
20      /* 发送读地址低位 */
21      SPI_Flash_SendByte(ReadAddr & 0xFF);
22
23      /* 读取数据 */
24      while (NumByteToRead--)
25      {
26          /* 读取一个字节 */
27          *pBuffer = SPI_Flash_SendByte(Dummy_Byte);
28          /* 指向下一个字节缓冲区 */
29          pBuffer++;
30      }
31
32      /* 停止信号 Flash: CS 高电平 */
33      SPI_Flash_CS_HIGH();
34  }
```

由于读取的数据量没有限制，所以发送读命令后一直接收 NumByteToRead 个数据到结束即可。

3. main 函数

最后我们来编写 main 函数，进行 Flash 芯片读写校验，见代码清单 23-14。

代码清单 23-14　main 函数

```
1   /* 获取缓冲区的长度 */
2   #define TxBufferSize1    (countof(TxBuffer1) - 1)
3   #define RxBufferSize1    (countof(TxBuffer1) - 1)
4   #define countof(a)       (sizeof(a) / sizeof(*(a)))
5   #define  BufferSize (countof(Tx_Buffer)-1)
6
7   #define  Flash_WriteAddress       0x00000
8   #define  Flash_ReadAddress        Flash_WriteAddress
9   #define  Flash_SectorToErase      Flash_WriteAddress
10
11
12  /* 发送缓冲区初始化 */
```

```
13  uint8_t Tx_Buffer[] = "感谢您选用秉火 stm32 开发板 \r\n";
14  uint8_t Rx_Buffer[BufferSize];
15
16  // 读取的 ID 存储位置
17  __IO uint32_t DeviceID = 0;
18  __IO uint32_t FlashID = 0;
19  __IO TestStatus TransferStatus1 = FAILED;
20
21  // 函数原型声明
22  void Delay(__IO uint32_t nCount);
23
24  /*
25   * 函数名: main
26   * 描述  : 主函数
27   * 输入  : 无
28   * 输出  : 无
29   */
30  int main(void)
31  {
32      LED_GPIO_Config();
33      LED_BLUE;
34
35      /* 配置串口 1 为: 115200 8-N-1 */
36      Debug_USART_Config();
37
38      printf("\r\n 这是一个 16M 串行 Flash(W25Q128) 实验 \r\n");
39
40      /* 16M 串行 Flash W25Q128 初始化 */
41      SPI_Flash_Init();
42
43      Delay( 200 );
44
45      /* 获取 SPI Flash ID */
46      FlashID = SPI_Flash_ReadID();
47
48      /* 检验 SPI Flash ID */
49      if (FlashID == sFlash_ID)
50      {
51          printf("\r\n 检测到 SPI Flash W25Q128 !\r\n");
52
53          /* 擦除将要写入的 SPI Flash 扇区, Flash 写入前要先擦除 */
54          SPI_Flash_SectorErase(Flash_SectorToErase);
55
56          /* 将发送缓冲区的数据写到 Flash 中 */
57          SPI_Flash_BufferWrite(Tx_Buffer, Flash_WriteAddress, BufferSize);
58          printf("\r\n 写入的数据为: \r\n%s", Tx_Buffer);
59
60          /* 将刚刚写入的数据读出来放到接收缓冲区中 */
61          SPI_Flash_BufferRead(Rx_Buffer, Flash_ReadAddress, BufferSize);
62          printf("\r\n 读出的数据为: \r\n%s", Rx_Buffer);
63
64          /* 检查写入的数据与读出的数据是否相等 */
65          TransferStatus1 = Buffercmp(Tx_Buffer, Rx_Buffer, BufferSize);
```

```
66
67          if ( PASSED == TransferStatus1 )
68          {
69              LED_GREEN;
70              printf("\r\n16M 串行 Flash(W25Q128) 测试成功 !\n\r");
71          }
72          else
73          {
74              LED_RED;
75              printf("\r\n16M 串行 Flash(W25Q128) 测试失败 !\n\r");
76          }
77      }// if (FlashID == sFlash_ID)
78      else
79      {
80          LED_RED;
81          printf("\r\n 获取不到 W25Q128 ID!\n\r");
82      }
83
84      SPI_Flash_PowerDown();
85      while (1);
86  }
```

函数中初始化了 LED、串口、SPI 外设，然后读取 Flash 芯片的 ID 进行校验，若 ID 校验通过则向 Flash 的特定地址写入测试数据，然后再从该地址读取数据，测试读写是否正常。

注意： 由于实验板上的 Flash 芯片默认已经存储了特定用途的数据，如擦除了这些数据会影响某些程序的运行。所以我们预留了 Flash 芯片的"第 0 扇区（0 ~ 4096 地址）"专用于本实验，如非必要，请勿擦除其他地址的内容。如已擦除，可在秉火论坛找到"刷外部 Flash 内容"程序，根据其说明给 Flash 重新写入出厂内容。

23.4.3　下载验证

用 USB 线连接开发板"USB 转串口"接口及电脑，在电脑端打开串口调试助手，把编译好的程序下载到开发板。在串口调试助手可看到 Flash 测试的调试信息。

第 24 章
串行 Flash 文件系统 FatFs

24.1 文件系统

即使读者可能不了解文件系统，也一定对"文件"这个概念十分熟悉。数据在 PC 上是以文件的形式储存在磁盘中的，这些数据一般为 ASCII 码或二进制形式。在上一章我们已经写好了 SPI Flash 芯片的驱动函数，我们可以非常方便地在 SPI Flash 芯片上读写数据。如可以将"STM32F429 系列"这些文字转化成 ASCII 码，存储在数组中，然后调用 SPI_Flash_BufferWrite 函数，把数组内容写入 SPI Flash 芯片的指定地址上，在需要的时候从该地址把数据读取出来，再对读出来的数据以 ASCII 码的格式进行解读。

但是，这样直接存储数据会带来极大的不便，会有难以记录有效数据的位置，难以确定存储介质的剩余空间，以及应以何种格式来解读数据等问题。这就如同一个巨大的图书馆无人管理，杂乱无章地存放着各种书籍，难以查找所需的文档。想象一下图书馆的采购人员购书后，把书籍往馆内一扔就走人，当有人来借阅某本书的时候，就不得不一本本地查找。这样直接存储数据的方式适用于小容量的存储介质，如 EEPROM，但对于 SPI Flash 芯片或者SD 卡之类的大容量设备，我们需要一种高效的方式来管理它的存储内容。

这些管理方式即为文件系统，它是为了存储和管理数据，而在存储介质建立的一种组织结构，这些结构包括操作系统引导区、目录和文件。常见的 Windows 下的文件系统格式包括FAT32、NTFS、exFAT。在使用文件系统前，要先对存储介质进行格式化。格式化就是先擦除原来内容，在存储介质上新建一个文件分配表和目录。这样，文件系统就可以记录数据存放的物理地址，以及剩余空间。

使用文件系统时，数据都以文件的形式存储。写入新文件时，先在目录中创建一个文件索引，它指示了文件存放的物理地址，再把数据存储到该地址中。当需要读取数据时，可以从目录中找到该文件的索引，进而在相应的地址中读取出数据。具体还涉及逻辑地址、簇大小、不连续存储等一系列辅助结构或处理过程。

文件系统的存在使我们在存取数据时，不再是简单地向某物理地址直接读写，而是要遵循它的读写格式。如经过逻辑转换，一个完整的文件可能被分开成多段，存储到不连续的物理地址中，使用目录或链表的方式来获知下一段的位置。

上一章的 SPI Flash 芯片驱动只完成了向物理地址写入数据的工作，而根据文件系统格式的逻辑转换部分则需要额外的代码来完成。实质上，这个逻辑转换部分可以理解为当我们需要写入一段数据时，由它来求解向什么物理地址写入数据、以什么格式写入及写入一些原始数据以外的信息（如目录）。这个逻辑转换部分代码也称为文件系统。

24.2   FatFs 文件系统简介

上面提到的逻辑转换部分代码（文件系统）即为本章的要点，文件系统庞大而复杂，它需要根据应用的文件系统格式而编写，而且一般与驱动层分离开来，很方便移植，所以工程应用中一般是移植现成的文件系统源码。

FatFs 是面向小型嵌入式系统的一种通用的 FAT 文件系统。它完全由 AISI C 语言编写，并且完全独立于底层的 I/O 介质。因此它可以很容易地不加修改地移植到其他的处理器中，如 8051、PIC、AVR、SH、Z80、H8、ARM 等。FatFs 支持 FAT12、FAT16、FAT32 等格式，所以我们利用前面写好的 SPI Flash 芯片驱动，把 FatFs 文件系统代码移植到工程之中，就可以利用文件系统的各种函数，对 SPI Flash 芯片以 "文件" 格式进行读写操作了。

FatFs 文件系统的源码可以从 fatfs 官网下载：http://elm-chan.org/fsw/ff/00index_e.html。

24.2.1   FatFs 的目录结构

在移植 FatFs 文件系统到开发板之前，我们先要到 FatFs 的官网获取源码，编写本书时的最新版本为 R0.11a，官网有对 FatFs 做详细的介绍，有兴趣可以了解。解压之后可看到里面有 doc 和 src 这两个文件夹，见图 24-1。doc 文件夹里面是一些使用帮助文档；src 才是 FatFs 文件系统的源码。

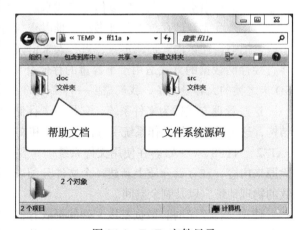

24.2.2   FatFs 帮助文档

打开 doc 文件夹，可看到如图 24-2 所示的文件目录。

其中 en 和 ja 这两个文件夹里面是编译好的 html 文档，内容是 FatFs 中各个函数的使用方法，这些函数都是封装得

图 24-1   FatFs 文件目录

非常好的函数，利用这些函数我们就可以操作 SPI Flash 芯片。有关具体的函数我们在用到的时候再讲解。这两个文件夹的唯一区别就是 en 文件夹下的文档是英文的，ja 文件夹下的文档是日文的。img 文件夹包含 en 和 ja 文件夹下文件需要用到的图片，还有 4 个名为 app.c 文件，内容都是 FatFs 具体应用例程。00index_e.html 和 00index_j.html 是一些关于 FatFs 的简介，另外两个文件可以不看。

图 24-2　doc 文件夹的文件目录

24.2.3　FatFs 源码

打开 src 文件夹，可看到如图 24-3 所示的文件目录。

图 24-3　src 文件夹的文件目录

option 文件夹下是一些可选的外部 C 文件，包含了多语言支持需要用到的文件和转换函数。

diskio.c 文件是 FatFs 移植最关键的文件，它为文件系统提供了最底层的访问 SPI Flash 芯片的方法，FatFs 有且仅有它需要用到与 SPI Flash 芯片相关的函数。diskio.h 定义了 FatFs 用到的宏，以及 diskio.c 文件内与底层硬件接口相关的函数声明。

00history.txt 介绍了 FatFs 的版本更新情况。

00readme.txt 说明了当前目录下 diskio.c、diskio.h、ff.c、ff.h、integer.h 的功能。

src 文件夹下的源码文件功能简介如下：

❏ integer.h：文件中包含了一些数值类型定义。

❏ diskio.c：包含底层存储介质的操作函数，这些函数需要用户自己实现，主要添加底层驱动函数。

❏ ff.c：FatFs 核心文件，文件管理的实现方法。该文件独立于底层介质操作文件的函数，利用这些函数实现文件的读写。

❏ cc936.c：本文件在 option 文件夹下，是简体中文支持所需要添加的文件，包含了简体中文的 GBK 和 Unicode 相互转换功能函数。

❏ ffconf.h：这个头文件包含了对 FatFs 功能配置的宏定义，通过修改这些宏定义就可以裁剪 FatFs 的功能。如需要支持简体中文，需要把 ffconf.h 中的 _CODE_PAGE 的宏改成 936，并把上面的 cc936.c 文件加入到工程之中。

建议阅读这些源码的顺序为：integer.h-->diskio.c-->ff.c。

阅读文件系统源码 ff.c 文件需要一定的专业功底，建议读者先阅读 FAT32 的文件格式，再去分析 ff.c 文件。若仅为使用文件系统，则只需要理解 integer.h 及 diskio.c 文件并会调用 ff.c 文件中的函数就可以了。本章主要讲解如何把 FatFs 文件系统移植到开发板上，并编写一个简单读写操作范例。

24.3 FatFs 文件系统移植实验

24.3.1 FatFs 程序结构图

移植 FatFs 之前，我们先通过 FatFs 的程序结构图了解 FatFs 在程序中的关系网络，见图 24-4。

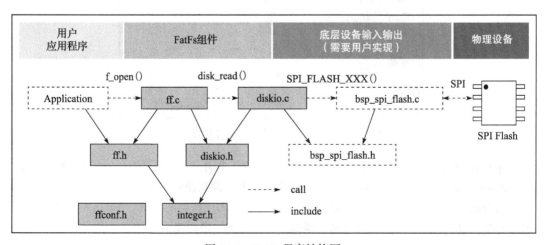

图 24-4 FatFs 程序结构图

用户应用程序需要由用户编写，想实现什么功能就编写什么的程序，一般我们只需要 f_mount()、f_open()、f_write()、f_read() 就可以实现文件的读写操作。

FatFs 组件是 FatFs 的主体，文件都在源码 src 文件夹中，其中 ff.c、ff.h、integer.h 以及 diskio.h 这 4 个文件我们不需要改动，只需要修改 ffconf.h 和 diskio.c 两个文件。

底层设备输入输出要求实现存储设备的读写操作函数、存储设备信息获取函数等。我们使用 SPI Flash 芯片作为物理设备，在上一章节已经编写好了 SPI Flash 芯片的驱动程序，这里就直接使用即可。

24.3.2 硬件设计

FatFs 属于软件组件，不需要附带其他硬件电路。我们使用 SPI Flash 芯片作为物理存储设备，其硬件电路在上一章已经做了分析，这里就直接使用。

24.3.3 FatFs 移植步骤

上一章我们已经实现了 SPI Flash 芯片驱动程序，并实现了读写测试，为移植 FatFs 方便，我们直接复制一份工程，在工程基础上添加 FatFs 组件，并修改 main 函数的用户程序即可。

1）先复制一份 SPI Flash 芯片测试的工程文件（整个文件夹），并修改文件夹名为 "SPI—FatFs 文件系统"。将 FatFs 源码中的 src 文件夹整个文件夹复制一份至 "SPI—FatFs 文件系统 \USER\" 文件夹下，并改名为 "FATFS"，见图 24-5。

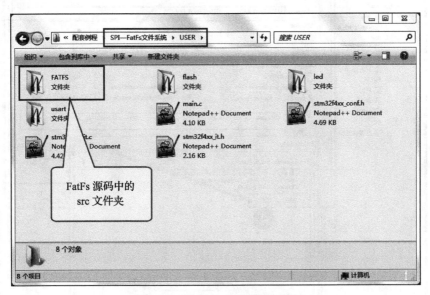

图 24-5 拷贝 FatFs 源码到工程

2）使用 KEIL 软件打开工程文件（..\SPI—FatFs 文件系统 \Project\RVMDK（uv5）\BH-

F429.uvprojx），并将 FatFs 组件文件添加到工程中，需要添加 ff.c、diskio.c 和 cc936.c 三个文件，见图 24-6。

3）添加 FATFS 文件夹到工程的 include 选项中。打开工程选项对话框，选择 C/C++ 选项下的 Include Paths 项目，在弹出的路径设置对话框中选择添加 FATFS 文件夹，见图 24-7。

4）如果现在编译工程，可以发现有两个错误，一个是来自 diskio.c 文件，提示有一些头文件没找到，diskio.c 文件内容是与底层设备输入输出接口函数文件，不同硬件设计驱动就不同，需要的文件也不同；另外一个错误来自 cc936.c 文件，提示该文件不是工程所必需的，这是因为 FatFs 默认使用日语，我们想要支持简体中文需要修改 FatFs 的配置，即修改 ffconf.h 文件。

至此，将 FatFs 添加到工程的框架已经操作完成，接下来要做的就是修改 diskio.c 文件和 ffconf.h 文件。

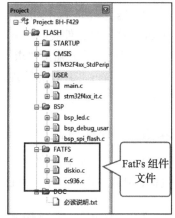

图 24-6　添加 FatFS 文件到工程

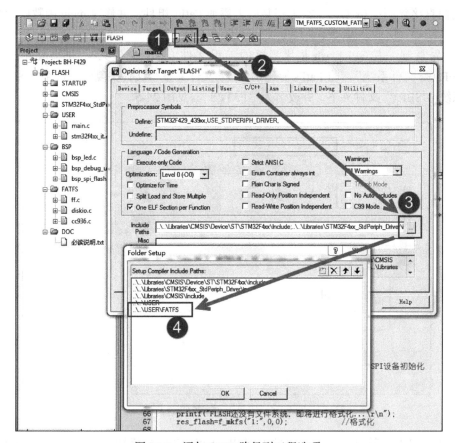

图 24-7　添加 FatFs 路径到工程选项

24.3.4　FatFs 底层设备驱动函数

FatFs 文件系统与底层介质的驱动分离开来，对底层介质的操作都要交给用户去实现，它仅仅提供了一个函数接口而已。表 24-1 为 FatFs 移植时用户必须支持的函数。通过表 24-1 我们可以清晰地知道，很多函数在一定条件下才需要添加，只有前 3 个函数是必须添加的。我们完全可以根据实际需求选择实际要用到的函数。

表 24-1　FatFs 移植需要用户支持函数

函　　数	条件（ffconf.h）	备　　注
disk_status disk_initialize disk_read	总是需要	底层设备驱动函数
disk_write get_fattime disk_ioctl（CTRL_SYNC）	_FS_READONLY == 0	
disk_ioctl（GET_SECTOR_COUNT） disk_ioctl（GET_BLOCK_SIZE）	_USE_MKFS == 1	
disk_ioctl（GET_SECTOR_SIZE）	_MAX_SS! = _MIN_SS	
disk_ioctl（CTRL_TRIM）	_USE_TRIM == 1	
ff_convert ff_wtoupper	_USE_LFN! = 0	Unicode 支持，为支持简体中文，添加 cc936.c 到工程即可
ff_cre_syncobj ff_del_syncobj ff_req_grant ff_rel_grant	_FS_REENTRANT == 1	FatFs 可重入配置，需要多任务系统支持（一般不需要）
ff_mem_alloc ff_mem_free	_USE_LFN == 3	长文件名支持，缓冲区设置在堆空间（一般设置 _USE_LFN = 2）

前 3 个函数是实现读文件的最基本需求。接下来的 3 个函数是实现创建文件、修改文件需要的。为实现格式化功能，需要在 disk_ioctl 添加两个获取物理设备信息选项。我们一般只要实现前面 6 个函数就可以了，已经足够满足大部分功能。

为支持简体中文长文件名称需要添加 ff_convert 和 ff_wtoupper 函数，实际这两个已经在 cc936.c 文件中实现了，我们只要直接把 cc936.c 文件添加到工程中就可以了。

后面 6 个函数一般都不用。如真有需要可以参考 syscall.c 文件（src\option 文件夹内）。

底层设备驱动函数存放在 diskio.c 文件中，我们的目的就是把 diskio.c 中的函数接口与 SPI Flash 芯片驱动连接起来。总共有 5 个函数，分别为设备状态获取（disk_status）、设备初始化（disk_initialize）、扇区读取（disk_read）、扇区写入（disk_write）、其他控制（disk_ioctl）。

接下来，我们结合 SPI Flash 芯片驱动对每个函数做详细讲解。

（1）宏定义

代码清单 24-1　物理编号宏定义

```
1 /* 为每个设备定义一个物理编号 */
2 #define ATA          0        // 预留 SD 卡使用
3 #define SPI_Flash    1        // 外部 SPI Flash
```

这两个宏定义在 FatFs 中非常重要，FatFs 是支持多物理设备的，必须为每个物理设备定义一个不同的编号。

SD 卡是预留接口，在讲解 SDIO 接口相关章节后会用到，可以实现读写 SD 卡内文件。

（2）设备状态获取

代码清单 24-2　设备状态获取

```
 1 DSTATUS disk_status (
 2     BYTE pdrv    /* 物理编号 */
 3 )
 4 {
 5
 6     DSTATUS status = STA_NOINIT;
 7
 8     switch (pdrv) {
 9     case ATA: /* SD CARD */
10         break;
11
12     case SPI_Flash:
13         /* SPI Flash 状态检测: 读取 SPI Flash 设备 ID */
14         if (sFlash_ID == SPI_Flash_ReadID()) {
15             /* 设备 ID 读取结果正确 */
16             status &= ~STA_NOINIT;
17         } else {
18             /* 设备 ID 读取结果错误 */
19             status = STA_NOINIT;;
20         }
21         break;
22
23     default:
24         status = STA_NOINIT;
25     }
26     return status;
27 }
```

disk_status 函数只有一个参数 pdrv，表示物理编号。一般使用 switch 函数实现对 pdrv 的分支判断。对于 SD 卡只是预留接口，留空即可。对于 SPI Flash 芯片，我们直接调用在 SPI_Flash_ReadID() 获取设备 ID，然后判断是否正确，如果正确，函数返回正常标准；如果错误，函数返回异常标志。SPI_Flash_ReadID() 定义在 bsp_spi_flash.c 文件中，上一章已做了分析。

（3）设备初始化

代码清单 24-3　设备初始化

```
1 DSTATUS disk_initialize (
2     BYTE pdrv            /* 物理编号 */
3 )
4 {
5     uint16_t i;
6     DSTATUS status = STA_NOINIT;
7     switch (pdrv) {
8     case ATA:            /* SD CARD */
9         break;
10
11    case SPI_Flash:    /* SPI Flash */
12        /* 初始化 SPI Flash */
13        SPI_Flash_Init();
14        /* 延时一小段时间 */
15        i=500;
16        while (--i);
17        /* 唤醒 SPI Flash */
18        SPI_Flash_WAKEUP();
19        /* 获取 SPI Flash 芯片状态 */
20        status=disk_status(SPI_Flash);
21        break;
22
23    default:
24        status = STA_NOINIT;
25    }
26    return status;
27 }
```

disk_initialize 函数也是只有一个参数 pdrv，用来指定设备物理编号。对于 SPI Flash 芯片我们调用 SPI_Flash_Init() 函数实现对 SPI Flash 芯片引脚 GPIO 初始化配置以及 SPI 通信参数配置。SPI_Flash_WAKEUP() 函数唤醒 SPI Flash 芯片，当 SPI Flash 芯片处于睡眠模式时，需要唤醒芯片才可以进行读写操作。

最后调用 disk_status 函数获取 SPI Flash 芯片状态，并返回状态值。

（4）读取扇区

代码清单 24-4　扇区读取

```
1 DRESULT disk_read (
2     BYTE pdrv,          /* 设备物理编号 (0..) */
3     BYTE *buff,         /* 数据缓存区 */
4     DWORD sector,       /* 扇区首地址 */
5     UINT count          /* 扇区个数 (1..128) */
6 )
7 {
8     DRESULT status = RES_PARERR;
9     switch (pdrv) {
10    case ATA: /* SD CARD */
```

```
11          break;
12
13      case SPI_Flash:
14          /* 扇区偏移 6MB, 外部 Flash 文件系统空间放在 SPI Flash 后面 10MB 空间 */
15          sector+=1536;
16          SPI_Flash_BufferRead(buff, sector <<12, count<<12);
17          status = RES_OK;
18          break;
19
20      default:
21          status = RES_PARERR;
22      }
23      return status;
24  }
```

disk_read 函数有 4 个形参：pdrv 为设备物理编号；buff 是一个 BYTE 类型指针变量，指向用来存放读取到数据的存储区首地址；sector 是一个 DWORD 类型变量，指定要读取数据的扇区首地址；count 是一个 UINT 类型变量，指定扇区数量。

BYTE 类型实际是 unsigned char 类型，DWORD 类型实际是 unsigned long 类型，UINT 类型实际是 unsigned int 类型，类型定义在 integer.h 文件中。

开发板使用的 SPI Flash 芯片型号为 W25Q128FV，每个扇区大小为 4096 个字节（4KB），共有 16MB 空间。为兼容后面实验程序，我们只将后 10MB 空间分配给 FatFs 使用，前 6MB 空间用于其他实验需要，即 FatFs 从 6MB 空间开始。为实现这个效果，需要将所有的读写地址都偏移 1536 个扇区空间。

对于 SPI Flash 芯片，主要使用 SPI_Flash_BufferRead() 实现在指定地址读取指定长度的数据。它接收 3 个参数，第 1 个参数为指定数据存放地址指针；第 2 个参数为指定数据读取地址，这里使用左移运算符，左移 12 位实际是乘以 4096，这与每个扇区大小是息息相关的；第 3 个参数为读取数据个数，也需要使用左移运算符。

（5）扇区写入

代码清单 24-5　扇区写入

```
1 DRESULT disk_write (
2     BYTE pdrv,              /* 设备物理编号 (0...) */
3     const BYTE *buff,      /* 欲写入数据的缓存区 */
4     DWORD sector,          /* 扇区首地址 */
5     UINT count             /* 扇区个数 (1...128) */
6 )
7 {
8     uint32_t write_addr;
9     DRESULT status = RES_PARERR;
10    if (!count) {
11        return RES_PARERR;    /* Check parameter */
12    }
13
14    switch (pdrv) {
15    case ATA:                  /* SD CARD */
```

```
16          break;
17
18      case SPI_Flash:
19          /* 扇区偏移 6MB, 外部 Flash 文件系统空间放在 SPI Flash 后面 10MB 空间 */
20          sector+=1536;
21          write_addr = sector<<12;
22          SPI_Flash_SectorErase(write_addr);
23          SPI_Flash_BufferWrite((u8 *)buff,write_addr,count<<12);
24          status = RES_OK;
25          break;
26
27      default:
28          status = RES_PARERR;
29      }
30      return status;
31 }
```

disk_write 函数有 4 个形参：pdrv 为设备物理编号；buff 指向待写入扇区数据的首地址；sector 指定要读取数据的扇区首地址；count 指定扇区数量。对于 SPI Flash 芯片，在写入数据之前需要先擦除，所以用到扇区擦除函数（SPI_Flash_SectorErase）。然后就调用数据写入函数（SPI_Flash_BufferWrite），把数据写入指定位置内。

（6）其他控制

代码清单 24-6　其他控制

```
1 DRESULT disk_ioctl (
2     BYTE pdrv,              /* 物理编号 */
3     BYTE cmd,               /* 控制指令 */
4     void *buff              /* 写入或者读取数据地址指针 */
5 )
6 {
7     DRESULT status = RES_PARERR;
8     switch (pdrv) {
9     case ATA:               /* SD CARD */
10         break;
11
12     case SPI_Flash:
13         switch (cmd) {
14         /* 扇区数量: 2560*4096/1024/1024=10(MB) */
15         case GET_SECTOR_COUNT:
16             *(DWORD * )buff = 2560;
17             break;
18         /* 扇区大小 */
19         case GET_SECTOR_SIZE :
20             *(WORD * )buff = 4096;
21             break;
22         /* 同时擦除扇区个数 */
23         case GET_BLOCK_SIZE :
24             *(DWORD * )buff = 1;
25             break;
26         }
```

```
27              status = RES_OK;
28              break;
29
30      default:
31              status = RES_PARERR;
32      }
33      return status;
34 }
```

disk_ioctl 函数有 3 个形参：pdrv 为设备物理编号；cmd 为控制指令，包括发出同步信号、获取扇区数目、获取扇区大小、获取擦除块数量等指令；buff 为指令对应的数据指针。

对于 SPI Flash 芯片，为支持 FatFs 格式化功能，需要用到获取扇区数量（GET_SECTOR_COUNT）指令和获取擦除块数量（GET_BLOCK_SIZE）。另外，SD 卡扇区大小为 512 字节，SPI Flash 芯片一般设置扇区大小为 4096 字节，所以需要用到获取扇区大小（GET_SECTOR_SIZE）指令。

（7）时间戳获取

代码清单 24-7　时间戳获取

```
1 __weak DWORD get_fattime(void)
2 {
3      /* 返回当前时间戳 */
4      return     ((DWORD)(2015 - 1980) << 25)   /* Year 2015 */
5                 | ((DWORD)1 << 21)             /* Month 1 */
6                 | ((DWORD)1 << 16)             /* Mday 1 */
7                 | ((DWORD)0 << 11)             /* Hour 0 */
8                 | ((DWORD)0 << 5)              /* Min 0 */
9                 | ((DWORD)0 >> 1);             /* Sec 0 */
10 }
```

get_fattime 函数用于获取当前时间戳，在 ff.c 文件中被调用。FatFs 在文件创建、被修改时会记录时间，这里我们直接使用赋值方法设定时间戳。为更好地记录时间，可以使用控制器 RTC 功能，具体要求返回值格式如下：

❏ bit31:25——从 1980 年至今是多少年，范围是（0 ~ 127）；

❏ bit24:21——月份，范围为（1 ~ 12）；

❏ bit20:16——该月份中的第几日，范围为（1 ~ 31）；

❏ bit15:11——时，范围为（0 ~ 23）；

❏ bit10:5——分，范围为（0 ~ 59）；

❏ bit4:0——秒 /2，范围为（0 ~ 29）。

24.3.5　FatFs 功能配置

ffconf.h 文件是 FatFs 功能配置文件，我们可以对文件内容进行修改，使得 FatFs 更符合我们的要求。ffconf.h 对每个配置选项都做了详细的使用情况说明。下面只列出修改的配置，其他配置采用默认即可。

代码清单 24-8 FatFs 功能配置选项

```
1 #define _USE_MKFS      1
2 #define _CODE_PAGE     936
3 #define _USE_LFN       2
4 #define _VOLUMES       2
5 #define _MIN_SS        512
6 #define _MAX_SS        4096
```

1）_USE_MKFS：格式化功能选择，为使用 FatFs 格式化功能，需要把它设置为 1。

2）_CODE_PAGE：语言功能选择，并要求把相关语言文件添加到工程宏。为支持简体中文文件名需要使用 "936"。如图 24-6 所示，我们已经把 cc936.c 文件添加到工程中。

3）_USE_LFN：长文件名支持。默认不支持长文件名，这里配置为 2，支持长文件名，并指定使用栈空间为缓冲区。

4）_VOLUMES：指定物理设备数量。这里设置为 2，包括预留 SD 卡和 SPI Flash 芯片。

5）_MIN_SS、_MAX_SS：指定扇区大小的最小值和最大值。SD 卡扇区大小一般都为 512 字节，SPI Flash 芯片扇区大小一般设置为 4096 字节，所以需要把 _MAX_SS 改为 4096。

24.3.6 FatFs 功能测试

移植操作到此，就已经把 FatFs 全部添加到我们的工程中了，这时我们编译功能，即可顺利编译通过，没有错误。接下来，我们就可以编写图 24-4 中用户应用程序了。

主要的测试包括格式化测试、文件写入测试和文件读取测试 3 个部分，主要程序都在 main.c 文件中实现。

（1）变量定义

代码清单 24-9 变量定义

```
1 FATFS fs;                          /* FatFs 文件系统对象 */
2 FIL fnew;                          /* 文件对象 */
3 FRESULT res_flash;                 /* 文件操作结果 */
4 UINT fnum;                         /* 文件成功读写数量 */
5 BYTE buffer[1024]= {0};            /* 读缓冲区 */
6 BYTE textFileBuffer[] =            /* 写缓冲区 */
7     "欢迎使用野火 STM32 F429 开发板 今天是个好日子,新建文件系统测试文件 \r\n";
```

FATFS 是在 ff.h 文件中定义的一个结构体类型，针对的对象是物理设备，包含了物理设备的物理编号、扇区大小等信息。一般都需要为每个物理设备定义一个 FATFS 变量。

FIL 也是在 ff.h 文件中定义的一个结构体类型，针对的对象是文件系统内具体的文件，包含了文件很多基本属性，比如文件大小、路径、当前读写地址等。如果需要在同一时间打开多个文件进行读写，才需要定义多个 FIL 变量，不然定义一个 FIL 变量即可。

FRESULT 是在 ff.h 文件中定义的一个枚举类型，作为 FatFs 函数的返回值类型，主要管理 FatFs 运行中出现的错误。总共有 19 种错误类型，包括物理设备读写错误、找不到文件、没有挂载工作空间等错误。这在实际编程中非常重要，当有错误出现时，我们要停止文件读写，通过返回值我们可以快速定位到错误发生的可能地点。如果运行没有错误则返回 FR_OK。

fnum 是个 32 位无符号整型变量，用来记录实际读取或者写入数据的数组。

buffer 和 textFileBuffer 分别对应读取和写入数据缓存区，都是 8 位无符号整型数组。

（2）主函数

代码清单 24-10　主函数

```
1  int main(void)
2  {
3      /* 初始化 LED */
4      LED_GPIO_Config();
5      LED_BLUE;
6
7      /* 初始化调试串口，一般为串口 1 */
8      Debug_USART_Config();
9      printf("****** 这是一个 SPI Flash 文件系统实验 ******\r\n");
10
11     // 在外部 SPI Flash 挂载文件系统，文件系统挂载时会对 SPI 设备初始化
12     res_flash = f_mount(&fs,"1:",1);
13
14     /*---------------------- 格式化测试 ---------------------------*/
15     /* 如果没有文件系统就格式化创建文件系统 */
16     if (res_flash == FR_NO_FILESYSTEM) {
17         printf("》Flash 还没有文件系统，即将进行格式化 ...\r\n");
18         /* 格式化 */
19         res_flash=f_mkfs("1:",0,0);
20
21         if (res_flash == FR_OK) {
22             printf("》Flash 已成功格式化文件系统。\r\n");
23             /* 格式化后，先取消挂载 */
24             res_flash = f_mount(NULL,"1:",1);
25             /* 重新挂载 */
26             res_flash = f_mount(&fs,"1:",1);
27         } else {
28             LED_RED;
29             printf("《《格式化失败。》》\r\n");
30             while (1);
31         }
32     } else if (res_flash!=FR_OK) {
33         printf("！！外部 Flash 挂载文件系统失败。(%d)\r\n",res_flash);
34         printf("！！可能原因：SPI Flash 初始化不成功。\r\n");
35         while (1);
36     } else {
37         printf("》文件系统挂载成功，可以进行读写测试 \r\n");
38     }
39
40     /*---------------------- 文件系统测试：写测试 ----------------------*/
41     /* 打开文件，如果文件不存在则创建它 */
42     printf("\r\n****** 即将进行文件写入测试 ... ******\r\n");
```

```
43          res_flash = f_open(&fnew, "1:FatFs 读写测试文件 .txt",
44                          FA_CREATE_ALWAYS | FA_WRITE );
45      if ( res_flash == FR_OK ) {
46           printf("》打开 / 创建 FatFs 读写测试文件 .txt 文件成功，向文件写入数据。\r\n");
47          /* 将指定存储区内容写入文件内 */
48          res_flash=f_write(&fnew,WriteBuffer,sizeof(WriteBuffer),&fnum);
49          if (res_flash==FR_OK) {
50              printf("》文件写入成功，写入字节数据：%d\n",fnum);
51              printf("》向文件写入的数据为：\r\n%s\r\n",WriteBuffer);
52          } else {
53              printf("！！文件写入失败：(%d)\n",res_flash);
54          }
55          /* 不再读写，关闭文件 */
56          f_close(&fnew);
57      } else {
58          LED_RED;
59          printf("！！打开 / 创建文件失败。\r\n");
60      }
61
62      /*------------------ 文件系统测试：读测试 -------------------------*/
63      printf("****** 即将进行文件读取测试 ... ******\r\n");
64      res_flash = f_open(&fnew, "1:FatFs 读写测试文件 .txt",
65                          FA_OPEN_EXISTING | FA_READ);
66      if (res_flash == FR_OK) {
67          LED_GREEN;
68          printf("》打开文件成功。\r\n");
69          res_flash = f_read(&fnew, ReadBuffer, sizeof(ReadBuffer), &fnum);
70          if (res_flash==FR_OK) {
71              printf("》文件读取成功，读到字节数据：%d\r\n",fnum);
72              printf("》读取得的文件数据为：\r\n%s \r\n", ReadBuffer);
73          } else {
74              printf("！！文件读取失败：(%d)\n",res_flash);
75          }
76      } else {
77          LED_RED;
78          printf("！！打开文件失败。\r\n");
79      }
80      /* 不再读写，关闭文件 */
81      f_close(&fnew);
82
83      /* 不再使用文件系统，取消挂载文件系统 */
84      f_mount(NULL,"1:",1);
85
86      /* 操作完成，停机 */
87      while (1) {
88      }
89  }
```

首先，初始化 RGB 彩灯和调试串口，用来指示程序进程。

FatFs 的第一步工作就是使用 f_mount 函数挂载工作区。f_mount 函数有 3 个形参，第 1
个参数是指向 FATFS 变量的指针，如果赋值为 NULL 可以取消物理设备挂载。第 2 个参数为逻辑设备编号，使用设备根路径表示，与物理设备编号挂钩，在代码清单 24-1 中我们定义 SPI Flash 芯片物理编号为 1，所以这里使用 "1:"。第 3 个参数可选 0 或 1，1 表示立即挂载，0 表示不立即挂载，延迟挂载。f_mount 函数会返回一个 FRESULT 类型值，指示运行情况。

如果 f_mount 函数返回值为 FR_NO_FILESYSTEM，说明没有 FAT 文件系统，比如新出厂的 SPI Flash 芯片就没有 FAT 文件系统。我们就必须对物理设备进行格式化处理。使用 f_mkfs 函数可以实现格式化操作。f_mkfs 函数有 3 个形参，第 1 个参数为逻辑设备编号；第 2 参数可选 0 或者 1，0 表示设备为一般硬盘，1 表示设备为软盘。第 3 个参数指定扇区大小，如果为 0，表示通过代码清单 24-6 中 disk_ioctl 函数获取。格式化成功后需要先取消挂载原来设备，再重新挂载设备。

在设备正常挂载后，就可以进行文件读写操作了。使用文件之前，必须使用 f_open 函数打开文件，不再使用文件必须使用 f_close 函数关闭文件，这个与电脑端操作文件步骤类似。f_open 函数有 3 个形参，第 1 个参数为文件对象指针。第 2 参数为目标文件，包含绝对路径的文件名称和后缀名。第 3 个参数为访问文件模式选择，可以是打开已经存在的文件模式、读模式、写模式、新建模式、总是新建模式等的或运行结果。比如对于写测试，使用 FA_CREATE_ALWAYS 和 FA_WRITE 组合模式，就是总是新建文件并进行写模式。

f_close 函数用于不再对文件进行读写操作关闭文件，f_close 函数只有一个形参，为文件对象指针。f_close 函数运行可以确保缓冲区完全写入文件内。

成功打开文件之后就可以使用 f_write 函数和 f_read 函数对文件进行写操作和读操作。这两个函数用到的参数是一致的，只不过一个是数据写入，一个是数据读取。f_write 函数第 1 个形参为文件对象指针，使用与 f_open 函数一致即可。第 2 个参数为待写入数据的首地址，对于 f_read 函数就是用来存放读出数据的首地址。第 3 个参数为写入数据的字节数，对于 f_read 函数就是欲读取数据的字节数。第 4 个参数为 32 位无符号整型指针，这里使用 fnum 变量地址赋值给它，在运行读写操作函数后，fnum 变量指示成功读取或者写入的字节个数。

最后，不再使用文件系统时，使用 f_mount 函数取消挂载。

24.3.7　下载验证

保证开发板相关硬件连接正确，用 USB 线连接开发板 "USB 转串口" 接口及电脑，在电脑端打开串口调试助手，把编译好的程序下载到开发板。程序开始运行后，RGB 彩灯为蓝色，在串口调试助手可看到格式化测试、写文件检测和读文件检测 3 个过程；最后如果所有读写操作都正常，RGB 彩灯会显示为绿色，如果在运行中 FatFs 出现错误，RGB 彩灯显示为红色。

虽然我们通过 RGB 彩灯指示和串口调试助手信息打印方法来说明 FatFs 移植成功，并顺利通过测试，但心里总是不踏实。所谓眼见为实，虽然我们创建了 "FatFs 读写测试文件 .txt" 这个文件，却完全看不到实体。这个确实是个问题，因为我们这里使用 SPI Flash 芯片作为物理设备，并不像 SD 卡那么方便直接用读卡器就可以在电脑端打开验证。另外一个问题是，就目前来说，在 SPI Flash 芯片上挂载 FatFs 好像没有实际意义，无法发挥文件系统功能。

实际上，这里归根到底就是我们目前没办法在电脑端查看 SPI Flash 芯片内 FatFs 的内容，没办法非常方便地拷贝、删除文件。我们当然不会做无用功，STM32 控制器还有一个硬件资源可以解决上面的问题，就是 USB。我们可以通过编程把整个开发板变成一个 U 盘，而 U 盘存储空间就是 SPI Flash 芯片的空间。这样可非常方便地实现文件读写。至于 USB 内容将在 USB 相关章节讲解。

24.4　FatFs 功能使用实验

上个实验我们实现了 FatFs 的格式化、读文件和写文件功能，这个已经满足很多部分的运用需要。有时，我们需要更多的文件操作功能，FatFs 还是提供了不少的功能，比如设备存储空间信息获取、读写文件指针定位、创建目录、文件移动和重命名、文件或目录信息获取等功能。接下来的这个实验内容就是展示 FatFs 众多功能，提供一个很好的范例，以后有用到相关内容，参考使用非常方便。

24.4.1　硬件设计

本实验主要使用 FatFs 软件功能，不需要其他硬件模块，使用与 FatFs 移植实验相同的硬件配置即可。

24.4.2　软件设计

上个实验我们已经移植好了 FatFs，这个例程主要是应用，所以简单起见，直接拷贝上个实验的工程文件，保持 FatFs 底层驱动程序。我们只改 main.c 文件内容，实现应用程序。

（1）FatFs 多项功能测试

代码清单 24-11　FatFs 多项功能测试

```
1  static FRESULT miscellaneous(void)
2  {
3      DIR dir;
4      FATFS *pfs;
5      DWORD fre_clust, fre_sect, tot_sect;
6
7      printf("\n************** 设备信息获取 **************\r\n");
8      /* 获取设备信息和空簇大小 */
9      res_flash = f_getfree("1:", &fre_clust, &pfs);
10
11     /* 计算得到总的扇区个数和空扇区个数 */
12     tot_sect = (pfs->n_fatent - 2) * pfs->csize;
13     fre_sect = fre_clust * pfs->csize;
14
15     /* 打印信息 (4096 字节 / 扇区 ) */
```

```
16      printf("》设备总空间：%10lu KB。\n》可用空间： %10lu KB。\n",
17                                          tot_sect *4, fre_sect *4);
18
19      printf("\n******** 文件定位和格式化写入功能测试 ********\r\n");
20      res_flash = f_open(&fnew, "1:FatFs 读写测试文件 .txt",
21                                  FA_OPEN_EXISTING|FA_WRITE|FA_READ );
22      if ( res_flash == FR_OK ) {
23          /* 文件定位 */
24          res_flash = f_lseek(&fnew,f_size(&fnew)-1);
25          if (res_flash == FR_OK) {
26           /* 格式化写入，参数格式类似于 printf 函数 */
27           f_printf(&fnew,"\n在原来文件新添加一行内容 \n");
28           f_printf(&fnew,"》设备总空间：%10lu KB。\n》可用空间： %10lu KB。\n",
29                                          tot_sect *4, fre_sect *4);
30              /* 文件定位到文件起始位置 */
31              res_flash = f_lseek(&fnew,0);
32              /* 将文件所有内容读到缓存区 */
33              res_flash = f_read(&fnew,readbuffer,f_size(&fnew),&fnum);
34              if (res_flash == FR_OK) {
35                  printf("》文件内容: \n%s\n",readbuffer);
36              }
37          }
38          f_close(&fnew);
39
40          printf("\n********* 目录创建和重命名功能测试 **********\r\n");
41          /* 尝试打开目录 */
42          res_flash=f_opendir(&dir,"1:TestDir");
43          if (res_flash!=FR_OK) {
44              /* 打开目录失败，就创建目录 */
45              res_flash=f_mkdir("1:TestDir");
46          } else {
47              /* 如果目录已经存在，关闭它 */
48              res_flash=f_closedir(&dir);
49              /* 删除文件 */
50              f_unlink("1:TestDir/testdir.txt");
51          }
52          if (res_flash==FR_OK) {
53              /* 重命名并移动文件 */
54              res_flash=f_rename("1:FatFs 读写测试文件 .txt",
55                              "1:TestDir/testdir.txt");
56          }
57      } else {
58          printf("!! 打开文件失败：%d\n",res_flash);
59          printf("!! 或许需要再次运行“FatFs 移植与读写测试”工程 \n");
60      }
61      return res_flash;
62 }
```

　　首先是设备存储信息获取，目的是获取设备总容量和剩余可用空间。f_getfree 函数是设备空闲簇信息获取函数，有 3 个形参：第 1 个参数为逻辑设备编号；第 2 个参数为返回空闲簇数量；第 3 个参数为返回指向文件系统对象的指针。通过计算可得到设备总的扇区个数以及空闲扇区个数，对于 SPI Flash 芯片我们设置每个扇区为 4096 字节大小，这样很容易就能算出设备存储信息。

接下来是文件读写指针定位和格式化输入功能测试。文件定位在一些场合非常有用，比如我们需要记录多项数据，而每项数据长度不确定，但有个最长长度，我们就可以使用文件定位 lseek 函数功能把数据存放在规定好的地址空间上。当我们需要读取文件内容时，就使用文件定位函数定位到对应地址读取。

使用文件读写操作之前都必须使用 f_open 函数打开文件，开始时文件读写指针是在文件起始位置的，马上写入数据的话会覆盖原来文件中的内容。这里，我们使用 f_lseek 函数定位到文件末尾位置，再写入内容。f_lseek 函数有两个形参，第 1 个参数为文件对象指针，第 2 个参数为需要定位的字节数，这个字节数是相对文件起始位置的，若设置为 0，则将文件读写指针定位到文件起始位置了。

f_printf 函数是格式化写入函数，需要把 ffconf.h 文件中的 _USE_STRFUNC 配置为 1 才支持。f_printf 函数用法类似于 C 库函数 printf 函数，只是它将数据直接写入文件中。

最后是目录创建和文件移动和重命名功能。使用 f_opendir 函数可以打开路径（这里不区分目录和路径概念，下同），如果路径不存在则返回错误，使用 f_closedir 函数关闭已经打开的路径。新版的 FatFs 支持相对路径功能，使得路径操作更加灵活。f_opendir 函数有两个形参，第 1 个参数为指向路径对象的指针，第 2 个参数为路径。f_closedir 函数只需要指向路径对象的指针这一个形参。

f_mkdir 函数用于创建路径，如果指定的路径不存在就创建它，创建的路径存在形式就是文件夹。f_mkdir 函数只要一个形参，就是指定路径。

f_rename 函数是带有移动功能的重命名函数，它有两个形参，第 1 个参数为源文件名称，第 2 个参数为目标名称。目标名称可附带路径，如果路径与源文件路径不同将移动文件到目标路径下。

（2）文件信息获取

代码清单 24-12　文件信息获取

```
 1 static FRESULT file_check(void)
 2 {
 3     FILINFO fno;
 4
 5     /* 获取文件信息 */
 6     res_flash=f_stat("1:TestDir/testdir.txt",&fno);
 7     if (res_flash==FR_OK) {
 8         printf(" "testdir.txt"文件信息: \n");
 9         printf("》文件大小 : %ld(字节)\n", fno.fsize);
10         printf("》时间戳 : %u/%02u/%02u, %02u:%02u\n",
11             (fno.fdate >> 9) + 1980, fno.fdate >> 5 & 15, fno.fdate & 31,
12             fno.ftime >> 11, fno.ftime >> 5 & 63);
13         printf("》属性 : %c%c%c%c%c\n\n",
14                 (fno.fattrib & AM_DIR) ? 'D' : '-',          //目录
15                 (fno.fattrib & AM_RDO) ? 'R' : '-',          //只读文件
```

```
16                (fno.fattrib & AM_HID) ? 'H' : '-',        //隐藏文件
17                (fno.fattrib & AM_SYS) ? 'S' : '-',        //系统文件
18                (fno.fattrib & AM_ARC) ? 'A' : '-');       //档案文件
19      }
20      return res_flash;
21 }
```

f_stat 函数用于获取文件的属性，有两个形参：第 1 个参数为文件路径；第 2 个参数为返回指向文件信息结构体变量的指针。文件信息结构体变量包含文件的大小、最后修改时间和日期、文件属性、短文件名和长文件名等信息。

（3）路径扫描

代码清单 24-13　路径扫描

```
1 static FRESULT scan_files (char* path)
2 {
3      FRESULT res;                       //部分在递归过程被修改的变量，不用全局变量
4      FILINFO fno;
5      DIR dir;
6      int i;
7      char *fn;                          //文件名
8
9 #if _USE_LFN
10     /* 长文件名支持 */
11     /* 简体中文需要 2 个字节保存一个"字" */
12     static char lfn[_MAX_LFN*2 + 1];
13     fno.lfname = lfn;
14     fno.lfsize = sizeof(lfn);
15 #endif
16     //打开目录
17     res = f_opendir(&dir, path);
18     if (res == FR_OK) {
19         i = strlen(path);
20         for (;;) {
21             //读取目录下的内容，再读就自动读下一个文件
22             res = f_readdir(&dir, &fno);
23             //为空表示所有项目读取完毕，跳出
24             if (res != FR_OK || fno.fname[0] == 0) break;
25 #if _USE_LFN
26             fn = *fno.lfname ? fno.lfname : fno.fname;
27 #else
28             fn = fno.fname;
29 #endif
30             //点符号表示当前目录，跳过
31             if (*fn == '.') continue;
32             //目录，递归读取
33             if (fno.fattrib & AM_DIR) {
34                 //组合成完整目录名
35                 sprintf(&path[i], "/%s", fn);
36                 //递归遍历
37                 res = scan_files(path);
```

```
38                  path[i] = 0;
39                  // 打开失败，跳出循环
40                  if (res != FR_OK)
41                      break;
42              } else {
43                  printf("%s/%s\r\n", path, fn);          // 输出文件名
44                  /* 可以在这里提取特定格式的文件路径 */
45              }                                            // else
46          }                                                // for
47      }
48      return res;
49  }
```

scan_files 函数用来扫描指定路径下的文件。比如我们设计一个 mp3 播放器，需要提取 mp3 格式文件，诸如 *.txt、*.c 文件统统不要，这时就必须扫描路径下所有文件，并把 *.mp3 或 *.MP3 格式文件提取出来。这里我们提取特定格式文件，而且把所有文件名都通过串口打印出来。

我们在 ffconf.h 文件中定义了长文件名称支持（_USE_LFN=2），一般用到简体中文文件名的都需要长文件名支持。短文件名称是 8.3 格式，即名称是 8 个字节，后缀名是 3 个字节，对于英文文件名还可以，使用中文文件名就很容易长度不够了。使能了长文件名支持后，使用之前需要指定文件名的存储区及存储区的大小。

接下来就是使用 f_opendir 函数打开指定的路径。如果路径存在就使用 f_readdir 函数读取路径下内容，可以读取路径下的文件或者文件夹，并保存信息到文件信息对象变量内。f_readdir 函数有两个形参，第 1 个参数为指向路径对象变量的指针，第 2 个参数为指向文件信息对象的指针。f_readdir 函数另外一个特性是自动读取下一个文件对象，即循序运行该函数可以读取该路径下的所有文件。所以，在程序中，我们使用 for 循环让 f_readdir 函数读取所有文件，并在读取所有文件之后退出循环。

在 f_readdir 函数成功读取到一个对象时，我们还不清楚这个对象是一个文件还是一个文件夹，此时我们就可以使用文件信息对象变量的文件属性来判断了，如果判断得出是个文件那就直接通过串口打印出来。如果是个文件夹，就要进入该文件夹扫描，这时就重新调用扫描函数 scan_files，形成一个递归调用结构，只是我们这次用的参数与最开始是不同的，现在是使用子文件夹名称。

（4）主函数

代码清单 24-14　主函数

```
1  int main(void)
2  {
3      /* 初始化调试串口，一般为串口 1 */
4      Debug_USART_Config();
5      printf("******** 这是一个 SPI Flash 文件系统实验 ********\r\n");
6
7      // 在外部 SPI Flash 挂载文件系统，文件系统挂载时会对 SPI 设备初始化
8      res_flash = f_mount(&fs,"1:",1);
```

```
 9        if (res_flash!=FR_OK) {
10            printf("！！外部 Flash 挂载文件系统失败。(%d)\r\n",res_flash);
11            printf("！！可能原因：SPI Flash 初始化不成功。\r\n");
12            while (1);
13        } else {
14            printf("》文件系统挂载成功，可以进行测试 \r\n");
15        }
16
17        /* FatFs 多项功能测试 */
18        res_flash = miscellaneous();
19
20
21        printf("\n*************** 文件信息获取测试 **************\r\n");
22        res_flash = file_check();
23
24
25        printf("*************** 文件扫描测试 ***************\r\n");
26        strcpy(fpath,"1:");
27        scan_files(fpath);
28
29
30        /* 不再使用文件系统，取消挂载文件系统 */
31        f_mount(NULL,"1:",1);
32
33        /* 操作完成，停机 */
34        while (1) {
35        }
36 }
```

串口在程序调试中经常使用，可以把变量值直观地打印到串口调试助手，这个信息非常重要。同样，在使用之前需要调用 Debug_USART_Config 函数完成调试串口初始化。

使用 FatFs 进行文件操作之前都使用 f_mount 函数挂载物理设备，这里我们使用 SPI Flash 芯片上的 FAT 文件系统。

接下来我们直接调用 miscellaneous 函数进行 FatFs 设备信息获取、文件定位和格式化写入功能，以及目录创建和重命名功能测试。调用 file_check 函数进行文件信息获取测试。

scan_files 函数用来扫描路径下的所有文件，fpath 是我们定义的一个包含 100 个元素的字符型数组，并将其赋值为与 SPI Flash 芯片物理编号对应的根目录。这样允许 scan_files 函数打印 SPI Flash 芯片内 FatFs 中的所有文件到串口调试助手。注意，这里定义的 fpaht 数组是必不可少的，因为 scan_files 函数本身是个递归函数，要求实际参数有较大的缓存区空间。

24.4.3 下载验证

保证开发板相关硬件连接正确，用 USB 线连接开发板"USB 转串口"接口及电脑，在电脑端打开串口调试助手，把编译好的程序下载到开发板。程序开始运行，在串口调试助手可看到每个阶段测试相关信息情况。

第 25 章
FMC——扩展外部 SDRAM

25.1 SDRAM 控制原理

STM32 控制器芯片内部有一定大小的 SRAM 及 Flash 作为内存和程序存储空间，但当程序较大，内存和程序空间不足时，就需要在 STM32 芯片的外部扩展存储器了。

STM32F429 系列芯片扩展内存时，可以选择 SRAM 和 SDRAM，由于 SDRAM 的"容量 / 价格"比较高，所以使用 SDRAM 要比 SRAM 要划算得多。我们以 SDRAM 为例讲解如何为 STM32 扩展内存，见图 25-1。

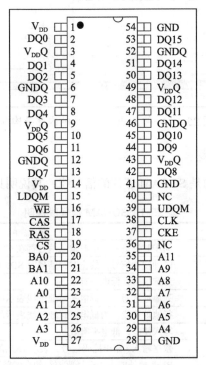

图 25-1 SDRAM 芯片外观

给 STM32 芯片扩展内存与给 PC 扩展内存的原理是一样的，只是 PC 上一般以内存条的形式扩展，内存条实质是由多个内存颗粒（即 SDRAM 芯片）组成的通用标准模块，而 STM32 直接与 SDRAM 芯片连接。见图 25-2，这是型号为 IS42-45S16400J 的 SDRAM 芯片内部结构框图，本章以它为模型进行介绍。

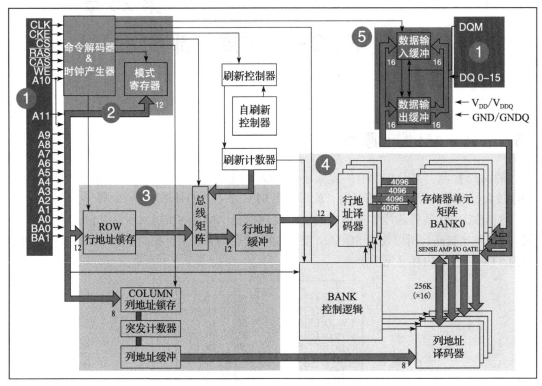

图 25-2　一种 SDRAM 芯片的内部结构框图

25.1.1　SDRAM 信号线

图 25-2 左边①处引出的是 SDRAM 芯片的信号线，其说明见表 25-1。

表 25-1　SDRAM 信号线说明

信号线	类型	说　　明
CLK	I	同步时钟信号，所有输入信号都在 CLK 为上升沿的时候被采集
CKE	I	时钟使能信号，禁止时钟信号时 SDRAM 会启动自刷新操作
CS#	I	片选信号，低电平有效
CAS#	I	列地址选通，为低电平时地址线表示的是列地址
RAS#	I	行地址选通，为低电平时地址线表示的是行地址
WE#	I	写入使能，低电平有效
DQM[0:1]	I	数据输入 / 输出掩码信号，表示 DQ 信号线的有效部分
BA[0:1]	I	Bank 地址输入，选择要控制的存储阵列
A[0:11]	I	地址输入
DQ[0:15]	I/O	数据输入输出信号

除了时钟、地址和数据线，控制 SDRAM 还需要很多信号配合，它们的具体作用在描述时序图时进行讲解。

25.1.2　控制逻辑

SDRAM 内部的"控制逻辑"指挥着整个系统的运行，见图 25-2 ②处。外部可通过 CS、WE、CAS、RAS 以及地址线来向控制逻辑输入命令，命令经过命令器译码器译码，并将控制参数保存到模式寄存器中，控制逻辑依此运行。

25.1.3　地址控制

SDRAM 包含有"A"以及"BA"两类地址线，见图 25-2 ③处左侧。A 类地址线是行（Row）与列（Column）共用的地址总线，BA 地址线是独立的，用于指定 SDRAM 内部存储阵列号（Bank）。在命令模式下，A 类地址线还用于某些命令输入参数。

25.1.4　SDRAM 的存储阵列

要了解 SDRAM 的储存单元寻址以及"A""BA"线的具体运用，需要先熟悉它的内部存储阵列的结构，见图 25-3。

可以把 SDRAM 内部包含的存储阵列理解成一张表格，数据就填在这张表格上。和表格查找一样，指定一个行地址和列地址，就可以精确地找到目标单元格，这是 SDRAM 芯片寻址的基本原理。这样的每个单元格被称为存储单元，而这样的表则被称为存储阵列（Bank），目前设计的 SDRAM 芯片内部基本上都

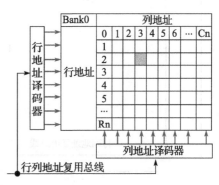

图 25-3　SDRAM 存储阵列内部结构

包含 4 个这样的 Bank，寻址时指定 Bank 号以及行地址，然后再指定列地址，即可寻找到目标存储单元。SDRAM 内部具有多个 Bank 的结构见图 25-4。

SDRAM 芯片向外部提供独立的 BA 类地址线，用于 Bank 寻址，而行与列则共用 A 类地址线。

图 25-2 中标号④处表示的就是它内部的存储阵列结构，通信时若 RAS 线为低电平，则"行地址译码器"被选通，地址线 A[11:0] 表示的地址会被输入"行地址译码及锁存器"中，作为存储阵列中选定的行地址，同时地址线 BA[1:0] 表示的 Bank 也被锁存，选中了要操作的 Bank 号；接着控制 CAS 线为低电平，"列地址译码器"被选通，地址线 A[11:0] 表示的地址会被锁存到"列地址译码器"中作为列地址，完成寻址过程。

25.1.5　数据输入输出

若是写 SDRAM 内容，寻址完成后，DQ[15:0] 线表示的数据经过图 25-2 中标号⑤处的输入数据缓冲器，然后传输到存储器矩阵中，数据被保存；数据输出过程相反。

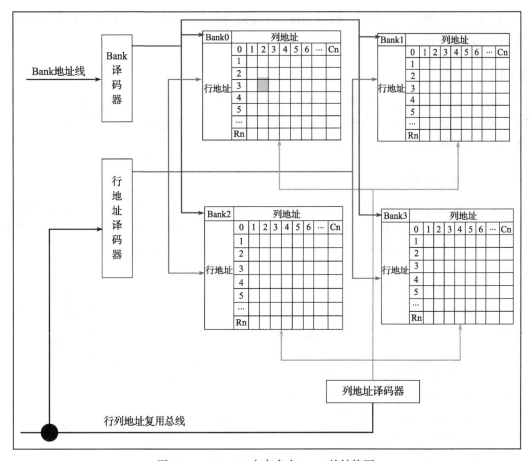

图 25-4 SDRAM 内有多个 Bank 的结构图

本型号的 SDRAM 存储阵列的"数据宽度"是 16 位（即数据线的数量），在与 SDRAM 进行数据通信时，16 位的数据是同步传输的，但实际应用中可能会以 8 位、16 位的宽度存取数据，也就是说 16 位的数据线并不是所有时候都同时使用的，而且在传输低宽度数据的时候，不希望其他数据线表示的数据被录入。如传输 8 位数据的时候，只需要 DQ[7:0] 表示的数据，而 DQ[15:8] 数据线表示的数据必须忽略，否则会修改非目标存储空间的内容。所以数据输入输出时，还会使用 DQM[1:0] 线来配合，每根 DQM 线对应 8 位数据，如 DQM0（LDQM）为低电平，DQM1（HDQM）为高电平时，数据线 DQ[7:0] 表示的数据有效，而 DQ[15:8] 表示的数据无效。

25.1.6 SDRAM 的命令

控制 SDRAM 需要用到一系列的命令，见表 25-2。各种信号线状态组合产生不同的控制命令。

表 25-2　SDRAM 命令表

命令名	CS#	RAS#	CAS#	WE#	DQM	ADDR	DQ
COMMAND INHIBIT	H	X	X	X	X	X	X
NO OPERATION	L	H	H	H	X	X	X
ACTIVE	L	L	H	H	X	Bank/row	X
READ	L	H	L	H	L/H	Bank/col	X
WRITE	L	H	L	L	L/H	Bank/col	Valid
PRECHARGE	L	L	H	L	X	Code	X
AUTO REFRESH or SELF REFRESH	L	L	L	H	X	X	X
LOAD MODE REGISTER	L	L	L	L	X	Op-code	X
BURST TERMINATE	L	H	H	L	X	X	active

表中的 H 表示高电平，L 表示低电平，X 表示任意电平。

1. 命令禁止

只要 CS 引脚为高电平，即表示命令禁止（COMMAND INHBIT），它用于禁止 SDRAM 执行新的命令，但它不能停止当前正在执行的命令。

2. 空操作

空操作（NO OPERATION）是命令禁止的反操作，用于选中 SDRAM，便于接下来发送命令。

3. 行有效

进行存储单元寻址时，需要先选中要访问的 Bank 和行，使它处于激活状态。该操作通过行有效（ACTIVE）命令实现，见图 25-5。发送行有效命令时，RAS 线为低电平，同时通过 BA 线以及 A 线发送 Bank 地址和行地址。

4. 列读写

行地址通过行有效命令确定后，就要对列地址进行寻址了。读命令（READ）和写命令（WRITE）的时序很相似，见图 25-6。通过共用的地址线 A 发送列地址，同时使用 WE 引脚表示读/写方向，WE 为低电平时表示写，高电平时表示读。数据读写时，使用 DQM 线表示有效的 DQ 数据线（见 25.1.5 节）。

本型号的 SDRAM 芯片表示列地址时仅使用 A[7:0] 线，而 A10 线用于控制是否 "自动预充电"，该线为高电平时使能，低电平时关闭。

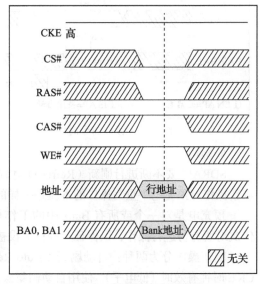

图 25-5　行有效命令时序图

5. 预充电

SDRAM 的寻址具有独占性，所以在进行完读写操作后，如果要对同一个 Bank 的另一行进行寻址，就要将原来有效（ACTIVE）的行关闭，重新发送行/列地址。Bank 关闭当前工作行，准备打开新行的操作就是预充电（Precharge）。

　　预充电可以通过独立的命令控制，也可以在每次发送读写命令的同时使用 A10 线控制自动进行预充电。实际上，预充电对工作行中所有存储阵列进行数据重写，并对行地址进行复位，以准备新行的工作。

　　独立的预充电命令时序见图 25-7。该命令使用 A10 线控制，若 A10 为高电平时，所有Bank 都预充电；A10 为低电平时，使用 BA 线选择要预充电的 Bank。

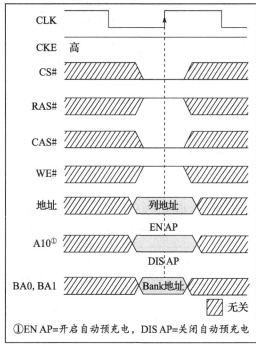

图 25-6　读取命令时序　　　　　　　　　图 25-7　预充电命令时序

6. 刷新

　　SDRAM 要不断进行刷新（Refresh）才能保留住数据，因此它是 SDRAM 最重要的操作。刷新操作与预充电中重写操作的本质是一样的。

　　预充电是对一个或所有 Bank 中的工作行操作，并且不定期，而刷新则有固定的周期，依次对所有行进行操作，以保证那些很久没被访问的存储单元数据正确。

　　刷新操作分为两种：自动刷新（Auto Refresh）和自我刷新（Self Refresh）。发送命令后CKE 时钟有效时（低电平），使用自动刷新操作，否则使用自我刷新操作。不论是何种刷新方式，都不需要外部提供行地址信息，因为这是一个内部的自动操作。

　　对于"自动刷新"，SDRAM 内部的一个行地址生成器（也称刷新计数器）用来自动依次生成行地址，每收到一次命令就刷新一行。在刷新过程中，所有 Bank 都停止工作，而每次刷新所占用的时间为 N 个时钟周期（视 SDRAM 型号而定，通常 $N=9$），刷新结束之后才可进入正常的工作状态，也就是说在这 N 个时钟期间内，所有工作指令只能等待而无法执行。一次次地按行刷新，刷新完所有行后，将再次对第一行重新进行刷新操作，这个对同一行刷新操作的时间间隔，称为 SDRAM 的刷新周期，通常为 64ms。显然刷新会对 SDRAM 的性能造成影响，但这是由它的 DRAM 的特性决定的，也是 DRAM 相对于 SRAM 为取得成本优势而付出的代价。

"自我刷新"则主要用于休眠模式低功耗状态下的数据保存，也就是说即使外部控制器不工作了，SDRAM 都能自己确保数据正常。在发出"自我刷新"命令后，将 CKE 置于无效状态（低电平），就进入自我刷新模式。此时不再依靠外部时钟工作，而是根据 SDRAM 内部的时钟进行刷新操作。在自我刷新期间，除了 CKE 之外的所有外部信号都是无效的，只有重新使 CKE 有效才能退出自我刷新模式并进入正常操作状态。

7. 加载模式寄存器

前面提到，SDRAM 的控制逻辑是根据它的模式寄存器来管理整个系统的，而这个寄存器的参数就是通过"加载模式寄存器"命令（LOAD MODE REGISTER）来配置的。发送该命令时，使用地址线表示要存入模式寄存器的参数 OP-Code，各个地址线表示的参数见图 25-8。

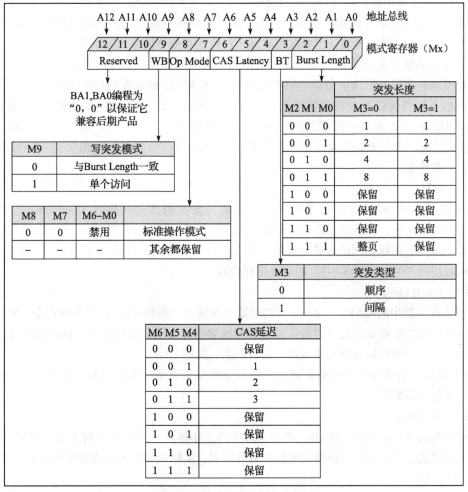

图 25-8　模式寄存器解析图

模式寄存器的各个参数介绍如下。

（1）Burst Length

Burst Length 译为突发长度，下面简称 BL。突发是指在同一行中相邻的存储单元连续进行数据传输的方式，连续传输所涉及存储单元（列）的数量就是突发长度。

上文讲到的读 / 写操作，都是一次对一个存储单元进行寻址，如果要连续读 / 写，则还要对当前存储单元的下一个单元进行寻址，也就是要不断地发送列地址与读 / 写命令（行地址不变，所以不用再对行寻址）。虽然由于读 / 写延迟相同可以让数据的传输在 I/O 端是连续的，但它占用了大量的内存控制资源，在数据进行连续传输时无法输入新的命令，效率很低。

为此，人们开发了突发传输技术，只要指定起始列地址与突发长度，内存就会依次自动地对后面相应数量的存储单元进行读 / 写操作，而不再需要控制器连续提供列地址。这样，除了第一笔数据的传输需要若干个周期外，其后每个数据只需一个周期即可获得。其实在 EERPOM 及 Flash 读写章节讲解的按页写入就是突发写入，而它们的读取过程都是突发性质的。

非突发连续读取模式是：不采用突发传输而是依次单独寻址，此时可等效于 BL=1。虽然也可以让数据连续地传输，但每次都要发送列地址与命令信息，控制资源占用极大。

突发连续读取模式是：只要指定起始列地址与突发长度，寻址与数据的读取自动进行，而只要控制好两段突发读取命令的间隔周期（与 BL 相同）即可做到连续的突发传输。而 BL 的数值也不能随便设置或在数据进行传输前临时决定，而是在初始化 SDRAM 调用 LOAD MODE REGISTER 命令时就被固定。BL 可用的选项是 1、2、4、8，常见的设定是 4 和 8。若传输时实际需要的数据长度小于设定的 BL 值，则调用"突发停止"（BURST TERMINATE）命令，结束传输。

（2）BT

模式寄存器中的 BT 位用于设置突发模式，突发模式分为顺序（Sequential）与间隔（Interleaved）两种。在顺序方式中，操作按地址的顺序连续执行，如果是间隔模式，则操作地址是跳跃的。跳跃访问的方式比较乱，不太符合思维习惯，我们一般用顺序模式。顺序访问模式时按照"0-1-2-3-4-5-6-7"的地址序列访问。

（3）CASLatency

模式寄存器中的 CASLatency 是指列地址选通延迟，简称 CL。在发出读命令（命令中包含列地址）后，需要等待几个时钟周期，数据线 DQ 才会输出有效数据，这之间的时钟周期就是 CL，CL 一般可以设置为 2 或 3 个时钟周期，见图 25-9。

CL 只是针对读命令时的数据延时，在写命令是不需要这个延时的，发出写命令时可同时发送要写入的数据。

（4）Op Mode

OP Mode 指 Operating Mode，即 SDRAM 的工作模式。当它被配置为 00 的时候表示工作在正常模式，其他值是测试模式或被保留的设定。实际使用时必须将其配置成正常模式。

（5）WB

WB 用于配置写操作的突发特性，可选择使用 BL 设置的突发长度或非突发模式。

（6）Reserved

模式寄存器的最后 3 位被保留，没有设置参数。

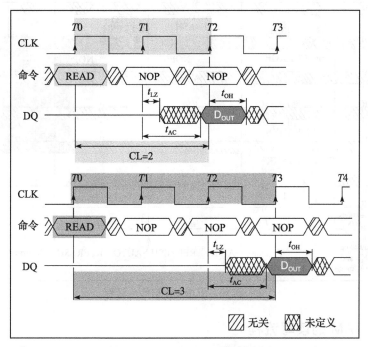

图 25-9　CL=2 和 CL=3 的说明图

25.1.7　SDRAM 的初始化流程

最后我们来了解 SDRAM 的初始化流程。SDRAM 并不是上电后立即就可以开始读写数据的，它需要按步骤进行初始化，对存储矩阵进行预充电、刷新，并设置模式寄存器，见图 25-10。

该流程说明如下：

1）给 SDRAM 上电，并提供稳定的时钟，至少 100μs；

2）发送"空操作"命令；

3）发送"预充电"命令，控制所有的 Bank 进行预充电，并等待 t_{RP} 时间，t_{RP} 表示预充电与其他命令之间的延迟；

4）发送至少两个"自动刷新"命令，每个命令后需等待 t_{RFC} 时间，t_{RFC} 表示自动刷新时间；

5）发送"加载模式寄存器"命令，配置 SDRAM 的工作参数，并等待 t_{MRD} 时间，t_{MRD} 表示加载模式寄存器命令与行有效或刷新命令之间的延迟；

6）初始化流程完毕，可以开始读写数据。

其中 t_{RP}、t_{RFC}、t_{MRD} 等时间参数与具体的 SDRAM 有关，可查阅其数据手册获知，STM32 FMC 访问时需要配置这些参数。

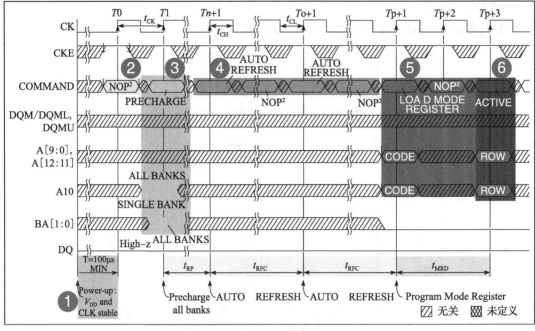

图 25-10　SDRAM 初始化流程

25.1.8　SDRAM 的读写流程

初始化步骤完成，开始读写数据，其时序流程见图 25-11 及图 25-12。

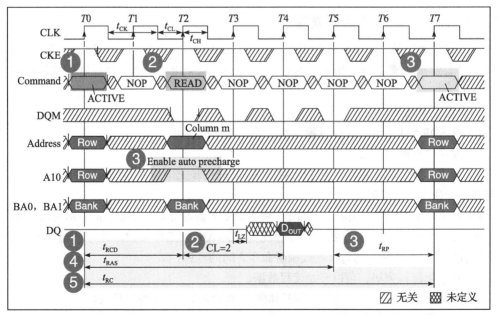

图 25-11　CL=2 时，带自动预充电命令的读时序

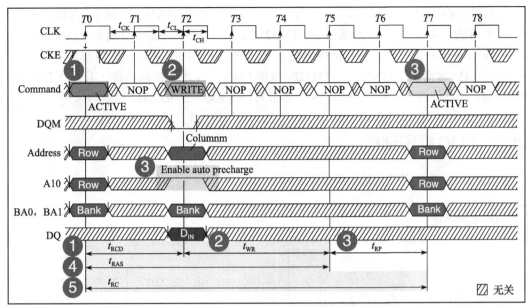

图 25-12 带自动预充电命令的写时序

读时序和写时序的命令过程很类似，下面我们统一介绍：

1）发送"行有效"命令，同时发送行地址和 Bank 地址，然后等待 t_{RCD} 时间，t_{RCD} 表示行有效命令与读 / 写命令之间的延迟；

2）发送"读 / 写"命令，在发送命令的同时发送列地址，完成寻址的地址输入。对于读命令，根据模式寄存器的 CL 定义，延迟 CL 个时钟周期后，SDRAM 的数据线 DQ 才输出有效数据，而写命令是没有 CL 延迟的，主机在发送写命令的同时就可以把要写入的数据用 DQ 输入 SDRAM 中。这是读命令时序与写命令时序最主要的区别。图 25-11 和图 25-12 中的读 / 写命令都通过地址线 A10 控制自动预充电，而 SDRAM 接收到带预充电要求的读 / 写命令后，并不会立即预充电，而是等待 t_{WR} 时间才开始，t_{WR} 表示写命令与预充电之间的延迟；

3）执行"预充电"命令后，需要等待 t_{RP} 时间，t_{RP} 表示预充电与其他命令之间的延迟；

4）图 25-11 和图 25-12 中的标号④处的 t_{RAS} 表示自刷新周期，即在前一个"行有效"与"预充电"命令之间的时间；

5）发送第二次"行有效"命令准备读写下一个数据，在图 25-11 和图 25-12 中的标号⑤处的 t_{RC} 表示两个行有效命令或两个刷新命令之间的延迟。

其中 t_{RCD}、t_{WR}、t_{RP}、t_{RAS} 以及 t_{RC} 等时间参数与具体的 SDRAM 有关，可查阅其数据手册获知，STM32 FMC 访问时需要配置这些参数。

25.2 FMC 简介

STM32F429 使用 FMC 外设来管理扩展的存储器，FMC 是 Flexible Memory Controller

的缩写，译为可变存储控制器。它可以用于驱动 SRAM、SDRAM、NOR Flash 以及 NAND Flsah 类型的存储器。在其他系列的 STM32 控制器中只有 FSMC 控制器（Flexible Static Memory Controller，可变静态存储控制器），它不能驱动 SDRAM 这样的动态存储器，因为驱动 SDRAM 时需要定时刷新，STM32F429 的 FMC 外设才支持该功能，且只支持普通的 SDRAM，不支持 DDR 类型的 SDRAM。本节只讲述 FMC 的 SDRAM 控制功能。

25.3　FMC 框图剖析

STM32 的 FMC 外设内部结构见图 25-13。

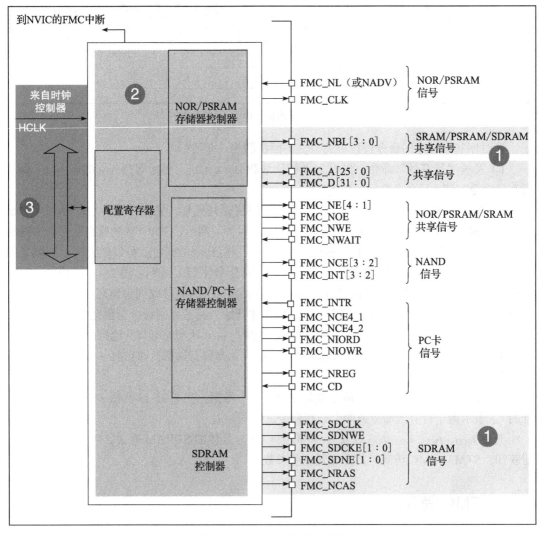

图 25-13　FMC 控制器框图

1. 通信引脚

在图 25-13 的右侧是 FMC 外设相关的控制引脚，由于控制不同类型存储器会用一些不同的引脚，所以引脚看起来有非常多，其中地址线 FMC_A 和数据线 FMC_D 是由所有控制器共用的。这些 FMC 引脚具体对应的 GPIO 端口及引脚号可在《STM32F4xx 规格书》中查找到，不在此列出。针对 SDRAM 控制器，我们整理出 FMC 与 SDRAM 引脚对照表，见表 25-3。

表 25-3　FMC 中与 SDRAM 引脚对照表

FMC 引脚名称	对应 SDRAM 引脚名	说　　明
FMC_NBL[3:0]	DQM[3:0]	数据掩码信号
FMC_A[12:0]	A[12:0]	行 / 列地址线
FMC_A[15:14]	BA[1:0]	Bank 地址线
FMC_D[31:0]	DQ[31:0]	数据线
FMC_SDCLK	CLK	同步时钟信号
FMC_SDNWE	WE#	写入使能
FMC_SDCKE[1:0]	CKE	SDCKE0：SDRAM 存储区域 1 时钟使能 SDCKE1：SDRAM 存储区域 2 时钟使能
FMC_SDNE[1:0]	--	SDNE0：SDRAM 存储区域 1 芯片使能 SDNE1：SDRAM 存储区域 2 芯片使能
FMC_NRAS	RAS#	行地址选通信号
FMC_NCAS	CAS#	列地址选通信号

其中比较特殊的是 FMC_A[15:14] 引脚，它用作 Bank 的寻址线；而 FMC_SDCKE 线和 FMC_SDNE 都各有两条，FMC_SDCKE 用于控制 SDRAM 的时钟使能，FMC_SDNE 用于控制 SDRAM 芯片的片选使能。它们用于控制 STM32 使用不同的存储区域驱动 SDRAM，编号为 0 的信号线组对应 STM32 的存储器区域 1，编号为 1 的信号线组对应存储器区域 2。使用不同存储区域时，STM32 访问 SDRAM 的地址不一样，具体将在 25.4 节讲解。

2. 存储器控制器

上面不同类型的引脚是连接到 FMC 内部对应的存储控制器中的。NOR、PSRAM、SRAM 设备使用相同的控制器，NAND、PC 卡设备使用相同的控制器，而 SDRAM 存储器使用独立的控制器。不同的控制器有专用的寄存器，用于配置其工作模式。

控制 SDRAM 的有 FMC_SDCR1/FMC_SDCR2 控制寄存器、FMC_SDTR1/FMC_SDTR2 时序寄存器、FMC_SDCMR 命令模式寄存器以及 FMC_SDRTR 刷新定时器寄存器。其中控制寄存器及时序寄存器各有两个，分别对应于 SDRAM 存储区域 1 和存储区域 2 的配置。

FMC_SDCR 控制寄存器可配置 SDCLK 的同步时钟频率、突发读使能、写保护、CAS 延迟、行列地址位数以及数据总线宽度等。

FMC_SDTR 时序寄存器用于配置访问 SDRAM 时的各种时间延迟，如 TRP 行预充电延迟、TMRD 加载模式寄存器激活延迟等。

FMC_SDCMR 命令模式寄存器用于存储要发送到 SDRAM 模式寄存器的配置，以及要向 SDRAM 芯片发送的命令。

FMC_SDRTR 用于配置 SDRAM 的自动刷新周期。

3. 时钟控制逻辑

FMC 外设挂载在 AHB3 总线上，时钟信号来自于 HCLK（默认 180MHz），控制器的时钟输出就是由它分频得到的。SDRAM 控制器的 FMC_SDCLK 引脚输出的时钟用于与 SDRAM 芯片进行同步通信，它的时钟频率可通过 FMC_SDCR1 寄存器的 SDCLK 位配置，可以配置为 HCLK 的 1/2 或 1/3，也就是说，与 SDRAM 通信的同步时钟最高频率为 90MHz。

25.4 FMC 的地址映射

FMC 连接好外部的存储器并初始化后，就可以直接通过访问地址来读写数据，这种地址访问与 I²C EEPROM、SPI Flash 的不一样，后两种方式都需要控制 I²C 或 SPI 总线给存储器发送地址，然后获取数据；在程序里，这个地址和数据都需要分别使用不同的变量存储，并且访问时还需要使用代码控制来发送读写命令。而使用 FMC 外接存储器时，其存储单元是映射到 STM32 的内部寻址空间的；在程序里，定义一个指向这些地址的指针，然后就可以通过指针直接修改该存储单元的内容，FMC 外设会自动完成数据访问过程，读写命令之类的操作不需要程序控制。FMC 的地址映射见图 25-14。

图 25-14 中左侧所示是 Cortex-M4 内核的存储空间分配，右侧是 STM32 FMC 控制器的地址映射。可以看到 FMC 的 NOR、PSRAM、SRAM、NAND Flash 以及 PC 卡的地址都在 External RAM 地址空间内（深色阴影），而 SDRAM 的地址是分配到 External device 区域的（浅色阴影）。正是因为存在这样的地址映射，使得访问 FMC 控制的存储器时，就如同访问 STM32 的片上外部寄存器一样（片上外设的地址映射即图 25-14 中左侧的 Peripheral 区域）。

1. SDRAM 的存储区域

FMC 把 SDRAM 的存储区域分成了 Bank1 和 Bank2 两块，这里的 Bank 与 SDRAM 芯片内部的 Bank 是不一样的概念，它只是 FMC 的地址区域划分而已。每个 Bank 有不一样的起始地址，且有独立的 FMC_SDCR 控制寄存器和 FMC_SDTR 时序寄存器，还有独立的 FMC_SDCKE 时钟使能信号线和 FMC_SDCLK 信号线。FMC_SDCKE0 和 FMC_SDCLK0 对应的存储区域 1 的地址范围是 0xC000 0000 ~ 0xCFFF FFFF，而 FMC_SDCKE1 和 FMC_SDCLK1 对应的存储区域 2 的地址范围是 0xD000 0000 ~ 0xDFFF FFFF。当程序控制内核访问这些地址的存储空间时，FMC 外设会即会产生对应的时序，对它外接的 SDRAM 芯片进行读写。

2. External RAM 与 External device 的区别

比较遗憾的是，FMC 给 SDRAM 分配的区域不在 External RAM 区，这个区域可以直接执行代码，而 SDRAM 所在的 External device 区却不支持这个功能。这里说的可直接执行代码的特性就是在第 21 章介绍的 XIP（eXecute In Place）特性，即存储器上若存储了代码，CPU 可直接访问代码并执行，无需缓存到其他设备上再运行；而且 XIP 特性还对存储器的种类有要求，SRAM/SDRAM 及 NOR Flash 都支持这种特性，而 NAND Flash 及 PC 卡是不支持 XIP 的。结合存储器的特性和 STM32 FMC 存储器种类的地址分配，就发现它的地址规划不合理了，NAND Flash 和 PC 卡这些不支持 XIP 的存储器却占据了 External RAM 的空间，而支持 XIP 的 SDRAM 存储器的空间却被分配到了 Extern device 区。为了解决这个问题，通过配置 SYSCFG_MEMRMP 寄存器的 SWP_FMC 寄存器位可交换 SDRAM 与 NAND/PC 卡的地址映射，使得存储在 SDRAM 中的代码能被执行，只是由于 SDRAM 的最高同步时钟是 90MHz，代码的执行速度会受影响。

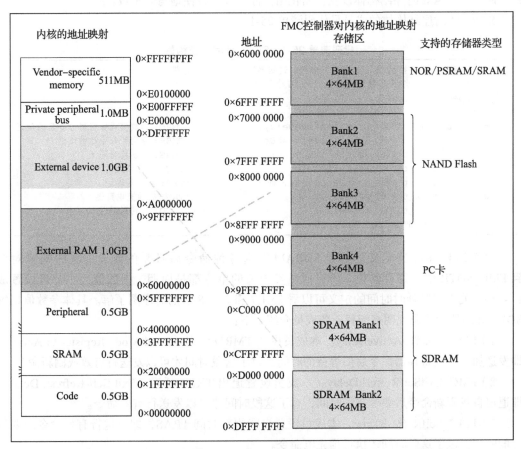

图 25-14　FMC 的地址映射

　　本章主要讲解当 STM32 的片内 SRAM 不够用时如何使用 SDRAM 扩展内存，但假如程序量太大，它的程序空间 Flash 不够用怎么办呢？首先是裁剪代码，目前 STM32F429 系列芯片内部 Flash 空间最高可达 2MB，实际应用中只要我们把代码中的图片、字模等占据大空间的内容放到外部存储器中，纯粹的代码很难达到 2MB。如果还不够用，非要扩展程序空间的话，一种方法是使用 FMC 扩展 NOR Flash，把程序存储到 NOR Flash 上，程序代码能够直接在 NOR Flash 上执行。另一种方法是把程序存储在其他外部存储器上，如 SD 卡，需要时再把存储在 SD 卡上的代码加载到 SRAM 或 SDRAM 上，然后在 RAM 上执行代码。

如果 SDRAM 不是用于存储可执行代码，只是用来保存数据的话，放在 External RAM 或 Exteranl device 区域都没有区别，不需要与 NAND Flash 的映射地址交换。

25.5　SDRAM 时序结构体

控制 FMC 使用 SDRAM 存储器时主要是要配置时序寄存器以及控制寄存器，利用 ST 标准库的 SDRAM 时序结构体以及初始化结构体可以很方便地写入参数。

SDRAM 时序结构体的成员见代码清单 25-1。

代码清单 25-1　SDRAM 时序结构体

```
 1 /* @brief  控制 SDRAM 的时序参数，这些参数的单位都是周期
 2  *          各个参数可设置为 1 ~ 16 个周期 */
 3 typedef struct
 4 {
 5     uint32_t FMC_LoadToActiveDelay;         /*TMRD:加载模式寄存器命令后的延迟 */
 6     uint32_t FMC_ExitSelfRefreshDelay;      /*TXSR: 自刷新命令后的延迟 */
 7     uint32_t FMC_SelfRefreshTime;           /*TRAS: 自刷新时间 */
 8     uint32_t FMC_RowCycleDelay;             /*TRC: 行循环延迟 */
 9     uint32_t FMC_WriteRecoveryTime;         /*TWR: 恢复延迟 */
10     uint32_t FMC_RPDelay;                   /*TRP: 行预充电延迟 */
11     uint32_t FMC_RCDDelay;                  /*TRCD: 行到列延迟 */
12 } FMC_SDRAMTimingInitTypeDef;
```

这个结构体成员定义的都是 SDRAM 发送各种命令后必需的延迟，它的配置对应到 FMC_SDTR 中的寄存器位。所有成员参数值的单位都是周期，参数值大小都可设置成 1 ~ 16。关于这些延时时间的定义可以看 25.1.7 和 25.1.8 节的时序图了解。具体参数值根据 SDRAM 芯片的手册说明来配置。各成员介绍如下：

1）FMC_LoadToActiveDelay。本成员设置 TMRD 延迟（Load Mode Register to Active），即发送加载模式寄存器命令后要等待的时间，过了这段时间才可以发送行有效或刷新命令。

2）FMC_ExitSelfRefreshDelay。本成员设置退出 TXSR 延迟（Exit Self-Refresh Delay），即退出自我刷新命令后要等待的时间，过了这段时间才可以发送行有效命令。

3）FMC_SelfRefreshTime。本成员设置自我刷新时间 TRAS，即发送行有效命令后要等待的时间，过了这段时间才执行预充电命令。

4）FMC_RowCycleDelay。本成员设置 TRC 延迟（Row Cycle Delay），即两个行有效命令之间的延迟，以及两个相邻刷新命令之间的延迟。

5）FMC_WriteRecoveryTime。本成员设置 TWR 延迟（Recovery Delay），即写命令和预充电命令之间的延迟，等待这段时间后才开始执行预充电命令。

6）FMC_RPDelay。本成员设置 TRP 延迟（Row Precharge Delay），即预充电命令与其他命令之间的延迟。

7）FMC_RCDDelay。本成员设置 TRCD 延迟（Row to Column Delay），即行有效命令到列读写命令之间的延迟。

这个 SDRAMTimingInitTypeDef 时序结构体配置的延时参数，将作为下一节的 FMC SDRAM 初始化结构体的一个成员。

25.6　SDRAM 初始化结构体

FMC 的 SDRAM 初始化结构体见代码清单 25-2。

代码清单 25-2　SDRAM 初始化结构体

```
 1  /* @brief   FMC SDRAM 初始化结构体类型定义 */
 2  typedef struct
 3  {
 4      uint32_t FMC_Bank;               /* 选择 FMC 的 SDRAM 存储区域 */
 5      uint32_t FMC_ColumnBitsNumber;   /* 定义 SDRAM 的列地址宽度 */
 6      uint32_t FMC_RowBitsNumber;      /* 定义 SDRAM 的行地址宽度 */
 7      uint32_t FMC_SDMemoryDataWidth;  /* 定义 SDRAM 的数据宽度 */
 8      uint32_t FMC_InternalBankNumber; /* 定义 SDRAM 内部的 Bank 数目 */
 9      uint32_t FMC_CASLatency;         /* 定义 CASLatency 的时钟个数 */
10      uint32_t FMC_WriteProtection;    /* 定义是否使能写保护模式 */
11      uint32_t FMC_SDClockPeriod;      /* 配置同步时钟 SDCLK 的参数 */
12      uint32_t FMC_ReadBurst;          /* 是否使能突发读模式 */
13      uint32_t FMC_ReadPipeDelay;      /* 定义在 CAS 个延迟后再等待多
14                                          少个 HCLK 时钟才读取数据 */
15      FMC_SDRAMTimingInitTypeDef* FMC_SDRAMTimingStruct; /* 定义 SDRAM 的时序参数 */
16  } FMC_SDRAMInitTypeDef;
```

这个结构体中，除最后一个成员是上一小节讲解的时序配置外，其他结构体成员的配置都对应到 FMC_SDCR 中的寄存器位。各个成员的意义在前面的小节已有具体讲解，其可选参数介绍如下，括号内的是 STM32 标准库定义的宏。

1）FMC_Bank。本成员用于选择 FMC 映射的 SDRAM 存储区域，可选择存储区域 1 或存储区域 2（FMC_Bank1/2_SDRAM）。

2）FMC_ColumnBitsNumber。本成员用于设置要控制的 SDRAM 的列地址宽度，可选择 8 ~ 11 位（FMC_ColumnBits_Number_8/9/10/11b）。

3）FMC_RowBitsNumber。本成员用于设置要控制的 SDRAM 的行地址宽度，可选择设置成 11 ~ 13 位（FMC_RowBits_Number_11/12/13b）。

4）FMC_SDMemoryDataWidth。本成员用于设置要控制的 SDRAM 的数据宽度，可选择设置成 8 位、16 位或 32 位（FMC_SDMemory_Width_8/16/32b）。

5）FMC_InternalBankNumber。本成员用于设置要控制的 SDRAM 的内部 Bank 数目，可选择设置成 2 个或 4 个 Bank 数目（FMC_InternalBank_Number_2/4）。请注意区分这个结构体成员与 FMC_Bank 的区别。

6）FMC_CASLatency。本成员用于设置 CASLatency，即 CL 的时钟数目，可选择设置为 1 个、2 个或 3 个时钟周期（FMC_CAS_Latency_1/2/3）。

7）FMC_WriteProtection。本成员用于设置是否使能写保护模式，如果使能了写保护，则不能向 SDRAM 写入数据，正常使用都是禁止写保护的。

8）FMC_SDClockPeriod。本成员用于设置 FMC 与外部 SDRAM 通信时的同步时钟参数，可以设置成 STM32 的 HCLK 时钟频率的 1/2、1/3 或禁止输出时钟（FMC_SDClock_Period_2/3 或 FMC_SDClock_Disable）。

9）FMC_ReadBurst。本成员用于设置是否使能突发读取模式，禁止时等效于 BL=1，使能时 BL 的值等于模式寄存器中的配置。

10）FMC_ReadPipeDelay。本成员用于配置在 CASLatency 个时钟周期后，再等待多少个 HCLK 时钟周期才进行数据采样，在确保正确的前提下，这个值设置得越短越好，可选择设置的参数值为 0、1 或 2 个 HCLK 时钟周期（FMC_ReadPipe_Delay_0/1/2）。

11）FMC_SDRAMTimingStruct。这个成员就是我们上一小节讲解的 SDRAM 时序结构体了，设置完时序结构体后再赋值到这里即可。

配置完 SDRAM 初始化结构体后，调用 FMC_SDRAMInit 函数，把这些配置写入 FMC 的 SDRAM 控制寄存器及时序寄存器，就实现了 FMC 的初始化。

25.7　SDRAM 命令结构体

控制 SDRAM 时需要各种命令，通过向 FMC 的命令模式寄存器 FMC_SDCMR 写入控制参数，即可控制 FMC 对外发送命令。为了方便使用，STM32 标准库也把它封装成了结构体，见代码清单 25-3。

代码清单 25-3　SDRAM 命令结构体

```
1 typedef struct
2 {
3     uint32_t FMC_CommandMode;             /* 要发送的命令 */
4     uint32_t FMC_CommandTarget;           /* 目标存储器区域 */
5     uint32_t FMC_AutoRefreshNumber;       /* 若发送的是自动刷新命令，此处为发送的
6                                              刷新次数，其他命令时无效 */
7     uint32_t FMC_ModeRegisterDefinition;  /* 若发送的是加载模式寄存器命令，
8                                              此处为要写入 SDRAM 模式寄存器的参数 */
9 } FMC_SDRAMCommandTypeDef;
```

命令结构体中的各个成员介绍如下。

1）FMC_CommandMode。本成员用于配置将要发送的命令，它可以被赋值为表 25-4 中的宏，这些宏代表了不同命令。

表 25-4　FMC 可输出的 SDRAM 控制命令

宏	命令说明
FMC_Command_Mode_normal	正常模式命令
FMC_Command_Mode_CLK_Enabled	使能 CLK 命令
FMC_Command_Mode_PALL	对所有 Bank 预充电命令

（续）

宏	命 令 说 明
FMC_Command_Mode_AutoRefresh	自动刷新命令
FMC_Command_Mode_LoadMode	加载模式寄存器命令
FMC_Command_Mode_Selfrefresh	自我刷新命令
FMC_Command_Mode_PowerDown	掉电命令

2）FMC_CommandTarget。本成员用于选择要控制的 FMC 存储区域，可选择存储区域 1 或存储区域 2（FMC_Command_Target_bank1/2）。

3）FMC_AutoRefreshNumber。当需要连续发送多个"自动刷新"命令时，配置本成员即可控制它发送多少次，可输入参数值为 1 ~ 16，若发送的是其他命令，本参数值无效。如 FMC_CommandMode 成员被配置为宏 FMC_Command_Mode_AutoRefresh，而 FMC_AutoRefreshNumber 被设置为 2 时，FMC 就会控制发送两次自动刷新命令。

4）FMC_ModeRegisterDefinition。当向 SDRAM 发送加载模式寄存器命令时，这个结构体成员的值将通过地址线发送到 SDRAM 的模式寄存器中，这个成员值长度为 13 位，各个位一一对应 SDRAM 的模式寄存器。

配置完这些结构体成员，调用库函数 FMC_SDRAMCmdConfig，即可把这些参数写入 FMC_SDCMR 寄存器中，然后 FMC 外设就会发送相应的命令了。

25.8　FMC——扩展外部 SDRAM 实验

本小节使用型号为 IS42S16400J 的 SDRAM 芯片为 STM32 扩展内存。它的行地址宽度为 12 位，列地址宽度为 8 位，内部含有 4 个 Bank，数据线宽度为 16 位，容量大小为 8MB。

学习本小节内容时，请打开配套的"FMC—扩展外部 SDRAM"工程配合阅读。本实验仅讲解基本的 SDRAM 驱动，不涉及内存管理的内容，在本书的第 42 章中将会讲解使用更简单的方法从 SDRAM 中分配变量，以及使用 C 语言标准库的 malloc 函数来分配 SDRAM 的空间。

25.8.1　硬件设计

SDRAM 的硬件连接见图 25-15。

SDRAM 与 STM32 相连的引脚非常多，主要是地址线和数据线，这些具有特定 FMC 功能的 GPIO 引脚可查询《STM32F4xx 规格书》中的说明来了解。

关于该 SDRAM 芯片的更多信息，请参考其规格书《IS42-45S16400J》了解。若使用的实验板 Flash 的型号或控制引脚不一样，可在此处所用工程的基础上修改，程序的控制原理相同。

25.8.2　软件设计

为了使工程更加有条理，我们把 SDRAM 初始化相关的代码独立出来分开存储，方便以后移植。在"工程模板"之上新建 bsp_sdram.c 及 bsp_sdram.h 文件，这些文件也可根据个人喜好命名，它们不属于 STM32 标准库的内容，而是根据应用需要编写的。

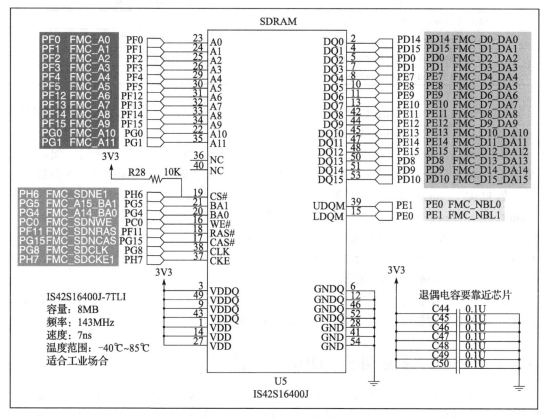

图 25-15　SDRAM 硬件连接

1. 编程要点

1）初始化通信使用的目标引脚及端口时钟；

2）使能 FMC 外设的时钟；

3）配置 FMC SDRAM 的时序、工作模式；

4）根据 SDRAM 的初始化流程编写初始化函数；

5）建立机制访问外部 SDRAM 存储器；

6）编写测试程序，对读写数据进行校验。

2. 代码分析

（1）FMC 硬件相关宏定义

把 FMC SDRAM 硬件相关的配置都以宏的形式定义到 bsp_sdram.h 文件中，见代码清单 25-4。

代码清单 25-4　SDRAM 硬件配置相关的宏（省略了大部分数据线）

```
1 /* A 行列地址信号线 */
2 #define FMC_A0_GPIO_PORT            GPIOF
```

```
 3 #define FMC_A0_GPIO_CLK               RCC_AHB1Periph_GPIOF
 4 #define FMC_A0_GPIO_PIN               GPIO_Pin_0
 5 #define FMC_A0_PINSOURCE              GPIO_PinSource0
 6 #define FMC_A0_AF                     GPIO_AF_FMC
 7 /*......*/
 8 /* 此处省略 A1 ~ A11 信号线的宏，具体可参考工程中的代码 */
 9 /* BA 地址线 */
10 #define FMC_BA0_GPIO_PORT             GPIOG
11 #define FMC_BA0_GPIO_CLK              RCC_AHB1Periph_GPIOG
12 #define FMC_BA0_GPIO_PIN              GPIO_Pin_4
13 #define FMC_BA0_PINSOURCE             GPIO_PinSource4
14 #define FMC_BA0_AF                    GPIO_AF_FMC
15 /*......*/
16 /* 此处省略 BA1 信号线的宏，具体可参考工程中的代码 */
17
18 /* DQ 数据信号线 */
19 #define FMC_D0_GPIO_PORT              GPIOD
20 #define FMC_D0_GPIO_CLK               RCC_AHB1Periph_GPIOD
21 #define FMC_D0_GPIO_PIN               GPIO_Pin_14
22 #define FMC_D0_PINSOURCE              GPIO_PinSource14
23 #define FMC_D0_AF                     GPIO_AF_FMC
24 /*......*/
25 /* 此处省略 D1 ~ D15 信号线的宏，具体可参考工程中的代码 */
26
27 /* 控制信号线 */
28 /* CS 片选 */
29 #define FMC_CS_GPIO_PORT              GPIOH
30 #define FMC_CS_GPIO_CLK               RCC_AHB1Periph_GPIOH
31 #define FMC_CS_GPIO_PIN               GPIO_Pin_6
32 #define FMC_CS_PINSOURCE              GPIO_PinSource6
33 #define FMC_CS_AF                     GPIO_AF_FMC
34 /* WE 写使能 */
35 #define FMC_WE_GPIO_PORT              GPIOC
36 #define FMC_WE_GPIO_CLK               RCC_AHB1Periph_GPIOC
37 #define FMC_WE_GPIO_PIN               GPIO_Pin_0
38 #define FMC_WE_PINSOURCE              GPIO_PinSource0
39 #define FMC_WE_AF                     GPIO_AF_FMC
40 /* RAS 行选通 */
41 #define FMC_RAS_GPIO_PORT             GPIOF
42 #define FMC_RAS_GPIO_CLK              RCC_AHB1Periph_GPIOF
43 #define FMC_RAS_GPIO_PIN              GPIO_Pin_11
44 #define FMC_RAS_PINSOURCE             GPIO_PinSource11
45 #define FMC_RAS_AF                    GPIO_AF_FMC
46 /* CAS 列选通 */
47 #define FMC_CAS_GPIO_PORT             GPIOG
48 #define FMC_CAS_GPIO_CLK              RCC_AHB1Periph_GPIOG
49 #define FMC_CAS_GPIO_PIN              GPIO_Pin_15
50 #define FMC_CAS_PINSOURCE             GPIO_PinSource15
51 #define FMC_CAS_AF                    GPIO_AF_FMC
52 /* CLK 同步时钟，存储区域 2 */
53 #define FMC_CLK_GPIO_PORT             GPIOG
54 #define FMC_CLK_GPIO_CLK              RCC_AHB1Periph_GPIOG
55 #define FMC_CLK_GPIO_PIN              GPIO_Pin_8
```

```
56 #define FMC_CLK_PINSOURCE          GPIO_PinSource8
57 #define FMC_CLK_AF                 GPIO_AF_FMC
58 /* CKE 时钟使能，存储区域 2 */
59 #define FMC_CKE_GPIO_PORT          GPIOH
60 #define FMC_CKE_GPIO_CLK           RCC_AHB1Periph_GPIOH
61 #define FMC_CKE_GPIO_PIN           GPIO_Pin_7
62 #define FMC_CKE_PINSOURCE          GPIO_PinSource7
63 #define FMC_CKE_AF                 GPIO_AF_FMC
64
65 /* DQM1 数据掩码 */
66 #define FMC_UDQM_GPIO_PORT         GPIOE
67 #define FMC_UDQM_GPIO_CLK          RCC_AHB1Periph_GPIOE
68 #define FMC_UDQM_GPIO_PIN          GPIO_Pin_1
69 #define FMC_UDQM_PINSOURCE         GPIO_PinSource1
70 #define FMC_UDQM_AF                GPIO_AF_FMC
71 /* DQM0 数据掩码 */
72 #define FMC_LDQM_GPIO_PORT         GPIOE
73 #define FMC_LDQM_GPIO_CLK          RCC_AHB1Periph_GPIOE
74 #define FMC_LDQM_GPIO_PIN          GPIO_Pin_0
75 #define FMC_LDQM_PINSOURCE         GPIO_PinSource0
76 #define FMC_LDQM_AF                GPIO_AF_FMC
```

以上代码根据硬件的连接，把与 SDRAM 通信使用的引脚号、引脚源以及复用功能映射都以宏封装起来。其中 FMC_CKE 和 FMC_CLK 引脚对应的是 FMC 的存储区域 2，所以后面我们对 SDRAM 的寻址空间也要指向存储区域 2。

（2）初始化 FMC 的 GPIO

利用上面的宏，编写 FMC 的 GPIO 引脚初始化函数，见代码清单 25-5。

代码清单 25-5　FMC 的 GPIO 初始化函数（省略了大部分数据线）

```
1 /**
2  * @brief   初始化控制 SDRAM 的 IO
3  * @param   无
4  * @retval  无
5  */
6 static void SDRAM_GPIO_Config(void)
7 {
8     GPIO_InitTypeDef GPIO_InitStructure;
9
10    /* 此处省略大量地址线、数据线以及控制信号线，
11    它们的时钟配置都相同，具体请查看工程中的代码 */
12    /* 使能 SDRAM 相关的 GPIO 时钟 */
13    /* 地址信号线 */
14    RCC_AHB1PeriphClockCmd(FMC_A0_GPIO_CLK |     /*...*/
15                           /* 数据信号线 */        /* 控制信号线 */
16                           FMC_D0_GPIO_CLK |FMC_CS_GPIO_CLK  | , ENABLE);
17
18    /* 所有 GPIO 的配置都相同，此处省略大量引脚初始化，具体请查看工程中的代码 */
19    /* 通用 GPIO 配置 */
20    GPIO_InitStructure.GPIO_Mode  = GPIO_Mode_AF;        // 配置为复用功能
21    GPIO_InitStructure.GPIO_Speed = GPIO_Speed_50MHz;
```

```
22        GPIO_InitStructure.GPIO_OType = GPIO_OType_PP;          // 推挽输出
23        GPIO_InitStructure.GPIO_PuPd  = GPIO_PuPd_NOPULL;
24
25        /* A 行列地址信号线 针对引脚配置 */
26        GPIO_InitStructure.GPIO_Pin = FMC_A0_GPIO_PIN;
27        GPIO_Init(FMC_A0_GPIO_PORT, &GPIO_InitStructure);
28        GPIO_PinAFConfig(FMC_A0_GPIO_PORT, FMC_A0_PINSOURCE , FMC_A0_AF);
29        /*...*/
30        /* DQ 数据信号线 针对引脚配置 */
31        GPIO_InitStructure.GPIO_Pin = FMC_D0_GPIO_PIN;
32        GPIO_Init(FMC_D0_GPIO_PORT, &GPIO_InitStructure);
33        GPIO_PinAFConfig(FMC_D0_GPIO_PORT, FMC_D0_PINSOURCE , FMC_D0_AF);
34        /*...*/
35        /* 控制信号线 */
36        GPIO_InitStructure.GPIO_Pin = FMC_CS_GPIO_PIN;
37        GPIO_Init(FMC_CS_GPIO_PORT, &GPIO_InitStructure);
38        GPIO_PinAFConfig(FMC_CS_GPIO_PORT, FMC_CS_PINSOURCE , FMC_CS_AF);
39        /*...*/
40 }
```

与所有使用到 GPIO 的外设一样，都要先把使用到的 GPIO 引脚模式初始化。以上代码把 FMC SDRAM 的所有信号线全都初始化为 FMC 复用功能，所有引脚配置都是一样的。

（3）配置 FMC 的模式

接下来需要配置 FMC SDRAM 的工作模式，这个函数的主体是根据硬件连接的 SDRAM 特性，对时序结构体以及初始化结构体进行赋值，见代码清单 25-6。

代码清单 25-6　配置 FMC 的模式

```
1 /**
2   * @brief   初始化配置使用 SDRAM 的 FMC 及 GPIO 接口，
3   *          本函数在 SDRAM 读写操作前需要被调用
4   * @param   无
5   * @retval  无
6   */
7 void SDRAM_Init(void)
8 {
9     FMC_SDRAMInitTypeDef   FMC_SDRAMInitStructure;
10    FMC_SDRAMTimingInitTypeDef   FMC_SDRAMTimingInitStructure;
11
12    /* 配置 FMC 接口相关的 GPIO */
13    SDRAM_GPIO_Config();
14
15    /* 使能 FMC 时钟 */
16    RCC_AHB3PeriphClockCmd(RCC_AHB3Periph_FMC, ENABLE);
17
18    /* SDRAM 时序结构体，根据 SDRAM 参数表配置 ----------------*/
19    /* SDCLK: 90 MHz (HCLK/2 :180MHz/2) 1 个时钟周期 Tsdclk =1/90MHz=11.11ns */
20    /* TMRD: 2 Clock cycles */
21    FMC_SDRAMTimingInitStructure.FMC_LoadToActiveDelay   = 2;
22    /* TXSR: min=70ns (7x11.11ns) */
23    FMC_SDRAMTimingInitStructure.FMC_ExitSelfRefreshDelay = 7;
```

```
24      /* TRAS: min=42ns (4x11.11ns) max=120k (ns) */
25      FMC_SDRAMTimingInitStructure.FMC_SelfRefreshTime    = 4;
26      /* TRC:  min=70 (7x11.11ns) */
27      FMC_SDRAMTimingInitStructure.FMC_RowCycleDelay      = 7;
28      /* TWR:  min=1+ 7ns (1+1x11.11ns) */
29      FMC_SDRAMTimingInitStructure.FMC_WriteRecoveryTime  = 2;
30      /* TRP:  15ns => 2x11.11ns */
31      FMC_SDRAMTimingInitStructure.FMC_RPDelay            = 2;
32      /* TRCD: 15ns => 2x11.11ns */
33      FMC_SDRAMTimingInitStructure.FMC_RCDDelay           = 2;
34
35      /* FMC SDRAM 控制配置 */
36      /* 选择存储区域 */
37      FMC_SDRAMInitStructure.FMC_Bank = FMC_Bank2_SDRAM;
38      /* 行地址线宽度：[7:0] */
39      FMC_SDRAMInitStructure.FMC_ColumnBitsNumber = FMC_ColumnBits_Number_8b;
41      /* 列地址线宽度：[11:0] */
42      FMC_SDRAMInitStructure.FMC_RowBitsNumber = FMC_RowBits_Number_12b;
43      /* 数据线宽度 */
44      FMC_SDRAMInitStructure.FMC_SDMemoryDataWidth = SDRAM_MEMORY_WIDTH;
45      /* SDRAM 内部 Bank 数量 */
46      FMC_SDRAMInitStructure.FMC_InternalBankNumber =FMC_InternalBank_Number_4;
48      /* CAS 潜伏期 */
49      FMC_SDRAMInitStructure.FMC_CASLatency = FMC_CAS_Latency_2;
50      /* 禁止写保护 */
51      FMC_SDRAMInitStructure.FMC_WriteProtection =
52                                          FMC_Write_Protection_Disable;
53      /* SDCLK 时钟分频因子, SDCLK = HCLK/SDCLOCK_PERIOD*/
54      FMC_SDRAMInitStructure.FMC_SDClockPeriod = FMC_SDClock_Period_2;
55      /* 突发读模式设置 */
56      FMC_SDRAMInitStructure.FMC_ReadBurst = FMC_Read_Burst_Enable;
57      /* 读延迟配置 */
58      FMC_SDRAMInitStructure.FMC_ReadPipeDelay = FMC_ReadPipe_Delay_0;
59      /* SDRAM 时序参数 */
60      FMC_SDRAMInitStructure.FMC_SDRAMTimingStruct =&FMC_SDRAMTimingInitStructure;
62
63      /* 调用初始化函数，向寄存器写入配置 */
64      FMC_SDRAMInit(&FMC_SDRAMInitStructure);
65
66      /* 执行 FMC SDRAM 的初始化流程 */
67      SDRAM_InitSequence();
68  }
```

这个函数的执行流程如下：

1）初始化 GPIO 引脚以及 FMC 时钟。函数开头调用了前面定义的 SDRAM_GPIO_ Config 函数对 FMC 用到的 GPIO 进行初始化，并且使用库函数 RCC_AHB3PeriphClockCmd 使能 FMC 外设的时钟。

2）时序结构体赋值。对时序结构体 FMC_SDRAMTimingInitStructure 赋值。在前面我们了解到，时序结构体各个成员值的单位是同步时钟 SDCLK 的周期数，而根据我们使用的 SDRAM 芯片，可查询到它对这些时序的要求，见表 25-5。

表 25-5　SDRAM 的延时参数

时间参数	说　　明	最小值	单位
t_{rc}	两个刷新命令或两个行有效命令之间的延迟	63	ns
t_{ras}	行有效与预充电命令之间的延迟	42	ns
t_{rp}	预充电与行有效命令之间的延迟	15	ns
t_{rcd}	行有效与列读写命令之间的延迟	15	ns
t_{wr}	写入命令到预充电命令之间的延迟	2	cycle
t_{xsr}	退出自我刷新到行有效命令之间的延迟	70	ns
t_{mrd}	加载模式寄存器命令与行有效或刷新命令之间的延迟	2	cycle

部分时间参数以 ns 为单位，因此我们需要进行单位转换，而以 SDCLK 时钟周期数（cycle）为单位的时间参数，直接赋值到时序结构体成员里即可。

由于我们配置 FMC 输出的 SDCLK 时钟频率为 HCLK 的 1/2（在后面的程序里配置的），即 F_{SDCLK}=90MHz，可得 SDCLK 时钟周期长度为 T_{SDCLK}=1/F_{SDCLK} =11.11ns，然后设置各个成员的时候，只要保证时间大于以上 SDRAM 延时参数表的要求即可。如 t_{rc} 要求大于 63ns，而 11.11ns × 7=77.77ns，所以 FMC_RowCycleDelay（TRC）成员值被设置为 7 个时钟周期，以此类推完成时序参数的设置。

3）配置 FMC SDRM 初始化结构体。函数接下来对 FMC SDRAM 的初始化结构体赋值，包括行列地址线宽度、数据线宽度、SDRAM 内部 Bank 数量以及 CL 长度。这些都是根据外接的 SDRAM 的特性设置的，其中 CL 长度要与后面初始化流程中给 SDRAM 模式寄存器中的赋值一致。

❑ 设置存储区域

　　FMC_Bank 成员设置 FMC 的 SDRAM 存储区域映射为 FMC_Bank2_SDRAM，这是由于我们的 SDRAM 硬件连接到 FMC_CKE1 和 FMC_CLK1，所以对应到存储域 2。

❑ 行地址、列地址、数据线宽度及内部 Bank 数量

　　这些结构体成员都是根据 SDRAM 芯片的特性配置的，行地址宽度为 8 位，列地址宽度为 12 位，数据线宽度为 16 位，SDRAM 内部有 4 个 Bank。

❑ CL 长度

　　CL 的长度在这里被设置为两个同步时钟周期，它需要与后面 SDRAM 模式寄存器中的配置一样。

❑ 写保护

　　FMC_WriteProtection 用于设置写保护，如果使能了这个功能是无法向 SDRAM 写入数据的，所以关闭这个功能。

❑ 同步时钟参数

　　FMC_SDClockPeriod 成员被设置为 FMC_SDClock_Period_2，所以同步时钟的频率就被设置为 HCLK 的 1/2 了。

❏ 突发读模式及读延迟

为了加快读取速度，使能突发读功能，且读延迟周期为 0。

❏ 时序参数

最后将 FMC_SDRAMTimingStruct 赋值为前面的时序结构体，包含我们设定的 SDRAM 时间参数。

赋值完成后调用库函数 FMC_SDRAMInit，把初始化结构体配置的各种参数写入 FMC_SDCR 控制寄存器及 FMC_SDTR 时序寄存器中。最后调用 SDRAM_InitSequence 函数执行 SDRAM 的上电初始化时序。

（4）实现 SDRAM 的初始化时序

在上面配置完成 STM32 的 FMC 外设参数后，在读写 SDRAM 前还需要执行前面介绍的 SDRAM 上电初始化时序，它就是由 SDRAM_InitSequence 函数实现的，见代码清单 25-7。

代码清单 25-7　SDRAM 上电初始化时序

```
1  /**
2   * @brief   对 SDRAM 芯片进行初始化配置
3   * @param   无
4   * @retval 无
5   */
6  static void SDRAM_InitSequence(void)
7  {
8      FMC_SDRAMCommandTypeDef FMC_SDRAMCommandStructure;
9      uint32_t tmpr = 0;
10
11     /* Step 3 ------------------------------------------------*/
12     /* 配置命令：开启提供给 SDRAM 的时钟 */
13  FMC_SDRAMCommandStructure.FMC_CommandMode = FMC_Command_Mode_CLK_Enabled;
14     FMC_SDRAMCommandStructure.FMC_CommandTarget = FMC_COMMAND_TARGET_BANK;
15     FMC_SDRAMCommandStructure.FMC_AutoRefreshNumber = 1;
16     FMC_SDRAMCommandStructure.FMC_ModeRegisterDefinition = 0;
17     /* 检查 SDRAM 标志，等待至 SDRAM 空闲 */
18     while (FMC_GetFlagStatus(FMC_BANK_SDRAM, FMC_FLAG_Busy) != RESET);
19     /* 发送上述命令 */
20     FMC_SDRAMCmdConfig(&FMC_SDRAMCommandStructure);
21
22     /* Step 4 ------------------------------------------------*/
23     /* 延时 */
24     SDRAM_delay(10);
25
26     /* Step 5 ------------------------------------------------*/
27     /* 配置命令：对所有的 Bank 预充电 */
28     FMC_SDRAMCommandStructure.FMC_CommandMode = FMC_Command_Mode_PALL;
29     FMC_SDRAMCommandStructure.FMC_CommandTarget = FMC_COMMAND_TARGET_BANK;
30     FMC_SDRAMCommandStructure.FMC_AutoRefreshNumber = 1;
31     FMC_SDRAMCommandStructure.FMC_ModeRegisterDefinition = 0;
32     /* 检查 SDRAM 标志，等待至 SDRAM 空闲 */
33     while (FMC_GetFlagStatus(FMC_BANK_SDRAM, FMC_FLAG_Busy) != RESET);
34     /* 发送上述命令 */
```

```
35      FMC_SDRAMCmdConfig(&FMC_SDRAMCommandStructure);
36
37      /* Step 6 ---------------------------------------------*/
38      /* 配置命令: 自动刷新 */
39  FMC_SDRAMCommandStructure.FMC_CommandMode = FMC_Command_Mode_AutoRefresh;
40      FMC_SDRAMCommandStructure.FMC_CommandTarget = FMC_COMMAND_TARGET_BANK;
41      FMC_SDRAMCommandStructure.FMC_AutoRefreshNumber = 2;
42      FMC_SDRAMCommandStructure.FMC_ModeRegisterDefinition = 0;
43      /* 检查 SDRAM 标志, 等待至 SDRAM 空闲 */
44      while (FMC_GetFlagStatus(FMC_BANK_SDRAM, FMC_FLAG_Busy) != RESET);
45      /* 发送自动刷新命令 */
46      FMC_SDRAMCmdConfig(&FMC_SDRAMCommandStructure);
47
48      /* Step 7 ---------------------------------------------*/
49      /* 设置 SDRAM 寄存器配置 */
50      tmpr = (uint32_t)SDRAM_MODEREG_BURST_LENGTH_8           |
51              SDRAM_MODEREG_BURST_TYPE_SEQUENTIAL    |
52              SDRAM_MODEREG_CAS_LATENCY_2            |
53              SDRAM_MODEREG_OPERATING_MODE_STANDARD  |
54              SDRAM_MODEREG_WRITEBURST_MODE_SINGLE;
55
56      /* 配置命令: 设置 SDRAM 寄存器 */
57      FMC_SDRAMCommandStructure.FMC_CommandMode = FMC_Command_Mode_LoadMode;
58      FMC_SDRAMCommandStructure.FMC_CommandTarget = FMC_COMMAND_TARGET_BANK;
59      FMC_SDRAMCommandStructure.FMC_AutoRefreshNumber = 1;
60      FMC_SDRAMCommandStructure.FMC_ModeRegisterDefinition = tmpr;
61      /* 检查 SDRAM 标志, 等待至 SDRAM 空闲 */
62      while (FMC_GetFlagStatus(FMC_BANK_SDRAM, FMC_FLAG_Busy) != RESET);
63
64      /* 发送上述命令 */
65      FMC_SDRAMCmdConfig(&FMC_SDRAMCommandStructure);
66
67      /* Step 8 ---------------------------------------------*/
68
69      /* 设置刷新计数器 */
70      /* 刷新速率 = (COUNT + 1) × SDRAM 频率时钟
71          COUNT = (SDRAM 刷新周期 / 行数) - 20*/
72      /* 64ms/4096=15.62us  (15.62 us x FSDCLK) - 20 =1386 */
73      FMC_SetRefreshCount(1386);
74      /* 发送上述命令 */
75      while (FMC_GetFlagStatus(FMC_BANK_SDRAM, FMC_FLAG_Busy) != RESET);
76  }
```

　　SDRAM 的初始化流程实际上是发送一系列控制命令，命令结构体 FMC_SDRAM-CommandTypeDef 及库函数 FMC_SDRAMCmdConfig 相配合即可发送各种命令。函数中按次序发送使能 CLK 命令、预充电命令、2 个自动刷新命令以及加载模式寄存器命令，每次发出调用 FMC_SDRAMCmdConfig 发送命令后需要调用库函数 FMC_GetFlagStatus 检查 BUSY 标志位，等待上一个命令操作完毕。

　　其中在发送加载模式寄存器命令时使用了一些自定义的宏，将这些宏组合起来，然后赋值到命令结构体的 FMC_ModeRegisterDefinition 成员中，这些宏定义见代码清单 25-8。

代码清单 25-8　加载模式寄存器命令相关的宏

```
 1 /**
 2  * @brief  FMC SDRAM 模式配置的寄存器相关定义
 3  */
 4 #define SDRAM_MODEREG_BURST_LENGTH_1               ((uint16_t)0x0000)
 5 #define SDRAM_MODEREG_BURST_LENGTH_2               ((uint16_t)0x0001)
 6 #define SDRAM_MODEREG_BURST_LENGTH_4               ((uint16_t)0x0002)
 7 #define SDRAM_MODEREG_BURST_LENGTH_8               ((uint16_t)0x0004)
 8 #define SDRAM_MODEREG_BURST_TYPE_SEQUENTIAL        ((uint16_t)0x0000)
 9 #define SDRAM_MODEREG_BURST_TYPE_INTERLEAVED       ((uint16_t)0x0008)
10 #define SDRAM_MODEREG_CAS_LATENCY_2                ((uint16_t)0x0020)
11 #define SDRAM_MODEREG_CAS_LATENCY_3                ((uint16_t)0x0030)
12 #define SDRAM_MODEREG_OPERATING_MODE_STANDARD      ((uint16_t)0x0000)
13 #define SDRAM_MODEREG_WRITEBURST_MODE_PROGRAMMED   ((uint16_t)0x0000)
14 #define SDRAM_MODEREG_WRITEBURST_MODE_SINGLE       ((uint16_t)0x0200)
```

这些宏是根据 SDRAM 的模式寄存器的位定义的，例如突发长度、突发模式、CL 长度、SDRAM 工作模式以及突发写模式。其中的 CL 长度要与前面 FMC SDRAN 初始化结构体中定义的一致。

（5）设置自动刷新周期

在上面 SDRAM_InitSequence 函数的最后，我们还调用了库函数 FMC_SetRefreshCount 设置 FMC 自动刷新周期。这个函数会向刷新定时寄存器 FMC_SDRTR 写入计数值，这个计数值每个 SDCLK 周期自动减 1，减至 0 时 FMC 会自动向 SDRAM 发出自动刷新命令，控制 SDRAM 刷新。SDRAM 每次收到刷新命令后，刷新一行，对同一行进行刷新操作的时间间隔称为 SDRAM 的刷新周期。

根据 STM32F4xx 参考手册的说明，COUNT 值的计算公式如下：

$$刷新速率 =（COUNT + 1）× SDRAM 频率时钟$$

$$COUNT =（SDRAM 刷新周期 / 行数）- 20$$

查询 SDRAM 芯片规格书，可知它的 SDRAM 刷新周期为 64ms，行数为 4096，可算出它的 SDRAM 刷新要求：

$$T_{Refresh} = 64ms/4096 = 15.62\mu s$$

即每隔 15.62μs 需要收到一次自动刷新命令。

所以

$$COUNT_A = T_{Refresh}/T_{SDCLK} = 15.62 × 90 = 1406$$

但是根据要求，如果 SDRAM 在接受读请求后出现内部刷新请求，则必须将刷新速率增加 20 个 SDRAM 时钟周期以获得充足的裕量。

最后计算出：COUNT=COUNT$_A$-20=1386。

以上就是函数 FMC_SetRefreshCount 参数值的计算过程。

（6）使用指针的方式访问 SDRAM 存储器

完成初始化 SDRAM 后，就可以利用它存储数据了。由于 SDRAM 的存储空间是被映射到内核的寻址区域的，所以可以通过映射的地址直接访问 SDRAM。访问这些地址时，FMC

外设自动读写 SDRAM，对程序无需进行额外操作。

通过地址访问内存，最直接的方式就是使用 C 语言的指针，见代码清单 25-9。

代码清单 25-9　使用指针的方式访问 SDRAM

```
1  /* SDRAM 起始地址 存储区域 2 的起始地址 */
2  #define SDRAM_BANK_ADDR      ((uint32_t)0xD0000000)
3  /* SDRAM 大小，8M 字节 */
4  #define IS42S16400J_SIZE 0x800000
5
6  uint32_t temp;
7
8  /* 向 SDRAM 写入 8 位数据 */
9  *( uint8_t*) (SDRAM_BANK_ADDR ) = (uint8_t)0xAA;
10 /* 从 SDRAM 读取数据 */
11 temp =  *( uint8_t*) (SDRAM_BANK_ADDR );
12
13 /* 写 / 读 16 位数据 */
14 *( uint16_t*) (SDRAM_BANK_ADDR+10 ) = (uint16_t)0xBBBB;
15 temp =  *( uint16_t*) (SDRAM_BANK_ADDR+10 );
16
17 /* 写 / 读 32 位数据 */
18 *( uint32_t*) (SDRAM_BANK_ADDR+20 ) = (uint32_t)0xCCCCCCCC;
19 temp =  *( uint32_t*) (SDRAM_BANK_ADDR+20 );
```

为方便使用，代码中首先定义了宏 SDRAM_BANK_ADDR 表示 SDRAM 的起始地址，该地址即 FMC 映射的存储区域 2 的首地址；宏 IS42S16400J_SIZE 表示 SDRAM 的大小，所以从地址（SDRAM_BANK_ADDR）到（SDRAM_BANK_ADDR+IS42S16400J_SIZE）都表示在 SDRAM 的存储空间，访问这些地址，就能直接访问 SDRAM。

配合这些宏，使用指针的强制转换以及取指针操作即可读写 SDRAM 的数据，这在使用上与普通的变量无异。

（7）直接指定变量存储到 SDRAM 空间

每次存取数据都使用指针来访问太麻烦了，为了简化操作，可以直接指定变量存储到 SDRAM 空间，见代码清单 25-10。

代码清单 25-10　直接指定变量地址的方式访问 SDRAM

```
1  /* SDRAM 起始地址 存储区域 2 的起始地址 */
2  #define SDRAM_BANK_ADDR      ((uint32_t)0xD0000000)
3  /* 绝对定位方式访问 SDRAM，这种方式必须定义成全局变量 */
4  uint8_t testValue __attribute__((at(SDRAM_BANK_ADDR)));
5  testValue = 0xDD;
```

这里使用关键字 "__attribute__((at()))" 来指定变量的地址，代码中指定 testValue 存储到 SDRAM 的起始地址，从而实现把变量存储到 SDRAM 上。要注意，使用这种方法定义变量时，必须在函数外把它定义成全局变量，才可以存储到指定地址上。

更常见的是利用这种方法定义一个很大的数组，整个数组都指定到 SDRAM 地址上，然后就像使用 malloc 函数一样，用户自定义一些内存管理函数，动态地使用 SDRAM 的内存，我们在使用 emWin 写 GUI 应用的时候就是这样做的。

在本书的第 42 章将会讲解使用更简单的方法从 SDRAM 中分配变量，以及使用 C 语言标准库的 malloc 函数来分配 SDRAM 的空间，以更有效地进行内存管理。

3. main 函数

最后我们来编写 main 函数，进行 SDRAM 芯片读写校验，见代码清单 25-11。

代码清单 25-11　main 函数

```
 1 /**
 2  * @brief  主函数
 3  * @param  无
 4  * @retval 无
 5  */
 6 int main(void)
 7 {
 8     /* LED 端口初始化 */
 9     LED_GPIO_Config();
10     /* 初始化串口 */
11     Debug_USART_Config();
12     printf("\r\n 秉火 STM32F429 SDRAM 读写测试例程 \r\n");
13     /* 初始化 SDRAM 模块 */
14     SDRAM_Init();
15
16     /* 蓝灯亮，表示正在读写 SDRAM 测试 */
17     LED_BLUE;
18     /* 对 SDRAM 进行读写测试，检测 SDRAM 是否正常 */
19     if (SDRAM_Test()==1)
20     {
21         //测试正常 绿灯亮
22         LED_GREEN;
23     }
24     else
25     {
26         //测试失败 红灯亮
27         LED_RED;
28     }
29     while (1);
30 }
```

函数中初始化了 LED、串口，接着调用前面定义好的 SDRAM_Init 函数初始化 FMC 及 SDRAM，然后调用自定义的测试函数 SDRAM_Test 来尝试使用 SDRAM 存取 8、16 及 32 位数据，并进行读写校验，它是使用指针的方式存取数据并校验，此处不展开讲解。

注意，对 SDRAM 存储空间的数据操作都要在 SDRAM_Init 初始化 FMC 之后进行，否则数据是无法正常存储的。

25.8.3　下载验证

用 USB 连接开发板"USB 转串口"接口及电脑，在电脑端打开串口调试助手，把编译好的程序下载到开发板。在串口调试助手可看到 SDRAM 测试的调试信息。

第 26 章
LTDC/DMA2D——液晶显示

26.1 显示器简介

显示器属于计算机的 I/O 设备，即输入 / 输出设备。它是一种将特定电子信息输出到屏幕上再反射到人眼的显示工具。常见的有 CRT 显示器、液晶显示器、LED 点阵显示器及 OLED 显示器。

26.1.1 液晶显示器

液晶显示器，简称 LCD（Liquid Crystal Display），相对于上一代 CRT 显示器（阴极射线管显示器）。LCD 具有功耗低、体积小、承载的信息量大及不伤眼的优点，因而它成为现在的主流电子显示设备，其中包括电视、电脑显示器、手机屏幕及各种嵌入式设备的显示器。图 26-1 是液晶电视与 CRT 电视的外观对比。很明显，液晶电视更薄，"时尚"是液晶电视给人的第一印象，而 CRT 电视则感觉很"笨重"。

图 26-1 液晶电视及 CRT 电视

液晶是一种介于固体和液体之间的特殊物质，它是一种有机化合物，常态下呈液态，但是它的分子排列却和固体晶体一样非常规则，因此取名液晶。如果给液晶施加电场，会改变它的分子排列，从而改变光线的传播方向，配合偏振光片，它就具有控制光线透过率的作用。再配合彩色滤光片，改变加给液晶电压大小，就能改变某一颜色透光量的多少。图 26-2 中的就是绿色显示结构。利用这种原理，做出可控

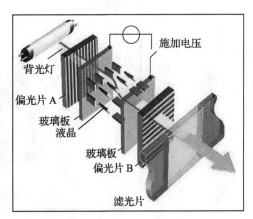

图 26-2 液晶屏的绿色显示结构

红、绿、蓝光输出强度的显示结构，把 3 种显示结构组成一个显示单元，通过控制红绿蓝的强度，可以使该单元混合输出不同的色彩，这样的一个显示单元称为像素。

　　注意，液晶本身是不发光的，所以需要有一个背光灯提供光源，光线经过一系列处理过程才到输出，所以输出的光线强度要比光源的强度低很多，比较浪费能源。当然，比 CRT 显示器还是节能多了。而且这些处理过程会导致显示方向比较窄，也就是它的视角较小，从侧面看屏幕会看不清它的显示内容。另外，输出的色彩变换时，液晶分子转动也需要消耗一定的时间，这导致屏幕的响应速度低。

26.1.2　LED 和 OLED 显示器

　　LED 点阵显示器不存在液晶显示器以上的问题，LED 点阵彩色显示器的单个像素点内包含红绿蓝三色 LED，显示原理类似我们实验板上的 LED 彩灯，通过控制红绿蓝颜色的强

度进行混色，实现全彩颜色输出，多个像素点构成一个屏幕。由于每个像素点都是 LED 自发光的，所以在户外白天也显示得非常清晰。但由于 LED 体积较大，导致屏幕的像素密度低，所以它一般只适合用于广场上的巨型显示器。相对来说，单色的 LED 点阵显示器应用得更广泛，如公交车上的信息展示牌、店招等，见图 26-3。

图 26-3　LED 点阵彩屏及 LED 单色显示屏

　　新一代的 OLED 显示器与 LED 点阵彩色显示器的原理类似，但由于它采用的像素单元是 "有机发光二极管"（Organic Light Emitting Diode），所以像素密度比普通 LED 点阵显示器高得多，见图 26-4。

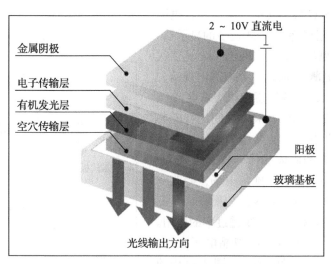

图 26-4　OLED 像素结构

　　OLED 显示器具有不需要背光源、对比度高、轻薄、视角广及响应速度快等优点。待到生产工艺更加成熟时，必将取代现在液晶显示器的地位，见图 26-5。

26.1.3　显示器的基本参数

不管是哪一种显示器，都有一些参数用于描述它们的特性，各个参数介绍如下：

（1）像素

像素是组成图像的最基本单元要素，显示器的像素指它成像最小的点，即前面讲解液晶原理中提到的一个显示单元。

（2）分辨率

一些嵌入式设备的显示器常常以"行像素值 × 列像素值"表示屏幕的分辨率。如分辨率 800 × 480 表示该显示器的每一行

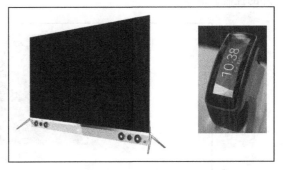

图 26-5　采用 OLED 屏幕的电视及智能手表

有 800 个像素点，每一列有 480 个像素点，也可理解为有 800 列，480 行。

（3）色彩深度

色彩深度指显示器的每个像素点能表示多少种颜色，一般用"位"（bit）来表示。如单色屏的每个像素点能表示亮或灭两种状态（即实际上能显示两种颜色），用 1 个数据位就可以表示像素点的所有状态，所以它的色彩深度为 1 位，其他常见的显示屏色深为 16 位、24 位。

（4）显示器尺寸

显示器的大小一般以英寸表示，如 5 英寸[⊖]、21 英寸、24 英寸等，这个长度是指屏幕对角线的长度，通过显示器的对角线长度及长宽比可确定显示器的实际长宽尺寸。

（5）点距

点距指两个相邻像素点之间的距离，它会影响画质的细腻度及观看距离。相同尺寸的屏幕，若分辨率越高，则点距越小，画质越细腻。如现在有些手机的屏幕分辨率比电脑显示器的还大，这是手机屏幕点距小的原因。LED 点阵显示屏的点距一般都比较大，所以适合远距离观看。

26.2　液晶屏控制原理

图 26-6 是两种适合于 STM32 芯片使用的显示屏，我们以它们为例讲解控制液晶屏的原理。

这个完整的显示屏由液晶显示器面板、电容触摸屏面板以及 PCB 底板构成。图 26-6 中的触摸屏面板带有触摸控制芯片，该芯片处理触摸信号，并通过引出的信号线与外部器件通信，其面板中间是透明的，它贴在液晶面板上面，一起构成屏幕的主体。触摸面板与液晶面板引出的排线连接到 PCB 底板上。据实际需要，PCB 底板上可能会带有"液晶控制器芯片"。因为控制液晶面板需要比较多的资源，所以大部分低级微控制器都不能直接控制液晶面板，需要额外配套一个专用液晶控制器来处理显示过程，外部微控制器只要把它希望显示的数据直接交给液晶控制器即可。而不带液晶控制器的 PCB 底板，只有小部分的电源管理电路，液晶面板的信号线与外部微控制器相连，直接控制。STM32F429 系列的芯片不需要额外的液晶

⊖　1 英寸 = 2.54 厘米。

控制器，也就是说，它把专用液晶控制器的功能集成到 STM32F429 芯片内部了，节约了额外的控制器成本。

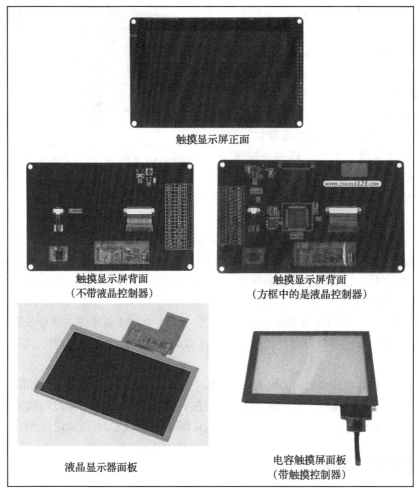

触摸显示屏正面

触摸显示屏背面
（不带液晶控制器）

触摸显示屏背面
（方框中的是液晶控制器）

液晶显示器面板

电容触摸屏面板
（带触摸控制器）

图 26-6　适合 STM32 控制的显示屏实物图

26.2.1　液晶面板的控制信号

本章主要讲解控制液晶面板（不带控制器），液晶面板的控制信号线见表 26-1。

（1）RGB 信号线

RGB 信号线各有 8 根，分别用于表示液晶屏一个像素点的红色、绿色、蓝色分量。使用红色、绿色、蓝色分量来表示颜色是一种通用的做法，打开 Windows 系统自带的画板调色工具，可看到颜色的红色、绿色、蓝色分量值，见图 26-7。常见的颜色表示会在 "RGB" 后面附带各个颜色分量值的数据位数，如 RGB565 表示红色、绿色、蓝色的数据线数分别为 5、6、5 根，一共为 16 个数据位，可表示 2^{16} 种颜色。而这个液晶屏的各种颜色分量的数据线都有

8 根，所以它支持 RGB888 格式，一共有 24 位数据线，可表示的颜色为 2^{24} 种。

表 26-1　液晶面板的信号线

信号名称	说　明
R[7:0]	红色数据
G[7:0]	绿色数据
B[7:0]	蓝色数据
CLK	像素同步时钟信号
HSYNC	水平同步信号
VSYNC	垂直同步信号
DE	数据使能信号

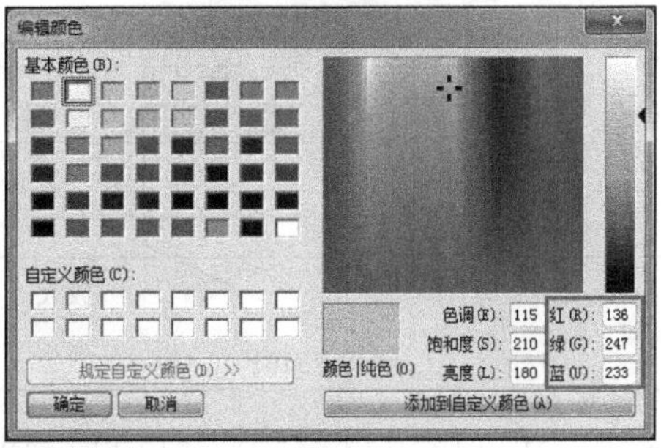

图 26-7　颜色表示法

（2）同步时钟信号 CLK

液晶屏与外部使用同步通信方式，以 CLK 信号作为同步时钟，在同步时钟的驱动下，每个时钟传输一个像素点数据。

（3）水平同步信号 HSYNC

水平同步信号 HSYNC（Horizontal Sync）用于表示液晶屏一行像素数据的传输结束，每传输完成液晶屏的一行像素数据时，HSYNC 会发生电平跳变，如分辨率为 800×480 的显示屏（800 列，480 行），传输一帧的图像 HSYNC 的电平会跳变 480 次。

（4）垂直同步信号 VSYNC

垂直同步信号 VSYNC（Vertical Sync）用于表示液晶屏一帧像素数据的传输结束，每传输完成一帧像素数据时，VSYNC 会发生电平跳变。其中"帧"是图像的单位，一幅图像称为一帧。在液晶屏中，一帧指一个完整屏液晶像素点。人们常常用"帧 / 秒"来表示液晶屏的刷新特性，即液晶屏每秒可以显示多少帧图像，如液晶屏以 60 帧 / 秒的速率运行时，VSYNC 每秒钟电平会跳变 60 次。

（5）数据使能信号 DE

数据使能信号 DE（Data Enable）用于表示数据的有效性，当 DE 信号线为高电平时，RGB 信号线表示的数据有效。

26.2.2　液晶数据传输时序

通过上述信号线向液晶屏传输像素数据时，各信号线的时序见图 26-8。图中表示的是向液晶屏传输一帧图像数据的时序，中间省略了多行及多个像素点。

液晶屏显示的图像可看作一个矩形，结合图 26-9 来理解。液晶屏有一个显示指针，它指向将要显示的像素。显示指针的扫描方向从左到右、从上到下，一个像素点一个像素点地描绘图形。这些像素点的数据通过 RGB 数据线传输至液晶屏，它们在同步时钟 CLK 的驱动下一个一个地传输到液晶屏中，交给显示指针，传输完成一行时，水平同步信号 HSYNC 电平跳变一次，而传输完一帧时 VSYNC 电平跳变一次。

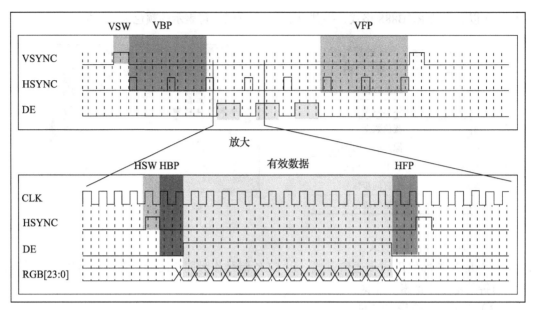

图 26-8 液晶屏时序图

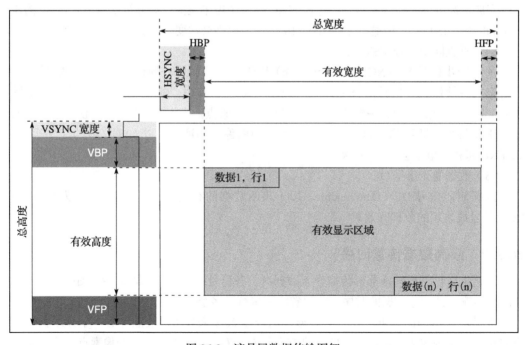

图 26-9 液晶屏数据传输图解

但是，液晶屏显示指针在行与行之间、帧与帧之间切换时需要延时，而且 HSYNC 及 VSYNC 信号本身也有宽度，这些时间参数说明见表 26-2。

表 26-2　液晶屏通信中的时间参数

时间参数	参数说明
VBP（vertical back porch）	表示在一帧图像开始时，垂直同步信号以后的无效行数
VFP（vertical front porch）	表示在一帧图像结束后，垂直同步信号以前的无效行数
HBP（horizontal back porch）	表示从水平同步信号开始到一行的有效数据开始之间 CLK 的个数
HFP（horizontal front porth）	表示一行的有效数据结束到下一个水平同步信号开始之间 CLK 的个数
VSW（vertical sync width）	表示垂直同步信号的宽度，单位为行
HSW（horizontal sync width）	表示水平同步信号的宽度，单位为同步时钟 CLK 的个数

在这些时间参数控制的区域，数据使能信号线 DE 都为低电平，RGB 数据线的信号无效。当 DE 为高电平时，表示的数据有效，传输的数据会直接影响液晶屏的显示区域。

26.2.3　显存

液晶屏中的每个像素点都是数据，在实际应用中需要把每个像素点的数据缓存起来，再传输给液晶屏，这种存储显示数据的存储器称为显存。显存一般至少要能存储液晶屏的一帧显示数据，如分辨率为 800×480 的液晶屏，使用 RGB888 格式显示，它的一帧显示的数据大小为：3×800×480=1 152 000 字节；若使用 RGB565 格式显示，一帧显示的数据大小为：2×800×480=768 000 字节。

26.3　LTDC 液晶控制器简介

STM32F429 系列芯片内部自带一个 LTDC 液晶控制器，使用 SDRAM 的部分空间作为显存，可直接控制液晶面板，无须额外增加液晶控制器芯片。STM32 的 LTDC 液晶控制器最高支持 800×600 分辨率的屏幕；可支持多种颜色格式，包括 RGB888、RGB565、ARGB8888 和 ARGB1555 等（其中的"A"是指透明像素）；支持两层显示数据混合，利用这个特性，可高效地做出背景和前景分离的显示效果，如以视频为背景，在前景显示弹幕。

26.3.1　图像数据混合

LTDC 外设支持两层数据混合，混合前使用两层数据源，分别为前景层和背景层，见图 26-10。在输出时，实际上液晶屏只能显示一层图像，所以 LTDC 在输出数据到液晶屏前需要把两层图像混合成一层，这与 Photoshop 软件的分层合成图片过程类似。混合时，直接用前景层中的不透明像素替换相同位置的背景像素；而前景层中透明像素的位置，则使用背景的像素数据，即显示背景层的像素。

如果想使用图像混合功能，前景层必须使用包含透明的像素格式，如 ARGB1555 或 ARGB8888。其中 ARGB1555 使用一个数据位表示透明元素，它只能表示像素是透明或不透明的，当最高位（即"A"位）为 1 时，表示这是一个不透明的像素，具体颜色值为 RGB 位表示的颜色；而当最高位为 0 时，表示这是一个完全透明的像素，RGB 位的数据无效。而

ARGB8888 的像素格式使用 8 个数据位表示透明元素，它使用高 8 位表示"透明度"（即代表

"A"的 8 个数据位）。若 A 的值为 0xFF，则表示这个像素完全不透明；若 A 的值为 0x00 则表示这个像素完全透明，介于它们之间的值表示其 RGB 颜色不同程度的透明度，即混合后背景像素根据这个值按比例来表示。

注意，液晶屏本身是没有透明度概念的，如 24 位液晶屏的像素数据格式是 RGB888，RGB 颜色各有对应的 8 根数据线，不存在用于表示透明度的数据线，所以实际上 ARGB 只是针对内部分层数据处

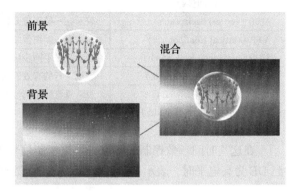

图 26-10　图像的分层与混合

理的格式，最终经过混合运算得出直接颜色数据 RGB888 才能交给液晶屏显示。

26.3.2　LTDC 结构框图剖析

图 26-11 是 LTDC 控制器的结构框图，它主要包含信号线、图像处理单元、寄存器和时钟信号。

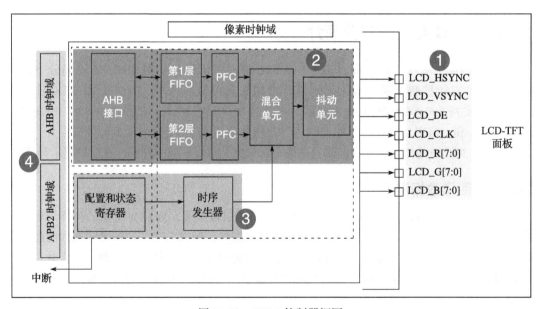

图 26-11　LTDC 控制器框图

1. LTDC 信号线

LTDC 的控制信号线与液晶显示面板的数据线一一对应，包含 HSYNC、VSYNC、DE、CLK 及 RGB 数据线各 8 根。设计硬件时把液晶面板与 STM32 对应的这些引脚连接起来即

可，查阅《STM32F4xx 规格书》可知 LTDC 信号线对应的引脚，见表 26-3。

表 26-3　LTDC 引脚表

引脚号	LTDC 信号	引脚号	LTDC 信号	引脚号	LTDC 信号	引脚号	LTDC 信号
PA3	LCD_B5	PE11	LCD_G3	PH14	LCD_G3	PJ4	LCD_R5
PA4	LCD_VSYNC	PE12	LCD_B4	PH15	LCD_G4	PJ5	LCD_R6
PA6	LCD_G2	PE13	LCD_DE	PI0	LCD_G5	PJ6	LCD_R7
PA8	LCD_R6	PE14	LCD_CLK	PI1	LCD_G6	PJ7	LCD_G0
PA11	LCD_R4	PE15	LCD_R7	PI2	LCD_G7	PJ8	LCD_G1
PA12	LCD_R5	PF10	LCD_DE	PI4	LCD_B4	PJ9	LCD_G2
PB8	LCD_B6	PG6	LCD_R7	PI5	LCD_B5	PJ10	LCD_G3
PB9	LCD_B7	PG7	LCD_CLK	PI6	LCD_B6	PJ11	LCD_G4
PB10	LCD_G4	PG10	LCD_B2	PI7	LCD_B7	PJ12	LCD_B0
PB11	LCDG5	PG11	LCD_B3	PI9	LCD_VSYNC	PJ13	LCD_B1
PC6	LCD_HSYNC	PG12	LCD_B1	PI10	LCD_HSYNC	PJ14	LCD_B2
PC7	LCD_G6	PH2	LCD_R0	PI12	LCD_HSYNC	PJ15	LCD_B3
PC10	LCD_R2	PH3	LCD_R1	PI13	LCD_VSYNC	PK0	LCD_G5
PD3	LCD_G7	PH8	LCD_R2	PI14	LCD_CLK	PK1	LCD_G6
PD6	LCD_B2	PH9	LCD_R3	PI15	LCD_R0	PK2	LCD_G7
PD10	LCD_B3	PH10	LCD_R4	PJ0	LCD_R1	PK3	LCD_B4
PE4	LCD_B0	PH11	LCD_R5	PJ1	LCD_R2	PK4	LCD_B5
PE5	LCD_G0	PH12	LCD_R6	PJ2	LCD_R3	PK5	LCD_B6
PE6	LCD_G1	PH13	LCD_G2	PJ3	LCD_R4	PK6	LCD_B7

2. 图像处理单元

图 26-11 中标号②处表示的是图像处理单元，它通过"AHB 接口"获取显存中的数据，然后按分层把数据分别发送到两个"层 FIFO"缓存，每个 FIFO 可缓存 64×32 位的数据，接着从缓存中获取数据交给 PFC（像素格式转换器），它把数据从像素格式转换成字（ARGB8888）的格式，再经过"混合单元"把两层数据合并起来，最终混合得到的是单层要显示的数据，通过信号线输出到液晶面板。这部分结构与 DMA2D 的很类似，我们在下一小节详细讲解。

在输出前混合单元的数据还经过一个"抖动单元"。它的作用是当像素数据格式的色深大于液晶面板实际色深时，对像素数据颜色进行舍入操作。如向 18 位显示器上显示 24 位数据时，抖动单元把像素数据的低 6 位与阈值比较，若大于阈值，则向数据的第 7 位进 1，否则直接舍掉低 6 位。

3. 配置和状态寄存器

图 26-11 中标号③处表示的是 LTDC 的控制逻辑，它包含了 LTDC 的各种配置和状态寄存器。如配置与液晶面板通信时信号线的有效电平、各种时间参数、有效数据宽度、像素格式及显存址等。LTDC 外设根据这些配置控制数据输出，使用 AHB 接口从显存地址中搬运数据到液晶面板。还有一系列用于指示当前显示状态和位置的状态寄存器，通过读取这些寄存器可以了解 LTDC 的工作状态。

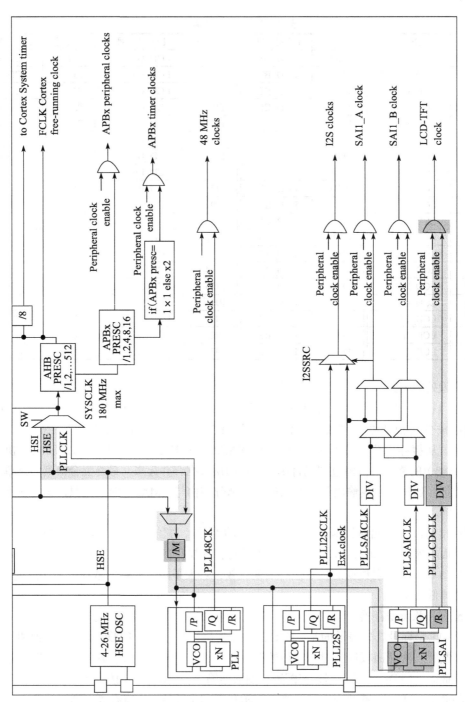

图 26-12 LCD_CLK 时钟来源

4. 时钟信号

LTDC 外设使用 3 种时钟信号，包括 AHB 时钟、APB2 时钟和像素时钟 LCD_CLK。
AHB 时钟用于驱动数据从存储器存储到 FIFO，APB2 时钟用于驱动 LTDC 的寄存器。而
LCD_CLK 用于生成与液晶面板通信的同步时钟，见图 26-12。它的来源是 HSE（高速外部晶
振），经过 /M 分频因子分频输出到 PLLSAI 分频器，信号由 PLLSAI 中的倍频因子 N 倍频得
到 PLLSAIN 时钟，然后由 /R 因子分频得到 PLLLCDCLK 时钟，再经过 DIV 因子得到 LCD-
TFT clock，LCD-TFT clock 即通信中的同步时钟 LCD_CLK，它使用 LCD_CLK 引脚输出。

26.4　DMA2D 图形加速器简介

在实际使用 LTDC 控制器控制液晶屏时，在 LTDC 正常工作后，往配置好的显存地址
中写入要显示的像素数据，LTDC 就会把这些数据从显存搬运到液晶面板进行显示。而显示
数据的容量非常大，所以我们希望能用 DMA 来操作。针对这个需求，STM32 专门定制了
DMA2D 外设，它可用于快速绘制矩形、直线、分层数据混合、数据复制以及进行图像数据
格式转换，可以把它理解为图形专用的 DMA。

图 26-13 是 DMA2D 的结构框图，它与前面 LTDC 结构里的图像处理单元很类似，主要
为分层 FIFO、PFC 及彩色混合器。

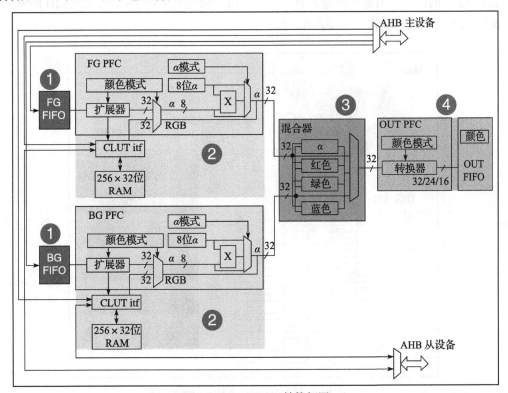

图 26-13　DMA2D 结构框图

1. FG FIFO 与 BG FIFO

FG FIFO（Foreground FIFO）与 BG FIFO（Background FIFO）是两个 64×32 位大小的缓冲区，它们用于缓存从 AHB 总线获取的像素数据，分别专用于缓冲前景层和背景层的数据源。

AHB 总线的数据源一般是 SDRAM，也就是说，在 LTDC 外设中配置的前景层及背景层数据源地址一般指向 SDRAM 的存储空间，使用 SDRAM 的部分空间作为显存。

2. FG PFC 与 BG PFC

FG PFC（FG Pixel Format Convertor）与 BG PFC（BG Pixel Format Convertor）是两个像素格式转换器，分别用于前景层和背景层的像素格式转换。不管从 FIFO 的数据源格式如何，都把它转化成字的格式（即 32 位），ARGB8888。

图 26-13 中的 "α" 表示 Alpha，即透明度，经过 PFC，透明度会扩展成 8 位的格式。

图 26-13 中的 "CLUT" 表示颜色查找表（Color Lookup Table），颜色查找表是一种间接的颜色表示方式，它使用一个 256×32 位的空间缓存 256 种颜色，颜色的格式是 ARGB8888 或 RGB888。如图 26-14 所示，利用颜色查找表，实际的图像只使用这 256 种颜色，而图像的每个像素使用 8 位的数据来表示，该数据并不是直接的 RGB 颜色数据，而是指向颜色查找表的地址偏移量，即表示这个像素点应该显示颜色查找表中的哪一种颜色。在图像大小不变的情况下，利用颜色查找表可以扩展颜色显示的能力，其特点是用 8 位的数据表示了一个 24 位或 32 位的颜色，但整个图像颜色的种类局限于颜色表中的 256 种。DMA2D 的颜色查找表可以由 CPU 自动加载或编程手动加载。

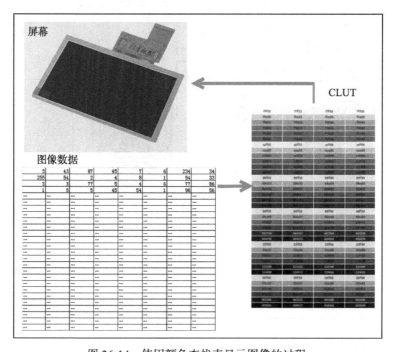

图 26-14　使用颜色查找表显示图像的过程

3. 混合器

FIFO 中的数据源经过 PFC 像素格式转换器后，前景层和背景层的图像都输入混合器中运算，运算公式见图 26-15。

从公式可以了解到，混合器的运算主要是使用前景和背景的透明度作为因子，对像素 RGB 颜色值进行加权运算。经过混合器后，两层数据合成为一层 ARGB8888 格式的图像。

$$\alpha_{Mult}=\frac{\alpha_{FG}\cdot\alpha_{BG}}{255}$$

$$\alpha_{OUT}=\alpha_{FG}+\alpha_{BG}-\alpha_{Mult}$$

$$C_{OUT}=\frac{C_{FG}\cdot\alpha_{FG}+C_{BG}\cdot\alpha_{BG}-C_{BG}\cdot\alpha_{Mult}}{\alpha_{OUT}}，\text{其中}C=R\text{、}G\text{或}B$$

图 26-15　混合运算公式

4. OUT PFC

OUT PFC 是输出像素格式转换器，它把混合器转换得到的图像转换成目标格式，如 ARGB8888、RGB888、RGB565、ARGB1555 或 ARGB4444，具体的格式可根据需要在输出 PFC 控制寄存器 DMA2D_OPFCCR 中选择。

STM32F429 芯片使用 LTDC、DMA2D 及 RAM 存储器，构成了一个完整的液晶控制器。LTDC 负责不断刷新液晶屏，DMA2D 用于图像数据搬运、混合及格式转换，RAM 存储器作为显存。其中显存可以使用 STM32 芯片内部的 SRAM 或外扩 SDRAM/SRAM，只要容量足够大即可（至少要能存储一帧图像数据）。

26.5　LTDC 初始化结构体

控制 LTDC 涉及非常多的寄存器，利用 LTDC 初始化结构体可以减轻开发和维护的工作量，LTDC 初始化结构体见代码清单 26-1。

代码清单 26-1　LTDC 初始化结构体

```
1  /**
2   * @brief  LTDC Init structure definition
3   */
4  typedef struct
5  {
6      uint32_t LTDC_HSPolarity;            /* 配置行同步信号 HSYNC 的极性 */
7      uint32_t LTDC_VSPolarity;            /* 配置垂直同步信号 VSYNC 的极性 */
8      uint32_t LTDC_DEPolarity;            /* 配置数据使能信号 DE 的极性 */
9      uint32_t LTDC_PCPolarity;            /* 配置像素时钟信号 CLK 的极性 */
10     uint32_t LTDC_HorizontalSync;        /* 配置行同步信号 HSYNC 的宽度 (HSW-1) */
11     uint32_t LTDC_VerticalSync;          /* 配置垂直同步信号 VSYNC 的宽度 (VSW-1) */
12     uint32_t LTDC_AccumulatedHBP;        /* 配置 (HSW+HBP-1) 的值 */
13     uint32_t LTDC_AccumulatedVBP;        /* 配置 (VSW+VBP-1) 的值 */
14     uint32_t LTDC_AccumulatedActiveW;    /* 配置 (HSW+HBP+ 有效宽度 -1) 的值 */
15     uint32_t LTDC_AccumulatedActiveH;    /* 配置 (VSW+VBP+ 有效高度 -1) 的值 */
16     uint32_t LTDC_TotalWidth;            /* 配置 (HSW+HBP+ 有效宽度 +HFP-1) 的值 */
17     uint32_t LTDC_TotalHeigh;            /* 配置 (VSW+VBP+ 有效高度 +VFP-1) 的值 */
18     uint32_t LTDC_BackgroundRedValue;    /* 配置背景的红色值 */
19     uint32_t LTDC_BackgroundGreenValue;  /* 配置背景的绿色值 */
20     uint32_t LTDC_BackgroundBlueValue;   /* 配置背景的蓝色值 */
21 } LTDC_InitTypeDef;
```

这个结构体中的大部分成员都是用于定义 LTDC 的时序参数，包括信号有效电平及各种时间参数的宽度，配合 26.2.2 节中的说明更易理解。各个成员介绍如下，括号中的是 STM32 标准库定义的宏。

（1）LTDC_HSPolarity

本成员用于设置行同步信号 HSYNC 的极性，即 HSYNC 有效时的电平。该成员的值可设置为高电平（LTDC_HSPolarity_AH）或低电平（LTDC_HSPolarity_AL）。

（2）LTDC_VSPolarity

本成员用于设置垂直同步信号 VSYNC 的极性，可设置为高电平（LTDC_VSPolarity_AH）或低电平（LTDC_VSPolarity_AL）。

（3）LTDC_DEPolarity

本成员用于设置数据使能信号 DE 的极性，可设置为高电平（LTDC_DEPolarity_AH）或低电平（LTDC_DEPolarity_AL）。

（4）LTDC_PCPolarity

本成员用于设置像素时钟信号 CLK 的极性，可设置为上升沿（LTDC_DEPolarity_AH）或下降沿（LTDC_DEPolarity_AL），表示 RGB 数据信号在 CLK 的哪个时刻被采集。

（5）LTDC_HorizontalSync

本成员设置行同步信号 HSYNC 的宽度 HSW，它以像素时钟 CLK 的周期为单位，实际写入该参数时应写入（HSW-1），参数范围为 0x000 ~ 0xFFF。

（6）LTDC_VerticalSync

本成员设置垂直同步信号 VSYNC 的宽度 VSW，它以"行"为位，实际写入该参数时应写入（VSW-1），参数范围为 0x000 ~ 0x7FF。

（7）LTDC_AccumulatedHBP

本成员用于配置"水平同步像素 HSW"加"水平后沿像素 HBP"的累加值，实际写入该参数时应写入（HSW+HBP-1），参数范围为 0x000 ~ 0xFFF。

（8）LTDC_AccumulatedVBP

本成员用于配置"垂直同步行 VSW"加"垂直后沿行 VBP"的累加值，实际写入该参数时应写入（VSW+VBP-1），参数范围为 0x000 ~ 0x7FF。

（9）LTDC_AccumulatedActiveW

本成员用于配置"水平同步像素 HSW"加"水平后沿像素 HBP"加"有效像素"的累加值，实际写入该参数时应写入（HSW+HBP+ 有效宽度 -1），参数范围为 0x000 ~ 0xFFF。

（10）LTDC_AccumulatedActiveH

本成员用于配置"垂直同步行 VSW"加"垂直后沿行 VBP"加"有效行"的累加值，实际写入该参数时应写入（VSW+VBP+ 有效高度 -1），参数范围为 0x000 ~ 0x7FF。

（11）LTDC_TotalWidth

本成员用于配置"水平同步像素 HSW"加"水平后沿像素 HBP"加"有效像素"加"水平前沿像素 HFP"的累加值，即总宽度，实际写入该参数时应写入（HSW+HBP+ 有效宽度

+HFP−1），参数范围为 0x000 ～ 0xFFF。

（12）LTDC_TotalHeigh

本成员用于配置"垂直同步行 VSW"加"垂直后沿行 VBP"加"有效行"加"垂直前沿行 VFP"的累加值，即总高度，实际写入该参数时应写入（HSW+HBP+ 有效高度 + VFP−1），参数范围为 0x000 ～ 0x7FF。

（13）LTDC_BackgroundRedValue/GreenValue/BlueValue

这 3 个结构体成员用于配置背景的颜色值，见图 26-16。这里说的背景层与前面提到的"前景层 / 背景层"概念有点区别，它们对应图 26-16 中的"第 2 层 / 第 1 层"，而在这两层之外，还有一个最终的背景层，当第 1 层和第 2 层都透明时，这个背景层就会显示。而这个背景层是一个纯色的矩形，它的颜色值就是由这 3 个结构体成员配置的。各成员的参数范围为 0x00 ～ 0xFF。

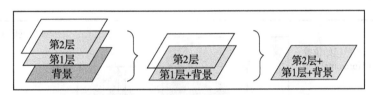

图 26-16   两层与背景混合

对这些 LTDC 初始化结构体成员赋值后，调用库函数 LTDC_Init 可把这些参数写入 LTDC 的各个配置寄存器，LTDC 外设根据这些配置控制时序。

26.6 LTDC 层级初始化结构体

LTDC 初始化结构体只是配置好了与液晶屏通信的基本时序，还有像素格式、显存地址等诸多参数需要使用 LTDC 层级初始化结构体完成，见代码清单 26-2。

代码清单 26-2   LTDC 层级初始化结构体

```
1  /**
2   * @brief  LTDC Layer structure definition
3   */
4  typedef struct
5  {
6      uint32_t LTDC_HorizontalStart;      /* 配置窗口的水平起始位置 */
7      uint32_t LTDC_HorizontalStop;       /* 配置窗口的水平结束位置 */
8      uint32_t LTDC_VerticalStart;        /* 配置窗口的垂直起始位置 */
9      uint32_t LTDC_VerticalStop;         /* 配置窗口的垂直结束位置 */
10     uint32_t LTDC_PixelFormat;          /* 配置当前层的像素格式 */
11     uint32_t LTDC_ConstantAlpha;        /* 配置当前层的透明度 Alpha 常量值 */
12     uint32_t LTDC_DefaultColorBlue;     /* 配置当前层的默认蓝色值 */
13     uint32_t LTDC_DefaultColorGreen;    /* 配置当前层的默认绿色值 */
14     uint32_t LTDC_DefaultColorRed;      /* 配置当前层的默认红色值 */
15     uint32_t LTDC_DefaultColorAlpha;    /* 配置当前层的默认透明值 */
```

```
16      uint32_t LTDC_BlendingFactor_1;    /* 配置混合因子 BlendingFactor1 */
17      uint32_t LTDC_BlendingFactor_2;    /* 配置混合因子 BlendingFactor2 */
18      uint32_t LTDC_CFBStartAdress;      /* 配置当前层的显存起始位置 */
19      uint32_t LTDC_CFBLineLength;       /* 配置当前层的行数据长度 */
20      uint32_t LTDC_CFBPitch;            /* 配置从某行的起始到下一行像素起始处的增量 */
21      uint32_t LTDC_CFBLineNumber;       /* 配置当前层的行数 */
22  } LTDC_Layer_InitTypeDef;
```

LTDC_Layer_InitTypeDef 各个结构体成员的功能介绍如下。

（1）LTDC_HorizontalStart/HorizontalStop/VerticalStart/VerticalStop

这些成员用于确定该层显示窗口的边界，分别表示水平起始位置、水平结束位置、垂直起始位置及垂直结束位置，见图 26-17。注意，这些参数包含同步 HSW/VSW、后沿大小 HBP/VBP 和有效数据区域的内部时序发生器的配置，表 26-4 中显示的是各个窗口配置成员应写入的数值。

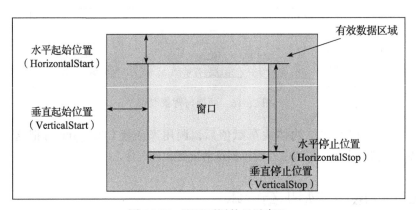

图 26-17　配置可层的显示窗口

表 26-4　各个窗口成员值

LTDC 层级窗口配置成员	等效于 LTDC 时序参数配置成员的值	实　际　值
LTDC_HorizontalStart	LTDC_AccumulatedHBP+1	HBP + HSW
LTDC_HorizontalStop	LTDC_AccumulatedActiveW	HSW+HBP+LCD_PIXEL_WIDTH−1
LTDC_VerticalStart	LTDC_AccumulatedVBP+1	VBP + VSW
LTDC_VerticalStop	LTDC_AccumulatedActiveH	VSW+VBP+LCD_PIXEL_HEIGHT−1

（2）LTDC_PixelFormat

本成员用于设置该层数据的像素格式，可以设置为 LTDC_Pixelformat_ARGB8888/RGB888/RGB565/ARGB1555/ARGB4444/L8/AL44/AL88 格式。

（3）LTDC_ConstantAlpha

本成员用于设置该层恒定的透明度常量 Alpha，称为恒定 Alpha，参数范围为 0x00 ~ 0xFF。在图层混合时，可根据后面的 BlendingFactor 成员的配置，选择是只使用这个恒定 Alpha 进行混合运算还是把像素本身的 Alpha 值也加入运算中。

（4）LTDC_DefaultColorBlue/Green/Red/Alpha

这些成员用于配置该层的默认颜色值，分别为蓝色、绿色、红色分量及透明度分量，该颜色值在定义的层窗口外或在层禁止时使用。

（5）LTDC_BlendingFactor_1/2

本成员用于设置混合系数 BF1 和 BF2。每一层实际显示的颜色都需要使用透明度参与运算，计算出不包含透明度的直接 RGB 颜色值，然后才传输给液晶屏（因为液晶屏本身没有透明的概念）。混合的计算公式为：

$$BC = BF1 \times C + BF2 \times Cs$$

公式中的参数见表 26-5。

表 26-5　混合公式参数说明表

参数	说　明	CA	PA×CA
BC	混合后的颜色（混合结果）	—	—
C	当前层颜色	—	—
Cs	底层混合后的颜色	—	—
BF1	混合系数 1	恒定 Alpha 值	恒定 Alpha × 像素 Alpha 值
BF2	混合系数 2	1– 恒定 Alpha	1– 恒定 Alpha × 像素 Alpha 值

本结构体成员可以设置 BF1/BF2 参数是使用 CA 配置（LTDC_BlendingFactor1/2_CA）还是 PA×CA 配置（LTDC_BlendingFactor1/2_PA×CA）。配置成 CA 表示混合系数中只包含恒定的 Alpha 值，即像素本身的 Alpha 不会影响混合效果；若配置成 PA×CA，则混合系数中包含像素本身的 Alpha 值，即把像素本身的 Alpha 加入混合运算中。其中的恒定 Alpha 值即前面 LTDC_ConstantAlpha 结构体配置参数的透明度百分比（配置的 Alpha 值 /0xFF）。

如图 26-16 所示，数据源混合时，由下至上，如果使用了两层，则先将第 1 层与 LTDC 背景混合，随后再使用该混合颜色与第 2 层混合得到最终结果。例如，当只使用第 1 层数据源时，且 BF1 及 BF2 都配置为使用恒定 Alpha，该 Alpha 值在 LTDC_ConstantAlpha 结构体成员值中被配置为 240（0xF0）。因此，恒定 Alpha 值为 240/255=0.94。若当前层颜色 C=128，背景色 Cs=48，那么第 1 层与背景色的混合结果为：

$$BC= 恒定 Alpha \times C +（1– 恒定 Alpha）\times Cs=0.94 \times Cs +（1–0.94）\times 48=123$$

（6）LTDC_CFBStartAdress

本成员用于设置该层的显存首地址，该层的像素数据保存在从这个地址开始的存储空间内。

（7）LTDC_CFBLineLength

本成员用于设置当前层的行数据长度，即每行的有效像素点个数 × 每个像素的字节数，实际配置该参数时应写入值（行有效像素个数 × 每个像素的字节数 +3）。每个像素的字节数与像素格式有关，如 RGB565 为 2 字节，RGB888 为 3 字节，ARGB8888 为 4 字节。

（8）LTDC_CFBPitch

本成员用于设置从某行的有效像素起始位置到下一行起始位置处的数据增量，无特殊情况的话，它一般就等于行的有效像素个数 × 每个像素的字节数。

（9）LTDC_CFBLineNumber

本成员用于设置当前层的显示行数。

配置完 LTDC_Layer_InitTypeDef 层级初始化结构体后，调用库函数 LTDC_LayerInit 可把这些配置写入 LTDC 的层级控制寄存器中，完成初始化。初始化完成后，LTDC 会不断把显存空间的数据传输到液晶屏进行显示，我们可以直接修改或使用 DMA2D 修改显存中的数据，从而改变显示的内容。

26.7 DMA2D 初始化结构体

在实际显示时，我们常常采用 DMA2D 描绘直线和矩形，这个时候会用到 DMA2D 结构体，见代码清单 26-3。

代码清单 26-3　DMA2D 初始化结构体

```
1 /**
2   * @brief  DMA2D Init structure definition
3   */
4 typedef struct
5 {
6     uint32_t DMA2D_Mode;                  /* 配置 DMA2D 的传输模式 */
7     uint32_t DMA2D_CMode;                 /* 配置 DMA2D 的颜色模式 */
8     uint32_t DMA2D_OutputBlue;            /* 配置输出图像的蓝色分量 */
9     uint32_t DMA2D_OutputGreen;           /* 配置输出图像的绿色分量 */
10    uint32_t DMA2D_OutputRed;             /* 配置输出图像的红色分量 */
11    uint32_t DMA2D_OutputAlpha;           /* 配置输出图像的透明度分量 */
12    uint32_t DMA2D_OutputMemoryAdd;       /* 配置显存地址 */
13    uint32_t DMA2D_OutputOffset;          /* 配置输出地址偏移 */
14    uint32_t DMA2D_NumberOfLine;          /* 配置要传输多少行 */
15    uint32_t DMA2D_PixelPerLine;          /* 配置每行有多少个像素 */
16 } DMA2D_InitTypeDef;
```

DMA2D 初始化结构体中的各个成员介绍如下。

（1）DMA2D_Mode

本成员用于配置 DMA2D 的工作模式，它可以设置为表 26-6 中的值。

表 26-6　DMA2D 的工作模式

宏	说　　明
DMA2D_M2M	从存储器到存储器（仅限 FG 获取数据源）
DMA2D_M2M_PFC	存储器到存储器并执行 PFC（仅限 FG PFC 激活时的 FG 获取）
DMA2D_M2M_BLEND	存储器到存储器并执行混合（执行 PFC 和混合时的 FG 和 BG 获取）
DMA2D_R2M	寄存器到存储器（无 FG 和 BG，仅输出阶段激活）

这几种工作模式主要区分数据的来源、是否使能 PFC 以及是否使能混合器。使用

DMA2D 时，可把数据从某个位置搬运到显存，该位置可以是 DMA2D 本身的寄存器，也可以是设置好的 DMA2D 前景地址、背景地址（即从存储器到存储器）。若使能了 PFC，则存储器中的数据源会经过转换再传输到显存。若使能了混合器，DMA2D 会把两个数据源中的数据混合后再输出到显存。

若使用存储器到存储器模式，需要调用库函数 DMA2D_FGConfig，使用初始化结构体 DMA2D_FG_InitTypeDef 配置数据源的格式、地址等参数。背景层使用函数 DMA2D_BGConfig 和结构体 DMA2D_BG_InitTypeDef。

（2）DMA2D_CMode

本成员用于配置 DMA2D 的输出 PFC 颜色格式，即它将要传输给显存的格式。

（3）DMA2D_OutputBlue/Green/Red/Alpha

这几个成员用于配置 DMA2D 的寄存器颜色值，若 DMA2D 工作在"寄存器到存储器"（DMA2D_R2M）模式下，这个颜色值作为数据源，被 DMA2D 复制到显存空间，即目标空间都会填入这一种色彩。

（4）DMA2D_OutputMemoryAdd

本成员用于配置 DMA2D 的输出 FIFO 的地址，DMA2D 的数据会被搬运到该空间，一般把它设置为本次传输显示位置的起始地址。

（5）DMA2D_OutputOffset

本成员用于配置行偏移量（以像素为单位），行偏移量会被添加到各行的结尾，用于确定下一行的起始地址。如表 26-7 中的浅色格子表示行偏移量，深色格子表示要显示的数据。左表中显示的是一条垂直的线，且线的宽度为 1 像素，所以行偏移量的值 =7-1=6，即"行偏移量的值 = 行宽度 - 线的宽度"，右表中的线宽度为 2 像素，行偏移量的值 =7-2=5。

表 26-7 数据传输示例

0	1	2	3	4	5	6	7	0	1	2	3	4	5	6	7

（6）DMA2D_NumberOfLine

本成员用于配置 DMA2D 一共要传输多少行数据，如表 26-7 中一共有 5 行数据。

（7）DMA2D_PixelPerLine

本成员用于配置每行有多少个像素点，如表 26-7 左侧表示每行有一个像素点，右侧表示每行有两个像素点。

配置完这些结构体成员，调用库函数 DMA2D_Init 即可把这些参数写入 DMA2D 的控制寄存器中，然后再调用 DMA2D_StartTransfer 函数开启数据传输及转换。

26.8　LTDC/DMA2D——液晶显示实验

本小节讲解如何使用 LTDC 及 DMA2D 外设控制型号为 STD800480 的 5 寸液晶屏，见图 26-18。该液晶屏的分辨率为 800×480，支持 RGB888 格式。

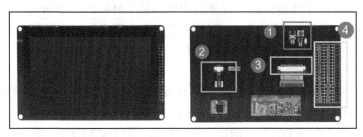

图 26-18　液晶屏实物图

学习本小节内容时，请打开配套的"LTDC/DMA2D——液晶显示英文"工程配合阅读。

26.8.1　硬件设计

图 26-18 右侧液晶屏背面的 PCB 上标注的①、②、③、④对应图 26-19、图 26-20、图 26-21、图 26-23 中的原理图，分别是升压电路、电容触摸屏接口、液晶屏接口及排线接口。升压电路把输入的 5V 电源升压为 20V，输出到液晶屏的背光灯中。触摸屏及液晶屏接口通过 FPC 插座把两个屏的排线连接到 PCB 上，这些 FPC 插座与信号引出到屏幕右侧的排针处，方便整个屏幕与外部器件相连。

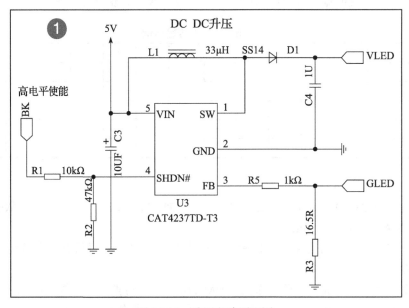

图 26-19　升压电路原理图

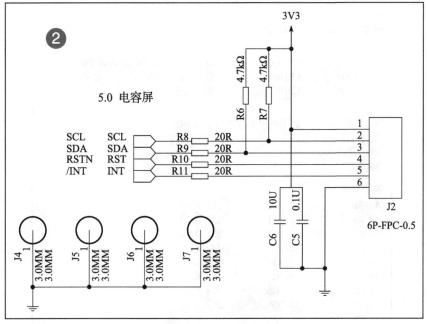

图 26-20　电容屏接口

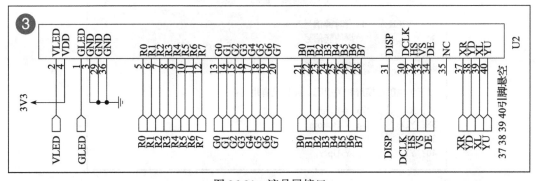

图 26-21　液晶屏接口

　　升压电路中的 BK 引脚可外接 PWM 信号，控制液晶屏的背光强度，BK 为高电平时输出电压（高电平使能）。

　　电容触摸屏使用 I²C 通信，它的排线接口包含了 I²C 的通信引脚 SCL、SDA，还包含控制触摸屏芯片复位的 RSTN 信号以及触摸中断信号 INT。

　　关于这部分液晶屏的排线接口说明见图 26-22。

　　以上是 STM32F429 实验板使用的 5 英寸屏原理图，它通过屏幕上的排针接入实验板的液晶排母接口，与 STM32 芯片的引脚相连，连接见图 26-24。

　　由于液晶屏的部分引脚与实验板的 CAN 芯片信号引脚相同，所以使用液晶屏的时候不能使用 CAN 通信。

LCD大小：5.0英寸

分辨率：800×480　RGB格式

电源信号：

		背光功耗：20V×40mA=0.8W
1：GLED	LED的地	需要电压：20V
2：VLED	LED的电源	需要电流：40mA

4：VDD	数字电源（+3.3V）35：NC
3：GND	
29：GND	
36：GND	

RGB数据线信号：

5：R0	13：G0	21：B0
6：R1	14：G1	22：B1
7：R2	15：G2	23：B2
8：R3	16：G3	24：B3
9：R4	17：G4	25：B4
10：R5	18：G5	26：B5
11：R6	19：G6	27：B6
12：R7	20：G7	28：B7

液晶控制信号：

31：DISP	显示器开关，高电平使能	35：NC
30：DCLK	像素时钟信号	
34：DE	数据使能信号	
32：HS	水平同步信号	
33：VS	垂直同步信号	

以下为电阻触摸屏相关引脚，此处没有用到：

37：XR	T/p X-Right
38：YD	T/p Y-Bottom
39：XL	T/p X-Left
40：YU	T/p Y-Up

图 26-22　液晶排线接口说明

以上原理图可查阅《LCD5.0—黑白原理图》和《秉火 F429 开发板黑白原理图》文档获知，若您使用的液晶屏或实验板不一样，请根据实际连接的引脚修改程序。

26.8.2　软件设计

为了使工程更加有条理，我们把 LCD 控制相关的代码独立出来分开存储，方便以后移植。在"FMC—读写 SDRAM"工程的基础上新建 bsp_lcd.c 及 bsp_lcd.h 文件，这些文件也可根据个人喜好命名，它们不属于 STM32 标准库的内容，是由我们自己根据应用需要编写的。

1. 编程要点

1）初始化 LTDC 时钟、DMA2D 时钟、GPIO 时钟；

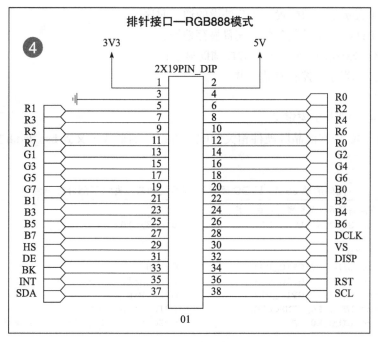

图 26-23　排针接口

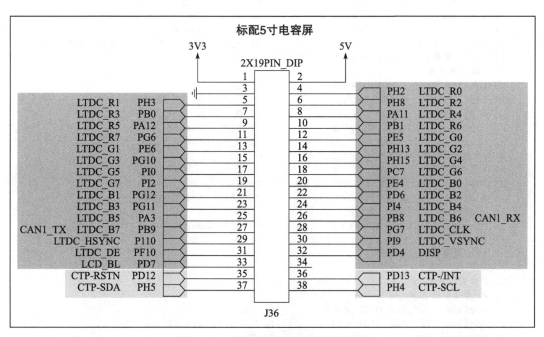

图 26-24　屏幕与实验板的引脚连接

2）初始化 SDRAM，以便用作显存；

3）根据液晶屏的参数配置 LTDC 外设的通信时序；

4）配置 LTDC 层级控制参数，配置显存地址；

5）初始化 DMA2D，使用 DMA2D 辅助显示；

6）编写测试程序，控制液晶输出。

2. 代码分析

（1）LTDC 硬件相关宏定义

我们把 LTDC 控制液晶屏硬件相关的配置都以宏的形式定义到 bsp_lcd.h 文件中，见代码清单 26-4。

代码清单 26-4　LTDC 硬件配置相关的宏（省略了部分数据线）

```
 1  /* 部分液晶信号线的引脚复用编号是 AF9 */
 2  #define GPIO_AF_LTDC_AF9              ((uint8_t)0x09)
 3
 4  // 红色数据线
 5  #define LTDC_R0_GPIO_PORT            GPIOH
 6  #define LTDC_R0_GPIO_CLK            RCC_AHB1Periph_GPIOH
 7  #define LTDC_R0_GPIO_PIN            GPIO_Pin_2
 8  #define LTDC_R0_PINSOURCE          GPIO_PinSource2
 9  #define LTDC_R0_AF                 GPIO_AF_LTDC          // 使用 LTDC 复用编号
10
11  #define LTDC_R3_GPIO_PORT           GPIOB
12  #define LTDC_R3_GPIO_CLK           RCC_AHB1Periph_GPIOB
13  #define LTDC_R3_GPIO_PIN           GPIO_Pin_0
14  #define LTDC_R3_PINSOURCE         GPIO_PinSource0
15  #define LTDC_R3_AF                GPIO_AF_LTDC_AF9       // 使用 AF9 复用编号
16  /* 此处省略 R1、R2、R4 ~ R7 */
17  // 绿色数据线
18  #define LTDC_G0_GPIO_PORT           GPIOE
19  #define LTDC_G0_GPIO_CLK           RCC_AHB1Periph_GPIOE
20  #define LTDC_G0_GPIO_PIN           GPIO_Pin_5
21  #define LTDC_G0_PINSOURCE         GPIO_PinSource5
22  #define LTDC_G0_AF                GPIO_AF_LTDC
23  /* 此处省略 G1 ~ G7 */
24  // 蓝色数据线
25  #define LTDC_B0_GPIO_PORT           GPIOE
26  #define LTDC_B0_GPIO_CLK           RCC_AHB1Periph_GPIOE
27  #define LTDC_B0_GPIO_PIN           GPIO_Pin_4
28  #define LTDC_B0_PINSOURCE         GPIO_PinSource4
29  #define LTDC_B0_AF                GPIO_AF_LTDC
30  /* 此处省略 B1 ~ B7 */
31
32  // 控制信号线
33  /* 像素时钟 CLK */
34  #define LTDC_CLK_GPIO_PORT          GPIOG
35  #define LTDC_CLK_GPIO_CLK          RCC_AHB1Periph_GPIOG
36  #define LTDC_CLK_GPIO_PIN          GPIO_Pin_7
37  #define LTDC_CLK_PINSOURCE        GPIO_PinSource7
38  #define LTDC_CLK_AF               GPIO_AF_LTDC
39  /* 水平同步信号 HSYNC */
```

```
40 #define LTDC_HSYNC_GPIO_PORT          GPIOI
41 #define LTDC_HSYNC_GPIO_CLK           RCC_AHB1Periph_GPIOI
42 #define LTDC_HSYNC_GPIO_PIN           GPIO_Pin_10
43 #define LTDC_HSYNC_PINSOURCE          GPIO_PinSource10
44 #define LTDC_HSYNC_AF                 GPIO_AF_LTDC
45 /* 垂直同步信号 VSYNC*/
46 #define LTDC_VSYNC_GPIO_PORT          GPIOI
47 #define LTDC_VSYNC_GPIO_CLK           RCC_AHB1Periph_GPIOI
48 #define LTDC_VSYNC_GPIO_PIN           GPIO_Pin_9
49 #define LTDC_VSYNC_PINSOURCE          GPIO_PinSource9
50 #define LTDC_VSYNC_AF                 GPIO_AF_LTDC
51 /* 数据使能信号 DE*/
52 #define LTDC_DE_GPIO_PORT             GPIOF
53 #define LTDC_DE_GPIO_CLK              RCC_AHB1Periph_GPIOF
54 #define LTDC_DE_GPIO_PIN              GPIO_Pin_10
55 #define LTDC_DE_PINSOURCE             GPIO_PinSource10
56 #define LTDC_DE_AF                    GPIO_AF_LTDC
57 /* 液晶屏使能信号 DISP，高电平使能 */
58 #define LTDC_DISP_GPIO_PORT            GPIOD
59 #define LTDC_DISP_GPIO_CLK             RCC_AHB1Periph_GPIOD
60 #define LTDC_DISP_GPIO_PIN             GPIO_Pin_4
61 /* 液晶屏背光信号，高电平使能 */
62 #define LTDC_BL_GPIO_PORT             GPIOD
63 #define LTDC_BL_GPIO_CLK              RCC_AHB1Periph_GPIOD
64 #define LTDC_BL_GPIO_PIN              GPIO_Pin_7
```

以上代码根据硬件的连接，把与 LTDC 与液晶屏通信使用的引脚号、引脚源以及复用功能映射都以宏封装起来。其中部分 LTDC 信号的复用功能映射比较特殊，如用作 R3 信号线的 PB0，它的复用功能映射值为 AF9，而大部分 LTDC 的信号线都是 AF14，见图 26-25。在编写宏的时候要注意区分。

（2）初始化 LTDC 的 GPIO

利用上面的宏，编写 LTDC 的 GPIO 引脚初始化函数，见代码清单 26-5。

代码清单 26-5　LTDC 的 GPIO 初始化函数（省略了部分数据线）

```
1 /**
2  * @brief   初始化控制 LCD 的 IO
3  * @param   无
4  * @retval  无
5  */
6 static void LCD_GPIO_Config(void)
7 {
8     GPIO_InitTypeDef GPIO_InitStruct;
9
10    /* 使能 LCD 使用到的引脚时钟 */
11    //红色数据线  /* 此处省略部分信号线 ......*/
12    RCC_AHB1PeriphClockCmd(LTDC_R0_GPIO_CLK |
13    //控制信号线
14    LTDC_CLK_GPIO_CLK | LTDC_HSYNC_GPIO_CLK |LTDC_VSYNC_GPIO_CLK|
15        LTDC_DE_GPIO_CLK | LTDC_BL_GPIO_CLK|LTDC_DISP_GPIO_CLK ,ENABLE);
```

```
16
17      /* GPIO 配置 */
18
19      /* 红色数据线 */
20      GPIO_InitStruct.GPIO_Pin = LTDC_R0_GPIO_PIN;
21      GPIO_InitStruct.GPIO_Speed = GPIO_Speed_50MHz;
22      GPIO_InitStruct.GPIO_Mode = GPIO_Mode_AF;
23      GPIO_InitStruct.GPIO_OType = GPIO_OType_PP;
24      GPIO_InitStruct.GPIO_PuPd = GPIO_PuPd_NOPULL;
25
26      GPIO_Init(LTDC_R0_GPIO_PORT, &GPIO_InitStruct);
27      GPIO_PinAFConfig(LTDC_R0_GPIO_PORT, LTDC_R0_PINSOURCE, LTDC_R0_AF);
28      /* 此处省略部分数据信号线 ......*/
29      // 控制信号线
30      GPIO_InitStruct.GPIO_Pin = LTDC_CLK_GPIO_PIN;
31      GPIO_Init(LTDC_CLK_GPIO_PORT, &GPIO_InitStruct);
32      GPIO_PinAFConfig(LTDC_CLK_GPIO_PORT, LTDC_CLK_PINSOURCE, LTDC_CLK_AF);
33
34      GPIO_InitStruct.GPIO_Pin = LTDC_HSYNC_GPIO_PIN;
35      GPIO_Init(LTDC_HSYNC_GPIO_PORT, &GPIO_InitStruct);
36      GPIO_PinAFConfig(LTDC_HSYNC_GPIO_PORT, LTDC_HSYNC_PINSOURCE,
37      LTDC_HSYNC_AF);
38      GPIO_InitStruct.GPIO_Pin = LTDC_VSYNC_GPIO_PIN;
39      GPIO_Init(LTDC_VSYNC_GPIO_PORT, &GPIO_InitStruct);
40      GPIO_PinAFConfig(LTDC_VSYNC_GPIO_PORT, LTDC_VSYNC_PINSOURCE,
41      LTDC_VSYNC_AF);
42      GPIO_InitStruct.GPIO_Pin = LTDC_DE_GPIO_PIN;
43      GPIO_Init(LTDC_DE_GPIO_PORT, &GPIO_InitStruct);
44      GPIO_PinAFConfig(LTDC_DE_GPIO_PORT, LTDC_DE_PINSOURCE, LTDC_DE_AF);
45
46      // 背光 BL 及液晶使能信号 DISP
47      GPIO_InitStruct.GPIO_Pin = LTDC_DISP_GPIO_PIN;
48      GPIO_InitStruct.GPIO_Speed = GPIO_Speed_50MHz;
49      GPIO_InitStruct.GPIO_Mode = GPIO_Mode_OUT;
50      GPIO_InitStruct.GPIO_OType = GPIO_OType_PP;
51      GPIO_InitStruct.GPIO_PuPd = GPIO_PuPd_UP;
52
53      GPIO_Init(LTDC_DISP_GPIO_PORT, &GPIO_InitStruct);
54
55      GPIO_InitStruct.GPIO_Pin = LTDC_BL_GPIO_PIN;
56      GPIO_Init(LTDC_BL_GPIO_PORT, &GPIO_InitStruct);
57
58      // 拉高使能 LCD
59      GPIO_SetBits(LTDC_DISP_GPIO_PORT,LTDC_DISP_GPIO_PIN);
60      GPIO_SetBits(LTDC_BL_GPIO_PORT,LTDC_BL_GPIO_PIN);
61 }
```

与所有使用到 GPIO 的外设一样，都要先把使用到的 GPIO 引脚模式初始化，以上代码把 LTDC 的信号线全都初始化为 LCD 复用功能，而背光 BL 及液晶使能 DISP 信号则被初始化成普通的推挽输出模式，并且在初始化完毕后直接控制它们开启背光及使能液晶屏。

端口	AF0	AF1	AF2	AF3	AF4	AF5	AF6	AF7	AF8	AF9	AF10	AF11	AF12	AF13	AF14	AF15
	SYS	TIM1/2	TIM3/4/5	TIM8/9/10/11	I2C1/2/3	SPI1/2/3/4/5/6	SPI2/3/SAI1	SPI3/USART1/2/3	USART6/UART4/5/7/8	CAN1/2/TIM12/13/14/LCD	OTG2_HS/OTG1_FS	ETH	FMC/SDIO/OTG2_FS	DCMI	LCD	SYS
PA13	JTMS-SWDIO	—	—	—	—	—	—	—	—	—	—	—	—	—	—	EVENTOUT
PA14	JTCK-SWCLK	—	—	—	—	—	—	—	—	—	—	—	—	—	—	EVENTOUT
PA15	JTDI	TIM2_CH1/TIM2_ETR	—	—	—	SPI1_NSS	SPI3_NSS/I2S3_WS	—	—	—	—	—	—	—	—	EVENTOUT
PB0	—	TIM1_CH2N	TIM3_CH3	TIM8_CH2N	—	—	—	—	—	LCD_R3	OTG_HS_ULPI_D1	ETH_MII_RXD2	—	—	—	EVENTOUT
PB1	—	TIM1_CH3N	TIM3_CH4	TIM8_CH3N	—	—	—	—	—	LCD_R6	OTG_HS_ULPI_D2	ETH_MII_RXD3	—	—	—	EVENTOUT
PB2	—	—	—	—	—	—	—	—	—	—	—	—	—	—	—	EVENTOUT
PB3	JTDO/TRACESWO	TIM2_CH2	—	—	—	SPI1_SCK	SPI3_SCK/I2S3_CK	I2S3ext_SD	—	—	—	—	—	—	—	EVENTOUT
PB4	NJTRST	—	TIM3_CH1	—	—	SPI1_MISO	SPI3_MISO	—	—	—	—	—	—	—	—	EVENTOUT
PB5	—	—	TIM3_CH2	—	I2C1_SMBA	SPI1_MOSI	SPI3_MOSI/I2S3_SD	—	—	CAN2_RX	OTG_HS_ULPI_D7	ETH_PPS_OUT	FMC_SDCKE1	DCMI_D10	—	EVENTOUT
PB6	—	—	TIM4_CH1	—	I2C1_SCL	—	—	USART1_TX	—	CAN2_TX	—	—	FMC_SDNE1	DCMI_D5	—	EVENTOUT
PB7	—	—	TIM4_CH2	—	I2C1_SDA	—	—	USART1_RX	—	—	—	—	FMC_NL	DCMI_VSYNC	—	EVENTOUT
PB8	—	—	TIM4_CH3	TIM10_CH1	I2C1_SCL	—	—	—	—	CAN1_RX	—	ETH_MII_TXD3	SDIO_D4	DCMI_D6	LCD_B6	EVENTOUT

图 26-25　LTDC 的复用功能映射

（3）配置 LTDC 的模式

接下来需要配置 LTDC 的工作模式，这个函数的主体是根据液晶屏的硬件特性，设置 LTDC 与液晶屏通信的时序参数及信号有效极性，见代码清单 26-6。

代码清单 26-6　配置 LTDC 的模式

```
1  /* 根据液晶数据手册的参数配置 */
2  #define HBP   46      // HSYNC 后的无效像素
3  #define VBP   23      // VSYNC 后的无效行数
4
5  #define HSW   1       // HSYNC 宽度
6  #define VSW   1       // VSYNC 宽度
7
8  #define HFP   16      // HSYNC 前的无效像素
9  #define VFP   7       // VSYNC 前的无效行数
10 /* LCD Size (Width and Height) */
11 #define  LCD_PIXEL_WIDTH    ((uint16_t)800)
12 #define  LCD_PIXEL_HEIGHT   ((uint16_t)480)
13
14   /**
15   * @brief LCD 参数配置
16   * @note   这个函数用于配置 LTDC 外设
17   */
18 void LCD_Init(void)
19 {
20     LTDC_InitTypeDef        LTDC_InitStruct;
21
22     /* 使能 LTDC 外设时钟 */
23     RCC_APB2PeriphClockCmd(RCC_APB2Periph_LTDC, ENABLE);
24     /* 使能 DMA2D 时钟 */
25     RCC_AHB1PeriphClockCmd(RCC_AHB1Periph_DMA2D, ENABLE);
26     /* 初始化 LCD 的控制引脚 */
27     LCD_GPIO_Config();
28     /* 初始化 SDRAM，以便使用 SDRAM 作显存 */
29     SDRAM_Init();
30
31     /* 配置 PLLSAI 分频器，它的输出作为像素同步时钟 CLK*/
32     /* PLLSAI_VCO 输入时钟 = HSE_VALUE/PLL_M = 1 MHz */
33     /* PLLSAI_VCO 输出时钟 = PLLSAI_VCO 输入 * PLLSAI_N = 420 MHz */
34     /* PLLLCDCLK = PLLSAI_VCO 输出 /PLLSAI_R = 420/6 MHz */
35     /* LTDC 时钟频率 = PLLLCDCLK / RCC_PLLSAI = 420/6/8 = 8.75 MHz */
36     /* LTDC 时钟太高会导致花屏，若对刷屏速度要求不高，降低时钟频率可减少花屏现象 */
37     // 以下函数 3 个参数分别为：PLLSAIN、PLLSAIQ、PLLSAIR，其中 PLLSAIQ 与 LTDC 无关
38     RCC_PLLSAIConfig(420, 7, 6);
39     RCC_LTDCCLKDivConfig(RCC_PLLSAIDivR_Div8); // 这个函数的参数值为 DIV
40
41     /* 使能 PLLSAI 时钟 */
42     RCC_PLLSAICmd(ENABLE);
43     /* 等待 PLLSAI 初始化完成 */
44     while (RCC_GetFlagStatus(RCC_FLAG_PLLSAIRDY) == RESET);
45
46     /* LTDC 配置 ************************************************/
```

```
47       /* 信号极性配置 */
48       /* 行同步信号极性 */
49       LTDC_InitStruct.LTDC_HSPolarity = LTDC_HSPolarity_AL;
50       /* 垂直同步信号极性 */
51       LTDC_InitStruct.LTDC_VSPolarity = LTDC_VSPolarity_AL;
52       /* 数据使能信号极性 */
53       LTDC_InitStruct.LTDC_DEPolarity = LTDC_DEPolarity_AL;
54       /* 像素同步时钟极性 */
55       LTDC_InitStruct.LTDC_PCPolarity = LTDC_PCPolarity_IPC;
56
57       /* 配置 LCD 背景颜色 */
58       LTDC_InitStruct.LTDC_BackgroundRedValue = 0;
59       LTDC_InitStruct.LTDC_BackgroundGreenValue = 0;
60       LTDC_InitStruct.LTDC_BackgroundBlueValue = 0;
61
62       /* 时间参数配置 */
63       /* 配置行同步信号宽度 (HSW-1) */
64       LTDC_InitStruct.LTDC_HorizontalSync =HSW-1;
65       /* 配置垂直同步信号宽度 (VSW-1) */
66       LTDC_InitStruct.LTDC_VerticalSync = VSW-1;
67       /* 配置 (HSW+HBP-1) */
68       LTDC_InitStruct.LTDC_AccumulatedHBP =HSW+HBP-1;
69       /* 配置 (VSW+VBP-1) */
70       LTDC_InitStruct.LTDC_AccumulatedVBP = VSW+VBP-1;
71       /* 配置 (HSW+HBP+ 有效像素宽度 -1) */
72       LTDC_InitStruct.LTDC_AccumulatedActiveW = HSW+HBP+LCD_PIXEL_WIDTH-1;
73       /* 配置 (VSW+VBP+ 有效像素高度 -1) */
74       LTDC_InitStruct.LTDC_AccumulatedActiveH = VSW+VBP+LCD_PIXEL_HEIGHT-1;
75       /* 配置总宽度 (HSW+HBP+ 有效像素宽度 +HFP-1) */
76       LTDC_InitStruct.LTDC_TotalWidth =HSW+ HBP+LCD_PIXEL_WIDTH + HFP-1;
77       /* 配置总高度 (VSW+VBP+ 有效像素高度 +VFP-1) */
78       LTDC_InitStruct.LTDC_TotalHeigh =VSW+ VBP+LCD_PIXEL_HEIGHT + VFP-1;
79
80       LTDC_Init(&LTDC_InitStruct);
81       LTDC_Cmd(ENABLE);
82   }
```

该函数的执行流程如下：

1）初始化 GPIO 引脚以及 LTDC、DMA2D 时钟。函数开头调用了前面定义的 LCD_GPIO_Config 函数对液晶屏用到的 GPIO 进行初始化，并且使用库函数 RCC_APB2PeriphClockCmd 及 RCC_AHB1PeriphClockCmd 使能 LTDC 和 DMA2D 外设的时钟。

2）初始化 SDRAM。接下来调用前面章节讲解的 SDRAM_Init 函数初始化 FMC 外设控制 SDRAM，以便使用 SDRAM 的存储空间作为显存。

3）设置像素同步时钟。在 26.3.2 节讲到，LTDC 与液晶屏通信的像素同步时钟 CLK 是由 PLLSAI 分频器控制输出的，它的时钟源为外部高速晶振 HSE 经过分频因子 M 分频后的时钟，按照默认设置，一般分频因子 M 会把 HSE 分频得到 1MHz 的时钟，如 HSE 晶振频率为 25MHz 时，把 M 设置为 25，HSE 晶振频率为 8MHz 时，把 M 设置为 8，然后调用 SystemInit 函数初始化系统时钟。经过 M 分频得到的 1MHz 时钟输入 PLLSAI 分频器后，使用倍频因子"N"倍频，然后再经过"R"因子分频，得到 PLLCDCLK 时钟，再由"DIV"因子分频得到 LTDC 通信的同步时钟 LCD_CLK。即：

$$f_{LCD\_CLK}=f_{HSE}/M\times N/R/DIV$$

由于 M 把 HSE 时钟分频为 1MHz 的时钟，所以上式等价于：

$$f_{LCD\_CLK}=1\times N/R/DIV$$

利用库函数 RCC_PLLSAIConfig 及 RCC_LTDCCLKDivConfig 函数可以配置 PLLSAI 分频器的这些参数，其中库函数 RCC_PLLSAIConfig 的 3 个输入参数分别是倍频因子 N、分频因子 Q 和分频因子 R。其中 Q 因子是作用于 SAI 接口的分频时钟，与 LTDC 无关，RCC_LTDCCLKDivConfig 函数的输入参数为分频因子"DIV"。在配置完这些分频参数后，需要调用库函数 RCC_PLLSAICmd 使能 PLLSAI 的时钟，并且检测标志位等待时钟初始化完成。

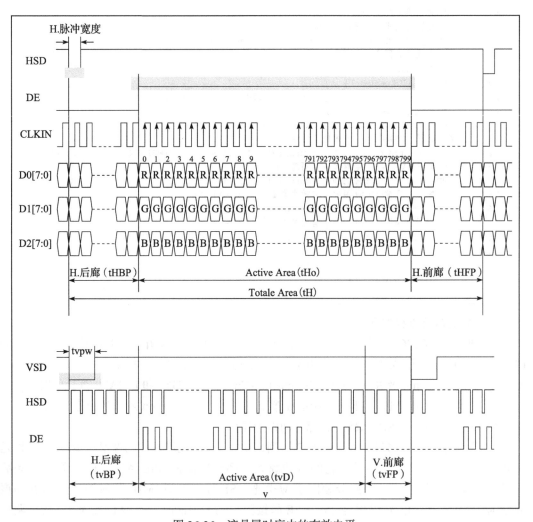

图 26-26　液晶屏时序中的有效电平

在上面的代码中，调用函数设置 N=420，R=6，DIV=8，计算得 LCD_CLK 的时钟频率为 8.75MHz，这个时钟频率是我们根据实测效果选定的。若使用的是 16 位数据格式，可把时钟频率设置为 24MHz；若只使用单层液晶屏数据源，则可配置为 34MHz。然而，根据液晶屏的数据手册查询可知，它支持的最大同步时钟频率为 50MHz，典型频率为 33.3MHz，见图 26-27，由此说明传输速率主要受限于 STM32 一方。LTDC 外设需要从 SDRAM 显存读取数据，这会消耗一定的时间，所以使用 32 位像素格式的数据要比使用 16 位像素格式的慢。如若只使用单层数据源，还可以进一步减少一半的数据量，所以更快。

4）配置信号极性。接下来，根据液晶屏的时序要求，配置 LTDC 与液晶屏通信时的信号极性，见图 26-26。在程序中配置的 HSYNC、VSYNC、DE 有效信号极性均为低电平，同步时钟信号极性配置为上升沿。其中 DE 信号的极性与液晶屏时序图的要求不一样，文档中 DE 的有效电平为高电平，而实际测试中把设置为 DE 低电平有效时屏幕才能正常工作，我们以实际测试为准。

5）配置时间参数。液晶屏通信中还有时间参数的要求，接下来的程序中，我们根据液晶屏手册给出的时间参数，配置 HSW、VSW、HBP、HFP、VBP、VFP、有效像素宽度及有效行数。这些参数都根据图 26-27 的说明以宏定义在程序中给出。

水平输入时序					
参数	符号	值			单位
		最小	典型	最大	
水平显示区域	t_{HD}	—	800	—	CLKIN
时钟频率	t_{CLK}	—	33.3	50	MHz
1 行水平线周期	t_H	862	1056	1200	CLKIN
HSD 脉冲宽度　最小	t_{HPW}	—	1	—	CLKIN
HSD 脉冲宽度　典型		—	—	—	CLKIN
HSD 脉冲宽度　最大		—	40	—	CLKIN
HSD 后廊　SYNC	t_{HBP}	46	46	46	CLKIN
HSD 前廊　SYNC	t_{HFP}	16	210	354	CLKIN

垂直输入时序					
参数	符号	值			单位
		最小	典型	最大	
垂直显示区域	t_{VD}	—	480	—	HSD
VSD 周期	t_V	540	525	650	HSD
VSD 脉冲宽度	t_{VPW}	1	—	20	HSD
VSD 后廊	t_{VBP}	23	23	23	HSD
VSD 前廊	t_{VFP}	7	22	147	HSD

图 26-27　液晶屏数据手册标注的时间参数

6）写入参数到寄存器并使能外设。经过上面步骤，赋值完了初始化结构体。接下来，调用库函数 LTDC_Init 把各种参数写入到 LTDC 的控制寄存器中，然后调用库函数 LTDC_Cmd 使能 LTDC。

（4）配置 LTDC 的层级初始化

在上面配置完成 STM32 的 LTDC 外设基本工作模式后，还需要针对液晶屏的各个数据源层进行初始化，才能正常工作，代码清单 26-7。

代码清单 26-7　LTDC 的层级初始化

```
 1  /* LCD 尺寸（宽和高）*/
 2  #define  LCD_PIXEL_WIDTH        ((uint16_t)800)
 3  #define  LCD_PIXEL_HEIGHT       ((uint16_t)480)
 4
 5  #define LCD_FRAME_BUFFER         ((uint32_t)0xD0000000)     // 第一层首地址
 6  #define BUFFER_OFFSET            ((uint32_t)800*480*3)      // 一层液晶的数据量
 7  #define LCD_PIXCELS              ((uint32_t)800*480)
 8  /**
 9   * @brief 初始化 LTD 的层参数
10   *            - 设置显存空间
11   *            - 设置分辨率
12   * @param   无
13   * @retval  无
14   */
15  void LCD_LayerInit(void)
16  {
17      LTDC_Layer_InitTypeDef LTDC_Layer_InitStruct;
18
19      /* 层窗口配置 */
20      /* 配置本层的窗口边界，注意这些参数包含 HBP HSW VBP VSW */
21      // 一行的第一个起始像素，该值应为 (LTDC_InitStruct.LTDC_AccumulatedHBP+1) 的值
22      LTDC_Layer_InitStruct.LTDC_HorizontalStart = HBP + HSW;
23      // 一行的最后一个像素，该值应为 (LTDC_InitStruct.LTDC_AccumulatedActiveW) 的值
24      LTDC_Layer_InitStruct.LTDC_HorizontalStop = HSW+HBP+LCD_PIXEL_WIDTH-1;
25      // 一列的第一个起始像素，该值应为 (LTDC_InitStruct.LTDC_AccumulatedVBP+1) 的值
26      LTDC_Layer_InitStruct.LTDC_VerticalStart =  VBP + VSW;
27      // 一列的最后一个像素，该值应为 (LTDC_InitStruct.LTDC_AccumulatedActiveH) 的值
28      LTDC_Layer_InitStruct.LTDC_VerticalStop = VSW+VBP+LCD_PIXEL_HEIGHT-1;
29
30      /* 像素格式配置 */
31      LTDC_Layer_InitStruct.LTDC_PixelFormat = LTDC_Pixelformat_RGB888;
32
33      /* 默认背景颜色，该颜色在定义的层窗口外或在层禁止时使用 */
34      LTDC_Layer_InitStruct.LTDC_DefaultColorBlue = 0;
35      LTDC_Layer_InitStruct.LTDC_DefaultColorGreen = 0;
36      LTDC_Layer_InitStruct.LTDC_DefaultColorRed = 0;
37      LTDC_Layer_InitStruct.LTDC_DefaultColorAlpha = 0;
38      /* 恒定 Alpha 值配置，0 ~ 255 */
39      LTDC_Layer_InitStruct.LTDC_ConstantAlpha = 255;
40      /* 配置混合因子 CA 表示使用恒定 Alpha 值，PA×CA 表示使用像素 Alpha× 恒定 Alpha 值 */
41      LTDC_Layer_InitStruct.LTDC_BlendingFactor_1 = LTDC_BlendingFactor1_CA;
42      LTDC_Layer_InitStruct.LTDC_BlendingFactor_2 = LTDC_BlendingFactor2_CA;
43
44      /* 该成员应写入（一行像素数据占用的字节数 +3）
```

```
45      Line Lenth = 行有效像素个数 × 每个像素的字节数 + 3
46      行有效像素个数 = LCD_PIXEL_WIDTH
47      每个像素的字节数 = 2（RGB565/RGB1555）/ 3（RGB888）/ 4（ARGB8888）
48      */
49      LTDC_Layer_InitStruct.LTDC_CFBLineLength = ((LCD_PIXEL_WIDTH * 3) + 3);
50      /* 从某行的起始位置到下一行起始位置处的像素增量
51      Pitch = 行有效像素个数 × 每个像素的字节数 */
52      LTDC_Layer_InitStruct.LTDC_CFBPitch = (LCD_PIXEL_WIDTH * 3);
53
54      /* 配置有效的行数 */
55      LTDC_Layer_InitStruct.LTDC_CFBLineNumber = LCD_PIXEL_HEIGHT;
56      /* 配置本层的显存首地址 */
57      LTDC_Layer_InitStruct.LTDC_CFBStartAdress = LCD_FRAME_BUFFER;
58      /* 以上面的配置初始化第 1 层 */
59      LTDC_LayerInit(LTDC_Layer1, &LTDC_Layer_InitStruct);
60
61      /* 配置第 2 层，若没有重写某个成员的值，则该成员使用跟第 1 层一样的配置 */
62      /* 配置本层的显存首地址，这里配置它紧接第 1 层的后面 */
63 LTDC_Layer_InitStruct.LTDC_CFBStartAdress = LCD_FRAME_BUFFER+ BUFFER_OFFSET;
64
65      /* 配置混合因子，使用像素 Alpha 参与混合 */
66 LTDC_Layer_InitStruct.LTDC_BlendingFactor_1 = LTDC_BlendingFactor1_PAxCA;
67 LTDC_Layer_InitStruct.LTDC_BlendingFactor_2 = LTDC_BlendingFactor2_PAxCA;
68      /* 初始化第 2 层 */
69      LTDC_LayerInit(LTDC_Layer2, &LTDC_Layer_InitStruct);
70
71      /* 立即重载配置 */
72      LTDC_ReloadConfig(LTDC_IMReload);
73      /* 使能前景及背景层 */
74      LTDC_LayerCmd(LTDC_Layer1, ENABLE);
75      LTDC_LayerCmd(LTDC_Layer2, ENABLE);
76
77      /* 立即重载配置 */
78      LTDC_ReloadConfig(LTDC_IMReload);
79 }
80
```

LTDC 的层级初始化函数执行流程如下：

1）配置窗口边界。每层窗口都需要配置有效显示窗口，使用 LTDC_HorizontalStart/ HorizontalStop/LTDC_VerticalStart/LTDC_VerticalStop 成员来确定这个窗口的左右上下边界，各个成员应写入的值与前面 LTDC 初始化结构体中某些参数类似。注意，某些成员要求加 1 或减 1。

2）配置像素的格式。LTDC_PixelFormat 成员用于配置本层像素的格式，在这个实验中我们把这层设置为 RGB888 格式。两层数据源的像素可以配置成不同的格式，层与层之间是独立的。

3）配置默认背景颜色。在定义的层窗口外或在层禁止时，该层会使用默认颜色作为数据源，默认颜色使用 LTDC_DefaultColorBlue/Green/Red/Alpha 成员来配置，本实验中我们把默认颜色配置成透明的。

4）配置第 1 层的恒定 Alpha 与混合因子。前面提到两层数据源混合时可根据混合因子设置是只使用恒定 Alpha 运算，还是把像素的 Alpha 也加入运算中。对于第 1 层数据源，我们不希望 LTDC 的默认背景层参与混合运算，而希望第 1 层直接作为背景（因为第 1 层的数据每个像素点都是可控的，而背景层所有像素点都是同一个颜色）。因此我们把恒定 Alpha 值（LTDC_ConstantAlpha）设置为 255，即完全不透明，混合因子 BF1/BF2 参数（LTDC_BlendingFactor_1/2）都配置成 LTDC_BlendingFactor1/2_CA，即只使用恒定 Alpha 值运算，这样配置的结果是第 1 层的数据颜色直接等于它像素本身的 RGB 值，不受像素中的 Alpha 值及背景影响。

5）配置层的数据量。通过参数 LTDC_CFBLineLength 及 LTDC_CFBLineNumber 可设定层的数据量，层的数据量跟显示窗口大小及像素格式有关，由于我们把这层的像素格式设置成了 RGB888，所以每个像素点的大小为 3 字节，LTDC_CFBLineLength 参数写入值：行有效像素个数 ×3+3。而 LTDC_CFBLineNumber 参数直接写入有效行数（LCD_PIXEL_HEIGHT）。还有一个参数 LTDC_CFBPitch 它用于配置上一行起始像素与下一行起始像素的数据增量，我们直接写入：行有效像素个数 ×3。

6）配置显存首地址。每一层都有独立的显存空间，向 LTDC_CFBStartAdress 参数赋值可设置该层的显存首地址，我们把第 1 层的显存首地址直接设置成宏 LCD_FRAME_BUFFER，该宏表示的地址为 0xD0000000，即 SDRAM 的首地址，从该地址开始，BUFFER_OFFSET 个字节的空间都用作这一层的显存空间（BUFFER_OFFSET 宏的值为 800×480×3：行有效像素宽度 × 行数 × 每个字节的数据量），向这些空间写入的数据会被解释成像素数据，LTDC 会把这些数据传输到液晶屏上，所以要控制液晶屏的输出，只要修改这些空间的数据即可，包括变量操作、指针操作、DMA 操作以及 DMA2D 操作等一切可修改 SDRAM 内容的操作都支持。

实际设置中不需要刻意设置成 SDRAM 首地址，只要能保证该地址后面的数据空间足够存储该层的一帧数据即可。

7）向寄存器写入配置参数。赋值完后，调用库函数 LTDC_LayerInit 可把这些参数写入 LTDC 的层控制寄存器，根据函数的第一个参数 LTDC_Layer1/2 来决定配置的是第 1 层还是第 2 层。

8）配置第 2 层控制参数。要想有混合效果，还需要使用第 2 层数据源，它与第 1 层的配置大致是一样的，主要区别是显存首地址和混合因子。在程序中我们把第 2 层的显存首地址设置成紧挨着第 1 层显存空间的结尾。而混合因子都配置成 PAxCA，以便它的透明像素能参与运算，实现透明效果。但实际上我们并没有修改第 2 层像素数据的格式，它依然使用 RGB888 格式，由于像素本身并没有 Alpha 通道的数据，所以是没有透明混合效果的。

正常使用时，可把第 2 层配置成 ARGB8888 或 ARGB1555 格式，才能正常使用两层数据混合的功能。本程序没有配置透明格式主要是因为各种描绘函数（如画点、画线等）是要根据像素格式进行修改的。两层使用不同的像素格式那么就要有两套同样功能的函数，容易造成混乱，而 ARGB8888 的数据量太大，所以我们把两层的像素格式都设置成了 RGB888。

如果想了解使用透明像素格式如何使用，可把工程里的 bsp_lcd.h 文件的宏 LCD_RGB888

值修改为 0，这样 bsp_lcd.c 文件会使用两层都配置为 ARGB1555 的格式及控制函数。

```
1  /* 把这个宏设置成非 0 值 液晶屏使用 RGB888 色彩，若为 0 则使用 ARGB1555 色彩 */
2  #define LCD_RGB_888  1
```

9）重载 LTDC 配置并使能数据层。把两层的参数都写入寄存器后，使用库函数 LTDC_ReloadConfig 让 LTDC 外设立即重新加载这些配置，并使用库函数 LTDC_LayerCmd 使能两层的数据源。至此，LTDC 配置就完成，可以向显存空间写入数据进行显示了。

（5）辅助显示的全局变量及函数

为方便显示操作，我们定义了一些全局变量及函数来辅助修改显存内容，这些函数都是我们自己定义的，不是 STM32 标准库提供的内容，见代码清单 26-8。

代码清单 26-8　辅助显示的全局变量及函数

```
1
2  /* 字体格式 */
3  typedef struct _tFont
4  {
5      const uint16_t *table;      /* 指向字模数据的指针 */
6      uint16_t Width;             /* 字模的像素宽度 */
7      uint16_t Height;            /* 字模的像素高度 */
8  } sFONT;
9  /* 这些可选的字体格式定义在 fonts.c 文件中 */
10 extern sFONT Font16x24;
11 extern sFONT Font12x12;
12 extern sFONT Font8x12;
13 extern sFONT Font8x8;
14
15 /**
16   * @brief  LCD Layer
17   */
18 #define LCD_BACKGROUND_LAYER      0x0000
19 #define LCD_FOREGROUND_LAYER      0x0001
20
21 #define LCD_FRAME_BUFFER          ((uint32_t)0xD0000000)    //第一层首地址
22 #define BUFFER_OFFSET             ((uint32_t)800*480*3)     //一层液晶的数据量
23
24 /* 用于存储当前选择的字体格式 */
25 static sFONT *LCD_Currentfonts;
26 /* 用于存储当前字体颜色和字体背景颜色的变量 */
27 static uint32_t CurrentTextColor   = 0x000000;
28 static uint32_t CurrentBackColor   = 0xFFFFFF;
29 /* 用于存储层对应的显存空间和当前选择的层 */
30 static uint32_t CurrentFrameBuffer = LCD_FRAME_BUFFER;
31 static uint32_t CurrentLayer = LCD_BACKGROUND_LAYER;
32
33 /**
34   * @brief  设置字体格式（英文）
35   * @param  fonts：选择要设置的字体格式
36   * @retval 无
37   */
38 void LCD_SetFont(sFONT *fonts)
```

```
39 {
40     LCD_Currentfonts = fonts;
41 }
42 /**
43   * @brief   选择要控制的层
44   * @param   Layerx: 选择要操作前景层（第 2 层）还是背景层（第 1 层）
45   * @retval 无
46   */
47 void LCD_SetLayer(uint32_t Layerx)
48 {
49     if (Layerx == LCD_BACKGROUND_LAYER)
50     {
51         CurrentFrameBuffer = LCD_FRAME_BUFFER;
52         CurrentLayer = LCD_BACKGROUND_LAYER;
53     }
54     else
55     {
56         CurrentFrameBuffer = LCD_FRAME_BUFFER + BUFFER_OFFSET;
57         CurrentLayer = LCD_FOREGROUND_LAYER;
58     }
59 }
60
61 /**
62   * @brief   设置字体的颜色及字体的背景颜色
63   * @param   TextColor: 字体颜色
64   * @param   BackColor: 字体的背景颜色
65   * @retval 无
66   */
67 void LCD_SetColors(uint32_t TextColor, uint32_t BackColor)
68 {
69     CurrentTextColor = TextColor;
70     CurrentBackColor = BackColor;
71 }
72
73 /**
74   * @brief   设置字体颜色
75   * @param   Color: 字体颜色
76   * @retval 无
77   */
78 void LCD_SetTextColor(uint32_t Color)
79 {
80     CurrentTextColor = Color;
81 }
82
83 /**
84   * @brief   设置字体的背景颜色
85   * @param   Color: 字体的背景颜色
86   * @retval 无
87   */
88 void LCD_SetBackColor(uint32_t Color)
89 {
90     CurrentBackColor = Color;
91 }
```

1）切换字体大小格式。液晶显示中，文字内容占据了很大部分，显示文字需要有"字模数据"配合。关于字模的知识我们在下一章讲解，在这里只简单介绍一下基本概念。字模是一个个像素点阵方块，如上述代码中的 sFont 结构体，包含了指向字模数据的指针以及每个字模的像素宽度、高度，即字体的大小。本实验的工程中提供了像素格式为 16×24、12×12、8×12、8×8 的英文字模。为了方便选择字模，定义了全局指针变量 LCD_Currentfonts 用来存储当前选择的字模格式，实际显示时根据该指针指向的字模格式来显示文字，可以使用下面的 LCD_SetFont 函数切换指针指向的字模格式，该函数的可输入参数为 Font16x24、Font12x12、Font8x12、Font8x8。

2）切换字体颜色和字体背景颜色。很多时候我们还希望能以不同的色彩显示文字，为此定义了全局变量 CurrentTextColor 和 CurrentBackColor 用于设定要显示字体的颜色和字体背景颜色，如：

字体为红色和字体背景为蓝色

使用函数 LCD_SetColors、LCD_SetTextColor 以及 LCD_SetBackColor 可以方便地修改这两个全局变量的值。若液晶的像素格式支持透明，可把字体背景设置为透明值，实现弹幕显示的效果（文字浮在图片之上，透过文字可看到背景图片）。

3）切换当前操作的液晶层。由于显示的数据源有两层，在写入数据时需要区分到底要写入哪个显存空间，为此，我们定义了全局变量 CurrentLayer 和 CurrentFrameBuffer 用于存储要操作的液晶层及该层的显存首地址。使用函数 LCD_SetLayer 可切换要操作的层及显存地址。

（6）绘制像素点

有了以上知识准备，就可以开始向液晶屏绘制像素点了，见代码清单 26-9。

代码清单 26-9　绘制像素点

```
 1 /**
 2  * @brief   显示一个像素点
 3  * @param   x: 像素点的 x 坐标
 4  * @param   y: 像素点的 y 坐标
 5  * @retval 无
 6  */
 7 void PutPixel(int16_t x, int16_t y)
 8 {
 9     if (x < 0 || x > LCD_PIXEL_WIDTH || y < 0 || y > LCD_PIXEL_HEIGHT)
10     {
11         return;
12     }
13     {
14         /*RGB888*/
15         uint32_t  Xaddress =0;
16         Xaddress =  CurrentFrameBuffer + 3*(LCD_PIXEL_WIDTH*y + x);
17         *(__IO uint16_t*) Xaddress= (0x00FFFF & CurrentTextColor);    // GB
18         *(__IO uint8_t*)( Xaddress+2)= (0xFF0000 & CurrentTextColor) >> 16; // R
19     }
20 }
```

这个绘制像素点的函数可输入 x、y 两个参数，用于指示要绘制像素点的坐标。得到输入参数后它首先进行参数检查，若坐标超出液晶显示范围则直接退出函数，不进行操作。坐标检查通过后根据坐标计算该像素所在的显存地址，液晶屏中的每个像素点都有对应的显存空间，像素点的坐标与显存地址有固定的映射关系，见表 26-8。

表 26-8　显存存储像素数据的方式（RGB888 格式）

...							
2							
1							
0	...	Bx+2[7:0]	Rx+1[7:0]	Gx+1[7:0]	Bx+1[7:0]	Rx[7:0]	Gx[7:0]	Bx[7:0]
行/列	...	6	5	4	3	2	1	0

当像素格式为 RGB888 时，每个像素占据 3 个字节，各个像素点按顺序排列。而且 RGB 通道的数据各占一个字节空间，蓝色数据存储在低位地址，红色数据存储在高位地址。据此可以得出像素点显存地址与像素点坐标存在以下映射关系：

$$像素点的显存基地址 = 当前层显存首地址 + 每个像素点的字节数$$
$$\times（每行像素个数 \times 坐标 y + 坐标 x）$$

而像素点内的 RGB 颜色分量地址如下：

$$蓝色分量地址 = 像素点显存基地址$$
$$绿色分量地址 = 像素点显存基地址 + 1$$
$$红色分量地址 = 像素点显存基地址 + 2$$

利用这些映射关系，绘制点函数代入存储了当前要操作的层显存首地址的全局变量 CurrentFrameBuffer 计算出像素点的显存基地址 Xaddress，再利用指针操作把当前字体颜色 CurrentTextColor 中的 RGB 颜色分量分别存储到对应的位置。由于 LTDC 工作后会一直刷新显存的数据到液晶屏，所以在下一次 LTDC 刷新的时候，被修改的显存数据就会显示到液晶屏上了。

掌握了绘制任意像素点颜色的操作后，就能随心所欲地控制液晶屏了。其他复杂的显示操作如绘制直线、矩形、圆形、文字、图片以及视频都是一样的，本质上都是操纵一个个像素点而已。如直线由点构成，矩形由直线构成，它们的区别只是点与点之间几何关系的差异，对液晶屏来说并没有什么特别的。

（7）使用 DMA2D 绘制直线和矩形

利用上面的像素点绘制方式可以实现所有液晶屏操作，但直接使用指针访问内存空间效率并不高，在某些场合下可使用 DMA2D 搬运内存数据，加速传输，在绘制纯色直线和矩形的时候十分适合，见代码清单 26-10。

代码清单 26-10　使用 DMA2D 绘制直线

```
1 /**
2  * @brief  LCD Direction
```

```
 3    */
 4  #define LCD_DIR_HORIZONTAL         0x0000
 5  #define LCD_DIR_VERTICAL           0x0001
 6  /**
 7    * @brief 显示一条直线
 8    * @param Xpos：直线起点的 x 坐标
 9    * @param Ypos：直线起点的 y 坐标
10    * @param Length：直线的长度
11    * @param Direction：直线的方向，可输入 LCD_DIR_HORIZONTAL（水平方向）
12                                           LCD_DIR_VERTICAL（垂直方向）
13    * @retval 无
14    */
15  void LCD_DrawLine(uint16_t Xpos, uint16_t Ypos, uint16_t Length,
16                    uint8_t Direction)
17  {
18      DMA2D_InitTypeDef       DMA2D_InitStruct;
19
20      uint32_t  Xaddress = 0;
21      uint16_t Red_Value = 0, Green_Value = 0, Blue_Value = 0;
22
23      /* 计算目标地址 */
24      Xaddress = CurrentFrameBuffer + 3*(LCD_PIXEL_WIDTH*Ypos + Xpos);
25
26      /* 提取颜色分量 */
27      Red_Value = (0xFF0000 & CurrentTextColor) >>16;
28      Blue_Value = 0x0000FF & CurrentTextColor;
29      Green_Value = (0x00FF00 & CurrentTextColor)>>8 ;
30
31      /* 配置 DMA2D */
32      DMA2D_DeInit();
33      DMA2D_InitStruct.DMA2D_Mode = DMA2D_R2M;
34      DMA2D_InitStruct.DMA2D_CMode = DMA2D_RGB888;
35      DMA2D_InitStruct.DMA2D_OutputGreen = Green_Value;
36      DMA2D_InitStruct.DMA2D_OutputBlue = Blue_Value;
37      DMA2D_InitStruct.DMA2D_OutputRed = Red_Value;
38      DMA2D_InitStruct.DMA2D_OutputAlpha = 0x0F;
39      DMA2D_InitStruct.DMA2D_OutputMemoryAdd = Xaddress;
40
41      /* 水平方向 */
42      if (Direction == LCD_DIR_HORIZONTAL)
43      {
44          DMA2D_InitStruct.DMA2D_OutputOffset = 0;
45          DMA2D_InitStruct.DMA2D_NumberOfLine = 1;
46          DMA2D_InitStruct.DMA2D_PixelPerLine = Length;
47      }
48      else /* 垂直方向 */
49      {
50          DMA2D_InitStruct.DMA2D_OutputOffset = LCD_PIXEL_WIDTH - 1;
51          DMA2D_InitStruct.DMA2D_NumberOfLine = Length;
52          DMA2D_InitStruct.DMA2D_PixelPerLine = 1;
53      }
54      DMA2D_Init(&DMA2D_InitStruct);
55      /* 开始 DMA2D 传输 */
```

```
56         DMA2D_StartTransfer();
57         /* 等待传输结束 */
58         while (DMA2D_GetFlagStatus(DMA2D_FLAG_TC) == RESET);
59 }
```

这个绘制直线的函数输入参数为直线起始像素点的坐标、直线长度，以及直线的方向（它只能描绘水平直线或垂直直线），函数主要利用了前面介绍的 DMA2D 初始化结构体，执行流程介绍如下：

1）计算起始像素点的显存位置。与绘制单个像素点一样，使用 DMA2D 绘制也需要知道像素点对应的显存地址。利用直线起始像素点的坐标计算出直线在显存的基本位置 Xaddress。

2）提取直线颜色的 RGB 分量。使用 DMA2D 绘制纯色数据时，需要向它的寄存器写入 RGB 通道的数据，所以我们先把直线颜色 CurrentTextColor 的 RGB 分量提取到 RED/Green/Blue_Value 变量值中。

3）配置 DMA2D 传输模式像素格式、颜色分量及偏移地址。接下来开始向 DMA2D 初始化结构体赋值，在赋值前先调用库函数 DMA2D_DeInit，以便关闭 DMA2D，因为它只有在非工作状态下才能重新写入配置。配置时把 DMA2D 的模式设置成了 DMA2D_R2M，以寄存器中的颜色作为数据源，即 DMA2D_OutputGreen/Blue/Red/Alpha 中的值，我们向这些参数写入上面提取得到的颜色分量。DMA2D 输出地址设置为上面计算得的 Xaddress。

4）配置 DMA2D 的输出偏移、行数及每行的像素点个数。直线方向不同时，对 DMA2D_OutputOffset（行偏移）、DMA2D_NumberOfLine（行的数量）及 DMA2D_PixelPerLine（每行的像素宽度）这几个参数的配置是不一样的。在显示垂直线的时候才需要行偏移，而在显示水平线的时候，由于水平线宽度只有一个像素点，只占据一行像素点，不需要换行，所以行偏移设置为任意值都不影响。行偏移的概念比较抽象，请参考前面 26.7 节的内容理解。

5）写入参数到寄存器并传输。配置完 DMA2D 的参数后，调用库函数 DMA2D_Init 把参数写入寄存器中，然后调用 DMA2D_StartTransfer 开始传输，然后检测标志位等待传输结束。

（8）使用 DMA2D 绘制矩形

与绘制直线很类似，利用 DMA2D 绘制纯色矩形的方法见代码清单 26-11。

代码清单 26-11　使用 DMA2D 绘制矩形

```
1 /**
2  * @brief   绘制纯色矩形
3  * @param  Xpos: 起始 X 坐标
4  * @param  Ypos: 起始 Y 坐标
5  * @param  Height: 矩形高
6  * @param  Width: 矩形宽
7  * @retval 无
8  */
9 void LCD_DrawFullRect(uint16_t Xpos, uint16_t Ypos, uint16_t Width,
10                      uint16_t Height)
```

```
11 {
12     DMA2D_InitTypeDef       DMA2D_InitStruct;
13
14     uint32_t  Xaddress = 0;
15     uint16_t Red_Value = 0, Green_Value = 0, Blue_Value = 0;
16
17     Red_Value = (0xFF0000 & CurrentTextColor)>>16 ;
18     Blue_Value = 0x0000FF & CurrentTextColor;
19     Green_Value = (0x00FF00 & CurrentTextColor)>>8;
20
21     Xaddress = CurrentFrameBuffer + 3*(LCD_PIXEL_WIDTH*Ypos + Xpos);
22
23     /* 配置 DMA2D */
24     DMA2D_DeInit();
25     DMA2D_InitStruct.DMA2D_Mode = DMA2D_R2M;
26     DMA2D_InitStruct.DMA2D_CMode = DMA2D_RGB888;
27     DMA2D_InitStruct.DMA2D_OutputGreen = Green_Value;
28     DMA2D_InitStruct.DMA2D_OutputBlue = Blue_Value;
29     DMA2D_InitStruct.DMA2D_OutputRed = Red_Value;
30     DMA2D_InitStruct.DMA2D_OutputAlpha = 0x0F;
31     DMA2D_InitStruct.DMA2D_OutputMemoryAdd = Xaddress;
32     DMA2D_InitStruct.DMA2D_OutputOffset = (LCD_PIXEL_WIDTH - Width);
33     DMA2D_InitStruct.DMA2D_NumberOfLine = Height;
34     DMA2D_InitStruct.DMA2D_PixelPerLine = Width;
35     DMA2D_Init(&DMA2D_InitStruct);
36     /* 开始 DMA2D 传输 */
37     DMA2D_StartTransfer();
38
39     /* 等待传输结束 */
40     while (DMA2D_GetFlagStatus(DMA2D_FLAG_TC) == RESET);
41 }
```

对于 DMA2D 来说，绘制矩形实际上就是绘制一条很粗的直线，与绘制直线的主要区别是行偏移、行数以及每行的像素个数。

3. main 函数

最后我们来编写 main 函数，使用液晶屏显示图像，见代码清单 26-12。

代码清单 26-12　main 函数

```
1 /**
2  * @brief  主函数
3  * @param  无
4  * @retval 无
5  */
6 int main(void)
7 {
8     /* LED 端口初始化 */
9     LED_GPIO_Config();
10
11    /* 初始化液晶屏 */
12    LCD_Init();
13    LCD_LayerInit();
```

```
14          LTDC_Cmd(ENABLE);
15
16          /* 把背景层刷黑色 */
17          LCD_SetLayer(LCD_BACKGROUND_LAYER);
18          LCD_Clear(LCD_COLOR_BLACK);
19
20          /* 初始化后默认使用前景层 */
21          LCD_SetLayer(LCD_FOREGROUND_LAYER);
22          /* 默认设置不透明，该函数参数为不透明度，范围为 0 ~ 0xff，0 为全透明，0xff 为不透明 */
23          LCD_SetTransparency(0xFF);
24          LCD_Clear(LCD_COLOR_BLACK);
25          /* 经过 LCD_SetLayer(LCD_FOREGROUND_LAYER) 函数后，
26          以下液晶操作都在前景层刷新，除非重新调用 LCD_SetLayer 函数设置背景层 */
27
28          LED_BLUE;
29
30          Delay(0xfff);
31
32          while (1)
33          {
34              LCD_Test();
35          }
36  }
```

上电后，调用了 LCD_Init、LCD_LayerInit 函数初始化 LTDC 外设，然后使用 LCD_SetLayer 函数切换到背景层，使用 LCD_Clear 函数把背景层都刷成黑色，LCD_Clear 实质是一个使用 DMA2D 显示矩形的函数，只是它默认矩形的宽和高直接设置成液晶屏的分辨率参数，把整个屏幕都刷成同一种颜色。刷完背景层的颜色后再调用 LCD_SetLayer 切换到前景层，然后在前景层绘制图形。中间还有一个 LCD_SetTransparency 函数，它用于设置当前层的透明度，设置后整层的像素包含该透明值，由于整层透明并没有什么用（一般应用是某些像素点透明看到背景，而其他像素点不透明），我们把前景层设置为完全不透明。

初始化完成后，调用 LCD_Test 函数显示各种图形进行测试（如直线、矩形、圆形），具体内容请直接在工程中阅读源码，这里不展开讲解。LCD_Test 中还调用了文字显示函数，其原理在下一章详细说明。

26.8.3　下载验证

用 USB 线连接开发板，编译程序下载到实验板，并上电复位，液晶屏会显示各种内容。

第 27 章
LTDC——液晶显示中英文

27.1 字符编码

在前面我们学习了如何使用 LTDC 外设控制液晶屏并用它显示各种图形，本章讲解如何控制液晶屏显示文字。使用液晶屏显示文字时，涉及字符编码与字模的知识。

由于计算机只能识别 0 和 1，文字也只能以 0 和 1 的形式在计算机里存储，所以我们需要对文字进行编码才能让计算机处理。编码的过程就是规定特定的 01 数字串来表示特定的文字，最简单的字符编码例子是 ASCII 码。

27.1.1 ASCII 编码

学习 C 语言时，我们知道在程序设计中使用 ASCII 编码表约定了一些控制字符、英文及数字。在存储器中，它们本质上也是二进制数，只是我们约定这些二进制数可以表示某些特殊意义，如以 ASCII 编码解释数字 "0x41" 时，它表示英文字符 "A"。ASCII 码表分为两部分，第 1 部分是控制字符或通信专用字符，它们的数字编码为 0 ~ 31，见表 27-1。它们并没有特定的图形显示，但会根据不同的应用程序，而对文本显示有不同的影响。ASCII 码的第 2 部分包括空格、阿拉伯数字、标点符号、大小写英文字母以及 DEL（删除控制），这部分符号的数字编码为 32 ~ 127，除最后一个 DEL 符号外，都能以图形的方式来表示，见表 27-2。它们属于传统文字书写系统的一部分。

表 27-1　ASCII 码中的控制字符或通信专用字符

十进制	十六进制	缩写 / 字符	解　　释
0	0	NUL（null）	空字符
1	1	SOH（start of headline）	标题开始
2	2	STX（start of text）	正文开始
3	3	ETX（end of text）	正文结束
4	4	EOT（end of transmission）	传输结束
5	5	ENQ（enquiry）	请求
6	6	ACK（acknowledge）	收到通知
7	7	BEL（bell）	响铃

（续）

十进制	十六进制	缩写 / 字符	解　释
8	8	BS（backspace）	退格
9	9	HT（horizontal tab）	水平制表符
10	0A	LF（NL line feed, new line）	换行键
11	0B	VT（vertical tab）	垂直制表符
12	0C	FF（NP form feed, new page）	换页键
13	0D	CR（carriage return）	回车键
14	0E	SO（shift out）	不用切换
15	0F	SI（shift in）	启用切换
16	10	DLE（data link escape）	数据链路转义
17	11	DC1（device control 1）	设备控制 1
18	12	DC2（device control 2）	设备控制 2
19	13	DC3（device control 3）	设备控制 3
20	14	DC4（device control 4）	设备控制 4
21	15	NAK（negative acknowledge）	拒绝接收
22	16	SYN（synchronous idle）	同步空闲
23	17	ETB（end of trans. block）	传输块结束
24	18	CAN（cancel）	取消
25	19	EM（end of medium）	介质中断
26	1A	SUB（substitute）	替补
27	1B	ESC（escape）	换码（溢出）
28	1C	FS（file separator）	文件分隔符
29	1D	GS（group separator）	分组符
30	1E	RS（record separator）	记录分隔符
31	1F	US（unit separator）	单元分隔符

表 27-2　ASCII 码中的字符及数字

十进制	十六进制	缩写 / 字符	十进制	十六进制	缩写 / 字符
32	20	(space) 空格	43	2B	+
33	21	!	44	2C	,
34	22	"	45	2D	–
35	23	#	46	2E	.
36	24	$	47	2F	/
37	25	%	48	30	0
38	26	&	49	31	1
39	27	'	50	32	2
40	28	(	51	33	3
41	29	)	52	34	4
42	2A	*	53	35	5

（续）

十进制	十六进制	缩写 / 字符	十进制	十六进制	缩写 / 字符
54	36	6	91	5B	[
55	37	7	92	5C	\
56	38	8	93	5D	]
57	39	9	94	5E	^
58	3A	:	95	5F	_
59	3B	;	96	60	`
60	3C	<	97	61	a
61	3D	=	98	62	b
62	3E	>	99	63	c
63	3F	?	100	64	d
64	40	@	101	65	e
65	41	A	102	66	f
66	42	B	103	67	g
67	43	C	104	68	h
68	44	D	105	69	i
69	45	E	106	6A	j
70	46	F	107	6B	k
71	47	G	108	6C	l
72	48	H	109	6D	m
73	49	I	110	6E	n
74	4A	J	111	6F	o
75	4B	K	112	70	p
76	4C	L	113	71	q
77	4D	M	114	72	r
78	4E	N	115	73	s
79	4F	O	116	74	t
80	50	P	117	75	u
81	51	Q	118	76	v
82	52	R	119	77	w
83	53	S	120	78	x
84	54	T	121	79	y
85	55	U	122	7A	z
86	56	V	123	7B	{
87	57	W	124	7C		
88	58	X	125	7D	}
89	59	Y	126	7E	~
90	5A	Z	127	7F	DEL（delete）删除

后来，计算机技术发展到其他非英语国家的时候，各国使用的字母在 ASCII 码表中没有

定义，所以就采用 127 之后的位来表示这些新的字母，还加入了各种形状，一直编号到 255。从 128 到 255 这些字符被称为 ASCII 扩展字符集。至此，基本存储单位 Byte（char）能表示的编号都被用完了。

27.1.2 中文编码

由于英文书写系统都是由 26 个基本字母组成，利用 26 个字母可组合出不同的单词，所以用 ASCII 码表就能表达整个英文书写系统。而中文书写系统中的汉字是独立的方块，若参考单词拆解成字母的表示方式，汉字可以拆解成部首、笔画来表示，但这样会非常复杂（可参考五笔输入法编码），所以中文编码直接对方块字进行编码，一个汉字使用一个编码。

由于汉字非常多，常用字就有 6000 多个，如果像 ASCII 编码表那样只使用 1 个字节，那么最多只能表示 256 个汉字，所以我们使用 2 个字节来编码。

1. GB2312 标准

我们首先定义的是 GB2312 标准。它把 ASCII 码表 127 之后的扩展字符集直接取消，并规定小于 127 的编码按原来 ASCII 标准解释字符。当 2 个大于 127 的字符连在一起时，就表示 1 个汉字，第 1 个字节使用（0xA1-0xFE）编码，第 2 个字节使用（0xA1-0xFE）编码，这样的编码组合起来可以表示 7000 多个符号，其中包含 6763 个汉字。在这些编码里，我们还把数学符号、罗马字母、日文假名等都编进表中，就连原来在 ASCII 里原本就有的数字、标点以及字母也重新编了 2 个字节长的编码，这就是平时在输入法里可切换的"全角"字符，而标准的 ASCII 码表中 127 以下的就被称为"半角"字符。

表 27-3 说明了 GB2312 是如何兼容 ASCII 码的。当我们设定系统使用 GB2312 标准的时候，它遇到一个字符串时，会按字节检测字符值的大小，若遇到连续两个字节的数值都大于 127，就把这两个连续的字节合在一起，用 GB2312 解码；若遇到的数值小于 127，就直接用 ASCII 解码。

表 27-3 GB2312 兼容 ASCII 码的原理

第 1 个字节	第 2 个字节	表示的字符	说 明
0x68	0x69	(hi)	两个字节的值都小于 127（0x7F），使用 ASCII 解码
0xB0	0xA1	(啊)	两个字节的值都大于 127（0x7F），使用 GB2312 解码

在 GB2312 编码的实际使用中，有时会用到区位码的概念，见图 27-1。GB2312 编码对所收录字符进行了"分区"处理，共 94 个区，每区含有 94 个位，共 8836 个码位。而区位码实际是 GB2312 编码的内部形式，它规定对收录的每个字符采用两个字节表示，第 1 个字节为"高字节"，对应 94 个区；第 2 个字节为"低字节"，对应 94 个位。所以它的区位码范围是：0101 ~ 9494。为兼容 ASCII 码，区号和位号分别加上 0xA0 偏移就得到 GB2312 编码。在区位码上加上 0xA0 偏移，可求得 GB2312 编码范围：0xA1A1 ~ 0xFEFE，其中汉字的编码范围为 0xB0A1 ~ 0xF7FE，第 1 个字节 0xB0 ~ 0xF7（对应区号 16 ~ 87），第 2 个字节 0xA1 ~ 0xFE（对应位号 01 ~ 94）。

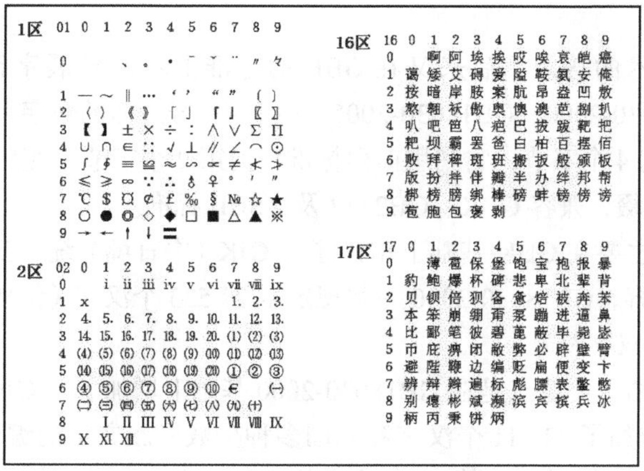

图 27-1　GB2312 的部分区位码

例如，"啊"字是 GB2312 编码中的第一个汉字，它位于 16 区的 01 位，所以它的区位码就是 1601，加上 0xA0 偏移，其 GB2312 编码为 0xB0A1。其中区位码为 0101 的码位表示的是"空格"符。

2. GBK 编码

据统计，GB2312 编码中表示的 6763 个汉字已经覆盖中国大陆汉字 99.75% 的使用率，单看这个数字已经很令人满意了，但是我们不能因为有一些文字不常用就不让它进入信息时代，而且生僻字在人名、文言文中的出现频率是非常高的。为此我们在 GB2312 标准的基础上又增加了 14 240 个新汉字（包括所有后面介绍的 Big5 中的所有汉字）和符号，这个方案被称为 GBK 标准。增加这么多字符，按照 GB2312 原来的格式来编码，2 个字节已经没有足够的编码，编码人员修改了一下格式，不再要求第 2 个字节的编码值必须大于 127，只要第 1 个字节大于 127 就表示这是一个汉字的开始，这样就做到了兼容 ASCII 和 GB2312标准。

表 27-4 说明了 GBK 是如何兼容 ASCII 和 GB2312 标准的。当我们设定系统使用 GBK标准的时候，它按顺序遍历字符串，按字节检测字符值的大小，若遇到一个字符的值大于127 时，就再读取它后面的一个字符，把这两个字符值合在一起，用 GBK 解码。解码完后，再读取第 3 个字符，重新开始以上过程。若该字符值小于 127，则直接用 ASCII 解码。

表 27-4　GBK 兼容 ASCII 和 GB2312 的原理

第 1 个字节	第 2 个字节	第 3 个字节	表示的字符	说　明
0x68（<7F）	0xB0（>7F）	0xA1（>7F）	（h 啊）	第 1 个字节小于 127，使用 ASCII 解码，每 2 个字节大于 127，直接使用 GBK 解码，兼容 GB2312
0xB0（>7F）	0xA1（>7F）	0x68（<7F）	（啊 h）	第 1 个字节大于 127，直接使用 GBK 码解释，第 3 个字节小于 127，使用 ASCII 解码
0xB0（>7F）	0x56（<7F）	0x68（<7F）	（瘙 h）	第 1 个字节大于 127，第 2 个字节虽然小于 127，直接使用 GBK 解码，第 3 个字节小于 127，使用 ASCII 解码

3. GB18030

随着计算机技术的普及，后来又在 GBK 的标准上不断扩展字符，这些标准被称为 GB18030，如 GB18030-2000、GB18030-2005 等（"–"号后面的数字是制定标准时的年号）。GB18030 的编码使用 4 个字节，它利用前面标准中的第 2 个字节未使用的 0x30 ~ 0x39 编码表示扩充 4 字节的后缀，兼容 GBK、GB2312 及 ASCII 标准。

GB18030-2000 主要在 GBK 基础上增加了"CJK（中日韩）统一汉字扩充 A"的汉字。加上前面 GBK 的内容，GB18030-2000 一共规定了 27 533 个汉字（包括部首、构件等）的编码，还有一些常用非汉字符号。

GB18030-2005 的主要特点是在 GB18030-2000 基础上增加了"CJK（中日韩）统一汉字扩充 B"的汉字。增加了 42 711 个汉字和我国多种少数民族文字的编码（如藏文、蒙古文、傣文、彝文、朝鲜文、维吾尔文等）。加上前面 GB18030-2000 的内容，一共收录了 70 244 个汉字。

GB2312、GBK 及 GB18030 是汉字的国家标准编码，新版向下兼容旧版，各个标准简要说明见表 27-5。目前比较流行的是 GBK 编码，因为每个汉字只占用 2 个字节，而且它编码的字符已经能满足大部分应用的需求，但国家要求一些产品必须支持 GB18030 标准。

表 27-5　汉字国家标准

类别	编码范围	汉字编码范围	扩充汉字数	说　明
GB2312	第 1 字节 0xA1 ~ 0xFE 第 2 字节 0xA1 ~ 0xFE	第 1 字节 0xB0 ~ 0xF7 第 2 字节 0xA1 ~ 0xFE	6763	除汉字外，还包括拉丁字母、希腊字母、日文平假名及片假名字母、俄语西里尔字母在内的 682 个全角字符
GBK	第 1 字节 0x81 ~ 0xFE 第 2 字节 0x40 ~ 0xFE	第 1 字节 0x81 ~ 0xA0 第 2 字节 0x40 ~ 0xFE	6080	包括部首和构件，以及中日韩汉字，包含了 BIG5 编码中的所有汉字，加上 GB2312 的原内容，一共有 21 003 个汉字
		第 1 字节 0xAA ~ 0xFE 第 2 字节 0x40 ~ 0xA0	8160	
GB18030-2000	第 1 字节 0x81 ~ 0xFE 第 2 字节 0x30 ~ 0x39 第 3 字节 0x81 ~ 0xFE 第 4 字节 0x30 ~ 0x39	第 1 字节 0x81 ~ 0x82 第 2 字节 0x30 ~ 0x39 第 3 字节 0x81 ~ 0xFE 第 4 字节 0x30 ~ 0x39	6530	在 GBK 基础上增加了中日韩统一汉字扩充 A 的汉字，加上 GB2312、GBK 的内容，一共有 27533 个汉字
GB18030-2005	第 1 字节 0x81 ~ 0xFE 第 2 字节 0x30 ~ 0x39 第 3 字节 0x81 ~ 0xFE 第 4 字节 0x30 ~ 0x39	第 1 字节 0x95 ~ 0x98 第 2 字节 0x30 ~ 0x39 第 3 字节 0x81 ~ 0xFE 第 4 字节 0x30 ~ 0x39	42711	在 GB18030-2000 的基础上增加了 42 711 个中日韩统一汉字扩充 B 中的汉字和我国多种少数民族文字的编码（如藏、蒙古、傣、彝、朝鲜、维吾尔等），加上前面 GB2312、GBK、GB18030-2000 的内容，一共有 70 244 个汉字

4. Big5 编码

在台湾、香港等地区使用较多的是 Big5 编码，它的主要特点是收录了繁体字。而从 GBK 编码开始，已经把 Big5 中的所有汉字收录进编码了。即对于汉字部分，GBK 是 Big5

的超集，Big5 能表示的汉字，在 GBK 都能找到那些字相应的编码。但它们的编码是不一样的，两个标准不兼容，如 GBK 中的 "啊" 字编码是 0xB0A1，而在 Big5 标准中的编码为 0xB0DA。

27.1.3　Unicode 字符集和编码

各个国家或地区都根据自己使用的文字系统制定标准，同一个编码在不同的标准里表示不一样的字符，各个标准互不兼容，而又没有一个标准能够囊括所有的字符，即无法用一个标准表达所有字符。国际标准化组织（ISO）为解决这一问题，舍弃了地区性的方案，重新给全球上所有文化使用的字母和符号进行编号，对每个字符指定一个唯一的编号（ASCII 中原有的字符编号不变），这些字符的编号从 0x000000 到 0x10FFFF，该编号集被称为 Universal Multiple-Octet Coded Character Set，简称 UCS，也被称为 Unicode。最新版的 Unicode 标准还包含了表情符号（聊天软件中的部分 emoji 表情）。可访问 Unicode 官网了解：http://www.unicode.org。

Unicode 字符集只是对字符进行编号，但具体怎么对每个字符进行编码，Unicode 并没指定，因此也衍生出了如下几种 Unicode 编码方案（Unicode Transformation Format）。

27.1.4　UTF-32

对 Unicode 字符集编码，最自然的就是 UTF-32 方式了。编码时，它对 Unicode 字符集里的每个字符都用 4 字节来表示，转换方式很简单，直接将字符对应的编号数字转换为 4 字节的二进制数，见表 27-6。由于 UTF-32 把每个字符都用 4 字节来存储，因此 UTF-32 不兼容 ASCII 编码，也就是说 ASCII 编码的文件用 UTF-32 标准来打开会成为乱码。

表 27-6　UTF-32 编码示例

字符	GBK 编码	Unicode 编号	UTF-32 编码
A	0x41	0x0000 0041	大端格式 0x0000 0041
啊	0xB0A1	0x0000 554A	大端格式 0x0000 554A

对 UTF-32 数据进行解码的时候，以 4 个字节为单位进行解析即可，根据编码可直接找到 Unicode 字符集中对应编号的字符。

UTF-32 的优点是编码简单，解码也很方便，读取编码的时候每次都直接读 4 个字节，不需要加其他的判断。它的缺点是浪费存储空间，大量常用字符的编号只需要 2 个字节就能表示。而且，在存储的时候需要指定字节顺序，是高位字节存储在前（大端格式），还是低位字节存储在前（小端格式）。

27.1.5　UTF-16

针对 UTF-32 的缺点，人们改进出了 UTF-16 的编码方式，它采用 2 字节或 4 字节的变长编码方式（UTF-32 定长为 4 字节）。对 Unicode 字符编号在 0 到 65535 的统一用 2 个字节来表示，将每个字符的编号转换为 2 字节的二进制数，即从 0x0000 到 0xFFFF。而由于 Unicode 字符集在 0xD800 ~ 0xDBFF 这个区间是没有表示任何字符的，所以 UTF-16 就利用这段空间，对 Unicode 中编号超出 0xFFFF 的字符，利用它们的编号做某种运算与该空间建立映射关系，从而利用该空间表示 4 字节扩展，见表 27-7。感兴趣的读者可查阅相关资料了解具体的映射过程。

表 27-7　UTF-16 编码示例

字符	GB18030 编码	Unicode 编号	UTF-16 编码
A	0x41	0x0000 0041	大端格式 0x0041
啊	0xB0A1	0x0000 554A	大端格式 0x554A
㵳	0x9735 F832	0x0002 75CC	大端格式 0xD85D DDCC

注：㵳五笔码为 TLHH（不支持 GB18030 码的输入法无法找到该字，感兴趣可搜索它的 Unicode 编号找到）

UTF-16 解码时，按两个字节去读取，如果这两个字节不在 0xD800 到 0xDFFF 范围内，那就是双字节编码的字符，以双字节进行解析，找到对应编号的字符。如果这两个字节在 0xD800 到 0xDFFF 之间，那它就是 4 字节编码的字符，以 4 字节进行解析，找到对应编号的字符。

UTF-16 编码的优点是相对 UTF-32 而言节约了存储空间，缺点是仍不兼容 ASCII 码，并有大小端格式问题。

27.1.6　UTF-8

UTF-8 是目前 Unicode 字符集中使用得最广的编码方式，目前大部分网页文件已使用 UTF-8 编码。如使用浏览器查看百度首页源文件，可以在前几行 HTML 代码中找到如下代码：

```
1 <meta http-equiv=Content-Type content="text/html;charset=utf-8">
```

其中，"charset"等号后面的"utf-8"即表示该网页字符的编码方式为 UTF-8。

UTF-8 也是一种变长的编码方式，它的编码有 1、2、3、4 字节长度的方式，每个 Unicode 字符根据自己的编号范围去进行对应的编码，见表 27-8。它的编码符合以下规律：

❑ 对于 UTF-8 单字节的编码，该字节的第 1 位设为 0（从左边数起第 1 位，即最高位），剩余的位用来写入字符的 Unicode 编号。即对于 Unicode 编号从 0x0000 0000 ~ 0x0000 007F 的字符，UTF-8 编码只需要 1 个字节，因为这个范围 Unicode 编号的字符与 ASCII 码完全相同，所以 UTF-8 兼容了 ASCII 码表。

❑ 对于 UTF-8 使用 N 个字节的编码（N>1），第一个字节的前 N 位设为 1，第 N+1 位设为 0，后面字节的前两位都设为 10，这 N 个字节的其余空位填充该字符的 Unicode 编号，高位用 0 补足。

表 27-8　UTF-8 编码原理（x 的位置用于填充 Unicode 编号）

Unicode（十六进制）	UTF-8（二进制）				
编号范围	第 1 字节	第 2 字节	第 3 字节	第 4 字节	第 5 字节
00000000-0000007F	0xxxxxxx				
00000080-000007FF	110xxxxx	10xxxxxx			
00000800-0000FFFF	1110xxxx	10xxxxxx	10xxxxxx		
00010000-0010FFFF	11110xxx	10xxxxxx	10xxxxxx	10xxxxxx	
…	111110xx	10xxxxxx	10xxxxxx	10xxxxxx	10xxxxxx

注：实际上 UTF-8 编码长度最大为 4 个字节，所以最多只能表示 Unicode 编码值的二进制数为 21 位的 Unicode 字符。但是已经能表示所有的 Unicode 字符，因为 Unicode 的最大码位 0x10FFFF 也只有 21 位。

UTF-8 解码的时候以字节为单位，如果第 1 个字节的 bit7 位以 0 开头，那就是 ASCII 字符，以单字节进行解析。如果第 1 个字节的 bit7 ~ bit5 位以 110 开头，就按双字节进行解析，第 3、4 字节的解析方法类似。

UTF-8 的优点是兼容了 ASCII 码，节约空间，且没有字节顺序的问题，它直接根据第 1 个字节前面数据位中连续的 1 个数决定后面有多少个字节。不过使用 UTF-8 编码汉字平均需要 3 个字节，比 GBK 编码要多一个字节。

27.1.7　BOM

由于 UTF 系列有多种编码方式，而且对于 UTF-16 和 UTF-32 还有大小端的区分，那么计算机软件在打开文档的时候到底应该用什么编码方式去解码呢？有的人就想到在文档最前面加标记，一种标记对应一种编码方式，这些标记就叫做 BOM（Byte Order Mark），它们位于文本文件的开头，见表 27-9。注意，BOM 是对 Unicode 的几种编码而言的，ANSI 编码没有 BOM。

表 27-9　BOM 标记

BOM 标记	表示的编码
0xEF 0xBB 0xBF	UTF-8
0xFF 0xFE	UTF-16 小端格式
0xFE 0xFF	UTF-16 大端格式
0xFF 0xFE 0x00 0x00	UTF-32 小端格式
0x00 0x00 0xFE 0xFF	UTF-32 大端格式

但由于带 BOM 的设计很多规范不兼容，不能跨平台，所以这种带 BOM 的设计没有流行起来。Linux 系统下默认不带 BOM。

27.2　字模简介

有了编码，我们就能在计算机中处理、存储字符了。但是如果计算机处理完字符后直接以编码的形式输出，人类将难以识别。如，在 2 秒内告诉我 ASCII 编码的 "0x25" 表示什么字符？再来告诉我 GBK 编码的 "0xBCC6" 表示什么字符？因此计算机与人交互时，一般会把字符转化成人类习惯的表现形式进行输出，如显示、打印的时候。

但是如果仅有字符编码，计算机还不知道该如何表达该字符，因为字符实际上是一个个独特的图形，计算机必须把字符编码转化成对应的字符图形人类才能正常识别。因此我们要给计算机提供字符的图形数据，这些数据就是字模，多个字模数据组成的文件也被称为字库。计算机显示字符时，根据字符编码与字模数据的映射关系找到它相应的字模数据，液晶屏根据字模数据显示该字符。

27.2.1 字模的构成

已知字模是图形数据，而图形在计算机中是由一个个像素点组成的，所以字模实质上是一个个像素点数据。为方便处理，我们把字模定义成方块形的像素点阵，且每个像素点只有 0 和 1 这两种状态（可以理解为单色图像数据）。如图 27-2 所示，这是两个宽、高为 16×16 的像素点阵组成的两个汉字图形，其中的黑色像素点即为文字的笔迹。计算机要表示这样的图形，只需使用 16×16 个二进制数据位，每个数据位记录一个像素点的状态，把黑色像素点以 "1" 表示，无色像素点以 "0" 表示即可。这样的一个汉字图形，使用 16×16/8=32 个字节，就可以记录下来。

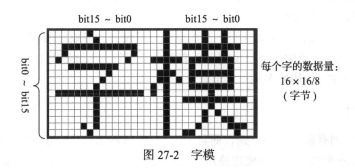

图 27-2　字模

16×16 的 "字" 的字模数据以 C 语言数组的方式表示，见代码清单 27-1。在这样的字模中，以两个字节表示一行像素点，16 行构成一个字模。

代码清单 27-1　"字" 的字模数据

```
1  /* 字 */
2  unsigned char code Bmp003[]=
3  {
4  /*-------------------------------------------------------------
5  ;源文件 / 文字：字
6  ;宽 × 高（像素）:16×16
7  ;字模格式 / 大小：单色点阵液晶字模，横向取模，字节正序 /32 字节
8  -------------------------------------------------------------*/
9
10 0x02,0x00,0x01,0x00,0x3F,0xFC,0x20,0x04,0x40,0x08,0x1F,0xE0,0x00,0x40,0x00,0x80,
11 0xFF,0xFF,0x7F,0xFE,0x01,0x00,0x01,0x00,0x01,0x00,0x01,0x00,0x05,0x00,0x02,0x00,
12 };
```

27.2.2 字模显示原理

如果使用 LCD 的画点函数，按位来扫描这些字模数据，把为 1 的数据位以黑色来显示（也可以使用其他颜色），为 0 的数据位以白色来显示，即可把整个点阵还原出来，显示在液

晶屏上。

　　为便于理解，我们编写了一个代码段，使用串口 printf 利用字模打印汉字到串口上位机，见代码清单 27-2 中演示的字模显示原理。

代码清单 27-2　使用串口利用字模打印汉字到上位机

```
1
2  /* "当" 字的字模 */
3  unsigned char charater_matrix[] =
4      {
5      0x00,0x80,0x10,0x90,0x08,0x98,0x0C,0x90,
6      0x08,0xA0,0x00,0x80,0x3F,0xFC,0x00,0x04,
7      0x00,0x04,0x1F,0xFC,0x00,0x04,0x00,0x04,
8      0x00,0x04,0x3F,0xFC,0x00,0x04,0x00,0x00
9      };
10
11 /**
12   * @brief   使用串口在上位机打印字模
13   *      演示字模显示原理
14   * @retval 无
15   */
16 void Printf_Charater(void)
17     {
18     int i,j;
19     unsigned char kk;
20
21     /* i 用作行计数 */
22     for ( i=0; i<16; i++)
23         {
24         /* j 用作一字节内数据的移位计数 */
25         /* 一行像素的第 1 个字节 */
26         for (j=0; j<8; j++)
27             {
28             /* 一个数据位一个数据位地处理 */
29             kk = charater_matrix[2*i] << j ; // 左移 j 位
30             if ( kk & 0x80)
31                 {
32                 printf("*");                 // 如果最高位为 1，输出 "*" 号，表示笔迹
33                 }
34             else
35                 {
36                 printf(" ");                 // 如果最高位为 0，输出 "空格"，表示空白
37                 }
38             }
39         /* 一行像素的第 2 个字节 */
40         for (j=0; j<8; j++)
41             {
42             kk = charater_matrix[2*i+1] << j ; // 左移 j 位
43
44             if ( kk & 0x80)
45                 {
46                 printf("*");                 // 如果最高位为 1，输出 "*" 号，表示笔迹
```

```
47                    }
48              else
49                  {
50                      printf(" ");          //如果最高位为 0，输出 " 空格 "，表示空白
51                  }
52              }
53          printf("\n");                     //输出完一行像素，换行
54          }
55      printf("\n\n");                       //一个字输出完毕
56      }
```

在 main 函数中运行这段代码，连接开发板到上位机，可以看到图 27-3 中的显示。该函数中利用 printf 函数对字模数据中为 1 的数据位打印 "*" 号，为 0 的数据位打印出 "空格"，从而在串口接收区域中使用 "*" 号显示出了一个 "当" 字。

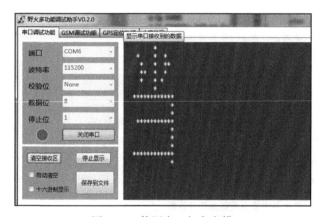

图 27-3　使用串口打印字模

27.2.3　如何制作字模

以上只是某几个字符的字模，为方便使用，我们需要制作所有常用字符的字模，如程序只需要英文显示，那就需要制作包含 ASCII 码表 02 中所有字符的字模；如程序只需要使用一些常用汉字，可以选择制作 GB2312 编码里所有字符的字模，而且希望字模数据与字符编码有固定的映射关系，以便在程序中使用字符编码作为索引，查找字模。在网上搜索可找到一些制作字模的软件工具，可满足这些需求。在我们提供的 "LTDC——液晶显示汉字" 工程目录下提供了一个取模软件 PCtoLCD，这里以它为例讲解如何制作字模，其他字模软件也是类似的。

（1）配置字模格式

打开取模软件，单击 "选项" 菜单，会弹出一个对话框，见图 27-4。

❏ 选项 "点阵格式" 中的阴码、阳码是指字模点阵中有笔迹像素位的状态是 "1" 还是 "0"。如图 27-3 所示就是阴码，反过来就是阳码。本工程中使用阴码。

❏ 选项 "取模方式" 是指字模图形的扫描方向，修改这部分的设置后，选项框的右侧会

有相应的说明及动画显示。这里我们依然按前文介绍的字模类型，把它配置成"逐行式"。

❑ 在选项"每行显示数据"里我们把"点阵"和"索引"都配置成 24，即设置这个点阵的像素大小为 24×24。

"字模选项"中的其他格式保持不变。设置完单击"确定"按钮即可。"字模选项"的这些配置会影响显示代码的编写方式，即类似代码清单 27-2 中的程序。

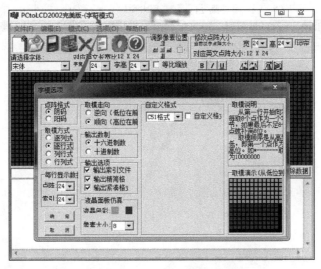

图 27-4　配置字模格式

（2）生成 GB2312 字模

配置完字模选项后，单击软件中的"导入文本"图标，会弹出一个"生成字库"对话框，见图 27-5。单击右下角的"生成国标汉字库"按钮即可生成包含了 GB2312 编码里所有字符的字模文件。

在"LTDC——液晶显示汉字"工程目录下的 GB2312_H2424.FON 文件是我用这个取模软件生成的字模原文件，若不想自己制作字模，可直接使用该文件。

27.2.4　字模寻址公式

使用字模软件制作的字模数据一般会按照编码格式排列。如我们利用以上软件生成的字模文件 GB2312_H2424.FON 中的数据，是根据 GB2312 的区位码表的顺序存储的，它存储了区位码为 0101 ~ 9494 的字符，每个字模的大小为 24×24/8=72 字节。其中第 1 个字符"空格"的区位码为 0101，它是首个字符，所以文件的前 72 字节存储的是它的字模数据；同理，72 ~ 144 字节存储的则是 0102 字符"、"的字模数据。所以，任意字符的寻址公式如下：

$$Addr = (((Code_H - 0xA0 - 1) \times 94) + (Code_L - 0xA0 - 1)) \times 24 \times 24/8$$

其中，$Code_H$ 和 $Code_L$ 分别是 GB2312 编码的第 1 字节和第 2 字节；94 是指一个区中有 94 个位（即 94 个字符）。公式的实质是根据字符的 GB2312 编码，求出区位码，然后用区位码乘以每个字符占据的字节数，进而求出地址偏移。

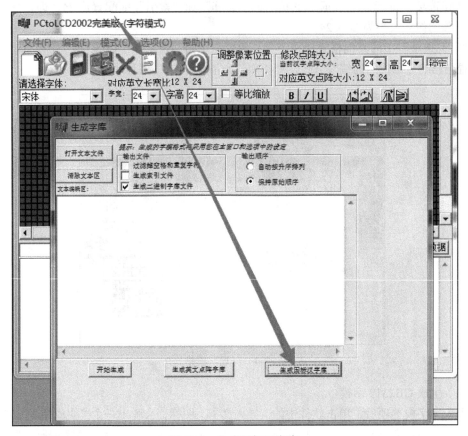

图 27-5 生成国标汉字库

27.2.5 存储字模文件

上面生成的 GB2312_H2424.FON 文件的大小为 576KB，比很多 STM32 芯片内部的所有 Flash 空间都大。如果我们还是在程序中直接以 C 语言数组的方式存储字模数据，STM32 芯片的程序空间会非常紧张。一般的做法是把字模数据存储到外部存储器，如 SD 卡或 SPI-Flash 芯片中，当需要显示某个字符时，控制器根据字符的编码算好字模的存储地址，再从存储器中读取。而 Flash 芯片则可以在生产前就固化好字模内容，然后直接把 Flash 芯片贴到电路板上，作为整个系统的一部分。

27.3 LTDC——各种模式的液晶显示字符实验

本小节讲解如何利用字模在液晶屏上显示字符。根据编码或字模存储位置、使用方式的不同，讲解中涉及多个工程，见表 27-10 中的说明。在讲解特定实验的时候，请读者打开相应的工程来阅读。

表 27-10　各种模式的液晶显示字符实验

工程名称	说　明
LTDC—液晶显示英文（字库在内部 Flash）	仅包含 ASCII 码字符显示功能，字库直接以 C 语言常量数组的方式存储在 STM32 芯片的内部 Flash 空间
LTDC—液晶显示汉字（字库在外部 Flash）	包含 ASCII 码字符及 GB2312 码字符的显示功能，ASCII 码字符存储在 STM32 内部 Flash，GB2312 码字符存储在外部 SPI-Flash 芯片
LTDC—LCD 显示汉字（字库在 SD 卡）	包含 ASCII 码字符及 GB2312 码字符的显示功能，ASCII 码字符存储在 STM32 内部 Flash，GB2312 码字符直接以文件的格式存储在 SD 卡中
LTDC—液晶显示汉字（显示任意大小）	在基础字库的支持下，使用字库缩放函数，使得只用一种字库，就能显示任意大小的字符。包含 ASCII 码字符及 GB2312 码字符的显示功能，ASCII 码字符存储在 STM32 内部 Flash，GB2312 码字符存储在外部 SPI-Flash 芯片

这些实验是在 "LTDC/DMA2D——液晶显示" 工程的基础上修改的，主要添加了字符显示相关的内容，本小节只讲解这部分新增的函数。关于液晶驱动的原理在此不赘述，不理解这部分的读者可阅读前面的相关章节。

27.3.1　硬件设计

针对不同模式的液晶显示字符工程，需要有不同的硬件支持。字库存储在 STM32 芯片内部 Flash 的工程，只需要液晶屏和 SDRAM 的支持即可，与普通液晶显示的硬件需求无异。需要外部字库的工程，要有额外的 SPI-Flash、SD 支持，使用外部 Flash 时，我们的实验板上直接用板子上的 SPI-Flash 芯片存储字库，出厂前我们已给 Flash 芯片烧录了前面的 GB2312_H2424.FON 字库文件，如果您想把我们的程序移植到您自己设计产品上，请确保该系统包含有存储了字库的 Flash 芯片，才能正常显示汉字。使用 SD 卡时，需要给板子接入存储有 GB2312_H2424.FON 字库文件的 MicroSD 卡，SD 卡的文件系统格式需要是 FAT 格式，且字库文件所在的目录需要与程序里使用的文件目录一致。

关于 SPI-Flash 和 SD 卡的原理图及驱动说明可参考其他的章节。对外部 SPI-Flash 和 SD 卡存储字库的操作我们将在另一个文档中说明，本章的教程默认您已配置好 SDI-Flash 和 SD 卡相关的字库环境。

27.3.2　显示 ASCII 编码的字符

我们先来看如何显示 ASCII 码表中的字符，请打开 "LTDC——液晶显示英文（字库在内部 Flash）" 的工程文件。本工程中我们把字库数据相关的函数代码写在 fonts.c 及 fonts.h 文件中，字符显示的函数仍存储在 LCD 驱动文件 bsp_lcd.c 及 bsp_lcd.h 中。

1. 编程要点

1）获取字模数据；

2）根据字模格式编写液晶显示函数；

3）编写测试程序，控制液晶显示英文。

2. 代码分析

（1）ASCII 字模数据

要显示字符首先要有字库数据，在工程的 fonts.c 文件中我们定义了一系列大小为 16×24、12×12、8×12 及 8×8 的 ASCII 码表的字模数据，其形式见代码清单 27-3。

代码清单 27-3 部分英文字库 16×24 大小（fonts.c 文件）

```
 1 /** @defgroup FONTS_Private_Variables
 2  * @{
 3  */
 4 const uint16_t ASCII16x24_Table [] =
 5 {
 6   /**
 7    * @brief        Space ' '
 8    */
 9   0x0000, 0x0000, 0x0000, 0x0000, 0x0000, 0x0000, 0x0000, 0x0000,
10   0x0000, 0x0000, 0x0000, 0x0000, 0x0000, 0x0000, 0x0000, 0x0000,
11   0x0000, 0x0000, 0x0000, 0x0000, 0x0000, 0x0000, 0x0000, 0x0000,
12   /**
13    * @brief        '!'
14    */
15   0x0000, 0x0180, 0x0180, 0x0180, 0x0180, 0x0180, 0x0180, 0x0180,
16   0x0180, 0x0180, 0x0180, 0x0180, 0x0180, 0x0180, 0x0000, 0x0000,
17   0x0180, 0x0180, 0x0180, 0x0000, 0x0000, 0x0000, 0x0000, 0x0000,
18   /**
19    * @brief        '"'
20    */
21   0x0000, 0x0000, 0x00CC, 0x00CC, 0x00CC, 0x00CC, 0x00CC, 0x00CC,
22   0x0000, 0x0000, 0x0000, 0x0000, 0x0000, 0x0000, 0x0000, 0x0000,
23   0x0000, 0x0000, 0x0000, 0x0000, 0x0000, 0x0000, 0x0000, 0x0000,
24   /**
25    * @brief        '#'
26    */
27   0x0000, 0x0000, 0x0000, 0x0000, 0x0000, 0x0000, 0x0C60, 0x0C60,
28   0x0C60, 0x0630, 0x0630, 0x1FFE, 0x1FFE, 0x0630, 0x0738, 0x0318,
29   0x1FFE, 0x1FFE, 0x0318, 0x0318, 0x018C, 0x018C, 0x018C, 0x0000,
30   /* 以下部分省略 .....*/
```

由于 ASCII 中的字符并不多，所以本工程中直接以 C 语言数组的方式存储这些字模数据，C 语言的 const 数组是作为常量直接存储到 STM32 芯片的内部 Flash 中的，所以如果不需要显示中文，可以不用外部的 SPI-Flash 芯片，可省去烧录字库的麻烦。以上代码定义的 ASCII16 × 24_Table 数组是 16×24 大小的 ASCII 字库。

（2）管理英文字模的结构体

为了方便使用各种不同的英文字模，工程中定义了一个 _tFont 结构体类型，并利用它定义存储了不同字体信息的结构体变量，见代码清单 27-4。

代码清单 27-4　管理英文字模的结构体（fonts.c 文件）

```
1  /* 字体格式 */
2  typedef struct _tFont
3  {
4      const uint16_t *table;        /* 指向字模数据的指针 */
5      uint16_t Width;               /* 字模的像素宽度 */
6      uint16_t Height;              /* 字模的像素高度 */
7  } sFONT;
8
9  sFONT Font16x24 =
10 {
11     ASCII16x24_Table,             /* 指向 16×24 的字模数组 */
12     16,                           /* 宽度 */
13     24,                           /* 高度 */
14 };
15
16 sFONT Font12x12 =
17 {
18     ASCII12x12_Table,             /* 指向 12×12 的字模数组 */
19     12,                           /* 宽度 */
20     12,                           /* 高度 */
21  };
22
23 sFONT Font8x12 =
24  {
25     ASCII8x12_Table,
26     8,                            /* 宽度 */
27     12,                           /* 高度 */
28 };
29
30 sFONT Font8x8 =
31 {
32     ASCII8x8_Table,
33     8, /* 宽度 */
34     8, /* 高度 */
35  };
```

这个结构体类型定义了 3 个变量，第 1 个是指向字模数据的指针，即前面提到的 C 语言数组，第 2 个和第 3 个变量存储了该字模单个字符的像素宽度和高度。利用这个类型定义了 Font16x24、Font12x12 之类的变量，方便显示时寻址。

（3）切换字体

在程序中若要方便切换字体，还需要定义一个存储了当前选择字体的变量 LCD_Currentfonts，见代码清单 27-5。

代码清单 27-5　切换字体（bsp_lcd.c 文件）

```
1  /* 用于存储当前选择的字体格式的全局变量 */
2  static sFONT *LCD_Currentfonts;
3  /**
4    * @brief  设置字体格式（英文）
```

```
 5     * @param   fonts: 选择要设置的字体格式
 6     * @retval 无
 7     */
 8  void LCD_SetFont(sFONT *fonts)
 9  {
10      LCD_Currentfonts = fonts;
11  }
```

使用 LCD_SetFont 可以切换 LCD_Currentfonts 指向的字体类型，函数的可输入参数即前面的 Font16x24、Font12x12 之类的变量。

（4）ASCII 字符显示函数

利用字模数据以及上述结构体变量，我们可以编写一个能显示各种字体的通用函数，见代码清单 27-6。

代码清单 27-6　ASCII 字符显示函数

```
 1  /**
 2    * @brief   显示一个字符到液晶屏
 3    * @param  Xpos: 字符要显示到的液晶行地址
 4    * @param  Ypos: 字符要显示到的液晶列地址
 5    * @param  c: 指针，指向要显示字符的字模数据的地址
 6    * @retval 无
 7    */
 8  void LCD_DrawChar(uint16_t Xpos, uint16_t Ypos, const uint16_t *c)
 9  {
10      uint32_t index = 0, counter = 0, xpos =0;
11      uint32_t  Xaddress = 0;
12
13      /* xpos 表示当前行的显存偏移位置 */
14      xpos = Xpos*LCD_PIXEL_WIDTH*3;
15      /* Xaddress 表示液晶像素点所在液晶屏的列位置 */
16      Xaddress = Ypos;
17
18      /* index 用于行计数 */
19      for (index = 0; index < LCD_Currentfonts->Height; index++)
20      {
21          /*counter 用于行内像素点的位置计数 */
22          for (counter = 0; counter < LCD_Currentfonts->Width; counter++)
23          {
24              /* 根据字模数据判断是彩色像素还是无色像素 */
25  if (((((c[index] & ((0x80 << ((LCD_Currentfonts->Width/12) * 8 )) >> counter)) == 0x00) &&
26      (LCD_Currentfonts->Width <= 12))||
27      (((c[index] & (0x1 << counter)) == 0x00)&&(LCD_Currentfonts->Width > 12 )))
28              {
29                  /* 显示背景色 */
30                  *(__IO uint16_t*)(CurrentFrameBuffer + (3*Xaddress) +
31                    xpos) = (0x00FFFF & CurrentBackColor);          //GB
32                  *(__IO uint8_t*)(CurrentFrameBuffer + (3*Xaddress) +
33                    xpos+2) = (0xFF0000 & CurrentBackColor) >> 16; //R
34              }
35              else
```

```
36              {
37                  /* 显示字体颜色 */
38          *(__IO uint16_t*)(CurrentFrameBuffer + (3*Xaddress) + xpos) =
39                      (0x00FFFF & CurrentTextColor);        //GB
40          *(__IO uint8_t*)(CurrentFrameBuffer + (3*Xaddress) + xpos+2) =
41                      (0xFF0000 & CurrentTextColor) >> 16; //R
42              }
43              /* 指向当前行的下一个点 */
44              Xaddress++;
45          }
46          /* 显示完一行 */
47          /* 指向字符显示矩阵下一行的第一个像素点 */
48          Xaddress += (LCD_PIXEL_WIDTH - LCD_Currentfonts->Width);
49      }
50  }
```

这个函数与前文中的串口打印字模到上位机的那个函数原理是一样的，只是这个函数使用液晶显示，所以需要计算显存地址，在特定的显存地址写入数据。为方便理解，可配合表011理解，该表代表液晶面板的部分像素，每个单元格表示一个液晶像素点，其中深色部分代表上述函数操作涉及的字符显示矩阵，浅色代表其余无关像素点。

表 27-11　液晶显示字符说明表

				Ypos				
Xpos	①			②	③		④	
				⑤				

该函数的说明如下：

1）输入参数。这个字符显示函数有 Xpos、Ypos 及 c 参数。其中 Xpos 和 Ypos 分别表示字符显示位置的像素行号及像素列号，如表中的 Xpos 和 Ypos 参数确定了字符要显示的像素位置，即标号"②"处。而输入参数 c 是一个指向将要显示的字符的字模数据的指针，它的指针地址由上层函数计算，在本函数中我们只需要知道它是指向某个字模的数据即可，我们将要利用它的数据，填充表中的绿色单元格，即字符显示矩阵。

2）xpos 与 Xaddress 变量。输入参数经过处理，被存储在 xpos 及 Xaddress 变量中，注意这个"xpos"是小写的，与输入参数"Xpos"不一样。xpos 中存储的是标号"①"处像素点的显存地址，它由输入参数"Xpos × 液晶每行像素个数 × 每个像素字节数"得到。而 Xaddress 在函数刚开始的时候直接让它等于输入参数"Ypos"，它表示与标号"①"处像素点的偏移，单位为像素点个数，刚开始的时候它的偏移指向标号"②"处的像素点。

3）行循环与列循环。计算好地址后，就可以根据字模数据处理了，函数使用了两个 for 循环，对字符显示矩阵里每个像素位进行遍历，一个点一个点地描上颜色。其中内层 for 循环用于遍历行内像素位，外层 for 循环用于遍历像素行。for 循环中的判断条件利用了当前选择字体 LCD_Currentfonts 的宽度及高度变量，以使函数适应不同的字模格式。

4）判断像素位的状态。在 for 循环里遍历每个像素位时，有一个 if 条件判断，它根据字模数据中的数据位决定特定像素是要显示字体颜色还是背景颜色。代码中的判断条件加入了字体的宽度变量进行运算，对不同字模数据进行不同的处理。由于 ASCII 码表的这部分字模是 ST 官方例程给出的，我们不清楚这些字模数据如何存储，所以也很难分析这段代码中的判断代码具体为何要这样写，只要知道在这个判断条件后，程序分出了当前遍历到的像素点该显示背景颜色还是显示字体颜色这两个分支即可。

5）设置像素点的颜色。经过判断分支后，字符显示矩阵对于字模数据位中的两种状态分别显示背景色 CurrentBackColor 和字体颜色 CurrentTextColor。这部分实质上与液晶屏绘制像素点的原理是一样的，想控制某像素点的颜色，就往该像素点的显存空间写入颜色数据即可。代码中利用（CurrentFrameBuffer +（3 × Xaddress）+ xpos）表示当前像素点的显存空间首地址，其中 CurrentFrameBuffer 是当前液晶层的显存首地址，它加上 xpos 的行地址偏移，再加上"每个像素点的字节数 × Xaddress"，就可以计算出当前要操作的像素点地址了。

6）处理其他像素点。处理完第一个像素点后，Xaddress 变量自加 1，指向标号"③"中的像素点，循环此过程，直到处理完当前字符显示矩阵的一整行像素点，退出内循环，然后对 Xaddress 变量作行偏移运算：Xaddress +=（LCD_PIXEL_WIDTH - LCD_Currentfonts->Width），使 Xaddress 指向字符显示矩阵下一行的首个像素点，即标号"⑤"处的像素点，运算中加入的偏移量就是标号"④"与标号"⑤"之间的像素点个数（表 27-11 中的浅色区域）。执行完整个外层 for 循环，就把一个字符的所有像素点描绘完了。

（5）直接使用 ASCII 码显示字符

上面的函数需要直接指定要显示的字符的字模地址，不符合使用习惯，为此我们再定义一个函数 LCD_DisplayChar，使得可以直接用 ASCII 字符串来显示，见代码清单 27-7。

代码清单 27-7　直接使用 ASCII 码显示字符

```
1  /** @defgroup FONTS_Exported_Constants
2   * @{
3   */
4  #define LINE(x) ((x) * (((sFONT *)LCD_GetFont())->Height))
5
6  /**
7   * @brief   显示一个字符（英文）
8   * @param   Line: 要显示的行编号 LINE(0) ~ LINE(N)
9   * @param   Column: 字符所在的液晶列地址
10  * @param   Ascii: ASCII 字符编码 0x20 and 0x7E
11  * @调用格式: LCD_DisplayChar(LINE(1),48,'A')
12  * @retval  无
13  */
14 void LCD_DisplayChar(uint16_t Line, uint16_t Column, uint8_t Ascii)
15 {
16     Ascii -= 32;
17
18     LCD_DrawChar(Line, Column,
19         &LCD_Currentfonts->table[Ascii * LCD_Currentfonts->Height]);
20 }
```

　　该函数需要 Line、Column 及 Ascii 三个输入参数。其中 Line 参数可以输入宏 LINE（x），其中 x 表示字符要显示在液晶屏的哪一行，利用这个宏可以把液晶屏显示区域按照字符高度来分行，方便显示操作。Column 参数用于控制字符显示在液晶屏上的哪一列。Ascii 参数用于输入要显示字符的 ASCII 编码，在程序中我们可以使用 A′ 这种形式赋值。

　　（6）显示字符串

　　继续对以上函数进行封装，我们可以得到 ASCII 字符的字符串显示函数，见代码清单 27-8。

代码清单 27-8　字符串显示函数

```
1  /**
2   * @brief   显示一行字符（英文），若超出液晶宽度，不自动换行
3   * @param   Line: 要显示的行编号 LINE(0) ~ LINE(N)
4   * @param   *ptr: 要显示的字符串指针
5   * @调用格式: LCD_DisplayStringLine(LINE(1),"test")
6   */
7  void LCD_DisplayStringLine(uint16_t Line, uint8_t *ptr)
8  {
9      uint16_t refcolumn = 0;
10     /* 判断显示位置不能超出液晶屏的边界 */
11     while ((refcolumn < LCD_PIXEL_WIDTH) &&
12            ((*ptr != 0) & (((refcolumn + LCD_Currentfonts->Width) &
13             0xFFFF) >= LCD_Currentfonts->Width)))
14     {
15         /* 使用 LCD 显示一个字符 */
16         LCD_DisplayChar(Line, refcolumn, *ptr);
17         /* 根据字体偏移显示的位置 */
18         refcolumn += LCD_Currentfonts->Width;
19         /* 指向字符串中的下一个字符 */
```

```
20          ptr++;
21      }
22  }
```

本函数中的输入参数 ptr 为指向要显示的字符串的指针，在函数的内部它把字符串中的字符一个个地利用 LCD_DisplayChar 函数显示到液晶屏上。使用这个函数，我们可以很方便地利用 "LCD_DisplayStringLine(LINE(1), "test")" 这样的格式，在液晶屏上直接显示一串字符。

（7）显示 ASCII 码示例

下面我们再来看 main 文件是如何利用这些函数显示 ASCII 码字符的，见代码清单 27-9。

代码清单 27-9　显示 ASCII 码的 main 函数

```
1  /**
2    * @brief   主函数
3    * @param   无
4    * @retval  无
5    */
6  int main(void)
7  {
8      /* LED 端口初始化 */
9      LED_GPIO_Config();
10
11     /* 初始化液晶屏 */
12     LCD_Init();
13     LCD_LayerInit();
14     LTDC_Cmd(ENABLE);
15
16     /* 把背景层刷成黑色 */
17     LCD_SetLayer(LCD_BACKGROUND_LAYER);
18     LCD_Clear(LCD_COLOR_BLACK);
19
20     /* 初始化后默认使用前景层 */
21     LCD_SetLayer(LCD_FOREGROUND_LAYER);
22     /* 默认设置不透明，该函数参数为不透明度，范围为 0 ~ 0xff，0 为全透明，0xff 为不透明 */
23     LCD_SetTransparency(0xFF);
24     LCD_Clear(LCD_COLOR_BLACK);
25     /* 经过 LCD_SetLayer(LCD_FOREGROUND_LAYER) 函数后
26     以下液晶操作都在前景层刷新，除非重新调用过 LCD_SetLayer 函数设置背景层 */
27
28     LED_BLUE;
29     Delay(0xfff);
30
31     while (1) {
32         LCD_Test();
33     }
34  }
```

main 函数中主要是对液晶屏初始化，初始化完成后就能够显示 ASCII 码字符了，无需利用 SPI-Flash 或 SD 卡。在 while 循环中调用的 LCD_Test 函数包含了显示字符的函数调用示例，见代码清单 27-10。

代码清单 27-10　LCD_Test 函数中的 ASCII 码显示示例

```
1  /* 用于测试各种液晶的函数 */
2  void LCD_Test(void)
3  {
4      /* 演示显示变量 */
5      static uint8_t testCNT = 0;
6      char dispBuff[100];
7
8      testCNT++;
9
10     /* 使用不透明前景层 */
11     LCD_SetLayer(LCD_FOREGROUND_LAYER);
12     LCD_SetTransparency(0xff);
13
14     LCD_Clear(LCD_COLOR_BLACK);  /* 清屏，显示全黑 */
15
16     /* 设置字体颜色及字体的背景颜色 ( 此处的背景不是指 LCD 的背景层！注意区分 )*/
17     LCD_SetColors(LCD_COLOR_WHITE,LCD_COLOR_BLACK);
18
19     /* 选择字体 */
20     LCD_SetFont(&Font16x24);
21     LCD_DisplayStringLine(LINE(1),(uint8_t* )"BH 5.0 inch LCD para:");
22     LCD_DisplayStringLine(LINE(2),(uint8_t* )"Image resolution:800x480 px");
23     LCD_DisplayStringLine(LINE(3),(uint8_t* )"Touch pad:5 point touch
24     supported");
25     LCD_DisplayStringLine(LINE(4),(uint8_t* )"Use STM32-LTDC directed
26     driver,");
27     LCD_DisplayStringLine(LINE(5),(uint8_t* )"no extern lcd driver
28     needed,RGB888,24bits data bus");
29     LCD_DisplayStringLine(LINE(6),(uint8_t* )"Touch pad use IIC to
30     communicate");
31
32     /* 使用 C 标准库把变量转化成字符串 */
33     sprintf(dispBuff,"Display value demo: testCount = %d ",testCNT);
34     LCD_ClearLine(LINE(7));
35
36     /* 然后显示该字符串即可，其他变量也是这样处理 */
37     LCD_DisplayStringLine(LINE(7),(uint8_t* )dispBuff);
38     /*... 以下省略其他液晶测试函数的内容 */
39  }
40
```

这段代码包含了使用字符串显示函数显示常量字符和变量的示例。显示常量字符串时，直接使用双引号括起要显示的字符串即可，根据 C 语言的语法，这些字符串会被转化成常量数组，数组内存储对应字符的 ASCII 码，然后存储到 STM32 的 Flash 空间，函数调用时通过指针来找到对应的 ASCII 码，液晶显示函数使用前面分析过的流程，转换成液晶显示输出。

在很多场合下，我们可能需要使用液晶屏显示代码中变量的内容，这时很多用户就不知道该如何解决了，上面的 LCD_Test 函数结尾处演示了如何处理。它主要是使用一个 C 语言标准库里的函数 sprintf，把变量转化成 ASCII 码字符串，将转化后的字符串存储到一个数组中，然后再利用液晶显示字符串的函数显示该数组的内容即可。spritnf 函数的用法与 printf 函数类似，使用它时需要包含头文件 string.h。

27.3.3 显示 GB2312 编码的字符

显示 ASCII 编码比较简单，由于字库文件小，甚至都不需要使用外部的存储器。而显示汉字时，由于我们的字库是存储到外部存储器上的，这涉及额外的获取字模数据的操作，且由于字库制作方式与前面 ASCII 码字库不一样，显示的函数也要做相应的更改。

我们分别制作了两个工程来演示如何显示汉字，以下部分的内容请打开"LTDC——液晶显示汉字（字库在外部 Flash）"和"LTDC——LCD 显示汉字（字库在 SD 卡）"工程阅读理解。这两个工程使用的字库文件内容相同，只是字库存储的位置不一样，工程中我们把获取字库数据相关的函数代码写在 fonts.c 及 fonts.h 文件中，字符显示的函数仍存储在 LCD 驱动文件 bsp_lcd.c 及 bsp_lcd.h 中。

1. 编程要点

1）获取字模数据；

2）根据字模格式编写液晶显示函数；

3）编写测试程序，控制液晶显示汉字。

2. 代码分析

（1）显示汉字字符

由于我们的 GB2312 字库文件与 ASCII 字库文件不是使用同一种方式生成的，所以为了显示汉字，需要另外编写一个字符显示函数，它利用前文生成的 GB2312_H2424.FON 字库显示 GB2312 编码里的字符，见代码清单 27-11。

代码清单 27-11 显示 GB2312 编码字符的函数（bsp_ldc.c 文件）

```
1
2  /*********** 中文 ********** 在显示屏上显示的字符大小 ******************/
3  #define        macWIDTH_CH_CHAR                      24          // 中文字符宽度
4  #define        macHEIGHT_CH_CHAR                     24          // 中文字符高度
5
6  /**
7   * @brief   在显示器上显示一个中文字符
8   * @param   usX : 在特定扫描方向下字符的起始 X 坐标
9   * @param   usY : 在特定扫描方向下字符的起始 Y 坐标
10  * @param   usChar : 要显示的中文字符 (国标码)
11  * @retval 无
12  */
13 void LCD_DispChar_CH ( uint16_t usX, uint16_t usY, uint16_t usChar)
14 {
15     uint8_t ucPage, ucColumn;
16     uint8_t ucBuffer [ 24*24/8 ];
17
18     uint32_t usTemp;
19     uint32_t  xpos =0;
```

```
20      uint32_t  Xaddress = 0;
21
22      /*xpos 表示当前行的显存偏移位置 */
23      xpos = usX*LCD_PIXEL_WIDTH*3;
24
25      /*Xaddress 表示像素点 */
26      Xaddress += usY;
27
28      macGetGBKCode ( ucBuffer, usChar );                      //取字模数据
29
30      /*ucPage 表示当前行数 */
31      for ( ucPage = 0; ucPage < macHEIGHT_CH_CHAR; ucPage ++ )
32      {
33          /* 取出 3 个字节的数据，在 LCD 上即是一个汉字的一行 */
34          usTemp = ucBuffer [ ucPage * 3 ];
35          usTemp = ( usTemp << 8 );
36          usTemp |= ucBuffer [ ucPage * 3 + 1 ];
37          usTemp = ( usTemp << 8 );
38          usTemp |= ucBuffer [ ucPage * 3 + 2];
39
40          for ( ucColumn = 0; ucColumn < macWIDTH_CH_CHAR; ucColumn ++ )
41          {
42              if ( usTemp & ( 0x01 << 23 ) )                   //高位在前
43              {
44                  //字体色
45                  *(__IO uint16_t*)(CurrentFrameBuffer + (3*Xaddress) + xpos) =
46                          (0x00FFFF & CurrentTextColor);        //GB
47                *(__IO uint8_t*)(CurrentFrameBuffer + (3*Xaddress) + xpos+2) =
48                          (0xFF0000 & CurrentTextColor) >> 16;  //R
49
50              }
51              else
52              {
53                  //背景色
54                *(__IO uint16_t*)(CurrentFrameBuffer + (3*Xaddress) + xpos) =
55                          (0x00FFFF & CurrentBackColor);        //GB
56                *(__IO uint8_t*)(CurrentFrameBuffer + (3*Xaddress) + xpos+2) =
57                          (0xFF0000 & CurrentBackColor) >> 16;  //R
58
59              }
60              /* 指向当前行的下一个点 */
61              Xaddress++;
62              usTemp <<= 1;
63          }
64          /* 显示完一行 */
65          /* 指向字符显示矩阵下一行的第一个像素点 */
66          Xaddress += (LCD_PIXEL_WIDTH - macWIDTH_CH_CHAR);
67      }
68 }
```

这个 GB2312 码的显示函数与 ASCII 码的显示函数类似，它的输入参数有 usX、usY 及 usChar。其中 usX 和 usY 用于设定字符的显示位置，usChar 是字符的编码，这是一个 16 位

的变量，因为 GB2312 编码中每个字符是 2 个字节的。函数的执行流程介绍如下：

1）使用 xpos 和 Xaddress 来计算字符显示矩阵的偏移。

2）使用量 macGetGBKCode 函数获取字模数据，向该函数输入 usChar 参数（字符的编码），它从外部 SPI-Flash 芯片或 SD 卡中读取该字符的字模数据，读取到的数据被存储到数组 ucBuffer 中。关于 macGetGBKCode 函数我们在后面详细讲解。

3）遍历像素点。这个代码在遍历时还使用了 usTemp 变量来缓存一行的字模数据（本字模一行有 3 个字节），然后一位一位地判断这些数据，数据位为 1 的时候，像素点就显示字体颜色，否则显示背景颜色。原理与 ASCII 字符显示一样。

（2）显示中英文字符串

类似地，我们希望希望汉字也能直接以字符串的形式来调用函数显示，而且最好是中英文字符可以混在一个字符串里。为此，我们编写了 LCD_DisplayStringLine_EN_CH 函数，见代码清单 27-12。

代码清单 27-12　显示中英文的字符串

```
 1 /**
 2   * @brief  显示一行字符，若超出液晶宽度，不自动换行
 3             中英混显时，把英文字体设置为 Font16x24 格式
 4   * @param  Line: 要显示的行编号 LINE(0) ~ LINE(N)
 5   * @param  *ptr: 要显示的字符串指针
 6   * @retval 无
 7   */
 8 void LCD_DisplayStringLine_EN_CH(uint16_t Line, uint8_t *ptr)
 9 {
10     uint16_t refcolumn = 0;
11     /* 判断显示位置不能超出液晶的边界 */
12     while ((refcolumn < LCD_PIXEL_WIDTH) &&
13          ((*ptr != 0) & (((refcolumn + LCD_Currentfonts->Width) & 0xFFFF) >=
14                         LCD_Currentfonts->Width)))
15     {
16         /* 使用 LCD 显示一个字符 */
17         if ( * ptr <= 126 )                 // 英文字符
18         {
19
20             LCD_DisplayChar(Line, refcolumn, *ptr);
21             /* 根据字体偏移显示的位置 */
22             refcolumn += LCD_Currentfonts->Width;
23             /* 指向字符串中的下一个字符 */
24             ptr++;
25         }
26         else                                // 汉字字符
27         {
28             uint16_t usCh;
29
30             /* 一个汉字 2 字节 */
31             usCh = * ( uint16_t * ) ptr;
32             /* 交换字节顺序，stm32 默认小端格式，而国标编码默认大端格式 */
33             usCh = ( usCh << 8 ) + ( usCh >> 8 );
```

```
34
35                    /* 显示汉字 */
36                    LCD_DispChar_CH ( Line, refcolumn, usCh );
37                    /* 显示位置偏移 */
38                    refcolumn += macWIDTH_CH_CHAR;
39                    /* 指向字符串中的下一个字符 */
40                    ptr += 2;
41            }
42        }
43 }
```

这个函数根据字符串中的编码值，判断是 ASCII 码还是国标码中的字符，然后做不同处理。英文部分与前方中的英文字符串显示函数是一样的，中文部分也很类似，需要注意的是中文字符每个占 2 个字节，而且由于 STM32 芯片的数据是小端格式存储的，国标码是大端格式存储的，所以函数中对输入参数 ptr 指针获取的编码 usCh 交换了字节顺序，再输入到单个字符的显示函数 LCD_DispChar_CH 中。

（3）获取 SPI-Flash 中的字模数据

前面提到的 macGetGBKCode 函数用于获取汉字字模数据，它根据字库文件的存储位置，有 SPI-Flash 和 SD 卡两个版本。我们先来分析比较简单的 SPI-Flash 版本，见代码清单 27-13。该函数定义在 "LTDC—液晶显示汉字（字库在外部 Flash）" 工程的 fonts.c 和 fonts.h 文件中。

代码清单 27-13　从 SPI-Flash 获取字模数据

```
1
2  /*************fonts.h 文件中的定义 *********************************/
3
4  /* 使用 Flash 字模 */
5  /* 中文字库存储在 Flash 的起始地址 */
6  /* Flash */
7  #define GBKCODE_START_ADDRESS   1360*4096
8
9  /* 获取字库的函数 */
10 //定义获取中文字符字模数组的函数名
11 //ucBuffer 为存放字模数组名
12 //usChar 为中文字符（国标码）
13 #define macGetGBKCode( ucBuffer, usChar )  \
14                       GetGBKCode_from_EXFlash( ucBuffer, usChar )
15 int GetGBKCode_from_EXFlash( uint8_t * pBuffer, uint16_t c);
16 /****************************************************************/
17
18 /*************fonts.c 文件中的字义 *********************************/
19 /* 使用 Flash 字模 */
20
21 //中文字库存储在 Flash 的起始地址
22 /**
23  * @brief   获取 Flash 中文显示字库数据
24  * @param   pBuffer: 存储字库矩阵的缓冲区
25  * @param   c : 要获取的文字
```

```
26   * @retval 无
27   */
28  int GetGBKCode_from_EXFlash( uint8_t * pBuffer, uint16_t c)
29  {
30      unsigned char High8bit,Low8bit;
31      unsigned int pos;
32
33      static uint8_t everRead=0;
34
35      /* 第一次使用，初始化 Flash*/
36      if (everRead == 0)
37      {
38          SPI_Flash_Init();
39          everRead=1;
40      }
41
42      High8bit= c >> 8;      /* 取高 8 位编码 */
43      Low8bit= c & 0x00FF;  /* 取低 8 位编码 */
44
45      /*GB2312 公式 */
46      pos = ((High8bit-0xa1)*94+Low8bit-0xa1)*24*24/8;
47      //读取字模数据
48      SPI_Flash_BufferRead(pBuffer,GBKCODE_START_ADDRESS+pos,24*24/8);
49
50      return 0;
51  }
```

这个 macGetGBKCode 实质上是一个宏，当使用 SPI-Flash 作为字库数据源时，它等效于 GetGBKCode_from_EXFlash 函数，它的执行过程如下：

1）初始化 SPI 外设，以使用 SPI 读取 Flash 的内容，初始化后做一个标记，以后再读取字模数据的时候就不需要再次初始化 SPI 了。

2）取出要显示字符的 GB2312 编码的高位字节和低位字节，以便后面用于计算字符的字模地址偏移。

3）根据字符的编码及字模的大小导出的寻址公式，计算当前要显示字模数据在字库中的地址偏移。

4）利用 SPI_Flash_BufferRead 函数，从 SPI-Flash 中读取该字模的数据，输入参数中的 GBKCODE_START_ADDRESS 是在代码头部定义的一个宏，它是字库文件存储在 SPI-Flash 芯片的基地址，该基地址加上字模在字库中的地址偏移，即可求出字模在 SPI-Flash 中存储的实际位置。这个基地址具体数值是在我们烧录 Flash 字库时决定的，程序中定义的是实验板出厂时默认烧录的位置。

5）获取到的字模数据存储到 pBuffer 指针指向的存储空间，显示汉字的函数直接利用它来显示字符。

（4）获取 SD 卡中的字模数据

类似地，从 SD 卡中获取字模数据时，使用 GetGBKCode_from_sd 函数，见代码清单 27-14。该函数定义在 "LTDC—液晶显示汉字（字库在 SD 卡）" 工程的 fonts.c 和 fonts.h 文件中。

代码清单 27-14　从 SD 卡中获取字模数据

```
1
2  /* 使用 SD 字模 */
3
4  /* SD 卡字模路径 */
5  #define GBKCODE_FILE_NAME "0:/Font/GB2312_H2424.FON"
6
7  /* 获取字库的函数 */
8  // 定义获取中文字符字模数组的函数名
9  // ucBuffer 为存放字模数组名
10 // usChar 为中文字符（国标码）
11 #define macGetGBKCode( ucBuffer, usChar )  \
12                        GetGBKCode_from_sd( ucBuffer, usChar )
13 int GetGBKCode_from_sd ( uint8_t * pBuffer, uint16_t c);
14 /***************************************************************/
15
16 /************fonts.c 文件中的字义 ********************************/
17 /* 使用 SD 字模 */
18
19 static FIL fnew;          /* file objects */
20 static FATFS fs;          /* Work area (file system object) for logical drives */
21 static FRESULT res_sd;
22 static UINT br;           /* File R/W count */
23
24 /**
25  * @brief   获取 SD 卡中文显示字库数据
26  * @param   pBuffer: 存储字库矩阵的缓冲区
27  * @param   c : 要获取的文字
28  * @retval 无
29  */
30 int GetGBKCode_from_sd ( uint8_t * pBuffer, uint16_t c)
31 {
32     unsigned char High8bit,Low8bit;
33     unsigned int pos;
34
35     static uint8_t everRead = 0;
36
37     High8bit= c >> 8;      /* 取高 8 位数据 */
38     Low8bit= c & 0x00FF; /* 取低 8 位数据 */
39
40     pos = ((High8bit-0xa1)*94+Low8bit-0xa1)*24*24/8;
41
42     /* 第一次使用，挂载文件系统，初始化 SD*/
43     if (everRead == 0)
44     {
45         res_sd = f_mount(&fs,"0:",1);
46         everRead = 1;
47     }
48     // GBKCODE_FILE_NAME 是字库文件的路径
49     res_sd = f_open(&fnew , GBKCODE_FILE_NAME, FA_OPEN_EXISTING |
50     FA_READ);
51     if ( res_sd == FR_OK )
52     {
```

```
53              f_lseek (&fnew, pos);        // 指针偏移
54          // 24*24 大小的汉字  其字模占用 24*24/8 个字节
55              res_sd = f_read( &fnew, pBuffer, 24*24/8, &br );
56              f_close(&fnew);
57
58              return 0;
59          }
60          else
61              return -1;
62  }
63
```

当字库的数据源在 SD 卡时，macGetGBKCode 宏指向的是这个 GetGBKCode_from_sd 函数。由于字库是使用 SD 卡的文件系统存储的，从 SD 卡中获取字模数据实质上是直接读取字库文件，利用 f_lseek 函数偏移文件的读取指针，使它能够读取特定字符的字模数据。

由于使用文件系统的方式读取数据比较慢，而 SD 卡大多数都会使用文件系统，所以我们一般使用 SPI-Flash 直接存储字库（不带文件系统地使用）。市场上有一些厂商直接生产专用的字库芯片，可以直接使用，省去自己制作字库的麻烦。

（5）显示 GB2312 字符示例

下面我们再来看 main 文件如何利用这些函数显示 GB2312 的字符。由于我们用 macGetGBKCode 宏屏蔽了差异，所以在上层使用字符串函数时，不需要针对不同的字库来源写不同的代码，见代码清单 27-15。

代码清单 27-15　main 函数

```
1  /**
2   *  @brief   主函数
3   *  @param   无
4   *  @retval  无
5   */
6  int main(void)
7  {
8      /* LED 端口初始化 */
9      LED_GPIO_Config();
10     /* 串口初始化 */
11     Debug_USART_Config();
12
13     /* 使用串口演示如何使用字模，可在上位机查看 */
14     Printf_Charater();
15
16     /* 初始化液晶屏 */
17     LCD_Init();
18     LCD_LayerInit();
19     LTDC_Cmd(ENABLE);
20
21     /* 把背景层刷黑色 */
22     LCD_SetLayer(LCD_BACKGROUND_LAYER);
```

```
23        LCD_Clear(LCD_COLOR_BLACK);
24
25        /* 初始化后默认使用前景层 */
26        LCD_SetLayer(LCD_FOREGROUND_LAYER);
27        /* 默认设置不透明，该函数参数为不透明度，范围为 0 ~ 0xff，0 为全透明，0xff 为不透明 */
28        LCD_SetTransparency(0xFF);
29        LCD_Clear(LCD_COLOR_BLACK);
30        /* 经过 LCD_SetLayer(LCD_FOREGROUND_LAYER) 函数后
31        以下液晶操作都在前景层刷新，除非重新调用过 LCD_SetLayer 函数设置背景层 */
32        LED_BLUE;
33        Delay(0xfff);
34        while (1)
35        {
36            LCD_Test();
37        }
38    }
39
```

main 文件中的初始化流程与普通的液晶初始化没有区别，这里也不需要初始化 SPI 或 SDIO，因为我们在获取字库的函数中包含了相应的初始化流程。在 while 循环里调用的 LCD_Test 包含了显示 GB2312 字符串的示例，见代码清单 27-16。

代码清单 27-16　显示 GB2312 字符示例

```
1
2  /* 用于测试各种液晶的函数 */
3  void LCD_Test(void)
4  {
5      static uint8_t testCNT=0;
6      char dispBuff[100];
7
8      testCNT++;
9
10     /* 使用不透明前景层 */
11     LCD_SetLayer(LCD_FOREGROUND_LAYER);
12     LCD_SetTransparency(0xff);
13
14     LCD_Clear(LCD_COLOR_BLACK);    /* 清屏，显示全黑 */
15
16     /* 设置字体颜色及字体的背景颜色（此处的背景不是指 LCD 的背景层！注意区分）*/
17     LCD_SetColors(LCD_COLOR_WHITE,LCD_COLOR_BLACK);
18
19     /* 选择字体，使用中英文显示时，尽量把英文选择成 16*24 的字体
20      * 中文字体大小是 24*24 的，需要其他字体请自行制作字模 */
21     /* 这个函数只对英文字体起作用 */
22     LCD_SetFont(&Font16x24);
23
24     LCD_DisplayStringLine_EN_CH(LINE(1),(uint8_t* )"秉火 5.0 英寸液晶屏参数，");
25     LCD_DisplayStringLine_EN_CH(LINE(2),(uint8_t* )"分辨率 :800x480 像素 ");
26     LCD_DisplayStringLine_EN_CH(LINE(3),(uint8_t* )"触摸屏 :5 点电容触摸屏 ");
27     LCD_DisplayStringLine_EN_CH(LINE(4),(uint8_t* )"使用 STM32-LTDC 直接驱动，
```

```
28                                                      无需外部液晶驱动器 ");
29    LCD_DisplayStringLine_EN_CH(LINE(5),(uint8_t* )" 支持 RGB888/565,24 位数据
30    总线 ");
31    LCD_DisplayStringLine_EN_CH(LINE(6),(uint8_t* )" 触摸屏使用 IIC 总线驱动 ");
32
33    /* 使用 C 标准库把变量转化成字符串 */
34    sprintf(dispBuff," 显示变量例子 : testCount = %d ",testCNT);
35    LCD_ClearLine(LINE(7));
36
37    /* 然后显示该字符串即可，其他变量也是这样处理 */
38    LCD_DisplayStringLine_EN_CH(LINE(7),(uint8_t* )dispBuff);
39    /* 以下省略 */
40  }
```

在调用字符串显示函数的时候，我们也是直接使用双引号括起要显示的中文字符即可，为什么这样就能正常显示呢？我们的字符串显示函数需要的输入参数是字符的 GB2312 编码，编译器会自动转化这些中文字符成相应的 GB2312 编码吗？为什么编译器不把它转化成 UTF-8 编码呢？这跟我们的开发环境配置有关，在 MDK 软件中，可在"Edit->Configuration->Editor->Encoding"选项设定编码，见图 27-6。

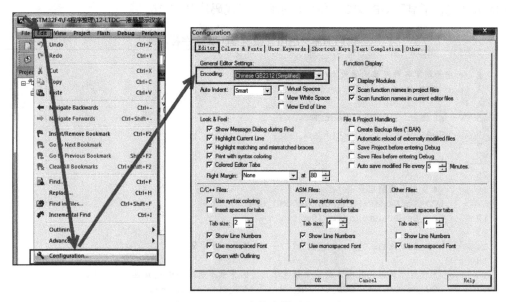

图 27-6　MDK 中的字符编码选项

编译环境会把文件中的字符串转换成这里配置的编码，然后存储到 STM32 的程序空间中，所以这里的设定要与您的字库编码格式一样。如果实验板显示的时候出现乱码，请确保以下所有环节都正常：

❏ SPI-Flash 或 SD 卡中有字库文件。

❏ 文件存储的位置或路径与程序的配置一致。

❑ 开发环境中的字符编码选项与字库的编码一致。

27.3.4　显示任意大小的字符

前文中无论是 ASCII 字符还是 GB2312 的字符，都只能显示字库中设定的字体大小。例如，我们想显示一些像素大小为 48×48 的字符，那我们又得制作相应的字库，非常麻烦。为此我们编写了一些函数，简便地实现显示任意大小字符的目的。本小节的内容请打开 "LTDC——液晶显示汉字（显示任意大小）" 工程来配合阅读。

1. 编程要点

1）编写缩放字模数据的函数；

2）编写利用缩放字模的结果进行字符显示的函数；

3）编写测试程序，控制显示不同大小的字符。

2. 代码分析

（1）缩放字模数据

显示任意大小字符的功能，其核心是缩放字模，通过 LCD_zoomChar 函数对原始字模数据进行缩放，见代码清单 27-17。

代码清单 27-17　缩放字模数据

```
1
2  #define ZOOMMAXBUFF 16384
3  uint8_t zoomBuff[ZOOMMAXBUFF] = {0};      //用于缩放的缓存，最大支持到 128*128
4  /**
5   * @brief  缩放字模，缩放后的字模 1 个像素点由 8 个数据位来表示
6   *          0x01 表示笔迹，0x00 表示空白区
7   * @param  in_width : 原始字符宽度
8   * @param  in_heig : 原始字符高度
9   * @param  out_width : 缩放后的字符宽度
10  * @param  out_heig: 缩放后的字符高度
11  * @param  in_ptr : 字库输入指针  注意：1pixel 1bit
12  * @param  out_ptr : 缩放后的字符输出指针  注意：1pixel 8bit
13  *       out_ptr 实际上没有正常输出，改成了直接输出到全局指针 zoomBuff 中
14  * @param  en_cn : 0 为英文，1 为中文
15  * @retval 无
16  */
17 void LCD_zoomChar(uint16_t in_width,   //原始字符宽度
18                   uint16_t in_heig,    //原始字符高度
19                   uint16_t out_width,  //缩放后的字符宽度
20                   uint16_t out_heig,   //缩放后的字符高度
21                   uint8_t *in_ptr,     //字库输入指针    注意：1pixel 1bit
22                   uint8_t *out_ptr,    //缩放后的字符输出指针 注意：1pixel 8bit
23                   uint8_t en_cn)       //0 为英文，1 为中文
24 {
25     uint8_t *pts,*ots;
26     //根据源字模及目标字模大小，设定运算比例因子
27     //左移 16 位是为了把浮点运算转成定点运算
28     unsigned int xrIntFloat_16=(in_width<<16)/out_width+1;
```

```
29        unsigned int yrIntFloat_16=(in_heig<<16)/out_heig+1;
30
31        unsigned int srcy_16=0;
32        unsigned int y,x;
33        uint8_t *pSrcLine;
34        uint8_t tempBuff[1024] = {0};
35        u32        uChar;
36        u16        charBit = in_width / 8;
37        u16        Bitdiff = 32 - in_width;
38
39        //检查参数是否合法
40        if (in_width >= 32) return;                        // 字库不允许超过 32 像素
41        if (in_width * in_heig == 0) return;
42        if (in_width * in_heig >= 1024 ) return;           // 限制输入最大 32*32
43
44        if (out_width * out_heig == 0) return;
45        if (out_width * out_heig >= ZOOMMAXBUFF ) return; // 限制最大缩放 128*128
46        pts = (uint8_t*)&tempBuff;
47
48        //为方便运算，字库的数据由 1 pixel 1bit 映射到 1pixel 8bit
49        // 0x01 表示笔迹，0x00 表示空白区
50        if (en_cn == 0x00) //英文
51        {
52            //这里以 16 * 24 字库作为测试，其他大小的字库自行根据下列代码做下映射就可以
53            //英文和中文字库上下边界不对，可在此调整。需要注意 tempBuff 防止溢出
54            pts+=in_width*4;
55            for (y=0; y<in_heig; y++)
56            {
57                uChar = *(u32 *)(in_ptr + y * charBit) >> Bitdiff;
58                for (x=0; x<in_width; x++)
59                {
60                    *pts++ = (uChar >> x) & 0x01;
61                }
62            }
63        }
64        else //中文
65        {
66            for (y=0; y<in_heig; y++)
67            {
68                /* 源字模数据 */
69                uChar = in_ptr [ y * 3 ];
70                uChar = ( uChar << 8 );
71                uChar |= in_ptr [ y * 3 + 1 ];
72                uChar = ( uChar << 8 );
73                uChar |= in_ptr [ y * 3 + 2];
74                /* 映射 */
75                for (x=0; x<in_width; x++)
76                {
77                    if (((uChar << x) & 0x800000) == 0x800000)
78                        *pts++ = 0x01;
79                    else
80                        *pts++ = 0x00;
81                }
```

```
82            }
83        }
84
85        // zoom 过程
86        pts = (uint8_t*)&tempBuff;              // 映射后的源数据指针
87        ots = (uint8_t*)&zoomBuff;              // 输出数据的指针
88        for (y=0; y<out_heig; y++)              /* 行遍历 */
89        {
90            unsigned int srcx_16=0;
91            pSrcLine=pts+in_width*(srcy_16>>16);
92            for (x=0; x<out_width; x++)         /* 行内像素遍历 */
93            {
94                ots[x]=pSrcLine[srcx_16>>16];   // 把源字模数据复制到目标指针中
95                srcx_16+=xrIntFloat_16;         // 按比例偏移源像素点
96            }
97            srcy_16+=yrIntFloat_16;             // 按比例偏移源像素点
98            ots+=out_width;
99        }
100       // out_ptr 没有正确传出，后面调用直接改成了全局变量指针 zoomBuff！
101       /*！！！缩放后的字模数据直接存储到全局指针 zoomBuff 里了 */
102       out_ptr = (uint8_t*)&zoomBuff;
103   }
```

缩放字模的本质是按照缩放比例，减少或增加矩阵中的像素点，见图 27-7。只要把左侧的矩阵隔一行、隔一列地取出像素点，即可得到右侧按比例缩小了的矩阵，而右侧的小矩阵按比例填复制像素点即可得到左侧放大的矩阵，上述函数就是完成了这样的工作。

该函数的说明如下：

1）输入参数。函数包含输入参数源字模、缩放后字模的宽度及高度：in_width、inheig、out_width、out_heig。源字模数据指针 in_ptr，缩放后的字符指针 out_ptr 以及用于指示字模是英文还是中文的标志 en_cn。其中 out_ptr 指针实际上没有用到，这个函数缩放后的数据最后直接存储在全局变量 zoomBuff 中了。

2）计算缩放比例。根据输入字模与要求的输出字模大小，计算出缩放比例存放到 xrIntFloat_16 及 yrIntFloat_16 变量中，运算式中的左移 16 位是典型的把浮点型运算转换成定点运算的处理方式。理解的时候可把左移 16 位的运算去掉，把它当成一个自然的数学小数运算即可。

3）检查输入参数。由于运算变量及数组的一些限制，函数中要检查输入参数的范围，本函数限制最大输出字模的大小为 128×128 像素，输入字模限制不可以超过 24×24 像素。

4）映射字模。输入源的字模都是 1 个数据位表示 1 个像素点的，为方便后面的运算，函数把输入字模转化成 1 个字节（8 个数据位）表示 1 个像素点，该字节的值为 0x01 表示笔迹像素，0x00 表示空白像素。把字模数据的 1 个数据位映射为 1 个字节，可以方便后面直接使用指针和数组索引运算。

5）缩放字符。缩放字符这部分代码比较难理解，但总的来说它就是利用前面计算得的比例因子，以它为步长复制源字模的数据到目标字模的缓冲区中，具体的抽象运算只能意会了。其中的右移 16 位是把比例因子由定点数转换回原始的数值。如果还是觉得难以理解，可以把函数的宽度及高度输入参数 in_width、inheig、out_width 及 out_heig 都设置成 24，然后代入运算来阅读这段代码。

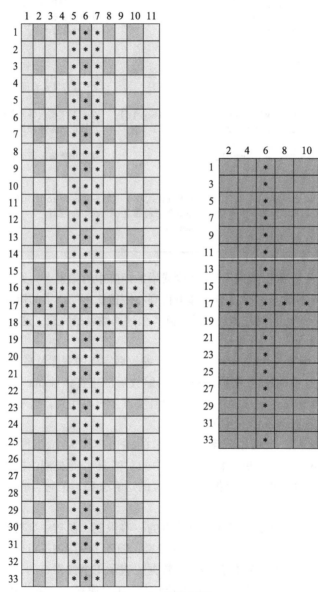

图 27-7　缩放矩阵

6）缩放结果。经过运算，缩放的结果存储在 zoomBuff 中，它只是存储了一个字模的缩放结果，所以每显示一个字模都需要先调用这个函数更新 zoomBuff 中的字模数据，而且它也是用 1 个字节表示 1 个像素位的。

（2）利用缩放的字模数据显示字符

由于缩放后的字模数据格式与我们原来用的字模数据格式不一样，所以我们也要重新编写字符显示函数，见代码清单 27-18。

代码清单 27-18　利用缩放的字模显示字符

```
1
2  /**
3    * @brief   利用缩放后的字模显示字符
4    * @param   Xpos : 字符显示位置 x
5    * @param   Ypos : 字符显示位置 y
6    * @param   Font_width : 字符宽度
7    * @param   Font_Heig: 字符高度
8    * @param   c : 要显示的字模数据
9    * @param   DrawModel : 是否反色显示
10   * @retval 无
11   */
12  void LCD_DrawChar_Ex(uint16_t Xpos,          // 字符显示位置 x
13                       uint16_t Ypos,          // 字符显示位置 y
14                       uint16_t Font_width,    // 字符宽度
15                       uint16_t Font_Heig,     // 字符高度
16                       uint8_t *c,             // 字模数据
17                       uint16_t DrawModel)     // 是否反色显示
18  {
19      uint32_t index = 0, counter = 0, xpos =0;
20      uint32_t  Xaddress = 0;
21
22      xpos = Xpos*LCD_PIXEL_WIDTH*3;
23      Xaddress += Ypos;
24
25      for (index = 0; index < Font_Heig; index++)
26      {
27
28          for (counter = 0; counter < Font_width; counter++)
29          {
30              if (*c++ == DrawModel)          // 根据字模及反色设置决定显示哪种颜色
31              {
32                  *(__IO uint16_t*)(CurrentFrameBuffer + (3*Xaddress) + xpos) =
33                          (0x00FFFF & CurrentBackColor);                 // GB
34                  *(__IO uint8_t*)(CurrentFrameBuffer + (3*Xaddress) + xpos+2) =
35                          (0xFF0000 & CurrentBackColor) >> 16; // R
36              }
37              else
38              {
39                  *(__IO uint16_t*)(CurrentFrameBuffer + (3*Xaddress) + xpos) =
40                          (0x00FFFF & CurrentTextColor);                 // GB
41                  *(__IO uint8_t*)(CurrentFrameBuffer + (3*Xaddress) + xpos+2) =
42                          (0xFF0000 & CurrentTextColor) >> 16;  // R
43              }
44              Xaddress++;
45          }
```

```
46              Xaddress += (LCD_PIXEL_WIDTH - Font_width);
47          }
48 }
49
```

这个函数主体与前面介绍的字符显示函数都很类似，只是它在判断字模数据位的时候，直接用一整个字节来判断，区分显示分支，而且还支持了反色显示模式。

（3）利用缩放的字模显示字符串

单个字符显示的函数并不包含字模的获取过程，为便于使用，我们把它直接封装成字符串显示函数，见代码清单 27-19。

代码清单 27-19　利用缩放的字模显示字符串

```
 1
 2 /**
 3  * @brief   利用缩放后的字模显示字符串
 4  * @param   Xpos : 字符显示位置 x
 5  * @param   Ypos : 字符显示位置 y
 6  * @param   Font_width : 字符宽度，英文字符在此基础上除 2。注意为偶数
 7  * @param   Font_Heig: 字符高度，注意为偶数
 8  * @param   c : 要显示的字符串
 9  * @param   DrawModel : 是否反色显示
10  * @retval 无
11  */
12 void LCD_DisplayStringLineEx(uint16_t x,          // 字符显示位置 x
13                              uint16_t y,          // 字符显示位置 y
14    uint16_t Font_width,    // 要显示的字体宽度，英文字符在此基础上除 2。注意为偶数
15
16                             uint16_t Font_Heig,   // 要显示的字体高度，注意为偶数
17                             uint8_t *ptr,         // 显示的字符内容
18                             uint16_t DrawModel)   // 是否反色显示
19 {
20    uint16_t refcolumn = x;                        // x 坐标
21    uint16_t Charwidth;
22    uint8_t *psr;
23    uint8_t Ascii;                                 // 英文
24    uint16_t usCh;                                 // 中文
25    uint8_t ucBuffer [ 24*24/8 ];
26
27    while ((refcolumn < LCD_PIXEL_WIDTH) &&
28          ((*ptr != 0) & (((refcolumn + LCD_Currentfonts->Width) & 0xFFFF) >=
29                 LCD_Currentfonts->Width)))
30    {
31        if (*ptr > 0x80)                           // 如果是中文
32        {
33            Charwidth = Font_width;
34            usCh = * ( uint16_t * ) ptr;
35            usCh = ( usCh << 8 ) + ( usCh >> 8 );
36            macGetGBKCode ( ucBuffer, usCh );      // 取字模数据
37            // 缩放字模数据
```

```
38          LCD_zoomChar(24,24,Charwidth,Font_Heig,(uint8_t *)&ucBuffer,psr,1);
39              // 显示单个字符
40              LCD_DrawChar_Ex(y,refcolumn,Charwidth,
41                              Font_Heig,
42                              (uint8_t*)&zoomBuff,
43                              DrawModel);
44              refcolumn+=Charwidth;
45              ptr+=2;
46          }
47          else
48          {
49              Charwidth = Font_width / 2;
50              Ascii = *ptr - 32;
51              // 缩放字模数据
52              LCD_zoomChar(16,24,
53                              Charwidth,Font_Heig,
54      (uint8_t *)&LCD_Currentfonts->table[Ascii * LCD_Currentfonts->Height],
55                                      psr,0);
56              // 显示单个字符
57              LCD_DrawChar_Ex(y,refcolumn,Charwidth,Font_Heig,
58                              (uint8_t*)&zoomBuff,DrawModel);
59              refcolumn+=Charwidth;
60              ptr++;
61          }
62      }
63  }
```

这个函数包含了从字符编码到源字模获取、字模缩放及单个字符显示的过程，多个这样的过程组合起来，就实现了简单易用的字符串显示函数。

（4）利用缩放的字模显示示例

利用缩放的字模显示时，液晶的初始化过程与前面的工程无异，以下我们给出 LCD_Test 函数中调用字符串函数显示不同字符时的示例，见代码清单 27-20。

代码清单 27-20　利用缩放的字模显示示例

```
1  /* 用于测试各种液晶的函数 */
2  void LCD_Test(void)
3  {
4      static uint8_t testCNT=0;
5      char dispBuff[100];
6
7      testCNT++;
8
9      /* 使用不透明前景层 */
10     LCD_SetLayer(LCD_FOREGROUND_LAYER);
11     LCD_SetTransparency(0xff);
12
13     LCD_Clear(LCD_COLOR_BLACK);  /* 清屏，显示全黑 */
14
15     /* 设置字体颜色及字体的背景颜色（此处的背景不是指 LCD 的背景层！注意区分）*/
```

```
16      LCD_SetColors(LCD_COLOR_WHITE,LCD_COLOR_BLACK);
17
18      LCD_DisplayStringLineEx(0,5,16,16,(uint8_t* )"秉火 F429 16*16 ",0);
19      LCD_DisplayStringLine_EN_CH(LINE(1),(uint8_t* )"秉火 F429 24*24 ");
20      LCD_DisplayStringLineEx(0,50,32,32,(uint8_t* )"秉火 F429 32*32 ",0);
21      LCD_DisplayStringLineEx(0,82,48,48,(uint8_t* )"秉火 F429 48*48 ",0);
22      /*... 以下部分省略 */
23  }
```

27.3.5   下载验证

用 USB 线连接开发板，编译程序下载到实验板，并上电复位，各个不同的工程会有不同的液晶屏显示字符示例。

第 28 章
电容触摸屏——触摸画板

28.1 触摸屏简介

在前面我们学习了如何使用 LTDC 外设控制液晶屏并用它显示各种图形及文字，利用液晶屏，STM32 的系统具有了高级信息输出功能。然而，我们还希望有用户友好的输入设备，触摸屏是不二之选。目前大部分电子设备都使用触摸屏配合液晶显示器组成人机交互系统。

触摸屏又称触控面板，它是一种把触摸位置转化成坐标数据的输入设备。根据触摸屏的检测原理，主要分为电阻触摸屏和电容触摸屏。相对来说，电阻屏造价便宜，能适应较恶劣的环境，但它只支持单点触控（一次只能检测面板上的一个触摸位置），触摸时需要一定的压力，使用久了容易造成表面磨损，影响寿命。而电容屏具有支持多点触控、检测精度高的特点，电容屏通过与导电物体产生的电容效应来检测触摸动作，但只能感应导电物体的触摸，当湿度较大或屏幕表面有水珠时会影响电容屏的检测效果。

图 28-1 和图 28-2 分别是带电阻触摸屏及电容触摸屏的两种屏幕，从外观上看二者并没有明显的区别，区分电阻屏与电容屏最直接的方法就是使用绝缘物体点击屏幕，因为电阻屏通过压力能正常检测触摸动作，而该绝缘物体无法影响电容屏所检测的信号，因而无法检测到触摸动作。目前电容触摸屏被大量应用在智能手机、平板电脑等电子设备中，而在汽车导航、工控机等设备中电阻式触摸屏仍占主流。

XPT2046 触摸控制芯片

图 28-1　单电阻屏、电阻液晶屏（带触摸控制芯片）

28.1.1 电阻触摸屏检测原理

电阻触摸屏的结构见图 28-3。它主要由表面硬涂层、两个 ITO 层、间隔点以及玻璃底层构成，这些结构层都是透明的，整个触摸屏覆盖在液晶面板上，透过触摸屏可看到液晶面板。表面涂层起到保护作用，玻璃底层起承载的作用，而两个 ITO 层是触摸屏的关键结构，它们是涂有铟锡金属氧化物的导电层。两个 ITO 层之间使用间隔点使两层分开，当触摸屏表面受到压力时，表面弯曲使得上层 ITO 与下层 ITO 接触，在触点处连通电路。

图 28-2　单电容屏、电容液晶屏（带触摸控制芯片）

两个 ITO 涂层的两端分别引出 X−、X+、Y−、Y+ 四个电极，见图 28-4。这是电阻屏最常见的四线结构，通过这些电极，外部电路向这两个涂层可以施加匀强电场或检测电压。

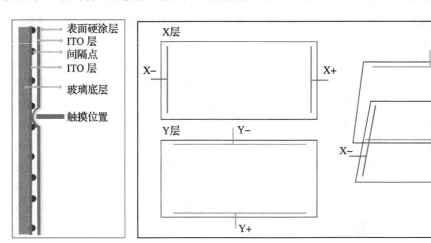

图 28-3　电阻触摸屏结构　　　　　　　　图 28-4　ITO 涂层的结构

当触摸屏被按下时，两个 ITO 层相互接触，从触点处把 ITO 层分为两个电阻，且由于 ITO 层均匀导电，两个电阻的大小与触点离两电极的距离成比例关系。利用这个特性，可通过以下过程来检测坐标，这也正是电阻触摸屏名称的由来，见图 28-5。

❑ 计算 x 坐标时，在 X+ 电极施加驱动电压 V_{ref}，X− 极接地，所以 X+ 与 X− 处形成了匀强电场，而触点处的电压通过 Y+ 电极采集得到。由于 ITO 层均匀导电，触点电压与 V_{ref} 之比等于触点 x 坐标与屏宽度之比，从而：

$$x = \frac{V_{\text{Y+}}}{V_{\text{ref}}} \times 宽度$$

❑ 计算 y 坐标时，在 Y+ 电极施加驱动电压 V_{ref}，Y− 极接地，所以 Y+ 与 Y− 处形成了匀强电场，而触点处的电压通过 X+ 电极采集得到。由于 ITO 层均匀导电，触点电压与 V_{ref} 之比等于触点 y 坐标与屏高度之比，从而：

$$y = \frac{V_{Y+}}{V_{ref}} \times 高度$$

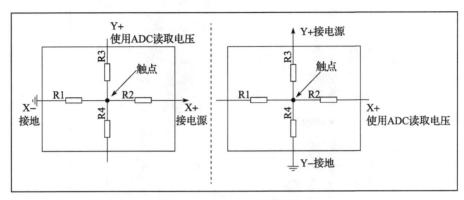

图 28-5　触摸检测等效电路

为了方便检测触摸的坐标，一些芯片厂商制作了电阻屏专用的控制芯片，控制上述采集过程、采集电压，外部微控制器直接与触摸控制芯片通信获得触点的电压或坐标。如图 28-1 中这款 3.2 寸电阻触摸屏就是采用 XPT2046 芯片作为触摸控制芯片的，XPT2046 芯片控制 4 线电阻触摸屏，STM32 与 XPT2046 采用 SPI 通信获取采集得的电压，然后转换成坐标。

28.1.2　电容触摸屏检测原理

与电阻触摸屏不同，电容触摸屏不需要通过压力使触点变形，再通过触点处电压值来检测坐标，它的基本原理和前面第 32 章中介绍的电容按键类似，都是利用充电时间检测电容大小，从而通过检测出电容值的变化来获知触摸信号。见图 28-6，电容屏的最上层是玻璃（不会像电阻屏那样形变），核心层部分也是由 ITO 材料构成的，这些导电材料在屏幕里构成了人眼看不见的静电网，静电网由多行 x 轴电极和多列 y 轴电极构成，两个电极之间会形成电容。触摸屏工作时，x 轴电极发出 AC（交流）信号，而交流信号能穿过电容，即通过 y 轴能感应出该信号，当交流电穿越时电容会有充放电过程，检测该充电时间可获知电容量。若手指触摸屏幕，会影响触摸点附近两个电极之间的耦合，从而改变两个电极之间的电容量，若检测到某电容的电容量发生了改变，即可获

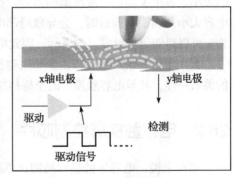

图 28-6　电容触摸屏基本原理

知该电容处有触摸动作（这就是它被称为电容式触摸屏以及绝缘体触摸没有反应的原因）。

电容屏 ITO 层的结构见图 28-7，这是比较常见的形式，电极由多个菱形导体组成，生产

时使用蚀刻工艺在 ITO 层生成这样的结构。

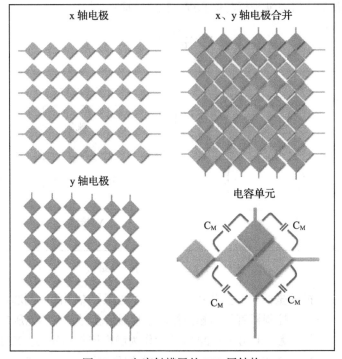

图 28-7 电容触摸屏的 ITO 层结构

x 轴电极与 y 轴电极在交叉处形成电容，即这两组电极构成了电容的两极，这样的结构覆盖了整个电容屏。每个电容单元在触摸屏中都有其特定的物理位置，即电容的位置就是它在触摸屏的 x、y 坐标。检测触摸的坐标时，第 1 条 x 轴的电极发出激励信号，而所有 y 轴的电极同时接收信号，通过检测充电时间可检测出各个 y 轴与第 1 条 x 轴相交的各个互电容的大小，各个 x 轴依次发出激励信号。重复上述步骤，即可得到整个触摸屏二维平面的所有电容大小。当手指接近时，会导致局部电容改变，根据得到的触摸屏电容量变化的二维数据表，可以得知每个触摸点的坐标，因此电容触摸屏支持多点触控。

其实电容触摸屏可看作由多个电容按键组合而成，就像机械按键中独立按键和矩阵按键的关系一样，甚至电容触摸屏的坐标扫描方式与矩阵按键也是很相似的。

28.2 电容触摸屏控制芯片

相对来说，电容屏的坐标检测比电阻屏的要复杂，因而它也有专用芯片用于检测过程。下面我们以本章重点讲述的电容屏使用的触控芯片 GT9157 为例进行讲解，关于它的详细说明可通过《GT91x 编程指南》和《电容触控芯片 GT9157》文档了解（7 英寸屏使用 GT911 触控芯片，原理类似）。

28.2.1　GT9157 芯片的引脚

GT9157 芯片的外观见图 28-2。其内部结构框图见图 28-8。

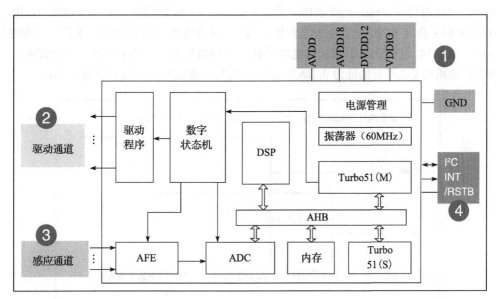

图 28-8　GT9157 结构框图

该芯片对外引出的信号线如表 28-1 所示。

表 28-1　GT9157 信号线说明

信　号　线	说　明
AVDD、AVDD18、DVDD12、VDDDIO、GND	电源和地
驱动通道	激励信号输出的引脚，一共有 0 ～ 25 个引脚，它连接到电容屏 ITO 层引出的各个激励信号轴
感应通道	信号检测引脚，一共有 0 ～ 13 个引脚，它连接到电容屏 ITO 层引出的各个电容量检测信号轴
I²C	I²C 通信信号线，包含 SCL 与 SDA，外部控制器通过它与 GT9157 芯片通信，配置 GT9157 的工作方式或获取坐标信号
INT	中断信号，GB9157 芯片通过它告诉外部控制器有新的触摸事件
/RSTB	复位引脚，用于复位 GT9157 芯片；在上电时还与 INT 引脚配合设置 IIC 通信的设备地址

若把电容触摸屏与液晶面板分离开来，在触摸面板的背面，可看到它的边框有一些电路走线，它们就是触摸屏 ITO 层引出的 x、y 轴信号线。这些信号线分别引出到 GT9157 芯片的驱动通道及感应通道引脚中。也正是因为触摸屏有这些信号线的存在，所以手机厂商追求的屏幕无边框就很难做到。

28.2.2 上电时序与 I²C 设备地址

GT9157 触控芯片有两个备选的 I²C 通信地址，这是由芯片的上电时序设定的，见图 28-9。上电时序由 Reset 引脚和 INT 引脚生成。若 Reset 引脚从低电电平转变到高电平期间，INT 引脚为高电平的时候，触控芯片使用的 I²C 设备地址为 0x28/0x29（8 位写、读地址），7 位地址为 0x14。若 Reset 引脚从低电电平转变到高电平期间，INT 引脚一直为低电平，则触控芯片使用的 I²C 设备地址为 0xBA/0xBB（8 位写、读地址），7 位地址为 0x5D。

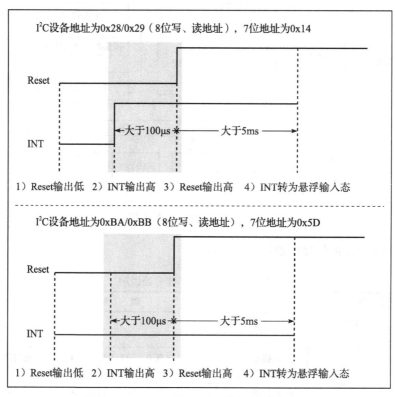

图 28-9 GT9157 的上电时序及 I²C 设备地址

28.2.3 寄存器配置

上电复位后，GT9157 芯片需要通过外部主控芯片加载寄存器配置，设定它的工作模式，这些配置通过 I²C 信号线传输到 GT9157。它的配置寄存器地址都由两个字节来表示，这些寄存器的地址从 0x8047 ~ 0x8100。一般来说，我们实际配置的时候会按照 GT9157 生产厂商给的默认配置来控制芯片，仅修改部分关键寄存器，其中部分寄存器说明见图 28-10。

这些寄存器介绍如下：

（1）配置版本寄存器

0x8047 配置版本寄存器，它包含有配置文件的版本号。当新写入的版本号比原版本大，或者版本号相等，但配置不一样时，才会更新配置文件到寄存器中。其中配置文件是指记录了寄存器 0x8048 ~ 0x80FE 控制参数的一系列数据。

寄存器	Config Data	bit7	bit6	bit5	bit4	bit3	bit2	bit1	bit0
0x8047	Config_Version	配置文件的版本号（新下发的配置版本号大于原版本，或等于原版本号但配置内容有变化时保存，版本号版本正常范围；'A' ~ 'Z'，发送0x00则将版本号初始化为'A'）							
0x8048	X Output Max (Low Byte)	x坐标输出最大值							
0x8049	X Output Max (High Byte)								
0x804A	Y Output Max (Low Byte)	y坐标输出最大值							
0x804B	Y Output Max (High Byte)								
0x804C	Touch Number	Reserved				输出触点个数上限：1 ~ 10			
0x804D	Module_Switchl	Stylus_priority（预定义）		Stretch_rank		X2Y (X, Y 坐标交换)	Sito（软件降噪）	INT触发方式 00：上升沿触发 01：下降沿触发 02：低电平查询 03：高电平查询	
0x804E-0x80FE寄存器省略									
0x80FF	Config_Chksum	配置信息校验（0x8047到0x80FE之字节和的补码）							
0x8100	Config_Fresh	配置已更新标记（由主控写入标记）							

图 28-10　部分寄存器配置说明

为了保证每次都更新配置，一般把配置版本寄存器设置为"0x00"，这样版本号会默认初始化为'A'，这样每次修改其他寄存器配置的时候，都会写入 GT9157 中。

（2）X、Y 分辨率

0x8048 ~ 0x804B 寄存器用于配置触控芯片输出的 x、y 坐标的最大值。为了方便使用，我们把它配置得跟液晶面板的分辨率一致，这样就能使触控芯片输出的坐标一一对应到液晶面板的每一个像素点了。

（3）触点个数

0x804C 触点个数寄存器用于配置它最多可输出多少个同时按下的触点坐标，这个极限值跟触摸屏面板有关。如本章实验使用的触摸面板最多支持 5 点触控。

（4）模式切换

0x804D 模式切换寄存器中的 X2Y 位可以用于交换 x、y 坐标轴。而 INT 触发方式位可以配置不同的触发方式，当有触摸信号时，INT 引脚会根据这里的配置给出触发信号。

（5）配置校验

0x80FF 配置校验寄存器用于写入前面 0x8047 ~ 0x80FE 寄存器控制参数字节之和的补

码，GT9157 收到前面的寄存器配置时，会利用这个数据进行校验，若不匹配，就不会更新寄存器配置。

（6）配置更新

0x8100 配置更新寄存器用于控制 GT9157 进行更新，传输了前面的寄存器配置并校验通过后，对这个寄存器写 1，GT9157 会更新配置。

28.2.4　读取坐标信息

1. 坐标寄存器

上述寄存器主要是由外部主控芯片写入 GT9157 配置的，而它则使用图 28-11 中的寄存器向主控器反馈信息。

（1）产品 ID 及版本

0x8140 ~ 0x8143 寄存器存储的是产品 ID，上电后我们可以利用 I²C 读取这些寄存器的值来判断 I²C 是否正常通信。这些寄存器中包含"9157"字样；而 0x8144 ~ 0x8145 则保存有固件版本号，不同版本可能不同。

（2）X/Y 分辨率

0x8146 ~ 0x8149 寄存器存储了控制触摸屏的分辨率，它们的值与我们前面在配置寄存器写入的 XY 控制参数一致。所以我们可以通过读取这两个寄存器的值来确认配置参数是否正确写入。

（3）状态寄存器

0x814E 地址的是状态寄存器，它的 Buffer status 位存储了坐标状态。当它为 1 时，表示新的坐标数据已准备好，可以读取，0 表示未就绪，数据无效。外部控制器读取完坐标后，须对这个寄存器位写 0。number of touch points 位表示当前有多少个触点。其余数据位我们不关心。

（4）坐标数据

地址 0x814F ~ 0x8156 是触摸点 1 的坐标数据，0x8157 ~ 0x815E 是触摸点 2 的坐标数据，依次还有存储 3 ~ 10 的触摸点坐标数据的寄存器。读取这些坐标信息时，我们通过它们的 track id 来区分笔迹，多次读取坐标数据时，同一个 track id 里的数据属于同一个连续的笔划轨迹。

2. 读坐标流程

上电、配置完寄存器后，GT9157 就会开监测触摸屏。若我们前面的配置使 INT 采用中断上升沿报告触摸信号的方式，整个读取坐标信息的过程如下：

1）待机时 INT 引脚输出低电平。

2）有坐标更新时，INT 引脚输出上升沿。

3）INT 输出上升沿后，INT 脚会保持高电平直到下一个周期（该周期可由配置 Refresh_Rate 决定）。外部主控器在检测到 INT 的信号后，先读取状态寄存器（0x814E）中的 number of touch points 位获取当前有多少个触摸点，然后读取各个点的坐标数据，读取完后将 buffer status 位写为 0。外部主控器的这些读取过程要在一个周期内完成，该周期由 0x8056 地址的 Refresh_Rate 寄存器配置。

4）上一步骤中 INT 输出上升沿后，若主控未在一个周期内读走坐标，下次 GT9157 即使检测到坐标更新会再输出一个 INT 脉冲但不更新坐标。

5）若外部主控一直未读走坐标，则 GT9 会一直输出 INT 脉冲。

Addr	Access	bit7	bit6	bit5	bit4	bit3	bit2	bit1	bit0
0x8140	R	Product ID（Lowest Byte，ASCII 码）							
0x8141	R	Product ID（Third Byte，ASCII 码）							
0x8142	R	Product ID（Second Byte，ASCII 码）							
0x8143	R	Product ID（Highest Byte，ASCII 码）							
0x8144	R	Firmware version（16 进制数 LowByte）							
0x8145	R	Firmware version（16 进制数 HighByte）							
0x8146	R	x coordinate resolution（low byte）							
0x8147	R	x coordinate resolution（high byte）							
0x8148	R	y coordinate resolution（low byte）							
0x8149	R	y coordinate resolution（high byte）							
0x814A	R	Vendor_id（当前模组选项信息）							
0x814B	R	Reserved							
0x814C	R	Reserved							
0x814D	R	Reserved							
0x814E	R/W	buffer status	large detect	Proximity Valid	HaveKey	number of touch points			
0x814F	R	track id							
0x8150	R	point 1 x coordinate（low byte）							
0x8151	R	point 1 x coordinate（high byte）							
0x8152	R	point 1 y coordinate（low byte）							
0x8153	R	point 1 y coordinate（high byte）							
0x8154	R	Point 1 size（low byte）							
0x8155	R	Point 1 size（high byte）							
0x8156	R	Reserved							
0x8157	R	track id							
0x8158	R	point 2 x coordinate（low byte）							
0x8159	R	point 2 x coordinate（high byte）							
0x815A	R	point 2 y coordinate（low byte）							
0x815B	R	point 2 y coordinate（high byte）							
0x815C	R	point 2 size（low byte）							
0x815D	R	point 2 size（high byte）							
0x815E	R	Reserved							

省略 track id3-track ic10 的寄存器

图 28-11　坐标信息寄存器

28.3 电容触摸屏——触摸画板实验

本小节讲解如何驱动电容触摸屏，并利用触摸屏制作一个简易的触摸画板应用。学习本小节内容时，请打开配套的"电容触摸屏—触摸画板"工程配合阅读。

28.3.1 硬件设计

本实验使用的液晶电容屏实物见图 28-12。屏幕背面的 PCB 对应图 28-13。图 28-14 中的原理图，分别是触摸屏接口及排针接口。

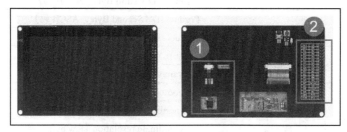

图 28-12　液晶屏实物图

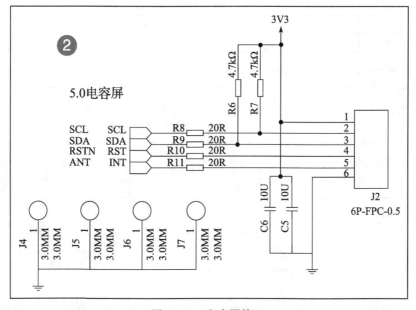

图 28-13　电容屏接口

我们这个触摸屏出厂时就与 GT9157 芯片通过柔性电路板连接在一起了，柔性电路板从 GT9157 芯片引出 VCC、GND、SCL、SDA、RSTN 及 INT 引脚，再通过 FPC 座子引出到屏幕的 PCB 电路板中。PCB 加了部分电路，如 I^2C 的上拉电阻，然后把这些引脚引出到屏幕右侧的排针处，方便整个屏幕与外部器件相连。

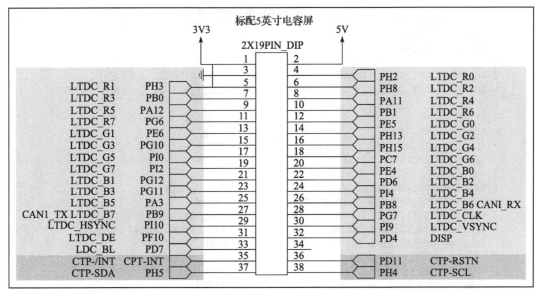

图 28-14　屏幕与实验板的引脚连接

以上是我们 STM32F429 实验板使用的 5 英寸屏原理图，它通过屏幕上的排针接入实验板的液晶排母接口，与 STM32 芯片的引脚相连，连接见图 28-14。

图 28-14 中 35 ~ 38 号引脚即电容触摸屏相关的控制引脚。

以上原理图可查阅《 LCD5.0—黑白原理图》及《秉火 F429 开发板黑白原理图》文档获知，若您使用的液晶屏或实验板不一样，请根据实际连接的引脚修改程序。

28.3.2　软件设计

本工程中的 GT9157 芯片驱动主要是从官方提供的 Linux 驱动修改过来的。我们把这部分文件存储到 gt9xx.c 及 gt9xx.h 文件中，而这些驱动的底层 I²C 通信接口我们存储到了 bsp_i2c_touch.c 及 bsp_i2c_touch.h 文件中。这些文件也可根据个人喜好命名，它们不属于 STM32 标准库的内容，是由我们自己根据应用需要编写的。在我们提供的资料 GT9xx_1.8_drivers.zip 压缩包里有官方的原 Linux 驱动，感兴趣的读者可以对比这些文件，了解如何移植驱动。

1. 编程要点

1）分析官方的 GT9xx 驱动，了解需要提供哪些底层接口；

2）编写底层驱动接口；

3）利用 GT9xx 驱动获取触摸坐标；

4）编写测试程序检验驱动。

2. 代码分析

（1）触摸屏硬件相关宏定义

根据触摸屏与 STM32 芯片的硬件连接，我们把触摸屏硬件相关的配置都以宏的形式定义到 bsp_i2c_touch.h 文件中，见代码清单 28-1。

代码清单 28-1　触摸屏硬件配置相关的宏

```
1  /* 设定使用的电容屏 IIC 设备地址 */
2  #define GTP_ADDRESS              0xBA
3
4  #define I2CT_FLAG_TIMEOUT        ((uint32_t)0x1000)
5  #define I2CT_LONG_TIMEOUT        ((uint32_t)(10 * I2CT_FLAG_TIMEOUT))
6
7  /*I2C 引脚 */
8  #define GTP_I2C                  I2C2
9  #define GTP_I2C_CLK              RCC_APB1Periph_I2C2
10 #define GTP_I2C_CLK_INIT         RCC_APB1PeriphClockCmd
11
12 #define GTP_I2C_SCL_PIN          GPIO_Pin_4
13 #define GTP_I2C_SCL_GPIO_PORT    GPIOH
14 #define GTP_I2C_SCL_GPIO_CLK     RCC_AHB1Periph_GPIOH
15 #define GTP_I2C_SCL_SOURCE       GPIO_PinSource4
16 #define GTP_I2C_SCL_AF           GPIO_AF_I2C2
17
18 #define GTP_I2C_SDA_PIN          GPIO_Pin_5
19 #define GTP_I2C_SDA_GPIO_PORT    GPIOH
20 #define GTP_I2C_SDA_GPIO_CLK     RCC_AHB1Periph_GPIOH
21 #define GTP_I2C_SDA_SOURCE       GPIO_PinSource5
22 #define GTP_I2C_SDA_AF           GPIO_AF_I2C2
23
24 /* 复位引脚 */
25 #define GTP_RST_GPIO_PORT        GPIOD
26 #define GTP_RST_GPIO_CLK         RCC_AHB1Periph_GPIOD
27 #define GTP_RST_GPIO_PIN         GPIO_Pin_11
28 /* 中断引脚 */
29 #define GTP_INT_GPIO_PORT        GPIOD
30 #define GTP_INT_GPIO_CLK         RCC_AHB1Periph_GPIOD
31 #define GTP_INT_GPIO_PIN         GPIO_Pin_13
32 #define GTP_INT_EXTI_PORTSOURCE  EXTI_PortSourceGPIOD
33 #define GTP_INT_EXTI_PINSOURCE   EXTI_PinSource13
34 #define GTP_INT_EXTI_LINE        EXTI_Line13
35 #define GTP_INT_EXTI_IRQ         EXTI15_10_IRQn
36 /* 中断服务函数 */
37 #define GTP_IRQHandler           EXTI15_10_IRQHandler
```

以上代码根据硬件的连接，把与触摸屏通信使用的引脚号、引脚源以及复用功能映射都以宏封装起来。在这里还定义了与 GT9157 芯片通信的 I2C 设备地址，该地址是一个 8 位的写地址，它是由我们的上电时序决定的。

（2）初始化触摸屏控制引脚

利用上面的宏，编写 LTDC 的触摸屏控制引脚的初始化函数，见代码清单 28-2。

代码清单 28-2　触摸屏控制引脚的 GPIO 初始化函数（bsp_i2c_touch.c 文件）

```
1  /**
2   * @brief  触摸屏 I/O 配置
3   * @param  无
4   * @retval 无
```

```
 5   */
 6 static void I2C_GPIO_Config(void)
 7 {
 8     GPIO_InitTypeDef GPIO_InitStructure;
 9
10     /* 使能 I2C 时钟 */
11     GTP_I2C_CLK_INIT(GTP_I2C_CLK, ENABLE);
12
13     /* 使能触摸屏使用的引脚的时钟 */
14     RCC_AHB1PeriphClockCmd(GTP_I2C_SCL_GPIO_CLK | GTP_I2C_SDA_GPIO_CLK|
15                            GTP_RST_GPIO_CLK|GTP_INT_GPIO_CLK, ENABLE);
16
17     RCC_APB2PeriphClockCmd(RCC_APB2Periph_SYSCFG, ENABLE);
18
19     /* 配置 I2C_SCL 源 */
20 GPIO_PinAFConfig(GTP_I2C_SCL_GPIO_PORT, GTP_I2C_SCL_SOURCE, GTP_I2C_SCL_AF);
21     /* 配置 I2C_SDA 源 */
22 GPIO_PinAFConfig(GTP_I2C_SDA_GPIO_PORT, GTP_I2C_SDA_SOURCE, GTP_I2C_SDA_AF);
23
24     /* 配置 SCL 引脚 */
25     GPIO_InitStructure.GPIO_Pin = GTP_I2C_SCL_PIN;
26     GPIO_InitStructure.GPIO_Mode = GPIO_Mode_AF;
27     GPIO_InitStructure.GPIO_Speed = GPIO_Speed_50MHz;
28     GPIO_InitStructure.GPIO_OType = GPIO_OType_OD;
29     GPIO_InitStructure.GPIO_PuPd  = GPIO_PuPd_NOPULL;
30     GPIO_Init(GTP_I2C_SCL_GPIO_PORT, &GPIO_InitStructure);
31
32     /* 配置 SDA 引脚 */
33     GPIO_InitStructure.GPIO_Pin = GTP_I2C_SDA_PIN;
34     GPIO_Init(GTP_I2C_SDA_GPIO_PORT, &GPIO_InitStructure);
35
36     /* 配置 RST 引脚，下拉推挽输出 */
37     GPIO_InitStructure.GPIO_Pin = GTP_RST_GPIO_PIN;
38     GPIO_InitStructure.GPIO_Mode = GPIO_Mode_OUT;
39     GPIO_InitStructure.GPIO_Speed = GPIO_Speed_50MHz;
40     GPIO_InitStructure.GPIO_OType = GPIO_OType_PP;
41     GPIO_InitStructure.GPIO_PuPd  = GPIO_PuPd_DOWN;
42     GPIO_Init(GTP_RST_GPIO_PORT, &GPIO_InitStructure);
43
44     /* 配置 INT 引脚，下拉推挽输出，方便初始化 */
45     GPIO_InitStructure.GPIO_Pin = GTP_INT_GPIO_PIN;
46     GPIO_InitStructure.GPIO_Mode = GPIO_Mode_OUT;
47     GPIO_InitStructure.GPIO_Speed = GPIO_Speed_50MHz;
48     GPIO_InitStructure.GPIO_OType = GPIO_OType_PP;
49     GPIO_InitStructure.GPIO_PuPd  = GPIO_PuPd_DOWN;  // 设置为下拉，方便初始化
50     GPIO_Init(GTP_INT_GPIO_PORT, &GPIO_InitStructure);
51 }
```

以上函数初始化了触摸屏用到的 I^2C 信号线，并且把 RST 及 INT 引脚也初始化成了下拉推挽输出模式，以便刚上电的时候输出上电时序，设置触摸屏的 I^2C 设备地址。

（3）配置 I^2C 的模式

接下来需要配置 I^2C 的工作模式，GT9157 芯片使用的是标准 7 位地址模式的 I^2C 通信，

所以 I²C 这部分的配置与我们在 EEPROM 实验中的是一样的，不了解这部分内容的请阅读第 22 章，见代码清单 28-3。

代码清单 28-3   配置 I²C 工作模式

```
1
2  /* STM32 I2C 快速模式 */
3  #define I2C_Speed              400000
4
5  /* 这个地址只要与 STM32 外挂的 I2C 器件地址不一样即可 */
6  #define I2C_OWN_ADDRESS7       0x0A
7
8  /**
9   * @brief   I2C 工作模式配置
10  * @param   无
11  * @retval  无
12  */
13 static void I2C_Mode_Config(void)
14 {
15     I2C_InitTypeDef  I2C_InitStructure;
16
17     /* I2C 模式配置 */
18     I2C_InitStructure.I2C_Mode = I2C_Mode_I2C;
19     I2C_InitStructure.I2C_DutyCycle = I2C_DutyCycle_2;
20     I2C_InitStructure.I2C_OwnAddress1 =I2C_OWN_ADDRESS7;
21     I2C_InitStructure.I2C_Ack = I2C_Ack_Enable ;
22     I2C_InitStructure.I2C_AcknowledgedAddress =
23     I2C_AcknowledgedAddress_7bit;               /* I2C 的寻址模式 */
24     I2C_InitStructure.I2C_ClockSpeed = I2C_Speed;   /* 通信速率 */
25     I2C_Init(GTP_I2C, &I2C_InitStructure);      /* I2C1 初始化 */
26     I2C_Cmd(GTP_I2C, ENABLE);                   /* 使能 I2C1 */
27
28     I2C_AcknowledgeConfig(GTP_I2C, ENABLE);
29 }
```

（4）使用上电时序设置触摸屏的 I²C 地址

注：因硬件 I²C 在实际驱动时存在无法成功发送信号的情况，我们的范例程序中关于 I²C 的底层驱动已改成使用软件 I²C，其原理类似，硬件 I²C 的驱动在范例程序中有保留，可使用 bsp_i2c_touch.h 头文件中的宏来切换。

在上面配置完成 STM32 的引脚后，就可以开始控制这些引脚对触摸屏进行控制了。为了使用 I²C 通信，首先要根据 GT9157 芯片的上电时序给它设置 I²C 设备地址，见代码清单 28-4。

代码清单 28-4   使用上电时序设置触摸屏的 I²C 地址

```
1
2  /**
3   * @brief   对 GT91xx 芯片进行复位
4   * @param   无
5   * @retval  无
6   */
7  void I2C_ResetChip(void)
```

```
8 {
9     GPIO_InitTypeDef GPIO_InitStructure;
10
11    /* 配置 INT 引脚, 下拉推挽输出, 方便初始化 */
12    GPIO_InitStructure.GPIO_Pin = GTP_INT_GPIO_PIN;
13    GPIO_InitStructure.GPIO_Mode = GPIO_Mode_OUT;
14    GPIO_InitStructure.GPIO_Speed = GPIO_Speed_50MHz;
15    GPIO_InitStructure.GPIO_OType = GPIO_OType_PP;
16    GPIO_InitStructure.GPIO_PuPd = GPIO_PuPd_DOWN;    // 设置为下拉, 方便初始化
17    GPIO_Init(GTP_INT_GPIO_PORT, &GPIO_InitStructure);
18
19    /* 初始化 GT9157, rst 为高电平, int 为低电平, 则 gt9157 的设备地址被配置为 0xBA*/
20
21    /* 复位为低电平, 为初始化做准备 */
22    GPIO_ResetBits (GTP_RST_GPIO_PORT,GTP_RST_GPIO_PIN);
23    Delay(0x0FFFFF);
24
25    /* 拉高一段时间, 进行初始化 */
26    GPIO_SetBits (GTP_RST_GPIO_PORT,GTP_RST_GPIO_PIN);
27    Delay(0x0FFFFF);
28
29    /* 把 INT 引脚设置为浮空输入模式, 以便接收触摸中断信号 */
30    GPIO_InitStructure.GPIO_Pin = GTP_INT_GPIO_PIN;
31    GPIO_InitStructure.GPIO_Mode = GPIO_Mode_IN;
32    GPIO_InitStructure.GPIO_Speed = GPIO_Speed_50MHz;
33    GPIO_InitStructure.GPIO_PuPd  = GPIO_PuPd_NOPULL;
34    GPIO_Init(GTP_INT_GPIO_PORT, &GPIO_InitStructure);
35 }
```

这段函数中控制 RST 引脚由低电平改变至高电平, 且期间 INT 一直为低电平。这样的上电时序可以控制触控芯片的 I^2C 写地址为 0xBA, 读地址为 0xBB, 即 (0xBA|0x01)。输出完上电时序后, 把 STM32 的 INT 引脚模式改成浮空输入模式, 使它可以接收触控芯片输出的触摸中断信号。接下来, 我们在 I2C_GTP_IRQEnable 函数中使能 INT 中断, 见代码清单 28-5。

代码清单 28-5　使能 INT 中断

```
1
2 /**
3  * @brief   使能触摸屏中断
4  * @param   无
5  * @retval  无
6  */
7 void I2C_GTP_IRQEnable(void)
8 {
9     EXTI_InitTypeDef EXTI_InitStructure;
10    NVIC_InitTypeDef NVIC_InitStructure;
11    GPIO_InitTypeDef GPIO_InitStructure;
12    /* 配置 INT 为浮空输入 */
13    GPIO_InitStructure.GPIO_Pin = GTP_INT_GPIO_PIN;
14    GPIO_InitStructure.GPIO_Mode = GPIO_Mode_IN;
```

```
15      GPIO_InitStructure.GPIO_Speed = GPIO_Speed_50MHz;
16      GPIO_InitStructure.GPIO_PuPd  = GPIO_PuPd_NOPULL;
17      GPIO_Init(GTP_INT_GPIO_PORT, &GPIO_InitStructure);
18
19      /* 连接 EXTI 中断源到 INT 引脚 */
20   SYSCFG_EXTILineConfig(GTP_INT_EXTI_PORTSOURCE, GTP_INT_EXTI_PINSOURCE);
21
22      /* 选择 EXTI 中断源 */
23      EXTI_InitStructure.EXTI_Line = GTP_INT_EXTI_LINE;
24      EXTI_InitStructure.EXTI_Mode = EXTI_Mode_Interrupt;
25      EXTI_InitStructure.EXTI_Trigger = EXTI_Trigger_Rising;
26      EXTI_InitStructure.EXTI_LineCmd = ENABLE;
27      EXTI_Init(&EXTI_InitStructure);
28
29      /* 配置中断优先级 */
30      NVIC_PriorityGroupConfig(NVIC_PriorityGroup_1);
31
32      /* 使能中断 */
33      NVIC_InitStructure.NVIC_IRQChannel = GTP_INT_EXTI_IRQ;
34      NVIC_InitStructure.NVIC_IRQChannelPreemptionPriority = 1;
35      NVIC_InitStructure.NVIC_IRQChannelSubPriority = 1;
36      NVIC_InitStructure.NVIC_IRQChannelCmd = ENABLE;
37      NVIC_Init(&NVIC_InitStructure);
38 }
```

把这个 INT 引脚配置为上升沿触发，与后面写入触控芯片的配置参数一致。

（5）初始化封装

利用以上函数，把信号引脚及 I²C 设备地址初始化的过程都封装到函数 I2C_Touch_Init 中，见代码清单 28-6。

代码清单 28-6　封装引脚初始化及上电时序

```
1
2 /**
3  * @brief  I2C 外设（GT91xx）初始化
4  * @param  无
5  * @retval 无
6  */
7 void I2C_Touch_Init(void)
8 {
9      I2C_GPIO_Config();
10
11     I2C_Mode_Config();
12
13     I2C_ResetChip();
14
15     I2C_GTP_IRQEnable();
16 }
```

（6）I²C 基本读写函数

为了与上层 gt9xx.c 驱动文件中的函数对接，本实验中的 I²C 读写函数与 EEPROM 实验中的有稍微不同，见代码清单 28-7。

代码清单 28-7　I²C 基本读写函数

```
1
2   __IO uint32_t  I2CTimeout = I2CT_LONG_TIMEOUT;
3   /**
4     * @brief   I2C 等待超时调用本函数输出调试信息
5     * @param  无
6     * @retval 返回 0xff，表示 I2C 读取数据失败
7     */
8   static  uint32_t I2C_TIMEOUT_UserCallback(uint8_t errorCode)
9   {
10      /* 超时处理 */
11      GTP_ERROR("I2C 等待超时 !errorCode = %d",errorCode);
12      return 0xFF;
13  }
14  /**
15    * @brief    使用 I2C 读取数据
16    * @param
17    *     @arg ClientAddr：从设备地址
18    *     @arg pBuffer：存放由从机读取的数据的缓冲区指针
19    *     @arg NumByteToRead：读取的数据长度
20    * @retval  无
21    */
22  uint32_t I2C_ReadBytes(uint8_t ClientAddr,uint8_t* pBuffer,
23                        uint16_t NumByteToRead)
24  {
25      I2CTimeout = I2CT_LONG_TIMEOUT;
26
27      while (I2C_GetFlagStatus(GTP_I2C, I2C_FLAG_BUSY))
28      {
29          if ((I2CTimeout--) == 0) return I2C_TIMEOUT_UserCallback(0);
30      }
31
32      /* 发送起始信号 */
33      I2C_GenerateSTART(GTP_I2C, ENABLE);
34
35      I2CTimeout = I2CT_FLAG_TIMEOUT;
36
37      /* 检查 EV5 事件并清除之 */
38      while (!I2C_CheckEvent(GTP_I2C, I2C_EVENT_MASTER_MODE_SELECT))
39      {
40          if ((I2CTimeout--) == 0) return I2C_TIMEOUT_UserCallback(1);
41      }
42      /* 发送触摸屏芯片的 I2C 设备地址 */
43      I2C_Send7bitAddress(GTP_I2C, ClientAddr, I2C_Direction_Receiver);
44
45      I2CTimeout = I2CT_FLAG_TIMEOUT;
46
47      /* 检查 EV6 事件并清除之 */
48  while (!I2C_CheckEvent(GTP_I2C, I2C_EVENT_MASTER_RECEIVER_MODE_SELECTED))
49      {
```

```
50              if ((I2CTimeout--) == 0) return I2C_TIMEOUT_UserCallback(2);
51          }
52          /* 当还没接收完数据时，继续循环 */
53          while (NumByteToRead)
54          {
55              if (NumByteToRead == 1)
56              {
57                  /* 禁止应答（下一次接收到数据时会产生非应答信号）*/
58                  I2C_AcknowledgeConfig(GTP_I2C, DISABLE);
59
60                  /* 发送停止信号 */
61                  I2C_GenerateSTOP(GTP_I2C, ENABLE);
62              }
63              I2CTimeout = I2CT_LONG_TIMEOUT;
64              while (I2C_CheckEvent(GTP_I2C, I2C_EVENT_MASTER_BYTE_RECEIVED)==0)
65              {
66                  if ((I2CTimeout--) == 0) return I2C_TIMEOUT_UserCallback(3);
67              }
68              {
69                  /* 从设备中读取一个字节 */
70                  *pBuffer = I2C_ReceiveData(GTP_I2C);
71
72                  /* 指向接收缓冲区的下一个存储位置 */
73                  pBuffer++;
74
75                  /* 读取计数器自减 */
76                  NumByteToRead--;
77              }
78          }
79          /* 使能在接收到数据时发送应答信号 */
80          I2C_AcknowledgeConfig(GTP_I2C, ENABLE);
81          return 0;
82  }
83
84
85
86
87  /**
88    * @brief   使用 I2C 写入数据
89    * @param
90    * @arg ClientAddr: 从设备地址
91    * @arg pBuffer: 缓冲区指针
92    * @arg NumByteToWrite: 写的字节数
93    * @retval   无
94    */
95  uint32_t I2C_WriteBytes(uint8_t ClientAddr,uint8_t* pBuffer,
96                          uint8_t NumByteToWrite)
97  {
98      I2CTimeout = I2CT_LONG_TIMEOUT;
99
100     while (I2C_GetFlagStatus(GTP_I2C, I2C_FLAG_BUSY))
101     {
102         if ((I2CTimeout--) == 0) return I2C_TIMEOUT_UserCallback(4);
```

```
103        }
104
105        /* 发送起始信号 */
106        I2C_GenerateSTART(GTP_I2C, ENABLE);
107
108        I2CTimeout = I2CT_FLAG_TIMEOUT;
109
110        /* 检查 EV5 事件并清除之 */
111        while (!I2C_CheckEvent(GTP_I2C, I2C_EVENT_MASTER_MODE_SELECT))
112        {
113            if ((I2CTimeout--) == 0) return I2C_TIMEOUT_UserCallback(5);
114        }
115
116        /* 发送电容触摸芯片的 I2C 设备地址 */
117        I2C_Send7bitAddress(GTP_I2C, ClientAddr, I2C_Direction_Transmitter);
118
119        I2CTimeout = I2CT_FLAG_TIMEOUT;
120
121        /* 检查 EV6 事件并清除之 */
122    while(!I2C_CheckEvent(GTP_I2C,I2C_EVENT_MASTER_TRANSMITTER_MODE_SELECTED))
123        {
124            if ((I2CTimeout--) == 0) return I2C_TIMEOUT_UserCallback(6);
125        }
126        /* 当还有数据要写入时，继续执行循环 */
127        while (NumByteToWrite--)
128        {
129            /* 发送当前数据 */
130            I2C_SendData(GTP_I2C, *pBuffer);
131
132            /* 指向下一个要发送的数据 */
133            pBuffer++;
134
135            I2CTimeout = I2CT_FLAG_TIMEOUT;
136
137            /* 检查 EV8 事件并清除之 */
138        while (!I2C_CheckEvent(GTP_I2C, I2C_EVENT_MASTER_BYTE_TRANSMITTED))
139            {
140                if ((I2CTimeout--) == 0) return I2C_TIMEOUT_UserCallback(7);
141            }
142        }
143        /* 发送停止信号 */
144        I2C_GenerateSTOP(GTP_I2C, ENABLE);
145        return 0;
146 }
```

　　这里的读写函数都是很纯粹的 I²C 通信过程，即读函数只有读过程，不包含发送寄存器地址的过程，而写函数也是只有写过程，没有包含寄存器的地址，大家可以对比一下它们与前面 EEPROM 实验中的差别。这两个函数都只包含从 I²C 的设备地址、缓冲区指针以及数据量。

　　（7）Linux 的 I²C 驱动接口

　　使用前面的基本读写函数，主要是为了对接原 gt9xx.c 驱动里使用的 Linux I²C 接口函数

I2C_Transfer，实现了这个函数后，移植时就可以减少 gt9xx.c 文件的修改量。I2C_Transfer
函数见代码清单 28-8。

代码清单 28-8　Linux 的 I²C 驱动接口

```
1
2  /* 表示读数据 */
3  #define I2C_M_RD        0x0001
4  /*
5  * 存储 I2C 通信的信息
6  * @addr:  从设备的 I2C 设备地址
7  * @flags: 控制标志
8  * @len:  读写数据的长度
9  * @buf:  存储读写数据的指针
10 **/
11 struct i2c_msg
12 {
13     uint8_t addr;        /* 从设备的 I2C 设备地址 */
14     uint16_t flags;      /* 控制标志 */
15     uint16_t len;        /* 读写数据的长度 */
16     uint8_t *buf;        /* 存储读写数据的指针 */
17 };
18
19 /**
20   * @brief    使用 I2C 进行数据传输
21   * @param
22   *      @arg i2c_msg:数据传输结构体
23   *      @arg num:数据传输结构体的个数
24   * @retval   正常完成的传输结构个数，若不正常，返回 0xff
25   */
26 static int I2C_Transfer( struct i2c_msg *msgs,int num)
27 {
28     int im = 0;
29     int ret = 0;
30     // 输出调试信息，可忽略
31     GTP_DEBUG_FUNC();
32
33     for (im = 0; ret == 0 && im != num; im++)
34     {
35         // 根据 flag 判断是读数据还是写数据
36         if ((msgs[im].flags&I2C_M_RD))
37         {
38             // I2C 读取数据
39             ret = I2C_ReadBytes(msgs[im].addr, msgs[im].buf, msgs[im].len);
40         }
41         else
42         {
43             // I2C 写入数据
44             ret = I2C_WriteBytes(msgs[im].addr,  msgs[im].buf, msgs[im].len);
45         }
46     }
47
48     if (ret)
```

```
49          return ret;
50
51      return im;                              // 正常完成的传输结构个数
52  }
```

I2C_Transfer 的主要输入参数是 i2c_msg 结构体的指针以及要传输多少个这样的结构体。i2c_msg 结构体包含以下几个成员：

1）addr，这是从机的 I²C 设备地址，通信时无论是读方向还是写方向，给这个成员赋值为写地址即可（本实验中为 0xBA）。

2）flags，这个成员存储了控制标志，它用于指示本 i2c_msg 结构体要求以什么方式来传输。在原 Linux 驱动中有很多种控制方式，在我们这个工程中，只支持读或写控制标志，flags 被赋值为 I2C_M_RD 宏的时候表示读方向，其余值表示写方向。

3）len，本成员存储了要读写的数据长度。

4）buf，本成员存储了指向读写数据缓冲区的指针。

利用这个结构体，我们再来看 I2C_Transfer 函数做了什么工作。

1）输入参数中可能包含有多个要传输的 i2c_msg 结构体，利用 for 循环把这些结构体一个个地传输出去。

2）传输的时候根据 i2c_msg 结构体中的 flags 标志，确定应该调用 I²C 读函数还是写函数，这些函数即前面定义的 I²C 基本读写函数。调用这些函数的时候，以 i2c_msg 结构体的成员作为参数。

（8）I²C 复合读写函数

理解了 I2C_Transfer 函数的代码，我们发现它还是什么都没做，只是对 I²C 基本读写函数封装了比较特别的调用形式而已，而我们知道 GT9157 触控芯片都有很多不同的寄存器，如果我们仅用上面的函数，如何向特定寄存器写入参数或读取特定寄存器的内容呢？这就需要再利用 I2C_Transfer 函数编写具有 I²C 通信复合时序的读写函数了。Linux 驱动进行这样的封装是为了让它的核心层与具体设备独立开来，对于这个巨型系统，这样写代码是很有必要的。上述的 I2C_Transfer 函数属于 Linux 内部的驱动层，它对外提供接口，而像 GT9157、EEPROM 等使用 I²C 的设备，都利用这个接口编写自己具体的驱动文件，GT9157 的这些 I²C 复合读写函数见代码清单 28-9。

代码清单 28-9　I²C 复合读写函数

```
1  // 寄存器地址的长度
2  #define GTP_ADDR_LENGTH        2
3
4  /**
5   * @brief     从 IIC 设备中读取数据
6   * @param
7   *     @arg client_addr: 设备地址
8   *     @arg buf[0~1]: 读取数据寄存器的起始地址
9   *     @arg buf[2~len-1]: 存储读出来数据的缓冲 buffer
10  *     @arg len:     GTP_ADDR_LENGTH + read bytes count (
```

```
11                          寄存器地址长度 + 读取的数据字节数）
12  * @retval  i2c_msgs 传输结构体的个数, 2 为成功, 其他为失败
13  */
14 static int32_t GTP_I2C_Read(uint8_t client_addr, uint8_t *buf,
15                             int32_t len)
16 {
17     struct i2c_msg msgs[2];
18     int32_t ret=-1;
19     int32_t retries = 0;
20
21     //输出调试信息，可忽略
22     GTP_DEBUG_FUNC();
23     /* 一个读数据的过程可以分为两个传输过程：
24      * 1. I2C 写入要读取的寄存器地址
25      * 2. I2C 读取数据
26      * */
27
28     msgs[0].flags = !I2C_M_RD;                    //写入
29     msgs[0].addr  = client_addr;                  //I2C 设备地址
30     msgs[0].len   = GTP_ADDR_LENGTH;              //寄存器地址为 2 字节（即写入两字节的数据）
31     msgs[0].buf   = &buf[0];                      //buf[0~1] 存储的是要读取的寄存器地址
32
33     msgs[1].flags = I2C_M_RD;                     //读取
34     msgs[1].addr  = client_addr;                  //I2C 设备地址
35     msgs[1].len   = len - GTP_ADDR_LENGTH;        //要读取的数据长度
36     msgs[1].buf   = &buf[GTP_ADDR_LENGTH];        //buf[GTP_ADDR_LENGTH] 之后的缓冲区
                                                     //存储读出的数据
37
38     while (retries < 5)
39     {
40         ret = I2C_Transfer( msgs, 2);//调用 I2C 数据传输过程函数，有 2 个传输过程
41         if (ret == 2)break;
42         retries++;
43     }
44     if ((retries >= 5))
45     {
46         //发送失败，输出调试信息
47         GTP_ERROR("I2C Read Error");
48     }
49     return ret;
50 }
51
52 /**
53  * @brief   向 I2C 设备写入数据
54  * @param
55  *     @arg client_addr:设备地址
56  *     @arg  buf[0~1]: 要写入的数据寄存器的起始地址
57  *     @arg buf[2~len-1]: 要写入的数据
58  *     @arg len:    GTP_ADDR_LENGTH + write bytes count（
59                     寄存器地址长度 + 写入的数据字节数）
60  * @retval  i2c_msgs 传输结构体的个数, 1 为成功, 其他为失败
61  */
62 static int32_t GTP_I2C_Write(uint8_t client_addr,uint8_t *buf,
```

```
63                             int32_t len)
64 {
65     struct i2c_msg msg;
66     int32_t ret = -1;
67     int32_t retries = 0;
68
69     // 输出调试信息，可忽略
70     GTP_DEBUG_FUNC();
71     /* 一个写数据的过程只需要一个传输过程：
72      *  I2C 连续写入数据寄存器地址及数据
73      * */
74     msg.flags = !I2C_M_RD;        // 写入
75     msg.addr  = client_addr;      // 从设备地址
76     msg.len   = len;              // 长度直接等于 ( 寄存器地址长度 + 写入的数据字节数 )
77     msg.buf   = buf;              // 直接连续写入缓冲区中的数据 ( 包括了寄存器地址 )
78
79     while (retries < 5)
80     {
81         ret = I2C_Transfer(&msg, 1); // 调用 I2C 数据传输过程函数，1 个传输过程
82         if (ret == 1)break;
83         retries++;
84     }
85     if ((retries >= 5))
86     {
87         // 发送失败，输出调试信息
88         GTP_ERROR("I2C Write Error");
89     }
90     return ret;
91 }
```

可以看到，复合读写函数都包含有 client_addr、buf 及 len 输入参数，其中 client_addr 表示 I^2C 的设备地址，buf 存储了要读写的寄存器地址及数据，len 表示 buf 的长度。在函数的内部处理中，复合读写过程被分解成两个基本的读写过程，输入参数被转化存储到 i2c_msg 结构体中，每个基本读写过程使用一个 i2c_msg 结构体来表示，见表 28-2 和表 28-3。

表 28-2　复合读过程的步骤分解

复合读过程的步骤分解	说　明
传输寄存器地址	这相当于一个 I^2C 的基本写过程，写入一个 2 字节长度的寄存器地址，buf 指针的前两个字节内容被解释为寄存器地址
从寄存器读取内容	这是一个 I^2C 的基本读过程，读取到的数据存储到 buf 指针的第 3 个地址开始的空间中

表 28-3　复合写过程的步骤分解

复合写过程的步骤分解	说　明
传输寄存器地址	这相当于一个 I^2C 的基本写过程，写入一个 2 字节长度的寄存器地址，buf 指针的前两个字节内容被解释为寄存器地址
向寄存器写入内容	这也是一个 I^2C 的基本写过程，写入的数据为 buf 指针的第 3 个地址开始的内容

复合过程的分解主要是针对寄存器地址传输和实际数据传输来划分的，调用这两个复合

读写过程的时候，我们需要注意 buf 的前两个字节为寄存器地址，且 len 的长度为 buf 的整体长度。

（9）读取触控芯片的产品 ID 及版本号

利用上述复合读写函数，我们就可以使用 I²C 控制触控芯片了。首先是最简单的读取版本函数，见代码清单 28-10。

代码清单 28-10　读取触控芯片的产品 ID 及版本号

```
1
2  /* 设定使用的电容屏 I2C 设备地址 */
3  #define GTP_ADDRESS              0xBA
4  // 芯片版本号地址
5  #define GTP_REG_VERSION          0x8140
6
7  /*****************************************************
8  Function:
9      Read chip version.
10 Input:
11     client:  i2c device
12     version: buffer to keep ic firmware version
13 Output:
14     read operation return.
15         2: succeed, otherwise: failed
16 *****************************************************/
17 int32_t GTP_Read_Version(void)
18 {
19     int32_t ret = -1;
20     // 寄存器地址
21     uint8_t buf[8] = {GTP_REG_VERSION >> 8, GTP_REG_VERSION & 0xff};
22     // 输出调试信息，可忽略
23     GTP_DEBUG_FUNC();
24
25     ret = GTP_I2C_Read(GTP_ADDRESS, buf, sizeof(buf));
26     if (ret < 0)
27     {
28         GTP_ERROR("GTP read version failed");
29         return ret;
30     }
31
32     if (buf[5] == 0x00)
33     {
34         GTP_INFO("IC Version: %c%c%c_%02x%02x",
35                   buf[2], buf[3], buf[4], buf[7], buf[6]);
36     }
37     else
38     {
39         GTP_INFO("IC Version: %c%c%c%c_%02x%02x",
40                   buf[2], buf[3], buf[4], buf[5], buf[7], buf[6]);
41     }
42     return ret;
43 }
```

这个函数定义了一个 8 字节的 buf 数组，并且向它的第 0 和第 1 个元素写入产品 ID 寄存器的地址，然后调用复合读取函数，即可从芯片中读取这些寄存器的信息，结果使用宏 GTP_INFO 输出。

（10）向触控芯片写入配置参数

万事俱备，现在我们可以使用 I²C 向触摸芯片写入寄存器配置了，见代码清单 28-11。

代码清单 28-11　初始化并向触控芯片写入配置参数

```
1  // 5 寸屏 GT9157 驱动配置
2  uint8_t CTP_CFG_GT9157[] ={
3      0x00,0x20,0x03,0xE0,0x01,0x05,0x3C,0x00,0x01,0x08,
4      0x28,0x0C,0x50,0x32,0x03,0x05,0x00,0x00,0x00,0x00,
5      /*... 部分内容省略 ...*/
6      0x00,0xFF,0xFF,0xFF,0xFF,0xFF,0xFF,0xFF,0xFF,
7      0xFF,0xFF,0xFF,0xFF,0x48,0x01
8  };
9
10  // 7 寸屏 GT911 驱动配置
11  uint8_t CTP_CFG_GT911[] =  {
12      0x00,0x20,0x03,0xE0,0x01,0x05,0x3D,0x00,0x01,0x48,
13      0x28,0x0D,0x50,0x32,0x03,0x05,0x00,0x00,0x00,0x00,
14      /*... 部分内容省略 ...*/
15      0x00,0x00,0x00,0x00,0x00,0x00,0x00,0x00,0x00,0x00,
16      0x00,0x00,0x00,0x00,0x11,0x01
17  };
18
19
20  uint8_t config[GTP_CONFIG_MAX_LENGTH + GTP_ADDR_LENGTH]
21              = {GTP_REG_CONFIG_DATA >> 8, GTP_REG_CONFIG_DATA & 0xff};
22
23  TOUCH_IC touchIC;
24
25
26  /********************************************************
27  Function:
28      Initialize gtp.
29  Input:
30      ts: goodix private data
31  Output:
32      Executive outcomes.
33          0: succeed, otherwise: failed
34  ********************************************************/
35   int32_t GTP_Init_Panel(void)
36  {
37      int32_t ret = -1;
38
39      int32_t i = 0;
40      uint8_t check_sum = 0;
41      int32_t retry = 0;
42
43      uint8_t* cfg_info;
```

```
44      uint8_t cfg_info_len  ;
45
46      uint8_t cfg_num =0x80FE-0x8047+1 ;                      // 需要配置的寄存器个数
47
48      GTP_DEBUG_FUNC();
49
50      I2C_Touch_Init();
51
52      ret = GTP_I2C_Test();
53      if (ret < 0)
54      {
55          GTP_ERROR("I2C communication ERROR!");
56          return ret;
57      }
58
59      // 获取触摸 IC 的型号
60      GTP_Read_Version();
61
62      // 根据 IC 的型号指向不同的配置
63      if(touchIC == GT9157)
64      {
65          cfg_info =  CTP_CFG_GT9157;                         // 指向寄存器配置
66          cfg_info_len = CFG_GROUP_LEN(CTP_CFG_GT9157);       // 计算配置表的大小
67      }
68      else
69      {
70          cfg_info =  CTP_CFG_GT911;                          // 指向寄存器配置
71          cfg_info_len = CFG_GROUP_LEN(CTP_CFG_GT911) ;       // 计算配置表的大小
72      }
73
74      memset(&config[GTP_ADDR_LENGTH], 0, GTP_CONFIG_MAX_LENGTH);
75      memcpy(&config[GTP_ADDR_LENGTH], cfg_info, cfg_info_len);
76
77      // 计算要写入 checksum 寄存器的值
78      check_sum = 0;
79      for (i = GTP_ADDR_LENGTH; i < cfg_num+GTP_ADDR_LENGTH; i++)
80      {
81          check_sum += config[i];
82      }
83      config[ cfg_num+GTP_ADDR_LENGTH] = (~check_sum) + 1;  // 检测 sum 的值
84      config[ cfg_num+GTP_ADDR_LENGTH+1] =  1;                // 刷新配置更新标志
85
86      // 写入配置信息
87      for (retry = 0; retry < 5; retry++)
88      {
89          ret = GTP_I2C_Write(GTP_ADDRESS, config , cfg_num + GTP_ADDR_LENGTH+2);
90          if (ret > 0)
91          {
92              break;
93          }
94      }
95      Delay(0xfffff);                                         // 延迟等待芯片更新
96
```

```
97        /* 使能中断，这样才能检测触摸数据 */
98        I2C_GTP_IRQEnable();
99
100       GTP_Get_Info();
101
102       return 0;
103 }
```

这段代码调用 I2C_Touch_Init 初始化了 STM32 的 I²C 外设，设定触控芯片的 I²C 设备地址，然后调用了 GTP_Read_Version 尝试获取触控芯片的版本号。接下来是函数的主体，它使用 GTP_I2C_Write 函数通过 I²C 把配置参数表 CTP_CFG_GT9157（5 寸屏）或 CTP_CFG_GT911（7 寸屏）写入触控芯片的配置寄存器中。注意传输中包含 checksum 寄存器的值。写入完参数后调用 I2C_GTP_IRQEnable 以使能 INT 引脚检测中断。

（11）INT 中断服务函数

经过上面的函数初始化后，触摸屏就可以开始工作了。当触摸时，INT 引脚会产生触摸中断，会进入中断服务函数 GTP_IRQHandler，见代码清单 28-12。

代码清单 28-12　触摸屏的中断服务函数（stm32f4xx_it.c 文件）

```
1 // 触摸屏中断服务函数
2 void GTP_IRQHandler(void)
3 {
4     // 确保产生了 EXTI Line 中断
5     if (EXTI_GetITStatus(GTP_INT_EXTI_LINE) != RESET)
6     {
7         GTP_TouchProcess();
8         EXTI_ClearITPendingBit(GTP_INT_EXTI_LINE);     // 清除中断标志位
9     }
10 }
```

中断服务函数只是简单地调用了 GTP_TouchProcess 函数，它是读取触摸坐标的主体。

（12）读取坐标数据

GTP_TouchProcess 函数的内容见代码清单 28-13。

代码清单 28-13　GTP_TouchProcess 坐标读取函数

```
1
2 /* 状态寄存器地址 */
3 #define GTP_READ_COOR_ADDR     0x814E
4
5 /**
6  * @brief     触屏处理函数，轮询或者在触摸中断调用
7  * @param     无
8  * @retval    无
9  */
10 static void Goodix_TS_Work_Func(void)
11 {
12     uint8_t  end_cmd[3] = {GTP_READ_COOR_ADDR >> 8, GTP_READ_COOR_ADDR & 0xFF, 0};
13     uint8_t  point_data[2 + 1 + 8 * GTP_MAX_TOUCH + 1]= {GTP_READ_COOR_ADDR >> 8,
```

```
14        GTP_READ_COOR_ADDR & 0xFF  };
15
16     uint8_t  touch_num = 0;
17     uint8_t  finger = 0;
18     static uint16_t pre_touch = 0;
19     static uint8_t pre_id[GTP_MAX_TOUCH] = {0};
20
21     uint8_t client_addr=GTP_ADDRESS;
22     uint8_t* coor_data = NULL;
23     int32_t input_x = 0;
24     int32_t input_y = 0;
25     int32_t input_w = 0;
26     uint8_t id = 0;
27
28     int32_t i  = 0;
29     int32_t ret = -1;
30
31     GTP_DEBUG_FUNC();
32
33  ret = GTP_I2C_Read(client_addr, point_data, 12);  //10 字节寄存器加 2 字节地址
34     if (ret < 0)
35     {
36         GTP_ERROR("I2C transfer error. errno:%d\n ", ret);
37         return;
38     }
39
40     finger = point_data[GTP_ADDR_LENGTH];    // 状态寄存器数据
41
42     if (finger == 0x00)                       // 没有数据，退出
43     {
44         return;
45     }
46
47     if ((finger & 0x80) == 0)                 // 判断 buffer status 位
48     {
49         goto exit_work_func;                  // 坐标未就绪，数据无效
50     }
51
52     touch_num = finger & 0x0f;                // 坐标点数
53     if (touch_num > GTP_MAX_TOUCH)
54     {
55         goto exit_work_func;                  // 大于最大支持点数，错误退出
56     }
57
58     if (touch_num > 1)                        // 不止一个点
59     {
60         uint8_t buf[8 * GTP_MAX_TOUCH] = {(GTP_READ_COOR_ADDR + 10) >> 8,
61                                           (GTP_READ_COOR_ADDR + 10) & 0xff};
62
63     ret = GTP_I2C_Read(client_addr, buf, 2 + 8 * (touch_num - 1));
64     // 复制其余点数的数据到 point_data
65     memcpy(&point_data[12], &buf[2], 8 * (touch_num - 1));
66     }
```

```
67
68      if (pre_touch>touch_num)                        //pre_touch>touch_num, 表示有的点释放了
69      {
70          for (i = 0; i < pre_touch; i++)    //一个点一个点处理
71          {
72              uint8_t j;
73              for (j=0; j<touch_num; j++)
74              {
75                  coor_data = &point_data[j * 8 + 3];
76                  id = coor_data[0] & 0x0F;  //track id
77                  if (pre_id[i] == id)
78                      break;
79
80                  if (j >= touch_num-1)//遍历当前所有id都找不到pre_id[i], 表示已释放
81                  {
82                      GTP_Touch_Up( pre_id[i]);
83                  }
84              }
85          }
86      }
87
88      if (touch_num)
89      {
90          for (i = 0; i < touch_num; i++)                    //一个点一个点处理
91          {
92              coor_data = &point_data[i * 8 + 3];
93
94              id = coor_data[0] & 0x0F;                     //track id
95              pre_id[i] = id;
96
97              input_x  = coor_data[1] | (coor_data[2] << 8);    //x 坐标
98              input_y  = coor_data[3] | (coor_data[4] << 8);    //y 坐标
99              input_w  = coor_data[5] | (coor_data[6] << 8);    //大小
100
101             {
102                 GTP_Touch_Down( id, input_x, input_y, input_w);    //数据处理
103             }
104         }
105     }
106     else if (pre_touch)      //touch_ num=0 且 pre_touch！=0
107     {
108         for (i=0; i<pre_touch; i++)
109         {
110             GTP_Touch_Up(pre_id[i]);
111         }
112     }
113
114     pre_touch = touch_num;
115
116 exit_work_func:
117     {
118         ret = GTP_I2C_Write(client_addr, end_cmd, 3);
119         if (ret < 0)
```

```
120              {
121                  GTP_INFO("I2C write end_cmd error!");
122              }
123          }
124  }
```

　　这个函数的内容比较长，它首先是读取了状态寄存器，获当前有多少个触点，然后根据触点数去读取各个点的数据。其中还包含 pre_touch 点的处理，pre_touch 保存了上一次的触点数据，利用这些数据和触点的 track id 号，可以确认同一条笔迹。这个读取过程完毕后，还对状态寄存器的 buffer status 位写 0，结束读取。在实际应用中，我们并不需要掌握这个 Goodix_TS_Work_Func 函数的所有细节，因为在这个函数中提供了两个坐标获取接口，我们只要在这两个接口中修改即可简单地得到坐标信息。

　　（13）触点释放和触点按下的坐标接口

　　Goodix_TS_Work_Func 函数中获取到新的坐标数据时会调用触点释放和触点按下这两个函数，我们只要在这两个函数中添加自己的坐标处理过程即可，见代码清单 28-14。

代码清单 28-14　触点释放和触点按下的坐标接口

```
1
2  /**
3    * @brief     用于处理或报告触屏检测到按下
4    * @param
5    *    @arg     id: 触摸顺序 trackID
6    *    @arg     x:  触摸的 x 坐标
7    *    @arg     y:  触摸的 y 坐标
8    *    @arg     w:  触摸的 大小
9    * @retval 无
10   */
11  /* 用于记录连续触摸时（长按）的上一次触摸位置，负数值表示上一次无触摸按下 */
12  static int16_t pre_x[GTP_MAX_TOUCH] = {-1,-1,-1,-1,-1};
13  static int16_t pre_y[GTP_MAX_TOUCH] = {-1,-1,-1,-1,-1};
14
15  static void GTP_Touch_Down(int32_t id,int32_t x,int32_t y,int32_t w)
16  {
17
18      GTP_DEBUG_FUNC();
19
20      /* 取 x、y 初始值大于屏幕像素值 */
21      GTP_DEBUG("ID:%d, X:%d, Y:%d, W:%d", id, x, y, w);
22
23      /* 处理触摸按钮，用于触摸画板 */
24      Touch_Button_Down(x,y);
25      /* 处理描绘轨迹，用于触摸画板 */
26      Draw_Trail(pre_x[id],pre_y[id],x,y,&brush);
27
28      /****************************************/
29      /* 在此处添加自己的触摸点按下时处理过程即可 */
30      /* (x,y) 即为最新的触摸点 *************/
31      /****************************************/
```

```
32
33      /*prex,prey 数组存储上一次触摸的位置，id 为轨迹编号（多点触控时有多轨迹）*/
34      pre_x[id] = x;
35      pre_y[id] =y;
36
37 }
38
39
40 /**
41   * @brief   用于处理或报告触屏释放
42   * @param   释放点的 id 号
43   * @retval 无
44   */
45 static void GTP_Touch_Up( int32_t id)
46 {
47      /* 处理触摸释放，用于触摸画板 */
48      Touch_Button_Up(pre_x[id],pre_y[id]);
49
50      /******************************************/
51      /* 在此处添加自己的触摸点释放时的处理过程即可 */
52      /* pre_x[id],pre_y[id] 即为最新的释放点 ****/
53      /******************************************/
54      /***id 为轨迹编号（多点触控时有多轨迹）********/
55
56
57      /* 触笔释放，把 pre xy 重置为负 */
58      pre_x[id] = -1;
59      pre_y[id] = -1;
60
61      GTP_DEBUG("Touch id[%2d] release!", id);
62 }
```

以上是我们工程中对这两个接口的应用，我们把触摸画板的坐标处理过程直接放到接口里了。可参考这个演示，在函数的注释部分，可根据自己的应用编写坐标处理过程。

注意这两个坐标接口都还是在中断服务函数里调用的（中断服务函数调用 Goodix_TS_Work_Func 函数，该函数再调用这两个坐标接口），实际应用中可以先把这些坐标信息存储起来，等待到系统空闲的时候再处理，就可以减轻中断服务程序的负担了。

3. main 函数

完成了触摸屏的驱动，就可以应用了。以下我们来看工程的主体 main 函数，见代码清单 28-15。

代码清单 28-15　main 函数

```
1
2 /**
3   * @brief   主函数
4   * @param   无
5   * @retval 无
6   */
7 int main(void)
```

```
 8 {
 9      /* LED 端口初始化 */
10      LED_GPIO_Config();
11
12      Debug_USART_Config();
13      printf("\r\n秉火 STM3F429 触摸画板测试例程 \r\n");
14
15      /* 初始化触摸屏 */
16      GTP_Init_Panel();
17
18      /*初始化液晶屏 */
19      LCD_Init();
20      LCD_LayerInit();
21      LTDC_Cmd(ENABLE);
22
23      /* 把背景层刷黑色 */
24      LCD_SetLayer(LCD_BACKGROUND_LAYER);
25      LCD_Clear(LCD_COLOR_BLACK);
26
27      /* 初始化后默认使用前景层 */
28      LCD_SetLayer(LCD_FOREGROUND_LAYER);
29      /* 默认设置不透明，该函数参数为不透明度，范围为 0-0xff，0 为全透明，0xff 为不透明
30      LCD_SetTransparency(0xFF);
31      LCD_Clear(LCD_COLOR_BLACK);
32
33      /* 调用画板初始化函数 */
34      Palette_Init();
35
36      Delay(0xfff);
37
38      while (1);
39 }
```

main 函数初始化触摸屏、液晶屏后，调用了 Palette_Init 函数初始化了触摸画板应用，关于触摸画板应用的内容在 palette.c 及 palette.h 文件中，这些都是与 STM32 无关上层应用，感兴趣的读者可在工程中阅读，本书就不讲解这些内容了。

28.3.3 下载验证

编译程序下载到实验板，并上电复位，液晶屏会显示出触摸画板的界面，点击屏幕可以在该界面画出简单的图形。

第 29 章
ADC——电压采集

29.1 ADC 简介

STM32F429IGT6 有 3 个 ADC，每个 ADC 有 12 位、10 位、8 位和 6 位可选，每个 ADC 有 16 个外部通道。另外还有两个内部 ADC 源和 V_{BAT} 通道挂接在 ADC1 上。ADC 具有独立模式、双重模式和三重模式，不同的 AD 转换要求几乎都有合适的模式可选。ADC 功能非常强大，具体的每个部分的功能我们在功能框图中分析。

29.2 ADC 功能框图剖析

29.2.1 ADC 功能

掌握了 ADC 的功能框图，就可以对 ADC 有一个整体的把握，在编程的时候可以做到了然于胸，不会一知半解。单个 ADC 框图见图 29-1，框图讲解采用从左到右的方式，与 ADC 采集数据、转换数据、传输数据的方向大概一致。

1. 电压输入范围

ADC 输入范围为：$V_{REF-} \leqslant V_{IN} \leqslant V_{REF+}$。由 V_{REF-}、V_{REF+}、V_{DDA}、V_{SSA} 这 4 个外部引脚决定。

我们在设计原理图的时候，一般把 V_{SSA} 和 V_{REF-} 接地，把 V_{REF+} 和 V_{DDA} 接 3V3，得到 ADC 的输入电压范围为 0 ~ 3.3V。

如果想让输入的电压范围变宽，可以测试负电压或者更高的正电压，就可以在外部加一个电压调理电路，把需要转换的电压抬升或者降压到 0 ~ 3.3V，这样 ADC 就可以测量了。

2. 输入通道

我们确定好 ADC 输入电压之后，电压怎么输入到 ADC？这里我们引入通道的概念，STM32 的 ADC 多达 19 个通道，其中外部的 16 个通道就是框图中的 ADCx_IN0 ~ ADCx_IN5。这 16 个通道对应着不同的 IO 口，具体是哪一个 IO 口可以从手册查询到。其中 ADC1/2/3 还有内部通道：ADC1 的通道 ADC1_IN16 连接到内部的 VSS，通道 ADC1_IN17 连接到了内部参考电压 V_{REFINT} 连接，通道 ADC1_IN18 连接到了芯片内部的温度传感器或者备用电源 V_{BAT}。ADC2 和 ADC3 的通道 16、17、18 全部连接到了内部的 VSS，见图 29-2。

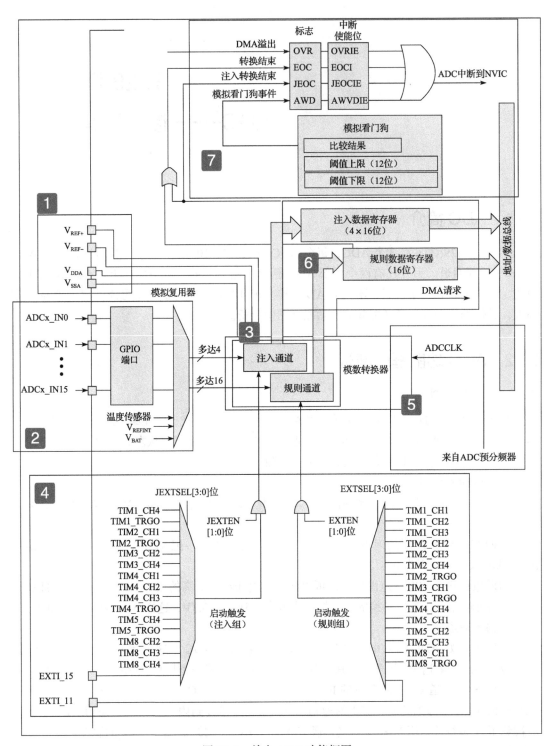

图 29-1　单个 ADC 功能框图

STM32F429IGT6 ADC IO 分配						
ADC1	IO	ADC2	IO	ADC3	IO
通道 0	PA0	通道 0	PA0	通道 0	PA0
通道 1	PA1	通道 1	PA1	通道 1	PA1
通道 2	PA2	通道 2	PA2	通道 2	PA2
通道 3	PA3	通道 3	PA3	通道 3	PA3
通道 4	PA4	通道 4	PA4	通道 4	PF6
通道 5	PA5	通道 5	PA5	通道 5	PF7
通道 6	PA6	通道 6	PA6	通道 6	PF8
通道 7	PA7	通道 7	PA7	通道 7	PF9
通道 8	PB0	通道 8	PB0	通道 8	PF10
通道 9	PB1	通道 9	PB1	通道 9	PF3
通道 10	PC0	通道 10	PC0	通道 10	PC0
通道 11	PC1	通道 11	PC1	通道 11	PC1
通道 12	PC2	通道 12	PC2	通道 12	PC2
通道 13	PC3	通道 13	PC3	通道 13	PC3
通道 14	PC4	通道 14	PC4	通道 14	PF4
通道 15	PC5	通道 15	PC5	通道 15	PF5
通道 16	连接内部 VSS	通道 16	连接内部 VSS	通道 16	连接内部 VSS
通道 17	连接内部 Vrefint	通道 17	连接内部 VSS	通道 17	连接内部 VSS
通道 18	连接内部温度优越感器 / 内部 V_{BAT}	通道 18	连接内部 VSS	通道 18	连接内部 VSS

图 29-2　STM32F429IGT6 ADC 通道

外部的 16 个通道在转换的时候又分为规则通道和注入通道，其中规则通道最多有 16 路，注入通道最多有 4 路。那这两个通道有什么区别？在什么时候使用？

（1）规则通道

规则通道：顾名思义，规则通道就是很规矩的意思，我们平时一般使用的就是这个通道，或者应该说我们用到的都是这个通道，没有什么特别要注意的。

（2）注入通道

注入，可以理解为插入、插队的意思，是一种不安分的通道。它是一种在规则通道转换的时候强行插入要转换的一种。如果在规则通道转换过程中有注入通道插队，那么就要先等注入通道转换完成后，再回到规则通道的转换流程。这点与中断程序很像，都是不安分的分子。所以，注入通道只有在规则通道存在时才会出现。

3. 转换顺序

（1）规则序列

规则序列寄存器有 3 个，分别为 SQR3、SQR2、SQR1，见图 29-3。SQR3 控制着规则序列中的第 1～6 个转换，对应的位为：SQ1[4:0]～SQ6[4:0]，第一次转换的是 SQ1[4:0]，如果通道 16 想第一次转换，那么在 SQ1[4:0] 中写 16 即可。SQR2 控制着规则序列中的第 7～12 个转换，对应的位为：SQ7[4:0]～SQ12[4：0]，如果通道 1 想第 8 个转换，则在 SQ8[4:0] 中写 1 即可。SQR1 控制着规则序列中的第 13 ～ 16 个转换，对应位为：SQ13[4:0] ～ SQ16[4:0]，如果通道 6 想第 10 个转换，则在 SQ10[4:0] 中写 6 即可。具体使用多少个通道，由 SQR1 的位 SQL[3:0] 决定，最多 16 个通道。

规则序列寄存器 SQRx, x (1, 2, 3)			
寄存器	寄存器位	功　能	取　值
SQR3	SQ1[4:0]	设置第 1 个转换的通道	通道 1 ～ 16
	SQ2[4:0]	设置第 2 个转换的通道	通道 1 ～ 16
	SQ3[4:0]	设置第 3 个转换的通道	通道 1 ～ 16
	SQ4[4:0]	设置第 4 个转换的通道	通道 1 ～ 16
	SQ5[4:0]	设置第 5 个转换的通道	通道 1 ～ 16
	SQ6[4:0]	设置第 6 个转换的通道	通道 1 ～ 16
SQR2	SQ7[4:0]	设置第 7 个转换的通道	通道 1 ～ 16
	SQ8[4:0]	设置第 8 个转换的通道	通道 1 ～ 16
	SQ9[4:0]	设置第 9 个转换的通道	通道 1 ～ 16
	SQ10[4:0]	设置第 10 个转换的通道	通道 1 ～ 16
	SQ11[4:0]	设置第 11 个转换的通道	通道 1 ～ 16
	SQ12[4:0]	设置第 12 个转换的通道	通道 1 ～ 16
SQR1	SQ13[4:0]	设置第 13 个转换的通道	通道 1 ～ 16
	SQ14[4:0]	设置第 14 个转换的通道	通道 1 ～ 16
	SQ15[4:0]	设置第 15 个转换的通道	通道 1 ～ 16
	SQ16[4:0]	设置第 16 个转换的通道	通道 1 ～ 16
	SQL[3:0]	需要转换多少个通道	1 ～ 16

图 29-3　规则序列寄存器

（2）注入序列

注入序列寄存器 JSQR 只有一个，最多支持 4 个通道，具体多少个由 JSQR 的 JL[1:0] 决定，见图 29-4。如果 JL 的值小于 4 的话，则 JSQR 与 SQR 决定转换顺序的设置不一样，第 1 次转换的不是 JSQR1[4:0]，而是 JCQRx[4:0]，x =（4–JL），与 SQR 刚好相反。如果 JL=00（1 个转换），那么转换的顺序从 JSQR4[4:0] 开始，而不是从 JSQR1[4:0] 开始，这个要注意，编程的时候不要搞错。当 JL 等于 4 时，与 SQR 一样。

注入序列寄存器 JSQR			
寄存器	寄存器位	功　能	取　值
JSQR	JSQ1[4:0]	设置第 1 个转换的通道	通道 1 ～ 4
	JSQ2[4:0]	设置第 2 个转换的通道	通道 1 ～ 4
	JSQ3[4:0]	设置第 3 个转换的通道	通道 1 ～ 4
	JSQ4[4:0]	设置第 4 个转换的通道	通道 1 ～ 4
	JL[1:0]	需要转换多少个通道	1 ～ 4

图 29-4　注入序列寄存器

4. 触发源

通道选好了，转换的顺序也设置好了，那接下来就该开始转换了。ADC 转换可以由 ADC 控制寄存器 2:ADC_CR2 的 ADON 这个位来控制，写 1 的时候开始转换，写 0 的时候停止转换。这个是最简单也是最好理解的开启 ADC 转换的控制方式，很好理解。

除了这种最普通的控制方法，ADC 还支持外部事件触发转换，这个触发包括内部定时器触发和外部 IO 触发。触发源有很多，具体选择哪一种触发源，由 ADC 控制寄存器 2:ADC_CR2 的 EXTSEL[2:0] 和 JEXTSEL[2:0] 位来控制。EXTSEL[2:0] 用于选择规则通道的触发源，JEXTSEL[2:0] 用于选择注入通道的触发源。选定好触发源之后，触发源是否要激活，则由 ADC 控制寄存器 2:ADC_CR2 的 EXTTRIG 和 JEXTTRIG 这两位来激活。

如果使能了外部触发事件，我们还可以通过设置 ADC 控制寄存器 2:ADC_CR2 的 EXTEN[1:0] 和 JEXTEN[1:0] 来控制触发极性，可以有 4 种状态，分别是：禁止触发检测、上升沿检测、下降沿检测，以及上升沿和下降沿均检测。

5. 转换时间

（1）ADC 时钟

ADC 输入时钟 ADC_CLK 由 PCLK2 经过分频产生，最大值是 36MHz，典型值为 30MHz，分频因子由 ADC 通用控制寄存器 ADC_CCR 的 ADCPRE[1:0] 设置，可设置的分频系数有 2、4、6 和 8，注意这里没有 1 分频。对于 STM32F429IGT6 我们一般设置 PCLK2=HCLK/2=90MHz，所以程序一般使用 4 分频或者 6 分频。

（2）采样时间

ADC 需要若干个 ADC_CLK 周期完成对输入的电压进行采样，采样的周期数可通过 ADC 采样时间寄存器 ADC_SMPR1 和 ADC_SMPR2 中的 SMP[2:0] 位设置，ADC_SMPR2 控制的是通道 0 ~ 9，ADC_SMPR1 控制的是通道 10 ~ 17。每个通道可以分别用不同的时间采样。其中采样周期最小是 3 个，即如果我们要达到最快的采样，那么应该设置采样周期为 3 个周期，这里说的周期就是 1/ADC_CLK。

ADC 的总转换时间跟 ADC 的输入时钟和采样时间有关，公式为：

$$Tconv = 采样时间 + 12 \text{ 个周期}$$

当 ADCCLK = 30MHz，即 PCLK2 为 60MHz，ADC 时钟为 2 分频，采样时间设置为 3 个周期，那么总的转换时为：Tconv = 3 + 12 = 15 个周期 =0.5μs。

一般我们设置 PCLK2=90MHz，经过 ADC 预分频器能分频到最大的时钟频率只能是 22.5MHz，采样周期设置为 3 个周期，算出最短的转换时间为 0.6667μs，这个才是最常用的。

6. 数据寄存器

一切准备就绪后，ADC 转换后的数据根据转换组的不同而不同，规则组的数据放在 ADC_DR 寄存器，注入组的数据放在 JDRx。如果是使用双重或者三重模式，那规矩组的数据是存放在通用规矩寄存器 ADC_CDR 内的。

（1）规则数据寄存器 ADC_DR

ADC 规则组数据寄存器 ADC_DR 只有一个，是一个 32 位的寄存器，只有低 16 位有效，并且只是用于独立模式存放转换完成数据。因为 ADC 的最大精度是 12 位，ADC_DR 是 16 位有效，这样允许 ADC 存放数据时候选择左对齐或者右对齐，具体以哪一种方式存放，由 ADC_CR2 的 11 位 ALIGN 设置。假如设置 ADC 精度为 12 位，如果设置数据为左对齐，那 AD 转换完成数据存放在 ADC_DR 寄存器的 [4:15] 位内；如果为右对齐，则存放在 ADC_DR 寄存器的 [0:11] 位内。

规则通道有 16 个，可规则数据寄存器只有一个，如果使用多通道转换，那转换的数据就全部都挤在了 DR 里面，前一个时间点转换的通道数据，就会被下一个时间点的另外一个通道转换的数据覆盖掉，所以当通道转换完成后就应该立刻把数据取走，或者开启 DMA 模式，把数据传输到内存里面，不然就会造成数据的覆盖。最常用的做法就是开启 DMA 传输。

如果没有使用 DMA 传输，我们一般都需要使用 ADC 状态寄存器 ADC_SR 获取当前 ADC 转换的进度状态，进而进行程序控制。

（2）注入数据寄存器 ADC_JDRx

ADC 注入组最多有 4 个通道，刚好注入数据寄存器也有 4 个，每个通道对应着自己的寄存器，不会像规则寄存器那样产生数据覆盖的问题。ADC_JDRx 是 32 位的，低 16 位有效，高 16 位保留，数据同样分为左对齐和右对齐，具体以哪一种方式存放，由 ADC_CR2 的 11 位 ALIGN 设置。

（3）通用规则数据寄存器 ADC_CDR

规则数据寄存器 ADC_DR 仅适用于独立模式，而通用规则数据寄存器 ADC_CDR 适用于双重和三重模式。独立模式就是仅仅适用于 3 个 ADC 中的一个，双重模式就是可同时使用 ADC1 和 ADC2，而三重模式就是 3 个 ADC 同时使用。在双重或者三重模式下一般需要配合 DMA 数据传输使用。

7. 中断

（1）转换结束中断

数据转换结束后，可以产生中断。中断分为 4 种：规则通道转换结束中断，注入转换通道转换结束中断，模拟看门狗中断和溢出中断。其中转换结束中断很好理解，与我们平时接触的中断一样，有相应的中断标志位和中断使能位，我们还可以根据中断类型写相应配套的中断服务程序。

（2）模拟看门狗中断

当被 ADC 转换的模拟电压低于低阈值或者高于高阈值时，就会产生中断，前提是我们开启了模拟看门狗中断，其中低阈值和高阈值由 ADC_LTR 和 ADC_HTR 设置。例如我们设置高阈值是 2.5V，那么当模拟电压超过 2.5V 的时候，就会产生模拟看门狗中断，反之低阈值也一样。

（3）溢出中断

如果发生 DMA 传输数据丢失，会置位 ADC 状态寄存器 ADC_SR 的 OVR 位，如果同时使能了溢出中断，那在转换结束后会产生一个溢出中断。

（4）DMA 请求

规则和注入通道转换结束后，除了产生中断外，还可以产生 DMA 请求，把转换好的数据直接存储在内存里面。对于独立模式的多通道 AD 转换使用 DMA 传输非常有必要，可简化程序编程。对于双重或三重模式使用 DMA 传输几乎可以说是必要的。有关 DMA 请求需要配合《STM32F4xx 中文参考手册》"DMA 控制器"这一章来学习。一般我们在使用 ADC 的时候都会开启 DMA 传输。

29.2.2　电压转换

模拟电压经过 ADC 转换后，是一个相对精度的数字值，如果通过串口以十六进制打印出来的话，可读性比较差，那么有时候我们就需要把数字电压转换成模拟电压，也可以与实际的模拟电压（用万用表测）对比，看看转换是否准确。

我们一般在设计原理图的时候会把 ADC 的输入电压范围设定在：0 ~ 3.3V，如果设置 ADC 为 12 位的，那么 12 位满量程对应的就是 3.3V，12 位满量程对应的数字值是：2^{12}。数值 0 对应的就是 0V。如果转换后的数值为 X，X 对应的模拟电压为 Y，那么以下等式成立：

$$2^{12} / 3.3 = X / Y, \; => Y = (3.3 * X) / 2^{12}$$

29.3　ADC 初始化结构体详解

标准库函数对每个外设都建立了一个初始化结构体 xxx_InitTypeDef（xxx 为外设名称），结构体成员用于设置外设工作参数，并由标准库函数 xxx_Init() 调用这些设定参数进入设置外设相应的寄存器，达到配置外设工作环境的目的。

结构体 xxx_InitTypeDef 和库函数 xxx_Init 配合使用是标准库精髓所在，理解了结构体 xxx_InitTypeDef 每个成员的意义基本上就可以对该外设运用自如了。结构体 xxx_InitTypeDef 定义在 stm32f4xx_xxx.h 文件中，库函数 xxx_Init 定义在 stm32f4xx_xxx.c 文件中，编程时我们可以结合这两个文件内注释使用。

1. ADC_InitTypeDef 结构体

ADC_InitTypeDef 结构体定义在 stm32f4xx_adc.h 文件内，具体定义如下：

```
1 typedef struct {
2     uint32_t ADC_Resolution;                  //ADC 分辨率选择
3     FunctionalState ADC_ScanConvMode;         //ADC 扫描选择
4     FunctionalState ADC_ContinuousConvMode;   //ADC 连续转换模式选择
5     uint32_t ADC_ExternalTrigConvEdge;        //ADC 外部触发极性
6     uint32_t ADC_ExternalTrigConv;            //ADC 外部触发选择
7     uint32_t ADC_DataAlign;                   //输出数据对齐方式
8     uint8_t ADC_NbrOfChannel;                 //转换通道数目
9 } ADC_InitTypeDef;
```

1）ADC_Resolution，配置 ADC 的分辨率，可选的分辨率有 12 位、10 位、8 位和 6 位。分辨率越高，AD 转换数据精度越高，转换时间也越长；分辨率越低，AD 转换数据精度越低，转换时间也越短。

2）ADC_ScanConvMode，可选参数为 ENABLE 和 DISABLE，配置是否使用扫描。如果是单通道 AD 转换则使用 DISABLE，如果是多通道 AD 转换则使用 ENABLE。

3）ADC_ContinuousConvMode，可选参数为 ENABLE 和 DISABLE，配置是启动自动连续转换还是单次转换。使用 ENABLE 配置为使能自动连续转换；使用 DISABLE 配置为单次转换，转换一次后就停止，需要手动控制才重新启动转换。

4）ADC_ExternalTrigConvEdge，外部触发极性选择，如果使用外部触发，可以选择触发的极性，可选有禁止触发检测、上升沿触发检测、下降沿触发检测，以及上升沿和下降沿均可触发检测。

5）ADC_ExternalTrigConv，外部触发选择，图 29-1 中（标号④处）列举了很多外部触发条件，可根据项目需求配置触发来源。实际上，我们一般使用软件自动触发。

6）ADC_DataAlign，转换结果数据对齐模式，可选右对齐 ADC_DataAlign_Right 或者左对齐 ADC_DataAlign_Left。一般我们选择右对齐模式。

7）ADC_NbrOfChannel，AD 转换通道数目。

2. ADC_CommonInitTypeDef 结构体

ADC 除了有 ADC_InitTypeDef 初始化结构体外，还有一个 ADC_CommonInitTypeDef 通用初始化结构体。ADC_CommonInitTypeDef 结构体内容决定 3 个 ADC 共用的工作环境，比如模式选择、ADC 时钟等。

ADC_CommonInitTypeDef 结构体也是定义在 stm32_f4xx.h 文件中，具体定义如下：

```
1 typedef struct {
2     uint32_t ADC_Mode;                  // ADC 模式选择
3     uint32_t ADC_Prescaler;             // ADC 分频系数
4     uint32_t ADC_DMAAccessMode;         // DMA 模式配置
5     uint32_t ADC_TwoSamplingDelay;      // 采样延迟
6 } ADC_InitTypeDef;
```

1）ADC_Mode，ADC 工作模式选择，有独立模式、双重模式以及三重模式。

2）ADC_Prescaler，ADC 时钟分频系数选择，ADC 时钟是由 PCLK2 分频而来，分频系数决定 ADC 时钟频率，可选的分频系数为 2、4、6 和 8。ADC 最大时钟配置为 36MHz。

3）ADC_DMAAccessMode，DMA 模式设置，只有在双重或者三重模式才需要设置，可以设置 3 种模式，具体可参考参考手册说明。

4）ADC_TwoSamplingDelay，两个采样阶段之前的延迟，仅适用于双重或三重交错模式。

29.4 独立模式单通道采集实验

STM32 的 ADC 功能繁多，我们设计 3 个实验，尽量完整地展示 ADC 的功能。首先是比较基础实用的单通道采集，实现开发板上电位器的动触点输出引脚电压的采集，并通过串口打印至 PC 端串口调试助手。单通道采集适用 AD 转换完成中断，在中断服务函数中读取数据，不使用 DMA 传输，在多通道采集时才使用 DMA 传输。

29.4.1　硬件设计

开发板板载一个贴片滑动变阻器，电路设计见图 29-5。

贴片滑动变阻器的动触点连接至 STM32 芯片的 ADC 通道引脚。当我们使用旋转滑动变阻器调节旋钮时，其动触点电压也会随之改变，电压变化范围为 0 ~ 3.3V，是开发板默认的 ADC 电压采集范围。

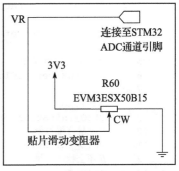

图 29-5　开发板电位器部分原理图

29.4.2　软件设计

这里只讲解核心的部分代码，有些变量的设置、头文件的包含等并没有涉及，完整的代码请参考本章配套的工程。

我们编写两个 ADC 驱动文件 bsp_adc.h 和 bsp_adc.c，用来存放 ADC 所用 IO 引脚的初始化函数以及 ADC 配置相关函数。

1. 编程要点

1）初始化配置 ADC 目标引脚为模拟输入模式；

2）使能 ADC 时钟；

3）配置通用 ADC 为独立模式，采样 4 分频；

4）设置目标 ADC 为 12 位分辨率，1 通道的连续转换，不需要外部触发；

5）设置 ADC 转换通道顺序及采样时间；

6）配置使能 ADC 转换完成中断，在中断内读取转换完的数据；

7）启动 ADC 转换；

8）使能软件触发 ADC 转换。

ADC 转换结果数据使用中断方式读取，这里没有使用 DMA 进行数据传输。

2. 代码分析

（1）ADC 宏定义

代码清单 29-1　ADC 宏定义

```
 1 #define Rheostat_ADC_IRQ            ADC_IRQn
 2 #define Rheostat_ADC_INT_FUNCTION   ADC_IRQHandler
 3
 4 #define RHEOSTAT_ADC_GPIO_PORT      GPIOC
 5 #define RHEOSTAT_ADC_GPIO_PIN       GPIO_Pin_3
 6 #define RHEOSTAT_ADC_GPIO_CLK       RCC_AHB1Periph_GPIOC
 7
 8 #define RHEOSTAT_ADC                ADC1
 9 #define RHEOSTAT_ADC_CLK            RCC_APB2Periph_ADC1
10 #define RHEOSTAT_ADC_CHANNEL        ADC_Channel_13
```

使用宏定义引脚信息，方便硬件电路改动时程序移植。

（2）ADC GPIO 初始化函数

代码清单 29-2　ADC GPIO 初始化

```
1 static void Rheostat_ADC_GPIO_Config(void)
2 {
3     GPIO_InitTypeDef GPIO_InitStructure;
4
5     // 使能 GPIO 时钟
6     RCC_AHB1PeriphClockCmd(RHEOSTAT_ADC_GPIO_CLK, ENABLE);
7
8     // 配置 IO
9     GPIO_InitStructure.GPIO_Pin = RHEOSTAT_ADC_GPIO_PIN;
10    // 配置为模拟输入
11    GPIO_InitStructure.GPIO_Mode = GPIO_Mode_AIN;
12    // 不上拉不下拉
13    GPIO_InitStructure.GPIO_PuPd = GPIO_PuPd_NOPULL ;
14    GPIO_Init(RHEOSTAT_ADC_GPIO_PORT, &GPIO_InitStructure);
15 }
```

使用到 GPIO 时候都必须开启对应的 GPIO 时钟，GPIO 用于 AD 转换功能时必须配置为模拟输入模式。

（3）配置 ADC 工作模式

代码清单 29-3　ADC 工作模式配置

```
1 static void Rheostat_ADC_Mode_Config(void)
2 {
3     ADC_InitTypeDef ADC_InitStructure;
4     ADC_CommonInitTypeDef ADC_CommonInitStructure;
5
6     // 开启 ADC 时钟
7     RCC_APB2PeriphClockCmd(RHEOSTAT_ADC_CLK , ENABLE);
8
9     // -------------------ADC Common 结构体参数初始化 --------------------
10    // 独立 ADC 模式
11    ADC_CommonInitStructure.ADC_Mode = ADC_Mode_Independent;
12    // 时钟为 f_pclk x 分频
13    ADC_CommonInitStructure.ADC_Prescaler = ADC_Prescaler_Div4;
14    // 禁止 DMA 直接访问模式
15    ADC_CommonInitStructure.ADC_DMAAccessMode=ADC_DMAAccessMode_Disabled;
16    // 采样时间间隔
17    ADC_CommonInitStructure.ADC_TwoSamplingDelay=
18                                    ADC_TwoSamplingDelay_10Cycles;
19    ADC_CommonInit(&ADC_CommonInitStructure);
20
21    // -------------------ADC Init 结构体参数初始化 --------------------
22    // ADC 分辨率
23    ADC_InitStructure.ADC_Resolution = ADC_Resolution_12b;
24    // 禁止扫描模式，多通道采集才需要
25    ADC_InitStructure.ADC_ScanConvMode = DISABLE;
26    // 连续转换
27    ADC_InitStructure.ADC_ContinuousConvMode = ENABLE;
```

```
28        // 禁止外部边沿触发
29        ADC_InitStructure.ADC_ExternalTrigConvEdge =
30            ADC_ExternalTrigConvEdge_None;
31        // 使用软件触发，外部触发不用配置，注释掉即可
32        // ADC_InitStructure.ADC_ExternalTrigConv=ADC_ExternalTrigConv_T1_CC1;
33        // 数据右对齐
34        ADC_InitStructure.ADC_DataAlign = ADC_DataAlign_Right;
35        // 转换通道 1 个
36        ADC_InitStructure.ADC_NbrOfConversion = 1;
37        ADC_Init(RHEOSTAT_ADC, &ADC_InitStructure);
38        // ------------------------------------------------------------
39        // 配置 ADC 通道转换顺序为 1，第一个转换，采样时间为 56 个时钟周期
40        ADC_RegularChannelConfig(RHEOSTAT_ADC, RHEOSTAT_ADC_CHANNEL,
41                                 1, ADC_SampleTime_56Cycles);
42
43        // ADC 转换结束产生中断，在中断服务程序中读取转换值
44        ADC_ITConfig(RHEOSTAT_ADC, ADC_IT_EOC, ENABLE);
45        // 使能 ADC
46        ADC_Cmd(RHEOSTAT_ADC, ENABLE);
47        // 开始 ADC 转换，软件触发
48        ADC_SoftwareStartConv(RHEOSTAT_ADC);
49 }
```

1）使用 ADC_InitTypeDef 和 ADC_CommonInitTypeDef 结构体分别定义一个 ADC 初始化和 ADC 通用类型变量，这两个结构体我们之前已经有详细讲解。

调用 RCC_APB2PeriphClockCmd() 开启 ADC 时钟。

2）使用 ADC_CommonInitTypeDef 结构体变量 ADC_CommonInitStructure 来配置 ADC 为独立模式、分频系数为 4、不需要设置 DMA 模式、20 个周期的采样延迟，并调用 ADC_CommonInit 函数完成 ADC 通用工作环境配置。

3）使用 ADC_InitTypeDef 结构体变量 ADC_InitStructure 来配置 ADC1 为 12 位分辨率、单通道采集不需要扫描、启动连续转换、使用内部软件触发无需外部触发事件、使用右对齐数据格式、转换通道为 1，并调用 ADC_Init 函数完成 ADC1 工作环境配置。

4）ADC_RegularChannelConfig 函数用来绑定 ADC 通道转换顺序和时间。它接收 4 个形参，第 1 个形参选择 ADC 外设，可为 ADC1、ADC2 或 ADC3；第 2 个形参选择通道，总共可选 18 个通道；第 3 个形参为转换顺序，可选为 1 ~ 16；第 4 个形参为采样周期选择，采样周期越短，ADC 转换数据输出周期就越短，但数据精度也越低；采样周期越长，ADC 转换数据输出周期就越长，同时数据精度越高。PC3 对应 ADC 通道 ADC_Channel_13，这里我们选择 ADC_SampleTime_56Cycles，即 56 周期的采样时间。

5）利用 ADC 转换完成中断可以非常方便地保证我们读取到的数据是转换完成后的数据，而不用担心该数据可能是 ADC 正在转换时"不稳定"的数据。我们使用 ADC_ITConfig 函数使能 ADC 转换完成中断，并在中断服务函数中读取转换结果数据。

6）ADC_Cmd 函数控制 ADC 转换启动和停止。

7）如果使用软件触发，需要调用 ADC_SoftwareStartConvCmd 函数进行使能配置。

（4）ADC 中断配置

代码清单 29-4　ADC 中断配置

```
1 static void Rheostat_ADC_NVIC_Config(void)
2 {
3     NVIC_InitTypeDef NVIC_InitStructure;
4
5     NVIC_PriorityGroupConfig(NVIC_PriorityGroup_1);
6
7     NVIC_InitStructure.NVIC_IRQChannel = Rheostat_ADC_IRQ;
8     NVIC_InitStructure.NVIC_IRQChannelPreemptionPriority = 1;
9     NVIC_InitStructure.NVIC_IRQChannelSubPriority = 1;
10    NVIC_InitStructure.NVIC_IRQChannelCmd = ENABLE;
11
12    NVIC_Init(&NVIC_InitStructure);
13 }
```

在 Rheostat_ADC_NVIC_Config 函数中我们配置了 ADC 转换完成中断，使用中断同时需要配置中断源和中断优先级。

（5）ADC 中断服务函数

代码清单 29-5　ADC 中断服务函数

```
1 void ADC_IRQHandler(void)
2 {
3     if (ADC_GetITStatus(RHEOSTAT_ADC,ADC_IT_EOC)==SET) {
4         //读取 ADC 的转换值
5         ADC_ConvertedValue = ADC_GetConversionValue(RHEOSTAT_ADC);
6
7     }
8     ADC_ClearITPendingBit(RHEOSTAT_ADC,ADC_IT_EOC);
9
10 }
```

中断服务函数一般定义在 stm32f4xx_it.c 文件内，我们只使能了 ADC 转换完成中断，在 ADC 转换完成后就会进入中断服务函数，我们在中断服务函数内直接读取 ADC 转换结果保存在变量 ADC_ConvertedValue（在 main.c 中定义）中。

ADC_GetConversionValue 函数是获取 ADC 转换结果值的库函数，只有一个形参为 ADC 外设，可选为 ADC1、ADC2 或 ADC3，该函数还返回一个 16 位的 ADC 转换结果值。

（6）主函数

代码清单 29-6　主函数

```
1 int main(void)
2 {
3     /* 初始化 USART1 */
4     Debug_USART_Config();
5
6     /* 初始化滑动变阻器用到的 DAC,ADC 采集完成会产生 ADC 中断
```

```
 7          在 stm32f4xx_it.c 文件中的中断服务函数更新 ADC_ConvertedValue 的值 */
 8      Rheostat_Init();
 9
10      printf("\r\n ---- 这是一个 ADC 实验 (NO DMA 传输)----\r\n");
11
12
13      while (1) {
14          Delay(0xffffee);
15          printf("\r\n The current AD value = 0x%04X \r\n",
16                                      ADC_ConvertedValue);
17          printf("\r\n The current AD value = %f V \r\n",ADC_Vol);
18
19          ADC_Vol =(float)(ADC_ConvertedValue*3.3/4096); //读取转换的 AD 值
20
21      }
22 }
```

1）主函数先调用 USARTx_Config 函数配置调试串口相关参数，函数定义在 bsp_debug_usart.c 文件中。

2）调用 Rheostat_Init 函数进行 ADC 初始化配置并启动 ADC。Rheostat_Init 函数定义在 bsp_adc.c 文件中，它只是简单地分别调用 Rheostat_ADC_GPIO_Config()、Rheostat_ADC_Mode_Config() 和 Rheostat_ADC_NVIC_Config()。

Delay 函数只是一个简单的延时函数。

3）在 ADC 中断服务函数中我们把 AD 转换结果保存在变量 ADC_ConvertedValue 中，根据我们之前的分析，可以非常清楚地计算出对应的电位器动触点的电压值。

4）把相关数据打印至串口调试助手。

29.4.3　下载验证

用 USB 线连接开发板 "USB 转串口" 接口及电脑，在电脑端打开串口调试助手，把编译好的程序下载到开发板。在串口调试助手可看到不断有数据从开发板传输过来，此时我们旋转电位器改变其电阻值，那么对应的数据也会有变化。

29.5　独立模式多通道采集实验

29.5.1　硬件设计

开发板已通过排针接口把部分 ADC 通道引脚引出，我们可以根据需要选择使用。实际使用时候必须注意保存 ADC 引脚是单独使用的，不可能与其他模块电路共用同一引脚。

29.5.2　软件设计

这里只讲解核心的部分代码，有些变量的设置、头文件的包含等并没有涉及，完整的代码请参考本章配套的工程。

跟单通道例程一样，我们编写两个 ADC 驱动文件 bsp_adc.h 和 bsp_adc.c，用来存放 ADC 所用 IO 引脚的初始化函数以及 ADC 配置相关函数，实际上这两个文件跟单通道实验的文件是非常相似的。

1. 编程要点

1）初始化配置 ADC 目标引脚为模拟输入模式；

2）使能 ADC 时钟和 DMA 时钟；

3）配置 DMA 从 ADC 规矩数据寄存器传输数据到我们指定的存储区；

4）配置通用 ADC 为独立模式，采样 4 分频；

5）设置 ADC 为 12 位分辨率，启动扫描，连续转换，不需要外部触发；

6）设置 ADC 转换通道顺序及采样时间；

7）使能 DMA 请求，DMA 在 AD 转换完自动传输数据到指定的存储区；

8）启动 ADC 转换；

9）使能软件触发 ADC 转换。

ADC 转换结果数据使用 DMA 方式传输至指定的存储区，这样取代单通道实验使用中断服务的读取方法。实际上，多通道 ADC 采集一般使用 DMA 数据传输方式更加高效方便。

2. 代码分析

（1）ADC 宏定义

代码清单 29-7 多通道 ADC 相关宏定义

```
1  // 转换的通道个数
2  #define RHEOSTAT_NOFCHANEL          4
3
4  #define RHEOSTAT_ADC_DR_ADDR        ((u32)ADC3+0x4c)
5  #define RHEOSTAT_ADC_GPIO_PORT      GPIOF
6  #define RHEOSTAT_ADC_GPIO_CLK       RCC_AHB1Periph_GPIOF
7  #define RHEOSTAT_ADC                ADC3
8  #define RHEOSTAT_ADC_CLK            RCC_APB2Periph_ADC3
9
10 #define RHEOSTAT_ADC_GPIO_PIN1      GPIO_Pin_6
11 #define RHEOSTAT_ADC_CHANNEL1       ADC_Channel_4
12
13 #define RHEOSTAT_ADC_GPIO_PIN2      GPIO_Pin_7
14 #define RHEOSTAT_ADC_CHANNEL2       ADC_Channel_5
15
16 #define RHEOSTAT_ADC_GPIO_PIN3      GPIO_Pin_8
17 #define RHEOSTAT_ADC_CHANNEL3       ADC_Channel_6
18
19 #define RHEOSTAT_ADC_GPIO_PIN4      GPIO_Pin_9
20 #define RHEOSTAT_ADC_CHANNEL4       ADC_Channel_7
21
22 // DMA2 数据流 0 通道 2
23 #define RHEOSTAT_ADC_DMA_CLK        RCC_AHB1Periph_DMA2
24 #define RHEOSTAT_ADC_DMA_CHANNEL    DMA_Channel_2
25 #define RHEOSTAT_ADC_DMA_STREAM     DMA2_Stream0
```

定义 4 个通道进行多通道 ADC 实验，并且定义 DMA 相关配置。

（2）ADC GPIO 初始化函数

代码清单 29-8　ADC GPIO 初始化

```
1 static void Rheostat_ADC_GPIO_Config(void)
2 {
3     GPIO_InitTypeDef GPIO_InitStructure;
4
5     // 使能 GPIO 时钟
6     RCC_AHB1PeriphClockCmd(RHEOSTAT_ADC_GPIO_CLK, ENABLE);
7
8     // 配置 IO
9     GPIO_InitStructure.GPIO_Pin = RHEOSTAT_ADC_GPIO_PIN1 |
10                                   RHEOSTAT_ADC_GPIO_PIN2 |
11                                   RHEOSTAT_ADC_GPIO_PIN3 |
12                                   RHEOSTAT_ADC_GPIO_PIN4;
13    GPIO_InitStructure.GPIO_Mode = GPIO_Mode_AIN;
14    GPIO_InitStructure.GPIO_PuPd = GPIO_PuPd_NOPULL ; // 不上拉不下拉
15    GPIO_Init(RHEOSTAT_ADC_GPIO_PORT, &GPIO_InitStructure);
16 }
```

使用到 GPIO 时候都必须开启对应的 GPIO 时钟，GPIO 用于 AD 转换功能时必须配置为模拟输入模式。

（3）配置 ADC 工作模式

代码清单 29-9　ADC 工作模式配置

```
1 static void Rheostat_ADC_Mode_Config(void)
2 {
3     DMA_InitTypeDef DMA_InitStructure;
4     ADC_InitTypeDef ADC_InitStructure;
5     ADC_CommonInitTypeDef ADC_CommonInitStructure;
6
7     // 开启 ADC 时钟
8     RCC_APB2PeriphClockCmd(RHEOSTAT_ADC_CLK , ENABLE);
9     // 开启 DMA 时钟
10    RCC_AHB1PeriphClockCmd(RHEOSTAT_ADC_DMA_CLK, ENABLE);
11
12    // -------------------DMA Init 结构体参数初始化 ----------------------
13    // 选择 DMA 通道，通道存在于数据流中
14    DMA_InitStructure.DMA_Channel = RHEOSTAT_ADC_DMA_CHANNEL;
15
16    // 外设基址为：ADC 数据寄存器地址
17    DMA_InitStructure.DMA_PeripheralBaseAddr = RHEOSTAT_ADC_DR_ADDR;
18    // 存储器地址
19    DMA_InitStructure.DMA_Memory0BaseAddr = (uint32_t)ADC_ConvertedValue;
20
21    // 数据传输方向为外设到存储器
22    DMA_InitStructure.DMA_DIR = DMA_DIR_PeripheralToMemory;
23    // 缓冲区大小，指一次传输的数据项
24    DMA_InitStructure.DMA_BufferSize = RHEOSTAT_NOFCHANEL;
```

```
25
26    // 外部寄存器只有一个，地址不用递增
27    DMA_InitStructure.DMA_PeripheralInc = DMA_PeripheralInc_Disable;
28    // 存储器地址递增
29    DMA_InitStructure.DMA_MemoryInc = DMA_MemoryInc_Enable;
30    // DMA_InitStructure.DMA_MemoryInc = DMA_MemoryInc_Disable;
31
32    // 外设数据大小为半字，即 2 字节
33    DMA_InitStructure.DMA_PeripheralDataSize =
34        DMA_PeripheralDataSize_HalfWord;
35    // 存储器数据大小也为半字，与外设数据大小相同
36    DMA_InitStructure.DMA_MemoryDataSize = DMA_MemoryDataSize_HalfWord;
37
38    // 循环传输模式
39    DMA_InitStructure.DMA_Mode = DMA_Mode_Circular;
40    // DMA 传输通道优先级为高，当使用一个 DMA 通道时，优先级设置不影响
41    DMA_InitStructure.DMA_Priority = DMA_Priority_High;
42
43    // 禁止 DMA FIFO，使用直连模式
44    DMA_InitStructure.DMA_FIFOMode = DMA_FIFOMode_Disable;
45    // FIFO 阈值大小，FIFO 模式禁止时，这个不用配置
46    DMA_InitStructure.DMA_FIFOThreshold = DMA_FIFOThreshold_HalfFull;
47
48    // 存储器突发单次传输
49    DMA_InitStructure.DMA_MemoryBurst = DMA_MemoryBurst_Single;
50    // 外设突发单次传输
51    DMA_InitStructure.DMA_PeripheralBurst = DMA_PeripheralBurst_Single;
52
53    // 初始化 DMA 数据流，流相当于一个大的管道，管道里面有很多通道
54    DMA_Init(RHEOSTAT_ADC_DMA_STREAM, &DMA_InitStructure);
55
56    // 使能 DMA 数据流
57    DMA_Cmd(RHEOSTAT_ADC_DMA_STREAM, ENABLE);
58
59    // -------------------ADC Common 结构体参数初始化 --------------------
60    // 独立 ADC 模式
61    ADC_CommonInitStructure.ADC_Mode = ADC_Mode_Independent;
62    // 时钟为 f_{pclk} x 分频
63    ADC_CommonInitStructure.ADC_Prescaler = ADC_Prescaler_Div4;
64    // 禁止 DMA 直接访问模式
65    ADC_CommonInitStructure.ADC_DMAAccessMode=ADC_DMAAccessMode_Disabled;
66    // 采样时间间隔
67    ADC_CommonInitStructure.ADC_TwoSamplingDelay =
68                                        ADC_TwoSamplingDelay_10Cycles;
69    ADC_CommonInit(&ADC_CommonInitStructure);
70
71    // -------------------ADC Init 结构体参数初始化 --------------------
72    // ADC 分辨率
73    ADC_InitStructure.ADC_Resolution = ADC_Resolution_12b;
74    // 开启扫描模式
75    ADC_InitStructure.ADC_ScanConvMode = ENABLE;
76    // 连续转换
77    ADC_InitStructure.ADC_ContinuousConvMode = ENABLE;
```

```
 78         // 禁止外部边沿触发
 79         ADC_InitStructure.ADC_ExternalTrigConvEdge =
 80                                           ADC_ExternalTrigConvEdge_None;
 81         // 使用软件触发，外部触发不用配置，注释掉即可
 82         // ADC_InitStructure.ADC_ExternalTrigConv=ADC_ExternalTrigConv_T1_CC1;
 83         // 数据右对齐
 84         ADC_InitStructure.ADC_DataAlign = ADC_DataAlign_Right;
 85         // 转换通道 x 个
 86         ADC_InitStructure.ADC_NbrOfConversion = RHEOSTAT_NOFCHANEL;
 87         ADC_Init(RHEOSTAT_ADC, &ADC_InitStructure);
 88         // -------------------------------------------------------------------
 89
 90         // 配置 ADC 通道转换顺序和采样时间周期
 91         ADC_RegularChannelConfig(RHEOSTAT_ADC, RHEOSTAT_ADC_CHANNEL1,
 92                                  1, ADC_SampleTime_56Cycles);
 93         ADC_RegularChannelConfig(RHEOSTAT_ADC, RHEOSTAT_ADC_CHANNEL2,
 94                                  2, ADC_SampleTime_56Cycles);
 95         ADC_RegularChannelConfig(RHEOSTAT_ADC, RHEOSTAT_ADC_CHANNEL3,
 96                                  3, ADC_SampleTime_56Cycles);
 97         ADC_RegularChannelConfig(RHEOSTAT_ADC, RHEOSTAT_ADC_CHANNEL4,
 98                                  4, ADC_SampleTime_56Cycles);
 99         // 使能 DMA 请求 after last transfer (Single-ADC mode)
100         ADC_DMARequestAfterLastTransferCmd(RHEOSTAT_ADC, ENABLE);
101         // 使能 ADC DMA
102         ADC_DMACmd(RHEOSTAT_ADC, ENABLE);
103         // 使能 ADC
104         ADC_Cmd(RHEOSTAT_ADC, ENABLE);
105         // 开始 ADC 转换，软件触发
106         ADC_SoftwareStartConv(RHEOSTAT_ADC);
107 }
```

1）我们使用了 DMA_InitTypeDef 定义了一个 DMA 初始化类型变量，该结构体内容我们在 DMA 一章中已经做了非常详细的讲解。另外还使用 ADC_InitTypeDef 和 ADC_CommonInitTypeDef 结构体分别定义一个 ADC 初始化和 ADC 通用类型变量，这两个结构体我们之前已经有详细讲解。

2）调用 RCC_APB2PeriphClockCmd() 开启 ADC 时钟，以及 RCC_AHB1PeriphClockCmd() 开启 DMA 时钟。

3）对 DMA 进行必要的配置。首先设置外设基地址就是 ADC 的规则数据寄存器地址；存储器的地址就是我们指定的数据存储区空间，ADC_ConvertedValue 是我们定义的一个全局数组名，它是一个无符号 16 位含有 4 个元素的整数数组；ADC 规则转换对应只有一个数据寄存器，所以地址不能递增，而我们定义的存储区是专门用来存放不同通道数据的，所以需要自动地址递增。ADC 的规则数据寄存器只有低 16 位有效，实际存放的数据只有 12 位，所以设置数据大小为半字大小。ADC 配置为连续转换模式，DMA 也设置为循环传输模式。设置好 DMA 相关参数后就使能 DMA 的 ADC 通道。

4）使用 ADC_CommonInitTypeDef 结构体变量 ADC_CommonInitStructure 来配置 ADC 为独立模式、分频系数为 4、不需要设置 DMA 模式、20 个周期的采样延迟，并调用 ADC_

CommonInit 函数完成 ADC 通用工作环境配置。

5）使用 ADC_InitTypeDef 结构体变量 ADC_InitStructure 来配置 ADC1 为 12 位分辨率、使能扫描模式、启动连续转换、使用内部软件触发无需外部触发事件、使用右对齐数据格式、转换通道为 4，并调用 ADC_Init 函数完成 ADC3 工作环境配置。

6）ADC_RegularChannelConfig 函数用来绑定 ADC 通道转换顺序和采样时间。分别绑定 4 个 ADC 通道引脚并设置相应的转换顺序。

7）ADC_DMARequestAfterLastTransferCmd 函数控制是否使能 ADC 的 DMA 请求，如果使能请求，并调用 ADC_DMACmd 函数使能 DMA，则在 ADC 转换完成后就请求 DMA 实现数据传输。

8）ADC_Cmd 函数控制 ADC 转换启动和停止。

9）如果使用软件触发，需要调用 ADC_SoftwareStartConvCmd 函数进行使能配置。

（4）主函数

代码清单 29-10　主函数

```
 1  int main(void)
 2  {
 3      /* 初始化 USART1 */
 4      Debug_USART_Config();
 5
 6      /* 初始化滑动变阻器用到的 DAC
 7         ADC 数据采集完成后直接由 DMA 传输数据到 ADC_ConvertedValue 变量
 8         DMA 直接改变 ADC_ConvertedValue 的值 */
 9      Rheostat_Init();
10
11      printf("\r\n ---- 这是一个 ADC 实验（多通道采集）----\r\n");
12
13      while (1) {
14          Delay(0xffffff);
15          ADC_ConvertedValueLocal[0]=(float)(ADC_ConvertedValue[0]*3.3/4096);
16          ADC_ConvertedValueLocal[1]=(float)(ADC_ConvertedValue[1]*3.3/4096);
17          ADC_ConvertedValueLocal[2]=(float)(ADC_ConvertedValue[2]*3.3/4096);
18          ADC_ConvertedValueLocal[3]=(float)(ADC_ConvertedValue[3]*3.3/4096);
19
20          printf("\r\n CH1_PF6 value = %fV\r\n",ADC_ConvertedValueLocal[0]);
21          printf("\r\n CH2_PF7 value = %fV\r\n",ADC_ConvertedValueLocal[1]);
22          printf("\r\n CH3_PF8 value = %fV\r\n",ADC_ConvertedValueLocal[2]);
23          printf("\r\n CH4_PF9 value = %fV\r\n",ADC_ConvertedValueLocal[3]);
24
25          printf("\r\n");
26      }
27  }
```

1）主函数先调用 USARTx_Config 函数配置调试串口相关参数，函数定义在 bsp_debug_usart.c 文件中。

2）调用 Rheostat_Init 函数进行 ADC 初始化配置，并启动 ADC。Rheostat_Init 函数定

义在 bsp_adc.c 文件中，它只是简单地分别调用 Rheostat_ADC_GPIO_Config() 和 Rheostat_ADC_Mode_Config()。

Delay 函数只是一个简单的延时函数。

3）我们配置了 DMA 数据传输，所以它会自动把 ADC 转换完成后数据保存到数组 ADC_ConvertedValue 内，我们只要直接使用数组就可以了。经过简单的计算就可以得到每个通道对应的实际电压。

4）把相关数据打印至串口调试助手。

29.5.3 下载验证

将待测电压通过杜邦线接在对应引脚上，用 USB 线连接开发板"USB 转串口"接口及电脑，在电脑端打开串口调试助手，把编译好的程序下载到开发板。在串口调试助手可看到不断有数据从开发板传输过来，此时我们改变输入电压值，那么对应的数据也会有变化。

29.6 三重 ADC 交替模式采集实验

AD 转换包括采样阶段和转换阶段，在采样阶段才对通道数据进行采集；而在转换阶段只是将采集到的数据转换为数字量进行输出，此刻通道数据变化不会改变转换结果。独立模式的 ADC 采集需要在一个通道采集，并且转换完成后才会进行下一个通道的采集。双重或者三重 ADC 的机制使用两个或以上 ADC，同时采样两个或以上不同通道的数据，或者使用两个或以上 ADC 交叉采集同一通道的数据。双重或者三重 ADC 模式与独立模式相比较一个最大的优势就是转换速度快。

我们这里只介绍三重 ADC 交替模式，关于双重或者三重 ADC 的其他模式与之类似，可以参考三重 ADC 交替模式使用。三重 ADC 交替模式是针对同一通道的使用 3 个 ADC 交叉采集，就是在 ADC1 采样完等几个时钟周期后 ADC2 开始采样，此时 ADC1 处在转换阶段，当 ADC2 采样完成再等几个时钟周期后 ADC3 就进行采样，此时 ADC1 和 ADC2 处在转换阶段，如果 ADC3 采样完成并且 ADC1 已经转换完成那么就可以准备下一轮的循环，这样充分利用转换阶段时间，达到增快采样速度的效果，过程见图 29-6。利用 ADC 的转换阶段时间另外一个 ADC 进行采样，而不用像独立模式那样必须等待采样和转换结束后才进行下一次采样及转换。

29.6.1 硬件设计

三重 ADC 交叉模式是针对同一个通道的 ADC 采集模式，这种情况跟 29.4 小节的单通道实验非常类似，只是同时使用 3 个 ADC 对同一通道进行采集，所以电路设计与之相同即可，具体可参考图 29-5。

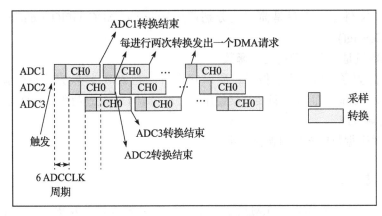

图 29-6　三重 ADC 交叉模式

29.6.2　软件设计

这里只讲解核心的部分代码，有些变量的设置、头文件的包含等并没有涉及，完整的代码请参考本章配套的工程。

与单通道例程一样，我们编写两个 ADC 驱动文件 bsp_adc.h 和 bsp_adc.c，用来存放 ADC 所用 IO 引脚的初始化函数以及 ADC 配置相关函数，实际上这两个文件与单通道实验的文件非常相似。

1. 编程要点

1）初始化配置 ADC 目标引脚为模拟输入模式；

2）使能 ADC1、ADC2、ADC3 以及 DMA 时钟；

3）配置 DMA 控制将 ADC 通用规矩数据寄存器数据转存到指定存储区；

4）配置通用 ADC 为三重 ADC 交替模式，采样 4 分频，使用 DMA 模式 2；

5）设置 ADC1、ADC2 和 ADC3 为 12 位分辨率，禁用扫描，连续转换，不需要外部触发；

6）设置 ADC1、ADC2 和 ADC3 转换通道顺序及采样时间；

7）使能 ADC1 的 DMA 请求，在 ADC 转换完后自动请求 DMA 进行数据传输；

8）启动 ADC1、ADC2 和 ADC3 转换；

9）使能软件触发 ADC 转换。

ADC 转换结果数据使用 DMA 方式传输至指定的存储区，这样取代单通道实验使用中断服务的读取方法。

2. 代码分析

（1）ADC 宏定义

代码清单 29-11　多通道 ADC 相关宏定义

```
1 #define RHEOSTAT_ADC_CDR_ADDR     ((uint32_t)0x40012308)
2
3 #define RHEOSTAT_ADC_GPIO_PORT    GPIOC
```

```
 4 #define RHEOSTAT_ADC_GPIO_PIN        GPIO_Pin_3
 5 #define RHEOSTAT_ADC_GPIO_CLK        RCC_AHB1Periph_GPIOC
 6
 7 #define RHEOSTAT_ADC1                ADC1
 8 #define RHEOSTAT_ADC1_CLK            RCC_APB2Periph_ADC1
 9 #define RHEOSTAT_ADC2                ADC2
10 #define RHEOSTAT_ADC2_CLK            RCC_APB2Periph_ADC2
11 #define RHEOSTAT_ADC3                ADC3
12 #define RHEOSTAT_ADC3_CLK            RCC_APB2Periph_ADC3
13 #define RHEOSTAT_ADC_CHANNEL         ADC_Channel_13
14
15 #define RHEOSTAT_ADC_DMA_CLK         RCC_AHB1Periph_DMA2
16 #define RHEOSTAT_ADC_DMA_CHANNEL     DMA_Channel_0
17 #define RHEOSTAT_ADC_DMA_STREAM      DMA2_Stream0
```

双重或者三重 ADC 需要使用通用规则数据寄存器 ADC_CDR，这点与独立模式不同。定义电位器动触点引脚作为三重 ADC 的模拟输入。

（2）ADC GPIO 初始化函数

代码清单 29-12　ADC GPIO 初始化

```
 1 static void Rheostat_ADC_GPIO_Config(void)
 2 {
 3     GPIO_InitTypeDef GPIO_InitStructure;
 4
 5     // 使能 GPIO 时钟
 6     RCC_AHB1PeriphClockCmd(RHEOSTAT_ADC_GPIO_CLK, ENABLE);
 7
 8     // 配置 IO
 9     GPIO_InitStructure.GPIO_Pin = RHEOSTAT_ADC_GPIO_PIN;
10     // 配置为模拟输入
11     GPIO_InitStructure.GPIO_Mode = GPIO_Mode_AIN;
12     // 不上拉不下拉
13     GPIO_InitStructure.GPIO_PuPd = GPIO_PuPd_NOPULL ;
14     GPIO_Init(RHEOSTAT_ADC_GPIO_PORT, &GPIO_InitStructure);
15 }
```

用到 GPIO 的时候都必须开启对应的 GPIO 时钟，GPIO 用于 AD 转换功能时必须配置为模拟输入模式。

（3）配置三重 ADC 交替模式

代码清单 29-13　三重 ADC 交替模式配置

```
 1 static void Rheostat_ADC_Mode_Config(void)
 2 {
 3     DMA_InitTypeDef DMA_InitStructure;
 4     ADC_InitTypeDef ADC_InitStructure;
 5     ADC_CommonInitTypeDef ADC_CommonInitStructure;
 6
 7     // 开启 ADC 时钟
 8     RCC_APB2PeriphClockCmd(RHEOSTAT_ADC1_CLK , ENABLE);
```

```
 9    RCC_APB2PeriphClockCmd(RHEOSTAT_ADC2_CLK , ENABLE);
10    RCC_APB2PeriphClockCmd(RHEOSTAT_ADC3_CLK , ENABLE);
11
12    // ------------------DMA Init 结构体参数初始化 ---------------------
13    // ADC1 使用 DMA2, 数据流 0, 通道 0, 这是手册中固定死的
14    // 开启 DMA 时钟
15    RCC_AHB1PeriphClockCmd(RHEOSTAT_ADC_DMA_CLK, ENABLE);
16    // 外设基址为: ADC 数据寄存器地址
17    DMA_InitStructure.DMA_PeripheralBaseAddr = RHEOSTAT_ADC_CDR_ADDR;
18    // 存储器地址, 实际上就是一个内部 SRAM 的变量
19    DMA_InitStructure.DMA_Memory0BaseAddr = (u32)ADC_ConvertedValue;
20    // 数据传输方向为外设到存储器
21    DMA_InitStructure.DMA_DIR = DMA_DIR_PeripheralToMemory;
22    // 缓冲区大小为 3, 缓冲的大小应该等于存储器的大小
23    DMA_InitStructure.DMA_BufferSize = 3;
24    // 外部寄存器只有一个, 地址不用递增
25    DMA_InitStructure.DMA_PeripheralInc = DMA_PeripheralInc_Disable;
26    // 存储器地址自动递增
27    DMA_InitStructure.DMA_MemoryInc = DMA_MemoryInc_Enable;
28    // 外设数据大小为字, 即 4 个字节
29    DMA_InitStructure.DMA_PeripheralDataSize=DMA_PeripheralDataSize_Word;
30    // 存储器数据大小也为字, 与外设数据大小相同
31    DMA_InitStructure.DMA_MemoryDataSize = DMA_MemoryDataSize_Word;
32    // 循环传输模式
33    DMA_InitStructure.DMA_Mode = DMA_Mode_Circular;
34    // DMA 传输通道优先级为高, 当使用一个 DMA 通道时, 优先级设置不影响
35    DMA_InitStructure.DMA_Priority = DMA_Priority_High;
36    // 禁止 DMA FIFO, 使用直连模式
37    DMA_InitStructure.DMA_FIFOMode = DMA_FIFOMode_Disable;
38    // FIFO 大小, FIFO 模式禁止时, 这个不用配置
39    DMA_InitStructure.DMA_FIFOThreshold = DMA_FIFOThreshold_HalfFull;
40    DMA_InitStructure.DMA_MemoryBurst = DMA_MemoryBurst_Single;
41    DMA_InitStructure.DMA_PeripheralBurst = DMA_PeripheralBurst_Single;
42    // 选择 DMA 通道, 通道存在于流中
43    DMA_InitStructure.DMA_Channel = RHEOSTAT_ADC_DMA_CHANNEL;
44    // 初始化 DMA 流, 流相当于一个大的管道, 管道里面有很多通道
45    DMA_Init(RHEOSTAT_ADC_DMA_STREAM, &DMA_InitStructure);
46    // 使能 DMA 流
47    DMA_Cmd(RHEOSTAT_ADC_DMA_STREAM, ENABLE);
48
49    // ------------------ADC Common 结构体参数初始化 -------------------
50    // 三重 ADC 交替模式
51    ADC_CommonInitStructure.ADC_Mode = ADC_TripleMode_Interl;
52    // 时钟为 fpclk2 4 分频
53    ADC_CommonInitStructure.ADC_Prescaler = ADC_Prescaler_Div4;
54    // 禁止 DMA 直接访问模式
55    ADC_CommonInitStructure.ADC_DMAAccessMode = ADC_DMAAccessMode_2;
56    // 采样时间间隔
57    ADC_CommonInitStructure.ADC_TwoSamplingDelay =
58                                    ADC_TwoSamplingDelay_10Cycles;
59    ADC_CommonInit(&ADC_CommonInitStructure);
60
61    // ------------------ADC Init 结构体参数初始化 ---------------------
62    // ADC 分辨率
```

```
63    ADC_InitStructure.ADC_Resolution = ADC_Resolution_12b;
64    // 禁止扫描模式，多通道采集才需要
65    ADC_InitStructure.ADC_ScanConvMode = DISABLE;
66    // 连续转换
67    ADC_InitStructure.ADC_ContinuousConvMode = ENABLE;
68    // 禁止外部边沿触发
69    ADC_InitStructure.ADC_ExternalTrigConvEdge =
70                                        ADC_ExternalTrigConvEdge_None;
71    // 使用软件触发，外部触发不用配置，注释掉即可
72    // ADC_InitStructure.ADC_ExternalTrigConv=ADC_ExternalTrigConv_T1_CC1;
73    // 数据右对齐
74    ADC_InitStructure.ADC_DataAlign = ADC_DataAlign_Right;
75    // 转换通道 1 个
76    ADC_InitStructure.ADC_NbrOfConversion = 1;
77    ADC_Init(RHEOSTAT_ADC1, &ADC_InitStructure);
78    // 配置 ADC 通道转换顺序为 1，第 1 个转换，采样时间为 3 个时钟周期
79    ADC_RegularChannelConfig(RHEOSTAT_ADC1, RHEOSTAT_ADC_CHANNEL,
80                              1, ADC_SampleTime_3Cycles);
81    // ------------------------------------------------------------
82    ADC_Init(RHEOSTAT_ADC2, &ADC_InitStructure);
83    // 配置 ADC 通道转换顺序为 1，第 2 个转换，采样时间为 3 个时钟周期
84    ADC_RegularChannelConfig(RHEOSTAT_ADC2, RHEOSTAT_ADC_CHANNEL,
85                              1, ADC_SampleTime_3Cycles);
86    // ------------------------------------------------------------
87    ADC_Init(RHEOSTAT_ADC3, &ADC_InitStructure);
88    // 配置 ADC 通道转换顺序为 1，第 3 个转换，采样时间为 3 个时钟周期
89    ADC_RegularChannelConfig(RHEOSTAT_ADC3, RHEOSTAT_ADC_CHANNEL,
90                              1, ADC_SampleTime_3Cycles);
91
92    // 使能 DMA 请求 after last transfer (multi-ADC mode)
93    ADC_MultiModeDMARequestAfterLastTransferCmd(ENABLE);
94    // 使能 ADC DMA
95    ADC_DMACmd(RHEOSTAT_ADC1, ENABLE);
96    // 使能 ADC
97    ADC_Cmd(RHEOSTAT_ADC1, ENABLE);
98    ADC_Cmd(RHEOSTAT_ADC2, ENABLE);
99    ADC_Cmd(RHEOSTAT_ADC3, ENABLE);
100
101    // 开始 ADC 转换，软件触发
102    ADC_SoftwareStartConv(RHEOSTAT_ADC1);
103    ADC_SoftwareStartConv(RHEOSTAT_ADC2);
104    ADC_SoftwareStartConv(RHEOSTAT_ADC3);
105 }
```

1）我们使用了 DMA_InitTypeDef 定义了一个 DMA 初始化类型变量，该结构体内容我们在 DMA 一章已经做了非常详细的讲解；另外还使用 ADC_InitTypeDef 和 ADC_CommonInitTypeDef 结构体分别定义一个 ADC 初始化和 ADC 通用类型变量，这两个结构体我们之前已经有详细讲解。

2）调用 RCC_APB2PeriphClockCmd() 开启 ADC 时钟以及 RCC_AHB1PeriphClock-Cmd() 开启 DMA 时钟。

3）对 DMA 进行必要的配置。首先设置外设基地址就是 ADC 的通用规则数据寄存器地址；存储器的地址就是我们指定的数据存储区空间，ADC_ConvertedValue 是我们定义的一个全局数组名，它是一个无符号 32 位有 3 个元素的整数数字；ADC 规则转换对应只有一个数据寄存器所以地址不能递增，我们指定的存储区也需要递增地址。ADC 的通用规则数据寄存器是 32 位有效，配置 ADC 为 DMA 模式 2，设置数据大小为字大小。ADC 配置为连续转换模式 DMA 也设置为循环传输模式。设置好 DMA 相关参数后就使能 DMA 的 ADC 通道。

4）使用 ADC_CommonInitTypeDef 结构体变量 ADC_CommonInitStructure 来配置 ADC 为三重 ADC 交替模式、分频系数为 4、需要设置 DMA 模式 2、10 个周期的采样延迟，并调用 ADC_CommonInit 函数完成 ADC 通用工作环境配置。

5）使用 ADC_InitTypeDef 结构体变量 ADC_InitStructure 来配置 ADC1 为 12 位分辨率、不使用扫描模式、启动连续转换、使用内部软件触发无需外部触发事件、使用右对齐数据格式、转换通道为 1，并调用 ADC_Init 函数完成 ADC1 工作环境配置。ADC2 和 ADC3 使用与 ADC1 相同配置即可。

6）ADC_RegularChannelConfig 函数用来绑定 ADC 通道转换顺序和采样时间。绑定 ADC 通道引脚并设置相应的转换顺序。

7）ADC_MultiModeDMARequestAfterLastTransferCmd 函数控制是否使能 ADC 的 DMA 请求，如果使能请求，并调用 ADC_DMACmd 函数使能 DMA，则在 ADC 转换完成后就请求 DMA 实现数据传输。三重模式只需使能 ADC1 的 DMA 通道。

8）ADC_Cmd 函数控制 ADC 转换启动和停止。

9）如果使用软件触发，需要调用 ADC_SoftwareStartConvCmd 函数进行使能配置。

（4）主函数

代码清单 29-14　主函数

```
1  int main(void)
2  {
3      /* 初始化 USART1 */
4      Debug_USART_Config();
5
6      /*
7      初始化滑动变阻器用到的 DAC, ADC 数据采集完成后直接由 DMA 传输数据到
8      ADC_ConvertedValue 变量 DMA, 直接改变 ADC_ConvertedValue 的值 */
9      Rheostat_Init();
10
11     printf("\r\n ---- 这是一个 ADC 实验 (DMA 传输)----\r\n");
12
13     while (1) {
14         Delay(0xffffee);
15         ADC_ConvertedValueLocal[0] =
16                     (float)((uint16_t)ADC_ConvertedValue[0]*3.3/4096);
17         ADC_ConvertedValueLocal[1] =
18                     (float)((uint16_t)ADC_ConvertedValue[2]*3.3/4096);
19         ADC_ConvertedValueLocal[2] =
20                     (float)((uint16_t)ADC_ConvertedValue[1]*3.3/4096);
```

```
21            printf("\r\n The current AD value = 0x%08X \r\n",
22                                    ADC_ConvertedValue[0]);
23            printf("\r\n The current AD value = 0x%08X \r\n",
24                                    ADC_ConvertedValue[1]);
25            printf("\r\n The current AD value = 0x%08X \r\n",
26                                    ADC_ConvertedValue[2]);
27            printf("\r\n The current ADC1 value = %f V \r\n",
28                                    ADC_ConvertedValueLocal[0]);
29            printf("\r\n The current ADC2 value = %f V \r\n",
30                                    ADC_ConvertedValueLocal[1]);
31            printf("\r\n The current ADC3 value = %f V \r\n",
32                                    ADC_ConvertedValueLocal[2]);
33     }
34 }
```

1）主函数先调用 USARTx_Config 函数配置调试串口相关参数，函数定义在 bsp_debug_usart.c 文件中。

2）调用 Rheostat_Init 函数进行 ADC 初始化配置并启动 ADC。Rheostat_Init 函数定义在 bsp_adc.c 文件中，它只是简单地分别调用 Rheostat_ADC_GPIO_Config() 和 Rheostat_ADC_Mode_Config()。

Delay 函数只是一个简单的延时函数。

3）我们配置了 DMA 数据传输，所以它会自动把 ADC 转换完成后数据保存到数组变量 ADC_ConvertedValue 内，根据 DMA 模式 2 的数据存放规则，ADC_ConvertedValue[0] 的低 16 位存放 ADC1 数据、高 16 位存放 ADC2 数据，ADC_ConvertedValue[1] 的低 16 位存放 ADC3 数据、高 16 位存放 ADC1 数据，ADC_ConvertedValue[2] 的低 16 位存放 ADC2 数据、高 16 位存放 ADC3 数据，我们可以根据需要取出对应 ADC 的转换结果数据。经过简单的计算就可以得到每个 ADC 对应的实际电压。

4）把相关数据打印至串口调试助手。

29.6.3　下载验证

保证开发板相关硬件连接正确，用 USB 线连接开发板 "USB 转串口" 接口及电脑，在电脑端打开串口调试助手，把编译好的程序下载到开发板。在串口调试助手可看到不断有数据从开发板传输过来，此时我们旋转电位器改变其电阻值，那么对应的数据也会有变化。

第 30 章

TIM——基本定时器

30.1　TIM 简介

定时器（Timer）最基本的功能就是定时了，比如定时发送 USART 数据、定时采集 AD 数据等。如果把定时器与 GPIO 结合起来使用的话可以实现非常丰富的功能，可以测量输入信号的脉冲宽度，可以生产输出波形。定时器生产 PWM 控制电机状态是工业控制中的普遍方法，这方面知识非常有必要深入了解。

STM32F42xxx 系列控制器有 2 个高级控制定时器、10 个通用定时器和 2 个基本定时器，还有 2 个看门狗定时器（看门狗定时器不在本章讨论范围，有专门讲解的章节）。控制器上所有定时器都是彼此独立的，不共享任何资源。各个定时器特性见表 30-1。

其中，最大定时器时钟可通过 RCC_DCKCFGR 寄存器配置为 90MHz 或者 180MHz。

定时器功能强大，这一点通过《STM32F4xx 中文参考手册》讲解定时器内容就有 160 多页这一点就显而易见了。定时器篇幅长，内容多，对于新手想完全掌握确实有些难度，参考手册是先介绍高级控制定时器，然后介绍通用定时器，最后才介绍基本定时器。实际上，就功能上来说，通用定时器包含所有基本定时器功能，而高级控制定时器包含通用定时器所有功能。所以高级控制定时器功能繁多，但也是最难理解的。本章我们先选择最简单的基本定时器进行讲解。

30.2　基本定时器

基本定时器比高级控制定时器和通用定时器功能少，结构简单，理解起来更容易，我们就开始先讲解基本定时器内容。基本定时器主要两个功能：第一就是基本定时功能，生成时基；第二就是专门用于驱动数模转换器（DAC）。

控制器有两个基本定时器 TIM6 和 TIM7，功能完全一样，但所用资源彼此都完全独立，可以同时使用。在本章中，以 TIMx 统称基本定时器。

基本上定时器 TIM6 和 TIM7 是一个 16 位向上递增的定时器，当在自动重载寄存器（TIMx_ARR）添加一个计数值后并使能 TIMx，计数寄存器（TIMx_CNT）就会从 0 开始递增，当 TIMx_CNT 的数值与 TIMx_ARR 值相同时就会生成事件，并把 TIMx_CNT 寄存器清 0，完成一次循环过程。如果没有停止定时器就循环执行上述过程。这些只是大概的流程，希望大家有个感性认识，下面细讲整个过程。

表 30-1　各个定时器特性

定时器类型	Timer	计数器分辨率	计数器类型	预分频系数	DMA 请求生成	捕获/比较通道	互补输出	最大接口时钟（MHz）	最大定时器时钟（MHz）
高级控制	TIM1 和 TIM8	16 位	递增、递减、递增/递减	1 ~ 65 536（整数）	有	4	有	90（APB2）	180
通用	TIM2, TIM5	32 位	递增、递减、递增/递减	1 ~ 65 536（整数）	有	4	无	45（APB1）	90/180
	TIM3, TIM4	16 位	递增、递减、递增/递减	1 ~ 65 536（整数）	有	4	无	45（APB1）	90/180
	TIM9	16 位	递增	1 ~ 65 536（整数）	无	2	无	90（APB2）	180
	TIM10, TIM11	16 位	递增	1 ~ 65 536（整数）	无	1	无	90（APB2）	180
	TIM12	16 位	递增	1 ~ 65 536（整数）	无	2	无	45（APB1）	90/180
	TIM13, TIM14	16 位	递增	1 ~ 65 536（整数）	无	1	无	45（APB1）	90/180
基本	TIM6 和 TIM7	16 位	递增	1 ~ 65 536（整数）	有	0	无	45（APB1）	90/180

30.3 基本定时器功能框图

基本定时器的功能框图包含了基本定时器最核心内容，掌握了功能框图，对基本定时器就有一个整体的把握，在编程时思路就非常清晰，见图 30-1。

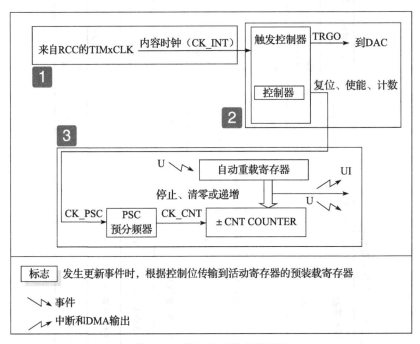

图 30-1 基本定时器功能框图

首先看图 30-1 中内容，③号方框内容一般是一个寄存器名称，比如图中主体部分的自动重载寄存器（TIMx_ARR）或 PSC 预分频器（TIMx_PSC），这里要特别突出的是下面的阴影这个标志的作用，它表示这个寄存器还自带影子寄存器，在硬件结构上实际是有两个寄存器，源寄存器是我们可以进行读写操作，而影子寄存器是我们完全无法操作的，由内部硬件使用。影子寄存器是在程序运行时真正起到作用的，源寄存器只是给我们读写用的，只有在特定时候（特定事件发生时）才把源寄存器的值拷贝给它的影子寄存器。多个影子寄存器一起使用可以到达同步更新多个寄存器内容的目的。

图中指向右下角的箭号图标，它表示一个事件，而一个指向右上角的箭号图标表示中断和 DMA 输出。这个我们把它放在图中主体更好理解。图中的自动重载寄存器有影子寄存器，它左边有一个带有"U"字母的事件图标，表示在更新事件生成时就把自动重载寄存器内容拷贝到影子寄存器内，这个与上面分析是一致。寄存器右边的事件图标、中断和 DMA 输出图标表示在自动重载寄存器值与计数器寄存器值相等时生成事件、中断和 DMA 输出。

1. 时钟源

定时器要实现计数必须有个时钟源，基本定时器时钟只能来自内部时钟，高级控制定时器和通用定时器还可以选择外部时钟源或者直接来自其他定时器等模式。我们可以通过 RCC 专用时钟配置寄存器（RCC_DCKCFGR）的 TIMPRE 位设置所有定时器的时钟频率，我们一般设置该位为默认值 0，使得表中可选的最大定时器时钟为 90MHz，即基本定时器的内部时钟（CK_INT）频率为 90MHz。

基本定时器只能使用内部时钟，当 TIM6 和 TIM7 控制寄存器 1（TIMx_CR1）的 CEN 位置 1 时，启动基本定时器，并且预分频器的时钟来源就是 CK_INT。对于高级控制定时器和通用定时器的时钟源可以选择控制器外部时钟、其他定时器等模式，较为复杂，我们在相关章节会详细介绍。

2. 控制器

定时器控制器实现定时器功能，控制定时器复位、使能、计数是其基础功能，基本定时器还专门用于 DAC 转换触发。

3. 计数器

基本定时器计数过程主要涉及 3 个寄存器，分别是计数器寄存器（TIMx_CNT）、预分频器寄存器（TIMx_PSC）、自动重载寄存器（TIMx_ARR），这 3 个寄存器都是 16 位有效数字，即可设置值为 0 ～ 65 535。

首先我们来看图 30-1 中预分频器 PSC，它有一个输入时钟 CK_PSC 和一个输出时钟 CK_CNT。输入时钟 CK_PSC 来源于控制器部分，基本定时器只有内部时钟源，所以 CK_PSC 实际等于 CK_INT，即 90MHz。在不同应用场所，经常需要不同的定时频率，通过设置预分频器 PSC 的值可以非常方便地得到不同的 CK_CNT，实际计算为：fCK_CNT 等于 fCK_PSC/（PSC[15:0]+1）。

图 30-2 是将预分频器 PSC 的值从 1 改为 4 时计数器时钟变化过程。原来是 1 分频，CK_PSC 和 CK_CNT 频率相同。向 TIMx_PSC 寄存器写入新值时，并不会马上更新 CK_CNT 输出频率，而是等到更新事件发生时，把 TIMx_PSC 寄存器值更新到影子寄存器中，使其真正产生效果。更新为 4 分频后，在 CK_PSC 连续出现 4 个脉冲后 CK_CNT 才产生一个脉冲。

在定时器使能（CEN 置 1）时，计数器 COUNTER 根据 CK_CNT 频率向上计数，即每来一个 CK_CNT 脉冲，TIMx_CNT 值就加 1。当 TIMx_CNT 值与 TIMx_ARR 的设定值相等时就自动生成事件并 TIMx_CNT 自动清零，然后自动重新开始计数，如此重复以上过程。由此可见，我们只要设置 CK_PSC 和 TIMx_ARR 这两个寄存器的值就可以控制事件生成的时间，而我们一般的应用程序就是在事件生成的回调函数中运行的。TIMx_CNT 递增至与 TIMx_ARR 值相等，我们叫作定时器上溢。

自动重载寄存器 TIMx_ARR 用来存放于计数器值比较的数值，如果两个数值相等就生成事件，将相关事件标志位置位，生成 DMA 和中断输出。TIMx_ARR 有影子寄存器，可以通过 TIMx_CR1 寄存器的 ARPE 位控制影子寄存器功能，如果 ARPE 位置 1，影子寄存器有效，只有在事件更新时才把 TIMx_ARR 值赋给影子寄存器。如果 ARPE 位为 0，修改 TIMx_ARR 值马上有效。

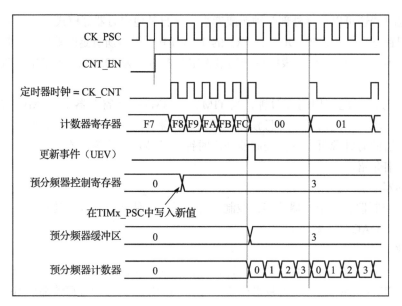

图 30-2　基本定时器时钟源分频

4. 定时器周期计算

经过上面分析，我们知道定时事件生成时间主要由 TIMx_PSC 和 TIMx_ARR 两个寄存器值决定，这个也就是定时器的周期。比如我们需要一个 1s 周期的定时器，具体这两个寄存器值该如何设置呢？假设，我们先设置 TIMx_ARR 寄存器值为 9999，即当 TIMx_CNT 从 0 开始计算，刚好等于 9999 时生成事件，总共计数 10 000 次，那么如果此时时钟源周期为 100μs，即可得到刚好 1s 的定时周期。

接下来问题就是设置 TIMx_PSC 寄存器值，使得 CK_CNT 输出为 100μs 周期（10 000Hz）的时钟。预分频器的输入时钟 CK_PSC 为 90MHz，所以设置预分频器值为（9000-1）即可满足。

30.4　定时器初始化结构体详解

标准库函数对定时器外设建立了 4 个初始化结构体，基本定时器只用到其中一个，即 TIM_TimeBaseInitTypeDef，该结构体成员用于设置定时器基本工作参数，并由定时器基本初始化配置函数 TIM_TimeBaseInit 调用，这些设定参数将会设置定时器相应的寄存器，达到配置定时器工作环境的目的。这一章我们只介绍 TIM_TimeBaseInitTypeDef 结构体，其他结构体将在相关章节介绍。

初始化结构体和初始化库函数配合使用是标准库精髓所在，理解了初始化结构体每个成员意义基本上就可以对该外设运用自如了。初始化结构体定义在 stm32f4xx_tim.h 文件中，初始化库函数定义在 stm32f4xx_tim.c 文件中，编程时我们可以结合这两个文件内注释使用。

代码清单 30-1　定时器基本初始化结构体

```
1 typedef struct {
2     uint16_t TIM_Prescaler;              // 预分频器
3     uint16_t TIM_CounterMode;            // 计数模式
4     uint32_t TIM_Period;                 // 定时器周期
5     uint16_t TIM_ClockDivision;          // 时钟分频
6     uint8_t TIM_RepetitionCounter;       // 重复计算器
7 } TIM_TimeBaseInitTypeDef;
```

1）TIM_Prescaler：定时器预分频器设置，时钟源经该预分频器才是定时器时钟，它设定 TIMx_PSC 寄存器的值。可设置范围为 0 至 65 535，实现 1 至 65 536 分频。

2）TIM_CounterMode：定时器计数方式设置，可为向上计数、向下计数以及 3 种中心对齐模式。基本定时器只能是向上计数，即 TIMx_CNT 只能从 0 开始递增，并且无需初始化。

3）TIM_Period：定时器周期，实际就是设定自动重载寄存器的值，在事件生成时更新到影子寄存器。可设置范围为 0 ~ 65 535。

4）TIM_ClockDivision：时钟分频，设置定时器时钟 CK_INT 频率与数字滤波器采样时钟频率分频比，基本定时器没有此功能，不用设置。

5）TIM_RepetitionCounter：重复计数器，属于高级控制寄存器专用寄存器位，利用它可以非常容易地控制输出 PWM 的个数。这里不用设置。

虽然定时器基本初始化结构体有 5 个成员，但对于基本定时器只需设置其中两个就可以，使用基本定时器就是简单。

30.5　基本定时器定时实验

在 DAC 转换中几乎都要用到基本定时器，使用有关基本定时器触发 DAC 转换内容在 DAC 一章讲解过，这里只是利用基本定时器实现简单的定时功能。

我们使用基本定时器循环定时 0.5s，并使能定时器中断，每到 0.5s 就在定时器中断服务函数翻转 RGB 彩灯，最终效果是 RGB 彩灯暗 0.5s，亮 0.5s，如此循环。

30.5.1　硬件设计

基本定时器没有相关 GPIO，这里我们只用定时器的定时功能，无效其他外部引脚。至于 RGB 彩灯硬件可参考 GPIO 章节。

30.5.2　软件设计

这里只讲解核心的部分代码，有些变量的设置、头文件的包含等并没有涉及，完整的代码请参考本章配套的工程。我们创建了两个文件 bsp_basic_tim.c 和 bsp_basic_tim.h，用来存放基本定时器驱动程序及相关宏定义，中断服务函数放在 stm32f4xx_it.h 文件中。

1. 编程要点

1）初始化 RGB 彩灯 GPIO；

2）开启基本定时器时钟；

3）设置定时器周期和预分频器；

4）启动定时器更新中断，并开启定时器；

5）定时器中断服务函数实现 RGB 彩灯翻转。

2. 软件分析

（1）宏定义

代码清单 30-2　宏定义

```
1 #define BASIC_TIM                TIM6
2 #define BASIC_TIM_CLK            RCC_APB1Periph_TIM6
3
4 #define BASIC_TIM_IRQn           TIM6_DAC_IRQn
5 #define BASIC_TIM_IRQHandler     TIM6_DAC_IRQHandler
```

使用宏定义非常方便程序升级、移植。

（2）NCIV 配置

代码清单 30-3　NVIC 配置

```
1 static void TIMx_NVIC_Configuration(void)
2 {
3     NVIC_InitTypeDef NVIC_InitStructure;
4     // 设置中断组为 0
5     NVIC_PriorityGroupConfig(NVIC_PriorityGroup_0);
6     // 设置中断来源
7     NVIC_InitStructure.NVIC_IRQChannel = BASIC_TIM_IRQn;
8     // 设置抢占优先级
9     NVIC_InitStructure.NVIC_IRQChannelPreemptionPriority = 0;
10    // 设置子优先级
11    NVIC_InitStructure.NVIC_IRQChannelSubPriority = 3;
12    NVIC_InitStructure.NVIC_IRQChannelCmd = ENABLE;
13    NVIC_Init(&NVIC_InitStructure);
14 }
```

实验用到定时器更新中断，需要配置 NVIC，实验只有一个中断，对 NVIC 配置没什么具体要求。

（3）基本定时器模式配置

代码清单 30-4　基本定时器模式配置

```
1 static void TIM_Mode_Config(void)
2 {
3     TIM_TimeBaseInitTypeDef  TIM_TimeBaseStructure;
4
5     // 开启 TIMx_CLK,x[6,7]
```

```
 6      RCC_APB1PeriphClockCmd(BASIC_TIM_CLK, ENABLE);
 7
 8      /* 累计 TIM_Period 个后产生一个更新或者中断 */
 9      // 当定时器从 0 计数到 4999，即为 5000 次，为一个定时周期
10      TIM_TimeBaseStructure.TIM_Period = 5000-1;
11
12      // 定时器时钟源 TIMxCLK = 2 * PCLK1
13      //                PCLK1 = HCLK / 4
14      //                => TIMxCLK=HCLK/2=SystemCoreClock/2=90MHz
15      // 设定定时器频率为 =TIMxCLK/(TIM_Prescaler+1)=10000Hz
16      TIM_TimeBaseStructure.TIM_Prescaler = 9000-1;
17
18      // 初始化定时器 TIMx, x[2,3,4,5]
19      TIM_TimeBaseInit(BASIC_TIM, &TIM_TimeBaseStructure);
20
21
22      // 清除定时器更新中断标志位
23      TIM_ClearFlag(BASIC_TIM, TIM_FLAG_Update);
24
25      // 开启定时器更新中断
26      TIM_ITConfig(BASIC_TIM,TIM_IT_Update,ENABLE);
27
28      // 使能定时器
29      TIM_Cmd(BASIC_TIM, ENABLE);
30  }
```

1）使用定时器之前都必须开启定时器时钟，基本定时器属于 APB1 总线外设。

2）设置定时器周期数为 4999，即计数 5000 次生成事件。设置定时器预分频器为（9000-1），基本定时器使能内部时钟，频率为 90MHz，经过预分频器后得到 10kHZ 的频率。然后就是调用 TIM_TimeBaseInit 函数完成定时器配置。

3）TIM_ClearFlag 函数用来在配置中断之前清除定时器更新中断标志位，实际是清零 TIMx_SR 寄存器的 UIF 位。

4）使用 TIM_ITConfig 函数配置使能定时器更新中断，即在发生上溢时产生中断。

5）使用 TIM_Cmd 函数开启定时器。

（4）定时器中断服务函数

代码清单 30-5　定时器中断服务函数

```
1 void  BASIC_TIM_IRQHandler (void)
2 {
3      if ( TIM_GetITStatus( BASIC_TIM, TIM_IT_Update) != RESET ) {
4          LED1_TOGGLE;
5          TIM_ClearITPendingBit(BASIC_TIM , TIM_IT_Update);
6      }
7 }
```

我们在 TIM_Mode_Config 函数启动了定时器更新中断，在发生中断时，中断服务函数就得到运行。在服务函数内我们先调用定时器中断标志读取函数 TIM_GetITStatus，获取当

前定时器中断位状态，确定产生中断后才运行 RGB 彩灯翻转动作，并使用定时器标志位清除函数 TIM_ClearITPendingBit 清除中断标志位。

（5）主函数

代码清单 30-6　主函数

```
 1  int main(void)
 2  {
 3
 4      LED_GPIO_Config();
 5
 6      /* 初始化基本定时器定时，1s 产生一次中断 */
 7      TIMx_Configuration();
 8
 9      while (1) {
10      }
11  }
```

实验用到 RGB 彩灯，需要对其初始化配置。LED_GPIO_Config 函数是定义在 bsp_led.c 文件的完成 RGB 彩灯 GPIO 初始化配置的程序。

TIMx_Configuration 函数是定义在 bsp_basic_tim.c 文件中的一个函数，它只是简单地先后调用 TIMx_NVIC_Configuration 和 TIM_Mode_Config 两个函数完成 NVIC 配置和基本定时器模式配置。

30.5.3　下载验证

保证开发板相关硬件连接正确，把编译好的程序下载到开发板。开始 RGB 彩灯是暗的，等一会儿 RGB 彩灯变为红色，再等一会儿又暗了，如此反复。如果我们使用钟表与 RGB 彩灯闪烁对比，可以发现它每 0.5s 改变一次 RGB 彩灯状态。

第 31 章
TIM——高级定时器

31.1 高级控制定时器

上一章我们讲解了基本定时器功能。基本定时器功能简单，理解起来也容易。高级控制定时器包含了通用定时器的功能，再加上已经有了基本定时器基础的基础，如果再把通用定时器单独拿出来讲那内容有很多重复，实际效果不是很好。所以通用定时器不作为独立章节讲解，可以在理解了高级定时器后参考《STM32F4xx 中文参考手册》通用定时器章节内容理解即可。

高级控制定时器（TIM1 和 TIM8）和通用定时器在基本定时器的基础上引入了外部引脚，可以输入捕获和输出比较功能。高级控制定时器比通用定时器增加了可编程死区互补输出、重复计数器、带刹车（断路）功能，这些功能都适用于工业电机控制方面。这几个功能在本书不做详细的介绍，主要介绍常用的输入捕获和输出比较功能。

高级控制定时器时基单元包含一个 16 位自动重载计数器 ARR，一个 16 位的计数器 CNT，可向上/下计数，一个 16 位可编程预分频器 PSC，预分频器时钟源有多种可选，有内部的时钟、外部时钟。还有一个 8 位的重复计数器 RCR，这样最高可实现 40 位的可编程定时。

STM32F429IGT6 的高级/通用定时器的 IO 分配见表 31-1。配套开发板因为 IO 资源紧缺，定时器的 IO 很多已经复用他途，故表 31-1 中的 IO 只有部分可用于定时器的实验。

表 31-1　高级控制和通用定时器通道引脚分布

	高级控制	
	TIM1	TIM8
CH1	PA8/PE9/PC9	PC6/PI5
CH1N	PA7/PE8/PB13	PA5/PA7/PH13
CH2	PE11/PA9	PC7/PI6
CH2N	PB0/PE10/PB14	PB0/PB14/PH14
CH3	PE13/PA10	PC8/PI7
CH3N	PB1/PE12/PB15	PB1/PB15/PH15
CH4	PE14/PA11	PC9/PI2
ETR	PE7/PA12	PA0/PI3
BKIN	PA6/PE15/PB12	PA6/PI4

（续）

	通用定时器									
	TIM2	TIM5	TIM3	TIM4	TIM9	TIM10	TIM11	TIM12	TIM13	TIM14
CH1	PA0/PA5/PA15	PA0/PH10	PA6/PC6/PB4	PD12/PB6	PE5/PA2	PF6/PB8	PF7/PB9	PH6/PB14	PF8/PA6	PF9/PA7
CH1N										
CH2	PA1/PB3	PA1/PH11	PA7/PC7/PB5	PD13/PB7	PE6/PA3			PH9/PB15		
CH2N										
CH3	PA2/PB10	PA2/PH12	PB0/PC8	PD14/PB8						
CH3N										
CH4	PA3/PB11	PA3/PI0	PB1/PC9	PD15/PB9						
ETR	PA0/PA5/PA15		PD2	PE0						
BKIN										

31.2 高级控制定时器功能框图

高级控制定时器功能框图包含了高级控制定时器最核心内容，掌握了功能框图，对高级控制定时器就有一个整体的把握，在编程时思路就非常清晰，见图 31-1。

图中带阴影的寄存器（即带有影子寄存器）、指向左下角的事件更新图标以及指向右上角的中断和 DMA 输出标志在上一章已经做了解释，这里不再介绍。

1. 时钟源

高级控制定时器有以下 4 个时钟源可选：

❑ 内部时钟源 CK_INT

❑ 外部时钟模式 1：外部输入引脚 TIx（x=1，2，3，4）

❑ 外部时钟模式 2：外部触发输入 ETR

❑ 内部触发输入

（1）内部时钟源（CK_INT）

内部时钟 CK_INT 来自于芯片内部，等于 180MHz，一般情况下，我们都使用内部时钟。当从模式控制寄存器 TIMx_SMCR 的 SMS 位等于 000 时，则使用内部时钟。

（2）外部时钟模式 1

外部时钟模式 1 框图见图 31-2。

①时钟信号输入引脚

当使用外部时钟模式 1 的时候，时钟信号来自于定时器的输入通道，总共有 4 个，分别为 TI1/2/3/4，即 TIMx_CH1/2/3/4。具体使用哪一路信号，由 TIM_CCMx 的位 CCxS[1:0] 配置，其中 CCM1 控制 TI1/2，CCM2 控制 TI3/4。

②滤波器

如果来自外部的时钟信号的频率过高或者混杂有高频干扰信号的话，我们就需要使用滤波器对 ETRP 信号重新采样，来达到降频或者去除高频干扰的目的。具体的由 TIMx_CCMx 的位 ICxF[3:0] 配置。

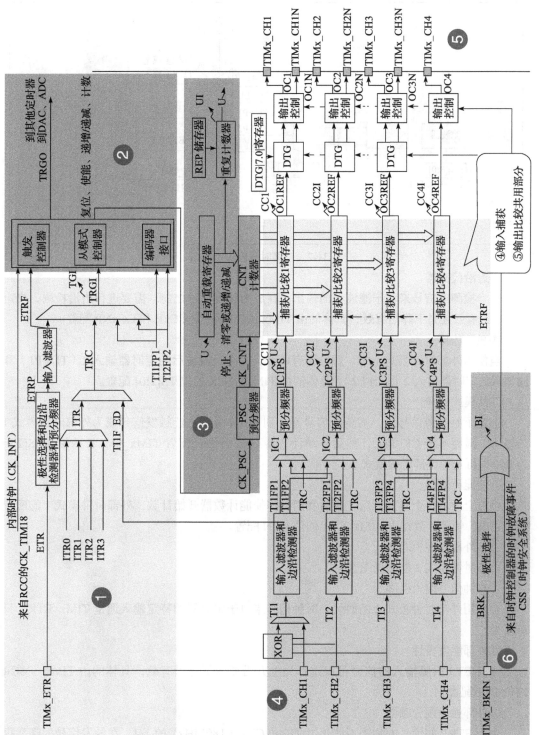

图 31-1 高级控制定时器功能框图

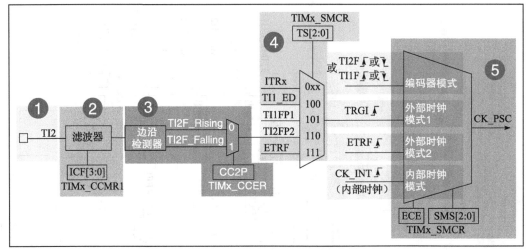

图 31-2　外部时钟模式 1 框图

③边沿检测器

边沿检测的信号来自于滤波器的输出，在成为触发信号之前，需要进行边沿检测，决定是上升沿有效还是下降沿有效，具体的由 TIMx_CCER 的位 CCxP 和 CCxNP 配置。

④触发选择

当使用外部时钟模式 1 时，触发源有两个，一个是滤波后的定时器输入 1（TI1FP1）和滤波后的定时器输入 2（TI2FP2），具体的由 TIMxSMCR 的位 TS[2:0] 配置。

⑤从模式选择

选定了触发源信号后，需要把信号连接到 TRGI 引脚，让触发信号成为外部时钟模式 1 的输入，最终等于 CK_PSC，然后驱动计数器 CNT 计数。配置 TIMx_SMCR 的位 SMS[2:0] 为 000 即可选择外部时钟模式 1。

⑥使能计数器

经过上面的 5 个步骤之后，最后我们只需使能计数器开始计数，外部时钟模式 1 的配置就算完成。使能计数器由 TIMx_CR1 的位 CEN 配置。

（3）外部时钟模式 2

外部时钟模式 2 框图见图 31-3。

①时钟信号输入引脚

当使用外部时钟模式 2 的时候，时钟信号来自于定时器的特定输入通道 TIMx_ETR，只有 1 个。

②外部触发极性

来自 ETR 引脚输入的信号可以选择为上升沿或者下降沿有效，具体的由 TIMx_SMCR 的位 ETP 配置。

③外部触发预分频器

由于 ETRP 的信号的频率不能超过 TIMx_CLK（180MHz）的 1/4，在触发信号的频率很高的情况下，就必须使用分频器来降频，具体的由 TIMx_SMCR 的位 ETPS[1:0] 配置。

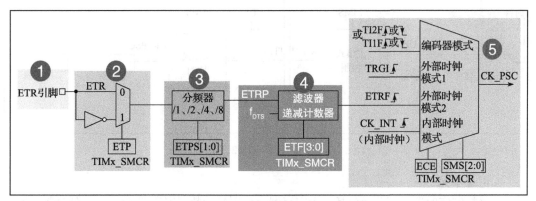

图 31-3　外部时钟模式 2 框图

④滤波器

如果 ETRP 的信号的频率过高或者混杂有高频干扰信号的话，就需要使用滤波器对 ETRP 信号重新采样，来达到降频或者去除高频干扰的目的。具体的由 TIMx_SMCR 的位 ETF[3:0] 配置，其中的 f_{DTS} 由内部时钟 CK_INT 分频得到，具体的由 TIMx_CR1 的位 CKD[1:0] 配置。

⑤从模式选择

经过滤波器滤波的信号连接到 ETRF 引脚后，触发信号成为外部时钟模式 2 的输入，最终等于 CK_PSC，然后驱动计数器 CNT 计数。配置 TIMx_SMCR 的位 ECE 为 1 即可选择外部时钟模式 2。

⑥使能计数器

经过上面的 5 个步骤之后，只需使能计数器开始计数，外部时钟模式 2 的配置就算完成。使能计数器由 TIMx_CR1 的位 CEN 配置。

（4）内部触发输入

内部触发输入是使用一个定时器作为另一个定时器的预分频器。硬件上高级控制定时器和通用定时器在内部连接在一起，可以实现定时器同步或级联。主模式的定时器可以对从模式定时器执行复位、启动、停止或提供时钟。高级控制定时器和部分通用定时器（TIM2 至TIM5）可以设置为主模式或从模式，TIM9 和 TIM10 可设置为从模式。

主模式定时器（TIM1）为从模式定时器（TIM2）提供时钟，即 TIM1 用作 TIM2 的预分频器，见图 31-4。

2. 控制器

高级控制定时器控制器部分包括触发控制器、从模式控制器以及编码器接口。触发控制器用来针对片内外设输出触发信号，比如为其他定时器提供时钟和触发 DAC/ADC 转换。

编码器接口专门针对编码器计数而设计。从模式控制器可以控制计数器复位、启动、递增 / 递减计数。

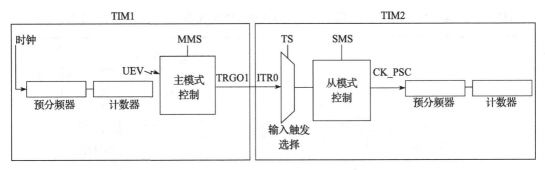

图 31-4　TIM1 用作 TIM2 的预分频器

3. 时基单元

高级控制定时器时基单元包括 4 个寄存器，分别是计数器寄存器（CNT）、预分频器寄存器（PSC）、自动重载寄存器（ARR）和重复计数器寄存器（RCR），见图 31-5。其中重复计数器 RCR 是高级定时器独有的，通用和基本定时器中没有。前面 3 个寄存器都是 16 位有效，TIMx_RCR 寄存器是 8 位有效。

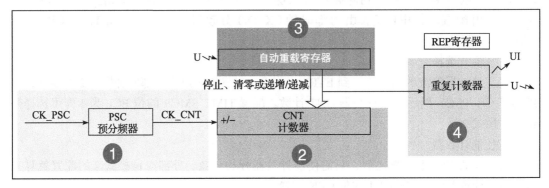

图 31-5　高级定时器时基单元

（1）预分频器 PSC

预分频器 PSC 有一个输入时钟 CK_PSC 和一个输出时钟 CK_CNT。输入时钟 CK_PSC 就是上面时钟源的输出，输出 CK_CNT 则用来驱动计数器 CNT 计数。通过设置预分频器 PSC 的值可以得到不同的 CK_CNT，可以实现 1 至 65 536 分频。实际计算为：$f_{CK\_CNT} = f_{CK\_PSC}/（PSC[15:0]+1）$。

（2）计数器 CNT

高级控制定时器的计数器有 3 种计数模式，分别为：递增计数模式、递减计数模式和递增 / 递减（中心对齐）计数模式。

1）递增计数模式下，计数器从 0 开始计数，每来一个 CK_CNT 脉冲，计数器就增加 1，直到计数器的值与自动重载寄存器 ARR 值相等，然后计数器又从 0 开始计数，并生成计数器上溢事件，计数器总是如此循环计数。如果禁用重复计数器，在计数器生成上溢事件就马上生成更新事件（UEV）；如果使能重复计数器，每生成一次上溢事件重复计数器内容就减 1，直到重复计数器内容为 0 时才会生成更新事件。

2）递减计数模式下，计数器从自动重载寄存器 ARR 值开始计数，每来一个 CK_CNT 脉冲计数器就减 1，直到计数器值为 0，然后计数器又从自动重载寄存器 ARR 值开始递减计数，并生成计数器下溢事件，计数器总是如此循环计数。如果禁用重复计数器，在计数器生成下溢事件就马上生成更新事件；如果使能重复计数器，每生成一次下溢事件重复计数器内容就减 1，直到重复计数器内容为 0 时才会生成更新事件。

3）中心对齐模式下，计数器从 0 开始递增计数，直到计数值等于（ARR–1）值，生成计数器上溢事件，然后从 ARR 值开始递减计数直到 1，生成计数器下溢事件。然后又从 0 开始计数，如此循环。每次发生计数器上溢和下溢事件都会生成更新事件。

（3）自动重载寄存器 ARR

自动重载寄存器 ARR 用来存放与计数器 CNT 比较的值，如果两个值相等就递减重复计数器。可以通过 TIMx_CR1 寄存器的 ARPE 位控制自动重载影子寄存器功能，如果 ARPE 位置 1，自动重载影子寄存器有效，只有在事件更新时才把 TIMx_ARR 值赋给影子寄存器。如果 ARPE 位为 0，则修改 TIMx_ARR 值马上有效。

（4）重复计数器 RCR

在基本 / 通用定时器发生上 / 下溢事件时直接生成更新事件，但对于高级控制定时器却不是这样。高级控制定时器在硬件结构上多出了重复计数器，在定时器发生上溢或下溢事件时递减重复计数器的值，只有当重复计数器为 0 时才会生成更新事件。在发生 N+1 个上溢或下溢事件（N 为 RCR 的值）时产生更新事件。

4. 输入捕获

输入捕获功能框图见图 31-6。

输入捕获可以对输入的信号的上升沿、下降沿或者双边沿进行捕获，常用的有测量输入信号的脉宽和测量 PWM 输入信号的频率和占空比这两种。

输入捕获的大概原理就是，当捕获到信号的跳变沿的时候，把计数器 CNT 的值锁存到捕获寄存器 CCR 中，把前后两次捕获到的 CCR 寄存器中的值相减，就可以算出脉宽或者频率。如果捕获的脉宽的时间长度超过你的捕获定时器的周期，就会发生溢出，这个需要做额外的处理。

①输入通道

需要被测量的信号从定时器的外部引脚 TIMx_CH1/2/3/4 进入，通常叫作 TI1/2/3/4。在后面的捕获讲解中对于要被测量的信号我们都以 TIx 为标准叫法。

②输入滤波器和边沿检测器

当输入的信号存在高频干扰的时候，需要对输入信号进行滤波，即进行重新采样。根据采样定律，采样的频率必须大于等于两倍的输入信号。比如输入的信号为 1MHz，又存在高频的信号干扰，那么此时就很有必要进行滤波，我们可以设置采样频率为 2MHz，这样可以在保证采样到有效信号的基础上把高于 2MHz 的高频干扰信号过滤掉。

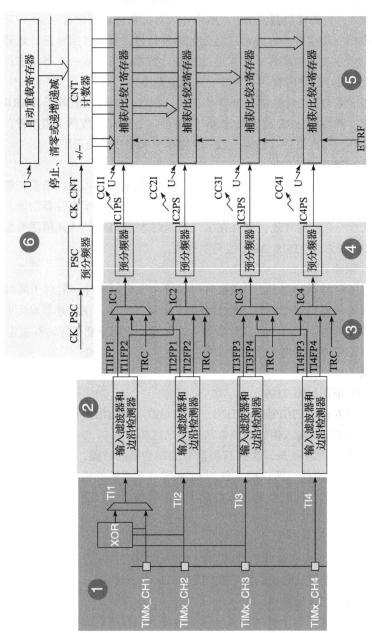

图 31-6　输入捕获功能框图

滤波器的配置由 CR1 寄存器的位 CKD[1:0] 和 CCMR1/2 的位 ICxF[3:0] 控制。从 ICxF 位的描述可知，采样频率 f_{SAMPLE} 可以由 f_{CK_INT} 和 f_{DTS} 分频后的时钟提供，其中 f_{CK_INT} 是内部时钟，f_{DTS} 是 f_{CK_INT} 经过分频后得到的频率，分频因子由 CKD[1:0] 决定，可以是不分频、2 分频或者 4 分频。

边沿检测器用来设置信号在捕获的时候在什么边沿有效，可以是上升沿、下降沿，或者是双边沿。具体的由 CCER 寄存器的位 CCxP 和 CCxNP 决定。

③捕获通道

捕获通道就是图中的 IC1/2/3/4，每个捕获通道都有相对应的捕获寄存器 CCR1/2/3/4，当发生捕获的时候，计数器 CNT 的值就会被锁存到捕获寄存器中。

这里我们要搞清楚输入通道和捕获通道的区别，输入通道是用来输入信号的，捕获通道是用来捕获输入信号的通道，一个输入通道的信号可以同时输入给两个捕获通道。比如输入通道 TI1 的信号经过滤波边沿检测器之后的 TI1FP1 和 TI1FP2 可以进入捕获通道 IC1 和 IC2，其实这就是我们后面要讲的 PWM 输入捕获，只有一路输入信号（TI1）却占用了两个捕获通道（IC1 和 IC2）。当只需要测量输入信号的脉宽时候，用一个捕获通道即可。输入通道和捕获通道的映射关系由寄存器 CCMRx 的位 CCxS[1:0] 配置。

④预分频器

ICx 的输出信号会经过一个预分频器，用于决定发生多少个事件时进行一次捕获。具体的由寄存器 CCMRx 的位 ICxPSC 配置，如果希望捕获信号的每一个边沿，则不分频。

⑤捕获寄存器

经过预分频器的信号 ICxPS 是最终被捕获的信号，当发生捕获时（第 1 次），计数器 CNT 的值会被锁存到捕获寄存器 CCR 中，还会产生 CCxI 中断，相应的中断位 CCxIF（在 SR 寄存器中）会被置位，通过软件或者读取 CCR 中的值可以将 CCxIF 清 0。如果发生第 2 次捕获（即重复捕获：CCR 寄存器中已捕获到计数器值且 CCxIF 标志已置 1），则捕获溢出标志位 CCxOF（在 SR 寄存器中）会被置位。CCxOF 只能通过软件清零。

5. 输出比较

输出比较功能见图 31-7。

输出比较就是通过定时器的外部引脚对外输出控制信号，有冻结、将通道 X（x = 1，2，3，4）设置为匹配时输出有效电平、将通道 X 设置为匹配时输出无效电平、翻转、强制变为无效电平、强制变为有效电平、PWM1 和 PWM2 这 8 种模式，具体使用哪种模式由寄存器 CCMRx 的位 OCxM[2:0] 配置。其中 PWM 模式是输出比较中的特例，使用得也最多。

①较寄存器

当计数器 CNT 的值与比较寄存器 CCR 的值相等的时候，输出参考信号 OCxREF 的信号的极性就会改变，其中 OCxREF = 1（高电平）称为有效电平，OCxREF = 0（低电平）称为无效电平，并且会产生比较中断 CCxI，相应的标志位 CCxIF（SR 寄存器中）会置位。然后 OCxREF 再经过一系列的控制之后就成为真正的输出信号 OCx/OCxN。

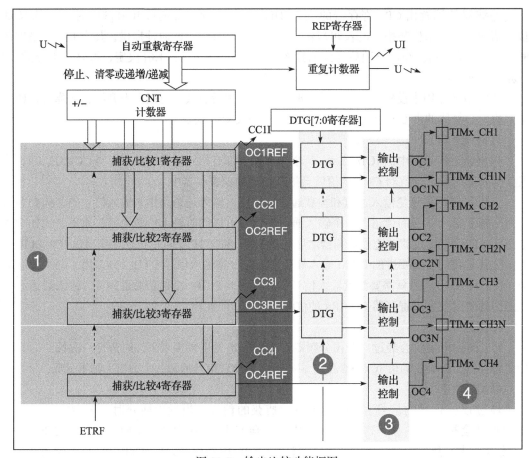

图 31-7　输出比较功能框图

②死区发生器

在生成的参考波形 OCxREF 的基础上，可以插入死区时间，用于生成两路互补的输出信号 OCx 和 OCxN，死区时间的大小具体由 BDTR 寄存器的位 DTG[7:0] 配置。死区时间的大小必须根据与输出信号相连接的器件及其特性来调整。下面我们以一个板桥驱动电路为例，简单说明带死区的 PWM 信号的应用，见图 31-8。

在这个半桥驱动电路中，Q1 导通，Q2 截止，此时想让 Q1 截止 Q2 导通，肯定是要先让 Q1 截止一段时间之后，再等一段时间才让 Q2 导通，这段等待的时间就称为死区时间。因为 Q1 关闭需要时间（由 MOS 管的工艺决定），如果 Q1 关闭之后，马上打开 Q2，那么此时一段时间内相当于 Q1 和 Q2 都导通了，这样电路会短路。

图 31-9 是针对上面的半桥驱动电路而画的带死区插入的 PWM 信号，图中的死区时间要根据 MOS 管的工艺来调节。

③输出控制

输出比较的输出控制框图见图 31-10。

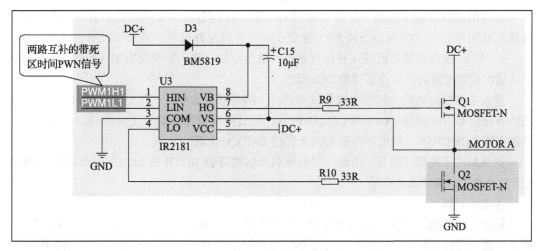

图 31-8　半桥驱动电路

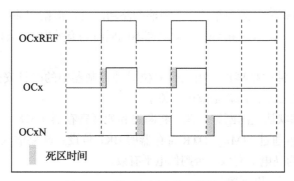

图 31-9　带死区插入的互补输出

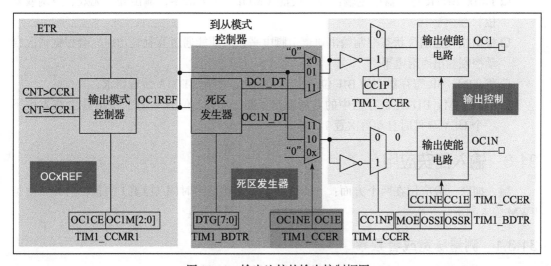

图 31-10　输出比较的输出控制框图

在输出比较的输出控制中，参考信号 OCxREF 在经过死区发生器之后会产生两路带死区的互补信号 OCx_DT 和 OCxN_DT（通道 1～3 才有互补信号，通道 4 没有，其余与通道 1～3 一样），这两路带死区的互补信号就进入输出控制电路。如果没有加入死区控制，那么进入输出控制电路的信号就直接是 OCxREF。

进入输出控制电路的信号会被分成两路：一路是原始信号；一路是被反向的信号，具体的由寄存器 CCER 的位 CCxP 和 CCxNP 控制。经过极性选择的信号是否由 OCx 引脚输出到外部引脚 CHx/CHxN，则由寄存器 CCER 的位 CxE/CxNE 配置。

如果加入了断路（刹车）功能，则断路和死区寄存器 BDTR 的 MOE、OSSI 和 OSSR 这 3 个位会共同影响输出的信号。

④输出引脚

输出比较的输出信号最终是通过定时器的外部 IO 来输出的，分别为 CH1/2/3/4，其中前面 3 个通道还有互补的输出通道 CH1/2/3N。更加详细的 IO 说明请查阅相关的数据手册。

6. 断路功能

断路功能就是电机控制的刹车功能。使能断路功能时，根据相关控制位状态修改输出信号电平。在任何情况下，OCx 和 OCxN 输出都不能同时为有效电平，这与电机控制常用的 H 桥电路结构有关。

断路源可以是时钟故障事件，由内部复位时钟控制器中的时钟安全系统（CSS）生成，也可以是外部断路输入 IO，两者是或运算关系。

系统复位启动都默认关闭断路功能，将断路和死区寄存器（TIMx_BDTR）的 BKE 为置 1，使能断路功能。可通过 TIMx_BDTR 寄存器的 BKP 位设置断路输入引脚的有效电平，设置为 1 时输入 BRK 为高电平有效，否则低电平有效。

发送断路时，将产生以下效果：

❑ TIMx_BDTR 寄存器中主输出模式使能（MOE）位被清零，输出处于无效、空闲或复位状态；

❑ 根据相关控制位状态控制输出通道引脚电平；当使能通道互补输出时，会根据情况自动控制输出通道电平；

❑ 将 TIMx_SR 寄存器中的 BIF 位置 1，并可产生中断和 DMA 传输请求；

❑ 如果 TIMx_BDTR 寄存器中的自动输出使能（AOE）位置 1，则 MOE 位会在发生下一个 UEV 事件时自动再次置 1。

31.3　输入捕获应用

输入捕获一般应用在两个方面：一个方面是脉冲跳变沿时间（脉宽）测量，另一方面是 PWM 输入测量。

31.3.1　测量脉宽或者频率

测量脉宽或者频率示意图见图 31-11。

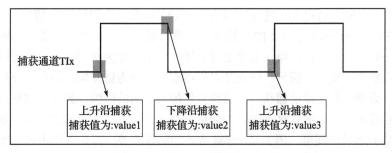

图 31-11 脉宽 / 频率测量示意图

1. 测量频率

当捕获通道 TIx 上出现上升沿时，发生第 1 次捕获，计数器 CNT 的值会被锁存到捕获寄存器 CCR 中，而且还会进入捕获中断，在中断服务程序中记录一次捕获（可以用一个标志变量来记录），并把捕获寄存器中的值读取到 value1 中。当出现第 2 次上升沿时，发生第 2 次捕获，计数器 CNT 的值会再次被锁存到捕获寄存器 CCR 中，并再次进入捕获中断。在捕获中断中，把捕获寄存器的值读取到 value3 中，并清除捕获记录标志。利用 value3 和 value1 的差值我们就可以算出信号的周期（频率）。

2. 测量脉宽

当捕获通道 TIx 上出现上升沿时，发生第 1 次捕获，计数器 CNT 的值会被锁存到捕获寄存器 CCR 中，而且还会进入捕获中断，在中断服务程序中记录一次捕获（可以用一个标志变量来记录），并把捕获寄存器中的值读取到 value1 中。然后把捕获边沿改变为下降沿捕获，目的是捕获后面的下降沿。当下降沿到来的时候，发生第 2 次捕获，计数器 CNT 的值会再次被锁存到捕获寄存器 CCR 中，并再次进入捕获中断。在捕获中断中，把捕获寄存器的值读取到 value3 中，并清除捕获记录标志。然后把捕获边沿设置为上升沿捕获。

在测量脉宽过程中需要来回地切换捕获边沿的极性，如果测量的脉宽时间比较长，定时器就会发生溢出，溢出的时候会产生更新中断，我们可以在中断里对溢出进行记录处理。

31.3.2 PWM 输入模式

测量脉宽和频率还有一个更简便的方法就是使用 PWM 输入模式。与上面那种只使用一个捕获寄存器测量脉宽和频率的方法相比，PWM 输入模式需要占用两个捕获寄存器，见图 31-12。

当使用 PWM 输入模式的时候，因为一个输入通道（TIx）会占用两个捕获通道（ICx），所以一个定时器在使用 PWM 输入的时候最多只能使用两个输入通道（TIx）。

我们以输入通道 TI1 工作在 PWM 输入模式为例，来讲解具体的工作原理，其他通道以此类推即可。

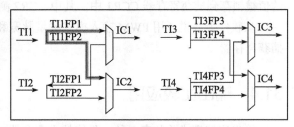

图 31-12 输入通道和捕获通道的关系映射图

PWM 信号由输入通道 TI1 进入，因为是 PWM 输入模式的缘故，信号会被分为两路，一路是 TI1FP1，另外一路是 TI2FP2。其中一路是周期，另一路是占空比，具体哪一路信号对应周期哪一路对应占空比，得从程序上设置哪一路信号作为触发输入，作为触发输入的那一路信号对应的就是周期，而另一路就是对应占空比。作为触发输入的那一路信号还需要设置极性，是上升沿还是下降沿捕获，一旦设置好触发输入的极性，另外一路硬件就会自动配置为相反的极性捕获，无需软件配置。一句话概括就是：选定输入通道，确定触发信号，然后设置触发信号的极性即可。因为是 PWM 输入的缘故，另一路信号则由硬件配置，无需软件配置。

当使用 PWM 输入模式的时候必须将从模式控制器配置为复位模式（配置寄存器 SMCR 的位 SMS[2:0] 来实现），即当我们启动触发信号开始进行捕获的时候，同时把计数器 CNT 复位清零。

下面我们以一个更加具体的时序图来分析下 PWM 输入模式，见图 31-13。

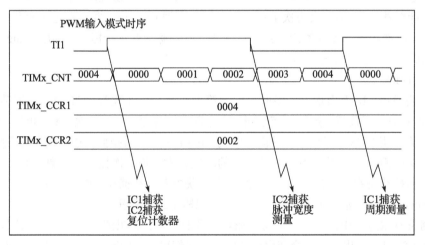

图 31-13　PWM 输入模式时序

PWM 信号由输入通道 TI1 进入，配置 TI1FP1 为触发信号，上升沿捕获。当上升沿的时候 IC1 和 IC2 同时捕获，计数器 CNT 清零，到了下降沿的时候，IC2 捕获，此时计数器 CNT 的值被锁存到捕获寄存器 CCR2 中，到了下一个上升沿的时候，IC1 捕获，计数器 CNT 的值被锁存到捕获寄存器 CCR1 中。其中 CCR2 测量的是脉宽，CCR1 测量的是周期。

从软件上来说，用 PWM 输入模式测量脉宽和周期更容易，付出的代价是需要占用两个捕获寄存器。

31.4　输出比较应用

输出比较模式总共有 8 种，具体的由寄存器 CCMRx 的位 OCxM[2:0] 配置。我们这里只讲解最常用的 PWM 模式，其他几种模式查看数据手册即可。

　　PWM 输出就是对外输出脉宽（即占空比）可调的方波信号，信号频率由自动重装寄存器 ARR 的值决定，占空比由比较寄存器 CCR 的值决定。

　　PWM 模式分为两种：PWM1 和 PWM2。总得来说是差不多，就看你怎么用而已。具体的区别见表 31-1。

表 31-1　PWM1 与 PWM2 模式的区别

模　　式	计数器 CNT 计算方式	说　　　明
PWM1	递增	CNT<CCR，通道 CH 为有效，否则为无效
	递减	CNT>CCR，通道 CH 为无效，否则为有效
PWM2	递增	CNT<CCR，通道 CH 为无效，否则为有效
	递减	CNT>CCR，通道 CH 为有效，否则为无效

　　下面我们以 PWM1 模式来讲解，以计数器 CNT 计数的方向不同还分为边沿对齐模式和中心对齐模式。PWM 信号主要都是用来控制电机，一般的电机控制用的都是边沿对齐模式，FOC 电机一般用中心对齐模式。我们这里只分析这两种模式在信号感官上（信号波形）的区别，具体在电机控制中的区别不做讨论，到了真正使用的时候就会知道了。

（1）PWM 边沿对齐模式

　　在递增计数模式下，计数器从 0 计数到自动重载值（TIMx_ARR 寄存器的内容），然后重新从 0 开始计数并生成计数器上溢事件。

　　在边沿对齐模式下，计数器 CNT 只工作在一种模式，递增或者递减模式。这里我们以 CNT 工作在递增模式为例，在图 31-14 中，ARR=8，CCR=4，CNT 从 0 开始计数，当 CNT<CCR 的值时，OCxREF 为有效的高电平，与此同时，比较中断寄存器 CCxIF 置位。当 CCR ≤ CNT ≤ ARR 时，OCxREF 为无效的低电平。然后 CNT 又从 0 开始计数，并生成计数器上溢事件，以此循环往复。

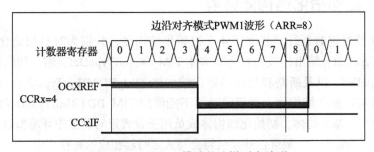

图 31-14　PWM1 模式的边沿对齐波形

（2）PWM 中心对齐模式

　　在中心对齐模式下，计数器 CNT 是工作做递增 / 递减模式下。开始的时候，计数器 CNT 从 0 开始计数到自动重载值减 1（ARR−1），生成计数器上溢事件；然后从自动重载值开始向下计数到 1，并生成计数器下溢事件，之后从 0 开始重新计数。

图 31-15 是 PWM1 模式的中心对齐波形，ARR=8，CCR=4。第 1 阶段计数器 CNT 工作在递增模式下，从 0 开始计数，当 CNT<CCR 的值时，OCxREF 为有效的高电平，当 CCR ≤ CNT<<ARR 时，OCxREF 为无效的低电平。第 2 阶段计数器 CNT 工作在递减模式，从 ARR 的值开始递减，当 CNT>CCR 时，OCxREF 为无效的低电平，当 CCR ≥ CNT ≥ 1 时，OCxREF 为有效的高电平。

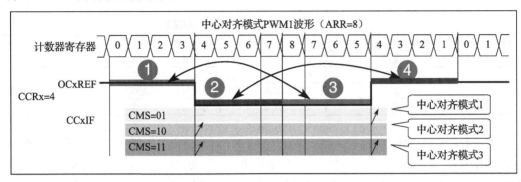

图 31-15　PWM1 模式的中心对齐波形

在波形图上我们把波形分为两个阶段，第 1 个阶段是计数器 CNT 工作在递增模式的波形，这个阶段我们又分为①和②两个阶段；第 2 个阶段是计数器 CNT 工作在递减模式的波形，这个阶段我们又分为③和④两个阶段。要说中心对齐模式下的波形有什么特征的话，那就是①和③阶段的时间相等，②和④阶段的时间相等。

中心对齐模式又分为中心对齐模式 1/2/3 三种，具体由寄存器 CR1 位 CMS[1:0] 配置。具体的区别就是比较中断中断标志位 CCxIF 在何时置 1：中心模式 1 在 CNT 递减计数时置 1；中心对齐模式 2 在 CNT 递增计数时置 1；中心模式 3 在 CNT 递增和递减计数时都置 1。

31.5　定时器初始化结构体详解

标准库函数对定时器外设建立了 4 个初始化结构体，分别为时基初始化结构体 TIM_TimeBaseInitTypeDef、输出比较初始化结构体 TIM_OCInitTypeDef、输入捕获初始化结构体 TIM_ICInitTypeDef，以及断路和死区初始化结构体 TIM_BDTRInitTypeDef。高级控制定时器可以用到所有初始化结构体，通用定时器不能使用 TIM_BDTRInitTypeDef 结构体，基本定时器只能使用时基结构体。初始化结构体成员用于设置定时器工作环境参数，并由定时器相应初始化配置函数调用，最终这些参数将会写入定时器相应的寄存器中。

初始化结构体和初始化库函数配合使用是标准库精髓所在，理解了初始化结构体每个成员的意义基本上就可以对该外设运用自如。初始化结构体定义在 stm32f4xx_tim.h 文件中，初始化库函数定义在 stm32f4xx_tim.c 文件中，编程时我们可以结合这两个文件内注释使用。

1. TIM_TimeBaseInitTypeDef

时基结构体 TIM_TimeBaseInitTypeDef 用于定时器基础参数设置，与 TIM_TimeBaseInit

函数配合使用完成配置。

代码清单 31-1　定时器基本初始化结构体

```
 1 typedef struct {
 2     uint16_t TIM_Prescaler;          // 预分频器
 3     uint16_t TIM_CounterMode;        // 计数模式
 4     uint32_t TIM_Period;             // 定时器周期
 5     uint16_t TIM_ClockDivision;      // 时钟分频
 6     uint8_t  TIM_RepetitionCounter;  // 重复计算器
 7 } TIM_TimeBaseInitTypeDef;
```

1）TIM_Prescaler：定时器预分频器设置，时钟源经该预分频器才是定时器计数时钟 CK_CNT，它设定 PSC 寄存器的值。计算公式为：计数器时钟频率（f_{CK_CNT}）= f_{CK_PSC} /（PSC[15:0] + 1），可实现 1 ~ 65 536 分频。

2）TIM_CounterMode：定时器计数方式，可设置为向上计数、向下计数以及中心对齐。高级控制定时器允许选择任意一种。

3）TIM_Period：定时器周期，实际就是设定自动重载寄存器 ARR 的值，ARR 为要装载到实际自动重载寄存器（即影子寄存器）的值，可设置范围为 0 ~ 65 535。

4）TIM_ClockDivision：时钟分频，设置定时器时钟 CK_INT 频率与死区发生器以及数字滤波器采样时钟频率分频比。可以选择 1、2、4 分频。

5）TIM_RepetitionCounter：重复计数器，只有 8 位，只存在于高级定时器中。

2. TIM_OCInitTypeDef

输出比较结构体 TIM_OCInitTypeDef 用于输出比较模式，与 TIM_OCxInit 函数配合使用完成指定定时器输出通道初始化配置。高级控制定时器有 4 个定时器通道，使用时都必须单独设置。

代码清单 31-2　定时器比较输出初始化结构体

```
 1 typedef struct {
 2     uint16_t TIM_OCMode;          // 比较输出模式
 3     uint16_t TIM_OutputState;     // 比较输出使能
 4     uint16_t TIM_OutputNState;    // 比较互补输出使能
 5     uint32_t TIM_Pulse;           // 脉冲宽度
 6     uint16_t TIM_OCPolarity;      // 输出极性
 7     uint16_t TIM_OCNPolarity;     // 互补输出极性
 8     uint16_t TIM_OCIdleState;     // 空闲状态下比较输出状态
 9     uint16_t TIM_OCNIdleState;    // 空闲状态下比较互补输出状态
10 } TIM_OCInitTypeDef;
```

1）TIM_OCMode：比较输出模式选择，总共有 8 种，常用的为 PWM1/PWM2。它设定 CCMRx 寄存器 OCxM[2:0] 位的值。

2）TIM_OutputState：比较输出使能，决定最终的输出比较信号 OCx 是否通过外部引脚输出。它设定 TIMx_CCER 寄存器 CCxE/CCxNE 位的值。

3）TIM_OutputNState：比较互补输出使能，决定 OCx 的互补信号 OCxN 是否通过外部引脚输出。它设定 CCER 寄存器 CCxNE 位的值。

4）TIM_Pulse：比较输出脉冲宽度，实际设定比较寄存器 CCR 的值，决定脉冲宽度。可设置范围为 0 ~ 65 535。

5）TIM_OCPolarity：比较输出极性，可选 OCx 为高电平有效或低电平有效。它决定着定时器通道有效电平。它设定 CCER 寄存器的 CCxP 位的值。

6）TIM_OCNPolarity：比较互补输出极性，可选 OCxN 为高电平有效或低电平有效。它设定 TIMx_CCER 寄存器的 CCxNP 位的值。

7）TIM_OCIdleState：空闲状态时通道输出电平设置，可选输出 1 或输出 0，即在空闲状态（BDTR_MOE 位为 0）时，经过死区时间后定时器通道输出高电平或低电平。它设定 CR2 寄存器的 OISx 位的值。

8）TIM_OCNIdleState：空闲状态时互补通道输出电平设置，可选输出 1 或输出 0，即在空闲状态（BDTR_MOE 位为 0）时，经过死区时间后定时器互补通道输出高电平或低电平，设定值必须与 TIM_OCIdleState 相反。它设定是 CR2 寄存器的 OISxN 位的值。

3. TIM_ICInitTypeDef

输入捕获结构体 TIM_ICInitTypeDef 用于输入捕获模式，与 TIM_ICInit 函数配合使用完成定时器输入通道初始化配置。如果使用 PWM 输入模式，需要与 TIM_PWMIConfig 函数配合使用完成定时器输入通道初始化配置。

代码清单 31-3　定时器输入捕获初始化结构体

```
1 typedef struct {
2     uint16_t TIM_Channel;        // 输入通道选择
3     uint16_t TIM_ICPolarity;     // 输入捕获触发选择
4     uint16_t TIM_ICSelection;    // 输入捕获选择
5     uint16_t TIM_ICPrescaler;    // 输入捕获预分频器
6     uint16_t TIM_ICFilter;       // 输入捕获滤波器
7 } TIM_ICInitTypeDef;
```

1）TIM_Channel：捕获通道 ICx 选择，可选通道 TIM_Channel_1、TIM_Channel_2、TIM_Channel_3 或 TIM_Channel_4。它设定 CCMRx 寄存器 CCxS 位的值。

2）TIM_ICPolarity：输入捕获边沿触发选择，可选上升沿触发、下降沿触发或边沿跳变触发。它设定 CCER 寄存器 CCxP 位和 CCxNP 位的值。

3）TIM_ICSelection：输入通道选择，捕获通道 ICx 的信号可来自 3 个输入通道，分别为 TIM_ICSelection_DirectTI、TIM_ICSelection_IndirectTI 或 TIM_ICSelection_TRC，具体的区别见图 31-16。它设定 CCRMx 寄存器的 CCxS[1:0] 位的值。

4）TIM_ICPrescaler：输入捕获通道预分频器，可设置 1、2、4、8 分频，它设定 CCMRx 寄存器的 ICxPSC[1:0] 位的值。如果需要捕获输入信号的每个有效边沿，则设置 1 分频即可。

5）TIM_ICFilter：输入捕获滤波器设置，可选设置 0x0 ~ 0x0F。它设定 CCMRx 寄存器 ICxF[3:0] 位的值。一般我们不使用滤波器，即设置为 0。

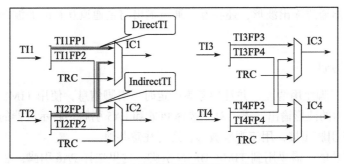

图 31-16　输入通道与捕获通道 IC 的映射图

4. TIM_BDTRInitTypeDef

断路和死区结构体 TIM_BDTRInitTypeDef 用于断路和死区参数的设置，属于高级定时器专用，用于配置断路时通道输出状态，以及死区时间。它与 TIM_BDTRConfig 函数配置使用完成参数配置。这个结构体的成员只对应 BDTR 这个寄存器，有关成员的具体使用配置请参考手册 BDTR 寄存器的详细描述。

代码清单 31-4　断路和死区初始化结构体

```
1 typedef struct {
2     uint16_t TIM_OSSRState;        // 运行模式下的关闭状态选择
3     uint16_t TIM_OSSIState;        // 空闲模式下的关闭状态选择
4     uint16_t TIM_LOCKLevel;        // 锁定配置
5     uint16_t TIM_DeadTime;         // 死区时间
6     uint16_t TIM_Break;            // 断路输入使能控制
7     uint16_t TIM_BreakPolarity;    // 断路输入极性
8     uint16_t TIM_AutomaticOutput;  // 自动输出使能
9 } TIM_BDTRInitTypeDef;
```

1）TIM_OSSRState：运行模式下的关闭状态选择，它设定 BDTR 寄存器 OSSR 位的值。

2）TIM_OSSIState：空闲模式下的关闭状态选择，它设定 BDTR 寄存器 OSSI 位的值。

3）TIM_LOCKLevel：锁定级别配置，它设定 BDTR 寄存器 LOCK[1:0] 位的值。

4）TIM_DeadTime：配置死区发生器，定义死区持续时间，可选设置范围为 0x0 至 0xFF。它设定 BDTR 寄存器 DTG[7:0] 位的值。

5）TIM_Break：断路输入功能选择，可选使能或禁止。它设定 BDTR 寄存器 BKE 位的值。

6）TIM_BreakPolarity：断路输入通道 BRK 极性选择，可选高电平有效或低电平有效。它设定 BDTR 寄存器 BKP 位的值。

7）TIM_AutomaticOutput：自动输出使能，可选使能或禁止。它设定 BDTR 寄存器 AOE 位的值。

31.6　PWM 互补输出实验

输出比较模式比较多，这里我们以 PWM 输出为例讲解，并通过示波器来观察波形。实验中不仅在主输出通道输出波形，还在互补通道输出与主通道互补的的波形，并且添加了断路和死区功能。

31.6.1 硬件设计

根据开发板引脚使用情况，并且参考表中定时器引脚信息，使用 TIM8 的通道 1 及其互补通道作为本实验的波形输出通道，对应选择 PC6 和 PA5 引脚。将示波器的两个输入通道分别与 PC6 和 PA5 引脚短接，用于观察波形，还有注意共地。

为增加断路功能，需要用到 TIM8_BKIN 引脚，这里选择 PA6 引脚。程序我们设置该引脚为低电平有效，所以先使用杜邦线将该引脚与开发板上 3.3V 短接。

另外，实验用到两个按键用于调节 PWM 的占空比大小，直接使用开发板上独立按键即可，电路参考独立按键相关章节。

31.6.2 软件设计

这里只讲解核心的部分代码，有些变量的设置、头文件的包含等并没有涉及，完整的代码请参考本章配套的工程。我们创建了两个文件 bsp_advance_tim.c 和 bsp_advance_tim.h，用来存定时器驱动程序及相关宏定义。

1. 编程要点

1）定时器 IO 配置

2）定时器时基结构体 TIM_TimeBaseInitTypeDef 配置

3）定时器输出比较结构体 TIM_OCInitTypeDef 配置

4）定时器断路和死区结构体 TIM_BDTRInitTypeDef 配置

2. 软件分析

（1）宏定义

代码清单 31-5　宏定义

```
 1  /* 定时器 */
 2  #define ADVANCE_TIM                    TIM8
 3  #define ADVANCE_TIM_CLK                RCC_APB2Periph_TIM8
 4
 5  /* TIM8 通道 1 输出引脚 */
 6  #define ADVANCE_OCPWM_PIN              GPIO_Pin_6
 7  #define ADVANCE_OCPWM_GPIO_PORT        GPIOC
 8  #define ADVANCE_OCPWM_GPIO_CLK         RCC_AHB1Periph_GPIOC
 9  #define ADVANCE_OCPWM_PINSOURCE        GPIO_PinSource6
10  #define ADVANCE_OCPWM_AF               GPIO_AF_TIM8
11
12  /* TIM8 通道 1 互补输出引脚 */
13  #define ADVANCE_OCNPWM_PIN             GPIO_Pin_5
14  #define ADVANCE_OCNPWM_GPIO_PORT       GPIOA
15  #define ADVANCE_OCNPWM_GPIO_CLK        RCC_AHB1Periph_GPIOA
16  #define ADVANCE_OCNPWM_PINSOURCE       GPIO_PinSource5
17  #define ADVANCE_OCNPWM_AF              GPIO_AF_TIM8
```

```
18
19  /* TIM8 断路输入引脚 */
20  #define ADVANCE_BKIN_PIN              GPIO_Pin_6
21  #define ADVANCE_BKIN_GPIO_PORT        GPIOA
22  #define ADVANCE_BKIN_GPIO_CLK         RCC_AHB1Periph_GPIOA
23  #define ADVANCE_BKIN_PINSOURCE        GPIO_PinSource6
24  #define ADVANCE_BKIN_AF               GPIO_AF_TIM8
```

使用宏定义非常方便程序升级、移植。如果使用不同的定时器 IO，修改这些宏即可。

（2）定时器复用功能引脚初始化

代码清单 31-6　定时器复用功能引脚初始化

```
1  static void TIMx_GPIO_Config(void)
2  {
3      /* 定义一个 GPIO_InitTypeDef 类型的结构体 */
4      GPIO_InitTypeDef GPIO_InitStructure;
5
6      /* 开启定时器相关的 GPIO 外设时钟 */
7      RCC_AHB1PeriphClockCmd (ADVANCE_OCPWM_GPIO_CLK  |
8                              ADVANCE_OCNPWM_GPIO_CLK |
9                              ADVANCE_BKIN_GPIO_CLK,
10                             ENABLE);
11     /* 指定引脚复用功能 */
12     GPIO_PinAFConfig(ADVANCE_OCPWM_GPIO_PORT,
13                      ADVANCE_OCPWM_PINSOURCE,
14                      ADVANCE_OCPWM_AF);
15     GPIO_PinAFConfig(ADVANCE_OCNPWM_GPIO_PORT,
16                      ADVANCE_OCNPWM_PINSOURCE,
17                      ADVANCE_OCNPWM_AF);
18     GPIO_PinAFConfig(ADVANCE_BKIN_GPIO_PORT,
19                      ADVANCE_BKIN_PINSOURCE,
20                      ADVANCE_BKIN_AF);
21
22     /* 定时器功能引脚初始化 */
23     GPIO_InitStructure.GPIO_Pin = ADVANCE_OCPWM_PIN;
24     GPIO_InitStructure.GPIO_Mode = GPIO_Mode_AF;
25     GPIO_InitStructure.GPIO_OType = GPIO_OType_PP;
26     GPIO_InitStructure.GPIO_PuPd = GPIO_PuPd_NOPULL;
27     GPIO_InitStructure.GPIO_Speed = GPIO_Speed_100MHz;
28     GPIO_Init(ADVANCE_OCPWM_GPIO_PORT, &GPIO_InitStructure);
29
30     GPIO_InitStructure.GPIO_Pin = ADVANCE_OCNPWM_PIN;
31     GPIO_Init(ADVANCE_OCNPWM_GPIO_PORT, &GPIO_InitStructure);
32
33     GPIO_InitStructure.GPIO_Pin = ADVANCE_BKIN_PIN;
34     GPIO_Init(ADVANCE_BKIN_GPIO_PORT, &GPIO_InitStructure);
35 }
```

定时器通道引脚在使用之前必须设定相关参数，这选择复用功能，并指定到对应的定时器。使用 GPIO 之前都必须开启相应端口时钟。

（3）定时器模式配置

代码清单 31-7　定时器模式配置

```
1  static void TIM_Mode_Config(void)
2  {
3      TIM_TimeBaseInitTypeDef   TIM_TimeBaseStructure;
4      TIM_OCInitTypeDef   TIM_OCInitStructure;
5      TIM_BDTRInitTypeDef TIM_BDTRInitStructure;
6
7      // 开启 TIMx_CLK,x[1,8] 时钟
8      RCC_APB2PeriphClockCmd(ADVANCE_TIM_CLK, ENABLE);
9
10     // 累计 TIM_Period 个后产生一个更新或者中断
11     // 定时器从 0 计数到 1023，即为 1024 次，为一个定时周期
12     TIM_TimeBaseStructure.TIM_Period = 1024-1;
13     // 高级控制定时器时钟源 TIMxCLK = HCLK=180MHz
14     // 设定定时器计数器频率为 =TIMxCLK/(TIM_Prescaler+1)=100kHZ
15     TIM_TimeBaseStructure.TIM_Prescaler = 1800-1;
16     // 采样时钟分频，这里不用
17     TIM_TimeBaseStructure.TIM_ClockDivision=TIM_CKD_DIV1;
18     // 计数方式
19     TIM_TimeBaseStructure.TIM_CounterMode=TIM_CounterMode_Up;
20     // 重复计数器，这里不用
21     TIM_TimeBaseStructure.TIM_RepetitionCounter=0;
22     // 初始化定时器 TIMx, x[1,8]
23     TIM_TimeBaseInit(ADVANCE_TIM, &TIM_TimeBaseStructure);
24
25     // PWM 模式配置
26     // 配置为 PWM 模式 1
27     TIM_OCInitStructure.TIM_OCMode = TIM_OCMode_PWM1;
28     TIM_OCInitStructure.TIM_OutputState = TIM_OutputState_Enable;
29     TIM_OCInitStructure.TIM_OutputNState = TIM_OutputNState_Enable;
30     TIM_OCInitStructure.TIM_Pulse = ChannelPulse;
31     TIM_OCInitStructure.TIM_OCPolarity = TIM_OCPolarity_High;
32     TIM_OCInitStructure.TIM_OCNPolarity = TIM_OCNPolarity_High;
33     TIM_OCInitStructure.TIM_OCIdleState = TIM_OCIdleState_Set;
34     TIM_OCInitStructure.TIM_OCNIdleState = TIM_OCNIdleState_Reset;
35     // 初始化输出比较通道
36     TIM_OC1Init(ADVANCE_TIM, &TIM_OCInitStructure);
37
38     // 使能 ARR 寄存器预装载
39     TIM_OC1PreloadConfig(ADVANCE_TIM, TIM_OCPreload_Enable);
40
41     // 自动输出使能，断路、死区时间和锁定配置
42     TIM_BDTRInitStructure.TIM_OSSRState = TIM_OSSRState_Enable;
43     TIM_BDTRInitStructure.TIM_OSSIState = TIM_OSSIState_Enable;
44     TIM_BDTRInitStructure.TIM_LOCKLevel = TIM_LOCKLevel_1;
45     TIM_BDTRInitStructure.TIM_DeadTime = 11;
46     TIM_BDTRInitStructure.TIM_Break = TIM_Break_Enable;
47     TIM_BDTRInitStructure.TIM_BreakPolarity = TIM_BreakPolarity_Low;
48     TIM_BDTRInitStructure.TIM_AutomaticOutput=TIM_AutomaticOutput_Enable;
49     TIM_BDTRConfig(ADVANCE_TIM, &TIM_BDTRInitStructure);
```

```
50
51      // 使能定时器，计数器开始计数
52      TIM_Cmd(ADVANCE_TIM, ENABLE);
53
54      // 主动输出使能
55      TIM_CtrlPWMOutputs(ADVANCE_TIM, ENABLE);
56  }
```

首先定义 3 个定时器初始化结构体，定时器模式配置函数主要就是对这 3 个结构体的成员进行初始化，然后通过相应的初始化函数把这些参数写入定时器的寄存器中。有关结构体的成员介绍请参考定时器初始化结构体详解小节。

不同的定时器可能对应不同的 APB 总线，在使能定时器时钟时必须特别注意。高级控制定时器属于 APB2，定时器内部时钟是 180MHz。

在时基结构体中我们设置定时器周期参数为 1024，频率为 100kHZ，使用向上计数方式。因为我们使用的是内部时钟，所以外部时钟采样分频成员不需要设置，重复计数器没用到，也不需要设置。

在输出比较结构体中，设置输出模式为 PWM1 模式，主通道和互补通道输出均使能，且高电平有效，设置脉宽为 ChannelPulse。ChannelPulse 是我们定义的一个无符号 16 位整型的全局变量，用来指定占空比大小。实际上脉宽就是设定比较寄存器 CCR 的值，用于跟计数器 CNT 的值比较。

断路和死区结构体中，使能断路功能，设定断路信号的有效极性，设定死区时间。

最后使能定时器让计数器开始计数和通道主输出。

（4）主函数

代码清单 31-8　main 函数

```
1  int main(void)
2  {
3      /* 初始化按键 GPIO */
4      Key_GPIO_Config();
5
6      /* 初始化高级控制定时器，设置 PWM 模式，使能通道 1 互补输出 */
7      TIMx_Configuration();
8
9      while (1) {
10         /* 扫描 KEY1 */
11         if ( Key_Scan(KEY1_GPIO_PORT,KEY1_PIN) == KEY_ON  ) {
12             /* 增大占空比 */
13             if (ChannelPulse<960)
14                 ChannelPulse+=64;
15             else
16                 ChannelPulse=1024;
17             TIM_SetCompare1(ADVANCE_TIM,ChannelPulse);
18         }
19         /* 扫描 KEY2 */
20         if ( Key_Scan(KEY2_GPIO_PORT,KEY2_PIN) == KEY_ON  ) {
```

```
21                    /* 减小占空比 */
22                    if (ChannelPulse>=64)
23                        ChannelPulse-=64;
24                    else
25                        ChannelPulse=0;
26                    TIM_SetCompare1(ADVANCE_TIM,ChannelPulse);
27            }
28        }
29 }
```

1）调用 Key_GPIO_Config 函数完成按键引脚初始化配置，该函数定义在 bsp_key.c 文件中。

2）调用 TIMx_Configuration 函数完成定时器参数配置，包括定时器复用引脚配置和定时器模式配置，该函数定义在 bsp_advance_tim.c 文件中。它实际上只是简单地调用 TIMx_GPIO_Config 函数和 TIM_Mode_Config 函数。运行完该函数后通道引脚就已经有 PWM 波形输出，通过示波器可直观观察到。

3）在无限循环函数中检测按键状态，如果是 KEY1 被按下，就增加 ChannelPulse 变量值，并调用 TIM_SetCompare1 函数完成增加占空比设置；如果是 KEY2 被按下，就减小 ChannelPulse 变量值，并调用 TIM_SetCompare1 函数完成减少占空比设置。

TIM_SetCompare1 函数实际上是设定 TIMx_CCR1 寄存器值。

31.6.3　下载验证

根据实验的硬件设计内容将示波器输入通道和开发板引脚连接，并把断路输入引脚拉高。编译实验程序并下载到开发板上，调整示波器到合适参数，在示波器显示屏会看到一路互补的 PWM 波形，见图 31-17。此时，按下开发板上 KEY1 或 KEY2 可改变波形的占空比。

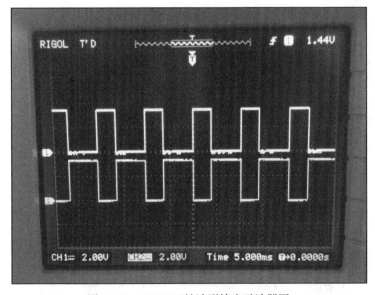

图 31-17　PWM 互补波形输出示波器图

31.7 PWM 输入捕获实验

实验中，我们用通用定时器产生已知频率和占空比的 PWM 信号，然后用高级定时器的 PWM 输入模式来测量这个已知的 PWM 信号的频率和占空比，通过两者的对比即可知道测量是否准确。

31.7.1 硬件设计

实验中用到两个引脚，一个是通用定时器通道用于波形输出，另一个是高级控制定时器通道用于输入捕获，实验中直接使用一根杜邦线短接即可。

31.7.2 软件设计

这里只讲解核心的部分代码，有些变量的设置、头文件的包含等并没有涉及，完整的代码请参考本章配套的工程。我们创建了两个文件 bsp_advance_tim.c 和 bsp_advance_tim.h，用来存定时器驱动程序及相关宏定义。

1. 编程要点

1）通用定时器产生 PWM 配置。

2）高级定时器 PWM 输入配置。

3）计算测量的频率和占空比，并打印出来比较。

2. 软件分析

（1）宏定义

代码清单 31-9　宏定义

```
 1 /* 通用定时器 PWM 输出 */
 2 /* PWM 输出引脚 */
 3 #define GENERAL_OCPWM_PIN              GPIO_Pin_5
 4 #define GENERAL_OCPWM_GPIO_PORT        GPIOA
 5 #define GENERAL_OCPWM_GPIO_CLK         RCC_AHB1Periph_GPIOA
 6 #define GENERAL_OCPWM_PINSOURCE        GPIO_PinSource5
 7 #define GENERAL_OCPWM_AF               GPIO_AF_TIM2
 8
 9 /* 通用定时器 */
10 #define GENERAL_TIM                    TIM2
11 #define GENERAL_TIM_CLK                RCC_APB1Periph_TIM2
12
13 /* 高级控制定时器 PWM 输入捕获 */
14 /* PWM 输入捕获引脚 */
15 #define ADVANCE_ICPWM_PIN              GPIO_Pin_6
16 #define ADVANCE_ICPWM_GPIO_PORT        GPIOC
17 #define ADVANCE_ICPWM_GPIO_CLK         RCC_AHB1Periph_GPIOC
18 #define ADVANCE_ICPWM_PINSOURCE        GPIO_PinSource6
19 #define ADVANCE_ICPWM_AF               GPIO_AF_TIM8
20 #define ADVANCE_IC1PWM_CHANNEL         TIM_Channel_1
21 #define ADVANCE_IC2PWM_CHANNEL         TIM_Channel_2
22
```

```
23 /* 高级控制定时器 */
24 #define ADVANCE_TIM                    TIM8
25 #define ADVANCE_TIM_CLK                RCC_APB2Periph_TIM8
26
27 /* 捕获/比较中断 */
28 #define ADVANCE_TIM_IRQn               TIM8_CC_IRQn
29 #define ADVANCE_TIM_IRQHandler         TIM8_CC_IRQHandler
```

使用宏定义非常方便程序升级、移植。如果使用不同的定时器 IO，修改这些宏即可。

（2）定时器复用功能引脚初始化

代码清单 31-10　定时器复用功能引脚初始化

```
 1 static void TIMx_GPIO_Config(void)
 2 {
 3     /*定义一个 GPIO_InitTypeDef 类型的结构体 */
 4     GPIO_InitTypeDef GPIO_InitStructure;
 5
 6     /* 开启 LED 相关的 GPIO 外设时钟 */
 7     RCC_AHB1PeriphClockCmd (GENERAL_OCPWM_GPIO_CLK, ENABLE);
 8     RCC_AHB1PeriphClockCmd (ADVANCE_ICPWM_GPIO_CLK, ENABLE);
 9
10     /* 定时器复用引脚 */
11     GPIO_PinAFConfig(GENERAL_OCPWM_GPIO_PORT,
12                      GENERAL_OCPWM_PINSOURCE,
13                      GENERAL_OCPWM_AF);
14     GPIO_PinAFConfig(ADVANCE_ICPWM_GPIO_PORT,
15                      ADVANCE_ICPWM_PINSOURCE,
16                      ADVANCE_ICPWM_AF);
17
18     /* 通用定时器 PWM 输出引脚 */
19     GPIO_InitStructure.GPIO_Pin = GENERAL_OCPWM_PIN;
20     GPIO_InitStructure.GPIO_Mode = GPIO_Mode_AF;
21     GPIO_InitStructure.GPIO_OType = GPIO_OType_PP;
22     GPIO_InitStructure.GPIO_PuPd = GPIO_PuPd_NOPULL;
23     GPIO_InitStructure.GPIO_Speed = GPIO_Speed_100MHz;
24     GPIO_Init(GENERAL_OCPWM_GPIO_PORT, &GPIO_InitStructure);
25
26     /* 高级控制定时器 PWM 输入捕获引脚 */
27     GPIO_InitStructure.GPIO_Pin = ADVANCE_ICPWM_PIN;
28     GPIO_Init(ADVANCE_ICPWM_GPIO_PORT, &GPIO_InitStructure);
29 }
```

定时器通道引脚在使用之前必须设定相关参数，这选择复用功能，并指定到对应的定时器。使用 GPIO 之前都必须开启相应端口时钟。

（3）嵌套向量中断控制器组配置

代码清单 31-11　NVIC 配置

```
 1 static void TIMx_NVIC_Configuration(void)
 2 {
 3     NVIC_InitTypeDef NVIC_InitStructure;
```

```
4      // 设置中断组为 0
5      NVIC_PriorityGroupConfig(NVIC_PriorityGroup_0);
6      // 设置中断来源
7      NVIC_InitStructure.NVIC_IRQChannel = ADVANCE_TIM_IRQn;
8      // 设置抢占优先级
9      NVIC_InitStructure.NVIC_IRQChannelPreemptionPriority = 0;
10     // 设置子优先级
11     NVIC_InitStructure.NVIC_IRQChannelSubPriority = 3;
12     NVIC_InitStructure.NVIC_IRQChannelCmd = ENABLE;
13     NVIC_Init(&NVIC_InitStructure);
14 }
```

实验用到高级控制定时器捕获 / 比较中断，需要配置中断优先级，因为实验只用到一个中断，所以这里对优先级配置没具体要求，只要符合中断组参数要求即可。

（4）通用定时器 PWM 输出

代码清单 31-12　通用定时器 PWM 输出

```
1 static void TIM_PWMOUTPUT_Config(void)
2 {
3      TIM_TimeBaseInitTypeDef   TIM_TimeBaseStructure;
4      TIM_OCInitTypeDef   TIM_OCInitStructure;
5
6      // 开启 TIMx_CLK,x[2,3,4,5,12,13,14]
7      RCC_APB1PeriphClockCmd(GENERAL_TIM_CLK, ENABLE);
8
9      // 累计 TIM_Period 个后产生一个更新或者中断
10     // 定时器从 0 计数到 8999，即为 9000 次，为一个定时周期
11     TIM_TimeBaseStructure.TIM_Period = 10000-1;
12
13     // 通用定时器 2 时钟源 TIMxCLK = HCLK/2=90MHz
14     // 设定定时器频率为 =TIMxCLK/(TIM_Prescaler+1)=100kHZ
15     TIM_TimeBaseStructure.TIM_Prescaler = 900-1;
16     // 采样时钟分频，这里不用
17     TIM_TimeBaseStructure.TIM_ClockDivision=TIM_CKD_DIV1;
18     // 计数方式
19     TIM_TimeBaseStructure.TIM_CounterMode=TIM_CounterMode_Up;
20
21     // 初始化定时器 TIMx, x[1,8]
22     TIM_TimeBaseInit(GENERAL_TIM, &TIM_TimeBaseStructure);
23
24     // PWM 输出模式配置
25     // 配置为 PWM 模式 1
26     TIM_OCInitStructure.TIM_OCMode = TIM_OCMode_PWM1;
27     TIM_OCInitStructure.TIM_OutputState = TIM_OutputState_Enable;
28     // PWM 脉冲宽度
29     TIM_OCInitStructure.TIM_Pulse = 3000-1;
30     TIM_OCInitStructure.TIM_OCPolarity = TIM_OCPolarity_High;
31     // 输出比较通道初始化
32     TIM_OC1Init(GENERAL_TIM, &TIM_OCInitStructure);
33     // 使能 ARR 预装载
34     TIM_OC1PreloadConfig(GENERAL_TIM, TIM_OCPreload_Enable);
```

```
35      // 使能定时器，计数器开始计数
36      TIM_Cmd(GENERAL_TIM, ENABLE);
37  }
```

定时器 PWM 输出模式配置函数很简单，看代码注释即可。这里我们设置了 PWM 的频率为 100kHz，即周期为 10ms，占空比为：（Pulse+1）/（Period+1）= 30%。

（5）高级控制定时 PWM 输入模式

代码清单 31-13　PWM 输入模式配置

```
 1 static void TIM_PWMINPUT_Config(void)
 2 {
 3      TIM_TimeBaseInitTypeDef   TIM_TimeBaseStructure;
 4      TIM_ICInitTypeDef   TIM_ICInitStructure;
 5
 6      // 开启 TIMx_CLK,x[1,8]
 7      RCC_APB2PeriphClockCmd(ADVANCE_TIM_CLK, ENABLE);
 8
 9      TIM_TimeBaseStructure.TIM_Period = 0xFFFF-1;
10      // 高级控制定时器时钟源 TIMxCLK = HCLK=180MHz
11      // 设定定时器频率为 =TIMxCLK/(TIM_Prescaler+1)=100kHZ
12      TIM_TimeBaseStructure.TIM_Prescaler = 1800-1;
13      // 计数方式
14      TIM_TimeBaseStructure.TIM_CounterMode=TIM_CounterMode_Up;
15      // 初始化定时器 TIMx, x[1,8]
16      TIM_TimeBaseInit(ADVANCE_TIM, &TIM_TimeBaseStructure);
17
18      // 捕获通道 IC1 配置
19      // 选择捕获通道
20      TIM_ICInitStructure.TIM_Channel = ADVANCE_IC1PWM_CHANNEL;
21      // 设置捕获的边沿
22      TIM_ICInitStructure.TIM_ICPolarity = TIM_ICPolarity_Rising;
23      // 设置捕获通道的信号来自于哪个输入通道
24      TIM_ICInitStructure.TIM_ICSelection = TIM_ICSelection_DirectTI;
25      // 1 分频，即捕获信号的每个有效边沿都捕获
26      TIM_ICInitStructure.TIM_ICPrescaler = TIM_ICPSC_DIV1;
27      // 不滤波
28      TIM_ICInitStructure.TIM_ICFilter = 0x0;
29      // 初始化 PWM 输入模式
30      TIM_PWMIConfig(ADVANCE_TIM, &TIM_ICInitStructure);
31
32      // 当工作于 PWM 输入模式时，只需要设置触发信号的那一路即可（用于测量周期）
33      // 另外一路（用于测量占空比）会由硬件自动设置
34      // 捕获通道 IC2 配置
35 //     TIM_ICInitStructure.TIM_Channel = ADVANCE_IC2PWM_CHANNEL;
36 //     TIM_ICInitStructure.TIM_ICPolarity = TIM_ICPolarity_Falling;
37 //     TIM_ICInitStructure.TIM_ICSelection = TIM_ICSelection_IndirectTI;
38 //     TIM_ICInitStructure.TIM_ICPrescaler = TIM_ICPSC_DIV1;
39 //     TIM_ICInitStructure.TIM_ICFilter = 0x0;
40 //     TIM_PWMIConfig(ADVANCE_TIM, &TIM_ICInitStructure);
41
42      // 选择输入捕获的触发信号
43      TIM_SelectInputTrigger(ADVANCE_TIM, TIM_TS_TI1FP1);
```

```
44
45        // 选择从模式：复位模式
46        // PWM 输入模式时，从模式必须工作在复位模式，当捕获开始时，计数器 CNT 会被复位
47        TIM_SelectSlaveMode(ADVANCE_TIM, TIM_SlaveMode_Reset);
48        TIM_SelectMasterSlaveMode(ADVANCE_TIM,TIM_MasterSlaveMode_Enable);
49
50        // 使能高级控制定时器，计数器开始计数
51        TIM_Cmd(ADVANCE_TIM, ENABLE);
52
53        // 使能捕获中断，这个中断针对的是主捕获通道（测量周期的那个）
54        TIM_ITConfig(ADVANCE_TIM, TIM_IT_CC1, ENABLE);
55 }
```

输入捕获配置中，主要初始化两个结构体，时基结构体部分很简单，看注释理解即可。关键部分是输入捕获结构体的初始化。

首先，我们要选定捕获通道，这里我们用 IC1，然后设置捕获信号的极性，这里我们配置为上升沿，我们需要对捕获信号的每个有效边沿（即我们设置的上升沿）都捕获，所以我们不分频，滤波器我们也不需要用。那么捕获通道的信号来源于哪里呢？IC1 的信号可以是从 TI1 输入的 TI1FP1，也可以是从 TI2 输入的 TI2FP1，我们这里选择直连（DirectTI），即 IC1 映射到 TI1FP1，即 PWM 信号从 TI1 输入。

我们知道，PWM 输入模式需要使用两个捕获通道，占用两个捕获寄存器。由输入通道 TI1 输入的信号会分成 TI1FP1 和 TI1FP2，具体选择哪一路信号作为捕获触发信号决定着哪个捕获通道测量的是周期。这里我们选择 TI1FP1 作为捕获的触发信号，PWM 信号的周期则存储在 CCR1 寄存器中，剩下的另外一路信号 TI1FP2 则进入 IC2，CCR2 寄存器存储的是脉冲宽度。

PWM 输入模式虽然占用了两个通道，但是我们只需要配置触发信号那一路即可，剩下的另外一个通道会由硬件自动配置，软件无需配置。

（6）高级控制定时器中断服务函数

代码清单 31-14　高级控制定时器中断服务函数

```
 1 void  ADVANCE_TIM_IRQHandler (void)
 2 {
 3        /* 清除定时器捕获 / 比较 1 中断 */
 4        TIM_ClearITPendingBit(ADVANCE_TIM, TIM_IT_CC1);
 5
 6        /* 获取输入捕获值 */
 7        IC1Value = TIM_GetCapture1(ADVANCE_TIM);
 8        IC2Value = TIM_GetCapture2(ADVANCE_TIM);
 9        //printf("IC1Value = %d  IC2Value = %d ",IC1Value,IC2Value);
10
11        if (IC1Value != 0) {
12            /* 占空比计算 */
13            DutyCycle = (float)((IC2Value + 1) * 100) / (IC1Value + 1);
14
15            /* 频率计算 */
16            Frequency = 180000000/1800/(float)(IC1Value + 1);
17            printf(" 占空比：%0.2f%%    频率：%0.2fHz\n",DutyCycle,Frequency);
18        } else {
```

```
19          DutyCycle = 0;
20          Frequency = 0;
21      }
22  }
```

中断复位函数中，我们获取 CCR1 和 CCR2 寄存器中的值，当 CCR1 的值不为 0 时，说明有效地捕获到了一个周期，然后计算出频率和占空比。

如果是第 1 个上升沿中断，计数器会被复位，锁存到 CCR1 寄存器的值是 0，CCR2 寄存器的值也是 0，无法计算频率和占空比。当第 2 次上升沿到来的时候，CCR1 和 CCR2 捕获到的才是有效的值。

（7）主函数

代码清单 31-15　main 函数

```
1  int main(void)
2  {
3      Debug_USART_Config();
4
5      /* 初始化高级控制定时器输入捕获以及通用定时器输出 PWM */
6      TIMx_Configuration();
7
8      while (1) {
9      }
10 }
```

主函数内容非常简单，首先调用 Debug_USART_Config 函数完成串口初始化配置，该函数定义在 bsp_debug_usart.c 文件内。

接下来就是调用 TIMx_Configuration 函数完成定时器配置，该函数定义在 bsp_advance_tim.c 文件内，它只是简单地分别调用 TIMx_GPIO_Config()、TIMx_NVIC_Configuration()、TIM_PWMOUTPUT_Config() 和 TIM_PWMINPUT_Config() 这 4 个函数，完成定时器引脚初始化配置、NVIC 配置、通用定时器输出 PWM 以及高级控制定时器 PWM 输入模式配置。

主函数的无限循环不需要执行任何程序，任务执行在定时器中断服务函数完成。

31.7.3　下载验证

根据硬件设计内容结合软件设计的引脚宏定义参数，用杜邦线连接通用定时器 PWM 输出引脚和高级控制定时器的输入捕获引脚。使用 USB 线连接开发板上的 "USB 转串口" 接口到电脑，电脑端配置好串口调试助手参数。编译实验程序并下载到开发板上，程序运行后在串口调试助手可接收到开发板发过来有关测量波形的参数信息。

第 32 章
TIM——电容按键检测

32.1 电容按键原理

前面章节我们讲解了基本定时器和高级控制定时器功能，本章我们将介绍定时器输入捕获一个应用实例，以更加深入地理解定时器。

电容器（简称电容）就是可以容纳电荷的器件，在两个金属块中间隔一层绝缘体就可以构成一个最简单的电容。如图 32-1（俯视图）所示，有两个金属片，之间有一个绝缘介质，这样就构成了一个电容。这样一个电容在电路板上非常容易实现，一般设计四周的铜片与电路板地信号连通，这样一种结构就是电容按键的模型。当电路板形状固定之后，该电容的容量也是相对稳定的。

电路板制作时都会在表面上覆盖一层绝缘层，用于防腐蚀和绝缘，所以实际电路板设计时情况如图 32-2 所示。电路板最上层是绝缘材料，下面一层是导电铜箔，我们根据电路走线情况设计铜箔的形状，再下面一层一般是 FR-4 板材。金属感应片与地信号之间有绝缘材料隔着，整个可以等效为一个电容 C_x。一般在设计时候，把金属感应片设计成方便手指触摸的大小。

图 32-1　片状电容器

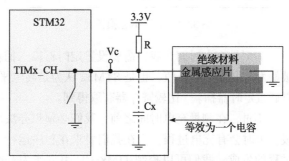

图 32-2　无手指触摸情况

在电路板未上电时，可以认为电容 C_x 是没有电荷的，在上电时，在电阻作用下，电容 C_x 就会有一个充电过程，直到电容充满，即 V_c 电压值为 3.3V，这个充电过程的时间长短受到电阻 R 阻值和电容 C_x 容值的直接影响。但是在我们选择合适电阻 R 并焊接固定到电路板上后，这个充电时间就基本上不会变了，因为此时电阻 R 已经是固定的，电容 C_x 在无外界明显干扰情况下基本上也是保持不变的。

　　现在，我们来看看当我们用手指触摸时会是怎样一个情况？如图 32-3 所示，当我们用手指触摸时，金属感应片除了与地信号形成一个等效电容 Cx 外，还会与手指形成一个 Cs 等效电容。

　　此时整个电容按键可以容纳的电荷数量就比没有手指触摸时要多了，可以看成是 Cx 和 Cs 叠加的效果。在相同的电阻 R 情况下，因为电容值增大了，导致需要更长的充电时间。也就是这个充电时间变长使得我们可以区分有无手指触摸，也就是电容按键是否被按下。

　　现在最主要的任务就是测量充电时间。充电过程可以看作一个信号从低电平变成高电平的过程，现在就是要求出这个变化过程的时间，这样的一个命题与上一章讲解的高级控制定时器的输入捕获功能非常吻合。我们可以利用定时器输入捕获功能计算充电时间，即设置 TIMx_CH 为定时器输入捕获模式通道。这样先测量得到无触摸时的充电时间作为比较基准，然后再定时循环测量充电时间，与无触摸时的充电时间作比较，如果超过一定的阈值就认为是有手指触摸。

　　图 32-4 为 Vc 跟随时间变化情况，可以看出在无触摸情况下，电压变化较快；而在有触摸时，总的电容量增大了，电压变化缓慢一些。

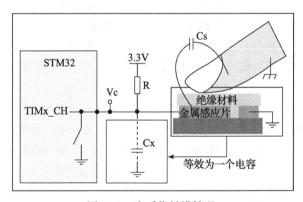

图 32-3　有手指触摸情况

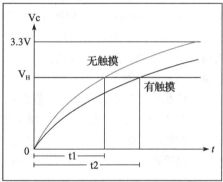

图 32-4　Vc 电压与充电时间关系

　　为测量充电时间，我们需要设置定时器输入捕获功能为上升沿触发，图 32-4 中 V_H 就是被触发上升沿的电压值，也是 STM32 认为是高电平的最低电压值，大约为 1.8V。t1 和 t2 可以通过定时器捕获 / 比较寄存器获取得到。

　　不过，在测量充电时间之前，我们必须想办法制作这个充电过程。之前的分析是在电路板上电时会有充电过程，现在我们要求在程序运行中循环检测按键，所以必须可以控制充电过程的生成。我们可以控制 TIMx_CH 引脚作为普通的 GPIO 使用，使其输出一小段时间的低电平，为电容 Cx 放电，即 Vc 为 0V。当我们重新配置 TIMx_CH 为输入捕获时，电容 Cx 在电阻 R 的作用下就可以产生充电过程。

32.2　电容按键检测实验

　　电容按键不需要任何外部机械部件，使用方便，成本低，很容易制成与周围环境相密封的键盘，以起到防潮防湿的作用。由于电容按键优势突出，使得越来越多电子产品使用它代替传统的机械按键。

本实验实现电容按键状态检测方法，提供一个编程实例。

32.2.1　硬件设计

开发板板载一个电容按键，原理图设计参考图 32-5。

标示 TPAD1 在电路板上就是电容按键实体，它通过一根导线连接至定时器通道引脚，这里选用的电阻阻值为 1M。

实验还用到调试串口和蜂鸣器功能，用来打印输入捕获信息和指示按键状态，这两个模块电路可参考之前的相关章节。

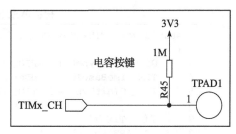

图 32-5　电容按键电路设计

32.2.2　软件设计

这里只讲解核心的部分代码，有些变量的设置、头文件的包含等并没有涉及，完整的代码请参考本章配套的工程。我们创建了两个文件 bsp_touchpad.c 和 bsp_touchpad.h，用来存放电容按键检测相关函数和宏定义。

1. 编程要点

1）初始化蜂鸣器、调试串口以及系统滴答定时器；

2）配置定时器基本初始化结构体并完成定时器基本初始化；

3）配置定时器输入捕获功能；

4）使能电容按键引脚输出低电平为电容按键放电；

5）待放电完成后，配置为输入捕获模式，并获取输入捕获值，该值即为无触摸时输入捕获值；

6）循环执行电容按键放电、读取输入捕获值检过程，将捕获值与无触摸时的捕获值对比，以确定电容按键状态。

2. 软件分析

（1）宏定义

代码清单 32-1　宏定义

```
1 #define TPAD_TIMx                    TIM2
2 #define TPAD_TIM_CLK                 RCC_APB1Periph_TIM2
3
4 #define TPAD_TIM_Channel_X           TIM_Channel_1
5 #define TPAD_TIM_IT_CCx              TIM_IT_CC1
6 #define TPAD_TIM_GetCaptureX         TIM_GetCapture1
7
8 #define TPAD_TIM_GPIO_CLK            RCC_AHB1Periph_GPIOA
9 #define TPAD_TIM_CH_PORT             GPIOA
```

```
10 #define TPAD_TIM_CH_PIN              GPIO_Pin_5
11 #define TPAD_TIM_AF                  GPIO_AF_TIM2
12 #define TPAD_TIM_SOURCE              GPIO_PinSource5
```

使用宏定义非常方便程序升级、移植。

开发板选择使用通用定时器 2 的通道 1 连接到电容按键，对应的引脚为 PA5。

（2）定时器初始化配置

代码清单 32-2　定时器初始化配置

```
 1 static void TIMx_CHx_Cap_Init(uint32_t arr,uint16_t psc)
 2 {
 3     GPIO_InitTypeDef  GPIO_InitStructure;
 4     TIM_TimeBaseInitTypeDef  TIM_TimeBaseStructure;
 5     TIM_ICInitTypeDef  TIM_ICInitStructure;
 6
 7     // 使能 TIM 时钟
 8     RCC_APB1PeriphClockCmd(TPAD_TIM_CLK,ENABLE);
 9     // 使能通道引脚时钟
10     RCC_AHB1PeriphClockCmd(TPAD_TIM_GPIO_CLK, ENABLE);
11     // 指定引脚复用
12     GPIO_PinAFConfig(TPAD_TIM_CH_PORT,TPAD_TIM_SOURCE,TPAD_TIM_AF);
13
14     // 端口配置
15     GPIO_InitStructure.GPIO_Pin = TPAD_TIM_CH_PIN;
16     // 复用功能
17     GPIO_InitStructure.GPIO_Mode = GPIO_Mode_AF;
18     GPIO_InitStructure.GPIO_Speed = GPIO_Speed_100MHz;
19     GPIO_InitStructure.GPIO_OType = GPIO_OType_PP;
20     // 不带上下拉
21     GPIO_InitStructure.GPIO_PuPd = GPIO_PuPd_NOPULL;
22     GPIO_Init(TPAD_TIM_CH_PORT, &GPIO_InitStructure);
23
24     // 初始化 TIM
25     // 设定计数器自动重装值
26     TIM_TimeBaseStructure.TIM_Period = arr;
27     // 预分频器
28     TIM_TimeBaseStructure.TIM_Prescaler =psc;
29     TIM_TimeBaseStructure.TIM_ClockDivision = TIM_CKD_DIV1;
30     TIM_TimeBaseStructure.TIM_CounterMode = TIM_CounterMode_Up;
31     TIM_TimeBaseInit(TPAD_TIMx, &TIM_TimeBaseStructure);
32     // 初始化通道
33     // 选择定时器输入通道
34     TIM_ICInitStructure.TIM_Channel = TPAD_TIM_Channel_X;
35     // 上升沿触发
36     TIM_ICInitStructure.TIM_ICPolarity = TIM_ICPolarity_Rising;
37     // 输入捕获选择
38     TIM_ICInitStructure.TIM_ICSelection = TIM_ICSelection_DirectTI;
39     // 配置输入分频，不分频
40     TIM_ICInitStructure.TIM_ICPrescaler = TIM_ICPSC_DIV1;
41     // 配置输入滤波器，不滤波
42     TIM_ICInitStructure.TIM_ICFilter = 0x00;
```

```
43      TIM_ICInit(TPAD_TIMx, &TIM_ICInitStructure);
44      // 使能 TIM
45      TIM_Cmd ( TPAD_TIMx, ENABLE );
46  }
```

1）定义 3 个初始化结构体变量，这 3 个结构体之前都做了详细的介绍，可以参考相关章节理解。

2）使用外设之前都必须开启相关时钟，这里开启定时器时钟和定时器通道引脚对应端口时钟，并指定定时器通道引脚复用功能。

3）初始化配置定时器通道引脚为复用功能，无需上下拉。

4）配置定时器功能。定时器周期和预分频器值由函数形参决定，采用向上计数方式。指定输入捕获通道，电容按键检测需要采用上升沿触发方式。

5）使能定时器。

（3）电容按键复位

代码清单 32-3　电容按键复位

```
1  static void TPAD_Reset(void)
2  {
3      GPIO_InitTypeDef  GPIO_InitStructure;
4
5      // 配置引脚为普通推挽输出
6      GPIO_InitStructure.GPIO_Pin = TPAD_TIM_CH_PIN;
7      GPIO_InitStructure.GPIO_Mode = GPIO_Mode_OUT;
8      GPIO_InitStructure.GPIO_Speed = GPIO_Speed_100MHz;
9      GPIO_InitStructure.GPIO_OType = GPIO_OType_PP;
10     GPIO_InitStructure.GPIO_PuPd = GPIO_PuPd_DOWN;
11     GPIO_Init(TPAD_TIM_CH_PORT, &GPIO_InitStructure);
12
13     // 输出低电平，放电
14     GPIO_ResetBits ( TPAD_TIM_CH_PORT, TPAD_TIM_CH_PIN );
15     // 保持一小段时间低电平，保证放电完全
16     Delay_ms(5);
17
18     // 清除中断标志
19     TIM_ClearITPendingBit(TPAD_TIMx, TPAD_TIM_IT_CCx|TIM_IT_Update);
20     // 计数器清 0
21     TIM_SetCounter(TPAD_TIMx,0);
22
23     // 引脚配置为复用功能，不上拉、下拉
24     GPIO_InitStructure.GPIO_Pin = TPAD_TIM_CH_PIN;
25     GPIO_InitStructure.GPIO_Mode = GPIO_Mode_AF;
26     GPIO_InitStructure.GPIO_Speed = GPIO_Speed_100MHz;
27     GPIO_InitStructure.GPIO_OType = GPIO_OType_PP;
28     GPIO_InitStructure.GPIO_PuPd = GPIO_PuPd_NOPULL;
29     GPIO_Init(TPAD_TIM_CH_PORT,&GPIO_InitStructure);
30 }
```

该函数实现两个主要功能：控制电容按键放电和复位计数器。

1）配置定时器通道引脚作为普通 GPIO，使其为下拉的推挽输出模式。然后调用 GPIO_ResetBits 函数输出低电平，为保证放电完整，需要延时一小会时间，这里调用 Delay_ms 函数完成 5 毫秒的延时。Delay_ms 函数是定义在 bsp_SysTick.h 文件的一个延时函数，它利用系统滴答定时器功能实现毫秒级的精准延时。也因此要求在调用电容按键检测相关函数之前必须先初始化系统滴答定时器。

这里还需要一个注意的地方，在控制电容按键放电的整个过程中定时器是没有停止的，计数器还是在不断向上计数的，只是现阶段计数值对我们来说没有意义而已。

2）清除定时器捕获/比较标志位和更新中断标志位，以及将定时器计数值赋值为 0，使其重新从 0 开始计数。

3）配置定时器通道引脚为定时器复用功能，不上下拉。在执行完该 GPIO 初始化函数后，电容按键就马上开始充电，定时器通道引脚电压就上升，当达到 1.8V 时定时器就输入捕获成功。所以在执行完 TPAD_Reset 函数后应用程序需要不断查询定时器输入捕获标志，在发送输入捕获时马上读取 TIMx_CCRx 寄存器的值，作为该次电容按键捕获值。

（4）获取输入捕获值

代码清单 32-4　获取输入捕获值

```
1  // 定时器最大计数值
2  #define TPAD_ARR_MAX_VAL   0XFFFF
3
4  static uint16_t TPAD_Get_Val(void)
5  {
6      /* 先放电完全，并复位计数器 */
7      TPAD_Reset();
8      // 等待捕获上升沿
9      while (TIM_GetFlagStatus ( TPAD_TIMx, TPAD_TIM_IT_CCx ) == RESET) {
10         // 超时了，直接返回 CNT 的值
11         if (TIM_GetCounter(TPAD_TIMx)>TPAD_ARR_MAX_VAL-500)
12             return TIM_GetCounter(TPAD_TIMx);
13     };
14     /* 捕获到上升沿后输出 TIMx_CCRx 寄存器值 */
15     return TPAD_TIM_GetCaptureX(TPAD_TIMx );
16 }
```

开始是 TPAD_ARR_MAX_VAL 的宏定义，它指定定时器自动重载寄存器（TIMx_ARR）的值。

TPAD_Get_Val 函数用来获取一次电容按键捕获值，包括电容按键放电和输入捕获过程。

1）调用 TPAD_Reset 函数完成电容按键放电过程，并复位计数器。

2）使用 TIM_GetFlagStatus 函数获取当前计数器的输入捕获状态，如果成功输入捕获就使用 TPAD_TIM_GetCaptureX 函数获取此刻定时器捕获/比较寄存器的值并返回该值。如果还没有发生输入捕获，说明还处于充电过程，就进入等待状态。

为防止无限等待情况，加上超时处理函数，如果发生超时则直接返回计数器值。实际上，如果发生超时情况，很大可能是硬件出现问题。

（5）获取最大输入捕获值

代码清单 32-5　获取最大输入捕获值

```
 1 static uint16_t TPAD_Get_MaxVal(uint8_t n)
 2 {
 3     uint16_t temp=0;
 4     uint16_t res=0;
 5     while (n--) {
 6         temp=TPAD_Get_Val();          //得到一次值
 7         if (temp>res)res=temp;
 8     };
 9     return res;
10 }
```

该函数接收一个参数，用来指定获取电容按键捕获值的循环次数，函数的返回值则为 n 次发生捕获中最大的捕获值。

（6）电容按键捕获初始化

代码清单 32-6　电容按键捕获初始化

```
 1 uint8_t TPAD_Init(void)
 2 {
 3     uint16_t buf[10];
 4     uint16_t temp;
 5     uint8_t j,i;
 6
 7     //设定定时器预分频器目标时钟为：9MHz(180MHz/20)
 8     TIMx_CHx_Cap_Init(TPAD_ARR_MAX_VAL,20-1);
 9     for (i=0; i<10; i++) {           //连续读取 10 次
10         buf[i]=TPAD_Get_Val();
11         Delay_ms(10);
12     }
13     for (i=0; i<9; i++) {            //排序
14         for (j=i+1; j<10; j++) {
15             if (buf[i]>buf[j]) {     //升序排列
16                 temp=buf[i];
17                 buf[i]=buf[j];
18                 buf[j]=temp;
19             }
20         }
21     }
22     temp=0;
23     //取中间的 6 个数据进行平均
24     for (i=2; i<8; i++) {
25         temp+=buf[i];
26     }
27
28     tpad_default_val=temp/6;
29     /* printf 打印函数调试使用，用来确定阈值 TPAD_GATE_VAL，在应用工程中应注释掉 */
30     printf("tpad_default_val:%d\r\n",tpad_default_val);
31
```

```
32        // 初始化遇到超过 TPAD_ARR_MAX_VAL/2 的数值，不正常！
33        if (tpad_default_val>TPAD_ARR_MAX_VAL/2) {
34            return 1;
35        }
36
37        return 0;
38    }
39
```

该函数实现定时器初始化配置和无触摸时电容按键捕获值确定功能。它一般在 main 函数靠前位置调用，完成电容按键初始化功能。

1）调用 TIMx_CHx_Cap_Init 函数完成定时器基本初始化和输入捕获功能配置，两个参数用于设置定时器的自动重载计数和定时器时钟频率。这里自动重载计数被赋值为 TPAD_ARR_MAX_VAL，这里对该值没有具体要求，不要设置过低即可。定时器时钟配置设置为 9MHz 较为合适，实验中用到 TIM2，默认使用内部时钟为 180MHz，经过参数设置预分频器为 20 分频，使定时器时钟为 9MHz。

2）循环 10 次读取电容按键捕获值，并保存在数组内。TPAD_Init 函数一般在开机时被调用，所以认为 10 次读取到的捕获值都是无触摸状态下的捕获值。

3）对 10 个捕获值从小到大排序，取中间 6 个的平均数作为无触摸状态下的参考捕获值，并保存在 tpad_default_val 变量中，该值对应图 32- 中的时间 t1。

4）程序最后会检测 tpad_default_val 变量的合法性。

（7）电容按键状态扫描

代码清单 32-7　电容按键状态扫描

```
 1  // 阈值：捕获时间必须大于 (tpad_default_val + TPAD_GATE_VAL)，才认为是有效触摸
 2  #define TPAD_GATE_VAL    100
 3
 4  uint8_t TPAD_Scan(uint8_t mode)
 5  {
 6      // 0，可以开始检测；大于 0，还不能开始检测
 7      static uint8_t keyen=0;
 8      // 扫描结果
 9      uint8_t res=0;
10      // 默认采样次数为 3 次
11      uint8_t sample=3;
12      // 捕获值
13      uint16_t rval;
14
15      if (mode) {
16          // 支持连按的时候，设置采样次数为 6 次
17          sample=6;
18          // 支持连按
19          keyen=0;
20      }
21      /* 获取当前捕获值（返回 sample 次扫描的最大值）*/
22      rval=TPAD_Get_MaxVal(sample);
```

```
23        /* printf 打印函数调试使用，用来确定阈值 TPAD_GATE_VAL，在应用工程中应注释掉 */
24 //     printf("scan_rval=%d\n",rval);
25
26        // 大于 tpad_default_val+TPAD_GATE_VAL，且小于 10 倍 tpad_default_val，则有效
27        if (rval>(tpad_default_val+TPAD_GATE_VAL)&&rval<(10*tpad_default_val)) {
28            // keyen==0，有效
29            if (keyen==0) {
30                res=1;
31            }
32            keyen=3;            // 至少要再过 3 次之后才能认为按键有效
33        }
34
35        if (keyen) {
36            keyen--;
37        }
38        return res;
39 }
```

TPAD_GATE_VAL 用于指定电容按键触摸阈值，当实时捕获值大于该阈值与无触摸捕获
参考值 tpad_default_val 之和时就认为电容按键有触摸，否则认为没有触摸。阈值大小一般需
要通过测试得到，一般做法是通过串口在 TPAD_Init 函数中把 tpad_default_val 值打印到串口
调试助手并记录下来，在 TPAD_Scan 函数中也把实时捕获值打印出来，在运行时触摸电容
按键，获取有触摸时的捕获值，这样两个值对比就可以大概确定 TPAD_GATE_VAL。

TPAD_Scan 函数用来扫描电容按键状态，需要被循环调用，类似独立按键的状态扫描函
数。它有一个形参，用于指定电容按键的工作模式，当为赋值为 1 时，电容按键支持连续触
发，即当一直触摸不松开时，每次运行 TPAD_Scan 函数都会返回电容按键被触摸状态，直
到松开手指，才返回无触摸状态。当参数赋值为 0 时，每次触摸函数只返回一次被触摸状
态，之后就总是返回无触摸状态，除非松开手指再触摸。TPAD_Scan 函数有一个返回值，用
于指示电容按键状态，返回值为 0 表示无触摸，为 1 表示有触摸。

TPAD_Scan 函数主要调用 TPAD_Get_MaxVal 函数获取当前电容按键捕获值，该值这里
指定在连续触发模式下取 6 次扫描的最大值为当前捕获值，如果是不连续触发只取 3 次扫描
的最大值。正常情况下，如果无触摸，当前捕获值与捕获参考值相差很小；如果有触摸，当
前捕获值比捕获参考值相差较大，此时捕获值对应图 32-4 中的时间 t2。

接下来比较当前捕获值与无触摸捕获参考值和阈值之和的关系，以确定电容按键状态。
这里为增强可靠性，还加了当前捕获值不能超过参考值的 10 倍的限制条件，因为超过 10 倍
关系几乎可以认定为出错情况。

（8）主函数

代码清单 32-8　main 函数

```
1 int main(void)
2 {
3      /* 初始化蜂鸣器 */
4      Beep_GPIO_Config();
```

```
 5
 6        /* 初始化调试串口, 一般为串口 1 */
 7        Debug_USART_Config();
 8
 9        /* 初始化系统滴答定时器 */
10        SysTick_Init();
11
12        /* 初始化电容按键 */
13        TPAD_Init();
14
15        while (1) {
16            if (TPAD_Scan(0)) {
17                BEEP_ON;
18                Delay_ms(100);
19                BEEP_OFF;
20            }
21            Delay_ms(50);
22        }
23 }
24
```

主函数分别调用 Beep_GPIO_Config()、Debug_USART_Config() 和 SysTick_Init() 完成蜂鸣器、调试串口和系统滴答定时器参数设置。

TPAD_Init 函数初始化配置定时器，并获取无触摸时的捕获参考值。

无限循环中调用 TPAD_Scan 函数完成电容按键状态扫描，指定为不连续触发方式。如果检测到有触摸就让蜂鸣器响 100ms。

32.2.3 下载验证

使用 USB 线连接开发板上的"USB 转串口"接口到电脑，电脑端配置好串口调试助手参数。编译实验程序并下载到开发板上，程序运行后在串口调试助手可接收到开发板发过来有关定时器捕获值的参数信息。用手指触摸开发板上电容按键时可以听到蜂鸣器响一声，移开手指后再触摸，又可以听到响声。

第 33 章
SDIO——SD 卡读写测试

33.1　SDIO 简介

SD 卡（Secure Digital Memory Card）在我们生活中已经非常常用了。控制器对 SD 卡进行读写通信操作一般有两种通信接口可选，一种是 SPI 接口，另外一种就是 SDIO 接口。

SDIO 全称是安全数字输入 / 输出接口，多媒体卡（MMC）、SD 卡、SD I/O 卡都有 SDIO 接口。STM32F42x 系列控制器有一个 SDIO 主机接口，它可以与 MMC 卡、SD 卡、SD I/O 卡以及 CE-ATA 设备进行数据传输。MMC 卡可以说是 SD 卡的前身，现阶段已经用得很少。SD I/O 卡本身不是用于存储的卡，它是指利用 SDIO 传输协议的一种外设。比如 WiFi Card，它主要是提供 WiFi 功能，有些 WiFi 模块是使用串口或者 SPI 接口进行通信的，但 WiFi SDIO Card 是使用 SDIO 接口进行通信的。并且一般设计 SD I/O 卡可以插入 SD 的插槽。CE_ATA 是专为轻薄笔记本硬盘设计的硬盘高速通信接口。

多媒体卡协会网站（www.mmca.org）中提供了由 MMCA 技术委员会发布的多媒体卡系统规范。SD 卡协会网站（www.sdcard.org）中提供了 SD 存储卡和 SDIO 卡系统规范。CE_ATA 工作组网站（www.ce-ata.org）中提供了 CE_ATA 系统规范。

随着科技的发展，SD 卡容量需求越来越大。SD 卡发展到现在也是有几个版本的，关于 SDIO 接口的设备整体概括见图 33-1。

关于 SD 卡和 SD I/O 部分内容可以在 SD 协会网站获取到详细的介绍，比如各种 SD 卡尺寸规则、读写速度标示方法、应用扩展等。

本章内容主要针对 SD 卡使用，对于其他类型卡的应用可以参考相关系统规范实现，所以对于控制器中针对其他类型卡的内容可能在本章中简单提及或者被忽略，本章内容不区分 SDIO 和 SD 卡这两个概念。即使目前 SD 协议提供的 SD 卡规范版本最新是

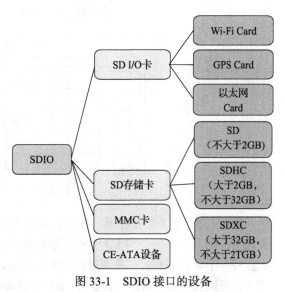

图 33-1　SDIO 接口的设备

4.01 版本，但 STM32F42x 系列控制器只支持 SD 卡规范版本 2.0，即只支持标准容量 SD 和高容量 SDHC 标准卡，不支持超大容量 SDXC 标准卡，所以可以支持的最高卡容量是 32GB。

33.2 SD 卡物理结构

一张 SD 卡包括存储单元、存储单元接口、电源检测、卡及接口控制器和接口驱动器 5 个部分，见图 33-2。存储单元是存储数据部件，存储单元通过存储单元接口与卡控制单元进行数据传输；电源检测单元保证 SD 卡工作在合适的电压下，如出现掉电或上电状态时，它会使控制单元和存储单元接口复位；卡及接口控制单元控制 SD 卡的运行状态，它包括 8 个寄存器；接口驱动器控制 SD 卡引脚的输入输出。

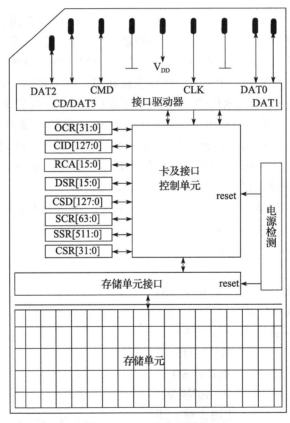

图 33-2 SD 卡物理结构

SD 卡总共有 8 个寄存器，用于设定或表示 SD 卡信息，参考表 33-1。这些寄存器只能通过对应的命令访问，对 SD 卡进行控制操作并不是像操作控制器 GPIO 相关寄存器那样一次读写一个寄存器的，它是通过命令来控制的。SDIO 定义了 64 个命令，每个命令都有特殊意义，可以实现某一特定功能。SD 卡接收到命令后，根据命令要求对 SD 卡内部寄存器进行修改，程序控制中只需要发送组合命令就可以实现 SD 卡的控制以及读写操作。

表 33-1　SD 卡寄存器

名称	位宽度	描　　述
CID	128	卡识别号（Card identification number）：用来识别的卡的个体号码（唯一的）
RCA	16	相对地址（Relative card address）：卡的本地系统地址，初始化时，动态地由卡建议，主机核准
DSR	16	驱动级寄存器（Driver Stage Register）：配置卡的输出驱动
CSD	128	卡的特定数据（Card Specific Data）：卡的操作条件信息
SCR	64	SD 配置寄存器（SD Configuration Register）：SD 卡特殊特性信息
OCR	32	操作条件寄存器（Operation conditions register）
SSR	512	SD 状态（SD Status）：SD 卡专有特征的信息
CSR	32	卡状态（Card Status）：卡状态信息

每个寄存器位的含义可以参考 SD 简易规格文件 *Physical Layer Simplified Specification* V2.0 第 5 章内容。

33.3　SDIO 总线

33.3.1　总线拓扑

SD 卡一般都支持 SDIO 和 SPI 这两种接口，本章内容只介绍 SDIO 接口操作方式，如果需要使用 SPI 操作方式可以参考 SPI 相关章节。另外，STM32F42x 系列控制器的 SDIO 是不支持 SPI 通信模式的，如果需要用到 SPI 通信只能使用 SPI 外设。

SD 卡总线拓扑参考图 33-3。虽然可以共用总线，但不推荐多卡槽共用总线信号，要求一个单独 SD 总线应该连接一个单独的 SD 卡。

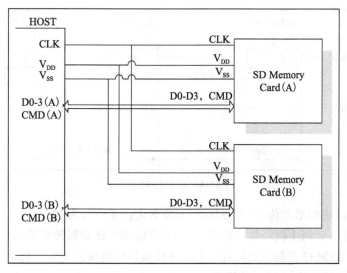

图 33-3　SD 卡总线拓扑

SD 卡使用引脚 9 接口通信，其中有 3 根电源线、1 根时钟线、1 根命令线和 4 根数据线，具体说明如下。

❏ CLK：时钟线，由 SDIO 主机产生，即由 STM32 控制器输出。

❏ CMD：命令控制线，SDIO 主机通过该线发送命令控制 SD 卡，如果命令要求 SD 卡提供应答（响应），SD 卡也是通过该线传输应答信息。

❏ D0-3：数据线，传输读写数据；SD 卡可将 D0 拉低表示忙状态。

❏ V_{DD}、V_{SS1}、V_{SS2}：电源和地信号。

在之前的 I^2C 以及 SPI 章节都详细地讲解了对应的通信时序，实际上，SDIO 的通信时序简单许多，SDIO 不管是从主机控制器向 SD 卡传输，还是 SD 卡向主机控制器传输都只以 CLK 时钟线的上升沿为有效。SD 卡操作过程会使用两种不同频率的时钟同步数据，一个是识别卡阶段时钟频率 FOD，最高为 400kHZ，另外一个是数据传输模式下时钟频率 FPP，默认最高为 25MHz，如果通过相关寄存器配置使 SDIO 工作在高速模式，此时数据传输模式最高频率为 50MHz。

对于 STM32 控制器只有一个 SDIO 主机，所以只能连接一个 SDIO 设备。开发板上集成了一个 Micro SD 卡槽和 SDIO 接口的 WiFi 模块，要求只能使用其中一个设备。SDIO 接口的 WiFi 模块一般集成有使能线，如果需要用到 SD 卡，需要先控制该使能线禁用 WiFi 模块。

33.3.2 总线协议

SD 总线通信是基于命令和数据传输的。通信由一个起始位（"0"）开始，由一个停止位（"1"）终止。SD 通信一般是主机发送一个命令，从设备在接收到命令后做出响应，如有需要会有数据传输参与。

SD 总线的基本交互是命令与响应交互，见图 33-4。

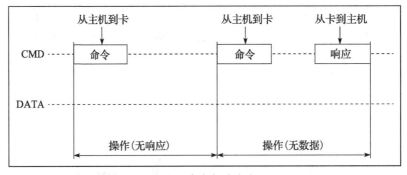

图 33-4 命令与响应交互

SD 数据是以块的形式传输的，SDHC 卡数据块长度一般为 512 字节，数据可以从主机到卡，也可以是从卡到主机。数据块需要由 CRC 位来保证数据传输成功。CRC 位由 SD 卡系统硬件生成。STM32 控制器可以控制使用单线或四线传输，本开发板设计使用四线传输。图 33-5 为主机向 SD 卡写入数据块操作示意。

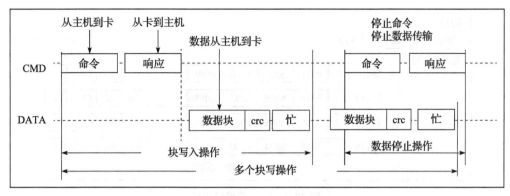

图 33-5　主机向 SD 卡写入数据

　　SD 数据传输支持单块和多块读写，它们分别对应不同的操作命令，多块写入还需要使用命令来停止整个写入操作。数据写入前需要检测 SD 卡忙状态，因为 SD 卡在接收到数据后编程到存储区过程需要一定操作时间。SD 卡忙状态通过把 D0 线拉低表示。

　　数据块读操作与之类似，只是无需忙状态检测。

　　使用四数据线传输时，每次传输 4 位数据，每根数据线都必须有起始位、终止位以及 CRC 位。CRC 位每根数据线都要分别检查，并把检查结果汇总然后在数据传输完后通过 D0 线反馈给主机。

　　SD 卡数据包有两种格式，一种是常规数据（8 位宽），它先发低字节再发高字节，而每个字节则是先发高位再发低位，四线传输示意图见图 33-6。

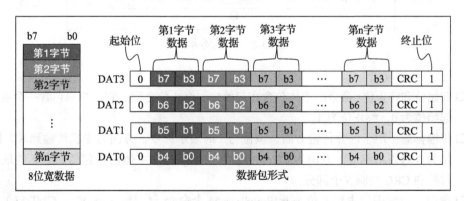

图 33-6　8 位宽数据包传输

　　四线同步发送，每根线发送一个字节中的两个位，数据位在四线顺序排列发送，DAT3 数据线发送较高位，DAT0 数据线发送较低位。

　　另外一种数据包发送格式是宽位数据包格式，对 SD 卡而言宽位数据包发送方式是针对 SD 卡 SSR（SD 状态）寄存器内容发送的，SSR 寄存器总共有 512 位，在主机发出 ACMD13 命令后，SD 卡将 SSR 寄存器内容通过 DAT 线发送给主机。宽位数据包格式示意图见图 33-7。

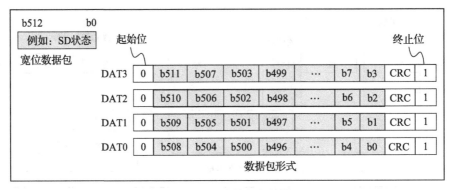

图 33-7　宽位数据包传输

33.3.3　命令

SD 命令由主机发出，以广播命令和寻址命令为例，广播命令是针对与 SD 主机总线连接的所有从设备发送的，寻址命令是指定某个地址设备进行命令传输。

1. 命令格式

SD 命令格式固定为 48 位，都是通过 CMD 线连续传输的（数据线不参与），见图 33-8。

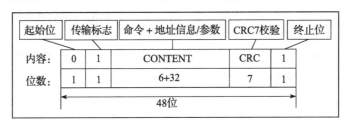

图 33-8　SD 命令格式

SD 命令的组成如下。

❑ 起始位和终止位：命令的主体包含在起始位与终止位之间，它们都只包含一个数据位，起始位为 0，终止位为 1。

❑ 传输标志：用于区分传输方向，该位为 1 时表示命令，方向为主机传输到 SD 卡，该位为 0 时表示响应，方向为 SD 卡传输到主机。命令主体内容包括命令、地址信息 / 参数和 CRC 校验 3 个部分。

❑ 命令号：它固定占用 6 位，所以总共有 64 个命令（代号：CMD0 ~ CMD63），每个命令都有特定的用途，部分命令不适用于 SD 卡操作，只是专门用于 MMC 卡或者 SD I/O 卡。

❑ 地址 / 参数：每个命令有 32 位地址信息 / 参数用于命令附加内容，例如，广播命令没有地址信息，这 32 位用于指定参数，而寻址命令这 32 位用于指定目标 SD 卡的地址。

❑ CRC7 校验：长度为 7 位的校验位用于验证命令传输内容正确性，如果发生外部干扰导致传输数据个别位状态改变，将导致校准失败，也意味着命令传输失败，SD 卡不执行命令。

2. 命令类型

SD 命令有 4 种类型：

❏ 无响应广播命令（bc），发送到所有卡，不返回任务响应。

❏ 带响应广播命令（bcr），发送到所有卡，同时接收来自所有卡响应。

❏ 寻址命令（ac），发送到选定卡，DAT 线无数据传输。

❏ 寻址数据传输命令（adtc），发送到选定卡，DAT 线有数据传输。

另外，SD 卡主机模块系统旨在为各种应用程序类型提供一个标准接口。在此环境中，需要有特定的客户／应用程序功能。为实现这些功能，在标准中定义了两种类型的通用命令：特定应用命令（ACMD）和常规命令（GEN_CMD）。要使用 SD 卡制造商特定的 ACMD 命令，如 ACMD6，需要在发送该命令之前先发送 CMD55 命令，告知 SD 卡接下来的命令为特定应用命令。CMD55 命令只对紧接的第 1 个命令有效，SD 卡如果检测到 CMD55 之后的第 1 条命令为 ACMD 则执行其特定应用功能，如果检测发现不是 ACMD 命令，则执行标准命令。

3. 命令描述

SD 卡系统的命令被分为多个类，每个类支持一种"卡的功能设置"。表 33-2 列举了 SD 卡部分命令信息，更多详细信息可以参考 SD 简易规格文件说明，表中填充位和保留位都必须被设置为 0。

表 33-2　SD 部分命令描述

命令序号	类型	参　　数	响应	缩　　写	描　　述
基本命令（Class 0）					
CMD0	bc	[31:0] 填充位	—	GO_IDLE_STATE	复位所有的卡到 idle 状态
CMD2	bcr	[31:0] 填充位	R2	ALL_SEND_CID	通知所有卡通过 CMD 线返回 CID 值
CMD3	bcr	[31:0] 填充位	R6	SEND_RELATIVE_ADDR	通知所有卡发布新 RCA
CMD4	bc	[31:16]DSR[15:0] 填充位	—	SET_DSR	编程所有卡的 DSR
CMD7	ac	[31:16]RCA[15:0] 填充位	R1b	SELECT/DESELECT_CARD	选择／取消选择 RCA 地址卡
CMD8	bcr	[31:12] 保留位 [11:8] VHS[7:0] 检查模式	R7	SEND_IF_COND	发送 SD 卡接口条件，包含主机支持的电压信息，并询问卡是否支持
CMD9	ac	[31:16]RCA[15:0] 填充位	R2	SEND_CSD	选定卡通过 CMD 线发送 CSD 内容
CMD10	ac	[31:16]RCA[15:0] 填充位	R2	SEND_CID	选定卡通过 CMD 线发送 CID 内容
CMD12	ac	[31:0] 填充位	R1b	STOP_TRANSMISSION	强制卡停止传输
CMD13	ac	[31:16]RCA[15:0] 填充位	R1	SEND_STATUS	选定卡通过 CMD 线发送它的状态寄存器
CMD15	ac	[31:16]RCA[15:0] 填充位	—	GO_INACTIVE_STATE	使选定卡进入 inactive 状态

（续）

命令序号	类型	参　数	响应	缩　写	描　述
				面向块的读操作（Class 2）	
CMD16	ac	[31:0] 块长度	R1	SET_BLOCK_LEN	对于标准 SD 卡，设置块命令的长度，对于 SDHC 卡块命令长度固定为 512 字节
CMD17	adtc	[31:0] 数据地址	R1	READ_SINGLE_BLOCK	对于标准卡，读取 SEL_BLOCK_LEN 长度字节的块；对于 SDHC 卡，读取 512 字节的块
CMD18	adtc	[31:0] 数据地址	R1	READ_MULTIPLE_BLOCK	连续从 SD 卡读取数据块，直到被 CMD12 中断。块长度同 CMD17
				面向块的写操作（Class 4）	
CMD24	adtc	[31:0] 数据地址	R1	WRITE_BLOCK	对于标准卡，写入 SEL_BLOCK_LEN 长度字节的块；对于 SDHC 卡，写入 512 字节的块
CMD25	adtc	[31:0] 数据地址	R1	WRITE_MILTIPLE_BLOCK	连续向 SD 卡写入数据块，直到被 CMD12 中断。每块长度同 CMD17
CMD27	adtc	[31:0] 填充位	R1	PROGRAM_CSD	对 CSD 的可编程位进行编程
				擦除命令（Class 5）	
CMD32	ac	[31:0] 数据地址	R1	ERASE_WR_BLK_START	设置擦除的起始块地址
CMD33	ac	[31:0] 数据地址	R1	ERASE_WR_BLK_END	设置擦除的结束块地址
CMD38	ac	[31:0] 填充位	R1b	ERASE	擦除预先选定的块
				加锁命令（Class 7）	
CMD42	adtc	[31:0] 保留	R1	LOCK_UNLOCK	加锁 / 解锁 SD 卡
				特定应用命令（Class 8）	
CMD55	ac	[31:16]RCA[15:0] 填充位	R1	APP_CMD	指定下个命令为特定应用命令，不是标准命令
CMD56	adtc	[31:1] 填 充 位 [0] 读 / 写	R1	GEN_CMD	通用命令，或者特定应用命令中，用于传输一个数据块，最低位为 1 表示读数据，为 0 表示写数据
				SD 卡特定应用命令	
ACMD6	ac	[31:2] 填 充 位 [1:0] 总线宽度	R1	SET_BUS_WIDTH	定义数据总线宽度（'00'=1bit, '10'=4bit）
ACMD13	adtc	[31:0] 填充位	R1	SD_STATUS	发送 SD 状态
ACMD41	Bcr	[32] 保 留 位 [30] HCS（OCR[30]）[29:24] 保留位 [23:0]VDD 电压（OCR[23:0]）	R3	SD_SEND_OP_COND	主机要求卡发送它的支持信息（HCS）和 OCR 寄存器内容
ACMD51	adtc	[31:0] 填充位	R1	SEND_SCR	读取配置寄存器 SCR

　　虽然没有必要完全记住每个命令详细信息，但越熟悉命令对后面编程的理解越有帮助。

33.3.4　响应

　　响应由 SD 卡向主机发出，部分命令要求 SD 卡做出响应，这些响应多用于反馈 SD 卡的状态。SDIO 总共有 7 个响应类型（代号为 R1 ～ R7），其中 SD 卡没有 R4、R5 类型响应。特定的命令对应有特定的响应类型，比如当主机发送 CMD3 命令时，可以得到响应 R6。与命令一样，SD 卡的响应也是通过 CMD 线连续传输的。根据响应内容大小可以分为短响应和长响应。短响应是 48 位长度，只有 R2 类型是长响应，其长度为 136 位。各个类型响应具体情况如表 33-3。

表 33-3　SD 卡响应类型

描述	起始位	传输位	命令号	卡状态	CRC7	终止位
R1（正常响应命令）						
Bit	47	46	[45:40]	[39:8]	[7:1]	0
位宽	1	1	6	32	7	1
值	"0"	"0"	x	x	x	"1"
备注	如果有传输到卡的数据，那么在数据线可能有 busy 信号					

描述	起始位	传输位	保留	[127:1]		终止位
R2（CID，CSD 寄存器）						
Bit	135	134	[133:128]	127		0
位宽	1	1	6	X		1
值	"0"	"0"	"111111"	CID 或者 CSD 寄存器 [127:1] 位的值		"1"
备注	CID 寄存器内容作为 CMD2 和 CMD10 响应，CSD 寄存器内容作为 CMD9 响应					

描述	起始位	传输位	保留	OCR 寄存器	保留	终止位
R3（OCR 寄存器）						
Bit	47	46	[45:40]	[39:8]	[7:1]	0
位宽	1	1	6	32	7	1
值	"0"	"0"	"111111"	x	"1111111"	"1"
备注	OCR 寄存器的值作为 ACMD41 的响应					

描述	起始位	传输位	CMD3	RCA 寄存器	卡状态位	CRC7	终止位
R6（发布的 RCA 寄存器响应）							
Bit	47	46	[45:40]	[39:8]		[7:1]	0
位宽	1	1	6	16	16	7	1
值	"0"	"0"	"000011"	x	x	x	"1"
备注	专用于命令 CMD3 的响应						

描述	起始位	传输位	CMD8	保留	接收电压	检测模式	CRC7	终止位
R7（发布的 RCA 寄存器响应）								
Bit	47	46	[45:40]	[39:20]	[19:16]	[15:8]	[7:1]	0
位宽	1	1	6	20	4	8	7	1
值	"0"	"0"	"001000"	"00000h"	x	x	x	"1"
备注	专用于命令 CMD8 的响应，返回卡支持的电压范围和检测模式							

除了 R3 类型之外，其他响应都使用 CRC7 校验来校验，对于 R2 类型使用 CID 和 CSD 寄存器内部 CRC7。

33.4 SD 卡的操作模式及切换

33.4.1 SD 卡的操作模式

SD 卡有多个版本，STM32 控制器目前最高支持 *Physical Layer Simplified Specification* V2.0 定义的 SD 卡，STM32 控制器对 SD 卡进行数据读写之前需要识别卡的种类：V1.0 标准卡、V2.0 标准卡、V2.0 高容量卡，或者不被识别卡。

SD 卡系统（包括主机和 SD 卡）定义了两种操作模式：卡识别模式和数据传输模式。在系统复位后，主机处于卡识别模式，寻找总线上可用的 SDIO 设备；同时，SD 卡也处于卡识别模式，直到被主机识别到，即当 SD 卡接收到 SEND_RCA（CMD3）命令后，SD 卡就会进入数据传输模式，而主机在总线上所有卡被识别后也进入数据传输模式。在每个操作模式下，SD 卡都有几种状态，参考表 33-4。通过命令控制实现卡状态的切换。

表 33-4　SD 卡状态与操作模式

操作模式	SD 卡状态
无效模式（Inactive）	无效状态（Inactive State）
卡识别模式（Card identification mode）	空闲状态（Idle State）
	准备状态（Ready State）
	识别状态（Identification State）
数据传输模式（Data transfer mode）	待机状态（Stand-by State）
	传输状态（Transfer State）
	发送数据状态（Sending-data State）
	接收数据状态（Receive-data State）
	编程状态（Programming State）
	断开连接状态（Disconnect State）

33.4.2 卡识别模式

在卡识别模式下，主机会复位所有处于"卡识别模式"的 SD 卡，确认其工作电压范围，识别 SD 卡类型，并且获取 SD 卡的相对地址（卡相对地址较短，便于寻址）。在卡识别过程中，要求 SD 卡工作在识别时钟频率 FOD 的状态下。卡识别模式下，SD 卡的状态转换见图 33-9。

主机上电后，所有卡处于空闲状态，包括当前处于无效状态的卡。主机也可以发送 GO_IDLE_STATE（CMD0）让所有卡软复位，从而进入空闲状态，但当前处于无效状态的卡并不会复位。

主机在开始与卡通信前，需要先确定双方在互相支持的电压范围内。SD 卡有一个电压支持范围，主机当前电压必须在该范围可能才能与卡正常通信。SEND_IF_COND（CMD8）命令就是用于验证卡接口操作条件的（主要是电压支持）。卡会根据命令的参数来检测操作条件匹配性，如果卡支持主机电压就产生响应，否则不响应。而主机则根据响应内容确定卡的电压匹配性。CMD8 是 SD 卡标准 V2.0 版本才有的新命令，所以如果主机有接收到响应，可以判断卡为 V2.0 或更高版本 SD 卡。

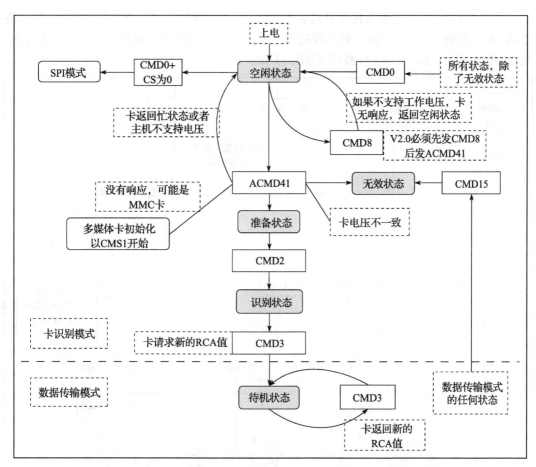

图 33-9　卡识别模式状态转换图

SD_SEND_OP_COND（ACMD41）命令可以识别或拒绝不匹配它的电压范围的卡。ACMD41 命令的 VDD 电压参数用于设置主机支持电压范围，卡响应会返回卡支持的电压范围。对于对 CMD8 有响应的卡，把 ACMD41 命令的 HCS 位设置为 1，可以测试卡的容量类型，如果卡响应的 CCS 位为 1 说明为高容量 SD 卡，否则为标准卡。卡在响应 ACMD41 之后进入准备状态，不响应 ACMD41 的卡为不可用卡，进入无效状态。ACMD41 是应用特定命令，发送该命令之前必须先发送 CMD55。

ALL_SEND_CID（CMD2）用来控制所有卡返回它们的卡识别号（CID），处于准备状态的卡在发送 CID 之后就进入识别状态。之后主机就发送 SEND_RELATIVE_ADDR（CMD3）命令，让卡自己推荐一个相对地址（RCA）并响应命令。这个 RCA 是 16 位地址，而 CID 是128 位地址，使用 RCA 简化通信。卡在接收到 CMD3 并发出响应后就进入数据传输模式，并处于待机状态，主机在获取所有卡 RCA 之后也进入数据传输模式。

33.4.3 数据传输模式

只有 SD 卡系统处于数据传输模式下才可以进行数据读写操作。数据传输模式下可以将主机 SD 时钟频率设置为 FPP，默认最高为 25MHz，频率切换可以通过 CMD4 命令来实现。数据传输模式下，SD 卡状态转换过程见图 33-10。

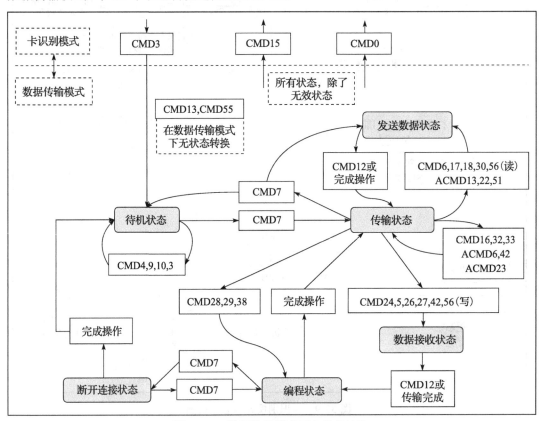

图 33-10　数据传输模式下卡状态转换

CMD7 用来选定和取消指定的卡，卡在待机状态下还不能进行数据通信，因为总线上可能有多个卡都处于待机状态，必须选择一个 RCA 地址目标卡，使其进入传输状态，才可以进行数据通信。同时通过 CMD7 命令也可以让已经被选择的目标卡返回待机状态。

数据传输模式下的数据通信都是主机和目标卡之间通过寻址命令点对点进行的。卡处于传输状态下可以使用表 33-2 中面向块的读写以及擦除命令对卡进行数据读写、擦除。CMD12 可以中断正在进行的数据通信，让卡返回到传输状态。CMD0 和 CMD15 会中止任何数据编程操作，返回卡识别模式，这可能导致卡上的数据被损坏。

33.5　STM32 的 SDIO 功能框图

STM32 控制器有一个 SDIO，由两部分组成：SDIO 适配器和 APB2 接口，见图 33-11。

SDIO 适配器提供 SDIO 主机功能，可以提供 SD 时钟、发送命令和进行数据传输。APB2 接口用于控制器访问 SDIO 适配器寄存器，并且可以产生中断和 DMA 请求信号。

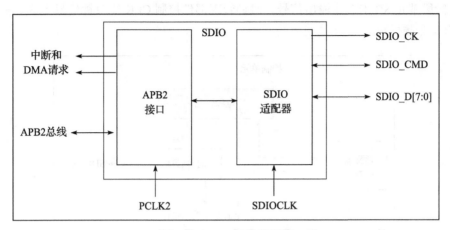

图 33-11　SDIO 功能框图

SDIO 使用两个时钟信号，一个是 SDIO 适配器时钟（SDIOCLK=48MHz），另外一个是 APB2 总线时钟（PCLK2，一般为 90MHz）。

STM32 控制器的 SDIO 是针对 MMC 卡和 SD 卡的主设备，所以预留有 8 根数据线，对于 SD 卡最多用 4 根数据线。

SDIO 适配器是 SD 卡系统主机部分，是 STM32 控制器与 SD 卡数据通信中间设备。SDIO 适配器由 5 个单元组成，分别是控制单元、命令路径单元、数据路径单元、寄存器单元以及 FIFO，见图 33-12。

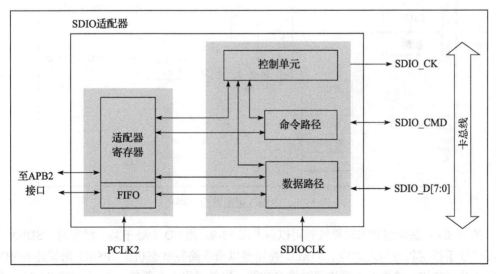

图 33-12　SDIO 适配器框图

1. 控制单元

控制单元包含电源管理和时钟管理功能，结构见图 33-13。电源管理部件会在系统断电和上电阶段禁止 SD 卡总线输出信号。时钟管理部件控制 CLK 线时钟信号生成。一般使用 SDIOCLK 分频得到。

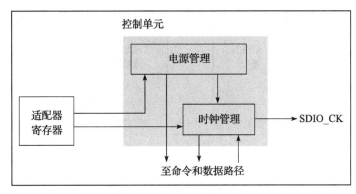

图 33-13　SDIO 适配器控制单元

2. 命令路径

命令路径控制命令发送，并接收卡的响应，结构见图 33-14。

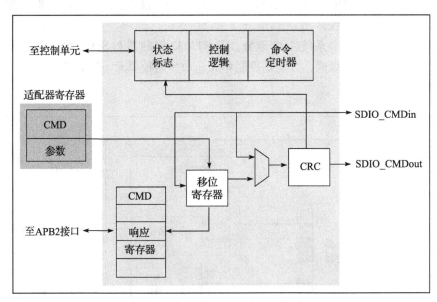

图 33-14　SDIO 适配器命令路径

关于 SDIO 适配器状态转换流程可以参考图 33-9。当 SD 卡处于某一状态时，SDIO 适配器必然处于特定状态与之对应。STM32 控制器以命令路径状态机（CPSM）来描述 SDIO 适配器的状态变化，并加入了等待超时检测功能，以便退出永久等待的情况。CPSM 的描述见

图 33-15。

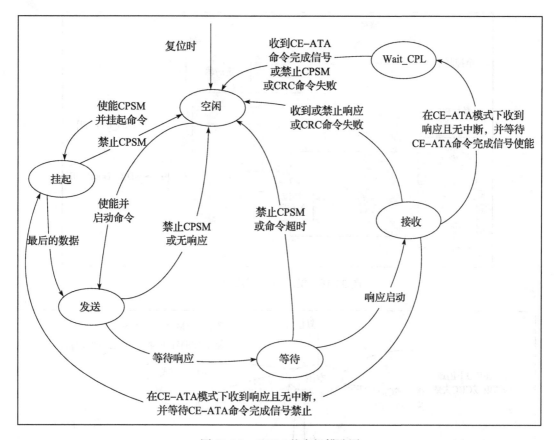

图 33-15　CPSM 状态机描述图

3. 数据路径

数据路径部件负责与 SD 卡相互数据传输，内部结构见图 33-16。

SD 卡系统数据传输状态转换参考图 33-16。SDIO 适配器以数据路径状态机（DPSM）来描述 SDIO 适配器状态变化情况，并加入了等待超时检测功能，以便退出永久等待情况。发送数据时，DPSM 处于等待发送（Wait_S）状态，如果数据 FIFO 不为空，DPSM 变成发送状态，并且数据路径部件启动，向卡发送数据。接收数据时，DPSM 处于等待接收状态，当 DPSM 收到起始位时变成接收状态，并且数据路径部件开始从卡接收数据。DPSM 状态机描述见图 33-17。

4. 数据 FIFO

数据 FIFO（先进先出）部件是一个数据缓冲器，带发送和接收单元。控制器的 FIFO 包含宽度为 32 位、深度为 32 字的数据缓冲器和发送 / 接收逻辑。其中 SDIO 状态寄存器（SDIO_STA）的 TXACT 位用于指示当前正在发送数据，RXACT 位指示当前正在接收数据，这两个位不可能同时为 1。

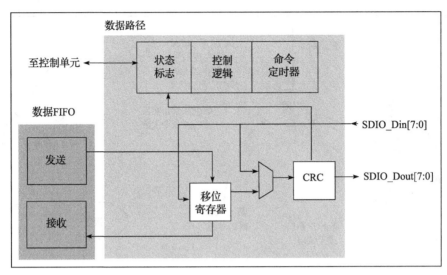

图 33-16 SDIO 适配器数据路径

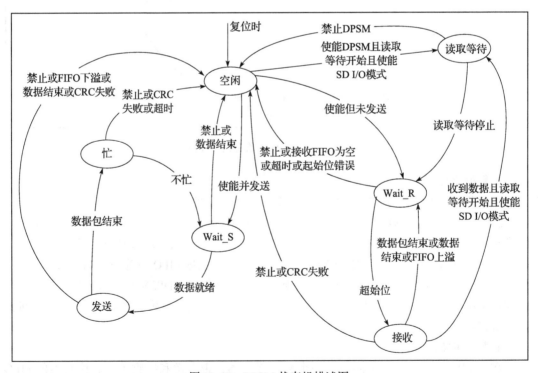

图 33-17 DPSM 状态机描述图

❑ 当 TXACT 为 1 时，可以通过 APB2 接口将数据写入传输 FIFO。

❑ 当 RXACT 为 1 时，接收 FIFO 存放从数据路径部件接收到的数据。

根据 FIFO 空或满状态会把 SDIO_STA 寄存器位置 1，并可以产生中断和 DMA 请求。

5. 适配器寄存器

适配器寄存器包含了控制 SDIO 外设的各种控制寄存器及状态寄存器，内容较多，可以通过 SDIO 提供的各种结构体来了解，这些寄存器的功能都被整合到了结构体或 ST 标准库之中。

33.6　SDIO 初始化结构体

标准库函数对 SDIO 外设建立了 3 个初始化结构体，分别为 SDIO 初始化结构体 SDIO_InitTypeDef、SDIO 命令初始化结构体 SDIO_CmdInitTypeDef 和 SDIO 数据初始化结构体 SDIO_DataInitTypeDef。这些结构体成员用于设置 SDIO 工作环境参数，并由 SDIO 相应初始化配置函数或功能函数调用，这些参数将会被写入 SDIO 相应的寄存器，达到配置 SDIO 工作环境的目的。

初始化结构体和初始化库函数配合使用是标准库精髓所在，理解了初始化结构体每个成员意义基本上就可以对该外设运用自如了。初始化结构体定义在 stm32f4xx_sdio.h 文件中，初始化库函数定义在 stm32f4xx_sdio.c 文件中，编程时我们可以结合这两个文件内注释使用。

SDIO 初始化结构体用于配置 SDIO 基本工作环境，比如时钟分频、时钟沿、数据宽度等。它被 SDIO_Init 函数使用。

代码清单 33-1　SDIO 初始化结构体

```
1 typedef struct {
2     uint32_t SDIO_ClockEdge;              // 时钟沿
3     uint32_t SDIO_ClockBypass;            // 旁路时钟
4     uint32_t SDIO_ClockPowerSave;         // 节能模式
5     uint32_t SDIO_BusWide;                // 数据宽度
6     uint32_t SDIO_HardwareFlowControl;    // 硬件流控制
7     uint8_t SDIO_ClockDiv;                // 时钟分频
8 } SDIO_InitTypeDef;
```

各结构体成员的作用介绍如下。

1）SDIO_ClockEdge：主时钟 SDIOCLK 产生 CLK 引脚时钟有效沿选择，可选上升沿或下降沿，它设定 SDIO 时钟控制寄存器（SDIO_CLKCR）的 NEGEDGE 位的值，一般选择设置为高电平。

2）SDIO_ClockBypass：时钟分频旁路使用，可选使能或禁用。它设定 SDIO_CLKCR 寄存器的 BYPASS 位。如果使能旁路，SDIOCLK 直接驱动 CLK 线输出时钟；如果禁用，使用 SDIO_CLKCR 寄存器的 CLKDIV 位的值分频 SDIOCLK，然后输出到 CLK 线。一般选择禁用时钟分频旁路。

3）SDIO_ClockPowerSave：节能模式选择，可选使能或禁用。它设定 SDIO_CLKCR 寄

存器的 PWRSAV 位的值。如果使能节能模式，CLK 线只有在总线激活时才有时钟输出；如果禁用节能模式，始终使能 CLK 线输出时钟。

4）SDIO_BusWide：数据线宽度选择，可选 1 位数据总线、4 位数据总线或 8 位数据总线，系统默认使用 1 位数据总线，操作 SD 卡时在数据传输模式下一般选择 4 位数据总线。它设定 SDIO_CLKCR 寄存器的 WIDBUS 位的值。

5）SDIO_HardwareFlowControl：硬件流控制选择，可选使能或禁用，它设定 SDIO_CLKCR 寄存器的 HWFC_EN 位的值。硬件流控制功能可以避免 FIFO 发送出现上溢和下溢错误。

6）SDIO_ClockDiv：时钟分频系数，它设定 SDIO_CLKCR 寄存器的 CLKDIV 位的值，设置 SDIOCLK 与 CLK 线输出时钟分频系数：

$$CLK \text{ 线时钟频率} = SDIOCLK/([CLKDIV + 2])$$

33.7　SDIO 命令初始化结构体

SDIO 命令初始化结构体用于设置命令相关内容，比如命令号、命令参数、响应类型等。它被 SDIO_SendCommand 函数使用。

代码清单 33-2　SDIO 命令初始化接口

```
1 typedef struct {
2     uint32_t SDIO_Argument;    // 命令参数
3     uint32_t SDIO_CmdIndex;    // 命令号
4     uint32_t SDIO_Response;    // 响应类型
5     uint32_t SDIO_Wait;        // 等待使能
6     uint32_t SDIO_CPSM;        // 命令路径状态机
7 } SDIO_CmdInitTypeDef;
```

各个结构体成员介绍如下。

1）SDIO_Argument：作为命令的一部分发送到卡的命令参数，它设定 SDIO 参数寄存器（SDIO_ARG）的值。

2）SDIO_CmdIndex：命令号选择，它设定 SDIO 命令寄存器（SDIO_CMD）的 CMDINDEX 位的值。

3）SDIO_Response：响应类型，SDIO 定义两个响应类型，长响应和短响应。根据命令号选择对应的响应类型。SDIO 定义了 4 个 32 位的 SDIO 响应寄存器（SDIO_RESPx，x=1..4），短响应只用到 SDIO_RESP1。

4）SDIO_Wait：等待类型选择，有 3 种状态可选：一种是无等待状态，超时检测功能启动；一种是等待中断；另外一种是等待传输完成。它设定 SDIO_CMD 寄存器的 WAITPEND 位和 WAITINT 位的值。

5）SDIO_CPSM：命令路径状态机控制，可选使能或禁用 CPSM。它设定 SDIO_CMD 寄存器的 CPSMEN 位的值。

33.8　SDIO 数据初始化结构体

SDIO 数据初始化结构体用于配置数据发送和接收参数，比如传输超时、数据长度、传输模式等。它被 SDIO_DataConfig 函数使用。

代码清单 33-3　SDIO 数据初始化结构体

```
1  typedef struct {
2      uint32_t SDIO_DataTimeOut;      // 数据传输超时
3      uint32_t SDIO_DataLength;       // 数据长度
4      uint32_t SDIO_DataBlockSize;    // 数据块大小
5      uint32_t SDIO_TransferDir;      // 数据传输方向
6      uint32_t SDIO_TransferMode;     // 数据传输模式
7      uint32_t SDIO_DPSM;             // 数据路径状态机
8  } SDIO_DataInitTypeDef;
```

各结构体成员介绍如下。

1）SDIO_DataTimeOut：设置数据传输以卡总线时钟周期表示的超时周期，它设定 SDIO 数据定时器寄存器（SDIO_DTIMER）的值。在 DPSM 进入 Wait_R 或繁忙状态后开始递减，若直到 0 还处于以上两种状态则将超时状态标志置 1。

2）SDIO_DataLength：设置传输数据长度，它设定 SDIO 数据长度寄存器（SDIO_DLEN）的值。

3）SDIO_DataBlockSize：设置数据块大小，有多种尺寸可选，不同命令要求的数据块可能不同。它设定 SDIO 数据控制寄存器（SDIO_DCTRL）的 DBLOCKSIZE 位的值。

4）SDIO_TransferDir：数据传输方向，可选从主机到卡的写操作或从卡到主机的读操作。它设定 SDIO_DCTRL 寄存器的 DTDIR 位的值。

5）SDIO_TransferMode：数据传输模式，可选数据块或数据流模式。对于 SD 卡操作使用数据块类型。它设定 SDIO_DCTRL 寄存器的 DTMODE 位的值。

6）SDIO_DPSM：数据路径状态机控制，可选使能或禁用 DPSM。它设定 SDIO_DCTRL 寄存器的 DTEN 位的值。要实现数据传输都必须使能 SDIO_DPSM。

33.9　SD 卡读写测试实验

SD 卡广泛用于便携式设备上，比如数码相机、手机、多媒体播放器等。对于嵌入式设备来说，它是一种重要的存储数据部件。类似于 SPI Flash 芯片数据操作，它可以直接进行读写，也可以写入文件系统，然后使用文件系统读写函数，使用文件系统操作。本实验是进行 SD 卡最底层的数据读写操作，直接使用 SDIO 对 SD 卡进行读写会损坏 SD 卡原本内容，导致数据丢失，实验前请注意备份 SD 卡中的原内容。由于 SD 卡容量很大，我们平时使用的 SD 卡已经包含有文件系统，一般不会使用本章的操作方式编写 SD 卡的应用，但它是 SD 卡操作的基础，对于原理学习是非常有必要的。在它的基础上移植文件系统到 SD 卡的应用将在下一章讲解。

33.9.1 硬件设计

STM32 控制器的 SDIO 引脚是被设计为固定不变的，开发板设计采用 4 根数据线模式。对于命令线和数据线需要加一个上拉电阻，见图 33-18。

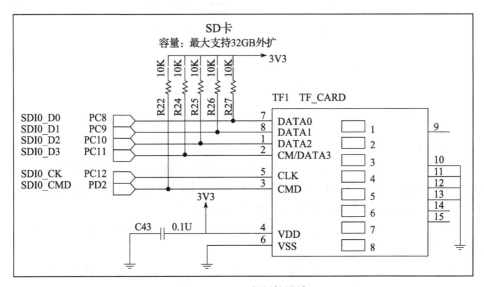

图 33-18　SD 卡硬件设计

33.9.2 软件设计

这里只讲解核心的部分代码，有些变量的设置、头文件的包含等没有全部罗列出来，完整的代码请参考本章配套的工程。有了之前相关 SDIO 知识基础，我们就可以着手开始编写 SD 卡驱动程序了，根据之前内容，可了解操作的大概流程。

1）初始化相关 GPIO 及 SDIO 外设；

2）配置 SDIO 基本通信环境进入卡识别模式，通过几个命令处理后得到卡类型；

3）如果是可用卡就进入数据传输模式，接下来可以进行读、写、擦除的操作。

虽然看起来只有 3 步，但它们有非常多的细节需要处理。实际上，SD 卡是非常常用外设部件，ST 公司在其测试板上也有板子 SD 卡卡槽，并提供了完整的驱动程序，我们直接参考移植使用即可。类似 SDIO、USB 这些复杂的外设，它们的通信协议相当庞大，要自行编写完整、严谨的驱动不是一件轻松的事情，这时我们就可以利用 ST 官方例程的驱动文件，根据自己的硬件移植到自己的开发平台即可。

在第 8 章我们重点讲解了标准库的源代码及启动文件和库使用帮助文档这两部分内容，实际上 Utilities 文件夹内容是非常有参考价值的，该文件夹包含了基于 ST 官方实验板的驱动文件，比如 LCD、SDRAM、SD 卡、音频解码 IC 等底层驱动程序，另外还有第三方软件库，如 emWin 图像软件库和 FatFs 文件系统。虽然，我们的开发平台与 ST 官方实验平台硬件相比设计略有差别，但移植程序方法是完全可行的。学会移植程序可以减少很多工作量，加快项目进程，更何况 ST 官方的驱动代码是经过严格验证的。

在 STM32F4xx_DSP_StdPeriph_Lib_V1.5.1 文件夹下可以找到 SD 卡驱动文件，见图 33-19。我们需要 stm324x9i_eval_sdio_sd.c 和 stm324x9i_eval_sdio_sd.h 两个文件的完整内容。另外还需要 stm324x9i_eval.c 和 stm324x9i_eval.h 两个文件的部分代码内容。为简化工程，本章配置的工程代码是将这两个文件需要用到的内容移植到 stm324x9i_eval_sdio_sd.c 文件中，具体可以参考工程文件。

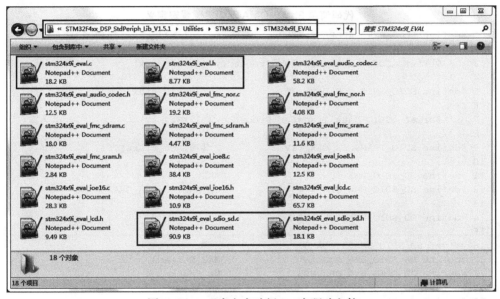

图 33-19　ST 官方实验板 SD 卡驱动文件

我们把 stm324x9i_eval_sdio_sd.c 和 stm324x9i_eval_sdio_sd.h 两个文件复制到我们的工程文件夹中，并将其对应改名为 bsp_sdio_sd.c 和 bsp_sdio_sd.h，见图 33-20。另外，sdio_test.c 和 sdio_test.h 文件包含了 SD 卡读、写、擦除测试代码。

图 33-20　SD 卡驱动文件

1. GPIO 初始化和 DMA 配置

SDIO 用到 CLK 线、CMD 线和 4 根 DAT 线，使用之前必须传输相关 GPIO，并设置为复用模式。SDIO 可以生成 DMA 请求，使用 DMA 传输可以提高数据传输效率。SDIO 可以设置为轮询模式或 DMA 传输模式，SD 卡驱动代码针对这两个模式做了区分处理，一般使用 DMA 传输模式。接下来的代码分析都以 DMA 传输模式介绍。

GPIO 初始化和 DMA 配置这部分代码从 stm324x9i_eval.c 和 stm324x9i_eval.h 两个文件中移植而来。

（1）DMA 及相关配置宏定义

代码清单 33-4　　DMA 及相关配置宏定义

```
1  #define SDIO_FIFO_ADDRESS                 ((uint32_t)0x40012C80)
2  /**
3   * @brief  SDIO Intialization Frequency (400kHZ max)
4   */
5  #define SDIO_INIT_CLK_DIV                 ((uint8_t)0x76)
6  /**
7   * @brief  SDIO Data Transfer Frequency (25MHz max)
8   */
9  #define SDIO_TRANSFER_CLK_DIV             ((uint8_t)0x0)
10
11 #define SD_SDIO_DMA                       DMA2
12 #define SD_SDIO_DMA_CLK                   RCC_AHB1Periph_DMA2
13
14 #define SD_SDIO_DMA_STREAM3               3
15
16 #ifdef SD_SDIO_DMA_STREAM3
17 #define SD_SDIO_DMA_STREAM                DMA2_Stream3
18 #define SD_SDIO_DMA_CHANNEL               DMA_Channel_4
19 #define SD_SDIO_DMA_FLAG_FEIF             DMA_FLAG_FEIF3
20 #define SD_SDIO_DMA_FLAG_DMEIF            DMA_FLAG_DMEIF3
21 #define SD_SDIO_DMA_FLAG_TEIF             DMA_FLAG_TEIF3
22 #define SD_SDIO_DMA_FLAG_HTIF             DMA_FLAG_HTIF3
23 #define SD_SDIO_DMA_FLAG_TCIF             DMA_FLAG_TCIF3
24 #define SD_SDIO_DMA_IRQn                  DMA2_Stream3_IRQn
25 #define SD_SDIO_DMA_IRQHANDLER            DMA2_Stream3_IRQHandler
26 #elif defined SD_SDIO_DMA_STREAM6
27 #define SD_SDIO_DMA_STREAM                DMA2_Stream6
28 #define SD_SDIO_DMA_CHANNEL               DMA_Channel_4
29 #define SD_SDIO_DMA_FLAG_FEIF             DMA_FLAG_FEIF6
30 #define SD_SDIO_DMA_FLAG_DMEIF            DMA_FLAG_DMEIF6
31 #define SD_SDIO_DMA_FLAG_TEIF             DMA_FLAG_TEIF6
32 #define SD_SDIO_DMA_FLAG_HTIF             DMA_FLAG_HTIF6
33 #define SD_SDIO_DMA_FLAG_TCIF             DMA_FLAG_TCIF6
34 #define SD_SDIO_DMA_IRQn                  DMA2_Stream6_IRQn
35 #define SD_SDIO_DMA_IRQHANDLER            DMA2_Stream6_IRQHandler
36 #endif /* SD_SDIO_DMA_STREAM3 */
```

使用宏定义编程对程序在同系列而不同型号主控芯片移植过程中起到很好的帮助作用，

同时可简化程序代码。数据 FIFO 起始地址可用于 DMA 传输地址；SDIOCLK 在卡识别模式和数据传输模式下一般是不同的，使用不同分频系数控制。SDIO 使用 DMA2 外设，可选择 stream3 和 stream6。

（2）GPIO 初始化

代码清单 33-5　GPIO 初始化

```
 1  void SD_LowLevel_Init(void)
 2  {
 3      GPIO_InitTypeDef  GPIO_InitStructure;
 4
 5      /* GPIOC and GPIOD Periph clock enable */
 6      RCC_AHB1PeriphClockCmd(RCC_AHB1Periph_GPIOC | RCC_AHB1Periph_GPIOD,
 7                          ENABLE);
 8
 9      GPIO_PinAFConfig(GPIOC, GPIO_PinSource8, GPIO_AF_SDIO);
10      GPIO_PinAFConfig(GPIOC, GPIO_PinSource9, GPIO_AF_SDIO);
11      GPIO_PinAFConfig(GPIOC, GPIO_PinSource10, GPIO_AF_SDIO);
12      GPIO_PinAFConfig(GPIOC, GPIO_PinSource11, GPIO_AF_SDIO);
13      GPIO_PinAFConfig(GPIOC, GPIO_PinSource12, GPIO_AF_SDIO);
14      GPIO_PinAFConfig(GPIOD, GPIO_PinSource2, GPIO_AF_SDIO);
15
16      /* 配置 PC.08, PC.09, PC.10, PC.11 引脚作为 D0, D1, D2, D3 功能 */
17      GPIO_InitStructure.GPIO_Pin = GPIO_Pin_8 | GPIO_Pin_9 |
18                                  GPIO_Pin_10 | GPIO_Pin_11;
19      GPIO_InitStructure.GPIO_Speed = GPIO_Speed_50MHz;
20      GPIO_InitStructure.GPIO_Mode = GPIO_Mode_AF;
21      GPIO_InitStructure.GPIO_OType = GPIO_OType_PP;
22      GPIO_InitStructure.GPIO_PuPd = GPIO_PuPd_UP;
23      GPIO_Init(GPIOC, &GPIO_InitStructure);
24
25      /* 配置 PD.02CMD 线 */
26      GPIO_InitStructure.GPIO_Pin = GPIO_Pin_2;
27      GPIO_Init(GPIOD, &GPIO_InitStructure);
28
29      /* 配置 PC.12 引脚作为 CLK 功能 */
30      GPIO_InitStructure.GPIO_Pin = GPIO_Pin_12;
31      GPIO_InitStructure.GPIO_PuPd = GPIO_PuPd_NOPULL;
32      GPIO_Init(GPIOC, &GPIO_InitStructure);
33
34      /* 使能 SDIO APB2 时钟 */
35      RCC_APB2PeriphClockCmd(RCC_APB2Periph_SDIO, ENABLE);
36
37      /* 使能 DMA2 时钟 */
38      RCC_AHB1PeriphClockCmd(SD_SDIO_DMA_CLK, ENABLE);
39  }
```

由于 SDIO 对应的 IO 引脚都是固定的，所以这里没有使用宏定义方式给出，直接使用 GPIO 引脚。该函数初始化引脚之后还使能了 SDIO 和 DMA2 时钟。

（3）DMA 传输配置

代码清单 33-6　DMA 传输配置

```
1  /* 配置使用 DMA 发送 */
2  void SD_LowLevel_DMA_TxConfig(uint32_t *BufferSRC, uint32_t BufferSize)
3  {
4      DMA_InitTypeDef SDDMA_InitStructure;
5
6      DMA_ClearFlag(SD_SDIO_DMA_STREAM,SD_SDIO_DMA_FLAG_FEIF |
7                    SD_SDIO_DMA_FLAG_DMEIF|SD_SDIO_DMA_FLAG_TEIF|
8                    SD_SDIO_DMA_FLAG_HTIF | SD_SDIO_DMA_FLAG_TCIF);
9
10     /* 关闭 DMA2 Stream3 或 Stream6*/
11     DMA_Cmd(SD_SDIO_DMA_STREAM, DISABLE);
12
13     /* 复位 DMA2 Stream3 或 Stream6 配置 */
14     DMA_DeInit(SD_SDIO_DMA_STREAM);
15
16     SDDMA_InitStructure.DMA_Channel = SD_SDIO_DMA_CHANNEL;
17  SDDMA_InitStructure.DMA_PeripheralBaseAddr = (uint32_t)SDIO_FIFO_ADDRESS;
19     SDDMA_InitStructure.DMA_Memory0BaseAddr = (uint32_t)BufferSRC;
20     SDDMA_InitStructure.DMA_DIR = DMA_DIR_MemoryToPeripheral;
21     SDDMA_InitStructure.DMA_BufferSize = 1;
22     SDDMA_InitStructure.DMA_PeripheralInc = DMA_PeripheralInc_Disable;
23     SDDMA_InitStructure.DMA_MemoryInc = DMA_MemoryInc_Enable;
24  SDDMA_InitStructure.DMA_PeripheralDataSize =DMA_PeripheralDataSize_Word;
26     SDDMA_InitStructure.DMA_MemoryDataSize = DMA_MemoryDataSize_Word;
27     SDDMA_InitStructure.DMA_Mode = DMA_Mode_Normal;
28     SDDMA_InitStructure.DMA_Priority = DMA_Priority_VeryHigh;
29     SDDMA_InitStructure.DMA_FIFOMode = DMA_FIFOMode_Enable;
30     SDDMA_InitStructure.DMA_FIFOThreshold = DMA_FIFOThreshold_Full;
31     SDDMA_InitStructure.DMA_MemoryBurst = DMA_MemoryBurst_INC4;
32     SDDMA_InitStructure.DMA_PeripheralBurst = DMA_PeripheralBurst_INC4;
33     DMA_Init(SD_SDIO_DMA_STREAM, &SDDMA_InitStructure);
34     DMA_ITConfig(SD_SDIO_DMA_STREAM, DMA_IT_TC, ENABLE);
35     DMA_FlowControllerConfig(SD_SDIO_DMA_STREAM, DMA_FlowCtrl_Peripheral);
36
37     /* 使能 DMA2 Stream3 或 Stream6*/
38     DMA_Cmd(SD_SDIO_DMA_STREAM, ENABLE);
39
40  }
41
42  /* 配置使用 DMA 接收 */
43  void SD_LowLevel_DMA_RxConfig(uint32_t *BufferDST, uint32_t BufferSize)
44  {
45      DMA_InitTypeDef SDDMA_InitStructure;
46
47      DMA_ClearFlag(SD_SDIO_DMA_STREAM,SD_SDIO_DMA_FLAG_FEIF|
48                    SD_SDIO_DMA_FLAG_DMEIF|SD_SDIO_DMA_FLAG_TEIF|
49                    SD_SDIO_DMA_FLAG_HTIF|SD_SDIO_DMA_FLAG_TCIF);
50
51      /* 关闭 DMA2 Stream3 或 Stream6*/
```

```
52      DMA_Cmd(SD_SDIO_DMA_STREAM, DISABLE);
53
54      /* 配置 DMA2 Stream3 或 Stream6*/
55      DMA_DeInit(SD_SDIO_DMA_STREAM);
56
57      SDDMA_InitStructure.DMA_Channel = SD_SDIO_DMA_CHANNEL;
58 SDDMA_InitStructure.DMA_PeripheralBaseAddr =  (uint32_t)SDIO_FIFO_ADDRESS;
60      SDDMA_InitStructure.DMA_Memory0BaseAddr = (uint32_t)BufferDST;
61      SDDMA_InitStructure.DMA_DIR = DMA_DIR_PeripheralToMemory;
62      SDDMA_InitStructure.DMA_BufferSize = 1;// 使用硬件控制数据库，此处配置不影响
63      SDDMA_InitStructure.DMA_PeripheralInc = DMA_PeripheralInc_Disable;
64      SDDMA_InitStructure.DMA_MemoryInc = DMA_MemoryInc_Enable;
65 SDDMA_InitStructure.DMA_PeripheralDataSize =  DMA_PeripheralDataSize_Word;
67      SDDMA_InitStructure.DMA_MemoryDataSize = DMA_MemoryDataSize_Word;
68      SDDMA_InitStructure.DMA_Mode = DMA_Mode_Normal;
69      SDDMA_InitStructure.DMA_Priority = DMA_Priority_VeryHigh;
70      SDDMA_InitStructure.DMA_FIFOMode = DMA_FIFOMode_Enable;
71      SDDMA_InitStructure.DMA_FIFOThreshold = DMA_FIFOThreshold_Full;
72      SDDMA_InitStructure.DMA_MemoryBurst = DMA_MemoryBurst_INC4;
73      SDDMA_InitStructure.DMA_PeripheralBurst = DMA_PeripheralBurst_INC4;
74      DMA_Init(SD_SDIO_DMA_STREAM, &SDDMA_InitStructure);
75      DMA_ITConfig(SD_SDIO_DMA_STREAM, DMA_IT_TC, ENABLE);
76      DMA_FlowControllerConfig(SD_SDIO_DMA_STREAM, DMA_FlowCtrl_Peripheral);
77
78      /* 使能 DMA2 Stream3 或 Stream6*/
79      DMA_Cmd(SD_SDIO_DMA_STREAM, ENABLE);
80 }
```

SD_LowLevel_DMA_TxConfig 函数用于配置 DMA 的 SDIO 发送请求参数，并指定发送存储器地址和大小。SD_LowLevel_DMA_RxConfig 函数用于配置 DMA 的 SDIO 接收请求参数，并指定接收存储器地址和大小。实际上，仔细分析代码可以发现，BufferSize 参数在这里没有被用到，一般在使用 DMA 参数时都指定传输的数量，DMA 控制器在传输指定的数量后自动停止，但对于 SD 卡来说，可以生成硬件控制流，在传输完目标数量数据后即控制传输停止，所以这里调用 DMA_FlowControllerConfig 函数使能 SD 卡，作为 DMA 传输停止的控制，这样无需用 BufferSize 参数也可以正确传输。对于 DMA 相关配置可以参考 DMA 章节内容。

2. 相关类型定义

打开 bsp_sdio_sd.h 文件可以发现有非常多的枚举类型定义、结构体类型定义以及宏定义，把所有的定义在这里罗列出来肯定是不现实的，此处简要介绍如下。

1）枚举类型定义：有 SD_Error、SDTransferState 和 SDCardState。SD_Error 列举了控制器可能出现的错误，比如 CRC 校验错误、CRC 校验错误、通信等待超时、FIFO 上溢或下溢、擦除命令错误等。这些错误类型部分是控制器系统寄存器的标志位，部分是通过命令的响应内容得到的。SDTransferState 定义了 SDIO 传输状态，有传输正常状态、传输忙状态和传输错误状态。SDCardState 定义卡的当前状态，比如准备状态、识别状态、待机状态、传输状态等，具体状态转换过程参考图 33-9 和图 33-10。

2）结构体类型定义：有 SD_CSD、SD_CID、SD_CardStatus 和 SD_CardInfo。SD_CSD 定

义了 SD 卡的特定数据（CSD）寄存器位，一般提供 R2 类型的响应可以获取得到 CSD 寄存器内容。SD_CID 结构体类似于 SD_CSD 结构体，它定义 SD 卡 CID 寄存器内容，也是通过 R2 响应类型获取得到。SD_CardStatus 结构体定义了 SD 卡状态，有数据宽度、卡类型、速度等级、擦除宽度、传输偏移地址等 SD 卡状态。SD_CardInfo 结构体定义了 SD 卡信息，包括了 SD_CSD 类型和 SD_CID 类型成员，还定义了卡容量、卡块大小、卡相对地址 RCA 和卡类型成员。

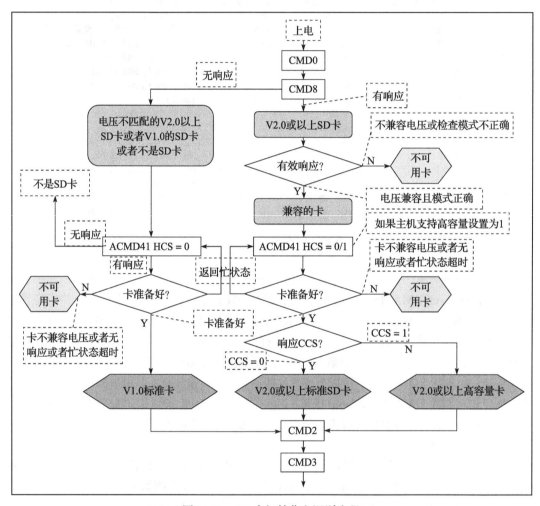

图 33-21　SD 卡初始化和识别流程

3）宏定义内容：有命令号定义、SDIO 传输方式、SD 卡插入状态以及 SD 卡类型定义。表 33-2 描述了部分命令，文件中为每个命令号定义一个宏，比如将复位 CMD0 定义为 SD_CMD_GO_IDLE_STATE，这与表 33-2 中缩写部分是类似的，所以熟悉命名用途可以更好地理解 SD 卡操作过程。SDIO 数据传输可以选择是否使用 DMA 传输，SD_DMA_MODE 宏定义选择 DMA 传输，SD_POLLING_MODE 使用普通扫描和传输，只能二选一使用。为提高

系统性能，一般使用 DMA 传输模式，ST 官方的 SD 卡驱动对这两个方式做了区分，下面对
SD 卡的操作都以 DMA 传输模式为例讲解。接下来还定义了检测 SD 卡是否正确插入的宏，
ST 官方的 SD 卡驱动以一个输入引脚电平判断 SD 卡是否正确插入，这里我们不使用，把引
脚定义去掉（不然编译出错），保留 SD_PRESENT 和 SD_NOT_PRESENT 两个宏定义。最后
定义 SD 卡具体的类型，有 V1.1 版本标准卡、V2.0 版本标准卡、高容量 SD 卡以及其他类型
卡，前面 3 个是常用的类型。

在 bsp_sdio_sd.c 文件中也有部分宏定义，这部分宏定义只能在该文件中使用。这部分宏
定义包括命令超时时间定义、OCR 寄存器位掩码、R6 响应位掩码等，这些定义更多的是为
提取特定响应位内容而设计的掩码。

因为类型定义和宏定义内容没有在此列举出来，必要时可以使用 KEIL 工具打开本章配
套例程理解清楚。同时还可了解 bsp_sdio_sd.c 文件中定义的多个不同类型变量。

接下来就根据 SD 卡识别过程和数据传输过程来理解 SD 卡驱动函数代码。这部分代码
内容非常庞大，不可能在文档中全部列出，对于部分函数只介绍其功能。

3. SD 卡初始化

SD 卡初始化过程主要是卡识别和相关 SD 卡状态获取。整个初始化函数可以实现图 33-21
中的功能。

（1）SD 卡初始化函数

代码清单 33-7 SD_Init 函数

```
1  SD_Error SD_Init(void)
2  {
3      __IO SD_Error errorstatus = SD_OK;
4
5      /************** 配置 SDIO 中断 DMA 中断 ********************/
6      NVIC_InitTypeDef NVIC_InitStructure;
7
8      // Configure the NVIC Preemption Priority Bits
9      NVIC_PriorityGroupConfig(NVIC_PriorityGroup_1);
10     NVIC_InitStructure.NVIC_IRQChannel = SDIO_IRQn;
11     NVIC_InitStructure.NVIC_IRQChannelPreemptionPriority = 1;
12     NVIC_InitStructure.NVIC_IRQChannelSubPriority = 0;
13     NVIC_InitStructure.NVIC_IRQChannelCmd = ENABLE;
14     NVIC_Init(&NVIC_InitStructure);
15     NVIC_InitStructure.NVIC_IRQChannel = SD_SDIO_DMA_IRQn;
16     NVIC_InitStructure.NVIC_IRQChannelPreemptionPriority = 1;
17     NVIC_Init(&NVIC_InitStructure);
18     /************************************************************/
19
20     /* SDIO Peripheral Low Level Init */
21     SD_LowLevel_Init();
22
23     SDIO_DeInit();
24
25     errorstatus = SD_PowerON();
26
```

```
27      if (errorstatus != SD_OK) {
28          /*!< CMD Response TimeOut (wait for CMDSENT flag) */
29          return (errorstatus);
30      }
31
32      errorstatus = SD_InitializeCards();
33
34      if (errorstatus != SD_OK) {
35          /*!< CMD Response TimeOut (wait for CMDSENT flag) */
36          return (errorstatus);
37      }
38
39      /*!< Configure the SDIO peripheral */
40      /*!< SDIO_CK = SDIOCLK / (SDIO_TRANSFER_CLK_DIV + 2) */
41      /*!< on STM32F4xx devices, SDIOCLK is fixed to 48MHz */
42      SDIO_InitStructure.SDIO_ClockDiv = SDIO_TRANSFER_CLK_DIV;
43      SDIO_InitStructure.SDIO_ClockEdge = SDIO_ClockEdge_Rising;
44      SDIO_InitStructure.SDIO_ClockBypass = SDIO_ClockBypass_Disable;
45      SDIO_InitStructure.SDIO_ClockPowerSave = SDIO_ClockPowerSave_Disable;
46      SDIO_InitStructure.SDIO_BusWide = SDIO_BusWide_1b;
47      SDIO_InitStructure.SDIO_HardwareFlowControl = SDIO_HardwareFlowControl_Disable;
49      SDIO_Init(&SDIO_InitStructure);
50
51      /*---------------- Read CSD/CID MSD registers ----------------*/
52      errorstatus = SD_GetCardInfo(&SDCardInfo);
53
54      if (errorstatus == SD_OK) {
55      /*---------------- Select Card ----------------------------*/
56       errorstatus = SD_SelectDeselect((uint32_t) (SDCardInfo.RCA << 16));
57      }
58
59      if (errorstatus == SD_OK) {
60          errorstatus = SD_EnableWideBusOperation(SDIO_BusWide_4b);
61      }
62
63      return (errorstatus);
64  }
```

该函数的部分执行流程如下：

1）配置 NVIC，SD 卡通信用到 SDIO 中断，如果用到 DMA 传输还需要配置 DMA 中断。注意中断服务函数不是定义在 stm32f4xx_it.c 文件中的，是直接定义在 bsp_sdio_sd.c 文件中，中断服务函数定义在哪个文件问题都不大，只要定义正确就可以的，编译器会自动寻找。

2）执行 SD_LowLevel_Init 函数，其功能是对底层 SDIO 引脚进行初始化以及开启相关时钟，该函数在之前已经讲解过。

3）SDIO_DeInit 函数用于解除初始化 SDIO 接口，它只是简单调用 SD_LowLevel_DeInit 函数。而 SD_LowLevel_DeInit 函数是与 SD_LowLevel_Init 函数相反功能，关闭相关时钟，关闭 SDIO 电源，让 SDIO 接近上电复位状态。恢复复位状态后再进行相关配置，可以防止部分没有配置的参数采用非默认值而导致错误，这是 ST 官方驱动常用的一种初始化方式。

4）调用 SD_PowerON 函数，它用于查询卡的工作电压和时钟控制配置，并返回 SD_Error 类型错误，该函数是整个 SD 识别精髓，有必要详细分析。

（2）SD_PowerON 函数

代码清单 33-8　SD_PowerON 函数

```
1  SD_Error SD_PowerON(void)
2  {
3      __IO SD_Error errorstatus = SD_OK;
4      uint32_t response = 0, count = 0, validvoltage = 0;
5      uint32_t SDType = SD_STD_CAPACITY;
6      /*!< 上电时序 -------------------------------------------*/
7      SDIO_InitStructure.SDIO_ClockDiv = SDIO_INIT_CLK_DIV;
8      SDIO_InitStructure.SDIO_ClockEdge = SDIO_ClockEdge_Rising;
9      SDIO_InitStructure.SDIO_ClockBypass = SDIO_ClockBypass_Disable;
10     SDIO_InitStructure.SDIO_ClockPowerSave = SDIO_ClockPowerSave_Disable;
11     SDIO_InitStructure.SDIO_BusWide = SDIO_BusWide_1b;
12     SDIO_InitStructure.SDIO_HardwareFlowControl =SDIO_HardwareFlowControl_Disable;
14     SDIO_Init(&SDIO_InitStructure);
15     /*!< 设置为上电状态 */
16     SDIO_SetPowerState(SDIO_PowerState_ON);
17     /*!< 使能 SDIO 时钟 */
18     SDIO_ClockCmd(ENABLE);
19     /*!< CMD0：进入空闲模式 -------------------------------------*/
20     SDIO_CmdInitStructure.SDIO_Argument = 0x0;
21     SDIO_CmdInitStructure.SDIO_CmdIndex = SD_CMD_GO_IDLE_STATE;
22     SDIO_CmdInitStructure.SDIO_Response = SDIO_Response_No;
23     SDIO_CmdInitStructure.SDIO_Wait = SDIO_Wait_No;
24     SDIO_CmdInitStructure.SDIO_CPSM = SDIO_CPSM_Enable;
25     SDIO_SendCommand(&SDIO_CmdInitStructure);
26     errorstatus = CmdError();
27     if (errorstatus != SD_OK) {
28         return (errorstatus);
29     }
30     /*!< CMD8：校验配置 ----------------------------------------*/
31     SDIO_CmdInitStructure.SDIO_Argument = SD_CHECK_PATTERN;
32     SDIO_CmdInitStructure.SDIO_CmdIndex = SDIO_SEND_IF_COND;
33     SDIO_CmdInitStructure.SDIO_Response = SDIO_Response_Short;
34     SDIO_CmdInitStructure.SDIO_Wait = SDIO_Wait_No;
35     SDIO_CmdInitStructure.SDIO_CPSM = SDIO_CPSM_Enable;
36     SDIO_SendCommand(&SDIO_CmdInitStructure);
37     errorstatus = CmdResp7Error();
38     if (errorstatus == SD_OK) {
39         CardType = SDIO_STD_CAPACITY_SD_CARD_V2_0; /*!< SD Card 2.0 */
40         SDType = SD_HIGH_CAPACITY;
41     } else {
42         /*!< CMD55 */
43         SDIO_CmdInitStructure.SDIO_Argument = 0x00;
44         SDIO_CmdInitStructure.SDIO_CmdIndex = SD_CMD_APP_CMD;
45         SDIO_CmdInitStructure.SDIO_Response = SDIO_Response_Short;
46         SDIO_CmdInitStructure.SDIO_Wait = SDIO_Wait_No;
47         SDIO_CmdInitStructure.SDIO_CPSM = SDIO_CPSM_Enable;
```

```
 48            SDIO_SendCommand(&SDIO_CmdInitStructure);
 49            errorstatus = CmdResp1Error(SD_CMD_APP_CMD);
 50        }
 51        /*!< CMD55 */
 52        SDIO_CmdInitStructure.SDIO_Argument = 0x00;
 53        SDIO_CmdInitStructure.SDIO_CmdIndex = SD_CMD_APP_CMD;
 54        SDIO_CmdInitStructure.SDIO_Response = SDIO_Response_Short;
 55        SDIO_CmdInitStructure.SDIO_Wait = SDIO_Wait_No;
 56        SDIO_CmdInitStructure.SDIO_CPSM = SDIO_CPSM_Enable;
 57        SDIO_SendCommand(&SDIO_CmdInitStructure);
 58        errorstatus = CmdResp1Error(SD_CMD_APP_CMD);
 59        /*!< 若 errorstatus 为命令超时，则是 MMC 卡 */
 60        /*!< 若 errorstatus 为 SD_OK，则是 SD 卡 2.0
 61            电压不匹配或是 SD card 1.x */
 62        if (errorstatus == SD_OK) {
 63            /*!< SD CARD */
 64            /*!< 发送 ACMD41 SD_APP_OP_COND 命令，参数为 0x80100000，进行电压确认 */
 65            while ((!validvoltage) && (count < SD_MAX_VOLT_TRIAL)) {
 66                /*!< 发送 CMD55 APP_CMD 命令 */
 67                SDIO_CmdInitStructure.SDIO_Argument = 0x00;
 68                SDIO_CmdInitStructure.SDIO_CmdIndex = SD_CMD_APP_CMD;
 69                SDIO_CmdInitStructure.SDIO_Response = SDIO_Response_Short;
 70                SDIO_CmdInitStructure.SDIO_Wait = SDIO_Wait_No;
 71                SDIO_CmdInitStructure.SDIO_CPSM = SDIO_CPSM_Enable;
 72                SDIO_SendCommand(&SDIO_CmdInitStructure);
 73                errorstatus = CmdResp1Error(SD_CMD_APP_CMD);
 74                if (errorstatus != SD_OK) {
 75                    return (errorstatus);
 76                }
 77        SDIO_CmdInitStructure.SDIO_Argument = SD_VOLTAGE_WINDOW_SD|SDType;
 78                SDIO_CmdInitStructure.SDIO_CmdIndex = SD_CMD_SD_APP_OP_COND;
 79                SDIO_CmdInitStructure.SDIO_Response = SDIO_Response_Short;
 80                SDIO_CmdInitStructure.SDIO_Wait = SDIO_Wait_No;
 81                SDIO_CmdInitStructure.SDIO_CPSM = SDIO_CPSM_Enable;
 82                SDIO_SendCommand(&SDIO_CmdInitStructure);
 83                errorstatus = CmdResp3Error();
 84                if (errorstatus != SD_OK) {
 85                    return (errorstatus);
 86                }
 87                response = SDIO_GetResponse(SDIO_RESP1);
 88                validvoltage = (((response >> 31) == 1) ? 1 : 0);
 89                count++;
 90            }
 91            if (count >= SD_MAX_VOLT_TRIAL) {
 92                errorstatus = SD_INVALID_VOLTRANGE;
 93                return (errorstatus);
 94            }
 95            if (response &= SD_HIGH_CAPACITY) {
 96                CardType = SDIO_HIGH_CAPACITY_SD_CARD;
 97            }
 98        }/*!< 否则是 MMC 卡 */
 99        return (errorstatus);
100    }
```

SD_PowerON 函数执行流程如下：

1）配置 SDIO_InitStructure 结构体变量成员，并调用 SDIO_Init 库函数完成 SDIO 外设的基本配置。注意此处的 SDIO 时钟分频，由于处于卡识别阶段，其时钟不能超过 400kHZ。

2）调用 SDIO_SetPowerState 函数控制 SDIO 的电源状态，给 SDIO 提供电源，并调用 ClockCmd 库函数使能 SDIO 时钟。

3）发送命令给 SD 卡。首先发送 CMD0，复位所有 SD 卡，CMD0 命令无需响应，所以调用 CmdError 函数检测错误即可。CmdError 函数用于无需响应的命令发送检测，带有等待超时检测功能，它通过不断检测 SDIO_STA 寄存器的 CMDSENT 位即可知道命令发送成功与否。如果遇到超时错误则直接退出 SD_PowerON 函数。如果无错误则执行下面程序。

4）发送 CMD8 命令，检测 SD 卡支持的操作条件。主要就是电压匹配，CMD8 的响应类型是 R7，使用 CmdResp7Error 函数可获取得到 R7 响应结果，它是通过检测 SDIO_STA 寄存器相关位完成的，并具有等待超时检测功能。如果 CmdResp7Error 函数返回值为 SD_OK，即 CMD8 有响应，可以判定 SD 卡为 V2.0 及以上的高容量 SD 卡，如果没有响应可能是 V1.1 版本卡或者是不可用卡。

5）使用 ACMD41 命令判断卡的具体类型。在发送 ACMD41 之前必须先发送 CMD55，CMD55 命令的响应类型是 R1。如果 CMD55 命令没有响应说明是 MMC 卡或不可用卡。在正确发送 CMD55 之后就可以发送 ACMD41，并根据响应判断卡类型，ACMD41 的响应号为 R3，CmdResp3Error 函数用于检测命令正确发送，并带有超时检测功能，但不具备响应内容接收功能，需要在判定命令正确发送之后调用 SDIO_GetResponse 函数才能获取响应的内容。实际上，在有响应时，SDIO 外设会自动把响应存放在 SDIO_RESPx 寄存器中，SDIO_GetResponse 函数只是根据形参返回对应响应寄存器的值。通过判定响应内容值即可确定 SD 卡类型。

6）执行 SD_PowerON 函数无错误后就已经确定了 SD 卡类型，并说明卡和主机电压是匹配的，SD 卡处于卡识别模式下的准备状态。退出 SD_PowerON 函数返回 SD_Init 函数，执行接下来代码。判断执行 SD_PowerON 函数无错误后，执行下面的 SD_InitializeCards 函数进行与 SD 卡相关的初始化，使得卡进入数据传输模式下的待机模式。

（3）SD_InitializeCards 函数

代码清单 33-9　SD_InitializeCards 函数

```
1  SD_Error SD_InitializeCards(void)
2  {
3      SD_Error errorstatus = SD_OK;
4      uint16_t rca = 0x01;
5      if (SDIO_GetPowerState() == SDIO_PowerState_OFF) {
6          errorstatus = SD_REQUEST_NOT_APPLICABLE;
7          return (errorstatus);
8      }
9      if (SDIO_SECURE_DIGITAL_IO_CARD != CardType) {
10         /*!< 发送 CMD2 ALL_SEND_CID, 要求所有卡返回 CID*/
11         SDIO_CmdInitStructure.SDIO_Argument = 0x0;
```

```
12          SDIO_CmdInitStructure.SDIO_CmdIndex = SD_CMD_ALL_SEND_CID;
13          SDIO_CmdInitStructure.SDIO_Response = SDIO_Response_Long;
14          SDIO_CmdInitStructure.SDIO_Wait = SDIO_Wait_No;
15          SDIO_CmdInitStructure.SDIO_CPSM = SDIO_CPSM_Enable;
16          SDIO_SendCommand(&SDIO_CmdInitStructure);
17          errorstatus = CmdResp2Error();
18          if (SD_OK != errorstatus) {
19              return (errorstatus);
20          }
21          CID_Tab[0] = SDIO_GetResponse(SDIO_RESP1);
22          CID_Tab[1] = SDIO_GetResponse(SDIO_RESP2);
23          CID_Tab[2] = SDIO_GetResponse(SDIO_RESP3);
24          CID_Tab[3] = SDIO_GetResponse(SDIO_RESP4);
25      }
26      if (   (SDIO_STD_CAPACITY_SD_CARD_V1_1==CardType)        ||
27             (SDIO_STD_CAPACITY_SD_CARD_V2_0==CardType)        ||
28             (SDIO_SECURE_DIGITAL_IO_COMBO_CARD == CardType)||
29             (SDIO_HIGH_CAPACITY_SD_CARD == CardType) ) {
30          /*!< 发送 CMD3 SET_REL_ADDR */
31          /*!< 要求返回自己的 RCA 地址 */
32          SDIO_CmdInitStructure.SDIO_Argument = 0x00;
33          SDIO_CmdInitStructure.SDIO_CmdIndex = SD_CMD_SET_REL_ADDR;
34          SDIO_CmdInitStructure.SDIO_Response = SDIO_Response_Short;
35          SDIO_CmdInitStructure.SDIO_Wait = SDIO_Wait_No;
36          SDIO_CmdInitStructure.SDIO_CPSM = SDIO_CPSM_Enable;
37          SDIO_SendCommand(&SDIO_CmdInitStructure);
38          errorstatus = CmdResp6Error(SD_CMD_SET_REL_ADDR, &rca);
39          if (SD_OK != errorstatus) {
40              return (errorstatus);
41          }
42      }
43      if (SDIO_SECURE_DIGITAL_IO_CARD != CardType) {
44          RCA = rca;
45          /*!< 发送 CMD9 SEND_CSD, 使用 RCA 地址, 获取该卡的 CSD 寄存器 */
46          SDIO_CmdInitStructure.SDIO_Argument = (uint32_t)(rca << 16);
47          SDIO_CmdInitStructure.SDIO_CmdIndex = SD_CMD_SEND_CSD;
48          SDIO_CmdInitStructure.SDIO_Response = SDIO_Response_Long;
49          SDIO_CmdInitStructure.SDIO_Wait = SDIO_Wait_No;
50          SDIO_CmdInitStructure.SDIO_CPSM = SDIO_CPSM_Enable;
51          SDIO_SendCommand(&SDIO_CmdInitStructure);
52          errorstatus = CmdResp2Error();
53          if (SD_OK != errorstatus) {
54              return (errorstatus);
55          }
56          CSD_Tab[0] = SDIO_GetResponse(SDIO_RESP1);
57          CSD_Tab[1] = SDIO_GetResponse(SDIO_RESP2);
58          CSD_Tab[2] = SDIO_GetResponse(SDIO_RESP3);
59          CSD_Tab[3] = SDIO_GetResponse(SDIO_RESP4);
60      }
61      errorstatus = SD_OK; /*!< All cards get intialized */
62      return (errorstatus);
63  }
```

SD_InitializeCards 函数执行流程如下：

1）判断 SDIO 电源是否启动，如果没有启动电源则返回错误。

2）SD 卡不是 SD I/O 卡时会进入 if 判断，执行发送 CMD2。CMD2 是用于通知所有卡通过 CMD 线返回 CID 值，执行 CMD2 发送之后就可以使用 CmdResp2Error 函数获取 CMD2 命令发送情况，发送无错误后即可以使用 SDIO_GetResponse 函数获取响应内容。它是个长响应，我们把 CMD2 响应内容存放在 CID_Tab 数组内。

3）发送 CMD2 之后紧接着就发送 CMD3，用于指示 SD 卡自行推荐 RCA 地址。CMD3 的响应为 R6 类型，CmdResp6Error 函数用于检查 R6 响应错误。它有两个形参，一个是命令号，这里为 CMD3；另外一个是 RCA 数据指针，这里使用 rca 变量的地址赋值给它，使得在 CMD3 正确响应之后 rca 变量即存放 SD 卡的 RCA。R6 响应还有一部分位用于指示卡的状态，CmdResp6Error 函数通常会对每个错误位进行必要的检测，如果发现有错误存在则直接返回对应错误类型。执行完 CmdResp6Error 函数之后返回到 SD_InitializeCards 函数中，如果判断无错误，说明此刻 SD 卡已经处于数据传输模式。

4）发送 CMD9 给指定 RCA 的 SD 卡，使其发送返回其 CSD 寄存器内容，这里的 RCA 就是在 CmdResp6Error 函数中得到的 rca。最后把响应内容存放在 CSD_Tab 数组中。

执行 SD_InitializeCards 函数无错误后，SD 卡就已经处于数据传输模式下的待机状态，退出 SD_InitializeCards 后会返回前面的 SD_Init 函数，执行接下来代码。以下是 SD_Init 函数的后续执行过程：

1）重新配置 SDIO 外设，提高时钟频率。之前的卡识别模式都设定 CMD 线时钟为小于 400kHZ，进入数据传输模式可以把时钟设置为小于 25MHz，以便提高数据传输速率。

2）调用 SD_GetCardInfo 函数获取 SD 卡信息。它需要一个指向 SD_CardInfo 类型变量地址的指针形参，这里赋值为 SDCardInfo 变量的地址。SD 卡信息主要是 CID 和 CSD 寄存器内容，这两个寄存器内容在 SD_InitializeCards 函数中都完成读取过程，并将其分别存放在 CID_Tab 数组和 CSD_Tab 数组中，所以 SD_GetCardInfo 函数只是简单地把这两个数组内容整合复制到 SDCardInfo 变量对应成员内。正确执行 SD_GetCardInfo 函数后，SDCardInfo 变量中就存放了 SD 卡的很多状态信息，这在之后的应用中使用频率是很高的。

3）调用 SD_SelectDeselect 函数用于选择特定 RCA 的 SD 卡。它实际上是向 SD 卡发送 CMD7。执行之后，SD 卡就从待机状态转变为传输模式，可以说数据传输已经是万事俱备了。

4）扩展数据线宽度。之前的所有操作都是使用一根数据线传输完成的，使用 4 根数据线可以提高传输性能，调用 SD_EnableWideBusOperation 可以设置数据线宽度，它函数只有一个形参，用于指定数据线宽度。在 SD_EnableWideBusOperation 函数中，调用了 SDEnWideBus 函数使能使用宽数据线，然后传输 SDIO_InitTypeDef 类型变量，并使用 SDIO_Init 函数完成使用 4 根数据线配置。

至此，SD_Init 函数已经全部执行完成。如果程序可以正确执行，接下来就可以进行 SD 卡读写以及擦除等操作。虽然 bsp_sdio_sd.c 文件看起来非常长，但在 SD_Init 函数分析过程就已经涉及了差不多一半的内容，另外一半内容主要就是读、写或擦除相关函数。

4. SD 卡数据操作

SD 卡数据操作一般包括数据读取、数据写入以及存储区擦除。数据读取和写入都可以分为单块操作和多块操作。

（1）擦除函数

代码清单 33-10　SD_Erase 函数

```
1  SD_Error SD_Erase(uint64_t startaddr, uint64_t endaddr)
2  {
3      SD_Error errorstatus = SD_OK;
4      uint32_t delay = 0;
5      __IO uint32_t maxdelay = 0;
6      uint8_t cardstate = 0;
7      /*!< 检查该卡是否支持擦除命令 */
8      if (((CSD_Tab[1] >> 20) & SD_CCCC_ERASE) == 0) {
9          errorstatus = SD_REQUEST_NOT_APPLICABLE;
10         return (errorstatus);
11     }
12     maxdelay = 120000 / ((SDIO->CLKCR & 0xFF) + 2);
13     if (SDIO_GetResponse(SDIO_RESP1) & SD_CARD_LOCKED) {
14         errorstatus = SD_LOCK_UNLOCK_FAILED;
15         return (errorstatus);
16     }
17     if (CardType == SDIO_HIGH_CAPACITY_SD_CARD) {
18         startaddr /= 512;
19         endaddr /= 512;
20     }
21     /*!< 使用命令 ERASE_GROUP_START (CMD32) 和 erase_group_end(CMD33) */
22     if (   (SDIO_STD_CAPACITY_SD_CARD_V1_1 == CardType) ||
23            (SDIO_STD_CAPACITY_SD_CARD_V2_0 == CardType) ||
24            (SDIO_HIGH_CAPACITY_SD_CARD == CardType)      ) {
25         /*!< 发送 CMD32 SD_ERASE_GRP_START 命令，参数为要擦除的起始地址 */
26         SDIO_CmdInitStructure.SDIO_Argument =(uint32_t)startaddr;
27         SDIO_CmdInitStructure.SDIO_CmdIndex = SD_CMD_SD_ERASE_GRP_START;
28         SDIO_CmdInitStructure.SDIO_Response = SDIO_Response_Short;
29         SDIO_CmdInitStructure.SDIO_Wait = SDIO_Wait_No;
30         SDIO_CmdInitStructure.SDIO_CPSM = SDIO_CPSM_Enable;
31         SDIO_SendCommand(&SDIO_CmdInitStructure);
32         errorstatus = CmdResp1Error(SD_CMD_SD_ERASE_GRP_START);
33         if (errorstatus != SD_OK) {
34             return (errorstatus);
35         }
36         /*!< 发送 CMD33 SD_ERASE_GRP_END 命令，参数为要擦除的结束地址 */
37         SDIO_CmdInitStructure.SDIO_Argument = (uint32_t)endaddr;
38         SDIO_CmdInitStructure.SDIO_CmdIndex = SD_CMD_SD_ERASE_GRP_END;
39         SDIO_CmdInitStructure.SDIO_Response = SDIO_Response_Short;
40         SDIO_CmdInitStructure.SDIO_Wait = SDIO_Wait_No;
41         SDIO_CmdInitStructure.SDIO_CPSM = SDIO_CPSM_Enable;
42         SDIO_SendCommand(&SDIO_CmdInitStructure);
43         errorstatus = CmdResp1Error(SD_CMD_SD_ERASE_GRP_END);
44         if (errorstatus != SD_OK) {
45             return (errorstatus);
```

```
46              }
47          }
48      /*!< 发送 CMD38, 开始擦除 */
49      SDIO_CmdInitStructure.SDIO_Argument = 0;
50      SDIO_CmdInitStructure.SDIO_CmdIndex = SD_CMD_ERASE;
51      SDIO_CmdInitStructure.SDIO_Response = SDIO_Response_Short;
52      SDIO_CmdInitStructure.SDIO_Wait = SDIO_Wait_No;
53      SDIO_CmdInitStructure.SDIO_CPSM = SDIO_CPSM_Enable;
54      SDIO_SendCommand(&SDIO_CmdInitStructure);
55      errorstatus = CmdResp1Error(SD_CMD_ERASE);
56      if (errorstatus != SD_OK) {
57          return (errorstatus);
58      }
59      for (delay = 0; delay < maxdelay; delay++) {
60      }
61      /*!< 等待卡的内部时序操作结束 (卡擦除需要一定时间)*/
62      errorstatus = IsCardProgramming(&cardstate);
63      delay = SD_DATATIMEOUT;
64      while ((delay > 0) && (errorstatus == SD_OK) &&
65      ((SD_CARD_PROGRAMMING == cardstate)||(SD_CARD_RECEIVING == cardstate))) {
66          errorstatus = IsCardProgramming(&cardstate);
67          delay--;
68      }
69      return (errorstatus);
70  }
```

SD_Erase 函数用于擦除 SD 卡指定地址范围内的数据。该函数接收两个参数：一个是擦除的起始地址，另外一个是擦除的结束地址。对于高容量 SD 卡都是以块大小（512 字节）进行擦除的，所以保证字节对齐是程序员的责任。SD_Erase 函数的执行流程如下：

1）检查 SD 卡是否支持擦除功能，如果不支持则直接返回错误。为保证擦除指令正常进行，要求主机遵循下面的命令序列发送指令：CMD32->CMD33->CMD38。如果发送顺序不对，SD 卡会设置 ERASE_SEQ_ERROR 位到状态寄存器。

2）SD_Erase 函数发送 CMD32 指令用于设定擦除块开始地址，在执行无错误后发送 CMD33 设置擦除块的结束地址。

3）发送擦除命令 CMD38，使得 SD 卡进行擦除操作。SD 卡擦除操作由 SD 卡内部控制完成，擦除后是 0xff 还是 0x00 由厂家决定。擦除操作需要花费一定时间，这段时间不能对 SD 卡进行其他操作。

4）通过 IsCardProgramming 函数可以检测 SD 卡是否处于编程状态（即卡内部的擦写状态），需要确保 SD 卡擦除完成才退出 SD_Erase 函数。IsCardProgramming 函数先通过发送 CMD13 命令 SD 卡发送它的状态寄存器内容，并对响应内容进行分析得出当前 SD 卡的状态以及可能发送的错误。

（2）数据写入操作

数据写入可分为单块数据写入和多块数据写入，这里只分析单块数据写入，多块的与之类似。SD 卡数据写入之前并没有硬性要求擦除写入块，这与 SPI Flash 芯片写入是不同的。ST

官方的 SD 卡写入函数包括扫描查询方式和 DMA 传输方式，我们这里只介绍 DMA 传输模式。

代码清单 33-11 SD_WriteBlock 函数

```
 1 SD_Error SD_WriteBlock(uint8_t *writebuff, uint64_t WriteAddr,
 2                        uint16_t BlockSize)
 3 {
 4     SD_Error errorstatus = SD_OK;
 5     TransferError = SD_OK;
 6     TransferEnd = 0;
 7     StopCondition = 0;
 8     SDIO->DCTRL = 0x0;
 9 #if defined (SD_DMA_MODE)
10     SDIO_ITConfig(SDIO_IT_DCRCFAIL | SDIO_IT_DTIMEOUT | SDIO_IT_DATAEND |
11                   SDIO_IT_RXOVERR | SDIO_IT_STBITERR, ENABLE);
12     SD_LowLevel_DMA_TxConfig((uint32_t *)writebuff, BlockSize);
13     SDIO_DMACmd(ENABLE);
14 #endif
15     if (CardType == SDIO_HIGH_CAPACITY_SD_CARD) {
16         BlockSize = 512;
17         WriteAddr /= 512;
18     }
19     /* 设置卡的 Block（块）大小 */
20     SDIO_CmdInitStructure.SDIO_Argument = (uint32_t) BlockSize;
21     SDIO_CmdInitStructure.SDIO_CmdIndex = SD_CMD_SET_BLOCKLEN;
22     SDIO_CmdInitStructure.SDIO_Response = SDIO_Response_Short;
23     SDIO_CmdInitStructure.SDIO_Wait = SDIO_Wait_No;
24     SDIO_CmdInitStructure.SDIO_CPSM = SDIO_CPSM_Enable;
25     SDIO_SendCommand(&SDIO_CmdInitStructure);
26     errorstatus = CmdResp1Error(SD_CMD_SET_BLOCKLEN);
27     if (SD_OK != errorstatus) {
28         return (errorstatus);
29     }
30     /*!< 发送 CMD24 WRITE_SINGLE_BLOCK, 写入单个数据块 */
31     SDIO_CmdInitStructure.SDIO_Argument = (uint32_t)WriteAddr;
32     SDIO_CmdInitStructure.SDIO_CmdIndex = SD_CMD_WRITE_SINGLE_BLOCK;
33     SDIO_CmdInitStructure.SDIO_Response = SDIO_Response_Short;
34     SDIO_CmdInitStructure.SDIO_Wait = SDIO_Wait_No;
35     SDIO_CmdInitStructure.SDIO_CPSM = SDIO_CPSM_Enable;
36     SDIO_SendCommand(&SDIO_CmdInitStructure);
37     errorstatus = CmdResp1Error(SD_CMD_WRITE_SINGLE_BLOCK);
38
39     if (errorstatus != SD_OK) {
40         return (errorstatus);
41     }
42     SDIO_DataInitStructure.SDIO_DataTimeOut = SD_DATATIMEOUT;
43     SDIO_DataInitStructure.SDIO_DataLength = BlockSize;
44     SDIO_DataInitStructure.SDIO_DataBlockSize = (uint32_t) 9 << 4;
45     SDIO_DataInitStructure.SDIO_TransferDir = SDIO_TransferDir_ToCard;
46     SDIO_DataInitStructure.SDIO_TransferMode = SDIO_TransferMode_Block;
47     SDIO_DataInitStructure.SDIO_DPSM = SDIO_DPSM_Enable;
48     SDIO_DataConfig(&SDIO_DataInitStructure);
49     return (errorstatus);
50 }
```

SD_WriteBlock 函数用于向指定的目标地址写入一个块的数据，它有 3 个形参，分别为指向待写入数据的首地址的指针变量、目标写入地址和块大小。块大小一般都设置为 512 字节。SD_WriteBlock 写入函数的执行流程如下：

1）SD_WriteBlock 函数开始清理 SDIO 数据控制寄存器（SDIO_DCTRL），复位之前的传输设置。

2）调用 SDIO_ITConfig 函数使能相关中断，包括数据 CRC 失败中断、数据超时中断、数据结束中断等。

3）调用 SD_LowLevel_DMA_TxConfig 函数，配置使能 SDIO 数据向 SD 卡的数据传输的 DMA 请求，该函数可以参考代码清单 33-6。为使 SDIO 发送 DMA 请求，需要调用 SDIO_DMACmd 函数使能。对于高容量的 SD 卡要求块大小必须为 512 字节，程序员有责任保证数据写入地址与块大小的字节对齐问题。

4）对 SD 卡进行数据读写之前，都必须发送 CMD16 指定块的大小，对于标准卡，要写入 BlockSize 长度字节的块；对于 SDHC 卡，写入 512 字节的块。接下来就可以发送块写入命令 CMD24，通知 SD 卡要进行数据写入操作，并指定待写入数据的目标地址。

5）利用 SDIO_DataInitTypeDef 结构体类型变量配置数据传输的超时、块数量、数据块大小、数据传输方向等参数，并使用 SDIO_DataConfig 函数完成数据传输环境配置。

执行完以上代码后，SDIO 外设会自动生成 DMA 发送请求，将指定数据使用 DMA 传输写入 SD 卡内。

（3）写入操作等待函数

SD_WaitWriteOperation 函数用于检测和等待数据写入完成，在调用数据写入函数之后一般都需要调用。SD_WaitWriteOperation 函数不仅适用于单块写入函数，也适用于多块写入函数。

代码清单 33-12　SD_WaitWriteOperation 函数

```
1 SD_Error SD_WaitWriteOperation(void)
2 {
3     SD_Error errorstatus = SD_OK;
4     uint32_t timeout;
5
6     timeout = SD_DATATIMEOUT;
7     while (   (DMAEndOfTransfer == 0x00) && (TransferEnd == 0) &&
8               (TransferError == SD_OK) && (timeout > 0)   ) {
9         timeout--;
10    }
11    DMAEndOfTransfer = 0x00;
12    timeout = SD_DATATIMEOUT;
13    while (((SDIO->STA & SDIO_FLAG_TXACT)) && (timeout > 0)) {
14        timeout--;
15    }
16    if (StopCondition == 1) {
17        errorstatus = SD_StopTransfer();
18        StopCondition = 0;
19    }
```

```
20      if ((timeout == 0) && (errorstatus == SD_OK)) {
21          errorstatus = SD_DATA_TIMEOUT;
22      }
23      /*!< 清除所有静态标志 */
24      SDIO_ClearFlag(SDIO_STATIC_FLAGS);
25      if (TransferError != SD_OK) {
26          return (TransferError);
27      } else {
28          return (errorstatus);
29      }
30 }
```

该函数开始等待当前块数据正确传输完成，并添加了超时检测功能。然后不停地检测 SDIO_STA 寄存器的 TXACT 位，以等待数据写入完成。对于多块数据写入操作需要调用 SD_StopTransfer 函数停止数据传输，而单块写入则不需要。SD_StopTransfer 函数实际上是向 SD 卡发送 CMD12 命令，该命令专门用于停止数据传输，SD 卡系统保证在主机发送 CMD12 之后整块传输完后才停止数据传输。最后，SD_WaitWriteOperation 函数清除相关标志位并返回错误。

（4）数据读取操作

同向 SD 卡写入数据类似，从 SD 卡读取数据可分为单块读取和多块读取。这里这介绍单块读操作函数，多块读操作类似理解即可。

代码清单 33-13　SD_ReadBlock 函数

```
 1 SD_Error SD_ReadBlock(uint8_t *readbuff, uint64_t ReadAddr,
 2                     uint16_t BlockSize)
 3 {
 4     SD_Error errorstatus = SD_OK;
 5     TransferError = SD_OK;
 6     TransferEnd = 0;
 7     StopCondition = 0;
 8
 9     SDIO->DCTRL = 0x0;
10 #if defined (SD_DMA_MODE)
11     SDIO_ITConfig(SDIO_IT_DCRCFAIL | SDIO_IT_DTIMEOUT | SDIO_IT_DATAEND |
12                   SDIO_IT_RXOVERR | SDIO_IT_STBITERR, ENABLE);
13     SDIO_DMACmd(ENABLE);
14     SD_LowLevel_DMA_RxConfig((uint32_t *)readbuff, BlockSize);
15 #endif
16     if (CardType == SDIO_HIGH_CAPACITY_SD_CARD) {
17         BlockSize = 512;
18         ReadAddr /= 512;
19     }
20     /* 设置卡的 Block（块）大小 */
21     SDIO_CmdInitStructure.SDIO_Argument = (uint32_t) BlockSize;
22     SDIO_CmdInitStructure.SDIO_CmdIndex = SD_CMD_SET_BLOCKLEN;
23     SDIO_CmdInitStructure.SDIO_Response = SDIO_Response_Short;
24     SDIO_CmdInitStructure.SDIO_Wait = SDIO_Wait_No;
25     SDIO_CmdInitStructure.SDIO_CPSM = SDIO_CPSM_Enable;
```

```
26      SDIO_SendCommand(&SDIO_CmdInitStructure);
27      errorstatus = CmdResp1Error(SD_CMD_SET_BLOCKLEN);
28      if (SD_OK != errorstatus) {
29          return (errorstatus);
30      }
31      SDIO_DataInitStructure.SDIO_DataTimeOut = SD_DATATIMEOUT;
32      SDIO_DataInitStructure.SDIO_DataLength = BlockSize;
33      SDIO_DataInitStructure.SDIO_DataBlockSize = (uint32_t) 9 << 4;
34      SDIO_DataInitStructure.SDIO_TransferDir = SDIO_TransferDir_ToSDIO;
35      SDIO_DataInitStructure.SDIO_TransferMode = SDIO_TransferMode_Block;
36      SDIO_DataInitStructure.SDIO_DPSM = SDIO_DPSM_Enable;
37      SDIO_DataConfig(&SDIO_DataInitStructure);
38      /*!< 使用 CMD17 READ_SINGLE_BLOCK, 读取一个数据块 */
39      SDIO_CmdInitStructure.SDIO_Argument = (uint32_t)ReadAddr;
40      SDIO_CmdInitStructure.SDIO_CmdIndex = SD_CMD_READ_SINGLE_BLOCK;
41      SDIO_CmdInitStructure.SDIO_Response = SDIO_Response_Short;
42      SDIO_CmdInitStructure.SDIO_Wait = SDIO_Wait_No;
43      SDIO_CmdInitStructure.SDIO_CPSM = SDIO_CPSM_Enable;
44      SDIO_SendCommand(&SDIO_CmdInitStructure);
45      errorstatus = CmdResp1Error(SD_CMD_READ_SINGLE_BLOCK);
46      if (errorstatus != SD_OK) {
47          return (errorstatus);
48      }
49      return (errorstatus);
50  }
```

数据读取操作与数据写入操作编程流程类似，只是数据传输方向改变，使用到的 SD 命令号也有所不同而已。SD_ReadBlock 函数有 3 个形参，分别为数据读取存储器的指针、数据读取起始目标地址和单块长度。SD_ReadBlock 函数执行流程如下：

1）清理 SDIO 外设的数据控制寄存器（SDIO_DCTRL），复位之前的传输设置。

2）调用 SDIO_ITConfig 函数使能相关中断，包括数据 CRC 失败中断、数据超时中断、数据结束中断等。然后调用 SD_LowLevel_DMA_RxConfig 函数，配置使能 SDIO 从 SD 卡的读取数据的 DMA 请求，该函数可以参考代码清单 33-6。为使 SDIO 发送 DMA 请求，需要调用 SDIO_DMACmd 函数使能。对于高容量的 SD 卡要求块大小必须为 512 字节，程序员有责任保证目标读取地址与块大小的字节对齐问题。

3）对 SD 卡进行数据读写之前，都必须发送 CMD16 命令指定块的大小，对于标准卡，写入 BlockSize 长度字节的块；对于 SDHC 卡，写入 512 字节的块。

4）利用 SDIO_DataInitTypeDef 结构体类型变量配置数据传输的超时、块数量、数据块大小、数据传输方向等参数，并使用 SDIO_DataConfig 函数完成数据传输环境配置。

5）控制器向 SD 卡发送单块读数据命令 CMD17，SD 卡在接收到命令后就会通过数据线把数据传输到控制器数据 FIFO 内，并自动生成 DMA 传输请求。

（5）读取操作等待函数

SD_WaitReadOperation 函数用于等待数据读取操作完成，只有确保数据读取完成了我们才可以放心使用数据。SD_WaitReadOperation 函数适用于单块读取函数和多块读取函数。

代码清单 33-14 SD_WaitReadOperation 函数

```
1 SD_Error SD_WaitReadOperation(void)
2 {
3     SD_Error errorstatus = SD_OK;
4     uint32_t timeout;
5
6     timeout = SD_DATATIMEOUT;
7     while ((DMAEndOfTransfer == 0x00) && (TransferEnd == 0) &&
8            (TransferError == SD_OK) && (timeout > 0)) {
9         timeout--;
10    }
11
12    DMAEndOfTransfer = 0x00;
13    timeout = SD_DATATIMEOUT;
14    while (((SDIO->STA & SDIO_FLAG_RXACT)) && (timeout > 0)) {
15        timeout--;
16    }
17    if (StopCondition == 1) {
18        errorstatus = SD_StopTransfer();
19        StopCondition = 0;
20    }
21    if ((timeout == 0) && (errorstatus == SD_OK)) {
22        errorstatus = SD_DATA_TIMEOUT;
23    }
24    /*!< 清除所有静态标志 */
25    SDIO_ClearFlag(SDIO_STATIC_FLAGS);
26    if (TransferError != SD_OK) {
27        return (TransferError);
28    } else {
29        return (errorstatus);
30    }
31 }
```

该函数开始等待当前块数据正确传输完成，并添加了超时检测功能。然后不停地检测 SDIO_STA 寄存器的 RXACT 位，以等待数据读取完成。对于多块数据读取操作需要调用 SD_StopTransfer 函数停止数据传输，而单块写入则不需要。该函数最后是清除相关标志位并返回错误。

5. SDIO 中断服务函数

在进行数据传输操作时都会使能相关标志中断，用于跟踪传输进程和错误检测。如果使用 DMA 传输，也会使能 DMA 相关中断。为简化代码，加之 SDIO 中断服务函数内容一般不会修改，将中断服务函数放在 bsp_sdio_sd.c 文件中，而不是放在常用于存放中断服务函数的 stm32f4xx_it.c 文件中。

代码清单 33-15 SDIO 中断服务函数

```
1 void SDIO_IRQHandler(void)
2 {
3     /* 处理所有 SDIO 相关的中断 */
4     SD_ProcessIRQSrc();
```

```
 5 }
 6
 7 SD_Error SD_ProcessIRQSrc(void)
 8 {
 9     if (SDIO_GetITStatus(SDIO_IT_DATAEND) != RESET) {
10         TransferError = SD_OK;
11         SDIO_ClearITPendingBit(SDIO_IT_DATAEND);
12         TransferEnd = 1;
13     } else if (SDIO_GetITStatus(SDIO_IT_DCRCFAIL) != RESET) {
14         SDIO_ClearITPendingBit(SDIO_IT_DCRCFAIL);
15         TransferError = SD_DATA_CRC_FAIL;
16     } else if (SDIO_GetITStatus(SDIO_IT_DTIMEOUT) != RESET) {
17         SDIO_ClearITPendingBit(SDIO_IT_DTIMEOUT);
18         TransferError = SD_DATA_TIMEOUT;
19     } else if (SDIO_GetITStatus(SDIO_IT_RXOVERR) != RESET) {
20         SDIO_ClearITPendingBit(SDIO_IT_RXOVERR);
21         TransferError = SD_RX_OVERRUN;
22     } else if (SDIO_GetITStatus(SDIO_IT_TXUNDERR) != RESET) {
23         SDIO_ClearITPendingBit(SDIO_IT_TXUNDERR);
24         TransferError = SD_TX_UNDERRUN;
25     } else if (SDIO_GetITStatus(SDIO_IT_STBITERR) != RESET) {
26         SDIO_ClearITPendingBit(SDIO_IT_STBITERR);
27         TransferError = SD_START_BIT_ERR;
28     }
29
30     SDIO_ITConfig(SDIO_IT_DCRCFAIL | SDIO_IT_DTIMEOUT | SDIO_IT_DATAEND |
31                   SDIO_IT_TXFIFOHE | SDIO_IT_RXFIFOHF | SDIO_IT_TXUNDERR|
32                   SDIO_IT_RXOVERR | SDIO_IT_STBITERR, DISABLE);
33     return (TransferError);
34 }
```

SDIO 中断服务函数 SDIO_IRQHandler 会直接调用 SD_ProcessIRQSrc 函数执行。SD_ProcessIRQSrc 函数通过多个 if 判断语句分辨中断源，并对传输错误标志变量 TransferError 赋值以指示当前传输状态。最后禁用 SDIO 中断。

代码清单 33-16　DMA 请求中断

```
 1 void SD_SDIO_DMA_IRQHANDLER(void)
 2 {
 3     /* 处理 DMA2 Stream3 或 DMA2 Stream6 中断 */
 4     SD_ProcessDMAIRQ();
 5 }
 6
 7 void SD_ProcessDMAIRQ(void)
 8 {
 9     if (DMA2->LISR & SD_SDIO_DMA_FLAG_TCIF) {
10         DMAEndOfTransfer = 0x01;
11         DMA_ClearFlag(SD_SDIO_DMA_STREAM,
12                       SD_SDIO_DMA_FLAG_TCIF|SD_SDIO_DMA_FLAG_FEIF);
13     }
14 }
```

SD_SDIO_DMA_IRQHANDLER 函数是 DMA 传输中断服务函数，它直接调用 SD_ProcessDMAIRQ 函数执行。SD_ProcessDMAIRQ 函数主要是判断 DMA 的传输完成标志位。

至此，我们已经介绍了 SD 卡初始化、SD 卡数据操作的基础功能函数以及 SDIO 相关中断服务函数内容，很多时候这些函数已经足够我们使用了。接下来我们就编写一些简单的测试程序，验证移植的正确性。

6. 测试函数

测试 SD 卡部分的函数是我们自己编写的，存放在 sdio_test.c 文件中。

（1）SD 卡测试函数

代码清单 33-17　SD_Test

```
1 void SD_Test(void)
2 {
3     LED_BLUE;
4     /*-------------------------- SD 卡初始化 -------------------------- */
5     /* SD 卡使用 SDIO 中断及 DMA 中断接收数据，中断服务程序位于 bsp_sdio_sd.c 文件尾 */
6     if ((Status = SD_Init()) != SD_OK) {
7         LED_RED;
8  printf("SD 卡初始化失败，请确保 SD 卡已正确接入开发板，或换一张 SD 卡测试！ \n");
9     } else {
10         printf("SD 卡初始化成功！ \n");
11     }
12     if (Status == SD_OK) {
13         LED_BLUE;
14         /* 擦除测试 */
15         SD_EraseTest();
16
17         LED_BLUE;
18         /*single block 读写测试 */
19         SD_SingleBlockTest();
20
21         // 暂不支持直接多块读写，多块读写可用多个单块读写流程代替
22         LED_BLUE;
23         /*muti block 读写测试 */
24         SD_MultiBlockTest();
25     }
26 }
```

测试程序以开发板上 LED 指示测试结果，同时打印相关测试结果到串口调试助手。测试程序先调用 SD_Init 函数完成 SD 卡初始化，该函数具体代码参考代码清单 33-7，如果初始化成功就可以进行数据操作测试。

（2）SD 卡擦除测试

代码清单 33-18　SD_EraseTest

```
1 void SD_EraseTest(void)
2 {
3     /*------------------- 块擦除 -------------------------------*/
4     if (Status == SD_OK) {
```

```
 5                /* 擦除 NumberOfBlocks 个数据块，每个块大小为 */
 6                Status = SD_Erase(0x00, (BLOCK_SIZE * NUMBER_OF_BLOCKS));
 7        }
 8
 9    if (Status == SD_OK) {
10            Status = SD_ReadMultiBlocks(Buffer_MultiBlock_Rx, 0x00,
11                                        BLOCK_SIZE, NUMBER_OF_BLOCKS);
12
13            /* 检查传输是否完成 */
14            Status = SD_WaitReadOperation();
15
16            /* 等待 DMA 传输结束 */
17            while (SD_GetStatus() != SD_TRANSFER_OK);
18        }
19
20    /* 检查操作的扇区是否被正常擦除（擦除后数据等于 0xFF 或 0x00）*/
21    if (Status == SD_OK) {
22            EraseStatus = eBuffercmp(Buffer_MultiBlock_Rx, MULTI_BUFFER_SIZE);
23        }
24
25    if (EraseStatus == PASSED) {
26            LED_GREEN;
27            printf("SD 卡擦除测试成功！\n");
28        } else {
29            LED_BLUE;
30            printf("SD 卡擦除测试失败！\n");
31            printf(" 温馨提示：部分 SD 卡不支持擦除测试，若 SD 卡能通过下面的 single \
32                    读写测试，即表示 SD 卡能够正常使用。\n");
33        }
34 }
```

SD_EraseTest 函数主要编程思路是擦除一定数量的数据块，接着读取已擦除块的数据，把读取到的数据与 0xff 或者 0x00 比较，得出擦除结果。

SD_Erase 函数用于擦除指定地址空间，源代码参考代码清单 33-10。它接收两个参数，指定擦除空间的起始地址和终止地址。如果 SD_Erase 函数返回正确，表示擦除成功则执行数据块读取；如果 SD_Erase 函数返回错误，表示 SD 卡擦除失败。并不是所有卡都能擦除成功的，部分卡虽然擦除失败，但数据读写操作也是可以正常执行的。这里使用多块读取函数 SD_ReadMultiBlocks，它有 4 个形参，分别为读取数据存储器、读取数据目标地址、块大小以及块数量，函数后面都会跟随等待数据传输完成相关处理代码。接下来会调用 eBuffercmp 函数判断擦除结果，它有两个形参，分别为数据指针和数据字节长度，它实际上是把数据存储器内所有数据都与 0xff 或 0x00 做比较，只要出现这两个数之外的数据就报错退出。

（3）单块读写测试

代码清单 33-19　SD_SingleBlockTest 函数

```
1 void SD_SingleBlockTest(void)
2 {
3     /*-------------------- 块读写 --------------------------*/
```

```
 4        /* 填充要写入的数据缓冲区 */
 5        Fill_Buffer(Buffer_Block_Tx, BLOCK_SIZE, 0x320F);
 6
 7    if (Status == SD_OK) {
 8        /* 向地址 0 写入数据块（512 字节）*/
 9        Status = SD_WriteBlock(Buffer_Block_Tx, 0x00, BLOCK_SIZE);
10        /* 检查传输是否完成 */
11        Status = SD_WaitWriteOperation();
12        while (SD_GetStatus() != SD_TRANSFER_OK);
13    }
14    if (Status == SD_OK) {
15        /* 从地址 0 读取数据块（512 字节）*/
16        Status = SD_ReadBlock(Buffer_Block_Rx, 0x00, BLOCK_SIZE);
17        /* 检查传输是否完成 */
18        Status = SD_WaitReadOperation();
19        while (SD_GetStatus() != SD_TRANSFER_OK);
20    }
21    /* 检查读出的数据与写入的数据是否一致 */
22    if (Status == SD_OK) {
23        TransferStatus1 = Buffercmp(Buffer_Block_Tx,
24                                    Buffer_Block_Rx, BLOCK_SIZE);
25    }
26    if (TransferStatus1 == PASSED) {
27        LED_GREEN;
28        printf("Single block 测试成功! \n");
29    } else {
30      LED_RED;
31 printf("Single block 测试失败，请确保 SD 卡正确接入开发板，或换一张 SD 卡测试! \n");
32    }
33 }
```

SD_SingleBlockTest 函数主要编程思想是首先填充一个块大小的存储器，通过写入操作把数据写入 SD 卡内，然后通过读取操作读取数据到另外的存储器，再对比存储器内容得出读写操作是否正确。

SD_SingleBlockTest 函数一开始调用 Fill_Buffer 函数用于填充存储器内容，它只是简单地使用 for 循环赋值方法给存储区填充数据，它有 3 个形参，分别为存储区指针、填充字节数和起始数选择，这里的起始数选择参数对本测试没有实际意义。SD_WriteBlock 函数和 SD_ReadBlock 函数分别执行数据写入和读取操作，具体可以参考代码清单 33-11 和代码清单 33-13。Buffercmp 函数用于比较两个存储区内容是否完全相等，它有 3 个形参，分别为第 1 个存储区指针、第 2 个存储区指针和存储器长度，该函数只是循环比较两个存储区对应位置的两个数据是否相等，只要发现存在不相等就报错退出。

SD_MultiBlockTest 函数与 SD_SingleBlockTest 函数执行过程类似，这里不做详细分析。

（4）主函数

代码清单 33-20　main 函数

```
1 int main(void)
2 {
```

```
 3        /* 禁用 WiFi 模块 */
 4        BL8782_PDN_INIT();
 5
 6        /* 初始化 LED */
 7        LED_GPIO_Config();
 8        LED_BLUE;
 9        /* 初始化独立按键 */
10        Key_GPIO_Config();
11
12        /* 初始化 USART1 */
13        Debug_USART_Config();
14
15        printf("\r\n 欢迎使用秉火　STM32 F429 开发板。\r\n");
16
17        printf(" 在开始进行 SD 卡基本测试前，请给开发板插入 32G 以内的 SD 卡 \r\n");
18        printf(" 本程序会对 SD 卡进行非文件系统方式读写，会删除 SD 卡的文件系统 \r\n");
19        printf(" 实验后可通过电脑格式化或使用 SD 卡文件系统的例程恢复 SD 卡文件系统 \r\n");
20   printf("\r\n 但 sd 卡内的原文件不可恢复，实验前务必备份 SD 卡内的原文件！！！\r\n");
21
22        printf("\r\n 若已确认，请按开发板的 KEY1 按键，开始 SD 卡测试实验 ....\r\n");
23
24        /* Infinite loop */
25        while (1) {
26            /* 按下按键开始进行 SD 卡读写实验，会损坏 SD 卡原文件 */
27            if (Key_Scan(KEY1_GPIO_PORT,KEY1_PIN) == KEY_ON) {
28                printf("\r\n 开始进行 SD 卡读写实验 \r\n");
29                SD_Test();
30            }
31        }
32 }
```

开发板板载了 SDIO 接口的 WiFi 模块，可以认为是个 SD I/O 卡，因为 STM32F42x 系统控制器只有一个 SDIO，为了使用 SD 卡，需要把 WiFi 模块的使能端拉低，禁用 WiFi 模块，BL8782_PDN_INIT 函数就是实现该功能。测试过程中用到 LED、独立按键和调试串口，所以需要对这些模块进行初始化配置。在无限循环中不断检测按键状态，如果有键被按下就执行 SD 卡测试函数。

33.9.3　下载验证

把 Micro SD 卡插入开发板右侧的卡槽内，使用 USB 线连接开发板上的 "USB 转串口" 接口到电脑，电脑端配置好串口调试助手参数。编译实验程序并下载到开发板上，程序运行后在串口调试助手可接收到开发板发过来的提示信息，按下开发板左下边沿的 K1 按键，开始执行 SD 卡测试，测试结果在串口调试助手可观察到，板子上 LED 也可以指示测试结果。

第 34 章

基于 SD 卡的 FatFs 文件系统

34.1 FatFs 移植步骤

上一章我们已经全面介绍了 SD 卡的识别和简单的数据读写，也进行了简单的读写测试。不过像这样直接操作 SD 卡存储单元，在实际应用中是不现实的。SD 卡一般用来存放文件，所以都需要加载文件系统到里面。类似于串行 Flash 芯片，我们移植 FatFs 文件系统到 SD 卡内。

对于 FatFs 文件系统的介绍和具体移植过程参考第 24 章，这里不做过多介绍，重点放在 SD 卡与 FatFs 接口函数编写上。与串行 Flash 的 FatFs 文件系统移植例程相比，FatFs 文件系统部分的代码只有 diskio.c 文件有所不同，其他的不用修改，所以一个简易的移植方法是利用原来工程进行修改。下面讲解利用原来工程实现 SD 卡的 FatFs 文件系统。

我们已经完成了 SD 卡驱动程序以及进行了简单的读写测试。该工程有很多东西是现在可以使用的，所以我们先把上一章的工程文件完整地复制一份，并修改文件夹名为"SDIO—FatFs 移植与读写测试"，如果此时使用 KEIL 软件打开该工程，应该是编译无错误并实现上一章的测试功能。

接下来，我们到串行 Flash 文件系统移植工程文件的"\SPI—FatFs 移植与读写测试\User"文件夹下复制 FATFS 整个文件夹到现在工程文件"\SDIO—FatFs 移植与读写测试\User"文件夹下，见图 34-1。该文件夹是 FatFs 文件系统的所有代码文件，在串行 Flash 移植 FatFs 文件系统时我们对部分文件做了修改，这里主要是想要保留之前的配置，而不是使用 FatFs 官方源码还需要重新配置。

现在就可以使用 KEIL 软件打开"SDIO—FatFs 移植与读写测试"工程文件，并把 FatFs 相关文件添加到工程内，同时把 sdio_test.c 文件移除，见图 34-2。

添加文件之后还必须打开工程选项对话框添加相关路径，见图 34-3。

至此，工程文件结构就算完整了，接下来就是修改文件代码了。这里有两个文件需要修改：diskio.c 和 main.c。main.c 文件内容可以参考"SPI—FatFs 移植与读写测试"工程中的 main.c 文件，只有做小细节修改而已。这里重点讲解 diskio.c 文件，它也是整个移植的重点。

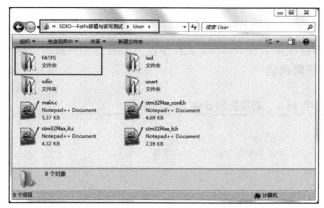

图 34-1　复制 FATFS 文件夹

图 34-2　FatFs 工程文件结构

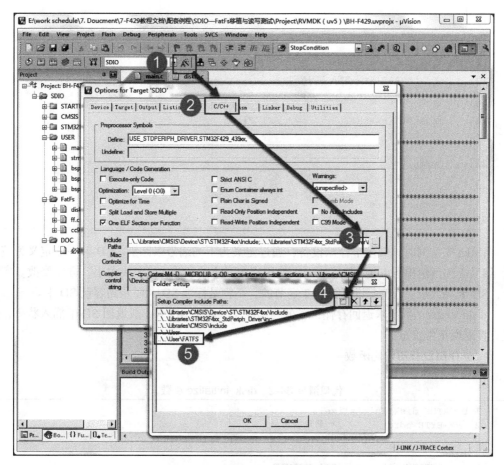

图 34-3　添加 FatFs 路径到工程

34.2 FatFs 接□函数

FatFs 文件系统与存储设备的连接函数在 diskio.c 文件中，主要有 5 个函数需要编写。

（1）宏定义和存储设备状态获取函数

代码清单 34-1 宏定义和 disk_status 函数

```
1 // 宏定义
2 #define ATA          0       // SD 卡
3 #define SPI_FLASH    1       // 预留外部 SPI Flash 使用
4 // SD 卡块大小
5 #define SD_BLOCKSIZE 512
6
7 // 存储设备状态获取
8 DSTATUS disk_status (
9     BYTE pdrv   /* 物理编号 */
10 )
11 {
12     DSTATUS status = STA_NOINIT;
13     switch (pdrv) {
14     case ATA: /* SD CARD */
15         status &= ~STA_NOINIT;
16         break;
17
18     case SPI_FLASH:        /* SPI Flash */
19         break;
20
21     default:
22         status = STA_NOINIT;
23     }
24     return status;
25 }
```

FatFs 支持同时挂载多个存储设备，通过定义为不同编号以区别。SD 卡一般定义为编号 0，编号 1 预留给串行 Flash 芯片使用。使用宏定义方式给出 SD 卡块大小，方便修改。实际上，SD 卡块大小一般都是设置为 512 字节的，不管是标准 SD 卡还是高容量 SD 卡。

disk_status 函数要求返回存储设备的当前状态，对于 SD 卡一般返回 SD 卡插入状态，这里直接返回正常状态。

（2）存储设备初始化函数

代码清单 34-2 disk_initialize 函数

```
1 DSTATUS disk_initialize (
2     BYTE pdrv        /* 物理编号 */
3 )
4 {
5     DSTATUS status = STA_NOINIT;
6     switch (pdrv) {
7     case ATA:          /* SD CARD */
```

```
 8          if (SD_Init()==SD_OK) {
 9              status &= ~STA_NOINIT;
10          } else {
11              status = STA_NOINIT;
12          }
13
14          break;
15
16      case SPI_FLASH:    /* SPI Flash */
17          break;
18
19      default:
20          status = STA_NOINIT;
21      }
22      return status;
23 }
```

该函数用于初始化存储设备，一般包括相关 GPIO 初始化、外设环境初始化、中断配置等等。对于 SD 卡，直接调用 SD_Init 函数实现对 SD 卡初始化，如果函数返回 SD_OK，说明 SD 卡正确插入，并且控制器可以与之正常通信。

（3）存储设备数据读取函数

代码清单 34-3　disk_read 函数

```
 1 DRESULT disk_read (
 2     BYTE pdrv,      /* 设备物理编号 (0..) */
 3     BYTE *buff,     /* 数据缓存区 */
 4     DWORD sector,   /* 扇区首地址 */
 5     UINT count      /* 扇区个数 (1..128) */
 6 )
 7 {
 8     DRESULT status = RES_PARERR;
 9     SD_Error SD_state = SD_OK;
10
11     switch (pdrv) {
12     case ATA: /* SD CARD */
13         if ((DWORD)buff&3) {
14             DRESULT res = RES_OK;
15             DWORD scratch[SD_BLOCKSIZE / 4];
16
17             while (count--) {
18                 res = disk_read(ATA,(void *)scratch, sector++, 1);
19
20                 if (res != RES_OK) {
21                     break;
22                 }
23                 memcpy(buff, scratch, SD_BLOCKSIZE);
24                 buff += SD_BLOCKSIZE;
25             }
26             return res;
27         }
```

```
28
29              SD_state=SD_ReadMultiBlocks(buff,sector*SD_BLOCKSIZE,
30                              SD_BLOCKSIZE,count);
31          if (SD_state==SD_OK) {
32              /* Check if the Transfer is finished */
33              SD_state=SD_WaitReadOperation();
34              while (SD_GetStatus() != SD_TRANSFER_OK);
35          }
36          if (SD_state!=SD_OK)
37              status = RES_PARERR;
38          else
39              status = RES_OK;
40          break;
41
42      case SPI_FLASH:
43          break;
44
45      default:
46          status = RES_PARERR;
47      }
48      return status;
49 }
```

disk_read 函数用于从存储设备指定地址开始读取一定的数量的数据到指定存储区内。对于 SD 卡，最重要是使用 SD_ReadMultiBlocks 函数读取多块数据到存储区。这里需要注意的地方是 SD 卡数据操作是使用 DMA 传输的，并设置数据尺寸为 32 位大小，为实现数据正确传输，要求存储区是 4 字节对齐。在某些情况下，FatFs 提供的 buff 地址不是 4 字节对齐，这会导致 DMA 数据传输失败，所以为保证数据传输正确，可以先判断存储区地址是否是 4 字节对齐，如果存储区地址已经是 4 字节对齐，无需其他处理，直接使用 SD_ReadMultiBlocks 函数执行多块读取即可。如果判断得到地址不是 4 字节对齐，则先申请一个 4 字节对齐的临时缓冲区，即局部数组变量 scratch，通过定义为 DWORD 类型可以使得其自动 4 字节对齐。scratch 所占的总存储空间也是一个块大小，这样把一个块数据读取到 scratch 内，然后把 scratch 存储器内容复制到 buff 地址空间上就可以了。

SD_ReadMultiBlocks 函数用于从 SD 卡内读取多个块数据，它有 4 个形参，分别为存储区地址指针、起始块地址、块大小以及块数量。为保证数据传输完整，还需要调用 SD_WaitReadOperation 函数和 SD_GetStatus 函数检测和保证传输完成。

（4）存储设备数据写入函数

代码清单 34-4　disk_write 函数

```
1 #if _USE_WRITE
2 DRESULT disk_write (
3      BYTE pdrv,          /* 设备物理编号 (0..) */
4      const BYTE *buff,   /* 欲写入数据的缓存区 */
5      DWORD sector,       /* 扇区首地址 */
6      UINT count          /* 扇区个数 (1..128) */
```

```
 7 )
 8 {
 9     DRESULT status = RES_PARERR;
10     SD_Error SD_state = SD_OK;
11
12     if (!count) {
13         return RES_PARERR;     /* Check parameter */
14     }
15
16     switch (pdrv) {
17     case ATA: /* SD CARD */
18         if ((DWORD)buff&3) {
19             DRESULT res = RES_OK;
20             DWORD scratch[SD_BLOCKSIZE / 4];
21
22             while (count--) {
23                 memcpy( scratch,buff,SD_BLOCKSIZE);
24                 res = disk_write(ATA,(void *)scratch, sector++, 1);
25                 if (res != RES_OK) {
26                     break;
27                 }
28                 buff += SD_BLOCKSIZE;
29             }
30             return res;
31         }
32
33         SD_state=SD_WriteMultiBlocks((uint8_t *)buff,sector*SD_BLOCKSIZE,
34                                     SD_BLOCKSIZE,count);
35         if (SD_state==SD_OK) {
36             /* Check if the Transfer is finished */
37             SD_state=SD_WaitReadOperation();
38
39             /* Wait until end of DMA transfer */
40             while (SD_GetStatus() != SD_TRANSFER_OK);
41         }
42         if (SD_state!=SD_OK)
43             status = RES_PARERR;
44         else
45             status = RES_OK;
46         break;
47
48     case SPI_FLASH:
49         break;
50
51     default:
52         status = RES_PARERR;
53     }
54     return status;
55 }
56 #endif
```

disk_write 函数用于向存储设备指定地址写入指定数量的数据。对于 SD 卡，执行过程与

disk_read 函数非常相似，也必须先检测存储区地址是否是 4 字节对齐，如果是 4 字节对齐则直接调用 SD_WriteMultiBlocks 函数完成多块数据写入操作。如果不是 4 字节对齐，申请一个 4 字节对齐的临时缓冲区，先把待写入的数据复制到该临时缓冲区内，然后才写入 SD 卡。

SD_WriteMultiBlocks 函数是向 SD 卡写入多个块数据，它有 4 个形参，分别为存储区地址指针、起始块地址、块大小以及块数量，它与 SD_ReadMultiBlocks 函数执行相反的过程。最后也是需要使用相关函数保存数据写入完整才退出 disk_write 函数。

（5）其他控制函数

代码清单 34-5　disk_ioctl 函数

```
1  #if _USE_IOCTL
2  DRESULT disk_ioctl (
3      BYTE pdrv,     /* 物理编号 */
4      BYTE cmd,      /* 控制指令 */
5      void *buff     /* 写入或者读取数据地址指针 */
6  )
7  {
8      DRESULT status = RES_PARERR;
9      switch (pdrv) {
10     case ATA: /* SD CARD */
11         switch (cmd) {
12         // Get R/W sector size (WORD)
13         case GET_SECTOR_SIZE :
14             *(WORD * )buff = SD_BLOCKSIZE;
15             break;
16         // Get erase block size in unit of sector (DWORD)
17         case GET_BLOCK_SIZE :
18             *(DWORD * )buff = SDCardInfo.CardBlockSize;
19             break;
20
21         case GET_SECTOR_COUNT :
22     *(DWORD*)buff = SDCardInfo.CardCapacity/SDCardInfo.CardBlockSize;
23             break;
24         case CTRL_SYNC :
25             break;
26         }
27         status = RES_OK;
28         break;
29
30     case SPI_FLASH:
31         break;
32
33     default:
34         status = RES_PARERR;
35     }
36     return status;
37 }
38 #endif
```

disk_ioctl 函数有 3 个形参，pdrv 为设备物理编号，cmd 为控制指令，包括发出同步信号、获取扇区数目、获取扇区大小、获取擦除块数量等指令，buff 为指令对应的数据指针。

对于 SD 卡，为支持格式化功能，需要用到获取扇区数量（GET_SECTOR_COUNT）指令和获取块尺寸（GET_BLOCK_SIZE）。另外，SD 卡扇区大小为 512 字节，串行 Flash 芯片一般设置扇区大小为 4096 字节，所以需要用到获取扇区大小（GET_SECTOR_SIZE）指令。

至此，基于 SD 卡的 FatFs 文件系统移植就已经完成了，最重要就是 diskio.c 文件中 5 个函数的编写。接下来就编写 FatFs 基本的文件操作检测移植代码是否可以正确执行。

34.3　FatFs 功能测试

主要的测试包括格式化测试、文件写入测试和文件读取测试 3 个部分，主要程序都在 main.c 文件中实现。

（1）变量定义

代码清单 34-6　变量定义

```
1 FATFS fs;                        /* FatFs 文件系统对象 */
2 FIL fnew;                        /* 文件对象 */
3 FRESULT res_sd;                  /* 文件操作结果 */
4 UINT fnum;                       /* 文件成功读写数量 */
5 BYTE ReadBuffer[1024]= {0};      /* 读缓冲区 */
6 BYTE WriteBuffer[] =             /* 写缓冲区 */
7           "欢迎使用野火 STM32 F429 开发板 今天是个好日子，新建文件系统测试文件 \r\n";
```

FATFS 是在 ff.h 文件定义的一个结构体类型，针对的对象是物理设备，包含了物理设备的物理编号、扇区大小等信息，一般都需要为每个物理设备定义一个 FATFS 变量。

FIL 也是在 ff.h 文件定义的一个结构体类型，针对的对象是文件系统内具体的文件，包含了文件很多基本属性，比如文件大小、路径、当前读写地址等。如果需要在同一时间打开多个文件进行读写，才需要定义多个 FIL 变量，不然一般定义一个 FIL 变量即可。

FRESULT 是也在 ff.h 文件定义的一个枚举类型，作为 FatFs 函数的返回值类型，主要管理 FatFs 运行中出现的错误。总共有 19 种错误类型，包括物理设备读写错误、找不到文件、没有挂载工作空间等。这在实际编程中非常重要，当有错误出现时，我们要停止文件读写，通过返回值我们可以快速定位到错误发生的可能地点。如果运行没有错误才返回 FR_OK。

fnum 是个 32 位无符号整型变量，用来记录实际读取或者写入数据的数组。

buffer 和 textFileBuffer 分别对应读取和写入数据缓存区，都是 8 位无符号整型数组。

（2）主函数

代码清单 34-7　main 函数

```
1 int main(void)
2 {
3     /* 禁用 WiFi 模块 */
4     BL8782_PDN_INIT();
5
```

```
 6        /* 初始化 LED */
 7        LED_GPIO_Config();
 8        LED_BLUE;
 9
10        /* 初始化调试串口，一般为串口 1 */
11        Debug_USART_Config();
12        printf("\r\n****** 这是一个 SD 卡文件系统实验 ******\r\n");
13
14        // 在外部 SPI Flash 挂载文件系统，文件系统挂载时会对 SPI 设备初始化
15        res_sd = f_mount(&fs,"0:",1);
16
17        /*----------------------- 格式化测试 ----------------------------*/
18        /* 如果没有文件系统就格式化创建文件系统 */
19        if (res_sd == FR_NO_FILESYSTEM) {
20            printf("》SD 卡还没有文件系统，即将进行格式化 ...\r\n");
21            /* 格式化 */
22            res_sd=f_mkfs("0:",0,0);
23
24            if (res_sd == FR_OK) {
25                printf("》SD 卡已成功格式化文件系统。\r\n");
26                /* 格式化后，先取消挂载 */
27                res_sd = f_mount(NULL,"0:",1);
28                /* 重新挂载 */
29                res_sd = f_mount(&fs,"0:",1);
30            } else {
31                LED_RED;
32                printf("《《格式化失败。》》\r\n");
33                while (1);
34            }
35        } else if (res_sd!=FR_OK) {
36            printf("！！ SD 卡挂载文件系统失败。(%d)\r\n",res_sd);
37            printf("！！ 可能原因：SD 卡初始化不成功。\r\n");
38            while (1);
39        } else {
40            printf("》文件系统挂载成功，可以进行读写测试 \r\n");
41        }
42
43        /*---------------------- 文件系统测试：写测试 ----------------------*/
44        /* 打开文件，如果文件不存在则创建它 */
45        printf("\r\n****** 即将进行文件写入测试 ... ******\r\n");
46        res_sd=f_open(&fnew,"0:FatFs 读写测试文件 .txt",FA_CREATE_ALWAYS|FA_WRITE);
47        if ( res_sd == FR_OK ) {
48            printf("》打开 / 创建 FatFs 读写测试文件 .txt 文件成功，向文件写入数据。\r\n");
49            /* 将指定存储区内容写入文件内 */
50            res_sd=f_write(&fnew,WriteBuffer,sizeof(WriteBuffer),&fnum);
51            if (res_sd==FR_OK) {
52                printf("》文件写入成功，写入字节数据：%d\n",fnum);
53                printf("》向文件写入的数据为：\r\n%s\r\n",WriteBuffer);
54            } else {
55                printf("！！ 文件写入失败：(%d)\n",res_sd);
56            }
57            /* 不再读写，关闭文件 */
58            f_close(&fnew);
```

```
59      } else {
60          LED_RED;
61          printf("！！打开／创建文件失败。\r\n");
62      }
63
64      /*------------------ 文件系统测试：读测试 -------------------------*/
65      printf("****** 即将进行文件读取测试 ... ******\r\n");
66      res_sd=f_open(&fnew,"0:FatFs 读写测试文件 .txt",FA_OPEN_EXISTING|FA_READ);
67      if (res_sd == FR_OK) {
68          LED_GREEN;
69          printf("》打开文件成功。\r\n");
70          res_sd = f_read(&fnew, ReadBuffer, sizeof(ReadBuffer), &fnum);
71          if (res_sd==FR_OK) {
72              printf("》文件读取成功，读到字节数据：%d\r\n",fnum);
73              printf("》读取得的文件数据为：\r\n%s \r\n", ReadBuffer);
74          } else {
75              printf("！！文件读取失败：(%d)\n",res_sd);
76          }
77      } else {
78          LED_RED;
79          printf("！！打开文件失败。\r\n");
80      }
81      /* 不再读写，关闭文件 */
82      f_close(&fnew);
83
84      /* 不再使用文件系统，取消挂载文件系统 */
85      f_mount(NULL,"0:",1);
86
87      /* 操作完成，停机 */
88      while (1) {
89      }
90 }
```

首先，调用 BL8782_PDN_INIT 函数禁用 WiFi 模块，接下来初始化 RGB 彩灯和调试串口，用来指示程序进程。

FatFs 的第一步工作就是使用 f_mount 函数挂载工作区。f_mount 函数有 3 个形参，第 1 个参数是指向 FATFS 变量指针，如果赋值为 NULL 可以取消物理设备挂载。第 2 个参数为逻辑设备编号，使用设备根路径表示，与物理设备编号挂钩，在代码清单中我们定义 SD 卡物理编号为 0，所以这里使用 "0："。第 3 个参数可选 0 或 1，1 表示立即挂载，0 表示不立即挂载，延迟挂载。f_mount 函数会返回一个 FRESULT 类型值，指示运行情况。

如果 f_mount 函数返回值为 FR_NO_FILESYSTEM，说明 SD 卡没有 FAT 文件系统，必须对 SD 卡进行格式化处理。使用 f_mkfs 函数可以实现格式化操作。f_mkfs 函数有 3 个形参，第 1 个参数为逻辑设备编号；第 2 参数可选 0 或者 1，0 表示设备为一般硬盘，1 表示设备为软盘。第 3 个参数指定扇区大小，如果为 0，表示通过代码清单 34-5 中 disk_ioctl 函数获取。格式化成功后需要先取消挂载原来设备，再重新挂载设备。

在设备正常挂载后，就可以进行文件读写操作了。使用文件之前，必须使用 f_open 函数打开文件，不再使用文件必须使用 f_close 函数关闭文件，这个与电脑端操作文件步骤类似。f_open 函数有 3 个形参，第 1 个参数为文件对象指针；第 2 参数为目标文件，包含绝对路径的文件名称和后缀名；第 3 个参数为访问文件模式选择，可以是打开已经存在的文件模式、读模式、写模式、新建模式、总是新建模式等的或运行结果。比如对于写测试，使用 FA_CREATE_ALWAYS 和 FA_WRITE 组合模式，就是总是新建文件并进行写模式。

f_close 函数用于不再对文件进行读写操作时关闭文件，f_close 函数只有一个形参，为文件对象指针。运行 f_close 函数可以确保缓冲区中数据完全写入文件内。

成功打开文件之后就可以使用 f_write 函数和 f_read 函数对文件进行写操作和读操作。这两个函数用到的参数是一致的，只不过一个是数据写入，一个是数据读取。f_write 函数第 1 个形参为文件对象指针，使用与 f_open 函数一致即可。第 2 个参数为待写入数据的首地址，对于 f_read 函数就是用来存放读出数据的首地址。第 3 个参数为写入数据的字节数，对于 f_read 函数就是欲读取数据的字节数。第 4 个参数为 32 位无符号整型指针，这里使用 fnum 变量地址赋值给它，在运行读写操作函数后，fnum 变量指示成功读取或者写入的字节个数。

最后，不再使用文件系统时，使用 f_mount 函数取消挂载。

（3）下载验证

保证开发板相关硬件连接正确，用 USB 线连接开发板"USB 转串口"接口及电脑，在电脑端打开串口调试助手，把编译好的程序下载到开发板。程序开始运行后，RGB 彩灯为蓝色，在串口调试助手可看到格式化测试、写文件检测和读文件检测 3 个过程；最后如果所有读写操作都正常，RGB 彩灯会指示为绿色，如果在运行中 FatFs 出现错误，RGB 彩灯指示为红色。正确执行例程程序后可以使用读卡器将 SD 卡在电脑端打开，我们可以在 SD 卡根目录下看到"FatFs 读写测试文件 .txt"文件，这与程序设计是相吻合的。

第 35 章
I²S——音频播放与录音输入

35.1 I²S 简介

Inter-IC Sount Bus（I²S）[⊖]是飞利浦半导体公司（现为恩智浦半导体公司）针对数字音频设备之间的音频数据传输而制定的一种总线标准。在飞利浦公司的 I²S 标准中，既规定了硬件接口规范，也规定了数字音频数据的格式。

35.1.1 数字音频技术

现实生活中的声音是通过一定介质传播的连续的波，它可以由周期和振幅两个重要指标描述。正常人可以听到的声音频率范围为 20Hz ~ 20kHz。现实存在的声音是模拟量，这对声音保存和长距离传输造成很大的困难，一般的做法是把模拟量转成对应的数字量保存，在需要还原声音的地方再把数字量转成模拟量输出，见图 35-1。

图 35-1 音频转换过程

模拟量转成数字量过程一般可以分为 3 个过程：采样、量化、编码，其中采样过程见图 35-2。用一个比源声音频率高的采样信号去量化源声音，记录每个采样点的值，最后把所有采样点数值连接起来，所得曲线与源声音曲线是互相吻合的，只是它不是连续的。在图 35-2 中两条垂直虚线间的距离就是采样信号的周期，即对应一个采样频率（F_S），采样频率越高，最后得到的结果就与源声音越吻合，但此时采样数据量也非常大，一般使用 44.1kHz 采样频率即可得到高保真的声音。每条虚线的长度决定着该时刻源声音的量化值，该量化值有另外一个概念与之对应，就是量化位数。量化位数表示每个采样点用多少位表示数据范围，常用有 16 位、24 位或 32 位，

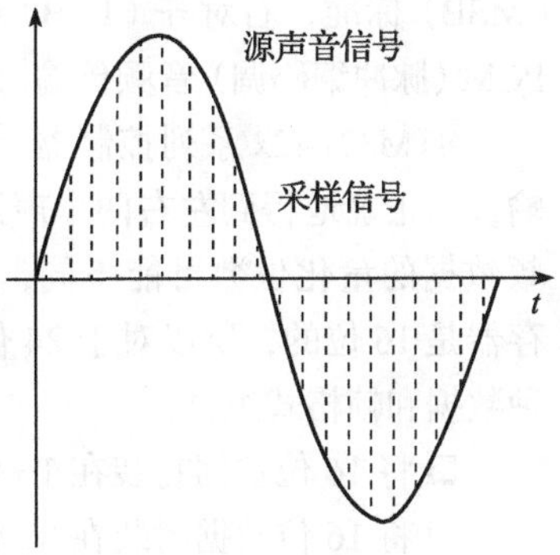

图 35-2 声音采样过程

⊖ 若对 I²S 通信协议不了解，可先阅读《I²S BUS》文档的内容学习。

位数越高最后还原得到的音质越好，数据量也会越大。

WM8978 [○] 是一个低功耗、高质量的立体声多媒体数字信号编译码器，集成 DAC 和 ADC，可以实现声音信号量化成数字量输出，也可以实现数字量音频数据转换为模拟量声音驱动扬声器。这样使用 WM8978 芯片就解决了声音与数字量音频数据转换问题，并且通过配置 WM8978 芯片相关寄存器可以控制转换过程的参数，比如采样频率、量化位数、增益、滤波等。

WM8978 芯片是一个音频编译码器，但本身没有保存音频数据的功能，它只能接收其他设备传输过来的音频数据进行转换，并输出到扬声器，或者把采样到的音频数据输出到其他具有存储功能的设备保存下来。该芯片与其他设备进行音频数据传输的接口就是 I²S 协议的音频接口。

35.1.2　I²S 总线接口

I²S 总线接口有 3 个主要信号，但只能实现数据半双工传输。为实现全双工传输，有些设备增加了扩展数据引脚。STM32F42x 系列控制器支持扩展的 I²S 总线接口。

1）SD（Serial Data）：串行数据线，用于发送或接收两个时分复用的数据通道上的数据（仅为半双工模式），如果是全双工模式，该信号仅用于发送数据。

2）WS（Word Select）：字段选择线，也称帧时钟（LRC）线，表明当前传输数据的声道，不同标准有不同的定义。WS 线的频率等于采样频率（F_s）。

3）CK（Serial Clock）：串行时钟线，也称位时钟（BCLK），数字音频的每一位数据都对应一个 CK 脉冲，它的频率为：2 × 采样频率 × 量化位数，2 代表左右两个通道数据。

4）ext_SD（extend Serial Data）：扩展串行数据线，用于全双工传输的数据接收。

另外，有时为了使系统间能更好地同步，还要传输一个主时钟（MCK），STM32F42x 系列控制器固定输出为 $256 \times F_s$。

35.1.3　音频数据传输协议标准

随着技术的发展，在统一的 I²S 硬件接口下，出现了多种不同的数据格式，可分为左对齐（MSB）标准、右对齐（LSB）标准、I²S Philips 标准。另外，STM32F42x 系列控制器还支持 PCM（脉冲编码调）音频传输协议。下面以 STM32F42x 系列控制器资源解释这 4 个传输协议。

STM32F42x 系列控制器 I²S 的数据寄存器只有 16 位，并且左右声道数据一般是紧邻传输，为正确地得到左右两个声道数据，需要软件控制对应通道的数据写入或读取。另外，音频数据的量化位数可能不同，控制器支持 16 位、24 位和 32 位 3 种数据长度，因为数据寄存器是 16 位的，所以对于 24 位和 32 位数据长度需要发送两个声道数据。为此，可以产生 4 种数据和帧格式组合：

❑ 将 16 位数据封装在 16 位帧中
❑ 将 16 位数据封装在 32 位帧中

　　　○　关于音频编译码器 WM8978，请参考其规格书《WM8978_v4.5》来了解。

❏ 将 24 位数据封装在 32 位帧中

❏ 将 32 位数据封装在 32 位帧中

当使用 32 位数据包中的 16 位数据时，前 16 位为有效位，后 16 位被强制清零，且无需任何软件操作或 DMA 请求（只需一个读 / 写操作）。如果程序使用 DMA 传输（一般都会用），则 24 位和 32 位数据帧需要对数据寄存器执行两次 DMA 操作。对于 24 位的数据帧，硬件会将 8 位非有效位扩展到带有 0 位的 32 位。对于所有数据格式和通信标准而言，始终会先发送最高有效位（MSB 优先）。

1. I²S Philips 标准

使用 WS 信号来指示当前正在发送的数据所属的通道，WS 为 0 时表示左通道数据。该信号从当前通道数据的第 1 位（MSB）之前的一个时钟开始有效。发送方在时钟信号（CK）的下降沿改变数据，接收方在上升沿读取数据。WS 信号也在 SCK 的下降沿变化。图 35-3 所示为 24 位数据封装在 32 位帧中的传输波形。正如之前所说，WS 线频率对于采样频率 F_s，一个 WS 线周期包括发送左声道和右声道数据，在图 35-3 中实际需要 64 个 CK 周期来完成一次传输。

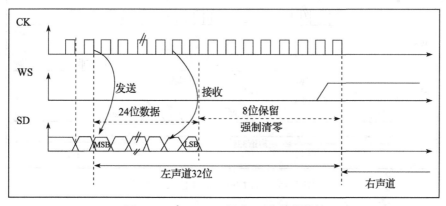

图 35-3　I²S Philips 标准 24 位数据传输

2. 左对齐标准

在 WS 发生翻转的同时开始传输数据，图 35-4 为 24 位数据封装在 32 位帧中的传输波形。该标准较少使用。注意此时 WS 为 1 时，传输的是左声道数据，这刚好与 I²S Philips 标准相反。

3. 右对齐标准

与左对齐标准类似，图 35-5 为 24 位数据封装在 32 位帧中的传输波形。

4. PCM 标准

PCM 即脉冲编码调制，模拟语音信号经过采样量化以及一定数据排列后就是 PCM 了。WS 不再作为声道数据选择。它有两种模式，短帧模式和长帧模式，以 WS 信号高电平保持时间为判别依据，长帧模式保持 13 个 CK 周期，短帧模式只保持 1 个 CK 周期，这两种模式可以通过相关寄存器位选择。如果多声道数据是在一个 WS 周期内传输完成的，传完左声道数据就发送右声道数据。图 35-6 为单声道数据 16 位扩展到 32 位数据帧中的发送波形。

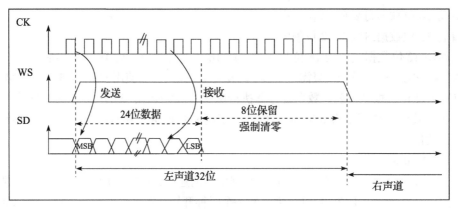

图 35-4 左对齐标准 24 位数据传输

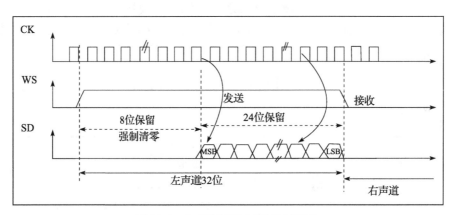

图 35-5 右对齐标准 24 位数据传输

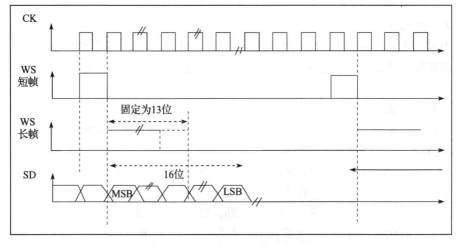

图 35-6 PCM 标准 16 位数据传输

35.2　I²S 功能框图

STM32F42x 系列控制器有两个 I²S（I²S2 和 I²S3），它们的资源是相互独立的，但分别与 SPI2 和 SPI3 共用大部分资源。这样 I²S2 和 SPI2 只能选择一个功能使用，I²S3 和 SPI3 同样也是如此。资源共用包括引脚共用和部分寄存器共用，当然也有部分是专用的。SPI 已经在之前相关章节做了详细讲解，建议先理解 SPI 相关内容后再学习 I²S。

控制器的 I²S 支持两种工作模式：主模式和从模式，主模式下使用自身时钟发生器生成通信时钟。I²S 功能框图见图 35-7。

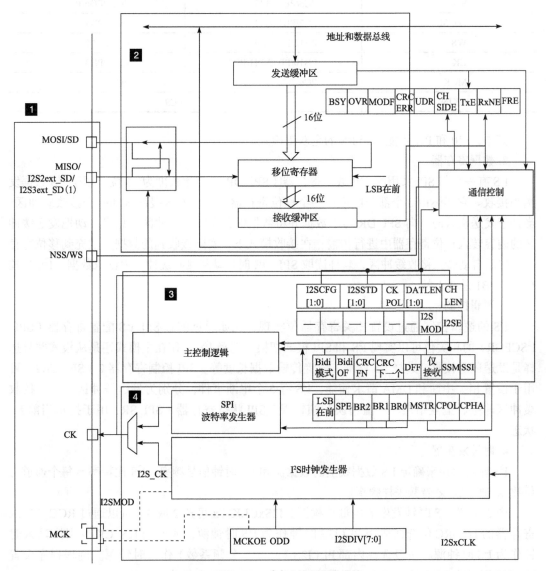

图 35-7　I²S 功能框图

1. 功能引脚

I²S 的 SD 映射到 SPI 的 MOSI 引脚，ext_SD 映射到 SPI 的 MISO 引脚，WS 映射到 SPI 的 NSS 引脚，CK 映射到 SPI 的 SCK 引脚。MCK 是 I²S 专用引脚，用于主模式下输出时钟或在从模式下输入时钟。I²S 时钟发生器可以由控制器内部时钟源分频产生，也可采用 CKIN 引脚输入时钟分频得到，一般使用内部时钟源即可。控制器 I²S 引脚分布见表 35-1。

表 35-1 STM32F42x 系列控制器的 I²S 引脚分布

引脚	I²S2	I²S3
SD	PC3/PB15/PI3	PC12/PD6/PB5
ext_SD	PC2/PB14/PI2	PC11/PB4
WS	PB12/PI0/PB9	PA4/PA15
CK	PB10/PB13/PI1/PD3	PC10/PB3
MCK	PC6	PC7
CKIN	PC9	

其中，PI0 和 PI1 不能用于 I²S 的全双工模式。

2. 数据寄存器

I²S 有一个与 SPI 共用的 SPI 数据寄存器（SPI_DR），有效长度为 16 位，用于 I²S 数据发送和接收。它实际由 3 个部分组成：一个移位寄存器、一个发送缓冲区和一个接收缓冲区。当处于发送模式时，向 SPI_DR 写入数据并将数据保存在发送缓冲区，总线自动把发送缓冲区的内容转入移位寄存器中进行传输；在接收模式下，实际接收到的数据先填充到移位寄存器，然后自动转入接收缓冲区，软件读取 SPI_DR 时自动从接收缓冲区内读取数据。I²S 是挂载在 APB1 总线上的。

3. 逻辑控制

I²S 的逻辑控制通过设置相关寄存器位实现，比如通过配置 SPI_I²S 配置寄存器（SPI_I²SCFGR）的相关位可以实现 I²S 和 SPI 模式切换、选择 I²S 工作在主模式还是从模式并且选择是发送还是接收、选择 I²S 标准、设置传输数据长度等。SPI 控制寄存器 2（SPI_CR2）可用于设置相关中断和 DMA 请求使能，I²S 有 5 个中断事件，分别为发送缓冲区为空、接收缓冲区非空、上溢错误、下溢错误和帧错误。SPI 状态寄存器（SPI_SR）用于指示当前 I²S 状态。

4. 时钟发生器

I²S 比特率用来确定 I²S 数据线上的数据流和 I²S 时钟信号频率。I²S 比特率 = 每个通道的位数 × 通道数 × 音频采样频率。

图 35-8 为 I²S 时钟发生器内部结构图。I2SxCLK（x 可选 2 或 3）可以通过 RCC_CFGR 寄存器的 I2SSRC 位选择使用 PLLI2S 时钟作为 I²S 时钟源，或使用 I2S_CKIN 引脚输入时钟作为 I²S 时钟源。一般选择内部 PLLI2S（通过 R 分频系数）作为时钟源。例程程序设置 PLLI2S 时钟为 258MHz，R 分频系数为 3，此时 I2SxCLK 时钟为 86MHz。

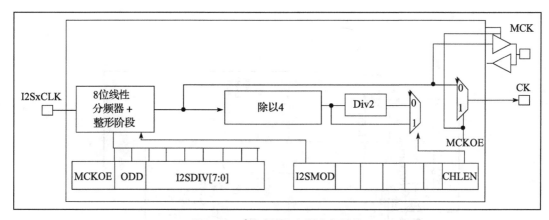

图 35-8　I²S 时钟发生器内部结构

SPI_I2S 预分频器寄存器（SPI_I2SPR）的 MCKOE 位用于设置 MCK 引脚时钟输出使能；ODD 位设置预分频器的奇数因子，实际分频值 = I2SDIV × 2+ODD；I2SDIV 为 8 位线性分频器，不可设置为 0 或 1。

当使能 MCK 时钟输出，即 MCKOE=1 时，采样频率计算如下：

F_S = I2SxCLK / [（16×2）×（（2×I2SDIV）+ ODD）×8）]（通道帧宽度为 16 位时）

F_S = I2SxCLK / [（32×2）×（（2×I2SDIV）+ ODD）×4）]（通道帧宽度为 32 位时）

当禁止 MCK 时钟输出，即 MCKOE=0 时，采样频率计算如下：

F_S = I2SxCLK / [（16×2）×（（2×I2SDIV）+ ODD））]（通道帧宽度为 16 位时）

F_S = I2SxCLK / [（32×2）×（（2×I2SDIV）+ ODD））]（通道帧宽度为 32 位时）

35.3　WM8978 音频编译码器

WM8978 是一个低功耗、高质量的立体声多媒体数字信号编译码器。它主要应用于便携式设备。它结合了立体声差分麦克风的前置放大与扬声器、耳机和差分、立体声线输出的驱动，减少了必需的外部组件，比如不需要单独的麦克风或者耳机的放大器。

高级的片上数字信号处理功能包含一个 5 路均衡功能，一个用于 ADC 和麦克风或者线路输入之间的混合信号的电平自动控制功能，一个纯粹的录音或者重放的数字限幅功能。另外在 ADC 的线路上提供了一个数字滤波的功能，以更好地进行滤波，比如减少风噪声。

WM8978 可以作为一个主机或者一个从机使用。基于共同的参考时钟频率，比如 12MHz 和 13MHz，内部的 PLL 可以为编译码器提供所有需要的音频时钟。WM8978 与 STM32 控制器连接使用，STM32 一般作为主机，WM8978 作为从机。

图 35-9 为 WM8978 芯片内部结构示意图，参考 WM8978_v4.5，该图给人的第一感觉就是很复杂，密密麻麻很多内容，特别是有很多"开关"。实际上，每个开关对应着 WM8978 内部寄存器的一个位，通过控制寄存器的位就可以控制开关的状态。

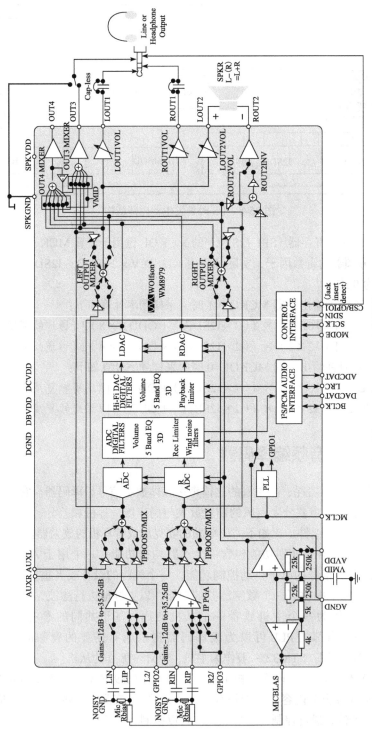

图 35-9　WM8978 内部结构

1. 输入部分

图 35-9 的左边是输入部分，可用于模拟声音输入，即用于录音输入。有 3 个输入接口：一个是由 LIN 和 LIP、RIN 和 RIP 组合而成的伪差分立体声麦克风输入，一个是由 L2 和 R2 组合的立体声麦克风输入，还有一个是由 AUXL 和 AUXR 组合的线输入或用来传输告警声的输入。

2. 输出部分

图 35-9 的右边是声音放大输出部分，LOUT1 和 ROUT1 用于耳机驱动，LOUT2 和 ROUT2 用于扬声器驱动，OUT3 和 OUT4 可以配置成立体声线输出，OUT4 可以用于提供一个左右声道的单声道混合。

3. ADC 和 DAC

图 35-9 的中间部分是芯片核心内容，处理声音的 AD 和 DA 转换。ADC 部分对声音输入进行处理，包括 ADC 滤波处理、音量控制、输入限幅器 / 电平自动控制等。DAC 部分控制声音输出效果，包括 DAC5 路均衡器、DAC 3D 放大、DAC 输出限幅以及音量控制等处理。

4. 通信接口

WM8978 有两个通信接口，一个是数字音频通信接口，另一个是控制接口。音频接口采用 I²S 接口，支持左对齐、右对齐和 I²S 标准模式，以及 DSP 模式 A 和模拟 B。控制接口用于控制器发送控制命令，配置 WM8978 运行状态，它提供 2 线或 3 线控制接口，对于 STM32 控制器，我们选择 2 线接口方式，实际上就是 I²C 总线方式，其芯片地址固定为 0011010。通过控制接口可以访问 WM8978 内部寄存器，实现芯片工作环境配置，WM8978 内总共有 58 个寄存器，表示为 R0 ~ R57，限于篇幅，这里不再深入探究，每个寄存器的意义可参考 WM8978_v4.5。

WM8978 寄存器是 16 位长度，高 7 位（[15 : 9]bit）用于表示寄存器地址，低 9 位有实际意义，比如用于控制图 35-9 中的某个开关。所以在控制器向芯片发送控制命令时，必须传输长度为 16 位的指令，芯片会根据接收命令中的高 7 位值寻址。

5. 其他部分

WM8978 作为主从机都必须对时钟进行管理，具体由内部 PLL 单元控制。另外还有电源管理单元。

35.4　WAV 格式文件

WAV 是微软公司开发的一种音频格式文件，用于保存 Windows 平台的音频信息资源，它符合资源互换文件格式（Resource Interchange File Format，RIFF）文件规范。标准格式化的 WAV 文件和 CD 格式文件一样，也是 44.1kHz 的取样频率，16 位量化数字，因此声音文件质量与 CD 格式的相差无几！ WAVE 是录音时用的标准的 Windows 文件格式，文件的扩展名为 WAV，数据本身的格式为 PCM 或压缩型，属于无损音乐格式的一种。

35.4.1 RIFF 文件规范

RIFF 由不同数量的 chunk(区块) 组成，每个 chunk 由"标识符""数据大小"和"数据"3 个部分组成，"标识符"和"数据大小"都占用 4 个字节空间。简单 RIFF 格式文件结构见图 35-10。最开始是 ID 为"RIFF"的 chunk，Size 为"RIFF" chunk 数据字节长度，所以总文件大小为 Size+8。一般来说，chunk 不允许内部再包含 chunk，但有两个例外，ID 为"RIFF"和"LIST"的 chunk 是允许的。对此"RIFF"在其"数据"首 4 个字节中存放"格式标识码（Form Type)"，"LIST"则对应"LIST Type"。

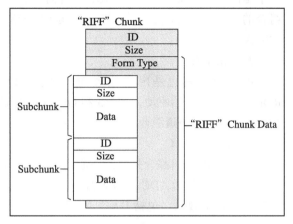

图 35-10 RIFF 文件格式结构

35.4.2 WAV 文件

WAV 文件是非常简单的一种 RIFF 文件，其"格式标识码"定义为 WAV。RIFF chunk 包括两个子 chunk，ID 分别为 fmt 和 data，还有一个可选的 fact chunk。fmt chunk 用于表示音频数据的属性，包括编码方式、声道数目、采样频率、每个采样需要的位数等信息。fact chunk 是一个可选 chunk，一般当 WAV 文件是由某些软件转化而成的时就包含 fact chunk。data chunk 包含 WAV 文件的数字化波形声音数据。WAV 整体结构见表 35-2。

表 35-2 WAV 文件结构

标识码（"RIFF"）
数据大小
格式标识码（"WAVE"）
"fmt"
"fmt" 块数据大小
"fmt" 数据
"fact"（可选）
"fact" 块数据大小
"fact" 数据
"data"
声音数据大小
声音数据

data chunk 是 WAV 文件主体部分，包含声音数据，一般有两个编码格式：PCM 和 ADPCM，其中 ADPCM（自适应差分脉冲编码调制）属于有损压缩，现在几乎不用，绝大部分 WAV 文件是 PCM 编码。PCM 编码声音数据可以说是 35.1.1 节介绍的源数据，主要参数是采样频率和量化位数。

表 35-3 为量化位数是 16 位时不同声道数据在 data chunk 中的数据格式。

表 35-3 16 位声音数据格式

	采样一		采样二		……
单声道	低字节	高字节	低字节	高字节	……
双声道	采样一				……
	左声道		右声道		……
	低字节	高字节	低字节	高字节	……

35.4.3　WAV 文件实例分析

利用 winhex 工具软件可以非常方便地以十六进制查看文件，如图 35-11 所示为名为"张国荣——一盏小明灯 .wav"文件使用 winhex 工具打开的部分界面截图。这部分截图是 WAV 文件头部分，声音数据部分的数据量非常大。

Offset	0 1 2 3 4 5 6 7　8 9 A B C D E F	
00000000	52 49 46 46 F4 FE 83 01　57 41 56 45 66 6D 74 20	RIFF酤？ WAVEfmt
00000010	10 00 00 00 01 00 02 00　44 AC 00 00 10 B1 02 00	........D？...？..
00000020	04 00 10 00 64 61 74 61　48 FE 83 01 00 00 00 00	....dataH？？ ....
00000030	00 00 00 00 00 00 00 00　00 00 00 00 00 00 00 00	

图 35-11　WAV 文件头实例

下面对文件头进行解读，见表 35-4。

表 35-4　WAV 文件格式说明

	偏移地址	字节数	数据类型	十六进制源码	内　　　容
文件头	00H	4	char	52 49 46 46	"RIFF"标识符
	04H	4	long int	F4 FE 83 01	文件长度：0x0183FEF4（注意顺序）
	08H	4	char	57 41 56 45	"WAVE"标识符
	0CH	4	char	66 6D 74 20	"fmt"，最后一位为空格
	10H	4	long int	10 00 00 00	fmt chunk 大小：0x10
	14H	2	int	01 00	编码格式：0x01 表示 PCM
	16H	2	int	02 00	声道数目：0x01 为单声道，0x02 为双声道
	18H	4	int	44 AC 00 00	采样频率（每秒样本数）：0xAC44（44100）
	1CH	4	long int	10 B1 02 00	每秒字节数：0x02B110，等于声道数 × 采样频率 × 量化位数 /8
	20H	2	int	04 00	每个采样点字节数：0x04，等于声道数 × 量化位数 /8
	22H	2	int	10 00	量化位数：0x10
	24H	4	char	64 61 74 61	"data"数据标识符
	28H	4	long int	48 FE 83 01	声音数据量：0x0183FE48

35.5　I²S 初始化结构体详解

标准库函数为 I²S 外设建立了一个初始化结构体 I2S_InitTypeDef。初始化结构体成员用于设置 I²S 工作环境参数，并由 I²S 相应初始化配置函数 I2S_Init 调用，这些设定参数将会设置 I²S 相应的寄存器，达到配置 I²S 工作环境的目的。

初始化结构体和初始化库函数配合使用是标准库精髓所在，理解了初始化结构体的每个成员意义基本上就可以对该外设运用自如了。初始化结构体定义在 stm32f4xx_spi.h 文件中，初始化库函数定义在 stm32f4xx_spi.c 文件中，编程时我们可以结合这两个文件内的注释使用。

I²S 初始化结构体用于配置 I²S 基本工作环境，比如 I²S 工作模式、通信标准选择等。它被 I2S_Init 函数调用。

代码清单 35-1　I2S_InitTypeDef 结构体

```
1 typedef struct {
2     uint16_t I2S_Mode;          // I2S 模式选择
3     uint16_t I2S_Standard;      // I2S 标准选择
4     uint16_t I2S_DataFormat;    // 数据格式
5     uint16_t I2S_MCLKOutput;    // 主时钟输出使能
6     uint32_t I2S_AudioFreq;     // 采样频率
7     uint16_t I2S_CPOL;          // 空闲电平选择
8 } I2S_InitTypeDef;
```

1）I2S_Mode：I²S 模式选择，可选主机发送、主机接收、从机发送以及从机接收模式，它设定 SPI_I2SCFGR 寄存器 I2SCFG 位的值。一般设置 STM32 控制器为主机模式，当播放声音时选择发送模式；当录制声音时选择接收模式。

2）I2S_Standard：通信标准格式选择，可选 I²S Philips 标准、左对齐标准、右对齐标准、PCM 短帧标准或 PCM 长帧标准，它设定 SPI_I2SCFGR 寄存器 I2SSTD 位和 PCMSYNC 位的值。一般设置为 I²S Philips 标准即可。

3）I2S_DataFormat：数据格式选择，设定有效数据长度和帧长度，可选标准 16 位格式、扩展 16 位（32 位帧长度）格式、24 位格式和 32 位格式，它设定 SPI_I2SCFGR 寄存器 DATLEN 位和 CHLEN 位的值。对应 16 位数据长度可选 16 位或 32 位帧长度，其他都是 32 位帧长度。

4）I2S_MCLKOutput：主时钟输出使能控制，可选使能输出或禁止输出，它设定 SPI_I2SPR 寄存器 MCKOE 位的值。为提高系统性能，一般使能主时钟输出。

5）I2S_AudioFreq：采样频率设置，标准库提供采样频率选择，分别为 8kHz、11kHz、16kHz、22kHz、32kHz、44kHz、48kHz、96kHz、192kHz，以及默认 2Hz，它设定 SPI_I2SPR 寄存器的值。

6）I2S_CPOL：空闲状态的 CK 线电平，可选高电平或低电平，它设定 SPI_I2SCFGR 寄存器 CKPOL 位的值。

35.6　录音与回放实验

WAV 格式文件在现阶段一般以无损音乐格式存在，音质可以达到 CD 格式标准。结合前两章 SD 卡操作内容，本实验通过 FatFs 文件系统函数从 SD 卡读取 WAV 格式文件数据，然后通过 I²S 接口将音频数据发送到 WM8978 芯片，这样 WM8978 芯片的扬声器接口即可输出声音，整个系统构成一个简单的音频播放器。反过来，还可以实现录音功能，控制启动 WM8978 芯片的麦克风输入功能，音频数据从 WM8978 芯片的 I²S 接口传输到 STM32 控制器存储器中，利用 SD 卡文件读写函数，根据 WAV 格式文件的要求填充文件头，然后就把 WM8978 传输过来的音频数据写入 WAV 格式文件中，这样就可以制成一个 WAV 格式文件，能通过开发板回放也能在电脑端回放。

35.6.1　硬件设计

开发板板载 WM8978 芯片的具体电路设计见图 35-12。WM8978 与 STM32F42x 有两个连接接口，I²S 音频接口和两线 I²C 控制接口，通过将 WM8978 芯片的 MODE 引脚拉低选择两线控制接口，符合 I²C 通信协议，这也导致 WM8978 是只写的，所以在程序上需要做一些处理。WM8978 输入部分有两种模式，一个是板载麦克风输入，另外一个是通过 3.5mm 耳机插座引出。WM8978 输出部分通过 3.5mm 耳机插座引出，可直接接普通的耳机线或作为功放设备的输入源。

35.6.2　软件设计

这里只讲解核心的部分代码，有些变量的设置、头文件的内容等没有全部罗列出来，完整的代码请参考本章配套的工程。

第 34 章我们已经介绍了基于 SD 卡的文件系统，以及读写 SD 卡内文件的方法，前面已经介绍了 WAV 格式文件结构以及 WM8978 芯片相关内容，通过 WM8978 音频接口传输过来的音频数据可以直接作为 WAV 格式文件的音频数据部分，大致过程就是：程序控制 WM8978 启动录音功能，通过 I²S 音频数据接口，WM8978 的录音输出传输到 STM32 控制器指定缓冲区内，然后利用 FatFs 的文件写入函数把缓冲区数据写入 WAV 格式文件中，最终实现声音录制功能。同样的道理，WAV 格式文件中的音频数据可以直接传输给 WM8978 芯片实现音乐播放，整个过程与声音录制工程相反。

STM32 控制器与 WM8978 通信可分为两部分驱动函数：一部分是 I²C 控制接口，另一部分是 I²S 音频数据接口。

bsp_wm8978.c 和 bsp_wm8978.h 文件是专门用来存放 WM8978 芯片驱动代码的文件。

1. I²C 控制接口

WM8978 要正常工作并且实现我们的要求，必须对芯片相关寄存器进行必要的配置，STM32 控制器通过 I²C 接口与 WM8978 芯片控制接口连接。I²C 接口内容也已经在以前做了详细介绍，这里主要讲解 WM8978 的功能函数。

bsp_wm8978.c 文件中的 I2C_GPIO_Config 函数、I2C_Mode_Configu 函数以及 wm8978_Init 函数用 GPIO 和 I²C 相关配置，属于常规配置，可以参考 GPIO 和 I²C 章节理解，这里不再分析。

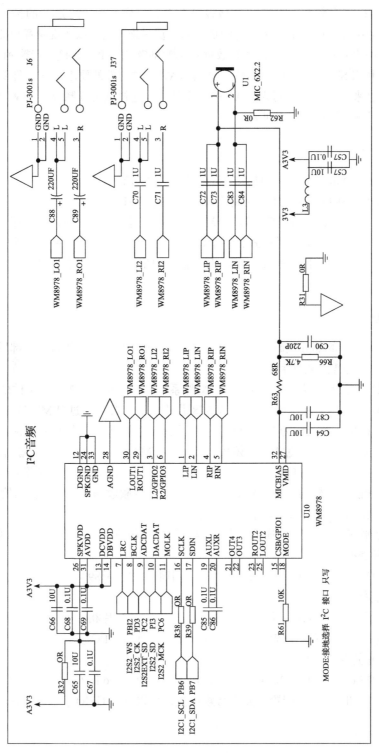

图 35-12 WM8978 电路设计

（1）输入输出选择枚举

代码清单 35-2　输入输出选择枚举

```
1  /* WM8978 音频输入通道控制选项, 可以选择多路, 比如 MIC_LEFT_ON | LINE_ON */
2  typedef enum {
3      IN_PATH_OFF    = 0x00,  /* 无输入 */
4      MIC_LEFT_ON    = 0x01,  /* LIN, LIP 脚, MIC 左声道 (接板载麦克风)  */
5      MIC_RIGHT_ON   = 0x02,  /* RIN, RIP 脚, MIC 右声道 (接板载麦克风)  */
6      LINE_ON        = 0x04,  /* L2, R2 立体声输入 (接板载耳机插座) */
7      AUX_ON         = 0x08,  /* AUXL, AUXR 立体声输入 (开发板没用到)*/
8      DAC_ON         = 0x10,  /* I2S 数据 DAC (CPU 产生音频信号) */
9      ADC_ON         = 0x20   /* 输入的音频馈入 WM8978 内部 ADC (I2S 录音) */
10 } IN_PATH_E;
11
12 /* WM8978 音频输出通道控制选项, 可以选择多路 */
13 typedef enum {
14     OUT_PATH_OFF   = 0x00,  /* 无输出 */
15     EAR_LEFT_ON    = 0x01,  /* LOUT1 耳机左声道 (接板载耳机插座) */
16     EAR_RIGHT_ON   = 0x02,  /* ROUT1 耳机右声道 (接板载耳机插座) */
17     SPK_ON         = 0x04,  /* LOUT2 和 ROUT2 反相输出单声道 (开发板没用到)*/
18     OUT3_4_ON      = 0x08,  /* OUT3 和 OUT4 输出单声道音频 (开发板没用到)*/
19 } OUT_PATH_E;
```

IN_PATH_E 和 OUT_PATH_E 枚举了 WM8978 芯片可用的声音输入源和输出端口。具体在开发板上，如果进行录音功能，设置输入源为 MIC_RIGHT_ON|ADC_ON 或 LINE_ON|ADC_ON，设置输出端口为 OUT_PATH_OFF 或 EAR_LEFT_ON|EAR_RIGHT_ON；对于音乐播放功能，设置输入源为 DAC_ON，设置输出端口为 EAR_LEFT_ON|EAR_RIGHT_ON。

（2）宏定义

代码清单 35-3　宏定义

```
1  /* 定义最大音量 */
2  #define VOLUME_MAX              63    /* 最大音量 */
3  #define VOLUME_STEP             1     /* 音量调节步长 */
4
5  /* 定义最大 MIC 增益 */
6  #define GAIN_MAX                63    /* 最大增益 */
7  #define GAIN_STEP               1     /* 增益步长 */
8
9  /* STM32 I2C 快速模式 */
10 #define WM8978_I2C_Speed        400000
11 /* WM8978 I2C 从机地址 */
12 #define WM8978_SLAVE_ADDRESS    0x34
13
14 /* I2C 接口 */
15 #define WM8978_I2C              I2C1
16 #define WM8978_I2C_CLK          RCC_APB1Periph_I2C1
17
18 #define WM8978_I2C_SCL_PIN      GPIO_Pin_6
19 #define WM8978_I2C_SCL_GPIO_PORT  GPIOB
```

```
20 #define WM8978_I2C_SCL_GPIO_CLK       RCC_AHB1Periph_GPIOB
21 #define WM8978_I2C_SCL_SOURCE         GPIO_PinSource6
22 #define WM8978_I2C_SCL_AF             GPIO_AF_I2C1
23
24 #define WM8978_I2C_SDA_PIN            GPIO_Pin_7
25 #define WM8978_I2C_SDA_GPIO_PORT      GPIOB
26 #define WM8978_I2C_SDA_GPIO_CLK       RCC_AHB1Periph_GPIOB
27 #define WM8978_I2C_SDA_SOURCE         GPIO_PinSource7
28 #define WM8978_I2C_SDA_AF             GPIO_AF_I2C1
29
30 /* 等待超时时间 */
31 #define WM8978_I2C_FLAG_TIMEOUT       ((uint32_t)0x4000)
32 #define WM8978_I2C_LONG_TIMEOUT       ((uint32_t)(10 * WM8978_I2C_FLAG_TIMEOUT))
```

WM8978 声音调节有一定的范围限制，比如 R52 的 LOUT1VOL[5：0] 位用于设置 LOUT1 的音量大小，可赋值范围为 0 ~ 63。WM8978 包含可调节的输入麦克风 PGA 增益，可对每个外部输入端口单独设置增益大小，比如 R45 的 INPPGAVOL[5：0] 位用于设置左通道输入增益音量，最大可设置值为 63。

WM8978 控制接口被设置为 I^2C 模式，其地址固定为 0011010，为方便使用，最低位接 0，即十六进制 0x34。

最后定义 I^2C 通信超时等待时间。

（3）WM8978 寄存器写入

代码清单 35-4　WM8978 寄存器写入

```
 1 static uint8_t WM8978_I2C_WriteRegister(uint8_t RegisterAddr,
 2                                         uint16_t RegisterValue)
 3 {
 4     /* 发送起始信号 */
 5     I2C_GenerateSTART(WM8978_I2C, ENABLE);
 6
 7     /* 检测 EV5 事件并清除之 */
 8     WM8978_I2CTimeout = WM8978_I2C_FLAG_TIMEOUT;
 9     while (!I2C_CheckEvent(WM8978_I2C, I2C_EVENT_MASTER_MODE_SELECT)) {
10         if ((WM8978_I2CTimeout--) == 0)
11             return WM8978_I2C_TIMEOUT_UserCallback();
12     }
13
14     /* 发送设备地址并设定为写方向 */
15     I2C_Send7bitAddress(WM8978_I2C, WM8978_SLAVE_ADDRESS,
16                         I2C_Direction_Transmitter);
17
18     /* 检测 EV6 事件并清除之 */
19     WM8978_I2CTimeout = WM8978_I2C_FLAG_TIMEOUT;
20     while (!I2C_CheckEvent(WM8978_I2C,
21             I2C_EVENT_MASTER_TRANSMITTER_MODE_SELECTED)) {
22         if ((WM8978_I2CTimeout--) == 0)
23             return WM8978_I2C_TIMEOUT_UserCallback();
24     }
```

```
25
26        /* 发送要操作的寄存器地址 */
27        I2C_SendData(WM8978_I2C,
28                ((RegisterAddr << 1) & 0xFE) | ((RegisterValue >> 8) & 0x1));
29
30        /* 检测 EV8 事件并清除之 */
31        WM8978_I2CTimeout = WM8978_I2C_FLAG_TIMEOUT;
32        while (!I2C_CheckEvent(WM8978_I2C,
33                I2C_EVENT_MASTER_BYTE_TRANSMITTING)) {
34            if ((WM8978_I2CTimeout--) == 0)
35                return WM8978_I2C_TIMEOUT_UserCallback();
36        }
37
38        /* 发送要写入的寄存器值 */
39        I2C_SendData(WM8978_I2C, RegisterValue&0xff);
40
41        /* 等待所有数据被总线传输完全 */
42        WM8978_I2CTimeout = WM8978_I2C_LONG_TIMEOUT;
43        while (!I2C_GetFlagStatus(WM8978_I2C, I2C_FLAG_BTF)) {
44            if ((WM8978_I2CTimeout--) == 0)
45                WM8978_I2C_TIMEOUT_UserCallback();
46        }
47
48        /* 发送结束信号 */
49        I2C_GenerateSTOP(WM8978_I2C, ENABLE);
50
51        /* 返回值：0（正常）或 1（失败） */
52        return 1;
53 }
```

WM8978_I2C_WriteRegister 用于向 WM8978 芯片寄存器写入数值，配置芯片工作环境。函数有两个形参：一个是寄存器地址，可设置范围为 0～57；另外一个是寄存器值，WM8978 芯片寄存器总共有 16 位，前 7 位用于寻址，后 9 位才是数据，这里寄存器值形参使用 uint16_t 类型，只有低 9 位有效。

使用 I²C 通信，首先使用 I2C_Send7bitAddress 函数选定 WM8978 芯片，接下来需要两次调用 I2C_SendData 函数发送两次数据，因为用 I²C 一次只能发送 8 位数据，为此需要把 RegisterValue 变量的第 9 位整合到 RegisterAddr 变量的第 0 位先发送，接下来再发送 RegisterValue 变量的低 8 位数据。

函数中还添加了 I²C 通信超时等待功能，防止出错时卡死。

（4）WM8978 寄存器读取

WM8978 芯片从硬件上选择 I²C 通信模式，该模式是只写的，STM32 控制器无法读取 WM8978 寄存器内容，但程序有时需要用到寄存器内容，为此我们创建了一个存放 WM8978 所有寄存器值的数组，在系统复位时将数组内容设置为 WM8978 默认值，然后在每次修改寄存器内容时同步更新该数组内容，这样可以达到该数组与 WM8978 寄存器内容相等的效果，参考代码清单 35-5。

代码清单 35-5　WM8978 寄存器值缓冲区和读取

```
1  /*
2      WM8978 寄存器缓存
3      由于 WM8978 的 I2C 两线接口不支持读取操作，因此寄存器值缓存在内存中
4      当写寄存器时同步更新缓存，读寄存器时直接返回缓存中的值
5      寄存器 MAP 在 WM8978(V4.5_2011).pdf 的第 89 页，寄存器地址是 7bit，寄存器数据是 9bit
6  */
7  static uint16_t wm8978_RegCash[] = {
8      0x000, 0x000, 0x000, 0x000, 0x050, 0x000, 0x140, 0x000,
9      0x000, 0x000, 0x000, 0x0FF, 0x0FF, 0x000, 0x100, 0x0FF,
10     0x0FF, 0x000, 0x12C, 0x02C, 0x02C, 0x02C, 0x02C, 0x000,
11     0x032, 0x000, 0x000, 0x000, 0x000, 0x000, 0x000, 0x000,
12     0x038, 0x00B, 0x032, 0x000, 0x008, 0x00C, 0x093, 0x0E9,
13     0x000, 0x000, 0x000, 0x000, 0x003, 0x010, 0x010, 0x100,
14     0x100, 0x002, 0x001, 0x001, 0x039, 0x039, 0x039, 0x039,
15     0x001, 0x001
16 };
17
18 /**
19  * @brief   从 cashe 中读回 WM8978 寄存器
20  * @param   _ucRegAddr: 寄存器地址
21  * @retval 寄存器值
22  */
23 static uint16_t wm8978_ReadReg(uint8_t _ucRegAddr)
24 {
25     return wm8978_RegCash[_ucRegAddr];
26 }
27
28 /**
29  * @brief   写 WM8978 寄存器
30  * @param   _ucRegAddr: 寄存器地址
31  * @param   _usValue: 寄存器值
32  * @retval 0: 写入失败
33  *         1: 写入成功
34  */
35 static uint8_t wm8978_WriteReg(uint8_t _ucRegAddr, uint16_t _usValue)
36 {
37     uint8_t res;
38     res=WM8978_I2C_WriteRegister(_ucRegAddr,_usValue);
39     wm8978_RegCash[_ucRegAddr] = _usValue;
40     return res;
41 }
```

wm8978_WriteReg 实现向 WM8978 寄存器写入数据并修改缓冲区内容。

（5）输出音量修改与读取

代码清单 35-6　音量修改与读取

```
1  /**
2   * @brief   修改输出通道1音量
3   * @param   _ucVolume : 音量值，0~63
4   * @retval 无
```

```
 5      */
 6 void wm8978_SetOUT1Volume(uint8_t _ucVolume)
 7 {
 8      uint16_t regL;
 9      uint16_t regR;
10
11      if (_ucVolume > VOLUME_MAX) {
12          _ucVolume = VOLUME_MAX;
13      }
14      regL = _ucVolume;
15      regR = _ucVolume;
16      /*
17          R52 LOUT1 Volume control
18          R53 ROUT1 Volume control
19      */
20      /* 先更新左声道缓存值 */
21      wm8978_WriteReg(52, regL | 0x00);
22
23      /* 再同步更新左右声道的音量 */
24      /* 0x180 表示 在音量为 0 时再更新，避免调节音量出现的"嘎哒"声 */
25      wm8978_WriteReg(53, regR | 0x100);
26 }
27
28 /**
29      * @brief   读取输出通道 1 音量
30      * @param   无
31      * @retval  当前音量值
32      */
33 uint8_t wm8978_ReadOUT1Volume(void)
34 {
35      return (uint8_t)(wm8978_ReadReg(52) & 0x3F );
36 }
37
38 /**
39      * @brief   输出静音
40      * @param   _ucMute: 模式选择
41      *          @arg 1: 静音
42      *          @arg 0: 取消静音
43      * @retval  无
44      */
45 void wm8978_OutMute(uint8_t _ucMute)
46 {
47      uint16_t usRegValue;
48      if (_ucMute == 1) { /* 静音 */
49          usRegValue = wm8978_ReadReg(52); /* Left Mixer Control */
50          usRegValue |= (1u << 6);
51          wm8978_WriteReg(52, usRegValue);
52
53          usRegValue = wm8978_ReadReg(53); /* Left Mixer Control */
54          usRegValue |= (1u << 6);
55          wm8978_WriteReg(53, usRegValue);
56
57          usRegValue = wm8978_ReadReg(54); /* Right Mixer Control */
```

```
58              usRegValue |= (1u << 6);
59              wm8978_WriteReg(54, usRegValue);
60
61              usRegValue = wm8978_ReadReg(55); /* Right Mixer Control */
62              usRegValue |= (1u << 6);
63              wm8978_WriteReg(55, usRegValue);
64      } else {  /* 取消静音 */
65              usRegValue = wm8978_ReadReg(52);
66              usRegValue &= ~(1u << 6);
67              wm8978_WriteReg(52, usRegValue);
68
69              usRegValue = wm8978_ReadReg(53); /* Left Mixer Control */
70              usRegValue &= ~(1u << 6);
71              wm8978_WriteReg(53, usRegValue);
72
73              usRegValue = wm8978_ReadReg(54);
74              usRegValue &= ~(1u << 6);
75              wm8978_WriteReg(54, usRegValue);
76
77              usRegValue = wm8978_ReadReg(55); /* Left Mixer Control */
78              usRegValue &= ~(1u << 6);
79              wm8978_WriteReg(55, usRegValue);
80      }
81  }
```

wm8978_SetOUT1Volume 函数用于修改 OUT1 通道的音量大小，有一个形参用于指示音量大小，要求范围为 0 ~ 63。这里同时更新 OUT1 的左右两个声道音量，WM8978 芯片的 R52 和 R53 分别用于设置 OUT1 的左声道和右声道音量，具体意义见表 35-5。

wm8978_SetOUT1Volume 函数会同时修改 WM8978 寄存器缓存区 wm8978_RegCash 数组的内容。

表 35-5　OUT1 音量控制寄存器

寄存器地址	位	默认值	描　述
R52（LOUT1 Volume Control）	8	不锁存	直到一个 1 写入 HPVU 才更新 LOUT1 和 ROUT1 音量
	7	0	耳机音量零交叉使能：0= 仅仅在零交叉时改变增益；1= 立即改变增益
	6	0	左耳机输出消声：0= 正常操作；1= 消声
	5:0	11101	左耳机输出驱动： 000000=–57dB ... 111001=0dB ... 111111=+6dB
R53（ROUT1 Volume Control）	8	不锁存	直到一个 1 写入 HPVU 才更新 LOUT1 和 ROUT1 音量
	7	0	耳机音量零交叉使能：0= 仅仅在零交叉时改变增益；1= 立即改变增益
	6	0	左耳机输出消声：0= 正常操作；1= 消声

（续）

寄存器地址	位	默认值	描述
R53（ROUT1 Volume Control）	5:0	11101	右耳机输出驱动： 000000=-57dB ... 111001=0dB ... 111111=+6dB

另外，wm8978_SetOUT2Volume 用于设置 OUT2 的音量，程序结构与 wm8978_SetOUT-1Volume 相同，只是对应修改 R54 和 R55。

wm8978_ReadOUT1Volume 函数用于读取 OUT1 的音量，它实际上就是读取 wm8978_RegCash 数组的元素内容。

wm8978_OutMute 用于静音控制，它有一个形参用于设置静音效果，如果为 1，则为开启静音，如果为 0，则取消静音。静音控制是通过 R52 和 R53 的第 6 位实现的，在进入静音模式时需要先保存 OUT1 和 OUT2 的音量大小，然后在退出静音模式时就可以正确返回到静音前 OUT1 和 OUT2 的配置。

（6）输入增益调整

代码清单 35-7 输入增益调整

```
1 /**
2   * @brief  设置增益
3   * @param  _ucGain : 增益值，0~63
4   * @retval 无
5   */
6 void wm8978_SetMicGain(uint8_t _ucGain)
7 {
8      if (_ucGain > GAIN_MAX) {
9          _ucGain = GAIN_MAX;
10     }
11
12     /* PGA 音量控制  R45，R46
13         Bit8   INPPGAUPDATE
14         Bit7   INPPGAZCL    过零再更改
15         Bit6   INPPGAMUTEL   PGA 静音
16         Bit5:0 增益值，010000 是 0dB
17     */
18     wm8978_WriteReg(45, _ucGain);
19     wm8978_WriteReg(46, _ucGain | (1 << 8));
20 }
21
22
23 /**
24     * @brief  设置 Line 输入通道的增益
25     * @param  _ucGain : 音量值，0~7，7 最大，0 最小。可衰减可放大
26     * @retval 无
```

```
27        */
28   void wm8978_SetLineGain(uint8_t _ucGain)
29   {
30        uint16_t usRegValue;
31
32        if (_ucGain > 7) {
33            _ucGain = 7;
34        }
35
36        /*
37            Mic 输入信道的增益由 PGABOOSTL 和 PGABOOSTR 控制
38            Aux 输入信道的输入增益由 AUXL2BOOSTVO[2:0] 和 AUXR2BOOSTVO[2:0] 控制
39            Line 输入信道的输入增益由 LIP2BOOSTVOL[2:0] 和 RIP2BOOSTVOL[2:0] 控制
40        */
41        /* R47 (左声道), R48 (右声道), MIC 增益控制寄存器
42            R47 (R48 定义与此相同）
43            B8 PGABOOSTL=1,0 表示 MIC 信号直通无增益,1 表示 MIC 信号 +20dB 增益 (通过自举电路)
44            B7 = 0, 保留
45            B6:4  L2_2BOOSTVOL=x, 0 表示禁止, 1~7 表示增益 -12dB ~ +6dB (可衰减也可放大)
46            B3 = 0, 保留
47            B2:0 AUXL2BOOSTVOL=x, 0 表示禁止, 1~7 表示增益 -12dB ~ +6dB (可衰减也可放大)
48        */
49
50        usRegValue = wm8978_ReadReg(47);
51        usRegValue &= 0x8F;      /* 将 Bit6:4 清 0    1000 1111*/
52        usRegValue |= (_ucGain << 4);
53        wm8978_WriteReg(47, usRegValue);   /* 写左声道输入增益控制寄存器 */
54
55        usRegValue = wm8978_ReadReg(48);
56        usRegValue &= 0x8F;      /* 将 Bit6:4 清 0    1000 1111*/
57        usRegValue |= (_ucGain << 4);
58        wm8978_WriteReg(48, usRegValue);   /* 写右声道输入增益控制寄存器 */
59   }
```

wm8978_SetMicGain 用于设置麦克风输入的增益，能实现放大或衰减输入的效果，比如对于部分本身就是比较微弱的声音源，可以设置放大该信号，从而得到合适的录制效果。该函数主要通过设置 R45 和 R46 实现，可设置的范围为 0 ~ 63，默认值为 16，没有增益效果。

wm8978_SetLineGain 用于设置 LINE 输入的增益，对应于芯片的 L2 和 R2 引脚组合产生的输入，开发板使用耳机插座引出拓展。它通过设置 R47 和 R48 寄存器实现，可设置范围为 0 ~ 7，默认值为 0，没有增益效果。

（7）音频接口标准选择

代码清单 35-8　wm8978_CfgAudioIF 函数

```
1   /**
2     * @brief  配置 WM8978 的音频接口 (I2S)
3     * @param  _usStandard : 接口标准,
4                I2S_Standard_Phillips, I2S_Standard_MSB 或 I2S_Standard_LSB
```

```
 5      * @param  _ucWordLen : 字长，16、24、32（丢弃不常用的20位格式）
 6      * @retval 无
 7      */
 8 void wm8978_CfgAudioIF(uint16_t _usStandard, uint8_t _ucWordLen)
 9 {
10     uint16_t usReg;
11
12     /* WM8978(V4.5_2011).pdf 73页，寄存器列表 */
13
14     /*  REG R4，音频接口控制寄存器
15         B8     BCP  = X，BCLK极性，0表示正常，1表示反相
16         B7     LRCP = x，LRC时钟极性，0表示正常，1表示反相
17         B6:5   WL = x，字长，00=16位，01=20位，10=24位，11=32位
18        （右对齐模式只能操作在最大24位）
19         B4:3   FMT = x，音频数据格式，00=右对齐，01=左对齐，10=I2S格式，11=PCM
20         B2     DACLRSWAP = x，控制DAC数据出现在LRC时钟的左边还是右边
21         B1     ADCLRSWAP = x，控制ADC数据出现在LRC时钟的左边还是右边
22         B0     MONO  = 0，0表示立体声，1表示单声道，仅左声道有效
23     */
24     usReg = 0;
25     if (_usStandard == I2S_Standard_Phillips) { /* I2S飞利浦标准 */
26         usReg |= (2 << 3);
27     } else if (_usStandard == I2S_Standard_MSB) { /* MSB对齐标准（左对齐） */
28         usReg |= (1 << 3);
29     } else if (_usStandard == I2S_Standard_LSB) { /* LSB对齐标准（右对齐） */
30         usReg |= (0 << 3);
31     } else {   /*PCM标准(16位通道帧上带长或短帧同步或者16位数据帧扩展为32位通道帧) */
32         usReg |= (3 << 3);;
33     }
34
35     if (_ucWordLen == 24) {
36         usReg |= (2 << 5);
37     } else if (_ucWordLen == 32) {
38         usReg |= (3 << 5);
39     } else {
40         usReg |= (0 << 5);     /* 16bit */
41     }
42     wm8978_WriteReg(4, usReg);
43
44     /*
45         R6，时钟产生控制寄存器
46         MS = 0，WM8978被动时钟，由MCU提供MCLK时钟
47     */
48     wm8978_WriteReg(6, 0x000);
49 }
```

　　wm8978_CfgAudioIF函数用于设置WM8978芯片的音频接口标准，它有两个形参，第一个是标准选择，可选I²S Philips标准（I2S_Standard_Phillips）、左对齐标准（I2S_Standard_MSB）以及右对齐标准（I2S_Standard_LSB）；另外一个形参是字长设置，可选16位、24位以及32位，较常用16位。该函数通过控制WM8978芯片R4实现，最后还通过通用时钟控制寄存器R6设置芯片的I²S工作在从模式下，时钟线为输入时钟。

（8）输入输出通道设置

代码清单 35-9 wm8978_CfgAudioPath 函数

```
1 void wm8978_CfgAudioPath(uint16_t _InPath, uint16_t _OutPath)
2 {
3     uint16_t usReg;
4     if ((_InPath == IN_PATH_OFF) && (_OutPath == OUT_PATH_OFF)) {
5         wm8978_PowerDown();
6         return;
7     }
8
9     /*
10        R1 寄存器 Power manage 1
11        Bit8    BUFDCOPEN,  Output stage 1.5xAVDD/2 driver enable
12        Bit7    OUT4MIXEN, OUT4 mixer enable
13        Bit6    OUT3MIXEN, OUT3 mixer enable
14        Bit5    PLLEN .不用
15        Bit4    MICBEN ,Microphone Bias Enable (MIC 偏置电路使能)
16        Bit3    BIASEN ,Analogue amplifier bias control 必须设置为1模拟放大器才工作
17        Bit2    BUFIOEN , Unused input/output tie off buffer enable
18        Bit1:0  VMIDSEL, 必须设置为非 0 值模拟放大器才工作
19     */
20     usReg = (1 << 3) | (3 << 0);
21     if (_OutPath & OUT3_4_ON) { /* OUT3 和 OUT4 使能输出 */
22         usReg |= ((1 << 7) | (1 << 6));
23     }
24     if ((_InPath & MIC_LEFT_ON) || (_InPath & MIC_RIGHT_ON)) {
25         usReg |= (1 << 4);
26     }
27     wm8978_WriteReg(1, usReg);  /* 写寄存器 */
28
29     /***********************************************/
30     /*          此处省略部分代码,具体参考工程文件           */
31     /***********************************************/
32
33     /*  R10 寄存器 DAC Control
34        B8  0
35        B7  0
36        B6  SOFTMUTE, Softmute enable:
37        B5  0
38        B4  0
39        B3  DACOSR128,  DAC oversampling rate: 0=64x (lowest power)
40                                                1=128x (best performance)
41        B2  AMUTE,    Automute enable
42        B1  DACPOLR,  Right DAC output polarity
43        B0  DACPOLL,  Left DAC output polarity:
44     */
45     if (_InPath & DAC_ON) {
46         wm8978_WriteReg(10, 0);
47     }
48 }
```

　　wm8978_CfgAudioPath 函数用于配置声音输入输出通道，有两个形参，第 1 个形参用于设置输入源，可以使用 IN_PATH_E 枚举类型成员的一个或多个或运算结果；第 2 个形参用于设置输出通道，可以使用 OUT_PATH_E 枚举类型成员的一个或多个或运算结果。具体在开发板上，如果进行录音功能，设置输入源为 MIC_RIGHT_ON|ADC_ON 或 LINE_ON|ADC_ON，设置输出端口为 OUT_PATH_OFF 或 EAR_LEFT_ON|EAR_RIGHT_ON；对于音乐播放功能，设置输入源为 DAC_ON，设置输出端口为 EAR_LEFT_ON|EAR_RIGHT_ON。

　　wm8978_CfgAudioPath 函数首先判断输入参数的合法性，如果输入出错，则直接调用函数 wm8978_PowerDown 进入低功耗模式，并退出。

　　接下来使用 wm8978_WriteReg 配置相关寄存器值。大致可分 3 个部分，第 1 部分是电源管理部分，主要涉及 R1、R2 和 R3 三个寄存器，使用输入输出通道之前必须开启相关电源。第 2 部分是输入通道选择及相关配置，配置 R44 选择输入通道，R14 设置输入的高通滤波器功能，R27、R28、R29 和 R30 设置输入的可调陷波滤波器功能，R32、R33 和 R34 控制输入限幅器/电平自动控制（ALC），R35 设置 ALC 噪声门限，R47 和 R48 设置通道增益参数，R15 和 R16 设置 ADC 数字音量，R43 设置 AUXR 功能。第 3 部分是输出通道选择及相关配置，控制 R49 选择输出通道，R50 和 R51 设置左右通道混合输出效果，R56 设置 OUT3 混合输出效果，R57 设置 OUT4 混合输出效果，R11 和 R12 设置左右 DAC 数字音量，R10 设置 DAC 参数。

　　（9）软件复位

代码清单 35-10　wm8978_Reset 函数

```
 1 uint8_t wm8978_Reset(void)
 2 {
 3     /* WM8978 寄存器默认值 */
 4     const uint16_t reg_default[] = {
 5         0x000, 0x000, 0x000, 0x000, 0x050, 0x000, 0x140, 0x000,
 6         0x000, 0x000, 0x000, 0x0FF, 0x0FF, 0x000, 0x100, 0x0FF,
 7         0x0FF, 0x000, 0x12C, 0x02C, 0x02C, 0x02C, 0x02C, 0x000,
 8         0x032, 0x000, 0x000, 0x000, 0x000, 0x000, 0x000, 0x000,
 9         0x038, 0x00B, 0x032, 0x000, 0x008, 0x00C, 0x093, 0x0E9,
10         0x000, 0x000, 0x000, 0x000, 0x003, 0x010, 0x010, 0x100,
11         0x100, 0x002, 0x001, 0x001, 0x039, 0x039, 0x039, 0x039,
12         0x001, 0x001
13     };
14     uint8_t res;
15     uint8_t i;
16
17     res=wm8978_WriteReg(0x00, 0);
18
19     for (i = 0; i < sizeof(reg_default) / 2; i++) {
20         wm8978_RegCash[i] = reg_default[i];
21     }
22     return res;
23 }
```

　　wm8978_Reset 函数用于软件复位 WM8978 芯片，通过写入 R0 完成，使寄存器复位到默认状态，同时会更新寄存器缓冲区数组 wm8978_RegCash 到默认状态。

2. I²S 控制接口

WM8978 集成 I²S 音频接口，用于与外部设备进行数字音频数据传输，芯片 I²S 接口属性通过 wm8978_CfgAudioIF 函数配置。STM32 控制器与 WM8978 进行音频数据传输，一般设置 STM32 控制器为主机模式，WM8978 作为从设备。

I2S_GPIO_Config 函数用于初始化 I²S 相关 GPIO，具体参考工程文件。

（1）I²S 工作模式配置

代码清单 35-11　I2Sx_Mode_Config 函数

```
 1 void I2Sx_Mode_Config(const uint16_t _usStandard,const uint16_t _usWordLen,
 2                       const uint32_t _usAudioFreq  )
 3 {
 4     I2S_InitTypeDef I2S_InitStructure;
 5     uint32_t n = 0;
 6     FlagStatus status = RESET;
 7     /**
 8         * 对于 I2S 模式，需要确认以下配置:
 9         *  - I2S PLL 已经使用 RCC_I2SCLKConfig 配置好
10        *    (RCC_I2S2CLKSource_PLLI2S)、
11        *    RCC_PLLI2SCmd(ENABLE) 和 RCC_GetFlagStatus(RCC_FLAG_PLLI2SRDY)
12        */
13     RCC_I2SCLKConfig(RCC_I2S2CLKSource_PLLI2S);
14     RCC_PLLI2SCmd(ENABLE);
15     for (n = 0; n < 500; n++) {
16         status = RCC_GetFlagStatus(RCC_FLAG_PLLI2SRDY);
17         if (status == 1)break;
18     }
19     /* 打开 I2S2 APB1 时钟 */
20     RCC_APB1PeriphClockCmd(WM8978_CLK, ENABLE);
21
22     /* 复位 SPI2 外设到默认状态 */
23     SPI_I2S_DeInit(WM8978_I2Sx_SPI);
24
25     /* I2S2 外设配置 */
26     /* 配置 I2S 工作模式 */
27     I2S_InitStructure.I2S_Mode = I2S_Mode_MasterTx;
28     /* 接口标准 */
29     I2S_InitStructure.I2S_Standard = _usStandard;
30     /* 数据格式，16bit */
31     I2S_InitStructure.I2S_DataFormat = _usWordLen;
32     /* 主时钟模式 */
33     I2S_InitStructure.I2S_MCLKOutput = I2S_MCLKOutput_Enable;
34     /* 音频采样频率 */
35     I2S_InitStructure.I2S_AudioFreq = _usAudioFreq;
36     I2S_InitStructure.I2S_CPOL = I2S_CPOL_Low;
37     I2S_Init(WM8978_I2Sx_SPI, &I2S_InitStructure);
38
39     /* 使能 SPI2/I2S2 外设 */
40     I2S_Cmd(WM8978_I2Sx_SPI, ENABLE);
41 }
```

I2Sx_Mode_Config 函数用于配置 STM32 控制器的 I²S 接口工作模式，它有 3 个形参，第 1 个为 I²S 接口标准指定，一般设置为 I²S Philips 标准；第 2 个为字长设置，一般设置为 16 位；第 3 个为采样频率，一般设置为 44kHz 即可得到高音质效果。

首先是时钟配置，使用 RCC_I2SCLKConfig 函数选择 I²S 时钟源，一般选择内部 PLLI2S 时钟，RCC_PLLI2SCmd 函数使能 PLLI2S 时钟，并等待时钟正常后开启 I²S 外设时钟。

接下来给 I2S_InitTypeDef 结构体类型变量赋值，以设置 I²S 工作模式，并由 I2S_Init 函数完成 I²S 基本工作环境的配置。

最后，由 I2S_Cmd 函数使能 I²S。

（2）I²S 数据发送（DMA 传输）

代码清单 35-12　I2Sx_TX_DMA_Init 函数

```
 1 void I2Sx_TX_DMA_Init(const uint16_t *buffer0,const uint16_t *buffer1,
 2                       const uint32_t num)
 3 {
 4     NVIC_InitTypeDef    NVIC_InitStructure;
 5     DMA_InitTypeDef   DMA_InitStructure;
 6
 7     RCC_AHB1PeriphClockCmd(I2Sx_DMA_CLK,ENABLE);// DMA1 时钟使能
 8
 9     DMA_DeInit(I2Sx_TX_DMA_STREAM);
10     // 等待 DMA1_Stream4 可配置
11     while (DMA_GetCmdStatus(I2Sx_TX_DMA_STREAM) != DISABLE) {}
12     // 清空 DMA1_Stream4 上所有的中断标志
13     DMA_ClearITPendingBit(I2Sx_TX_DMA_STREAM,
14         DMA_IT_FEIF4|DMA_IT_DMEIF4|DMA_IT_TEIF4|DMA_IT_HTIF4|DMA_IT_TCIF4);
15
16     /* 配置 DMA Stream */
17     // 通道 0 SPIx_TX 通道
18     DMA_InitStructure.DMA_Channel = I2Sx_TX_DMA_CHANNEL;
19     // 外设地址为 :(u32)&SPI2->DR
20     DMA_InitStructure.DMA_PeripheralBaseAddr =
21 (uint32_t)&WM8978_I2Sx_SPI->DR;
22     // DMA 存储器 0 地址
23     DMA_InitStructure.DMA_Memory0BaseAddr = (uint32_t)buffer0;
24     // 存储器到外设模式
25     DMA_InitStructure.DMA_DIR = DMA_DIR_MemoryToPeripheral;
26     // 数据传输量
27     DMA_InitStructure.DMA_BufferSize = num;
28     // 外设非增量模式
29     DMA_InitStructure.DMA_PeripheralInc = DMA_PeripheralInc_Disable;
30     // 存储器增量模式
31     DMA_InitStructure.DMA_MemoryInc = DMA_MemoryInc_Enable;
32     // 外设数据长度: 16 位
33     DMA_InitStructure.DMA_PeripheralDataSize =
34 DMA_PeripheralDataSize_HalfWord;
35     // 存储器数据长度: 16 位
36     DMA_InitStructure.DMA_MemoryDataSize = DMA_MemoryDataSize_HalfWord;
37     // 使用循环模式
```

```
38      DMA_InitStructure.DMA_Mode = DMA_Mode_Circular;
39      // 高优先级
40      DMA_InitStructure.DMA_Priority = DMA_Priority_High;
41      // 不使用 FIFO 模式
42      DMA_InitStructure.DMA_FIFOMode = DMA_FIFOMode_Disable;
43      DMA_InitStructure.DMA_FIFOThreshold = DMA_FIFOThreshold_1QuarterFull;
44      // 外设突发单次传输
45      DMA_InitStructure.DMA_MemoryBurst = DMA_MemoryBurst_Single;
46      // 存储器突发单次传输
47      DMA_InitStructure.DMA_PeripheralBurst = DMA_PeripheralBurst_Single;
48      DMA_Init(I2Sx_TX_DMA_STREAM, &DMA_InitStructure);// 初始化 DMA Stream
49
50      // 双缓冲模式配置
51      DMA_DoubleBufferModeConfig(I2Sx_TX_DMA_STREAM,(uint32_t)buffer0,
52                              DMA_Memory_0);
53      DMA_DoubleBufferModeConfig(I2Sx_TX_DMA_STREAM,(uint32_t)buffer1,
54                              DMA_Memory_1);
55      // 双缓冲模式开启
56      DMA_DoubleBufferModeCmd(I2Sx_TX_DMA_STREAM,ENABLE);
57
58      // 开启传输完成中断
59      DMA_ITConfig(I2Sx_TX_DMA_STREAM,DMA_IT_TC,ENABLE);
60      // SPI2 TX DMA 请求使能
61      SPI_I2S_DMACmd(WM8978_I2Sx_SPI,SPI_I2S_DMAReq_Tx,ENABLE);
62
63      NVIC_InitStructure.NVIC_IRQChannel = I2Sx_TX_DMA_STREAM_IRQn;
64      NVIC_InitStructure.NVIC_IRQChannelPreemptionPriority = 0;
65      NVIC_InitStructure.NVIC_IRQChannelSubPriority = 1;
66      NVIC_InitStructure.NVIC_IRQChannelCmd = ENABLE;
67      NVIC_Init(&NVIC_InitStructure);
68  }
```

I2Sx_TX_DMA_Init 函数用于初始化 I²S 数据发送 DMA 请求的工作环境，并启动 DMA 传输。它有 3 个形参：第 1 个为缓冲区 1 地址，第 2 个为缓冲区 2 地址，第 3 个为缓冲区大小。这里使用 DMA 的双缓冲区模式，就是开辟两个缓冲区空间，当第 1 个缓冲区用于 DMA 传输时（不占用 CPU），CPU 可以往第 2 个缓冲区填充数据，等到第 1 个缓冲区 DMA 传输完成后切换第 2 个缓冲区用于 DMA 传输，CPU 往第 1 个缓冲区填充数据，如此不断循环切换，可以达到 DMA 数据传输不间断的效果，具体可参考第 20 章。这里为保证播放流畅性，使用了 DMA 双缓冲区模式。

I2Sx_TX_DMA_Init 函数首先使能 I²S 发送 DMA 流时钟，并复位 DMA 流配置和相关中断标志位。

通过对 DMA_InitTypeDef 结构体类型的变量赋值，配置 DMA 流的工作环境，并通过 DMA_Init 完成配置。

DMA_DoubleBufferModeConfig 函数用于指定 DMA 双缓冲区模式下的缓冲区地址。通过 DMA_DoubleBufferModeCmd 函数可以开启 DMA 双缓冲区模式。这里使能 DMA 传输完成中断，用于指示其中一个缓冲区传输完成，需要切换缓冲区，并可以开始往缓冲区填充数据。

SPI_I2S_DMACmd 用于使能 I²S 发送 DMA 传输请求。

最后配置 DMA 传输完成中断的优先级。

（3）DMA 数据发送传输完成中断服务函数

代码清单 35-13　DMA 数据发送传输完成中断服务函数

```
1  // I2S DMA 回调函数
2  void (*I2S_DMA_TX_Callback)(void);
3
4  void I2Sx_TX_DMA_STREAM_IRQFUN(void)
5  {
6      // DMA 传输完成标志
7      if (DMA_GetITStatus(I2Sx_TX_DMA_STREAM,I2Sx_TX_DMA_IT_TCIF)==SET) {
8          // 清 DMA 传输完成标准
9          DMA_ClearITPendingBit(I2Sx_TX_DMA_STREAM,I2Sx_TX_DMA_IT_TCIF);
10         // 执行回调函数，读取数据等操作在这里面进行
11         I2S_DMA_TX_Callback();
12     }
13 }
```

首先声明一个函数指针，即 I2S_DMA_TX_Callback 是一个函数指针，一般是先定义一个函数，再把函数名称赋值给 I2S_DMA_TX_Callback。

I2Sx_TX_DMA_STREAM_IRQFUN 函数是 I²S 的 DMA 传输中断服务函数，在 DMA 传输完成并中断后执行 I2S_DMA_TX_Callback 函数指针对应的函数内容。

（4）启动和停止播放控制

代码清单 35-14　启动和停止播放控制

```
1  void I2S_Play_Start(void)
2  {
3      DMA_Cmd(I2Sx_TX_DMA_STREAM,ENABLE);// 开启 DMA TX 传输，开始播放
4  }
5
6
7  void I2S_Play_Stop(void)
8  {
9      DMA_Cmd(I2Sx_TX_DMA_STREAM,DISABLE);// 关闭 DMA TX 传输，结束播放
10 }
11
```

I2S_Play_Start 用于开始播放，I2S_Play_Stop 用于停止播放，实际是通过控制 DMA 传输使能来实现。

（5）I²S 扩展功能模式配置

代码清单 35-15　I2Sxext_Mode_Config 函数

```
1  void I2Sxext_Mode_Config(const uint16_t _usStandard,
2                  const uint16_t _usWordLen,const uint32_t _usAudioFreq)
3  {
```

```
4      I2S_InitTypeDef I2Sext_InitStructure;
5
6      /* I2S2 外设配置 */
7      /* 配置 I2S 工作模式 */
8      I2Sext_InitStructure.I2S_Mode = I2S_Mode_MasterTx;
9      /* 接口标准 */
10     I2Sext_InitStructure.I2S_Standard = _usStandard;
11     /* 数据格式，16bit */
12     I2Sext_InitStructure.I2S_DataFormat = _usWordLen;
13     /* 主时钟模式 */
14     I2Sext_InitStructure.I2S_MCLKOutput = I2S_MCLKOutput_Enable;
15     /* 音频采样频率 */
16     I2Sext_InitStructure.I2S_AudioFreq = _usAudioFreq;
17     I2Sext_InitStructure.I2S_CPOL = I2S_CPOL_Low;
18
19     I2S_FullDuplexConfig(WM8978_I2Sx_ext, &I2Sext_InitStructure);
20
21     /* 使能 SPI2/I2S2 外设 */
22     I2S_Cmd(WM8978_I2Sx_ext, ENABLE);
23 }
```

I2Sxext_Mode_Config 函数用于配置 I²S 全双工模式，使用扩展 I²S 功能利于数据处理，这对实现录音功能有很大的帮助。它有 3 个形参：第 1 个为指定 I²S 接口标准，一般设置为 I²S Philips 标准；第 2 个为字长设置，一般设置为 16 位，第 3 个为采样频率，一般设置为 44kHz 既可得到高音质效果。

I2Sxext_Mode_Config 函数没有配置 I²S 相关时钟，一般在 I2Sx_Mode_Config 函数完成时钟配置，所以一般先运行 I2Sx_Mode_Config 函数再运行 I2Sxext_Mode_Config 函数。

I2Sxext_Mode_Config 函数先给 I2S_InitTypeDef 结构体类型的变量赋值配置参数，然后调用 I2S_FullDuplexConfig 函数配置 I²S 全双工模式，最后使用 I2S_Cmd 使能扩展 I²S。

（6）I²S 扩展数据接收（DMA 传输）

代码清单 35-16　I2Sxext_RX_DMA_Init 函数

```
1 void I2Sxext_RX_DMA_Init(const uint16_t *buffer0,const uint16_t *buffer1,
2                     const uint32_t num)
3 {
4     NVIC_InitTypeDef    NVIC_InitStructure;
5     DMA_InitTypeDef   DMA_InitStructure;
6
7     RCC_AHB1PeriphClockCmd(I2Sx_DMA_CLK,ENABLE);
8
9     DMA_DeInit(I2Sxext_RX_DMA_STREAM);
10    while (DMA_GetCmdStatus(I2Sxext_RX_DMA_STREAM) != DISABLE) {}
11
12    DMA_ClearITPendingBit(I2Sxext_RX_DMA_STREAM,
13      DMA_IT_FEIF3|DMA_IT_DMEIF3|DMA_IT_TEIF3|DMA_IT_HTIF3|DMA_IT_TCIF3);
14
15    /* 配置DMA Stream */
16    DMA_InitStructure.DMA_Channel = I2Sxext_RX_DMA_CHANNEL;
```

```
17    DMA_InitStructure.DMA_PeripheralBaseAddr =
18    (uint32_t)&WM8978_I2Sx_ext->DR;
19    DMA_InitStructure.DMA_Memory0BaseAddr = (uint32_t)buffer0;
20    DMA_InitStructure.DMA_DIR = DMA_DIR_PeripheralToMemory;
21    DMA_InitStructure.DMA_BufferSize = num;
22    DMA_InitStructure.DMA_PeripheralInc = DMA_PeripheralInc_Disable;
23    DMA_InitStructure.DMA_MemoryInc = DMA_MemoryInc_Enable;
24    DMA_InitStructure.DMA_PeripheralDataSize =
25    DMA_PeripheralDataSize_HalfWord;
26    DMA_InitStructure.DMA_MemoryDataSize = DMA_MemoryDataSize_HalfWord;
27    DMA_InitStructure.DMA_Mode = DMA_Mode_Circular;
28    DMA_InitStructure.DMA_Priority = DMA_Priority_Medium;
29    DMA_InitStructure.DMA_FIFOMode = DMA_FIFOMode_Disable;
30    DMA_InitStructure.DMA_FIFOThreshold = DMA_FIFOThreshold_1QuarterFull;
31    DMA_InitStructure.DMA_MemoryBurst = DMA_MemoryBurst_Single;
32    DMA_InitStructure.DMA_PeripheralBurst = DMA_PeripheralBurst_Single;
33    DMA_Init(I2Sxext_RX_DMA_STREAM, &DMA_InitStructure);
34
35    DMA_DoubleBufferModeConfig(I2Sxext_RX_DMA_STREAM,
36                              (uint32_t)buffer0,DMA_Memory_0);
37    DMA_DoubleBufferModeConfig(I2Sxext_RX_DMA_STREAM,
38                              (uint32_t)buffer1,DMA_Memory_1);
39
40    DMA_DoubleBufferModeCmd(I2Sxext_RX_DMA_STREAM,ENABLE);
41
42    DMA_ITConfig(I2Sxext_RX_DMA_STREAM,DMA_IT_TC,ENABLE);
43
44    SPI_I2S_DMACmd(WM8978_I2Sx_ext,SPI_I2S_DMAReq_Rx,ENABLE);
45
46    NVIC_InitStructure.NVIC_IRQChannel = I2Sxext_RX_DMA_STREAM_IRQn;
47    NVIC_InitStructure.NVIC_IRQChannelPreemptionPriority = 0;
48    NVIC_InitStructure.NVIC_IRQChannelSubPriority = 2;
49    NVIC_InitStructure.NVIC_IRQChannelCmd = ENABLE;
50    NVIC_Init(&NVIC_InitStructure);
51  }
```

I2Sxext_RX_DMA_Init 函数用于配置扩展后 I²S 的数据接收功能，使用 DMA 传输方式接收数据，程序结构与 I2Sx_TX_DMA_Init 函数一致，只是 DMA 传输方向不同，I2Sxext_RX_DMA_Init 函数是从外设到存储器传输，I2Sx_TX_DMA_Init 函数是从存储器到外设传输。

I2Sxext_RX_DMA_Init 函数也使用 DMA 的双缓冲区模式传输数据。最后使能了 DMA 传输完成中断，并使能 DMA 数据接收请求。

（7）DMA 数据接收传输完成中断服务函数

代码清单 35-17　DMA 数据接收传输完成中断服务函数

```
1  // I2S DMA RX 回调函数
2  void (*I2S_DMA_RX_Callback)(void);
3
4  void I2Sxext_RX_DMA_STREAM_IRQFUN(void)
5  {
```

```
 6      if(DMA_GetITStatus(I2Sxext_RX_DMA_STREAM,I2Sxext_RX_DMA_IT_TCIF)==SET)
 7 {DMA_ClearITPendingBit(I2Sxext_RX_DMA_STREAM,I2Sxext_RX_DMA_IT_TCIF);
 8          I2S_DMA_RX_Callback();   //执行回调函数，读取数据等操作在这里面处理
 9      }
10 }
```

与 DMA 数据发送传输完成中断服务函数类似，I2Sxext_RX_DMA_STREAM_IRQFUN
函数在数据接收传输完成后执行 I2S_DMA_RX_Callback 函数，I2S_DMA_RX_Callback 实际
也是一个函数指针。

（8）启动和停止录音

代码清单 35-18　启动和停止录音

```
 1 void I2Sxext_Recorde_Start(void)
 2 {
 3     DMA_Cmd(I2Sxext_RX_DMA_STREAM,ENABLE);
 4 }
 5
 6 void I2Sxext_Recorde_Stop(void)
 7 {
 8     DMA_Cmd(I2Sxext_RX_DMA_STREAM,DISABLE);
 9 }
10
```

I2Sxext_Recorde_Start 函数用于启动录音，I2Sxext_Recorde_Stop 函数用于停止录音，实
际通过控制 DMA 传输使能来实现。

至此，关于 WM8978 芯片的驱动程序已经介绍完了，该部分程序都在 bsp_wm8978.c 文
件中，接下来我们就可以使用这些驱动程序实现录音和回放功能了。

3. 录音和回放功能

录音和回放功能是在 WM8978 驱动函数基础上搭建而成的，用于将代码存放在
Recorder.c 和 Recorder.h 文件中。启动录音功能后会在 SD 卡内创建一个 WAV 格式文件，把
音频数据保存在该文件中，录音结束后既可得到一个完整的 WAV 格式文件。回放功能用于
播放录音文件，实际上回放功能的实现函数也适用于播放其他 WAV 格式文件。

（1）枚举和结构体类型定义

代码清单 35-19　枚举和结构体类型定义

```
 1 /* 录音机状态 */
 2 enum {
 3     STA_IDLE = 0,        /* 待机状态 */
 4     STA_RECORDING,       /* 录音状态 */
 5     STA_PLAYING,         /* 放音状态 */
 6     STA_ERR,             /* error  */
 7 };
 8
 9 typedef struct {
10     uint8_t ucInput;     /* 输入源: 0:MIC, 1:线输入 */
```

```
11        uint8_t ucFmtIdx;              /* 音频格式：标准、位长、采样频率 */
12        uint8_t ucVolume;              /* 当前放音音量 */
13        uint8_t ucGain;                /* 当前增益 */
14        uint8_t ucStatus;              /* 录音机状态，0 表示待机，1 表示录音中，2 表示播放中 */
15 } REC_TYPE;
16
17 /* WAV 文件头格式 */
18 typedef __packed struct {
19        uint32_t  riff;                /* = "RIFF" 0x46464952*/
20        uint32_t  size_8;              /* 从下个地址开始到文件尾的总字节数 */
21        uint32_t  wave;                /* = "WAVE" 0x45564157*/
22
23        uint32_t  fmt;                 /* = "fmt " 0x20746d66*/
24        uint32_t  fmtSize;             /* 下一个结构体的大小（一般为 16）*/
25        uint16_t  wFormatTag;          /* 编码方式，一般为 1 */
26        uint16_t  wChannels;           /* 通道数，单声道为 1，立体声为 2 */
27        uint32_t  dwSamplesPerSec;     /* 采样率 */
28        uint32_t  dwAvgBytesPerSec;    /* 每秒字节数（= 采样率 × 每个采样点字节数）*/
29        uint16_t  wBlockAlign;         /* 每个采样点字节数（=量化位数 /8 × 通道数）*/
30        uint16_t  wBitsPerSample;      /* 量化位数（每个采样需要的位数）*/
31
32        uint32_t  data;                /* = "data" 0x61746164*/
33        uint32_t  datasize;            /* 纯数据长度 */
34 } WavHead;
```

首先，定义一个枚举类型罗列录音和回放功能的状态，录音和回放功能是不能同时使用的，使用枚举类型区分非常有效。

REC_TYPE 结构体类型定义了录音和回放功能的相关可控参数，包括 WM8978 声音源输入端，可选板载麦克风或板载耳机插座的 LINE 线输入；音频格式选择，一般选择 I²S Philips 标准、16 位字长、44kHz 采样频率；音频输出耳机音量控制；录音时声音增益；当前状态。

WavHead 结构体类型定义了 WAV 格式文件头，具体参考 35.4 节，这里没有用到 fact chunk。需要注意的是这里使用 __packed 关键字，它表示结构字节对齐。

（2）启动播放 WAV 格式音频文件

代码清单 35-20　StartPlay 函数

```
1 static void StartPlay(const char *filename)
2 {
3     printf(" 当前播放文件 -> %s\n",filename);
4
5     result=f_open(&file,filename,FA_READ);
6     if (result!=FR_OK) {
7         printf(" 打开音频文件失败 !!!->%d\r\n",result);
8         result = f_close (&file);
9         Recorder.ucStatus = STA_ERR;
10        return;
11    }
12    // 读取 WAV 文件头
13    result = f_read(&file,&rec_wav,sizeof(rec_wav),&bw);
```

```
14      // 先读取音频数据到缓冲区
15      result = f_read(&file,(uint16_t *)buffer0,RECBUFFER_SIZE*2,&bw);
16      result = f_read(&file,(uint16_t *)buffer1,RECBUFFER_SIZE*2,&bw);
17
18      Delay_ms(10);                        /* 延迟一段时间，等待 I2S 中断结束 */
19      I2S_Stop();                          /* 停止 I2S 录音和放音 */
20      wm8978_Reset();                      /* 复位 WM8978 到复位状态 */
21
22      Recorder.ucStatus = STA_PLAYING;     /* 放音状态 */
23
24      /* 配置 WM8978 芯片，输入为 DAC，输出为耳机 */
25      wm8978_CfgAudioPath(DAC_ON, EAR_LEFT_ON | EAR_RIGHT_ON);
26      /* 调节音量，左右相同音量 */
27      wm8978_SetOUT1Volume(Recorder.ucVolume);
28      /* 配置 WM8978 音频接口为飞利浦标准 I2S 接口，16bit */
29      wm8978_CfgAudioIF(I2S_Standard_Phillips, 16);
30
31      I2Sx_Mode_Config(g_FmtList[Recorder.ucFmtIdx][0],
32              g_FmtList[Recorder.ucFmtIdx][1],g_FmtList[Recorder.ucFmtIdx][2]);
33      I2Sxext_Mode_Config(g_FmtList[Recorder.ucFmtIdx][0],
34              g_FmtList[Recorder.ucFmtIdx][1],g_FmtList[Recorder.ucFmtIdx][2]);
35
36      I2Sxext_RX_DMA_Init(&recplaybuf[0],&recplaybuf[1],1);
37      DMA_ITConfig(I2Sxext_RX_DMA_STREAM,DMA_IT_TC,DISABLE);// 开启传输完成中断
38      I2Sxext_Recorde_Stop();
39
40      I2Sx_TX_DMA_Init(buffer0,buffer1,RECBUFFER_SIZE);
41      I2S_Play_Start();
42  }
```

StartPlay 函数用于启动播放 WAV 格式音频文件，它有一个形参，用于指示待播放文件名称。函数首先检查待播放文件是否可以正常打开，如果打开失败，则退出播放。如果可以正常打开文件，则先读取 WAV 格式文件头，并保存在 WavHead 结构体类型变量 rec_wav 中，同时先读取音频数据填充到两个缓冲区中，这两个缓冲区 buffer0 和 buffer1 是定义的全局数组变量，用于 DMA 双缓冲区模式。

接下来，配置 WM8978 的工作环境，首先停止 I^2S 并复位 WM8978 芯片。这里是播放音频功能，所以设置 WM8978 的输入是 DAC，播放 I^2S 接口接收到的音频数据，输出设置为耳机输出。STM32 控制器的 I^2S 接口和 WM8978 的 I^2S 接口都设置为 I^2S Philips 标志、字长为 16 位。

然后，调用 I2Sx_TX_DMA_Init 配置 I^2S 的 DMA 发送请求，并调用 I2S_Play_Start 函数使能 DMA 数据传输。

（3）启动录音功能

代码清单 35-21　StartRecord 函数

```
1  static void StartRecord(const char *filename)
2  {
3      printf(" 当前录音文件 -> %s\n",filename);
4      result=f_open(&file,filename,FA_CREATE_ALWAYS|FA_WRITE);
```

```
 5      if (result!=FR_OK) {
 6          printf("Open wavfile fail!!!->%d\r\n",result);
 7          result = f_close (&file);
 8          Recorder.ucStatus = STA_ERR;
 9          return;
10      }
11
12      // 写入 WAV 文件头, 写入后文件指针必须自动偏移到 sizeof(rec_wav) 位置
13      // 接下来写入音频数据才符合格式要求
14      result=f_write(&file,(const void *)&rec_wav,sizeof(rec_wav),&bw);
15
16      Delay_ms(10);                              /* 延迟一段时间, 等待 I2S 中断结束 */
17      I2S_Stop();                                /* 停止 I2S 录音和放音 */
18      wm8978_Reset();                            /* 复位 WM8978 到复位状态 */
19
20      Recorder.ucStatus = STA_RECORDING;    /* 录音状态 */
21
22      /* 调节放音音量, 左右相同音量 */
23      wm8978_SetOUT1Volume(Recorder.ucVolume);
24
25      if (Recorder.ucInput == 1) { /* 线输入 */
26          /* 配置 WM8978 芯片, 输入为线输入, 输出为耳机 */
27          wm8978_CfgAudioPath(LINE_ON | ADC_ON, EAR_LEFT_ON | EAR_RIGHT_ON);
28          wm8978_SetLineGain(Recorder.ucGain);
29      } else { /* MIC 输入 */
30          /* 配置 WM8978 芯片, 输入为麦克风, 输出为耳机 */
31          wm8978_CfgAudioPath(MIC_RIGHT_ON|ADC_ON, EAR_LEFT_ON|EAR_RIGHT_ON);
32          wm8978_SetMicGain(Recorder.ucGain);
33      }
34
35      /* 配置 WM8978 音频接口为飞利浦标准 I2S 接口, 16 位 */
36      wm8978_CfgAudioIF(I2S_Standard_Phillips, 16);
37
38      I2Sx_Mode_Config(g_FmtList[Recorder.ucFmtIdx][0],
39          g_FmtList[Recorder.ucFmtIdx][1],g_FmtList[Recorder.ucFmtIdx][2]);
40      I2Sxext_Mode_Config(g_FmtList[Recorder.ucFmtIdx][0],
41          g_FmtList[Recorder.ucFmtIdx][1],g_FmtList[Recorder.ucFmtIdx][2]);
42
43      I2Sx_TX_DMA_Init(&recplaybuf[0],&recplaybuf[1],1);
44      DMA_ITConfig(I2Sx_TX_DMA_STREAM,DMA_IT_TC,DISABLE);// 开启传输完成中断
45
46      I2S_DMA_RX_Callback=Recorder_I2S_DMA_RX_Callback;
47      I2Sxext_RX_DMA_Init(buffer0,buffer1,RECBUFFER_SIZE);
48
49      I2S_Play_Start();
50      I2Sxext_Recorde_Start();
51  }
```

StartRecord 函数在结构上与 StartPlay 函数类似, 它实现启动录音功能, 它有一个形参, 指示保存录音数据的文件名称。StartRecord 函数会首先创建录音文件, 因为用到 FA_CREATE_ALWAYS 标志位, f_open 函数会创建新文件, 如果已存在该文件, 则会覆盖原先

的文件内容。

这些必须先写入 WAV 格式文件头数据，这样当前文件指针自动移动到文件头的下一个字节，即存放音频数据的起始位置。

开发板支持 LINE 线输入和板载麦克风输入，程序默认使用麦克风输入，在录音的同时使能耳机输出，这样录音时在耳机接口会有相同的声音输出。

录音功能需要使能扩展 I²S。

（4）录音和回放功能选择

代码清单 35-22　RecorderDemo 函数

```
1  void RecorderDemo(void)
2  {
3      uint8_t i;
4      uint8_t ucRefresh;              /* 通过串口打印相关信息标志 */
5      DIR dir;
6
7      Recorder.ucStatus=STA_IDLE;/* 开始设置为空闲状态 */
8      Recorder.ucInput=0;             /* 默认麦克风输入 */
9      Recorder.ucFmtIdx=3;            /* 默认飞利浦 I2S 标准，16 位数据长度，44kHz 采样率 */
10     Recorder.ucVolume=35;           /* 默认耳机音量 */
11     if (Recorder.ucInput==0) { //MIC
12         Recorder.ucGain=50;         /* 默认 MIC 增益 */
13         rec_wav.wChannels=1;        /* 默认 MIC 单通道 */
14     } else {                        //LINE
15         Recorder.ucGain=6;          /* 默认线路输入增益 */
16         rec_wav.wChannels=2;        /* 默认线路输入双声道 */
17     }
18
19     rec_wav.riff=0x46464952;        /* "RIFF"; RIFF 标志 */
20     rec_wav.size_8=0;               /* 文件长度，未确定 */
21     rec_wav.wave=0x45564157;        /* "WAVE"; WAVE 标志 */
22
23     rec_wav.fmt=0x20746d66;         /* "fmt "; fmt 标志，最后一位为空 */
24     rec_wav.fmtSize=16;             /* sizeof(PCMWAVEFORMAT) */
25     rec_wav.wFormatTag=1;           /* 1 表示 PCM 形式的声音数据 */
26     /* 每样本的数据位数，表示每个声道中各个样本的数据位数 */
27     rec_wav.wBitsPerSample=16;
28     /* 采样频率（每秒样本数）*/
29     rec_wav.dwSamplesPerSec=g_FmtList[Recorder.ucFmtIdx][2];
30     /* 每秒数据量，其值为通道数 × 每秒数据位数 × 每样本的数据位数 /8 */
31     rec_wav.dwAvgBytesPerSec=
32         rec_wav.wChannels*rec_wav.dwSamplesPerSec*rec_wav.wBitsPerSample/8;
33     /* 数据块的调整数（按字节算），其值为通道数 × 每样本的数据位值 /8 */
34     rec_wav.wBlockAlign=rec_wav.wChannels*rec_wav.wBitsPerSample/8;
35
36     rec_wav.data=0x61746164;        /* "data"; 数据标记符 */
37     rec_wav.datasize=0;             /* 语音数据大小，目前未确定 */
38
39     /* 如果路径不存在，创建文件夹 */
40     result = f_opendir(&dir,RECORDERDIR);
```

```
41      while (result != FR_OK) {
42          f_mkdir(RECORDERDIR);
43          result = f_opendir(&dir,RECORDERDIR);
44      }
45
46      /* 初始化并配置 I2S */
47      I2S_Stop();
48      I2S_GPIO_Config();
49      I2Sx_Mode_Config(g_FmtList[Recorder.ucFmtIdx][0],
50          g_FmtList[Recorder.ucFmtIdx][1],g_FmtList[Recorder.ucFmtIdx][2]);
51      I2Sxext_Mode_Config(g_FmtList[Recorder.ucFmtIdx][0],
52          g_FmtList[Recorder.ucFmtIdx][1],g_FmtList[Recorder.ucFmtIdx][2]);
53
54      I2S_DMA_TX_Callback=MusicPlayer_I2S_DMA_TX_Callback;
55      I2S_Play_Stop();
56
57      I2S_DMA_RX_Callback=Recorder_I2S_DMA_RX_Callback;
58      I2Sxext_Recorde_Stop();
59
60      ucRefresh = 1;
61      bufflag=0;
62      Isread=0;
63      /* 进入主程序循环体 */
64      while (1) {
65          /* 如果使能串口打印标志, 则打印相关信息 */
66          if (ucRefresh == 1) {
67              DispStatus();    /* 显示当前状态、频率、音量等 */
68              ucRefresh = 0;
69          }
70          if (Recorder.ucStatus == STA_IDLE) {
71              /* KEY2 开始录音 */
72              if (Key_Scan(KEY2_GPIO_PORT,KEY2_PIN)==KEY_ON) {
73                  /* 寻找合适文件名 */
74                  for (i=1; i<0xff; ++i) {
75                      sprintf(recfilename,"0:/recorder/rec%03d.wav",i);
76                      result=f_open(&file,(const TCHAR *)recfilename,FA_READ);
77                      if (result==FR_NO_FILE)break;
78                  }
79                  f_close(&file);
80
81                  if (i==0xff) {
82                      Recorder.ucStatus =STA_ERR;
83                      continue;
84                  }
85                  /* 开始录音 */
86                  StartRecord(recfilename);
87                  ucRefresh = 1;
88              }
89              /* TouchPAD 开始回放录音 */
90              if (TPAD_Scan(0)) {
91                  /* 开始回放 */
92                  StartPlay(recfilename);
93                  ucRefresh = 1;
```

```
94                      }
95              } else {
96                  /* KEY1 停止录音或回放 */
97                  if (Key_Scan(KEY1_GPIO_PORT,KEY1_PIN)==KEY_ON) {
98                      /* 对于录音，需要把 WAV 文件内容填充完整 */
99                      if (Recorder.ucStatus == STA_RECORDING) {
100                         I2Sxext_Recorde_Stop();
101                         I2S_Play_Stop();
102                         rec_wav.size_8=wavsize+36;
103                         rec_wav.datasize=wavsize;
104                         result=f_lseek(&file,0);
105                         result=f_write(&file,(const void *)&rec_wav,
106                                         sizeof(rec_wav),&bw);
107                         result=f_close(&file);
108                         printf(" 录音结束 \r\n");
109                     }
110                     ucRefresh = 1;
111                     Recorder.ucStatus = STA_IDLE;       /* 待机状态 */
112                     I2S_Stop();                         /* 停止 I2S 录音和放音 */
113                     wm8978_Reset();                     /* 复位 WM8978 到默认状态 */
114                 }
115             }
116             /* DMA 传输完成 */
117             if (Isread==1) {
118                 Isread=0;
119                 switch (Recorder.ucStatus) {
120                 case STA_RECORDING:                     //录音功能，写入数据到文件
121                     if (bufflag==0)
122                         result=f_write(&file,buffer0,RECBUFFER_SIZE*2,(UINT*)&bw);
123                     else
124                         result=f_write(&file,buffer1,RECBUFFER_SIZE*2,(UINT*)&bw);
125                     wavsize+=RECBUFFER_SIZE*2;
126                     break;
127                 case STA_PLAYING:                       //回放功能，读取数据到播放缓冲区
128                     if (bufflag==0)
129                         result = f_read(&file,buffer0,RECBUFFER_SIZE*2,&bw);
130                     else
131                         result = f_read(&file,buffer1,RECBUFFER_SIZE*2,&bw);
132                     /* 播放完成或读取出错停止工作 */
133                     if ((result!=FR_OK)||(file.fptr==file.fsize)) {
134                         printf(" 播放完成或者读取出错退出 ...\r\n");
135                         I2S_Play_Stop();
136                         file.fptr=0;
137                         f_close(&file);
138                         Recorder.ucStatus = STA_IDLE; /* 待机状态 */
139                         I2S_Stop();                     /* 停止 I2S 录音和回放 */
140                         wm8978_Reset();                 /* 复位 WM8978 到默认状态 */
141                     }
142                     break;
143                 }
144             }
145     }
146}
```

RecorderDemo 函数实现录音和回放功能。Recorder 是一个 REC_TYPE 结构体类型变量，指示录音和回放功能相关参数，这里通过赋值默认选择板载麦克风输入、使用 I²S Philips 标准、16 位字长、44kHz 采样频率，并设置了音量和增益，对于 LINE 输入增益范围为 0 ~ 7。rec_wav 是 WavHead 结构体类型变量，用于设置 WAV 格式文件头，大多成员赋值为默认值即可，成员 size_8 和 datasize 变量表示数据大小，因为录音时间长度直接影响这两个变量大小，所以现在无法确定它们大小，需要在停止录音后才可通过计算得到它们的值。

接下来是使用 FatFs 的功能函数 f_opendir 和 f_mkdir 组合判断 SD 卡内是否有名为"recorder"的文件夹，如果没有，该文件夹就创建它，因为我们打算把录音文件存放在该文件夹内。

接下来就是调用 I²S 相关函数完成 I²S 的工作环境配置。

MusicPlayer_I2S_DMA_TX_Callback 是我们定义的一个函数的函数名，把它赋值给函数指针 I2S_DMA_TX_Callback，这样可以在执行 DMA 数据发送完成中断服务函数时同步执行 MusicPlayer_I2S_DMA_TX_Callback 函数。Recorder_I2S_DMA_RX_Callback 情况与之类似。开始时停止录音和回放功能。

ucRefresh 变量作为通过串口打印相关操作和状态信息到串口调试助手的"刷新"标志。bufflag 变量用于指示当前空闲缓冲区，工程定义了两个缓冲区 buffer0 和 buffer1，用于 DMA 双缓冲区模式，对于录音功能，bufflag 为 0 表示当前 DMA 使用 buffer1 填充，buffer0 已经填充完整，为 1 表示当前 DMA 使用 buffer0 填充，buffer1 已经填充完整；对于回放功能，bufflag 为 0 表示 buffer1 用于当前播放，buffer0 已经播放完成且需要读取新数据填充，为 1 表示 buffer0 用于当前播放，buffer1 已经播放完成且需要读取新数据填充。Isread 变量用于指示 DMA 传输完成状态，为 1 表示 DMA 传输完成，只有在 DMA 传输完成中断服务函数中才会被置 1。

接下来就是无限循环函数了，先判断 ucRefresh 变量状态，如果为 1，就执行 DispStatus 函数，该函数只是使用 printf 函数打印相关信息。开发板集成了两个独立按键 K1 和 K2，还有一个电容按键，程序设置的是按下 K2 按键开始录音功能，触摸电容按键开始回放功能，按下 K1 按键用于停止录音和回放功能，这里 K2 按键和电容按键是互斥的。

在空闲状态下，允许按下 K2 按键启动录音，录音功能是通过调用 StartRecord 函数启动的，该函数需要一个参数指示录音文件名称，在执行 StartRecord 函数之前会循环使用 f_open 函数获取 SD 卡内不存在的文件，防止覆盖已存在的文件。

在空闲状态下，允许触摸电容按键以启动回放功能，它直接使用 StartPlay 函数启动上一个录音文件播放。

不在空闲状态下，按下 K1 按键可以停止录音或回放功能，要启用回放功能，只需要停止 I²S 的 DMA 数据发送功能并复位 WM8978 即可，要启用录音功能，需要停止扩展 I²S 的 DMA 数据接收功能，并且需要填充完整 WAV 格式文件头并将其写入录音文件中。

无限循环函数还要不断检测 Isread 变量的状态，当它在 DMA 传输完成中断服务函数被置 1 时，说明双缓冲区状态发生改变，对于录音功能，需要把已填充满的缓冲区数据通过 f_write 写入文件中；对于回放功能，需要利用 f_read 函数读取新数据填充到已播缓冲区中。如果读取出错或文件已经播放完，需要停止 I²S 的 DMA 传输并复位 WM8978。

（5）DMA 传输完成中断回调函数

代码清单 35-23　DMA 传输完成中断回调函数

```
1  /* DMA 发送完成中断回调函数 */
2  /* 缓冲区内容已经播放完成，需要切换缓冲区，进行新缓冲区内容播放
3     同时读取 WAV 文件数据填充到已播缓冲区 */
4  void MusicPlayer_I2S_DMA_TX_Callback(void)
5  {
6      if (Recorder.ucStatus == STA_PLAYING) {
7          if (I2Sx_TX_DMA_STREAM->CR&(1<<19)) {      // 当前使用 Memory1 数据
8              bufflag=0;                             // 可以将数据读取到缓冲区 0
9          } else {                                   // 当前使用 Memory0 数据
10             bufflag=1;                             // 可以将数据读取到缓冲区 1
11         }
12         Isread=1;                                  // DMA 传输完成标志
13     }
14 }
15
16 /* DMA 接收完成中断回调函数 */
17 /* 录音数据已经填充满了一个缓冲区，需要切换缓冲区
18    同时可以把已满的缓冲区内容写入文件中 */
19 void Recorder_I2S_DMA_RX_Callback(void)
20 {
21     if (Recorder.ucStatus == STA_RECORDING) {
22         if (I2Sxext_RX_DMA_STREAM->CR&(1<<19)) {   // 当前使用 Memory1 数据
23             bufflag=0;
24         } else {                                   // 当前使用 Memory0 数据
25             bufflag=1;
26         }
27         Isread=1;                                  // DMA 传输完成标志
28     }
29 }
```

这两个函数用于在 DMA 传输完成后切换缓冲区。DMA 数据流 x 配置寄存器的 CT 位，以指示当前目标缓冲区，如果为 1，当前目标缓冲区为存储器 1；如果为 0，则为存储器 0。

（6）主函数

代码清单 35-24　main 函数

```
1  int main(void)
2  {
3      FRESULT result;
4
5      /* NVIC 中断优先级组选择 */
6      NVIC_PriorityGroupConfig(NVIC_PriorityGroup_2);
7
8      /* 关闭 BL_8782wifi 使能 */
9      BL8782_PDN_INIT();
10
11     /* 初始化按键 */
12     Key_GPIO_Config();
```

```
13
14        /* 初始化调试串口，一般为串口 1 */
15        Debug_USART_Config();
16
17        /* 挂载 SD 卡文件系统 */
18        result = f_mount(&fs,"0:",1);  // 挂载文件系统
19        if (result!=FR_OK) {
20            printf("\n SD 卡文件系统挂载失败 \n");
21            while (1);
22        }
23
24        /* 初始化系统滴答定时器 */
25        SysTick_Init();
26        printf("WM8978 录音和回放功能 \n");
27
28        /* 初始化电容按键 */
29        TPAD_Init();
30
31        /* 检测 WM8978 芯片，此函数会自动配置 CPU 的 GPIO */
32        if (wm8978_Init()==0) {
33            printf(" 检测不到 WM8978 芯片 !!!\n");
34            while (1);  /* 停机 */
35        }
36        printf(" 初始化 WM8978 成功 \n");
37
38        /* 录音与回放功能 */
39        RecorderDemo();
40 }
```

　　main 函数主要完成各个外设的初始化，包括独立按键初始化、电容按键初始化、调试串口初始化、SD 卡文件系统挂载，还有系统定时器初始化。

　　wm8978_Init 初始化 I²C 接口，进而控制 WM8978 芯片，并复位 WM8978 芯片，如果初始化成功，则运行 RecorderDemo 函数进行录音和回放功能测试。

35.6.3　下载验证

　　把 Micro SD 卡插入开发板右侧的卡槽内，使用 USB 连接开发板上的"USB 转串口"接口到电脑，将耳机插入开发板上边沿左侧的耳机插座，在电脑端配置好串口调试助手参数。编译实验程序并下载到开发板上，程序运行后，在串口调试助手处可接收到开发板发过来的提示信息，按下开发板左下边沿的 K2 按键，开始执行录音功能，不断对着麦克风说话，就可以把声音录制下来；按下 K1 按键可以停止录音。然后触摸电容按键就可以在耳机接口听到之前所录的内容了；按下 K1 按键可停止播放。录音完成后也可以在电脑端打开 SD 卡，找到存放其中的录音文件，可在电脑端的音频播放器播放录音文件。

35.7　MP3 播放器

　　MP3 格式音乐文件普遍被人们使用，实际上 MP3 本身是一种音频编码方式，全称

为 Moving Picture Experts Group Audio Layer III（MPEG Audio Layer 3）。MPEG 音频文件是 MPEG 标准中的声音部分，根据压缩质量和编码复杂程度划分为 3 层，即 Layer1、Layer2、Layer3，且分别对应 MP1、MP2 和 MP3 这 3 种声音文件，其中 MP3 压缩率可达到 10:1 ~ 12:1，能大大减少文件所占用的存储空间大小。MPEG 音频编码的层次越高，编码器越复杂，压缩率也越高。MP3 是利用人耳对高频声音信号不敏感的特性，将时域波形信号转换成频域信号，并划分成多个频段，对不同的频段使用不同的压缩率，对高频加大压缩比（甚至忽略信号），对低频信号使用小压缩比，保证信号不失真。这样一来就相当于抛弃了人耳基本听不到的高频声音，只保留能听到的低频部分，如此可得到很高的压缩率。

35.7.1 MP3 文件结构

MP3 文件大致分为 3 个部分：TAG_V2（ID3V2）、音频数据和 TAG_V1（ID3V1）。ID3 是 MP3 文件中附加的关于该 MP3 文件的歌手、标题、专辑名称、年代和风格等信息，它有两个版本：ID3V1 和 ID3V2。ID3V1 固定存放在 MP3 文件末尾，固定长度为 128 字节，以 TAG 三个字符开头，后面跟上歌曲信息。因为 ID3V1 可存储的信息量有限，所以有些 MP3 文件还添加了 ID3V2，ID3V2 是可选的，如果存在 ID3V2，那它必然存在于 MP3 文件的起始位置，它实际上是 ID3V1 的补充。

1. ID3V2

ID3V2 以灵活的方法管理 MP3 文件的附件信息，能比 ID3V1 存储更多的信息，同时也比 ID3V1 在结构上复杂得多。常用的是 ID3V2.3 版本，一个 MP3 文件最多只有一个 ID3V2.3 标签。ID3V2.3 标签由一个标签头和若干个标签帧或一个扩展标签头组成。关于曲目的信息，如标题、作者等都存放在不同的标签帧中。扩展标签头和标签帧并不是必要的，但每个标签至少要有一个标签帧。标签头和标签帧一起依次存放在 MP3 文件的首部。标签头的结构见表 35-6。

表 35-6 标签头的结构

地址	标识	字节	描述
00H	Header	3	字符串"ID3"
03H	Ver	1	版本号，ID3V2.3 就记录为 3
04H	Revision	1	副版本号，一般记录为 0
05H	Flag	1	标志字节，一般不用设置
06H	Size	4	标签大小，整个 ID3V2 所占空间字节的大小

其中，标签大小计算如下：

$$Total\_size=（Size [0]\&0x7F）\times 0x200000 +（Size[1]\&0x7F）\times 0x400$$
$$+（Size[2]\&0x7F）\times 0x80 +（Size[3]\&0x7F）$$

每个标签帧都有一个 10 字节的帧头和至少 1 字节的不定长度内容，它们在文件中是连续存放的。标签帧头由 3 个部分组成，即 Frame[4]、Size[4] 和 Flags[2]。Frame 用 4 个字符表示帧内容含义，比如 TIT2 为标题、TPE1 为作者、TALB 为专辑、TRCK 为音轨、TYER

为年代等。Size 用 4 个字节组成 32 位数表示帧大小。Flags 是标签帧的标志位，一般为 0。

2. ID3V1

ID3V1 是早期的版本，可以存放的信息量有限，但所用编程比 ID3V2 简单很多，即使到现在还被大量使用。ID3V1 是固定存放在 MP3 文件末尾的 128 字节，组成结构见表 35-7。

表 35-7 ID3V1 结构

字　　节	字　　长	描　　述
1-3	3	标识符："TAG"
4-33	30	歌名
34-63	30	作者
64-93	30	专辑名
94-97	4	年份
98-127	30	附注
128	1	MP3 音乐类别

其中，歌名固定分配为 30 个字节，如果歌名太短，则以 0 填充完整，太长，则被截断，其他信息的存储情况类似。MP3 音乐类别共有 147 种，每一种对应一个数组，比如 0 对应 "Blues"、1 对应 "Classic Rock"、2 对应 "Country" 等。

3. MP3 数据帧

音频数据是 MP3 文件的主体部分，它由一系列数据帧（Frame）组成，每个 Frame 包含一段音频的压缩数据，通过解码库解码即可得到对应的 PCM 音频数据，通过 I²S 可将其发送到 WM8978 芯片播放，按顺序解码所有帧就可以得到整个 MP3 文件的音轨。

每个 Frame 由两部分组成，帧头和数据实体。Frame 长度可能不同，由位率决定。帧头记录了 MP3 数据帧的位率、采样率、版本等信息，共有 4 个字节，见表 35-8。

表 35-8 数据帧头的结构

名　　称	位　　长		描　　述
Sync	第1、2字节	11	同步信息，每位固定为 1
Version		2	版本：00 表示 MPEG2.5；01 表示未定义；10 表示 MPEG2；11 表示 MPEG1
Layer		2	层：00 表示未定义；01 表示 Layer3；10 表示 Layer2；11 表示 Layer1
Error Protection		1	CRC 校验：0 表示校验；1 表示不校验
Bitrate incdex	第3字节	4	位率，见表 35-9
Sampling frequency		2	采样频率： 　　对于 MPEG 表示 1：00 表示 44.1kHz；01 表示 48kHz；10 表示 32kHz；11 表示未定义 　　对于 MPEG 表示 2：00 表示 22.05kHz；01 表示 24kHz；10 表示 16kHz；11 表示未定义 　　对于 MPEG 表示 2.5：00 表示 11.025kHz；01 表示 12kHz；10 表示 8kHz；11 表示未定义
Padding		1	帧长调整：用来调整文件头长度，0 表示无需调整；1 表示调整
Private		1	保留字

（续）

名　称	位　　长		描　　述
Mode	第 4 字节	2	声道：00 表示立体声 Stereo；01 表示 Joint Stereo；10 表示双声道；11 表示单声道
Mode extension		2	扩充模式，当声道模式为 01 时才使用
Copyright		1	版权：文件是否合法，0 表示不合法；1 表示合法
Original		1	原版标志：0 表示非原版；1 表示原版
Emphasis		2	强调方式：用于声音经降噪压缩后再补偿的分类，几乎不用

位率位在不同版本和层都有不同的定义，具体参考表 35-9，单位为 kbps。其中 V1 对应 MPEG-1，V2 对应 MPEG-2 和 MPEG-2.5；L1 对应 Layer1，L2 对应 Layer2，L3 对应 Layer3，free 表示位率可变，bad 表示该定义不合法。

表 35-9　位率选择

bits	V1, L1	V1, L2	V1, L3	V2, L1	V2, L2	V2, L3
0000	free	free	free	free	free	free
0001	32	32	32	32（32）	32（8）	8（8）
0010	64	48	40	64（48）	48（16）	16（16）
0011	96	56	48	96（56）	56（24）	24（24）
0100	128	64	56	128（64）	64（32）	32（32）
0101	160	80	64	160（80）	80（40）	64（40）
0110	192	96	80	192（96）	96（48）	80（48）
0111	224	112	96	224（112）	112（56）	56（56）
1000	256	128	112	256（128）	128（64）	64（64）
1001	288	160	128	288（144）	160（80）	128（80）
1010	320	192	160	320（160）	192（96）	160（96）
1011	352	224	192	352（176）	224（112）	112（112）
1100	384	256	224	384（192）	256（128）	128（128）
1101	416	320	256	416（224）	320（144）	256（144）
1110	448	384	320	448（256）	384（160）	320（160）
1111	bad	bad	bad	bad	bad	bad

例如，当 Version=11，Layer=01，Bitrate_incdex=0101 时，表示 MPEG-1 Layer3（MP3）位率为 64kbps。

数据帧长度取决于位率（Bitrate）和采样频率（Sampling_freq），具体计算如下。

对于 MPEG-1 标准，Layer1 时：

$$Size =（48000×Bitrate）/ Sampling\_freq + Padding$$

Layer2 或 Layer3 时：

$$Size =（144000×Bitrate）/ Sampling\_freq + Padding$$

对于 MPEG-2 或 MPEG-2.5 标准，Layer1 时：

$$Size =（24000×Bitrate）/ Sampling\_freq + Padding$$

Layer2 或 Layer3 时：

$$Size = (72000 \times Bitrate) / Sampling\_freq + Padding$$

如果有 CRC 校验，则存放在帧头后两个字节。接下来就是帧主数据（MAIN_DATA）。一般来说一个 MP3 文件每个帧的 Bitrate 是固定不变的，所以每个帧都有相同的长度，称为 CBR。还有少部分 MP3 文件的 Bitrate 是可变的，称为 VBR，它是 XING 公司推出的算法。

MAIN_DATA 保存的是经过压缩算法压缩后得到的数据，为得到大的压缩率会损失部分源声音，属于失真压缩。

35.7.2　MP3 解码库

MP3 文件是经过压缩算法压缩而得到的，为得到 PCM 信号，需要对 MP3 文件进行解码。解码过程大致为：比特流分析、霍夫曼编码、逆量化处理、立体声处理、频谱重排列、抗锯齿处理、IMDCT 变换、子带合成、PCM 输出。整个过程涉及很多算法计算，所以要自己编程实现不是一件现实的事情，还好有很多公司经过长期努力实现了解码库编程。

现在适合在小型嵌入式控制器移植运行的有两个版本的开源 MP3 解码库，分别为 Libmad 解码库和 Helix 解码库。Libmad 是一个高精度 MPEG 音频解码库，支持 MPEG-1、MPEG-2 以及 MPEG-2.5 标准，它可以提供 24 位 PCM 输出，完全是定点计算，更多信息可参考网站：http：//www.underbit.com/。

Helix 解码库支持浮点和定点计算实现，可使用定点计算将该算法移植到 STM32 控制器上运行，它支持 MPEG-1、MPEG-2 以及 MPEG-2.5 标准的 Layer3 解码。Helix 解码库支持可变位速率、恒定位速率，以及立体声和单声道音频格式，更多信息可参考网站：https://datatype.helixcommunity.org/Mp3dec。

因为 Helix 解码库需要占用的资源比 Libmad 解码库少，特别是对 RAM 空间的使用较少，这对 STM32 控制器来说是比较重要的，所以在实验工程中选择 Helix 解码库实现 MP3 文件解码。这两个解码库都是以帧为解码单位的，一次解码一帧，这在应用解码库时是需要着重注意的。

Helix 解码库涉及算法计算，整个界面过程复杂，这里着重讲解 Helix 移植和使用方法。

Helix 网站提供解码库代码，经过整理，移植 Helix 解码库需要用到的文件如图 35-13 所示。为了优化解码速度，部分解码过程使

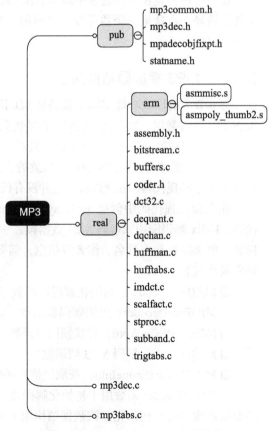

图 35-13　Helix 解码库的文件结构

用汇编实现。

35.7.3　Helix 解码库移植

　　在 35.6 节已经实现了 WM8978 驱动代码，现在我们可以移植 Helix 解码库工程，实现
MP3 文件解码，将解码输出的 PCM 数据通过 I²S 接
口发送到 WM8978 芯片实现音乐播放。

　　在 35.6 节工程文件基础上移植 Helix 解码，首
先将需要用到的文件添加到工程中，见图 35-14。
MP3 文件夹下的文件是 Helix 解码库源码，在工程移
植中是不需要修改文件夹下的代码的，只需直接调用
相关解码函数即可。建议自己移植时直接使用例程
中 MP3 文件夹内的文件。我们是在 mp3Player.c 文件
中调用 Helix 解码库相关函数实现 MP3 文件解码的，
该文件是我们自己创建的。

　　接下来还需要在工程选项中添加 Helix 解码库的
文件夹路径，在这里编译器可以寻找到相关头文件，
见图 35-15。

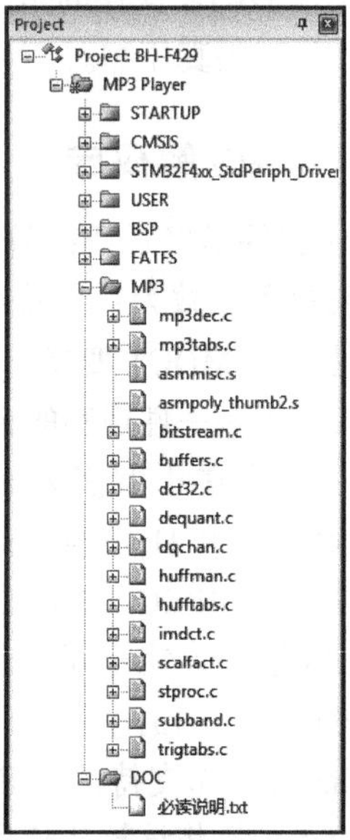

35.7.4　MP3 播放器功能实现

　　35.6 节中的回放功能实际上就是从 SD 卡内读取

图 35-14　添加 Helix 解码库文件到工程

WAV 格式文件数据，然后提取里面的音频数据，再通过 I²S 传输到 WM8978 芯片内实现声音播
放的。MP3 播放器的功能也是类似的，只不过现在对音频数据的提取方法不同，MP3 需要先经
过解码库解码后才可得到"可直接"播放的音频数据。由此可以看到，MP3 播放器只是添加了
MP3 解码库实现代码，在硬件设计上并没有任何改变，即这里直接使用 35.6 节中的硬件设计。

　　在实验工程代码中创建 mp3Player.c 和 mp3Player.h 两个文件，以存放 MP3 播放器实现
代码。Helix 解码库用来解码 MP3 数据帧，一次解码一帧，它不能用来检索 ID3V1 和 ID3V2
标签，如果需要获取歌名、作者等信息，需要自己编程实现。解码过程可能用到的 Helix 解
码库函数如下。

　　❑ MP3InitDecoder：初始化解码器函数

　　❑ MP3FreeDecoder：关闭解码器函数

　　❑ MP3FindSyncWord：寻找帧同步函数

　　❑ MP3Decode：解码 MP3 帧函数

　　❑ MP3GetLastFrameInfo：获取帧信息函数

　　MP3InitDecoder 函数用于初始化解码器，它会申请一个存储空间以存放一个解码器状态
的数据结构并将其初始化，该数据结构由 MP3DecInfo 结构体定义，它封装了解码器内部运
算数据信息。MP3InitDecoder 函数会返回指向该数据结构的指针。

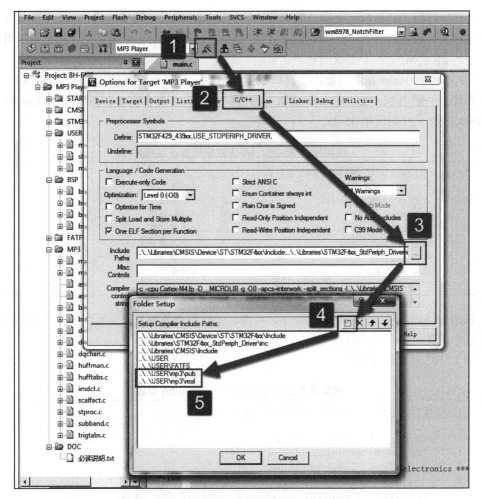

图 35-15　添加 Helix 解码库的文件夹路径

MP3FreeDecoder 函数用于关闭解码器，释放由 MP3InitDecoder 函数申请的存储空间，所以一个 MP3InitDecoder 函数需要有一个 MP3FreeDecoder 函数与之对应。它有一个形参，一般由 MP3InitDecoder 函数的返回指针赋值。

MP3FindSyncWord 函数用于寻址数据帧同步信息，实际上就是寻址数据帧开始的 11 位都为 "1" 的同步信息。它有两个形参：第一个为源数据缓冲区指针，第二个为缓冲区大小，它会返回一个 int 类型变量，用于指示同步字较缓冲区起始地址的偏移量，如果在缓冲区中找不到同步字，则直接返回 –1。

MP3Decode 函数用于解码数据帧，它有 5 个形参，第 1 个参数为解码器数据结构指针，一般由 MP3InitDecoder 函数返回值赋值；第 2 个参数为指向解码源数据缓冲区开始地址的指针，注意这里是地址的指针，即是指针的指针；第 3 个参数是一个指向存放解码源数据缓冲区有效数据量的变量指针；第 4 个参数是解码后输出 PCM 数据的指针，一般由自定义的缓冲区地址赋值，对于双声道输出数据缓冲区，以 LRLRLR⋯顺序排列；第 5 个参数是数据格式选择，一般设置为 0，表示标准的 MPEG 格式。函数还有一个返回值，用于返回解码错误，返回 ERR_MP3_NONE 说明解码正常。

MP3GetLastFrameInfo 函数用于获取数据帧信息，它有两个形参，第 1 个为解码器数据结构指针，一般由 MP3InitDecoder 函数返回值赋值；第 2 个参数为数据帧信息结构体指针，该结构体定义见代码清单 35-25。

代码清单 35-25　MP3 数据帧信息结构体

```
1  typedef struct _MP3FrameInfo {
2      int bitrate;                    // 位率
3      int nChans;                     // 声道数
4      int samprate;                   // 采样频率
5      int bitsPerSample;              // 采样位数
6      int outputSamps;                // PCM 数据数
7      int layer;                      // 层级
8      int version;                    // 版本
9  } MP3FrameInfo;
```

该结构体成员包括该数据帧的位率、声道、采样频率等信息，它实际上是从数据帧的帧头信息中提取的。

（1）MP3 播放器实现

代码清单 35-26　mp3PlayerDemo 函数

```
1  void mp3PlayerDemo(const char *mp3file)
2  {
3      uint8_t *read_ptr=inputbuf;
4      uint32_t frames=0;
5      int err=0, i=0, outputSamps=0;
6      int read_offset = 0;                    /* 读偏移指针 */
7      int bytes_left = 0;                      /* 剩余字节数 */
8
9      mp3player.ucFreq=I2S_AudioFreq_Default;
10     mp3player.ucStatus=STA_IDLE;
11     mp3player.ucVolume=40;
12
13     result=f_open(&file,mp3file,FA_READ);
14     if (result!=FR_OK) {
15         printf("Open mp3file :%s fail!!!->%d\r\n",mp3file,result);
16         result = f_close (&file);
17         return; /* 停止播放 */
18     }
19     printf(" 当前播放文件 -> %s\n",mp3file);
20
21     // 初始化 MP3 解码器
22     Mp3Decoder = MP3InitDecoder();
23     if (Mp3Decoder==0) {
24         printf(" 初始化 helix 解码库设备 \n");
25         return; /* 停止播放 */
```

```
26          }
27      printf("初始化中 ...\n");
28
29      Delay_ms(10);                               /* 延迟一段时间，等待 I2S 中断结束 */
30      wm8978_Reset();                             /* 复位 WM8978 到默认状态 */
31
32      /* 配置 WM8978 芯片，输入为 DAC，输出为耳机 */
33      wm8978_CfgAudioPath(DAC_ON, EAR_LEFT_ON | EAR_RIGHT_ON);
34
35      /* 调节音量，左右相同音量 */
36      wm8978_SetOUT1Volume(mp3player.ucVolume);
37
38      /* 配置 WM8978 音频接口为飞利浦标准 I2S 接口，16 位 */
39      wm8978_CfgAudioIF(I2S_Standard_Phillips, 16);
40
41      /* 初始化并配置 I2S */
42      I2S_Stop();
43      I2S_GPIO_Config();
44      I2Sx_Mode_Config(I2S_Standard_Phillips,I2S_DataFormat_16b,
45                      mp3player.ucFreq);
46      I2S_DMA_TX_Callback=MP3Player_I2S_DMA_TX_Callback;
47      I2Sx_TX_DMA_Init((uint16_t *)outbuffer[0],(uint16_t *)outbuffer[1],
48                      MP3BUFFER_SIZE);
49
50      bufflag=0;
51      Isread=0;
52
53      mp3player.ucStatus = STA_PLAYING;    /* 放音状态 */
54      result=f_read(&file,inputbuf,INPUTBUF_SIZE,&bw);
55      if (result!=FR_OK) {
56          printf("读取 %s 失败 -> %d\r\n",mp3file,result);
57          MP3FreeDecoder(Mp3Decoder);
58          return;
59      }
60      read_ptr=inputbuf;
61      bytes_left=bw;
62      /* 进入主程序循环体 */
63      while (mp3player.ucStatus == STA_PLAYING) {
64          //寻找帧同步，返回第一个同步字的位置
65          read_offset = MP3FindSyncWord(read_ptr, bytes_left);
66          //没有找到同步字
67          if (read_offset < 0) {
68              result=f_read(&file,inputbuf,INPUTBUF_SIZE,&bw);
69              if (result!=FR_OK) {
70                  printf("读取 %s 失败 -> %d\r\n",mp3file,result);
71                  break;
72              }
73              read_ptr=inputbuf;
74              bytes_left=bw;
75              continue;
76          }
77
78          read_ptr += read_offset;        //偏移至同步字的位置
```

```
79          bytes_left -= read_offset;                    // 同步字之后的数据大小
80          if (bytes_left < 1024) {                       // 补充数据
81              /* 注意这个地方因为采用的是 DMA 读取，所以一定要 4 字节对齐 */
82              i=(uint32_t)(bytes_left)&3;                // 判断多余的字节
83              if (i) i=4-i;                              // 需要补充的字节
84              memcpy(inputbuf+i, read_ptr, bytes_left); // 从对齐位置开始复制
85              read_ptr = inputbuf+i;                     // 指向数据对齐位置
86              // 补充数据
87              result=f_read(&file,inputbuf+bytes_left+i,
88                          INPUTBUF_SIZE-bytes_left-i,&bw);
89              bytes_left += bw;                          // 有效数据流大小
90          }
91          // 开始解码，参数：mp3 解码结构体、输入流指针、输入流大小、输出流指针、数据格式
92          err = MP3Decode(Mp3Decoder, &read_ptr, &bytes_left,
93                          outbuffer[bufflag], 0);
94          frames++;
95          // 错误处理
96          if (err != ERR_MP3_NONE) {
97              switch (err) {
98              case ERR_MP3_INDATA_UNDERFLOW:
99                  printf("ERR_MP3_INDATA_UNDERFLOW\r\n");
100                 result = f_read(&file, inputbuf, INPUTBUF_SIZE, &bw);
101                 read_ptr = inputbuf;
102                 bytes_left = bw;
103                 break;
104             case ERR_MP3_MAINDATA_UNDERFLOW:
105             /* do nothing - next call to decode will provide more mainData */
106                 printf("ERR_MP3_MAINDATA_UNDERFLOW\r\n");
107                 break;
108             default:
109                 printf("UNKNOWN ERROR:%d\r\n", err);
110                 // 跳过此帧
111                 if (bytes_left > 0) {
112                     bytes_left --;
113                     read_ptr ++;
114                 }
115                 break;
116             }
117             Isread=1;
118         } else {  // 解码无错误，准备把数据输出到 PCM
119             MP3GetLastFrameInfo(Mp3Decoder, &Mp3FrameInfo);    // 获取解码信息
120             /* 输出到 DAC */
121             outputSamps = Mp3FrameInfo.outputSamps;            // PCM 数据个数
122             if (outputSamps > 0) {
123                 if (Mp3FrameInfo.nChans == 1) {                // 单声道
124                     // 单声道数据需要复制一份到另一个声道
125                     for (i = outputSamps - 1; i >= 0; i--) {
126                         outbuffer[bufflag][i * 2] = outbuffer[bufflag][i];
127                         outbuffer[bufflag][i * 2 + 1] = outbuffer[bufflag][i];
128                     }
129                     outputSamps *= 2;
130                 }// if (Mp3FrameInfo.nChans == 1)                // 单声道
131             }// if (outputSamps > 0)
```

```
132
133                   /* 根据解码信息设置采样率 */
134                   if (Mp3FrameInfo.samprate != mp3player.ucFreq) {  // 采样率
135                       mp3player.ucFreq = Mp3FrameInfo.samprate;
136
137                       printf(" \r\n Bitrate       %dKbps",Mp3FrameInfo.bitrate/1000);
138                       printf(" \r\n Samprate      %dHz", mp3player.ucFreq);
139                       printf(" \r\n BitsPerSample %db", Mp3FrameInfo.bitsPerSample);
140                       printf(" \r\n nChans        %d", Mp3FrameInfo.nChans);
141                       printf(" \r\n Layer         %d", Mp3FrameInfo.layer);
142                       printf(" \r\n Version       %d", Mp3FrameInfo.version);
143                       printf(" \r\n OutputSamps   %d", Mp3FrameInfo.outputSamps);
144                       printf("\r\n");
145                       // I2S_AudioFreq_Default = 2, 正常的帧，每次都要改速率
146                       if (mp3player.ucFreq >= I2S_AudioFreq_Default) {
147                           // 根据采样率修改 I2S 速率
148                           I2Sx_Mode_Config(I2S_Standard_Phillips,I2S_DataFormat_16b,
149                                            mp3player.ucFreq);
150                           I2Sx_TX_DMA_Init((uint16_t *)outbuffer[0],
151                                            (uint16_t *)outbuffer[1],outputSamps);
152                       }
153                       I2S_Play_Start();
154                   }
155          }// 解码正常
156
157          if (file.fptr==file.fsize) {  // mp3 文件读取完成，退出
158              printf("END\r\n");
159              break;
160          }
161
162          while (Isread==0) {
163          }
164          Isread=0;
165      }
166      I2S_Stop();
167      mp3player.ucStatus=STA_IDLE;
168      MP3FreeDecoder(Mp3Decoder);
169      f_close(&file);
170  }
```

mp3PlayerDemo 函数是 MP3 播放器的实现函数，篇幅很长，需要我们仔细分析。它有一个形参，用于指定待播放的 MP3 文件，需要用 MP3 文件的绝对路径加全名称赋值。

read_ptr 是所定义的一个指针变量，它用于指示解码器源数据地址，将其初始化，以存放解码器源数据缓冲区（inputbuf 数组）的首地址。read_offset 和 bytes_left 主要用于 MP3FindSyncWord 函数，read_offset 用来指示帧同步相对解码器源数据缓冲区首地址的偏移量，bytes_left 用于指示解码器源数据缓冲区的有效数据量。

mp3player 是一个 MP3_TYPE 结构体类型变量，指示音量、状态和采样率信息。

f_open 函数用于打开文件，如果文件打开失败，则直接退出播放。MP3InitDecoder 函数用于初始化 Helix 解码器，分配解码器必需的内存空间，如果初始化解码器失败，则直接退

出播放。

接下来配置 WM8978 芯片功能，使能耳机输出，设置音量，使用 I²S Philips 标准和 16 位数据长度。还要设置 I²S 外设工作环境，同样是 I²S Philips 标准和 16 位数据长度，采样率先使用 I2S_AudioFreq_Default，在运行 MP3GetLastFrameInfo 函数获取数据帧的采样频率后需要再次修改。MP3Player_I2S_DMA_TX_Callback 是一个函数名，该函数实现 DMA 双缓冲区标志位切换以及指示 DMA 传输完成，它在 I²S 的 DMA 发送传输完成中断服务函数中调用。I2Sx_TX_DMA_Init 用于初始化 I²S 的 DMA 发送请求，使用双缓冲区模式。bufflag 用于指示当前 DMA 传输的缓冲区号，Isread 用于指示 DMA 传输完成。

f_read 函数从 SD 卡读取 MP3 文件数据，并存放在 inputbuf 缓冲区中，bw 变量保存实际读取到的数据的字节数。如果读取数据失败，则运行 MP3FreeDecoder 函数关闭解码器，之后退出播放器。

接下来是循环解码帧数据并播放。MP3FindSyncWord 用于选择帧同步信息，如果在源数据缓冲区中找不到同步信息，read_offset 值为 −1，需要读取新的 MP3 文件数据，重新寻找帧同步信息。一般 MP3 起始部分是 ID3V2 信息，所以可能需要循环几次才能寻找到帧同步信息。如果找到了帧同步信息，则说明找到了数据帧，接下来的数据就是数据帧的帧头以及 MAIN_DATA。

有时找到了帧同步信息，但可能源数据缓冲区并不包括整帧数据，这时需要把从帧同步信息开始的源数据，复制到源数据缓冲区的起始地址上，再使用 f_read 函数读取新数据并将其填充满整个源数据缓冲区，保证源数据缓冲区保存有整帧源数据。

MP3Decode 函数开始对源数据缓冲区中的帧数据进行解码，通过函数返回值可判断得到的解码状态，如果发生解码错误，则执行对应的代码。

在解码无错误时，就可以使用 MP3GetLastFrameInfo 函数获取帧信息，如果有数据输出并且是单声道，则需要把数据复制成双声道数据格式。如果采样频率与上一次有所不同，则默认通过串口打印帧信息到串口调试助手，可能还需要调整 I²S 的工作环境，调用 I2S_Play_Start 启动播放。因为 mp3player.ucFreq 默认值为 I2S_AudioFreq_Default，一般不会与 MP3FrameInfo.samprate 相等，所以至少会进入 if 语句内，即执行 I2S_Play_Start 函数。

如果已经读取到了文件末尾，就退出循环，表明 MP3 文件播放完成。在循环函数中还需要等待 DMA 数据传输完成，才能进行下一帧的解码操作。

mp3PlayerDemo 函数最后停止 I²S，关闭解码器和 MP3 文件。

（2）DMA 发送完成中断回调函数

代码清单 35-27　MP3Player_I2S_DMA_TX_Callback 函数

```
1 void MP3Player_I2S_DMA_TX_Callback(void)
2 {
3     if (I2Sx_TX_DMA_STREAM->CR&(1<<19)) { // 当前使用 Memory1 数据
4         bufflag=0;                         // 可以将数据读取到缓冲区 0
5     } else {                               // 当前使用 Memory0 数据
6         bufflag=1;                         // 可以将数据读取到缓冲区 1
```

```
7        }
8        Isread=1;                                      // DMA 传输完成标志
9 }
```

MP3Player_I2S_DMA_TX_Callback 函数用于在 DMA 发送完成后切换缓冲区。DMA 数据流 x 配置寄存器的 CT 位以指示当前目标缓冲区。如果为 1，当前目标缓冲区为存储器 1；如果为 0，则当前目标缓冲区为存储器 0。

（3）主函数

代码清单 35-28　main 函数

```
 1 int main(void)
 2 {
 3     FRESULT result;
 4
 5     /* NVIC 中断优先级组选择 */
 6     NVIC_PriorityGroupConfig(NVIC_PriorityGroup_2);
 7
 8     /* 关闭 BL_8782wifi 使能 */
 9     BL8782_PDN_INIT();
10
11     /* 初始化调试串口，一般为串口 1 */
12     Debug_USART_Config();
13
14     /* 挂载 SD 卡文件系统 */
15     result = f_mount(&fs,"0:",1);   // 挂载文件系统
16     if (result!=FR_OK) {
17         printf("\n SD 卡文件系统挂载失败 \n");
18         while (1);
19     }
20
21     /* 初始化系统滴答定时器 */
22     SysTick_Init();
23     printf("MP3 播放器 \n");
24
25     /* 检测 WM8978 芯片，此函数会自动配置 CPU 的 GPIO */
26     if (wm8978_Init()==0) {
27         printf(" 检测不到 WM8978 芯片 !!!\n");
28         while (1);   /* 停机 */
29     }
30     printf(" 初始化 WM8978 成功 \n");
31
32     while (1) {
33         mp3PlayerDemo("0:/mp3/ 张国荣 - 玻璃之情.mp3");
34         mp3PlayerDemo("0:/mp3/ 张国荣 - 全赖有你.mp3");
35     }
36 }
```

main 函数主要用于完成各个外设的初始化，包括初始化禁用 WiFi 模块、调试串口初始化、SD 卡文件系统挂载，以及系统滴答定时器初始化。

wm8978_Init 初始化 I²C 接口，以控制 WM8978 芯片，并复位 WM8978 芯片，如果初始化成功，则进入无限循环，执行 MP3 播放器实现函数 mp3PlayerDemo，它有一个形参，用于指定播放文件。

另外，为使程序正常运行，还需要适当增加控制器的栈空间，见代码清单 35-29。Helix 解码过程需要用到较多局部变量，因此需要调整栈空间，防止栈空间溢出。

代码清单 35-29　调整栈空间大小

```
1 Stack_Size        EQU       0x00001000
2
3 AREA       STACK, NOINIT, READWRITE, ALIGN=3
4 Stack_Mem         SPACE     Stack_Size
```

35.7.5　下载验证

将工程文件夹中的"音频文件放在 SD 卡根目录下"文件夹的内容复制到 Micro SD 卡根目录中，把 Micro SD 卡插入开发板右侧的卡槽内，使用 USB 将开发板上的"USB 转串口"接口接到电脑，电脑端配置好串口调试助手参数，再在开发板的上边沿的耳机插座（左边那个）插入耳机。编译实验程序并将其下载到开发板上，程序运行后在串口调试助手可接收到开发板发过来的提示信息，如果没有提示错误信息，则可直接在耳机听到音乐，播放完一首后自动切换下一首，如此循环。

该实验主要展示了 MP3 解码库移植过程，实现了简单的 MP3 文件播放，跟实际意义上的 MP3 播放器相比在功能上还有待完善，比如快进快退功能、声音调节、音效调节等。

第 36 章
ETH——LwIP 以太网通信

36.1 互联网模型

互联网技术对人类社会的影响不言而喻。当今大部分电子设备都能以不同的方式接入互联网（Internet），在家庭中 PC 常见的互联网接入方式是使用路由器（Router）组建小型局域网（LAN），利用互联网专线或者调制调解器（modem）经过电话线网络，连接到互联网服务提供商（ISP），由互联网服务提供商把用户的局域网接入互联网。而企业或学校的局域网规模较大，常使用交换机组成局域网，经过路由以不同的方式接入互联网中。

通信至少要有两个设备，需要有相互兼容的硬件和软件支持，我们称之为通信协议。以太网通信的结构比较复杂，国际标准组织将整个以太网通信结构制定了 OSI 模型，总共分层七层，分别为应用层、表示层、会话层、传输层、网络层、数据链路层和物理层，每个层功能不同，通信中各司其职，整个模型包括硬件和软件定义。OSI 模型是理想分层，一般的网络系统只是涉及其中几层。

TCP/IP 是互联网最基本的协议，是互联网通信使用的网络协议，由网络层的 IP 协议和传输层的 TCP 协议组成。TCP/IP 只有四层，分别为应用层、传输层、网络层以及网络访问层。虽然 TCP/IP 分层少了，但与 OSI 模型是不冲突的，它把 OSI 模型一些层次整合一起的，本质上可以实现相同功能。

实际上，还有一个 TCP/IP 混合模型，分为五层，见图 36-1。它实际与 TCP/IP 四层模型是相通的，只是把网络访问层拆成数据链路层和物理层。这种分层方法更便于我们学习理解。

设计网络时，为了降低网络设计的复杂性，对组成网络的硬件、软件进行封装、分层，这些分层即构成了网络体系模型。在两个设备相同层之间的对话、通信约定，构成了层级协议。设备中使用的所有协议加起来统称协议栈。在这个网络模型中，每一层完成不同的

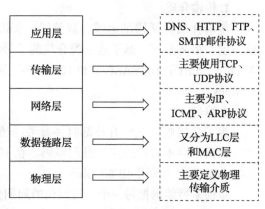

图 36-1 TCP/IP 混合参考模型

任务，都提供接口供上一层访问。而在每层的内部，可以使用不同的方式来实现接口，因而内部的改变不会影响其他层。

在 TCP/IP 混合参考模型中，数据链路层又被分为 LLC 层（逻辑链路层）和 MAC 层（媒体介质访问层）。目前，对于普通的接入网络终端的设备，LLC 层和 MAC 层是软、硬件的分界线。如 PC 的网卡主要负责实现参考模型中的 MAC 子层和物理层，在 PC 的软件系统中则有一套庞大的程序，实现了 LLC 层及以上的所有网络层次的协议。

由硬件实现的物理层和 MAC 子层在不同的网络形式有很大的区别，如以太网和 WiFi，这是由物理传输方式决定的。但由软件实现的其他网络层次通常不会有太大区别，在 PC 上也许能实现完整的功能，一般支持所有协议，而在嵌入式领域则按需要进行裁剪。

36.2 以太网

以太网（Ethernet）是互联网技术的一种，由于它是在组网技术中占的比例最高，很多人直接把以太网理解为互联网。

以太网是指遵守 IEEE 802.3 标准组成的局域网，由 IEEE 802.3 标准规定的主要是位于参考模型的物理层（PHY）和数据链路层中的介质访问控制子层（MAC）。在家庭、企业和学校所组建的 PC 局域网形式一般也是以太网，其标志是使用水晶头网线来连接（当然还有其他形式）。IEEE 还有其他局域网标准，如 IEEE 802.11 是无线局域网，俗称 WiFi。IEEE 802.15 是个人域网，即蓝牙技术，其中的 802.15.4 标准则是 ZigBee 技术。

现阶段，工业控制、环境监测、智能家居的嵌入式设备产生了接入互联网的需求，利用以太网技术，嵌入式设备可以非常容易地接入现有的计算机网络中。

36.2.1 PHY 层

在物理层，由 IEEE 802.3 标准规定了以太网使用的传输介质、传输速度、数据编码方式和冲突检测机制，物理层一般是通过一个 PHY 芯片实现其功能的。

1. 传输介质

传输介质包括同轴电缆、双绞线（水晶头网线是一种双绞线）、光纤。根据不同的传输速度和距离要求，基于这三类介质的信号线又衍生出很多不同的种类。最常用的是"五类线"，适用于 100BASE-T 和 10BASE-T 的网络，它们的网络速率分别为 100Mbps 和 10Mbps。

2. 编码

为了让接收方在没有外部时钟参考的情况也能确定每一位的起始、结束和中间位置，在传输信号时不直接采用二进制编码。在 10BASE-T 的传输方式中采用曼彻斯特编码，在 100BASE-T 中则采用 4B/5B 编码。

曼彻斯特编码把每一个二进制位的周期分为两个间隔，在表示"1"时，以前半个周期为高电平，后半个周期为低电平。表示"0"时则相反，见图 36-2。

采用曼彻斯特码在每个位周期都有电压变化，便于同步。但这样的编码方式效率太低，只有 50%。

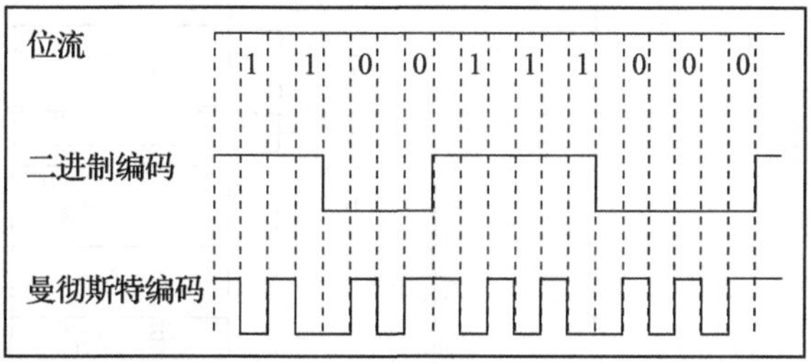

在 100BASE-T 采用的 4B/5B 编码是把待发送数据位流的每 4 位分为一组，以特定的 5 位编码来表示，这些特定的 5 位编码能使数据流有足够多的跳变，达到同步的目的，而且效率也从曼彻斯特编码的 50% 提高到了 80%。

图 36-2　曼彻斯特编码

3. CSMA/CD 冲突检测

早期的以太网大多是多个节点连接到同一条网络总线上（总线型网络），存在信道竞争问题，因而每个连接到以太网上的节点都必须具备冲突检测功能。以太网具备 CSMA/CD 冲突检测机制，如果多个节点同时利用同一条总线发送数据，则会产生冲突，总线上的节点可通过接收到的信号与原始发送的信号的比较检测是否存在冲突，若存在冲突则停止发送数据，随机等待一段时间再重传。

现在大多数局域网组建的时候很少采用总线型网络，大多是一个设备接入一个独立的路由或交换机接口，组成星型网络，不会产生冲突。但为了兼容，新产品还带有冲突检测机制。

36.2.2　MAC 子层

1. MAC 的功能

MAC 子层是属于数据链路层的下半部分，它主要负责与物理层进行数据交接，如是否可以发送数据、发送的数据是否正确、对数据流进行控制等。它自动对来自上层的数据包加上一些控制信号，交给物理层。接收方得到正常数据时，自动去除 MAC 控制信号，把该数据包交给上层。

2. MAC 数据包

IEEE 对以太网上传输的数据包格式也进行了统一规定，见图 36-3。该数据包被称为 MAC 数据包。

MAC 数据包由前导字段、帧起始定界符、目标地址、源地址、数据包类型、数据域、填充域、校验和域组成。

- ❑ 前导字段：也称报头，这是一段方波，用于使收发节点的时钟同步。内容为连续 7 个字节的 0x55。字段和帧起始定界符在 MAC 收到数据包后会自动过滤掉。
- ❑ 帧起始定界符（SFD）：用于区分前导段与数据段的，内容为 0xD5。
- ❑ MAC 地址：MAC 地址由 48 位数字组成，它是网卡的物理地址，在以太网传输的最底层，就是根据 MAC 地址来收发数据的。部分 MAC 地址用于广播和多播，在同一个网络里不能有两个相同的 MAC 地址。PC 的网卡在出厂时已经设置好了 MAC 地址，但也可以通过一些软件来进行修改，在嵌入式的以太网控制器中可由程序进行配置。数据包中的 DA 是目标地址，SA 是源地址。

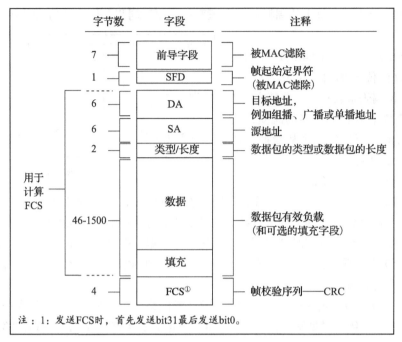

图 36-3　MAC 数据包格式

□ 数据包类型：本区域可以用来描述本 MAC 数据包是属于 TCP/IP 协议层的 IP 包、
ARP 包，还是 SNMP 包，也可以用来描述本 MAC 数据包数据段的长度。如果该值
被设置大于 0x0600，不用于长度描述，而是用于类型描述功能，表示与以太网帧相
关的 MAC 客户端协议的种类。

□ 数据段：数据段是 MAC 包的核心内容，它包含的数据来自 MAC 的上层。其长度可
以为 0 ～ 1500 字节。

□ 填充域：由于协议要求整个 MAC 数据包的长度至少为 64 字节（接收到的数据包如果
少于 64 字节会被认为发生冲突，数据包被自动丢弃），当数据段的字节少于 46 字节
时，在填充域会自动填上无效数据，以使数据包符合长度要求。

□ 校验和域：MAC 数据包的尾部是校验和域，它保存了 CRC 校验序列，用于检错。

以上是标准的 MAC 数据包，IEEE 802.3 同时还规定了扩展的 MAC 数据包，它是在标
准的 MAC 数据包的 SA 和数据包类型之间添加 4 个字节的 QTag 前缀字段，用于获取标志的
MAC 帧。前两个字节固定为 0x8100，用于识别 QTag 前缀的存在；后两个字节内容分别为 3
个位的用户优先级、1 个位的标准格式指示符（CFI）和一个 12 位的 VLAN 标识符。

36.3　TCP/IP 协议栈

标准 TCP/IP 协议是用于计算机通信的一组协议，通常称为 TCP/IP 协议栈，通俗讲就是

符合以太网通信要求的代码集合，一般要求它可以实现图 36-1 中每个层对应的协议，比如应用层的 HTTP、FTP、DNS、SMTP 协议，传输层的 TCP、UDP 协议、网络层的 IP、ICMP 协议等。关于 TCP/IP 协议详细内容请阅读《TCP/IP 详解》和《用 TCP/IP 进行网际互连》理解。

Windows 操作系统、UNIX 类操作系统都有自己的一套方法来实现 TCP/IP 通信协议，它们都提供非常完整的 TCP/IP 协议。对于一般的嵌入式设备，受制于硬件条件没办法支持使用在 Window 或 UNIX 类操作系统运行的 TCP/IP 协议栈，一般只能使用简化版本的 TCP/IP 协议栈，目前开源的适合嵌入式的有 μIP、TinyTCP、μC/TCP-IP、LwIP 等。其中 LwIP 是目前在嵌入式网络领域被讨论和使用广泛的协议栈。本章其中一个目的就是移植 LwIP 到开发板上运行。

36.3.1　需要协议栈的原因

物理层主要定义物理介质性质，MAC 子层负责与物理层进行数据交接，这两部分是与硬件紧密联系的。就嵌入式控制芯片来说，很多都内部集成了 MAC 控制器，完成 MAC 子层功能，所以依靠这部分功能可以实现两个设备数据交换。而时间传输的数据就是 MAC 数据包，发送端封装好数据包，接收端则解封数据包得到可用数据，这样的一个模型与使用 USART 控制器实现数据传输是非常类似的。但如果将以太网运用在如此基础的功能上，完全是大材小用，因为以太网具有传输速度快、可传输距离远、支持星型拓扑设备连接等强大功能。功能强大的东西一般都会用高级的应用，这也是设计者的初衷。

使用以太网接口的目的就是为了方便与其他设备互联，如果所有设备都约定使用一种互联方式，在软件上加一些层次来封装，这样不同系统、不同的设备通信就变得相对容易了。而且只要新加入的设备也使用同一种方式，就可以直接与之前存在于网络上的其他设备通信。这就是为什么产生了在 MAC 之上的其他层次的网络协议及为什么要使用协议栈的原因。又由于在各种协议栈中 TCP/IP 协议栈得到了最广泛使用，所有接入互联网的设备都遵守 TCP/IP 协议，所以，想方便地与其他设备互联通信，需要提供对 TCP/IP 协议的支持。

36.3.2　各网络层的功能

用以太网和 WiFi 作例子，它们的 MAC 子层和物理层有较大的区别，但在 MAC 之上的 LLC 层、网络层、传输层和应用层的协议是基本上同的，这几层协议由软件实现，并对各层进行封装。根据 TCP/IP 协议，各层的要实现的功能如下：

1）LLC 层：处理传输错误；调节数据流，协调收发数据双方速度，防止发送方发送得太快而接收方丢失数据。主要使用数据链路协议。

2）网络层：本层也被称为 IP 层。LLC 层负责把数据从线的一端传输到另一端，但很多时候不同的设备位于不同的网络中（并不是简单的网线的两头）。此时就需要网络层来解决子网路由拓扑问题、路径选择问题。在这一层中主要有 IP 协议、ICMP 协议。

3）传输层：由网络层处理好了网络传输的路径问题后，端到端的路径就建立起来了。传输层就负责处理端到端的通信。在这一层中主要有 TCP、UDP 协议。

4）应用层：经过前面三层的处理，通信完全建立。应用层可以通过调用传输层的接口来编写特定的应用程序。而 TCP/IP 协议一般也会包含一些简单的应用程序，如 Telnet 远程登录、FTP 文件传输、SMTP 邮件传输协议。

实际上，在发送数据时，经过网络协议栈的每一层，都会给来自上层的数据添加上一个数据包的头，再传递给下一层。在接收方收到数据时，再一层层地把所在层的数据包的头去掉，向上层递交数据，见图 36-4。

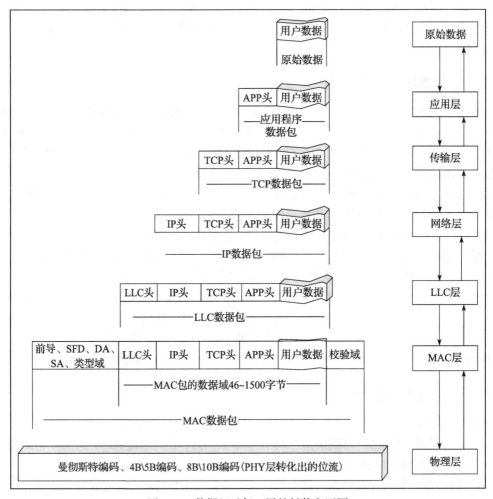

图 36-4　数据经过每一层的封装和还原

36.4　以太网外设

STM32F42x 系列控制器内部集成了一个以太网外设（ETH），它实际是一个通过 DMA 控制器进行介质访问控制（MAC），它的功能就是实现 MAC 层的任务。借助以太网外设，

STM32F42x 控制器可以按照 IEEE 802.3-2002 标准发送和接收 MAC 数据包。ETH 内部自带专用的 DMA 控制器用于 MAC，ETH 支持两个工业标准接口介质独立接口（MII）和简化介质独立接口（RMII）用于与外部 PHY 芯片连接。MII 和 RMII 接口用于 MAC 数据包传输，ETH 还集成了站管理接口（SMI）接口，专门用于与外部 PHY 通信，以访问 PHY 芯片寄存器。

　　物理层定义了以太网使用的传输介质、传输速度、数据编码方式和冲突检测机制，PHY 芯片是物理层功能实现的实体，生活中常用水晶头网线＋水晶头插座＋PHY 组合构成物理层。

　　ETH 有专用的 DMA 控制器，它通过 AHB 主从接口与内核和存储器相连，AHB 主接口用于控制数据传输，而 AHB 从接口用于访问"控制与状态寄存器"（CSR）空间。在进行数据发送时，先将数据由存储器以 DMA 传输到发送 TX FIFO 进行缓冲，然后由 MAC 内核发送；接收数据时，RX FIFO 先接收以太网数据帧，再由 DMA 传输至存储器。ETH 系统功能框图见图 36-5。

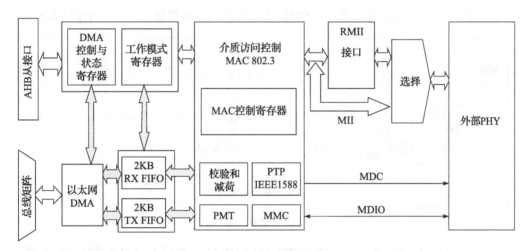

图 36-5　ETH 功能框图

36.4.1　SMI 接口

　　SMI 是 MAC 内核访问 PHY 寄存器标志接口，它由两根线组成，数据线 MDIO 和时钟线 MDC。SMI 支持访问 32 个 PHY，这在设备需要多个网口时非常有用，不过一般设备都只使用一个 PHY。PHY 芯片内部一般都有 32 个 16 位的寄存器，用于配置 PHY 芯片属性、工作环境、状态指示等，当然很多 PHY 芯片并没有使用到所有寄存器位。MAC 内核就是通过 SMI 向 PHY 的寄存器写入数据或从 PHY 寄存器读取 PHY 状态，一次只能对一个 PHY 中的一个寄存器进行访问。SMI 最大通信频率为 2.5MHz，通过控制以太网 MAC MII 地址寄存器（ETH_MACMIIAR）的 CR 位可选择时钟频率。

1. SMI 帧格式

　　SMI 是通过数据帧方式与 PHY 通信的，帧格式见表 36-1。数据位传输顺序从左到右。

表 36-1 SMI 帧格式

	管理帧字段							
	报头 (32 位)	起始	操作	PADDR	RADDR	TA	数据 (16 位)	空闲
读取	111…111	01	10	ppppp	rrrrr	Z0	ddd…ddd	Z
写入	111…111	01	01	ppppp	rrrrr	10	ddd…ddd	Z

PADDR 用于指定 PHY 地址，每个 PHY 都有一个地址，一般由 PHY 硬件设计决定，所以是固定不变的。RADDR 用于指定 PHY 寄存器地址。TA 为状态转换域，若为读操作，MAC 输出两位高阻态，而 PHY 芯片则在第一位时输出高阻态，第二位时输出 "0"。若为写操作，MAC 输出 "10"，PHY 芯片则输出高阻态。数据段有 16 位，对应 PHY 寄存器每个位，先发送或接收到的位对应以太网 MAC MII 数据寄存器（ETH_MACMIIDR）寄存器的位 15。

2. SMI 读写操作

当以太网 MAC MII 地址寄存器（ETH_MACMIIAR）的写入位和繁忙位被置 1 时，SMI 将向指定的 PHY 芯片指定寄存器写入 ETH_MACMIIDR 中的数据。写操作时序见图 36-6。

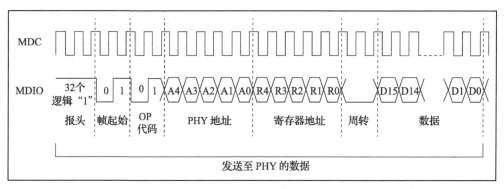

图 36-6　SMI 写操作

当以太网 MAC MII 地址寄存器（ETH_MACMIIAR）的写入位为 0 并且繁忙位被置 1 时，SMI 将从向指定的 PHY 芯片指定寄存器读取数据到 ETH_MACMIIDR 内。读操作时序见图 36-7。

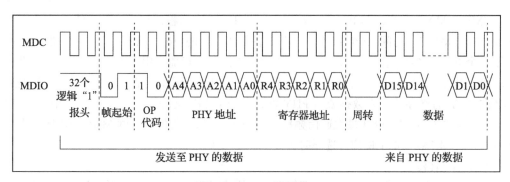

图 36-7　SMI 读操作

36.4.2　MII 和 RMII 接口

介质独立接口（MII）用于理解 MAC 控制器和 PHY 芯片，提供数据传输路径。RMII 接口是 MII 接口的简化版本，MII 需要 16 根通信线，RMII 只需 7 根通信线，在功能上是相同的。图 36-8 为 MII 接口连接示意图，图 36-9 为 RMII 接口连接示意图。

- □ TX_CLK：数据发送时钟线。标称速率为 10Mbps 时为 2.5MHz；速率为 100Mps 时为 25MHz。RMII 接口没有该线。

- □ RX_CLK：数据接收时钟线。标称速率为 10Mbps 时为 2.5MHz；速率为 100Mbps 时为 25MHz。RMII 接口没有该线。

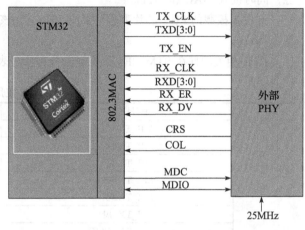

图 36-8　MII 接口连接

- □ TX_EN：数据发送使能。在整个数据发送过程保存有效电平。

- □ TXD[3∶0] 或 TXD[1∶0]：数据发送数据线。MII 有 4 位，RMII 只有 2 位。只有在 TX_EN 处于有效电平时数据线才有效。

- □ CRS：载波侦听信号，由 PHY 芯片负责驱动，当发送或接收介质处于非空闲状态时使能该信号。在全双工模式该信号线无效。

- □ COL：冲突检测信号，由 PHY 芯片负责驱动，检测到介质上存在冲突后该线被使能，并且保持至冲突解除。在全双工模式该信号线无效。

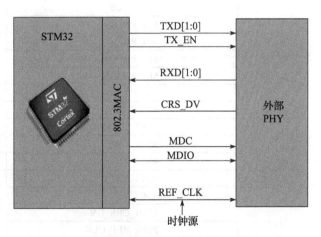

图 36-9　RMII 接口连接

- □ RXD[3∶0] 或 RXD[1∶0]：数据接收数据线，由 PHY 芯片负责驱动。MII 有 4 位，RMII 只有 2 位。在 MII 模式，当 RX_DV 禁止、RX_ER 使能时，特定的 RXD[3∶0] 值用于传输来自 PHY 的特定信息。

- □ RX_DV：接收数据有效信号，功能类似于 TX_EN，只不过用于数据接收，由 PHY 芯片负责驱动。对于 RMII 接口，是把 CRS 和 RX_DV 整合成 CRS_DV 信号线，当介质处于不同状态时会自切换该信号状态。

- □ RX_ER：接收错误信号线，由 PHY 驱动，向 MAC 控制器报告在帧某处检测到错误。

❑ REF_CLK：仅用于 RMII 接口，由外部时钟源提供 50MHz 参考时钟。

因为要达到 100Mbps 传输速度，MII 和 RMII 数据线数量不同，使用 MII 和 RMII 在时钟线的设计是完全不同的。对于 MII 接口，一般是外部为 PHY 提供 25MHz 时钟源，再由 PHY 提供 TX_CLK 和 RX_CLK 时钟。对于 RMII 接口，一般需要外部直接提供 50MHz 时钟源，同时接入 MAC 和 PHY。

开发板板载的 PHY 芯片型号为 LAN8720A，该芯片只支持 RMII 接口，电路设计时参考图 36-9。

ETH 相关硬件在 STM32F42x 控制器分布参考表 36-2。

表 36-2　ETH 复用引脚

	ETH（AF11）	GPIO
MII	MII_TX_CLK	PC3
	MII_TXD0	PB12/PG13
	MII_TXD1	PB13/PG14
	MII_TXD2	PC2
	MII_TXD3	PB8/PE2
	MII_TX_EN	PB11/PG11
	MII_RX_CLK	PA1
	MII_RXD0	PC4
	MII_RXD1	PC5
	MII_RXD2	PB0/PH6
	MII_RXD3	PB1/PH7
	MII_RX_ER	PB10/PI10
	MII_RX_DV	PA7
	MII_CRS	PA0/PH2
	MII_COL	PA3/PH3
RMII	RMII_TXD0	PB12/PG13
	RMII_TXD1	PB13/PG14
	RMII_TX_EN	PG11
	RMII_RXD0	PC4
	RMII_RXD1	PC5
	RMII_CRS_DV	PA7
	RMII_REF_CLK	PA1
SMI	MDIO	PA2
	MDC	PC1
其他	PPS_OUT	PB5/PG8

其中，PPS_OUT 是 IEEE 1588 定义的一个时钟同步机制。

36.4.3　MAC 数据包发送和接收

ETH 外设负责 MAC 数据包发送和接收。利用 DMA 从系统寄存器得到数据包数据内容，ETH 外设自动填充完成 MAC 数据包封装，然后通过 PHY 发送出去。在检测到有 MAC 数据包需要接收时，ETH 外设控制数据接收，并解封 MAC 数据包得到解封后，数据通过 DMA 传输到系统寄存器内。

1. MAC 数据包发送

MAC 数据帧发送全部由 DMA 控制，从系统存储器读取的以太网帧由 DMA 推入 FIFO，然后将帧弹出并传输到 MAC 内核。帧传输结束后，从 MAC 内核获取发送状态并传回 DMA。在检测到 SOF（Start Of Frame）时，MAC 接收数据并开始 MII 发送。在 EOF（End Of Frame）传输到 MAC 内核后，内核完成正常的发送，然后将发送状态返回给 DMA。如果在发送过程中发生常规冲突，MAC 内核将使发送状态有效，然后接受并丢弃所有后续数据，直至收到下一 SOF。检测到来自 MAC 的重试请求时，应从 SOF 重新发送同一帧。如果发送期间未连续提供数据，MAC 将发出下溢状态。在帧的正常传输期间，如果 MAC 在未获得前一帧的 EOF 的情况下接收到 SOF，则忽略该 SOF 并将新的帧视为前一帧的延续。

MAC 控制 MAC 数据包的发送操作，它会自动生成前导字段和 SFD 以及发送帧状态返回给 DMA，在半双工模式下自动生成阻塞信号，控制 jabber（MAC 看门狗）定时器用于在传输字节超过 2048 字节时切断数据包发送。在半双工模式下，MAC 使用延迟机制进行流量控制，程序通过将 ETH_MACFCR 寄存器的 BPA 位置 1 来请求流量控制。MAC 包含符合 IEEE 1588 的时间戳快照逻辑。MAC 数据包发送时序见图 36-10。

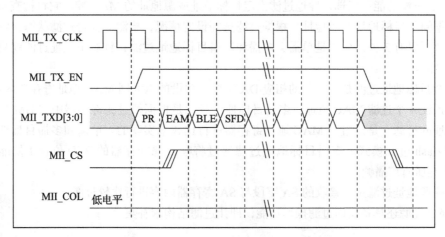

图 36-10　MAC 数据包发送时序（无冲突）

2. MAC 数据包接收

MAC 接收到的数据包填充 RX FIFO，达到 FIFO 设定阈值后请求 DMA 传输。在默认直通模式下，当 FIFO 接收到 64 个字节（使用 ETH_DMAOMR 寄存器中的 RTC 位配置）或完整的数据包时，数据将弹出，其可用性将通知 DMA。DMA 向 AHB 接口发起传输后，数据传输将从 FIFO 持续进行，直到传输完整个数据包。完成 EOF 帧的传输后，状态字将弹出并发送到 DMA 控制器。在 Rx FIFO 存储转发模式（通过 ETH_DMAOMR 寄存器中的 RSF 位配置）下，仅在帧完全写入 Rx FIFO 后才可读出帧。

当 MAC 在 MII 上检测到 SFD 时，将启动接收操作。MAC 内核将去除报头和 SFD，然后再继续处理帧。检查报头字段以进行过滤，FCS 字段用于验证帧的 CRC，如果帧未通过地址滤波器，则在内核中丢弃该帧。MAC 数据包接收时序见图 36-11。

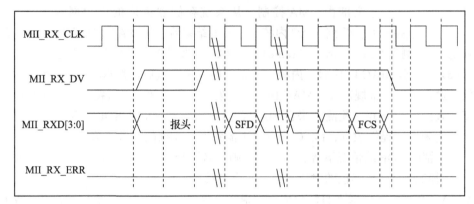

图 36-11　MAC 数据包接收时序（无错误）

36.4.4　MAC 过滤

MAC 过滤功能可以选择性地过滤设定目标地址或源地址的 MAC 帧。它将检查所有接收到的数据帧的目标地址和源地址，根据过滤选择设定情况，检测后报告过滤状态。针对目标地址过滤可以有 3 种，分别是单播、多播和广播目标地址过滤；针对源地址过滤就只有单播源地址过滤。

单播目标地址过滤是将接收的相应 DA 字段与预设的以太网 MAC 地址寄存器内容比较，最高可预设 4 个过滤 MAC 地址。多播目标地址过滤是根据帧过滤寄存器中的 HM 位执行对多播地址的过滤，是通过对 MAC 地址寄存器进行比较来实现的。单播和多播目标地址过滤都支持 Hash 过滤模式。广播目标地址过滤通过将帧过滤寄存器的 BFD 位置 1 使能，使得 MAC 丢弃所有广播帧。

单播源地址过滤是将接收的 SA 字段与 SA 寄存器内容进行比较过滤。

MAC 过滤还具备反向过滤操作功能，即让过滤结构求补集。

36.5　PHY：LAN8720A

LAN8720A 是 SMSC 公司（已被 Microchip 公司收购）设计的一个体积小、功耗低、全能型 10/100Mbps 的以太网物理层收发器。它是针对消费类电子和企业应用而设计的。LAN8720A 只有引脚 24，仅支持 RMII 接口。由它组成的网络结构见图 36-12。

LAN8720A 通过 RMII 与 MAC 连接。RJ45 是网络插座，在与 LAN8720A 连接之间还需要一个变压器，所以一般使用带电压转换和 LED 指示灯的 HY911105A 型号的插座。一般来说，必须为使用 RMII 接口的 PHY 提供 50MHz 的时钟源，输入到 REF_CLK 引脚。不过 LAN8720A 内部集成 PLL，可以将 25MHz 的时钟源倍频到 50MHz，并在指定引脚输出该时钟，所以我们可以直接使其与 REF_CLK 连接达到提供 50MHz 时钟效果。

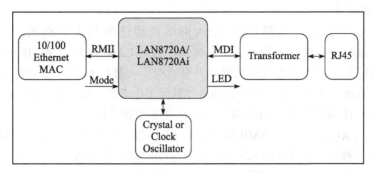

图 36-12　由 LAN8720A 组成的网络系统结构

LAN8720A 内部系统结构见图 36-13。

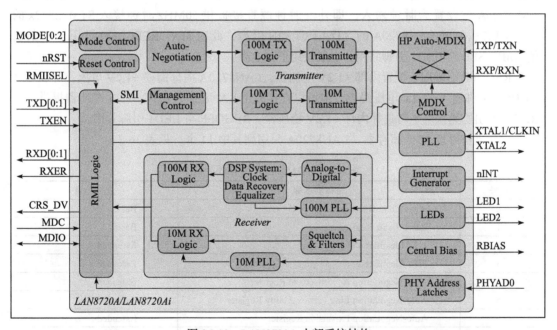

图 36-13　LAN8720A 内部系统结构

LAN8720A 由各个不同功能模块组成，最重要的是接收控制器和发送控制器，其他的基本上都与外部引脚挂钩，实现信号传输。部分引脚是具有双重功能的，比如 PHYAD0 与 RXER 引脚是共用的，在系统上电后 LAN8720A 会马上读取这部分共用引脚的电平，以确定系统的状态并保存在相关寄存器内，之后则自动转入作为另一功能引脚。

PHYAD[0] 引脚用于配置 SMI 通信的 LAN8720A 地址，在芯片内部该引脚已经自带下拉电阻，默认认为 0（即使外部悬空不接），在系统上电时会检测该引脚获取得到 LAN8720A 的地址为 0 或者 1，并保存在特殊模式寄存器（R18）的 PHYAD 位中，该寄存器的 PHYAD 有 5 个位，在需要超过 2 个 LAN8720A 时可以通过软件设置不同 SMI 通信地址。PHYAD[0] 是与 RXER 引脚共用的。

MODE[2：0] 引脚用于选择 LAN8720A 网络通信速率和工作模式，可选 10Mbps 或 100Mbps 通信速度，半双工或全双工工作模式。另外 LAN8720A 支持 HP Auto-MDIX 自动翻转功能，即可自动识别直连或交叉网线并自适应。一般将 MODE 引脚都设置为 1，可以让 LAN8720A 启动自适应功能，它会自动寻找最优工作方式。MODE[0] 与 RXD0 引脚共用、MODE[1] 与 RXD1 引脚共用、MODE[2] 与 CRS_DV 引脚共用。

nINT/REFCLKO 引脚用于 RMII 接口中的 REF_CLK 信号线，当 nINTSEL 引脚为低电平时，它也可以被设置成 50MHz 时钟输出，这样可以直接与 STM32F42x 的 REF_CLK 引脚连接，为其提供 50MHz 时钟源。这种模式要求为 XTAL1 与 XTAL2 之间或为 XTAL1/CLKIN 提供 25MHz 时钟，由 LAN8720A 内部 PLL 电路倍频得到 50MHz 时钟。此时 nIN/REFCLKO 引脚的中断功能不可用，用于 50MHz 时钟输出。当 nINTSEL 引脚为高电平时，LAN8720A 被设置为时钟输入，即外部时钟源直接提供 50MHz 时钟接入 STM32F42x 的 REF_CLK 引脚和 LAN8720A 的 XTAL1/CLKIN 引脚，此时 nINT/REFCLKO 可用于中断功能。nINTSEL 与 LED2 引脚共用，一般使用下拉电阻。

REGOFF 引脚用于配置内部 +1.2V 电压源，LAN8720A 内部需要 +1.2V 电压，可以通过 VDDCR 引脚输入 +1.2V 电压提供，也可以直接利用 LAN8720A 内部 +1.2V 稳压器提供。当 REGOFF 引脚为低电平时选择内部 +1.2V 稳压器。REGOFF 与 LED1 引脚共用。

SMI 支持寻址 32 个寄存器，LAN8720A 只用到其中 14 个，见表 36-3。

表 36-3　LAN8720A 寄存器列表

序号	寄存器名称	分　组
0	Basic Control Register	Basic
1	Basic Status Register	Basic
2	PHY Identifier 1	Extended
3	PHY Identifier 2	Extended
4	Auto-Negotiation Advertisement Register	Extended
5	Auto-Negotiation Link Partner Ability Register	Extended
6	Auto-Negotiation Expansion Register	Extended
17	Mode Control/Status Register	Vendor-specific
18	Special Modes	Vendor-specific
26	Symbol Error Counter Register	Vendor-specific
27	Control/Status Indication Register	Vendor-specific
29	Interrupt Source Register	Vendor-specific
30	Interrupt Mask Register	Vendor-specific
31	PHY Special Control/Status Register	Vendor-specific

表 36-3 中序号与 SMI 数据帧中的 RADDR 是对应的，这在编写驱动时非常重要，本文将它们标记为 R0 ~ R31。寄存器可规划为 3 个组：Basic、Extended 和 Vendor-specific。Basic 是 IEEE 802.3 要求的，R0 是基本控制寄存器，其位 15 为 Soft Reset 位，向该位写 1 启动 LAN8720A 软件复位，还包括速度、自适应、低功耗等功能设置。R1 是基本状态寄存器。Extended 是扩展寄存器，包括 LAN8720A 的 ID 号、制造商和版本号等信息。Vendor-specific 是供应商自定义寄存器，R31 是特殊控制 / 状态寄存器，指示速度类型和自适应功能。

36.6　LwIP：轻型 TCP/IP 协议栈

LwIP 是 Light Weight Internet Protocol 的缩写，是由瑞士计算机科学院的 Adam Dunkels 等开发的、适用于嵌入式领域的开源轻量级 TCP/IP 协议栈。它可以移植到含有操作系统的平台中，也可以在无操作系统的平台下运行。由于它开源、占用的 RAM 和 ROM 比较少、支持较为完整的 TCP/IP 协议，且十分便于裁剪、调试，被广泛应用在中低端的 32 位控制器平台。可以访问网站：http://savannah.nongnu.org/projects/lwip/ 获取更多 LwIP 信息。

目前，LwIP 最新更新到 1.4.1 版本，我们在上述网站可找到相应的 LwIP 源码下载通道。我们下载两个压缩包：lwip-1.4.1.zip 和 contrib-1.4.1.zip，lwip-1.4.1.zip 包括了 LwIP 的实现代码，contrib-1.4.1.zip 包含了不同平台移植 LwIP 的驱动代码和使用 LwIP 实现的一些应用实例测试。

但是，遗憾的是 contrib-1.4.1.zip 并没有为 STM32 平台提供实例，对于初学者想要移植 LwIP 来说难度还是非常大的。ST 公司也认识到 LwIP 在嵌入式领域的重要性，所以他们针对 LwIP 应用开发了测试平台，其中一个是在 STM32F4x7 系列控制器运行的（文件编号为：STSW-STM32070），虽然我们的开发板平台是 STM32F429 控制器，但经测试发现关于 ETH 驱动部分以及 LwIP 接口函数部分是可以通用的。为减少移植工作量，我们选择使用 ST 官方例程相关文件，特别是 ETH 底层驱动部分函数，这样我们可以把更多精力放在理解代码实现方法上。

本章的一个重点内容就是介绍 LwIP 移植至我们的开发平台，详细的操作步骤参考下文介绍。

36.7　ETH 初始化结构体详解

一般情况下，标准库都会为外设建立一个对应的文件，存放外设相关库函数的实现，比如 stm32f4xx_adc.c、stm32f4xx_can.c 等。然而标准库并没有为 ETH 外设建立相关的文件，这样我们根本没有标准库函数可以使用，究其原因是 ETH 驱动函数与 PHY 芯片联系较为紧密，很难使用一套通用的代码实现兼容。难道要我们自己写寄存器实现？实际情况还没有这么糟糕，正如上文所说的 ST 官方提供 LwIP 方面的测试平台，特别是基于 STM32F4x7 控制器的测试平台是非常合适我们参考的。我们在解压 stsw-stm32070.rar 压缩包之后，在

其文件目录 …\STM32F4x7_ETH_LwIP_V1.1.1\Libraries\STM32F4x7_ETH_Driver\ 下可找到 stm32f4x7_eth.c、stm32f4x7_eth.h 和 stm32f4x7_eth_conf_template.h 三个文件，其中的 stm32f4x7_eth.c 和 stm32f4x7_eth.h 就类似 stm32f4xx_adc.c，是关于 ETH 外设的驱动，我们在以太网通信实现实验中会用到这 3 个文件，stm32f4x7_eth.c 和 stm32f4x7_eth.h 两个文件内容不用修改（不过修改了文件名称）。

stm32f4x7_eth.h 定义了一个 ETH 外设初始化结构体 ETH_InitTypeDef，理解结构体成员可以帮助我们使用 ETH 功能。初始化结构体成员用于设置 ETH 工作环境参数，并由 ETH 相应初始化配置函数或功能函数调用，这些设定参数将会设置 ETH 相应的寄存器，达到配置 ETH 工作环境的目的。

代码清单 36-1　ETH_InitTypeDef

```
1 typedef struct {
2     /**
3      * @brief / * MAC
4      */
5     uint32_t    ETH_AutoNegotiation;            // 自适应功能
6     uint32_t    ETH_Watchdog;                   // 以太网看门狗
7     uint32_t    ETH_Jabber;                     // jabber 定时器功能
8     uint32_t    ETH_InterFrameGap;              // 发送帧间间隙
9     uint32_t    ETH_CarrierSense;               // 载波侦听
10    uint32_t    ETH_Speed;                      // 以太网速度
11    uint32_t    ETH_ReceiveOwn;                 // 接收自身
12    uint32_t    ETH_LoopbackMode;               // 回送模式
13    uint32_t    ETH_Mode;                       // 模式
14    uint32_t    ETH_ChecksumOffload;            // 校验和减荷
15    uint32_t    ETH_RetryTransmission;          // 传输重试
16    uint32_t    ETH_AutomaticPadCRCStrip;       // 自动去除 PAD 和 FCS 字段
17    uint32_t    ETH_BackOffLimit;               // 后退限制
18    uint32_t    ETH_DeferralCheck;              // 检查延迟
19    uint32_t    ETH_ReceiveAll;                 // 接收所有 MAC 帧
20    uint32_t    ETH_SourceAddrFilter;           // 源地址过滤
21    uint32_t    ETH_PassControlFrames;          // 传送控制帧
22    uint32_t    ETH_BroadcastFramesReception;   // 广播帧接收
23    uint32_t    ETH_DestinationAddrFilter;      // 目标地址过滤
24    uint32_t    ETH_PromiscuousMode;            // 混合模式
25    uint32_t    ETH_MulticastFramesFilter;      // 多播源地址过滤
26    uint32_t    ETH_UnicastFramesFilter;        // 单播源地址过滤
27    uint32_t    ETH_HashTableHigh;              // 散列表高位
28    uint32_t    ETH_HashTableLow;               // 散列表低位
29    uint32_t    ETH_PauseTime;                  // 暂停时间
30    uint32_t    ETH_ZeroQuantaPause;            // 零时间片暂停
31    uint32_t    ETH_PauseLowThreshold;          // 暂停阈值下限
32    uint32_t    ETH_UnicastPauseFrameDetect;    // 单播暂停帧检测
33    uint32_t    ETH_ReceiveFlowControl;         // 接收流控制
34    uint32_t    ETH_TransmitFlowControl;        // 发送流控制
35    uint32_t    ETH_VLANTagComparison;          // VLAN 标记比较
36    uint32_t    ETH_VLANTagIdentifier;          // VLAN 标记标识符
37    /**
```

```
38          * @brief / * DMA
39          */
40     uint32_t    ETH_DropTCPIPChecksumErrorFrame;     // 丢弃 TCP/IP 校验错误帧
41     uint32_t    ETH_ReceiveStoreForward;             // 接收存储并转发
42     uint32_t    ETH_FlushReceivedFrame;              // 刷新接收帧
43     uint32_t    ETH_TransmitStoreForward;            // 发送存储并转发
44     uint32_t    ETH_TransmitThresholdControl;        // 发送阈值控制
45     uint32_t    ETH_ForwardErrorFrames;              // 转发错误帧
46     uint32_t    ETH_ForwardUndersizedGoodFrames;     // 转发过小的好帧
47     uint32_t    ETH_ReceiveThresholdControl;         // 接收阈值控制
48     uint32_t    ETH_SecondFrameOperate;              // 处理第 2 个帧
49     uint32_t    ETH_AddressAlignedBeats;             // 地址对齐节拍
50     uint32_t    ETH_FixedBurst;                      // 固定突发
51     uint32_t    ETH_RxDMABurstLength;                // DMA 突发接收长度
52     uint32_t    ETH_TxDMABurstLength;                // DMA 突发发送长度
53     uint32_t    ETH_DescriptorSkipLength;            // 描述符跳过长度
54     uint32_t    ETH_DMAArbitration;                  // DMA 仲裁
55  } ETH_InitTypeDef;
```

❏ ETH_AutoNegotiation：自适应功能选择，可选使能或禁止，一般选择使能自适应功能，系统会自动寻找最优工作方式，包括选择 10Mbps 或者 100Mbps 的以太网速度，以及全双工模式或半双工模式。

❏ ETH_Watchdog：以太网看门狗功能选择，可选使能或禁止，它设定以太网 MAC 配置寄存器（ETH_MACCR）的 WD 位的值。如果设置为 1，使能看门狗，在接收 MAC 帧超过 2048 字节时自动切断后面数据，一般选择使能看门狗。如果设置为 0，禁用看门狗，最长可接收 16384 字节的帧。

❏ ETH_Jabber：jabber 定时器功能选择，可选使能或禁止，与看门狗功能类似，只是看门狗用于接收 MAC 帧，jabber 定时器用于发送 MAC 帧，它设定 ETH_MACCR 寄存器的 JD 位的值。如果设置为 1，使能 jabber 定时器，在发送 MAC 帧超过 2048 字节时自动切断后面数据，一般选择使能 jabber 定时器。

❏ ETH_InterFrameGap：控制发送帧间的最小间隙，可选 96 位时间、88 位时间、……、40 位时间，它设定 ETH_MACCR 寄存器的 IFG[2:0] 位的值，一般设置 96bit 时间。

❏ ETH_CarrierSense：载波侦听功能选择，可选使能或禁止，它设定 ETH_MACCR 寄存器的 CSD 位的值。当被设置为低电平时，MAC 发送器会生成载波侦听错误，一般使能载波侦听功能。

❏ ETH_Speed：以太网速度选择，可选 10Mbps 或 100Mbps，它设定 ETH_MACCR 寄存器的 FES 位的值，一般设置 100Mbps，但在使能自适应功能之后该位设置无效。

❏ ETH_ReceiveOwn：接收自身帧功能选择，可选使能或禁止，它设定 ETH_MACCR 寄存器的 ROD 位的值。当设置为 0 时，MAC 接收发送时 PHY 提供的所有 MAC 包，如果设置为 1，MAC 禁止在半双工模式下接收帧。一般使能接收。

❏ ETH_LoopbackMode：回送模式选择，可选使能或禁止，它设定 ETH_MACCR 寄存器的 LM 位的值，当设置为 1 时，使能 MAC 在 MII 回送模式下工作。

❏ ETH_Mode：以太网工作模式选择，可选全双工模式或半双工模式，它设定 ETH_MACCR 寄存器 DM 位的值。一般选择全双工模式，在使能了自适应功能后该成员设置无效。

❏ ETH_ChecksumOffload：IPv4 校验和减荷功能选择，可选使能或禁止，它设定 ETH_MACCR 寄存器 IPCO 位的值，当该位被置 1 时使能接收的帧有效载荷的 TCP/UDP/ICMP 标头的 IPv4 校验和检查。一般选择禁用，此时 PCE 和 IP HCE 状态位总是为 0。

❏ ETH_RetryTransmission：传输重试功能，可选使能或禁止，它设定 ETH_MACCR 寄存器 RD 位的值，当被设置为 1 时，MAC 仅尝试发送一次，设置为 0 时，MAC 会尝试根据 BL 的设置进行重试。一般选择使能重试。

❏ ETH_AutomaticPadCRCStrip：自动去除 PAD 和 FCS 字段功能，可选使能或禁用，它设定 ETH_MACCR 寄存器 APCS 位的值。当设置为 1 时，MAC 在长度字段值小于或等于 1500 字节时去除传入帧上的 PAD 和 FCS 字段。一般禁止自动去除 PAD 和 FCS 字段功能。

❏ ETH_BackOffLimit：后退限制，在发送冲突后重新安排发送的延迟时间，可选 10、8、4、1，它设定 ETH_MACCR 寄存器 BL 位的值。一般设置为 10。

❏ ETH_DeferralCheck：检查延迟，可选使能或禁止，它设定 ETH_MACCR 寄存器 DC 位的值，当设置为 0 时，禁止延迟检查功能，MAC 发送延迟，直到 CRS 信号变成无效信号。

❏ ETH_ReceiveAll：接收所有 MAC 帧，可选使能或禁用，它设定以太网 MAC 帧过滤寄存器（ETH_MACFFR）RA 位的值。当设置为 1 时，MAC 接收器将所有接收的帧传送到应用程序，不过滤地址。当设置为 0 时，MAC 接收器会自动过滤不与 SA/DA 匹配的帧。一般选择不接收所有。

❏ ETH_SourceAddrFilter：源地址过滤，可选源地址过滤、源地址反向过滤或禁用源地址过滤，它设定 ETH_MACFFR 寄存器 SAF 位和 SAIF 位的值。一般选择禁用源地址过滤。

❏ ETH_PassControlFrames：传送控制帧，控制所有控制帧的转发，可选阻止所有控制帧到达应用程序、转发所有控制帧、转发通过地址过滤的控制帧，它设定 ETH_MACFFR 寄存器 PCF 位的值。一般选择禁止转发控制帧。

❏ ETH_BroadcastFramesReception：广播帧接收，可选使能或禁止，它设定 ETH_MACFFR 寄存器 BFD 位的值。当设置为 0 时，使能广播帧接收。一般设置接收广播帧。

❏ ETH_DestinationAddrFilter：目标地址过滤功能选择，可选正常过滤或目标地址反向过滤，它设定 ETH_MACFFR 寄存器 DAIF 位的值。一般设置为正常过滤。

❏ ETH_PromiscuousMode：混合模式，可选使能或禁用，它设定 ETH_MACFFR 寄存器 PM 位的值。当设置为 1 时，不论目标或源地址，地址过滤器都传送所有传入的帧。

一般禁用混合模式。

❑ ETH_MulticastFramesFilter：多播源地址过滤，可选完美散列表过滤、散列表过滤、完美过滤或禁用过滤，它设定 ETH_MACFFR 寄存器 HPF 位、PAM 位和 HM 位的值。一般选择完美过滤。

❑ ETH_UnicastFramesFilter：单播源地址过滤，可选完美散列表过滤、散列表过滤或完美过滤，它设定 ETH_MACFFR 寄存器 HPF 位和 HU 位的值。一般选择完美过滤。

❑ ETH_HashTableHigh：散列表高位，和 ETH_HashTableLow 组成 64 位散列表用于组地址过滤，它设定以太网 MAC 散列表高位寄存器（ETH_MACHTHR）的值。

❑ ETH_HashTableLow：散列表低位，和 ETH_HashTableHigh 组成 64 位散列表用于组地址过滤，它设定以太网 MAC 散列表低位寄存器（ETH_MACHTLR）的值。

❑ ETH_PauseTime：暂停时间，保留发送控制帧中暂停时间字段要使用的值，可设置 0 ~ 65 535，它设定以太网 MAC 流控制寄存器（ETH_MACFCR）PT 位的值。

❑ ETH_ZeroQuantaPause：零时间片暂停，可选使用或禁止。它设定 ETH_MACFCR 寄存器 ZQPD 位的值，当设置为 1 时，当来自 FIFO 层的流控制信号去断言后，此位会禁止自动生成零时间片暂停控制帧。一般选择禁止。

❑ ETH_PauseLowThreshold：暂停阈值下限，配置暂停定时器的阈值，达到该阈值时，会自动传输程序暂停帧，可选暂停时间减去 4 个间隙、28 个间隙、144 个间隙或 256 个间隙，它设定 ETH_MACFCR 寄存器 PLT 位的值。一般选择暂停时间减去 4 个间隙。

❑ ETH_UnicastPauseFrameDetect：单播暂停帧检测，可选使能或禁止。它设定 ETH_MACFCR 寄存器 UPFD 位的值，当设置为 1 时，MAC 除了检测具有唯一多播地址的暂停帧外，还会检测具有 ETH_MACA0HR 和 ETH_MACA0LR 寄存器所指定的站单播地址的暂停帧。一般设置为禁止。

❑ ETH_ReceiveFlowControl：接收流控制，可选使能或禁止，它设定 ETH_MACFCR 寄存器 RFCE 位的值。当设定为 1 时，MAC 对接收到的暂停帧进行解码，并禁止其在指定时间（暂停时间）内发送；当设置为 0 时，将禁止暂停帧的解码功能。一般设置为禁止。

❑ ETH_TransmitFlowControl：发送流控制，可选使能或禁止，它设定 ETH_MACFCR 寄存器 TFCE 位的值。在全双工模式下，当设置为 1 时，MAC 将使能流控制操作来发送暂停帧；为 0 时，将禁止 MAC 中的流控制操作，MAC 不会传送任何暂停帧。在半双工模式下，当设置为 1 时，MAC 将使能背压操作；为 0 时，将禁止背压功能。

❑ ETH_VLANTagComparison：VLAN 标记比较，可选 12 位或 16 位，它设定以太网 MAC VLAN 标记寄存器（ETH_MACVLANTR）VLANTC 位的值。当设置为 1 时，使用 12 位 VLAN 标识符而不是完整的 16 位 VLAN 标记进行比较和过滤；为 0 时，使用全部 16 位进行比较，一般选择 16 位。

❑ ETH_VLANTagIdentifier：VLAN 标记标识符，包含用于标识 VLAN 帧的 802.1Q

VLAN 标记，并与正在接收的 VLAN 帧的第 15 和第 16 字节进行比较。位 [15:13] 是用户优先级，位 [12] 是标准格式指示符（CFI），位 [11:0] 是 VLAN 标记的 VLAN 标识符（VID）字段。VLANTC 位置 1 时，仅使用 VID（位 [11:0]）进行比较。

❑ ETH_DropTCPIPChecksumErrorFrame：丢弃 TCP/IP 校验错误帧，可选使能或禁止，它设定以太网 DMA 工作模式寄存器（ETH_DMAOMR）DTCEFD 位的值，当设置为 1 时，如果帧中仅存在由接收校验和减荷引擎检测出来的错误，则内核不会丢弃它；为 0 时，如果 FEF 为进行了复位，则会丢弃所有错误帧。

❑ ETH_ReceiveStoreForward：接收存储并转发，可选使能或禁止。它设定以太网 DMA 工作模式寄存器（ETH_DMAOMR）RSF 位的值，当设置为 1 时，向 RX FIFO 写入完整帧后可以从中读取一帧，同时忽略接收阈值控制（RTC）位；当设置为 0 时，RX FIFO 在直通模式下工作，取决于 RTC 位的阈值。一般选择使能。

❑ ETH_FlushReceivedFrame：刷新接收帧，可选使能或禁止。它设定 ETH_DMAOMR 寄存器 FTF 位的值，当设置为 1 时，发送 FIFO 控制器逻辑会恢复到默认值，TX FIFO 中的所有数据均会丢失 / 刷新，刷新结束后改为自动清零。

❑ ETH_TransmitStoreForward：发送存储并并转发，可选使能或禁止。它设定 ETH_DMAOMR 寄存器 TSF 位的值，当设置为 1 时，如果 TX FIFO 有一个完整的帧则会启动发送，忽略 TTC 值；为 0 时，TTC 值才会有效。一般选择使能。

❑ ETH_TransmitThresholdControl：发送阈值控制，有多个阈值可选，它设定 ETH_DMAOMR 寄存器 TTC 位的值，当 TX FIFO 中帧大小大于该阈值时发送会启动，对于小于阈值的全帧也会发送。

❑ ETH_ForwardErrorFrames：转发错误帧，可选使能或禁止，它设定 ETH_DMAOMR 寄存器 FEF 位的值，当设置为 1 时，除了段错误帧之外所有帧都会转发到 DMA；为 0 时，RX FIFO 会丢弃所有错误状态的帧。一般选择禁止。

❑ ETH_ForwardUndersizedGoodFrames：转发过小的好帧，可选使能或禁止。它设定 ETH_DMAOMR 寄存器 FUGF 位的值，当设置为 1 时，RX FIFO 会转发包括 PAD 和 FCS 字段的过小帧；为 0 时，会丢弃小于 64 字节的帧，除非接收阈值被设置为更低。

❑ ETH_ReceiveThresholdControl：接收阈值控制，当 RX FIFO 中的帧大小大于阈值时启动 DMA 传输请求，可选 64 字节、32 字节、96 字节或 128 字节，它设定 ETH_DMAOMR 寄存器 RTC 位的值。

❑ ETH_SecondFrameOperate：处理第 2 个帧，可选使能或禁止。它设定 ETH_DMAOMR 寄存器 OSF 位的值，当设置为 1 时会命令 DMA 处理第 2 个发送数据帧。

❑ ETH_AddressAlignedBeats：地址对齐节拍，可选使能或禁止。它设定以太网 DMA 总线模式寄存器（ETH_DMABMR）AAB 位的值，当设置为 1 并且固定突发位（FB）也为 1 时，AHB 接口会生成与起始地址 LS 位对齐的所有突发；如果 FB 位为 0，则第 1 个突发不对齐，但后续的突发与地址对齐。一般选择使能。

❑ ETH_FixedBurst：固定突发，控制 AHB 主接口是否执行固定突发传输，可选使能或禁止，它设定 ETH_DMABMR 寄存器 FB 位的值，当设置为 1 时，AHB 在正常突发传输开始期间使用 SINGLE、INCR4、INCR8 或 INCR16；为 0 时，AHB 使用 SINGLE 和 INCR 突发传输操作。

❑ ETH_RxDMABurstLength：DMA 突发接收长度，有多个值可选，一般选择 32Beat（节拍），可实现 32×32bits 突发长度，它设定 ETH_DMABMR 寄存器 FPM 位和 RDP 位的值。

❑ ETH_TxDMABurstLength：DMA 突发发送长度，有多个值可选，一般选择 32Beat，可实现 32×32bits 突发长度，它设定 ETH_DMABMR 寄存器 FPM 位和 PBL 位的值。

❑ ETH_DescriptorSkipLength：描述符跳过长度，指定两个未链接描述符之间跳过的字数，地址从当前描述符结束处开始跳到下一个描述符起始处，可选 0~7，它设定 ETH_DMABMR 寄存器 DSL 位的值。

❑ ETH_DMAArbitration：DMA 仲裁，控制 RX 和 TX 优先级，可选 RX TX 优先级比为 1∶1、2∶1、3∶1、4∶1 或者 RX 优先于 TX，它设定 ETH_DMABMR 寄存器 PM 位和 DA 位的值，当设置为 1 时，RX 优先于 TX；为 0 时，循环调度，RX TX 优先级比由 PM 位给出。

36.8　以太网通信实验：无操作系统 LwIP 移植

LwIP 可以在带操作系统上运行，也可在无操作系统上运行。本节实验我们讲解无操作系统的移植步骤，并实现简单的传输代码。后续章节会讲解带操作系统移植过程，它一般都是在无操作系统基础上修改而来的。

36.8.1　硬件设计

在讲解移植步骤之前，有必须先介绍我们的实验硬件设计，主要是 LAN8720A 通过 RMII 和 SMI 接口与 STM32F42x 控制器连接，见图 36-14。

电路设计时，将 NINTSEL 引脚通过下拉电阻拉低，设置 NINT/FEFCLKO 为输出 50MHz 时钟，当然前提是 XTAL1 和 XTAL2 接入了 25MHz 的时钟源。另外也把 REGOFF 引脚通过下拉电阻拉低，使能使用内部 +1.2V 稳压器。

36.8.2　移植步骤

之前已经介绍了 LwIP 源代码（lwip-1.4.1.zip）和 ST 官方 LwIP 测试平台资料（stsw-stm32070.zip）下载，我们移植步骤是基于这两份资料进行的。

无操作系统移植 LwIP 需要的文件见图 36-15。图中只显示了 *.c 文件，还需要用到对应的 *.h 文件。

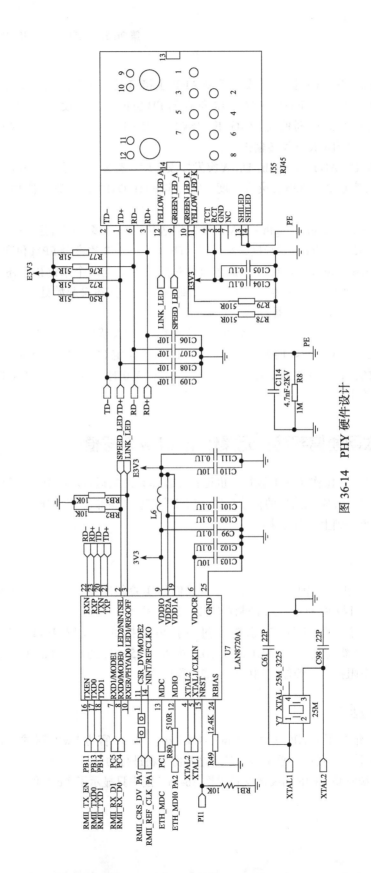

图 36-14 PHY 硬件设计

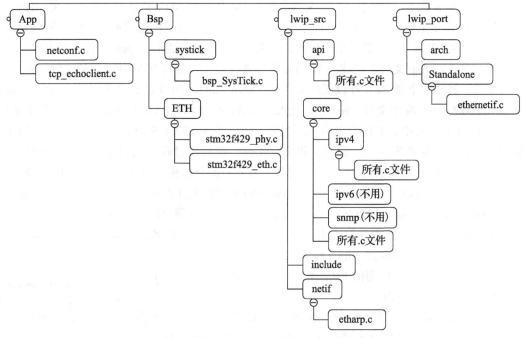

图 36-15　LwIP 移植实验文件结构

接下来，我们就根据图中文件结构详解移植过程。实验例程需要用到系统滴答定时器 systick、调试串口 USART、独立按键 KEY、LED 功能，对这些功能实现不做具体介绍，可以参考相关章节理解。

（1）相关文件拷贝

首先，解压 lwip-1.4.1.zip 和 stsw-stm32070.zip 两个压缩包，把整个 lwip-1.4.1 文件夹复制到 USER 文件夹下。特别要说明，在整个移植过程中，不会对 lwip-1.4.1.zip 文件中的文件内容进行修改。然后，在 stsw-stm32070 文件夹找到 port 文件夹（路径：…\Utilities\Third_Party\lwip-1.4.1\port），把整个 port 文件夹复制 lwip-1.4.1 文件夹中，在 port 文件夹下的 STM32F4x7 文件中把 arch 和 Standalone 两个文件夹直接剪切到 port 文件夹中，即此时 port 文件夹下有 STM32F4x7、arch 和 Standalone3 个文件夹，最后把 STM32F4x7 文件夹删除，最终的文件结构见图 36-16。arch 存放与开发平台相关头文件，Standalone 文件夹是无操作系统移植时 ETH 外设与 LwIP 连接的底层驱动函数。

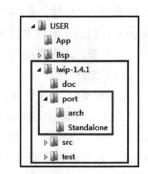

图 36-16　LwIP 相关文件结构

lwip-1.4.1 文件夹下的 doc 文件夹存放 LwIP 版权、移植、使用等说明文件，移植之前有必须认真浏览一遍；src 文件夹存放 LwIP 的实现代码，也是我们工程代码真正需要的文件；test

文件夹存放 LwIP 部分功能测试例程。另外，还有一些无后缀名的文件，都是一些说明性文件，可用记事本直接打开浏览。port 文件夹存放 LwIP 与 STM32 平台连接的相关文件，正如上面所说 contrib-1.4.1.zip 包含了不同平台移植代码，不过遗憾的是没有 STM32 平台的，所以我们需要从 ST 官方提供的测试平台找到这部分连接代码，也就是 port 文件夹的内容。

接下来，在 Bsp 文件下新建一个 ETH 文件夹，用于存放与 ETH 相关驱动文件，包括两部分文件，其中一个是 ETH 外设驱动文件，在 stsw-stm32070 文件夹中找到 stm32f4x7_eth.h 和 stm32f4x7_eth.c 两个文件（路径：…\Libraries\STM32F4x7_ETH_Driver\），将这两个文件拷贝到 ETH 文件夹中，对应改名为 stm32f429_eth.h 和 stm32f429_eth.c，这两个文件是 ETH 驱动文件，类似标准库中外设驱动代码实现文件，在移植过程中我们几乎不关心文件的内容。这部分函数由 port 文件夹相关代码调用。另外一部分是相关 GPIO 初始化、ETH 外设初始化、PHY 状态获取等函数的实现，在 stsw-stm32070 文件夹中找到 stm32f4x7_eth_bsp.c、stm32f4x7_eth_bsp.h 和 stm32f4x7_eth_conf.h 三 个 文 件（路 径：…\Project\Standalone\tcp_echo_client\），将这 3 个文件复制到 ETH 文件夹中，对应改名为 stm32f429_phy.c、stm32f429_phy.h 和 stm32f429_eth_conf.h。 因 为，ST 官方 LwIP 测试平台使用的 PHY 型号不是 LAN8720A，所以这 3 个文件需要我们进行修改。

图 36-17　工程文件结构

最后，是 LwIP 测试代码实现，为测试 LwIP 移植是否成功和检查 LwIP 功能，我们编写 TCP 通信实现代码，设置开发板为 TCP 从机，电脑端为 TCP 主机。在 stsw-stm32070 文件夹中找到 netconf.c、tcp_echoclient.c、lwipopts.h、netconf.h 和 tcp_echoclient.h 五 个 文 件（路径：…\Project\Standalone\tcp_echo_client\），直接复制到 App 文件夹（自己新建）中，netconf.c 文件代码实现 LwIP 初始化函数、周期调用函数、DHCP 功能函数等，tcp_echoclient.c 文件实现 TCP 通信参数代码，lwipopts.h 包含 LwIP 功能选项。

（2）为工程添加文件

第一步已经把相关的文件复制到对应的文件夹中，接下来就可以把需要用到的文件添加到工程中。图 36-15 已经指示出来工程需要用到的 *.c 文件，最终工程文件结构见图 36-17。图中 api、ipv4 和 core 都包含了对应文件夹下的所有 *.c 文件。

接下来，还需要在工程选择中添加相关头文件路径，见图 36-18。

（3）文件修改

ethernetif.c 文件是无操作系统时网络接口函数，该文件在移植时只需修改相关头文件名，函数实现部分无需修改。该文件主要有 3 个函数：一个是 low_level_init，用于初始化 MAC 相关工作环境、初始化 DMA 描述符链表，并使能 MAC 和 DMA；一个是 low_level_output，它是最底层发送一帧数据函数；最后一个是 low_level_input，它是最底层接收一帧数据函数。

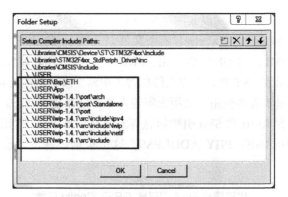

图 36-18　添加相关头文件路径

　　stm32f429_eth.c 和 stm32f429_eth.h 两个文件用于 ETH 驱动函数实现，它通过直接操作寄存器方式实现，这两个文件我们无需修改。stm32f429_eth_conf.h 文件包含了一些功能选项的宏定义，我们对部分内容进行了修改。

代码清单 36-2　stm32f429_eth_conf.h 文件宏定义

```
 1 #ifdef USE_Delay
 2 #include "Bsp/systick/bsp_SysTick.h"
 3 #define _eth_delay_     Delay_10ms
 4 #else
 5 #define _eth_delay_     ETH_Delay
 6 #endif
 7
 8 #ifdef USE_Delay
 9 /* LAN8742A Reset delay */
10 #define LAN8742A_RESET_DELAY   ((uint32_t)0x00000005)
11 #else
12 /* LAN8742A Reset delay */
13 #define LAN8742A_RESET_DELAY   ((uint32_t)0x00FFFFFF)
14 #endif
15
16 /* The LAN8742A PHY status register */
17 /* PHY status register Offset */
18 #define PHY_SR              ((uint16_t)0x001F)
19 /* PHY Speed mask  1:10Mb/s      0:100Mb/s*/
20 #define PHY_SPEED_STATUS    ((uint16_t)0x0004)
21 /* PHY Duplex mask 1:Full duplex  0:Half duplex*/
22 #define PHY_DUPLEX_STATUS   ((uint16_t)0x0010)
```

　　通过宏定义 USE_Delay 可选是否使用自定义的延时函数；Delay_10ms 函数是通过系统滴答定时器实现的延时函数；ETH_Delay 函数是 ETH 驱动自带的简单循环延时函数，延时函数实现方法不同，对形参要求不同。因为 ST 官方例程是基于 DP83848 型号的 PHY，而开发板的 PHY 型号是 LAN8720A。LAN8720A 复位时需要一段延时时间，这里需要定义延时时间长度，大约 50ms。驱动代码中需要获取 PHY 的速度和工作模式，LAN8720A 的 R31 是

特殊控制 / 状态寄存器，包括指示以太网速度和工作模式的状态位。

stm32f42x_phy.c 和 stm32f42x_phy.h 两个文件是 ETH 外设相关的底层配置，包括 RMII 接口 GPIO 初始化、SMI 接口 GPIO 初始化、MAC 控制器工作环境配置，还有一些 PHY 的状态获取和控制修改函数。ST 官方例程文件包含了中断引脚的相关配置，主要用于指示接收到以太网帧，我们这里不需要使用，采用无限轮询方法检测接收状态。stm32f42x_phy.h 文件存放相关宏定义，包含 RMII 和 SMI 引脚信息等宏定义。其中要特别说明的有一个宏，它定义了 PHY 地址：ETHERNET_PHY_ADDRESS，这里根据硬件设计设置为 0x00，这在 SMI 通信是非常重要的。

代码清单 36-3　ETH_GPIO_Config 函数

```
1 void ETH_GPIO_Config(void)
2 {
3     GPIO_InitTypeDef GPIO_InitStructure;
4
5     /* Enable GPIOs clocks */
6     RCC_AHB1PeriphClockCmd(ETH_MDIO_GPIO_CLK | ETH_MDC_GPIO_CLK |
7                            ETH_RMII_REF_CLK_GPIO_CLK|ETH_RMII_CRS_DV_GPIO_CLK|
8                            ETH_RMII_RXD0_GPIO_CLK | ETH_RMII_RXD1_GPIO_CLK |
9                            ETH_RMII_TX_EN_GPIO_CLK | ETH_RMII_TXD0_GPIO_CLK |
10                           ETH_RMII_TXD1_GPIO_CLK | ETH_NRST_GPIO_CLK, ENABLE);
11
12    /* Enable SYSCFG clock */
13    RCC_APB2PeriphClockCmd(RCC_APB2Periph_SYSCFG, ENABLE);
14
15    /* MII/RMII Media interface selection ----------------------------*/
16 #ifdef MII_MODE /* Mode MII with STM324xx-EVAL */
17 #ifdef PHY_CLOCK_MCO
18    /* Output HSE clock (25MHz) on MCO pin (PA8) to clock the PHY */
19    RCC_MCO1Config(RCC_MCO1Source_HSE, RCC_MCO1Div_1);
20 #endif /* PHY_CLOCK_MCO */
21
22    SYSCFG_ETH_MediaInterfaceConfig(SYSCFG_ETH_MediaInterface_MII);
23 #elif defined RMII_MODE  /* Mode RMII with STM324xx-EVAL */
24
25    SYSCFG_ETH_MediaInterfaceConfig(SYSCFG_ETH_MediaInterface_RMII);
26 #endif
27
28    /* Ethernet pins configuration ************************************/
29    /*
30        ETH_MDIO -------------------------> PA2
31        ETH_MDC --------------------------> PC1
32        ETH_MII_RX_CLK/ETH_RMII_REF_CLK---> PA1
33        ETH_MII_RX_DV/ETH_RMII_CRS_DV ----> PA7
34        ETH_MII_RXD0/ETH_RMII_RXD0 -------> PC4
35        ETH_MII_RXD1/ETH_RMII_RXD1 -------> PC5
36        ETH_MII_TX_EN/ETH_RMII_TX_EN -----> PB11
37        ETH_MII_TXD0/ETH_RMII_TXD0 -------> PG13
38        ETH_MII_TXD1/ETH_RMII_TXD1 -------> PG14
39        ETH_NRST -------------------------> PI1
```

```
40                                                            */
41      GPIO_InitStructure.GPIO_Pin = ETH_NRST_PIN;
42      GPIO_InitStructure.GPIO_Speed = GPIO_Speed_100MHz;
43      GPIO_InitStructure.GPIO_Mode = GPIO_Mode_OUT;
44      GPIO_InitStructure.GPIO_OType = GPIO_OType_PP;
45      GPIO_InitStructure.GPIO_PuPd = GPIO_PuPd_NOPULL ;
46      GPIO_Init(ETH_NRST_PORT, &GPIO_InitStructure);
47
48      ETH_NRST_PIN_LOW();
49      _eth_delay_(LAN8742A_RESET_DELAY);
50      ETH_NRST_PIN_HIGH();
51      _eth_delay_(LAN8742A_RESET_DELAY);
52
53      /* Configure ETH_MDIO */
54      GPIO_InitStructure.GPIO_Pin = ETH_MDIO_PIN;
55      GPIO_InitStructure.GPIO_Speed = GPIO_Speed_100MHz;
56      GPIO_InitStructure.GPIO_Mode = GPIO_Mode_AF;
57      GPIO_InitStructure.GPIO_OType = GPIO_OType_PP;
58      GPIO_InitStructure.GPIO_PuPd = GPIO_PuPd_NOPULL;
59      GPIO_Init(ETH_MDIO_PORT, &GPIO_InitStructure);
60      GPIO_PinAFConfig(ETH_MDIO_PORT, ETH_MDIO_SOURCE, ETH_MDIO_AF);
61
62      /* Configure ETH_MDC */
63      GPIO_InitStructure.GPIO_Pin = ETH_MDC_PIN;
64      GPIO_Init(ETH_MDC_PORT, &GPIO_InitStructure);
65      GPIO_PinAFConfig(ETH_MDC_PORT, ETH_MDC_SOURCE, ETH_MDC_AF);
66
67      /************************************/
68      /**        省略部分引脚初始化        ***/
69      /************************************/
70
71      /* Configure ETH_RMII_TXD1 */
72      GPIO_InitStructure.GPIO_Pin = ETH_RMII_TXD1_PIN;
73      GPIO_Init(ETH_RMII_TXD1_PORT, &GPIO_InitStructure);
74      GPIO_PinAFConfig(ETH_RMII_TXD1_PORT, ETH_RMII_TXD1_SOURCE,
75                      ETH_RMII_TXD1_AF);
76 }
```

STM32f42x 控制器支持 MII 和 RMII 接口，通过程序控制使用 RMII 接口，同时需要使能 SYSYCFG 时钟，函数后部分就是接口 GPIO 初始化实现，这里我们还连接了 LAN8720A 的复位引脚，通过拉低一段时间让芯片硬件复位。

代码清单 36-4　ETH_MACDMA_Config 函数

```
1 static void ETH_MACDMA_Config(void)
2 {
3      /* Enable ETHERNET clock */
4      RCC_AHB1PeriphClockCmd(RCC_AHB1Periph_ETH_MAC |
5              RCC_AHB1Periph_ETH_MAC_Tx|RCC_AHB1Periph_ETH_MAC_Rx,ENABLE);
6
7      /* Reset ETHERNET on AHB Bus */
8      ETH_DeInit();
```

```
9      /* Software reset */
10     ETH_SoftwareReset();
11     /* Wait for software reset */
12     while (ETH_GetSoftwareResetStatus() == SET);
13
14     /* ETHERNET Configuration ------------------------------*/
15     /* 默认配置 ETH_InitStructure */
16     ETH_StructInit(&ETH_InitStructure);
17
18     /* Fill ETH_InitStructure parametrs */
19     /*------------------    MAC    --------------------------*/
20     /* 开启网络自适应功能，速度和工作模式无需配置 */
21     ETH_InitStructure.ETH_AutoNegotiation = ETH_AutoNegotiation_Enable;
22 //  ETH_InitStructure.ETH_AutoNegotiation = ETH_AutoNegotiation_Disable;
23 //  ETH_InitStructure.ETH_Speed = ETH_Speed_10M;
24 //  ETH_InitStructure.ETH_Mode = ETH_Mode_FullDuplex;
25     /* 关闭反馈 */
26     ETH_InitStructure.ETH_LoopbackMode = ETH_LoopbackMode_Disable;
27     /* 关闭重传功能 */
28     ETH_InitStructure.ETH_RetryTransmission=ETH_RetryTransmission_Disable;
29     /* 关闭自动去除 PDA/CRC 功能 */
30     ETH_InitStructure.ETH_AutomaticPadCRCStrip =
31     ETH_AutomaticPadCRCStrip_Disable;
32     /* 关闭接收所有的帧 */
33     ETH_InitStructure.ETH_ReceiveAll = ETH_ReceiveAll_Disable;
34     /* 允许接收所有广播帧 */
35     ETH_InitStructure.ETH_BroadcastFramesReception =
36     ETH_BroadcastFramesReception_Enable;
37     /* 关闭混合模式的地址过滤 */
38     ETH_InitStructure.ETH_PromiscuousMode = ETH_PromiscuousMode_Disable;
39     /* 对于组播地址使用完美地址过滤 */
40     ETH_InitStructure.ETH_MulticastFramesFilter =
41     ETH_MulticastFramesFilter_Perfect;
42     /* 对单播地址使用完美地址过滤 */
43     ETH_InitStructure.ETH_UnicastFramesFilter =
44     ETH_UnicastFramesFilter_Perfect;
45 #ifdef CHECKSUM_BY_HARDWARE
46     /* 开启 ipv4 和 TCP/UDP/ICMP 的帧校验和卸载 */
47     ETH_InitStructure.ETH_ChecksumOffload = ETH_ChecksumOffload_Enable;
48 #endif
49
50     /*----------------------    DMA    --------------------------------*/
51     /* 当我们使用帧校验和卸载功能的时候，一定要使能存储转发模式，存储
52        转发模式中要保证整个帧存储在 FIFO 中，这样 MAC 能插入 / 识别出帧校验
53        值，当真校验正确的时候 DMA 就可以处理帧，否则就丢弃该帧 */
54     /* 开启丢弃 TCP/IP 错误帧 */
55     ETH_InitStructure.ETH_DropTCPIPChecksumErrorFrame =
56     ETH_DropTCPIPChecksumErrorFrame_Enable;
57     /* 开启接收数据的存储转发模式 */
58     ETH_InitStructure.ETH_ReceiveStoreForward =
59     ETH_ReceiveStoreForward_Enable;
60     /* 开启发送数据的存储转发模式 */
61     ETH_InitStructure.ETH_TransmitStoreForward =
```

```
62        ETH_TransmitStoreForward_Enable;
63
64        /* 禁止转发错误帧 */
65        ETH_InitStructure.ETH_ForwardErrorFrames =
66        ETH_ForwardErrorFrames_Disable;
67        /* 不转发过小的好帧 */
68        ETH_InitStructure.ETH_ForwardUndersizedGoodFrames =
69        ETH_ForwardUndersizedGoodFrames_Disable;
70        /* 打开处理第 2 帧功能 */
71        ETH_InitStructure.ETH_SecondFrameOperate =
72        ETH_SecondFrameOperate_Enable;
73        /* 开启 DMA 传输的地址对齐功能 */
74        ETH_InitStructure.ETH_AddressAlignedBeats =
75        ETH_AddressAlignedBeats_Enable;
76        /* 开启固定突发功能 */
77        ETH_InitStructure.ETH_FixedBurst = ETH_FixedBurst_Enable;
78        /* DMA 发送的最大突发长度为 32 个节拍 */
79        ETH_InitStructure.ETH_RxDMABurstLength = ETH_RxDMABurstLength_32Beat;
80        /* DMA 接收的最大突发长度为 32 个节拍 */
81        ETH_InitStructure.ETH_TxDMABurstLength = ETH_TxDMABurstLength_32Beat;
82        ETH_InitStructure.ETH_DMAArbitration =
83        ETH_DMAArbitration_RoundRobin_RxTx_2_1;
84
85        /* 配置 ETH */
86        EthStatus = ETH_Init(&ETH_InitStructure, ETHERNET_PHY_ADDRESS);
87 }
```

首先是使能 ETH 时钟，复位 ETH 配置。ETH_StructInit 函数用于初始化 ETH_InitTypeDef 结构体变量，会给每个成员赋予默认值。接下来就是根据需要配置 ETH_InitTypeDef 结构体变量，关于结构体各个成员意义已在"ETH 初始化结构体详解"一节作了分析。最后调用 ETH_Init 函数完成配置，ETH_Init 函数有两个形参，一个是 ETH_InitTypeDef 结构体变量指针，另一个是 PHY 地址。函数还有一个返回值，用于指示初始化配置是否成功。

代码清单 36-5　ETH_BSP_Config 函数

```
1 #define GET_PHY_LINK_STATUS()
2         (ETH_ReadPHYRegister(ETHERNET_PHY_ADDRESS,PHY_BSR)&0x00000004)
3
4 void ETH_BSP_Config(void)
5 {
6     /* Configure the GPIO ports for ethernet pins */
7     ETH_GPIO_Config();
8
9     /* Configure the Ethernet MAC/DMA */
10    ETH_MACDMA_Config();
11
12    /* Get Ethernet link status*/
13    if (GET_PHY_LINK_STATUS()) {
14        EthStatus |= ETH_LINK_FLAG;
15    }
16 }
```

　　GET_PHY_LINK_STATUS（）是定义获取 PHY 链路状态的宏，如果 PHY 连接正常那么整个宏定义为 1，如果不正常则为 0，它是通过 ETH_ReadPHYRegister 函数读取 PHY 的基本状态寄存器（PHY_BSR）并检测其 Link Status 位得到的。

　　ETH_BSP_Config 函数分别调用 ETH_GPIO_Config 和 ETH_MACDMA_Config 函数完成 ETH 初始化配置，最后调用 GET_PHY_LINK_STATUS（）来判断 PHY 状态，并保存在 EthStatus 变量中。ETH_BSP_Config 函数一般在 main 函数中优先于 LwIP_Init 函数调用。

代码清单 36-6　ETH_CheckLinkStatus 函数

```
1  void ETH_CheckLinkStatus(uint16_t PHYAddress)
2  {
3      static uint8_t status = 0;
4      uint32_t t = GET_PHY_LINK_STATUS();
5
6      /* 若已连接而状态标志未更新 */
7      if (t && !status) {
8          /* 设置 link up */
9          netif_set_link_up(&gnetif);
10
11         status = 1;
12     }
13     /* 若未连接而状态标志未更新 */
14     if (!t && status) {
15         EthLinkStatus = 1;
16         /* 设置 link down */
17         netif_set_link_down(&gnetif);
18
19         status = 0;
20     }
21 }
```

　　ETH_CheckLinkStatus 函数用于获取 PHY 状态，实际上也是通过宏定义 GET_PHY_LINK_STATUS() 获取得到的，函数还根据 PHY 状态通知 LwIP 当前链路状态，gnetif 是一个 netif 结构体类型变量，LwIP 定义了 netif 结构体类型，用于指示某一网卡相关信息，LwIP 是支持多个网卡设备，使用时需要为每个网卡设备定义一个 netif 类型变量。无操作系统时 ETH_CheckLinkStatus 函数被无限循环调用。

代码清单 36-7　ETH_link_callback 函数

```
1  void ETH_link_callback(struct netif *netif)
2  {
3      __IO uint32_t timeout = 0;
4      uint32_t tmpreg;
5      uint16_t RegValue;
6      struct ip_addr ipaddr;
7      struct ip_addr netmask;
8      struct ip_addr gw;
9
10     if (netif_is_link_up(netif)) {
```

```
11              /* 复位 auto-negotiation */
12         if (ETH_InitStructure.ETH_AutoNegotiation !=
13                   ETH_AutoNegotiation_Disable) {
14             /* 复位 Timeout 计数 */
15             timeout = 0;
16             /* 使能 auto-negotiation */
17             ETH_WritePHYRegister(ETHERNET_PHY_ADDRESS, PHY_BCR,
18                               PHY_AutoNegotiation);
19             /* 等待 auto-negotiation 设置完成 */
20             do {
21                 timeout++;
22             } while (!(ETH_ReadPHYRegister(ETHERNET_PHY_ADDRESS, PHY_BSR)
23             &PHY_AutoNego_Complete)&&(timeout<(uint32_t)PHY_READ_TO));
24
25             /* 复位 Timeout 计数 */
26             timeout = 0;
27             /* 读取 auto-negotiation 返回值 */
28             RegValue = ETH_ReadPHYRegister(ETHERNET_PHY_ADDRESS, PHY_SR);
29
30             if ((RegValue & PHY_DUPLEX_STATUS) != (uint16_t)RESET) {
31                 ETH_InitStructure.ETH_Mode = ETH_Mode_FullDuplex;
32             } else {
33                 ETH_InitStructure.ETH_Mode = ETH_Mode_HalfDuplex;
34             }
35             if (RegValue & PHY_SPEED_STATUS) {
36                 /* 在 auto-negotiation 之后, 把以太网速度设置为 10M */
37                 ETH_InitStructure.ETH_Speed = ETH_Speed_10M;
38             } else {
39                 /* 在 auto-negotiation 之后, 把以太网速度设置为 100M */
40                 ETH_InitStructure.ETH_Speed = ETH_Speed_100M;
41             }
42
43             /*------------ ETHERNET MACCR 重置 -------------*/
44             /* 获取 ETHERNET MACCR 值 */
45             tmpreg = ETH->MACCR;
46
47             /* 根据 ETH_Speed 设置 FES 位 */
48             /* 根据 ETH_Mode 设置 DM 位 */
49             tmpreg |= (uint32_t)(ETH_InitStructure.ETH_Speed |
50                               ETH_InitStructure.ETH_Mode);
51
52             /* 写入 ETHERNET MACCR */
53             ETH->MACCR = (uint32_t)tmpreg;
54
55             _eth_delay_(ETH_REG_WRITE_DELAY);
56             tmpreg = ETH->MACCR;
57             ETH->MACCR = tmpreg;
58         }
59
60         /* 复位 MAC 接口 */
61         ETH_Start();
62
63 #ifdef USE_DHCP
```

```
64          ipaddr.addr = 0;
65          netmask.addr = 0;
66          gw.addr = 0;
67          DHCP_state = DHCP_START;
68 #else
69          IP4_ADDR(&ipaddr, IP_ADDR0, IP_ADDR1, IP_ADDR2, IP_ADDR3);
70          IP4_ADDR(&netmask, NETMASK_ADDR0, NETMASK_ADDR1 ,
71                  NETMASK_ADDR2, NETMASK_ADDR3);
72          IP4_ADDR(&gw, GW_ADDR0, GW_ADDR1, GW_ADDR2, GW_ADDR3);
73 #endif /* USE_DHCP */
74
75          netif_set_addr(&gnetif, &ipaddr , &netmask, &gw);
76
77          /* 当 netif 被配置完成后必须调用此函数 */
78          netif_set_up(&gnetif);
79
80          EthLinkStatus = 0;
81      } else {
82          ETH_Stop();
83 #ifdef USE_DHCP
84          DHCP_state = DHCP_LINK_DOWN;
85          dhcp_stop(netif);
86 #endif /* USE_DHCP */
87
88          /* 当 netif 链接关闭时必须调用此函数 */
89          netif_set_down(&gnetif);
90      }
91 }
```

　　ETH_link_callback 函数被 LwIP 调用，当链路状态发生改变时该函数就被调用，用于状态改变后处理相关事务。首先调用 netif_is_link_up 函数判断新状态是否是链路启动状态，如果是启动状态就进入 if 语句，接下来会判断 ETH 是否被设置为自适应模式，如果不是自适应模式需要使用 ETH_WritePHYRegister 函数使能 PHY 工作为自适应模式，然后 ETH_ReadPHYRegister 函数读取 PHY 相关寄存器，获取 PHY 当前支持的以太网速度和工作模式，并保存到 ETH_InitStructure 结构体变量中。ETH_Start 函数用于使能 ETH 外设，之后就是配置 ETH 的 IP 地址、子网掩码、网关，如果是定义了 DHCP（动态主机配置协议）功能则启动 DHCP。最后就是调用 netif_set_up 函数在 LwIP 层次配置启动 ETH 功能。

　　如果检测到是链路关闭状态，调用 ETH_Stop 函数关闭 ETH，如果定义了 DHCP 功能则需关闭 DHCP，最后调用 netif_set_down 函数在 LwIP 层次关闭 ETH 功能。

　　以上对文件修改部分更多涉及 ETH 硬件底层驱动，一些是 PHY 芯片驱动函数、一些是 ETH 外设与 LwIP 连接函数。接下来要讲解的文件代码更多是与 LwIP 应用相关的。

　　netconf.c 和 netconf.h 文件用于存放 LwIP 配置相关代码。netcon.h 定义了相关宏。

代码清单 36-8　LwIP 配置相关宏定义

```
1 /* DHCP 状态 */
2 #define DHCP_START                    1
```

```
 3 #define DHCP_WAIT_ADDRESS              2
 4 #define DHCP_ADDRESS_ASSIGNED          3
 5 #define DHCP_TIMEOUT                   4
 6 #define DHCP_LINK_DOWN                 5
 7
 8 //#define USE_DHCP   /* enable DHCP, if disabled static address is used */
 9
10 /* 调试信息输出 */
11 #define SERIAL_DEBUG
12 /* 远端 IP 地址和端口 */
13 #define DEST_IP_ADDR0                192
14 #define DEST_IP_ADDR1                168
15 #define DEST_IP_ADDR2                  1
16 #define DEST_IP_ADDR3                105
17 #define DEST_PORT                   6000
18
19 /* MAC 地址：网卡地址 */
20 #define MAC_ADDR0                      2
21 #define MAC_ADDR1                      0
22 #define MAC_ADDR2                      0
23 #define MAC_ADDR3                      0
24 #define MAC_ADDR4                      0
25 #define MAC_ADDR5                      0
26
27 /* 静态 IP 地址 */
28 #define IP_ADDR0                     192
29 #define IP_ADDR1                     168
30 #define IP_ADDR2                       1
31 #define IP_ADDR3                     122
32
33 /* 子网掩码 */
34 #define NETMASK_ADDR0                255
35 #define NETMASK_ADDR1                255
36 #define NETMASK_ADDR2                255
37 #define NETMASK_ADDR3                  0
38
39 /* 网关 */
40 #define GW_ADDR0                     192
41 #define GW_ADDR1                     168
42 #define GW_ADDR2                       1
43 #define GW_ADDR3                       1
44
45 /* 检测 PHY 链路状态的实际间隔（单位：ms）*/
46 #ifndef LINK_TIMER_INTERVAL
47 #define LINK_TIMER_INTERVAL         1000
48 #endif
49
50 /* 选择 MII 模式或 RMII 模式 */
51 #define RMII_MODE
52 //#define MII_MODE
53
54 /* 在 MII 模式时，使能 MCO 引脚输出 25MHz 脉冲 */
55 #ifdef  MII_MODE
```

```
56 #define PHY_CLOCK_MCO
57 #endif
```

USE_DHCP 宏用于定义是否使用 DHCP 功能，如果不定义该宏，直接使用静态的 IP 地址；如果定义该宏，则使用 DHCP 功能，获取动态的 IP 地址；这里有个需要注意的地方，电脑是没办法提供 DHCP 服务功能的，路由器才有 DHCP 服务功能，当开发板不经过路由器而是直连电脑时不能定义该宏。

SERIAL_DEBUG 宏是定义是否使能串口定义相关调试信息功能，一般选择使能，所以在 main 函数中需要添加串口初始化函数。

接下来，定义了远端 IP 和端口、MAC 地址、静态 IP 地址、子网掩码、网关相关宏，可以根据实际情况修改。

LAN8720A 仅支持 RMII 接口，根据硬件设计这里定义使用 RMII_MODE。

代码清单 36-9　LwIP_Init 函数

```
 1 void LwIP_Init(void)
 2 {
 3     struct ip_addr ipaddr;
 4     struct ip_addr netmask;
 5     struct ip_addr gw;
 6
 7     /* Initializes the dynamic memory heap defined by MEM_SIZE.*/
 8     mem_init();
 9     /* Initializes the memory pools defined by MEMP_NUM_x.*/
10     memp_init();
11
12 #ifdef USE_DHCP
13     ipaddr.addr = 0;
14     netmask.addr = 0;
15     gw.addr = 0;
16 #else
17     IP4_ADDR(&ipaddr, IP_ADDR0, IP_ADDR1, IP_ADDR2, IP_ADDR3);
18     IP4_ADDR(&netmask, NETMASK_ADDR0, NETMASK_ADDR1 ,
19             NETMASK_ADDR2,NETMASK_ADDR3);
20     IP4_ADDR(&gw, GW_ADDR0, GW_ADDR1, GW_ADDR2, GW_ADDR3);
21 #endif
22     /* 添加以太网设备 */
23     netif_add(&gnetif, &ipaddr, &netmask, &gw, NULL,
24                 &ethernetif_init, &ethernet_input);
25
26     /* 设置以太网设备为默认网卡 */
27     netif_set_default(&gnetif);
28
29     if (EthStatus == (ETH_INIT_FLAG | ETH_LINK_FLAG)) {
30         gnetif.flags |= NETIF_FLAG_LINK_UP;
31         /* 配置完成网卡后启动网卡 */
32         netif_set_up(&gnetif);
33 #ifdef USE_DHCP
34         DHCP_state = DHCP_START;
```

```
35 #else
36 #ifdef SERIAL_DEBUG
37        printf("\n  Static IP address   \n");
38        printf("IP: %d.%d.%d.%d\n",IP_ADDR0,IP_ADDR1,IP_ADDR2,IP_ADDR3);
39        printf("NETMASK: %d.%d.%d.%d\n",NETMASK_ADDR0,NETMASK_ADDR1,
40                NETMASK_ADDR2,NETMASK_ADDR3);
41        printf("Gateway:%d.%d.%d.%d\n",GW_ADDR0,GW_ADDR1,GW_ADDR2,GW_ADDR3);
42 #endif /* SERIAL_DEBUG */
43 #endif /* USE_DHCP */
44     } else {
45        /* 当网络链路关闭时关闭网卡设备 */
46        netif_set_down(&gnetif);
47 #ifdef USE_DHCP
48        DHCP_state = DHCP_LINK_DOWN;
49 #endif /* USE_DHCP */
50 #ifdef SERIAL_DEBUG
51        printf("\n  Network Cable is  \n");
52        printf("    not connected   \n");
53 #endif /* SERIAL_DEBUG */
54     }
55     /* 设置链路回调函数, 用于获取链路状态 */
56     netif_set_link_callback(&gnetif, ETH_link_callback);
57 }
```

LwIP_Init 函数用于初始化 LwIP 协议栈, 一般在 main 函数中调用。首先是内存相关初始化, mem_init 函数是动态内存堆初始化, memp_init 函数是存储池初始化, LwIP 是实现内存的高效利用, 内部需要不同形式的内存管理模式。

接下来为 ipaddr、netmask 和 gw 结构体变量赋值, 设置本地 IP 地址、子网掩码和网关, 如果使用 DHCP 功能直接赋值为 0 即可。netif_add 是以太网设备添加函数, 即向 LwIP 协议栈申请添加一个网卡设备。函数有 7 个形参: 第 1 个为 netif 结构体类型变量指针, 这里赋值为 gnetif 地址, 该网卡设备属性就存放在 gnetif 变量中; 第 2 个为 ip_addr 结构体类型变量指针, 用于设置网卡 IP 地址; 第 3 个 ip_addr 结构体类型变量指针, 用于设置子网掩码; 第 4 个为 ip_addr 结构体类型变量指针, 用于设置网关; 第 5 个为 void 变量, 用户自定义字段, 一般不用, 直接赋值 NULL; 第 6 个为 netif_init_fn 类型函数指针, 用于指向网卡设备初始化函数, 这里赋值为指向 ethernetif_init 函数, 该函数在 ethernetif.c 文件中定义, 初始化 LwIP 与 ETH 外设连接函数; 最后一个参数为 netif_input_fn 类型函数指针, 用于指向以太网帧接收函数, 这里赋值为指向 ethernet_input 函数, 该函数定义在 etharp.c 文件中。

netif_set_default 函数用于设置指定网卡为默认的网络通信设备。

在无硬件连接错误时, 调用 ETH_BSP_Config (优先 LwIP_Init 函数被调用) 时会将 EthStatus 变量对应的 ETH_LINK_FLAG 位使能, 所以在 LwIP_INIT 函数中会执行 if 判断语句代码, 置位网卡设备标志位以及运行 netif_set_up 函数启动网卡设备, 否则执行 netif_set_down 函数停止网卡设备。

最后, 根据需要调用 netif_set_link_callback 函数, 当链路状态发生改变时需要调用的回调函数配置。

代码清单 36-10　LwIP_Pkt_Handle 函数

```
1 void LwIP_Pkt_Handle(void)
2 {
3     /* 从以太网存储器读取一个以太网帧并将其发送给LwIP */
4     ethernetif_input(&gnetif);
5 }
```

LwIP_Pkt_Handle 函数用于从以太网存储器读取一个以太网帧，并将其发送给 LwIP，它在接收到以太网帧时被调用，它是直接调用 ethernetif_input 函数实现的，该函数定义在 ethernetif.c 文件中。

代码清单 36-11　LwIP_Periodic_Handle 函数

```
1 void LwIP_Periodic_Handle(__IO uint32_t localtime)
2 {
3 #if LWIP_TCP
4     /* TCP周期处理程序，每250ms执行一次 */
5     if (localtime - TCPTimer >= TCP_TMR_INTERVAL) {
6         TCPTimer =  localtime;
7         tcp_tmr();
8     }
9 #endif
10
11     /* ARP周期处理程序 */
12     if ((localtime - ARPTimer) >= ARP_TMR_INTERVAL) {
13         ARPTimer =  localtime;
14         etharp_tmr();
15     }
16
17     /* 周期性检查链接状态 */
18     if ((localtime - LinkTimer) >= LINK_TIMER_INTERVAL) {
19         ETH_CheckLinkStatus(ETHERNET_PHY_ADDRESS);
20         LinkTimer=localtime;
21     }
22
23 #ifdef USE_DHCP
24     /* DHCP周期处理程序 */
25     if (localtime - DHCPfineTimer >= DHCP_FINE_TIMER_MSECS) {
26         DHCPfineTimer =  localtime;
27         dhcp_fine_tmr();
28         if ((DHCP_state != DHCP_ADDRESS_ASSIGNED) &&
29             (DHCP_state != DHCP_TIMEOUT) &&
30             (DHCP_state != DHCP_LINK_DOWN)) {
31 #ifdef SERIAL_DEBUG
32             LED1_TOGGLE;
33             printf("\nFine DHCP periodic process every 500ms\n");
34 #endif /* SERIAL_DEBUG */
35
36             /* 处理DHCP状态机 */
```

```
37                LwIP_DHCP_Process_Handle();
38            }
39        }
40
41    /* DHCP 简易周期处理程序 */
42    if (localtime - DHCPcoarseTimer >= DHCP_COARSE_TIMER_MSECS) {
43        DHCPcoarseTimer =  localtime;
44        dhcp_coarse_tmr();
45    }
46
47 #endif
48 }
```

　　LwIP_Periodic_Handle 函数是一个必须被无限循环调用的 LwIP 支持函数，一般在 main 函数的无限循环中调用，主要功能是为 LwIP 各个模块提供时间并查询链路状态。该函数有一个形参，用于指示当前时间，单位为 ms。

　　对于 TCP 功能，每 250ms 执行一次 tcp_tmr 函数；对于 ARP（地址解析协议），每 5s 执行一次 etharp_tmr 函数；对于链路状态检测，每 1s 执行一次 ETH_CheckLinkStatus 函数；对于 DHCP 功能，每 500ms 执行一次 dhcp_fine_tmr 函数，如果 DHCP 处于 DHCP_START 或 DHCP_WAIT_ADDRESS 状态，就执行 LwIP_DHCP_Process_Handle 函数；对于 DHCP 功能，还要每 60s 执行一次 dhcp_coarse_tmr 函数。

代码清单 36-12　LwIP_DHCP_Process_Handle 函数

```
1 void LwIP_DHCP_Process_Handle(void)
2 {
3     struct ip_addr ipaddr;
4     struct ip_addr netmask;
5     struct ip_addr gw;
6
7     switch (DHCP_state) {
8     case DHCP_START: {
9         DHCP_state = DHCP_WAIT_ADDRESS;
10        dhcp_start(&gnetif);
11        /* 每当使用 DHCP 分配新地址时，IP 地址要先设置为 0 */
12
13        IPaddress = 0;
14 #ifdef SERIAL_DEBUG
15        printf("\n    Looking for    \n");
16        printf("    DHCP server    \n");
17        printf("    please wait... \n");
18 #endif /* SERIAL_DEBUG */
19    }
20    break;
21
22    case DHCP_WAIT_ADDRESS: {
23        /* 读取新的 IP 地址 */
24        IPaddress = gnetif.ip_addr.addr;
25
```

```
26              if (IPaddress!=0) {
27                  DHCP_state = DHCP_ADDRESS_ASSIGNED;
28                  /* 停止 DHCP */
29                  dhcp_stop(&gnetif);
30 #ifdef SERIAL_DEBUG
31                  printf("\n  IP address assigned \n");
32                  printf("   by a DHCP server    \n");
33                  printf("IP: %d.%d.%d.%d\n",(uint8_t)(IPaddress),
34                          (uint8_t)(IPaddress >> 8),(uint8_t)(IPaddress >> 16),
35                              (uint8_t)(IPaddress >> 24));
36                  printf("NETMASK: %d.%d.%d.%d\n",NETMASK_ADDR0,NETMASK_ADDR1,
37                          NETMASK_ADDR2,NETMASK_ADDR3);
38                  printf("Gateway: %d.%d.%d.%d\n",GW_ADDR0,GW_ADDR1,
39                          GW_ADDR2,GW_ADDR3);
40                  LED1_ON;
41 #endif /* SERIAL_DEBUG */
42          } else {
43              /* DHCP 超时 */
44              if (gnetif.dhcp->tries > MAX_DHCP_TRIES) {
45                  DHCP_state = DHCP_TIMEOUT;
46                  /* 停止 DHCP */
47                  dhcp_stop(&gnetif);
48                  /* 使用静态地址 */
49                  IP4_ADDR(&ipaddr, IP_ADDR0 ,IP_ADDR1 , IP_ADDR2 , IP_ADDR3 );
50                  IP4_ADDR(&netmask, NETMASK_ADDR0, NETMASK_ADDR1,
51                          NETMASK_ADDR2, NETMASK_ADDR3);
52                  IP4_ADDR(&gw, GW_ADDR0, GW_ADDR1, GW_ADDR2, GW_ADDR3);
53                  netif_set_addr(&gnetif, &ipaddr , &netmask, &gw);
54 #ifdef SERIAL_DEBUG
55                  printf("\n    DHCP timeout    \n");
56                  printf("  Static IP address   \n");
57                  printf("IP: %d.%d.%d.%d\n",IP_ADDR0,IP_ADDR1,
58                          IP_ADDR2,IP_ADDR3);
59                  printf("NETMASK: %d.%d.%d.%d\n",NETMASK_ADDR0,NETMASK_ADDR1,
60                          NETMASK_ADDR2,NETMASK_ADDR3);
61                  printf("Gateway: %d.%d.%d.%d\n",GW_ADDR0,GW_ADDR1,
62                          GW_ADDR2,GW_ADDR3);
63                  LED1_ON;
64 #endif /* SERIAL_DEBUG */
65              }
66          }
67      }
68      break;
69      default:
70          break;
71      }
72 }
```

LwIP_DHCP_Process_Handle 函数用于执行 DHCP 功能，当 DHCP 状态为 DHCP_START 时，执行 dhcp_start 函数启动 DHCP 功能，LwIP 会向 DHCP 服务器申请分配 IP 请求，并进入等待分配状态。当 DHCP 状态为 DHCP_WAIT_ADDRESS 时，先判断 IP 地址是否为

0，如果不为 0 说明已经有 IP 地址，DHCP 功能已经完成可以停止它；如果 IP 地址总是为 0，就需要判断是否超过最大等待时间，并提示出错。

　　lwipopts.h 文件存放一些宏定义，用于剪切 LwIP 功能，比如有无操作系统、内存空间分配、存储池分配、TCP 功能、DHCP 功能、UDP 功能选择等。这里使用与 ST 官方例程相同配置即可。

　　LwIP 为使用者提供了两种应用程序接口（API 函数）来实现 TCP/IP 协议栈，一种是低水平、基于回调函数的 API，称为 RAW API，另外一种是高水平、连续的 API，称为 sequential API。sequential API 又有两种函数结构，一种是 Netconn，一种是 Socket，它与在电脑端使用的 BSD 标准的 Socket API 结构和原理是非常相似的。

　　接下来我们使用 RAW API 实现一个简单的 TCP 通信测试，ST 官方提供相关的例程，我们对其内容稍作调整。代码内容存放在 tcp_echoclient.c 文件中。TCP 在各个层次处理过程见图 36-19。

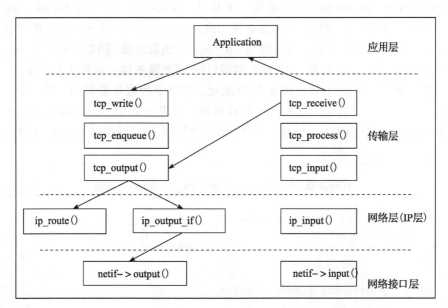

图 36-19　TCP 处理过程

　　网络接口层的 netif->output 和 netif->input 是在 ethernetif.c 文件中实现的，网络层和传输层由 LwIP 协议栈实现，应用层代码就是用户使用 LwIP 函数实现网络功能。

代码清单 36-13　tcp_echoclient_connect 函数

```
1 void tcp_echoclient_connect(void)
2 {
3     struct ip_addr DestIPaddr;
4
5     /* 创建新的 tcp pcb */
6     echoclient_pcb = tcp_new();
```

```
 7
 8     if (echoclient_pcb != NULL) {
 9         IP4_ADDR( &DestIPaddr, DEST_IP_ADDR0, DEST_IP_ADDR1,
10                 DEST_IP_ADDR2, DEST_IP_ADDR3 );
11
12         /* 连接到终端的地址端口 */
13         tcp_connect(echoclient_pcb,&DestIPaddr,
14                 DEST_PORT,tcp_echoclient_connected);
15     } else {
16         /* 删除 pcb */
17         memp_free(MEMP_TCP_PCB, echoclient_pcb);
18 #ifdef SERIAL_DEBUG
19         printf("\n\r can not create tcp pcb");
20 #endif
21     }
22 }
```

tcp_echoclient_connect 函数用于创建 TCP 从设备并启动与 TCP 服务器连接。tcp_new 函数创建一个新 TCP 协议控制块，主要是必要的内存申请，返回一个未初始化的 TCP 协议控制块指针。如果返回值不为 0 就可以使用 tcp_connect 函数连接到 TCP 服务器。tcp_connect 函数用于 TCP 从设备连接至指定 IP 地址和端口的 TCP 服务器，它有 4 个形参：第 1 个为 TCP 协议控制块指针，第 2 个为服务器 IP 地址，第 3 个为服务器端口，第 4 个为函数指针，当连接正常建立时或连接错误时函数被调用，这里赋值 tcp_echoclient_connected 函数名。如果 tcp_new 返回值为 0 说明创建 TCP 协议控制块失败，调用 memp_free 函数释放相关内容。

代码清单 36-14　tcp_echoclient_disconnect 函数

```
 1 struct echoclient {
 2     enum echoclient_states state; /* 连接状态 */
 3     struct tcp_pcb *pcb;          /* tcp_pcb指针 */
 4     struct pbuf *p_tx;            /* 要传输的 pbuf 数据 */
 5 };
 6
 7 void tcp_echoclient_disconnect(void)
 8 {
 9     /* 关闭连接 */
10     tcp_echoclient_connection_close(echoclient_pcb,echoclient_es);
11 #ifdef SERIAL_DEBUG
12     printf("\n\r close TCP connection");
13 #endif
14 }
```

echoclient 是自定义的一个结构体类型，包含了 TCP 从设备的状态、TCP 协议控制块指针和发送数据指针。tcp_echoclient_disconnect 函数用于断开 TCP 连接，通过调用 tcp_echoclient_connection_close 函数实现，它有两个形参：一个是 TCP 协议控制块，一个是 echoclient 类型指针。

代码清单 36-15　tcp_echoclient_connected 函数

```
 1 static err_t tcp_echoclient_connected(void *arg, struct tcp_pcb *tpcb,
 2                                        err_t err)
 3 {
 4     struct echoclient *es = NULL;
 5
 6     if (err == ERR_OK) {
 7         /* 给 es 结构体申请空间，用于保存连接信息 */
 8         es = (struct echoclient *)mem_malloc(sizeof(struct echoclient));
 9         echoclient_es=es;
10         if (es != NULL) {
11             es->state = ES_CONNECTED;
12             es->pcb = tpcb;
13             sprintf((char*)data, "sending tcp client message %d",
14                     message_count);
15             /* 给 pbuf 申请空间 */
16             es->p_tx = pbuf_alloc(PBUF_TRANSPORT, strlen((char*)data),
17                                   PBUF_POOL);
18             if (es->p_tx) {
19                 /* 复制数据到 pbuf */
20                 pbuf_take(es->p_tx, (char*)data, strlen((char*)data));
21                 /* 把新申请的 es 结构体作为参数传给 tpcb */
22                 tcp_arg(tpcb, es);
23                 /* 初始化 LwIP tcp_recv 回调函数 */
24                 tcp_recv(tpcb, tcp_echoclient_recv);
25                 /* 初始化 LwIP tcp_sent 回调函数 */
26                 tcp_sent(tpcb, tcp_echoclient_sent);
27                 /* 初始化 LwIP tcp_poll 回调函数 */
28                 tcp_poll(tpcb, tcp_echoclient_poll, 1);
29                 /* 发送数据 */
30                 tcp_echoclient_send(tpcb,es);
31                 return ERR_OK;
32             }
33         } else {
34             /* 关闭连接 */
35             tcp_echoclient_connection_close(tpcb, es);
36             /* 返回内存分配失败信息 */
37             return ERR_MEM;
38         }
39     } else {
40         /* 关闭连接 */
41         tcp_echoclient_connection_close(tpcb, es);
42     }
43     return err;
44 }
```

tcp_echoclient_connected 函数作为 tcp_connect 函数设置的回调函数，在 TCP 建立连接时被调用，这里实现的功能是向 TCP 服务器发送一段数据。使用 mem_malloc 函数申请内存空间存放 echoclient 结构体类型数据，并赋值给 es 指针变量。如果内存申请失败调用 tcp_echoclient_connection_close 函数关闭 TCP 连接；确保内存申请成功后为 es 成员赋值，p_tx

成员是发送数据指针，这里使用 pbuf_alloc 函数向内存池申请存放发送数据的存储空间，即数据发送缓冲区。确保发送数据存储空间申请成功后使用 pbuf_take 函数将待发送数据 data 复制到数据发送存储器。tcp_arg 函数用于设置用户自定义参数，使得该参数可在相关回调函数被重新使用。tcp_recv、tcp_sent 和 tcp_poll 函数分别设置 TCP 协议控制块对应的接收、发送和轮询回调函数。最后调用 tcp_echoclient_send 函数发送数据。

代码清单 36-16　tcp_echoclient_recv 函数

```
 1 static err_t tcp_echoclient_recv(void *arg, struct tcp_pcb *tpcb,
 2                                  struct pbuf *p, err_t err)
 3 {
 4     char *recdata=0;
 5     struct echoclient *es;
 6     err_t ret_err;
 7
 8     LWIP_ASSERT("arg != NULL",arg != NULL);
 9     es = (struct echoclient *)arg;
10     /* 若从服务器接收到空的 TCP 帧，则关闭连接 */
11     if (p == NULL) {
12         /* 远端主机关闭了连接 */
13         es->state = ES_CLOSING;
14         if (es->p_tx == NULL) {
15             /* 本机发送完毕，关闭连接 */
16             tcp_echoclient_connection_close(tpcb, es);
17         } else {
18             /* 发送剩余的数据 */
19             tcp_echoclient_send(tpcb, es);
20         }
21         ret_err = ERR_OK;
22     }
23     /* 否则，从服务器接收到非空的帧
24        但因为某些未知原因 err != ERR_OK */
25     else if (err != ERR_OK) {
26         /* 释放接收缓冲区 pbuf */
27         pbuf_free(p);
28         ret_err = err;
29     } else if (es->state == ES_CONNECTED) {
30         /* 增加消息计数器 */
31         message_count++;
32         /* 接收数据 */
33         tcp_recved(tpcb, p->tot_len);
34 #ifdef SERIAL_DEBUG
35         recdata=(char *)malloc(p->len*sizeof(char));
36         if (recdata!=NULL) {
37             memcpy(recdata,p->payload,p->len);
38             printf("upd_rec<<%s",recdata);
39         }
40         free(recdata);
41 #endif
42         /* 释放接收缓冲区 pbuf */
43         pbuf_free(p);
```

```
44          ret_err = ERR_OK;
45      }
46      /* 连接关闭前已接收数据 */
47      else {
48          /* 接收数据 */
49          tcp_recved(tpcb, p->tot_len);
50
51          /* 释放接收缓冲区 pbuf */
52          pbuf_free(p);
53          ret_err = ERR_OK;
54      }
55      return ret_err;
56 }
```

　　tcp_echoclient_recv 函数是 TCP 接收回调函数，TCP 从设备接收到数据时该函数就被运行一次，我们可以提取数据帧内容。函数先检测是否为空帧，如果为空帧则关闭 TCP 连接，然后检测是否发生传输错误，如果发送错误则执行 pbuf_free 函数释放内存。检查无错误就可以调用 tcp_recved 函数接收数据，这样就可以提取接收到信息。最后调用 pbuf_free 函数释放相关内存。

代码清单 36-17　tcp_echoclient_send 函数

```
 1 static void tcp_echoclient_send(struct tcp_pcb *tpcb, struct echoclient * es)
 2 {
 3     struct pbuf *ptr;
 4     err_t wr_err = ERR_OK;
 5
 6     while ((wr_err == ERR_OK) &&
 7            (es->p_tx != NULL) &&
 8            (es->p_tx->len <= tcp_sndbuf(tpcb))) {
 9
10         /* 从 es 结构体获取 pbuf 的指针 */
11         ptr = es->p_tx;
12
13         /* 把要发送的数据压入栈 */
14         wr_err = tcp_write(tpcb, ptr->payload, ptr->len, 1);
15
16         if (wr_err == ERR_OK) {
17             /* 继续指向下一个数据 */
18             es->p_tx = ptr->next;
19
20             if (es->p_tx != NULL) {
21                 /* 增加计数 es->p */
22                 pbuf_ref(es->p_tx);
23             }
24
25             /* 释放 pbuf: 它会释放 es->p
26             （因为 es->p 包含一个引用 count > 0）*/
27             pbuf_free(ptr);
28         } else if (wr_err == ERR_MEM) {
29             /* 当前内存不足，稍候重试 */
```

```
30                es->p_tx = ptr;
31            } else {
32                /* 其他未知问题 */
33            }
34        }
35 }
```

tcp_echoclient_send 函数用于 TCP 数据发送，它有两个形参：一个是 TCP 协议控制块结构体指针；一个是 echoclient 结构体指针。在判断待发送数据存在并且不超过最大可用发送队列数据数后，执行 tcp_write 函数将待发送数据写入发送队列，由协议内核决定发送时机。

代码清单 36-18　tcp_echoclient_poll 函数

```
1 static err_t tcp_echoclient_poll(void *arg, struct tcp_pcb *tpcb)
2 {
3     err_t ret_err;
4     struct echoclient *es;
5
6     es = (struct echoclient*)arg;
7     if (es != NULL) {
8         if (es->p_tx != NULL) {
9             /* pbuf 有剩余数据，尝试发送 */
10            tcp_echoclient_send(tpcb, es);
11        } else {
12            /* pbuf 中没有剩余数据 */
13            if (es->state == ES_CLOSING) {
14                /* 关闭 TCP 连接 */
15                tcp_echoclient_connection_close(tpcb, es);
16            }
17        }
18        ret_err = ERR_OK;
19    } else {
20        /* 关闭 */
21        tcp_abort(tpcb);
22        ret_err = ERR_ABRT;
23    }
24    return ret_err;
25 }
```

tcp_echoclient_poll 函数是由 tcp_poll 函数指定的回调函数，它每 500ms 执行一次，检测是否有待发送数据，如果有就执行 tcp_echoclient_send 函数发送数据。

代码清单 36-19　tcp_echoclient_sent 函数

```
1 static err_t tcp_echoclient_sent(void *arg, struct tcp_pcb *tpcb, u16_t len)
2 {
3     struct echoclient *es;
4
5     LWIP_UNUSED_ARG(len);
6
7     es = (struct echoclient *)arg;
```

```
8
9        if (es->p_tx != NULL) {
10           /* 仍有 pbufs 数据要发送 */
11           tcp_echoclient_send(tpcb, es);
12       }
13
14       return ERR_OK;
15   }
```

tcp_echoclient_sent 函数是由 tcp_sent 函数指定的回调函数，当接收到远端设备发送应答信号时被调用，它实际是通过调用 tcp_echoclient_send 函数发送数据实现的。

代码清单 36-20　tcp_echoclient_connection_close 函数

```
1 static void tcp_echoclient_connection_close(struct tcp_pcb *tpcb,
2                                             struct echoclient * es )
3 {
4      /* 远程回调 */
5      tcp_recv(tpcb, NULL);
6      tcp_sent(tpcb, NULL);
7      tcp_poll(tpcb, NULL,0);
8
9      if (es != NULL) {
10         mem_free(es);
11     }
12     /* 关闭 TCP 连接 */
13     tcp_close(tpcb);
14 }
```

tcp_echoclient_connection_close 函数用于关闭 TCP 连接，将相关的回调函数解除，释放 es 变量内存，最后调用 tcp_close 函数关闭 TCP 连接，释放 TCP 协议控制块内存。

代码清单 36-21　定时器初始化配置及中断服务函数

```
1 /* 初始化配置 TIM3，使能每 10ms 发生一次中断 */
2 static void TIM3_Config(uint16_t period,uint16_t prescaler)
3 {
4      TIM_TimeBaseInitTypeDef TIM_TimeBaseInitStructure;
5      NVIC_InitTypeDef NVIC_InitStructure;
6
7      RCC_APB1PeriphClockCmd(RCC_APB1Periph_TIM3,ENABLE)    //使能 TIM3 时钟
8
9      TIM_TimeBaseInitStructure.TIM_Prescaler=prescaler;    //定时器分频
10     TIM_TimeBaseInitStructure.TIM_CounterMode=TIM_CounterMode_Up;
11     TIM_TimeBaseInitStructure.TIM_Period=period;          //自动重装载值
12     TIM_TimeBaseInitStructure.TIM_ClockDivision=TIM_CKD_DIV1;
13
14     TIM_TimeBaseInit(TIM3,&TIM_TimeBaseInitStructure);
15
16     TIM_ITConfig(TIM3,TIM_IT_Update,ENABLE);              //允许定时器 3 更新中断
17     TIM_Cmd(TIM3,ENABLE);                                 //使能定时器 3
```

```
18
19      NVIC_InitStructure.NVIC_IRQChannel=TIM3_IRQn;              // 定时器 3 中断
20      NVIC_InitStructure.NVIC_IRQChannelPreemptionPriority=0x01;
21      NVIC_InitStructure.NVIC_IRQChannelSubPriority=0x03;
22      NVIC_InitStructure.NVIC_IRQChannelCmd=ENABLE;
23      NVIC_Init(&NVIC_InitStructure);
24  }
25
26  /* TIM3 中断服务函数 */
27  void TIM3_IRQHandler(void)
28  {
29      if (TIM_GetITStatus(TIM3,TIM_IT_Update)==SET) {           // 溢出中断
30          LocalTime+=10;                                        // 10ms 增量
31      }
32      TIM_ClearITPendingBit(TIM3,TIM_IT_Update);                // 清除中断标志位
33  }
```

LwIP_Periodic_Handle 函数执行 LwIP 需要周期性执行函数，该所以我们需要为该函数
提高一个时间基准，这里使用 TIM3 产生这个基准，初始化配置 TIM3 每 10ms 中断一次，在
其中断服务函数中递增 LocalTime 变量值。

代码清单 36-22   main 函数

```
1  int main(void)
2  {
3      uint8_t flag=0;
4      /* 初始化 LED */
5      LED_GPIO_Config();
6
7      /* 初始化按键 */
8      Key_GPIO_Config();
9
10     /* 初始化调试串口, 一般为串口 1 */
11     Debug_USART_Config();
12
13     /* 初始化系统滴答定时器 */
14     SysTick_Init();
15
16     TIM3_Config(999,899);       // 10ms 定时器
17     printf(" 以太网通信实现例程 \n");
18
19     /* 配置以太接口 (GPIOs, clocks, MAC, DMA) */
20     ETH_BSP_Config();
21     printf("PHY 初始化结束 \n");
22
23     /* 初始化 LwIP 栈 */
24     LwIP_Init();
25
26     printf("      KEY1: 启动 TCP 连接 \n");
27     printf("      KEY2: 断开 TCP 连接 \n");
28
29     /* IP 地址和端口可在 netconf.h 文件修改, 或者使用 DHCP 服务自动获取 IP
```

```
30          (需要路由器支持)*/
31          printf(" 本地 IP 和端口 : %d.%d.%d.%d\n",IP_ADDR0,IP_ADDR1,
32                  IP_ADDR2,IP_ADDR3);
33          printf(" 远端 IP 和端口 : %d.%d.%d.%d:%d\n",DEST_IP_ADDR0, DEST_IP_ADDR1,
34                  DEST_IP_ADDR2, DEST_IP_ADDR3,DEST_PORT);
35
36          while (1) {
37              if ((Key_Scan(KEY1_GPIO_PORT,KEY1_PIN)==KEY_ON) && (flag==0)) {
38                  LED2_ON;
39                  if (EthLinkStatus == 0) {
40                      printf("connect to tcp server\n");
41                      /*connect to tcp server */
42                      tcp_echoclient_connect();
43                      flag=1;
44                  }
45              }
46              if ((Key_Scan(KEY2_GPIO_PORT,KEY2_PIN)==KEY_ON) && flag) {
47                  LED2_OFF;
48                  tcp_echoclient_disconnect();
49                  flag=0;
50              }
51              /* check if any packet received */
52              if (ETH_CheckFrameReceived()) {
53                  /* process received ethernet packet */
54                  LwIP_Pkt_Handle();
55              }
56              /* handle periodic timers for LwIP */
57              LwIP_Periodic_Handle(LocalTime);
58          }
59      }
```

首先是初始化 LED 指示灯、按键、调试串口、系统滴答定时器，TIM3_Config 函数配置 10ms 定时并启动定时器，ETH_BSP_Config 函数初始化 ETH 相关 GPIO、配置 MAC 和 DMA 并获取 PHY 状态，LwIP_Init 函数初始化 LwIP 协议栈。进入无限循环函数，不断检测按键状态，如果 KEY1 被按下则调用 tcp_echoclient_connect 函数启动 TCP 连接，如果 KEY2 被按下则调用 tcp_echoclient_disconnect 关闭 TCP 连接。ETH_CheckFrameReceived 函数用于检测是否接收到数据帧，如果接收到数据帧则调用 LwIP_Pkt_Handle 函数将数据帧从缓冲区传入 LwIP。LwIP_Periodic_Handle 函执行必须被周期调用的函数。

36.8.3　下载验证

保证开发板相关硬件连接正确，用 USB 线连接开发板"USB 转串口"接口跟电脑，在电脑端打开串口调试助手并配置好相关参数；使用网线连接开发板网口跟路由器，这里要求电脑连接在同一个路由器上，之所以使用路由器是这样连接方便，电脑端无需更多操作步骤，并且路由器可以提供 DHCP 服务器功能，而电脑不行的；最后在电脑端打开网络调试助手软件，并设置相关参数，见图 36-20。调试助手的设置与 netconf.h 文件中相关宏定义是对应的，不同电脑设置情况可能不同。把编译好的程序下载到开发板。

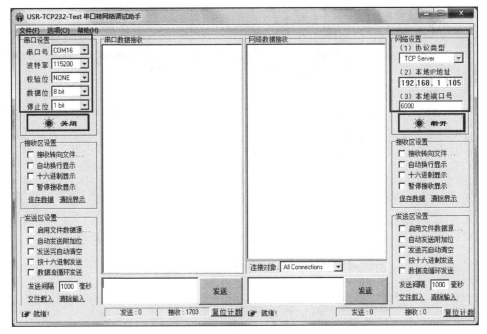

图 36-20 调试助手设置界面

在系统硬件初始化时串口调试助手会打印相关提示信息，等待初始化完成后可打开电脑端 CMD 窗口，输入 ping 命令测试开发板链路，图 36-21 为链路正常情况。如果出现 ping 不同情况，检查网线连接。

图 36-21 ping 窗口

ping 状态正常后，可按下开发板 KEY1 按键，使能开发板连接电脑端的 TCP 服务器，之后就可以进行数据传输。需要接收传输时可以按下开发板 KEY2 按键，实际操作调试助手界面见图 36-22。

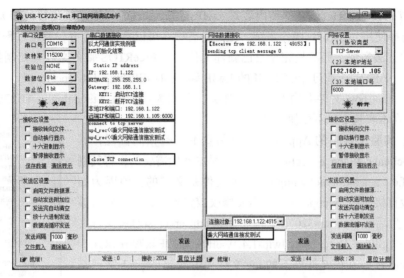

图 36-22　调试助手收发通信效果

36.9　基于 µCOS-III 移植 LwIP 实验

上面的实验是无操作系统移植 LwIP，LwIP 也确实支持无操作系统移植运行，这对于芯片资源紧张、不合适运行操作系统环境还是有很大用处的。不过在很多应用中会采用在操作系统上运行 LwIP，这有利于提高整体性能。这个实验我们主要讲解移植操作步骤，过程中直接使用上个实验 LwIP 底层驱动，除非有需要修改地方才指出。同时这里假设已有移植好的 µCOS-III 工程可参考使用，关于 µCOS-III 移植部分可参考我们相关文档，这里主要介绍 LwIP 使用 µCOS-III 信号量、消息队列、定时器函数等函数接口。

这个实验最终实现在 µCOS-III 操作系统基础上移植 LwIP，使能 DHCP 功能，在动态获取 IP 之后即可 ping 通。运行 µCOS-III 操作系统之后一般会使用 Netconn 或 Socket 方法使用 LwIP，关于这两个的应用方法限于篇幅问题这里不做深入研究。

µCOS-III 和 LwIP 都是属于软件编程层次，所以硬件设计部分并不需要做更改，直接使用上个实验的硬件设计即可。

接下来开始介绍移植步骤，为简化移植步骤，我们的思路是直接使用 µCOS-III 例程，在其基础上移植 LwIP 部分。

（1）文件复制

复制整个 µCOS-III 工程，修改文件夹名称为" ETH—基于 µCOS-III 的 LwIP 移植"，作为我们这个实验工程的基础，我们在此之上添加功能。复制上个实验工程中的 lwip-1.4.1 整个文件夹到 USER 文件夹（路径：…\ETH—基于 µCOS-III 的 LwIP 移植 \USER）中。

LwIP 源码部分，即 src 文件夹，内容是不用修改的，只有 port 文件夹内容需要修改。在 stsw-stm32070 文件夹中找到 FreeRTOS 文件夹（路径：…\Utilities\Third_Party\lwip-1.4.1\port\

STM32F4x7\FreeRTOS），该文件夹内容是 LwIP 与 FreeRTOS 操作系统连接的相关接口函数，虽然我们选择使用 μCOS-III 操作系统，但还是有很多可以借鉴的地方，移植过程我们采用修改这些文件方法实现，而不是完全自己新建文件，把 FreeRTOS 整个文件夹复制到 port 文件夹（路径：…\ETH— 基于 μCOS-III 的 LwIP 移植 \USER\lwip-1.4.1\port）内，并改名为 UCOS305，此时 port 文件夹内有 3 个文件夹，分别为：arch、Standalone、UCOS305，其中 Standalone 在本实验中是不被使用的。

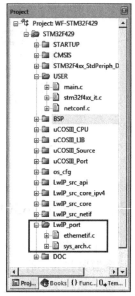

把上个实验工程中的 App 文件夹复制到本实验相同位置，其中 tcp_echoclient.c 和 tcp_echoclient.h 文件不是本实验需要的，将其删除。netconf.c、netconf.h 和 lwipopts.h 三个文件是必需的，但因为如果在本实验直接使用 lwipopts.h 文件需要修改较多地方，我们先将该文件删除，然后在 stsw-stm32070 文件夹找到 httpserver_socket 文件夹（路径：…\Utilities\Third_Party\lwip-1.4.1\port\STM32F4x7\FreeRTOS\httpserver_socket），在该文件夹下的 inc 文件夹中的 lwipopts.h 文件是更方便我们移植的文件，我们复制它到 App 文件夹中。

最后，把上个实验工程中的 ETH 文件夹复制到本实验相同位置，这个文件夹内容都是必需的，不用进行修改。

（2）为工程添加文件

与上个工程相比，LwIP 部分文件只有 port 文件夹中的文件有所修改，其他使用与上个实验相同文件结构即可，最终工程文件结构见图 36-23。

添加完源文件后，还需要在工程选项中设置添加头文件路径，见图 36-24。

图 36-23　工程文件结构

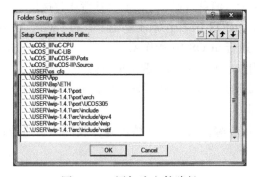

图 36-24　添加头文件路径

（3）文件修改

ETH 文件夹内 stm32f429_eth.c、stm32f429_eth.h、stm32f429_phy.c 和 stm32f429_phy.h 这 4 个文件是 ETH 外部和 PHY 相关驱动，本实验无需修改硬件，所以这 4 个文件内容不用修改。stm32f429_eth_conf.h 文件是与 ETH 外设相关硬件宏定义，因为本实验使用操作系统，对延时函数的定义与上个实验工程有所不同，需要稍加修改。

代码清单 36-23　延时函数定义

```
1 #ifdef USE_Delay
2 #include "Bsp/bsp.h"
3 #define _eth_delay_    Delay_10ms
4 #else
5 #define _eth_delay_
6 #endif
```

这里使用在 bsp.h 文件中定义的 Delay_10ms 延时函数。

sys_arch.h 和 sys_arch.c 两个文件是 LwIP 与 μCOS-III 连接的实现代码，sys_arch.h 存放相关宏定义和类型定义。

代码清单 36-24　宏定义

```
 1 #define LWIP_STK_SIZE           512
 2 #define LWIP_TASK_MAX           8
 3
 4 #define LWIP_TSK_PRIO           3
 5 #define LWIP_TASK_START_PRIO    LWIP_TSK_PRIO
 6 #define LWIP_TASK_END_PRIO      LWIP_TSK_PRIO +LWIP_TASK_MAX
 7
 8 #define MAX_QUEUES              10   // 消息队列的数量
 9 #define MAX_QUEUE_ENTRIES       20   // 每个队列的大小
10
11 #define SYS_MBOX_NULL           (void *)0
12 #define SYS_SEM_NULL            (void *)0
13
14 #define sys_arch_mbox_tryfetch(mbox,msg)    sys_arch_mbox_fetch(mbox,msg,1)
```

宏 LWIP_STK_SIZE 定义 LwIP 任务栈空间大小，实际空间是 4 × LWIP_STK_SIZE 个字节。宏 LWIP_TASK_MAX 定义预留给 LwIP 使用的最大任务数量。LWIP_TSK_PRIO、LWIP_TASK_START_PRIO 和 LWIP_TASK_END_PRIO 三个宏指定 LwIP 任务的优先级范围。宏 MAX_QUEUES 定义 LwIP 可以使用的最大队列数量，宏 MAX_QUEUE_ENTRIES 定义每个队列的大小。宏 SYS_MBOX_NULL 和 SYS_SEM_NULL 分别定义邮箱和信号量 NULL 对应的值。sys_arch_mbox_tryfetch 函数是尝试获取邮箱内容，这里直接调用 sys_arch_mbox_fetch 函数实现。

代码清单 36-25　类型定义

```
1 typedef OS_SEM      sys_sem_t;   // type of semiphores
2 typedef OS_MUTEX    sys_mutex_t; // type of mutex
3 typedef OS_Q        sys_mbox_t;  // type of mailboxes
4 typedef CPU_INT08U  sys_thread_t; // type of id of the new thread
5
6 typedef CPU_INT08U  sys_prot_t;
```

不同操作系统有不同名称定义信号量、复合信号、邮箱、任务 ID 等，这里使用 μCOS-III 操作系统需要使用对应的名称。

实际上，除了需要定义与操作系统对应的名称之外，还需要定义与编译器相关的名称，在 sys_arch.h 文件中引用了 cc.h 头文件，因为我们使用 Windows 操作系统的 KEIL 开发工具，需要对 cc.h 文件进行必要的修改。

代码清单 36-26　编译器相关类型定义和宏定义

```
 1 typedef u32_t mem_ptr_t;
 2 //typedef int sys_prot_t;
 3
 4
 5 //#define U16_F "hu"
 6 //#define S16_F "d"
 7 //#define X16_F "hx"
 8 //#define U32_F "u"
 9 //#define S32_F "d"
10 //#define X32_F "x"
11 //#define SZT_F "uz"
12
13 #define U16_F "4d"
14 #define S16_F "4d"
15 #define X16_F "4x"
16 #define U32_F "8ld"
17 #define S32_F "8ld"
18 #define X32_F "8lx"
```

sys_prot_t 类型已在 sys_arch.h 文件中定义，在 cc.h 文件必须注释掉不使用。U16_F、S16_F、X16_F 等一系列名称用于 LwIP 的调试函数，这一系列宏定义用于调试信息输出格式化。

代码清单 36-27　调试信息输出定义

```
 1 #define LWIP_PLATFORM_DIAG(x)   {printf x;}
 2
 3 #define LWIP_PLATFORM_ASSERT(x) do { printf("Assertion \"%s\" failed at
 4    line %d in %s\n",x, __LINE__, __FILE__);} while(0)
 5
 6 #define LWIP_ERROR(message, expression, handler) do { if (!(expression))
 7    printf("Assertion \"%s\" failed at line %d in %s\n", message, \
 8    __LINE__, __FILE__); fflush(NULL);handler;} } while(0)
```

LwIP 实现代码已经添加了调试信息功能，我们只需要定义信息输出途径即可，这里直接使用 printf 函数，将调试信息打印到串口调试助手。

sys_arch.c 文件存放 μCOS-III 与 LwIP 连接函数，LwIP 为实现在操作系统上运行，预留了相关接口函数，不同操作系统使用不同方法实现要求的功能。该文件存放在 UCOS305 文件夹内。

代码清单 36-28　sys_now 函数

```
1  u32_t sys_now()
2  {
3      OS_TICK os_tick_ctr;
4      CPU_SR_ALLOC();
5
6      CPU_CRITICAL_ENTER();
7      os_tick_ctr = OSTickCtr;
8      CPU_CRITICAL_EXIT();
9
10     return os_tick_ctr;
11 }
```

sys_now 函数用于为 LwIP 提供系统时钟，这里直接读取 OSTickCtr 变量值。CPU_CRITICAL_ENTER 和 CPU_CRITICAL_EXIT 分别是关闭总中断和开启总中断。

LwIP 的邮箱用于缓存和传递数据包。

代码清单 36-29　邮箱创建与删除

```
1  err_t sys_mbox_new(sys_mbox_t *mbox, int size)
2  {
3      OS_ERR       ucErr;
4
5      OSQCreate(mbox,"LWIP quiue", size, &ucErr);
6      LWIP_ASSERT( "OSQCreate ", ucErr == OS_ERR_NONE );
7
8      if ( ucErr == OS_ERR_NONE) {
9          return 0;
10     }
11     return -1;
12 }
13
14 void sys_mbox_free(sys_mbox_t *mbox)
15 {
16     OS_ERR     ucErr;
17     LWIP_ASSERT( "sys_mbox_free ", mbox != SYS_MBOX_NULL );
18
19     OSQFlush(mbox,& ucErr);
20
21     OSQDel(mbox, OS_OPT_DEL_ALWAYS, &ucErr);
22     LWIP_ASSERT( "OSQDel ", ucErr == OS_ERR_NONE );
23 }
```

sys_mbox_new 函数要求实现的功能是创建一个邮箱，这里使用 OSQCreate 函数创建一个队列。sys_mbox_free 函数要求实现的功能是释放一个邮箱，如果邮箱存在内容，会发生错误。这里先使用 OSQFlush 函数清除队列内容，然后再使用 OSQDel 函数删除队列。LWIP_ASSERT 函数是由 LwIP 定义的断言，用于调试错误。

代码清单 36-30　邮箱发送和获取

```
1  void sys_mbox_post(sys_mbox_t *mbox, void *data)
2  {
3      OS_ERR      ucErr;
4      CPU_INT08U  i=0;
5      if ( data == NULL ) data = (void*)&pvNullPointer;
6      /* try 10 times */
7      while (i<10) {
8          OSQPost(mbox, data,0,OS_OPT_POST_ALL,&ucErr);
9          if (ucErr == OS_ERR_NONE)
10             break;
11         i++;
12         OSTimeDly(5,OS_OPT_TIME_DLY,&ucErr);
13     }
14     LWIP_ASSERT( "sys_mbox_post error!\n", i !=10 );
15 }
16
17 err_t sys_mbox_trypost(sys_mbox_t *mbox, void *msg)
18 {
19     OS_ERR      ucErr;
20     if (msg == NULL ) msg = (void*)&pvNullPointer;
21     OSQPost(mbox, msg,0,OS_OPT_POST_ALL,&ucErr);
22     if (ucErr != OS_ERR_NONE) {
23         return ERR_MEM;
24     }
25     return ERR_OK;
26 }
27
28 u32_t sys_arch_mbox_fetch(sys_mbox_t *mbox, void **msg, u32_t timeout)
29 {
30     OS_ERR   ucErr;
31     OS_MSG_SIZE   msg_size;
32     CPU_TS        ucos_timeout;
33     CPU_TS        in_timeout = timeout/LWIP_ARCH_TICK_PER_MS;
34     if (timeout && in_timeout == 0)
35         in_timeout = 1;
36     *msg  = OSQPend (mbox,in_timeout,OS_OPT_PEND_BLOCKING,&msg_size,
37                      &ucos_timeout,&ucErr);
38
39     if ( ucErr == OS_ERR_TIMEOUT )
40         ucos_timeout = SYS_ARCH_TIMEOUT;
41     return ucos_timeout;
42 }
```

　　sys_mbox_post 函数要求实现的功能是发送一个邮箱，这里主要调用 OSQPost 函数实现队列发送，为保证发送成功，最多尝试 10 次队列发送。sys_mbox_trypost 函数是尝试发送一个邮箱，这里我们直接使用 OSQPost 函数发送一次信号量，而不像 sys_mbox_post 函数那样在发送失败时可尝试发送多次。sys_arch_mbox_fetch 函数用于获取邮箱内容，并指定等待超时时间，这里主要通过调用 OSQPend 函数实现队列获取。

代码清单 36-31　邮箱可用性检查和不可用设置

```
1 int sys_mbox_valid(sys_mbox_t *mbox)
2 {
3     if (mbox->NamePtr)
4         return (strcmp(mbox->NamePtr,"?Q"))? 1:0;
5     else
6         return 0;
7 }
8
9 void sys_mbox_set_invalid(sys_mbox_t *mbox)
10 {
11     if (sys_mbox_valid(mbox))
12         sys_mbox_free(mbox);
13 }
```

sys_mbox_valid 函数要求实现的功能是检查指定的邮箱是否可用，对于 µCOS-III，直接调用 strcmp 函数检查队列名称是否存在“Q”字段，如果存在则说明该邮箱可用，否则不可用。sys_mbox_set_invalid 函数要求实现的功能是将指定的邮箱设置为不可用（无效），这里先调用 sys_mbox_valid 函数判断邮箱是可用的，如果本身不可用就无需操作。确定邮箱可用后调用 sys_mbox_free 函数删除邮箱。

LwIP 的信号量用于进程间的通信。

代码清单 36-32　新建信号量

```
1 err_t sys_sem_new(sys_sem_t *sem, u8_t count)
2 {
3     OS_ERR   ucErr;
4     OSSemCreate (sem,"LWIP Sem",count,&ucErr);
5     if (ucErr != OS_ERR_NONE ) {
6         LWIP_ASSERT("OSSemCreate ",ucErr == OS_ERR_NONE );
7         return -1;
8     }
9     return 0;
10 }
```

sys_sem_new 函数实现新建一个信号量，这里直接调用 OSSemCreate 函数新建一个信号量，count 参数用于指定信号量初始值。

代码清单 36-33　信号量相关函数

```
1 u32_t sys_arch_sem_wait(sys_sem_t *sem, u32_t timeout)
2 {
3     OS_ERR   ucErr;
4     CPU_TS          ucos_timeout;
5     CPU_TS          in_timeout = timeout/LWIP_ARCH_TICK_PER_MS;
6     if (timeout && in_timeout == 0)
7         in_timeout = 1;
8     OSSemPend (sem,in_timeout,OS_OPT_PEND_BLOCKING,&ucos_timeout,&ucErr);
9     /*  only when timeout! */
```

```
10        if (ucErr == OS_ERR_TIMEOUT)
11            ucos_timeout = SYS_ARCH_TIMEOUT;
12        return ucos_timeout;
13  }
14
15  void sys_sem_signal(sys_sem_t *sem)
16  {
17        OS_ERR   ucErr;
18        OSSemPost(sem,OS_OPT_POST_ALL,&ucErr);
19        LWIP_ASSERT("OSSemPost ",ucErr == OS_ERR_NONE );
20  }
21
22  void sys_sem_free(sys_sem_t *sem)
23  {
24        OS_ERR      ucErr;
25        OSSemDel(sem, OS_OPT_DEL_ALWAYS, &ucErr );
26        LWIP_ASSERT( "OSSemDel ", ucErr == OS_ERR_NONE );
27  }
28
29  int sys_sem_valid(sys_sem_t *sem)
30  {
31        if (sem->NamePtr)
32            return (strcmp(sem->NamePtr,"?SEM"))? 1:0;
33        else
34            return 0;
35  }
36
37  void sys_sem_set_invalid(sys_sem_t *sem)
38  {
39        if (sys_sem_valid(sem))
40            sys_sem_free(sem);
41  }
```

sys_arch_sem_wait 函数要求实现的功能是等待获取一个信号量，并具有超时等待检查功能，这里直接调用 OSSemPend 函数实现信号量获取。sys_sem_signal 函数要求实现的功能是发送一个信号量，这里直接调用 OSSemPost 函数发送一个信号量。sys_sem_free 函数要求实现的功能是释放一个信号量，这里直接调用 OSSemDel 函数删除信号量。sys_sem_valid 函数要求实现的功能是检查指定的信号量是否可用，这里调用 strcmp 函数判断信号量名称中是否存在 "SEM" 字段，如果存在说明是信号量，否则不是信号量。sys_sem_set_invalid 函数要求实现的功能是使指定的信号量不可用，这里先调用 sys_sem_valid 确保信号量可用，再调用 sys_sem_free 函数释放该信号量。

代码清单 36-34　系统初始化

```
1  void sys_init(void)
2  {
3        OS_ERR ucErr;
4        memset(LwIP_task_priority_stask,0,sizeof(LwIP_task_priority_stask));
5        /* init mem used by sys_mbox_t, use ucosIII functions */
```

```
6    OSMemCreate(&StackMem,"LWIP TASK STK",(void*)LwIP_Task_Stk,
7                LWIP_TASK_MAX,LWIP_STK_SIZE*sizeof(CPU_STK),&ucErr);
8    LWIP_ASSERT( "sys_init: failed OSMemCreate STK", ucErr == OS_ERR_NONE );
9  }
```

sys_init 函数在系统启动时被调用，可以用于初始化工作环境。这里先调用 memset 函数将 LwIP_task_priority_stask 数组内容清空，该数值用于存放任务优先级；接下来调用 OSMemCreate 函数初始化申请内存空间，用于 LwIP 任务栈空间。

代码清单 36-35　任务创建

```
1  sys_thread_t sys_thread_new(const char *name, lwip_thread_fn thread ,
2                      void *arg, int stacksize, int prio)
3  {
4      CPU_INT08U  ubPrio = LWIP_TASK_START_PRIO;
5      OS_ERR      ucErr;
6      int i;
7      int tsk_prio;
8      CPU_STK * task_stk;
9      if (prio) {
10         ubPrio +=(prio-1);
11         for (i=0; i<LWIP_TASK_MAX; ++i)
12             if (LwIP_task_priority_stask[i] == ubPrio)
13                 break;
14         if (i == LWIP_TASK_MAX) {
15             for (i=0; i<LWIP_TASK_MAX; ++i)
16                 if (LwIP_task_priority_stask[i]==0) {
17                     LwIP_task_priority_stask[i] = ubPrio;
18                     break;
19                 }
20             if (i == LWIP_TASK_MAX) {
21                 LWIP_ASSERT("sys_thread_new: there is no space for priority",0);
22                 return (-1);
23             }
24         } else
25             prio = 0;
26     }
27     /* Search for a suitable priority */
28     if (!prio) {
29         ubPrio = LWIP_TASK_START_PRIO;
30         while (ubPrio < (LWIP_TASK_START_PRIO+LWIP_TASK_MAX)) {
31             for (i=0; i<LWIP_TASK_MAX; ++i)
32                 if (LwIP_task_priority_stask[i] == ubPrio) {
33                     ++ubPrio;
34                     break;
35                 }
36             if (i == LWIP_TASK_MAX)
37                 break;
38         }
39         if (ubPrio < (LWIP_TASK_START_PRIO+LWIP_TASK_MAX))
40             for (i=0; i<LWIP_TASK_MAX; ++i)
41                 if (LwIP_task_priority_stask[i]==0) {
```

```
42                    LwIP_task_priority_stask[i] = ubPrio;
43                    break;
44                }
45        if(ubPrio>=(LWIP_TASK_START_PRIO+LWIP_TASK_MAX)||i==LWIP_TASK_MAX){
46            LWIP_ASSERT( "sys_thread_new: there is no free priority", 0 );
47            return (-1);
48        }
49    }
50    if (stacksize > LWIP_STK_SIZE || !stacksize)
51        stacksize = LWIP_STK_SIZE;
52    /* get Stack from pool */
53    task_stk = OSMemGet( &StackMem, &ucErr );
54    if (ucErr != OS_ERR_NONE) {
55        LWIP_ASSERT( "sys_thread_new: impossible to get a stack", 0 );
56        return (-1);
57    }
58    tsk_prio = ubPrio-LWIP_TASK_START_PRIO;
59    OSTaskCreate(&LwIP_task_TCB[tsk_prio],
60                (CPU_CHAR    *)name,
61                (OS_TASK_PTR)thread,
62                (void        *)0,
63                (OS_PRIO     )ubPrio,
64                (CPU_STK     *)&task_stk[0],
65                (CPU_STK_SIZE)stacksize/10,
66                (CPU_STK_SIZE)stacksize,
67                (OS_MSG_QTY )0,
68                (OS_TICK    )0,
69                (void       *)0,
70                (OS_OPT     )(OS_OPT_TASK_STK_CHK | OS_OPT_TASK_STK_CLR),
71                (OS_ERR     *)&ucErr);
72
73    return ubPrio;
74 }
```

sys_thread_new 函数要求实现的功能是新建一个任务，函数有 5 个形参，分别指定任务名称、任何函数、任务自定义参数、任务栈空间大小、任务优先级。对于 LwIP，系统限制其最多可用任务数，对于优先级也指定一定的范围，sys_thread_new 函数先对优先级参数进行处理，然后获取合适的优先级。OSMemGet 函数用于从分配给 LwIP 任务栈使用的内存空间中申请一块空间给本任务。OSTaskCreate 函数用于创建一个任务。

代码清单 36-36　临界区域保护

```
1 sys_prot_t sys_arch_protect(void)
2 {
3     CPU_SR_ALLOC();
4
5     CPU_CRITICAL_ENTER();
6     return 1;
7 }
8
9 void sys_arch_unprotect(sys_prot_t pval)
```

```
10 {
11     CPU_SR_ALLOC();
12
13     LWIP_UNUSED_ARG(pval);
14     CPU_CRITICAL_EXIT();
15 }
```

sys_arch_protecth 函数要求实现的功能是完成临界区域保护并保存当前内容，这里调用 CPU_CRITICAL_ENTER 函数进入临界区域保护。sys_arch_unprotect 函数要求实现的功能是恢复受保护区域的先前状态，与 sys_arch_protecth 函数配合使用，这里直接调用 CPU_CRITICAL_EXIT 函数完成退出临界区域保护。

ethernetif.c 文件存放 LwIP 与 ETH 外设连接函数（网络接口函数），属于最底层驱动函数，与上个实验无操作系统移植的文件内容有所不同，这里在函数内部会调用相关系统操作函数。

代码清单 36-37　low_level_init 函数

```
1 static void low_level_init(struct netif *netif)
2 {
3     uint32_t i;
4
5     /* set netif MAC hardware address length */
6     netif->hwaddr_len = ETHARP_HWADDR_LEN;
7     /* set netif MAC hardware address */
8     netif->hwaddr[0] =  MAC_ADDR0;
9     netif->hwaddr[1] =  MAC_ADDR1;
10    netif->hwaddr[2] =  MAC_ADDR2;
11    netif->hwaddr[3] =  MAC_ADDR3;
12    netif->hwaddr[4] =  MAC_ADDR4;
13    netif->hwaddr[5] =  MAC_ADDR5;
14    /* set netif maximum transfer unit */
15    netif->mtu = 1500;
16    /* Accept broadcast address and ARP traffic */
17   netif->flags=NETIF_FLAG_BROADCAST|NETIF_FLAG_ETHARP|NETIF_FLAG_LINK_UP;
18    s_pxNetIf =netif;
19
20    /* initialize MAC address in ethernet MAC */
21    ETH_MACAddressConfig(ETH_MAC_Address0, netif->hwaddr);
22    /* Initialize Tx Descriptors list: Chain Mode */
23    ETH_DMATxDescChainInit(DMATxDscrTab, &Tx_Buff[0][0], ETH_TXBUFNB);
24    /* Initialize Rx Descriptors list: Chain Mode   */
25    ETH_DMARxDescChainInit(DMARxDscrTab, &Rx_Buff[0][0], ETH_RXBUFNB);
26
27    /* Enable Ethernet Rx interrrupt */
28    for (i=0; i<ETH_RXBUFNB; i++) {
29        ETH_DMARxDescReceiveITConfig(&DMARxDscrTab[i], ENABLE);
30    }
31
32 #ifdef CHECKSUM_BY_HARDWARE
33    /* Enable the checksum insertion for the Tx frames */
```

```
34      {
35          for (i=0; i<ETH_TXBUFNB; i++) {
36              ETH_DMATxDescChecksumInsertionConfig(&DMATxDscrTab[i],
37                                  ETH_DMATxDesc_ChecksumTCPUDPICMPFull);
38          }
39      }
40  #endif
41
42      /* create the task that handles the ETH_MAC */
43      sys_thread_new((const char*)"Eth_if",ethernetif_input,netif,
44              netifINTERFACE_TASK_STACK_SIZE,netifINTERFACE_TASK_PRIORITY);
45      /* Enable MAC and DMA transmission and reception */
46      ETH_Start();
47  }
```

low_level_init 函数是网络接口初始化函数，在 ethernetif_init 函数中被调用，在系统启动时被运行一次，用于初始化与网络接口相关硬件。函数先给 netif 结构体成员赋值，配置网卡参数，调用 ETH_MACAddressConfig 函数绑定网卡 MAC 地址，ETH_DMATxDescChainInit 和 ETH_DMARxDescChainInit 初始化网络数据帧发送和接收描述符，设置为链模式。调用 ETH_DMARxDescReceiveITConfig 函数使能 DMA 数据接收相关中断。通过定义宏 CHECKSUM_BY_HARDWARE，可以使能发送数据硬件校验和，这个需要硬件支持，STM32F42x 控制器是支持的。调用 sys_thread_new 函数创建一个任务，设置任务函数是 ethernetif_input，该函数用于将接收到的数据包转入 LwIP 内部缓存区，这里还传递了 netif 结构体变量。最后，调用 ETH_Start 函数使能 ETH。

low_level_output 和 low_level_input 两个函数内容与上个实验工程同名函数几乎相同，这里不再讲解。

代码清单 36-38　ethernetif_input 函数

```
1 void ethernetif_input( void * pvParameters )
2 {
3      struct pbuf *p;
4      OS_ERR os_err;
5      err_t err;
6
7      /* move received packet into a new pbuf */
8      while (1) {
9          SYS_ARCH_DECL_PROTECT(sr);
10
11         SYS_ARCH_PROTECT(sr);
12         p = low_level_input(s_pxNetIf);
13         SYS_ARCH_UNPROTECT(sr);
14         if (p == NULL)
15             continue;
16         err = s_pxNetIf->input(p, s_pxNetIf);
17         if (err != ERR_OK) {
18             LWIP_DEBUGF(NETIF_DEBUG, ("ethernetif_input: IP input error\n"));
```

```
19              pbuf_free(p);
20              p = NULL;
21          }
22          /*sleep 5 ms*/
23          OSTimeDlyHMSM(0, 0, 0, 5, OS_OPT_TIME_DLY, (OS_ERR *)&os_err);
24      }
25 }
```

ethernetif_input 函数作为 sys_thread_new 指定的任务函数，用于接收网络数据包并将其转入 LwIP 内核。SYS_ARCH_DECL_PROTECT、SYS_ARCH_PROTECT 和 SYS_ARCH_UNPROTECT 三个函数是与临界区域保护相关的代码，可用在 lwipopts.h 文件中的 SYS_LIGHTWEIGHT_PROT 配置相关功能。调用 low_level_input 函数获取接收到的数据包，如果判断没有接收到数据包则不执行本来循环后面内容。在判断接收到数据包后，将数据包内容转入 LwIP 内核。

相对于上个实验工程，那个时候我们需要在 main 函数中的无限循环中调用数据包接收查询，现在在这里我们创建一个数据包接收任务，让它执行数据包接收并将数据转入 LwIP 内核。

代码清单 36-39　ethernetif_init 函数

```
1 err_t ethernetif_init(struct netif *netif)
2 {
3      LWIP_ASSERT("netif != NULL", (netif != NULL));
4
5 #if LWIP_NETIF_HOSTNAME
6      /* Initialize interface hostname */
7      netif->hostname = "lwip";
8 #endif /* LWIP_NETIF_HOSTNAME */
9
10     netif->name[0] = IFNAME0;
11     netif->name[1] = IFNAME1;
12
13     netif->output = etharp_output;
14     netif->linkoutput = low_level_output;
15
16
17     /* initialize the hardware */
18     low_level_init(netif);
19
20     etharp_init();
21     sys_timeout(ARP_TMR_INTERVAL, arp_timer, NULL);
22
23     return ERR_OK;
24 }
25
```

ethernetif_init 函数用于初始化网卡，在系统启动时必须被运行一次，该函数在 LwIP_Init 函数中被调用。函数首先为 netif 结构体成员赋值，然后调用 low_level_init 函数完成

ETH 外设初始化，etharp_init 函数完成 ARP 协议初始化，sys_timeout 函数启动 ARP 超时并注册一个 ARP 超时回调函数。

netconf.c 和 netconf.h 用于存放 LwIP 配置相关代码。netconf.h 是相关的宏定义，具体参考代码清单 36-8。不过本实验定义了 USE_DHCP 宏，使能 DHCP 功能。不同于上个实验，现在 netconf.c 文件只要求实现两个函数，LwIP_Init 和 LwIP_DHCP_task 函数，把其他函数删除。其中 LwIP_Init 函数与上个实验工程使用相同配置即可，参考代码清单 36-9。

代码清单 36-40　LwIP_DHCP_task 函数

```
1 #ifdef USE_DHCP
2 void LwIP_DHCP_task(void * pvParameters)
3 {
4     struct ip_addr ipaddr;
5     struct ip_addr netmask;
6     struct ip_addr gw;
7     OS_ERR  os_err;
8
9     while (1) {
10        switch (DHCP_state) {
11        /***********************************************/
12        /*    与上个实验工程代码相同，参考代码清单 36 12      */
13        /***********************************************/
14        }
15        OSTimeDlyHMSM( 0u, 0u, 0u, 250u,OS_OPT_TIME_HMSM_STRICT,&os_err);
16     }
17 }
18 #endif
```

在 netconf.h 文件中定义了 USE_DHCP 宏，即开启了 DHCP 功能，LwIP_DHCP_task 函数才有效。在上个实验工程中，我们使用 LwIP_DHCP_Process_Handle 函数（参考代码清单 36-12）完成 DHCP 功能实现，该函数是被周期调用执行的。现在，既然我们使用了操作系统，就可以直接创建一个任务执行 DHCP 功能，LwIP_DHCP_task 函数就是 DHCP 任务函数，函数需要实现的内容与代码清单 36-12 相同。在函数最后调用 OSTimeDlyHMSM 函数延时 250ms。

lwipopts.h 文件存放一些宏定义，用于剪切 LwIP 功能，该文件复制自 ST 官方带操作系统的工程文件，方便我们移植，该文件同时使能了 Netconn 和 Socket 编程支持。这里我们还需要对该文件中的一个宏定义进行修改，直接把 TCPIP_THREAD_PRIO 宏定义为 6，该宏定义了 TCPIP 任务的优先级。

至此，有关 LwIP 函数文件修改已经全部完成，接下来还需要实现调用相关初始化函数完成 LwIP 初始化，然后就可以直接使用 LwIP 函数完成用户任务。

首先是 ETH 外设硬件相关初始化函数调用，bsp.c 文件中 BSP_Init 函数用于放置系统启动时各模块硬件初始化函数。

代码清单 36-41　BSP_Init 函数

```
1 void  BSP_Init (void)
```

```
 2 {
 3     /* 设置 NVIC 优先级分组为 Group2：0~3 抢占式优先级，0~3 的响应式优先级 */
 4     NVIC_PriorityGroupConfig(NVIC_PriorityGroup_2);
 5
 6     /* 初始化 LED */
 7     LED_GPIO_Config();
 8
 9     Key_GPIO_Config();
10     /* 初始化调试串口，一般为串口 1 */
11     Debug_USART_Config();
12
13     printf(" 基于 uCOS-III 的 LwIP 网络通信测试 \n");
14
15     BSP_Tick_Init();
16
17     /* Configure ethernet (GPIOs, clocks, MAC, DMA) */
18     ETH_BSP_Config();
19     printf("LAN8720A BSP INIT AND COMFIGURE SUCCESS\n");
20 }
```

在 BSP_Init 函数最后调用 ETH_BSP_Config 函数完成 ETH 外设相关硬件初始化，包含了 RMII 和 SMI 相关 GPIO 初始化，ETH 外设时钟使能，MAC 和 DMA 配置并获取 PHY 的状态。

代码清单 36-42　开始任务函数

```
 1 static  void  AppTaskStart (void *p_arg)
 2 {
 3     OS_ERR       err;
 4     (void)p_arg;
 5
 6     BSP_Init();                              /* Initialize BSP functions */
 7     CPU_Init();                              /* Initialize the uC/CPU services */
 8 #if OS_CFG_STAT_TASK_EN > 0u
 9     OSStatTaskCPUUsageInit(&err);
10     /*Compute CPU capacity with no task running*/
11 #endif
12
13 #ifdef CPU_CFG_INT_DIS_MEAS_EN
14     CPU_IntDisMeasMaxCurReset();
15 #endif
16
17 #if (APP_CFG_SERIAL_EN == DEF_ENABLED)
18     APP_TRACE_DBG(("Creating Application kernel objects\n\r"));
19 #endif
20     AppObjCreate();
21     /* Create Applicaiton kernel objects             */
22 #if (APP_CFG_SERIAL_EN == DEF_ENABLED)
23     APP_TRACE_DBG(("Creating Application Tasks\n\r"));
24 #endif
25     AppTaskCreate();                         /* Create Application tasks */
26
```

```
27      /* Initilaize the LwIP stack */
28      LwIP_Init();
29
30 #ifdef USE_DHCP
31      /* Start DHCPClient */
32      OSTaskCreate(&AppTaskDHCPTCB,"DHCP",
33                   LwIP_DHCP_task,
34                   &gnetif,
35                   APP_CFG_TASK_DHCP_PRIO,
36                   &AppTaskDHCPStk[0],
37                   AppTaskDHCPStk[APP_CFG_TASK_DHCP_STK_SIZE / 10u],
38                   APP_CFG_TASK_DHCP_STK_SIZE,
39                   0u,
40                   0u,
41                   0,
42                   (OS_OPT_TASK_STK_CHK | OS_OPT_TASK_STK_CLR),
43                   &err);
44 #endif  // #ifdef USE_DHCP
45
46      while (DEF_TRUE) {
47          OSTimeDlyHMSM(0u, 0u, 1u, 0u,
48                        OS_OPT_TIME_HMSM_STRICT,
49                        &err);
50      }
51 }
```

　　AppTaskStart 函数是系统运行的启动任务函数，先执行 BSP_Init 函数完成各个模块硬件初始化，接下来的几个函数用于 µCOS-III 初始化，接下来调用 LwIP_Init 函数完成 LwIP 协议栈初始化。如果使能了 DHCP 功能，就创建 DHCP 任务，指定 LwIP_DHCP_task 函数为 DHCP 任务函数。

　　这个实验只是简单地实现 LwIP 在 µCOS-III 操作系统基础上的移植，并没有过多实现应用层方面的代码，最后通过开发板检验是否 ping 通。

　　（4）下载验证

　　保证开发板相关硬件连接正确，用 USB 线连接开发板 “USB 转串口” 接口与电脑，在电脑端打开串口调试助手并配置好相关参数；使用网线连接开发板网口与路由器，这里要求将电脑连接在同一个路由器上，这里要求使用路由器，可以提供 DHCP 服务器功能，而电脑不行的。编译工程文件下载到开发板上。在串口调试助手可以看到相关信息，见图 36-25。可以看到在使能 DHCP 功能之后，开发板动态获取 IP 地址为：192.168.1.124，这与我们在 netconf.h 文件中设置的静态地址是不同的（当然也可能刚好相同）。

　　串口调试助手显示如图 36-25 所示的信息是代码移植成功的最基本保证。如果代码没有移植成功或者网线没有接好，是无法通过 DHCP 获取动态 IP 的。在保证移植成功之后，为进一步验证程序，我们可以在电脑端 ping 开发板网络。打开电脑端的 DOC 命令输入窗口，输入 “ping 192.168.1.124”，就可以测试网络链路，链路正常时 DOC 窗口截图如图 36-26 所示。

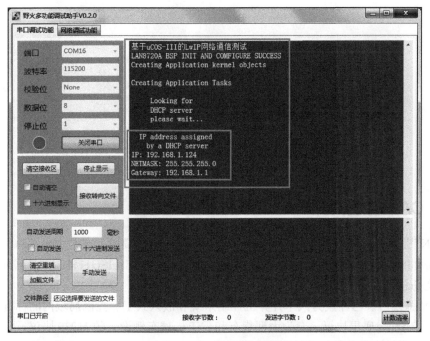

图 36-25　串口调试助手窗口

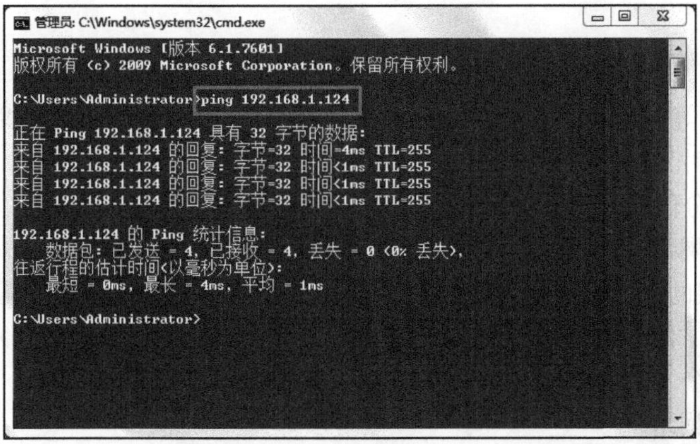

图 36-26　ping 命令窗口

第 37 章
CAN——通信实验

37.1 CAN 协议简介

CAN[⊖]是控制器局域网络（Controller Area Network）的简称，它是由研发和生产汽车电子产品著称的德国 BOSCH 公司开发的，并最终成为国际标准（ISO11519），是国际上应用最广泛的现场总线之一。

CAN 总线协议已经成为汽车计算机控制系统和嵌入式工业控制局域网的标准总线，并且拥有以 CAN 为底层协议、专为大型货车和重工机械车辆设计的 J1939 协议。近年来，它具有的高可靠性和良好的错误检测能力受到重视，被广泛应用于汽车计算机控制系统和环境温度恶劣、电磁辐射强及振动大的工业环境。

37.1.1 CAN 物理层

与 I²C、SPI 等具有时钟信号的同步通信方式不同，CAN 通信并不是以时钟信号来进行同步的，它是一种异步通信，只具有 CAN_High 和 CAN_Low 两条信号线，共同构成一组差分信号线，以差分信号的形式进行通信。

1. 闭环总线网络

CAN 物理层的形式主要有两种，图 37-1 中的 CAN 通信网络是一种遵循 ISO11898 标准的高速、短距离"闭环网络"，它的总线最大长度为 40m，通信速度最高为 1Mbps，总线的两端各要求有一个 120 欧的电阻。

2. 开环总线网络

图 37-2 中的是遵循 ISO11519-2 标准的低速、远距离"开环网络"，它的最大传输距离为 1km，最高通信速率为 125kbps。其两根总线是独立的，不形成闭环，要求每根总线上各串联一个 2.2 千欧的电阻。

3. 通信节点

从 CAN 通信网络图可了解到，CAN 总线上可以挂载多个通信节点，节点之间的信号经过总线传输，实现节点间通信。由于 CAN 通信协议不对节点进行地址编码，而是对数据内

⊖ 若对 CAN 通信协议不了解，可先阅读《CAN 总线入门》《CAN-bus 规范》文档内容学习。
关于实验板上的 CAN 收发器可查阅《TJA1050》文档了解。

容进行编码的，所以网络中的节点个数理论上不受限制，只要总线的负载足够即可，可以通过中继器增强负载。

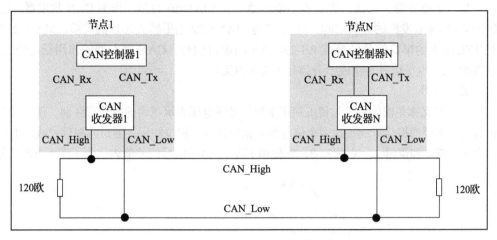

图 37-1　CAN 闭环总线通信网络

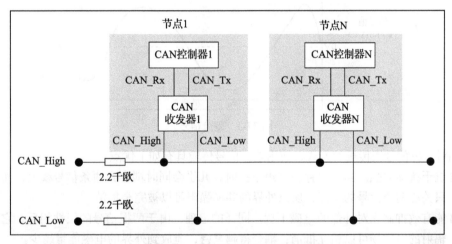

图 37-2　CAN 开环总线通信网络

CAN 通信节点由一个 CAN 控制器及 CAN 收发器组成，控制器与收发器之间通过 CAN_Tx 及 CAN_Rx 信号线相连，收发器与 CAN 总线之间使用 CAN_High 及 CAN_Low 信号线相连。其中 CAN_Tx 及 CAN_Rx 使用普通的类似 TTL 逻辑信号，而 CAN_High 及 CAN_Low 是一对差分信号线，使用比较特别的差分信号，下面将详细说明。

当 CAN 节点需要发送数据时，控制器把要发送的二进制编码通过 CAN_Tx 线发送到收发器，然后由收发器把这个普通的逻辑电平信号转化成差分信号，通过差分线 CAN_High 和 CAN_Low 线输出到 CAN 总线网络。而通过收发器接收总线上的数据到控制器时，则是相反的过程，收发器把总线上收到的 CAN_High 及 CAN_Low 信号转化成普通的逻辑电平信号，通过 CAN_Rx 输出到控制器中。

例如，STM32 的 CAN 片上外设就是通信节点中的控制器，为了构成完整的节点，还要给它外接一个收发器，在我们实验板中使用型号为 TJA1050 的芯片作为 CAN 收发器。CAN 控制器与 CAN 收发器的关系如同 TTL 串口与 MAX3232 电平转换芯片的关系，MAX3232 芯片把 TTL 电平的串口信号转换成 RS-232 电平的串口信号，CAN 收发器的作用则是把 CAN 控制器的 TTL 电平信号转换成差分信号（或者相反）。

4. 差分信号

差分信号又称差模信号，与传统使用单根信号线电压表示逻辑的方式有区别。使用差分信号传输时，需要两根信号线，这两个信号线的振幅相等，相位相反，通过两根信号线的电压差值来表示逻辑 0 和逻辑 1，见图 37-3。它使用了 V+ 与 V– 信号的差值表达出了图下方的信号。

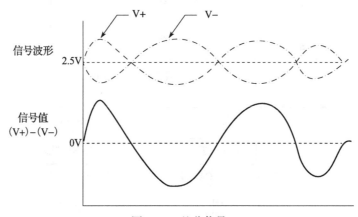

图 37-3　差分信号

相对于单信号线传输的方式，使用差分信号传输具有如下优点：

❑ 抗干扰能力强。当外界存在噪声干扰时，几乎会同时耦合到两条信号线上，而接收端只关心两个信号的差值，所以外界的共模噪声可以被完全抵消。

❑ 能有效抑制它对外部的电磁干扰。同样的道理，由于两根信号的极性相反，它们对外辐射的电磁场可以相互抵消，耦合得越紧密，泄放到外界的电磁能量越少。

❑ 时序定位精确。由于差分信号的开关变化是位于两个信号的交点，而不像普通单端信号依靠高低两个阈值电压判断，因而受工艺、温度的影响小，能降低时序上的误差，同时也更适合于低幅度信号的电路。

由于差分信号线具有这些优点，所以在 USB 协议、485 协议、以太网协议及 CAN 协议的物理层中，都使用了差分信号传输。

5. CAN 协议中的差分信号

CAN 协议中对它使用的 CAN_High 及 CAN_Low 表示的差分信号做了规定，见表 37-1 及图 37-4。以高速 CAN 协议为例，当表示逻辑 1 时（隐性电平），CAN_High 和 CAN_Low 线上的电压均为 2.5V，即它们的电压差 $V_H - V_L = 0V$；而表示逻辑 0 时（显性电平），CAN_

High 的电平为 3.5V，CAN_Low 线的电平为 1.5V，即它们的电压差为 $V_H-V_L=2V$。例如，当 CAN 收发器从 CAN_Tx 线接收到来自 CAN 控制器的低电平信号（逻辑 0）时，它会使 CAN_High 输出 3.5V，同时 CAN_Low 输出 1.5V，从而输出显性电平，表示逻辑 0。

表 37-1　CAN 协议标准表示的信号逻辑

信号	ISO11898（高速）						ISO11519-2（低速）					
	隐性（逻辑 1）			显性（逻辑 0）			隐性（逻辑 1）			显性（逻辑 0）		
	最小值	典型值	最大值	最小值	典型值	最大值	最小值	典型值	最大值	最小值	典型值	最大值
CAN_High(V)	2.0	2.5	3.0	2.75	3.5	4.5	1.6	1.75	1.9	3.85	4.0	5.0
CAN_Low(V)	2.0	2.5	3.0	0.5	1.5	2.25	3.10	3.25	3.4	0	1.0	1.15
High-Low 电压差 (V)	−0.5	0	0.05	1.5	2.0	3.0	−0.3	−1.5	—	0.3	3.0	—

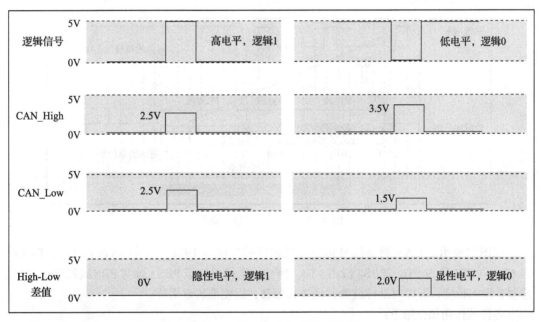

图 37-4　CAN 的差分信号（高速）

　　在 CAN 总线中，必须使它处于隐性电平（逻辑 1）或显性电平（逻辑 0）中的一个状态。假如有两个 CAN 通信节点，在同一时间，一个输出隐性电平，另一个输出显性电平，类似 I^2C 总线的"线与"特性，这将使它处于显性电平状态，显性电平的名字就是这样来的，即可以认为显性具有优先的意味。

　　由于 CAN 总线协议的物理层只有 1 对差分线，在一个时刻只能表示一个信号，所以对通信节点来说，CAN 通信是半双工的，收发数据需要分时进行。在 CAN 的通信网络中，因为共用总线，在整个网络中同一时刻只能有一个通信节点发送信号，其余的节点在该时刻都只能接收。

37.1.2　协议层

以上是 CAN 的物理层标准，约定了电气特性，以下介绍的协议层则规定了通信逻辑。

1. CAN 的波特率及位同步

由于 CAN 属于异步通信，没有时钟信号线，连接在同一个总线网络中的各个节点会像串口异步通信那样，节点间使用约定好的波特率进行通信。特别地，CAN 还会使用"位同步"的方式来抗干扰、吸收误差，实现对总线电平信号进行正确的采样，确保通信正常。

（1）位时序分解

为了实现位同步，CAN 协议把每一个数据位的时序分解成如图 37-5 所示的 SS 段、PTS 段、PBS1 段、PBS2 段，这 4 段的长度加起来即为一个 CAN 数据位的长度。分解后最小的时间单位是 Tq，而一个完整的位由 8 ~ 25 个 Tq 组成。为方便表示，图 37-5 中的高低电平直接代表信号逻辑 0 或逻辑 1（不是差分信号）。

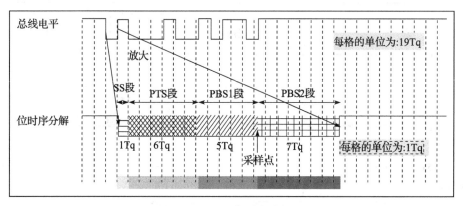

图 37-5　CAN 位时序分解图

该图中表示的 CAN 通信信号每一个数据位的长度为 19Tq，其中 SS 段占 1Tq，PTS 段占 6Tq，PBS1 段占 5Tq，PBS2 段占 7Tq。信号的采样点位于 PBS1 段与 PBS2 段之间，通过控制各段的长度，可以对采样点的位置进行偏移，以便准确地采样。

各段的作用如介绍下：

❑ SS 段（SYNC SEG）为同步段，若通信节点检测到总线上信号的跳变沿被包含在 SS 段的范围之内，则表示节点与总线的时序是同步的。当节点与总线同步时，采样点采集到的总线电平即可被确定为该位的电平。SS 段的大小固定为 1Tq。

❑ PTS 段（PROP SEG）为传播时间段，这个时间段是用于补偿网络的物理延时时间，是总线上输入比较器延时和输出驱动器延时总和的两倍。PTS 段的大小可以为 1 ~ 8Tq。

❑ PBS1 段（PHASE SEG1）为相位缓冲段，主要用来补偿边沿阶段的误差，它的时间长度在重新同步的时候可以加长。PBS1 段的初始大小可以为 1 ~ 8Tq。

❑ PBS2 段（PHASE SEG2）是另一个相位缓冲段，也是用来补偿边沿阶段误差的，它的时间长度在重新同步时可以缩短。PBS2 段的初始大小可以为 2 ~ 8Tq。

（2）通信的波特率

总线上的各个通信节点只要约定好 1 个 Tq 的时间长度，以及每一个数据位占据多少个 Tq，就可以确定 CAN 通信的波特率。

例如，假设上图中的 1Tq=1μs，而每个数据位由 19 个 Tq 组成，则传输一位数据需要时间 T_{1bit}=19μs，从而每秒可以传输的数据位个数为：

$$1 \times 10^6/19 = 52631.6（bps）$$

这个每秒可传输的数据位的个数即为通信中的波特率。

（3）同步过程分析

波特率只是约定了每个数据位的长度，数据同步还涉及相位的细节，这个时候就需要用到数据位内的 SS、PTS、PBS1 及 PBS2 段了。

根据对段的应用方式差异，CAN 的数据同步分为硬同步和重新同步。其中硬同步只是当存在"帧起始信号"时起作用，无法确保后续一连串的位时序都是同步的，而重新同步方式可解决该问题。这两种方式具体介绍如下：

1）硬同步

若某个 CAN 节点通过总线发送数据时，它会发送一个表示通信起始的信号（即下面介绍的帧起始信号），该信号是一个由高变低的下降沿。而挂载到 CAN 总线上的通信节点在不发送数据时，会时刻检测总线上的信号。

见图 37-6，可以看到当总线出现帧起始信号时，某节点检测到总线的帧起始信号不在节点内部时序的 SS 段范围，所以判断它自己的内部时序与总线不同步，因而这个状态的采样点采集得的数据是不正确的。所以节点以硬同步的方式调整，把自己的位时序中的 SS 段平移至总线出现下降沿的部分，获得同步，同步后采样点就可以采集到正确数据了。

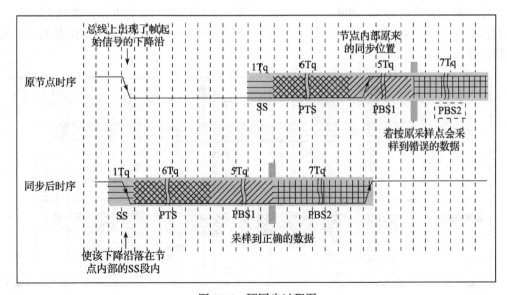

图 37-6　硬同步过程图

2）重新同步

前面的硬同步只是当存在帧起始信号时才起作用，如果在一帧很长的数据内，节点信号与总线信号相位有偏移时，这种同步方式就无能为力了。因而需要引入重新同步方式，它利用普通数据位的高至低电平的跳变沿来同步（帧起始信号是特殊的跳变沿）。重新同步与硬同步方式相似的地方是它们都使用 SS 段来进行检测，同步的目的都是使节点内的 SS 段把跳变沿包含起来。

重新同步的方式分为超前和滞后两种情况，以总线跳变沿与 SS 段的相对位置进行区分。第 1 种相位超前的情况如图 37-7 所示，节点从总线的边沿跳变中，检测到它内部的时序比总线的时序相对超前 2Tq，这时控制器在下一个位时序中的 PBS1 段增加 2Tq 的时间长度，使得节点与总线时序重新同步。

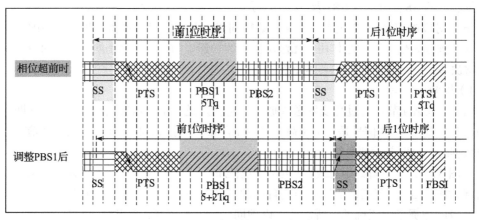

图 37-7　相位超前时的重新同步

第 2 种相位滞后的情况如图 37-8 所示，节点从总线的边沿跳变中，检测到它的时序比总线的时序相对滞后 2Tq，这时控制器在前一个位时序中的 PBS2 段减少 2Tq 的时间长度，获得同步。

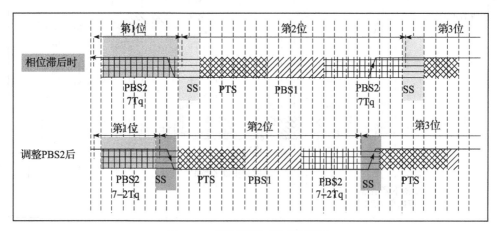

图 37-8　相位滞后时的重新同步

在重新同步的时候，PBS1 和 PBS2 中增加或减少的这段时间长度被定义为"重新同步补偿宽度 SJW"（reSynchronization Jump Width）。一般来说，CAN 控制器会限定 SJW 的最大值，如限定了最大 SJW=3Tq 时，单次同步调整的时候不能增加或减少超过 3Tq 的时间长度，若有需要，控制器会通过多次小幅度调整来实现同步。当控制器设置的 SJW 极限值较大时，可以吸收的误差加大，但通信的速度会下降。

2. CAN 的报文种类及结构

在 SPI 通信中，片选、时钟信号、数据输入及数据输出这 4 个信号都有单独的信号线，I²C 协议包含有时钟信号及数据信号 2 条信号线，异步串口包含接收与发送 2 条信号线，这些协议包含的信号都比 CAN 协议要丰富，它们能轻易进行数据同步或区分数据传输方向。而 CAN 使用的是两条差分信号线，只能表达一个信号，简洁的物理层决定了 CAN 必然要配上一套更复杂的协议。如何用一个信号通道实现同样、甚至更强大的功能呢？CAN 协议给出的解决方案是：对数据、操作命令（如读 / 写）以及同步信号进行打包。打包后的这些内容称为报文。

（1）报文的种类

在原始数据段的前面加上传输起始标签、片选（识别）标签和控制标签，在数据的尾段加上 CRC 校验标签、应答标签和传输结束标签，把这些内容按特定的格式打包好，就可以用一个通道表达各种信号了。各种各样的标签就如同 SPI 中各种通道上的信号，起到了协同传输的作用。当整个数据包被传输到其他设备时，只要这些设备按格式去解读，就能还原出原始数据，这样的报文就被称为 CAN 的"数据帧"。

为了更有效地控制通信，CAN 一共规定了 5 种类型的帧，它们的类型及用途说明见表 37-2。

表 37-2　帧的种类及其用途

帧	帧　用　途
数据帧	用于节点向外传送数据
遥控帧	用于向远端节点请求数据
错误帧	用于向远端节点通知校验错误，请求重新发送上一个数据
过载帧	用于通知远端节点：本节点尚未做好接收准备
帧间隔	用于将数据帧及遥控帧与前面的帧分离开来

（2）数据帧的结构

数据帧是在 CAN 通信中最主要、最复杂的报文，我们来了解它的结构，见图 37-9。

数据帧以一个显性位（逻辑 0）开始，以 7 个连续的隐性位（逻辑 1）结束，在它们之间还有仲裁段、控制段、数据段、CRC 段和 ACK 段。

1）帧起始

SOF（Start Of Frame）段译为帧起始，帧起始信号只有一个数据位，是一个显性电平。它用于通知各个节点将有数据传输，其他节点通过帧起始信号的电平跳变沿来进行硬同步。

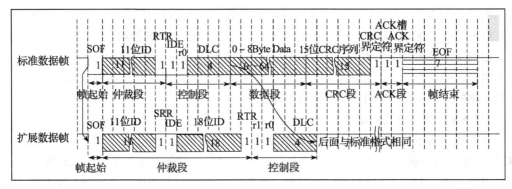

图 37-9　数据帧的结构

2）仲裁段

当同时有两个报文被发送时，总线会根据仲裁段的内容决定哪个数据包能被传输，这也是它名称的由来。

仲裁段的内容主要为本数据帧的 ID 信息（标识符），数据帧具有标准格式和扩展格式两种，区别就在于 ID 信息的长度，标准格式的 ID 为 11 位，扩展格式的 ID 为 29 位，它在标准 ID 的基础上多出 18 位。在 CAN 协议中，ID 起着重要的作用，它决定着数据帧发送的优先级，也决定着其他节点是否会接收这个数据帧。CAN 协议不对挂载在它之上的节点分配优先级和地址，对总线的占有权是由信息的重要性决定的，即对于重要的信息，我们会给它打包上一个优先级高的 ID，使它能够及时地发送出去。也正因为这样的优先级分配原则，使得 CAN 的扩展性大大加强，在总线上增加或减少节点并不影响其他设备。

报文的优先级是通过对 ID 的仲裁来确定的。根据前面对物理层的分析我们知道，如果总线上同时出现显性电平和隐性电平，总线的状态会被置为显性电平。CAN 正是利用这个特性进行仲裁的。

若两个节点同时竞争 CAN 总线的占有权，当它们发送报文时，若首先出现隐性电平，则会失去对总线的占有权，进入接收状态。见图 37-10，在开始阶段，两个设备发送的电平一样，所以它们一直继续发送数据。到了图中箭头所指的时序处，节点单元 1 发送的为隐性电平，而此时节点单元 2 发送的为显性电平，由于总线的"线与"特性使它表达出显示电平，因此单元 2 竞争总线成功，这个报文得以被继续发送出去。

仲裁段 ID 的优先级也影响着接收设备对报文的反应。因为在 CAN 总线上数据是以广播的形式发送的，所有连接在 CAN 总线上的节点都会收到所有其他节点发出的有效数据，因而我们的 CAN 控制器大多具有根据 ID 过滤报文的功能，它可以控制自己只接收某些 ID 的报文。

回看图 37-9 中的数据帧结构，可看到仲裁段除了报文 ID 外，还有 RTR、IDE 和 SRR 位。

❑ RTR 位（Remote Transmission Request Bit），译作远程传输请求位，它用于区分数据帧和遥控帧，当它为显性电平时表示数据帧，隐性电平时表示遥控帧。

❑ IDE 位（Identifier Extension Bit），译作标识符扩展位，它用于区分标准格式与扩展格式，当它为显性电平时表示标准格式，隐性电平时表示扩展格式。

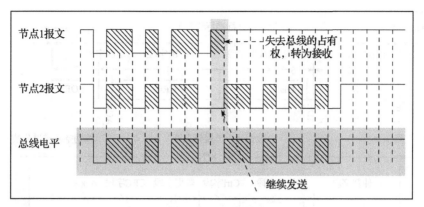

图 37-10　仲裁过程

❑ SRR 位（Substitute Remote Request Bit）只存在于扩展格式中，它用于替代标准格式中的 RTR 位。由于扩展帧中的 SRR 位为隐性位，RTR 在数据帧为显性位，所以在两个 ID 相同的标准格式报文与扩展格式报文中，标准格式的优先级较高。

3）控制段

在控制段中的 r1 和 r0 为保留位，默认设置为显性位。它最主要的是 DLC 段（Data Length Code），译为数据长度码，它由 4 个数据位组成，用于表示本报文中的数据段含有多少个字节，DLC 段表示的数字为 0 ~ 8。

4）数据段

数据段为数据帧的核心内容，它是节点要发送的原始信息，由 0 ~ 8 个字节组成，MSB 先行。

5）CRC 段

为了保证报文的正确传输，CAN 的报文包含了一段 15 位的 CRC 校验码，一旦接收节点算出的 CRC 码跟接收到的 CRC 码不同，则它会向发送节点反馈出错信息，利用错误帧请求它重新发送。CRC 部分的计算一般由 CAN 控制器硬件完成，出错时的处理则由软件控制最大重发数。

在 CRC 校验码之后，有一个 CRC 界定符，它为隐性位，主要作用是把 CRC 校验码与后面的 ACK 段间隔开。

6）ACK 段

ACK 段包括一个 ACK 槽位和 ACK 界定符位。类似 I²C 总线，在 ACK 槽位中，发送节点发送的是隐性位，而接收节点则在这一位中发送显性位以示应答。在 ACK 槽和帧结束之间由 ACK 界定符间隔开。

7）帧结束

EOF（End Of Frame）段译为帧结束，帧结束段由发送节点发送的 7 个隐性位表示结束。

（3）其他报文的结构

关于其他的 CAN 报文结构，不再展开讲解，其主要内容见图 37-11。

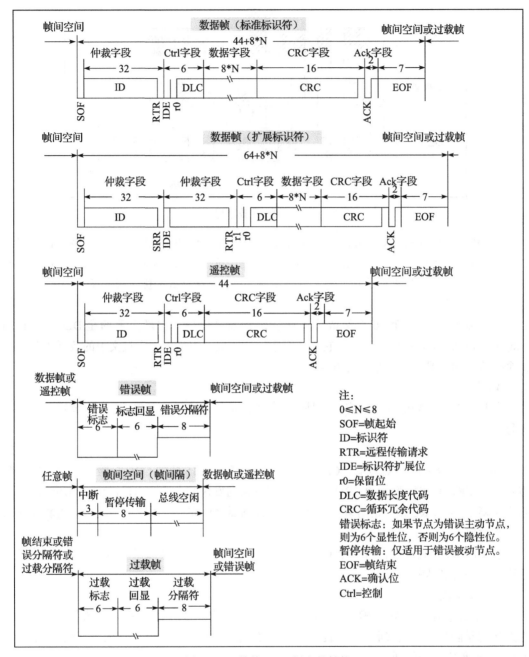

图 37-11 其他 CAN 报文的结构

37.2 STM32 的 CAN 外设简介

STM32 芯片中有 bxCAN（Basic Extended CAN）控制器，支持 CAN 协议 2.0A 和 2.0B 标准。

　　该 CAN 控制器支持最高的通信速率为 1Mbps；可以自动接收和发送 CAN 报文，支持使用标准 ID 和扩展 ID 的报文；外设中具有 3 个发送邮箱，发送报文的优先级可以使用软件控制，还可以记录发送的时间；具有两个 3 级深度的接收 FIFO，可使用过滤功能只接收或不接收某些 ID 号的报文；可配置成自动重发；不支持使用 DMA 进行数据收发。

　　STM32 的 CAN 外设架构见图 37-12。

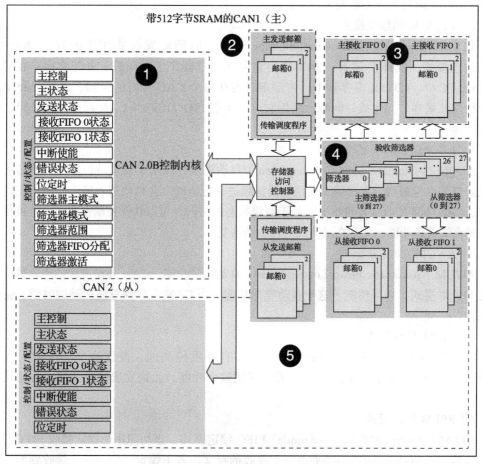

图 37-12　STM32 的 CAN 外设架构图

　　STM32 的有两组 CAN 控制器，其中 CAN1 是主设备，框图中的"存储访问控制器"是由 CAN1 控制的，CAN2 无法直接访问存储区域，所以使用 CAN2 的时候必须使能 CAN1 外设的时钟。框图中主要包含 CAN 控制内核、发送邮箱、接收 FIFO 以及验收筛选器。下面对框图中的各个部分进行介绍。

1. CAN 控制内核

　　图 37-12 中标号①处的 CAN 控制内核包含了各种控制寄存器及状态寄存器，我们主要讲解其中的主控制寄存器 CAN_MCR 及位定时器 CAN_BTR。

（1）主控制寄存器 CAN_MCR

主控制寄存器 CAN_MCR 负责管理 CAN 的工作模式，它使用以下寄存器位实现控制。

1）DBF 调试冻结功能

DBF（Debug freeze）调试冻结，使用它可设置 CAN 处于工作状态或禁止收发的状态，禁止收发时仍可访问接收 FIFO 中的数据。这两种状态是当 STM32 芯片处于程序调试模式时才使用的，平时使用并不影响。

2）TTCM 时间触发模式

TTCM（Time triggered communication mode）时间触发模式用于配置 CAN 的时间触发通信模式。在此模式下，CAN 使用它内部定时器产生时间戳，并把它保存在 CAN_RDTxR、CAN_TDTxR 寄存器中。内部定时器在每个 CAN 位时间累加，在接收和发送的帧起始位被采样，并生成时间戳。利用它可以实现 ISO 11898-4 CAN 标准的分时同步通信功能。

3）ABOM 自动离线管理

ABOM（Automatic bus-off management）自动离线管理用于设置是否使用自动离线管理功能。当节点检测到它发送错误或接收错误超过一定值时，会自动进入离线状态，在离线状态中，CAN 不能接收或发送报文。处于离线状态的时候，可以软件控制恢复或者直接使用这个自动离线管理功能，它会在适当的时候自动恢复。

4）AWUM 自动唤醒

AWUM（Automatic bus-off management）自动唤醒功能，CAN 外设可以使用软件进入低功耗的睡眠模式，如果使能了这个自动唤醒功能，当 CAN 检测到总线活动的时候，会自动唤醒。

5）NART 自动重传

NART（No automatic retransmission）报文自动重传功能，设置这个功能后，当报文发送失败时会自动重传至成功为止。若不使用这个功能，无论发送结果如何，消息只发送一次。

6）RFLM 锁定模式

RFLM（Receive FIFO locked mode）FIFO 锁定模式，该功能用于锁定接收 FIFO。锁定后，当接收 FIFO 溢出时，会丢弃下一个接收的报文。若不锁定，则下一个接收到的报文会覆盖原报文。

7）TXFP 报文发送优先级的判定方法

TXFP（Transmit FIFO priority）报文发送优先级的判定方法，当 CAN 外设的发送邮箱中有多个待发送报文时，本功能可以控制它是根据报文的 ID 优先级还是报文存进邮箱的顺序来发送。

（2）位时序寄存器 CAN_BTR 及波特率

CAN 外设中的位时序寄存器 CAN_BTR 用于配置测试模式、波特率以及各种位内的段参数。

1）测试模式

为方便调试，STM32 的 CAN 提供了测试模式，配置位时序寄存器 CAN_BTR 的 SILM 及 LBKM 寄存器位可以控制使用正常模式、静默模式、回环模式及静默回环模式，见图 37-13。

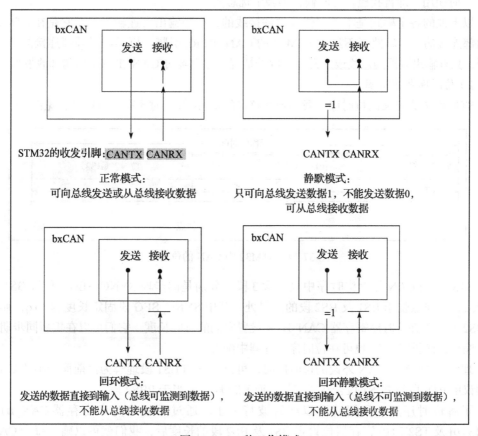

图 37-13　4 种工作模式

各个工作模式介绍如下：

☐ 正常模式下就是一个正常的 CAN 节点，可以向总线发送数据和接收数据。

☐ 静默模式下，它自己的输出端的逻辑 0 数据会直接传输到它自己的输入端，逻辑 1 可以被发送到总线，所以它不能向总线发送显性位（逻辑 0），只能发送隐性位（逻辑 1）。输入端可以从总线接收内容。由于它只可发送的隐性位不会强制影响总线的状态，所以把它称为静默模式。这种模式一般用于监测，它可以用于分析总线上的流量，但又不会因为发送显性位而影响总线。

☐ 回环模式下，它自己的输出端的所有内容都直接传输到自己的输入端，输出端的内容同时也会被传输到总线上，即也可使用总线监测它的发送内容。输入端只接收自己发送端的内容，不接收来自总线上的内容。使用回环模式可以进行自检。

❑ 回环静默模式是以上两种模式的结合，自己的输出端的所有内容都直接传输到自己的输入端，并且不会向总线发送显性位影响总线，不能通过总线监测它的发送内容。输入端只接收自己发送端的内容，不接收来自总线上的内容。这种方式可以在"热自检"时使用，即自我检查的时候，不会干扰总线。

以上说的各个模式是不需要修改硬件接线的，如当输出直连输入时，它是在 STM32 芯片内部连接的，传输路径不经过 STM32 的 CAN_Tx/Rx 引脚，更不经过外部连接的 CAN 收发器，只有输出数据到总线或从总线接收的情况下才会经过 CAN_Tx/Rx 引脚和收发器。

2）位时序及波特率

STM32 外设定义的位时序与我们前面解释的 CAN 标准时序有一点区别，见图 37-14。

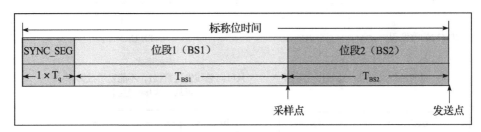

图 37-14　STM32 中 CAN 的位时序

STM32 的 CAN 外设位时序中只包含 3 段，分别是同步段 SYNC_SEG、位段 BS1 及位段 BS2，采样点位于 BS1 及 BS2 段的交界处。其中 SYNC_SEG 段固定长度为 1Tq，而 BS1 及 BS2 段可以在位时序寄存器 CAN_BTR 设置它们的时间长度，它们可以在重新同步期间增长或缩短，该长度 SJW 也可在位时序寄存器中配置。

理解 STM32 的 CAN 外设的位时序时，可以把它的 BS1 段理解为由前面介绍的 CAN 标准协议中 PTS 段与 PBS1 段合在一起的，而 BS2 段就相当于 PBS2 段。

了解位时序后，我们就可以配置波特率了。通过配置位时序寄存器 CAN_BTR 的 TS1[3：0] 及 TS2[2：0] 寄存器位设定 BS1 及 BS2 段的长度后，我们就可以确定每个 CAN 数据位的时间。

BS1 段时间：$T_{BS1} = Tq \times (TS1[3：0] + 1)$

BS2 段时间：$T_{BS2} = Tq \times (TS2[2：0] + 1)$

一个数据位的时间：

$$T_{1bit} = 1Tq + T_{BS1} + T_{BS2} = 1 + (TS1[3：0] + 1) + (TS2[2：0] + 1) = N\,Tq$$

其中单个时间片的长度 Tq 与 CAN 外设的所挂载的时钟总线及分频器配置有关，CAN1 和 CAN2 外设都是挂载在 APB1 总线上的，而位时序寄存器 CAN_BTR 中的 BRP[9：0] 寄存器位可以设置 CAN 外设时钟的分频值，所以：

$$Tq = (BRP[9：0]+1) \times T_{PCLK}$$

其中的 PCLK 指 APB1 时钟，默认值为 45MHz。

最终可以计算出 CAN 通信的波特率：

BaudRate=1/N Tq

例如，表 37-3 说明了一种把波特率配置为 1Mbps 的方式。

表 37-3　一种配置波特率为 1Mbps 的方式

参　数	说　明
SYNC_SE 段	固定为 1Tq
BS1 段	设置为 5Tq（实际写入 TS1[3：0] 的值为 4）
BS2 段	设置为 3Tq（实际写入 TS2[2：0] 的值为 2）
T_{PCLK}	APB1 按默认配置为 F = 45MHz，T_{PCLK} = 1/45M
CAN 外设时钟分频	设置为 5 分频（实际写入 BRP[9：0] 的值为 4）
1Tq 时间长度	Tq = (BRP [9：0] + 1) × T_{PCLK} = 5 × 1/45M = 1/9M
1 位的时间长度	T_{1bit} = 1Tq + T_{BS1} + T_{BS2} = 1 + 5 + 3 = 9Tq
波特率	BaudRate = 1/N Tq = 1/(1/9M × 9) = 1Mbps

2. CAN 发送邮箱

图 37-12 的 CAN 外设框图中标号②处的是 CAN 外设的发送邮箱，一共有 3 个，即最多可以缓存 3 个待发送的报文。

每个发送邮箱中包含标识符寄存器 CAN_TIxR、数据长度控制寄存器 CAN_TDTxR 及 2 个数据寄存器 CAN_TDLxR、CAN_TDHxR，它们的功能见表 37-4。

表 37-4　发送邮箱的寄存器

寄存器名	功　能
标识符寄存器 CAN_TIxR	存储待发送报文的 ID、扩展 ID、IDE 位及 RTR 位
数据长度控制寄存器 CAN_TDTxR	存储待发送报文的 DLC 段
低位数据寄存器 CAN_TDLxR	存储待发送报文数据段的 Data0 ~ Data3 这 4 个字节的内容
高位数据寄存器 CAN_TDHxR	存储待发送报文数据段的 Data4 ~ Data7 这 4 个字节的内容

当我们要使用 CAN 外设发送报文时，把报文的各个段分解，按位置写入这些寄存器中，并对标识符寄存器 CAN_TIxR 中的发送请求寄存器位 TMIDxR_TXRQ 置 1，即可把数据发送出去。

其中标识符寄存器 CAN_TIxR 中的 STDID 寄存器位比较特别。我们知道 CAN 的标准标识符的总位数为 11 位，而扩展标识符的总位数为 29 位。当报文使用扩展标识符的时候，标识符寄存器 CAN_TIxR 中的 STDID[10：0] 等效于 EXTID[18：28] 位，它与 EXTID[17：0] 共同组成完整的 29 位扩展标识符。

3. CAN 接收 FIFO

图 37-12 的 CAN 外设框图中标号③处的是 CAN 外设的接收 FIFO，一共有 2 个，每个 FIFO 中有 3 个邮箱，即最多可以缓存 6 个接收到的报文。当接收到报文时，FIFO 的报

文计数器会自增，而 STM32 内部读取 FIFO 数据之后，报文计数器会自减。我们通过状态寄存器可获知报文计数器的值，而通过前面主控制寄存器的 RFLM 位，可设置锁定模式，锁定模式下 FIFO 溢出时会丢弃新报文，非锁定模式下 FIFO 溢出时新报文会覆盖旧报文。

跟发送邮箱类似，每个接收 FIFO 中包含标识符寄存器 CAN_RIxR、数据长度控制寄存器 CAN_RDTxR 及 2 个数据寄存器 CAN_RDLxR、CAN_RDHxR，它们的功能见表 37-5。

表 37-5 发送邮箱的寄存器

寄存器名	功　　能
标识符寄存器 CAN_RIxR	存储收到报文的 ID、扩展 ID、IDE 位及 RTR 位
数据长度控制寄存器 CAN_RDTxR	存储收到报文的 DLC 段
低位数据寄存器 CAN_RDLxR	存储收到报文数据段的 Data0 ~ Data3 这 4 个字节的内容
高位数据寄存器 CAN_RDHxR	存储收到报文数据段的 Data4 ~ Data7 这 4 个字节的内容

通过中断或状态寄存器知道接收 FIFO 中有数据后，我们再读取这些寄存器的值，即可把接收到的报文加载到 STM32 的内存中。

4. 验收筛选器

图 37-12 的 CAN 外设框图中标号④处的是 CAN 外设的验收筛选器，一共有 28 个筛选器组，每个筛选器组有 2 个寄存器。CAN1 和 CAN2 共用筛选器。

在 CAN 协议中，消息的标识符与节点地址无关，但与消息内容有关。因此，发送节点将报文广播给所有接收器时，接收节点会根据报文标识符的值来确定软件是否需要该消息，为了简化软件的工作，STM32 的 CAN 外设接收报文前会先使用验收筛选器检查，只接收需要的报文到 FIFO 中。

筛选器工作的时候，可以调整筛选 ID 的长度及过滤模式。根据筛选 ID 长度分类有以下两种尺度：

1）检查 STDID[10∶0]、EXTID[17∶0]、IDE 和 RTR 位，一共 31 位。

2）检查 STDID[10∶0]、RTR、IDE 和 EXTID[17∶15]，一共 16 位。

通过配置筛选尺度寄存器 CAN_FS1R 的 FSCx 位可以设置筛选器工作在哪个尺度。

而根据过滤的方法分有以下两种模式：

1）标识符列表模式，它把要接收报文的 ID 列成一个表，要求报文 ID 与列表中的某一个标识符完全相同才可以接收。可以理解为"白名单"管理。

2）掩码模式，它把可接收报文 ID 的某几位作为列表，这几位被称为掩码。可以把它理解成关键字搜索，只要掩码（关键字）相同，就符合要求，报文就会被保存到接收 FIFO。

通过配置筛选模式寄存器 CAN_FM1R 的 FBMx 位可以设置筛选器工作在哪个模式。

不同的尺度和不同的过滤方法可使筛选器工作在如图 37-15 所示的 4 种状态。

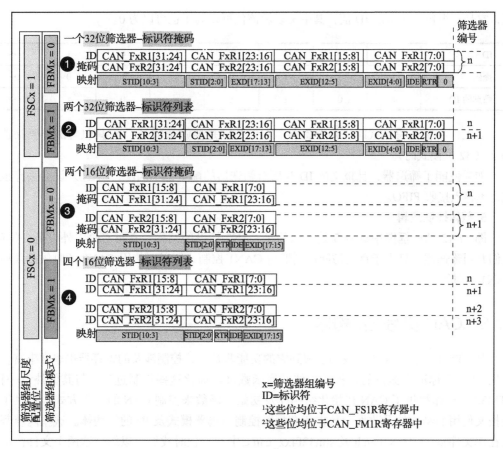

图 37-15　筛选器的 4 种工作状态

每组筛选器包含 2 个 32 位的寄存器，分别为 CAN_FxR1 和 CAN_FxR2，它们用来存储要筛选的 ID 或掩码，各个寄存器位代表的意义与图中两个寄存器下面"映射"一栏一致，各个模式的说明见表 37-6。

表 37-6　筛选器的工作状态说明

模　式	说　明
32 位掩码模式	CAN_FxR1 存储 ID，CAN_FxR2 存储哪个位必须与 CAN_FxR1 中的 ID 一致，两个寄存器表示一组掩码
32 位标识符模式	CAN_FxR1 和 CAN_FxR2 各存储 1 个 ID，两个寄存器表示两个筛选的 ID
16 位掩码模式	CAN_FxR1 高 16 位存储 ID，低 16 位存储哪个位必须与高 16 位的 ID 一致 CAN_FxR2 高 16 位存储 ID，低 16 位存储哪个位必须与高 16 位的 ID 一致 两个寄存器表示两组掩码
16 位标识符模式	CAN_FxR1 和 CAN_FxR2 各存储两个 ID，两个寄存器表示 4 个筛选的 ID

例如下面的表格所示，在掩码模式时，第 1 个寄存器存储要筛选的 ID，第 2 个寄存器存储掩码，掩码为 1 的部分表示该位必须与 ID 中的内容一致，筛选的结果为表中第 3 行的 ID

值，它是一组包含多个的 ID 值，其中 x 表示该位可以为 1 也可以为 0。

ID	1	0	1	1	1	0	1	⋯
掩码	1	1	1	0	0	1	0	⋯
筛选的 ID	1	0	1	x	x	0	x	⋯

而工作在标识符模式时，两个寄存器存储的都是要筛选的 ID，它只包含两个要筛选的 ID 值（32 位模式时）。

如果使能了筛选器，且报文的 ID 与所有筛选器的配置都不匹配，CAN 外设会丢弃该报文，不存入接收 FIFO。

5. 整体控制逻辑

图 37-12 结构框图中标号⑤处表示的是 CAN2 外设的结构，它与 CAN1 外设是一样的，它们共用筛选器，且由于存储访问控制器由 CAN1 控制，所以要使用 CAN2 的时候必须使能 CAN1 的时钟。

37.3 CAN 初始化结构体

从 STM32 的 CAN 外设我们了解到它的功能非常多，控制涉及的寄存器也非常丰富，而使用 STM32 标准库提供的各种结构体及库函数可以简化这些控制过程。与其他外设一样，STM32 标准库提供了 CAN 初始化结构体及初始化函数来控制 CAN 的工作方式，提供了收发报文使用的结构体及收发函数，还有配置控制筛选器模式及 ID 的结构体。这些内容都定义在库文件 stm32f4xx_can.h 及 stm32f4xx_can.c 中，编程时我们可以结合这两个文件内的注释使用或参考库帮助文档。

首先我们来学习初始化结构体的内容，见代码清单 37-1。

代码清单 37-1　CAN 初始化结构体

```
1 /**
2   * @brief  CAN 初始化结构体
3   */
4 typedef struct {
5     uint16_t CAN_Prescaler;       /* 配置 CAN 外设的时钟分频，可设置为 1~1024*/
6     uint8_t CAN_Mode;             /* 配置 CAN 的工作模式，回环或正常模式 */
7     uint8_t CAN_SJW;              /* 配置 SJW 极限值 */
8     uint8_t CAN_BS1;              /* 配置 BS1 段长度 */
9     uint8_t CAN_BS2;              /* 配置 BS2 段长度 */
10    FunctionalState CAN_TTCM;     /* 是否使能 TTCM 时间触发功能 */
11    FunctionalState CAN_ABOM;     /* 是否使能 ABOM 自动离线管理功能 */
12    FunctionalState CAN_AWUM;     /* 是否使能 AWUM 自动唤醒功能 */
13    FunctionalState CAN_NART;     /* 是否使能 NART 自动重传功能 */
14    FunctionalState CAN_RFLM;     /* 是否使能 RFLM 锁定 FIFO 功能 */
15    FunctionalState CAN_TXFP;     /* 配置 TXFP 报文优先级的判定方法 */
16 } CAN_InitTypeDef;
```

　　这些结构体成员说明如下，其中括号内的文字是对应参数在 STM32 标准库中定义的宏，这些结构体成员都是 37.2 节介绍的内容，可对比阅读。

　　（1）CAN_Prescaler

　　本成员设置 CAN 外设的时钟分频，它可控制时间片 Tq 的时间长度，这里设置的值最终减 1 后再写入 BRP 寄存器位，即前面介绍的 Tq 计算公式：

$$Tq = (BRP[9:0] + 1) \times T_{PCLK}$$

等效于：

$$Tq = CAN\_Prescaler \times T_{PCLK}$$

　　（2）CAN_Mode

　　本成员设置 CAN 的工作模式，可设置为正常模式（CAN_Mode_Normal）、回环模式（CAN_Mode_LoopBack）、静默模式（CAN_Mode_Silent）以及回环静默模式（CAN_Mode_Silent_LoopBack）。

　　（3）CAN_SJW

　　本成员可以配置 SJW 的极限长度，即 CAN 重新同步时单次可增加或缩短的最大长度，它可以被配置为 1 ～ 4Tq（CAN_SJW_1/2/3/4tq）。

　　（4）CAN_BS1

　　本成员用于设置 CAN 位时序中的 BS1 段的长度，它可以被配置为 1 ～ 16 个 Tq 长度（CAN_BS1_1/2/3…16tq）。

　　（5）CAN_BS2

　　本成员用于设置 CAN 位时序中的 BS2 段的长度，它可以被配置为 1 ～ 8 个 Tq 长度（CAN_BS2_1/2/3…8tq）。

　　SYNC_SEG、BS1 段及 BS2 段的长度加起来即一个数据位的长度，即前面介绍的原来计算公式：

$$T_{1bit} = 1Tq + T_{BS1} + T_{BS2} = 1 + (TS1[3:0] + 1) + (TS2[2:0] + 1)$$

等效于：　$T_{1bit} = 1Tq + CAN\_BS1 + CAN\_BS2$

　　（6）CAN_TTCM

　　本成员用于设置是否使用时间触发功能（ENABLE/DISABLE）。时间触发功能在某些 CAN 标准中会使用到。

　　（7）CAN_ABOM

　　本成员用于设置是否使用自动离线管理（ENABLE/DISABLE）。使用自动离线管理可以在节点出错离线后适时自动恢复，不需要软件干预。

　　（8）CAN_AWUM

　　本成员用于设置是否使用自动唤醒功能（ENABLE/DISABLE）。使能自动唤醒功能后它会在监测到总线活动后自动唤醒。

　　（9）CAN_ABOM

　　本成员用于设置是否使用自动离线管理功能（ENABLE/DISABLE）。使用自动离线管理可以在出错时离线后适时自动恢复，不需要软件干预。

（10）CAN_NART

本成员用于设置是否使用自动重传功能（ENABLE/DISABLE）。使用自动重传功能时，会一直发送报文直到成功为止。

（11）CAN_RFLM

本成员用于设置是否使用锁定接收 FIFO（ENABLE/DISABLE）。锁定接收 FIFO 后，若 FIFO 溢出时会丢弃新数据，否则在 FIFO 溢出时以新数据覆盖旧数据。

（12）CAN_TXFP

本成员用于设置发送报文的优先级判定方法（ENABLE/DISABLE）。使能时，以报文存入发送邮箱的先后顺序来发送，否则按照报文 ID 的优先级来发送。

配置完这些结构体成员后，我们调用库函数 CAN_Init，即可把这些参数写入 CAN 控制寄存器中，实现 CAN 的初始化。

37.4　CAN 发送及接收结构体

在发送或接收报文时，需要往发送邮箱中写入报文信息或从接收 FIFO 中读取报文信息，利用 STM32 标准库的发送及接收结构体可以方便地完成这样的工作。它们的定义见代码清单 37-2。

代码清单 37-2　CAN 发送及接收结构体

```
1  /**
2    * @brief  CAN Tx message structure definition
3    * 发送结构体
4    */
5  typedef struct {
6      uint32_t StdId;   /* 存储报文的标准标识符 11 位, 0~0x7FF */
7      uint32_t ExtId;   /* 存储报文的扩展标识符 29 位, 0~0x1FFFFFFF */
8      uint8_t IDE;      /* 存储 IDE 扩展标志 */
9      uint8_t RTR;      /* 存储 RTR 远程帧标志 */
10     uint8_t DLC;      /* 存储报文数据段的长度, 0~8 */
11     uint8_t Data[8];  /* 存储报文数据段的内容 */
12 } CanTxMsg;
13
14 /**
15   * @brief  CAN Rx message structure definition
16   * 接收结构体
17   */
18 typedef struct {
19     uint32_t StdId;   /* 存储了报文的标准标识符 11 位, 0~0x7FF */
20     uint32_t ExtId;   /* 存储了报文的扩展标识符 29 位, 0~0x1FFFFFFF */
21     uint8_t IDE;      /* 存储了 IDE 扩展标志 */
22     uint8_t RTR;      /* 存储了 RTR 远程帧标志 */
23     uint8_t DLC;      /* 存储了报文数据段的长度, 0~8 */
24     uint8_t Data[8];  /* 存储了报文数据段的内容 */
```

```
25      uint8_t FMI;      /* 存储了本报文是由经过筛选器存储进 FIFO 的, 0~0xFF */
26  } CanRxMsg;
```

这些结构体成员都是 37.2 节介绍的内容，可对比阅读。发送结构体与接收结构体是类似的，只是接收结构体多了一个 FMI 成员，说明如下：

（1）StdId

本成员存储的是报文的 11 位标准标识符，范围是 0 ~ 0x7FF。

（2）ExtId

本成员存储的是报文的 29 位扩展标识符，范围是 0 ~ 0x1FFFFFFF。ExtId 与 StdId 这两个成员根据下面的 IDE 位配置，只有一个是有效的。

（3）IDE

本成员存储的是扩展标志 IDE 位，当它的值为宏 CAN_ID_STD 时表示本报文是标准帧，使用 StdId 成员存储报文 ID；当它的值为宏 CAN_ID_EXT 时表示本报文是扩展帧，使用 ExtId 成员存储报文 ID。

（4）RTR

本成员存储的是报文类型标志 RTR 位，当它的值为宏 CAN_RTR_Data 时表示本报文是数据帧；当它的值为宏 CAN_RTR_Remote 时表示本报文是遥控帧。由于遥控帧没有数据段，所以当报文是遥控帧时，下面的 Data[8] 成员的内容是无效的。

（5）DLC

本成员存储的是数据帧数据段的长度，它的值的范围是 0 ~ 8。当报文是遥控帧时 DLC 值为 0。

（6）Data[8]

本成员存储的就是数据帧中数据段的数据。

（7）FMI

本成员只存在于接收结构体，它存储了筛选器的编号，表示本报文是经过哪个筛选器存储进接收 FIFO 的，可以用它来简化软件处理。

当需要使用 CAN 发送报文时，先定义一个上面发送类型的结构体，然后把报文的内容按成员赋值到该结构体中，最后调用库函数 CAN_Transmit 把这些内容写入发送邮箱，即可把报文发送出去。

接收报文时，通过检测标志位获知接收 FIFO 的状态，若收到报文，可调用库函数 CAN_Receive 把接收 FIFO 中的内容读取到预先定义的接收类型结构体中，然后再访问该结构体即可利用报文了。

37.5　CAN 筛选器结构体

CAN 的筛选器有多种工作模式，利用筛选器结构体可方便配置，它的定义见代码清单 37-3。

代码清单 37-3　CAN 筛选器结构体

```
1  /**
2      * @brief  CAN filter init structure definition
3      * CAN 筛选器结构体
4      */
5  typedef struct {
6      uint16_t CAN_FilterIdHigh;              /* CAN_FxR1 寄存器的高 16 位 */
7      uint16_t CAN_FilterIdLow;               /* CAN_FxR1 寄存器的低 16 位 */
8      uint16_t CAN_FilterMaskIdHigh;          /* CAN_FxR2 寄存器的高 16 位 */
9      uint16_t CAN_FilterMaskIdLow;           /* CAN_FxR2 寄存器的低 16 位 */
10     uint16_t CAN_FilterFIFOAssignment;      /* 设置经过筛选后数据存储到哪个接收 FIFO */
11     uint8_t CAN_FilterNumber;               /* 筛选器编号，范围 0~27 */
12     uint8_t CAN_FilterMode;                 /* 筛选器模式 */
13     uint8_t CAN_FilterScale;                /* 设置筛选器的尺度 */
14     FunctionalState CAN_FilterActivation;/* 是否使能本筛选器 */
15 } CAN_FilterInitTypeDef;
```

这些结构体成员都是 37.2 节介绍的内容，可对比阅读。各个结构体成员的介绍如下：

（1）CAN_FilterIdHigh

CAN_FilterIdHigh 成员用于存储要筛选的 ID，若筛选器工作在 32 位模式，它存储的是所筛选 ID 的高 16 位；若筛选器工作在 16 位模式，它存储的就是一个完整的要筛选的 ID。

（2）CAN_FilterIdLow

类似地，CAN_FilterIdLow 成员也是用于存储要筛选的 ID，若筛选器工作在 32 位模式，它存储的是所筛选 ID 的低 16 位；若筛选器工作在 16 位模式，它存储的就是一个完整的要筛选的 ID。

（3）CAN_FilterMaskIdHigh

CAN_FilterMaskIdHigh 存储的内容分两种情况，当筛选器工作在标识符列表模式时，它的功能与 CAN_FilterIdHigh 相同，都是存储要筛选的 ID；而当筛选器工作在掩码模式时，它存储的是 CAN_FilterIdHigh 成员对应的掩码，与 CAN_FilterIdLow 组成一组筛选器。

（4）CAN_FilterMaskIdLow

类似地，CAN_FilterMaskIdLow 存储的内容也分两种情况，当筛选器工作在标识符列表模式时，它的功能与 CAN_FilterIdLow 相同，都是存储要筛选的 ID；而当筛选器工作在掩码模式时，它存储的是 CAN_FilterIdLow 成员对应的掩码，与 CAN_FilterIdLow 组成一组筛选器。

上面 4 个结构体的存储的内容很容易让人糊涂，请结合前面的图 37-15 和下面的表 37-7 理解。如果还搞不清楚，再结合库函数 CAN_FilterInit 的源码来分析。

表 37-7　不同模式下各结构体成员的内容

模　　式	CAN_FilterIdHigh	CAN_FilterIdLow	CAN_FilterMaskIdHigh	CAN_FilterMaskIdLow
32 位列表模式	ID1 的高 16 位	ID1 的低 16 位	ID2 的高 16 位	ID2 的低 16 位
16 位列表模式	ID1 的完整数值	ID2 的完整数值	ID3 的完整数值	ID4 的完整数值
32 位掩码模式	ID1 的高 16 位	ID1 的低 16 位	ID1 掩码的高 16 位	ID1 掩码的低 16 位
16 位掩码模式	ID1 的完整数值	ID2 的完整数值	ID1 掩码的完整数值	ID2 掩码的完整数值

对这些结构体成员赋值的时候，还要注意寄存器位的映射，即注意哪部分代表 STID，哪部分代表 EXID 以及 IDE、RTR 位。

（5）CAN_FilterFIFOAssignment

本成员用于设置当报文通过筛选器的匹配后，该报文会被存储到哪一个接收 FIFO，它的可选值为 FIFO0 或 FIFO1（宏 CAN_Filter_FIFO0/1）。

（6）CAN_FilterNumber

本成员用于设置筛选器的编号，即本过滤器结构体配置的是哪一组筛选器。CAN 一共有 28 个筛选器，所以它的可输入参数范围为 0 ～ 27。

（7）CAN_FilterMode

本成员用于设置筛选器的工作模式，可以设置为列表模式（宏 CAN_FilterMode_IdList）及掩码模式（宏 CAN_FilterMode_IdMask）。

（8）CAN_FilterScale

本成员用于设置筛选器的尺度，可以设置为 32 位长（CAN_FilterScale_32bit）及 16 位长（CAN_FilterScale_16bit）。

（9）CAN_FilterActivation

本成员用于设置是否激活这个筛选器（ENABLE/DISABLE）。

配置完这些结构体成员后，我们调用库函数 CAN_FilterInit 即可把这些参数写入筛选控制寄存器中，从而使用筛选器。我们前面说如果不理解哪几个 ID 结构体成员存储的内容时，可以直接阅读库函数 CAN_FilterInit 的源代码理解，就是因为它直接对寄存器写入内容，代码的逻辑是非常清晰的。

37.6　CAN——双机通信实验

本小节演示如何使用 STM32 的 CAN 外设实现两个设备之间的通信。实验中使用了两个实验板，如果您只有一个实验板，也可以使用 CAN 的回环模式进行测试，不影响学习。为此，我们提供了"CAN——双机通信"及"CAN——回环测试"两个工程，可根据自己的实验环境选择相应的工程来学习。这两个工程的主体都是一样的，本教程主要以"CAN——双机通信"工程进行讲解。

37.6.1　硬件设计

双 CAN 通信实验硬件连接图见图 37-16。

图 37-16 中的是两个实验板的硬件连接。在单个实验板中，作为 CAN 控制器的 STM32 引出 CAN_Tx 和 CAN_Rx 两个引脚与 CAN 收发器 TJA1050 相连，收发器使用 CANH 及 CANL 引脚连接到 CAN 总线网络中。为了方便使用，每个实验板引出的 CANH 及 CANL 都连接了 1 个 120 欧的电阻作为 CAN 总线的端电阻，所以要注意：如果要把实验板作为一个普通节点连接到现有的 CAN 总线时，是不应添加该电阻的。

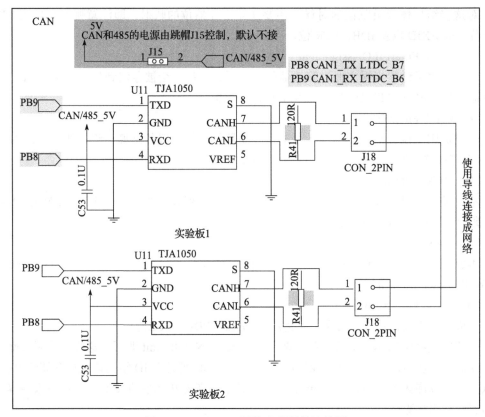

图 37-16 双 CAN 通信实验硬件连接图

要实现通信，我们还要使用导线把实验板引出的 CANH 及 CANL 两条总线连接起来，才能构成完整的网络。实验板之间 CANH1 与 CANH2 连接，CANL1 与 CANL2 连接即可。

要注意的是，由于我们的实验板 CAN 使用的信号线与液晶屏共用了，为防止干扰，平时我们默认是不给 CAN 收发器供电的，使用 CAN 的时候一定要把 CAN 接线端子旁边的 "C/4-5V" 排针使用跳线帽与 "5V" 排针连接起来进行供电，并且把液晶屏从板子上拔下来。

如果您使用的是单机回环测试的工程实验，就不需要使用导线连接板子了，而且也不需要给收发器供电，因为回环模式的信号是不经过收发器的。不过，它还是不能和液晶屏同时使用的。

37.6.2 软件设计

为了使工程更加有条理，我们把 CAN 控制器相关的代码独立出来分开存储，方便以后移植。在 "串口实验" 之上新建 bsp_can.c 及 bsp_can.h 文件，这些文件也可根据个人喜好命名，它们不属于 STM32 标准库的内容，是由我们自己根据应用需要编写的。

1. 编程要点

1）初始化 CAN 通信使用的目标引脚及端口时钟；

2）使能 CAN 外设的时钟；

3）配置 CAN 外设的工作模式、位时序以及波特率；

4）配置筛选器的工作方式；

5）编写测试程序，收发报文并校验。

2. 代码分析

（1）CAN 硬件相关宏定义

我们把 CAN 硬件相关的配置都以宏的形式定义到 bsp_can.h 文件中，见代码清单 37-4。

代码清单 37-4　CAN 硬件配置相关的宏（bsp_can.h 文件）

```
 1
 2  /* CAN 硬件相关的定义 */
 3  #define CANx                    CAN1
 4  #define CAN_CLK                 RCC_APB1Periph_CAN1
 5  /* 接收中断号 */
 6  #define CAN_RX_IRQ              CAN1_RX0_IRQn
 7  /* 接收中断服务函数 */
 8  #define CAN_RX_IRQHandler       CAN1_RX0_IRQHandler
 9
10  /* 引脚 */
11  #define CAN_RX_PIN              GPIO_Pin_8
12  #define CAN_TX_PIN              GPIO_Pin_9
13  #define CAN_TX_GPIO_PORT        GPIOB
14  #define CAN_RX_GPIO_PORT        GPIOB
15  #define CAN_TX_GPIO_CLK         RCC_AHB1Periph_GPIOB
16  #define CAN_RX_GPIO_CLK         RCC_AHB1Periph_GPIOB
17  #define CAN_AF_PORT             GPIO_AF_CAN1
18  #define CAN_RX_SOURCE           GPIO_PinSource8
19  #define CAN_TX_SOURCE           GPIO_PinSource9
```

以上代码根据硬件连接，把与 CAN 通信使用的 CAN 号、引脚号、引脚源以及复用功能映射都以宏封装起来，并且定义了接收中断的中断向量和中断服务函数，我们通过中断来获知接收 FIFO 的信息。

（2）初始化 CAN 的 GPIO

利用上面的宏，编写 CAN 的初始化函数，见代码清单 37-5。

代码清单 37-5　CAN 的 GPIO 初始化函数（bsp_can.c 文件）

```
 1  /*
 2   * 函数名：CAN_GPIO_Config
 3   * 描述  ：CAN 的 GPIO 配置
 4   * 输入  ：无
 5   * 输出  ：无
 6   * 调用  ：内部调用
 7   */
 8  static void CAN_GPIO_Config(void)
 9  {
10      GPIO_InitTypeDef GPIO_InitStructure;
```

```
11
12        /* 使能 GPIO 时钟 */
13        RCC_AHB1PeriphClockCmd(CAN_TX_GPIO_CLK|CAN_RX_GPIO_CLK, ENABLE);
14
15        /* 引脚源 */
16        GPIO_PinAFConfig(CAN_TX_GPIO_PORT, CAN_RX_SOURCE, CAN_AF_PORT);
17        GPIO_PinAFConfig(CAN_RX_GPIO_PORT, CAN_TX_SOURCE, CAN_AF_PORT);
18
19        /* 配置 CAN TX 引脚 */
20        GPIO_InitStructure.GPIO_Pin = CAN_TX_PIN;
21        GPIO_InitStructure.GPIO_Mode = GPIO_Mode_AF;
22        GPIO_InitStructure.GPIO_Speed = GPIO_Speed_50MHz;
23        GPIO_InitStructure.GPIO_OType = GPIO_OType_PP;
24        GPIO_InitStructure.GPIO_PuPd  = GPIO_PuPd_UP;
25        GPIO_Init(CAN_TX_GPIO_PORT, &GPIO_InitStructure);
26
27        /* 配置 CAN RX 引脚 */
28        GPIO_InitStructure.GPIO_Pin = CAN_RX_PIN ;
29        GPIO_InitStructure.GPIO_Mode = GPIO_Mode_AF;
30        GPIO_Init(CAN_RX_GPIO_PORT, &GPIO_InitStructure);
31 }
```

　　与所有使用到 GPIO 的外设一样，都要先把使用到的 GPIO 引脚模式初始化，配置好复用功能。CAN 的两个引脚都配置成通用推挽输出模式即可。

　　（3）配置 CAN 的工作模式

　　接下来我们配置 CAN 的工作模式，由于是两个板子之间进行通信，波特率之类的配置只要两个板子一致即可。如果要使实验板与某个 CAN 总线网络的通信的节点通信，那么实验板的 CAN 配置必须与该总线一致。我们实验中使用的配置见代码清单 37-6。

代码清单 37-6　配置 CAN 的工作模式（bsp_can.c 文件）

```
 1 /*
 2  * 函数名：CAN_Mode_Config
 3  * 描述  ：CAN 的模式 配置
 4  * 输入  ：无
 5  * 输出  ：无
 6  * 调用  ：内部调用
 7  */
 8 static void CAN_Mode_Config(void)
 9 {
10     CAN_InitTypeDef        CAN_InitStructure;
11     /**********************CAN通信参数设置 ***********************/
12     /* Enable CAN clock */
13     RCC_APB1PeriphClockCmd(CAN_CLK, ENABLE);
14
15     /* CAN 寄存器初始化 */
16     CAN_DeInit(CAN1);
17     CAN_StructInit(&CAN_InitStructure);
18
19     /* CAN 单元初始化 */
```

```
20    CAN_InitStructure.CAN_TTCM=DISABLE;           //MCR-TTCM  关闭时间触发通信模式使能
21      CAN_InitStructure.CAN_ABOM=ENABLE;          //MCR-ABOM  使能自动离线管理
22      CAN_InitStructure.CAN_AWUM=ENABLE;          //MCR-AWUM  使用自动唤醒模式
23      CAN_InitStructure.CAN_NART=DISABLE;         //MCR-NART  禁止报文自动重传
24      CAN_InitStructure.CAN_RFLM=DISABLE;         //MCR-RFLM  接收 FIFO 不锁定
25                                                  //溢出时新报文会覆盖原有报文
26      CAN_InitStructure.CAN_TXFP=DISABLE; //MCR-TXFP 发送 FIFO 优先级取决于报文标识符
27      CAN_InitStructure.CAN_Mode = CAN_Mode_Normal;  //正常工作模式
28      CAN_InitStructure.CAN_SJW=CAN_SJW_2tq; //BTR-SJW 重新同步跳跃宽度 2 个时间单元
29
30      /* ss=1 bs1=5 bs2=3 位时间宽度为 (1+5+3) 波特率即为时钟周期 tq*(1+3+5) */
31    CAN_InitStructure.CAN_BS1=CAN_BS1_5tq;        //BTR-TS1  时间段 1 占用了 5 个时间单元
32    CAN_InitStructure.CAN_BS2=CAN_BS2_3tq;        //BTR-TS1  时间段 2 占用了 3 个时间单元
33
34    /* CAN Baudrate=1MBps(1MBps 已为 stm32 的 CAN 最高速率)(CAN 时钟频率为 APB1=45MHz) */
35      //BTR-BRP 波特率分频器   定义了时间单元的时间长度 45/(1+5+3)/5=1 Mbps
36      CAN_InitStructure.CAN_Prescaler =5;
37      CAN_Init(CANx, &CAN_InitStructure);
38  }
```

这段代码主要是把 CAN 的模式设置成了正常工作模式，如果阅读的是"CAN——回环测试"的工程，这里被配置成回环模式，除此之外，两个工程就没有其他差别了。

代码中还把位时序中的 BS1 和 BS2 段分别设置成了 5Tq 和 3Tq，再加上 SYNC_SEG 段，一个 CAN 数据位就是 9Tq 了，加上 CAN 外设的分频配置为 5 分频，CAN 所使用的总线时钟 fAPB1=45MHz，于是我们可计算出它的波特率：

$$1Tq = 1/(45M/5) = 1/9μs$$
$$T_{1bit} = (5 + 3 + 1) \times Tq = 1μs$$
$$波特率 = 1/T_{1bit} = 1Mbps$$

（4）配置筛选器

以上是配置 CAN 的工作模式，为了方便管理接收报文，我们还要把筛选器用起来，见代码清单 37-7。

代码清单 37-7　配置 CAN 的筛选器（bsp_can.c 文件）

```
1
2  /*IDE 位的标志 */
3  #define CAN_ID_STD              ((uint32_t)0x00000000)   /* 标准 ID */
4  #define CAN_ID_EXT              ((uint32_t)0x00000004)   /* 扩展 ID */
5
6  /*RTR 位的标志 */
7  #define CAN_RTR_Data            ((uint32_t)0x00000000)   /* 数据帧 */
8  #define CAN_RTR_Remote          ((uint32_t)0x00000002)   /* 远程帧 */
9
10 /********************************************************************/
11 /*
12  * 函数名: CAN_Filter_Config
13  * 描述  : CAN 的筛选器配置
14  * 输入  : 无
```

```
15   * 输出  : 无
16   * 调用  : 内部调用
17   */
18  static void CAN_Filter_Config(void)
19  {
20       CAN_FilterInitTypeDef   CAN_FilterInitStructure;
21
22       /* CAN 筛选器初始化 */
23       CAN_FilterInitStructure.CAN_FilterNumber=0;  // 筛选器组 0
24       // 工作在掩码模式
25       CAN_FilterInitStructure.CAN_FilterMode=CAN_FilterMode_IdMask;
26       // 筛选器位宽为单个 32 位
27       CAN_FilterInitStructure.CAN_FilterScale=CAN_FilterScale_32bit;
28
29       /* 使能筛选器，按照标志符的内容进行比对筛选
30          扩展 ID 不是如下的就抛弃掉，是的话，会存入 FIFO0 */
31  // 要筛选的 ID 高位，第 0 位保留，第 1 位为 RTR 标志，第 2 位为 IDE 标志，从第 3 位开始是 EXID
32  CAN_FilterInitStructure.CAN_FilterIdHigh=
33                 ((((u32)0x1314<<3)|CAN_ID_EXT|CAN_RTR_DATA)&0xFFFF0000)>>16;
34       // 要筛选的 ID 低位
35       CAN_FilterInitStructure.CAN_FilterIdLow=
36                 (((u32)0x1314<<3)|CAN_ID_EXT|CAN_RTR_DATA)&0xFFFF;
37       // 筛选器高 16 位每位必须匹配
38       CAN_FilterInitStructure.CAN_FilterMaskIdHigh= 0xFFFF;
39       // 筛选器低 16 位每位必须匹配
40       CAN_FilterInitStructure.CAN_FilterMaskIdLow= 0xFFFF;
41       // 筛选器被关联到 FIFO0
42       CAN_FilterInitStructure.CAN_FilterFIFOAssignment=CAN_Filter_FIFO0 ;
43       // 使能筛选器
44       CAN_FilterInitStructure.CAN_FilterActivation=ENABLE;
45
46       CAN_FilterInit(&CAN_FilterInitStructure);
47       /* CAN 通信中断使能 */
48       CAN_ITConfig(CANx, CAN_IT_FMP0, ENABLE);
49  }
```

这段代码把筛选器第 0 组配置成了 32 位的掩码模式，并且把它的输出连接到接收 FIFO0，若通过了筛选器的匹配，报文会被存储到接收 FIFO0。

筛选器配置的重点是配置 ID 和掩码，根据我们的配置，这个筛选器工作在如图 37-17 所示的模式。

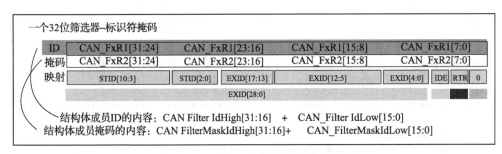

图 37-17　一个 32 位的掩码模式筛选器

在该配置中，结构体成员 CAN_FilterIdHigh 和 CAN_FilterIdLow 存储的是要筛选的 ID，而 CAN_FilterMaskIdHigh 和 CAN_FilterMaskIdLow 存储的是相应的掩码。在赋值时，要注意寄存器位的映射，在 32 位的 ID 中，第 0 位是保留位，第 1 位是 RTR 标志，第 2 位是 IDE 标志，从第 3 位起才是报文的 ID（扩展 ID）。

因此在上述代码中我们先把扩展 ID "0x1314"、IDE 位标志 "宏 CAN_ID_EXT" 以及 RTR 位标志 "宏 CAN_RTR_DATA" 根据寄存器位映射组成一个 32 位的数据，然后再把它的高 16 位和低 16 位分别赋值给结构体成员 CAN_FilterIdHigh 和 CAN_FilterIdLow。

而在掩码部分，为简单起见我们直接对所有位赋值为 1，表示上述所有标志都完全一样的报文才能经过筛选，所以我们这个配置相当于单个 ID 列表的模式，只筛选了一个 ID 号，而不是筛选一组 ID 号。这里只是为了演示方便，实际使用中一般会对不要求相等的数据位赋值为 0，从而过滤一组 ID，如果有需要，还可以继续配置多个筛选器组，最多可以配置 28 个，代码中只是配置了筛选器组 0。

对结构体赋值完毕后调用库函数 CAN_FilterInit，把个筛选器组的参数写入寄存器中。

（5）配置接收中断

在配置筛选器代码的最后部分，我们还调用库函数 CAN_ITConfig 使能了 CAN 的中断，该函数使用的输入参数宏 CAN_IT_FMP0 表示当 FIFO0 接收到数据时会引起中断，该接收中断的优先级配置如下，见代码清单 37-8。

代码清单 37-8　配置 CAN 接收中断的优先级（bsp_can.c 文件）

```
 1 /* 接收中断号 */
 2 #define CAN_RX_IRQ CAN1_RX0_IRQn
 3 /*
 4  * 函数名：CAN_NVIC_Config
 5  * 描述　：CAN 的 NVIC 配置，第 1 优先级组，0，0 优先级
 6  * 输入　：无
 7  * 输出　：无
 8  * 调用　：内部调用
 9  */
10 static void CAN_NVIC_Config(void)
11 {
12     NVIC_InitTypeDef NVIC_InitStructure;
13     /* Configure one bit for preemption priority */
14     NVIC_PriorityGroupConfig(NVIC_PriorityGroup_1);
15     /* 中断设置 */
16     NVIC_InitStructure.NVIC_IRQChannel = CAN_RX_IRQ;          // CAN RX 中断
17     NVIC_InitStructure.NVIC_IRQChannelPreemptionPriority = 0;
18     NVIC_InitStructure.NVIC_IRQChannelSubPriority = 0;
19     NVIC_InitStructure.NVIC_IRQChannelCmd = ENABLE;
20     NVIC_Init(&NVIC_InitStructure);
21 }
```

这部分与我们配置其他中断的优先级无异，都是配置 NVIC 结构体，优先级可根据自己

的需要配置，最主要的是中断向量，上述代码中把中断向量配置成了 CAN 的接收中断。

（6）设置发送报文

要使用 CAN 发送报文时，我们需要先定义一个发送报文结构体并向它赋值，见代码清单 37-9。

代码清单 37-9　设置要发送的报文（bsp_can.c 文件）

```
1  /* IDE 位的标志 */
2  #define CAN_ID_STD              ((uint32_t)0x00000000)   /* 标准 ID */
3  #define CAN_ID_EXT              ((uint32_t)0x00000004)   /* 扩展 ID */
4
5  /* RTR 位的标志 */
6  #define CAN_RTR_Data            ((uint32_t)0x00000000)   /* 数据帧 */
7  #define CAN_RTR_Remote          ((uint32_t)0x00000002)   /* 远程帧 */
8
9  /*
10  * 函数名：CAN_SetMsg
11  * 描述　：CAN 通信报文内容设置，设置一个数据内容为 0~7 的数据包
12  * 输入　：无
13  * 输出　：无
14  * 调用　：外部调用
15  */
16 void CAN_SetMsg(CanTxMsg *TxMessage)
17 {
18     uint8_t ubCounter = 0;
19
20     // TxMessage.StdId=0x00;
21     TxMessage->ExtId=0x1314;                 // 使用的扩展 ID
22     TxMessage->IDE=CAN_ID_EXT;               // 扩展模式
23     TxMessage->RTR=CAN_RTR_DATA;             // 发送的是数据
24     TxMessage->DLC=8;                        // 数据长度为 8 字节
25
26     /* 设置要发送的数据 0~7 */
27     for (ubCounter = 0; ubCounter < 8; ubCounter++)
28     {
29         TxMessage->Data[ubCounter] = ubCounter;
30     }
31 }
```

这段代码是我们为了方便演示而自己定义的设置报文内容的函数，它把报文设置成了扩展模式的数据帧，扩展 ID 为 0x1314，数据段的长度为 8，且数据内容分别为 0 ~ 7，实际应用中可根据自己的需求发设置报文内容。当我们设置好报文内容后，调用库函数 CAN_Transmit 即可把该报文存储到发送邮箱，然后 CAN 外设会把它发送出去：

```
CAN_Transmit(CANx, &TxMessage);
```

（7）接收报文

由于我们设置了接收中断，所以接收报文的操作是在中断的服务函数中完成的，见代码清单 37-10。

代码清单 37-10　接收报文（stm32f4xx_it.c）

```
1
2  /* 接收中断服务函数 */
3  #define CAN_RX_IRQHandler                      CAN1_RX0_IRQHandler
4
5  extern __IO uint32_t flag ;          // 用于标志是否接收到数据，在中断函数中赋值
6  extern CanRxMsg RxMessage;           // 接收缓冲区
7  /***********************************************************/
8  void CAN_RX_IRQHandler(void)
9  {
10     /* 从邮箱中读出报文 */
11     CAN_Receive(CANx, CAN_FIFO0, &RxMessage);
12
13     /* 比较 ID 是否为 0x1314 */
14   if ((RxMessage.ExtId==0x1314) && (RxMessage.IDE==CAN_ID_EXT) && (RxMessage.DLC==8))
15     {
16         flag = 1;                    // 接收成功
17     }
18     else
19     {
20         flag = 0;                    // 接收失败
21     }
22 }
```

　　根据我们前面的配置，若 CAN 接收的报文经过筛选器匹配后会被存储到 FIFO0 中，并引起中断进入这个中断服务函数中。在这个函数里我们调用了库函数 CAN_Receive。把报文从 FIFO 复制到自定义的接收报文结构体 RxMessage 中，并且比较了接收到的报文 ID 是否与我们希望接收的一致，若一致就设置标志 flag=1，否则为 0，通过 flag 标志通知主程序流程获知是否接收到数据。

　　要注意如果设置了接收报文中断，必须在中断内调用 CAN_Receive 函数读取接收 FIFO 的内容，因为只有这样才能清除该 FIFO 的接收中断标志，如果不在中断内调用它清除标志的话，一旦接收到报文，STM32 会不断地进入中断服务函数，导致程序卡死。

3. main 函数

最后我们来阅读 main 函数，了解整个通信流程，见代码清单 37-11。

代码清单 37-11　main 函数

```
1
2  _IO uint32_t flag = 0;               // 用于标志是否接收到数据，在中断函数中赋值
3  CanTxMsg TxMessage;                  // 发送缓冲区
4  CanRxMsg RxMessage;                  // 接收缓冲区
5
6  /**
7    * @brief   主函数
8    * @param   无
9    * @retval  无
10   */
11 int main(void)
```

```
12  {
13      LED_GPIO_Config();
14
15      /* 初始化 USART1*/
16      Debug_USART_Config();
17
18      /* 初始化按键 */
19      Key_GPIO_Config();
20
21      /* 初始化 can, 在中断接收 CAN 数据包 */
22      CAN_Config();
23
24      printf("\r\n 欢迎使用秉火  STM32 F429 开发板。\r\n");
25      printf("\r\n 秉火 F429 CAN 通信实验例程 \r\n");
26
27      printf("\r\n 实验步骤: \r\n");
28
29      printf("\r\n 1.使用导线连接好两个 CAN 讯设备 \r\n");
30      printf("\r\n 2.使用跳线帽连接好 :5v --- C/4-5V \r\n");
31      printf("\r\n 3.按下开发板的 KEY1 键, 会使用 CAN 向外发送 0-7 的数据包, 包的扩展 ID 为 0x1314 \r\n");
32      printf("\r\n 4.若开发板的 CAN 接收到扩展 ID 为 0x1314 的数据包, 会把数据以打印到串口。 \r\n");
33      printf("\r\n 5.本例中的 can 波特率为 1MBps, 为 stm32 的 can 最高速率。 \r\n");
34
35      while (1)
36      {
37          /* 按一次按键发送一次数据 */
38          if (     Key_Scan(KEY1_GPIO_PORT,KEY1_PIN) == KEY_ON)
39          {
40              LED_BLUE;
41              /* 设置要发送的报文 */
42              CAN_SetMsg(&TxMessage);
43              /* 把报文存储到发送邮箱, 发送 */
44              CAN_Transmit(CANx, &TxMessage);
45
46              can_delay(10000);// 等待发送完毕, 可使用 CAN_TransmitStatus 查看状态
47
48              LED_GREEN;
49
50              printf("\r\n 已使用 CAN 发送数据包! \r\n");
51              printf("\r\n 发送的报文内容为: \r\n");
52              printf("\r\n 扩展 ID 号 ExtId: 0x%x \r\n",TxMessage.ExtId);
53              CAN_DEBUG_ARRAY(TxMessage.Data,8);
54          }
55          if (flag==1)
56          {
57              LED_GREEN;
58              printf("\r\nCAN 接收到数据: \r\n");
59
60              CAN_DEBUG_ARRAY(RxMessage.Data,8);
61
62              flag=0;
63          }
64      }
65  }
```

在 main 函数里，我们调用了 CAN_Config 函数初始化 CAN 外设，它包含我们前面解说的 GPIO 初始化函数 CAN_GPIO_Config、中断优先级设置函数 CAN_NVIC_Config、工作模式设置函数 CAN_Mode_Config，以及筛选器配置函数 CAN_Filter_Config。

初始化完成后，我们在 while 循环里检测按键，当按下实验板的按键 1 时，它就调用 CAN_SetMsg 函数设置要发送的报文，然后调用 CAN_Transmit 函数把该报文存储到发送邮箱，等待 CAN 外设把它发送出去。代码中并没有检测发送状态，如果需要，可以调用库函数 CAN_TransmitStatus 检查发送状态。

while 循环中在其他时间一直检查 flag 标志，当接收到报文时，我们的中断服务函数会把它置 1，所以我们可以通过它获知接收状态，当接收到报文时，使用宏 CAN_DEBUG_ARRAY 把它输出到串口。

37.6.3　下载验证

下载验证这个 CAN 实验时，建议先使用 "CAN——回环测试" 的工程进行测试，它的环境配置比较简单，只需要一个实验板，用 USB 线使实验板 "USB 转串口" 接口跟电脑连接起来，在电脑端打开串口调试助手，并且把编译好的该工程下载到实验板，然后复位。这时在串口调试助手可看到 CAN 测试的调试信息，按一下实验板上的 KEY1 按键，实验板会使用回环模式向自己发送报文，在串口调试助手可以看到相应的发送和接收的信息。

使用回环测试成功后，如果有两个实验板，需要按照图 37-10 连接两个板子的 CAN 总线，并且一定要接上跳线帽给 CAN 收发器供电，把液晶屏拔掉防止干扰。用 USB 线使实验板 "USB 转串口" 接口跟电脑连接起来，在电脑端打开串口调试助手，然后使用 "CAN——双机通信" 工程编译，并给两个板子都下载该程序，然后复位。这时在串口调试助手可看到 CAN 测试的调试信息，按一下其中一个实验板上的 KEY1 按键，另一个实验板会接收到报文，在串口调试助手可以看到相应的发送和接收的信息。

第 38 章
RS-485 通信实验

38.1 RS-485 通信协议简介

RS-485 与 CAN 类似，是一种工业控制环境中常用的通信协议，它具有抗干扰能力强、传输距离远的特点。RS-485 通信协议由 RS-232 协议改进而来，协议层不变，只是改进了物理层，因而保留了串口通信协议应用简单的特点。

从上一章了解到，差分信号线具有很强的干扰能力，特别适合应用于电磁环境复杂的工业控制环境中。RS-485 协议主要是把 RS-232 的信号改进成差分信号，从而大大提高了抗干扰特性，它的通信网络示意图见图 38-1。

对比 CAN 通信网络，可发现它们的网络结构组成是类似的，每个节点都是由一个通信控制器和一个收发器组成。在 RS-485 通信网络中，节点中的串口控制器使用 RX 与 TX 信号线连接到收发器上，而收发器通过差分线连接到网络总

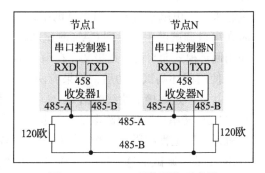

图 38-1 RS-485 通信网络示意图

线，串口控制器与收发器之间一般使用 TTL 信号传输，收发器与总线则使用差分信号来传输。发送数据时，串口控制器的 TX 信号经过收发器转换成差分信号传输到总线上，而接收数据时，收发器把总线上的差分信号转化成 TTL 信号通过 RX 引脚传输到串口控制器中。

RS-485 通信网络的最大传输距离可达 1200 米，总线上可挂载 128 个通信节点。由于 RS-485 网络只有一对差分信号线，它使用差分信号来表达逻辑，当 AB 两线间的电压差为 –6V ～ –2V 时表示逻辑 1，当电压差为 +2V ～ +6V 表示逻辑 0，在同一时刻只能表达一个信号，所以它的通信是半双工形式的。它与 RS-232 通信协议的特性对比见表 38-1。

表 38-1 RS-232 与 RS-485 标准对比

通信标准	信号线	通信方向	电平标准	通信距离	通信节点数
RS232	单端 TXD、RXD、GND	全双工	逻辑 1：–15V ～ –3V 逻辑 0：+3V ～ +15V	100 米以内	只有两个节点
RS485	差分线 AB	半双工	逻辑 1：+2V ～ +6V 逻辑 0：–6V ～ –2V	1200 米	支持多个节点。支持多个主设备，任意节点间可互相通信

　　RS-485 与 RS-232 的差异只体现在物理层上，它们的协议层是相同的，也是使用串口数据包的形式传输数据。而由于 RS-485 具有强大的组网功能，人们在基础协议之上还制定了 MODBUS 协议，被广泛应用在工业控制网络中。此处说的基础协议是指前面串口章节中讲解的，仅封装了基本数据包格式的协议（基于数据位），而 MODBUS 协议是使用基本数据包组合成通信帧格式的高层应用协议（基于数据包或字节）。感兴趣的读者可阅读 MODBUS 协议的相关资料了解。

　　由于 RS-485 与 RS-232 的协议层没有区别，进行通信时，我们同样使用 STM32 的 USART 外设作为通信节点中的串口控制器，再外接一个 RS-485 收发器芯片，把 USART 外设的 TTL 电平信号转化成 RS-485 的差分信号即可。

38.2　RS-485——双机通信实验

　　本小节演示如何使用 STM32 的 USART 控制器与 MAX485 收发器，在两个设备之间使用 RS-485 协议进行通信。本实验中使用了两个实验板，无法像 CAN 实验那样使用回环测试（把 STM32 USART 外设的 TXD 引脚使用杜邦线连接到 RXD 引脚可进行自收发测试，不过这样的通信不经过 RS-485 收发器，跟普通 TTL 串口实验没有区别），本教程主要以"USART——485 通信"工程进行讲解。

38.2.1　硬件设计

　　图 37-16 中的是两个实验板的硬件连接。

　　在单个实验板中，作为串口控制器的 STM32 从 USART 外设引出 TX 和 RX 两个引脚与 RS-485 收发器 MAX485 相连，收发器使用它的 A 和 B 引脚连接到 RS-485 总线网络中。为了方便使用，我们每个实验板引出的 A 和 B 之间都连接了 1 个 120 欧的电阻作为 RS-485 总线的端电阻，所以要注意，如果要把实验板作为一个普通节点连接到现有的 RS-485 总线时，是不应添加该电阻的。

　　由于 485 只能以半双工的形式工作，所以需要切换状态，MAX485 芯片中有 RE 和 DE 两个引脚，用于控制 485 芯片的收发工作状态的，当 RE 引脚为低电平时，485 芯片处于接收状态，当 DE 引脚为高电平时芯片处于发送状态。实验板中使用了 STM32 的 PD11 直接连接到这两个引脚上，所以通过控制 PD11 的输出电平即可控制 485 的收发状态。

　　要注意的是，由于我们的实验板 485 使用的信号线与液晶屏共用了，为防止干扰，平时我们默认是不给 485 收发器供电的，使用 485 的时候一定要把 485 接线端子旁边的 C/4-5V 排针使用跳线帽与 5V 排针连接起来进行供电，并且把液晶屏从板子上拔下来。由于实验板的 RS-232 与 RS-485 通信实验都使用 STM32 的同一个 USART 外设及收发引脚，实验时注意必须要把 STM32 的 PD5 引脚与 MAX485 的 485_D 及 PD6 与 485_R 使用跳线帽连接起来（这些信号都在 485 接线端子旁边的排针上）。

　　要实现通信，我们还要使用导线把实验板引出的 A 和 B 两条总线连接起来，才能构成完整的网络。实验板之间 A 与 A 连接，B 与 B 连接即可。

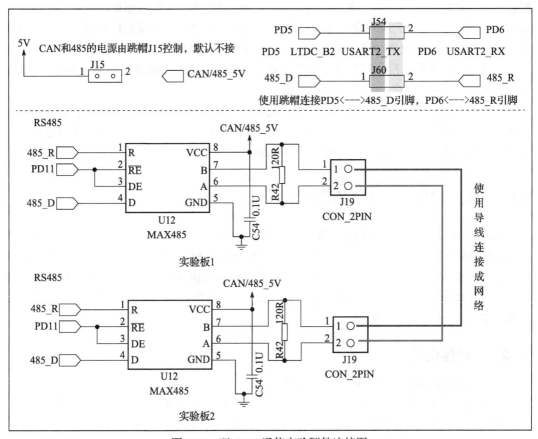

图 38-2 双 CAN 通信实验硬件连接图

38.2.2 软件设计

为了使工程更加有条理，我们把 RS485 控制相关的代码独立出来分开存储，方便以后移植。在"串口实验"之上新建 bsp_485.c 及 bsp_485.h 文件，这些文件也可根据个人喜好命名，它们不属于 STM32 标准库的内容，是由我们自己根据应用需要编写的。这个实验的底层 STM32 驱动与串口控制区别不大，上层实验功能上与 CAN 实验类似。

1. 编程要点

1）初始化 485 通信使用的 USART 外设及相关引脚；

2）编写控制 MAX485 芯片进行收发数据的函数；

3）编写测试程序，收发数据。

2. 代码分析

（1）485 硬件相关宏定义

我们把 485 硬件相关的配置都以宏的形式定义到 bsp_485.h 文件中，见代码清单 38-1。

代码清单 38-1 485 硬件配置相关的宏（bsp_485.h 文件）

```
 1  /* USART 号、时钟、波特率 */
 2  #define RS485_USART                    USART2
 3  #define RS485_USART_CLK                RCC_APB1Periph_USART2
 4  #define RS485_USART_BAUDRATE           115200
 5
 6  /* RX 引脚 */
 7  #define RS485_USART_RX_GPIO_PORT       GPIOD
 8  #define RS485_USART_RX_GPIO_CLK        RCC_AHB1Periph_GPIOD
 9  #define RS485_USART_RX_PIN             GPIO_Pin_6
10  #define RS485_USART_RX_AF              GPIO_AF_USART2
11  #define RS485_USART_RX_SOURCE          GPIO_PinSource6
12
13  /* TX 引脚 */
14  #define RS485_USART_TX_GPIO_PORT       GPIOD
15  #define RS485_USART_TX_GPIO_CLK        RCC_AHB1Periph_GPIOD
16  #define RS485_USART_TX_PIN             GPIO_Pin_5
17  #define RS485_USART_TX_AF              GPIO_AF_USART2
18  #define RS485_USART_TX_SOURCE          GPIO_PinSource5
19
20  /* 485 收发控制引脚 */
21  #define RS485_RE_GPIO_PORT             GPIOD
22  #define RS485_RE_GPIO_CLK              RCC_AHB1Periph_GPIOD
23  #define RS485_RE_PIN                   GPIO_Pin_11
24
25  /* 中断相关 */
26  #define RS485_INT_IRQ                  USART2_IRQn
27  #define RS485_IRQHandler               USART2_IRQHandler
```

以上代码根据硬件连接，把与 485 通信使用的 USART 外设号、引脚号、引脚源以及复用功能映射都以宏封装起来，并且定义了接收中断的中断向量和中断服务函数，我们通过中断来获知接收数据。

（2）初始化 485 的 USART 配置

利用上面的宏，编写 485 的 USART 初始化函数，见代码清单 38-2。

代码清单 38-2 RS485 的初始化函数 (bsp_485.c 文件)

```
 1
 2  /*
 3   * 函数名: RS485_Config
 4   * 描述  : USART GPIO 配置, 工作模式配置
 5   * 输入  : 无
 6   * 输出  : 无
 7   * 调用  : 外部调用
 8   */
 9  void RS485_Config(void)
10  {
11      GPIO_InitTypeDef GPIO_InitStructure;
12      USART_InitTypeDef USART_InitStructure;
13
14      /* 配置 USART 时钟 */
```

```
15      RCC_AHB1PeriphClockCmd(RS485_USART_RX_GPIO_CLK|
16                             RS485_USART_TX_GPIO_CLK|
17                             RS485_RE_GPIO_CLK, ENABLE);
18      RCC_APB1PeriphClockCmd(RS485_USART_CLK, ENABLE);
19
20      /* TX 引脚源 */
21      GPIO_PinAFConfig(RS485_USART_RX_GPIO_PORT,RS485_USART_RX_SOURCE, RS485_USART_RX_AF);
22
23      /* RX 引脚源 */
24      GPIO_PinAFConfig(RS485_USART_TX_GPIO_PORT,RS485_USART_TX_SOURCE,RS485_USART_TX_AF);
25
26      /* USART GPIO 配置 */
27      GPIO_InitStructure.GPIO_OType = GPIO_OType_PP;
28      GPIO_InitStructure.GPIO_PuPd = GPIO_PuPd_NOPULL;
29      GPIO_InitStructure.GPIO_Mode = GPIO_Mode_AF;
30      GPIO_InitStructure.GPIO_Speed = GPIO_Speed_50MHz;
31
32      /* TX */
33      GPIO_InitStructure.GPIO_Pin = RS485_USART_TX_PIN;
34      GPIO_Init(RS485_USART_TX_GPIO_PORT, &GPIO_InitStructure);
35
36      /* RX */
37      GPIO_InitStructure.GPIO_Pin = RS485_USART_RX_PIN;
38      GPIO_Init(RS485_USART_RX_GPIO_PORT, &GPIO_InitStructure);
39
40      /* 485 收发控制管脚 */
41      GPIO_InitStructure.GPIO_OType = GPIO_OType_PP;
42      GPIO_InitStructure.GPIO_PuPd = GPIO_PuPd_NOPULL;
43      GPIO_InitStructure.GPIO_Mode = GPIO_Mode_OUT;
44      GPIO_InitStructure.GPIO_Pin = RS485_RE_PIN  ;
45      GPIO_InitStructure.GPIO_Speed = GPIO_Speed_50MHz;
46      GPIO_Init(RS485_RE_GPIO_PORT, &GPIO_InitStructure);
47
48      /* USART 模式配置 */
49      USART_InitStructure.USART_BaudRate = RS485_USART_BAUDRATE;
50      USART_InitStructure.USART_WordLength = USART_WordLength_8b;
51      USART_InitStructure.USART_StopBits = USART_StopBits_1;
52      USART_InitStructure.USART_Parity = USART_Parity_No ;
53      USART_InitStructure.USART_HardwareFlowControl = USART_HardwareFlowControl_None;
54      USART_InitStructure.USART_Mode = USART_Mode_Rx | USART_Mode_Tx;
55
56      USART_Init(RS485_USART, &USART_InitStructure);
57      /* 使能 USART */
58      USART_Cmd(RS485_USART, ENABLE);
59
60      /* 配置中断优先级 */
61      NVIC_Configuration();
62      /* 使能串口接收中断 */
63      USART_ITConfig(RS485_USART, USART_IT_RXNE, ENABLE);
64
65      /* 控制 485 芯片进入接收模式 */
66      GPIO_ResetBits(RS485_RE_GPIO_PORT,RS485_RE_PIN);
67 }
```

与所有使用到 GPIO 的外设一样，都要先把使用到的 GPIO 引脚模式初始化，配置好复用功能，其中用于控制 MAX485 芯片的收发状态的引脚被初始化成普通推挽输出模式，以便手动控制它的电平输出，切换状态。485 使用到的 USART 也需要配置好波特率、有效字长、停止位及校验位等基本参数，在通信中，两个 485 节点的串口参数应一致，否则会导致通信解包错误。在实验中还使能了串口的接收中断功能，当检测到新的数据时，进入中断服务函数中获取数据。

（3）使用中断接收数据

接下来我们编写在 USART 中断服务函数中接收数据的相关过程，见代码清单 38-3。其中的 bsp_RS485_IRQHandler 函数直接被 bsp_stm32f4xx_it.c 文件的 USART 中断服务函数调用，不在此列出。

代码清单 38-3　中断接收数据的过程（bsp_485.c 文件）

```
 1  // 中断缓存串口数据
 2  #define      UART_BUFF_SIZE        1024
 3  volatile     uint16_t uart_p = 0;
 4  uint8_t      uart_buff[UART_BUFF_SIZE];
 5
 6  void bsp_RS485_IRQHandler(void)
 7  {
 8      if (uart_p<UART_BUFF_SIZE) {
 9          if (USART_GetITStatus(RS485_USART, USART_IT_RXNE) != RESET) {
10              uart_buff[uart_p] = USART_ReceiveData(RS485_USART);
11              uart_p++;
12
13              USART_ClearITPendingBit(RS485_USART, USART_IT_RXNE);
14          }
15      } else {
16          USART_ClearITPendingBit(RS485_USART, USART_IT_RXNE);
17      }
18  }
19
20  // 获取接收到的数据和长度
21  char *get_rebuff(uint16_t *len)
22  {
23      *len = uart_p;
24      return (char *)&uart_buff;
25  }
26
27  // 清空缓冲区
28  void clean_rebuff(void)
29  {
30      uint16_t i=UART_BUFF_SIZE+1;
31      uart_p = 0;
32      while (i)
33          uart_buff[--i]=0;
34  }
```

这个数据接收过程主要思路是使用了接收缓冲区，当 USART 有新的数据引起中断时，调用库函数 USART_ReceiveData 把新数据读取到缓冲区数组 uart_buff 中，其中 get_rebuff 函数可以用于获缓冲区中有效数据的长度，而 clean_rebuff 函数可以用于对缓冲区整体清 0，这些函数配合使用，实现了简单的串口接收缓冲机制。这部分串口数据接收的过程与 485 收发器无关，是串口协议通用的。

（4）切换收发状态

在前面我们了解到 RS-485 是半双工通信协议，发送数据和接收数据需要分时进行，所以需要经常切换收发状态。而 MAX485 收发器根据其 RE 和 DE 引脚的外部电平信号切换收发状态，所以控制与其相连的 STM32 普通 IO 电平即可控制收尾。为简便起见，我们把收发状态切换定义成了宏，见代码清单 38-4。

代码清单 38-4　切换收发状态（bsp_485.h 文件）

```
1  //简单的延时
2  static void RS485_delay(__IO u32 nCount)
3  {
4      for (; nCount != 0; nCount--);
5  }
6
7  /* 控制收发引脚 */
8  //进入接收模式，必须要有延时等待 485 处理完数据
9  #define RS485_RX_EN()   RS485_delay(1000);\
10                         GPIO_ResetBits(RS485_RE_GPIO_PORT,RS485_RE_PIN); \
11                         RS485_delay(1000);
12 //进入发送模式，必须要有延时等待 485 处理完数据
13 #define RS485_TX_EN()   RS485_delay(1000); \
14                         GPIO_SetBits(RS485_RE_GPIO_PORT,RS485_RE_PIN);\
15                         RS485_delay(1000);
16
```

这两个宏中，主要是在控制电平输出前后加了一小段时间延时，这是为了给 MAX485 芯片预留响应时间，因为 STM32 的引脚状态电平变换后，MAX485 芯片可能存在响应延时。例如，当 STM32 控制自己的引脚电平输出高电平（控制成发送状态），然后立即通过 TX 信号线发送数据给 MAX485 芯片，而 MAX485 芯片由于状态不能马上切换，会导致丢失部分 STM32 传送过来的数据，造成错误。

（5）发送数据

STM32 使用 485 发送数据的过程也与普通的 USART 发送数据过程差不多，我们定义了一个 RS485_SendByte 函数来发送一个字节的数据内容，见代码清单 38-5。

代码清单 38-5　发送数据（bsp_485.c 文件）

```
1
2  /***************** 发送一个字节 ********************/
3  //使用单字节数据发送前要使能发送引脚，发送后要使能接收引脚
4  void RS485_SendByte( uint8_t ch )
5  {
6      /* 发送一个字节数据到 USART1 */
```

```
 7        USART_SendData(RS485_USART,ch);
 8        /* 等待发送完毕 */
 9        while (USART_GetFlagStatus(RS485_USART, USART_FLAG_TXE) == RESET);
10
11   }
12
```

上述代码中直接调用了 STM32 库函数 USART_SendData，把要发送的数据写入 USART 的数据寄存器，然后检查标志位等待发送完成。

在调用 RS485_SendByte 函数前，需要先使用前面提到的切换收发状态宏，把 MAX485 切换到发送模式，STM32 发出的数据才能正常传输到 485 网络总线上。当发送完数据的时候，应重新把 MAX485 切换回接收模式，以便获取网络总线上的数据。

3. main 函数

最后我们来阅读 main 函数，了解整个通信过程，见代码清单 38-6。这个 main 函数的整体设计思路是，实验板检测自身的按键状态，若按键被按下，则通过 485 发送 256 个测试数据到网络总线上，若自身接收到总线上的 256 个数据，则把这些数据作为调试信息打印到电脑端。所以，如果把这样的程序分别应用到 485 总线上的两个通信节点时，就可以通过按键控制互相发送数据了。

代码清单 38-6　main 函数

```
 1
 2   /**
 3     * @brief   主函数
 4     * @param   无
 5     * @retval  无
 6     */
 7   int main(void)
 8   {
 9
10        char *pbuf;
11        uint16_t len;
12
13        LED_GPIO_Config();
14
15        /* 初始化 USART1 */
16        Debug_USART_Config();
17
18        /* 初始化 485 使用的串口，使用中断模式接收 */
19        RS485_Config();
20
21        LED_BLUE;
22
23        Key_GPIO_Config();
24
25        printf("\r\n 欢迎使用秉火  STM32 F429 开发板。\r\n");
26        printf("\r\n 秉火 F429 485通信实验例程 \r\n");
27
```

```
28        printf("\r\n 实验步骤: \r\n");
29
30  printf("\r\n 1.使用导线连接好两个 485 通信设备 \r\n");
31  printf("\r\n 2.使用跳线帽连接好 :5v --- C/4-5V,485-D --- PD5,485-R ---PD6 \r\n");
32  printf("\r\n 3.若使用两个秉火开发板进行实验,给两个开发板都下载本程序即可。\r\n");
33  printf("\r\n 4.准备好后,按下其中一个开发板的 KEY1 键,会使用 485 向外发送 0-255 的数字 \r\n");
34  printf("\r\n 5.若开发板的 485 接收到 256 个字节数据,会把数据以 16 进制形式打印出来。\r\n");
35
36      while (1) {
37          /* 按一次按键发送一次数据 */
38          if (  Key_Scan(KEY1_GPIO_PORT,KEY1_PIN) == KEY_ON) {
39              uint16_t i;
40              LED_BLUE;
41              // 切换到发送状态
42              RS485_TX_EN();
43
44              for (i=0; i<=0xff; i++) {
45                  RS485_SendByte(i);    // 发送数据
46              }
47
48              /* 加短暂延时, 保证 485 发送数据完毕 */
49              Delay(0xFFF);
50              RS485_RX_EN();// 切换回接收状态
51
52              LED_GREEN;
53              printf("\r\n 发送数据成功! \r\n"); // 使用调试串口打印调试信息到终端
54
55          } else {
56              LED_BLUE;
57
58              pbuf = get_rebuff(&len);
59              if (len>=256) {
60                  LED_GREEN;
61                  printf("\r\n 接收到长度为 %d 的数据 \r\n",len);
62                  RS485_DEBUG_ARRAY((uint8_t*)pbuf,len);
63                  clean_rebuff();
64              }
65          }
66      }
67  }
```

在 main 函数中，首先初始化了 LED、按键以及调试使用的串口，再调用前面分析的 RS485_Config 函数初始化了 RS-485 通信使用的串口工作模式。

初始化后 485 就进入了接收模式，当接收到数据的时候会进入中断，并把数据存储到接收缓冲数组中，我们在 main 函数的 while 循环中（else 部分）调用 get_rebuff 来查看该缓冲区的状态，若接收到 256 个数据就把这些数据通过调试串口打印到电脑端，然后清空缓冲区。

在 while 循环中，还检测了按键的状态，若按键被按下，就把 MAX485 芯片切换到发送状态，并调用 RS485_SendByte 函数发送测试数据 0x00-0xFF，发送完毕后切换回接收状态以检测总线的数据。

38.2.3　下载验证

下载验证这个 485 通信实验需要有两个实验板，操作步骤如下：

1）按照"硬件设计"小节中的图例连接两个板子的 485 总线；

2）使用跳线帽连接：485_R<--->PD6，485_D<--->PD5，C/4-5V<--->5V；

3）用 USB 线使实验板"USB 转串口"接口与电脑连接起来，在电脑端打开串口调试助手，编译本章配套的程序，并给两个板子都下载该程序，然后复位；

4）复位后在串口调试助手应看到 485 测试的调试信息，按一下其中一个实验板上的 KEY1 按键，另一个实验板会接收到报文，在串口调试助手可以看到相应的发送和接收的信息。

第 39 章
电源管理——实现低功耗

39.1 STM32 的电源管理简介

电源对电子设备的重要性不言而喻，它是保证系统稳定运行的基础。而保证系统能稳定运行后，又有低功耗的要求。很多应用场合都对电子设备的功耗有非常苛刻的要求，如某些传感器信息采集设备，仅靠小型的电池提供电源，要求工作长达数年之久，且期间不需要任何维护；再如智慧穿戴设备有小型化的要求，较小的电池体积导致容量也比较小，所以也很有必要从控制功耗入手，提高设备的续行时间。因此，STM32 有专门的电源管理外设监控电源并管理设备的运行模式，确保系统正常运行，并尽量降低器件的功耗。

39.1.1 电源监控器

STM32 芯片主要通过引脚 VDD 从外部获取电源，在它的内部具有电源监控器，用于检测 VDD 的电压，以实现复位功能及掉电紧急处理功能，保证系统可靠地运行。

1. 上电复位与掉电复位

当检测到 VDD 的电压低于阈值 VPOR 及 VPDR 时，无需外部电路辅助，STM32 芯片会自动保持在复位状态，防止因电压不足强行工作而带来严重的后果。见图 39-1，在刚开始电压低于 VPOR 时（约 1.72V），STM32 保持在上电复位状态（POR，Power On Reset），当 VDD 电压持续上升至大于 VPOR 时，芯片开始正常运行，而在芯片正常运行的时候，当检测到 VDD 电压下降至低于 VPDR 阈值（约 1.68V），会进入掉电复位状态（PDR，Power Down Reset）。

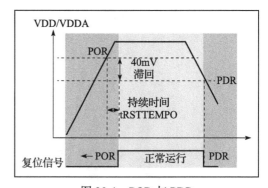

图 39-1　POR 与 PDR

2. 欠压复位

POR 与 PDR 的复位电压阈值是固定的，如果用户想要自行设定复位阈值，可以使用 STM32 的 BOR 功能（Brownout Reset）。它可以编程控制电压检测工作在如表 39-1 所示的阈值级别，通过修改"选项字节"（某些特殊寄存器）中的 BOR_LEV 位即可控制阈值级别。其复位控制示意图见图 39-2。

表 39-1 BOR 欠压阈值等级

等 级	条 件	电压值
1 级欠压阈值	下降沿	2.19V
	上升沿	2.29V
2 级欠压阈值	下降沿	2.50V
	上升沿	2.59V
3 级欠压阈值	下降沿	2.83V
	上升沿	2.92V

3. 可编程电压检测器 PVD

上述 POR、PDR 和 BOR 功能都是使用其电压阈值与外部供电电压 VDD 比较，当低于工作阈值时，会直接进入复位状态，这可防止因电压不足导致的误操作。除此之外，STM32 还提供了可编程电压检测器 PVD，它也是实时检测 VDD 的电压，当检测到电压低于 VPVD 阈值时，会向内核产生一个 PVD 中断（EXTI16 线中断）以使内核在复位前进行紧急处理。该电压阈值可通过电源控制寄存器 PWR_CSR 设置。

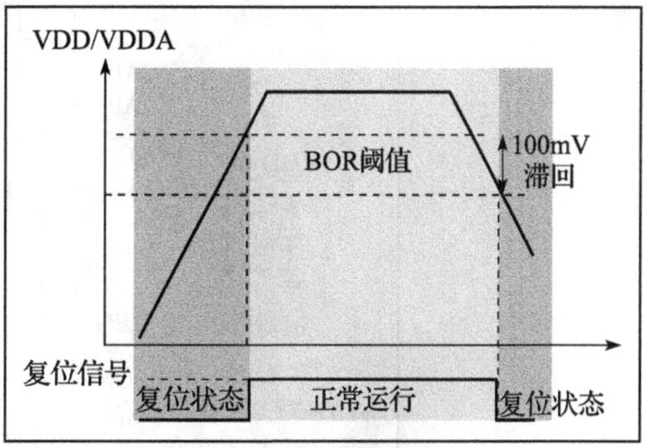

图 39-2 BOR 复位控制

使用 PVD 可配置 8 个等级，见表 39-2。其中的上升沿和下降沿分别表示类似图 39-2 中 VDD 电压上升过程及下降过程的阈值。

表 39-2 PVD 的阈值等级

阈值等级	条 件	最小值（V）	典型值（V）	最大值（V）
级别 0	上升沿	2.09	2.14	2.19
	下降沿	1.98	2.04	2.08
级别 1	上升沿	2.23	2.3	2.37
	下降沿	2.13	2.19	2.25
级别 2	上升沿	2.39	2.45	2.51
	下降沿	2.29	2.35	2.39
级别 3	上升沿	2.54	2.6	2.65
	下降沿	2.44	2.51	2.56
级别 4	上升沿	2.7	2.76	2.82
	下降沿	2.59	2.66	2.71
级别 5	上升沿	2.86	2.93	2.99
	下降沿	2.65	2.84	3.02
级别 6	上升沿	2.96	3.03	3.1
	下降沿	2.85	2.93	2.99
级别 7	上升沿	3.07	3.14	3.21
	下降沿	2.95	3.03	3.09

39.1.2 STM32 的电源系统

为了方便进行电源管理，STM32 把它的外设、内核等模块根据功能划分了供电区域，其内部电源区域划分见图 39-3。

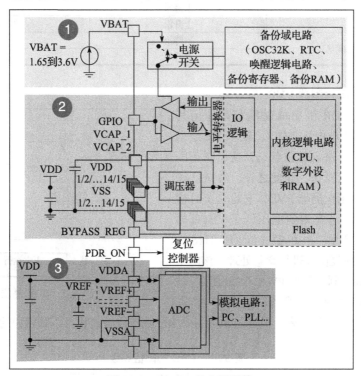

图 39-3 STM32 的电源系统

从框图了解到，STM32 的电源系统主要分为备份域电路、调压供电电路以及 ADC 电路 3 个部分，介绍如下。

（1）备份域电路

STM32 的 LSE 振荡器、RTC、备份寄存器及备份 SRAM 这些器件被包含进备份域电路中，这部分的电路可以通过 STM32 的 VBAT 引脚获取供电电源，在实际应用中一般会使用 3V 的纽扣电池对该引脚供电。

在图中备份域电路的左侧有一个电源开关结构，它的功能类似图 39-4 中的双二极管，在它的上方连接了 VBAT 电源，下方连接了 VDD 主电源（一般为 3.3V），右侧引出到备份域电路中。当 VDD 主电源存在时，由于 VDD 电压较高，备份域电路通过 VDD 供电，当 VDD 掉电时，备份域电路由纽扣电池通过 VBAT 供电，保证电路能持续运行，从而可利用它保留关键数据。

（2）调压器供电电路

在 STM32 的电源系统中调压器供电的电路是最主要的部分，调　图 39-4 双二极管结构压器为备份域及待机电路以外的所有数字电路供电，其中包括内核、数字外设以及 RAM。调压器的输出电压约为 1.2V，因而使用调压器供电的这些电路区域被称为 1.2V 域。

调压器可以运行在运行模式、停止模式以及待机模式。在运行模式下，1.2V 域全功率运行；在停止模式下 1.2V 域运行在低功耗状态，1.2V 区域的所有时钟都被关闭，相应的外设都停止了工作，但它会保留内核寄存器以及 SRAM 的内容；在待机模式下，整个 1.2V 域都断电，该区域的内核寄存器及 SRAM 内容都会丢失（备份区域的寄存器及 SRAM 不受影响）。

（3）ADC 电源及参考电压

为了提高转换精度，STM32 的 ADC 配有独立的电源接口，方便进行单独滤波。ADC 的工作电源使用 VDDA 引脚输入，使用 VSSA 作为独立的地连接，VREF 引脚则为 ADC 提供测量使用的参考电压。

39.1.3 STM32 的功耗模式

按功耗由高到低排列，STM32 具有运行、睡眠、停止和待机 4 种工作模式。上电复位后 STM32 处于运行状态，当内核不需要继续运行时，就可以选择进入后面的 3 种低功耗模式，以降低功耗。这 3 种模式的电源消耗不同、唤醒时间不同、唤醒源不同，用户需要根据应用需求，选择最佳的低功耗模式。3 种低功耗的模式说明见表 39-3。

表 39-3　STM32 的低功耗模式说明

模式	说　明	进入方式	唤醒方式	对 1.2V 区域时钟的影响	对 VDD 区域时钟的影响	调压器
睡眠	内核停止，但所有外设，包括 M4 核心的外设，如 NVIC、系统时钟（SysTick）等仍运行	调用 WFI 命令	任一中断	内核时钟关，对其他时钟和 ADC 时钟无影响	无	开
		调用 WFE 命令	唤醒事件			
停止	所有的时钟都停止	配置 PWR_CR 寄存器的 PDDS +LPDS 位 +SLEEPDEEP 位 +WFI 或 WFE 命令	任一外部中断（在外部中断寄存器中设置）	关闭所有 1.2V 区域的时钟	HSI 和 HSE 的振荡器关闭	开启或处于低功耗模式（依据电源控制寄存器的设定）
待机	1.2V 电源关闭	配置 PWR_CR 寄存器的 PDDS +SLEEPDEEP 位 +WFI 或 WFE 命令	WKUP 引脚的上升沿、RTC 闹钟事件、NRST 引脚上的外部复位、IWDG 复位			关

从表中可以看到，这 3 种低功耗模式层层递进，运行的时钟或芯片功能越来越少，因而功耗越来越低。

1. 睡眠模式

在睡眠模式中，仅关闭了内核时钟，内核停止运行、但其片上外设、CM4 核心的外设全都照常运行。有两种方式进入睡眠模式，它的进入方式决定了从睡眠唤醒的方式，分别是

WFI（wait for interrupt）和 WFE（wait for event），即由等待"中断"唤醒和由"事件"唤醒。睡眠模式的各种特性见表 39-4。

表 39-4　睡眠模式的各种特性

特　　性	说　　明
立即睡眠	在执行 WFI 或 WFE 指令时立即进入睡眠模式
退出时睡眠	在退出优先级最低的中断服务程序后才进入睡眠模式
进入方式	内核寄存器的 SLEEPDEEP = 0，然后调用 WFI 或 WFE 指令即可进入睡眠模式 另外若内核寄存器的 SLEEPONEXIT=0，进入"立即睡眠"模式；SLEEPONEXIT=1，进入"退出时睡眠"模式
唤醒方式	如果是使用 WFI 指令睡眠的，则可使用任意中断唤醒 如果是使用 WFE 指令睡眠的，则由事件唤醒
睡眠时	关闭内核时钟，内核停止，而外设正常运行，在软件上表现为不再执行新的代码。这个状态会保留睡眠前的内核寄存器、内存的数据
唤醒延迟	无延迟
唤醒后	若由中断唤醒，先进入中断，退出中断服务程序后，接着执行 WFI 指令后的程序；若由事件唤醒，直接接着执行 WFE 后的程序

2. 停止模式

在停止模式中，进一步关闭了其他所有的时钟，于是所有的外设都停止了工作。但由于 1.2V 区域的部分电源没有关闭，还保留了内核的寄存器、内存的信息，所以从停止模式唤醒并重新开启时钟后，还可以从上次停止处继续执行代码。停止模式可以由任意一个外部中断（EXTI）唤醒。在停止模式中可以选择电压调节器为开模式或低功耗模式，可选择内部 Flash 工作在正常模式或掉电模式。停止模式的各种特性见表 39-5。

表 39-5　停止模式的各种特性

特　　性	说　　明
调压器低功耗模式	调压器可工作在正常模式或低功耗模式，可进一步降低功耗
Flash 掉电模式	Flash 可工作在正常模式或掉电模式，可进一步降低功耗
进入方式	内核寄存器的 SLEEPDEEP =1，PWR_CR 寄存器中的 PDDS=0，然后调用 WFI 或 WFE 指令即可进入停止模式 PWR_CR 寄存器的 LPDS=0 时，调压器工作在正常模式，LPDS=1 时工作在低功耗模式 PWR_CR 寄存器的 FPDS=0 时，Flash 工作在正常模式，FPDS=1 时进入掉电模式
唤醒方式	如果是使用 WFI 指令睡眠的，可使用任意 EXTI 线的中断唤醒 如果是使用 WFE 指令睡眠的，可使用任意配置为事件模式的 EXTI 线事件唤醒
停止时	内核停止，片上外设也停止。这个状态会保留停止前的内核寄存器、内存的数据
唤醒延迟	基础延迟为 HSI 振荡器的启动时间，若调压器工作在低功耗模式，还需要加上调压器从低功耗切换至正常模式下的时间，若 Flash 工作在掉电模式，还需要加上 Flash 从掉电模式唤醒的时间
唤醒后	若由中断唤醒，先进入中断，退出中断服务程序后，接着执行 WFI 指令后的程序；若由事件唤醒，直接接着执行 WFE 后的程序。唤醒后，STM32 会使用 HIS 作为系统时钟

3. 待机模式

待机模式时，除了关闭所有的时钟，还把 1.2V 区域的电源也完全关闭了。也就是说，从待机模式唤醒后，由于没有之前代码的运行记录，只能对芯片复位，重新检测 boot 条件，从头开始执行程序。它有 4 种唤醒方式，分别是 WKUP（PA0）引脚的上升沿、RTC 闹钟事件、NRST 引脚的复位和 IWDG（独立看门狗）复位。

表 39-6 待机模式的各种特性

特　　性	说　　明
进入方式	内核寄存器的 SLEEPDEEP =1，PWR_CR 寄存器中的 PDDS=1，PWR_CR 寄存器中的唤醒状态位 WUF=0，然后调用 WFI 或 WFE 指令即可进入待机模式
唤醒方式	通过 WKUP 引脚的上升沿、RTC 闹钟、唤醒、入侵、时间戳事件或 NRST 引脚外部复位及 IWDG 复位唤醒
待机时	内核停止，片上外设也停止；内核寄存器、内存的数据会丢失；除复位引脚、RTC_AF1 引脚及 WKUP 引脚外，其他 I/O 口均工作在高阻态
唤醒延迟	芯片复位的时间
唤醒后	相当于芯片复位，在程序表现为从头开始执行代码

在以上讲解的睡眠模式、停止模式及待机模式中，若备份域电源正常供电，备份域内的 RTC 都可以正常运行、备份域内的寄存器及备份域内的 SRAM 数据会被保存，不受功耗模式影响。

39.2　电源管理相关的库函数及命令

STM32 标准库对电源管理提供了完善的函数及命令，使用它们可以方便地进行控制，本小节对这些内容进行讲解。

39.2.1　配置 PVD 监控功能

PVD 可监控 VDD 的电压，当它低于阈值时可产生 PVD 中断，让系统进行紧急处理。这个阈值可以直接使用库函数 PWR_PVDLevelConfig 配置成前面表 39-2 中说明的阈值等级。

39.2.2　WFI 与 WFE 命令

进入各种低功耗模式时都需要调用 WFI 或 WFE 命令，它们实质上都是内核指令，在库文件 core_cmInstr.h 中把这些指令封装成了函数，见代码清单 39-1。

代码清单 39-1　WFI 与 WFE 的指令定义（core_cmInstr.h 文件）

```
1
2 /** \brief  Wait For Interrupt
3
4    Wait For Interrupt is a hint instruction that suspends execution
5    until one of a number of events occurs.
6  */
7 #define __WFI                                __wfi
```

```
 8
 9
10  /** \brief  Wait For Event
11
12      Wait For Event is a hint instruction that permits the processor to enter
13      a low-power state until one of a number of events occurs.
14  */
15  #define __WFE                              __wfe
```

对于这两个指令，我们应用时一般只需要知道，调用它们都能进入低功耗模式，需要使用函数的格式 "__WFI();" 和 "__WFE();" 来调用（因为 __wfi 及 __wfe 是编译器内置的函数，函数内部调用了相应的汇编指令）。其中 WFI 指令决定了它需要用中断唤醒，而 WFE 则决定了它可用事件来唤醒。关于它们更详细的区别可查阅《cortex-CM3/CM4 权威指南》了解。

39.2.3　进入停止模式

直接调用 WFI 和 WFE 指令可以进入睡眠模式，而进入停止模式则还需要在调用指令前设置一些寄存器位，STM32 标准库把这部分的操作封装到 PWR_EnterSTOPMode 函数中了，它的定义见代码清单 39-2。

代码清单 39-2　进入停止模式

```
 1  /**
 2   *  @brief 进入停止模式
 3   *
 4   *  @note    在停止模式下所有 I/O 的会保持在停止前的状态
 5   *  @note    从停止模式唤醒后，会使用 HSI 作为时钟源
 6   *  @note    调压器若工作在低功耗模式，可减少功耗，但唤醒时会增加延迟
 7   *  @param   PWR_Regulator: 设置停止模式时调压器的工作模式
 8   *              @arg PWR_MainRegulator_ON: 调压器正常运行
 9   *              @arg PWR_LowPowerRegulator_ON: 调压器低功耗运行
10   *  @param   PWR_STOPEntry: 设置使用 WFI 还是 WFE 进入停止模式
11   *              @arg PWR_STOPEntry_WFI: WFI 进入停止模式
12   *              @arg PWR_STOPEntry_WFE: WFE 进入停止模式
13   *  @retval 无
14   */
15  void PWR_EnterSTOPMode(uint32_t PWR_Regulator, uint8_t PWR_STOPEntry)
16  {
17      uint32_t tmpreg = 0;
18
19      /* 设置调压器的模式 ------------*/
20      tmpreg = PWR->CR;
21      /* 清除 PDDS 及 LPDS 位 */
22      tmpreg &= CR_DS_MASK;
23
24      /* 根据 PWR_Regulator 的值（调压器工作模式）配置 LPDS、MRLVDS 及 LPLVDS 位 */
25      tmpreg |= PWR_Regulator;
26
27      /* 写入参数值到寄存器 */
28      PWR->CR = tmpreg;
29
```

```
30        /* 设置内核寄存器的 SLEEPDEEP 位 */
31        SCB->SCR |= SCB_SCR_SLEEPDEEP_Msk;
32
33        /* 设置进入停止模式的方式 ------------------*/
34        if (PWR_STOPEntry == PWR_STOPEntry_WFI) {
35            /* 需要中断唤醒 */
36            __WFI();
37        } else {
38            /* 需要事件唤醒 */
39            __WFE();
40        }
41        /* 以下的程序当重新唤醒时才执行,清除 SLEEPDEEP 位的状态 */
42        SCB->SCR &= (uint32_t)~((uint32_t)SCB_SCR_SLEEPDEEP_Msk);
43    }
```

这个函数有两个输入参数,分别用于控制调压器的模式及选择使用 WFI 或 WFE 停止。代码根据调压器的模式配置 PWR_CR 寄存器,再把内核寄存器的 SLEEPDEEP 位置 1,这样再调用 WFI 或 WFE 命令时,STM32 就不是睡眠,而是进入停止模式了。函数结尾处的语句用于复位 SLEEPDEEP 位的状态,由于它是在 WFI 及 WFE 指令之后的,所以这部分代码是在 STM32 被唤醒的时候才会执行。

要注意的是,进入停止模式后,STM32 的所有 I/O 都保持在停止前的状态,而当它被唤醒时,STM32 使用 HSI 作为系统时钟(16MHz)运行。由于系统时钟会影响很多外设的工作状态,所以一般我们在唤醒后会重新开启 HSE,把系统时钟设置为原来的状态。

前面提到,在停止模式中还可以控制内部 Flash 的供电,控制 Flash 是进入掉电状态还是正常供电状态,这可以使用库函数 PWR_FlashPowerDownCmd 配置。它其实只是封装了一个对 FPDS 寄存器位操作的语句,见代码清单 39-3。这个函数需要在进入停止模式前被调用,即应用时需要把它放在上面的 PWR_EnterSTOPMode 之前。

代码清单 39-3　控制 Flash 的供电状态

```
1 /**
2   * @brief   设置内部 Flash 在停止模式时是否工作在掉电状态
3   *          掉电状态可使功耗更低,但唤醒时会增加延迟
4   * @param   NewState:
5             ENABLE:Flash 掉电
6             DISABLE:Flash 正常运行
7   * @retval 无
8   */
9 void PWR_FlashPowerDownCmd(FunctionalState NewState)
10 {
11    /* 配置 FPDS 寄存器位 */
12    *(__IO uint32_t *) CR_FPDS_BB = (uint32_t)NewState;
13 }
```

39.2.4　进入待机模式

类似地,STM32 标准库也提供了控制进入待机模式的函数,其定义见代码清单 39-4。

代码清单 39-4　进入待机模式

```
1  /**
2    * @brief   进入待机模式
3    * @note    待机模式时，除以下引脚，其余引脚都在高阻态：
4    *              - 复位引脚
5    *              - RTC_AF1 引脚 (PC13)（需要使能侵入检测、时间戳事件或 RTC 闹钟事件）
6    *              - RTC_AF2 引脚 (PI8)（需要使能侵入检测或时间戳事件）
7    *              - WKUP 引脚 (PA0)（需要使能 WKUP 唤醒功能）
8    * @note    在调用本函数前还需要清除 WUF 寄存器位
9    * @param   无
10   * @retval  无
11   */
12 void PWR_EnterSTANDBYMode(void)
13 {
14     /* 选择待机模式 */
15     PWR->CR |= PWR_CR_PDDS;
16
17     /* 设置内核寄存器的 SLEEPDEEP 位 */
18     SCB->SCR |= SCB_SCR_SLEEPDEEP_Msk;
19
20     /* 存储操作完毕时才能进入待机模式，使用以下语句确保存储操作执行完毕 */
21
22     __force_stores();
23
24     /* 等待中断唤醒 */
25     __WFI();
26 }
```

该函数中先配置了 PDDS 寄存器位及 SLEEPDEEP 寄存器位，接着调用 __force_stores 函数确保存储操作完毕后再调用 WFI 指令，从而进入待机模式。这里值得注意的是，待机模式也可以使用 WFE 指令进入，如果需要可以自行修改。另外，由于这个函数没有操作 WUF 寄存器位，所以在实际应用中，调用本函数前，还需要清空 WUF 寄存器位才能进入待机模式。

在进入待机模式后，除了被使能了的用于唤醒的 I/O，其余 I/O 都进入高阻态，而从待机模式唤醒后，相当于复位 STM32 芯片，程序将从头开始执行。

39.3　PWR——睡眠模式实验

在本小节中，我们以实验的形式讲解如何控制 STM32 进入低功耗睡眠模式。

39.3.1　硬件设计

实验中的硬件主要使用到了按键、LED 彩灯以及使用串口输出调试信息，这些硬件都与前面相应实验中的一致，涉及硬件设计的可参考原理图或前面章节中的内容。

39.3.2　软件设计

本小节讲解的是"PWR——睡眠模式"实验，请打开配套的代码工程阅读理解。

1. 程序设计要点

1）初始化用于唤醒的中断按键；

2）进入睡眠状态；

3）使用按键中断唤醒芯片。

2. 代码分析

（1）main 函数

睡眠模式的程序比较简单，可直接阅读 main 函数了解执行流程，见代码清单 39-5。

代码清单 39-5　睡眠模式的 main 函数（main.c 文件）

```
1
2  /**
3   *  @brief   主函数
4   *  @param   无
5   *  @retval  无
6   */
7  int main(void)
8  {
9
10     LED_GPIO_Config();
11
12     /* 初始化 USART1 */
13     Debug_USART_Config();
14
15     /* 初始化按键为中断模式，按下中断后会进入中断服务函数 */
16     EXTI_Key_Config();
17
18     printf("\r\n 欢迎使用秉火  STM32 F429 开发板。\r\n");
19     printf("\r\n 秉火 F429 睡眠模式例程 \r\n");
20
21     printf("\r\n 实验说明：\r\n");
22
23     printf("\r\n 1.本程序中，绿灯表示 STM32 正常运行，红灯表示睡眠状态，蓝灯表示刚从睡
           眠状态被唤醒 \r\n");
24     printf("\r\n 2.程序运行一段时间后自动进入睡眠状态，在睡眠状态下，可使用 KEY1 或 KEY2
           唤醒 \r\n");
25     printf("\r\n 3.本实验执行这样一个循环：\r\n");
26     printf("\r\n --》亮绿灯（正常运行）-> 亮红灯（睡眠模式）-> 按 KEY1 或 KEY2 唤醒 -> 亮
           蓝灯（刚被唤醒）--》\r\n");
27     printf("\r\n 4.在睡眠状态下，DAP 下载器无法给 STM32 下载程序，\r\n");
28     printf("\r\n 可按 KEY1、KEY2 唤醒后下载，\r\n");
29     printf("\r\n 或按复位键使芯片处于复位状态，然后在电脑上点击下载按钮，再释放复位按键，
           即可下载 \r\n");
30
31     while (1) {
32         /********* 执行任务 **************************/
33         printf("\r\n STM32 正常运行，亮绿灯 \r\n");
34
35         LED_GREEN;
36         Delay(0x3FFFFFF);
37
```

```
38            /***** 任务执行完毕，进入睡眠降低功耗 ***********/
39
40
41            printf("\r\n 进入睡眠模式，按 KEY1 或 KEY2 按键可唤醒 \r\n");
42
43            // 使用红灯指示，进入睡眠状态
44            LED_RED;
45            // 进入睡眠模式
46            __WFI();    // WFI 指令进入睡眠
47
48            // 等待中断唤醒   K1 或 K2 按键中断
49
50            /*** 被唤醒，亮蓝灯指示 ***/
51            LED_BLUE;
52            Delay(0x1FFFFFF);
53
54            printf("\r\n 已退出睡眠模式 \r\n");
55            // 继续执行 while 循环
56        }
57 }
```

这个 main 函数的执行流程见图 39-5。

1）程序中首先初始化了 LED 灯及串口，以便用于指示芯片的运行状态，并且把实验板上的两个按键都初始化成了中断模式，以便当系统进入睡眠模式的时候可以通过按键来唤醒。这些硬件的初始化过程都跟前面章节中的一模一样。

2）初始化完成后使用 LED 及串口表示运行状态。在本实验中，LED 彩灯为绿色时表示正常运行，红灯时表示睡眠状态，蓝灯时表示刚从睡眠状态中被唤醒。

3）程序执行一段时间后，直接使用 WFI 指令进入睡眠模式。由于 WFI 睡眠模式可以使用任意中断唤醒，所以我们可以使用按键中断唤醒。

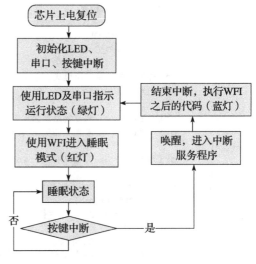

图 39-5　睡眠模式实验流程图

4）当系统进入停止状态后，我们按下实验板上的 KEY1 或 KEY2 按键，即可使系统回到正常运行的状态，当执行完中断服务函数后，会继续执行 WFI 指令后的代码。

（2）中断服务函数

系统刚被唤醒时会进入中断服务函数，见代码清单 39-6。

代码清单 39-6　按键中断的服务函数 (stm32f4xx_it.c 文件)

```
1
2 void KEY1_IRQHandler(void)
```

```
 3 {
 4     // 判断是否产生了 EXTI Line 中断
 5     if (EXTI_GetITStatus(KEY1_INT_EXTI_LINE) != RESET) {
 6         LED_BLUE;
 7         printf("\r\n KEY1 按键中断唤醒 \r\n");
 8         EXTI_ClearITPendingBit(KEY1_INT_EXTI_LINE);
 9     }
10 }
11
12 void KEY2_IRQHandler(void)
13 {
14     // 判断是否产生了 EXTI Line 中断
15     if (EXTI_GetITStatus(KEY2_INT_EXTI_LINE) != RESET) {
16         LED_BLUE;
17         printf("\r\n KEY2 按键中断唤醒 \r\n");
18         // 清除中断标志位
19         EXTI_ClearITPendingBit(KEY2_INT_EXTI_LINE);
20     }
21 }
```

用于唤醒睡眠模式的中断，其中断服务函数也没有特殊要求，跟普通的应用一样。

39.3.3　下载验证

下载这个实验测试时，可连接上串口，在电脑端的串口调试助手获知调试信息。当系统进入睡眠状态的时候，可以按 KEY1 或 KEY2 按键唤醒系统。

> **注意**：当系统处于睡眠模式低功耗状态时（包括后面讲解的停止模式及待机模式），使用 DAP 下载器是无法给芯片下载程序的，所以下载程序时要先把系统唤醒。或者使用如下方法：按着板子的复位按键，使系统处于复位状态，然后点击电脑端的"下载"按钮下载程序，这时再释放复位按键，就能正常给板子下载程序了。

39.4　PWR——停止模式实验

在睡眠模式实验的基础上，我们进一步讲解如何进入停止模式及唤醒后的状态恢复。

39.4.1　硬件设计

本实验中的硬件与睡眠模式中的一致，主要使用到了按键、LED 彩灯以及使用串口输出调试信息。

39.4.2　软件设计

本小节讲解的是"PWR——停止模式"实验，请打开配套的代码工程阅读理解。

1. 程序设计要点

1）初始化用于唤醒的中断按键；

2）设置停止状态时的 Flash 供电或掉电；

3）选择电压调节器的工作模式并进入停止状态；

4）使用按键中断唤醒芯片；

5）重启 HSE 时钟，使系统完全恢复停止前的状态。

2. 代码分析

（1）重启 HSE 时钟

与睡眠模式不一样，系统从停止模式被唤醒时，是使用 HSI 作为系统时钟的。在 STM32F429 中，HSI 时钟一般为 16MHz，与我们常用的 180MHz 差得太多，它会影响各种外设的工作频率。所以在系统从停止模式唤醒后，若希望各种外设恢复正常的工作状态，就要恢复停止模式前使用的系统时钟。本实验中定义了一个 SYSCLKConfig_STOP 函数，用于恢复系统时钟，它的定义见代码清单 39-7。

代码清单 39-7　恢复系统时钟 (main.c 文件)

```
 1 /**
 2   * @brief   停机唤醒后配置系统时钟：使能 HSE、PLL
 3   *          并且选择 PLL 作为系统时钟
 4   * @param   无
 5   * @retval  无
 6   */
 7 static void SYSCLKConfig_STOP(void)
 8 {
 9     /* After wake-up from STOP reconfigure the system clock */
10     /* 使能 HSE */
11     RCC_HSEConfig(RCC_HSE_ON);
12
13     /* 等待 HSE 准备就绪 */
14     while (RCC_GetFlagStatus(RCC_FLAG_HSERDY) == RESET);
15
16     /* 使能 PLL */
17     RCC_PLLCmd(ENABLE);
18
19     /* 等待 PLL 准备就绪 */
20     while (RCC_GetFlagStatus(RCC_FLAG_PLLRDY) == RESET);
21
22     /* 选择 PLL 作为系统时钟源 */
23     RCC_SYSCLKConfig(RCC_SYSCLKSource_PLLCLK);
24
25     /* 等待 PLL 被选择为系统时钟源 */
26     while (RCC_GetSYSCLKSource() != 0x08);
27 }
```

这个函数主要调用了各种 RCC 相关的库函数，开启了 HSE 时钟，使能 PLL，并且选择 PLL 作为时钟源，从而恢复停止前的时钟状态。

（2）main 函数

停止模式实验的 main 函数流程与睡眠模式的类似，主要是调用指令方式不同，唤醒后增加了恢复时钟的操作，见代码清单 39-8。

代码清单 39-8　停止模式的 main 函数（main.c 文件）

```
1
2  /**
3    * @brief  主函数
4    * @param  无
5    * @retval 无
6    */
7  int main(void)
8  {
9      LED_GPIO_Config();
10
11     /* 初始化 USART1*/
12     Debug_USART_Config();
13
14     /* 初始化按键为中断模式，按下中断后会进入中断服务函数 */
15     EXTI_Key_Config();
16
17     printf("\r\n 欢迎使用秉火  STM32 F429 开发板。\r\n");
18     printf("\r\n 秉火 F429 停止模式例程 \r\n");
19
20     printf("\r\n 实验说明：\r\n");
21
22     printf("\r\n 1.本程序中，绿灯表示 STM32 正常运行，红灯表示停止状态，蓝灯表示刚从停止
           状态被唤醒 \r\n");
23     printf("\r\n 2.程序运行一段时间后自动进入停止状态，在停止状态下，可使用 KEY1 或 KEY2
           唤醒 \r\n");
24     printf("\r\n 3.本实验执行这样一个循环：\r\n");
25 printf("\r\n --》亮绿灯（正常运行）-> 亮红灯（停止模式）-> 按 KEY1 或 KEY2 唤醒 -> 亮
           蓝灯（刚被唤醒）---》\r\n");
26     printf("\r\n 4.在停止状态下，DAP 下载器无法给 STM32 下载程序，\r\n");
27     printf("\r\n 可按 KEY1、KEY2 唤醒后下载，\r\n");
28      printf("\r\n 或按复位键使芯片处于复位状态，然后在电脑上点击下载按钮，再释放复位按键，
           即可下载 \r\n");
29
30     while (1) {
31         /********* 执行任务 **************************/
32         printf("\r\n STM32 正常运行，亮绿灯 \r\n");
33
34         LED_GREEN;
35         Delay(0x3FFFFFF);
36
37         /***** 任务执行完毕，进入停止模式降低功耗 ***********/
38
39         printf("\r\n 进入停止模式，按 KEY1 或 KEY2 按键可唤醒 \r\n");
40
41         // 使用红灯指示，进入停止状态
```

```
42            LED_RED;
43
44            /* 设置停止模式时，Flash进入掉电状态 */
45            PWR_FlashPowerDownCmd (ENABLE);
46            /* 进入停止模式，设置电压调节器为低功耗模式，等待中断唤醒 */
47            PWR_EnterSTOPMode(PWR_Regulator_LowPower,PWR_STOPEntry_WFI);
48
49            // 等待中断唤醒   K1 或 K2 按键中断
50            /********************* 被唤醒 *********************/
51            // 获取刚被唤醒时的时钟状态
52            // 时钟源
53            clock_source_wakeup = RCC_GetSYSCLKSource ();
54            // 时钟频率
55            RCC_GetClocksFreq(&clock_status_wakeup);
56
57            // 从停止模式下被唤醒后使用的是HSI时钟，此处重启HSE时钟，使用PLLCLK
58            SYSCLKConfig_STOP();
59
60            // 获取重新配置后的时钟状态
61            // 时钟源
62            clock_source_config = RCC_GetSYSCLKSource ();
63            // 时钟频率
64            RCC_GetClocksFreq(&clock_status_config);
65
66            // 因为刚唤醒的时候使用的是HSI时钟，会影响串口波特率，
                // 输出不对，所以在重新配置时钟源后使用串口输出
67            printf("\r\n 重新配置后的时钟状态: \r\n");
68            printf(" SYSCLK 频率:%d,\r\n HCLK 频率:%d,\r\n PCLK1 频率:%d,\r\n PCLK2
                    频率:%d,\r\n 时钟源:%d (0 表示 HSI, 8 表示 PLLCLK)\n",
69                    clock_status_config.SYSCLK_Frequency,
70                    clock_status_config.HCLK_Frequency,
71                    clock_status_config.PCLK1_Frequency,
72                    clock_status_config.PCLK2_Frequency,
73                    clock_source_config);
74
75            printf("\r\n 刚唤醒的时钟状态: \r\n");
76            printf(" SYSCLK 频率:%d,\r\n HCLK 频率:%d,\r\n PCLK1 频率:%d,\r\n PCLK2
                    频率:%d,\r\n 时钟源:%d (0 表示 HSI, 8 表示 PLLCLK)\n",
77                    clock_status_wakeup.SYSCLK_Frequency,
78                    clock_status_wakeup.HCLK_Frequency,
79                    clock_status_wakeup.PCLK1_Frequency,
80                    clock_status_wakeup.PCLK2_Frequency,
81                    clock_source_wakeup);
82
83            /* 指示灯 */
84            LED_BLUE;
85            Delay(0x1FFFFFF);
86
87            printf("\r\n 已退出停止模式 \r\n");
88            // 继续执行while循环
89        }
90 }
```

这个 main 函数的执行流程见图 39-6。

1）程序中首先初始化了 LED 灯及串口以便用于指示芯片的运行状态，并且把实验板上的两个按键都初始化成了中断模式，以便当系统进入停止模式的时候可以通过按键来唤醒。这些硬件的初始化过程都跟前面章节中的一模一样。

2）初始化完成后使用 LED 及串口表示运行状态，在本实验中，LED 彩灯为绿灯时表示正常运行，红灯时表示停止状态，蓝灯时表示刚从停止状态中被唤醒。在停止模式下，I/O 口会保持停止前的状态，所以 LED 彩灯在停止模式时也会保持亮红灯。

3）程序执行一段时间后，我们先用库函数 PWR_FlashPowerDownCmd 设置 FLASH 的工作模式，在停止状态时使用掉电模式。接着调用库函数 PWR_EnterSTOPMode 把调压器设置在低功耗模式，并使用 WFI 指令进入停止状态。由于 WFI 停止模式可以使用任意 EXTI 的中断唤醒，所以我们可以使用按键中断唤醒。

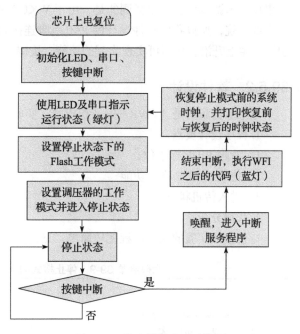

图 39-6　停止模式实验流程图

4）当系统进入睡眠状态后，我们按下实验板上的 KEY1 或 KEY2 按键，即可唤醒系统，当执行完中断服务函数后，会继续执行 WFI 指令（即 PWR_EnterSTOPMode 函数）后的代码。

5）为了更清晰地展示停止模式的影响，在刚唤醒后，我们调用了库函数 RCC_GetSYS-CLKSource 以及 RCC_GetClocksFreq，获取刚唤醒后的系统的时钟源以及时钟频率，在使用 SYSCLKConfig_STOP 恢复时钟后，我们再次获取这些时状态，最后再通过串口打印出来。

6）通过串口调试信息我们知道，刚唤醒时系统时钟使用的是 HIS 时钟，频率为 16MHz，恢复后的系统时钟采用 HSE 倍频后的 PLL 时钟，时钟频率为 180MHz。

39.4.3　下载验证

下载这个实验测试时，可连接上串口，在电脑端的串口调试助手获知调试信息。当系统进入停止状态的时候，可以按 KEY1 或 KEY2 按键唤醒系统。

39.5　PWR——待机模式实验

最后我们来学习最低功耗的待机模式。

39.5.1 硬件设计

本实验中的硬件与睡眠模式、停止模式中的一致，主要使用到了按键、LED 彩灯以及使用串口输出调试信息。要强调的是，由于 WKUP 引脚（PA0）必须使用上升沿才能唤醒待机状态的系统，所以我们硬件设计的 PA0 引脚连接到按键 KEY1，且按下按键的时候会在 PA0 引脚产生上升沿，从而可实现唤醒的功能，按键的具体电路请查看配套的原理图。

39.5.2 软件设计

本小节讲解的是"PWR——待机模式"实验，请打开配套的代码工程阅读理解。

1. 程序设计要点

1）清除 WUF 标志位；

2）使能 WKUP 唤醒功能；

3）进入待机状态。

2. 代码分析

待机模式实验的执行流程比较简单，见代码清单 39-9。

代码清单 39-9　停止模式的 main 函数（main.c 文件）

```
1
2  /**
3    * @brief  主函数
4    * @param  无
5    * @retval 无
6    */
7  int main(void)
8  {
9      LED_GPIO_Config();
10
11     /* 初始化 USART1*/
12     Debug_USART_Config();
13
14     /* 初始化按键，不需要中断，仅初始化 KEY2 即可，只用于唤醒的 PA0 引脚不需要这样初始化 */
15     Key_GPIO_Config();
16
17     printf("\r\n 欢迎使用秉火  STM32 F429 开发板。\r\n");
18     printf("\r\n 秉火 F429 待机模式例程 \r\n");
19
20     printf("\r\n 实验说明：\r\n");
21
22     printf("1.绿灯表示本次复位是上电或引脚复位，红灯表示即将进入待机状态，蓝灯表示本次是待机唤醒的复位 \r\n");
23     printf("\r\n 2.长按 KEY2 按键后，会进入待机模式 \r\n");
24     printf("\r\n 3.在待机模式下，按 KEY1 按键可唤醒，唤醒后系统会进行复位，程序从头开始执行 \r\n");
25     printf("\r\n 4.可通过检测 WU 标志位确定复位来源 \r\n");
26
27     printf("\r\n 5.在待机状态下，DAP 下载器无法给 STM32 下载程序，需要唤醒后才能下载 ");
28
```

```
29      // 检测复位来源
30      if (PWR_GetFlagStatus(PWR_FLAG_WU) == SET) {
31          LED_BLUE;
32          printf("\r\n 待机唤醒复位 \r\n");
33      } else {
34          LED_GREEN;
35          printf("\r\n 非待机唤醒复位 \r\n");
36      }
37      while (1) {
38          // KEy2 按键长按进入待机模式
39          if (KEY2_LongPress()) {
40
41  printf("\r\n 即将进入待机模式，进入待机模式后可按 KEY1 唤醒，唤醒后会进行复位，程序从
            头开始执行 \r\n");
42          LED_RED;
43          Delay(0xFFFFFF);
44          /* 清除 WU 状态位 */
45          PWR_ClearFlag (PWR_FLAG_WU);
46
47          /* 使能 WKUP 引脚的唤醒功能 ，使能 PA0*/
48          PWR_WakeUpPinCmd (ENABLE);
49
50          /* 进入待机模式 */
51          PWR_EnterSTANDBYMode();
52      }
53    }
54 }
```

这个 main 函数的执行流程见图 39-7。

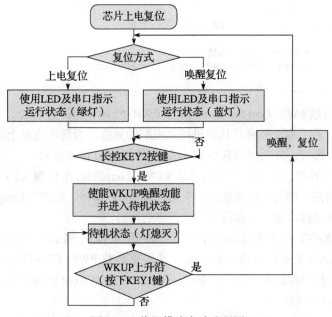

图 39-7　待机模式实验流程图

1）程序中首先初始化了 LED 灯及串口以便用于指示芯片的运行状态。由于待机模式唤醒使用 WKUP 引脚并不需要特别的引脚初始化，所以我们调用的按键初始化函数 Key_GPIO_Config，它的内部只初始化了 KEY2 按键，而且是普通的输入模式，对唤醒用的 PA0 引脚可以不初始化。当然，如果不初始化 PA0 的话，在正常运行模式中 KEY1 按键是不能正常运行的，我们这里只是强调待机模式的 WKUP 唤醒不需要中断，也不需要像按键那样初始化。本工程中使用的 Key_GPIO_Config 函数定义，如代码清单 39-10 所示。

代码清单 39-10   Key_GPIO_Config 函数（bsp_key.c 文件）

```
1
2 /**
3   * @brief   配置按键用到的 I/O 口
4   * @param   无
5   * @retval  无
6   */
7 void Key_GPIO_Config(void)
8 {
9     GPIO_InitTypeDef GPIO_InitStructure;
10
11    /* 开启按键 GPIO 口的时钟 */
12    RCC_AHB1PeriphClockCmd(KEY2_GPIO_CLK,ENABLE);
13
14    /* 设置引脚为输入模式 */
15    GPIO_InitStructure.GPIO_Mode = GPIO_Mode_IN;
16
17    /* 设置引脚不上拉也不下拉 */
18    GPIO_InitStructure.GPIO_PuPd = GPIO_PuPd_NOPULL;
19
20    /* 选择按键的引脚 */
21    GPIO_InitStructure.GPIO_Pin = KEY2_PIN;
22
23    /* 使用上面的结构体初始化按键 */
24    GPIO_Init(KEY2_GPIO_PORT, &GPIO_InitStructure);
25 }
```

2）使用库函数 PWR_GetFlagStatus 检测 PWR_FLAG_WU 标志位，当这个标志位为 SET 状态的时候，表示本次系统是从待机模式唤醒的复位，否则可能是上电复位。我们利用这个区分两种复位形式，分别使用蓝色 LED 灯或绿色 LED 灯来指示。

3）在 while 循环中，使用自定义的函数 KEY2_LongPress 来检测 KEY2 按键是否被长时间按下，若长时间按下则进入待机模式，否则继续 while 循环。KEY2_LongPress 函数不是本章分析的重点，感兴趣的读者请自行查阅工程中的代码。

4）检测到 KEY2 按键被长时间按下，要进入待机模式。在使用库函数 PWR_EnterSTANDBYMode 发送待机命令前，要先使用库函数 PWR_ClearFlag 清除 PWR_FLAG_WU 标志位，并且使用库函数 PWR_WakeUpPinCmd 使能 WKUP 唤醒功能，这样进入待机模式后才能使用 WKUP 唤醒。

5）在进入待机模式前我们控制 LED 彩灯为红色，但在待机状态时，由于 I/O 口会处于高阻态，所以 LED 灯会熄灭。

6）按下 KEY1 按键，会使 PA0 引脚产生一个上升沿，从而唤醒系统。

7）系统唤醒后会进行复位，从头开始执行上述过程。与第一次上电时不同的是，这样的复位会使 PWR_FLAG_WU 标志位改为 SET 状态，所以这个时候 LED 彩灯会亮蓝灯。

39.5.3　下载验证

下载这个实验测试时，可连接上串口，在电脑端的串口调试助手获知调试信息。长按实验板上的 KEY2 按键，系统会进入待机模式，按 KEY1 按键可唤醒系统。

39.6　PWR——PVD 电源监控实验

这一小节我们学习如何使用 PVD 监控供电电源，增强系统的鲁棒性。

39.6.1　硬件设计

本实验中使用 PVD 监控 STM32 芯片的 VDD 引脚，当监测到供电电压低于阈值时会产生 PVD 中断，系统进入中断服务函数进入紧急处理过程。所以进行这个实验时需要使用一个可调的电压源给实验板供电，改变给 STM32 芯片的供电电压。为此我们需要先了解实验板的电源供电系统，见图 39-8。

整个电源供电系统主要分为以下 5 个部分：

1）6 ~ 12V 的 DC 电源供电系统，这部分使用 DC 电源接口引入 6 ~ 12V 的电源，经过 RT7272 进行电压转换成 5V 电源，再与第 2 部分的 5V_USB 电源线连接在一起。

2）第 2 部分使用 USB 接口，使用 USB 线从外部引入 5V 电源，引入的电源经过电源开关及保险丝连接到 5V 电源线。

3）第 3 部分是电源开关及保险丝，即当我们的实验板使用 DC 电源或 5V_USB 线供电时，可用电源开关控制通断，保险丝也会起保护作用。

4）5V 电源线遍布整个板子，板子上各个位置引出的标有 5V 丝印的排针都与这个电源线直接相连。5V 电源线给板子上的某些工作电压为 5V 的芯片供电。5V 电源还经过 LDO 稳压芯片，输出 3.3V 电源连接到 3.3V 电源线。

5）同样地，3.3V 电源线也遍布整个板子，各个引出的标有 3.3V 丝印的排针都与它直接相连，3.3V 电源给工作电压为 3.3V 的各种芯片供电。STM32 芯片的 VDD 引脚就是直接与这个 3.3V 电源相连的，所以通过 STM32 的 PVD 监控的就是这个 3.3V 电源线的电压。

当我们进行这个 PVD 实验时，为方便改变 3.3V 电源线的电压，我们可以把可调电源通过实验板上引出的 5V 及 GND 排针给实验板供电。当可调电源电压降低时，LDO 在 3.3V 电源线的供电电压会随之降低，即 STM32 的 PVD 监控的 VDD 引脚电压会降低，这样我们就可以模拟 VDD 电压下降的实验条件，对 PVD 进行测试了。不过，由于这样供电不经过保险丝，所以在调节电压的时候要小心，不要给它供电远高于 5V，否则可能会烧坏实验板上的芯片。

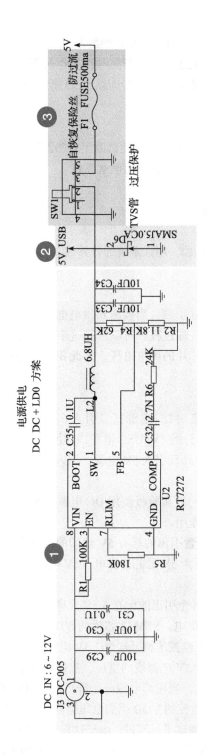

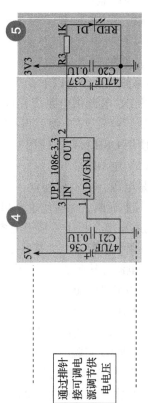

图 39-8 实验板的电源供电系统

39.6.2　软件设计

本小节讲解的是"PWR——睡眠模式"实验，请打开配套的代码工程阅读理解。为了方便把这个工程的 PVD 监控功能移植到其他应用，我们把 PVD 电压监控相关的主要代码都写到 bsp_pvd.c 及 bsp_pvd.h 文件中。这些文件是我们自己编写的，不属于标准库的内容，可根据个人喜好命名文件。

1. 程序设计要点

1）初始化 PVD 中断；

2）设置 PVD 电压监控等级并使能 PVD；

3）编写 PVD 中断服务函数，处理紧急任务。

2. 代码分析

（1）初始化 PVD

使用 PVD 功能前需要先初始化，我们把这部分代码封装到 PVD_Config 函数中，见代码清单 39-11。

代码清单 39-11　初始化 PVD（bsp_pvd.c 文件）

```
1
2  /**
3    * @brief   配置 PVD
4    * @param   无
5    * @retval  无
6    */
7  void PVD_Config(void)
8  {
9      NVIC_InitTypeDef NVIC_InitStructure;
10     EXTI_InitTypeDef EXTI_InitStructure;
11
12     /* 使能 PWR 时钟 */
13     RCC_APB1PeriphClockCmd(RCC_APB1Periph_PWR, ENABLE);
14
15     NVIC_PriorityGroupConfig(NVIC_PriorityGroup_1);
16
17     /* 使能 PVD 中断 */
18     NVIC_InitStructure.NVIC_IRQChannel = PVD_IRQn;
19     NVIC_InitStructure.NVIC_IRQChannelPreemptionPriority = 0;
20     NVIC_InitStructure.NVIC_IRQChannelSubPriority = 0;
21     NVIC_InitStructure.NVIC_IRQChannelCmd = ENABLE;
22     NVIC_Init(&NVIC_InitStructure);
23
24     /* 配置 EXTI16 线（PVD 输出）来产生上升下降沿中断 */
25     EXTI_ClearITPendingBit(EXTI_Line16);
26     EXTI_InitStructure.EXTI_Line = EXTI_Line16;
27     EXTI_InitStructure.EXTI_Mode = EXTI_Mode_Interrupt;
28     EXTI_InitStructure.EXTI_Trigger = EXTI_Trigger_Rising_Falling;
29     EXTI_InitStructure.EXTI_LineCmd = ENABLE;
30     EXTI_Init(&EXTI_InitStructure);
31
32     // 配置 PVD 级别 5
33     // PVD 检测电压的阈值为 2.8V，VDD 电压低于 2.8V 时产生 PVD 中断
```

```
34        // 具体数据可查询数据手册获知
35        /* 具体级别根据自己的实际应用要求配置 */
36        PWR_PVDLevelConfig(PWR_PVDLevel_5);
37
38        /* 使能 PVD 输出 */
39        PWR_PVDCmd(ENABLE);
40   }
```

在这段代码中，执行的流程如下：

1）配置 PVD 的中断优先级。由于电压下降是非常危急的状态，所以请尽量把它配置成最高优先级。

2）配置了 EXTI16 线的中断源，设置 EXTI16 是因为 PVD 中断是通过 EXTI16 产生中断的（GPIO 的中断是 EXTI0 ～ EXTI15）。

3）使用库函数 PWR_PVDLevelConfig 设置 PVD 监控的电压阈值等级，各个阈值等级表示的电压值请查阅表 39-2 或 STM32 的数据手册。

4）使用库函数 PWR_PVDCmd 使能 PVD 功能。

（2）PVD 中断服务函数

配置完成 PVD 后，还需要编写中断服务函数，在其中处理紧急任务。本工程的 PVD 中断服务函数见代码清单 39-12。

代码清单 39-12　PVD 中断服务函数（stm32f4xx_it.c 文件）

```
1
2   /*
3    * @brief   PVD 中断请求
4    * @param   无
5    * @retval  无
6    */
7   void PVD_IRQHandler(void)
8   {
9        /* 检测是否产生了 PVD 警告信号 */
10       if (PWR_GetFlagStatus (PWR_FLAG_PVDO)==SET) {
11           /* 亮红灯，实际应用中应进入紧急状态处理 */
12           LED_RED;
13
14       }
15       /* 清除中断信号 */
16       EXTI_ClearITPendingBit(EXTI_Line16);
17
18   }
19
```

注意，这个中断服务函数的名是 PVD_IRQHandler 而不是 EXTI16_IRQHandler（STM32 没有这样的中断函数名），示例中我们仅点亮了 LED 红灯，不同的应用中要根据需求进行相应的紧急处理。

（3）main 函数

本电源监控实验的 main 函数执行流程比较简单，仅调用了 PVD_Config 配置监控功能，当 VDD 供电电压正常时，板子亮绿灯；当电压低于阈值时，会跳转到中断服务函数中，板子亮红灯。见代码清单 39-13。

代码清单 39-13　停止模式的 main 函数（main.c 文件）

```
 1 /**
 2   * @brief   主函数
 3   * @param   无
 4   * @retval  无
 5   */
 6 int main(void)
 7 {
 8     LED_GPIO_Config();
 9
10     // 亮绿灯，表示正常运行
11     LED_GREEN;
12
13     // 配置 PVD，当电压过低时，会进入中断服务函数，亮红灯
14     PVD_Config();
15
16     while (1) {
17
18         /* 正常运行的程序 */
19
20     }
21
22 }
23
24
```

39.6.3　下载验证

本工程的验证步骤如下：

1）通过电脑把本工程编译并下载到实验板；

2）把下载器、USB 及 DC 电源等外部供电设备都拔掉；

3）按"硬件设计"小节中的说明，使用可调电源通过 5V 及 GND 排针给实验板供 5V 电源（注意要先调好可调电源的电压再连接，防止烧坏实验板）；

4）复位实验板，确认板子亮绿灯，表示正常状态；

5）持续降低可调电源的输出电压，直到实验板亮红灯，这时表示 PVD 检测到电压低于阈值。

本工程中，我们实测 PVD 阈值等级为 PWR_PVDLevel_5 时，当可调电源电压降至 4.4V 时，板子亮红灯，此时的 3.3V 电源引脚的实测电压为 2.75V；而 PVD 阈值等级为 PWR_PVDLevel_3 时，当可调电源电压降至 4.2V 时，板子亮红灯，此时的 3.3V 电源引脚的实测电压为 2.55V。

注意：由于这样使用可调电源供电不经过保险丝，所以在调节电压的时候要小心，不要给它供电远高于 5V，否则可能会烧坏实验板上的芯片。

第 40 章
RTC——实时时钟

40.1 RTC 简介

RTC（real time clock，实时时钟）主要包含日历、闹钟和自动唤醒这 3 部分的功能，其中的日历功能我们使用得最多。日历包含两个 32 位的时间寄存器，可直接输出时、分、秒、星期、月、日、年。与 F103 系列的 RTC 只能输出秒中断、剩下的其他时间需要软件来实现相比，STM32F429 的 RTC 可谓是脱胎换骨，使我们软件编程的难度大大降低。

40.2 RTC 功能框图解析

RTC 功能框图见图 40-1。

1. 时钟源

RTC 时钟源 RTCCLK 可以从 LSE、LSI 和 HSE_RTC 这三者中得到。其中使用最多的是 LSE, LSE 由一个外部的 32.768kHZ（6PF 负载）的晶振提供，精度高，稳定，是 RTC 的首选。LSI 是芯片内部的 30kHZ 晶体，精度较低，会有温漂，一般不建议使用。HSE_RTC 由 HSE 分频得到，最高是 4MHz，使用得也较少。

2. 预分频器

预分频器 PRER 由 7 位的异步预分频器 APRE 和 15 位的同步预分频器 SPRE 组成。异步预分频器时钟 CK_APRE 用于为二进制 RTC_SSR 亚秒递减计数器提供时钟，同步预分频器时钟 CK_SPRE 用于更新日历。异步预分频器时钟 $f_{CK\_APRE}=f_{RTC\_CLK}/(PREDIV\_A+1)$，同步预分频器时钟 $f_{CK\_SPRE}=f_{RTC\_CLK}/(PREDIV\_S+1)$。使用两个预分频器时，推荐将异步预分频器配置为较高的值，以最大程度地降低功耗。一般我们会使用 LSE 生成 1Hz 的同步预分频器时钟。

通常的情况下，我们会选择 LSE 作为 RTC 的时钟源，即 $f_{RTCCLK}=f_{LSE}=32.768kHz$。然后经过预分频器 PRER 分频生成 1Hz 的时钟用于更新日历。使用两个预分频器分频的时候，为了最大限度地降低功耗，我们一般把同步预分频器设置成较大的值，为了生成 1Hz 的同步预分频器时钟 CK_SPRE，最常用的配置是 PREDIV_A=127，PREDIV_S=255。计算公式为：$f_{CK\_SPRE}=f_{RTCCLK}/\{(PREDIV\_A+1) \times (PREDIV\_S+1)\}= 32.768/\{(127+1) \times (255+1)\}=1Hz$。

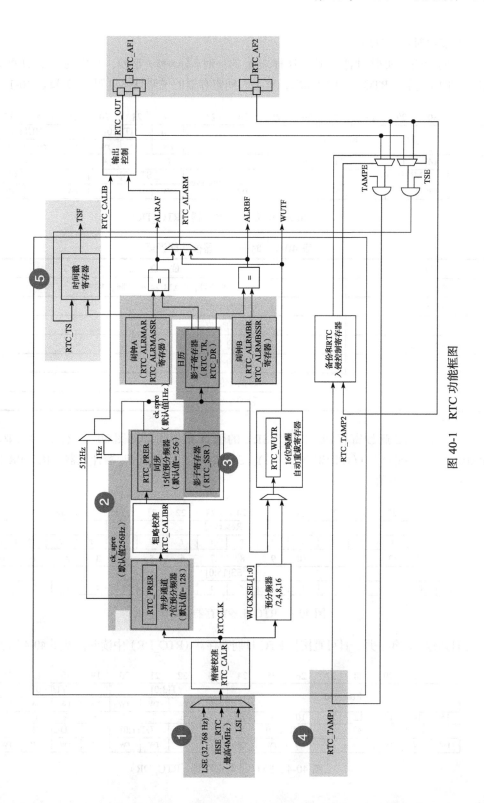

图 40-1　RTC 功能框图

3. 实时时钟和日历

我们知道，实时时钟一般是这样表示的：时 / 分 / 秒 / 亚秒，其中时分和秒可直接从 RTC 时间寄存器（RTC_TR）中读取，有关时间寄存器的说明具体见图 40-2 和表 40-1。

31	30	29	28	27	26	25	24	23	22	21	20	19	18	17	16
Reserved									PM	HT[1:0]		HU[3:0]			
									rw	rw	rw	rw	rw	rw	rw
15	14	13	12	11	10	9	8	7	6	5	4	3	2	1	0
Reserved	MNT[2:0]			MNU[3:0]				Reserved	ST[2:0]			ST[3:0]			
	rw	rw	rw	rw	rw	rw	rw		rw	rw	rw	rw	rw	rw	rw

图 40-2　RTC 时间寄存器（RTC_TR）

表 40-1　时间寄存器位功能说明

位名称	位说明
PM	AM/PM 符号，0:AM/24 小时制，1:PM
HT[1:0]	小时的十位
HU[3:0]	小时的个位
MNT[2:0]	分钟的十位
MNU[3:0]	分钟的个位
ST[2:0]	秒的十位
SU[3:0]	秒的个位

亚秒由 RTC 亚秒寄存器（RTC_SSR）的值计算得到，见图 40-3。公式为：亚秒值 = (PREDIV_S − SS[15:0]) / (PREDIV_S + 1)。SS[15:0] 是同步预分频器计数器的值，PREDIV_S 是同步预分频器的值。

31	30	29	28	27	26	25	24	23	22	21	20	19	18	17	16
Reserved															
r	r	r	r	r	r	r	r	r	r	r	r	r	r	r	r
15	14	13	12	11	10	9	8	7	6	5	4	3	2	1	0
SS[15:0]															
r	r	r	r	r	r	r	r	r	r	r	r	r	r	r	r

图 40-3　RTC 亚秒寄存器（RTC_SSR）

日期包含的年、月、日可直接从 RTC 日期寄存器（RTC_DR）中读取，见图 40-4 和表 40-2。

31	30	29	28	27	26	25	24	23	22	21	20	19	18	17	16
Reserved								YT[3:0]				YU[3:0]			
								rw	rw	rw	rw	rw	rw	rw	rw
15	14	13	12	11	10	9	8	7	6	5	4	3	2	1	0
WDU[2:0]			MT	MU[3:0]				Reserved		DT[1:0]		DU[3:0]			
rw	rw	rw	rw	rw	rw	rw	rw			rw	rw	rw	rw	rw	rw

图 40-4　RTC 日期寄存器（RTC_DR）

表 40-2　RTC 日期寄存器位功能说明

位名称	位　说　明
YT[1:0]	年份的十位
YU[3:0]	年份的个位
WDU[2:0]	星期几的个位，000：禁止，001：星期一，…，111：星期日
MT	月份的十位
MU	月份的个位
DT[1:0]	日期的十位
DU[3:0]	日期的个位

当应用程序读取日历寄存器时，默认是读取影子寄存器的内容，每隔两个 RTCCLK 周期，便将当前日历值复制到影子寄存器。我们也可以通过将 RTC_CR 寄存器的 BYPSHAD 控制位置 1 来直接访问日历寄存器，这样可避免等待同步的持续时间。

RTC_CLK 经过预分频器后，有一个 512Hz 的 CK_APRE 和 1 个 1Hz 的 CK_SPRE，这两个时钟可以成为校准的时钟输出 RTC_CALIB。RTC_CALIB 最终要输出则需映射到 RTC_AF1 引脚，即 PC13 输出，用来对外部提供时钟。

4. 闹钟

RTC 有两个闹钟：闹钟 A 和闹钟 B，当 RTC 运行的时间与预设的闹钟时间相同的时候，相应的标志位 ALRAF（在 RTC_ISR 寄存器中）和 ALRBF 会置 1。利用这个闹钟我们可以做一些备忘提醒功能。

如果使能了闹钟输出（由 RTC_CR 的 OSEL[0:1] 位控制），则 ALRAF 和 ALRBF 会连接到闹钟输出引脚 RTC_ALARM，RTC_ALARM 最终连接到 RTC 的外部引脚 RTC_AF1（即 PC13），输出的极性由 RTC_CR 寄存器的 POL 位配置，可以是高电平或者低电平。

5. 时间戳

时间戳即时间点的意思，就是某一个时刻的时间。时间戳复用功能（RTC_TS）可映射到 RTC_AF1 或 RTC_AF2，当发生外部的入侵事件时，即发生时间戳事件时，RTC_ISR 寄存器中的时间戳标志位（TSF）将置 1，日历会保存到时间戳寄存器（RTC_TSSSR、RTC_TSTR 和 RTC_TSDR）中。时间戳往往用来记录危急时刻的时间，以供事后排查问题时查询。

6. 入侵检测

RTC 自带两个入侵检测引脚 RTC_AF1（PC13）和 RTC_AF2（PI8），这两个输入既可配置为边沿检测，也可配置为带过滤的电平检测。当发生入侵检测时，备份寄存器将被复位。备份寄存器（RTC_BKPxR）包括 20 个 32 位寄存器，用于存储 80 字节的用户应用数据。这些寄存器在备份域中实现，可在 VDD 电源关闭时通过 VBAT 保持上电状态。备份寄存器不会在系统复位或电源复位时复位，也不会在器件从待机模式唤醒时复位。

40.3　RTC 初始化结构体讲解

标准库函数对每个外设都建立了一个初始化结构体，比如 RTC_InitTypeDef。结构体成员用于设置外设工作参数，并由外设初始化配置函数，比如 RTC_Init() 调用。这些配置好的参数将会设置外设相应的寄存器，达到配置外设工作环境的目的。

初始化结构体和初始化库函数配合使用是标准库精髓所在，理解了初始化结构体每个成员意义基本上就可以对该外设运用自如。初始化结构体定义在 stm32f4xx_rtc.h 头文件中，初始化库函数定义在 stm32f4xx_rtc.c 文件中，编程时我们可以结合这两个文件内注释使用。

RTC 初始化结构体用来设置 RTC 小时的格式和 RTC_CLK 的分频系数。

代码清单 40-1　RTC 初始化结构体

```
1 typedef struct {
2     uint32_t RTC_HourFormat;   /* 指定 RTC 小时格式 */
3
4     uint32_t RTC_AsynchPrediv; /* 配置 RTC_CLK 的异步分频因子 */
5
6     uint32_t RTC_SynchPrediv;  /* 配置 RTC_CLK 的同步分频因子 */
7 } RTC_InitTypeDef;
```

1）RTC_HourFormat：小时格式设置，有 RTC_HourFormat_24 和 RTC_HourFormat_12 两种格式，一般我们选择使用 24 小时制，具体由 RTC_CR 寄存器的 FMT 位配置。

2）RTC_AsynchPrediv：RTC_CLK 异步分频因子设置，7 位有效，具体由 RTC 预分频器寄存器 RTC_PRER 的 PREDIV_A[6:0] 位配置。

3）RTC_SynchPrediv：RTC_CLK 同步分频因子设置，15 位有效，具体由 RTC 预分频器寄存器 RTC_PRER 的 PREDIV_S[14:0] 位配置。

40.4　RTC 时间结构体讲解

RTC 时间初始化结构体用来设置初始时间，配置的是 RTC 时间寄存器 RTC_TR。

代码清单 40-2　RTC 时间结构体

```
1 typedef struct {
2     uint8_t RTC_Hours;      /* 小时设置 */
3
4     uint8_t RTC_Minutes;    /* 分钟设置 */
5
6     uint8_t RTC_Seconds;    /* 秒设置 */
7
8     uint8_t RTC_H12;        /* AM/PM 符号设置 */
9 } RTC_TimeTypeDef;
```

1）RTC_Hours：小时设置，12 小时制式时，取值范围为 0 ~ 11，24 小时制式时，取值范围为 0 ~ 23。

2）RTC_Minutes：分钟设置，取值范围为 0 ~ 59。

3）RTC_Seconds：秒钟设置，取值范围为 0 ~ 59。

4）RTC_H12：AM/PM 设置，可取值 RTC_H12_AM 和 RTC_H12_PM，RTC_H12_AM

是 24 小时制，RTC_H12_PM 是 12 小时制。

40.5　RTC 日期结构体讲解

RTC 日期初始化结构体用来设置初始日期，配置的是 RTC 日期寄存器 RTC_DR。

代码清单 40-3　RTC 日期结构体

```
1 typedef struct {
2     uint8_t RTC_WeekDay; /* 星期几设置 */
3
4     uint8_t RTC_Month;   /* 月份设置 */
5
6     uint8_t RTC_Date;    /* 日期设置 */
7
8     uint8_t RTC_Year;    /* 年份设置 */
9 } RTC_DateTypeDef;
```

1）RTC_WeekDay：星期几设置，取值范围为 1 ~ 7，对应星期一~星期日。

2）RTC_Month：月份设置，取值范围为 1 ~ 12。

3）RTC_Date：日期设置，取值范围为 1 ~ 31。

4）RTC_Year：年份设置，取值范围为 0 ~ 99。

40.6　RTC 闹钟结构体讲解

RTC 闹钟结构体主要用来设置闹钟时间，设置的格式为［星期 / 日期］–［时］–［分］–［秒］，共 4 个字段，每个字段都可以设置为有效或者无效，即可 MASK。如果 MASK 掉［星期 / 日期］字段，则每天闹钟都会响。

代码清单 40-4　RTC 闹钟结构体

```
1 typedef struct {
2     RTC_TimeTypeDef RTC_AlarmTime;        /* 设定 RTC 时间寄存器的值：时 / 分 / 秒 */
3
4     uint32_t RTC_AlarmMask;               /* RTC 闹钟 掩码字段选择 */
5
6     uint32_t RTC_AlarmDateWeekDaySel;     /* 闹钟的日期 / 星期选择 */
7
8     uint8_t RTC_AlarmDateWeekDay;         /* 指定闹钟的日期 / 星期
9                                            * 如果日期有效，则取值范围为 1~31
10                                           * 如果星期有效，则取值范围为 1~7
11                                           */
12 } RTC_AlarmTypeDef;
```

1）RTC_AlarmTime：闹钟时间设置，配置的是 RTC 时间初始化结构体，主要配置小时的制式，可以为 12 小时或者 24 小时，配套具体的时、分、秒。

2）RTC_AlarmMask：闹钟掩码字段选择，即选择闹钟时间哪些字段无效，取值可为：RTC_AlarmMask_None（全部有效）、RTC_AlarmMask_DateWeekDay（日期或者星期无效）、RTC_AlarmMask_Hours（小时无效）、RTC_AlarmMask_Minutes（分钟无效）、RTC_AlarmMask_Seconds（秒无效）、RTC_AlarmMask_All（全部无效）。比如我们选择 RTC_AlarmMask_DateWeekDay，那么就是当 RTC 的时间的小时等于闹钟时间小时字段时，每天的这个时间都会产生闹钟中断。

3）RTC_AlarmDateWeekDaySel：闹钟日期或者星期选择，可选择 RTC_AlarmDateWeek-DaySel_WeekDay 或者 RTC_AlarmDateWeekDaySel_Date。要想这个配置有效，则 RTC_AlarmMask 不能配置为 RTC_AlarmMask_DateWeekDay，否则会被 MASK 掉。

4）RTC_AlarmDateWeekDay：具体的日期或者星期几，当 RTC_AlarmDateWeekDaySel 设置成 RTC_AlarmDateWeekDaySel_WeekDay 时，取值为 1 ~ 7，对应星期一 ~ 星期日；当设置成 RTC_AlarmMask_DateWeekDay 时，取值为 1 ~ 31。

40.7　RTC—日历实验

利用 RTC 的日历功能制作一个日历，显示格式为：年 – 月 – 日 – 星期，时 – 分 – 秒。

40.7.1　硬件设计

该实验用到了片内外设 RTC，为了确保在 VDD 断电的情况下时间可以保存且继续运行，VBAT 引脚外接了一个 CR1220 电池座，用来放 CR1220 电池给 RTC 供电，见图 40-5。

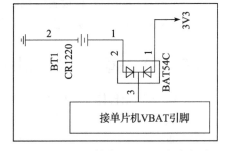

图 40-5　RTC 外接 CR1220 电池座子

40.7.2　软件设计

1. 编程要点

1）选择 RTC_CLK 的时钟源；

2）配置 RTC_CLK 的分频系数，包括异步和同步两个；

3）设置初始时间，包括日期；

4）获取时间和日期，并显示；

2. 代码分析

这里只讲解核心的部分代码，有些变量的设置、头文件的包含等并没有涉及，完整的代码请参考本章配套的工程。我们创建了两个文件 bsp_rtc.c 和 bsp_rtc.h，用来存 RTC 驱动程序及相关宏定义，中断服务函数则放在 stm32f4xx_it.h 文件中。

（1）宏定义

代码清单 40-5　宏定义

```
1 // 时钟源宏定义
2 #define RTC_CLOCK_SOURCE_LSE
```

```
 3 //#define RTC_CLOCK_SOURCE_LSI
 4
 5 //异步分频因子
 6 #define ASYHCHPREDIV          0X7F
 7 //同步分频因子
 8 #define SYHCHPREDIV           0XFF
 9
10
11
12 //时间宏定义
13 #define RTC_H12_AMorPM        RTC_H12_AM
14 #define HOURS                 1          // 0~23
15 #define MINUTES               1          // 0~59
16 #define SECONDS               1          // 0~59
17
18 // 日期宏定义
19 #define WEEKDAY               1          // 1~7
20 #define DATE                  1          // 1~31
21 #define MONTH                 1          // 1~12
22 #define YEAR                  1          // 0~99
23
24 //时间格式宏定义
25 #define RTC_Format_BINorBCD   RTC_Format_BIN
26
27 //备份域寄存器宏定义
28 #define RTC_BKP_DRX           RTC_BKP_DR0
29 //写入备份寄存器的数据宏定义
30 #define RTC_BKP_DATA          0X32F2
```

为了方便程序移植,我们把移植时需要修改的代码部分都通过宏定义来实现。具体的配合注释看代码即可。

(2)RTC 时钟配置函数

代码清单 40-6 RTC 配置函数

```
 1 /**
 2  * @brief  RTC 配置:选择 RTC 时钟源,设置 RTC_CLK 的分频系数
 3  * @param 无
 4  * @retval 无
 5  */
 6 void RTC_CLK_Config(void)
 7 {
 8     RTC_InitTypeDef RTC_InitStructure;
 9
10     /* 使能 PWR 时钟 */
11     RCC_APB1PeriphClockCmd(RCC_APB1Periph_PWR, ENABLE);
12     /* PWR_CR:DBF 置 1,使能 RTC、RTC 备份寄存器和备份 SRAM 的访问 */
13     PWR_BackupAccessCmd(ENABLE);
14
15 #if defined (RTC_CLOCK_SOURCE_LSI)
16     /* 使用 LSI 作为 RTC 时钟源会有误差
17      * 默认选择 LSE 作为 RTC 的时钟源
```

```
18      */
19      /* 使能 LSI */
20      RCC_LSICmd(ENABLE);
21      /* 等待 LSI 稳定 */
22      while (RCC_GetFlagStatus(RCC_FLAG_LSIRDY) == RESET) {
23      }
24      /* 选择 LSI 作为 RTC 的时钟源 */
25      RCC_RTCCLKConfig(RCC_RTCCLKSource_LSI);
26
27 #elif defined (RTC_CLOCK_SOURCE_LSE)
28
29      /* 使能 LSE */
30      RCC_LSEConfig(RCC_LSE_ON);
31      /* 等待 LSE 稳定 */
32      while (RCC_GetFlagStatus(RCC_FLAG_LSERDY) == RESET) {
33      }
34      /* 选择 LSE 作为 RTC 的时钟源 */
35      RCC_RTCCLKConfig(RCC_RTCCLKSource_LSE);
36
37 #endif /* RTC_CLOCK_SOURCE_LSI */
38
39      /* 使能 RTC 时钟 */
40      RCC_RTCCLKCmd(ENABLE);
41
42      /* 等待 RTC APB 寄存器同步 */
43      RTC_WaitForSynchro();
44
45      /*==================== 初始化同步 / 异步预分频器的值 ====================*/
46      /* 驱动日历的时钟 ck_spare = LSE/[(255+1)*(127+1)] = 1HZ */
47
48      /* 设置异步预分频器的值 */
49      RTC_InitStructure.RTC_AsynchPrediv = ASYNCHPREDIV;
50      /* 设置同步预分频器的值 */
51      RTC_InitStructure.RTC_SynchPrediv = SYNCHPREDIV;
52      RTC_InitStructure.RTC_HourFormat = RTC_HourFormat_24;
53      /* 用 RTC_InitStructure 的内容初始化 RTC 寄存器 */
54      if (RTC_Init(&RTC_InitStructure) == ERROR) {
55          printf("\n\r RTC 时钟初始化失败 \r\n");
56      }
57 }
```

RTC 配置函数主要实现两个功能：一是选择 RTC_CLK 的时钟源，根据宏定义来决定使用 LSE 还是 LSI 作为 RTC_CLK 的时钟源，这里我们选择 LSE；二是设置 RTC_CLK 的预分频系数，包括异步和同步，这里设置异步分频因子为 ASYNCHPREDIV（127），同步分频因子为 ASYNCHPREDIV（255），则产生的最终驱动日历的时钟 CK_SPRE=32.768/(127+1)×(255+1)=1Hz，则每秒更新一次。

（3）RTC 时间初始化函数

代码清单 40-7　RTC 时间和日期设置函数

```
1 /**
```

```
 2   * @brief   设置时间和日期
 3   * @param   无
 4   * @retval  无
 5   */
 6  void RTC_TimeAndDate_Set(void)
 7  {
 8      RTC_TimeTypeDef RTC_TimeStructure;
 9      RTC_DateTypeDef RTC_DateStructure;
10
11      // 初始化时间
12      RTC_TimeStructure.RTC_H12 = RTC_H12_AMorPM;
13      RTC_TimeStructure.RTC_Hours = HOURS;
14      RTC_TimeStructure.RTC_Minutes = MINUTES;
15      RTC_TimeStructure.RTC_Seconds = SECONDS;
16      RTC_SetTime(RTC_Format_BINorBCD, &RTC_TimeStructure);
17      RTC_WriteBackupRegister(RTC_BKP_DRX, RTC_BKP_DATA);
18
19      // 初始化日期
20      RTC_DateStructure.RTC_WeekDay = WEEKDAY;
21      RTC_DateStructure.RTC_Date = DATE;
22      RTC_DateStructure.RTC_Month = MONTH;
23      RTC_DateStructure.RTC_Year = YEAR;
24      RTC_SetDate(RTC_Format_BINorBCD, &RTC_DateStructure);
25      RTC_WriteBackupRegister(RTC_BKP_DRX, RTC_BKP_DATA);
26  }
```

RTC 时间和日期设置函数主要是设置时间和日期这两个结构体，然后调相应的 RTC_SetTime 和 RTC_SetDate 函数把初始化好的时间写到相应的寄存器。每当写完之后都会在备份寄存器里面写入一个数，以作标记，为的是程序开始运行的时候检测 RTC 的时间是否已经配置过。

具体的时间、日期、备份寄存器和写入备份寄存器的值都在头文件的宏定义里面，要修改这些值只需修改头文件的宏定义即可。

（4）RTC 时间显示函数

代码清单 40-8　RTC 时间显示函数

```
 1  /**
 2   * @brief   显示时间和日期
 3   * @param   无
 4   * @retval  无
 5   */
 6  void RTC_TimeAndDate_Show(void)
 7  {
 8      uint8_t Rtctmp=0;
 9      char LCDTemp[100];
10      RTC_TimeTypeDef RTC_TimeStructure;
11      RTC_DateTypeDef RTC_DateStructure;
12
13
14      while (1) {
15          // 获取日历
16          RTC_GetTime(RTC_Format_BIN, &RTC_TimeStructure);
```

```
17              RTC_GetDate(RTC_Format_BIN, &RTC_DateStructure);
18
19          // 每秒打印一次
20          if (Rtctmp != RTC_TimeStructure.RTC_Seconds) {
21
22              // 打印日期
23          printf("The Date :  Y:20%0.2d - M:%0.2d - D:%0.2d - W:%0.2d\r\n",
24                  RTC_DateStructure.RTC_Year,
25                  RTC_DateStructure.RTC_Month,
26                  RTC_DateStructure.RTC_Date,
27                  RTC_DateStructure.RTC_WeekDay);
28
29              // 液晶显示日期
30              // 先把要显示的数据用 sprintf 函数转换为字符串，然后才能用液晶显示函数显示
31          sprintf(LCDTemp,"The Date :  Y:20%0.2d - M:%0.2d - D:%0.2d - W:%0.2d",
32                  RTC_DateStructure.RTC_Year,
33                  RTC_DateStructure.RTC_Month,
34                  RTC_DateStructure.RTC_Date,
35                  RTC_DateStructure.RTC_WeekDay);
36
37              LCD_DisplayStringLineEx(10,50,48,48,(uint8_t *)LCDTemp,0);
38
39              // 打印时间
40              printf("The Time :  %0.2d:%0.2d:%0.2d \r\n\r\n",
41                  RTC_TimeStructure.RTC_Hours,
42                  RTC_TimeStructure.RTC_Minutes,
43                  RTC_TimeStructure.RTC_Seconds);
44
45              // 液晶显示时间
46              sprintf(LCDTemp,"The Time :  %0.2d:%0.2d:%0.2d",
47                   RTC_TimeStructure.RTC_Hours,
48                   RTC_TimeStructure.RTC_Minutes,
49                   RTC_TimeStructure.RTC_Seconds);
50
51              LCD_DisplayStringLineEx(10,100,48,48,(uint8_t *)LCDTemp,0);
52
53              (void)RTC->DR;
54          }
55          Rtctmp = RTC_TimeStructure.RTC_Seconds;
56      }
57 }
```

RTC 时间和日期显示函数中，通过调用 RTC_GetTime() 和 RTC_GetDate() 这两个库函数，把时间和日期都读取保存到时间和日期结构体中，然后以 1 秒为频率，把时间显示出来。

在使用液晶显示时间的时候，需要先调用标准的 C 库函数 sprintf()，把数据转换成字符串，然后才能调用液晶显示函数来显示，因为液晶显示时处理的都是字符串。

（5）主函数

代码清单 40-9 main 函数

```
1 /**
```

```
 2    * @brief  主函数
 3    * @param  无
 4    * @retval 无
 5    */
 6  int main(void)
 7  {
 8      /* 初始化 LED */
 9      LED_GPIO_Config();
10
11      /* 初始化调试串口, 一般为串口 1 */
12      Debug_USART_Config();
13      printf("\n\r 这是一个 RTC 日历实验 \r\n");
14
15      /*===================== 液晶初始化开始 =====================*/
16      LCD_Init();
17      LCD_LayerInit();
18      LTDC_Cmd(ENABLE);
19
20      /* 把背景层刷黑色 */
21      LCD_SetLayer(LCD_BACKGROUND_LAYER);
22      LCD_Clear(LCD_COLOR_BLACK);
23
24      /* 初始化后默认使用前景层 */
25      LCD_SetLayer(LCD_FOREGROUND_LAYER);
26      /* 默认设置不透明, 该函数参数为不透明度, 范围 0 ~ 0xff, 0 为全透明, 0xff 为不透明 */
27      LCD_SetTransparency(0xFF);
28      LCD_Clear(LCD_COLOR_BLACK);
29      /* 经过 LCD_SetLayer(LCD_FOREGROUND_LAYER) 函数后,
30          以下液晶操作都在前景层刷新, 除非重新调用过 LCD_SetLayer 函数设置背景层 */
31      LCD_SetColors(LCD_COLOR_RED,LCD_COLOR_BLACK);
32      /*======================= 液晶初始化结束 =====================*/
33
34      /*
35       * 当我们配置过 RTC 时间之后就往备份寄存器 0 写入一个数据做标记
36       * 所以每次程序重新运行的时候就通过检测备份寄存器 0 的值来判断
37       * RTC 是否已经配置过, 如果配置过就继续运行, 如果没有配置过
38       * 就初始化 RTC, 配置 RTC 的时间。
39       */
40      if (RTC_ReadBackupRegister(RTC_BKP_DRX) != RTC_BKP_DATA) {
41          /* RTC 配置: 选择时钟源, 设置 RTC_CLK 的分频系数 */
42          RTC_CLK_Config();
43          /* 设置时间和日期 */
44          RTC_TimeAndDate_Set();
45      } else {
46          /* 检查是否电源复位 */
47          if (RCC_GetFlagStatus(RCC_FLAG_PORRST) != RESET) {
48              printf("\r\n 发生电源复位 ....\r\n");
49          }
50          /* 检查是否外部复位 */
51          else if (RCC_GetFlagStatus(RCC_FLAG_PINRST) != RESET) {
52              printf("\r\n 发生外部复位 ....\r\n");
53          }
54
```

```
55              printf("\r\n 不需要重新配置 RTC....\r\n");
56
57              /* 使能 PWR 时钟 */
58              RCC_APB1PeriphClockCmd(RCC_APB1Periph_PWR, ENABLE);
59              /* PWR_CR:DBF 置 1,使能 RTC、RTC 备份寄存器和备份 SRAM 的访问 */
60              PWR_BackupAccessCmd(ENABLE);
61              /* 等待 RTC APB 寄存器同步 */
62              RTC_WaitForSynchro();
63          }
64
65          /* 显示时间和日期 */
66          RTC_TimeAndDate_Show();
67  }
```

主函数中，我们调用 RTC_ReadBackupRegister() 库函数来读取备份寄存器的值是否等于我们预设的那个值，因为当我们初始化完 RTC 的时间之后就往备份寄存器写入一个数据做标记，所以每次程序重新运行的时候就通过检测备份寄存器的值来判断 RTC 是否已经配置过，如果配置过则判断是电源复位还是外部引脚复位且继续运行显示时间；如果没有配置过，就初始化 RTC，配置 RTC 的时间，然后显示。

如果想每次程序运行时都重新配置 RTC，则用一个异于写入的值来做判断即可。

40.7.3 下载验证

把程序编译好下载到开发板，通过电脑端口的串口调试助手或者液晶屏，可以看到时间正常运行。当 VDD 不断电的情况下，发生外部引脚复位，时间不会丢失；当 VDD 断电或者发生外部引脚复位，VBT 有电池供电时，时间不会丢失；当 VDD 断电且 VBAT 也不供电的情况下，时间会丢失，然后根据程序预设的初始时间重新启动。

40.8 RTC—闹钟实验

在日历实验的基础上，利用 RTC 的闹钟功能制作一个闹钟，在每天的［XX 小时 –XX 分钟 –XX 秒钟］产生闹钟中断，然后蜂鸣器响。

40.8.1 硬件设计

硬件设计与日历实验部分的硬件设计一样。

40.8.2 软件设计

闹钟实验是在日历实验的基础上添加，相同部分的代码不再讲解，这里只讲解闹钟相关的代码，更加具体的请参考闹钟实验的工程源码。

代码清单 40-10　闹钟相关宏定义

```
1 // 闹钟相关宏定义
```

```
 2 #define ALARM_HOURS                    1            // 0~23
 3 #define ALARM_MINUTES                  1            // 0~59
 4 #define ALARM_SECONDS                  10           // 0~59
 5
 6 #define ALARM_MASK                     RTC_AlarmMask_DateWeekDay
 7 #define ALARM_DATE_WEEKDAY_SEL         RTC_AlarmDateWeekDaySel_WeekDay
 8 #define ALARM_DATE_WEEKDAY             2
 9 #define RTC_Alarm_X                    RTC_Alarm_A
```

为了方便程序移植，我们把需要频繁修改的代码用宏封装起来。如果需要设置闹钟时间和闹钟的掩码字段，只需要修改这些宏即可。这些宏对应的是 RTC 闹钟结构体的成员，想知道每个宏的具体含义可参考 40.6 节。

闹钟时间字段掩码 ALARM_MASK 我们配置为 MASK 掉日期 / 星期，即忽略日期 / 星期，则闹钟时间只有时 / 分 / 秒有效，即每天到了这个时间闹钟都会响。掩码还有其他取值，用户可自行修改做实验。

1. 编程要点

1）初始化 RTC，设置 RTC 初始时间；

2）编程闹钟，设置闹钟时间；

3）编写闹钟中断服务函数。

2. 代码分析

（1）闹钟设置函数

代码清单 40-11　闹钟编程代码

```
 1 /*
 2  *     要使能 RTC 闹钟中断，需按照以下顺序操作：
 3  * 1. 将 EXTI 线 17 配置为中断模式并将其使能，然后选择上升沿有效
 4  * 2. 配置 NVIC 中的 RTC_Alarm IRQ 通道并将其使能
 5  * 3. 配置 RTC 以生成 RTC 闹钟（闹钟 A 或闹钟 B）
 6  *
 7  *
 8  */
 9 void RTC_AlarmSet(void)
10 {
11     NVIC_InitTypeDef    NVIC_InitStructure;
12     EXTI_InitTypeDef    EXTI_InitStructure;
13     RTC_AlarmTypeDef    RTC_AlarmStructure;
14
15     /*============================ 第①步 ============================*/
16     /* RTC 闹钟中断配置 */
17     /* EXTI 配置 */
18     EXTI_ClearITPendingBit(EXTI_Line17);
19     EXTI_InitStructure.EXTI_Line = EXTI_Line17;
20     EXTI_InitStructure.EXTI_Mode = EXTI_Mode_Interrupt;
21     EXTI_InitStructure.EXTI_Trigger = EXTI_Trigger_Rising;
22     EXTI_InitStructure.EXTI_LineCmd = ENABLE;
23     EXTI_Init(&EXTI_InitStructure);
24
```

```
25          /*=============================== 第②步 ===============================*/
26          /* 使能 RTC 闹钟中断 */
27          NVIC_InitStructure.NVIC_IRQChannel = RTC_Alarm_IRQn;
28          NVIC_InitStructure.NVIC_IRQChannelPreemptionPriority = 0;
29          NVIC_InitStructure.NVIC_IRQChannelSubPriority = 0;
30          NVIC_InitStructure.NVIC_IRQChannelCmd = ENABLE;
31          NVIC_Init(&NVIC_InitStructure);
32
33          /*=============================== 第③步 ===============================*/
34          /* 失能闹钟，在设置闹钟时间的时候必须先失能闹钟 */
35          RTC_AlarmCmd(RTC_Alarm_X, DISABLE);
36          /* 设置闹钟时间 */
37          RTC_AlarmStructure.RTC_AlarmTime.RTC_H12     = RTC_H12_AMorPM;
38          RTC_AlarmStructure.RTC_AlarmTime.RTC_Hours   = ALARM_HOURS;
39          RTC_AlarmStructure.RTC_AlarmTime.RTC_Minutes = ALARM_MINUTES;
40          RTC_AlarmStructure.RTC_AlarmTime.RTC_Seconds = ALARM_SECONDS;
41          RTC_AlarmStructure.RTC_AlarmMask = ALARM_MASK;
42          RTC_AlarmStructure.RTC_AlarmDateWeekDaySel = ALARM_DATE_WEEKDAY_SEL;
43          RTC_AlarmStructure.RTC_AlarmDateWeekDay = ALARM_DATE_WEEKDAY;
44
45
46          /* 配置 RTC Alarm X (X=A 或 B) 寄存器 */
47          RTC_SetAlarm(RTC_Format_BINorBCD, RTC_Alarm_X, &RTC_AlarmStructure);
48
49          /* 使能 RTC Alarm X 中断 */
50          RTC_ITConfig(RTC_IT_ALRA, ENABLE);
51
52          /* 使能闹钟 */
53          RTC_AlarmCmd(RTC_Alarm_X, ENABLE);
54
55          /* 清除闹钟中断标志位 */
56          RTC_ClearFlag(RTC_FLAG_ALRAF);
57          /* 清除 EXTI Line 17 悬起位 (内部连接到 RTC Alarm) */
58          EXTI_ClearITPendingBit(EXTI_Line17);
59  }
```

从参考手册知道，要使能 RTC 闹钟中断，必须按照 3 个步骤进行，具体见图 40-6。RTC_AlarmSet() 函数则根据这 3 个步骤和代码中的注释阅读即可。

> **RTC 中断**
> 所有 RTC 中断均与 EXTI 控制器相连。
> 要使能 RTC 闹钟中断，需按照以下顺序操作：
> 1. 将 EXTI 线 17 配置为中断模式并将其使能，然后选择上升沿有效。
> 2. 配置 NVIC 中的 RTC_Alarm IRQ 通道并将其使能。
> 3. 配置 RTC 以生成 RTC 闹钟 (闹钟 A 或闹钟 B)。

图 40-6　RTC 闹钟中断编程步骤 (摘自 STM32F4xx 参考手册 RTC 章节)

在第 3 步中，配置 RTC 以生成 RTC 闹钟，在手册中也有详细的步骤说明，编程的时候必须按照这个步骤，具体见图 40-7。

编程闹钟

要对可编程的闹钟（闹钟 A 或闹钟 B）进行编程或更新，必须执行类似的步骤：

1. 将 RTC_CR 寄存器中的 ALRAE 或 ALRBWF 位清零以禁止闹钟 A 或闹钟 B。
2. 轮询 RTC_ISR 寄存器中的 ALRAWF 或 ALRBWF 位，直到其中一个置 1，以确保闹钟寄存器可以访问。大约需要 2 个 RTCCLK 时钟周期（由于时钟同步）。
3. 编程闹钟 A 或闹钟 B 寄存器（RTC_ALRMASSR/RTC_ALRMAR 或 RTC_ALRMBSSR/RTC_ALRMBR）。
4. 将 RTC_CR 寄存器中的 ALRAE 或 ALRBE 位置 1 以再次使能闹钟 A 或闹钟 B。

图 40-7　RTC 闹钟编程步骤（摘自 STM32F4xx 参考手册 RTC 章节）

编程闹钟的步骤 1 和 2，由固件库函数 RTC_AlarmCmd(RTC_Alarm_X, DISABLE) 实现，即在编程闹钟寄存器设置闹钟时间的时候必须先失能闹钟。剩下的两个步骤配合代码的注释阅读即可。

（2）闹钟中断服务函数

代码清单 40-12　闹钟中断服务函数

```
1  // 闹钟中断服务函数
2  void RTC_Alarm_IRQHandler(void)
3  {
4      if (RTC_GetITStatus(RTC_IT_ALRA) != RESET) {
5          RTC_ClearITPendingBit(RTC_IT_ALRA);
6          EXTI_ClearITPendingBit(EXTI_Line17);
7      }
8      /* 闹钟时间到，蜂鸣器响 */
9      BEEP_ON;
10 }
```

如果日历时间到了闹钟设置好的时间，则产生闹钟中断，在中断函数中把相应的标志位清 0。为了表示闹钟时间到，我们让蜂鸣器响。

（3）main 函数

代码清单 40-13　main 函数

```
1  /**
2    * @brief  主函数
3    * @param  无
4    * @retval 无
5    */
6  int main(void)
7  {
8      /* 初始化 LED */
9      LED_GPIO_Config();
10     BEEP_GPIO_Config();
11
12     /* 初始化调试串口，一般为串口 1 */
13     Debug_USART_Config();
14     printf("\n\r 这是一个 RTC 闹钟实验 \r\n");
15
```

```
16        /*========================= 液晶初始化开始 =========================*/
17        LCD_Init();
18        LCD_LayerInit();
19        LTDC_Cmd(ENABLE);
20
21        /* 把背景层刷黑色 */
22        LCD_SetLayer(LCD_BACKGROUND_LAYER);
23        LCD_Clear(LCD_COLOR_BLACK);
24
25        /* 初始化后默认使用前景层 */
26        LCD_SetLayer(LCD_FOREGROUND_LAYER);
27        /* 默认设置不透明，该函数参数为不透明度，范围 0-0xff，0 为全透明，0xff 为不透明 */
28        LCD_SetTransparency(0xFF);
29        LCD_Clear(LCD_COLOR_BLACK);
30        /* 经过 LCD_SetLayer(LCD_FOREGROUND_LAYER) 函数后，
31           以下液晶操作都在前景层刷新，除非重新调用过 LCD_SetLayer 函数设置背景层 */
32        LCD_SetColors(LCD_COLOR_RED,LCD_COLOR_BLACK);
33        /*========================= 液晶初始化结束 =========================*/
34
35        /*
36         * 当我们配置过 RTC 时间之后就往备份寄存器 0 写入一个数据做标记
37         * 所以每次程序重新运行的时候就通过检测备份寄存器 0 的值来判断
38         * RTC 是否已经配置过，如果配置过就继续运行，如果没有配置过
39         * 就初始化 RTC，配置 RTC 的时间
40         */
41        if (RTC_ReadBackupRegister(RTC_BKP_DRX) != 0X32F3) {
42            /* RTC 配置：选择时钟源，设置 RTC_CLK 的分频系数 */
43            RTC_Config();
44
45            /* 闹钟设置 */
46            RTC_AlarmSet();
47
48            /* 设置时间和日期 */
49            RTC_TimeAndDate_Set();
50
51
52        } else {
53            /* 检查是否电源复位 */
54            if (RCC_GetFlagStatus(RCC_FLAG_PORRST) != RESET) {
55                printf("\r\n 发生电源复位....\r\n");
56            }
57            /* 检查是否外部复位 */
58            else if (RCC_GetFlagStatus(RCC_FLAG_PINRST) != RESET) {
59                printf("\r\n 发生外部复位....\r\n");
60            }
61
62            printf("\r\n 不需要重新配置 RTC....\r\n");
63
64            /* 使能 PWR 时钟 */
65            RCC_APB1PeriphClockCmd(RCC_APB1Periph_PWR, ENABLE);
66            /* PWR_CR:DBF 置 1，使能 RTC、RTC 备份寄存器和备份 SRAM 的访问 */
67            PWR_BackupAccessCmd(ENABLE);
68            /* 等待 RTC APB 寄存器同步 */
```

```
69              RTC_WaitForSynchro();
70
71              /* 清除 RTC 中断标志位 */
72              RTC_ClearFlag(RTC_FLAG_ALRAF);
73              /* 清除 EXTI Line 17 悬起位 ( 内部连接到 RTC Alarm) */
74              EXTI_ClearITPendingBit(EXTI_Line17);
75          }
76
77          /* 显示时间和日期 */
78          RTC_TimeAndDate_Show();
79  }
```

主函数中，我们通过读取备份寄存器的值来判断 RTC 是否初始化过，如果没有则初识话 RTC，并设置闹钟时间，如果已经初始化过，则判断是电源还是外部引脚复位，并清除闹钟相关的中断标志位。

40.8.3　下载验证

把编译好的程序下载到开发板，当日历时间到了闹钟时间时，蜂鸣器一直响，但日历会继续运行。

第 41 章
DCMI——OV5640 摄像头

41.1 摄像头简介

STM32F4 芯片具有浮点运算单元，适合对图像信息使用 DSP 进行基本的图像处理，其处理速度比传统的 8 位、16 位机快得多，而且它还具有与摄像头通信的专用 DCMI 接口，所以使用它驱动摄像头采集图像信息并进行基本的加工处理非常适合。本章讲解如何使用STM32 驱动 OV5640 型号的摄像头。

在各类信息中，图像含有最丰富的信息。作为机器视觉领域的核心部件，摄像头被广泛地应用在安防、探险以及车牌检测等场合。摄像头按输出信号的类型来分可以分为数字摄像头和模拟摄像头，按照摄像头图像传感器材料构成来分可以分为 CCD 和 CMOS。现在智能手机中的摄像头绝大部分都是 CMOS 类型的数字摄像头。

41.1.1 数字摄像头与模拟摄像头的区别

（1）输出信号类型

数字摄像头输出信号为数字信号，模拟摄像头输出信号为标准的模拟信号。

（2）接口类型

数字摄像头有 USB 接口（比如常见的 PC 端免驱摄像头）、IEE1394 火线接口（由苹果公司领导的开发联盟开发的一种高速度传送接口，数据传输率高达 800Mbps）、千兆网接口（网络摄像头）。模拟摄像头多采用 AV 视频端子（信号线 + 地线）或 S-VIDEO（即莲花头SUPER VIDEO，是一种五芯的接口，由两路视频亮度信号、两路视频色度信号和一路公共屏蔽地线共五条芯线组成）。

（3）分辨率

模拟摄像头的感光器件的像素指标一般维持在 752(H) × 582(V) 左右的水平，像素数一般情况下维持在 41 万左右。现在的数字摄像头分辨率一般从数十万到数千万。但这并不能说明数字摄像头的成像分辨率就比模拟摄像头的高，原因在于模拟摄像头输出的是模拟视频信号，一般直接输入至电视或监视器，其感光器件的分辨率与电视信号的扫描数呈一定的换算关系，图像的显示介质已经确定，因此模拟摄像头的感光器件分辨率不是不能做高，而是依据于实际情况没必要做这么高。

41.1.2　CCD 与 CMOS 的区别

摄像头的图像传感器 CCD 与 CMOS 传感器主要区别如下：

（1）成像材料

CCD 与 CMOS 的名称与它们成像使用的材料有关，CCD 是电荷耦合器件（Charge Coupled Device）的简称，而 CMOS 是互补金属氧化物半导体（Complementary Metal Oxide Semiconductor）的简称。

（2）功耗

由于 CCD 的像素由 MOS 电容构成，读取电荷信号时需使用电压相当大（至少 12V）的二相或三相甚至四相时序脉冲信号，才能有效地传输电荷。因此 CCD 的取像系统除了要有多个电源外，其外设电路也会消耗相当大的功率。有的 CCD 取像系统需消耗 2 ~ 5W 的功率。而 CMOS 光电传感器件只需使用一个单电源 5V 或 3V，耗电量非常小，仅为 CCD 的 1/10 ~ 1/8，有的 CMOS 取像系统只消耗 20 ~ 50mW 的功率。

（3）成像质量

CCD 传感器件制作技术起步早，技术成熟，采用 PN 结或二氧化硅（SiO_2）隔离层隔离噪声，所以噪声低，成像质量好。与 CCD 相比，CMOS 的主要缺点是噪声高且灵敏度低，不过现在 CMOS 电路消噪技术的不断发展，为生产高密度优质的 CMOS 传感器件提供了良好的条件，现在的 CMOS 传感器已经占领了大部分的市场，主流的单反相机、智能手机都已普遍采用 CMOS 传感器。

41.2　OV5640 摄像头

本章主要讲解实验板配套的摄像头[⊖]，它的实物见图 41-1。该摄像头主要由镜头、图像传感器、板载电路及下方的信号引脚组成。

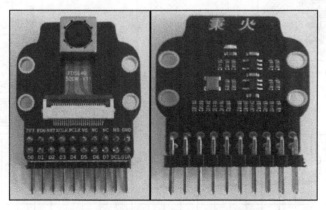

图 41-1　实验板配套的 OV5640 摄像头

⊖　关于开发板配套的 OV5640 摄像头参数可查阅《ov5640datasheet》配套资料获知。

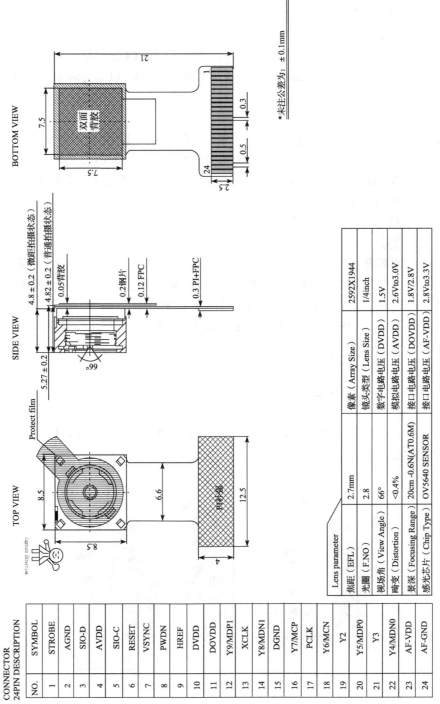

图 41-2 OV5640 传感器引脚分布图

CONNECTOR
24PIN DESCRIPTION

NO.	SYMBOL
1	STROBE
2	AGND
3	SIO-D
4	AVDD
5	SIO-C
6	RESET
7	VSYNC
8	PWDN
9	HREF
10	DVDD
11	DOVDD
12	Y9/MDP1
13	XCLK
14	Y8/MDN1
15	DGND
16	Y7/MCP
17	PCLK
18	Y6/MCN
19	Y2
20	Y5/MDP0
21	Y3
22	Y4/MDN0
23	AF-VDD
24	AF-GND

Lens parameter		
焦距（EFL）	2.7mm	
光圈（F.NO）	2.8	
视场角（View Angle）	66°	
畸变（Distortion）	<0.4%	
景深（Focusing Range）	20cm -0.6N(AT0.6M)	
感光芯片（Chip Type）	OV5640 SENSOR	
像素（Array Size）	2592X1944	
镜头类型（Lens Size）	1/4inch	
数字电路电压（DVDD）	1.5V	
模拟电路电压（AVDD）	2.6Vto3.0V	
接口电路电压（DOVDD）	1.8V/2.8V	
接口电路电压（AF-VDD）	2.8Vto3.3V	

镜头部件包含一个镜头座和一个可旋转调节距离的凸透镜，通过旋转可以调节焦距。正常使用时，镜头座覆盖在电路板上遮光，光线只能经过镜头传输到正中央的图像传感器，它采集光线信号，然后把采集到的数据通过下方的信号引脚输出数据到外部器件。

41.2.1　OV5640 传感器简介

图像传感器是摄像头的核心部件，上述摄像头中的图像传感器是一款型号为 OV5640 的 CMOS 类型数字图像传感器。该传感器支持输出最大为 500 万像素的图像（2592×1944 分辨率），支持使用 VGA 时序输出图像数据，输出图像的数据格式支持 YUV（422/420）、YCbCr422、RGB565 以及 JPEG 格式，直接输出 JPEG 格式的图像时可大大减少数据量，方便网络传输。它还可以对采集到的图像进行补偿，支持伽玛曲线、白平衡、饱和度、色度等基础处理。根据不同的分辨率配置，传感器输出图像数据的帧率为 15 ~ 60 帧可调，工作时功率为 150mW ~ 200mW。

41.2.2　OV5640 引脚及功能框图

OV5640 模组带有自动对焦功能，引脚的定义见图 41-2。

信号引脚功能介绍如表 41-1。

表 41-1　OV5640 引脚功能

引脚名称	引脚类型	功能描述
SIO_C	输入	SCCB 总线的时钟线，可类比 I²C 的 SCL
SIO_D	I/O	SCCB 总线的数据线，可类比 I²C 的 SDA
RESET	输入	系统复位引脚，低电平有效
PWDN	输入	掉电 / 省电模式，高电平有效
HREF	输出	行同步信号
VSYNC	输出	帧同步信号
PCLK	输出	像素同步时钟输出信号
XCLK	输入	外部时钟输入端口，可接外部晶振
Y2···Y9	输出	像素数据输出端口

下面我们配合图 41-3 中的 OV5640 功能框图讲解这些信号引脚。

（1）控制寄存器

标号①处的是 OV5640 的控制寄存器，它根据这些寄存器配置的参数来运行，而这些参数是由外部控制器通过 SIO_C 和 SIO_D 引脚写入的，SIO_C 与 SIO_D 使用的通信协议跟 I²C 十分类似，在 STM32 中，我们完全可以直接用 I²C 硬件外设来控制。

（2）通信、控制信号及时钟

标号②处包含了 OV5640 的通信、控制信号及外部时钟，其中 PCLK、HREF 及 VSYNC 分别是像素同步时钟、行同步信号以及帧同步信号，这与液晶屏控制中的信号是很类似的。RESETB 引脚为低电平时，用于复位整个传感器芯片，PWDN 用于控制芯片进入低功耗模式。注意，最后那个 XCLK 引脚，它跟 PCLK 是完全不同的，XCLK 是用于驱动整个传感器芯片的时钟信号，是外部输入到 OV5640 的信号；而 PCLK 是 OV5640 输出数据时的同步信号，它是由 OV5640 输出的信号。XCLK 可以外接晶振或由外部控制器提供，若要类比 XCLK 之于 OV5640 就相当于 HSE 时钟输入引脚与 STM32 芯片的关系，PCLK 引脚可类比于 STM32 的 I²C 外设的 SCL 引脚。

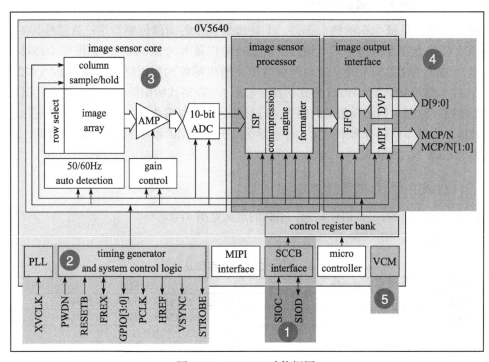

图 41-3 OV5640 功能框图

（3）感光矩阵

标号③处是感光矩阵，光信号在这里转化成电信号，经过各种处理，这些信号存储成由一个个像素点表示的数字图像。

（4）数据输出信号

标号④处包含了 DSP 处理单元，它会根据控制寄存器的配置做一些基本的图像处理运算。这部分还包含了图像格式转换单元及压缩单元，转换出的数据最终通过 Y0 ~ Y9 引脚输出，一般来说，我们使用 8 根数据线来传输，这时仅使用 Y2 ~ Y9 引脚，OV5640 与外部器件的连接方式见图 41-4。

（5）数据输出信号

标号⑤处为 VCM 处理单元，它会通过图像分析来实现图像的自动对焦功能。要实现自动对焦还需要下载

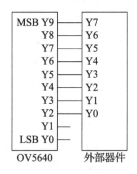

图 41-4 OV 5640 与外部器件的连接

自动对焦固件到模组，后面摄像头实验详细介绍这个功能。

41.2.3　SCCB 时序

外部控制器对 OV5640 寄存器的配置参数是通过 SCCB 总线传输过去的，而 SCCB 总线与 I²C 十分类似，所以在 STM32 驱动中我们直接使用片上 I²C 外设与它通信。SCCB 与标准的 I²C 协议的区别是它每次传输只能写入或读取一个字节的数据，而 I²C 协议是支持突发读写的，即在一次传输中可以写入多个字节的数据（EEPROM 中的页写入时序即突发写）。关于 SCCB 协议的完整内容可查看配套资料里的《SCCB 协议》文档，下面我们简单介绍下。

（1）SCCB 的起始、停止信号及数据有效性

SCCB 的起始信号、停止信号及数据有效性与 I²C 完全一样，见图 41-5 及图 41-6。

1）起始信号：在 SIO_C 为高电平时，SIO_D 出现一个下降沿，则 SCCB 开始传输。

2）停止信号：在 SIO_C 为高电平时，SIO_D 出现一个上升沿，则 SCCB 停止传输。

3）数据有效性：除了开始和停止状态，在数据传输过程中，当 SIO_C 为高电平时，必须保证 SIO_D 上的数据稳定，也就是说，SIO_D 上的电平变换只能发生在 SIO_C 为低电平的时候，SIO_D 的信号在 SIO_C 为高电平时被采集。

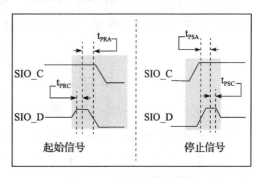

图 41-5　SCCB 停止信号

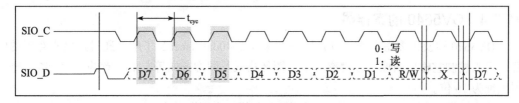

图 41-6　SCCB 的数据有效性

（2）SCCB 数据读写过程

在 SCCB 协议中定义的读写操作与 I²C 也是一样的，只是换了一种说法。它定义了两种写操作，即三步写操作和两步写操作。三步写操作可向从设备的一个目的寄存器中写入数据，见图 41-7。在三步写操作中，第 1 阶段发送从设备的 ID 地址 +W 标志（等于 I²C 的设备地址：7 位设备地址 + 读写方向标志），第 2 阶段发送从设备目标寄存器的 16 位地址，第 3 阶段发送要写入寄存器的 8 位数据。图中的 "X" 数据位可写入 1 或 0，对通信无影响。

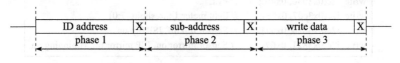

图 41-7　SCCB 的三步写操作

而两步写操作没有第三阶段，即只向从器件传输了设备 ID+W 标志和目的寄存器的地址，见图 41-8。两步写操作是用来配合后面的读寄存器数据操作的，它与读操作一起使用，实现 I^2C 的复合过程。

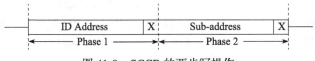

图 41-8　SCCB 的两步写操作

两步读操作用于读取从设备目的寄存器中的数据，见图 41-9。在第 1 阶段中发送从设备的设备 ID+R 标志（设备地址 + 读方向标志）和自由位，在第 2 阶段中读取寄存器中的 8 位数据和写 NA 位（非应答信号）。由于两步读操作没有确定目的寄存器的地址，所以在读操作前，必需有一个两步写操作，以提供读操作中的寄存器地址。

图 41-9　SCCB 的两步读操作

可以看到，以上介绍的 SCCB 特性都与 I^2C 无区别，而 I^2C 比 SCCB 还多出了突发读写的功能，所以 SCCB 可以看作是 I^2C 的子集，我们完全可以使用 STM32 的 I^2C 外设来与 OV5640 进行 SCCB 通信。

41.2.4　OV5640 的寄存器

OV5640 涉及很多寄存器，可直接查询《ov5640datasheet》了解。通过这些寄存器的配置，可以控制它输出图像的分辨率大小、图像格式及图像方向等。要注意的是 OV5640 寄存器地址为 16 位。

官方还提供了一个《OV5640_ 自动对焦照相模组应用指南（DVP_ 接口）_R2.13C.pdf》的文档，它针对不同的配置需求，提供了配置范例，见图 41-10。其中 write_i2c 是一个利用 i2c 向寄存器写入数据的函数，第 1 个参数为要写入的寄存器的地址，第 2 个参数为要写入的内容。

```
4.1.2  VGA 预览
VGA 30 帧 / 秒
// YUV VGA 30fps, night mode 5fps
// Input Clock = 24MHz, PCLK = 56MHz
write_i2c(0x3035, 0x11);        // PLL
write_i2c(0x3036, 0x46);        // PLL
write_i2c(0x3c07, 0x08);        // light meter 1 threshold [7:0]
write_i2c(0x3820, 0x41);        // Sensor flip off, ISP flip on
write_i2c(0x3821, 0x07);        // Sensor mirror on, ISP mirror on, H binning on
```

图 41-10　调节帧率的寄存器配置范例

41.2.5　像素数据输出时序

对 OV5640 采用 SCCB 协议进行控制，而它输出图像时则使用 VGA 时序（还可用 SVGA、UXGA，这些时序都差不多），这与控制液晶屏输入图像时很类似。OV5640 输出图像时，一帧帧地输出，在帧内的数据一般从左到右、从上到下，一个像素一个像素地输出（也可通过寄存器修改方向），见图 41-11。

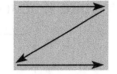

图 41-11　摄像头数据输出

例如在 DVP 接口中，时序见图 41-12，若我们使用 Y2 ~ Y9 数据线，图像格式设置为 RGB565，进行数据输出时，Y2 ~ Y9 数据线会在 1 个像素同步时钟 PCLK 的驱动下发送 1 字节的数据信号，所以 2 个 PCLK 时钟可发送 1 个 RGB565 格式的像素数据。像素数据依次传输，每传输完一行数据时，行同步信号 HREF 会输出一个电平跳变信号，每传输完一帧图像时，VSYNC 会输出一个电平跳变信号。

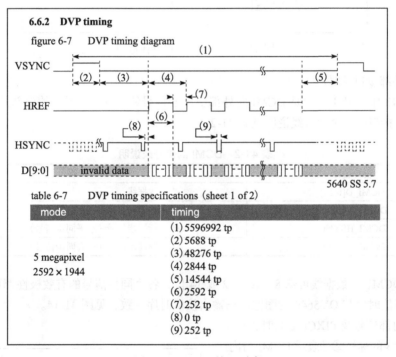

图 41-12　DVP 接口时序

41.3　STM32 的 DCMI 接口简介

STM32F4 系列的控制器包含了 DCMI 数字摄像头接口（Digital camera Interface），它支持使用上述类似 VGA 的时序获取图像数据流，支持原始的按行、帧格式来组织的图像数据，如 YUV、RGB，也支持接收 JPEG 格式压缩的数据流。接收数据时，主要使用 HSYNC 及

VSYNC 信号来同步。

41.3.1 DCMI 整体框图

STM32 的 DCMI 接口整体框图见图 41-13。

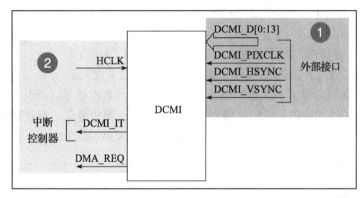

图 41-13 DCMI 接口整体框图

（1）外部接口及时序

图 41-13 中标号①处的是 DCMI 向外部引出的信号线。DCMI 提供的外部接口的方向都是输入的，接口的各个信号线说明见表 41-2。

表 41-2 DCMI 的信号线说明

引脚名称	说　　明
DCMI_D[0:13]	数据线
DCMI_PIXCLK	像素同步时钟
DCMI_HSYNC	行同步信号（水平同步信号）
DCMI_VSYNC	帧同步信号（垂直同步信号）

其中 DCMI_D 数据线可选 8、10、12 或 14 位，各个同步信号的有效极性都可编程控制。它使用的通信时序与 OV5640 的图像数据输出接口时序一致，见图 41-14。

（2）内部信号及 PIXCLK 的时钟频率

图 41-13 的标号②处表示 DCMI 与内部的信号线。在 STM32 的内部，使用 HCLK 作为时钟源提供给 DCMI 外设。从 DCMI 引出有 DCMI_IT 信号至中断控制器，并可通过 DMA_REQ 信号发送 DMA 请求。

DCMI 从外部接收数据时，在 HCLK 的上升沿时对 PIXCLK 同步的信号进行采样，它限制 PIXCLK 的最小时钟周期要大

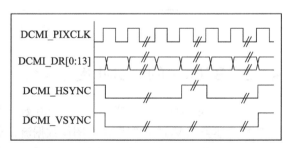

图 41-14 DCMI 时序图

于 2.5 个 HCLK 时钟周期，即最高频率为 HCLK 的 1/4。

41.3.2　DCMI 接口内部结构

DCMI 接口的内部结构见图 41-15。

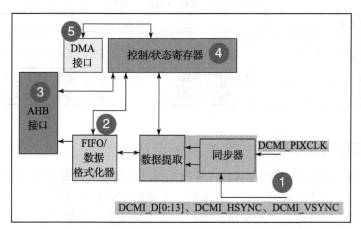

图 41-15　DCMI 接口内部结构

（1）同步器

同步器主要用于管理 DCMI 接收数据的时序，它根据外部的信号提取输入的数据。

（2）FIFO/ 数据格式化器

为了对数据传输加以管理，STM32 在 DCMI 接口上实现了 4 个字（32 位 ×4）深度的 FIFO，用以缓冲接收到的数据。

（3）AHB 接口

DCMI 接口挂载在 AHB 总线上，在 AHB 总线中有一个 DCMI 接口的数据寄存器，当我们读取该寄存器时，它会从 FIFO 中获取数据，并且 FIFO 中的数据指针会自动进行偏移，使得我们每次读取该寄存器都可获得一个新的数据。

（4）控制 / 状态寄存器

DCMI 的控制寄存器协调图中的各个结构运行，程序中可通过检测状态寄存器来获 DCMI 的当前运行状态。

（5）DMA 接口

由于 DCMI 采集的数据量很大，我们一般使用 DMA 来把采集到的数据传递至内存。

41.3.3　同步方式

DCMI 接口支持硬件同步或内嵌码同步方式，硬件同步方式即使用 HSYNC 和 VSYNC 作为同步信号的方式，OV5640 就是使用这种同步时序。

而内嵌码同步的方式是使用数据信号线传输中的特定编码来表示同步信息，由于需要用 0x00 和 0xFF 来表示编码，所以表示图像的数据中不能包含有这两个值。利用这两个

值，它扩展到 4 个字节，定义了两种模式的同步码，每种模式包含 4 个编码，编码格式为
0xFF0000XY，其中 XY 的值可通过寄存器设置。当 DCMI 接收到这样的编码时，它不会把
这些当成图像数据，而是按照表 41-3 中的编码来解释，作为同步信号。

表 41-3　两种模式的内嵌码

模式 2 的内嵌码	模式 1 的内嵌码
帧开始（FS）	有效行开始（SAV）
帧结束（FE）	有效行结束（EAV）
行开始（LS）	帧间消隐期内的行开始（SAV），其中消隐期内的即为无效数据
行结束（LS）	帧间消隐期内的行结束（EAV），其中消隐期内的即为无效数据

41.3.4　捕获模式及捕获率

DCMI 还支持两种数据捕获模式，分别为快照模式和连续采集模式。快照模式时只采集
一帧的图像数据，连续采集模式会一直采集多个帧的数据，并且可以通过配置捕获率来控
制采集多少数据，如可配置为采集所有数据、隔 1 帧采集一次数据，或者隔 3 帧采集一次
数据。

41.4　DCMI 初始化结构体

与其他外设一样，STM32 的 DCMI 外设也可以使用库函数来控制，其中最主要的配置
项都封装到了 DCMI_InitTypeDef 结构体，这些内容都定义在库文件 "stm32f4xx_dcmi.h"
和 "stm32f4xx_dcmi.c" 中，编程时我们可以结合这两个文件内的注释使用或参考库帮助
文档。

DCMI_InitTypeDef 初始化结构体的内容见代码清单 41-1。

代码清单 41-1　DCMI 初始化结构体

```
1 /**
2  * @brief   DCMI 初始化结构体
3  */
4 typedef struct
5 {
6     uint16_t DCMI_CaptureMode;        /* 选择连续模式或拍照模式 */
7     uint16_t DCMI_SynchroMode;        /* 选择硬件同步模式还是内嵌码模式 */
8     uint16_t DCMI_PCKPolarity;        /* 设置像素时钟的有效边沿 */
9     uint16_t DCMI_VSPolarity;         /* 设置 VSYNC 的有效电平 */
10    uint16_t DCMI_HSPolarity;         /* 设置 HSYNC 的有效边沿 */
11    uint16_t DCMI_CaptureRate;        /* 设置图像的采集间隔 */
12    uint16_t DCMI_ExtendedDataMode;   /* 设置数据线的宽度 */
13 } DCMI_InitTypeDef;
```

这些结构体成员说明如下，其中括号内的文字是对应参数在 STM32 标准库中定义的宏：

（1）DCMI_CaptureMode

本成员设置 DCMI 的捕获模式，可以选择连续摄像（DCMI_CaptureMode_Continuous）或单张拍照 DCMI_CaptureMode_SnapShot。

（2）DCMI_SynchroMode

本成员设置 DCMI 数据的同步模式，可以选择硬件同步方式（DCMI_SynchroMode_Hardware）或内嵌码方式（DCMI_SynchroMode_Embedded）。

（3）DCMI_PCKPolarity

本成员用于配置 DCMI 接口像素时钟的有效边沿，即在该时钟边沿时，DCMI 会对数据线上的信号进行采样，它可以设置为上升沿有效（DCMI_PCKPolarity_Rising）或下降沿有效（DCMI_PCKPolarity_Falling）。

（4）DCMI_VSPolarity

本成员用于设置 VSYNC 的有效电平，当 VSYNC 信号线表示为有效电平时，表示新的一帧数据传输完成，它可以被设置为高电平有效（DCMI_VSPolarity_High）或低电平有效（DCMI_VSPolarity_Low）。

（5）DCMI_HSPolarity

类似地，本成员用于设置 HSYNC 的有效电平，当 HSYNC 信号线表示为有效电平时，表示新的一行数据传输完成，它可以设置为高电平有效（DCMI_HSPolarity_High）或低电平有效（DCMI_HSPolarity_Low）。

（6）DCMI_CaptureRate

本成员可以用于设置 DCMI 捕获数据的频率，可以设置为全采集、半采集，或 1/4 采集（DCMI_CaptureRate_All_Frame/1of2_Frame/1of4_Frame），在间隔采集的情况下，STM32 的 DCMI 外设会直接按间隔丢弃数据。

（7）DCMI_ExtendedDataMode

本成员用于设置 DCMI 的数据线宽度，可配置为 8/10/12 及 14 位数据线宽（DCMI_ExtendedDataMode_8b/10b/12b/14b）。

配置完这些结构体成员后，我们调用库函数 DCMI_Init 即可把这些参数写入到 DCMI 的控制寄存器中，实现 DCMI 的初始化。

41.5　DCMI——OV5640 摄像头实验

本小节讲解如何使用 DCMI 接口从 OV5640 摄像头输出的 RGB565 格式的图像数据，并把这些数据实时显示到液晶屏上。

学习本小节内容时，请打开配套的"DCMI——OV5640 摄像头"工程配合阅读。

41.5.1　硬件设计

1. 摄像头原理图

本实验采用的 OV5640 摄像头实物见图 41-1，其原理图见图 41-16。

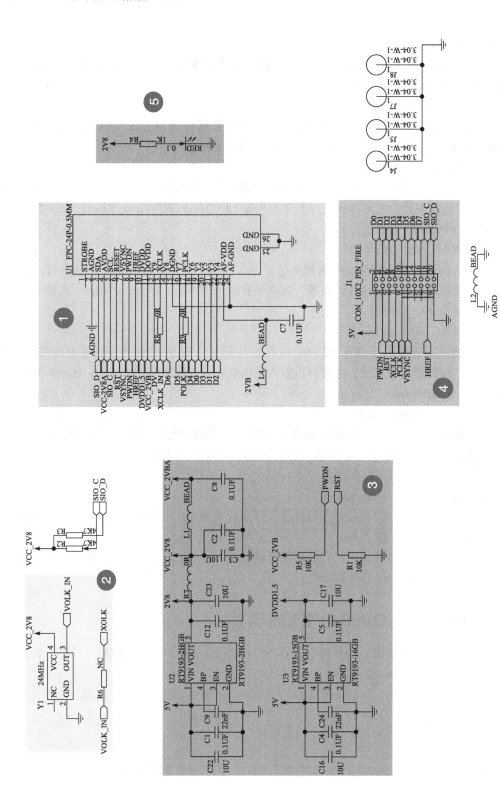

图 41-16　OV5640 摄像头原理图

图 41-16 标号①处是 OV5640 模组接口电路，在这部分中已对 SCCB 使用的信号线接了上拉电阻，外部电路可以省略上拉；标号②处是一个 24MHz 的有源晶振，它为 OV5640 提供系统时钟，如果不想使用外部晶振提供时钟源，可以参考图中的 R8 处贴上 0 欧电阻，XCLK 引脚引出至外部，由外部控制器提供时钟；标号③处是电源转换模块，可以从 5V 转 2.8V 或 1.5V 供给模组使用；标号④处是摄像头引脚集中引出的排针接口，使用它可以方便地与 STM32 实验板中的排母连接；标号⑤处是电源指示灯。

2. 摄像头与实验板的连接

OV5640 与 STM32 引脚通过排母的连接关系见图 41-17。控制摄像头的部分引脚与实验板上的 RGB 彩灯共用，使用时会互相影响。

以上原理图可查阅《ov5640——黑白原理图》及《秉火 F429 开发板黑白原理图》文档获知。若使用的摄像头或实验板不一样，请根据实际连接的引脚修改程序。

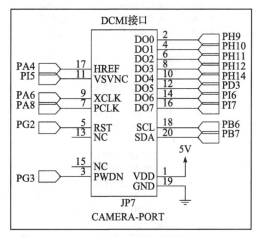

图 41-17　STM32 实验板引出的 DCMI 接口

41.5.2　软件设计

为了使工程更加有条理，我们把摄像头控制相关的代码独立出来分开存储，方便以后移植。在"LTDC——液晶显示"工程的基础上新建 bsp_ov5640.c、ov5640_AF.c、bsp_ov5640.h、ov5640_AF.h 文件，这些文件也可根据个人喜好命名，它们不属于 STM32 标准库的内容，是由我们自己根据应用需要编写的。

1. 编程要点

1）初始化 DCMI 时钟，I²C 时钟；

2）使用 I²C 接口向 OV5640 写入寄存器配置；

3）初始化 DCMI 工作模式；

4）初始化 DMA，用于传递 DCMI 的数据到显存空间进行显示；

5）编写测试程序，控制采集图像数据并显示到液晶屏。

2. 代码分析

（1）摄像头硬件相关宏定义

我们把摄像头控制硬件相关的配置都以宏的形式定义到 bsp_ov5640.h 文件中，其中包括 I²C 和 DCMI 接口，见代码清单 41-2。

代码清单 41-2　摄像头硬件配置相关的宏

```
1
2 /* 摄像头接口 */
3 // IIC SCCB
4 #define CAMERA_I2C                    I2C1
```

```
 5 #define CAMERA_I2C_CLK                    RCC_APB1Periph_I2C1
 6
 7 #define CAMERA_I2C_SCL_PIN                GPIO_Pin_6
 8 #define CAMERA_I2C_SCL_GPIO_PORT          GPIOB
 9 #define CAMERA_I2C_SCL_GPIO_CLK           RCC_AHB1Periph_GPIOB
10 #define CAMERA_I2C_SCL_SOURCE             GPIO_PinSource6
11 #define CAMERA_I2C_SCL_AF                 GPIO_AF_I2C1
12
13 #define CAMERA_I2C_SDA_PIN                GPIO_Pin_7
14 #define CAMERA_I2C_SDA_GPIO_PORT          GPIOB
15 #define CAMERA_I2C_SDA_GPIO_CLK           RCC_AHB1Periph_GPIOB
16 #define CAMERA_I2C_SDA_SOURCE             GPIO_PinSource7
17 #define CAMERA_I2C_SDA_AF                 GPIO_AF_I2C1
18
19 // VSYNC
20 #define DCMI_VSYNC_GPIO_PORT              GPIOI
21 #define DCMI_VSYNC_GPIO_CLK               RCC_AHB1Periph_GPIOI
22 #define DCMI_VSYNC_GPIO_PIN               GPIO_Pin_5
23 #define DCMI_VSYNC_PINSOURCE              GPIO_PinSource5
24 #define DCMI_VSYNC_AF                     GPIO_AF_DCMI
25 // HSYNC
26 #define DCMI_HSYNC_GPIO_PORT              GPIOA
27 #define DCMI_HSYNC_GPIO_CLK               RCC_AHB1Periph_GPIOA
28 #define DCMI_HSYNC_GPIO_PIN               GPIO_Pin_4
29 #define DCMI_HSYNC_PINSOURCE              GPIO_PinSource4
30 #define DCMI_HSYNC_AF                     GPIO_AF_DCMI
31 // PIXCLK
32 #define DCMI_PIXCLK_GPIO_PORT             GPIOA
33 #define DCMI_PIXCLK_GPIO_CLK              RCC_AHB1Periph_GPIOA
34 #define DCMI_PIXCLK_GPIO_PIN              GPIO_Pin_6
35 #define DCMI_PIXCLK_PINSOURCE             GPIO_PinSource6
36 #define DCMI_PIXCLK_AF                    GPIO_AF_DCMI
37 // PWDN
38 #define DCMI_PWDN_GPIO_PORT               GPIOG
39 #define DCMI_PWDN_GPIO_CLK                RCC_AHB1Periph_GPIOG
40 #define DCMI_PWDN_GPIO_PIN                GPIO_Pin_3
41
42 // 数据信号线
43 #define DCMI_D0_GPIO_PORT                 GPIOH
44 #define DCMI_D0_GPIO_CLK                  RCC_AHB1Periph_GPIOH
45 #define DCMI_D0_GPIO_PIN                  GPIO_Pin_9
46 #define DCMI_D0_PINSOURCE                 GPIO_PinSource9
47 #define DCMI_D0_AF                        GPIO_AF_DCMI
48 /*.... 省略部分数据线 */
```

以上代码根据硬件的连接，把与 DCMI、I²C 接口与摄像头通信使用的引脚号、引脚源以及复用功能映射都以宏封装起来。

（2）初始化 DCMI 的 GPIO 及 I²C

利用上面的宏，初始化 DCMI 的 GPIO 引脚及 I²C，见代码清单 41-3。

代码清单 41-3 初始化 DCMI 的 GPIO 及 I²C

```
 1 /**
```

```
 2    *  @brief    初始化控制摄像头使用的 GPIO(I2C/DCMI)
 3    *  @param    无
 4    *  @retval 无
 5    */
 6  void OV5640_HW_Init(void)
 7  {
 8      GPIO_InitTypeDef GPIO_InitStructure;
 9      I2C_InitTypeDef  I2C_InitStruct;
10
11      /* DCMI 引脚配置 */
12      /* 使能 DCMI 时钟 */
13      RCC_AHB1PeriphClockCmd(DCMI_PWDN_GPIO_CLK|DCMI_RST_GPIO_CLK|DCMI_VS
14                          YNC_GPIO_CLK | DCMI_HSYNC_GPIO_CLK |
15                          DCMI_PIXCLK_GPIO_CLK|
16                          DCMI_D0_GPIO_CLK| DCMI_D1_GPIO_CLK|
17                          DCMI_D2_GPIO_CLK| DCMI_D3_GPIO_CLK|
18                          DCMI_D4_GPIO_CLK| DCMI_D5_GPIO_CLK|
19                          DCMI_D6_GPIO_CLK| DCMI_D7_GPIO_CLK, ENABLE);
20
21      /* 控制 / 同步信号线 */
22      GPIO_InitStructure.GPIO_Pin = DCMI_VSYNC_GPIO_PIN;
23      GPIO_InitStructure.GPIO_Mode = GPIO_Mode_AF;
24      GPIO_InitStructure.GPIO_Speed = GPIO_Speed_100MHz;
25      GPIO_InitStructure.GPIO_OType = GPIO_OType_PP;
26      GPIO_InitStructure.GPIO_PuPd = GPIO_PuPd_UP ;
27      GPIO_Init(DCMI_VSYNC_GPIO_PORT, &GPIO_InitStructure);
28      GPIO_PinAFConfig(DCMI_VSYNC_GPIO_PORT, DCMI_VSYNC_PINSOURCE,
29                  DCMI_VSYNC_AF);
30
31      GPIO_InitStructure.GPIO_Pin = DCMI_HSYNC_GPIO_PIN ;
32      GPIO_Init(DCMI_HSYNC_GPIO_PORT, &GPIO_InitStructure);
33      GPIO_PinAFConfig(DCMI_HSYNC_GPIO_PORT, DCMI_HSYNC_PINSOURCE,
34                  DCMI_HSYNC_AF);
35
36      GPIO_InitStructure.GPIO_Pin = DCMI_PIXCLK_GPIO_PIN ;
37      GPIO_Init(DCMI_PIXCLK_GPIO_PORT, &GPIO_InitStructure);
38      GPIO_PinAFConfig(DCMI_PIXCLK_GPIO_PORT, DCMI_PIXCLK_PINSOURCE,
39                  DCMI_PIXCLK_AF);
40
41      /* 数据信号 */
42      GPIO_InitStructure.GPIO_Pin = DCMI_D0_GPIO_PIN ;
43      GPIO_Init(DCMI_D0_GPIO_PORT, &GPIO_InitStructure);
44      GPIO_PinAFConfig(DCMI_D0_GPIO_PORT, DCMI_D0_PINSOURCE, DCMI_D0_AF);
45      /*... 省略部分数据信号线 */
46
47      GPIO_InitStructure.GPIO_Mode = GPIO_Mode_OUT;
48      GPIO_InitStructure.GPIO_Speed = GPIO_Speed_2MHz;
49      GPIO_InitStructure.GPIO_OType = GPIO_OType_PP;
50      GPIO_InitStructure.GPIO_PuPd = GPIO_PuPd_UP;
51      GPIO_InitStructure.GPIO_Pin = DCMI_PWDN_GPIO_PIN ;
52      GPIO_Init(DCMI_PWDN_GPIO_PORT, &GPIO_InitStructure);
53      GPIO_InitStructure.GPIO_Pin = DCMI_RST_GPIO_PIN ;
54      GPIO_Init(DCMI_RST_GPIO_PORT, &GPIO_InitStructure);
```

```
55      /* PWDN 引脚，高电平关闭电源，低电平供电 */
56
57      GPIO_ResetBits(DCMI_RST_GPIO_PORT,DCMI_RST_GPIO_PIN);
58      GPIO_SetBits(DCMI_PWDN_GPIO_PORT,DCMI_PWDN_GPIO_PIN);
59
60      Delay(10);// 延时 10ms
61
62      GPIO_ResetBits(DCMI_PWDN_GPIO_PORT,DCMI_PWDN_GPIO_PIN);
63
64      Delay(10);// 延时 10ms
65
66      GPIO_SetBits(DCMI_RST_GPIO_PORT,DCMI_RST_GPIO_PIN);
67
68      /****** 配置 I2C，使用 I2C 与摄像头的 SCCB 接口通信 *****/
69      /* 使能 I2C 时钟 */
70      RCC_APB1PeriphClockCmd(CAMERA_I2C_CLK, ENABLE);
71      /* 使能 I2C 使用的 GPIO 时钟 */
72      RCC_AHB1PeriphClockCmd(CAMERA_I2C_SCL_GPIO_CLK|CAMERA_I2C_SDA_GPIO_
73                      CLK, ENABLE);
74      /* 配置引脚源 */
75      GPIO_PinAFConfig(CAMERA_I2C_SCL_GPIO_PORT, CAMERA_I2C_SCL_SOURCE,
76                      CAMERA_I2C_SCL_AF);
77      GPIO_PinAFConfig(CAMERA_I2C_SDA_GPIO_PORT, CAMERA_I2C_SDA_SOURCE,
78                      CAMERA_I2C_SDA_AF);
79
80      /* 初始化 GPIO */
81      GPIO_InitStructure.GPIO_Pin = CAMERA_I2C_SCL_PIN ;
82      GPIO_InitStructure.GPIO_Mode = GPIO_Mode_AF;
83      GPIO_InitStructure.GPIO_Speed = GPIO_Speed_2MHz;
84      GPIO_InitStructure.GPIO_OType = GPIO_OType_OD;
85      GPIO_InitStructure.GPIO_PuPd = GPIO_PuPd_NOPULL;
86      GPIO_Init(CAMERA_I2C_SCL_GPIO_PORT, &GPIO_InitStructure);
87      GPIO_PinAFConfig(CAMERA_I2C_SCL_GPIO_PORT, CAMERA_I2C_SCL_SOURCE,
88                      CAMERA_I2C_SCL_AF);
89
90      GPIO_InitStructure.GPIO_Pin = CAMERA_I2C_SDA_PIN ;
91      GPIO_Init(CAMERA_I2C_SDA_GPIO_PORT, &GPIO_InitStructure);
92
93      /* 初始化 I2C 模式 */
94      I2C_DeInit(CAMERA_I2C);
95
96      I2C_InitStruct.I2C_Mode = I2C_Mode_I2C;
97      I2C_InitStruct.I2C_DutyCycle = I2C_DutyCycle_2;
98      I2C_InitStruct.I2C_OwnAddress1 = 0xFE;
99      I2C_InitStruct.I2C_Ack = I2C_Ack_Enable;
100     I2C_InitStruct.I2C_AcknowledgedAddress = I2C_AcknowledgedAddress_7b
101                                              it;
102     I2C_InitStruct.I2C_ClockSpeed = 400000;
103
104     /* 写入配置 */
105     I2C_Init(CAMERA_I2C, &I2C_InitStruct);
106
107     /* 使能 I2C */
```

```
108      I2C_Cmd(CAMERA_I2C, ENABLE);
109
110      Delay(50);//延时 50ms
111 }
```

与所有使用到 GPIO 的外设一样，都要先把使用到的 GPIO 引脚模式初始化。以上代码把 DCMI 接口的信号线全都初始化为 DCMI 复用功能，这里需要特别注意：OV5640 的上电时序比较特殊，我们初始化 PWDN 和 RST 时应该特别小心，先初始化成普通的推挽输出模式，并且在初始化完毕后直接控制 RST 为低电平，PWDN 为高电平，使摄像头处于待机模式，延时 10ms 后控制 PWDN 为低电平，再延时 10ms 后控制 RST 为高电平，OV5640 模组启动。

函数中还包含了 I²C 的初始化配置，使用 I²C 与 OV5640 的 SCCB 接口通信，这里的 I²C 模式配置与标准的 I²C 无异。**特别注意：I²C 初始化完必须延时 50ms，再进行对 OV5640 寄存器的读写操作。**

（3）配置 DCMI 的模式

接下来需要配置 DCMI 的工作模式，我们通过编写 OV5640_Init 函数完成该功能，见代码清单 41-4。

代码清单 41-4 配置 DCMI 的模式（bsp_ov5640.c 文件）

```
1 #define FSMC_LCD_ADDRESS      ((uint32_t)0xD0000000)
2
3 /* 液晶屏的分辨率，用来计算地址偏移 */
4 uint16_t lcd_width=800, lcd_height=480;
5
6 /* 摄像头采集图像的大小，改变这两个值可以改变数据量，
7    但不会加快采集速度，要加快采集速度需要改成 SVGA 模式 */
8 uint16_t img_width=800, img_height=480;
9 /**
10  * @brief   配置 DCMI/DMA 以捕获摄像头数据
11  * @param   None
12  * @retval None
13  */
14 void OV5640_Init(void)
15 {
16     DCMI_InitTypeDef DCMI_InitStructure;
17     NVIC_InitTypeDef NVIC_InitStructure;
18
19     /*** 配置 DCMI 接口 ***/
20     /* 使能 DCMI 时钟 */
21     RCC_AHB2PeriphClockCmd(RCC_AHB2Periph_DCMI, ENABLE);
22
23     /* DCMI 配置 */
24     DCMI_InitStructure.DCMI_CaptureMode = DCMI_CaptureMode_Continuous;
25     DCMI_InitStructure.DCMI_SynchroMode = DCMI_SynchroMode_Hardware;
26     DCMI_InitStructure.DCMI_PCKPolarity = DCMI_PCKPolarity_Rising;
27     DCMI_InitStructure.DCMI_VSPolarity = DCMI_VSPolarity_High;
28     DCMI_InitStructure.DCMI_HSPolarity = DCMI_HSPolarity_Low;
29     DCMI_InitStructure.DCMI_CaptureRate = DCMI_CaptureRate_All_Frame;
```

```
30         DCMI_InitStructure.DCMI_ExtendedDataMode = DCMI_ExtendedDataMode_8b;
31         DCMI_Init(&DCMI_InitStructure);
32
33
34         // dma_memory 以 16 位数据为单位, dma_bufsize 以 32 位数据为单位（即像素数 /2）
35         OV5640_DMA_Config(FSMC_LCD_ADDRESS,img_width*2/4);
36
37         /* 配置中断 */
38         NVIC_PriorityGroupConfig(NVIC_PriorityGroup_1);
39
40         /* 配置中断源 */
41         NVIC_InitStructure.NVIC_IRQChannel = DMA2_Stream1_IRQn ;// DMA 数据流中断
42         NVIC_InitStructure.NVIC_IRQChannelPreemptionPriority = 1;
43         NVIC_InitStructure.NVIC_IRQChannelSubPriority = 1;
44         NVIC_InitStructure.NVIC_IRQChannelCmd = ENABLE;
45         NVIC_Init(&NVIC_InitStructure);
46         DMA_ITConfig(DMA2_Stream1,DMA_IT_TC,ENABLE);
47
48         /* 配置帧中断, 接收到帧同步信号就进入中断 */
49         NVIC_InitStructure.NVIC_IRQChannel = DCMI_IRQn ;      // 帧中断
50         NVIC_InitStructure.NVIC_IRQChannelPreemptionPriority =0;
51         NVIC_InitStructure.NVIC_IRQChannelSubPriority = 1;
52         NVIC_InitStructure.NVIC_IRQChannelCmd = ENABLE;
53         NVIC_Init(&NVIC_InitStructure);
54         DCMI_ITConfig (DCMI_IT_FRAME,ENABLE);
55 }
```

该函数的执行流程如下：

1）使能 DCMI 外设的时钟，它是挂载在 AHB2 总线上的；

2）根据摄像头的时序和硬件连接的要求，配置 DCMI 工作模式为：使用硬件同步，连续采集所有帧数据，采集时使用 8 根数据线，PIXCLK 被设置为上升沿有效，VSYNC 被设置成高电平有效，HSYNC 被设置成低电平有效；

3）调用 OV5640_DMA_Config 函数开始 DMA 数据传输，每传输完一行数据需要调用一次，它包含本次传输的目的首地址及传输的数据量（后面我们再详细解释）；

4）配置 DMA 中断，DMA 每次传输完毕会引起中断，以便我们在中断服务函数配置 DMA 传输下一行数据；

5）配置 DCMI 的帧传输中断，为了防止有时 DMA 出现传输错误或传输速度跟不上导致数据错位、偏移等问题，每次 DCMI 接收到摄像头的一帧数据，得到新的帧同步信号后（VSYNC），就进入中断，复位 DMA，使它重新开始一帧的数据传输。

（4）配置 DMA 数据传输

上面的 DCMI 配置函数中调用了 OV5640_DMA_Config 函数开始了 DMA 传输，该函数的定义见代码清单 41-5。

代码清单 41-5　配置 DMA 数据传输（bsp_ov5640.c 文件）

```
1 /**
```

```
 2    * @brief 配置 DCMI/DMA 以捕获摄像头数据
 3    * @param DMA_Memory0BaseAddr：本次传输的目的首地址
 4    * @param DMA_BufferSize：本次传输的数据量（单位为字，即 4 字节）
 5    */
 6  void OV5640_DMA_Config(uint32_t DMA_Memory0BaseAddr,uint16_t
 7                         DMA_BufferSize)
 8  {
09
10    DMA_InitTypeDef  DMA_InitStructure;
11
12    /* 配置 DMA 从 DCMI 中获取数据 */
13    /* 使能 DMA */
14    RCC_AHB1PeriphClockCmd(RCC_AHB1Periph_DMA2, ENABLE);
15    DMA_Cmd(DMA2_Stream1,DISABLE);
16    while (DMA_GetCmdStatus(DMA2_Stream1) != DISABLE) {}
17
18    DMA_InitStructure.DMA_Channel = DMA_Channel_1;
19    DMA_InitStructure.DMA_PeripheralBaseAddr = DCMI_DR_ADDRESS;
20                                    //DCMI 数据寄存器地址
21    DMA_InitStructure.DMA_Memory0BaseAddr = DMA_Memory0BaseAddr;
22                                    //DMA 传输的目的地址（传入的参数）
23    DMA_InitStructure.DMA_DIR = DMA_DIR_PeripheralToMemory;
24    DMA_InitStructure.DMA_BufferSize =DMA_BufferSize;
25                                    //传输的数据大小（传入的参数）
26    DMA_InitStructure.DMA_PeripheralInc = DMA_PeripheralInc_Disable;
27    DMA_InitStructure.DMA_MemoryInc = DMA_MemoryInc_Enable;
28                                    //寄存器地址自增
29    DMA_InitStructure.DMA_PeripheralDataSize = DMA_PeripheralDataSize_Word;
30    DMA_InitStructure.DMA_MemoryDataSize = DMA_MemoryDataSize_HalfWord;
31    DMA_InitStructure.DMA_Mode = DMA_Mode_Circular;    // 循环模式
32    DMA_InitStructure.DMA_Priority = DMA_Priority_High;
33    DMA_InitStructure.DMA_FIFOMode = DMA_FIFOMode_Enable;
34    DMA_InitStructure.DMA_FIFOThreshold = DMA_FIFOThreshold_Full;
35    DMA_InitStructure.DMA_MemoryBurst = DMA_MemoryBurst_INC8;
36    DMA_InitStructure.DMA_PeripheralBurst = DMA_PeripheralBurst_Single;
37
38    /* DMA 中断配置 */
39    DMA_Init(DMA2_Stream1, &DMA_InitStructure);
40
41    DMA_Cmd(DMA2_Stream1,ENABLE);
42    while (DMA_GetCmdStatus(DMA2_Stream1) != ENABLE) {}
43  }
```

　　该函数跟普通的 DMA 配置无异，它把 DCMI 接收到的数据从它的数据寄存器传递到 SDRAM 显存中，从而直接使用液晶屏显示摄像头采集到的图像。它包含 2 个输入参数 DMA_Memory0BaseAddr 和 DMA_BufferSize，其中 DMA_Memory0BaseAddr 用于设置本次 DMA 传输的目的首地址，该参数会被赋值到结构体成员 DMA_InitStructure.DMA_Memory0BaseAddr 中。DMA_BufferSize 则用于指示本次 DMA 传输的数据量，它会被赋值到结构体成员 DMA_InitStructure.DMA_BufferSize 中，要注意它的单位是一个字，即 4 字

节，如我们要传输 60 字节的数据时，它应配置为 15。在前面的 OV5640_Init 函数中，对这
个函数有如下调用：

```
1
2 #define FSMC_LCD_ADDRESS        ((uint32_t)0xD0000000)
3
4 /* 液晶屏的分辨率，用来计算地址偏移 */
5 uint16_t lcd_width=800, lcd_height=480;
6
7 /* 摄像头采集图像的大小，改变这两个值可以改变数据量，
8    但不会加快采集速度，要加快采集速度需要改成 SVGA*/
9 uint16_t img_width=800, img_height=480;
10
11
12
13 //dma_memory 以 16 位数据为单位，dma_bufsize 以 32 位数据为单位（即像素数 /2）
14 OV5640_DMA_Config(FSMC_LCD_ADDRESS,img_width*2/4);
15
```

其中的 lcd_width 和 lcd_height 是液晶屏的分辨率，img_width 和 img_heigh 表示摄像头
输出的图像的分辨率，FSMC_LCD_ADDRESS 是液晶层的首个显存地址。另外，本工程中
显示摄像头数据的这个液晶层采用 RGB565 的像素格式，每个像素点占据 2 个字节。

所以在上面的函数调用中，第一个输入参数：FSMC_LCD_ADDRESS，它表示的是液晶
屏第一行的第一个像素的地址。而第二个输入参数：img_width*2/4，它表示表示摄像头一行
图像的数据量，单位为字，即用一行图像数据的像素数除以 2 即可。注意这里使用的变量是
img_width 而不是的 lcd_width。

由于这里配置的是第一次 DMA 传输，
它把 DCMI 接收到的第一行摄像头数据传
输至液晶屏的第 1 行，见图 41-18。再配合
在后面分析的中断函数里的多次 DMA 配
置，摄像头输出的数据会一行一行地"由上
至下"显示到液晶屏上。

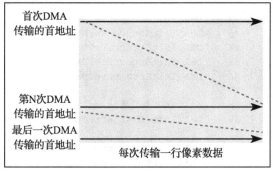

图 41-18　DMA 传输过程

（5）DMA 传输完成中断及帧中断

OV5640_Init 函数初始化了 DCMI，使
能了帧中断、DMA 传输完成中断，并使能
了第一次 DMA 传输。当这一行数据传输完
成时，会进入 DMA 中断服务函数，见代码清单 41-6 中的 DMA2_Stream1_IRQHandler。

代码清单 41-6　DMA 传输完成中断与帧中断（stm32f4xx_it.c 文件）

```
1 extern uint16_t lcd_width, lcd_height;
2 extern uint16_t img_width, img_height;
3
4 //记录传输了多少行
```

```
 5  static uint16_t line_num =0;
 6  // DMA 传输完成中断服务函数
 7  void DMA2_Stream1_IRQHandler(void)
 8  {
 9      if (  DMA_GetITStatus(DMA2_Stream1,DMA_IT_TCIF1) == SET )
10      {
11          /* 行计数 */
12          line_num++;
13          if (line_num==img_height)
14          {
15              /* 传输完一帧，计数复位 */
16              line_num=0;
17          }
18          /* DMA 一行一行传输 */
19          OV5640_DMA_Config(FSMC_LCD_ADDRESS+(lcd_width*2*line_num)),img_width*2/4);
20          DMA_ClearITPendingBit(DMA2_Stream1,DMA_IT_TCIF1);
21      }
22  }
23
24
25  // 帧中断服务函数，使用帧中断重置 line_num，可防止有时掉数据的时候 DMA 传送行数出现偏移
26  void DCMI_IRQHandler(void)
27  {
28      if (  DCMI_GetITStatus (DCMI_IT_FRAME) == SET )
29      {
30          /* 传输完一帧，计数复位 */
31          line_num=0;
32          DCMI_ClearITPendingBit(DCMI_IT_FRAME);
33      }
34  }
35
```

DMA 中断服务函数中主要使用了一个静态变量 line_num，来记录已传输了多少行数据，每进一次 DMA 中断时自加 1。由于进入一次中断就代表传输完一行数据，所以 line_num 的值等于 lcd_height 时（摄像头输出的数据行数），表示传输完一帧图像，line_num 复位为 0，开始另一帧数据的传输。line_num 计数完毕后利用前面定义的 OV5640_DMA_Config 函数配置新的一行 DMA 数据传输，它利用 line_num 变量计算显存地址的行偏移，控制 DCMI 数据被传送到正确的位置，每次传输的都是一行像素的数据量。

当 DCMI 接口检测到摄像头传输的帧同步信号时，会进入 DCMI_IRQHandler 中断服务函数，在这个函数中不管 line_num 原来的值是什么，它都把 line_num 直接复位为 0，这样下次再进入 DMA 中断服务函数的时候，它会开始新一帧数据的传输。这样可以利用 DCMI 的硬件同步信号，而不只是依靠 DMA 自己的传输计数，可以避免有时 STM32 内部 DMA 传输受到阻塞而跟不上外部摄像头信号导致的数据错误。

（6）使能 DCMI 采集

以上我们使用 DCMI 的传输配置，但它还没有使能 DCMI 采集，在实际使用中还需要调用下面两个库函数开始采集数据。

```
1 // 使能 DCMI 采集数据
2 DCMI_Cmd(ENABLE);
3 DCMI_CaptureCmd(ENABLE);
```

（7）读取 OV5640 芯片 ID

配置完了 STM32 的 DCMI，还需要控制摄像头，它有很多寄存器用于配置工作模式。利用 STM32 的 I2C 接口，可向 OV5640 的寄存器写入控制参数，我们先写个读取芯片 ID 的函数测试一下，见代码清单 41-7。

代码清单 41-7　读取 OV5640 的芯片 ID（bsp_ov5640.c 文件）

```
1 // 存储摄像头 ID 的结构体
2 typedef struct {
3     uint8_t PIDH;
4     uint8_t PIDL;
5 } OV5640_IDTypeDef;
6 #define OV5640_SENSOR_PIDH          0x300A
7 #define OV5640_SENSOR_PIDL          0x300B
8 /**
9  * @brief   读取摄像头的 ID
10  * @param   OV5640ID: 存储 ID 的结构体
11  * @retval 无
12  */
13 void OV5640_ReadID(OV5640_IDTypeDef *OV5640ID)
14 {
15
16     /* 读取寄存芯片 ID*/
17     OV5640ID->PIDH = OV5640_ReadReg(OV5640_SENSOR_PIDH);
18     OV5640ID->PIDL = OV5640_ReadReg(OV5640_SENSOR_PIDL);
19 }
20 /**
21  * @brief   从 OV5640 寄存器中读取一个字节的数据
22  * @param   Addr: 寄存器地址
23  * @retval 返回读取得的数据
24  */
25 uint8_t OV5640_ReadReg(uint16_t Addr)
26 {
27     uint32_t timeout = DCMI_TIMEOUT_MAX;
28     uint8_t Data = 0;
29
30     /* 产生起始信号 */
31     I2C_GenerateSTART(CAMERA_I2C, ENABLE);
32
33     /* 检查 EV5 事件 */
34     timeout = DCMI_TIMEOUT_MAX; /* 初始化超时值 */
35     while (!I2C_CheckEvent(CAMERA_I2C, I2C_EVENT_MASTER_MODE_SELECT)) {
36         /* 超时返回 */
37         if ((timeout--) == 0) return 0xFF;
38     }
39
40     /* 发送设备地址 */
41     I2C_Send7bitAddress(CAMERA_I2C, OV5640_DEVICE_ADDRESS,
```

```
42                          I2C_Direction_Transmitter);
43
44      /* 检查 EV6 事件 */
45      timeout = DCMI_TIMEOUT_MAX; /* 初始化超时值 */
46      while (!I2C_CheckEvent(CAMERA_I2C,
47              I2C_EVENT_MASTER_TRANSMITTER_MODE_SELECTED)) {
48          /* 超时返回 */
49          if ((timeout--) == 0) return 0xFF;
50      }
51
52      /* 发送高 8 位寄存器地址 */
53      I2C_SendData( CAMERA_I2C, (uint8_t)((Addr>>8) & 0xFF) );
54
55      /* 检查 EV8 事件 */
56      timeout = DCMI_TIMEOUT_MAX;
57      while (!I2C_CheckEvent(CAMERA_I2C,
58              I2C_EVENT_MASTER_BYTE_TRANSMITTED)) {
59          /* 超时返回 */
60          if ((timeout--) == 0) return 0xFF;
61      }
62
63      /* 清除 AF 标志 */
64      CAMERA_I2C->SR1 |= (uint16_t)0x0400;
65
66  // ----------------------------------------------------------
67      /* 发送低 8 位寄存器地址 */
68      I2C_SendData( CAMERA_I2C, (uint8_t)(Addr & 0xFF) );
69      /* 检查 EV8 事件 */
70      timeout = DCMI_TIMEOUT_MAX;
71      while (!I2C_CheckEvent(CAMERA_I2C,
72              I2C_EVENT_MASTER_BYTE_TRANSMITTED)) {
73          /* 超时返回 */
74          if ((timeout--) == 0) return 0xFF;
75      }
76
77      /* 清除 AF 标志 */
78      CAMERA_I2C->SR1 |= (uint16_t)0x0400;
79      // ----------------------------------------------------------
80
81      /* 产生第 2 次起始信号 */
82      I2C_GenerateSTART(CAMERA_I2C, ENABLE);
83
84      /* 检查 EV6 事件 */
85      timeout = DCMI_TIMEOUT_MAX;
86      while (!I2C_CheckEvent(CAMERA_I2C, I2C_EVENT_MASTER_MODE_SELECT)) {
87          /* 超时返回 */
88          if ((timeout--) == 0) return 0xFF;
89      }
90
91      /* 发送设备地址 */
92      I2C_Send7bitAddress(CAMERA_I2C, OV5640_DEVICE_ADDRESS,
93                          I2C_Direction_Receiver);
94
```

```
95        /* 检查 EV6 事件 */
96        timeout = DCMI_TIMEOUT_MAX;
97        while (!I2C_CheckEvent(CAMERA_I2C,
98               I2C_EVENT_MASTER_RECEIVER_MODE_SELECTED)) {
99            /* 超时返回 */
100           if ((timeout--) == 0) return 0xFF;
101       }
102
103       /* 准备 NACK 信号 */
104       I2C_AcknowledgeConfig(CAMERA_I2C, DISABLE);
105
106       /* 检查 EV7 事件 */
107       timeout = DCMI_TIMEOUT_MAX;
108       while (!I2C_CheckEvent(CAMERA_I2C, I2C_EVENT_MASTER_BYTE_RECEIVED))
109           {
110           /* 超时返回 */
111           if ((timeout--) == 0) return 0xFF;
112       }
113
114       /* 准备停止信号 */
115       I2C_GenerateSTOP(CAMERA_I2C, ENABLE);
116
117       /* 接收数据 */
118       Data = I2C_ReceiveData(CAMERA_I2C);
119
120       /* 返回接收到的数据 */
121       return Data;
122 }
```

在 OV5640 的 PIDH 及 PIDL 寄存器中存储了产品 ID，PIDH 的默认值为 0x56，PIDL 的默认值为 0x40。我们在代码中定义了一个结构体 OV5640_IDTypeDef，专门存储这些读取的 ID 信息。

OV5640_ReadID 函数中使用的 OV5640_ReadReg 函数是使用 STM32 的 I²C 外设向某寄存器读写单个字节数据的底层函数，它与我们前面章节中用到的 I²C 函数差异是 OV5640 的寄存器地址是 16 位的。程序中是先发高 8 位地址接着发低 8 位地址，再读取寄存器的值。

（8）向 OV5640 写入寄存器配置

检测到 OV5640 的存在后，向它写入配置参数，见代码清单 41-8。

代码清单 41-8　向 OV5640 写入寄存器配置

```
1 /**
2  * @brief  配置 OV5640 摄像头使用 BMP 模式
3  * @param  BMP ImageSize: BMP 图像大小
4  * @retval 无
5  */
6 void OV5640_RGB565Config(void)
7 {
8     uint32_t i;
9
10    /* 摄像头复位 */
```

```
11      OV5640_Reset();
12      /* 写入寄存器配置 */
13      /* 初始化 OV5640    输出格式 RGB565 */
14      for (i=0; i<(sizeof(RGB565_Init)/4); i++) {
15          OV5640_WriteReg(RGB565_Init[i][0], RGB565_Init[i][1]);
16      }
17
18      Delay(500);
19
20      if (img_width == 320)
21
22          ImageFormat=BMP_320x240;
23
24      else if (img_width == 640)
25
26          ImageFormat=BMP_640x480;
27
28      else if (img_width == 800)
29
30          ImageFormat=BMP_800x480;
31
32      switch (ImageFormat) {
33      case BMP_320x240: {
34          for (i=0; i<(sizeof(RGB565_QVGA)/4); i++) {
35              OV5640_WriteReg(RGB565_QVGA[i][0], RGB565_QVGA[i][1]);
36          }
37          break;
38      }
39      case BMP_640x480: {
40          for (i=0; i<(sizeof(RGB565_VGA)/4); i++) {
41              OV5640_WriteReg(RGB565_VGA[i][0], RGB565_VGA[i][1]);
42          }
43          break;
44      }
45      case BMP_800x480: {
46          for (i=0; i<(sizeof(RGB565_WVGA)/4); i++) {
47              OV5640_WriteReg(RGB565_WVGA[i][0], RGB565_WVGA[i][1]);
48          }
49          break;
50      }
51      default: {
52          for (i=0; i<(sizeof(RGB565_WVGA)/4); i++) {
53              OV5640_WriteReg(RGB565_WVGA[i][0], RGB565_WVGA[i][1]);
54          }
55          break;
56      }
57      }
58  }
59  /**
60    * @brief  写一字节数据到 OV5640 寄存器
61    * @param  Addr: OV5640 的寄存器地址
62    * @param  Data: 要写入的数据
63    * @retval 返回 0 表示写入正常，0xFF 表示错误
```

```
64    */
65  uint8_t OV5640_WriteReg(uint16_t Addr, uint8_t Data)
66  {
67      uint32_t timeout = DCMI_TIMEOUT_MAX;
68
69      /* 产生起始信号 */
70      I2C_GenerateSTART(CAMERA_I2C, ENABLE);
71
72      /* 检查 EV5 事件 */
73      timeout = DCMI_TIMEOUT_MAX; /* 初始化起始时间 */
74      while (!I2C_CheckEvent(CAMERA_I2C, I2C_EVENT_MASTER_MODE_SELECT)) {
75          /* 超时返回 */
76          if ((timeout--) == 0) return 0xFF;
77      }
78
79      /* 发送设备地址 */
80      I2C_Send7bitAddress(CAMERA_I2C, OV5640_DEVICE_ADDRESS,
81                          I2C_Direction_Transmitter);
82
83      /* 检查 EV6 事件 */
84      timeout = DCMI_TIMEOUT_MAX;
85      while (!I2C_CheckEvent(CAMERA_I2C,
86              I2C_EVENT_MASTER_TRANSMITTER_MODE_SELECTED)) {
87          /* 超时返回 */
88          if ((timeout--) == 0) return 0xFF;
89      }
90
91      /* 发送寄存器的高 8 位 */
92      I2C_SendData(CAMERA_I2C, (uint8_t)( (Addr >> 8) & 0xFF) );
93
94      /* 检查 EV8 事件 */
95      timeout = DCMI_TIMEOUT_MAX;
96      while (!I2C_CheckEvent(CAMERA_I2C,
97              I2C_EVENT_MASTER_BYTE_TRANSMITTED)) {
98          /* 超时返回 */
99          if ((timeout--) == 0) return 0xFF;
100     }
101     // -------------------------------------------------------
102     /* 发送寄存器的低 8 位 */
103     I2C_SendData( CAMERA_I2C, (uint8_t)(Addr & 0xFF) );
104     /* 检查 EV8 事件 */
105     timeout = DCMI_TIMEOUT_MAX;
106     while (!I2C_CheckEvent(CAMERA_I2C,
107             I2C_EVENT_MASTER_BYTE_TRANSMITTED)) {
108         /* 超时返回 */
109         if ((timeout--) == 0) return 0xFF;
110     }
111
112
113     // -------------------------------------------------------
114
115     /* 发送数据 */
116     I2C_SendData(CAMERA_I2C, Data);
```

```
117
118      /* 检查 EV8 事件 */
119      timeout = DCMI_TIMEOUT_MAX;
120      while (!I2C_CheckEvent(CAMERA_I2C,
121              I2C_EVENT_MASTER_BYTE_TRANSMITTED)) {
122         /* 超时返回 */
123         if ((timeout--) == 0) return 0xFF;
124      }
125
126      /* 发送停止信号 */
127      I2C_GenerateSTOP(CAMERA_I2C, ENABLE);
128
129      /* 若操作正常，返回 0 值 */
130      return 0;
131 }
```

　　这个 OV5640_RGB565Config 函数直接把一个初始化的二维数组 RGB565_Init 和一个分辨率设置的二维数组 RGB565_WVGA（分辨率决定）使用 I²C 传输到 OV5640 中，二维数组的第 1 维存储的是寄存器地址，第 2 维存储的是对应寄存器要写入的控制参数。在 OV5640_WriteReg 函数中，因为 OV5640 的寄存器地址为 16 位，所以写寄存器的时候会先写入高 8 位的地址接着写入低 8 位的地址，然后再写入寄存器的值，这个是有别于普通的 I²C 设备的写入方式，需要特别注意。

　　如果你对这些寄存器配置感兴趣，可以仔细阅读 OV5640 的寄存器说明，这些配置主要是把 OV5640 配置成了 WVGA 时序模式，并使用 8 根数据线输出格式为 RGB565 的图像数据。我们参考《OV5640_自动对焦照相模组应用指南（DVP_接口）__R2.13C.pdf》文档中第 20 页 4.1.3 节的 800×480 预览的寄存器参数进行配置，使摄像头输出为 WVGA 模式，见图 41-19。

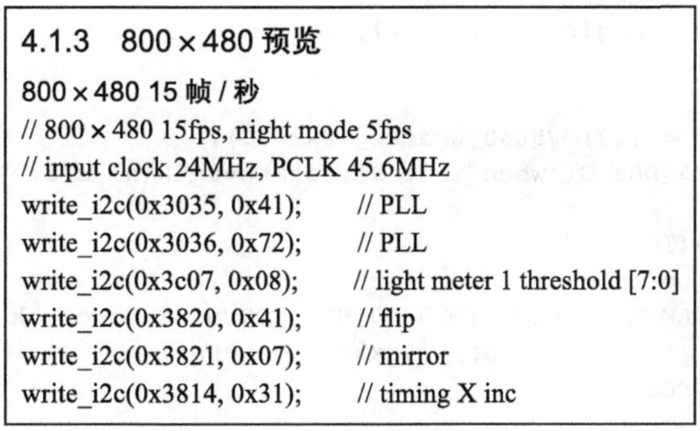

```
4.1.3   800×480 预览

800×480 15 帧 / 秒
// 800×480 15fps, night mode 5fps
// input clock 24MHz, PCLK 45.6MHz
write_i2c(0x3035, 0x41);      // PLL
write_i2c(0x3036, 0x72);      // PLL
write_i2c(0x3c07, 0x08);      // light meter 1 threshold [7:0]
write_i2c(0x3820, 0x41);      // flip
write_i2c(0x3821, 0x07);      // mirror
write_i2c(0x3814, 0x31);      // timing X inc
```

图 41-19　寄存器参数

（9）初始化 OV5640 自动对焦功能

　　写入 OV5640 的配置参数后，需要向它写入自动对焦固件，初始化自动对焦功能，才能使用自动对焦功能，见代码清单 41-9。

代码清单 41-9 初始化 OV5640 自动对焦功能

```
1 void OV5640_AUTO_FOCUS(void)
2 {
3     OV5640_FOCUS_AD5820_Init();
4     OV5640_FOCUS_AD5820_Constant_Focus();
5 }
6 static void OV5640_FOCUS_AD5820_Init(void)
7 {
8     u8  state=0x8F;
9     u32 iteration = 100;
10    u16 totalCnt = 0;
11
12    CAMERA_DEBUG("OV5640_FOCUS_AD5820_Init\n");
13
14    OV5640_WriteReg(0x3000, 0x20);
15    totalCnt = sizeof(OV5640_AF_FW);
16    CAMERA_DEBUG("Total Count = %d\n", totalCnt);
17
18 //写入自动对焦固件 Brust mode
19    OV5640_WriteFW(OV5640_AF_FW,totalCnt);
20
21    OV5640_WriteReg(0x3022, 0x00);
22    OV5640_WriteReg(0x3023, 0x00);
23    OV5640_WriteReg(0x3024, 0x00);
24    OV5640_WriteReg(0x3025, 0x00);
25    OV5640_WriteReg(0x3026, 0x00);
26    OV5640_WriteReg(0x3027, 0x00);
27    OV5640_WriteReg(0x3028, 0x00);
28    OV5640_WriteReg(0x3029, 0xFF);
29    OV5640_WriteReg(0x3000, 0x00);
30    OV5640_WriteReg(0x3004, 0xFF);
31    OV5640_WriteReg(0x0000, 0x00);
32    OV5640_WriteReg(0x0000, 0x00);
33    OV5640_WriteReg(0x0000, 0x00);
34    OV5640_WriteReg(0x0000, 0x00);
35
36    do {
37        state = (u8)OV5640_ReadReg(0x3029);
38        CAMERA_DEBUG("when init af, state=0x%x\n",state);
39
40        Delay(10);
41        if (iteration-- == 0) {
42            CAMERA_DEBUG("[OV5640]STA_FOCUS state check ERROR!!,
43                        state=0x%x\n",state);
44            break;
45        }
46    } while (state!=0x70);
47
48    OV5640_FOCUS_AD5820_Check_MCU();
49    return;
50 } /* OV5640_FOCUS_AD5820_Init */
51
52 //设置对焦
```

```
53 void OV5640_FOCUS_AD5820_Constant_Focus(void)
54 {
55     u8 state = 0x8F;
56     u32 iteration = 300;
57     // 发送调焦常量模式到固件
58     OV5640_WriteReg(0x3023,0x01);
59     OV5640_WriteReg(0x3022,0x04);
60
61     iteration = 5000;
62     do {
63         state = (u8)OV5640_ReadReg(0x3023);
64         if (iteration-- == 0) {
65             CAMERA_DEBUG("[OV5640]AD5820_Single_Focus time out !!
66                         %x\n",state);
67             return ;
68         }
69         Delay(10);
70     } while (state!=0x00); //0x0 : focused 0x01: is focusing
71     return;
72 }
```

OV5640_AUTO_FOCUS 函数调用了 OV5640_FOCUS_AD5820_Init 函数和 OV5640_FOCUS_
AD5820_Constant_Focus 函数。我们先来介绍 OV5640_FOCUS_AD5820_Init 函数，首先复
位 OV5640 内部的 MCU，然后通过 I²C 的突发模式写入自动对焦固件。突发模式就是只需要
写入首地址，接着就一直写数据，这个过程地址会自增，直接写完数据位置，对于连续地址
写入相当方便。写入固件之后 OV5640 内部 MCU 开始初始化，最后检查初始化完成的状态
是否为 0x70，如果是就代表固件已经写入成功，并初始化成功。接着，我们需要 OV5640_
FOCUS_AD5820_Constant_Focus 函数来调用自动对焦固件中的持续对焦指令，完成以上步
骤后，摄像头初始化完毕。

（10）main 函数

最后我们来编写 main 函数，利用前面讲解的函数，控制采集图像，见代码清单 41-10。

代码清单 41-10　main 函数

```
1 /**
2   * @brief  主函数
3   * @param  无
4   * @retval 无
5   */
6 int main(void)
7 {
8
9     /* 摄像头与 RGB LED 灯共用引脚，不要同时使用 LED 和摄像头 */
10    Debug_USART_Config();
11
12    /* 初始化液晶屏 */
13    LCD_Init();
14    LCD_LayerInit();
15    LTDC_Cmd(ENABLE);
```

```
16
17        /* 把背景层刷黑色 */
18        LCD_SetLayer(LCD_BACKGROUND_LAYER);
19        LCD_SetTransparency(0xFF);
20        LCD_Clear(LCD_COLOR_BLACK);
21
22        /* 初始化后默认使用前景层 */
23        LCD_SetLayer(LCD_FOREGROUND_LAYER);
24        /* 默认设置不透明，该函数参数为不透明度，范围为 0-0xff,
25           0 为全透明，0xff 为不透明 */
26        LCD_SetTransparency(0xFF);
27        LCD_Clear(TRANSPARENCY);
28
29        LCD_SetColors(LCD_COLOR_RED,TRANSPARENCY);
30
31        LCD_ClearLine(LINE(18));
32        LCD_DisplayStringLine_EN_CH(LINE(18),(uint8_t* )" 模式 :UXGA 800x480");
33
34        CAMERA_DEBUG("STM32F429 DCMI 驱动 OV5640 例程 ");
35
36        /* 初始化摄像头 GPIO 及 IIC */
37        OV5640_HW_Init();
38
39        /* 读取摄像头芯片 ID, 确定摄像头正常连接 */
40        OV5640_ReadID(&OV5640_Camera_ID);
41
42        if (OV5640_Camera_ID.PIDH   == 0x56)
43        {
44            CAMERA_DEBUG("%x %x",OV5640_Camera_ID.PIDH,OV5640_Camera_ID.PIDL);
45
46        }
47        else
48        {
49            LCD_SetTextColor(LCD_COLOR_RED);
50        LCD_DisplayStringLine_EN_CH(LINE(0),(uint8_t*) " 没有检测到 OV5640，请重新检查连接。");
51            CAMERA_DEBUG(" 没有检测到 OV5640 摄像头，请重新检查连接。");
52            while (1);
53        }
54
55        OV5640_Init();
56        OV5640_RGB565Config();
57        OV5640_AUTO_FOCUS();
58        // 使能 DCMI 采集数据
59        DCMI_Cmd(ENABLE);
60        DCMI_CaptureCmd(ENABLE);
61
62        /* DMA 直接传输摄像头数据到 LCD 屏幕显示 */
63        while (1)
64        {
65        }
66 }
67
```

在 main 函数中，首先初始化了液晶屏，注意它是把摄像头使用的液晶层初始化 RGB565 格式了，可直接在工程的液晶底层驱动解这方面的内容。

摄像头控制部分，首先调用了 OV5640_HW_Init 函数初始化 DCMI 及 I2C，然后调用 OV5640_ReadID 函数检测摄像头与实验板是否正常连接，若连接正常则调用 OV5640_Init 函数初始化 DCMI 的工作模式及 DMA，再调用 OV5640_RGB565Config 函数向 OV5640 写入寄存器配置，再调用 OV5640_AUTO_FOCUS 函数初始化 OV5640 自动对焦功能。最后，一定要记住调用库函数 DCMI_Cmd 及 DCMI_CaptureCmd 函数使能 DCMI 开始捕获数据，这样才能正常工作。

41.5.3　下载验证

把 OV5640 接到实验板的摄像头接口中，用 USB 线连接开发板，编译程序下载到实验板，并上电复位，液晶屏会显示摄像头采集到的图像，通过旋转镜头可以调焦。

第 42 章
MDK 的编译过程及文件类型全解

42.1 编译过程

相信你已经非常熟练地使用 MDK 创建应用程序了，学会了使用 MDK 编写源代码，然后编译生成机器码，再把机器码下载到 STM32 芯片上运行。但是这个编译、下载的过程 MDK 究竟做了什么工作？它编译后生成的各种文件又有什么作用？本章节将对这些过程进行讲解，了解编译及下载过程有助于理解芯片的工作原理，这些知识对制作 IAP（bootloader）以及读写控制器内部 Flash 的应用非常有帮助。

42.1.1 编译过程简介

首先我们简单了解下 MDK 的编译过程，它与其他编译器的工作过程类似，该过程见图 42-1。

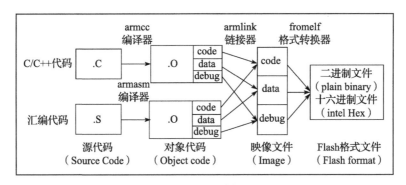

图 42-1　MDK 编译过程

编译过程生成的不同文件将在后面的小节详细说明，此处先抓住主要流程来理解。

（1）编译

MDK 软件使用的编译器是 armcc 和 armasm，它们根据每个 C/C++ 和汇编源文件编译成对应的以 ".o" 为后缀名的对象文件（Object Code，也称为目标文件），其内容主要是从源文件编译得到的机器码，包含了代码、数据以及调试使用的信息。

（2）链接

链接器 armlink 把各个 .o 文件及库文件链接成一个映像文件 .axf 或 .elf。

（3）格式转换

一般来说 Windows 或 Linux 系统使用链接器直接生成可执行映像文件 elf 后，内核根据该文件的信息加载后，就可以运行程序了。但在单片机平台上，需要把该文件的内容加载到芯片上，所以还需要对链接器生成的 elf 映像文件利用格式转换器 fromelf 转换成 ".bin" 或 ".hex" 文件，由下载器下载到芯片的 Flash 或 ROM 中。

42.1.2　具体工程中的编译过程

下面我们打开"多彩流水灯"的工程，以它为例进行讲解。其他工程的编译过程也是一样的，只是文件有差异。打开工程后，单击 MDK 的 rebuild 按钮，它会重新构建整个工程，构建的过程会在 MDK 下方的 Build Output 窗口输出提示信息，见图 42-2。

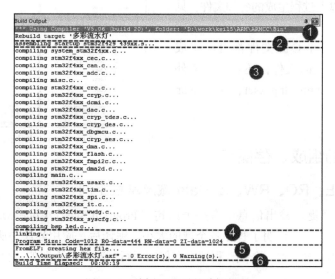

图 42-2　编译工程时的编译提示

构建工程的提示输出主要分 6 个部分，说明如下：

1）提示信息的第 1 部分说明构建过程调用的编译器。图中的编译器名字是 V5.06（build 20），后面附带了该编译器所在的文件夹。在电脑上打开该路径，可看到该编译器包含图 42-3 中的各个编译工具，如 armar、armasm、armcc、armlink 及 fromelf，后面 4 个工具已在图 41-1 中已讲解，而 armar 是用于把 .o 文件打包成 lib 文件的。

2）使用 armasm 编译汇编文件。图 42-2 中列出了编译 startup 启动文件时的提示，编译后每个汇编源文件都对应有一个独立的 .o 文件。

3）使用 armcc 编译 C/C++ 文件。图 42-2 中列出了工程中所有的 C/C++ 文件的提示，同样地，编译后每个 C/C++ 源文件都对应有一个独立的 .o 文件。

armar.exe	2015/7/27 18:03	应用程序	1,549 KB
armasm.exe	2015/7/27 18:03	应用程序	5,871 KB
armcc.exe	2015/7/27 18:03	应用程序	15,571 KB
armcompiler_libFNP.dll	2015/7/27 18:03	DLL 文件	4,656 KB
armlink.exe	2015/7/27 18:03	应用程序	6,379 KB
fromelf.exe	2015/7/27 18:03	应用程序	5,307 KB

图 42-3　编译工具

4）使用 armlink 链接对象文件，根据程序的调用把各个 .o 文件的内容链接起来，最后生成程序的 axf 映像文件，并附带程序各个域大小的说明，包括 Code、RO-data、RW-data 及 ZI-data 的大小。

5）使用 fromelf 生成下载格式文件，它根据 axf 映像文件转化成 hex 文件，并列出编译过程出现的错误（Error）和警告（Warning）数量。

6）提示给出整个构建过程消耗的时间。

构建完成后，可在工程的 Output 及 Listing 文件夹中找到由以上过程生成的各种文件，见图 42-4。

可以看到，每个 C 源文件都对应生成了 .o、.d 及 .crf 后缀的文件，还有一些额外的 .dep、.hex、.axf、.htm、.lnp、.sct、.lst 及 .map 文件。

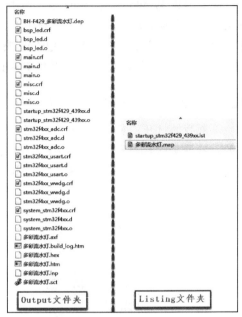

图 42-4　编译后 Output 及 Listing 文件夹中的内容

42.2　程序的组成、存储与运行

42.2.1　CODE、RO、RW、ZI Data 域及堆栈空间

在工程的编译提示输出信息中有一个语句 "Program Size：Code=xx RO-data=xx RW-data=xx ZI-data=xx"，它说明了程序各个域的大小。编译后，应用程序中所有具有同一性质的数据（包括代码）被归到一个域，程序在存储或运行的时候，不同的域会呈现不同的状态。这些域的意义如下。

❏ Code：即代码域，它指的是编译器生成的机器指令，这些内容被存储到 ROM 区。

❏ RO-data：Read Only data，即只读数据域，它指程序中用到的只读数据，这些数据被存储在 ROM 区，因而程序不能修改其内容。例如 C 语言中 const 关键字定义的变量就是典型的 RO-data。

❏ RW-data：Read Write data，即可读写数据域，它指初始化为"非 0 值"的可读写数据，程序刚运行时，这些数据具有非 0 的初始值，且运行的时候它们会常驻在 RAM 区，因而应用程序可以修改其内容。例如 C 语言中使用定义的全局变量，且定义时赋予"非 0 值"给该变量进行初始化。

❏ ZI-data：Zero Initialie data，即 0 初始化数据，它指初始化为"0 值"的可读写数据域，它与 RW-data 的区别是程序刚运行时这些数据初始值全都为 0，而后续运行过程与 RW-data 的性质一样，它们也常驻在 RAM 区，因而应用程序可以更改其内容。例如 C 语言中使用定义的全局变量，且定义时赋予"0 值"给该变量进行初始化（若定义该变量时没有赋予初始值，编译器会把它当 ZI-data 来对待，初始化为 0 ）。

❑ ZI-data 的栈空间（Stack）及堆空间（Heap）：在 C 语言中，函数内部定义的局部变量属于栈空间，进入函数的时候从向栈空间申请内存给局部变量，退出时释放局部变量，归还内存空间。而使用 malloc 动态分配的变量属于堆空间。在程序中的栈空间和堆空间都是属于 ZI-data 区域的，这些空间都会被初始值化为 0 值。编译器给出的 ZI-data 占用的空间值中包含了堆栈的大小（经实际测试，若程序中完全没有使用 malloc 动态申请堆空间，编译器会优化，不把堆空间计算在内）。

综上所述，以程序的组成构件为例，它们所属的区域类别见表 42-1。

表 42-1　程序组件所属的区域

程序组件	所属类别
机器代码指令	Code
常量	RO-data
初值非 0 的全局变量	RW-data
初值为 0 的全局变量	ZI-data
局部变量	ZI-data 栈空间
使用 malloc 动态分配的空间	ZI-data 堆空间

42.2.2　程序的存储与运行

RW-data 和 ZI-data 二者仅仅是初始值不一样而已，为什么编译器非要把它们区分开？这就涉及程序的存储状态了，应用程序具有静止状态和运行状态。静止态的程序被存储在非易失存储器中，如 STM32 的内部 Flash，因而系统掉电后也能正常保存。但是当程序在运行状态的时候，程序常常需要修改一些暂存数据，由于运行速度的要求，这些数据往往存放在内存（RAM）中，掉电后这些数据会丢失。因此，程序在静止与运行的时候它在存储器中的表现是不一样的，见图 42-5。

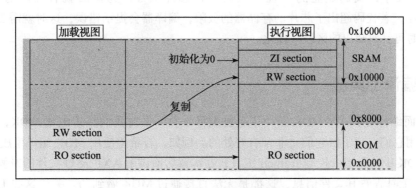

图 42-5　应用程序的加载视图与执行视图

图 42-5 中的左侧是应用程序的存储状态，右侧是运行状态，而上方是 RAM 存储器区

域，下方是 ROM 存储器区域。

程序在存储状态时，RO 节（RO section）及 RW 节都被保存在 ROM 区。当程序开始运行时，内核直接从 ROM 中读取代码，并且在执行主体代码前，会先执行一段加载代码，它把 RW 节数据从 ROM 复制到 RAM，并且在 RAM 加入 ZI 节，ZI 节的数据都被初始化为 0。加载完后 RAM 区准备完毕，正式开始执行主体程序。

编译生成的 RW-data 的数据属于图 42-5 中的 RW 节，ZI-data 的数据属于图中的 ZI 节。是否需要掉电保存，这就是把 RW-data 与 ZI-data 区别开来的原因，因为在 RAM 创建数据的时候，默认值为 0，但如果有的数据要求初值非 0，那就需要使用 ROM 记录该初始值，运行时再复制到 RAM。

STM32 的 RO 区域不需要加载到 SRAM，内核直接从 Flash 读取指令运行。计算机系统的应用程序运行过程很类似，不过计算机系统的程序在存储状态时位于硬盘，执行的时候甚至会把上述的 RO 区域（代码、只读数据）加载到内存，加快运行速度，还有虚拟内存管理单元（MMU）辅助加载数据，使得可以运行比物理内存还大的应用程序。而 STM32 没有 MMU，所以无法支持 Linux 和 Windows 系统。

当程序存储到 STM32 芯片的内部 Flash（ROM 区）时，它占用的空间是 Code、RO-data 及 RW-data 的总和，所以如果这些内容比 STM32 芯片的 Flash 空间大，程序就无法被正常保存了。当程序在执行的时候，需要占用内部 SRAM 空间（RAM 区），占用的空间包括 RW-data 和 ZI-data。应用程序在各个状态时各区域的组成见表 42-2。

表 42-2　程序状态区域的组成

程序状态与区域	组　　成
程序执行时的只读区域（RO）	Code + RO data
程序执行时的可读写区域（RW）	RW data + ZI data
程序存储时占用的 ROM 区	Code + RO data + RW data

在 MDK 中，我们建立的工程一般会选择芯片型号，选择后就有确定的 FLASH 及 SRAM 大小，若代码超出了芯片的存储器的极限，编译器会提示错误，这时就需要裁剪程序了，裁剪时可针对超出的区域来优化。

42.3　编译工具链

在前面编译过程中，MDK 调用了各种编译工具，平时我们直接配置 MDK，不需要学习如何使用它们，但了解它们是非常有好处的。例如，若希望使用 MDK 编译生成 bin 文件，需要在 MDK 中输入指令控制 fromelf 工具；在本章后面讲解 AXF 及 O 文件的时候，需要利用 fromelf 工具查看其文件信息，这都是无法直接通过 MDK 做到的。关于这些工具链的说明，在 MDK 的帮助手册《ARM Development Tools》中都有详细讲解，单击 MDK 界面的"help->μVision Help"菜单可打开该文件。

42.3.1　设置环境变量

调用这些编译工具，需要用到 Windows 的"命令行提示符工具"，为了让命令行方便地找到这些工具，我们先把工具链的目录添加到系统的环境变量中。查看本机工具链所在的具体目录可根据上一小节讲解的工程编译提示输出信息中找到，如本机的路径为 D:\work\keil5\ARM\ARMCC\bin。

添加路径到 PATH 环境变量

本文以 Windows 7 系统为例，添加工具链的路径到 PATH 环境变量，其他系统是类似的。

1）右击电脑系统的"计算机图标"，在弹出的菜单中选择"属性"，见图 42-6。

2）在弹出的属性页面中依次点击"高级系统设置"->"环境变量"，在用户变量一栏中找到名为"PATH"的变量，若没有该变量，则新建一个。编辑"PATH"变量，在它的变量值中输入工具链的路径，如本机的是"; D:\work\keil5\ARM\ARMCC\bin"，注意开始要使用分号";"，让它与其他路径分隔开，输入完毕后依次点"确定"按扭，见图 42-7。

图 42-6　计算机属性页面

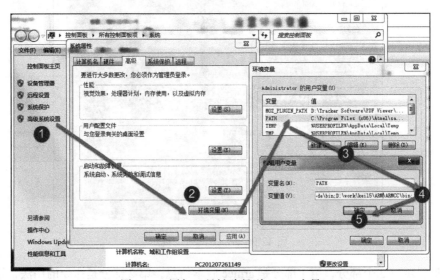

图 42-7　添加工具链路径到 PATH 变量

3）打开 Windows 的命令行，单击系统的"开始菜单"，在搜索框输入"cmd"，在搜索结果中单击"cmd.exe"即可打开命令行，见图 42-8。

4）在弹出的命令行窗口中输入"fromelf"回车，若窗口打印出 fromelf 的帮助说明，那么路径正常，就可以开始后面的工作了；若提示"不是内部名外部命令，也不是可运行的程序…"信息，说明路径不对，请重新配置环境变量，并确认该工作目录下有编译工具链。

这个过程本质就是让命令行通过"PATH"路径找到 fromelf.exe 程序运行，默认运行 fromelf.exe 时它会输出自己的帮助信息，这就是工具链的调用过程。MDK 本质上也是如此调用工具链的，只是它集成为 GUI，相对于命令行，GUI 对用户更友好，毕竟上述配置环境变量的过程已经让新手感到麻烦了。

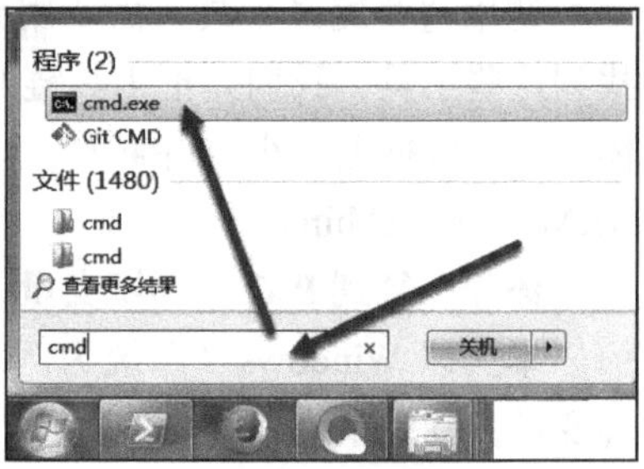

42.3.2 armcc、armasm 及 armlink

接下来我们看看各个工具链的具体用法，主要以 armcc 为例。

图 42-8　打开命令行

1. armcc

armcc 用于把 C/C++ 文件编译成 ARM 指令代码，编译后会输出 ELF 格式的 O 文件（对象、目标文件）。在命令行中输入"armcc"回车可调用该工具，它会打印帮助说明，见图 42-9。

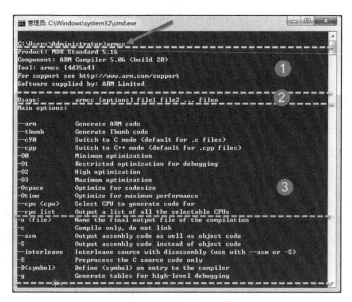

图 42-9　armcc 的帮助提示

帮助提示分 3 个部分，第 1 部分是 armcc 版本信息，第 2 部分是命令的用法，第 3 部分是主要命令选项。

根据命令用法：armcc [options] file1 file2 ... filen，在 [options] 位置可输入下面的"--arm""--cpu list"选项，若选项带文件输入，则把文件名填充在 file1、file2…的位置，这些文件一般是 C/C++ 文件。

例如，根据它的帮助说明，"--cpu list"可列出编译器支持的所有 cpu，我们在命令行中输入"armcc --cpu list"，可看到图 42-10 中的 cpu 列表。

打开 MDK "Options for Targe->C/ C ++" 页面，可看到 MDK 对编译器的控制命令，见图 42-11。

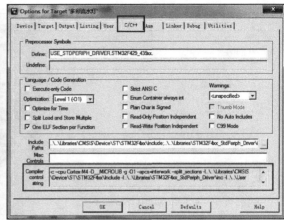

图 42-10　cpulist　　　　　　　　　　　图 42-11　MDK 的 ARMCC 编译选项

从该图中的命令可看到，它调用了 -c、-cpu -D -g -O1 等编译选项，当我们修改 MDK 的编译配置时，可看到该控制命令也会有相应的变化。然而我们无法在该编译选项框中输入命令，只能通过 MDK 提供的选项修改。

了解这些，我们就可以查询具体的 MDK 编译选项的具体信息了，如 C/C++ 选项中的 "Optimization：Leve 1（-O1）"是什么功能呢？首先可了解到它是 "-O" 命令，命令后还带个数字，查看 MDK 的帮助手册，在 armcc 编译器说明章节可详细了解，见图 42-12。

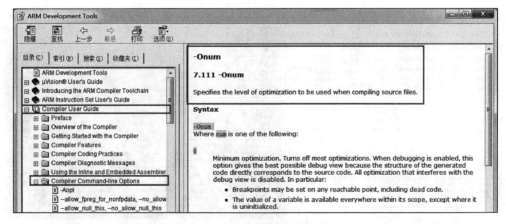

图 42-12　编译器选项说明

利用 MDK，我们一般不需要自己调用 armcc 工具，但经过这样的过程我们就会对 MDK 有更深入的认识，面对它的各种编译选项，就不会那么头疼了。

2. armasm

armasm 是汇编器，它把汇编文件编译成 O 文件。MDK 与 armcc 类似，对 armasm 的调用选项可在"Option for Target->Asm"页面进行配置，见图 42-13。

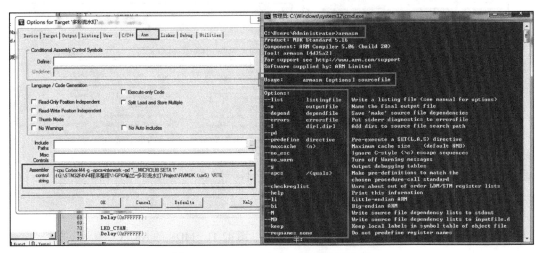

图 42-13 armasm 与 MDK 的编译选项

3. armlink

armlink 是链接器，它把各个 O 文件链接组合在一起生成 ELF 格式的 AXF 文件。AXF 文件是可执行的，下载器把该文件中的指令代码下载到芯片后，该芯片就能运行程序了。利用 armlink 还可以控制程序存储到指定的 ROM 或 RAM 地址。在 MDK 中可在"Option for Target->Linker"页面配置 armlink 选项，见图 42-14。

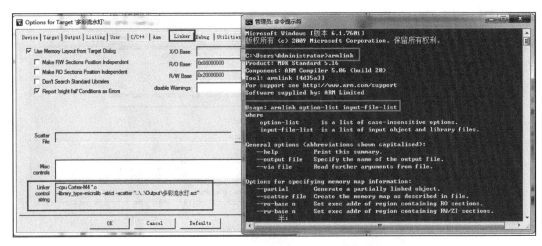

图 42-14 armlink 与 MDK 的配置选项

链接器默认是根据芯片类型的存储器分布来生成程序的，该存储器分布被记录在工程里的 sct 后缀的文件中，有特殊需要的话可自行编辑该文件，改变链接器的链接方式，具体的后面我们会详细讲解。

42.3.3　armar、fromelf 及用户指令

armar 工具用于把工程打包成库文件，fromelf 可根据 axf 文件生成 hex、bin 文件，hex 和 bin 文件是大多数下载器支持的下载文件格式。

在 MDK 中，针对 armar 和 fromelf 工具的选项几乎没有，仅集成了生成 HEX 或 Lib 的选项，见图 42-15。

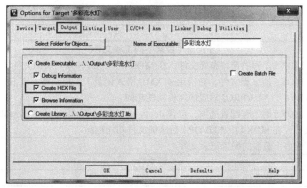

图 42-15　生成 HEX 及 Lib 的配置

例如，我们想利用 fromelf 生成 bin 文件，可以在 MDK 的"Option for Target->User"页面中添加调用 fromelf 的指令，见图 42-16。

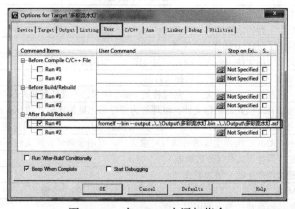

图 42-16　在 MDK 中添加指令

在 User 配置页面中，提供了 3 种类型的用户指令输入框，在不同组的框输入指令，可控制指令的执行时间，分别是编译前（Before Compile c/c++ file）、构建前（Before Build/Rebuild）及构建后（After Build/Rebuild）执行。这些指令并没有限制必须是 arm 的编译工具链，例如如果自己编写了 Python 脚本，也可以在这里输入用户指令执行该脚本。

图中的生成 bin 文件指令调用了 fromelf 工具，紧跟后面的是工具的选项及输出文件名、输入文件名。由于 fromelf 是根据 axf 文件生成 bin 的，而 axf 文件又是构建（build）工程后才生成的，所以我们把该指令放到 "After Build/Rebuild" 一栏。

42.4　MDK 工程的文件类型

除了上述编译过程生成的文件，MDK 工程中还包含了各种各样的文件，下面我们统一介绍。MDK 工程的常见文件类型见表 42-3。

表 42-3　MDK 常见的文件类型（不分大小写）

后　　缀	说　　明
Project 目录下的工程文件	
*.uvguix	MDK5 工程的窗口布局文件，在 MDK4 中 *.UVGUI 后缀的文件功能相同
*.uvprojx	MDK5 的工程文件，它使用了 XML 格式记录了工程结构，双击它可以打开整个工程，在 MDK4 中 *.UVPROJ 后缀的文件功能相同
*.uvoptx	MDK5 的工程配置选项，包含 debugger、trace configuration、breakpooints 以及当前打开的文件，在 MDK4 中 *.UVOPT 后缀的文件功能相同
*.ini	某些下载器的配置记录文件
源文件	
*.c	C 语言源文件
*.cpp	C++ 语言源文件
*.h	C/C++ 的头文件
*.s	汇编语言的源文件
*.inc	汇编语言的头文件（使用 "$include" 来包含）
Output 目录下的文件	
*.lib	库文件
*.dep	整个工程的依赖文件
*.d	描述了对应 .o 的依赖的文件
*.crf	交叉引用文件，包含了浏览信息（定义、引用及标识符）
*.o	可重定位的对象文件（目标文件）
*.bin	二进制格式的映像文件，是纯粹的 Flash 映像，不含任何额外信息
*.hex	Intel Hex 格式的映像文件，可理解为带存储地址描述格式的 bin 文件
*.elf	由 GCC 编译生成的文件，功能与 axf 文件一样，该文件不可重定位
*.axf	由 ARMCC 编译生成的可执行对象文件，可用于调试，该文件不可重定位
*.sct	链接器控制文件（分散加载）
*.scr	链接器产生的分散加载文件
*.lnp	MDK 生成的链接输入文件，用于调用链接器时的命令输入
*.htm	链接器生成的静态调用图文件
*.build_log.htm	构建工程的日志记录文件
Listing 目录下的文件	
*.lst	C 及汇编编译器产生的列表文件
*.map	链接器生成的列表文件，包含存储器映像分布
其　　他	
*.ini	仿真、下载器的脚本文件

这些文件主要分为 MDK 相关文件、源文件以及编译、链接器生成的文件。我们以"多彩流水灯"工程为例讲解各种文件的功能。

42.4.1　uvprojx、uvoptx、uvguix 及 ini 工程文件

在工程的 Project 目录下主要是 MDK 工程相关的文件，见图 42-17。

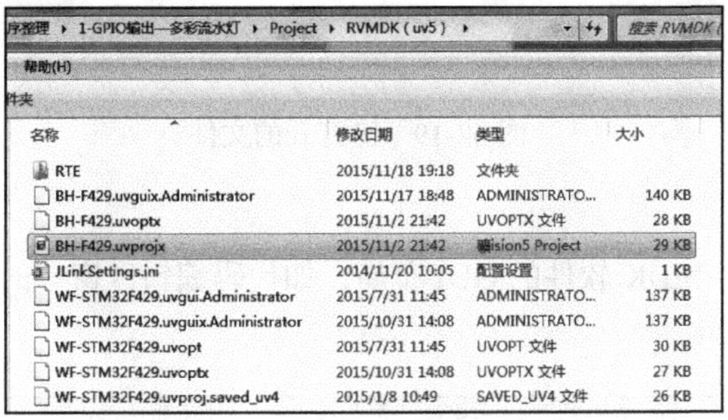

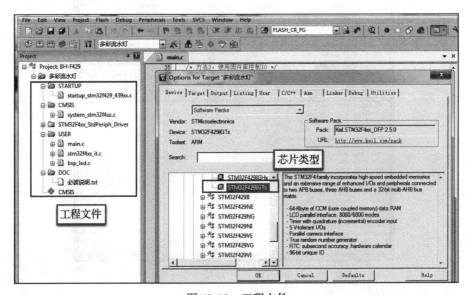

图 42-17　Project 目录下的文件

1. vprojx 文件

uvprojx 文件就是我们平时双击打开的工程文件，它记录了整个工程的结构，如芯片类型、工程包含了哪些源文件等内容，见图 42-18。

图 42-18　工程文件

2. uvoptx 文件

uvoptx 文件记录了工程的配置选项，如下载器的类型、变量跟踪配置、断点位置以及当前已打开的文件等，见图 42-19。

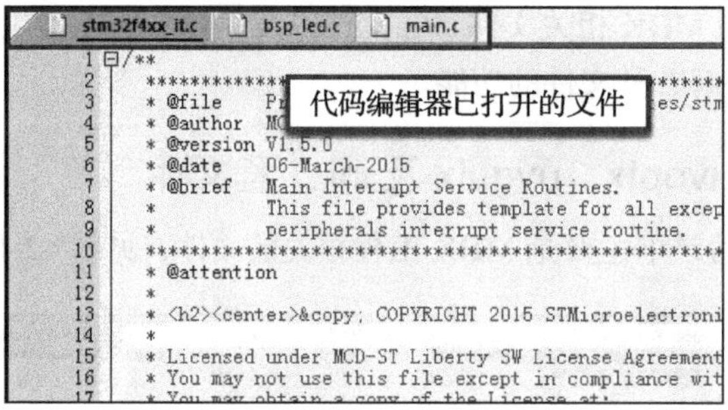

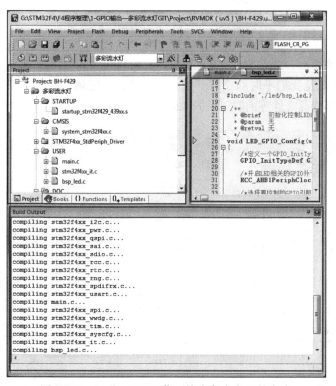

图 42-19　已打开的文件

3. uvguix 文件

uvguix 文件记录了 MDK 软件的 GUI 布局，如代码编辑区窗口的大小、编译输出提示窗口的位置等，见图 42-20。

图 42-20　记录 MDK 工作环境中各个窗口的大小

uvprojx、uvoptx 及 uvguix 都是使用 XML 格式记录的文件，若使用记事本打开可以看到 XML 代码，见图 42-21。而当使用 MDK 软件打开时，它根据这些文件的 XML 记录加载工程的各种参数，使得我们每次重新打开工程时，都能恢复上一次的工作环境。

这些工程参数当 MDK 正常退出时才会被写入保存，所以若 MDK 错误退出时（如使用

Windows 的任务管理器强制关闭），工程配置参数的最新更改是不会被记录的，重新打开工程时要再次配置。根据这几个文件的记录类型可以知道，uvprojx 文件是最重要的，删掉它我们就无法再正常打开工程了；而 uvoptx 及 uvguix 文件并不是必需的，可以删除，重新使用 MDK 打开 uvprojx 工程文件后，会以默认参数重新创建 uvoptx 及 uvguix 文件（所以当使用 Git/SVN 等代码管理的时候，往往只保留 uvprojx 文件）。

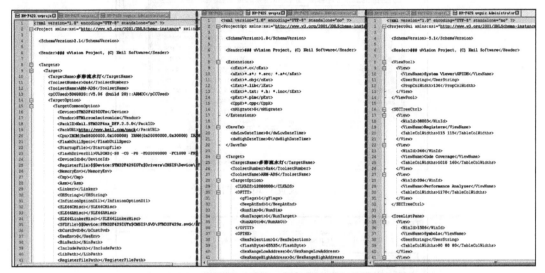

图 42-21　使用记事本打开

42.4.2　源文件

源文件是工程中我们最熟悉的内容了，它就是我们编写的各种源代码，MDK 支持 c、cpp、h、s、inc 类型的源代码文件，其中 c、cpp 分别是 C/C++ 语言的源代码，h 是它们的头文件，s 是汇编文件，inc 是汇编文件的头文件，可使用 "$include" 语法包含。编译器根据工程中的源文件最终生成机器码。

42.4.3　Output 目录下生成的文件

单击 MDK 中的编译按钮，它会根据工程的配置及工程中的源文件输出各种对象和列表文件，在工程中选择 "Options for Targe->Output->Select Folder for Objects" 和 "Options for Targe->Listing->Select Folder for Listings" 选项配置它们的输出路径，见图 42-22 和图 42-23。

编译后，在 Output 和 Listing 目录下生成的文件见图 42-24。

接下来我们讲解 Output 路径下的文件。

1. lib 库文件

在某些场合下我们希望提供给第三方一个可用的代码库，但不希望对方看到源码，这个时候我们就可以把工程生成 lib 文件（Library file）提供给对方。在 MDK 中可配置 "Options for Target->Create Library"选项把工程编译成库文件，见图 42-25。

图 42-22　设置 Output 输出路径

图 42-23　设置 Listing 输出路径

　　工程中生成可执行文件或库文件只能二选一，默认编译是生成可执行文件的，可执行文件即我们下载到芯片上直接运行的机器码。

　　得到生成的 *.lib 文件后，可把它像 C 文件一样添加到其他工程中，并在该工程调用 lib 提供的函数接口，除了不能看到 *.lib 文件的源码，在应用方面它与 C 源文件没有区别。

2. dep、d 依赖文件

　　*.dep 和 *.d 文件（Dependency file）记录的是工程或其他文件的依赖，主要记录了引用的头文件路径，其中 *.dep 是整个工程的依赖，它以工程名命名；而 *.d 是单个源文件的依

赖，它们以对应的源文件名命名。这些记录使用文本格式存储，我们可直接使用记事本打开，见图 42-26 和图 42-27。

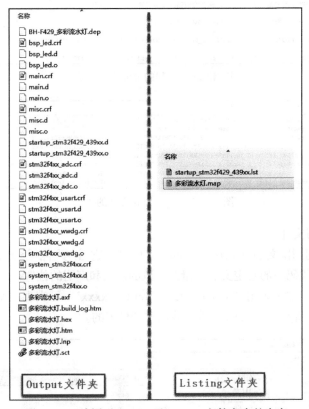

图 42-24　编译后 Output 及 Listing 文件夹中的内容

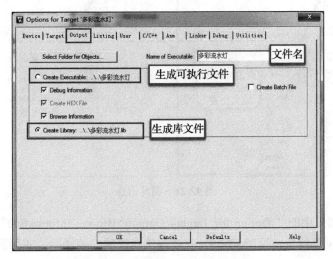

图 42-25　生成库文件或可执行文件

```
    bsp_led.d    BH-F429_多彩流水灯.dep
  1  Dependencies for Project 'BH-F429', Target '多彩流水灯': (DO NOT MODIFY !)
  2  F (..\..\Libraries\CMSIS\Device\ST\STM32F4xx\Source\Templates\arm\startup_stm32f429_439xx.s)(0x5559F431)(--cpu
  3
  4  -I G:\STM32F4\F4程序整理\1-GPIO输出-多彩流水灯\Project\RVMDK (uv5)\RTE
  5
  6  -I D:\work\keil5\ARM\PACK\ARM\CMSIS\4.3.0\CMSIS\Include
  7
  8  -I D:\work\keil5\ARM\PACK\Keil\STM32F4xx_DFP\2.5.0\Drivers\CMSIS\Device\ST\STM32F4xx\Include
  9
 10  --pd "__UVISION_VERSION SETA 516" --pd "_RTE_ SETA 1" --pd "STM32F429xx SETA 1"
```

图 42-26　工程的 dep 文件内容

```
    bsp_led.d    BH-F429_多彩流水灯.dep
  1  ..\..\output\bsp_led.o: ..\..\User\led\bsp_led.c
  2  ..\..\output\bsp_led.o: ..\..\User\./led\bsp_led.h
  3  ..\..\output\bsp_led.o: ..\..\Libraries\CMSIS\Device\ST\STM32F4xx\Include\stm32f4xx.h
  4  ..\..\output\bsp_led.o: D:\work\keil5\ARM\PACK\ARM\CMSIS\4.3.0\CMSIS\Include\core_cm4.h
  5  ..\..\output\bsp_led.o: D:\work\keil5\ARM\ARMCC\Bin\..\include\stdint.h
  6  ..\..\output\bsp_led.o: D:\work\keil5\ARM\PACK\ARM\CMSIS\4.3.0\CMSIS\Include\core_cmInstr.h
  7  ..\..\output\bsp_led.o: D:\work\keil5\ARM\PACK\ARM\CMSIS\4.3.0\CMSIS\Include\core_cmFunc.h
  8  ..\..\output\bsp_led.o: D:\work\keil5\ARM\PACK\ARM\CMSIS\4.3.0\CMSIS\Include\core_cmSimd.h
```

图 42-27　bsp_led.d 文件的内容

3. crf 交叉引用文件

*.crf 是交叉引用文件（Cross-Reference file），它主要包含了浏览信息（browse information），即源代码中的宏定义、变量及函数的定义和声明的位置。

我们在代码编辑器中单击"Go To Definition Of 'xxxx'"可实现浏览跳转，见图 42-28。跳转的时候，MDK 就是通过 *.crf 文件查找出跳转位置的。

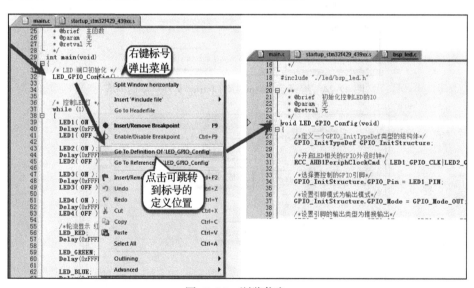

图 42-28　浏览信息

通过配置 MDK 中的"Option for Target->Output->Browse Information"选项，可以设置编译时是否生成浏览信息，见图 42-29。只有勾选该选项并编译后，才能实现上面的浏览跳转功能。

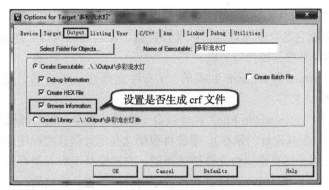

图 42-29　在 Options forTarget 中设置是否生成浏览信息

*.crf 文件使用特定的格式表示，直接用文本编辑器打开会看到大部分乱码，见图 42-30。这里我们不作深入研究。

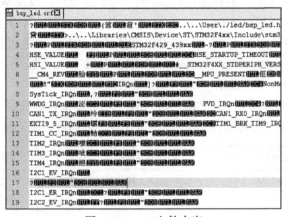

图 42-30　crf 文件内容

4. o、axf 及 elf 文件

.o、.elf、*.axf、*.bin 及 *.hex 文件都存储了编译器根据源代码生成的机器码，根据应用场合的不同，它们又有所区别。

（1）ELF 文件说明

.o、.elf、*.axf 以及前面提到的 lib 文件都是属于目标文件，它们都是使用 ELF 格式来存储的。关于 ELF 格式的详细内容请参考配套资料里的《ELF 文件格式》文档了解，它讲解的是 Linux 下的 ELF 格式，与 MDK 使用的格式稍有区别，但大致相同。在本教程中，仅讲解 ELF 文件的核心概念。

ELF 是 Executable and Linking Format 的缩写，译为可执行链接格式，该格式用于记录目标文件的内容。在 Linux 及 Windows 系统下都有使用该格式的文件（或类似格式）用于记录应用程序的内容，告诉操作系统如何链接、加载及执行该应用程序。

目标文件主要有如下 3 种类型：

1）可重定位的文件（Relocatable File）包含基础代码和数据，但它的代码及数据都没有指定绝对地址，因此它适合于与其他目标文件链接，来创建可执行文件或者共享目标文件。这种文件一般由编译器根据源代码生成。

例如 MDK 的 armcc 和 armasm 生成的 *.o 文件就是这一类，另外还有 Linux 的 *.o 文件，Windows 的 *.obj 文件。

2）可执行文件（Executable File）包含适合于执行的程序，它内部组织的代码数据都有固定的地址（或相对于基地址的偏移），系统可根据这些地址信息把程序加载到内存执行。这种文件一般由链接器根据可重定位文件链接而成，它主要是组织各个可重定位文件，给它们的代码及数据一一打上地址标号，固定其在程序内部的位置。链接后，程序内部各种代码及数据段不可再重定位（即不能再参与链接器的链接）。

例如 MDK 的 armlink 生成的 *.elf 及 *.axf 文件（使用 gcc 编译工具可生成 *.elf 文件，用 armlink 生成的是 *.axf 文件，*.axf 文件在 *.elf 之外增加了调试使用的信息，其余区别不大，后面我们仅讲解 *.axf 文件），另外还有 Linux 的 /bin/bash 文件，以及 Windows 的 *.exe 文件。

3）共享目标文件（Shared Object File），它的定义比较难理解，我们直接举例，MDK 生成的 *.lib 文件就属于共享目标文件，它可以继续参与链接，加入可执行文件之中。另外，Linux 的 .so，如 /lib/ glibc-2.5.so、Windows 的 DLL 都属于这一类。

（2）o 文件与 axf 文件的关系

根据上面的分类我们了解到，*.axf 文件是由多个 *.o 文件链接而成的，而 *.o 文件由相应的源文件编译而成，一个源文件对应一个 *.o 文件。它们的关系见图 42-31。

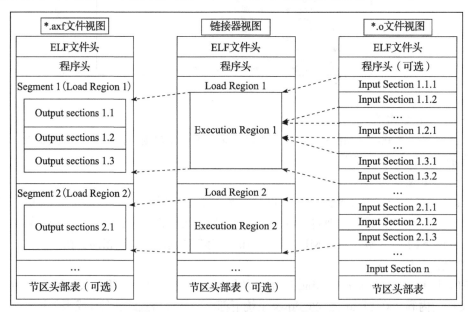

图 42-31　*.axf 文件与 *.o 文件的关系

图中的中间代表的是 armlink 链接器，在它的右侧是输入链接器的 *.o 文件，左侧是它

输出的 *.axf 文件。

可以看到，由于都使用 ELF 文件格式，*.o 与 *.axf 文件的结构是类似的，它们包含 ELF 文件头、程序头、节区（section）以及节区头部表。各个部分的功能说明如下：

- ☐ ELF 文件头用来描述整个文件的组织，例如数据的大小端格式、程序头、节区头在文件中的位置等。
- ☐ 程序头告诉系统如何加载程序，例如程序主体存储在本文件的哪个位置，程序的大小，程序要加载到内存什么地址等。MDK 的可重定位文件 *.o 不包含这部分内容，因为它还不是可执行文件，而 armlink 输出的 *.axf 文件就包含该内容了。
- ☐ 节区是 *.o 文件的独立数据区域，它包含提供给链接视图使用的大量信息，如指令（Code）、数据（RO、RW、ZI-data）、符号表（函数、变量名等）、重定位信息等，例如每个由 C 语言定义的函数在 *.o 文件中都会有一个独立的节区。
- ☐ 存储在最后的节区头则包含了本文件节区的信息，如节区名称、大小等。

总的来说，链接器把各个 *.o 文件的节区归类、排列，根据目标器件的情况编排地址生成输出，汇总到 *.axf 文件。例如，见图 42-32，"多彩流水灯"工程中在 bsp_led.c 文件中有一个 LED_GPIO_Config 函数，而它内部调用了 stm32f4xx_gpio.c 的 GPIO_Init 函数，经过 armcc 编译后，LED_GPIO_Config 及 GPIO_Iint 函数都成了指令代码，分别存储在 bsp_led.o 及 stm32f4xx_gpio.o 文件中，这些指令在 *.o 文件中都没有指定地址，仅包含了内容、大小以及调用的链接信息，而经过链接器后，链接器给它们都分配了特定的地址，并且把地址根据调用指向链接起来。

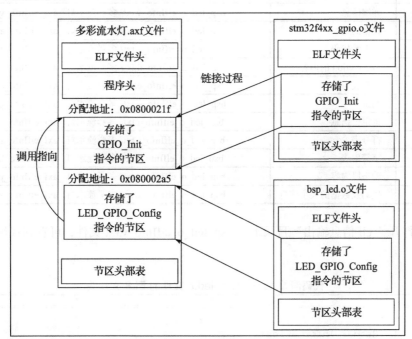

图 42-32　具体的链接过程

（3）ELF 文件头

接下来我们看看具体文件的内容，使用 fromelf 文件可以查看 *.o、*.axf 及 *.lib 文件的 ELF 信息。

使用命令行，切换到文件所在的目录，输入" fromelf –text –v bsp_led.o"命令，可控制输出 bsp_led.o 的详细信息，见图 42-33。利用" -c、-z"等选项还可输出反汇编指令文件、代码及数据文件等信息，可以尝试一下。

图 42-33　使用 fromelf 查看 *.o 文件信息

为了便于阅读，我已使用 fromelf 指令生成了"多彩流水灯 .axf""bsp_led"及"多彩流水灯 .lib"的 ELF 信息，并已把这些信息保存在独立的文件中，在配套资料的" elf 信息输出"文件夹下可查看，见表 42-4。

表 42-4　配套资料里使用 fromelf 生成的文件

fromelf 选项	可查看的信息	生成到配套资料里相应的文件
-v	详细信息	bsp_led_o_elfInfo_v.txt/ 多彩流水灯 _axf_elfInfo_v.txt
-a	数据的地址	bsp_led_o_elfInfo_a.txt/ 多彩流水灯 _axf_elfInfo_a.txt
-c	反汇编代码	bsp_led_o_elfInfo_c.txt/ 多彩流水灯 _axf_elfInfo_c.txt
-d	data section 的内容	bsp_led_o_elfInfo_d.txt/ 多彩流水灯 _axf_elfInfo_d.txt
-e	异常表	bsp_led_o_elfInfo_e.txt/ 多彩流水灯 _axf_elfInfo_e.txt
-g	调试表	bsp_led_o_elfInfo_g.txt/ 多彩流水灯 _axf_elfInfo_g.txt
-r	重定位信息	bsp_led_o_elfInfo_r.txt/ 多彩流水灯 _axf_elfInfo_r.txt
-s	符号表	bsp_led_o_elfInfo_s.txt/ 多彩流水灯 _axf_elfInfo_s.txt
-t	字符串表	bsp_led_o_elfInfo_t.txt/ 多彩流水灯 _axf_elfInfo_t.txt
-y	动态段内容	bsp_led_o_elfInfo_y.txt/ 多彩流水灯 _axf_elfInfo_y.txt
-z	代码及数据的大小信息	bsp_led_o_elfInfo_z.txt/ 多彩流水灯 _axf_elfInfo_z.txt

直接打开" elf 信息输出"目录下的 bsp_led_o_elfInfo_v.txt 文件，可看到代码清单 42-1 中的内容。

代码清单 42-1　bsp_led.o 文件的 ELF 文件头

```
1 ========================================================================
2
3 ** ELF Header Information
4
```

```
 5 File Name:
 6 .\bsp_led.o                                    // bsp_led.o 文件
 7
 8 Machine class: ELFCLASS32 (32-bit)             // 32 位机
 9     Data encoding: ELFDATA2LSB (Little endian) // 小端格式
10     Header version: EV_CURRENT (Current version)
11     Operating System ABI: none
12     ABI Version: 0
13     File Type: ET_REL (Relocatable object) (1) // 可重定位文件类型
14     Machine: EM_ARM (ARM)
15
16     Entry offset (in SHF_ENTRYSECT section): 0x00000000
17     Flags: None (0x05000000)
18
19     ARM ELF revision: 5 (ABI version 2)
20
21     Built with
22     Component: ARM Compiler 5.06 (build 20) Tool: armasm [4d35a2]
23     Component: ARM Compiler 5.06 (build 20) Tool: armlink [4d35a3]
24
25     Header size: 52 bytes (0x34)
26     Program header entry size: 0 bytes (0x0)    // 程序头大小
27     Section header entry size: 40 bytes (0x28)
28
29     Program header entries: 0
30     Section header entries: 246
31
32     Program header offset: 0 (0x00000000)       // 程序头在文件中的位置（没有程序头）
33     Section header offset: 507224 (0x0007bd58)  // 节区头在文件中的位置
34
35     Section header string table index: 243
36
37     =======================================================================
```

在上述代码中已加入了部分注释，解释了相应项的意义。值得一提的是在这个 *.o 文件中，它的 ELF 文件头中告诉我们它的程序头（Program header）大小为 "0 bytes"，且程序头所在的文件位置偏移也为 "0"，这说明它是没有程序头的。

（4）程序头

接下来打开 "多彩流水灯 _axf_elfInfo_v.txt" 文件，查看工程的 *.axf 文件的详细信息，见代码清单 42-2。

代码清单 42-2　*.axf 文件中的 elf 文件头及程序头

```
 1 =======================================================================
 2
 3 ** ELF Header Information
 4
 5 File Name:
 6 .\ 多彩流水灯 .axf                                    // 多彩流水灯 .axf 文件
 7
```

```
 8  Machine class: ELFCLASS32 (32-bit)                    // 32 位机
 9      Data encoding: ELFDATA2LSB (Little endian)        // 小端格式
10      Header version: EV_CURRENT (Current version)
11      Operating System ABI: none
12      ABI Version: 0
13      File Type: ET_EXEC (Executable) (2)               // 可执行文件类型
14      Machine: EM_ARM (ARM)
15
16      Image Entry point: 0x080001ad
17      Flags: EF_ARM_HASENTRY + EF_ARM_ABI_FLOAT_SOFT (0x05000202)
18
19      ARM ELF revision: 5 (ABI version 2)
20
21      Conforms to Soft float procedure-call standard
22
23      Built with
24      Component: ARM Compiler 5.06 (build 20) Tool: armasm [4d35a2]
25      Component: ARM Compiler 5.06 (build 20) Tool: armlink [4d35a3]
26
27      Header size: 52 bytes (0x34)
28      Program header entry size: 32 bytes (0x20)
29      Section header entry size: 40 bytes (0x28)
30
31      Program header entries: 1
32      Section header entries: 15
33
34      Program header offset: 335252 (0x00051d94)       // 程序头在文件中的位置
35      Section header offset: 335284 (0x00051db4)       // 节区头在文件中的位置
36
37      Section header string table index: 14
38
39      ================================================================
40
41      ** Program header #0
42
43      Type          : PT_LOAD (1)                      // 表示这是可加载的内容
44      File Offset   : 52 (0x34)                        // 在文件中的偏移
45      Virtual Addr  : 0x08000000                       // 虚拟地址（此处等于物理地址）
46      Physical Addr : 0x08000000                       // 物理地址
47      Size in file  : 1456 bytes (0x5b0)               // 程序在文件中占据的大小
48      Size in memory: 2480 bytes (0x9b0)               // 若程序加载到内存，占据的内存空间
49      Flags         : PF_X + PF_W + PF_R + PF_ARM_ENTRY (0x80000007)
50      Alignment     : 8                                // 地址对齐
51
52
53      ================================================================
```

对比之下可发现，*.axf 文件的 ELF 文件头对程序头的大小说明为非 0 值，且给出了它在文件的偏移地址，在输出信息之中，包含了程序头的详细信息。可看到，程序头的"Physical Addr"描述了本程序要加载到的内存地址"0x0800 0000"，正好是 STM32 内部Flash 的首地址；"size in file"描述了本程序占据的空间大小为"1456 bytes"，它正是程序烧

录到 Flash 中需要占据的空间。

（5）节区头

在 ELF 的原文件中，紧接着程序头的一般是节区的主体信息，在节区主体信息之后是描述节区主体信息的节区头，我们先来看看节区头中的信息了解概况。通过对比 *.o 文件及 *.axf 文件的节区头部信息，可以清楚地看出这两种文件的区别，见代码清单 42-3。

代码清单 42-3　*.o 文件的节区信息（bsp_led_o_elfInfo_v.txt 文件）

```
1  ====================================
2  ** Section #4
3
4  Name         : i.LED_GPIO_Config        // 节区名
6
7  // 此节区包含程序定义的信息，其格式和含义都由程序来解释
8  Type         : SHT_PROGBITS (0x00000001)
10
11 // 此节区在进程执行过程中占用内存。节区包含可执行的机器指令
12 Flags        :SHF_ALLOC + SHF_EXECINSTR (0x00000006)
14 Addr         : 0x00000000             // 地址
15 File Offset  : 68 (0x44)              // 在文件中的偏移
16 Size         : 116 bytes (0x74)       // 大小
17 Link         : SHN_UNDEF
19 Info         : 0
20 Alignment    : 4                      // 字节对齐
21 Entry Size   : 0
22 ====================================
```

这个节区的名称为 LED_GPIO_Config，它正好是我们在 bsp_led.c 文件中定义的函数名，这个节区头描述的是该函数被编译后的节区信息，其中包含了节区的类型（指令类型）、节区应存储到的地址（0x00000000）、它主体信息在文件位置中的偏移（68）以及节区的大小（116 bytes）。

由于 *.o 文件是可重定位文件，所以它的地址并没有被分配，是 0x00000000（假如文件中还有其他函数，该函数生成的节区中，对应的地址描述也都是 0）。当链接器链接时，根据这个节区头信息，在文件中找到它的主体内容，并根据它的类型，把它加入主程序中，并分配实际地址，链接后生成的 *.axf 文件。我们再来看看它的内容，见代码清单 42-4。

代码清单 42-4　*.axf 文件的节区信息（多彩流水灯 _axf_elfInfo_v.txt 文件）

```
1  ===========================================================================
2  ** Section #1
3
4     Name        : ER_IROM1                // 节区名
5
6     // 此节区包含程序定义的信息，其格式和含义都由程序来解释
7     Type        : SHT_PROGBITS (0x00000001)
8
9     // 此节区在进程执行过程中占用内存。节区包含可执行的机器指令
10    Flags       : SHF_ALLOC + SHF_EXECINSTR (0x00000006)
```

```
11      Addr        : 0x08000000                // 地址
12      File Offset : 52 (0x34)
13      Size        : 1456 bytes (0x5b0)        // 大小
14      Link        : SHN_UNDEF
15      Info        : 0
16      Alignment   : 4
17      Entry Size  : 0
18
19  =================================
20  ** Section #2
21
22      Name        : RW_IRAM1                   // 节区名
23
24      // 包含将出现在程序的内存映像中的为初始化数据
25      // 根据定义，当程序开始执行时
26      // 系统将把这些数据初始化为 0
27      Type        : SHT_NOBITS (0x00000008)
28
29      // 此节区在进程执行过程中占用内存。节区包含进程执行过程中可写的数据
30      Flags       : SHF_ALLOC + SHF_WRITE (0x00000003)
31      Addr        : 0x20000000                // 地址
32      File Offset : 1508 (0x5e4)
33      Size        : 1024 bytes (0x400)        // 大小
34      Link        : SHN_UNDEF
35      Info        : 0
36      Alignment   : 8
37      Entry Size  : 0
38  =================================
```

在 *.axf 文件中，主要包含了两个节区，一个名为 ER_IROM1，一个名为 RW_IRAM1。这些节区头信息中除了具有 *.o 文件中节区头描述的节区类型、文件位置偏移、大小之外，更重要的是它们都有具体的地址描述，其中 ER_IROM1 的地址为 0x08000000，而 RW_IRAM1 的地址为 0x20000000，它们正好是内部 Flash 及 SRAM 的首地址，对应节区的大小就是程序需要占用 Flash 及 SRAM 空间的实际大小。

也就是说，经过链接器后，它生成的 *.axf 文件已经汇总了其他 *.o 文件的所有内容，生成的 ER_IROM1 节区内容可直接写入 STM32 内部 Flash 的具体位置。例如，前面 *.o 文件中的 i.LED_GPIO_Config 节区已经被加入 *.axf 文件的 ER_IROM1 节区的某地址。

（6）节区主体及反汇编代码

使用 fromelf 的 -c 选项可以查看部分节区的主体信息，对于指令节区，可根据其内容查看相应的反汇编代码，打开 bsp_led_o_elfInfo_c.txt 文件可查看这些信息，见代码清单 42-5。

代码清单 42-5   *.o 文件的 LED_GPIO_Config 节区及反汇编代码

```
1  ** Section #4 'i.LED_GPIO_Config' (SHT_PROGBITS) [SHF_ALLOC + SHF_EXECINSTR]
2      Size  : 116 bytes (alignment 4)
3      Address: 0x00000000
4
5      $t
```

```
 6        i.LED_GPIO_Config
 7        LED_GPIO_Config
 8     //地址                   内容       (ASCII码)    内容对应的代码
 9     //                                (无意义)
10        0x00000000:      e92d41fc    -..A    PUSH    {r2-r8,lr}
11        0x00000004:      2101        .!      MOVS    r1,#1
12        0x00000006:      2088        .       MOVS    r0,#0x88
13  0x00000008:    f7fffffe    ....    BL      RCC_AHB1PeriphClockCmd
14        0x0000000c:      f44f6580    O..e    MOV     r5,#0x400
15        0x00000010:      9500        ..      STR     r5,[sp,#0]
16        0x00000012:      2101        .!      MOVS    r1,#1
17        0x00000014:      f88d1004    ....    STRB    r1,[sp,#4]
18        0x00000018:      2000        .       MOVS    r0,#0
19        0x0000001a:      f88d0006    ....    STRB    r0,[sp,#6]
20        0x0000001e:      f88d1007    ....    STRB    r1,[sp,#7]
21        0x00000022:      f88d0005    ....    STRB    r0,[sp,#5]
22        0x00000026:      4f11        .O      LDR     r7,[pc,#68]  ;
23        0x00000028:      4669        iF      MOV     r1,sp
24        0x0000002a:      4638        8F      MOV     r0,r7
25        0x0000002c:      f7fffffe    ....    BL      GPIO_Init
26        0x00000030:      006c        1.      LSLS    r4,r5,#1
27     /*.... 以下省略 **/
```

可看到，由于这是 *.o 文件，它的节区地址还是没有分配的，基地址为 0x00000000。接着在 LED_GPIO_Config 标号之后，列出了一个表，表中包含了地址偏移、相应地址中的内容以及根据内容反汇编得到的指令。细看汇编指令，还可看到它包含了跳转到 RCC_AHB1PeriphClockCmd 及 GPIO_Init 标号的语句，而且这两个跳转语句原来的内容都是 "f7fffffe"，这是因为还 *.o 文件中并没有 RCC_AHB1PeriphClockCmd 及 GPIO_Init 标号的具体地址索引，在 *.axf 文件中，这是不一样的。

接下来我们打开"多彩流水灯 _axf_elfInfo_c.txt"文件，查看 *.axf 文件中 ER_IROM1 节区中对应 LED_GPIO_Config 的内容，见代码清单 42-6。

代码清单 42-6　*.axf 文件的 LED_GPIO_Config 反汇编代码

```
 1 i.LED_GPIO_Config
 2    LED_GPIO_Config
 3        0x080002a4:      e92d41fc    -..A    PUSH    {r2-r8,lr}
 4        0x080002a8:      2101        .!      MOVS    r1,#1
 5        0x080002aa:      2088        .       MOVS    r0,#0x88
 6  0x080002ac:    f000f838    ..8.    BL      RCC_AHB1PeriphClockCmd ; 0x8000320
 7        0x080002b0:      f44f6580    O..e    MOV     r5,#0x400
 8        0x080002b4:      9500        ..      STR     r5,[sp,#0]
 9        0x080002b6:      2101        .!      MOVS    r1,#1
10        0x080002b8:      f88d1004    ....    STRB    r1,[sp,#4]
11        0x080002bc:      2000        .       MOVS    r0,#0
12        0x080002be:      f88d0006    ....    STRB    r0,[sp,#6]
13        0x080002c2:      f88d1007    ....    STRB    r1,[sp,#7]
14        0x080002c6:      f88d0005    ....    STRB    r0,[sp,#5]
15 0x080002ca:      4f11        .O      LDR   r7,[pc,#68] ; [0x8000310] = 0x40021c00
```

16	0x080002cc:	4669	iF	MOV	r1,sp
17	0x080002ce:	4638	8F	MOV	r0,r7
18	**0x080002d0:**	**f7ffffa5**	**....**	**BL**	**GPIO_Init ; 0x800021e**
19	0x080002d4:	006c	1.	LSLS	r4,r5,#1
20	/*.... 以下省略 **/				

可看到，除了基地址以及跳转地址不同之外，LED_GPIO_Config 中的内容与 *.o 文件中的一样。另外，由于 *.o 是独立的文件，而 *.axf 是整个工程汇总的文件，所以在 *.axf 中包含了所有调用到 *.o 文件节区的内容。例如，在 bsp_led_o_elfInfo_c.txt（bsp_led.o 文件的反汇编信息）中不包含 RCC_AHB1PeriphClockCmd 及 GPIO_Init 的内容，而在"多彩流水灯_axf_elfInfo_c.txt"（多彩流水灯 .axf 文件的反汇编信息）中则可找到它们的具体信息，且它们也有具体的地址空间。

在 *.axf 文件中，跳转到 RCC_AHB1PeriphClockCmd 及 GPIO_Init 标号的这两个指令后都有注释，分别是"; 0x8000320"及"; 0x800021e"，它们是这两个标号所在的具体地址，而且这两个跳转语句与 *.o 中的也有区别，内容分别为"f000f838e"及"f7ffffa5"（在 *.o 中均为 f7ffffe）。这就是链接器链接的含义，它把不同 *.o 中的内容链接起来了。

（7）分散加载代码

学习至此，还有一个疑问：前面提到程序有存储态及运行态，它们之间应有一个转化过程，把存储在 FLASH 中的 RW-data 数据复制至 SRAM。然而我们的工程中并没有编写这样的代码，在汇编文件中也查不到该过程，芯片是如何知道 FLASH 的哪些数据应复制到 SRAM 的哪些区域呢？

通过查看"多彩流水灯_axf_elfInfo_c.txt"的反汇编信息，了解到程序中具有一段名为"__scatterload"的分散加载代码，它是由 armlink 链接器自动生成的，见代码清单 42-7。

代码清单 42-7　分散加载代码

1						
2	.text					
3	__scatterload					
4	__scatterload_rt2					
5	0x080001e4:	4c06	.L	LDR	r4,[pc,#24] ; [0x8000200] = 0x80005a0	
6	0x080001e6:	4d07	.M	LDR	r5,[pc,#28] ; [0x8000204] = 0x80005b0	
7	0x080001e8:	e006	..	B	0x80001f8 ; __scatterload + 20	
8	0x080001ea:	68e0	.h	LDR	r0,[r4,#0xc]	
9	0x080001ec:	f0400301	@...	ORR	r3,r0,#1	
10	**0x080001f0:**	**e8940007**	**....**	**LDM**	**r4,{r0-r2}**	
11	0x080001f4:	4798	.G	BLX	r3	
12	0x080001f6:	3410	.4	ADDS	r4,r4,#0x10	
13	0x080001f8:	42ac	.B	CMP	r4,r5	
14	0x080001fa:	d3f6	..	BCC	0x80001ea ; __scatterload + 6	
15	0x080001fc:	f7ffffda	....	BL	__main_after_scatterload ; 0x80001b4	
16	$d					
17	0x08000200:	080005a0	....	DCD	134219168	
18	0x08000204:	080005b0	....	DCD	134219184	

这段分散加载代码包含了复制过程（LDM 复制指令），而 LDM 指令的操作数中包含了加载的源地址，这些地址中包含了内部 FLASH 存储的 RW-data 数据。而 "__scatterload" 的代码会被 "__main" 函数调用，见代码清单 42-8。__main 在启动文件中的 "Reset_Handler" 会被调用，因而，在主体程序执行前，已经完成了分散加载过程。

代码清单 42-8　__main 的反汇编代码

```
1       __main
2       _main_stk
3 0x080001ac:  f8dfd00c  ....  LDR   sp,__lit__00000000 ; [0x80001bc] = 0x20000400
4       .ARM.Collect$$$00000004
5       _main_scatterload
6 0x080001b0:  f000f818  ....  BL    __scatterload ; 0x80001e4
```

5. hex 文件及 bin 文件

若编译过程无误，即可把工程生成前面对应的 *.axf 文件。而在 MDK 中使用下载器（DAP/JLINK/ULINK 等）下载程序或仿真的时候，MDK 调用的就是 *.axf 文件，它解释该文件，控制下载器把 *.axf 中的代码内容下载到 STM32 芯片对应的存储空间，然后复位后芯片就开始执行代码了。

然而，脱离了 MDK 或 IAR 等工具，下载器就无法直接使用 *.axf 文件下载代码了，它们一般仅支持 HED 和 bin 格式的代码数据文件。默认情况下 MDK 都不会生成 hex 及 bin 文件，需要配置工程选项或使用 fromelf 命令。

（1）生成 HED 文件

生成 HED 文件的配置比较简单，在 "Options for Target->Output" 中勾选 Create HEX File 选项，然后编译工程即可，见图 42-34。

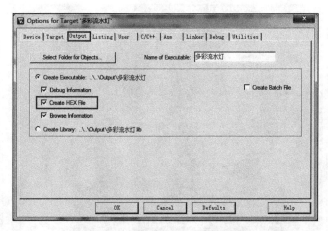

图 42-34　生成 HEX 文件的配置

（2）生成 bin 文件

使用 MDK 生成 bin 文件需要使用 fromelf 命令，在 MDK 的 "Options For Target->Users"

中加入图 42-35 中的命令。

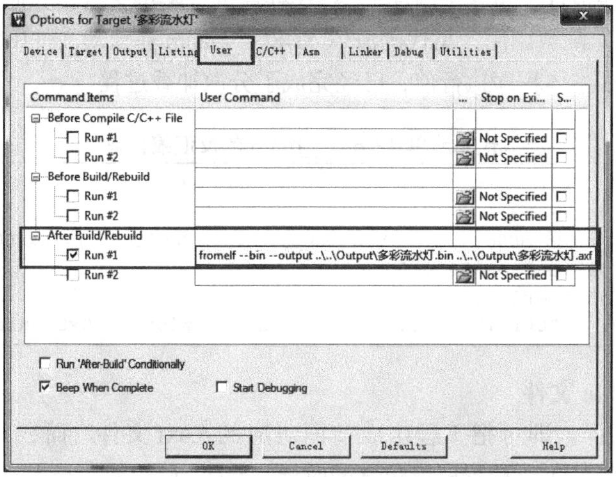

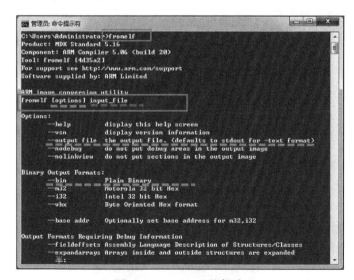

图 42-35　使用 fromelf 指令生成 bin 文件

图中的指令内容为：

```
fromelf  --bin --output  ..\..\Output\ 多彩流水灯 .bin   ..\..\Output\ 多彩流水灯 .axf
```

该指令是根据本机及工程的配置而写的，在不同的系统环境或不同的工程中，指令内容都不一样，我们需要理解它，才能为自己的工程定制指令。首先看看 fromelf 的帮助，见图 42-36。

图 42-36　fromelf 的帮助

我们在 MDK 输入的指令格式是遵守 fromelf 帮助里的指令格式说明的，其格式为：

```
fromelf [options] input_file
```

其中 optinos 是指令选项，一个指令支持输入多个选项，每个选项之间使用空格隔开，我们的实例中使用"--bin"选项设置输出 bin 文件，使用"--output file"选项设置输出文件的名字为"..\..\Output\多彩流水灯 .bin"，这个名字是一个相对路径格式。如果不了解如何使用"..\"表示路径，可使用 MDK 命令输入框后面的文件夹图标打开文件浏览器选择文件，在命令的最后使用"..\..\Output\多彩流水灯 .axf"作为命令的输入文件。具体的格式分解见图 42-37。

fromelf	--bin	--output	..\..\Output\多彩流水灯.bin	..\..\Output\多彩流水灯.axf
			输出文件名（含路径）	输入文件名（含路径）
工具路径	选项1	选项2		输入文件
fromelf		[options]		inputfile

图 42-37　fromelf 命令格式分解

fromelf 需要根据工程的 *.axf 文件输入来转换得到 bin 文件，所以在命令的输入文件参数中要选择本工程对应的 *.axf 文件。在 MDK 命令输入栏中，我们把 fromelf 指令放置在"After Build/Rebuild"（工程构建完成后执行）一栏也是基于这个考虑，这样设置后，工程构建完成生成了最新的 *.axf 文件，MDK 再执行 fromelf 指令，从而得到最新的 bin 文件。

设置完成生成 HEX 的选项或添加了生成 bin 的用户指令后，单击工程的编译（build）按钮，重新编译工程，成功后可看到图 42-38 中的输出。打开相应的目录即可找到文件，若找不到 bin 文件，请查看提示输出栏执行指令的信息，根据信息改正 fromelf 指令。

```
Build Output
*** Using Compiler 'V5.06 (build 20)', folder: 'D:\work\keil5\ARM\ARMCC\Bin'
Build target '多彩流水灯'
linking...
Program Size: Code=1012 RO-data=444 RW-data=0 ZI-data=1024
FromELF: creating hex file...
After Build - User command #1: fromelf --bin --output ..\..\Output\多彩流水灯.bin ..\..\Output\多彩流水灯.axf
"..\..\Output\多彩流水灯.axf" - 0 Error(s), 0 Warning(s).
Build Time Elapsed: 00:00:02
```

图 42-38　fromelf 生成 hex 及 bin 文件的提示

其中 bin 文件是纯二进制数据，无特殊格式。接下来我们了解一下 hex 文件格式。

（3）hex 文件格式

hex 是 Intel 公司制定的一种使用 ASCII 文本记录机器码或常量数据的文件格式，这种文件常常用来记录将要存储到 ROM 中的数据，绝大多数下载器支持该格式。

一个 hex 文件由多条记录组成，而每条记录由 5 个部分组成，格式形如":llaaaatt[dd…]cc"，例如本"多彩流水灯"工程生成的 hex 文件前几条记录见代码清单 42-9。

代码清单 42-9　HEX 文件实例（多彩流水灯 .hex 文件，可直接用记事本打开）

```
1 :020000040800F2
2 :1000000000040020C10100081B030008A30200082F
```

```
3   :1000100019030008090200086904000800000000034
4   :100020000000000000000000000000000003D03000888
5   :100030000B020008000000001D0300081504000862
6   :10004000DB010008DB010008DB010008DB01000820
```

记录的各个部分介绍如下：

❑ "："：每条记录的开头都使用冒号来表示一条记录的开始。

❑ ll：以十六进制数表示这条记录的主体数据区的长度（即后面 [dd…] 的长度）。

❑ aaaa：表示这条记录中的内容应存放到 FLASH 中的起始地址。

❑ tt：表示这条记录的类型，它包含如表 42-5 所示的各种类型。

表 42-5　tt 值所代表的类型说明

tt 的值	代表的类型
00	数据记录
01	本文件结束记录
02	扩展地址记录
04	扩展线性地址记录（表示后面的记录按这个地址递增）
05	表示一个线性地址记录的起始（只适用于 ARM）

❑ dd：表示一个字节的数据，一条记录中可以有多个字节数据，ll 区表示了它有多少个字节的数据。

❑ cc：表示本条记录的校验和，它是前面所有十六进制数据（除冒号外，两个为一组）的和对 256 取模运算的结果的补码。

例如，代码清单 42-9 中的第一条记录解释如下：

❑ 02：表示这条记录数据区的长度为 2 字节；

❑ 0000：表示这条记录要存储到的地址；

❑ 04：表示这是一条扩展线性地址记录；

❑ 0800：由于这是一条扩展线性地址记录，所以这部分表示地址的高 16 位，与前面的"0000"结合在一起，表示要扩展的线性地址为"0x0800 0000"，这正好是 STM32 内部 Flash 的首地址；

❑ F2：为校验和，它的值为（0x02+0x00+0x00+0x04+0x08+0x00）%256 的值再取补码。

再来看第二条记录：

❑ 10：表示这条记录数据区的长度为 2 字节；

❑ 0000：表示这条记录所在的地址，与前面的扩展记录结合，表示这条记录要存储的 Flash 首地址为（0x0800 0000+0x0000）；

❑ 00：表示这是一条数据记录，数据区是地址；

❑ 00040020C10100081B030008A3020008：这是要按地址存储的数据；

❑ 2F：校验和。

为了更清楚地对比 bin、hex 及 axf 文件的差异，我们来查看这些文件内部记录的信息来进行对比。

（4）hex、bin 和 axf 文件的区别与联系

bin、hex 及 axf 文件都包含了指令代码，但它们的信息丰富程度是不一样的。

- bin 文件是最直接的代码映像，它记录的内容就是要存储到 Flash 的二进制数据（机器码本质上就是二进制数据），在 Flash 中是什么形式它就是什么形式，没有任何辅助信息，包括大小端格式也没有，因此下载器需要有针对芯片 Flash 平台的辅助文件才能正常下载（一般下载器程序会有匹配的这些信息）。

- hex 文件是一种使用十六进制符号表示的代码记录，记录了代码应该存储到 Flash 的哪个地址，下载器可以根据这些信息辅助下载。

- axf 文件在前文已经解释，它不仅包含代码数据，还包含了工程的各种信息，因此它也是 3 个文件中最大的。

同一个工程生成的 bin、hex 和 axf 文件的大小见图 42-39。

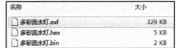

图 42-39　同一个工程的 bin、bex 和 axf 文件大小

实际上，这个工程要烧写到 Flash 的内容总大小为 1456 字节，然而在 Windows 中查看的 bin 文件却比它大（bin 文件是 FLASH 的代码映像，大小应一致），这是因为 Windows 文件显示单位的原因。使用右键查看文件的属性，可以查看它实际记录内容的大小，见图 42-40。

接下来我们打开本工程"多彩流水灯 .bin""多彩流水灯 .hex"及由"多彩流水灯 .axf"，使用 fromelf，工具输出的反汇编文件"多彩流水灯 _axf_elfInfo_c.txt"文件，清晰地对比它们的差异，见图 42-41。如果想要亲自阅读自己电脑上的 bin 文件，推荐使用 sublime 软件打开，它可以把二进制数以 ASCII 码形式呈现出来，便于阅读。

在"多彩流水灯 _axf_elfInfo_c.txt"文件中，不仅可以看到代码数据，还有具体的标号、地址以及反汇编得到的代码。虽然它不是 *.axf 文件的原始内容，但因为它是通过 *.axf 文件 fromelf 工具生成的，我们可认为 *.axf 文

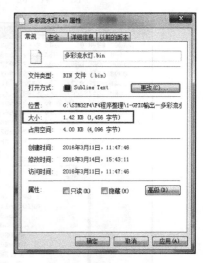

图 42-40　bin 文件大小

件本身记录了大量这些信息，它的内容非常丰富，熟悉汇编语言的人可轻松阅读。

在 hex 文件中包含了地址信息以及地址中的内容，而在 bin 文件中仅包含了内容，连存储的地址信息都没有。观察可知，bin、hex 和 axf 文件中的数据内容都是相同的，它们存储的都是机器码。这就是它们三者之间的区别与联系。

文件中存储的都是机器码，见图 42-42。该图是作者根据 axf 文件的 GPIO_Init 函数的机器码，在 bin 及 hex 中找到的对应位置。所以经验丰富的人是有可能从 bin 或 hex 文件中恢复出汇编代码的，只是成本较高，但不是不可能。

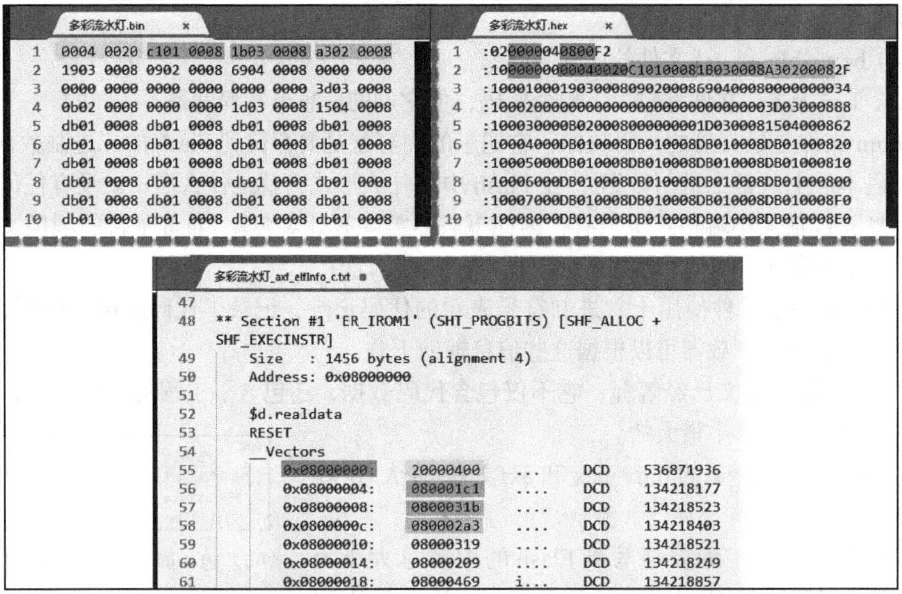

图 42-41　同一个工程的 bin、hex 和 axf 文件对代码的记录

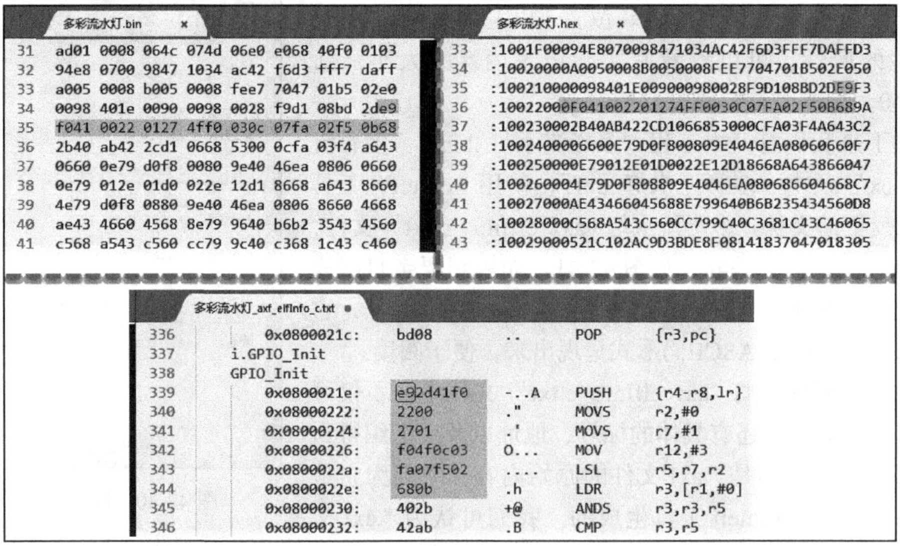

图 42-42　GPIO_Init 函数的代码数据在 3 个文件中的表示

　　如果芯片没有做任何加密措施，使用下载器可以直接从芯片读回它存储在 Flash 中的数据，从而得到 bin 映像文件。根据芯片型号还原出部分代码即可进行修改，甚至不用修改代码，直接根据目标产品的硬件 PCB，复制出一样的板子，再把 bin 映像下载芯片，直接仿冒出目标产品，所以在实际的生产中，一定要注意做好加密措施。由于 axf 文件中含有大量的信息，且直接使用 fromelf 即可反汇编代码，所以更不要随便泄露 axf 文件。lib 文件也能使

用 fromelf 文件反汇编代码，不过它不能还原出 C 代码。由于 lib 文件的主要目的是为了保护 C 源代码，也算是达到了它的要求。

6. htm 静态调用图文件

在 Output 目录下，有一个以工程文件命名的后缀为 *.bulid_log.htm 及 *.htm 文件，如"多彩流水灯 .bulid_log.htm"及"多彩流水灯 .htm"，它们都可以使用浏览器打开。其中 *.build_log.htm 是工程的构建过程日志，而 *.htm 是链接器生成的静态调用图文件。

在静态调用图文件中包含了整个工程各种函数之间互相调用的关系图，而且它还给出了静态占用最深的栈空间数量以及它对应的调用关系链。

如图 42-43 所示是"多彩流水灯 .htm"文件顶部的说明。

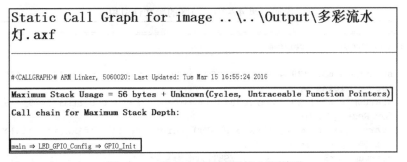

图 42-43　静态占用最深的栈空间说明

该文件说明了本工程的静态栈空间最大占用 56 字节（Maximum Stack Usage:56bytes），这个占用最深的静态调用为" main->LED_GPIO_Config->GPIO_Init"。注意这里给出的空间只是静态的栈使用统计，链接器无法统计动态使用情况，例如链接器无法知道递归函数的递归深度。在本文件的后面还可查询到其他函数的调用情况及其他细节。

利用这些信息，我们可以大致了解工程中应该分配多少空间给栈，有空间余量的情况下，一般会设置比这个静态最深栈使用量大一倍，在 STM32 中可修改启动文件改变堆栈的大小；如果空间不足，可从该文件中了解到调用深度的信息，然后优化该代码。

注意：查看了各个工程的静态调用图文件统计后，我们发现本书提供的一些比较大规模的工程例子，静态栈调用最大深度都已超出 STM32 启动文件默认的栈空间大小 0x00000400，即 1024 字节，但在当时的调试过程中却没有发现错误，因此我们也没有修改栈的默认大小（有一些工程调试时已发现问题，它们的栈空间就已经被我们改大了）。虽然这些工程实际运行并没有错误，但这可能只是因为它使用的栈溢出 RAM 空间恰好没被程序其他部分修改而已。所以，建议在实际的大型工程应用中（特别是使用了各种外部库时，如 Lwip/emWin/Fatfs 等），要查看本静态调用图文件，了解程序的栈使用情况，给程序分配合适的栈空间。

42.4.4　Listing 目录下的文件

在 Listing 目录下包含了 *.map 及 *.lst 文件，它们都是文本格式的，可使用 Windows 的记事本软件打开。其中 lst 文件仅包含了一些汇编符号的链接信息，我们重点分析 map 文件。

map 文件说明

map 文件是由链接器生成的，它主要包含交叉链接信息，查看该文件可以了解工程中各种符号之间的引用以及整个工程的 Code、RO-data、RW-data 以及 ZI-data 的详细及汇总信息。它的内容中主要包含了"节区的跨文件引用""删除无用节区""符号映像表""存储器映像索引"以及"映像组件大小"。各部分介绍如下。

（1）节区的跨文件引用

打开"多彩流水灯 .map"文件，可看到它的第 1 部分——节区的跨文件引用（Section Cross References），见代码清单 42-10。

代码清单 42-10　节区的跨文件引用

```
1  ==============================================================================
2  Section Cross References
3
4     startup_stm32f429_439xx.o(RESET) refers to startup_stm32f429_439xx.o(STACK)
       for __initial_sp
5     startup_stm32f429_439xx.o(RESET) refers to startup_stm32f429_439xx.o(.text)
       for Reset_Handler
6     startup_stm32f429_439xx.o(RESET) refers to stm32f4xx_it.o(i.NMI_Handler)
       for NMI_Handler
7     startup_stm32f429_439xx.o(RESET) refers to stm32f4xx_it.o(i.HardFault_Handler)
       for HardFault_Handler
8     /**... 以下部分省略 ****/
9
10    main.o(i.main) refers to bsp_led.o(i.LED_GPIO_Config) for LED_GPIO_Config
11    main.o(i.main) refers to stm32f4xx_gpio.o(i.GPIO_ResetBits) for GPIO_ResetBits
12    main.o(i.main) refers to main.o(i.Delay) for Delay
13    main.o(i.main) refers to stm32f4xx_gpio.o(i.GPIO_SetBits) for GPIO_SetBits
14    bsp_led.o(i.LED_GPIO_Config) refers to stm32f4xx_rcc.o(i.RCC_AHB1PeriphClockCmd)
       for RCC_AHB1PeriphClockCmd
15    bsp_led.o(i.LED_GPIO_Config) refers to stm32f4xx_gpio.o(i.GPIO_Init) for GPIO_Init
16    bsp_led.o(i.LED_GPIO_Config) refers to stm32f4xx_gpio.o(i.GPIO_ResetBits) for
       GPIO_ResetBits
17    /**... 以下部分省略 ****/
18 ==============================================================================
19
```

在这部分中，详细列出了各个 *.o 文件之间的符号引用。由于 *.o 文件是由 asm 或 C/C++ 源文件编译后生成的，各个文件及文件内的节区间互相独立，链接器根据它们之间的互相引用链接起来，链接的详细信息在这个 Section Cross References 中一一列出。

例如，开头部分说明的是 startup_stm32f429_439xx.o 文件中的"RESET"节区为它使用的"__initial_sp"符号引用了同文件"STACK"节区。

也许我们对启动文件不熟悉，不清楚这究竟是什么，那我们继续浏览，可看到 main.o 文件的引用说明，如说明 main.o 文件的 i.main 节区为它使用的 LED_GPIO_Config 符号引用了 bsp_led.o 文件的 i.LED_GPIO_Config 节区。

同样地，下面还有 bsp_led.o 文件的引用说明，说明了 bsp_led.o 文件的 i.LED_GPIO_Config 节区为它使用的 GPIO_Init 符号引用了 stm32f4xx_gpio.o 文件的 i.GPIO_Init 节区。

可以了解到，这些跨文件引用的符号其实就是源文件中的函数名、变量名。有时在构建工程的时候，编译器会输出"Undefined symbol xxx (referred from xxx.o)"这样的提示，该提示的原因就是在链接过程中，某个文件无法在外部找到它引用的标号，因而产生链接错误。见图 42-44，我们把 bsp_led.c 文件中定义的函数 LED_GPIO_Config 改名为 LED_GPIO_ConfigABCD，而不修改 main.c 文件中的调用，就会出现 main 文件无法找到 LED_GPIO_Config 符号的提示。

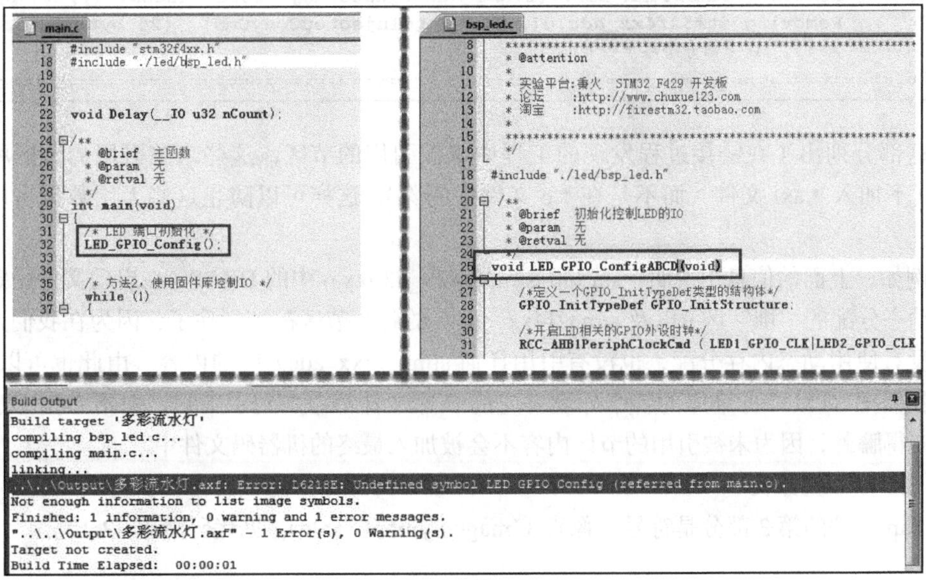

图 42-44　无法找到符号的错误提示

（2）删除无用节区

map 文件的第 2 部分是删除无用节区的说明（Removing Unused input sections from the image.），见代码清单 42-11。

代码清单 42-11　删除无用节区（部分，多彩流水灯 .map 文件）

```
1  ================================================================
2  Removing Unused input sections from the image.
3
4      Removing startup_stm32f429_439xx.o(HEAP), (512 bytes).
5      Removing system_stm32f4xx.o(.rev16_text), (4 bytes).
6      Removing system_stm32f4xx.o(.revsh_text), (4 bytes).
7      Removing system_stm32f4xx.o(.rrx_text), (6 bytes).
8      Removing system_stm32f4xx.o(i.SystemCoreClockUpdate), (136 bytes).
9      Removing system_stm32f4xx.o(.data), (20 bytes).
10     Removing misc.o(.rev16_text), (4 bytes).
```

```
11      Removing misc.o(.revsh_text), (4 bytes).
12      Removing misc.o(.rrx_text), (6 bytes).
13      Removing misc.o(i.NVIC_Init), (104 bytes).
14      Removing misc.o(i.NVIC_PriorityGroupConfig), (20 bytes).
15      Removing misc.o(i.NVIC_SetVectorTable), (20 bytes).
16      Removing misc.o(i.NVIC_SystemLPConfig), (28 bytes).
17      Removing misc.o(i.SysTick_CLKSourceConfig), (28 bytes).
18      Removing stm32f4xx_adc.o(.rev16_text), (4 bytes).
19      Removing stm32f4xx_adc.o(.revsh_text), (4 bytes).
20      Removing stm32f4xx_adc.o(.rrx_text), (6 bytes).
21      Removing stm32f4xx_adc.o(i.ADC_AnalogWatchdogCmd), (16 bytes).
22      Removing stm32f4xx_adc.o(i.ADC_AnalogWatchdogSingleChannelConfig), (12 bytes).
23      Removing stm32f4xx_adc.o(i.ADC_AnalogWatchdogThresholdsConfig), (6 bytes).
24      Removing stm32f4xx_adc.o(i.ADC_AutoInjectedConvCmd), (24 bytes).
25      /**... 以下部分省略 ****/
26      ======================================================================
```

这部分列出了在链接过程发现的工程中未被引用的节区，这些未被引用的节区将会被删除（不加入 *.axf 文件，而不是在 *.o 文件中删除），这样可以防止这些无用数据占用程序空间。

例如，上面的信息中说明：startup_stm32f429_439xx.o 中的 HEAP（在启动文件中定义的用于动态分配的"堆"区）以及 stm32f4xx_adc.o 的各个节区都被删除了，因为在我们这个工程中没有使用动态内存分配，也没有引用任何 stm32f4xx_adc.c 中的内容。由此也可以知道，虽然我们把 STM32 标准库的各个外设对应的 C 库文件都添加到了工程，但不必担心这会使工程变得臃肿，因为未被引用的节区内容不会被加入最终的机器码文件中。

（3）符号映像表

map 文件的第 3 部分是符号映像表（Image Symbol Table），见代码清单 42-12。

代码清单 42-12　符号映像表（部分，多彩流水灯 .map 文件）

```
1   ======================================================================
2   Image Symbol Table
3
4       Local Symbols
5
6       Symbol Name                     Value        Ov Type      Size    Object(Section)
7       ../clib/microlib/init/entry.s   0x00000000   Number       0       entry.o ABSOLUTE
8       ../clib/microlib/init/entry.s   0x00000000   Number       0       entry9a.o ABSOLUTE
9       ../clib/microlib/init/entry.s   0x00000000   Number       0       entry9b.o ABSOLUTE
10      /*... 省略部分 */
11      LED_GPIO_Config                 0x080002a5   Thumb Code   106     bsp_led.o(i.LED_GPIO_Config)
12      MemManage_Handler               0x08000319   Thumb Code   2       stm32f4xx_it.o(i.MemManage_Handler)
13      NMI_Handler                     0x0800031b   Thumb Code   2       stm32f4xx_it.o(i.NMI_Handler)
14      PendSV_Handler                  0x0800031d   Thumb Code   2       stm32f4xx_it.o(i.PendSV_Handler)
15      RCC_AHB1PeriphClockCmd          0x08000321   Thumb Code   22      stm32f4xx_rcc.o(i.RCC_AHB1PeriphClockCmd)
16      SVC_Handler                     0x0800033d   Thumb Code   2       stm32f4xx_it.o(i.SVC_Handler)
17      SysTick_Handler                 0x08000415   Thumb Code   2       stm32f4xx_it.o(i.SysTick_Handler)
18      SystemInit                      0x08000419   Thumb Code   62      system_stm32f4xx.o(i.SystemInit)
19      UsageFault_Handler              0x08000469   Thumb Code   2       stm32f4xx_it.o(i.UsageFault_Handler)
20      __scatterload_copy              0x0800046b   Thumb Code   14      handlers.o(i.__scatterload_copy)
21      __scatterload_null              0x08000479   Thumb Code   2       handlers.o(i.__scatterload_null)
```

```
22   __scatterload_zeroinit        0x0800047b   Thumb Code   14   handlers.o(i.__scatterload_zeroinit)
23   main                          0x08000489   Thumb Code  270   main.o(i.main)
24   /*... 省略部分 */
25  ==============================================================================
```

这个表列出了被引用的各个符号在存储器中的具体地址、占据的空间大小等信息。如，我们可以查到 LED_GPIO_Config 符号存储在 0x080002a5 地址，它属于 Thumb Code 类型，大小为 106 字节，它所在的节区为 bsp_led.o 文件的 i.LED_GPIO_Config 节区。

（4）存储器映像索引

map 文件的第 4 部分是存储器映像索引（Memory Map of the image），见代码清单 42-13。

代码清单 42-13　存储器映像索引（部分，多彩流水灯 .map 文件）

```
1  ==============================================================================
2  Memory Map of the image
3
4    Image Entry point : 0x080001ad
5    Load Region LR_IROM1 (Base: 0x08000000, Size: 0x000005b0, Max: 0x00100000, ABSOLUTE)
6
7      Execution Region ER_IROM1 (Base: 0x08000000, Size: 0x000005b0, Max: 0x00100000, ABSOLUTE)
8
9      Base Addr    Size        Type    Attr Idx    E Section Name        Object
10
11     0x08000000   0x000001ac   Data    RO    3       RESET             startup_stm32f429_439xx.o
12     /*.. 省略部分 */
13     0x0800020c   0x00000012   Code    RO    5161    i.Delay           main.o
14     0x0800021e   0x0000007c   Code    RO    2046    i.GPIO_Init       stm32f4xx_gpio.o
15     0x0800029a   0x00000004   Code    RO    2053    i.GPIO_ResetBits  stm32f4xx_gpio.o
16     0x0800029e   0x00000004   Code    RO    2054    i.GPIO_SetBits    stm32f4xx_gpio.o
17     0x080002a2   0x00000002   Code    RO    5196    i.HardFault_Handler  stm32f4xx_it.o
18     0x080002a4   0x00000074   Code    RO    5269    i.LED_GPIO_Config   bsp_led.o
19     0x08000318   0x00000002   Code    RO    5197    i.MemManage_Handler  stm32f4xx_it.o
20     /*.. 省略部分 */
21     0x08000488   0x00000118   Code    RO    5162    i.main            main.o
22     0x080005a0   0x00000010   Data    RO    5309    Region$$Table     anon$$obj.o
23
24      Execution Region RW_IRAM1 (Base: 0x20000000, Size: 0x00000400, Max: 0x00030000, ABSOLUTE)
25
26      Base Addr    Size        Type    Attr Idx    E Section Name        Object
27
28     0x20000000   0x00000400   Zero    RW    1       STACK             startup_stm32f429_439xx.o
29  ==============================================================================
```

本工程的存储器映像索引分为 ER_IROM1 及 RW_IRAM1 部分，它们分别对应 STM32 内部 Flash 及 SRAM 的空间。相对于符号映像表，这个索引表描述的单位是节区，而且它描述的主要信息中包含了节区的类型及属性，由此可以区分 Code、RO-data、RW-data 及 ZI-data。

例如，从上面的表中我们可以看到：i.LED_GPIO_Config 节区存储在内部 Flash 的

0x080002a4 地址，大小为 0x00000074，类型为 Code，属性为 RO ；而程序的 STACK 节区（栈空间）存储在 SRAM 的 0x20000000 地址，大小为 0x00000400，类型为 Zero，属性为 RW（即 RW-data）。

（5）映像组件大小

map 文件的最后一部分是包含映像组件大小的信息（Image component sizes），这也是最常查询的内容，见代码清单 42-14。

代码清单 42-14　映像组件大小（部分，多彩流水灯 .map 文件）

```
1  ============================================================================
2  Image component sizes
3
4      Code (inc. data)  RO Data  RW Data   ZI Data   Debug   Object Name
5
6       116      10        0        0        0        578    bsp_led.o
7       298      10        0        0        0       1459    main.o
8        36       8      428        0     1024        932    startup_stm32f429_439xx.o
9       132       0        0        0        0       2432    stm32f4xx_gpio.o
10       18       0        0        0        0       3946    stm32f4xx_it.o
11       28       6        0        0        0        645    stm32f4xx_rcc.o
12      292      34        0        0        0     253101    system_stm32f4xx.o
13
14    ----------------------------------------------------------------------
15      926      68      444        0     1024     263093    Object Totals
16        0       0       16        0        0          0    (incl. Generated)
17        6       0        0        0        0          0    (incl. Padding)
18
19  /*... 省略部分 */
20  ============================================================================
21      Code (inc. data)   RO Data   RW Data   ZI Data     Debug
22
23     1012      84      444        0     1024     262637    Grand Totals
24     1012      84      444        0     1024     262637    ELF Image Totals
25     1012      84      444        0        0          0    ROM Totals
26  ============================================================================
27    Total RO  Size (Code + RO Data)              1456  (   1.42kB)
28    Total RW  Size (RW Data + ZI Data)           1024  (   1.00kB)
29    Total ROM Size (Code + RO Data + RW Data) 1456  (   1.42kB)
30  ============================================================================
```

这部分包含了各个使用到的 *.o 文件的空间汇总信息、整个工程的空间汇总信息以及占用不同类型存储器的空间汇总信息，它们分类描述了具体占据的 Code、RO-data、RW-data 及 ZI-data 的大小，并根据这些大小统计出占据的 ROM 总空间。

我们仅分析最后两部分信息，如 Grand Totals 一项，它表示整个代码占据的所有空间信息，其中 Code 类型的数据大小为 1012 字节，这部分包含了 84 字节的指令数据（inc .data），另外 RO-data 占 444 字节，RW-data 占 0 字节，ZI-data 占 1024 字节。在它的下面两行有一项 ROM Totals 信息，它列出了各个段所占据的 ROM 空间，除了 ZI-data 不占 ROM 空间外，其余项都与 Grand Totals 中相等（RW-data 也占据 ROM 空间，只是本工程中没有 RW-data 类型的数据而已）。

最后一部分列出了只读数据（RO）、可读写数据（RW）及占据的 ROM 大小。其中只读数据大小为 1456 字节，它包含 Code 段及 RO-data 段；可读写数据大小为 1024 字节，它包含 RW-data 及 ZI-data 段；占据的 ROM 大小为 1456 字节，除了 Code 段和 RO-data 段，它还包含了运行时需要从 ROM 加载到 RAM 的 RW-data 数据。

综合整个 map 文件的信息可以分析出，当程序下载到 STM32 的内部 FLASH 时，需要使用的内部 FLASH 是从 0x0800 0000 地址开始的大小为 1456 字节的空间；当程序运行时，需要使用的内部 SRAM 是从 0x20000000 地址开始的大小为 1024 字节的空间。

粗略一看，发现这个小程序竟然需要 1024 字节的 SRAM，实在说不过去，但仔细分析 map 文件后，可了解到这 1024 字节都是 STACK 节区的空间（即栈空间），栈空间大小是在启动文件中定义的，这 1024 字节是默认值（0x00000400）。它是提供给 C 语言程序局部变量申请使用的空间，若我们确认自己的应用程序不需要这么大的栈，完全可以修改启动文件，把它改小一点，查看前面讲解的 htm 静态调用图文件可了解静态的栈调用情况，可以用它作为参考。

42.4.5　sct 分散加载文件的格式与应用

1. sct 分散加载文件简介

当工程按默认配置构建时，MDK 会根据我们选择的芯片型号，获知芯片的内部 FLASH 及内部 SRAM 存储器概况，生成一个以工程名命名后缀为 *.sct 的分散加载文件（Linker Control File，scatter loading），链接器根据该文件的配置分配各个节区地址，生成分散加载代码，因此我们通过修改该文件可以定制具体节区的存储位置。

例如，可以设置源文件中定义的所有变量自动按地址分配到外部 SDRAM，这样就不需要再使用关键字 "__attribute__" 按具体地址来指定了。利用它还可以控制代码的加载区与执行区的位置，例如可以把程序代码存储到单位容量价格便宜的 NAND-FLASH 中，但在 NAND-FLASH 中的代码是不能像内部 FLASH 的代码那样直接提供给内核运行的，这时可通过修改分散加载文件，把代码加载区设定为 NAND-FLASH 的程序位置，而程序的执行区设定为 SDRAM 中的位置，这样链接器就会生成一个配套的分散加载代码，该代码会把 NAND-FLASH 中的代码加载到 SDRAM 中，内核再从 SDRAM 中运行主体代码。大部分运行 Linux 系统的代码都是这样加载的。

2. 分散加载文件的格式

下面先来看看 MDK 默认使用的 sct 文件，在 Output 目录下可找到 "多彩流水灯 .sct"，该文件记录的内容见代码清单 42-15。

代码清单 42-15　默认的分散加载文件内容（"多彩流水灯 .sct"）

```
 1  ;  *************************************************************
```

```
2 ; *** Scatter-Loading Description File generated by µVision ***
3 ; ********************************************************
4
5 LR_IROM1 0x08000000 0x00100000  {          // 加载域，基地址 空间大小
6     ER_IROM1 0x08000000 0x00100000  {      // 加载地址 = 执行地址
7         *.o (RESET, +First)
8         *(InRoot$$Sections)
9         .ANY (+RO)
10    }
11    RW_IRAM1 0x20000000 0x00030000  {      // 可读写数据
12        .ANY (+RW +ZI)
13    }
14 }
15
```

在默认的 sct 文件配置中仅分配了 Code、RO-data、RW-data 及 ZI-data 这些大区域的地址，链接时各个节区（函数、变量等）直接根据属性排列到具体的地址空间。

sct 文件中主要包含描述加载域及执行域的部分，一个文件中可包含有多个加载域，而一个加载域可由多个执行域组成。同等级的域之间使用花括号"{}"分隔开，最外层的是加载域，第二层"{}"内的是执行域，其整体结构见图 42-45。

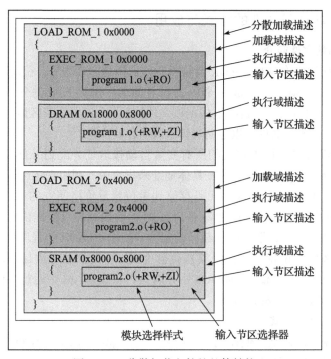

图 42-45　分散加载文件的整体结构

（1）加载域

sct 文件的加载域格式见代码清单 42-16。

代码清单 42-16　加载域格式

```
1 //方括号中的为选填内容
2 加载域名 ( 基地址 | ("+" 地址偏移) ) [ 属性列表 ] [ 最大容量 ]
3 "{"
4     执行区域描述 +
5 "}"
```

配合前面代码清单 42-15 中的分散加载文件内容，各部分介绍如下。

□ 加载域名：名称，在 map 文件中的描述会使用该名称来标识空间。如本例中只有一个加载域，该域名为 LR_IROM1。

□ 基地址 + 地址偏移：这部分说明了本加载域的基地址，可以使用 + 号连接一个地址偏移，算进基地址中，整个加载域以它们的结果为基地址。如本例中的加载域基地址为 0x08000000，刚好是 STM32 内部 FLASH 的基地址。

□ 属性列表：属性列表说明了加载域的是否为绝对地址、N 字节对齐等属性，该配置是可选的。本例中没有描述加载域的属性。

□ 最大容量：最大容量说明了这个加载域可使用的最大空间，该配置也是可选的，如果加上这个配置后，当链接器发现工程要分配到该区域的空间比容量还大，它会在工程构建过程给出提示。本例中的加载域最大容量为 0x00100000，即 1MB，正好是本型号 STM32 内部 FLASH 的空间大小。

（2）执行域

sct 文件的执行域格式见代码清单 42-17。

代码清单 42-17　执行域格式

```
1 //方括号中的为选填内容
2 执行域名 ( 基地址 | "+" 地址偏移 ) [ 属性列表 ] [ 最大容量 ]
3 "{"
4     输入节区描述
5 "}"
```

执行域的格式与加载域是类似的，区别只是输入节区的描述有所不同，在代码清单 42-15 的例子中包含了 ER_IROM1 及 RW_IRAM 两个执行域，它们分别对应描述了 STM32 的内部 Flash 及内部 SRAM 的基地址及空间大小。而它们内部的"输入节区描述"说明了哪些节区要存储到这些空间，链接器会根据它来处理编排这些节区。

（3）输入节区描述

配合加载域及执行域的配置，在相应的域配置"输入节区描述"即可控制该节区存储到域中，其格式见代码清单 42-18。

代码清单 42-18　输入节区描述的几种格式

```
1 //除模块选择样式部分外，其余部分都可选填
2 模块选择样式 "(" 输入节区样式 ","""+" 输入节区属性 ")"
3 模块选择样式 "(" 输入节区样式 ","""+" 节区特性 ")"
```

```
4
5 模块选择样式"("输入符号样式",""+"节区特性")"
6 模块选择样式"("输入符号样式",""+"输入节区属性")"
```

配合前面代码清单 42-15 中的分散加载文件内容，各部分介绍如下。

❑ 模块选择样式：模块选择样式可用于选择 o 及 lib 目标文件作为输入节区，它可以直接使用目标文件名或"*"通配符，也可以使用".ANY"。例如，使用语句"bsp_led.o"可以选择 bsp_led.o 文件，使用语句"*.o"可以选择所有 o 文件，使用"*.lib"可以选择所有 lib 文件，使用"*"或".ANY"可以选择所有的 o 文件及 lib 文件。其中".ANY"选择语句的优先级是最低的，所有其他选择语句选择完剩下的数据才会被".ANY"语句选中。

❑ 输入节区样式：在目标文件中会包含多个节区或符号，通过输入节区样式可以选择要控制的节区。示例文件中"（RESET，+First）"语句的 RESET 就是输入节区样式，它选择了名为 RESET 的节区，并使用后面介绍的节区特性控制字"+First"，表示它要存储到本区域的第 1 个地址。示例文件中的"*（InRoot$$Sections）"是一个链接器支持的特殊选择符号，它可以选择所有标准库里要求存储到 root 区域的节区，如 __main.o、__scatter*.o 等内容。

❑ 输入符号样式：同样地，使用输入符号样式可以选择要控制的符号，符号样式需要使用"：gdef："来修饰。例如可以使用"*（:gdef:Value_Test）"来控制选择符号"Value_Test"。

❑ 输入节区属性：通过在模块选择样式后面加入输入节区属性，可以选择样式中不同的内容，每个节区属性描述符前要写一个"+"号，使用空格或","号分隔开，可以使用的节区属性描述符见表 42-6。

表 42-6 属性描述符及其意义

节区属性描述符	说　　明
RO-CODE 及 CODE	只读代码段
RO-DATA 及 CONST	只读数据段
RO 及 TEXT	包括 RO-CODE 及 RO-DATA
RW-DATA	可读写数据段
RW-CODE	可读写代码段
RW 及 DATA	包括 RW-DATA 及 RW-CODE
ZI 及 BSS	初始化为 0 的可读写数据段
XO	只可执行的区域
ENTRY	节区的入口点

例如，示例文件中使用".ANY(+RO)"选择剩余所有节区 RO 属性的内容都分配到执行域 ER_IROM1 中，使用".ANY(+RW +ZI)"选择剩余所有节区 RW 及 ZI 属性的内容都分配到执行域 RW_IRAM1 中。

❑ 节区特性：节区特性可以使用“+FIRST”或“+LAST”选项配置它要存储到的位置，FIRST 存储到区域的头部，LAST 存储到尾部。通常重要的节区会放在头部，而 CheckSum（校验和）之类的数据会放在尾部。

例如示例文件中使用“(RESET,+First)”选择了 RESET 节区，并要求把它放置到本区域第 1 个位置，而 RESET 是工程启动代码中定义的向量表，见代码清单 42-19。该向量表中定义的堆栈顶和复位向量指针必须存储在内部 FLASH 的前两个地址，这样 STM32 才能正常启动，所以必须使用 FIRST 控制它们存储到首地址。

代码清单 42-19　startup_stm32f429_439xx.s 文件中定义的 RESET 区（部分）

```
1 ; Vector Table Mapped to Address 0 at Reset
2               AREA      RESET, DATA, READONLY
3               EXPORT    __Vectors
4               EXPORT    __Vectors_End
5               EXPORT    __Vectors_Size
6
7 __Vectors     DCD       __initial_sp           ; Top of Stack
8               DCD       Reset_Handler          ; Reset Handler
9               DCD       NMI_Handler            ; NMI Handler
```

总的来说，我们的 sct 示例文件配置如下：程序的加载域为内部 Flash 的 0x08000000，最大空间为 0x00100000；程序的执行基地址与加载基地址相同，其中 RESET 节区定义的向量表要存储在内部 Flash 的首地址，且所有 o 文件及 lib 文件的 RO 属性内容都存储在内部 FLASH 中；程序执行时 RW 及 ZI 区域都存储在以 0x20000000 为基地址、大小为 0x00030000 的空间（192kB），这部分正好是 STM32 内部主 SRAM 的大小。

链接器根据 sct 文件链接，链接后各个节区、符号的具体地址信息可以在 map 文件中查看。

3. 通过 MDK 配置选项来修改 sct 文件

了解 sct 文件的格式后，可以手动编辑该文件，控制整个工程的分散加载配置。但 sct 文件格式比较复杂，所以 MDK 提供了相应的配置选项，可以方便地修改该文件。这些选项配置能满足基本的使用需求，本小节将对这些选项进行说明。

（1）选择 sct 文件的产生方式

首先需要选择 sct 文件产生的方式，选择使用 MDK 生成还是使用用户自定义的 sct 文件。在 MDK 的“Options for Target->Linker->Use Memory Layout from Target Dialog”选项即可配置该选择，见图 42-46。

该选项的译文为“是否使用 Target 对话框中的存储器分布配置”，勾选后，它会根据“Options for Target”对话框中的选项生成 sct 文件。这种情况下，即使我们手动打开它生成的 sct 文件编辑也是无效的，因为每次构建工程的时候，MDK 都会生成新的 sct 文件覆盖旧文件。该选项在 MDK 中是默认勾选的，若希望 MDK 使用我们手动编辑的 sct 文件构建工程，则需要取消勾选，并通过 Scatter File 框中指定 sct 文件的路径，见图 42-47。

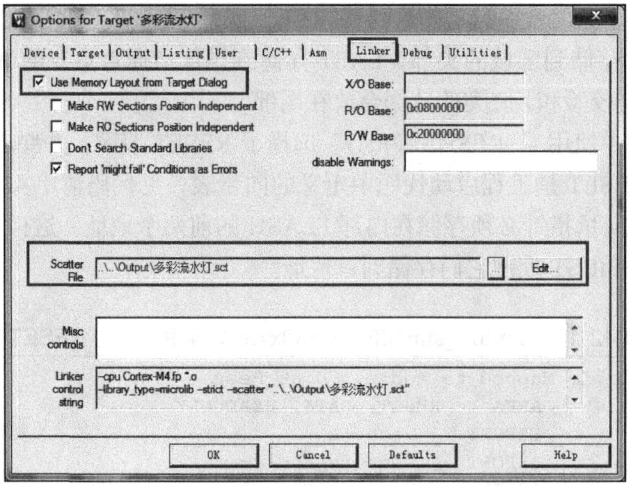

图 42-46　选择使用 MDK 生成的 sct 文件

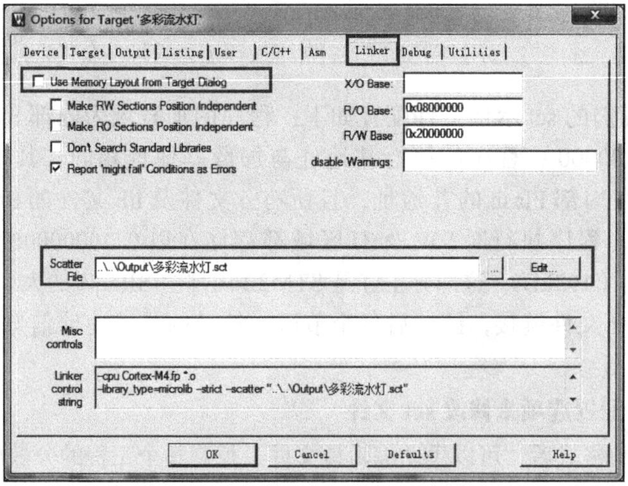

图 42-47　使用指定的 sct 文件构建工程

（2）通过 Target 对话框控制存储器分配

若我们在 Linker 中勾选了"使用 Target 对话框的存储器布局"选项，那么" Options for Target"对话框中的存储器配置就生效了。主要配置是在 Device 标签页中选择芯片的类型，设定芯片基本的内部存储器信息以及在 Target 标签页中细化具体的存储器配置（包括外部存储器），见图 42-48 及图 42-49。

图 42-48 中 Device 标签页中选定的芯片型号为 STM32F429IGTx。选中后，在 Target 标签页中的存储器信息会根据芯片更新。

在 Target 标签页中，存储器信息分成只读存储器（Read/Only Memory Areas）和可读写存储器（Read/Write Memory Areas）两类，即 ROM 和 RAM，而且它们又细分成了片外存储器（off-chip）和片内存储器（on-chip）两类。

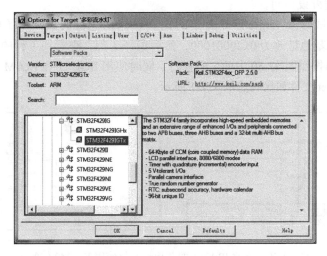

图 42-48　选择芯片类型

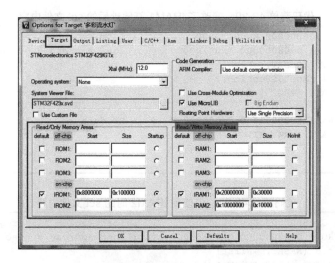

图 42-49　Target 对话框中的存储器分配

　　例如，由于我们已经选定了芯片的型号，MDK 会自动根据芯片型号填充片内的 ROM 及 RAM 信息，其中的 IROM1 起始地址为 0x80000000，大小为 0x100000，正是该 STM32 型号的内部 FLASH 地址及大小；而 IRAM1 起始地址为 0x20000000，大小为 0x30000，正是该 STM32 内部主 SRAM 的地址及大小。图 42-49 中的 IROM1 及 IRAM1 前面都打上了勾，表示这个配置信息会被采用，若取消勾选，则该存储配置信息是不会被使用的。

　　在标签页中的 IRAM2 一栏默认也填写了配置信息，它的地址为 0x10000000，大小为 0x10000，这是 STM32F4 系列特有的内部 64KB 高速 SRAM（称为 CCM）。当我们希望使用这部分存储空间的时候需要勾选该配置。另外要注意，这部分高速 SRAM 仅支持 CPU 总线的访问，不能通过外设访问。

下面我们尝试修改 Target 标签页中的这些存储信息，例如，按照图 42-50 中的 1 配置，把 IRAM1 的基地址改为 0x20001000，然后编译工程，查看到工程的 sct 文件如代码清单 42-20 所示；当按照图 42-50 中的 2 配置时，同时使用 IRAM1 和 IRAM2，然后编译工程，可查看到工程的 sct 文件如代码清单 42-21 所示。

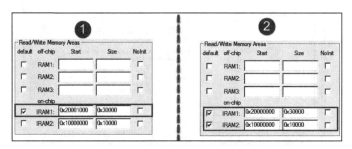

图 42-50　修改 IRAM1 的基地址及仅使用 IRAM2 的配置

代码清单 42-20　修改了 IRAM1 基地址后的 sct 文件内容

```
 1 LR_IROM1 0x08000000 0x00100000    { ; load region size_region
 2   ER_IROM1 0x08000000 0x00100000  { ; load address = execution address
 3     *.o (RESET, +First)
 4     *(InRoot$$Sections)
 5     .ANY (+RO)
 6   }
 7   RW_IRAM1 0x20001000 0x00030000  { ; RW data
 8     .ANY (+RW +ZI)
 9   }
10 }
```

代码清单 42-21　仅使用 IRAM2 时的 sct 文件内容

```
 1 LR_IROM1 0x08000000 0x00100000    { ; load region size_region
 2   ER_IROM1 0x08000000 0x00100000  { ; load address = execution address
 3     *.o (RESET, +First)
 4     *(InRoot$$Sections)
 5     .ANY (+RO)
 6   }
 7   RW_IRAM1 0x20000000 0x00030000  { ; RW data
 8     .ANY (+RW +ZI)
 9   }
10   RW_IRAM2 0x10000000 0x00010000  {
11     .ANY (+RW +ZI)
12   }
13 }
```

可以发现，sct 文件都根据 Target 标签页做出了相应的改变。除了这种修改外，在 Target

标签页上还控制同时使用 IRAM1 和 IRAM2、加入外部 RAM（如外接的 SDRAM）、外部 FLASH 等。

（3）控制文件分配到指定的存储空间

设定好存储器的信息后，可以控制各个源文件定制到哪个部分存储器。在 MDK 的工程文件栏中，选中要配置的文件，右击，并在弹出的菜单中选择 "Options for File xxxx" 即可弹出一个文件配置对话框，在该对话框中进行存储器定制，见图 42-51。

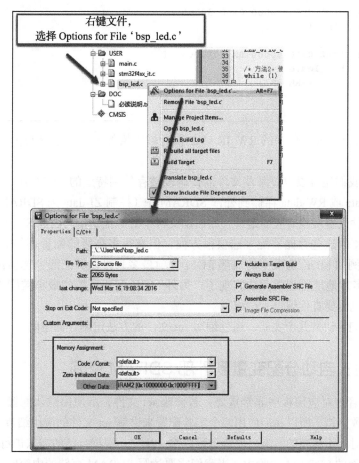

图 42-51　把 RW 区配置成使用 IRAM2

在弹出的对话框中有一个 "Memory Assignment" 区域（存储器分配），在该区域中可以针对文件的各种属性内容进行分配，如 Code/Const 内容（RO）、Zero Initialized Data 内容（ZI-data）以及 Other Data 内容（RW-data），单击下拉菜单可以找到在前面 Target 页面配置的 IROM1、IRAM1、IRAM2 等存储器。例如图 42-51 中我们把 bsp_led.c 文件的 Other Data 属性的内容分配到了 IRAM2 存储器（在 Target 标签页中我们勾选了 IRAM1 及 IRAM2），当在 bsp_led.c 文件定义了一些 RW-data 内容（如初值非 0 的全局变量）时，该变量将会被分配到 IRAM2 空间。

配置完成后单击 OK 按扭，然后编译工程，查看到的 sct 文件内容见代码清单 42-22。

代码清单 42-22　修改 bsp_led.c 配置后的 sct 文件

```
1 LR_IROM1 0x08000000 0x00100000    {  ; load region size_region
2     ER_IROM1 0x08000000 0x00100000  {  ; load address = execution address
3         *.o (RESET, +First)
4         *(InRoot$$Sections)
5         .ANY (+RO)
6     }
7     RW_IRAM1 0x20000000 0x00030000  {  ; RW data
8         .ANY (+RW +ZI)
9     }
10    RW_IRAM2 0x10000000 0x00010000  {
11        bsp_led.o (+RW)
12        .ANY (+RW +ZI)
13    }
14 }
```

可以看到，在 sct 文件中的 RW_IRAM2 执行域中增加了一个选择 bsp_led.o 中 RW 内容的语句。

类似地，我们还可以设置某些文件的代码段被存储到特定的 ROM 中，或者设置某些文件使用的 ZI-data 或 RW-data 存储到外部 SDRAM 中（控制 ZI-data 到 SDRAM 时注意：还需要修改启动文件设置堆栈对应的地址，原启动文件中的地址是指向内部 SRAM 的）。

虽然 MDK 的这些存储器配置选项很方便，但有很多高级的配置还是需要手动编写 sct 文件实现的，例如 MDK 选项中的内部 ROM 选项最多只可以填充两个选项位置，若想把内部 ROM 分成多片地址管理就无法实现了；另外 MDK 配置可控的最小粒度为文件，若想控制特定的节区也需要直接编辑 sct 文件。

接下来我们将讲解几个实验，通过编写 sct 文件的方法定制存储空间。

42.5　实验：自动分配变量到外部 SDRAM 空间

由于内存管理对应用程序非常重要，若修改 sct 文件，不使用默认配置，对工程影响非常大，容易导致出错，所以我们使用两个实验配置来讲解 sct 文件的应用细节，帮助读者清楚地了解修改后对应用程序的影响，使读者可以举一反三，根据自己的需求进行存储器定制。

在本书前面的 SDRAM 实验中，当我们需要读写 SDRAM 存储的内容时，需要使用指针或者 __attribute__((at（具体地址）)) 来指定变量的位置，当有多个这样的变量时，就需要手动计算地址空间，非常麻烦。在本实验中我们将修改 sct 文件，让链接器自动分配全局变量到 SDRAM 的地址并进行管理，使得利用 SDRAM 的空间如同内部 SRAM 一样简单。

42.5.1　硬件设计

本小节中使用到的硬件与"扩展外部 SDRAM"实验（见 25.8 节）中的一致，若不了解，请参考该节的原理图说明。

42.5.2　软件设计

本小节中提供的例程名为"SCT 文件应用——自动分配变量到 SDRAM"，学习时请打开该工程来理解，该工程是基于"扩展外部 SDRAM"实验改写而来的。

为方便讲解，本实验直接使用手动编写的 sct 文件，所以取消勾选 MDK 的"Options for Target->Linker->Use Memory Layout from Target Dialog"选项，取消勾选后可直接点击 Edit 按钮编辑工程的 sct 文件，也可到工程目录下打开编辑，见图 42-52。

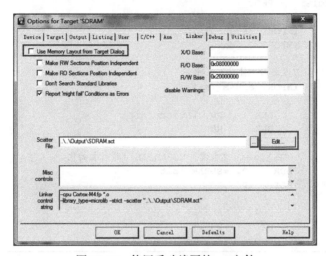

图 42-52　使用手动编写的 sct 文件

取消了这个勾选后，在 MDK 的 Target 对话框及文件配置的存储器分布选项都会失效，仅以 sct 文件中的为准，更改对话框及文件配置选项都不会影响 sct 文件的内容。

1. 编程要点

1）修改启动文件，在 __main 执行之前初始化 SDRAM；

2）在 sct 文件中增加外部 SDRAM 空间对应的执行域；

3）使用节区选择语句选择要分配到 SDRAM 的内容；

4）编写测试程序，编译正常后，查看 map 文件的空间分配情况。

2. 代码分析

（1）在 __main 之前初始化 SDRAM

在前面讲解 ELF 文件格式的小节中我们了解到，芯片启动后，会通过 __main 函数调用分散加载代码 __scatterload，分散加载代码会把存储在 FLASH 中的 RW-data 复制到 RAM 中，然后在 RAM 区开辟一块 ZI-data 的空间，并将其初始化为 0 值。因此，为了保证在程序中定义到 SDRAM 中的变量能被正常初始化，我们需要在系统执行分散加载代码之前使 SDRAM 存储器正常运转，使它能够正常保存数据。

在本来的"扩展外部 SDRAM"工程中，我们使用 SDRAM_Init 函数初始化 SDRAM，且该函数在 main 函数里才被调用，所以在 SDRAM 正常运转之前，分散加载过程复制到

SDRAM 中的数据都丢失了，因而在初始化 SDRAM 之后，需要重新给变量赋值才能正常使用（即定义变量时的初值无效，在调用 SDRAM_Init 函数之后的赋值才有效）。

为了解决这个问题，可修改工程的 startup_stm32f429_439xx.s 启动文件，见代码清单 42-23。

代码清单 42-23　修改启动文件中的 Reset_handler 函数 (startup_stm32f429_439xx.s 文件)

```
 1 // Reset handler
 2 Reset_Handler      PROC
 3                        EXPORT   Reset_Handler              [WEAK]
 4                 IMPORT   SystemInit
 5                 IMPORT   __main
 6
 7                 // 从外部文件引入声明
 8                 IMPORT SDRAM_Init
 9
10                     LDR      R0, =SystemInit
11                     BLX      R0
12
13                 // 在 __main 之前调用 SDRAM_Init 进行初始化
14                 LDR    R0, =SDRAM_Init
15                 BLX    R0
16
17                     LDR      R0, =__main
18                     BX       R0
19                     ENDP
```

在原来的启动文件中我们增加了上述加粗表示的代码，增加的代码中使用到汇编语法的 IMPORT 引入在 bsp_sdram.c 文件中定义的 SDRAM_Init 函数，接着使用 LDR 指令加载函数的代码地址到寄存器 R0，最后使用 BLX R0 指令跳转到 SDRAM_Init 的代码地址执行。

以上代码实现了 Reset_handler 在执行 __main 函数前先调用了我们自定义的 SDRAM_Init 函数，从而为分散加载代码准备好正常的硬件工作环境。

（2）sct 文件初步应用

接下来修改 sct 文件，控制使得在 C 源文件中定义的全局变量都自动由链接器分配到外部 SDRAM 中，见代码清单 42-24。

代码清单 42-24　配置 sct 文件（SDRAM.sct 文件）

```
 1 ; *************************************************************
 2 ; *** Scatter-Loading Description File generated by uVision ***
 3 ; *************************************************************
 4
 5 LR_IROM1 0x08000000 0x00100000  {         // 加载域
 6    ER_IROM1 0x08000000 0x00100000  {  // 加载地址 = 执行地址
 7        *.o (RESET, +First)
 8        *(InRoot$$Sections)
 9        .ANY (+RO)
10    }
11
```

```
12
13   RW_IRAM1 0x20000000 0x00030000  {   // 内部 SRAM
14   *.o(STACK)                           // 选择 STACK 节区，栈
15   stm32f4xx_rcc.o(+RW)                 // 选择 stm32f4xx_rcc 的 RW 内容
16   .ANY (+RW +ZI)                       // 其余的 RW/ZI-data 都分配到这里
17   }
18
19   RW_ERAM1 0xD0000000 0x00800000 {     // 外部 SDRAM
20
21       .ANY (+RW +ZI)                   // 其余的 RW/ZI-data 都分配到这里
22   }
23 }
```

加粗部分是本例子中增加的代码，从后面开始，先分析比较简单的 SDRAM 执行域部分。

1）RW_ERAM1 0xD0000000 0x00800000{}

RW_ERAM1 是我们配置的 SDRAM 执行域。该执行域的名字是可以随便取的。最重要的是它的基地址及空间大小，这两个值与我们实验板配置的 SDRAM 基地址及空间大小一致，所以该执行域会被映射到 SDRAM 的空间。在 RW_ERAM1 执行域内部，它使用".ANY(+RW +ZI)"语句，选择了所有的 RW/ZI 类型的数据，分配到这个 SDRAM 区域，所以我们在工程中的 C 文件定义全局变量时，它都会被分配到这个 SDRAM 区域。

2）RW_IRAM1 执行域

RW_IRAM1 是 STM32 内部 SRAM 的执行域。我们在默认配置中增加了"*.o(STACK)"及"stm32f4xx_rcc.o(+RW)"语句。本来上面配置 SDRAM 执行域后已经达到使全局变量分配的目的，为何还要修改原内部 SRAM 的执行域呢？

这是由于我们在 __main 之前调用的 SDRAM_Init 函数调用了很多库函数，且这些函数内部定义了一些局部变量，而函数内的局部变量需要分配到"栈"空间（STACK），见图 42-53。查看静态调用图文件 SDRAM.htm 可了解它使用了多少栈空间以及调用了哪些函数。

从文件中可了解到，SDRAM_Init 使用的 STACK 的深度为 148 字节，它调用了 FMC_SDRAMInit、RCC_AHB3PeriphClockCmd、SDRAM_InitSequence 及 SDRAM_GPIO_Config 等函数。由于它使用了栈空间，所以在 SDRAM_Init 函数执行之前，栈空间必须要被准备好。然而在 SDRAM_Init 函数执行之前，SDRAM 芯片却并未正常工作，这样的矛盾导致栈空间不能被分配到 SDRAM。

虽然内部 SRAM 的执行域 RW_IRAM1 及 SDRAM 执行域 RW_ERAM1 中都使用".ANY(+RW +ZI)"语句选择了所有 RW 及 ZI 属性的内容，但对于符合两个相同选择语句的内容，链接器会优先选择使用空间较大的执行域，即这种情况下只有当 SDRAM 执行域的空间使用完了，RW/ZI 属性的内容才会被分配到内部 SRAM。

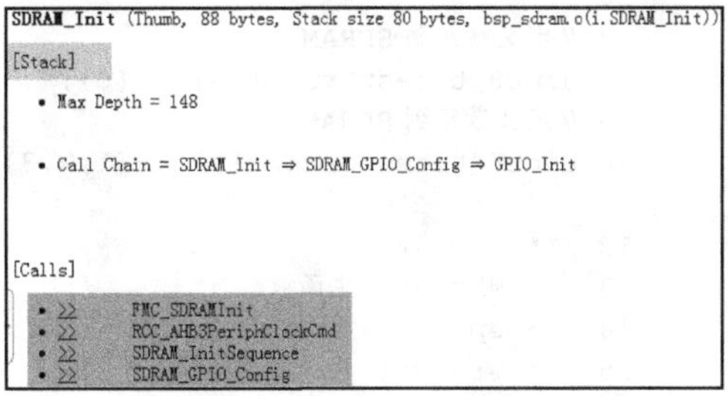

图 42-53　SDRAM_Init 的调用说明
（SDRAM.htm 文件）

所以在大部分情况下，内部 SRAM 执行域中的 ".ANY(+RW +ZI)" 语句是不起作用的，而栈节区（STACK）又属于 ZI-data 类，如果我们的内部 SRAM 执行域还是按原来的默认配置的话，栈节区会被分配到外部 SDRAM，导致出错。为了避免这个问题，我们把栈节区使用 "*.o(STACK)" 语句分配到内部 SRAM 的执行域。

增加 "stm32f4xx_rcc.o(+RW)" 语句是因为 SDRAM_Init 函数调用了 stm32f4xx_rcc.c 文件中的 RCC_AHB3PeriphClockCmd 函数，而查看 map 文件后了解到 stm32f4xx_rcc.c 定义了一些 RW-data 类型的变量，见图 42-54。不管这些数据是否在 SDRAM_Init 调用过程中被使用到，保险起见，我们直接把这部分内容也分配到内部 SRAM 的执行区。

```
SDRAM.map

1877
1878  Image component sizes
1879
1880
1881    Code (inc. data)   RO Data   RW Data   ZI Data   Debug   Object Name
1882
1883         188        16        0         0         0      1381   bsp_debug_usart.o
1884         128        16        0         1         0       931   bsp_led.o
1885        1534       218        0         0         0      4382   bsp_sdram.o
1886         512       322        0        18         0      2791   main.o
1887          44        12      428         0      1024      1000   startup_stm32f429_439xx.o
1888         414        10        0         0         0      4115   stm32f4xx_fmc.o
1889         188         0        0         0         0      2748   stm32f4xx_gpio.o
1890          18         0        0         0         0      4514   stm32f4xx_it.o
1891         264        32        0        16         0      5451   stm32f4xx_rcc.o
1892         250         6        0         0         0      3944   stm32f4xx_usart.o
1893         324        48        0         0         0    288969   system_stm32f4xx.o
```

图 42-54　RW-data 使用统计信息

（3）变量分配测试及结果

接下来查看本工程中的 main 文件，它定义了各种变量测试空间分配，见代码清单 42-25。

代码清单 42-25　main 文件

```
1
2  //定义变量到 SDRAM
3  uint32_t testValue  =0 ;
4  //定义变量到 SDRAM
5  uint32_t testValue2  =7;
6
7  //定义数组到 SDRAM
8  uint8_t testGrup[100]  ={0};
9  //定义数组到 SDRAM
10 uint8_t testGrup2[100] ={1,2,3};
11
12 /**
13   * @brief  主函数
14   * @param  无
15   * @retval 无
16   */
17 int main(void)
18 {
```

```
19      uint32_t inerTestValue =10;
20  /*SDRAM_Init 已经在启动文件的 Reset_handler 中调用，进入 main 之前已经完成初始化 */
21      // SDRAM_Init();
22
23      /* LED 端口初始化 */
24      LED_GPIO_Config();
25
26      /* 初始化串口 */
27      Debug_USART_Config();
28
29      printf("\r\nSCT 文件应用——自动分配变量到 SDRAM 实验 \r\n");
30
31      printf("\r\n 使用 "uint32_t inerTestValue =10;" 语句定义的局部变量：\r\n");
32      printf(" 结果：它的地址为：0x%x，变量值为：%d\r\n",(uint32_t)&inerTestValue,in
        erTestValue);
33
34      printf("\r\n 使用 "uint32_t testValue   =0 ;" 语句定义的全局变量：\r\n");
35      printf(" 结果：它的地址为：0x%x，变量值为：%d\r\n",(uint32_t)&testValue,testValue);
36
37      printf("\r\n 使用 "uint32_t testValue2  =7 ;" 语句定义的全局变量：\r\n");
38      printf(" 结果：它的地址为：0x%x，变量值为：%d\r\n",(uint32_t)&testValue2,testValue2);
39
40      printf("\r\n 使用 "uint8_t testGrup[100]   ={0};" 语句定义的全局数组：\r\n");
41      printf(" 结果：它的地址为：0x%x，变量值为：%d,%d,%d\r\n",(uint32_t)&testGrup,t
        estGrup[0],testGrup[1],testGrup[2]);
42
43      printf("\r\n 使用 "uint8_t testGrup2[100] ={1,2,3};" 语句定义的全局数组：\r\n");
44      printf(" 结果：它的地址为：0x%x，变量值为：%d, %d,%d\r\n",(uint32_t)&testGrup2,
        testGrup2[0],testGrup2[1],testGrup2[2]);
45
46      uint32_t * pointer = (uint32_t*)malloc(sizeof(uint32_t)*3);
47      if(pointer != NULL)
48      {
49          *(pointer)=1;
50          *(++pointer)=2;
51          *(++pointer)=3;
52
53          printf("\r\n 使用 "uint32_t *pointer = (uint32_t*)malloc(sizeof(uint32_t)*3);"
            动态分配的变量 \r\n");
54          printf("\r\n 定义后的操作为：\r\n*(pointer++)=1;\r\n*(pointer++)=2;\r\n*
            pointer=3;");
55          printf(" 结果：操作后它的地址为：0x%x，查看变量值操作：\r\n",(uint32_t)pointer);
56          printf("*(pointer--)=%d, \r\n",*(pointer--));
57          printf("*(pointer--)=%d, \r\n",*(pointer--));
58          printf("*(pointer)=%d, \r\n",*(pointer));
59      }
60      else
61      {
62          printf("\r\n 使用 malloc 动态分配变量出错！！！ \r\n");
63      }
64      /* 蓝灯亮 */
65      LED_BLUE;
66      while(1);
```

```
67  }
68
```

代码中定义了局部变量、初值非 0 的全局变量及数组、初值为 0 的全局变量及数组以及动态分配内存，并把它们的值和地址通过串口打印到上位机。通过这些变量，我们可以测试栈、ZI/RW-data 及堆区的变量是否能正常分配。构建工程后，首先查看工程的 map 文件观察变量的分配情况，见图 42-55 和图 42-56。

图 42-55　在 map 文件中查看工程的存储分布 1（SDRAM.map 文件）

图 42-56　在 map 文件中查看工程的存储分布 2（SDRAM.map 文件）

从 map 文件中可看到，stm32f4xx_rcc 的 RW-data 及栈空间节区（STACK）都被分配到了 RW_IRAM1 区域，即 STM32 的内部 SRAM 空间中；而 main 文件中定义的 RW-data、ZI-data 以及堆空间节区（HEAP）都被分配到了 RW_ERAM1 区域，即我们扩展的 SDRAM 空间中，看起来一切都与我们的 sct 文件配置一致了。（堆空间属于 ZI-data，由于没有像控制栈节区那样指定到内部 SRAM，所以它被默认分配到 SDRAM 空间了。在 main 文件中我们定义了一个初值为 0 的全局变量 testValue2 及初值为 0 的数组 testGrup[100]，它们本应占用的是 104 字节的 ZI-data 空间，但在 map 文件中却查看到它仅使用了 100 字节的 ZI-data 空间，这是因为链接器把 testValue2 分配为 RW-data 类型的变量了，这是链接器本身的特性，它对像 testGrup[100] 这样的数组才优化作为 ZI-data 分配，这不是我们 sct 文件导致的空间分配错误。）

接下来把程序下载到实验板进行测试，串口打印的调试信息见图 42-57。

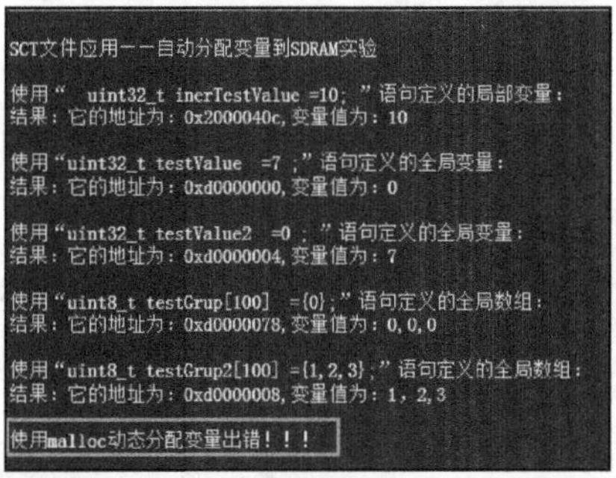

从调试信息中可发现，除了对堆区使用 malloc 函数动态分配的空间不正常，其他变量都定义到了正确的位置，如内部变量定义在内部 SRAM 的栈区域，全局变量定义到了外部 SDRAM 的区域。

经过我的测试，即使在 sct 文件中使用 "*.o (HEAP)" 语句指定堆区到内部 SRAM 或外部 SDRAM 区域，也无法正常使用 malloc 分配空间。另外，由于外部 SDRAM 的读写速度比内部 SRAM 的速度慢，所

图 42-57　空间分配实验实测结果

以我们更希望默认定义的变量先使用内部 SRAM，当它的空间使用完后再把变量分配到外部 SDRAM。

在下一小节中我们将改进 sct 的文件配置，解决这两个问题。

42.5.3　下载验证

用 USB 线连接开发板 "USB 转串口" 接口跟电脑，在电脑端打开串口调试助手，把编译好的程序下载到开发板。在串口调试助手查看各个变量输出的变量值及地址值是否与 sct 文件配置的目标一致。

42.6　实验：优先使用内部 SRAM 并把堆区分配到 SDRAM 空间

本实验使用另一种方案配置 sct 文件，使得默认情况下优先使用内部 SRAM 空间，在需要的时候使用一个关键字指定变量存储到外部 SDRAM。另外，我们还把系统默认的堆空间（HEAP）映射到外部 SDRAM，从而可以使用 C 语言标准库的 malloc 函数动态从 SDRAM 中分配空间，利用标准库进行 SDRAM 的空间内存管理。

42.6.1　硬件设计

本小节中使用到的硬件与"扩展外部 SDRAM"实验（见 25.8 节）中的一致，若不了解，请参考该章节的原理图说明。

42.6.2　软件设计

本小节中提供的例程名为"SCT 文件应用—优先使用内部 SRAM 并把堆分配到 SDRAM 空间"，学习时请打开该工程来理解。该工程是从上一小节的实验改写而来的，同样地，本工程只使用手动编辑的 sct 文件配置，不使用 MDK 选项配置，"Options for Target->Linker"选项见图 42-58。

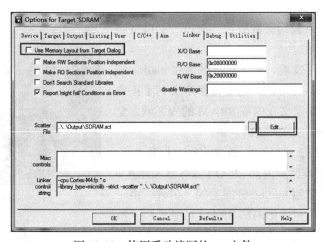

图 42-58　使用手动编写的 sct 文件

取消了这个默认的"Use Memory Layout from Target Dialog"勾选后，在 MDK 的 Target 对话框及文件配置的存储器分布选项都会失效，仅以 sct 文件中的为准，更改对话框及文件配置选项都不会影响 sct 文件的内容。

1. 编程要点

1）修改启动文件，在 __main 执行之前初始化 SDRAM；

2）在 sct 文件中增加外部 SDRAM 空间对应的执行域；

3）在 SDRAM 中的执行域中选择一个自定义节区 EXRAM；

4）使用 __attribute__ 关键字指定变量分配到节区 EXRAM；

5）使用宏封装 __attribute__ 关键字，简化变量定义；

6）根据需要，把堆区分配到内部 SRAM 或外部 SDRAM 中；

7）编写测试程序，编译正常后，查看 map 文件的空间分配情况。

2. 代码分析

（1）在 __main 之前初始化 SDRAM

同样地，为了使定义到外部 SDRAM 的变量能被正常初始化，需要修改工程 startup_

stm32f429_439xx.s 启动文件中的 Reset_handler 函数，在 __main 函数之前调用 SDRAM_Init
函数使 SDRAM 硬件正常运转，见代码清单 42-26。

代码清单 42-26　修改启动文件中的 Reset_handler 函数（startup_stm32f429_439xx.s 文件）

```
1  // Reset handler
2  Reset_Handler    PROC
3                   EXPORT  Reset_Handler           [WEAK]
4           IMPORT  SystemInit
5           IMPORT  __main
6
7           // 从外部文件引入声明
8           IMPORT SDRAM_Init
9
10          LDR     R0, =SystemInit
11          BLX     R0
12
13          // 在 __main 之前调用 SDRAM_Init 进行初始化
14  LDR     R0, =SDRAM_Init
15  BLX     R0
16
17          LDR     R0, =__main
18          BX      R0
19          ENDP
```

它与上一小节中的改动一样，当芯片上电运行 Reset_handler 函数时，在执行 __main 函
数前先调用了我们自定义的 SDRAM_Init 函数，从而为分散加载代码准备好正常的硬件工作
环境。

（2）sct 文件配置

接下来分析本实验中的 sct 文件配置与上一小节有什么差异，见代码清单 42-27。

代码清单 42-27　本实验的 sct 文件内容（SDRAM.sct）

```
1  // ************************************************************
2  // *** Scatter-Loading Description File generated by uVision ***
3  // ************************************************************
4  LR_IROM1 0x08000000 0x00100000      { ; load region size_region
5     ER_IROM1 0x08000000 0x00100000   { ; load address = execution address
6         *.o (RESET, +First)
7         *(InRoot$$Sections)
8         .ANY (+RO)
9     }
10
11
12    RW_IRAM1 0x20000000 0x00030000   {  // 内部 SRAM
13    .ANY (+RW +ZI)                      // 其余的 RW/ZI-data 都分配到这里
14    }
15
16    RW_ERAM1 0xD0000000 0x00800000   {  // 外部 SDRAM
17    *.o(HEAP)                           // 选择堆区
18        .ANY (EXRAM)                    // 选择 EXRAM 节区
```

```
19       }
20  }
```

本实验的 sct 文件中对内部 SRAM 的执行域保留了默认配置，没有做任何改动。新增了一个外部 SDRAM 的执行域，并且使用了 "*.o(HEAP)" 语句把堆区分配到了 SDRAM 空间，使用 ".ANY(EXRAM)" 语句把名为 "EXRAM" 的节区分配到 SDRAM 空间。

这个 "EXRAM" 节区是由我们自定义的，在语法上与在 C 文件中定义全局变量类似，只要它与工程中的其他原有节区名不一样即可。有了这个节区选择配置，当我们需要定义变量到外部 SDRAM 时，只需要指定该变量分配到该节区，它就会被分配到 SDRAM 空间。

本实验中的 sct 配置就是这么简单，接下来直接使用就可以了。

（3）指定变量分配到节区

当我们需要把变量分配到外部 SDRAM 时，需要使用 __attribute__ 关键字指定节区，它的语法见代码清单 42-28。

代码清单 42-28　指定变量定义到某节区的语法

```
1  // 使用 __attribute__ 关键字定义指定变量定义到某节区
2  // 语法：变量定义 __attribute__ ((section ("节区名"))) = 变量值;
3  uint32_t testValue __attribute__ ((section ("EXRAM"))) =7 ;
4
5  // 使用宏封装
6  // 设置变量定义到 "EXRAM" 节区的宏
7  #define __EXRAM __attribute__ ((section ("EXRAM")))
8
9  // 使用该宏定义变量到 SDRAM
10 uint32_t testValue __EXRAM =7 ;
11
```

上述代码介绍了基本的指定节区语法："变量定义 __attribute__((section (" 节区名 "))) = 变量值;"，它的主体与普通的 C 语言变量定义语法无异，在赋值 "=" 号前（可以不赋初值）加了个 "__attribute__ ((section (" 节区名 ")))" 描述它要分配到的节区。本例中的节区名为 "EXRAM"，即我们在 sct 文件中选择分配到 SDRAM 执行域的节区，所以该变量就被分配到 SDRAM 中了。

由于 "__attribute__" 关键字写起来比较繁琐，我们可以使用宏定义把它封装起来，简化代码。本例中我们把指定到 "EXRAM" 的描述语句 "__attribute__ ((section ("EXRAM")))" 封装成了宏 "__EXRAM"，应用时只需要使用宏的名字替换原来 "__attribute__" 关键字的位置即可，如 "uint32_t testValue __EXRAM =7 ;"。有 51 单片机使用经验的读者会发现，这种变量定义方法与使用 KEIL 51 特有的关键字 "xdata" 定义变量到外部 RAM 空间差不多。

类似地，如果工程中还使用了其他存储器，也可以用这样的方法实现变量分配，例如 STM32 的高速内部 SRAM（CCM），可以在 sct 文件增加该高速 SRAM 的执行域，然后在执行域中选择一个自定义节区，在工程源文件中使用 "__attribute__" 关键字指定变量到该节区，就可以可把变量分配到高速内部 SRAM 了。

根据我们 sct 文件的配置，如果定义变量时没有指定节区，它会默认优先使用内部 SRAM，把变量定义到内部 SRAM 空间，但由于局部变量是属于栈节区（STACK），它不能使用"__attribute__"关键字指定节区。在本例中的栈节区被分配到内部 SRAM 空间。

（4）变量分配测试及结果

接下来查看本工程中的 main 文件，它定义了各种变量测试空间分配，见代码清单 42-29。

代码清单 42-29　main 文件

```
1
2  // 设置变量定义到"EXRAM"节区的宏
3  #define __EXRAM  __attribute__ ((section ("EXRAM")))
4
5  // 定义变量到 SDRAM
6  uint32_t testValue __EXRAM =7 ;
7  // 上述语句等效于:
8  //uint32_t testValue  __attribute__ ((section ("EXRAM"))) =7 ;
9
10 // 定义变量到 SRAM
11 uint32_t testValue2  =7 ;
12
13 // 定义数组到 SDRAM
14 uint8_t testGrup[3] __EXRAM ={1,2,3};
15 // 定义数组到 SRAM
16 uint8_t testGrup2[3] ={1,2,3};
17
18 /**
19  * @brief   主函数
20  * @param   无
21  * @retval 无
22  */
23 int main(void)
24 {
25     uint32_t inerTestValue =10;
26     /*SDRAM_Init 已经在启动文件的 Reset_handler 中调用，进入 main 之前已经完成初始化 */
27     // SDRAM_Init();
28
29     /* LED 端口初始化 */
30     LED_GPIO_Config();
31
32     /* 初始化串口 */
33     Debug_USART_Config();
34
35     printf("\r\nSCT 文件应用——自动分配变量到 SDRAM 实验 \r\n");
36
37     printf("\r\n 使用 "uint32_t inerTestValue =10;" 语句定义的局部变量: \r\n");
38     printf(" 结果: 它的地址为: 0x%x, 变量值为: %d\r\n",(uint32_t)&inerTestValue,in
       erTestValue);
39
40     printf("\r\n 使用 "uint32_t testValue __EXRAM =7 ;" 语句定义的全局变量: \r\n");
41     printf(" 结果:它的地址为: 0x%x, 变量值为: %d\r\n",(uint32_t)&testValue,testValue);
42
43     printf("\r\n 使用 "uint32_t testValue2  =7 ;" 语句定义的全局变量: \r\n");
```

```
44        printf(" 结果: 它的地址为: 0x%x, 变量值为: %d\r\n",(uint32_t)&testValue2,testValue2);
45
46
47        printf("\r\n 使用 "uint8_t testGrup[3] __EXRAM ={1,2,3};" 语句定义的全局数组: \r\n");
48        printf(" 结果: 它的地址为: 0x%x, 变量值为: %d,%d,%d\r\n", (uint32_t)&testGrup,
          testGrup[0],testGrup[1],testGrup[2]);
49
50        printf("\r\n 使用 "uint8_t testGrup2[3] ={1,2,3};" 语句定义的全局数组: \r\n");
51        printf(" 结果: 它的地址为: 0x%x, 变量值为: %d, %d,%d\r\n", (uint32_t)&testGrup2,
          testGrup2[0],testGrup2[1],testGrup2[2]);
52
53        uint32_t *pointer = (uint32_t*)malloc(sizeof(uint32_t)*3);
54
55        if(pointer != NULL)
56        {
57            *(pointer)=1;
58            *(++pointer)=2;
59            *(++pointer)=3;
60
61            printf("\r\n 使用 "uint32_t *pointer = (uint32_t*)malloc(sizeof(uint32_
              t)*3);" 动态分配的变量 \r\n");
62            printf("\r\n 定义后的操作为: \r\n*(pointer++)=1;\r\n*(pointer++)=2;\r\n*
              pointer=3;\r\n\r\n");
63            printf(" 结果: 操作后它的地址为: 0x%x, 查看变量值操作: \r\n",(uint32_t)pointer);
64            printf("*(pointer--)=%d, \r\n",*(pointer--));
65            printf("*(pointer--)=%d, \r\n",*(pointer--));
66            printf("*(pointer)=%d, \r\n",*(pointer));
              free(pointer);
67        }
68        else
69        {
70            printf("\r\n 使用 malloc 动态分配变量出错！！！ \r\n");
71        }
72        /* 蓝灯亮 */
73        LED_BLUE;
74        while(1);
75 }
```

代码中定义了普通变量、指定到 EXRAM 节区的变量并使用动态分配内存，还把它们的值和地址通过串口打印到上位机，通过这些变量，我们可以检查变量是否能正常分配。

构建工程后，查看工程的 map 文件，观察变量的分配情况，见图 42-59。

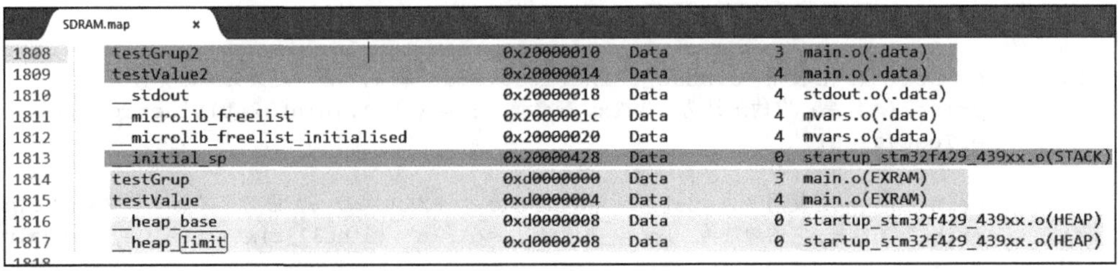

1808	testGrup2	0x20000010	Data	3	main.o(.data)
1809	testValue2	0x20000014	Data	4	main.o(.data)
1810	__stdout	0x20000018	Data	4	stdout.o(.data)
1811	__microlib_freelist	0x2000001c	Data	4	mvars.o(.data)
1812	__microlib_freelist_initialised	0x20000020	Data	4	mvars.o(.data)
1813	__initial_sp	0x20000428	Data	0	startup_stm32f429_439xx.o(STACK)
1814	testGrup	0xd0000000	Data	3	main.o(EXRAM)
1815	testValue	0xd0000004	Data	4	main.o(EXRAM)
1816	__heap_base	0xd0000008	Data	0	startup_stm32f429_439xx.o(HEAP)
1817	__heap_limit	0xd0000208	Data	0	startup_stm32f429_439xx.o(HEAP)

图 42-59　在 map 文件中查看工程的存储分布（SDRAM.map 文件）

从 map 文件中可看到，普通变量及栈节区都被分配到了内部 SRAM 的地址区域，而指定到 EXRAM 节区的变量及堆空间都被分配到了外部 SDRAM 的地址区域，与我们的要求一致。

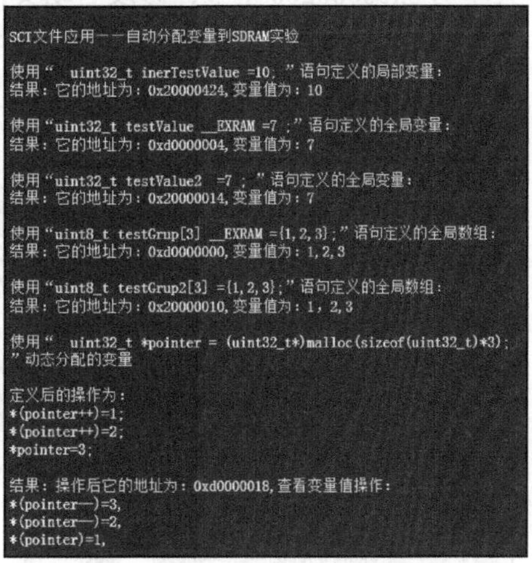

再把程序下载到实验板进行测试，串口打印的调试信息如图 42-60 所示。

从调试信息中可发现，实际运行结果也完全正常，本实验中的 sct 文件配置达到了优先分配变量到内部 SRAM 的目的，而且堆区也能使用 malloc 函数正常分配空间。

本实验中的 sct 文件配置方案完全可以应用到实际工程项目中。下面再进一步强调其他应用细节。

（5）使用 malloc 和 free 管理 SDRAM 的空间

SDRAM 的内存空间非常大，为了管理这些空间，一些工程师会自己定义内存分配函数来管理

图 42-60　空间分配实验实测结果

SDRAM 空间，这些分配过程本质上就是从 SDRAM 中动态分配内存。从本实验中可了解到我们完全可以直接使用 C 标准库的 malloc 从 SDRAM 中分配空间，只要在前面配置的基础上修改启动文件中的堆顶地址限制即可，见代码清单 42-30。

代码清单 42-30　修改启动文件的堆顶地址 (startup_stm32f429_439xx.s 文件)

```
 1 Heap_Size        EQU      0x00000200
 2
 3                  AREA     HEAP, NOINIT, READWRITE, ALIGN=3
 4
 5
 6 __heap_base
 7 Heap_Mem         SPACE    Heap_Size
 8 __heap_limit     EQU      0xd0800000      // 设置堆空间的极限地址 (SDRAM),
                                             // 0xd0000000+0x00800000
 9
10                  PRESERVE8
11                  THUMB
```

C 标准库的 malloc 函数是根据 __heap_base 及 __heap_limit 地址限制分配空间的，在以上的代码定义中，堆基地址 __heap_base 的由链接器自动分配未使用的基地址，而堆顶地址 __heap_limit 则被定义为外部 SDRAM 的最高地址 0xD0000000+0x00800000（使用这种定义方式定义的 __heap_limit 值与 Heap_Size 定义的大小无关），经过这样配置之后，SDRAM 内除 EXRAM 节区外的空间都被分配为堆区，所以 malloc 函数可以管理剩余的所有 SDRAM 空间。修改后，它生成的 map 文件信息见图 42-61。

可看到 __heap_base 的地址紧跟在 EXRAM 之后，__heap_limit 指向了 SDRAM 的最高

地址，因此 malloc 函数就能利用所有 SDRAM 的剩余空间了。注意图中显示的 HEAP 节区大小为 0x00000200 字节，修改启动文件中的 Heap_Size 大小可以改变该值，它的大小是不会影响 malloc 函数使用的，malloc 实际可用的就是 __heap_base 与 __heap_limit 之间的空间。至于如何使 Heap_Size 的值能自动根据 __heap_limit 与 __heap_base 的值自动生成，还没找到方法。

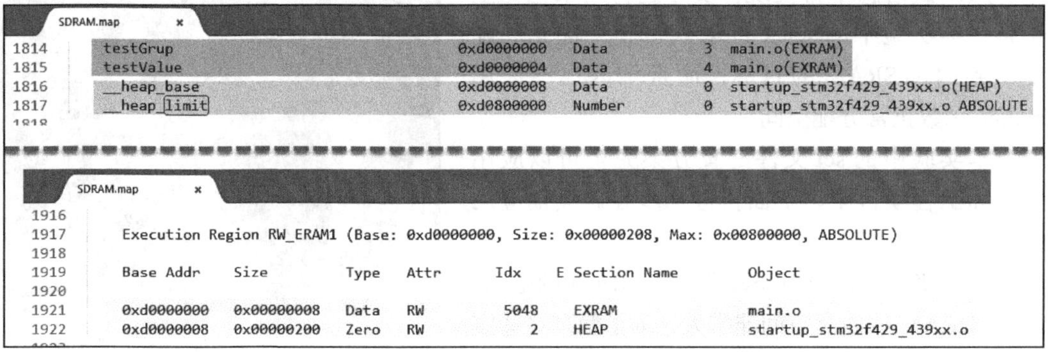

图 42-61　使用 malloc 管理剩余 SDRAM 空间

（6）把堆区分配到内部 SRAM 空间

若希望堆区（HEAP）按照默认配置，使它还是分配到内部 SRAM 空间，只要把"*.o(HEAP)"选择语句从 SDRAM 的执行域删除掉，堆节区就会默认分配到内部 SRAM，外部 SDRAM 仅选择 EXRAM 节区的内容进行分配，见代码清单 42-31。若更改了启动文件中堆的默认配置，注意空间地址的匹配。

代码清单 42-31　按默认配置分配堆区到内部 SRAM 的 sct 文件范例

```
1  LR_IROM1 0x08000000 0x00100000  {       //load region size_region
2      ER_IROM1 0x08000000 0x00100000  {  //load address = execution address
3          *.o (RESET, +First)
4          *(InRoot$$Sections)
5          .ANY (+RO)
6      }
7      RW_IRAM1 0x20000000 0x00030000  {  //内部 SRAM
8      .ANY (+RW +ZI)                      //其余的 RW/ZI-data 都分配到这里
9      }
10
11     RW_ERAM1 0xD0000000 0x00800000 {   //外部 SDRAM
12         .ANY (EXRAM)                    //选择 EXRAM 节区
13     }
14 }
```

（7）屏蔽链接过程的 warning

在我们的实验配置的 sct 文件中使用了"*.o(HEAP)"语句选择堆区，但有时我们的工程完全不使用堆（如整个工程都没有使用 malloc），这时链接器会把堆占用的空间删除，构建

工程后会输出警告提示该语句仅匹配到无用节区，见图 42-62。

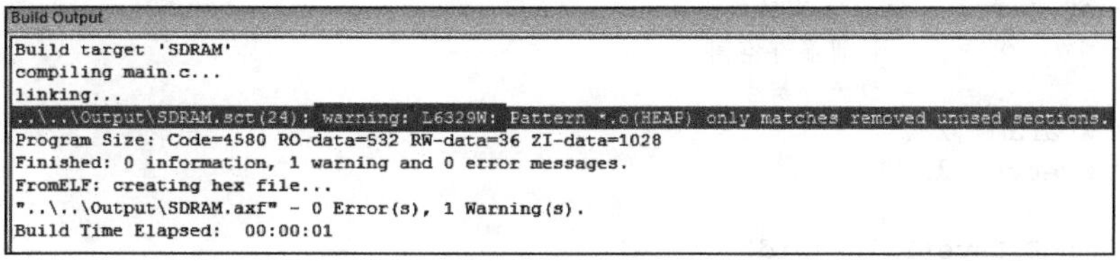

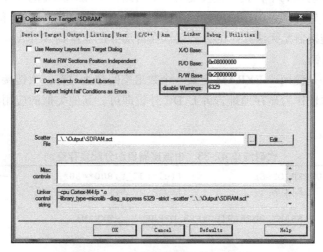

```
Build Output

Build target 'SDRAM'
compiling main.c...
linking...
..\..\..\Output\SDRAM.sct(24): warning: L6329W: Pattern *.o(HEAP) only matches removed unused sections.
Program Size: Code=4580 RO-data=532 RW-data=36 ZI-data=1028
Finished: 0 information, 1 warning and 0 error messages.
FromELF: creating hex file...
"..\..\..\Output\SDRAM.axf" - 0 Error(s), 1 Warning(s).
Build Time Elapsed:  00:00:01
```

图 42-62　警告提示

这并无什么大碍，但若不希望看到 warning，可以在 "Options for Target->Linker->disable Warnings" 中输入 warning 号屏蔽它。warning 号可在提示信息中找到，如上图提示信息中 "warning：L6329W" 表示它的 warning 号为 6329，把它输入图 42-63 中的 disable Warnings 框中即可。

图 42-63　屏蔽链接过程的 Warning

（8）注意 SDRAM 用于显存的改变

根据本实验的 sct 文件配置，链接器会自动分配 SDRAM 的空间，而本书以前的一些章节讲解的实验使用 SDRAM 空间的方式非常简单，如果把这个 sct 文件配置直接应用到这些实验中可能会引起错误。例如我们的液晶驱动实验，见代码清单 42-32。

代码清单 42-32　原液晶显示驱动使用的显存地址

```
1 /* LCD Size (Width and Height) */
2 #define  LCD_PIXEL_WIDTH          ((uint16_t)800)
3 #define  LCD_PIXEL_HEIGHT         ((uint16_t)480)
4
5 #define LCD_FRAME_BUFFER          ((uint32_t)0xD0000000)      // 第 1 层首地址
6 #define BUFFER_OFFSET             ((uint32_t)800*480*3)       // 一层液晶的数据量
7 #define LCD_PIXCELS               ((uint32_t)800*480)
```

```
 8
 9  /**
10   * @brief 初始化 LTD 的层参数
11   *          - 设置显存空间
12   *          - 设置分辨率
13   * @param  无
14   * @retval 无
15   */
16  void LCD_LayerInit(void)
17  {
18      /* 其他部分省略 */
19      /* 配置本层的显存首地址 */
20      LTDC_Layer_InitStruct.LTDC_CFBStartAdress = LCD_FRAME_BUFFER;
21      /* 其他部分省略 */
22  }
```

在这段液晶驱动代码中，我们直接使用一个宏定义了 SDRAM 的地址，然后把它作为显存空间告诉 LTDC 外设（从 0xD0000000 地址开始的大小为 $800 \times 480 \times 3$ 的内存空间），然而这样的内存配置链接器是无法跟踪的，链接器在自动分配变量到 SDRAM 时，极有可能使用这些空间，导致出错。

解决方案之一是使用 __EXRAM 定义一个数组空间作为显存，由链接器自动分配空间地址，最后把数组地址作为显存地址告诉 LTDC 外设即可。其他类似的应用都可以使用这种方案解决。

代码清单 42-33　由链接器自动分配显存空间

```
 1  #define BUFFER_OFFSET        ((uint32_t)800*480*3)      // 一层液晶的数据量
 2  #define LCD_PIXCELS          ((uint32_t)800*480)
 3
 4  uint8_t LCD_FRAME_BUFFER[BUFFER_OFFSET] __EXRAM;
 5
 6  /**
 7   * @brief 初始化 LTD 的层参数
 8   *          - 设置显存空间
 9   *          - 设置分辨率
10   * @param  None
11   * @retval None
12   */
13  void LCD_LayerInit(void)
14  {
15      /* 其他部分省略 */
16      /* 配置本层的显存首地址 */
17      LTDC_Layer_InitStruct.LTDC_CFBStartAdress = &LCD_FRAME_BUFFER;
18      /* 其他部分省略 */
19  }
```

总而言之，当不再使用默认的 sct 文件配置时，一定要注意修改后会引起内存空间发生什么变化，小心这些变化导致的存储器问题。

（9）如何把栈空间也分配到 SDRAM

前面提到因为 SDRAM_Init 初始化函数本身使用了栈空间，而在执行 SDRAM_Init 函数之前 SDRAM 并未正常工作，这样的矛盾导致无法把栈分配到 SDRAM。其实换一个思路，只要我们的 SDRAM 初始化过程不使用栈空间，SDRAM 正常运行后栈才被分配到 SDRAM 空间，这样就没有问题了。

由于原来的 SDRAM_Init 实现的 SDRAM 初始化过程使用了 STM32 标准库函数，它不可避免地使用了栈空间（定义了局部变量），要完全不使用栈空间完成 SDRAM 的初始化，只能使用纯粹的寄存器方式配置。在 STM32 标准库的 system_stm32f4xx.c 文件中已经给出了类似的解决方案，SystemInit_ExtMemCtl 函数，见代码清单 42-34。

代码清单 42-34　SystemInit_ExtMemCtl 函数（system_stm32f4xx.c 文件）

```
 1 #ifdef DATA_IN_ExtSDRAM
 2 /**
 3   * @brief   设置外部存储器控制器
 4   *          本函数在执行 main 函数前，在 startup_stm32f4xx.s 文件中被调用
 5   *          本函数用于配置外部 STM324x9I_EVAL 板上挂载的 SDRAM
 6   *          本 SDRAM 会被用于程序内存（包括堆和栈）
 7   * @param   无
 8   * @retval  无
 9   */
10 void SystemInit_ExtMemCtl(void)
11 {
12   register uint32_t tmpreg = 0, timeout = 0xFFFF;
13   register uint32_t index;
14
15   /* 使能 GPIOC, GPIOD, GPIOE, GPIOF, GPIOG, GPIOH 及 GPIOI 接口时钟 */
16
17   RCC->AHB1ENR |= 0x000001FC;
18
19   /* 配置 PCx 引脚的 FMC AF 功能 */
20   GPIOC->AFR[0]  = 0x0000000c;
21   GPIOC->AFR[1]  = 0x00007700;
22   /* 配置 PCx 引脚的复用模式 */
23   GPIOC->MODER   = 0x00a00002;
24   /* 配置 PCx 引脚的速度: 50 MHz */
25   GPIOC->OSPEEDR = 0x00a00002;
26   /* 配置 PCx 引脚为推挽输出 */
27
28   /********************* 具体配置省略 *************************/
29 }
30 #endif /* DATA_IN_ExtSDRAM */
```

该函数没有使用栈空间，仅使用 register 关键字定义了两个分配到内核寄存器的变量，其余配置均通过直接操作寄存器完成。这个函数是针对 ST 的一个官方评估编写的，在其他硬件平台直接使用可能有错误，若有需要可仔细分析它的代码，再根据自己的硬件平台进行修改。

这个函数是使用条件编译语句"#ifdef DATA_IN_ExtSDRAM"包装起来的，默认情况下这个函数并不会被编译，需要使用这个函数时只要定义这个宏即可。

定义了 DATA_IN_ExtSDRAM 宏之后，SystemInit_ExtMemCtl 函数会被 SystemInit 函数调用，见代码清单 42-35。而我们知道，SystemInit 会在启动文件中的 Reset_handler 函数中执行。

代码清单 42-35　SystemInit 函数对 SystemInit_ExtMemCtl 的调用 (system_stm32f4xx.c 文件)

```
 1 /**
 2  * @brief   设置芯片系统
 3  *          初始化内部 Flash 接口、PLL
 4  *          更新系统时钟
 5  * @param   无
 6  * @retval  无
 7  */
 8 void SystemInit(void)
 9 {
10
11 /****** 部分代码省略 ******/
12 #if defined(DATA_IN_ExtSRAM) || defined(DATA_IN_ExtSDRAM)
13     SystemInit_ExtMemCtl();
14 #endif /* DATA_IN_ExtSRAM || DATA_IN_ExtSDRAM */
15 /****** 部分代码省略 ******/
16 }
```

所以，如果希望把栈空间分配到外部 SDRAM，可按以下步骤操作：

1）修改 sct 文件，使用"*.o(STACK)"语句把栈空间分配到 SDRAM 的执行域；

2）根据自己的硬件平台，修改 SystemInit_ExtMemCtl 函数，该函数要实现 SDRAM 的初始化过程，且该函数不能使用栈空间；

3）定义 DATA_IN_ExtSDRAM 宏，从而使得 SystemInit_ExtMemCtl 函数被加进编译，并被 SystemInit 调用；

4）由于 Reset_handler 默认会调用 SystemInit 函数执行，所以不需要修改启动文件。

42.6.3　下载验证

用 USB 线连接开发板"USB 转串口"接口跟电脑，在电脑端打开串口调试助手，把编译好的程序下载到开发板。在串口调试助手查看各个变量输出的变量值及地址值是否与 sct 文件配置的目标一致。

第 43 章
在 SRAM 中调试代码

43.1 在 RAM 中调试代码

一般情况下，我们在 MDK 中编写工程应用后，调试时都是把程序下载到芯片的内部 Flash 运行测试的，代码的 CODE 及 RW-data 的内容被写入内部 Flash 中存储。但在某些应用场合下却不希望或不能修改内部 Flash 的内容，这时就可以使用 RAM 调试功能了。它的本质是把原来存储在内部 Flash 的代码（CODE 及 RW-data 的内容）改为存储到 SRAM 中（内部 SRAM 或外部 SDRAM 均可），芯片复位后从 SRAM 中加载代码并运行。

把代码下载到 RAM 中调试有如下优点：

1）下载程序非常快。RAM 存储器的写入速度比在内部 Flash 中要快得多，且没有擦除过程，因此在 RAM 上调试程序时程序几乎是秒下的。对于需要频繁改动代码的调试过程，能节约很多时间，省去了烦人的擦除与写入 Flash 过程。另外，STM32 的内部 Flash 可擦除次数为 1 万次，虽然一般的调试过程都不会擦除这么多次导致 Flash 失效，但这确实也是一个考虑使用 RAM 的因素。

2）不改写内部 Flash 的原有程序。

3）对于内部 Flash 被锁定的芯片，可以把解锁程序下载到 RAM 上，进行解锁。

相对地，把代码下载到 RAM 中调试有如下缺点：

1）存储在 RAM 上的程序掉电后会丢失，不能像 Flash 那样永久保存。

2）若使用 STM32 的内部 SRAM 存储程序，程序的执行速度与在 Flash 上执行速度无异，但 SRAM 空间较小。

3）若使用外部扩展的 SDRAM 存储程序，程序空间非常大，但 STM32 读取 SDRAM 的速度比读取内部 Flash 慢，这会导致程序总执行时间增加，因此在 SDRAM 中调试的程序无法完美仿真在内部 Flash 运行时的环境。另外，由于 STM32 无法直接从 SDRAM 中启动，且应用程序复制到 SDRAM 的过程比较复杂（下载程序前需要使 STM32 能正常控制 SDRAM），所以在很少会在 STM32 的 SDRAM 中调试程序。

43.2 STM32 的启动方式

根据 STM32 的启动过程，Cortex-M4 内核在离开复位状态后的工作过程如图 43-1 所示。

图 43-1　复位序列

1）从地址 0x00000000 处取出栈指针 MSP 的初始值，该值就是栈顶的地址。

2）从地址 0x00000004 处取出程序指针 PC 的初始值，该值指向复位后应执行的第一条指令。

上述过程由内核自动设置运行环境并执行主体程序，因此它被称为自举过程。

虽然内核是固定访问 0x00000000 和 0x00000004 地址的，但实际上这两个地址可以被重映射到其他地址空间。以 STM32F429 为例，根据芯片引出的 BOOT0 及 BOOT1 引脚的电平情况，这两个地址可以被映射到内部 Flash、内部 SRAM 以及系统存储器中，不同的映射配置见表 43-1。

表 43-1　BOOT 引脚的不同设置对 0 地址的映射

BOOT1	BOOT0	映射到的存储器	0x00000000 地址映射到	0x00000004 地址映射到
x	0	内部 Flash	0x08000000	0x08000004
1	1	内部 SRAM	0x20000000	0x20000004
0	1	系统存储器	0x1FFF0000	0x1FFF0004

内核在离开复位状态后会从映射的地址中取值给栈指针 MSP 及程序指针 PC，然后执行指令。我们一般以存储器的类型来区分自举过程，例如内部 Flash 启动方式、内部 SRAM 启动方式以及系统存储器启动方式。

（1）内部 Flash 启动方式

当芯片上电后采样到 BOOT0 引脚为低电平时，0x00000000 和 0x00000004 地址被映射到内部 Flash 的首地址 0x08000000 和 0x08000004。因此，内核离开复位状态后，读取内部 Flash 的 0x08000000 地址空间存储的内容，赋值给栈指针 MSP，作为栈顶地址，再读取内部 Flash 的 0x08000004 地址空间存储的内容，赋值给程序指针 PC，作为将要执行的第 1 条指令所在的地址。具备这两个条件后，内核就可以开始从 PC 指向的地址中读取指令执行了。

（2）内部 SRAM 启动方式

类似地，当芯片上电后采样到 BOOT0 和 BOOT1 引脚均为高电平时，0x00000000 和 0x00000004 地址被映射到内部 SRAM 的首地址 0x20000000 和 0x20000004，内核从 SRAM 空间获取内容进行自举。

在实际应用中，由启动文件 startup_stm32f429_439xx.s 决定了 0x00000000 和 0x00000004 地址存储什么内容，链接时，由分散加载文件（sct）决定这些内容的绝对地址，即分配到内部 Flash 还是内部 SRAM。下一小节将以实例讲解。

（3）系统存储器启动方式

当芯片上电后采样到 BOOT0 引脚为高电平，BOOT1 为低电平时，内核将从系统存储器的 0x1FFF0000 及 0x1FFF0004 获取 MSP 及 PC 值进行自举。系统存储器是一段特殊的空间，用户不能访问，ST 公司在芯片出厂前就在系统存储器中固化了一段代码。因而使用系统存储器启动方式时，内核会执行该代码，该代码运行时，会为 ISP 提供支持（In System Program），如检测 USART1/3、CAN2 及 USB 通信接口传输过来的信息，并根据这些信息更新自己内部 Flash 的内容，达到升级产品应用程序的目的。因此这种启动方式也称为 ISP 启动方式。

43.3　内部 Flash 的启动过程

下面我们以最常规的内部 Flash 启动方式来分析自举过程，主要理解 MSP 和 PC 内容是怎样被存储到 0x08000000 和 0x08000004 这两个地址的。

图 43-2 是 STM32F4 默认的启动文件的代码。启动文件的开头定义了一个大小为 0x400 的栈空间，且栈顶的地址使用标号"__initial_sp"来表示；在图下方定义了一个名为"Reset_Handler"的子程序，它就是我们总是提到的在芯片启动后第一个执行的代码。在汇编语法中，程序的名字和标号都包含它所在的地址，因此，我们的目标是把"__initial_sp"和"Reset_Handler"赋值到 0x08000000 和 0x08000004 地址空间存储，这样内核自举的时候就可以获得栈顶地址以及第 1 条要执行的指令了。在启动代码的中间部分，使用了汇编关键字"DCD"把"__initial_sp"和"Reset_Handler"定义到了最前面的地址空间。

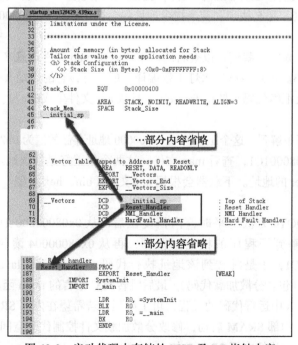

图 43-2　启动代码中存储的 MSP 及 PC 指针内容

在启动文件中把栈顶及首条指令地址存储到了最前面的地址空间，但这并没有指定绝对地址，各种内容的绝对地址是由链接器根据分散加载文件（*.sct）分配的，STM32F429IGT6型号的默认分散加载文件配置见代码清单 43-1。

代码清单 43-1　默认分散加载文件的空间配置

```
1  ; *************************************************************
2  ; *** Scatter-Loading Description File generated by uVision ***
3  ; *************************************************************
4
5  LR_IROM1 0x08000000 0x00100000  {    ; load region size_region
6      ER_IROM1 0x08000000 0x00100000  {  ; load address = execution address
7          *.o (RESET, +First)
8          *(InRoot$$Sections)
9          .ANY (+RO)
10     }
11     RW_IRAM1 0x20000000 UNINIT 0x00030000  {  ; RW data
12         .ANY (+RW +ZI)
13     }
14 }
15
```

分散加载文件把加载区和执行区的首地址都设置为 0x08000000，正好是内部 Flash 的首地址，因此汇编文件中定义的栈顶及首条指令地址会被存储到 0x08000000 和 0x08000004 的地址空间。

类似地，如果我们修改分散加载文件，把加载区和执行区的首地址设置为内部 SRAM 的首地址 0x20000000，那么栈顶和首条指令地址将会被存储到 0x20000000 和 0x20000004 的地址空间了。

为了进一步消除疑虑，我们可以查看反汇编代码及 map 文件信息来了解各个地址空间存储的内容，见图 43-3。这是多彩流水灯工程编译后的信息，它的启动文件及分散加载文件都按默认配置。其中反汇编代码是使用 fromelf 工具从 axf 文件生成的，具体过程可参考前面的章节了解。

从反汇编代码可了解到，这个工程的 0x08000000 地址存储的值为 0x20000400，0x08000004地址存储的值为 0x080001C1，查看 map 文件，这两个值正好是栈顶地址 __initial_sp 以及首条指令 Reset_Handler 的地址。下载器会根据 axf 文件（bin、hex 类似）存储相应的内容到内部 Flash 中。

由此可知，BOOT0 为低电平时，内核复位后，从 0x08000000 地址读取到栈顶地址为 0x20000400，了解到子程序的栈空间范围，再从 0x08000004 读取到第 1 条指令的存储地址为 0x080001C1，于是跳转到该地址执行代码，即从 ResetHandler 开始运行，运行 SystemInit、__main（包含分散加载代码），最后跳转到 C 语言的 main 函数。

对比在内部 Flash 中运行代码的过程，可了解到，若希望在内部 SRAM 中调试代码，需要设置启动方式为从内部 SRAM 启动，修改分散加载文件控制代码空间到内部 SRAM 地址，并把生成程序下载到芯片的内部 SRAM 中。

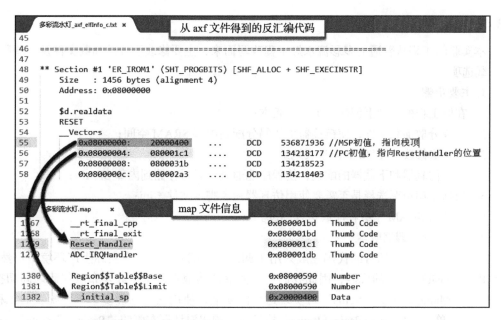

图 43-3　从反汇编代码及 map 文件查看存储器的内容

43.4　实验：在内部 SRAM 中调试代码

本实验将演示如何设置工程选项实现在内部 SRAM 中调试代码，实验的示例代码名为"RAM 调试——多彩流水灯"。学习以下内容时请打开该工程来理解，它是从普通的多彩流水灯例程改造而来的。

43.4.1　硬件设计

本小节中使用到的流水灯硬件不再介绍，主要讲解与 SRAM 调试相关的硬件配置。在 SRAM 上调试程序，需要修改 STM32 芯片的启动方式，见图 43-4。

在我们的实验板左侧有引出 STM32 芯片的 BOOT0 和 BOOT1 引脚，可使用跳线帽设置它们的电平，从而控制芯片的启动方式。它支持从内部 Flash 启动、系统存储器启动以及内部 SRAM 启动方式。

本实验在 SRAM 中调试代码，因此把 BOOT0 和 BOOT1 引脚都使用跳线帽连接到 3.3V，使芯片从 SRAM 中启动。

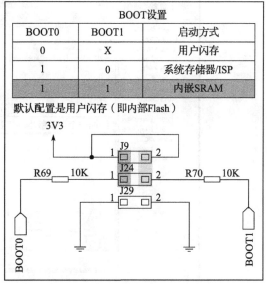

图 43-4　实验板的 boot 启动方式

43.4.2　软件设计

本实验的工程从普通的多彩流水灯工程改写而来，主要修改了分散加载文件及一些程序的下载选项。

1. 主要步骤

1）在原工程的基础上创建一个调试版本；

2）修改分散加载文件，使链接器把代码分配到内部 SRAM 空间；

3）添加宏修改 STM32 的向量表地址；

4）修改仿真器和下载器的配置，使程序能通过下载器存储到内部 SRAM；

5）根据使用情况选择是否需要使用仿真器命令脚本文件 *.ini；

6）尝试给 SRAM 下载程序或仿真调试。

2. 创建工程的调试版本

由于在 SRAM 中运行的代码一般只用于调试，调试完毕后，在实际生产环境中仍然使用在内部 Flash 中运行的代码，因此我们希望能够便捷地在调试版和发布版代码之间切换。MDK 的 "Manage Project Items" 可实现这样的功能，使用它可管理多个不同配置的工程，见图 43-5。单击 "Manage Project Items" 按钮，在弹出对话框左侧的 "Project Targets" 一栏包含了原工程的名字，如图中的原工程名为 "多彩流水灯"；右侧是该工程包含的文件。为了便于调试，我们在左侧的 "Project Targets" 一栏中添加一个工程名，如图中输入 "SRAM_调试"，输入后单击 OK 按钮即可。这个 "SRAM_调试" 版本的工程会复制原 "多彩流水灯" 工程的配置，后面我们再进行修改。

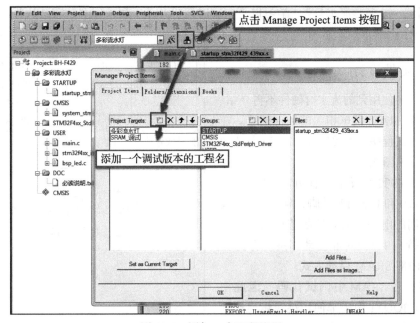

图 43-5　添加一个工程配置

当需要切换工程版本时，单击 MDK 工程名的下拉菜单可选择目标工程，见图 43-6。在不同的工程中，所有配置都是独立的，例如芯片型号、下载配置等，但如果两个工程共用了同一个文件，对该文件的修改会影响两个工程。例如这两个工程使用同一个 main 文件，我们在 main 文件中修改代码时，两个工程都会被修改。

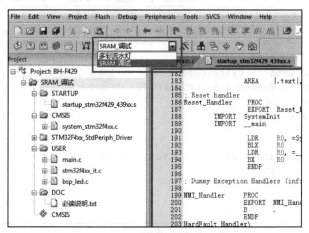

图 43-6　切换工程

在下面的教程中我们将切换到"SRAM_调试"版本的工程，配置出的代码会被存储到 SRAM 的多彩流水灯工程。

3. 配置分散加载文件

为方便讲解，本工程的分散加载只使用手动编辑的 sct 文件配置，不使用 MDK 的对话框选项配置，在"Options for Target->Linker"的选项见图 43-7。

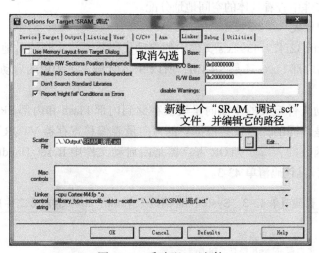

图 43-7　手动配 sct 文件

为了防止"多彩流水灯"工程的分散加载文件被影响，我们在工程的 Output 路径下新建了一个名为"SRAM_ 调试 .sct"的文件，并在图 43-7 中把它配置为"SRAM_ 调试"工程专用的分散加载文件，该文件的内容见代码清单 43-2。若不了解分散加载文件的使用，请参考前面的章节。

代码清单 43-2 分散加载文件配置（SRAM_ 调试 .sct）

```
 1  //*****************************************************************
 2  //*** Scatter-Loading Description File generated by uVision ***
 3  //*****************************************************************
 4
 5  LR_IROM1 0x20000000 0x00010000  {      //load region size_region
 6      ER_IROM1 0x20000000 0x00010000  {  //load address = execution address
 7          *.o (RESET, +First)
 8          *(InRoot$$Sections)
 9          .ANY (+RO)
10      }
11      RW_IRAM1 0x20010000 0x00020000  {  //RW data
12          .ANY (+RW +ZI)
13      }
14  }
15
```

在这个分散加载文件配置中，把原本分配到内部 Flash 空间的加载域和执行域改到了以地址 0x20000000 开始的 64KB（0x00010000）空间，而 RW data 空间改到了以地址 0x20010000 开始的 128KB 空间（0x00020000）。也就是说，它把 STM32 的内部 SRAM 分成了虚拟 ROM 区域以及 RW data 数据区域，链接器会根据它的配置将工程中的各种内容分配到 SRAM 地址。

在具体的应用中，虚拟 ROM 及 RW 区域的大小可根据自己的程序定制，配置完编译工程后，可在 map 文件中查看具体的空间地址分配。

4. 配置中断向量表

由于 startup_stm32f429_439xx.s 文件中的启动代码不是指定到绝对地址的，经过它由链接器决定应存储到内部 Flash 还是 SRAM，所以 SRAM 版本工程中的启动文件不需要做任何修改。

重点在于启动文件定义的中断向量表被存储到内部 Flash 和内部 SRAM 时，这两种情况对内核的影响是不同的，内核会根据它的"向量表偏移寄存器 VTOR"配置来获取向量表，即中断服务函数的入口。VTOR 寄存器是由启动文件中 Reset_Handle 中调用的库函数 SystemInit 配置的，见代码清单 43-3。

代码清单 43-3 SystemInit 函数（system_stm32f4xx.c 文件）

```
 1  /**
 2   * @brief  配置芯片系统
 3   *    初始化内部 Flash 接口、DLL,
 4   *    以及更新系统时钟
 5   * @param  无
 6   * @retval 无
```

```
7   */
8 void SystemInit(void)
9 {
10   /* ..其他代码部分省略 */
11
12   /* Configure the Vector Table location add offset address ----*/
13 #ifdef VECT_TAB_SRAM
14   SCB->VTOR = SRAM_BASE | VECT_TAB_OFFSET;  /* 向量表存储在 SRAM */
15 #else
16   SCB->VTOR = FLASH_BASE | VECT_TAB_OFFSET; /* 向量表存储在内部 Flash */
17 #endif
18 }
```

代码中根据是否存储宏定义 VECT_TAB_SRAM 来决定 VTOR 的配置，默认情况下，代码中没有定义宏 VECT_TAB_SRAM，所以 VTOR 默认指示向量表是存储在内部 Flash 空间里的。

由于本工程的分散加载文件配置，在启动文件中定义的中断向量表会被分配到 SRAM 空间，所以我们要定义这个宏，使得 SystemInit 函数修改 VTOR 寄存器，将内核指示向量表被存储到内部 SRAM 空间，见图 43-8。在"Options for Target-> C/C++ ->Define"框中输入宏 VECT_TAB_SRAM，注意它与其他宏之间要使用英文逗号分隔开。

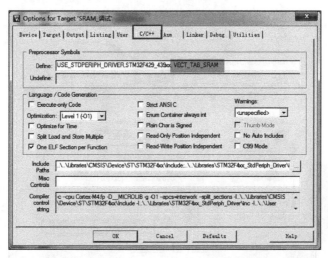

图 43-8 在 C/C++ 编译选项中加入宏 VECT_TAB_SRAM

配置完成后重新编译工程，即可生成存储到 SRAM 空间地址的代码指令。

5. 修改 Flash 下载配置

得到 SRAM 版本的代码指令后，为了把它下载到芯片的 SRAM 中，还需要修改下载器的配置，即"Options for Target->Utilities->Settings"中的选项，见图 43-9。

这个配置对话框原本是用于设置芯片内部 FLASH 信息的，当我们单击 MDK 的 ⊞ (下载、LOAD) 按钮时，它会从此处加载配置然后下载程序到 Flash 中。而在图 43-9 中我们把它的配置修改成下载到内部 SRAM 了。各个配置的解释如下：

- 把"Download Function"中的擦除选项配置为"Do not Erase"。这是因为数据写入内部 SRAM 中不需要像 Flash 那样先擦除后写入。在本工程中，如果我们不选择"Do not Erase"的话，会因为擦除过程导致下载出错。

- "RAM for Algorithm"一栏是指"编程算法"（Programming Algorithm）可使用的 RAM 空间，下载程序到 Flash 时运行的编程算法需要使用 RAM 空间，在默认配置中它的首地址为 0x20000000，即内部 SRAM 的首地址，但由于我们的分散加载文件配置，0x20000000 地址开始的 64KB 实际为虚拟 ROM 空间，实际的 RAM 空间是从地址 0x20010000 开始的，所以这里把算法 RAM 首地址更改为本工程中实际作为 RAM 使用的地址。若编程算法使用的 RAM 地址与虚拟 ROM 空间地址重合的话，会导致下载出错。

- "Programming Algorithm"一栏是设置内部 Flash 的编程算法，编程算法主要描述了 Flash 的地址、大小以及扇区等信息，MDK 根据这些信息把程序下载到芯片的 Flash 中，不同的控制器芯片一般会有不同的编程算法。由于 MDK 没有内置 SRAM 的编程算法，所以我们直接在原来的基础上修改它的基地址和空间大小，把它改成虚拟 ROM 的空间信息。

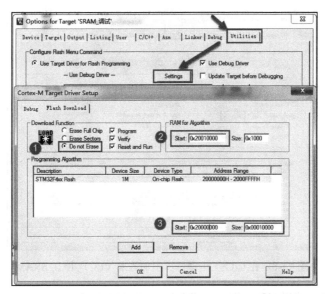

图 43-9　下载配置

从这个例子可了解到，这里的配置是跟我们的分散加载文件的实际 RAM 空间和虚拟 ROM 空间信息是一致的，若您的分散加载文件采用不同的配置，这个下载选项也要做出相应的修改，不能照抄本例子的空间信息。

这个配置是针对程序下载的，配置完成后单击 MDK 的 按钮，程序会被下载到

STM32 的内部 SRAM 中，复位后程序会正常运行（前提是 BOOT0 和 BOOT 要被设置为 SRAM 启动）。芯片掉电后这个存储在 SRAM 中的程序会丢失，想恢复的话必须重新下载程序。

6. 仿真器的配置

上面的下载配置使得程序能够加载到 SRAM 中全速运行，但作为 SRAM 版本的程序，其功能更着重于调试，也就是说我们希望它能支持平时使用 ⌕ 按钮（调试、debug）时进行的硬件在线调试、单步运行等功能。

要实现调试功能，还要在 "Options for Target->Debug->Settings" 中进行配置，见图 43-10。

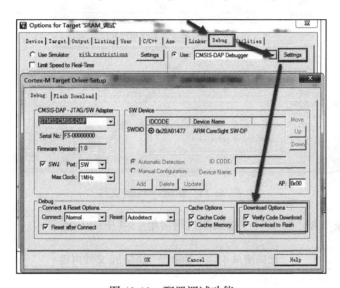

图 43-10　配置调试功能

我们需要勾选 "Verify Code Download" 和 "Download to FLASH" 选项，也就是说单击调试按钮后，本工程的程序会被下载到内部 SRAM 中，只有勾选了这两个选项才能正常仿真。

经过这样的配置后，硬件仿真时与平时内部 Flash 版本的程序无异，支持软件复位、单步运行、全速运行以及查看各种变量值等（同样地，前提是 BOOT0 和 BOOT 要设置为 SRAM 启动）。

7. 不需要修改 BOOT 引脚的仿真配置

假如您使用的硬件平台中 BOOT0 和 BOOT1 引脚电平已被固定，设置为内部 Flash 启动，不方便改成 SRAM 方式，可以使用如下方法配置调试选项实现在 SRAM 调试。

1）与上述步骤一样，勾选 "Verify Code Download" 及 "Download to FLASH" 选项。

2）见图 43-11，在 "Options for Target->Debug" 对话框中取消勾选 "Load Application at startup" 选项。单击 "Initialization File" 文本框右侧的文件浏览按钮，在弹出的对话框中新建一个名为 "Debug_RAM.ini" 的文件。

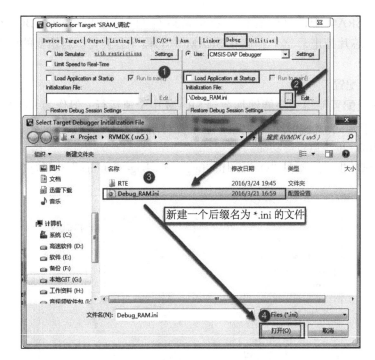

图 43-11　新建一个 ini 文件

3）在 Debug_RAM.ini 文件中输入如代码清单 43-4 中的内容。

代码清单 43-4　Debug_RAM.ini 文件内容

```
1 FUNC void Setup (void) {
2     SP = _RDWORD(0x20000000); //设置栈指针 SP，把 0x20000000 地址中的内容赋值到 SP。
3     PC = _RDWORD(0x20000004); //设置程序指针 PC，把 0x20000004 地址中的内容赋值到 PC。
4     XPSR = 0x01000000;        //设置状态寄存器指针 xPSR
5     _WDWORD(0xE000ED08, 0x20000000);//Setup Vector Table Offset Register
6 }
7
8 LOAD %L INCREMENTAL          //下载 axf 文件到 RAM
9 Setup();                     //调用上面定义的 setup 函数设置运行环境
10
11 //g, main                   //跳转到 main 函数，本示例调试时不需要从 main 函数执行，
                                  注释掉了，程序从启动代码开始执行
```

上述配置过程是控制 MDK 执行仿真器的脚本文件 Debug_RAM.ini，而该脚本文件在下载了程序到 SRAM 后，初始化 SP 指针（即 MSP）和 PC 指针分别指向 0x20000000 和 0x20000004，这样的操作等效于从 SRAM 复位。

有了这样的配置，即使 BOOT0 和 BOOT1 引脚不设置为 SRAM 启动也能正常仿真了。但单击下载按钮把程序下载到 SRAM 然后按复位是不能全速运行的（这种运行方式脱离了仿真器的控制，SP 和 PC 指针无法被初始化指向 SRAM）。

上述 Debug_RAM.ini 文件是从 STM32F4 的 MDK 芯片包里复制过来的，若感兴趣可到 MDK 安装目录搜索该文件名，该文件的语法可以从 MDK 的帮助手册的"μVision User's Guide->Debug Commands"章节学习。

43.4.3　下载验证

用 USB 线连接开发板"USB 转串口"接口跟电脑，把 BOOT0 及 BOOT1 引脚使用跳帽连接到低电平，在电脑端打开串口调试助手，单击下载按钮，把编译好的程序下载到芯片的内部 SRAM 中，复位运行，观察流水灯是否正常闪烁；给开发板断电再重新上电，观察程序是否还能正常运行。

第 44 章
读写内部 Flash

44.1 STM32 的内部 Flash 简介

在 STM32 芯片内部有一个 Flash 存储器，它主要用于存储代码，我们在电脑上编写好应用程序后，使用下载器把编译后的代码文件烧录到该内部 Flash 中。由于 Flash 存储器的内容在掉电后不会丢失，芯片重新上电复位后，内核可从内部 Flash 中加载代码并运行，见图 44-1。

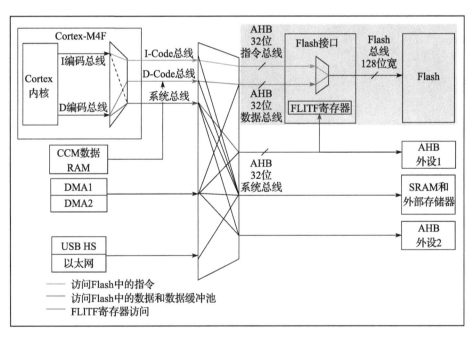

图 44-1　STM32 的内部框架图

除了使用外部的工具（如下载器）读写内部 Flash 外，STM32 芯片在运行的时候，也能对自身的内部 Flash 进行读写，因此，若内部 Flash 存储了应用程序后还有剩余的空间，我们可以把它像外部 SPI-Flash 那样利用起来，存储一些程序运行时产生的需要掉电保存的数据。

由于访问内部 Flash 的速度要比外部的 SPI-Flash 快得多，所以在紧急状态下常常会使用内部 Flash 存储关键记录。为了防止应用程序被抄袭，有的应用会禁止读写内部 Flash 中的内容，或者在第一次运行时计算加密信息并记录到某些区域，然后删除自身的部分加密代码，这些应用都涉及内部 Flash 的操作。

内部 Flash 的构成

STM32 的内部 Flash 包含主存储器、系统存储器、OTP 区域以及选项字节区域，它们的地址分布及大小见表 44-1。

表 44-1   STM32 内部 Flash 的构成

区 域	块	名 称	块 地 址	大 小
主存储器	块 1	扇区 0	0x0800 0000-0x0800 3FFF	16 kbytes
		扇区 1	0x0800 4000-0x0800 7FFF	16 kbytes
		扇区 2	0x0800 8000-0x0800 BFFF	16 kbytes
		扇区 3	0x0800 C000-0x0800 FFFF	16 kbyte
		扇区 4	0x0801 0000-0x0801 FFFF	64 kbytes
		扇区 5	0x0802 0000-0x0803 FFFF	128 kbytes
		扇区 6	0x0804 0000-0x0805 FFFF	128 kbytes
		扇区 7	0x0806 0000-0x0807 FFFF	128 kbytes
		扇区 8	0x0808 0000-0x0809 FFFF	128 kbytes
		扇区 9	0x080A 0000-0x080B FFFF	128 kbytes
		扇区 10	0x080C 0000-0x080D FFFF	128 kbytes
		扇区 11	0x080E 0000-0x080F FFFF	128 kbytes
	块 2	扇区 12	0x0810 0000-0x0810 3FFF	16 kbytes
		扇区 13	0x0810 4000-0x0810 7FFF	16 kbytes
		扇区 14	0x0810 8000-0x0810 BFFF	16 kbytes
		扇区 15	0x0810 C000-0x0810 FFFF	16 kbyte
		扇区 16	0x0811 0000-0x0811 FFFF	64 kbytes
		扇区 17	0x0812 0000-0x0813 FFFF	128 kbytes
		扇区 18	0x0814 0000-0x0815 FFFF	128 kbytes
		扇区 19	0x0816 0000-0x0817 FFFF	128 kbytes
		扇区 20	0x0818 0000-0x0819 FFFF	128 kbytes
		扇区 21	0x081A 0000-0x081B FFFF	128 kbytes
		扇区 22	0x081C 0000-0x081D FFFF	128 kbytes
		扇区 23	0x081E 0000-0x081F FFFF	128 kbytes
系统存储区			0x1FFF 0000-0x1FFF 77FF	30 kbytes
OTP 区域			0x1FFF 7800-0x1FFF 7A0F	528 bytes
选项字节	块 1		0x1FFF C000-0x1FFF C00F	16 bytes
	块 2		0x1FFE C000-0x1FFE C00F	16 bytes

各个存储区域的说明如下：

（1）主存储器

一般我们说 STM32 内部 Flash 的时候，都是指这个主存储器区域，它是存储用户应用程序的空间，芯片型号说明中的 1M Flash、2M Flash 都是指这个区域的大小。主存储器分为两块，共 2MB，每块内分 12 个扇区，其中包含 4 个 16KB 扇区、1 个 64KB 扇区和 7 个 128KB 的扇区。如我们实验板中使用的 STM32F429IGT6 型号芯片，它的主存储区域大小为 1MB，所以它只包含有表中的扇区 0 ~ 扇区 11。

与其他 Flash 一样，在写入数据前，要先按扇区擦除，而有的时候我们希望能以小规格操纵存储单元，所以 STM32 针对 1MB Flash 的产品还提供了一种双块的存储格式，见表 44-2。

表 44-2　1MB 产品的双块存储格式

1M 字节单块存储器的扇区分配（默认）			1M 字节双块存储器的扇区分配		
DB1M=0			DB1M=1		
主存储器	扇区号	扇区大小	主存储器	扇区号	扇区大小
1MB	扇区 0	16KB	Bank 1 512KB	扇区 0	16KB
	扇区 1	16KB		扇区 1	16KB
	扇区 2	16KB		扇区 2	16KB
	扇区 3	16KB		扇区 3	16KB
	扇区 4	64KB		扇区 4	64KB
	扇区 5	128KB		扇区 5	128KB
	扇区 6	128KB		扇区 6	128KB
	扇区 7	128KB		扇区 7	128KB
	扇区 8	128KB	Bank 2 512KB	扇区 12	16KB
	扇区 9	128KB		扇区 13	16KB
	扇区 10	128KB		扇区 14	16KB
	扇区 11	128KB		扇区 15	16KB
	—	—		扇区 16	64KB
	—	—		扇区 17	128KB
	—	—		扇区 18	128KB
	—	—		扇区 19	128KB

通过配置 Flash 选项控制寄存器 FLASH_OPTCR 的 DB1M 位，可以切换这两种格式，切换成双块模式后，扇区 8 ~ 11 的空间被转移到扇区 12 ~ 19 中，扇区细分了，总容量不变。

注意如果您使用的是 STM32F40x 系列的芯片，它没有双块存储格式，也不存在扇区 12 ~ 23，仅 STM32F42x/43x 系列产品才支持扇区 12 ~ 23。

（2）系统存储区

系统存储区是用户不能访问的区域，它在芯片出厂时已经固化了启动代码，它负责实现串口、USB 以及 CAN 等 ISP 烧录功能。

（3）OTP 区域

OTP（One Time Program），指的是只能写入一次的存储区域，容量为 512 字节，写入后数据就无法再更改，OTP 常用于存储应用程序的加密密钥。

（4）选项字节

选项字节用于配置 Flash 的读写保护、电源管理中的 BOR 级别、软件 / 硬件看门狗等功能，这部分共 32 字节。可以通过修改 Flash 的选项控制寄存器修改。

44.2 对内部 Flash 的写入过程

1. 解锁

由于内部 Flash 空间主要存储的是应用程序，是非常关键的数据。为了防止误操作修改了这些内容，芯片复位后默认会给 Flash 上锁，这个时候不允许设置 Flash 的控制寄存器，并且不能修改 Flash 中的内容。

所以对 Flash 写入数据前，需要先给它解锁。解锁的操作步骤如下：

1）往 Flash 密钥寄存器 FLASH_KEYR 中写入 KEY1 = 0x45670123。

2）再往 Flash 密钥寄存器 FLASH_KEYR 中写入 KEY2 = 0xCDEF89AB。

2. 数据操作位数

在内部 Flash 进行擦除及写入操作时，电源电压会影响数据的最大操作位数，该电源电压可通过配置 FLASH_CR 寄存器中的 PSIZE 位改变，见表 44-3。

表 44-3　数据操作位数

电压范围	2.7 ~ 3.6 V（使用外部 Vpp）	2.7 ~ 3.6 V	2.1 ~ 2.7 V	1.8 ~ 2.1 V
位数	64	32	16	8
PSIZE（1:0）配置	11b	10b	01b	00b

最大操作位数会影响擦除和写入的速度，其中 64 位宽度的操作除了配置寄存器位外，还需要在 Vpp 引脚外加一个 8 ~ 9V 的电压源，且其供电时间不得超过 1 小时，否则 Flash 可能损坏。所以 64 位宽度的操作一般是在量产时对 Flash 写入应用程序时才使用，大部分应用场合都是用 32 位的宽度。

3. 擦除扇区

在写入新的数据前，需要先擦除存储区域，STM32 提供了扇区擦除指令和整个 Flash 擦除（批量擦除）的指令，批量擦除指令仅针对主存储区。

扇区擦除的过程如下：

1）检查 FLASH_SR 寄存器中的忙碌寄存器位 BSY，以确认当前未执行任何 Flash 操作；

2）在 FLASH_CR 寄存器中，将激活扇区擦除寄存器位 SER 置 1，并设置扇区编号寄存器位 SNB，选择要擦除的扇区。

3）将 FLASH_CR 寄存器中的开始擦除寄存器位 STRT 置 1，开始擦除。

4）等待 BSY 位被清零时，表示擦除完成。

4. 写入数据

擦除完毕后即可写入数据，写入数据的过程并不是仅仅使用指针向地址赋值，赋值前需要配置一系列的寄存器。步骤如下：

1）检查 FLASH_SR 中的 BSY 位，以确认当前未执行任何其他的内部 Flash 操作。

2）将 FLASH_CR 寄存器中的激活编程寄存器位 PG 置 1。

3）针对所需存储器地址（主存储器块或 OTP 区域内）执行数据写入操作。

4）等待 BSY 位被清零时，表示写入完成。

44.3 查看工程的空间分布

由于内部 Flash 本身存储有程序数据，若不是有意删除某段程序代码，一般不应修改程序空间的内容。所以在使用内部 Flash 存储其他数据前需要了解哪些空间已经写入了程序代码，存储了程序代码的扇区都不应做任何修改。通过查询应用程序编译时产生的 "*.map" 后缀文件，可以了解程序存储到了哪些区域，它在工程中的打开方式见图 44-2。也可以到工程目录中的 "Listing" 文件夹中找到。

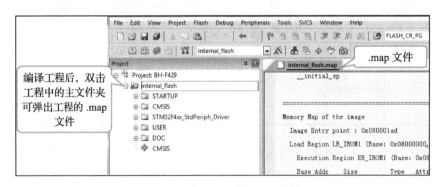

图 44-2 打开工程的 .map 文件

打开 map 文件后，查看文件最后部分的区域，可以看到一段以 "Memory Map of the image" 开头的记录（若找不到可用查找功能定位），见代码清单 44-1。

代码清单 44-1 map 文件中的存储分布映像说明

```
1  ======================================================================
2  Memory Map of the image        // 存储分布映像
3
4  Image Entry point : 0x080001ad
5
6  /* 程序 ROM 加载空间 */
7  Load Region LR_IROM1 (Base: 0x08000000, Size: 0x00000b50, Max: 0x00100000, ABSOLUTE)
```

```
 8
 9  /* 程序 ROM 执行空间 */
10  Execution Region ER_IROM1 (Base: 0x08000000, Size: 0x00000b3c, Max: 0x00100000, ABSOLUTE)
11
12  /* 地址分布列表 */
13  Base Addr   Size         Type Attr   Idx  E Section Name         Object
14
15  0x08000000  0x000001ac  Data RO      3    RESET                 startup_stm32f429_439xx.o
16  0x080001ac  0x00000000  Code RO      5359 * .ARM.Collect$$$00000000  mc_w.l(entry.o)
17  0x080001ac  0x00000004  Code RO      5622   .ARM.Collect$$$00000001  mc_w.l(entry2.o)
18  0x080001b0  0x00000004  Code RO      5625   .ARM.Collect$$$00000004  mc_w.l(entry5.o)
19  0x080001b4  0x00000000  Code RO      5627   .ARM.Collect$$$00000008  mc_w.l(entry7b.o)
20  0x080001b4  0x00000000  Code RO      5629   .ARM.Collect$$$0000000A  mc_w.l(entry8b.o)
21  /*... 此处省略大部分内容 */
22  0x08000948  0x0000000e  Code RO      4910 i.USART_GetFlagStatus   stm32f4xx_usart.o
23  0x08000956  0x00000002  PAD
24  0x08000958  0x000000bc  Code RO      4914 i.USART_Init            stm32f4xx_usart.o
25  0x08000a14  0x00000008  Code RO      4924 i.USART_SendData        stm32f4xx_usart.o
26  0x08000a1c  0x00000002  Code RO      5206 i.UsageFault_Handler    stm32f4xx_it.o
27  0x08000a1e  0x00000002  PAD
28  0x08000a20  0x00000010  Code RO      5363 i.__0printf$bare        mc_w.l(printfb.o)
29  0x08000a30  0x0000000e  Code RO      5664 i.__scatterload_copy    mc_w.l(handlers.o)
30  0x08000a3e  0x00000002  Code RO      5665 i.__scatterload_null    mc_w.l(handlers.o)
31  0x08000a40  0x0000000e  Code RO      5666 i.__scatterload_zeroinit mc_w.l(handlers.o)
32  0x08000a4e  0x00000022  Code RO      5370 i._printf_core          mc_w.l(printfb.o)
33  0x08000a70  0x00000024  Code RO      5275 i.fputc                 bsp_debug_usart.o
34  0x08000a94  0x00000088  Code RO      5161 i.main                  main.o
35  0x08000b1c  0x00000020  Data RO      5662 Region$$Table           anon$$obj.o
36
```

这一段是某工程的 ROM 存储器分布映像，在 STM32 芯片中，ROM 区域的内容就是指存储到内部 Flash 的代码。

1. 程序 ROM 的加载与执行空间

上述说明中有两段分别以"Load Region LR_ROM1"及"Execution Region ER_IROM1"开头的内容，它们分别描述程序的加载及执行空间。在芯片刚上电运行时，会加载程序及数据，例如它会从程序的存储区域加载到程序的执行区域，还把一些已初始化的全局变量从 ROM 复制到 RAM 空间，以便程序运行时可以修改变量的内容。加载完成后，程序开始从执行区域开始执行。

在上面 map 文件的描述中，我们了解到加载及执行空间的基地址（Base）都是 0x08000000，它正好是 STM32 内部 Flash 的首地址，即 STM32 的程序存储空间就直接是执行空间；它们的大小（Size）分别为 0x00000b50 及 0x00000b3c，执行空间的 ROM 比较小的原因就是因为部分 RW-data 类型的变量被复制到 RAM 空间了；它们的最大空间（Max）均为 0x00100000，即 1M 字节，它指的是内部 Flash 的最大空间。

计算程序占用的空间时，需要使用加载区域的大小进行计算，本例子中应用程序使用的内部 Flash 是从 0x08000000 至（0x08000000+0x00000b50）地址的空间区域。

2. ROM 空间分布表

在加载及执行空间总体描述之后，紧接着一个 ROM 详细地址分布表，它列出了工程中的各个段（如函数、常量数据）所在的地址 Base Addr 及占用的空间 Size。列表中的 Type 说明了该段的类型，Code 表示代码，Data 表示数据，而 PAD 表示段之间的填充区域，它是无效的内容，PAD 区域往往是为了解决地址对齐的问题。

观察表中的最后一项，它的基地址是 0x08000b1c，大小为 0x00000020，可知它占用的最高的地址空间为 0x08000b3c，与执行区域的最高地址 0x00000b3c 一样，但它们比加载区域说明中的最高地址 0x8000b50 要小，所以我们以加载区域的大小为准。对比表 44-1 的内部 Flash 扇区地址分布表，可知仅使用扇区 0 就可以完全存储本应用程序，所以从扇区 1（地址 0x08004000）后的存储空间都可以用作其他用途，使用这些存储空间时不会篡改应用程序空间中的数据。

44.4　操作内部 Flash 的库函数

为简化编程，STM32 标准库提供了一些库函数，它们封装了对内部 Flash 写入数据操作寄存器的过程。

1. Flash 解锁、上锁函数

对内部 Flash 解锁、上锁的函数见代码清单 44-2。

代码清单 44-2　Flash 解锁、上锁

```
1
2  #define FLASH_KEY1              ((uint32_t)0x45670123)
3  #define FLASH_KEY2              ((uint32_t)0xCDEF89AB)
4  /**
5    * brief   对内部 Flash 解锁
6    * @param  无
7    * @retval 无
8    */
9  void FLASH_Unlock(void)
10 {
11     if ((FLASH->CR & FLASH_CR_LOCK) != RESET) {
12         /* 向 Flash 寄存器写入验证码 */
13         FLASH->KEYR = FLASH_KEY1;
14         FLASH->KEYR = FLASH_KEY2;
15     }
16 }
17
18 /**
19   * @brief   对内部 Flash 上锁，禁止访问
20   * @param  无
21   * @retval 无
22   */
23 void FLASH_Lock(void)
24 {
```

```
25      /* 设置 LOCK 寄存器位对 Flash 控制寄存器上锁 */
26      FLASH->CR |= FLASH_CR_LOCK;
27 }
```

解锁的时候，它对 FLASH_KEYR 寄存器写入两个解锁参数，上锁的时候，对 FLASH_ CR 寄存器的 FLASH_CR_LOCK 位置 1。

2. 设置操作位数及擦除扇区

解锁后擦除扇区时可调用 FLASH_EraseSector 完成，见代码清单 44-3。

代码清单 44-3　擦除扇区

```
 1 /**
 2  * @brief   擦除指定的 Flash 扇区
 3  *
 4  * @note    若同时请求擦除及写入操作，会先执行擦除操作再写入
 5  * @param   FLASH_Sector: 要擦除的扇区号
 6  * @note    对于 STM32F42xxx/43xxx 设备，该参数可以为:
 7  *          FLASH_Sect ~ or_0 至 FLASH_Sector_23.
 8  *
 9  * @param   VoltageRange: 影响擦除并行位数的设备电压范围
10  *          该参数可以为以下值:
11  *              @arg VoltageRange_1: 设备电压范围 1.8V ~ 2.1V,
12  *                                   操作位数为字节 (8bit)
13  *              @arg VoltageRange_2: 设备电压范围 2.1V ~ 2.7V,
14  *                                   操作位数为半字 (16bit)
15  *              @arg VoltageRange_3: 设备电压范围介于 2.7V ~ 3.6V,
16  *                                   操作位数为字 (32bit)
17  *              @arg VoltageRange_4: 设备电压范围介于 2.7V ~ 3.6V + 外部 Vpp,
18  *                                   操作位数为双字 (64bit)
19  *
20  * @retval FLASH Status: 返回值可为 : FLASH_BUSY, FLASH_ERROR_PROGRAM,
21  *              FLASH_ERROR_WRP, FLASH_ERROR_OPERATION 或 FLASH_COMPLETE.
23  */
26 FLASH_Status FLASH_EraseSector(uint32_t FLASH_Sector, uint8_t VoltageRange)
27 {
28     uint32_t tmp_psize = 0x0;
29     FLASH_Status status = FLASH_COMPLETE;
30
31     /* 检查参数 */
32     assert_param(IS_FLASH_SECTOR(FLASH_Sector));
33     assert_param(IS_VOLTAGERANGE(VoltageRange));
34
35     if (VoltageRange == VoltageRange_1) {
36         tmp_psize = FLASH_PSIZE_BYTE;
37     } else if (VoltageRange == VoltageRange_2) {
38         tmp_psize = FLASH_PSIZE_HALF_WORD;
39     } else if (VoltageRange == VoltageRange_3) {
40         tmp_psize = FLASH_PSIZE_WORD;
41     } else {
42         tmp_psize = FLASH_PSIZE_DOUBLE_WORD;
43     }
```

```
44       /* 等待上一次操作完成 */
45       status = FLASH_WaitForLastOperation();
46
47       if (status == FLASH_COMPLETE) {
48           /* 若前面的操作完成，开始擦除 */
49           FLASH->CR &= CR_PSIZE_MASK;
50           FLASH->CR |= tmp_psize;
51           FLASH->CR &= SECTOR_MASK;
52           FLASH->CR |= FLASH_CR_SER | FLASH_Sector;
53           FLASH->CR |= FLASH_CR_STRT;
54
55           /* 等待上一次操作完成 */
56           status = FLASH_WaitForLastOperation();
57
58           /* 若擦除完成，禁止 SER 位 */
59           FLASH->CR &= (~FLASH_CR_SER);
60           FLASH->CR &= SECTOR_MASK;
61       }
62       /* 返回擦除状态 */
63       return status;
64   }
```

本函数包含两个输入参数，分别是要擦除的扇区号和工作电压范围。选择不同电压实质上是选择不同的数据操作位数。参数中可输入的宏在注释里已经给出。函数根据输入参数配置 PSIZE 位，然后擦除扇区。擦除扇区的时候需要等待一段时间，它使用 FLASH_WaitForLastOperation 等待，擦除完成的时候才会退出 FLASH_EraseSector 函数。

3. 写入数据

对内部 Flash 写入数据不像对 SDRAM 操作那样直接指针操作就完成了，还要设置一系列的寄存器，利用 FLASH_ProgramWord、FLASH_ProgramHalfWord 和 FLASH_ProgramByte 函数可按字、半字及字节单位写入数据，见代码清单 44-4。

代码清单 44-4　写入数据

```
1
2  /**
3   * @brief   向指定的地址写入一个字 (32it)
4   *
5   * @note    使用本函数时电压范围必须为 2.7V ~ 3.6V
6   *
7   * @note    若同时请求擦除及写入操作，会先执行擦除操作再写入
8   *
9   *
10  * @param   Address: 指定要写入的地址
11  *          该参数可以为内部 FLASH 存储器区域或 OTP 区域的地址
12  * @param   Data: 指定要写入的地址
13  * @retval FLASH Status: 其返回值可为：FLASH_BUSY, FLASH_ERROR_PROGRAM,
14  *              FLASH_ERROR_WRP, FLASH_ERROR_OPERATION or FLASH_COMPLETE.
15  */
16 FLASH_Status FLASH_ProgramWord(uint32_t Address, uint32_t Data)
17 {
```

```
18      FLASH_Status status = FLASH_COMPLETE;
19
20      /* 检查参数 */
21      assert_param(IS_FLASH_ADDRESS(Address));
22
23      /* 等待上一次操作完成 */
24      status = FLASH_WaitForLastOperation();
25
26      if (status == FLASH_COMPLETE) {
27      /* 若上一次操作完成，写入一个数据 */
28        FLASH->CR &= CR_PSIZE_MASK;
29        FLASH->CR |= FLASH_PSIZE_WORD;
30        FLASH->CR |= FLASH_CR_PG;
31
32        *(__IO uint32_t*)Address = Data;
33
34        /* 等待上一次操作完成 */
35        status = FLASH_WaitForLastOperation();
36
37        /* 若写入完成，禁止 PG 位 */
38        FLASH->CR &= (~FLASH_CR_PG);
39      }
40      /* 返回写入状态 */
41      return status;
42 }
```

看函数代码可了解到，使用指针进行赋值操作前设置了数据操作宽度，并设置了 PG 寄存器位，在赋值操作后，调用了 FLASH_WaitForLastOperation 函数等待写操作完毕。HalfWord 和 Byte 操作宽度的函数执行过程类似。

44.5　实验：读写内部 Flash

在本小节中我们以实例讲解如何使用内部 Flash 存储数据。

44.5.1　硬件设计

本实验仅操作了 STM32 芯片内部的 Flash 空间，无需额外的硬件。

44.5.2　软件设计

本小节讲解的是 "内部 Flash 编程" 实验，请打开配套的代码工程阅读理解。为了方便展示及移植，我们把操作内部 Flash 相关的代码都编写到 bsp_internalFlash.c 和 bsp_internalFlash.h 文件中，这些文件是我们自己编写的，不属于标准库的内容，可根据个人喜好命名文件。

1. 程序设计要点

1）对内部 Flash 解锁；

2）找出空闲扇区，擦除目标扇区；

3）进行读写测试。

2. 代码分析

（1）硬件定义

读写内部 Flash 不需要用到任何外部硬件，不过在擦写时常常需要知道各个扇区的基地址，我们把这些基地址定义到 bsp_internalFlash.h 文件中，见代码清单 44-5。

代码清单 44-5　各个扇区的基地址（bsp_internalFlash.h 文件）

```
 1
 2 /* 各个扇区的基地址 */
 3 #define ADDR_FLASH_SECTOR_0      ((uint32_t)0x08000000)
 4 #define ADDR_FLASH_SECTOR_1      ((uint32_t)0x08004000)
 5 #define ADDR_FLASH_SECTOR_2      ((uint32_t)0x08008000)
 6 #define ADDR_FLASH_SECTOR_3      ((uint32_t)0x0800C000)
 7 #define ADDR_FLASH_SECTOR_4      ((uint32_t)0x08010000)
 8 #define ADDR_FLASH_SECTOR_5      ((uint32_t)0x08020000)
 9 #define ADDR_FLASH_SECTOR_6      ((uint32_t)0x08040000)
10 #define ADDR_FLASH_SECTOR_7      ((uint32_t)0x08060000)
11 #define ADDR_FLASH_SECTOR_8      ((uint32_t)0x08080000)
12 #define ADDR_FLASH_SECTOR_9      ((uint32_t)0x080A0000)
13 #define ADDR_FLASH_SECTOR_10     ((uint32_t)0x080C0000)
14 #define ADDR_FLASH_SECTOR_11     ((uint32_t)0x080E0000)
15 #define ADDR_FLASH_SECTOR_12     ((uint32_t)0x08100000)
16 #define ADDR_FLASH_SECTOR_13     ((uint32_t)0x08104000)
17 #define ADDR_FLASH_SECTOR_14     ((uint32_t)0x08108000)
18 #define ADDR_FLASH_SECTOR_15     ((uint32_t)0x0810C000)
19 #define ADDR_FLASH_SECTOR_16     ((uint32_t)0x08110000)
20 #define ADDR_FLASH_SECTOR_17     ((uint32_t)0x08120000)
21 #define ADDR_FLASH_SECTOR_18     ((uint32_t)0x08140000)
22 #define ADDR_FLASH_SECTOR_19     ((uint32_t)0x08160000)
23 #define ADDR_FLASH_SECTOR_20     ((uint32_t)0x08180000)
24 #define ADDR_FLASH_SECTOR_21     ((uint32_t)0x081A0000)
25 #define ADDR_FLASH_SECTOR_22     ((uint32_t)0x081C0000)
26 #define ADDR_FLASH_SECTOR_23     ((uint32_t)0x081E0000)
```

这些宏跟表 44-1 中的地址说明一致。

（2）根据扇区地址计算 SNB 寄存器的值

在擦除操作时，需要向 Flash 控制寄存器 FLASH_CR 的 SNB 位写入要擦除的扇区号，固件库把各个扇区对应的寄存器值使用宏定义到 stm32f4xx_flash.h 文件中。为了便于使用，我们自定义了一个 GetSector 函数，根据输入的内部 Flash 地址，找出其所在的扇区，并返回该扇区对应的 SNB 位寄存器值，见代码清单 44-6。

代码清单 44-6　写入到 SNB 寄存器位的值（stm32f4xx_flash.h 及 bsp_internalFlash.c 文件）

```
 1 /* 固件库定义的用于扇区写入到 SNB 寄存器位的宏 (stm32f4xx_flash.h 文件 )*/
 2 #define FLASH_Sector_0      ((uint16_t)0x0000)
 3 #define FLASH_Sector_1      ((uint16_t)0x0008)
```

```
 4 #define FLASH_Sector_2      ((uint16_t)0x0010)
 5 #define FLASH_Sector_3      ((uint16_t)0x0018)
 6 #define FLASH_Sector_4      ((uint16_t)0x0020)
 7 #define FLASH_Sector_5      ((uint16_t)0x0028)
 8 #define FLASH_Sector_6      ((uint16_t)0x0030)
 9 #define FLASH_Sector_7      ((uint16_t)0x0038)
10 #define FLASH_Sector_8      ((uint16_t)0x0040)
11 #define FLASH_Sector_9      ((uint16_t)0x0048)
12 #define FLASH_Sector_10     ((uint16_t)0x0050)
13 #define FLASH_Sector_11     ((uint16_t)0x0058)
14 #define FLASH_Sector_12     ((uint16_t)0x0080)
15 #define FLASH_Sector_13     ((uint16_t)0x0088)
16 #define FLASH_Sector_14     ((uint16_t)0x0090)
17 #define FLASH_Sector_15     ((uint16_t)0x0098)
18 #define FLASH_Sector_16     ((uint16_t)0x00A0)
19 #define FLASH_Sector_17     ((uint16_t)0x00A8)
20 #define FLASH_Sector_18     ((uint16_t)0x00B0)
21 #define FLASH_Sector_19     ((uint16_t)0x00B8)
22 #define FLASH_Sector_20     ((uint16_t)0x00C0)
23 #define FLASH_Sector_21     ((uint16_t)0x00C8)
24 #define FLASH_Sector_22     ((uint16_t)0x00D0)
25 #define FLASH_Sector_23     ((uint16_t)0x00D8)
26
27 /* 定义在 bsp_internalFlash.c 文件中的函数 */
28 /**
29   * @brief   根据输入的地址给出它所在的 sector
30   *          例如：
31              uwStartSector = GetSector(FLASH_USER_START_ADDR);
32              uwEndSector = GetSector(FLASH_USER_END_ADDR);
33   * @param   Address: 地址
34   * @retval  地址所在的 sector
35   */
36 static uint32_t GetSector(uint32_t Address)
37 {
38     uint32_t sector = 0;
39
40   if ((Address < ADDR_FLASH_SECTOR_1) && (Address >= ADDR_FLASH_SECTOR_0)) {
41         sector = FLASH_Sector_0;
42     } else if ((Address < ADDR_FLASH_SECTOR_2) && (Address >= ADDR_FLASH_SECTOR_1)) {
43         sector = FLASH_Sector_1;
44     }
45
46     /* 此处省略扇区 2～扇区 21 的内容 */
47
48     else if ((Address < ADDR_FLASH_SECTOR_23) && (Address >= ADDR_FLASH_SECTOR_22)) {
49         sector = FLASH_Sector_22;
50     } else { /*(Address < FLASH_END_ADDR) && (Address >= ADDR_FLASH_SECTOR_23))*/
51         sector = FLASH_Sector_23;
52     }
53     return sector;
54 }
```

代码中固件库定义的宏 FLASH_Sector_0~23 对应的值与寄存器说明一致，见图 44-3。

GetSector 函数根据输入的地址与各个扇区的基地址进行比较，找出它所在的扇区，并使用固件库中的宏，返回扇区对应的 SNB 值。

（3）读写内部 Flash

一切准备就绪，可以开始对内部 Flash 进行擦写，这个过程不需要初始化任何外设，只要按解锁、擦除及写入的流程进行就可以了，见代码清单 44-7。

图 44-3　FLASH_CR 寄存器的 SNB 位的值

代码清单 44-7　对内部地 Flash 进行读写测试（bsp_internalFlash.c 文件）

```
1
2  /* 准备写入的测试数据 */
3  #define DATA_32                    ((uint32_t)0x00000000)
4  /* 要擦除内部 FLASH 的起始地址 */
5  #define FLASH_USER_START_ADDR      ADDR_FLASH_SECTOR_8
6  /* 要擦除内部 FLASH 的结束地址 */
7  #define FLASH_USER_END_ADDR        ADDR_FLASH_SECTOR_12
8
9  /**
10   * @brief  InternalFlash_Test, 对内部 FLASH 进行读写测试
11   * @param  无
12   * @retval 无
13   */
14 int InternalFlash_Test(void)
15 {
16     /* 要擦除的起始扇区（包含）及结束扇区（不包含），如 8-12，表示擦除 8、9、10、11 扇区 */
17     uint32_t uwStartSector = 0;
18     uint32_t uwEndSector = 0;
19
20     uint32_t uwAddress = 0;
21     uint32_t uwSectorCounter = 0;
22
23     __IO uint32_t uwData32 = 0;
24     __IO uint32_t uwMemoryProgramStatus = 0;
25
26     /* Flash 解锁 *******************************/
27     /* 使能访问 FLASH 控制寄存器 */
28     FLASH_Unlock();
29
30     /* 擦除用户区域（用户区域指程序本身没有使用的空间，可以自定义）**/
31     /* 清除各种 Flash 的标志位 */
32 FLASH_ClearFlag(FLASH_FLAG_EOP | FLASH_FLAG_OPERR | FLASH_FLAG_WRPERR |
33                 FLASH_FLAG_PGAERR | FLASH_FLAG_PGPERR|FLASH_FLAG_PGSERR);
34
35
36     uwStartSector = GetSector(FLASH_USER_START_ADDR);
```

```
37        uwEndSector = GetSector(FLASH_USER_END_ADDR);
38
39        /* 开始擦除操作 */
40        uwSectorCounter = uwStartSector;
41        while (uwSectorCounter <= uwEndSector) {
42            /* VoltageRange_3 以"字"的大小进行操作 */
43            if (FLASH_EraseSector(uwSectorCounter, VoltageRange_3) != FLASH_COMPLETE){
44                /* 擦除出错，返回，实际应用中可加入处理 */
45                return -1;
46            }
47            /* 计数器指向下一个扇区 */
48            if (uwSectorCounter == FLASH_Sector_11) {
49                uwSectorCounter += 40;
50            } else {
51                uwSectorCounter += 8;
52            }
53        }
54
55        /* 以"字"为单位写入数据 ******************************/
56        uwAddress = FLASH_USER_START_ADDR;
57
58        while (uwAddress < FLASH_USER_END_ADDR) {
59            if (FLASH_ProgramWord(uwAddress, DATA_32) == FLASH_COMPLETE) {
60                uwAddress = uwAddress + 4;
61            } else {
62                /* 写入出错，返回，实际应用中可加入处理 */
63                return -1;
64            }
65        }
66
67
68        /* 给 Flash 上锁，防止内容被篡改 */
69        FLASH_Lock();
70
71
72        /* 从 Flash 中读取出数据进行校验***********************************/
73        /*  MemoryProgramStatus = 0：写入的数据正确
74            MemoryProgramStatus != 0：写入的数据错误，其值为错误的个数 */
75        uwAddress = FLASH_USER_START_ADDR;
76        uwMemoryProgramStatus = 0;
77
78        while (uwAddress < FLASH_USER_END_ADDR) {
79            uwData32 = *(__IO uint32_t*)uwAddress;
80
81            if (uwData32 != DATA_32) {
82                uwMemoryProgramStatus++;
83            }
84
85            uwAddress = uwAddress + 4;
86        }
87        /* 数据校验不正确 */
```

```
88      if (uwMemoryProgramStatus) {
89          return -1;
90      } else { /* 数据校验正确 */
91          return 0;
92      }
93 }
94
```

该函数的执行过程如下：

1）调用 FLASH_Unlock 解锁；

2）调用 FLASH_ClearFlag 清除各种标志位；

3）调用 GetSector 根据起始地址及结束地址计算要擦除的扇区；

4）调用 FLASH_EraseSector 擦除扇区，擦除时按字为单位进行操作；

5）调用 FLASH_ProgramWord 函数向起始地址至结束地址的存储区域中写入数值 "DA-TA_32"；

6）调用 FLASH_Lock 上锁；

7）使用指针读取数据内容并校验。

（4）main 函数

最后我们来看看 main 函数的执行流程，见代码清单 44-8。

代码清单 44-8 main 函数（main.c 文件）

```
1 /**
2  * @brief  主函数
3  * @param  无
4  * @retval 无
5  */
6 int main(void)
7 {
8      /* 初始化 USART，配置模式为 115200 8-N-1*/
9      Debug_USART_Config();
10     LED_GPIO_Config();
11
12     LED_BLUE;
13     /* 调用 printf 函数，因为重定向了 fputc，printf 的内容会输出到串口 */
14     printf("this is a usart printf demo. \r\n");
15     printf("\r\n 欢迎使用秉火  STM32 F429 开发板。\r\n");
16     printf(" 正在进行读写内部 FLASH 实验，请耐心等待 \r\n");
17
18     if (InternalFlash_Test()==0) {
19         LED_GREEN;
20         printf(" 读写内部 FLASH 测试成功 \r\n");
21
22     } else {
23         printf(" 读写内部 FLASH 测试失败 \r\n");
24         LED_RED;
```

```
25      }
26 }
```

main 函数中初始化了用于指示调试信息的 LED 及串口后，直接调用了 InternalFlash_Test 函数，进行读写测试并根据测试结果输出调试信息。

44.5.3　下载验证

用 USB 线连接开发板"USB 转串口"接口与电脑，在电脑端打开串口调试助手，把编译好的程序下载到开发板。在串口调试助手可看到擦写内部 Flash 的调试信息。

第 45 章
设置 Flash 的读写保护及解除

45.1　选项字节与读写保护

在实际发布的产品中，在 STM32 芯片的内部 Flash 存储了控制程序，如果不做任何保护措施的话，可以使用下载器直接把内部 Flash 的内容读取回来，得到 bin 或 hex 文件格式的代码拷贝，别有用心的厂商即可利用该代码文件仿冒生产山寨产品。为此，STM32 芯片提供了多种方式保护内部 Flash 的程序不被非法读取，但在默认情况下该保护功能是不开启的，若要开启该功能，需要改写内部 Flash 选项字节（Option Bytes）中的配置。

45.1.1　选项字节的内容

选项字节是一段特殊的 Flash 空间，STM32 芯片会根据它的内容进行读写保护、复位电压等配置，选项字节的构成见表 45-1。

表 45-1　选项字节的构成

地　　址	[63:16]	[15:0]
0x1FFF C000	保留	ROP 和用户选项字节（RDP&USER）
0x1FFF C008	保留	扇区 0 ~ 11 的写保护 nWRP 位
0x1FFE C000	保留	保留
0x1FFE C008	保留	扇区 12 ~ 23 的写保护 nWRP 位

选项字节具体的数据位配置说明见表 45-2。

表 45-2　选项字节具体的数据位配置说明

选项字节（字，地址 0x1FFF C000）		
RDP：读保护选项字节。 读保护用于保护 Flash 中存储的软件代码		
位 15:8	0xAA：级别 0，无保护	
	其他值：级别 1，存储器读保护（调试功能受限）	
	0xCC：级别 2，芯片保护（禁止调试和从 RAM 启动）	

（续）

选项字节（字，地址 0x1FFF C000）	
USER：用户选项字节 此字节用于配置以下功能： 选择看门狗事件：硬件或软件 进入停止模式时产生复位事件 进入待机模式时产生复位事件	
位 7	nRST_STDBY 0：进入待机模式时产生复位 1：不产生复位
位 6	nRST_STOP 0：进入停止模式时产生复位 1：不产生复位
位 5	WDG_SW 0：硬件看门狗 1：软件看门狗
位 4	0x1：未使用
位 3:2	BOR_LEV：BOR 复位级别 这些位包含释放复位信号所需达到的供电电压阈值。 通过对这些位执行写操作，可将新的 BOR 级别值编程到 Flash。 00：BOR 级别 3 (VBOR3)，复位阈值电压为 2.70 V 到 3.60 V 01：BOR 级别 2 (VBOR2)，复位阈值电压为 2.40 V 到 2.70 V 10：BOR 级别 1 (VBOR1)，复位阈值电压为 2.10 V 到 2.40 V 11：BOR 关闭 (VBOR0)，复位阈值电压为 1.8 V 到 2.10 V
位 1:0	0x1：未使用
选项字节（字，地址 0x1FFF C008）	
位 15	SPMOD：选择 nWPRi 位的模式 0：nWPRi 位用于写保护（默认） 1：nWPRi 位用于代码读出保护（Proprietary code readout protection，PCROP）
位 14	DB1M：设置内部 Flash 为 1MB 的产品的双 Bank 模式 0：单个 Bank 的模式 1：使用两个 Bank 的模式
位 13:12	0xF：未使用
nWRP：Flash 写保护选项字节 扇区 0 ~ 11 可采用写保护	
位 11:0	nWRPi（i 值为 0 ~ 11，对应扇区 0 ~ 11 的保护设置）： 若 SMOD=0： 0：开启所选扇区的写保护 1：关闭所选扇区的写保护 若 SPMOD=1： 0：关闭所选扇区的代码读出保护（PCROP） 1：开启所选扇区的代码读出保护（PCROP）

（续）

选项字节（字，地址 0x1FFE C000）	
位 15:0	0xFF：未使用
选项字节（字，地址 0x1FFE C008）	
位 15:12	0xF：未使用
nWRP：Flash 写保护选项字节 扇区 12 ~ 23 可采用写保护	
位 11:0	nWRPi： 若 SMOD=0： 0：开启所选扇区的写保护 1：关闭所选扇区的写保护 若 SPMOD=1： 0：关闭所选扇区的代码读出保护（PCROP） 1：开启所选扇区的代码读出保护（PCROP）

我们主要讲解选项字节配置中的 RDP 位和 PCROP 位，它们分别用于配置读保护级别及代码读出保护。

45.1.2　RDP 读保护级别

修改选项字节的 RDP 位的值可设置内部 Flash 为以下保护级别：

（1）0xAA：级别 0，无保护

这是 STM32 的默认保护级别，它没有任何读保护，读取内部 Flash 及"备份 SRAM"的内容都没有任何限制。（注意，这里说的"备份 SRAM"是指 STM32 备份域的 SRAM 空间，不是指主 SRAM，下同。）

（2）其他值：级别 1，使能读保护

把 RDP 配置成除 0xAA 或 0xCC 外的任意数值，都会使能级别 1 的读保护。在这种保护下，若使用调试功能（使用下载器、仿真器）或者从内部 SRAM 自举时都不能对内部 Flash 及备份 SRAM 做任何访问（读写、擦除都被禁止）；而如果 STM32 是从内部 Flash 自举时，它允许对内部 Flash 及备份 SRAM 进行任意访问。

也就是说，在级别 1 模式下，任何尝试从外部访问内部 Flash 内容的操作都被禁止，例如无法通过下载器读取它的内容，或编写一个从内部 SRAM 启动的程序，若该程序读取内部 Flash，会被禁止。而如果是芯片自己访问内部 Flash，是完全没有问题的，例如前面的"读写内部 Flash"实验中（见 44.5 节）的代码自己擦写内部 Flash 空间的内容，即使处于级别 1 的读保护，也能正常擦写。

当芯片处于级别 1 的时候，可以把选项字节的 RDP 位重新设置为 0xAA，恢复级别 0。在恢复到级别 0 前，芯片会自动擦除内部 Flash 及备份 SRAM 的内容，即降级后原内部 Flash 的代码会丢失。在级别 1 时使用 SRAM 自举的程序也可以访问选项字节进行修改，所以如果原内部 Flash 的代码没有解除读保护的操作时，可以给它加载一个 SRAM 自举的程序进行保护降级，后面我们将会进行这样的实验。

（3）0xCC：级别 2，禁止调试

把 RDP 配置成 0xCC 值时，会进入最高级别的读保护，且设置后无法再降级，它会永久禁止用于调试的 JTAG 接口（相当于熔断）。在该级别中，除了具有级别 1 的所有保护功能外，还进一步禁止了从 SRAM 或系统存储器的自举（即平时使用的串口 ISP 下载功能也失效），JTAG 调试相关的功能被禁止，选项字节也不能被修改。它仅支持从内部 Flash 自举时对内部 Flash 及 SRAM 的访问（读写、擦除）。

由于设置了级别 2 后无法降级，也无法通过 JTAG、串口 ISP 等方式更新程序，所以使用这个级别的保护时一般会在程序中预留"后门"以更新应用程序，若程序中没有预留后门，芯片就无法再更新应用程序了。所谓的"后门"是一种 IAP 程序（In Application Program），它通过某个通信接口获取将要更新的程序内容，然后利用内部 Flash 擦写操作把这些内容烧录到自己的内部 Flash 中，实现应用程序的更新。

不同级别下的访问限制见图 45-1。

存储区	保护级别	调试功能从 RAM 或系统存储器自举			从 Flash 自举		
		读	写	擦除	读	写	擦除
主 Flash 和备份 SRAM	级别 1	否		否①		是	
	级别 2	否				是	
选项字节	级别 1	是				是	
	级别 2	否				否	
OTP	级别 1	否		NA	是		NA
	级别 2	否		NA	是		NA

①只有在 RDP 从级别 1 更改为级别 0 时，才会擦除主 Flash 和备份 SRAM。OTP 区域保持不变。

图 45-1　不同级别下的访问限制

不同保护级别间的状态转换见图 45-2。

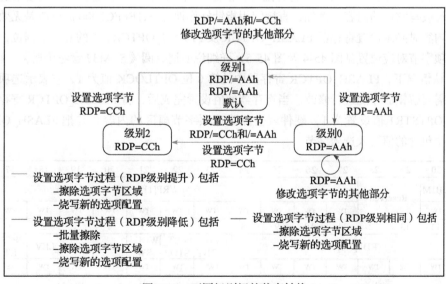

图 45-2　不同级别间的状态转换

45.1.3 PCROP 代码读出保护

在 STM32F42xx 及 STM32F43xx 系列的芯片中，除了可使用 RDP 对整片 Flash 进行读保护外，还有一个专用的代码读出保护功能（Proprietary code readout protection，PCROP），它可以为内部 Flash 的某几个指定扇区提供保护功能，所以它可以用于保护一些 IP 代码，方便提供给另一方进行二次开发，见图 45-3。

当 SPMOD 位设置为 0 时（默认值），nWRPi 位用于指定要进行写保护的扇区，这可以防止错误的指针操作导致 Flash 内容的改变，若扇区被写保护，通过调试器也无法擦除该扇区的内容；当 SPMOD 位设置为 1 时，nWRPi 位用于指定要进行 PCROP 保护的扇区。其中 PCROP 功能可以防止指定扇区的 Flash 内容被读出，而写保护仅可以防止误写操作，不能被防止读出。

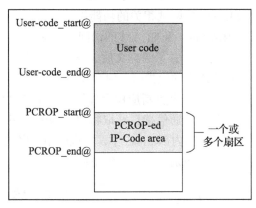

图 45-3　PCROP 保护功能

当要关闭 PCROP 功能时，必须要使芯片从读保护级别 1 降为级别 0，同时对 SPMOD 位置 0，才能正常关闭；若芯片原来的读保护为级别 0，且使能了 PCROP 保护，要关闭 PCROP 时也要先把读保护级别设置为级别 1，再在降级的同时设置 SPMOD 为 0。

45.2　修改选项字节的过程

修改选项字节的内容可修改各种配置，但是，当应用程序运行时，无法直接通过选项字节的地址改写它们的内容，例如，直接使用指针操作地址 0x1FFFC0000 的修改是无效的。要改写其内容时必须设置寄存器 FLASH_OPTCR 及 FLASH_OPTCR1 中的对应数据位，寄存器的与选项字节对应位置见图 45-4 及图 45-5，详细说明请查阅《STM32 参考手册》。

默认情况下，FLASH_OPTCR 寄存器中的第 0 位 OPTLOCK 值为 1，它表示选项字节被上锁，需要解锁后才能进行修改。当寄存器的值设置完成后，将 FLASH_OPTCR 寄存器中的第 1 位 OPTSTRT 值设置为 1，硬件就会擦除选项字节扇区的内容，并把 FLASH_OPTCR/1 寄存器中包含的值写入选项字节。

31	30	29	28	27	26	25	24	23	22	21	20	19	18	17	16
SPR MOD	DB1M	Reserved		nWRP[11:0]											
rw	rw			rw	rw	rw	rw	rw	rw	rw	rw	rw	rw	rw	rw
15	14	13	12	11	10	9	8	7	6	5	4	3	2	1	0
RDP[7:0]								nRST_STDBY	nRST_STOP	WDG_SW	BFB2	BOR_LEV		OPTST RT	OPTLO CK
rw	rw	rw	rw	rw	rw	rw	rw	rw	rw	rw	rw	rw	rw	rs	rs

图 45-4　FLASH_OPTCR 寄存器说明（nWRP 表示 0 ~ 11 扇区）

31	30	29	28	27	26	25	24	23	22	21	20	19	18	17	16
Reserved				nWRP[11:0]											
				rw	rw	rw	rw	rw	rw	rw	rw	rw	rw	rw	rw
15	14	13	12	11	10	9	8	7	6	5	4	3	2	1	0
Reserved															

图 45-5 FLASH_OPTCR1 寄存器说明（nWRP 表示 12 ~ 23 扇区）

所以，修改选项字节的配置步骤如下：

1）解锁，在 Flash 选项密钥寄存器（FLASH_OPTKEYR）中写入 OPTKEY1 = 0x0819
2A3B；接着在 Flash 选项密钥寄存器（FLASH_OPTKEYR）中写入 OPTKEY2 = 0x4C5D 6E7F。

2）检查 FLASH_SR 寄存器中的 BSY 位，以确认当前未执行其他 Flash 操作。

3）在 FLASH_OPTCR 和 / 或 FLASH_OPTCR1 寄存器中写入选项字节值。

4）将 FLASH_OPTCR 寄存器中的选项启动位（OPTSTRT）置 1。

5）等待 BSY 位清零，即写入完成。

45.3 操作选项字节的库函数

为简化编程，STM32 标准库提供了一些库函数，它们封装了修改选项字节时操作寄存器的过程。

1. 选项字节解锁、上锁函数

对选项字节解锁、上锁的函数见代码清单 45-1。

代码清单 45-1 选项字节解锁、上锁

```
1
2 #define FLASH_OPT_KEY1            ((uint32_t)0x08192A3B)
3 #define FLASH_OPT_KEY2            ((uint32_t)0x4C5D6E7F)
4
5 /**
6  * @brief  解锁对 Flash 选项控制器的访问
7  * @param  无
8  * @retval 无
9  */
10 void FLASH_OB_Unlock(void)
11 {
12   if((FLASH->OPTCR & FLASH_OPTCR_OPTLOCK) != RESET)
13   {
14    /* 向选项字节寄存器写入验证信息 */
15    FLASH->OPTKEYR = FLASH_OPT_KEY1;
16    FLASH->OPTKEYR = FLASH_OPT_KEY2;
17   }
18 }
19
20 /**
21  * @brief  对 Flash 选项控制器上锁，禁止访问
```

```
22   * @param  无
23   * @retval 无
24   */
25  void FLASH_OB_Lock(void)
26  {
27  /* 设置 OPTLOCK 位对 FLASH 选项字节寄存器上锁 */
28    FLASH->OPTCR |= FLASH_OPTCR_OPTLOCK;
29  }
```

解锁的时候，它对 FLASH_OPTCR 寄存器写入两个解锁参数；上锁的时候，对 FLASH_OPTCR 寄存器的 FLASH_OPTCR_OPTLOCK 位置 1。

2. 设置读保护级别

解锁后设置选项字节寄存器的 RDP 位，可调用 FLASH_OB_RDPConfig 设置读保护级别，见代码清单 45-2。

代码清单 45-2　设置读保护级别

```
1  /**
2   * @brief   设置读保护级别
3   * @param  OB_RDP：指定要设置的读保护级别
4   *         该参数可以为以下值：
5   *              @arg OB_RDP_Level_0: 不保护
6   *              @arg OB_RDP_Level_1: 对存储器进行读保护
7   *              @arg OB_RDP_Level_2: 整个芯片保护
8   *
9   * /!\ 警告 /!\ 当使能 OB_RDP level 2 后，没有任何方式可再返回级别 1 及级别 0
10  *
11  * @retval 无
12  */
13 void FLASH_OB_RDPConfig(uint8_t OB_RDP)
14 {
15   FLASH_Status status = FLASH_COMPLETE;
16
17   /* 检查参数 */
18   assert_param(IS_OB_RDP(OB_RDP));
19
20   status = FLASH_WaitForLastOperation();
21
22   if(status == FLASH_COMPLETE)
23   {
24    *(__IO uint8_t*)OPTCR_BYTE1_ADDRESS = OB_RDP;
25
26   }
27 }
```

该函数根据输入参数设置 RDP 寄存器位为相应的级别，其注释警告：若配置成 OB_RDP_Level_2 会无法恢复。类似地，配置其他选项时也有相应的库函数，如 FLASH_OB_PCROP1Config、FLASH_OB_WRP1Config 分别用于设置要进行 PCROP 保护或 WRP 保护（写保护）的扇区。

3. 写入选项字节

调用上一步骤中的函数配置寄存器后，还要调用代码清单 45-3 中的 FLASH_OB_Launch 函数把寄存器的内容写入选项字节中。

代码清单 45-3 写入选项字节

```
1 /**
2  * @brief  开始加载选项字节
3  * @param  无
4  * @retval FLASH Status: 返回值为 : FLASH_BUSY, FLASH_ERROR_PROGRAM,
5  *                FLASH_ERROR_WRP, FLASH_ERROR_OPERATION 或 FLASH_COMPLETE.
6  */
7 FLASH_Status FLASH_OB_Launch(void)
8 {
9    FLASH_Status status = FLASH_COMPLETE;
10
11   /* 设置 OPTCR 寄存器中的 OPTSTRT 位 */
12   *(__IO uint8_t *)OPTCR_BYTE0_ADDRESS |= FLASH_OPTCR_OPTSTRT;
13
14   /* 等待上一次操作完成 */
15   status = FLASH_WaitForLastOperation();
16
17   return status;
18 }
```

该函数设置 FLASH_OPTCR_OPTSTRT 位后调用了 FLASH_WaitForLastOperation 函数等待写入完成，并返回写入状态，若操作正常，它会返回 FLASH_COMPLETE。

45.4 实验：设置读写保护及解除

在本实验中我们将以实例讲解如何修改选项字节的配置，更改读保护级别、设置 PCROP 或写保护，最后把选项字节恢复默认值。

本实验要进行的操作比较特殊，在开发和调试的过程中都是在 SRAM 上进行的（使用 SRAM 启动方式）。例如，直接使用 Flash 版本的程序进行调试时，如果该程序在运行后对扇区进行了写保护而没有解除的操作或者该解除操作不正常，此时将无法再给芯片的内部 Flash 下载新程序，最终还是要使用 SRAM 自举的方式进行解除操作。所以在本实验中，为便于修改选项字节的参数，我们统一使用 SRAM 版本的程序进行开发和学习，当 SRAM 版本调试正常后再改为 Flash 版本。

关于在 SRAM 中调试代码的相关配置，请参考前面的章节。

注意：若在学习的过程中想亲自修改代码进行测试，请注意备份原工程代码。当芯片的 Flash 被保护导致无法下载程序到 Flash 时，可以下载本工程到芯片，并使用 SRAM 启动运行，即可恢复芯片至默认配置。但如果修改了读保护为级别 2，采用任何方法都无法恢复！（除了这个配置，其他选项都可以大胆地修改测试。）

45.4.1　硬件设计

本实验在 SRAM 中调试代码，因此把 BOOT0 和 BOOT1 引脚都使用跳线帽连接到 3.3V，使芯片从 SRAM 中启动。

45.4.2　软件设计

本实验的工程名称为"设置读写保护与解除"，学习时请打开该工程配合阅读，它是从"RAM 调试——多彩流水灯"工程改写而来的。为了方便展示及移植，我们把操作内部 FLASH 相关的代码都编写到 internalFlash_reset.c 及 internalFlash_reset.h 文件中，这些文件是我们自己编写的，不属于标准库的内容，可根据个人喜好命名文件。

1. 主要实验

1）学习配置扇区写保护；

2）学习配置 PCROP 保护；

3）学习配置读保护级别；

4）学习如何恢复选项字节到默认配置。

2. 代码分析

（1）配置扇区写保护

我们先以代码清单 45-4 中的设置与解除写保护过程来学习如何配置选项字节。

代码清单 45-4　配置扇区写保护

```
1
2 #define FLASH_WRP_SECTORS    (OB_WRP_Sector_0|OB_WRP_Sector_1)
3 __IO uint32_t SectorsWRPStatus = 0xFFF;
4
5 /**
6  * @brief  WriteProtect_Test,普通的写保护配置
7  * @param  运行本函数后会给扇区 FLASH_WRP_SECTORS 进行写保护，再重复一次会解除写保护
8  * @retval 无
9  */
10 void WriteProtect_Test(void)
11 {
12   FLASH_Status status = FLASH_COMPLETE;
13   {
14     /* 获取扇区的写保护状态 */
15     SectorsWRPStatus = FLASH_OB_GetWRP() & FLASH_WRP_SECTORS;
16
17     if (SectorsWRPStatus == 0x00)
18     {
19      /* 扇区已被写保护，执行解除写保护过程 */
20
21       /* 使能访问 OPTCR 寄存器 */
22       FLASH_OB_Unlock();
23
24       /* 设置对应的 nWRP 位，解除写保护 */
25       FLASH_OB_WRPConfig(FLASH_WRP_SECTORS, DISABLE);
```

```
26        status=FLASH_OB_Launch();
27        /* 开始对选项字节进行编程 */
28        if (status    != FLASH_COMPLETE)
29        {
30          FLASH_ERROR(" 对选项字节编程出错, 解除写保护失败, status = %x",status);
31          /* User can add here some code to deal with this error */
32          while (1)
33          {
34          }
35        }
36        /* 禁止访问 OPTCR 寄存器 */
37        FLASH_OB_Lock();
38
39        /* 获取扇区的写保护状态 */
40        SectorsWRPStatus = FLASH_OB_GetWRP() & FLASH_WRP_SECTORS;
41
42        /* 检查是否配置成功 */
43        if (SectorsWRPStatus == FLASH_WRP_SECTORS)
44        {
45          FLASH_INFO(" 解除写保护成功! ");
46        }
47        else
48        {
49            FLASH_ERROR(" 未解除写保护! ");
50        }
51    }
52    else
53    { /* 若扇区未被写保护, 开启写保护配置 */
54
55        /* 使能访问 OPTCR 寄存器 */
56        FLASH_OB_Unlock();
57
58        /* 使能 FLASH_WRP_SECTORS 扇区写保护 */
59        FLASH_OB_WRPConfig(FLASH_WRP_SECTORS, ENABLE);
60
61        status=FLASH_OB_Launch();
62        /* 开始对选项字节进行编程 */
63        if (status    != FLASH_COMPLETE)
64        {
65          FLASH_ERROR(" 对选项字节编程出错, 设置写保护失败, status = %x",status);
66          while (1)
67          {
68          }
69        }
70        /* 禁止访问 OPTCR 寄存器 */
71        FLASH_OB_Lock();
72
73        /* 获取扇区的写保护状态 */
74        SectorsWRPStatus = FLASH_OB_GetWRP() & FLASH_WRP_SECTORS;
75
76        /* 检查是否配置成功 */
77        if (SectorsWRPStatus == 0x00)
78        {
79          FLASH_INFO(" 设置写保护成功! ");
```

```
80          }
81          else
82          {
83            FLASH_ERROR(" 设置写保护失败！ ");
84          }
85        }
86     }
87 }
```

本函数分成了两个部分，它根据目标扇区的状态进行操作，若原来扇区为非写保护状态时就进行写保护；若为写保护状态就解除写保护。其主要操作过程如下：

1）调用 FLASH_OB_GetWRP 函数获取目标扇区的保护状态，若扇区被写保护，则开始解除写保护过程，否则开始设置写保护过程；

2）调用 FLASH_OB_Unlock 解锁选项字节的编程；

3）调用 FLASH_OB_WRPConfig 函数配置目标扇区关闭或打开写保护；

4）调用 FLASH_OB_Launch 函数把寄存器的配置写入选项字节；

5）调用 FLASH_OB_GetWRP 函数检查是否配置成功；

6）调用 FLASH_OB_Lock 禁止修改选项字节。

（2）配置 PCROP 保护

配置 PCROP 保护的过程与配置写保护过程稍有区别，见代码清单 45-5。

代码清单 45-5　配置 PCROP 保护 (internalFlash_reset.c 文件)

```
1
2  /**
3    * @brief   SetPCROP, 设置 PCROP 位, 用于测试解锁
4    * @note    使用有问题的串口 ISP 下载软件, 可能会导致 PCROP 位置 1,
5              导致无法给芯片下载程序到 FLASH, 本函数用于把 PCROP 位置 1,
6              模拟出无法下载程序到 FLASH 的环境, 以便于解锁的程序调试。
7              若不了解 PCROP 位的作用, 请不要执行此函数！！
8    * @param   无
9    * @retval  无
10   */
11 void SetPCROP(void)
12 {
13
14   FLASH_Status status = FLASH_COMPLETE;
15
17
18   FLASH_INFO();
19   FLASH_INFO(" 正在设置 PCROP 保护, 请耐心等待 ...");
20   // 选项字节解锁
21   FLASH_OB_Unlock();
22
23   // 设置为 PCROP 模式
24   FLASH_OB_PCROPSelectionConfig(OB_PcROP_Enable);
25   // 设置扇区 0 进行 PCROP 保护
26   FLASH_OB_PCROPConfig(OB_PCROP_Sector_10,ENABLE);
27   // 把寄存器设置写入选项字节
```

```
28    status =FLASH_OB_Launch();
29
30    if (status    != FLASH_COMPLETE)
31    {
32      FLASH_INFO("设置 PCROP 失败！");
33    }
34    else
35    {
36      FLASH_INFO("设置 PCROP 成功！");
37
38    }
39  // 选项字节上锁
40    FLASH_OB_Lock();
41  }
```

该代码在解锁选项字节后，调用 FLASH_OB_PCROPSelectionConfig 函数，把 SPMOD 寄存器位配置为 PCROP 模式，接着调用 FLASH_OB_PCROPConfig 函数配置目标保护扇区。

（3）恢复选项字节为默认值

当芯片被设置为读写保护或 PCROP 保护时，给芯片的内部 Flash 下载程序，可能会出现如图 45-6 和图 45-7 所示的擦除 Flash 失败的错误提示。

图 45-6　擦除失败提示

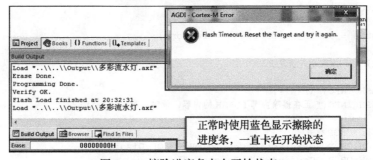

图 45-7　擦除进度条卡在开始状态

只要不是把读保护配置成了级别 2 保护，都可以使用 SRAM 启动运行代码清单 45-6 中的函数，恢复选项字节为默认状态，使得 Flash 下载能正常进行。

代码清单 45-6　恢复选项字节为默认值

```
1  // @brief   OPTCR register byte 0 (Bits[7:0]) base address
2  #define OPTCR_BYTE0_ADDRESS          ((uint32_t)0x40023C14)
3  // @brief   OPTCR register byte 1 (Bits[15:8]) base address
4  #define OPTCR_BYTE1_ADDRESS          ((uint32_t)0x40023C15)
5  // @brief   OPTCR register byte 2 (Bits[23:16]) base address
6  #define OPTCR_BYTE2_ADDRESS          ((uint32_t)0x40023C16)
7  // @brief   OPTCR register byte 3 (Bits[31:24]) base address
8  #define OPTCR_BYTE3_ADDRESS          ((uint32_t)0x40023C17)
9  // @brief   OPTCR1 register byte 0 (Bits[7:0]) base address
10 #define OPTCR1_BYTE2_ADDRESS         ((uint32_t)0x40023C1A)
11
12 /**
13  * @brief  InternalFlash_Reset，恢复内部 FLASH 的默认配置
14  * @param  无
15  * @retval 无
16  */
17 int InternalFlash_Reset(void)
18 {
19   FLASH_Status status = FLASH_COMPLETE;
20
21   /* 使能访问选项字节寄存器 */
22   FLASH_OB_Unlock();
23
24   /* 擦除用户区域（用户区域指程序本身没有使用的空间，可以自定义）**/
25   /* 清除各种 FLASH 的标志位 */
26   FLASH_ClearFlag(FLASH_FLAG_EOP | FLASH_FLAG_OPERR | FLASH_FLAG_WRPERR |
27                   FLASH_FLAG_PGAERR | FLASH_FLAG_PGPERR|FLASH_FLAG_PGSERR);
28
29   FLASH_INFO("\r\n");
30   FLASH_INFO(" 正在准备恢复的条件，请耐心等待 ...");
31
32   // 确保把读保护级别设置为 LEVEL1，以便恢复 PCROP 寄存器位
33   // PCROP 寄存器位从设置为 0 时，必须是读保护级别由 LEVEL1 转为 LEVEL0 时才有效
34   // 否则修改无效
35   FLASH_OB_RDPConfig(OB_RDP_Level_1);
36
37   status=FLASH_OB_Launch();
38
39   status = FLASH_WaitForLastOperation();
40
41   // 设置为 LEVEL0 并恢复 PCROP 位
42
43   FLASH_INFO("\r\n");
44   FLASH_INFO(" 正在擦除内部 FLASH 的内容，请耐心等待 ...");
45
46   // 关闭 PCROP 模式
47   FLASH_OB_PCROPSelectionConfig(OB_PcROP_Disable);
48   FLASH_OB_RDPConfig(OB_RDP_Level_0);
49
50   status =FLASH_OB_Launch();
51
52   // 设置其他位为默认值
```

```
53    (*(__IO uint32_t *)(OPTCR_BYTE0_ADDRESS))=0x0FFFAAE9;
54    (*(__IO uint16_t *)(OPTCR1_BYTE2_ADDRESS))=0x0FFF;
55    status =FLASH_OB_Launch();
56    if (status    != FLASH_COMPLETE)
57    {
58       FLASH_ERROR("恢复选项字节默认值失败，错误代码: status=%X",status);
59    }
60    else
61    {
62       FLASH_INFO("恢复选项字节默认值成功! ");
63    }
64    // 禁止访问
65    FLASH_OB_Lock();
66
67    return status;
68 }
```

这个函数进行了如下操作：

❑ 调用 FLASH_OB_Unlock 解锁选项字节；

❑ 调用 FLASH_ClearFlag 函数清除所有 Flash 异常状态标志；

❑ 调用 FLASH_OB_RDPConfig 函数设置为读保护级别 1，以便后面能正常关闭 PCROP 模式；

❑ 调用 FLASH_OB_Launch 写入选项字节并等待读保护级别设置完毕；

❑ 调用 FLASH_OB_PCROPSelectionConfig 函数关闭 PCROP 模式；

❑ 调用 FLASH_OB_RDPConfig 函数把读保护级别降为 0；

❑ 调用 FLASH_OB_Launch 写入选项字节并等待降级完毕，由于这个过程需要擦除内部 Flash 的内容，等待的时间会比较长；

❑ 直接操作寄存器，使用 "(*(__IO uint32_t *)(OPTCR_BYTE0_ADDRESS))=0x0FFFAAE9;" 和 "(*(__IO uint16_t *)(OPTCR1_BYTE2_ADDRESS))=0x0FFF;" 语句，把 OPTCR 及 OPTCR1 寄存器与选项字节相关的位都恢复为默认值；

❑ 调用 FLASH_OB_Launch 函数等待上述配置被写入选项字节；

恢复选项字节为默认值，操作完毕。

（4）main 函数

最后来看看本实验的 main 函数，见代码清单 45-7。

代码清单 45-7　main 函数

```
1 /**
2   * @brief  主函数
3   * @param  无
4   * @retval 无
5   */
6 int main(void)
7 {
8    /* LED 端口初始化 */
9    LED_GPIO_Config();
10   Debug_USART_Config();
```

```
11    LED_BLUE;
12
13    FLASH_INFO(" 本程序将会被下载到 STM32 的内部 SRAM 运行。");
14  FLASH_INFO(" 下载程序前，请确认把实验板的 BOOT0 和 BOOT1 引脚都接到 3.3V 电源处！！");
15
16    FLASH_INFO("\r\n");
17    FLASH_INFO("---- 这是一个 STM32 芯片内部 FLASH 解锁程序 ----");
18    FLASH_INFO(" 程序会把芯片的内部 FLASH 选项字节恢复为默认值 ");
19
20
21    #if 0 // 工程调试、演示时使用，正常解除时不需要运行此函数
22    SetPCROP(); // 修改 PCROP 位，仿真芯片被锁无法下载程序到内部 FLASH 的环境
23    #endif
24
25    #if 0   // 工程调试、演示时使用，正常解除时不需要运行此函数
26    WriteProtect_Test(); // 修改写保护位，仿真芯片扇区被设置成写保护的环境
27    #endif
28
30    /* 恢复选项字节到默认值，解除写保护 */
31    if(InternalFlash_Reset()==FLASH_COMPLETE)
32    {
33
34      FLASH_INFO(" 选项字节恢复成功，请把 BOOT0 和 BOOT1 引脚都连接到 GND，");
35      FLASH_INFO(" 然后随便找一个普通的程序，下载程序到芯片的内部 FLASH 进行测试 ");
36      LED_GREEN;
37    }
38    else
39    {
40      FLASH_INFO(" 选项字节恢复成功失败，请复位重试 ");
41      LED_RED;
42    }
43
45
46    while (1);
47  }
```

在 main 函数中，主要是调用了 InternalFlash_Reset 函数把选项字节恢复成默认值，程序默认时没有调用 SetPCROP 和 WriteProtect_Test 函数设置写保护，若想观察实验现象，可修改条件编译的宏，使它加入编译中。

45.4.3 下载验证

把开发板的 BOOT0 和 BOOT1 引脚都使用跳线帽连接到 3.3V 电源处，使它以 SRAM 方式启动，然后用 USB 线连接开发板 "USB 转串口" 接口与电脑，在电脑端打开串口调试助手，把编译好的程序下载到开发板并复位运行，在串口调试助手可看到调试信息。程序运行后，请耐心等待至开发板亮绿灯或串口调试信息提示恢复完毕再给开发板断电，否则由于恢复过程被中断，芯片内部 Flash 会处于保护状态。

芯片内部 Flash 处于保护状态时，可重新下载本程序到开发板以 SRAM 运行，恢复默认配置。